T0178622

Kommutative Algebra und Algebraische Geometrie

Jürgen Böhm

Kommutative Algebra und Algebraische Geometrie

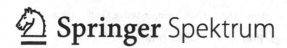

Jürgen Böhm
www.juergenboehm.net

ISBN 978-3-662-59481-0   ISBN 978-3-662-59482-7   (eBook)
https://doi.org/10.1007/978-3-662-59482-7

Die Deutsche Nationalbibliothek verzeichnet diese Publikation in der Deutschen Nationalbibliografie;
detaillierte bibliografische Daten sind im Internet über http://dnb.d-nb.de abrufbar.

Springer Spektrum

Planung/Lektorat: Iris Ruhmann

Springer Spektrum ist ein Imprint der eingetragenen Gesellschaft Springer-Verlag GmbH, DE und ist
ein Teil von Springer Nature
Die Anschrift der Gesellschaft ist: Heidelberger Platz 3, 14197 Berlin, Germany

Vorwort

μὴ εἶναι βασιλικὴν ἀτραπὸν ἐπί γεωμετρίαν

— Euklid zu Ptolemaios I. Soter[1]

Nach dem bekannten Diktum des Euklid gibt es zur Geometrie keinen Königsweg, und auch dieses Buch kann den „Höhenunterschied", den der Leser beim Erlernen der algebraischen Geometrie zu überwinden hat, nicht verkleinern. Aber es kann, und soll, eine gut ausgeschilderte und in einfachen, wenn auch vielen Schritten gangbare Route aufzeigen, auf der sich letztlich der anfangs so ferne Gipfel erreichen lässt.

Am Ende wird der Leser in der Lage sein, fortgeschrittenere Lehrbücher zu Themen wie étaler Kohomologie [17], Abelsche Varietäten [19], Modulschemata [14], Schnitttheorie [8], arithmetischer algebraischer Geometrie [3] und auch einen Teil der aktuellen Forschungsliteratur selbständig zu lesen und zu verstehen.

Das vorliegende Buch ist im „dogmatischen" Stil geschrieben, eine Benutzbarkeit als Nachschlagewerk und zum Repetieren soll möglich sein. Die Darstellung ist weitgehend in sich abgeschlossen, die Notwendigkeit externer Referenzen wurde auf ein Mindestmaß beschränkt.

Das Buch enthält keine direkten Übungsaufgaben, aber in vielen Beispielen und Sätzen sind Lösungen zu Übungsaufgaben in Hartshornes *Algebraic Geometry* zu finden. Weiterhin stehen eine ganze Reihe von Aussagen ohne Beweis, viele davon wird der Leser problemlos als Übung selbst beweisen können.

Überhaupt sei dem Leser, der dieses Buch als Lehrbuch nutzen will, geraten, bei vielen Sätzen erst den Beweis selbständig zu versuchen und dann das Resultat der eigenen Bemühungen mit der Darstellung im Text zu vergleichen.

Als Vorkenntnis genügt das Wissen aus einer einsemestrigen Algebravorlesung, in der Gruppentheorie, Körpertheorie einschließlich Galoistheorie sowie Determinanten, Resultanten und elementare Ergebnisse über Polynomringe behandelt werden.

Ebenfalls notwendig ist eine gewisse Vertrautheit mit Begriffen der allgemeinen mengentheoretischen Topologie.

---

[1] [7, S. 68]

Quellen Der vorliegende Text stellt das Ergebnis des Selbststudiums des Autors in einigen klassischen Lehrbüchern zur algebraischen Geometrie und kommutativen Algebra dar, insbesondere in Robin Hartshornes *Algebraic Geometry* [13].

Weiterhin sehr wichtig beim Schreiben dieses Buches waren natürlich auch Grothendiecks EGA I [12], das sehr hilfreiche, in deutscher Übersetzung erhältliche Einführungswerk von Schafarewitsch [20] und Mumfords „rotes Buch" [18].

Auf dem Gebiet der kommutativen Algebra werden die Klassiker von Atiyah und Macdonald [1], Serre [21], Matsumura [16] sowie das neuere und umfangreiche Werk von Eisenbud [5] herangezogen. Grundlegende Tatsachen der Algebra stammen aus Langs *Algebra* [15].

Für Kategorientheorie und homologische Algebra sei, soweit nicht oben schon teilweise mitenthalten, auf Grothendiecks *Tohoku*-Arbeit [10] und auf das Buch von Bucur und Deleanu [2] verwiesen. Bei der Behandlung der Spektralsequenzen hat sich der Autor an Godement [9] orientiert.

Nützlich für eine weitere Perspektive waren auch das Buch von Milne über étale Kohomologie [17] und die ältere Kurzdarstellung von Dieudonné [4], deren prägnanten und genauen Stil der Autor als vorbildhaft empfand.

Danksagung Der Autor dankt seinen Eltern, Otto Böhm und Hermine Böhm, deren Unterstützung es ihm ermöglichte, seinen wissenschaftlichen Interessen in der Mathematik sowie in den Bereichen Computer und Elektronik nachzugehen und nicht zuletzt auch dieses Buch zu verfassen.

Ein weiterer Dank geht an Dr. Fritz Schwarz vom Fraunhofer Institut SCAI. Durch ihn hat der Autor das Leben und Denken eines forschenden Mathematikers kennengelernt, und, im Zuge einer Arbeit aus dem Bereich Computeralgebra, auch begonnen, die konkrete Berechnung einer algebraischen Invariante als die Krönung und letztendliche Erfüllung abstrakter Begriffsbildung anzusehen.

Schließlich sei noch dem Springer-Verlag, namentlich Iris Ruhmann und Dr. Andreas Rüdinger, für die Entscheidung, dieses Buch in sein Programm aufzunehmen, und Janina Krieger und Stella Schmoll für die freundliche Zusammenarbeit im Zuge der endgültigen Fertigstellung des Manuskripts gedankt.

Rückmeldungen Der Autor freut sich über Rückmeldungen an

mathematik@juergenboehm.net

mit allgemeinen Kommentaren zu dem Buch und mit Meldungen über gefundene Fehler und problematische Stellen. Eine Seite mit Errata wird gegebenenfalls auch im Internet verfügbar sein.

Wilhermsdorf, Juni 2019   *Jürgen Böhm*

Inhaltsverzeichnis

1 Grundlagen

1.1   Kategorien

1.1.1   Allgemeines

Eine *Kategorie* $\mathbf{C}$ besteht aus einer Klasse von Objekten Obj $\mathbf{C}$ sowie für jeweils zwei Objekte X, Y aus $\mathbf{C}$ einer Menge

$$\mathrm{Hom}_{\mathbf{C}}(X,Y) \tag{1.1}$$

von *Homomorphismen oder Morphismen zwischen X und Y*. Es folge aus $\mathrm{Hom}_{\mathbf{C}}(X,Y) \cap \mathrm{Hom}_{\mathbf{C}}(X',Y') \neq \emptyset$, dass $X = X'$ und $Y = Y'$ ist.

Jedes solche $\mathrm{Hom}_{\mathbf{C}}(X,X)$ enthält ein ausgezeichnetes Element $\mathrm{id}_X \in \mathrm{Hom}_{\mathbf{C}}(X,X)$, die *Identität auf X*. Ist $f \in \mathrm{Hom}_{\mathbf{C}}(X,Y)$, so stellen wir dies graphisch in der Form

$$X \xrightarrow{\ f\ } Y$$

dar und schreiben auch einfach $f : X \to Y$. Für $\mathrm{Hom}_{\mathbf{C}}(X,X)$ schreiben wir auch $\mathrm{End}_{\mathbf{C}}(X)$, die *Endomorphismen von X*.

Sind X, Y, Z drei Objekte aus $\mathbf{C}$, so existiert eine Abbildung

$$\circ : \mathrm{Hom}_{\mathbf{C}}(Y,Z) \times \mathrm{Hom}_{\mathbf{C}}(X,Y) \to \mathrm{Hom}_{\mathbf{C}}(X,Z), \quad (f,g) \mapsto f \circ g . \tag{1.2}$$

Dies ist die *Komposition* oder *Verknüpfung* von f und g.

© Springer-Verlag GmbH Deutschland, ein Teil von Springer Nature 2019
J. Böhm, *Kommutative Algebra und Algebraische Geometrie*,
https://doi.org/10.1007/978-3-662-59482-7_1

Ist $f \in \mathrm{Hom}_{\mathbf{C}}(Y, Z)$ und $g \in \mathrm{Hom}_{\mathbf{C}}(X, Y)$ und $h \in \mathrm{Hom}_{\mathbf{C}}(X, Z)$ mit $h = f \circ g$, so stellen wir dies graphisch etwa in der Form

$$\begin{array}{ccc} X & \xrightarrow{\;g\;} & Y \\ & {\scriptstyle h}\searrow & \downarrow{\scriptstyle f} \\ & & Z \end{array} \tag{1.3}$$

dar.

Für vier Objekte X, Y, Z, T aus $\mathbf{C}$ und $f \in \mathrm{Hom}_{\mathbf{C}}(Z, T)$, $g \in \mathrm{Hom}_{\mathbf{C}}(Y, Z)$ $h \in \mathrm{Hom}_{\mathbf{C}}(X, Y)$ ist

$$(f \circ g) \circ h = f \circ (g \circ h). \tag{1.4}$$

Es kommutiert also

$$\begin{array}{ccc} X & \xrightarrow{\;h\;} & Y \\ {\scriptstyle g \circ h}\searrow & \downarrow{\scriptstyle g} & \searrow{\scriptstyle f \circ g} \\ & Z & \xrightarrow{\;f\;} T. \end{array} \tag{1.5}$$

Weiterhin ist für alle $f : X \to Y$

$$\mathrm{id}_Y \circ f = f, \tag{1.6}$$
$$f \circ \mathrm{id}_X = f. \tag{1.7}$$

Beispiel 1.1.1
Eine der wichtigsten Kategorien ist die Kategorie der Mengen **Sets**, mit den Mengen als Objekten und den Mengenabbildungen $f : X \to Y$ als Morphismen $\mathrm{Hom}_{\mathbf{Sets}}(X, Y)$. ∎

Definition 1.1.1
Es seien $f : Y \to Z$ und $g_1, g_2 : X \to Y$ Morphismen in der Kategorie $\mathbf{C}$. Folgt aus $f \circ g_1 = f \circ g_2$ immer $g_1 = g_2$, so heißt f *Monomorphismus in* $\mathbf{C}$. ◆

Definition 1.1.2
Es seien $f : X \to Y$ und $g_1, g_2 : Y \to Z$ Morphismen in der Kategorie $\mathbf{C}$. Folgt aus $g_1 \circ f = g_2 \circ f$ immer $g_1 = g_2$, so heißt f *Epimorphismus in* $\mathbf{C}$. ◆

Es sei $f : X \to Y$ ein Morphismus in $\mathbf{C}$. Ist $g : Y \to X$ gegeben mit $g \circ f = \mathrm{id}_X$, so heißt g *linksinvers zu* f. Ist ein $h : Y \to X$ gegeben mit $f \circ h = \mathrm{id}_Y$, so heißt h *rechtsinvers zu* f.

Hat $f : X \to Y$ ein Rechtsinverses $g \circ f = \mathrm{id}_X$ und ein Linksinverses $f \circ h = \mathrm{id}_Y$, so ist f ein Isomorphismus von X nach Y, und es ist $g = h$.

Die Menge dieser Isomorphismen ist $\mathrm{Isom}_{\mathbf{C}}(X, Y) \subseteq \mathrm{Hom}_{\mathbf{C}}(X, Y)$. Weiter schreiben wir $\mathrm{Isom}_{\mathbf{C}}(X, X) = \mathrm{Aut}_{\mathbf{C}}(X) \subseteq \mathrm{End}_{\mathbf{C}}(X)$. Die Menge $(\mathrm{Aut}_{\mathbf{C}}(X), \circ)$ ist eine Gruppe.

Bemerkung 1.1.1

Hat f ein Linksinverses bzw. ein Rechtsinverses, so ist f ein Monomorphismus bzw. ein Epimorphismus.

Ein Isomorphismus ist also sowohl ein Monomorphismus als auch ein Epimorphismus. Die Umkehrung dieser Aussage ist nicht notwendig zutreffend.

Definition 1.1.3

Es sei X ein Objekt einer Kategorie $\mathbf{C}$ und $U'(X)$ das System aller Monomorphismen $u : U \to X$.

Wir schreiben für $u : U \to X$, $u' : U' \to X$ aus $U'(X)$, dass $u \leqslant u'$, wenn ein $v : U \to U'$ mit $u'v = u$ existiert.   ◆

Dual dazu definieren wir:

Definition 1.1.4

Es sei X ein Objekt einer Kategorie $\mathbf{C}$ und $Q'(X)$ das System aller Epimorphismen $p : X \to Q$.

Wir schreiben für $p : X \to Q$, $p' : X \to Q'$ aus $Q'(X)$, dass $p' \leqslant p$, wenn ein $v' : Q \to Q'$ mit $p' = v'p$ existiert.   ◆

Proposition 1.1.1

Ist für $u : U \to X, u' : U' \to X \in U'(X)$ sowohl $u \leqslant u'$ als auch $u' \leqslant u$, so existiert ein Isomorphismus $v : U \to U'$. Wir nennen u und u' dann äquivalent. Ein System von eindeutigen Repräsentanten aus den Äquivalenzklassen ist das System der Unterobjekte *von X. Wir nennen es $U(X)$.*

Dual dazu gilt:

Proposition 1.1.2

Ist für $p : X \to Q, p' : X \to Q' \in Q'(X)$ sowohl $p \leqslant p'$ als auch $p' \leqslant p$, so existiert ein Isomorphismus $v' : Q \to Q'$. Wir nennen p und p' dann äquivalent. Ein System von eindeutigen Repräsentanten aus den Äquivalenzklassen ist das System der Quotientenobjekte *von X. Wir nennen es $Q(X)$.*

Es sei $\mathbf{C}$ eine Kategorie, so können wir eine Kategorie $\mathbf{C}^o$ wie folgt definieren: $\mathrm{Obj}\,\mathbf{C}^o = \mathrm{Obj}\,\mathbf{C}$ und $\mathrm{Hom}_{\mathbf{C}^o}(X, Y) = \mathrm{Hom}_{\mathbf{C}}(Y, X)$. Es ist dann

$$\mathrm{Hom}_{\mathbf{C}^o}(Y, Z) \times \mathrm{Hom}_{\mathbf{C}^o}(X, Y) =$$
$$= \mathrm{Hom}_{\mathbf{C}}(Z, Y) \times \mathrm{Hom}_{\mathbf{C}}(Y, X) \mapsto \mathrm{Hom}_{\mathbf{C}}(Z, X) = \mathrm{Hom}_{\mathbf{C}^o}(X, Z) \quad (1.8)$$

die passende Definition der Komposition in $\mathbf{C}^o$. Wir nennen $\mathbf{C}^o$ auch die *duale Kategorie zu* $\mathbf{C}$ oder auch die *Kategorie mit umgedrehten Pfeilen*.

Definition 1.1.5

Es sei $\mathbf{C}$ eine Kategorie und X ein Objekt von $\mathbf{C}$. Enthält für alle Y aus $\mathrm{Obj}\,\mathbf{C}$

1. $\mathrm{Hom}_{\mathbf{C}}(Y, X)$ genau ein Element, so heißt X *Endobjekt in* $\mathbf{C}$.

2. $\mathrm{Hom}_{\mathbf{C}}(X, Y)$ genau ein Element, so heißt X *Anfangsobjekt in* $\mathbf{C}$.

◆

Ein Anfangsobjekt bzw. ein Endobjekt ist *eindeutig bis auf einen eindeutigen Isomorphismus* festgelegt.

1.1.2 Equalizer und Koequalizer

Definition 1.1.6 (Equalizer)
Es seien $f, g : X \to Y$ zwei Morphismen in einer Kategorie $\mathbf{C}$.

Dann ist ein Monomorphismus $u : K \to X$ ein *Equalizer von* f, g, wenn

i) $f \circ u = g \circ u$,

ii) jede Abbildung $h : N \to X$ mit $f \circ h = g \circ h$ eindeutig durch u faktorisiert, also genau eine Abbildung $v : N \to K$ existiert mit $u \circ v = h$.

Wir schreiben $\ker(f, g)$ für eine solche Abbildung u bzw. für das Objekt K mit der implizit mitgedachten Abbildung u.

◆

Definition 1.1.7 (Koequalizer)
Es seien $f, g : X \to Y$ zwei Morphismen in einer Kategorie $\mathbf{C}$.

Dann ist ein Epimorphismus $p : Y \to C$ ein *Koequalizer von* f, g, wenn

i) $p \circ f = p \circ g$,

ii) jede Abbildung $h : Y \to N$ mit $h \circ f = h \circ g$ eindeutig durch p faktorisiert, also genau eine Abbildung $v : C \to N$ existiert mit $v \circ p = h$.

Wir schreiben $\mathrm{coker}(f, g)$ für eine solche Abbildung p bzw. für das Objekt C mit der implizit mitgedachten Abbildung p.

◆

Proposition 1.1.3
Die Kategorie der Mengen **Sets** *hat Equalizer.*

Beweis. Es seien $f, g : X \to Y$ zwei Mengenabbildungen. Dann ist $\ker(f, g) = \{x \in X \mid f(x) = g(x)\}$. $\qquad\square$

1.1.3 Funktoren

Es seien $\mathbf{C}$ und $\mathbf{D}$ zwei Kategorien. Es gebe eine Zuordnung

$$F : X \mapsto F(X), \tag{1.9}$$

$$F : f \in \mathrm{Hom}_{\mathbf{C}}(X, Y) \mapsto F(f) \in \mathrm{Hom}_{\mathbf{D}}(F(X), F(Y)), \tag{1.10}$$

wobei X, Y aus $\mathrm{Obj}\,\mathbf{C}$ sind und $F(X)$, $F(Y)$ aus $\mathrm{Obj}\,\mathbf{D}$.

Für $g : X \to Y$ und $f : Y \to Z$ aus $\mathbf{C}$ sei die Beziehung

$$F(f \circ g) = F(f) \circ F(g) \tag{1.11}$$

erfüllt.

Weiter sei für jedes X aus $\mathrm{Obj}\,\mathbf{C}$

$$F(\mathrm{id}_X) = \mathrm{id}_{F(X)}. \tag{1.12}$$

Definition 1.1.8
Mit den vorigen Bezeichnungen ist $F : \mathbf{C} \to \mathbf{D}$ ein *kovarianter Funktor von* $\mathbf{C}$
nach $\mathbf{D}$.   ◆

Gilt statt der Beziehung (1.10) die Beziehung

$$F : X \mapsto F(X), \tag{1.13}$$

$$F : f \in \mathrm{Hom}_{\mathbf{C}}(X, Y) \mapsto F(f) \in \mathrm{Hom}_{\mathbf{D}}(F(Y), F(X)), \tag{1.14}$$

und ist entsprechend für $g : X \to Y$ und $f : Y \to Z$ aus $\mathbf{C}$

$$F(f \circ g) = F(g) \circ F(f), \tag{1.15}$$

so definieren wir analog:

Definition 1.1.9
Mit den vorigen Bezeichnungen ist $F : \mathbf{C} \to \mathbf{D}$ ein *kontravarianter Funktor von*
$\mathbf{C}$ *nach* $\mathbf{D}$.   ◆

Es seien $\mathbf{C}$, $\mathbf{D}$, $\mathbf{E}$ drei Kategorien und $G : \mathbf{C} \to \mathbf{D}$ sowie $F : \mathbf{D} \to \mathbf{E}$ zwei
Funktoren. Dann ist $F \circ G : \mathbf{C} \to \mathbf{D}$ die *Komposition der Funktoren* F *und* G.
Sie ist definiert durch

$$F \circ G : X \mapsto F(G(X)), \tag{1.16}$$

$$F \circ G : f \in \mathrm{Hom}_{\mathbf{C}}(X, Y) \mapsto F(G(f)) \in \mathrm{Hom}_{\mathbf{E}}(F(G(X)), F(G(Y))), \tag{1.17}$$

falls F und G kovariant sind. Bei anderen Varianzen ist (1.17) entsprechend
abzuändern.

Wir schreiben auch bildlich:

$$
\begin{array}{ccc}
\mathbf{C} & \xrightarrow{\ F\ } & \mathbf{D} \\
 & \searrow{\scriptstyle F\circ G} & \downarrow{\scriptstyle G} \\
 & & \mathbf{E}
\end{array}
\qquad (1.18)
$$

Bemerkung 1.1.2

Es gibt einen kanonischen kontravarianten Funktor

$$\mathrm{opp} : \mathbf{C} \to \mathbf{C}^{o}.$$

Es gilt: $F : \mathbf{C} \to \mathbf{D}$ ist ein kontravarianter Funktor, genau dann, wenn ein kovarianter Funktor $F^{o} : \mathbf{C}^{o} \to \mathbf{D}$ existiert, für den $F^{o} \circ \mathrm{opp} = F$ ist.

Bemerkung 1.1.3

Im Folgenden werden wir viele Aussagen nur noch für kovariante Funktoren treffen, sie gelten aber mit entsprechenden Abänderungen, meistens auch für kontravariante Funktoren. Falls nicht, so wird ein entsprechender Hinweis angebracht.

Definition 1.1.10

Es sei $F : \mathbf{C} \to \mathbf{D}$ ein Funktor. Dann heißt F treu bzw. voll bzw. volltreu, falls die Abbildungen $F : f \in \mathrm{Hom}_{\mathbf{C}}(X, Y) \mapsto F(f) \in \mathrm{Hom}_{\mathbf{D}}(F(X), F(Y))$ für alle X, Y aus $\mathrm{Obj}\,\mathbf{C}$ injektiv bzw. surjektiv bzw. bijektiv sind. ♦

1.1.4 Natürliche Transformationen

Es seien $F, G : \mathbf{C} \to \mathbf{D}$ zwei kovariante Funktoren. Es existiere ein System von Abbildungen

$$\phi_X : F(X) \to G(X) \qquad (1.19)$$

für jedes X aus $\mathrm{Obj}\,\mathbf{C}$.

Weiter existiere für jedes $f : X \to Y$ aus $\mathbf{C}$ ein kommutatives Diagramm

$$
\begin{array}{ccc}
F(X) & \xrightarrow{\ \phi_X\ } & G(X) \\
{\scriptstyle F(f)}\downarrow & & \downarrow{\scriptstyle G(f)} \\
F(Y) & \xrightarrow{\ \phi_Y\ } & G(Y)
\end{array}
\qquad (1.20)
$$

Definition 1.1.11

In der vorigen Situation nennen wir $\phi : F \to G$ eine *natürliche Transformation* von F nach G oder einen *Morphismus von Funktoren*. ♦

Mit einer gewissen Vorsicht wegen grundlagentheoretischer Probleme, die sich daraus ergeben, dass die Objekte $\mathrm{Obj}\,\mathbf{C}$ einer Kategorie nicht immer eine Menge, sondern auch eine Klasse sein können, ist es möglich zu definieren:

Definition 1.1.12
Es sei $\mathbf{Hom}(\mathbf{C},\mathbf{D})$ die Kategorie der Funktoren $F : \mathbf{C} \to \mathbf{D}$. ◆

Es ist dann $\mathrm{Hom}(F,G)$ in dieser Kategorie die Menge der natürlichen Transformationen von F nach G, also der Systeme $\phi_X : F(X) \to G(X)$ von oben.

Offensichtlich existiert für drei Funktoren F, G, H und natürliche Transformationen $\phi_X : F(X) \to G(X)$ sowie $\psi_X : G(X) \to H(X)$ immer die Komposition $(\psi \circ \phi)_X = \psi_X \circ \phi_X : F(X) \to H(X)$. Sie ist in der Tat eine natürliche Transformation.

Auch die Identität $(\mathrm{id}_F)_X = \mathrm{id}_{F(X)} : F(X) \to F(X)$ existiert und hat die verlangten Eigenschaften.

Es ist also sinnvoll davon zu sprechen, dass für zwei Funktoren $F, G : \mathbf{C} \to \mathbf{D}$ ein natürlicher *Isomorphismus* $\phi : F \overset{\sim}{\to} G$ in $\mathbf{Hom}(\mathbf{C},\mathbf{D})$ existiert.

Definition 1.1.13
In diesem Fall schreiben wir $F(X) = G(X)$ für alle X aus $\mathrm{Obj}\,\mathbf{C}$ und sagen, auch F und G seien *kanonisch isomorph*. ◆

Es seien nun $F, G : \mathbf{C} \to \mathbf{D}$ zwei Funktoren und $\phi_X : F(X) \to G(X)$ eine natürliche Transformation mit dem Diagramm (1.20). Ist dann $H : \mathbf{D} \to \mathbf{E}$ ein weiterer Funktor, so vermittelt $\psi_X = H(\phi_X) : H(F(X)) \to H(G(X))$ eine natürliche Transformation zwischen $H \circ F$ und $H \circ G$, denn es ist ja nach Anwendung von H auf das Diagramm (1.20):

$$
\begin{array}{ccc}
H(F(X)) & \xrightarrow{H(\phi_X)} & H(G(X)) \\
{\scriptstyle H(F(f))}\big\downarrow & & \big\downarrow{\scriptstyle H(G(f))} \\
H(F(Y)) & \xrightarrow{H(\phi_Y)} & H(G(Y))
\end{array}
\qquad (1.21)
$$

Es ergibt sich daraus auch

Bemerkung 1.1.4
Sind F, G natürlich isomorph, $F(X) = G(X)$, so sind auch $H \circ F$ und $H \circ G$ natürlich isomorph, $H(F(X)) = H(G(X))$, für alle X aus $\mathrm{Obj}\,\mathbf{C}$.

Sei nun wieder eine natürliche Transformation $\phi_X : F(X) \to G(X)$ zwischen Funktoren $F, G : \mathbf{C} \to \mathbf{D}$ gegeben. Weiter sei jetzt $H : \mathbf{B} \to \mathbf{C}$ ein Funktor. Dann ist $\psi_Z = \phi_{H(Z)} : F(H(Z)) \to G(H(Z))$ für alle Z aus $\mathrm{Obj}\,\mathbf{B}$ eine natürliche Transformation von $F \circ H$ nach $G \circ H$. Wieder folgt:

Bemerkung 1.1.5
Sind F, G natürlich isomorph, $F(X) = G(X)$, so sind auch $F \circ H$ und $G \circ H$ natürlich isomorph, $F(H(Z)) = G(H(Z))$, für alle Z aus $\mathrm{Obj}\,\mathbf{B}$.

1.1.5 Das Yoneda-Lemma

Es sei $\mathbf{C}$ eine Kategorie und $\mathbf{C}^o$ die zugehörige duale Kategorie. Dann gibt es einen Funktor

$$h : \mathbf{C} \to \mathrm{Hom}(\mathbf{C}^o, \mathbf{Sets}), \quad h : X \mapsto h_X : (T \mapsto \mathrm{Hom}(T, X)). \tag{1.22}$$

Definition 1.1.14
Der oben definierte Funktor $X \mapsto h_X$ heißt *Yoneda-Abbildung* von $\mathbf{C}$ nach $\mathrm{Hom}(\mathbf{C}^o, \mathbf{Sets})$. ◆

Lemma 1.1.1 (Yoneda)
Die Yoneda-Abbildung F induziert eine volltreue Einbettung von Kategorien

$$h : \mathbf{C} \to \mathrm{Hom}(\mathbf{C}^o, \mathbf{Sets}).$$

1.1.6 Adjungierte Funktoren

Definition 1.1.15
Es seien $F : \mathbf{C} \to \mathbf{D}$ und $G : \mathbf{D} \to \mathbf{C}$ zwei Funktoren, und es gebe einen natürlichen Isomorphismus

$$\mathrm{Hom}_{\mathbf{D}}(F(X), Y) = \mathrm{Hom}_{\mathbf{C}}(X, G(Y)) \tag{1.23}$$

für alle Objekte X aus $\mathbf{C}$ und Y aus $\mathbf{D}$.

Dann sind F und G *adjungierte Funktoren*, F ist *linksadjungiert zu G*, und G ist *rechtsadjungiert zu F*. ◆

Definition 1.1.16
Es sei $F : \mathbf{C} \to \mathbf{D}$ ein Funktor. Dann heißt F *essentiell surjektiv*, falls für jedes Objekt Y von $\mathbf{D}$ ein Objekt X von $\mathbf{C}$ existiert, für das $F(X) \cong Y$ gilt. ◆

Definition 1.1.17
Es seien $\mathbf{C}$ und $\mathbf{D}$ zwei Kategorien und $F : \mathbf{C} \to \mathbf{D}$ sowie $G : \mathbf{D} \to \mathbf{C}$ zwei Funktoren mit natürlichen Isomorphismen

$$\mathrm{id}_{\mathbf{C}} \cong G \circ F, \qquad\qquad F \circ G \cong \mathrm{id}_{\mathbf{D}}.$$

Dann heißen $\mathbf{C}$ und $\mathbf{D}$ *äquivalent*, und die Funktoren F, G sind *Äquivalenzen von Kategorien*. ◆

Proposition 1.1.4
Es seien $F : \mathbf{C} \to \mathbf{D}$ und $G : \mathbf{D} \to \mathbf{C}$ zwei Funktoren, wobei F linksadjungiert zu G ist.

Dann ist äquivalent:

a) F und G definieren eine Äquivalenz von Kategorien.

b) F und G sind volltreu.

Proposition 1.1.5
Es sei $F : \mathbf{C} \to \mathbf{D}$ ein Funktor. Dann ist äquivalent:

a) F induziert eine Äquivalenz von Kategorien mit einem geeigneten $G : \mathbf{D} \to \mathbf{C}$.

b) F ist volltreu und essentiell surjektiv.

1.1.7 Produkte, Summen, Limites

Definition 1.1.18
Eine *Indexkategorie* über einer Menge I ist eine Kategorie, deren Objekte die Elemente von I sind. ◆

Definition 1.1.19
Eine Indexkategorie I erfüllt

(F1) Wenn für jedes Paar von Morphismen, $\phi \in \mathrm{Hom}_I(i,j)$ und $\psi \in \mathrm{Hom}_I(i,k)$ zwei Morphismen $\alpha \in \mathrm{Hom}_I(j,l)$ und $\beta \in \mathrm{Hom}_I(k,l)$ existieren mit $\alpha \circ \phi = \beta \circ \psi$.

$$\tag{1.24}$$

(F2) Wenn für jedes Paar von Morphismen, $\phi, \psi \in \mathrm{Hom}_I(i,j)$ ein Morphismus $\gamma \in \mathrm{Hom}_I(j,k)$ existiert mit $\gamma \circ \phi = \gamma \circ \psi$.

$$i \underset{\psi}{\overset{\phi}{\rightrightarrows}} j \xrightarrow{\gamma} k$$

(F3) Wenn für zwei $i, k \in \mathrm{Obj}\, I$ Objekte $j_1, \ldots, j_n \in \mathrm{Obj}\, I$ existieren, so dass

$$i \to j_1 \leftarrow j_2 \to j_3 \leftarrow \cdots \to j_n \leftarrow k$$

ein System von Morphismen in I ist. ◆

Definition 1.1.20
Sind für eine Indexkategorie I die Bedingungen (F1) und (F2) erfüllt, so heißt sie *pseudofiltriert*. Ist (F3) erfüllt, so heißt sie *zusammenhängend*. Eine pseudofiltrierte und zusammenhängende Indexkategorie heißt *filtriert*.

Eine Indexkategorie I heißt *kofiltriert*, wenn I^o filtriert ist.   ◆

Definition 1.1.21
Es gelte für eine Indexkategorie I:

  i) $\mathrm{Hom}_I(i,j)$ ist entweder leer oder besteht nur aus einem Element.

  ii) Es existiert für $i,j \in \mathrm{Obj}\,I$ immer ein $k \in \mathrm{Obj}\,I$, so dass $i \to k \leftarrow j$ Morphismen in I sind.

Dann heißt I *gerichtete Menge*.   ◆

Definition 1.1.22
Sind für eine Indexkategorie I alle $\mathrm{Hom}_I(i,j) = \emptyset$ für $i \neq j$, und besteht $\mathrm{Hom}_I(i,i)$ nur aus id_i, so ist I die *triviale Indexkategorie*.   ◆

Wir können also eine Familie $(A_i)_{i \in I}$ von Objekten einer Kategorie $\mathbf{C}$ als Funktor in $\mathrm{Hom}(I,\mathbf{C})$ auffassen, wobei in $\mathrm{Hom}(I,\mathbf{C})$ das I für die triviale Indexkategorie über I steht.

Definition 1.1.23
Ein Objekt F aus $\mathrm{Hom}(I,\mathbf{C})$ heiße *von I indiziertes System in $\mathbf{C}$*. Wir schreiben auch manchmal $(F_i)_{i \in I}$ für ein solches System. Ist I eine gerichtete Menge, so heißt F auch *direktes System*.   ◆

Bemerkung 1.1.6
Wir schreiben für $\mathrm{Hom}_{\mathrm{Hom}(I,\mathbf{C})}((F_i),(G_i))$ auch abkürzend $\mathrm{Hom}_{\mathrm{ind}}((F_i),(G_i))$, wenn sich $\mathrm{Hom}(I,\mathbf{C})$ aus dem Kontext ergibt.

Definition 1.1.24
Es sei $\mathbf{C}$ eine Kategorie und X ein Objekt aus $\mathbf{C}$. Weiter sei I eine Indexkategorie. Dann gibt es eine funktorielle Zuordnung

$$c : \mathbf{C} \to \mathrm{Hom}(I,\mathbf{C}), \quad X \mapsto (c_X : i \mapsto X) \tag{1.25}$$

mit der Abbildung der Morphismen als $c_X(\phi) = \mathrm{id}_X$ für alle $\phi \in \mathrm{Hom}_I(i,j)$.

Das Objekt c_X ist das *konstante, von X erzeugte, von I indizierte System*.   ◆

Definition 1.1.25
Es sei $\mathbf{C}$ eine Kategorie und I eine Indexkategorie. Es gebe einen Funktor $\varinjlim_I : \mathrm{Hom}(I,\mathbf{C}) \to \mathbf{C}$, der die Adjunktionsbeziehung

$$\mathrm{Hom}_{\mathbf{C}}(\varinjlim_I F_i, X) = \mathrm{Hom}_{\mathrm{ind}}((F_i),c_X) \tag{1.26}$$

funktoriell erfüllt. Dann heißt $\varinjlim_I F_i$ der *direkte Limes von* $(F_i)_{i \in I}$.   ◆

Definition 1.1.26
Es sei $\mathbf{C}$ eine Kategorie und I eine Indexkategorie. Es gebe einen Funktor $\varprojlim_I$: $\text{Hom}(I, \mathbf{C}) \to \mathbf{C}$, der die Adjunktionsbeziehung

$$\text{Hom}_{\mathbf{C}}(X, \varprojlim_I F_i) = \text{Hom}_{\text{ind}}(c_X, (F_i)) \tag{1.27}$$

funktoriell erfüllt. Dann heißt $\varprojlim_I F_i$ der *inverse Limes von* $(F_i)_{i \in I}$.   ◆

Definition 1.1.27
Es sei $\mathbf{C}$ eine Kategorie und I eine triviale Indexkategorie. Dann schreiben wir auch

$$\varinjlim_I F_i = \bigoplus_{i \in I} F_i \tag{1.28}$$

$$\varprojlim_I F_i = \prod_{i \in I} F_i \tag{1.29}$$

und nennen $\bigoplus_{i \in I} F_i$ die *direkte Summe* und $\prod_{i \in I} F_i$ das *direkte Produkt* der F_i.   ◆

Bemerkung 1.1.7
Setzt man in (1.26) bzw. in (1.27) das Objekt X gleich $\varinjlim_I F_i$ bzw. gleich $\varprojlim_I F_i$, so entstehen Abbildungen

$$j_i : F_i \to \varinjlim_I F_i \,, \tag{1.30}$$

$$p_i : \varprojlim_I F_i \to F_i \,. \tag{1.31}$$

Die Zuordnungen

$$\text{Hom}(\bigoplus_I F_i, X) \to \prod_{i \in I} \text{Hom}(F_i, X), \quad h \mapsto \prod_{i \in I} h \circ j_i$$

$$\text{Hom}(X, \prod_I F_i) \to \prod_{i \in I} \text{Hom}(X, F_i), \quad h \mapsto \prod_{i \in I} p_i \circ h$$

sind eine andere Formulierung der oben stehenden Adjunktionsbeziehungen (1.26) und (1.27) für direkte Summen und Produkte.

Es sei I die Indexkategorie mit drei Objekten, die graphisch als

$$\begin{array}{c} i_1 \\ \uparrow \\ i_3 \longrightarrow i_2 \end{array}$$

repräsentiert sei.

Definition 1.1.28

Der direkte Limes über die eben eingeführte Kategorie heißt *Fasersumme*, geschrieben als

$$\varinjlim_{I} F_i = F_{i_1} \oplus_{F_{i_3}} F_{i_2} \,,$$

wobei die Abbildungen $F_{i_3} \to F_{i_1}, F_{i_2}$ implizit mitgedacht sind.   ◆

Es sei I die Indexkategorie mit drei Objekten, die graphisch als

repräsentiert sei.

Definition 1.1.29

Der inverse Limes über die eben eingeführte Kategorie heißt *Faserprodukt*, geschrieben als

$$\varprojlim_{I} F_i = F_{i_1} \times_{F_{i_3}} F_{i_2} \,,$$

wobei die Abbildungen $F_{i_1}, F_{i_2} \to F_{i_3}$ implizit mitgedacht sind.

Die kanonischen Abbildungen $p_1, p_2 : F_{i_1} \times_{F_{i_3}} F_{i_2} \to F_{i_1}, F_{i_2}$ werden *kanonische Projektionen* genannt.   ◆

Proposition 1.1.6

Es sei **C** *eine Kategorie mit Koequalizern und direkten Summen. Dann existieren in* **C** *beliebige direkte Limites* $\varinjlim_{I} F_i$.

Beweis. Betrachte die Sequenz

$$\bigoplus_{\substack{\phi_{ik} \in \mathrm{Hom}_I(i,k) \\ i,k \in \mathrm{Obj}\, I}} F_{\phi_{ik}} \underset{w'}{\overset{w}{\rightrightarrows}} \bigoplus_{i \in I} F_i \overset{p}{\longrightarrow} \mathrm{coker}(w, w')$$

mit $F_{\phi_{ik}} = F_i$. Sind $j_{\phi_{ik}}$ und j_i die kanonischen Abbildungen in $\bigoplus_{\phi_{ik}} F_{\phi_{ik}}$ und $\bigoplus_{i \in I} F_i$, so sei $w \circ j_{\phi_{ik}} = j_i$ und $w' \circ j_{\phi_{ik}} = j_k \circ F(\phi_{ik})$.

Man rechnet leicht nach, dass $\mathrm{coker}(w, w') = \varinjlim_{i \in I} F_i$ ist.   □

Dual dazu gilt:

Proposition 1.1.7

Es sei **C** *eine Kategorie mit Equalizern und direkten Produkten. Dann existieren in* **C** *beliebige inverse Limites* $\varprojlim_{I} F_i$.

Beweis. Betrachte die Sequenz

$$\ker(w, w') \overset{i}{\longrightarrow} \prod_{i \in I} F_i \underset{w'}{\overset{w}{\rightrightarrows}} \prod_{\substack{\phi_{ik} \in \mathrm{Hom}_I(i,k) \\ i,k \in \mathrm{Obj}\, I}} F_{\phi_{ik}}$$

mit $F_{\phi_{ik}} = F_k$. Sind $p_{\phi_{ik}}$ und p_i die kanonischen Abbildungen von $\prod_{\phi_{ik}} F_{\phi_{ik}}$ und $\prod_{i \in I} F_i$, so sei $p_{\phi_{ik}} \circ w = p_k$ und $p_{\phi_{ik}} \circ w' = F(\phi_{ik}) \circ p_i$.

Man rechnet leicht nach, dass $\ker(w, w') = \varprojlim_{i \in I} F_i$ ist.   □

Korollar 1.1.1
In **Sets** *existiert für* $r : E \to G$ *und* $s : F \to G$ *das Faserprodukt* $E \times_G F$.

Beweis. Benutzt man die Definition des Equalizers und vereinfacht etwas, so entsteht die Beziehung

$$E \times_G F = \{(e, f) \mid e \in E, f \in F, r(e) = s(f)\} \subseteq E \times F.$$

Die kanonischen Projektionen sind die von $E \times F$ induzierten.   □

1.2   Abelsche Kategorien

1.2.1   Additive Kategorien

Definition 1.2.1
Eine *additive Kategorie* **A** ist eine Kategorie, in der

i) $\mathrm{Hom}(A, B)$ eine abelsche Gruppe für alle A, B aus $\mathrm{Obj}\,\mathbf{A}$ ist.

ii) die Abbildung

$$\circ : \mathrm{Hom}_{\mathbf{A}}(Y, Z) \times \mathrm{Hom}_{\mathbf{A}}(X, Y) \to \mathrm{Hom}_{\mathbf{A}}(X, Z)$$

eine $\mathbb{Z}$-Bilinearform ist.

iii) für je zwei Objekte X, Y die direkte Summe $X \oplus Y$ und das direkte Produkt $X \times Y$ existieren.

iv) ein Nullobjekt A mit $\mathrm{id}_A = 0$ existiert.   ♦

Bemerkung 1.2.1
Es genügt zu verlangen, dass $X \oplus Y$ *oder* $X \times Y$ existiert, beide Objekte sind für eine additive Kategorie kanonisch isomorph.

Ein Nullobjekt A kann auch durch $\mathrm{Hom}_{\mathbf{A}}(A, A) = 0$ oder $\mathrm{Hom}_{\mathbf{A}}(A, X) = 0$ für alle X aus **A** gekennzeichnet werden. Es ist eindeutig bis auf einen eindeutigen Isomorphismus.

Ein Funktor $F : \mathbf{A} \to \mathbf{B}$ additiver Kategorien soll, wenn nicht anders gesagt, immer Gruppenhomomorphismen $f \in \mathrm{Hom}_{\mathbf{A}}(X, Y) \mapsto F(f) \in \mathrm{Hom}_{\mathbf{B}}(F(X), F(Y))$ induzieren.

Definition 1.2.2 (Kern)
Es sei $f : X \to Y$ ein Morphismus in einer additiven Kategorie. Wenn der Equalizer $u : K \to X$ mit $u = \ker(f, 0_{\mathrm{Hom}(X,Y)})$ existiert, so nennen wir ihn *Kern von* f.

Wir schreiben $\ker f$ für eine solche Abbildung u bzw. für das Objekt K mit der implizit mitgedachten Abbildung u.   ♦

Definition 1.2.3 (Kokern)

Es sei $f : X \to Y$ ein Morphismus in einer additiven Kategorie. Wenn der Koequalizer $p : Y \to C$ mit $p = \mathrm{coker}(f, 0_{\mathrm{Hom}(X,Y)})$ existiert, so nennen wir ihn *Kokern von f*.

Wir schreiben coker f für eine solche Abbildung p bzw. für das Objekt C mit der implizit mitgedachten Abbildung p. ◆

Bemerkung 1.2.2

Den Kokern des Kerns von $f : X \to Y$ nennen wir auch *Kobild* (coim f), den Kern des Kokerns auch *Bild* (im f). Wir haben also das Diagramm mit einem eindeutig bestimmten Morphismus h,

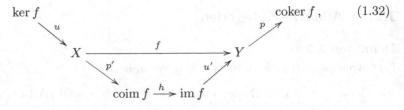

$$(1.32)$$

wo u, u' Monomorphismen, p, p' Epimorphismen sind.

1.2.2 Abelsche Kategorien

Definition 1.2.4

Eine *abelsche Kategorie* ist eine additive Kategorie, in der

i) jeder Morphismus einen Kern und einen Kokern besitzt,

ii) der kanonische Morphismus vom Kokern des Kerns in den Kern des Kokerns ein Isomorphismus ist.

◆

Beispiel 1.2.1

Die (noch einzuführende) Kategorie A-**Mod** der A-Moduln über einem kommutativen Ring A ist eine abelsche Kategorie. Insbesondere sind damit auch die Kategorie der abelschen Gruppen **Ab** und die Kategorie der k-Vektorräume k-**Vect** abelsche Kategorien. ■

Proposition 1.2.1

In einer abelschen Kategorie entsprechen sich für ein Objekt X die Unterobjekte $U(X)$ und die Quotientenobjekte $Q(X)$ eineindeutig unter

$$U(X) \to Q(X), (u : U \to X) \mapsto (p : X \to \mathrm{coker}\, u), \qquad (1.33)$$

$$Q(X) \to U(X), (p : X \to Q) \mapsto (u : \ker p \to X). \qquad (1.34)$$

Entsprechen sich dabei u, u' und p, p', so ist $u \leqslant u'$ genau dann, wenn $p \geqslant p'$.

Proposition 1.2.2
In einer abelschen Kategorie existiert für Abbildungen $f, g : P \to M, N$ die Fasersumme $M \oplus_P N$ und für Abbildungen $f, g : M, N \to P$ das Faserprodukt $M \times_P N$.

Beweis. In einer additiven Kategorie existieren endliche Summen und Produkte und in einer abelschen Kategorie Equalizer und Koequalizer.   □

Es sei im Folgenden $M^\bullet$ eine Sequenz $0 \to M' \to M \to M'' \to 0$ von Objekten einer abelschen Kategorie **A**.

Definition 1.2.5
Eine Folge $0 \to M' \xrightarrow{\alpha} M \xrightarrow{\beta} M'' \to 0$ heißt

1. *mittelexakt*, falls $\operatorname{im} \alpha = \ker \beta$,

2. *linksexakt*, falls sie mittelexakt ist und $\ker \alpha = 0$,

3. *rechtsexakt*, falls sie mittelexakt ist und $\operatorname{im} \beta = M''$ ist,

4. *exakt*, falls sie linksexakt und rechtsexakt ist.

                                                                        ◆

Eine exakte Sequenz $0 \to M' \to M \to M'' \to 0$ heißt auch *kurze exakte Sequenz*.

Definition 1.2.6
Eine beliebige Folge $M_1 \xrightarrow{\alpha_1} M_2 \to \cdots \xrightarrow{\alpha_{i-1}} M_i \xrightarrow{\alpha_i} \cdots$ heißt *exakt*, falls $\operatorname{im} \alpha_i = \ker \alpha_{i+1}$ für alle in Frage kommenden i gilt.   ◆

Es sei $F : \mathbf{A} \to \mathbf{B}$ ein kovarianter Funktor abelscher Kategorien. Wir definieren dann:

Definition 1.2.7
Es sei $0 \to M' \to M \to M'' \to 0$ eine exakte Sequenz in **A**. Ist

1. die Folge $0 \to F(M') \to F(M) \to F(M'')$ exakt, so heißt F *linksexakt*,

2. die Folge $F(M') \to F(M) \to F(M'') \to 0$ exakt, so heißt F *rechtsexakt*,

3. die Folge $F(M') \to F(M) \to F(M'')$ exakt, so heißt F *mittelexakt*,

4. die Folge $0 \to F(M') \to F(M) \to F(M'') \to 0$ exakt, so heißt F *exakt*. Dies ist äquivalent zu „F linksexakt" und „F rechtsexakt".

                                                                        ◆

Es sei $F : \mathbf{A} \to \mathbf{B}$ ein kontravarianter Funktor abelscher Kategorien. Wir definieren dann:

Definition 1.2.8
Es sei $0 \to M' \to M \to M'' \to 0$ eine exakte Sequenz in **A**. Ist

1. die Folge $0 \to F(M'') \to F(M) \to F(M')$ exakt, so heißt F *linksexakt*,

2. die Folge $F(M'') \to F(M) \to F(M') \to 0$ exakt, so heißt F *rechtsexakt*,

3. die Folge $F(M'') \to F(M) \to F(M')$ exakt, so heißt F *mittelexakt*,

4. die Folge $0 \to F(M'') \to F(M) \to F(M') \to 0$ exakt, so heißt F *exakt*. Dies ist äquivalent zu „F linksexakt" und „F rechtsexakt".

◆

Definition 1.2.9

Eine exakte Sequenz $0 \to M' \to M \to M'' \to 0$, für die ein Diagramm

$$
\begin{array}{ccccccccc}
0 & \longrightarrow & M' & \longrightarrow & M & \longrightarrow & M'' & \longrightarrow & 0 \\
  &   & \downarrow{\scriptstyle \mathrm{id}} &   & \downarrow{\scriptstyle \cong} &   & \downarrow{\scriptstyle \mathrm{id}} &   & \\
0 & \longrightarrow & M' & \longrightarrow & M' \oplus M'' & \longrightarrow & M'' & \longrightarrow & 0
\end{array}
\tag{1.35}
$$

existiert, heißt *split-exakt* oder *gesplittet*.   ◆

Lemma 1.2.1

Die exakte Folge $0 \to M' \xrightarrow{i} M \xrightarrow{p} M'' \to 0$ ist genau dann split-exakt, wenn

1. *eine Abbildung $i' : M'' \to M$ mit $p \circ i' = \mathrm{id}_{M''}$ oder*

2. *eine Abbildung $p' : M \to M'$ mit $p' \circ i = \mathrm{id}_{M'}$*

existiert. In diesem Fall existiert die jeweils andere Abbildung automatisch.

Lemma 1.2.2

Es sei $0 \to M' \to M \to M'' \to 0$ eine split-exakte Folge und F ein Funktor, der entweder linksexakt oder rechtsexakt ist.
   Dann ist auch $0 \to F(M') \to F(M) \to F(M'') \to 0$ split-exakt.

Lemma 1.2.3

Es sei $\mathbf{A}$ eine abelsche Kategorie und N ein Objekt aus $\mathbf{A}$. Dann gilt:

1. *Der Funktor $\mathrm{Hom}_{\mathbf{A}}(-, N)$ von $\mathbf{A}$ nach $\mathbf{Ab}$ ist linksexakt und kontravariant.*

2. *Der Funktor $\mathrm{Hom}_{\mathbf{A}}(N, -)$ von $\mathbf{A}$ nach $\mathbf{Ab}$ ist linksexakt und kovariant.*

Beweis. Man überprüft die Aussagen direkt auf den Sequenzen $\mathrm{Hom}_A(M^\bullet, N)$ und $\mathrm{Hom}_A(N, M^\bullet)$.   □

Lemma 1.2.4

Es gilt Folgendes:

1. *Es sei $M^\bullet$ die Sequenz $0 \to M' \to M \to M''$. Dann ist äquivalent:*

   a) *Für jedes N ist $\mathrm{Hom}_A(N, M^\bullet)$ linksexakt.*

b) $M^\bullet$ *ist linksexakt.*

2. *Es sei $M^\bullet$ die Sequenz $M' \to M \to M'' \to 0$. Dann ist äquivalent:*

a) *Für jedes N ist $\mathrm{Hom}_A(M^\bullet, N)$ linksexakt.*

b) $M^\bullet$ *ist rechtsexakt.*

Proposition 1.2.3

Es seien $F : \mathbf{A} \to \mathbf{B}$ und $G : \mathbf{B} \to \mathbf{A}$ zwei kovariante Funktoren, und es sei F linksadjungiert zu G. Dann ist F rechtsexakt und G linksexakt.

Beweis. Es sei $M^\bullet$ eine kurze exakte Sequenz in $\mathbf{A}$ und N ein beliebiges Objekt aus $\mathbf{B}$. Dann ist

$$\mathrm{Hom}_\mathbf{B}(F(M^\bullet), N) = \mathrm{Hom}_\mathbf{A}(M^\bullet, G(N)),$$

und nach den beiden vorigen Lemmata ist $F(M^\bullet)$ eine rechtsexakte Sequenz, also F ein rechtsexakter Funktor.

Entsprechend folgt mit einer kurzen exakten Sequenz $M^\bullet$ in $\mathbf{B}$ und einem beliebigen N aus $\mathbf{A}$, wegen

$$\mathrm{Hom}_\mathbf{A}(N, G(M^\bullet)) = \mathrm{Hom}_\mathbf{B}(F(N), M^\bullet),$$

dass G linksexakt ist. $\qquad\square$

Proposition 1.2.4

Es sei I eine Indexkategorie und $\mathbf{A}$ eine abelsche Kategorie. Dann ist auch die Kategorie der Funktoren, also der indizierten Systeme, $\mathrm{Hom}(I, \mathbf{A})$ eine abelsche Kategorie.

Proposition 1.2.5

Es sei $\mathbf{A}$ eine abelsche Kategorie und I eine Indexkategorie. Kann man in $\mathbf{A}$

1. *direkte Limites bilden, so ist $(F_i) \mapsto \varinjlim_i F_i$ rechtsexakt,*

2. *inverse Limites bilden, so ist $(F_i) \mapsto \varprojlim_i F_i$ linksexakt.*

Beweis. Wegen $\mathrm{Hom}(\varinjlim_i F_i, X) = \mathrm{Hom}((F_i), c_X)$ ist $\varinjlim_i F_i$ linksadjungiert, und wegen $\mathrm{Hom}(X, \varprojlim_i F_i) = \mathrm{Hom}(c_X, (F_i))$ ist $\varprojlim_i F_i$ rechtsadjungiert. $\qquad\square$

Definition 1.2.10 (Summe und Produkt von Sequenzen)

Es sei $(M_{1i} \to M_{2i} \to M_{3i} \to \cdots \to M_{mi})_{i \in I}$ eine Familie von Sequenzen $(S_i)_{i \in I}$ von Objekten und Abbildungen aus einer abelschen Kategorie $\mathbf{A}$.

Enthält $\mathbf{A}$ direkte Summen, so sei $\bigoplus_{i \in I} S_i$ die Sequenz

$$\bigoplus_{i \in I} M_{1i} \to \bigoplus_{i \in I} M_{2i} \to \bigoplus_{i \in I} M_{3i} \to \cdots \to \bigoplus_{i \in I} M_{mi}.$$

Enthält $\mathbf{A}$ direkte Produkte, so sei $\prod_{i \in I} S_i$ die Sequenz

$$\prod_{i \in I} M_{1i} \to \prod_{i \in I} M_{2i} \to \prod_{i \in I} M_{3i} \to \cdots \to \prod_{i \in I} M_{mi}.$$

$\blacklozenge$

Definition 1.2.11 (Direktes System von Sequenzen)
Es sei I eine gefilterte Indexkategorie und $\mathbf{A}$ eine abelsche Kategorie, in der
direkte Limites existieren.

In der abelschen Kategorie $\text{Hom}(I, \mathbf{A})$ sei $(S_i)_{i \in I} = (M_{1i} \to M_{2i} \to M_{3i} \to \cdots \to M_{mi})_{i \in I}$ eine Sequenz von mit I indizierten Systemen.

Dann ist $\varinjlim_{i \in I} S_i$ die Sequenz in $\mathbf{A}$:

$$\varinjlim_{i \in I} M_{1i} \to \varinjlim_{i \in I} M_{2i} \to \varinjlim_{i \in I} M_{3i} \to \cdots \to \varinjlim_{i \in I} M_{mi}$$

♦

Definition 1.2.12 (Inverses System von Sequenzen)
Es sei I eine kogefilterte Indexkategorie und $\mathbf{A}$ eine abelsche Kategorie, in der
inverse Limites existieren.

In der abelschen Kategorie $\text{Hom}(I, \mathbf{A})$ sei $(S_i)_{i \in I} = (M_{1i} \to M_{2i} \to M_{3i} \to \cdots \to M_{mi})_{i \in I}$ eine Sequenz von mit I indizierten Systemen.

Dann ist $\varprojlim_{i \in I} S_i$ die Sequenz in $\mathbf{A}$:

$$\varprojlim_{i \in I} M_{1i} \to \varprojlim_{i \in I} M_{2i} \to \varprojlim_{i \in I} M_{3i} \to \cdots \to \varprojlim_{i \in I} M_{mi}$$

♦

Wir definieren für abelsche Kategorien die „(ABx)" Eigenschaften:

Definition 1.2.13 (ABx)
Eine abelsche Kategorie $\mathbf{A}$ erfüllt

(AB3) falls jede Familie $(A_i)_{i \in I}$ von Objekten aus $\mathbf{A}$ eine direkte Summe $\bigoplus_{i \in I} A_i$ besitzt,

(AB4) falls sie (AB3) erfüllt und jede direkte Summe $\bigoplus_{i \in I} S_i$ von exakten Sequenzen S_i wieder exakt ist,

(AB5) falls sie (AB3) erfüllt und jeder gefilterte direkte Limes $\varinjlim_{i \in I} S_i$ von exakten Sequenzen S_i wieder exakt ist.

♦

Definition 1.2.14 (ABx*)
Eine abelsche Kategorie $\mathbf{A}$ erfüllt

(AB3*) falls jede Familie $(A_i)_{i \in I}$ von Objekten aus $\mathbf{A}$ ein direktes Produkt $\prod_{i \in I} A_i$ besitzt,

(AB4*) falls sie (AB3*) erfüllt und jedes Produkt $\prod_{i \in I} S_i$ von exakten Sequenzen S_i wieder exakt ist,

(AB5*) falls sie (AB3*) erfüllt und jeder kogefilterte inverse Limes $\varprojlim_{i \in I} S_i$ von exakten Sequenzen S_i wieder exakt ist.

♦

Bemerkung 1.2.3
Die Kategorie **A** erfüllt (ABx*) genau dann, wenn die duale Kategorie $\mathbf{A}^o$ die Eigenschaft (ABx) hat.

Bemerkung 1.2.4
Die Kategorie **Ab** der abelschen Gruppen erfüllt (AB3), (AB4), (AB5), (AB3*), (AB4*). Man beachte, dass $(AB5*)$ nicht gilt: Der inverse Limes ist kein exakter Funktor in **Ab** — der direkte Limes aber schon (AB5).

1.2.3 Schlangenlemma und 5-Lemma

Lemma 1.2.5 (Schlangenlemma)
*Es sei **A** eine abelsche Kategorie und*

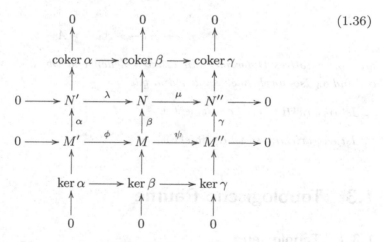

$$(1.36)$$

ein kommutatives Diagramm mit exakten Zeilen und Spalten sowie Objekten aus
A. *Dann existiert eine exakte Sequenz in* **A**:

$$0 \to \ker\alpha \to \ker\beta \to \ker\gamma \to \operatorname{coker}\alpha \to \operatorname{coker}\beta \to \operatorname{coker}\gamma \to 0 \qquad (1.37)$$

Beweis. Es steht nur in Frage, wie die Abbildung $\ker\gamma \to \operatorname{coker}\alpha$ zustandekommt. Wir konstruieren sie, indem wir annehmen, dass die Objekte des Diagramms aus **A** im Beispiel abelsche Gruppen sind. Anschließend suchen wir systematisch Bilder und Urbilder von Elementen dieser Gruppen im Diagramm auf. Wir beginnen mit einem Element $z \in M''$, für das $\gamma(z) = 0$ ist. Es steht also für ein Element aus $\ker\gamma$. Wegen der Surjektivität von ψ gibt es ein $y \in M$ mit $\psi(y) = z$. Da $\gamma \circ \psi(y) = 0$, ist auch $\mu \circ \beta(y) = 0$. Also existiert ein $x \in N'$ mit $\lambda(x) = \beta(y)$. Das Bild dieses x in $\operatorname{coker}\alpha$ ist das Bild von $z \in \ker\gamma$ unter der postulierten Abbildung $\ker\gamma \to \operatorname{coker}\alpha$. Man überprüft durch entsprechendes Verfolgen weiterer Elemente im Diagramm, dass x bis auf ein Element von $\operatorname{im}\alpha$ wohldefiniert ist, also in $\operatorname{coker}\alpha$ eindeutig. $\qquad\square$

Bemerkung 1.2.5

Ein Beweis nach dem obigen Schema mit der systematischen Konstruktion von Bildern und Urbildern in kommutativen Diagrammen unter Ausnutzung der gegebenen Exaktheitseigenschaften, heißt auch *Diagrammjagd*. Sie ist eigentlich nur in abelschen Kategorien statthaft, deren Objekte aus Elementen bestehen, also insbesondere in der Kategorie der abelschen Gruppen oder der Moduln über einem Ring.

Tatsächlich ist eine solche Beweisführung aber auch in einer allgemeinen abelschen Kategorie erlaubt, da man diese in eine Kategorie einbetten kann, für die eine Diagrammjagd möglich ist (Freyd-Mitchell-Einbettungssatz, [6, Chapter 7]).

Ebenso mit einer Diagrammjagd beweist man:

Lemma 1.2.6 (5-Lemma)

Es sei **A** *eine abelsche Kategorie und*

$$B_1 \longrightarrow B_2 \longrightarrow B_3 \longrightarrow B_4 \longrightarrow B_5 \qquad (1.38)$$
$$\uparrow{\alpha_1} \qquad \uparrow{\alpha_2} \qquad \uparrow{\alpha_3} \qquad \uparrow{\alpha_4} \qquad \uparrow{\alpha_5}$$
$$A_1 \longrightarrow A_2 \longrightarrow A_3 \longrightarrow A_4 \longrightarrow A_5$$

ein kommutatives Diagramm mit exakten Zeilen und Objekten aus **A**, *in dem* α_2 *und* α_4 *Isomorphismen sind. Dann gilt:*

1. *Ist* α_5 *injektiv, so ist* α_3 *surjektiv.*

2. *Ist* α_1 *surjektiv, so ist* α_3 *injektiv.*

1.3   Topologische Räume

1.3.1   Topologien

Definition 1.3.1

Es sei X eine Menge und $\mathcal{U}$ eine Menge von Teilmengen von X. Es gelte:

   i) Für jede Familie $(U_i)_{i \in I}$ mit $U_i \in \mathcal{U}$ ist auch $\bigcup_{i \in I} U_i \in \mathcal{U}$.

  ii) Für $U_1, U_2 \in \mathcal{U}$ ist auch $U_1 \cap U_2 \in \mathcal{U}$.

 iii) X und $\emptyset$ sind in $\mathcal{U}$.

Dann heißt $\mathcal{U}$ eine *Topologie auf* X. Die Mengen $U \in \mathcal{U}$ heißen *offene Mengen*, X heißt *topologischer Raum*. Die Komplemente $\complement U = X \setminus U$ heißen *abgeschlossene Mengen der Topologie* $\mathcal{U}$.   ◆

Korollar 1.3.1

Es sei $X, \mathcal{U}$ ein topologischer Raum. Dann gilt:

1. *Für eine Familie $(A_i)_{i \in I}$ von abgeschlossenen Mengen A_i ist auch $\bigcap_{i \in I} A_i$ abgeschlossen.*

2. *Für A_1, A_2, abgeschlossen in X ist auch $A_1 \cup A_2$ abgeschlossen in X.*

Bemerkung 1.3.1

Auf jeder Menge X existieren zwei ausgezeichnete Topologien: erstens die *triviale Topologie* bestehend aus den Teilmengen X und $\emptyset$, zweitens die *feinste Topologie* oder *diskrete Topologie*, die jede Teilmenge von X enthält, $\mathcal{U} = \mathcal{P}(X)$, mit $\mathcal{P}(X) = 2^X$, der *Potenzmenge* von X.

Lemma 1.3.1

Es sei $\mathcal{U}_i$ eine Familie von Topologien auf einem topologischen Raum X. Dann ist auch $\bigcap_i \mathcal{U}_i \subseteq 2^X$ eine Topologie auf X.

Lemma 1.3.2

Es sei $(U_i)_{i \in I}$ eine Familie von Teilmengen einer Menge X. Dann existiert eine Topologie $\mathcal{U}$ auf X, die alle U_i enthält, so dass für jede andere Topologie $\mathcal{U}'$ mit dieser Eigenschaft die Inklusion $\mathcal{U} \subseteq \mathcal{U}'$ gilt.

Beweis. Wir nennen eine Topologie $\mathcal{U}''$, die alle U_i enthält *zulässig*. Die feinste Topologie ist zulässig. Ist $\mathcal{U}_a$ eine Familie von zulässigen Topologien, so ist auch $\bigcap_a \mathcal{U}_a$ zulässig. Also ist $\mathcal{U}$ der Schnitt über die nichtleere Menge der zulässigen Topologien. $\square$

Bemerkung 1.3.2

Explizit besteht $\mathcal{U}$ aus den $\bigcup_{i_1,\dots,i_r} U_{i_1} \cap \dots \cap U_{i_r}$, also aus unendlichen Vereinigungen endlicher Schnitte von U_i.

Definition 1.3.2

Hat die Familie (U_i) aus Lemma 1.3.2 die Eigenschaft, dass für jedes $x \in U_i \cap U_j$ ein $U_k \subseteq U_i \cap U_j$ mit $x \in U_k$ existiert, so heißt (U_i) auch *Basis einer Topologie*.

♦

Korollar 1.3.2

Die Topologie $\mathcal{U}$, die von einer Basis der Topologie (U_i) erzeugt wird, besteht aus Vereinigungen $U_A = \bigcup_{a \in A} U_{i_a}$.

Definition 1.3.3

Eine Abbildung $f : X \to Y$ zwischen zwei topologischen Räumen heißt *stetig*, falls äquivalent

a) für jedes $V \subseteq Y$, offen in Y, das Urbild $f^{-1}(V)$ offen in X ist,

b) für jedes $A \subseteq Y$, abgeschlossen in Y, das Urbild $f^{-1}(A)$ abgeschlossen in X ist.

$\blacklozenge$

Proposition 1.3.1

Die topologischen Räume bilden eine Kategorie **Top**.

Die Menge

$$\mathrm{Hom}_{\mathbf{Top}}(X, Y)$$

ist für zwei topologische Räume X, Y die Menge der stetigen Abbildungen aus $\mathrm{Hom}_{\mathbf{Set}}(X, Y)$.

Proposition 1.3.2

Es sei X eine Menge und f_i eine Familie von Abbildungen $f_i : X \to X_i$ in topologische Räume X_i.

Dann gibt es eine eindeutige Topologie auf X, so dass für jeden topologischen Raum Y mit einer Abbildung $g : Y \to X$ die Abbildung g genau dann stetig ist, wenn alle $f_i \circ g : Y \to X_i$ stetig sind.

Beweis. Da id $: X \to X$ stetig ist, müssen alle Urbilder $U_{ij} = f_i^{-1}(V_{ij})$ für alle i und alle $V_{ij} \subseteq X_i$, offen, selbst offen sein.

In der Topologie $\mathcal{U}$, die von diesen Urbildern U_{ij} erzeugt wird, ist jede Abbildung f_i stetig. Also sind auch für $g : Y \to X$ stetig die Abbildungen $f_i \circ g$ stetig. Umgekehrt, seien alle $f_i \circ g$ stetig. Dann sind alle $g^{-1}(U_{ij}) = (f_i \circ g)^{-1}(V_{ij})$ offen in Y. Da die offenen Mengen W von $\mathcal{U}$ unendliche Vereinigungen endlicher Schnitte von U_{ij} darstellen, sind dann auch die $g^{-1}(W)$ offen.

Die Topologie ist auch eindeutig bestimmt: Es seien $\mathcal{U}'$ und $\mathcal{U}$ zwei Topologien, die die universelle Eigenschaft erfüllen. Man betrachte das Dreieck:

$$(X, \mathcal{U}) \xrightarrow{\mathrm{id}_X} (X, \mathcal{U}')$$
$$f_i \searrow \quad \downarrow f_i$$
$$X_i$$

Da $\mathrm{id}_{(X,\mathcal{U})}$ und $\mathrm{id}_{(X,\mathcal{U}')}$ beide stetig sind, sind es auch die in den X_i ankommenden Abbildungen f_i. Also ist id_X in beiden Richtungen stetig und $\mathcal{U}' = \mathcal{U}$. $\qquad\square$

Bemerkung 1.3.3

Die Topologie auf X in der vorigen Proposition ist die gröbste, bei der noch alle f_i stetig sind.

Proposition 1.3.3

Es sei X eine Menge und $f_i : X_i \to X$ eine Familie von Abbildungen $f_i : X_i \to X$ aus topologischen Räumen X_i nach X.

Dann gibt es eine eindeutige Topologie auf X, so dass für jeden topologischen Raum Z mit einer Abbildung $g : X \to Z$ die Abbildung g genau dann stetig ist, wenn alle $g \circ f_i : X_i \to Z$ stetig sind.

Beweis. Nenne U in X offen, wenn $f_i^{-1}(U) = U_i$ offen in X_i für alle i ist. Diese U bilden, wie man leicht nachprüft, eine Topologie $\mathcal{U}$ auf X. In ihr sind alle f_i stetig. Damit ist für $g : X \to Z$ stetig auch jedes $g \circ f_i$ stetig. Sei umgekehrt jedes $g \circ f_i$ stetig, so gilt für $V \subseteq Z$, offen, dass $f_i^{-1} \circ g^{-1}(V) = (g \circ f_i)^{-1}(V)$ offen ist. Also ist $g^{-1}(V) \in \mathcal{U}$ und damit g stetig.

Die Eindeutigkeit von $\mathcal{U}$ folgt wieder aus der universellen Eigenschaft, die $(X, \mathcal{U})$ und $(X, \mathcal{U}')$ beide besitzen mögen:

$$X_i \xrightarrow{\ f_i\ } (X, \mathcal{U}')$$
$$\Big\downarrow{\scriptstyle \mathrm{id}_X}$$
$$\quad\searrow^{f_i}$$
$$(X, \mathcal{U})$$

Da $\mathrm{id}_{(X,\mathcal{U})}$ und $\mathrm{id}_{(X,\mathcal{U}')}$ beide stetig sind, sind es auch die von den X_i ausgehenden Abbildungen. Also ist id_X umkehrbar stetig und $\mathcal{U} = \mathcal{U}'$. $\qquad\square$

Bemerkung 1.3.4
Die Topologie auf X in der vorigen Proposition ist die feinste, bei der noch alle f_i stetig sind.

1.3.2 Lokal abgeschlossene Mengen

Lemma 1.3.3
Eine Teilmenge $Y \subset X$ ist genau dann (lokal) abgeschlossen, wenn $Y \cap U_i$ (lokal) abgeschlossen in U_i ist für jedes U_i einer offenen Überdeckung $X = \bigcup_{i \in I} U_i$.

Lemma 1.3.4
Eine Teilmenge $Y \subset X$ ist genau dann lokal abgeschlossen, wenn $Y = U \cap A$ mit U offen und A abgeschlossen.

Beweis. Sei $Y \cap U_i = U_i \cap A_i$ und $Y \subseteq \bigcup U_i$. Setze $A = X - \bigcup(U_i - A_i) = \bigcap((X - U_i) \cup A_i)$ und $U = \bigcup U_i$. $\qquad\square$

Lemma 1.3.5
Sei $f : Y \to X$ ein Homöomorphismus auf das Bild $f(Y)$ und $f(Y)$ lokal abgeschlossen in X. Sei $Z \subset Y$ lokal abgeschlossen in Y. Dann ist $f(Z)$ lokal abgeschlossen in X.

1.3.3 Irreduzible Teilmengen

Proposition 1.3.4
Für einen topologischen Raum X ist äquivalent:

a) *Jede offene Teilmenge $U \subseteq X$ ist dicht in X.*

b) *Irgendzwei offene, nichtleere Teilmengen U_1, U_2 haben einen nichtleeren Schnitt $U_1 \cap U_2$.*

c) *Ist $X = A_1 \cup A_2$ mit abgeschlossenen Teilmengen $A_i \subseteq X$, so ist ein $A_i = X$.*

Definition 1.3.4
Eine Teilmenge $Z \subseteq X$ eines topologischen Raumes X heißt *irreduzibel*, wenn sie, mit der induzierten Topologie ausgestattet, die beiden vorgenannten Bedingungen erfüllt. ◆

1.3.4 Noethersche topologische Räume

Definition 1.3.5
Ein topologischer Raum X heißt *quasikompakt*, wenn für jede Überdeckung $(U_i)_{i \in I}$ von X mit offenen Mengen $U_i \subseteq X$ eine endliche Teilüberdeckung $X = U_{i_1} \cup \cdots \cup U_{i_r}$ existiert. ◆

Definition 1.3.6
Eine Teilmenge $W \subseteq X$ eines topologischen Raumes heißt quasikompakt, wenn sie in der induzierten Topologie quasikompakt ist. ◆

Proposition 1.3.5
Es sei X ein topologischer Raum und $W_1, \ldots, W_r \subseteq X$ quasikompakt. Dann ist auch $W_1 \cup \cdots \cup W_r$ quasikompakt.

Proposition 1.3.6
Es sei $f : X \to Y$ eine stetige Abbildung topologischer Räume. Weiter sei $W \subseteq X$ quasikompakt. Dann ist auch $f(W)$ quasikompakt.

Proposition 1.3.7
Es sei X ein topologischer Raum. Dann ist äquivalent:

a) *Jede aufsteigende Folge $U_0 \subseteq U_1 \subseteq \cdots U_i \subseteq U_{i+1} \cdots$ von offenen Mengen $U_i \subseteq X$ wird stationär.*

b) *Jede absteigende Folge $A_0 \supseteq A_1 \supseteq \cdots A_i \supseteq A_{i+1} \cdots$ von abgeschlossenen Mengen $A_i \subseteq X$ wird stationär.*

c) *Jede offene Menge $U \subseteq X$ ist quasikompakt.*

Definition 1.3.7
Ein topologischer Raum X, der die Bedingungen der vorangehenden Proposition erfüllt, heißt *noethersch*. ◆

Theorem 1.3.1
Es sei X ein noetherscher topologischer Raum. Dann gibt es eine eindeutige Zerlegung

$$X = Y_1 \cup \cdots \cup Y_r \tag{1.39}$$

mit irreduziblen, abgeschlossenen Teilmengen $Y_i \subseteq X$. Ist $X = Y_1' \cup \cdots \cup Y_s'$ eine zweite solche Zerlegung, so ist $r = s$, und es gibt eine Permutation $\pi \in S_r$ mit $Y_i = Y_{\pi(i)}'$.
Die Zerlegung ist also eindeutig.

1.3.5 Dimension

Definition 1.3.8
Es sei X ein topologischer Raum. Dann ist die *Dimension von X*, geschrieben $\dim X$, das Supremum $\sup n$ aller n, für die eine Kette

$$Z_0 \subsetneq \cdots \subsetneq Z_n \subseteq X$$

von irreduziblen abgeschlossenen Teilmengen Z_i von X existiert. ◆

Proposition 1.3.8
Es sei X ein topologischer Raum und (U_i) eine offene Überdeckung von X. Dann ist $\dim X = \sup_i \dim U_i$.

Definition 1.3.9
Es sei X ein topologischer Raum, und es seien $W \subseteq Y \subseteq X$ zwei Teilmengen.

Ist Y irreduzibel, so ist die *Kodimension von Y in X*, geschrieben $\mathrm{codim}(Y, X)$, gleich dem Supremum aller n, für die eine Kette

$$Z_0 \subsetneq \cdots \subsetneq Z_n$$

von irreduziblen Teilmengen von X mit $Z_0 = Y$ existiert.

Ist Y nicht irreduzibel, so ist $\mathrm{codim}_W(Y, X)$, die *Kodimension von Y in X bei W*, das Infimum aller $\mathrm{codim}(Y', X)$ für ein $Y' \subseteq Y$, irreduzibel mit $W \subseteq Y'$. ◆

1.4 Homologische Algebra

1.4.1 Komplexe und Homologieobjekte

Es sei **A** eine abelsche Kategorie.

Definition 1.4.1
Eine Folge

$$\cdots \xrightarrow{d^{i-1}} M^i \xrightarrow{d^i} M^{i+1} \xrightarrow{d^{i+1}} M^{i+2} \xrightarrow{d^{i+2}} \cdots \qquad (1.40)$$

von Objekten M^i aus **A** und Morphismen $d^i : M^i \to M^{i+1}$ mit $d^{i+1} \circ d^i = 0$ heißt *aufsteigender Komplex (in **A**)*, abgekürzt $M^\bullet$. Es ist also im $d^{i-1} \subseteq \ker d^i$. Der Index i laufe dabei immer durch die ganzen Zahlen.

Ist sogar $\ker d^i = \operatorname{im} d^{i-1}$ so heißt der Komplex $M^\bullet$ *exakt bei i*. Ein Komplex $M^\bullet$ der bei allen i exakt ist, heißt *exakter Komplex*.   ◆

Bemerkung 1.4.1
Analog ist ein *absteigender Komplex $M_\bullet$* als

$$\cdots \xrightarrow{d_{i+2}} M_{i+1} \xrightarrow{d_{i+1}} M_i \xrightarrow{d_i} M_{i-1} \xrightarrow{d_{i-1}} \cdots \qquad (1.41)$$

definiert. Die Begriffe *exakt bei i* und *exakt* übertragen sich sinngemäß.

Definition 1.4.2
Es seien $(M^\bullet, d_M^i)$ und $(N^\bullet, d_N^i)$ zwei Komplexe über **A**. Dann ist eine Abbildung $f : M^\bullet \to N^\bullet$ vom Grad r ein System von Abbildungen $f^i : M^i \to N^{i+r}$, die mit den d^i verträglich sind, also

$$d_N^{i+r} \circ f^i = f^{i+1} \circ d_M^i \qquad (1.42)$$

erfüllt.

Wir schreiben auch manchmal ausführlicher $f^\bullet$ für f.   ◆

Die Komplexe $(M^\bullet, d^\bullet)$ über einer abelschen Kategorie **A** bilden mit den Abbildungen vom Grad 0 eine abelsche Kategorie. Dabei ist für $f : M^\bullet \to N^\bullet$ einfach $(\ker f)^i = \ker f^i$ und $(\operatorname{coker} f)^i = \operatorname{coker} f^i$.

Eine Sequenz $0 \to M'^\bullet \to M^\bullet \to M''^\bullet \to 0$ ist genau dann exakt, wenn die Sequenzen $0 \to M'^i \to M^i \to M''^i \to 0$ exakt sind.

Ist $F : \mathbf{A} \to \mathbf{B}$ ein Funktor abelscher Kategorien und $M^\bullet = (M^i, d^i)$ ein **A**-Komplex, so ist $F(M^\bullet) = (F(M^i), F(d^i))$ ein **B**-Komplex. Die Zuordnung ist funktoriell in allen Komponenten.

Bemerkung 1.4.2
Wir werden stets $M^j = 0$ für $j < 0$ annehmen, wenn über den Komplex nicht ausdrücklich etwas anderes vereinbart ist.

Definition 1.4.3
Eine Abbildung $f : M^\bullet \to N^\bullet$ heißt *nullhomotop*, wenn es eine Abbildung $k : M^\bullet \to N^\bullet$ vom Grad -1 gibt, für die

$$f = dk + kd \tag{1.43}$$

also $f^i = d_N^{i-1} k^i + k^{i+1} d_M^i$ ist. $\blacklozenge$

Definition 1.4.4
Zwei Abbildungen $f, g : M^\bullet \to N^\bullet$ heißen *homotopieäquivalent*, wenn $f - g = dk + kd$ nullhomotop ist. Man schreibt $f \sim g$. $\blacklozenge$

Bemerkung 1.4.3
Offensichtlich ist $f \sim g$ eine Äquivalenzrelation.

Definition 1.4.5
Die *Homologieobjekte* $h^i(M^\bullet)$ eines Komplexes sind

$$h^i(M^\bullet) = \ker d^i / \operatorname{im} d^{i-1}. \tag{1.44}$$

$\blacklozenge$

Für einen Morphismus $f : M^\bullet \to N^\bullet$ vom Grad r existiert ein Morphismus

$$h^i(f) : h^i(M^\bullet) \to h^{i+r}(N^\bullet), \quad h^i(f) : m + \operatorname{im} d^{i-1} \mapsto f^i(m) + \operatorname{im} d^{i+r-1}$$

für alle $m \in \ker d^i$. (Hier haben wir den vollen Einbettungssatz benutzt, um mit Elementen operieren zu können.) Die Zuordung $f \mapsto h^i(f)$ ist funktoriell.

Lemma 1.4.1
Ist $f : M^\bullet \to N^\bullet$ nullhomotop, so ist $h^i(f) = 0$ für alle i.

Proposition 1.4.1
Es sei $0 \to M'^\bullet \to M^\bullet \to M''^\bullet \to 0$ eine exakte Sequenz von Komplexen.
   Dann gibt es eine lange exakte Sequenz von Homologien:

$$0 \to h^0(M'^\bullet) \to h^0(M^\bullet) \to h^0(M''^\bullet) \xrightarrow{\delta^0}$$
$$\to h^1(M'^\bullet) \to h^1(M^\bullet) \to h^1(M''^\bullet) \to \cdots$$
$$\cdots \to h^{i-1}(M''^\bullet) \xrightarrow{\delta^{i-1}} h^i(M'^\bullet) \to h^i(M^\bullet) \to h^i(M''^\bullet) \to \cdots$$

$$\tag{1.45}$$

1.4.2   Injektive und projektive Objekte

Es seien im Folgenden **A**, **B** abelsche Kategorien.

Definition 1.4.6
Ein Objekt N von **A** heißt

1. *projektiv*, falls der Funktor $\mathrm{Hom}_{\mathbf{A}}(N, -)$ exakt ist,

2. *injektiv*, falls der Funktor $\mathrm{Hom}_{\mathbf{A}}(-, N)$ exakt ist.

◆

Korollar 1.4.1
Es sei $\mathrm{Hom}_{\mathbf{A}}(G(M), N)) = \mathrm{Hom}_{\mathbf{B}}(M, F(N))$ *für zwei abelsche Kategorien und* F *kraft dieser Beziehung rechtsadjungiert zum linksexakten (und damit exakten) Funktor* G.
   Dann ist $F(I)$ *aus* **B** *injektiv für jedes injektive* I *aus* **A**.

Definition 1.4.7
Für jedes Objekt N aus **A** existiere ein Monomorphismus $0 \to N \to I$ in ein injektives Objekt. Dann hat *die Kategorie* **A** *genügend Injektive*.   ◆

Definition 1.4.8
Für jedes Objekt N aus **A** existiere ein Epimorphismus $P \to N \to 0$ von einem projektiven Objekt. Dann hat *die Kategorie* **A** *genügend Projektive*.   ◆

Definition 1.4.9
Ein Komplex $M^{\bullet}$ heißt injektiv (bzw. projektiv), falls M^i injektiv (bzw. projektiv) für alle $i \in \mathbb{Z}$ ist.   ◆

1.4.3   Derivierte Funktoren

Ist $F : \mathbf{A} \to \mathbf{B}$ ein linksexakter oder rechtsexakter Funktor von abelschen Kategorien und hat **A** je nach der Kovarianz oder der Kontravarianz von F genug injektive oder projektive Objekte, so können wir die *derivierten Funktoren* (F^i, δ^i), $i \geqslant 0$, definieren.

   Wir tun dies im Folgenden für den Fall eines kovarianten, linksexakten Funktors F:

Definition 1.4.10
Man wählt eine *injektive Auflösung* $0 \to M \to I^{\bullet}$ von M. Das ist eine exakte Sequenz

$$0 \to M \to I^0 \to I^1 \to \cdots \to I^p \to \cdots$$

mit injektiven Moduln I^p. Die Existenz einer solchen Sequenz ist aufgrund der Annahme über die Existenz genügend vieler Injektiver gesichert. Dann definiert man die *rechtsabgeleiteten Funktoren* $F^i = R^i F$ als

$$R^i F(M) = F^i(M) = h^i(F(I^\bullet)).$$

♦

Der Funktor $M \mapsto F^i(M)$ ist wohldefiniert, hängt insbesondere nicht von der Wahl von $I^\bullet$ ab. Dies wird aus dem folgenden Lemma ersichtlich. Dieses Lemma liefert außerdem die zu einem Morphismus $M \to N$ gehörigen Morphismen $F^i(M) \to F^i(N)$:

Lemma 1.4.2
Es sei $f : M \to N$ ein Morphismus in der Kategorie $\mathbf{A}$. Es sei $0 \to M \to I^\bullet$ eine Einbettung in einen exakten Komplex und $0 \to N \to J^\bullet$ exakt mit einem injektiven (nicht notwendig exakten) Komplex $J^\bullet$.

Dann gibt es einen Morphismus $f^\bullet : I^\bullet \to J^\bullet$ von Komplexen über f mit

$$
\begin{array}{ccc}
I^\bullet & \xrightarrow{f^\bullet} & J^\bullet \\
\uparrow & & \uparrow \\
M & \xrightarrow{f} & N \\
\uparrow & & \uparrow \\
0 & & 0.
\end{array}
$$

Ist f die Nullabbildung, so ist $f^\bullet$ nullhomotop, das heißt, es gibt einen Morphismus $k : I^\bullet \to J^\bullet$ von Komplexen mit dem Grad -1, so dass

$$f^\bullet = d_J\, k + k\, d_I$$

gilt.

Beweisidee. Man konstruiert die f^i und auch die k^i induktiv mit wachsendem i „von unten nach oben". Dabei benutzt man die Exaktheit von $I^\bullet$ und die Injektivität der J^i.

Zunächst die Konstruktion der $f^\bullet$ aus f:

Es sei $0 \to Z^i \to I^i \to B^{i+1} \to 0$ die Zerlegung von $I^\bullet$ in kurze exakte Sequenzen mit $B^{i+1} = Z^{i+1}$. Ebenso sei $0 \to \tilde{Z}^i \to J^i \to \tilde{B}^{i+1} \to 0$ mit $\tilde{B}^{i+1} \subseteq \tilde{Z}^{i+1}$.

Es sei $f^j : I^j \to J^j$ mit $j < i$ schon konstruiert. Dann ist auch $h : B^i \to \tilde{B}^i$ durch f^{i-1} schon festgelegt. Da $\tilde{B}^i \subseteq \tilde{Z}^i$ und $Z^i = B^i$, erweitert sich h zu einer Abbildung $g^i : Z^i \to \tilde{Z}^i$. Da $Z^i \subseteq I^i$ und $\tilde{Z}^i \subseteq J^i$ und J^i injektiv, erweitert sich g^i zu einer Abbildung $f^i : I^i \to J^i$.

Im Diagramm:

$$
\begin{array}{ccccccccc}
Z^{i-1} & \hookrightarrow & I^{i-1} & \longrightarrow & B^i & \xrightarrow{=} & Z^i & \hookrightarrow & I^i \\
\downarrow{\scriptstyle g^{i-1}} & & \downarrow{\scriptstyle f^{i-1}} & & \downarrow{\scriptstyle h} & & \downarrow{\scriptstyle g^i} & & \downarrow{\scriptstyle f^i} \\
\tilde{Z}^{i-1} & \hookrightarrow & J^{i-1} & \longrightarrow & \tilde{B}^i & \hookrightarrow & \tilde{Z}^i & \hookrightarrow & J^i
\end{array}
$$

Nun die Konstruktion der Homotopie: Wir nehmen hier $I^\bullet$ exakt an, also $B^p = Z^p$ in der oben vorgenommenen Zerlegung in kurze exakte Sequenzen.

Man betrachte $I^\bullet$ als Komplex mit $I^{-1} = M$ und $J^\bullet$ ebenso mit $J^{-1} = N$. Die Abbildungen $f^j : I^j \to J^j$ mit $j < 0$ seien alle Null, und es sei $0 = k^j : I^j \to J^{j-1}$ mit $j \leqslant 0$. Es ist dann $f^j = k^{j+1} d_I^j + d_J^{j-1} k^j$ für $j < 0$.

Es sei also nun k^p schon konstruiert und $f^{p-1} = k^p d_I^{p-1} + d_J^{p-2} k^{p-1}$ sowie analoge Beziehungen für alle $i \leqslant p - 1$ schon erfüllt. Dann ist

$$(f^p - d_J^{p-1} k^p) d_I^{p-1} = d_J^{p-1} f^{p-1} - d_J^{p-1} k^p d_I^{p-1} =$$
$$d_J^{p-1}(f^{p-1} - k^p d_I^{p-1}) = d_J^{p-1} d_J^{p-2} k^{p-1} = 0.$$

Also ist $k'^{p+1} = f^p - d_J^{p-1} k^p$ als Abbildung $I^p \to J^p$ nicht nur auf I^p, sondern auch auf $I^p/\operatorname{im} d_I^{p-1} = I^p/B^p = I^p/Z^p = B^{p+1} = Z^{p+1} = \ker d_I^{p+1}$ definiert. Verlängert man k'^{p+1} kraft Injektion $0 \to \ker d_I^{p+1} \to I^{p+1}$ und Injektivität von J^p zu $k^{p+1} :$ $I^{p+1} \to J^p$, so hat man $k^\bullet$ um einen Index nach oben erweitert.   □

Um aus $f : M \to N$ den Morphismus $F^i(f) : F^i(M) \to F^i(N)$ zu erhalten, wählt man injektive Auflösungen $I^\bullet$ bzw. $J^\bullet$ von M bzw. N, konstruiert ein $f^\bullet : I^\bullet \to J^\bullet$ wie im Lemma, und definiert:

$$F^i(f) = h^i(f^\bullet)$$

mit dem weiter oben eingeführten $h^i(f^\bullet)$. Dies ist wohldefiniert, denn nach vorigem Lemma, wäre ein alternatives $f'^\bullet$ zu $f^\bullet$ homotopieäquivalent. Also wäre dann $h^i(f^\bullet) = h^i(f'^\bullet)$.

Was die Eigenschaften der F^i angeht, so gilt Folgendes: Weil F linksexakt ist, ist zunächst einmal $F^0 = F$.

Weiterhin existiert für jede kurze exakte Sequenz $0 \to M' \to M \to M'' \to 0$ ein System von Morphismen $\delta^i : F^i(M'') \to F^{i+1}(M')$, so dass eine sogenannte *lange exakte Kohomologiesequenz* besteht:

$$0 \to F(M') \to F(M) \to F(M'') \xrightarrow{\delta^0} F^1(M') \to \cdots$$
$$\cdots \to F^{i-1}(M'') \xrightarrow{\delta^{i-1}} F^i(M') \to F^i(M) \to F^i(M'') \to \cdots \quad (1.46)$$

Die Zuordnung von $M^\bullet$ zu der langen exakten Sequenz (1.46) ist funktoriell, das heißt, für ein kommutatives Diagramm exakter Sequenzen

$$
\begin{array}{ccccccccc}
0 & \longrightarrow & M' & \longrightarrow & M & \longrightarrow & M'' & \longrightarrow & 0 \\
& & \downarrow & & \downarrow & & \downarrow & & \\
0 & \longrightarrow & N' & \longrightarrow & N & \longrightarrow & N'' & \longrightarrow & 0
\end{array}
$$

ist auch

$$
\begin{array}{ccc}
F^i(M'') & \xrightarrow{\delta^i} & F^{i+1}(M') \\
\downarrow & & \downarrow \\
F^i(N'') & \xrightarrow{\delta^i} & F^{i+1}(N')
\end{array}
$$

kommutativ.

Wir brauchen, um dies zu begründen, folgende Lemmata:

Lemma 1.4.3 (Hufeisen-Lemma)

Es sei $0 \to M' \to M \to M'' \to 0$ *eine kurze exakte Sequenz in* **A**. *Dann kann man ein Diagramm*

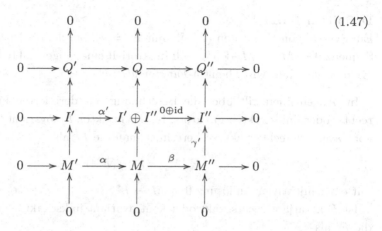

$$(1.47)$$

konstruieren, in dem die I' *und* I'' *und deshalb auch* $I' \oplus I''$ *injektiv sind.*

Die Injektionen $0 \to M' \to I'$ *und* $0 \to M'' \to I''$ *können anfänglich vorgegeben werden.*

Beweis. Es seien $0 \to M' \to I'$ und $0 \to M'' \xrightarrow{\gamma'} I''$ anfänglich vorgegeben.

Man konstruiere $0 \to M \xrightarrow{\gamma} I'$ gemäß dem Diagramm

$$
\begin{array}{ccc}
& I' & \\
& \uparrow \;\; \searrow{\scriptstyle \gamma} & \\
0 \longrightarrow M' & \xrightarrow{\;\alpha\;} & M
\end{array}
$$

und der Injektivität von I'.

Die Abbildung $M' \to I'$ ist dann $M' \xrightarrow{\alpha} M \xrightarrow{\gamma} I'$. Die Abbildung α' ist $\mathrm{id}_{I'} \oplus 0$, ein Monomorphismus.

Die Abbildung $M \to I' \oplus I''$ ist $\gamma \oplus (\gamma' \circ \beta)$. $\qquad\qquad\qquad \square$

Durch sukzessive Anwendung des vorigen Lemmas, bei dem die neuen M durch die alten Q gegeben werden, erhält man:

Lemma 1.4.4

Hat man eine kurze exakte Sequenz $0 \to M' \to M \to M'' \to 0$ *in* **A**, *so kann man diese zu einer exakten Sequenz von Komplexen*

$$
\begin{array}{ccccccccc}
0 & \longrightarrow & I'^{\bullet} & \longrightarrow & I^{\bullet} & \longrightarrow & I''^{\bullet} & \longrightarrow & 0 \\
& & \uparrow & & \uparrow & & \uparrow & & \\
0 & \longrightarrow & M' & \longrightarrow & M' & \longrightarrow & M'' & \longrightarrow & 0 \\
& & \uparrow & & \uparrow & & \uparrow & & \\
& & 0 & & 0 & & 0 & &
\end{array}
$$

erweitern.

Anwenden von F und Berechnen der Kohomologie liefert dann (1.46).

Wir wollen die oben bemerkten Eigenschaften des Systems der Funktoren (F^i) noch in einer Definition zusammenfassen:

Definition 1.4.11
Ein System von Funktoren (F^i, δ^i) mit $F^0 = F$, bei dem jeder kurzen exakten Sequenz $0 \to M' \to M \to M'' \to 0$ funktoriell eine lange exakte Sequenz wie in (1.46) zugeordnet wird, heißt δ-*Funktor über F.* ◆

Im Allgemeinen gilt über die Berechnung der derivierten Funktoren eines rechts- oder linksexakten Funktors: Ist der Funktor F kovariant linksexakt oder kontravariant rechtsexakt, so berechnet man die F^i als

$$F^i(M) = h^i(F(L^\bullet))$$

mit einer injektiven Auflösung $0 \to M \to L^\bullet$.

Ist F kovariant rechtsexakt oder kontravariant linksexakt, so berechnet man die F^i als

$$F^i(M) = h^i(F(L_\bullet))$$

mit einer projektiven Auflösung $L_\bullet \to M \to 0$.

Die Sequenz (1.46) erfährt dabei jeweils eine entsprechende Abwandlung.

1.4.4 Universelle δ-Funktoren

Es seien im Folgenden $\mathbf{C}, \mathbf{D}$ abelsche Kategorien und $(T^i)_{i \geqslant 0}$ sowie $(T'^i)_{i \geqslant 0}$ linksexakte δ-Funktoren von $\mathbf{C}$ nach $\mathbf{D}$.

Definition 1.4.12
Ein System von Funktormorphismen $\phi^i : T^i \to T'^i$ heißt *Morphismus von δ-Funktoren*, wenn für jede exakte Sequenz $0 \to M' \to M \to M'' \to 0$ die Diagramme

$$\cdots \longrightarrow T^{i-1}(M'') \overset{\delta^{i-1}}{\longrightarrow} T^i(M') \longrightarrow T^i(M) \longrightarrow T^i(M'') \overset{\delta^i}{\longrightarrow} T^{i+1}(M') \longrightarrow \cdots$$
$$\cdots \longrightarrow T'^{i-1}(M'') \overset{\delta'^{i-1}}{\longrightarrow} T'^i(M') \longrightarrow T'^i(M) \longrightarrow T'^i(M'') \overset{\delta'^i}{\longrightarrow} T'^{i+1}(M') \longrightarrow \cdots$$

$$(1.48)$$

kommutieren. ◆

Definition 1.4.13
Es existiere für jedes M aus $\mathbf{C}$ ein Monomorphismus $u : M \rightarrowtail I$ mit $T^i(u) = 0$ für alle $i > 0$. Dann heißt (T^i) *auslöschbarer δ-Funktor*. ◆

Definition 1.4.14
Es gelte Folgendes: Jeder Funktormorphismus $\phi^0 : T^0 \to T'^0$ in einen anderen δ-Funktor setzt sich zu einem Morphismus $\phi^i : T^i \to T'^i$ von δ-Funktoren fort.

Dann heißt (T^i) *universeller δ-Funktor.* ◆

Proposition 1.4.2
Ein auslöschbarer δ-Funktor (T^i) ist ein universeller δ-Funktor.

Beweis. Es sei zunächst einfach in

$$(*) \quad 0 \to M \to I \to Q \to 0$$

der Morphismus $M \to I$ eine Auslöschung bezüglich T^i.
Dann existiert ein Diagramm:

$$
\begin{array}{ccccccccc}
0 & \longrightarrow & T^0(M) & \longrightarrow & T^0(I) & \longrightarrow & T^0(Q) & \xrightarrow{\alpha} & T^1(M) & \xrightarrow{0} & T^1(I) \\
& & \downarrow & & \downarrow & & \downarrow{\scriptstyle\beta} & & \downarrow{\scriptstyle\theta} & & \downarrow \\
0 & \longrightarrow & T'^0(M) & \longrightarrow & T'^0(I) & \longrightarrow & T'^0(Q) & \xrightarrow{\gamma} & T'^1(M) & \longrightarrow & T'^1(I)
\end{array}
\tag{1.49}
$$

Die Abbildung θ wird durch Aufsuchen eines Urbildes unter α und Vorwärtsschieben dieses Urbilds mit $\gamma \circ \beta$ definiert. Sie ist für eine feste Auslöschung $(*)$ zunächst einmal wohldefiniert.
   Aus dem folgenden Diagramm

$$
\begin{array}{ccccccccc}
0 & \longrightarrow & M' & \longrightarrow & I' & \longrightarrow & Q' & \longrightarrow & 0 \\
& & \uparrow & & \uparrow & & \uparrow & & \\
0 & \longrightarrow & M & \longrightarrow & I & \longrightarrow & Q & \longrightarrow & 0
\end{array}
\tag{1.50}
$$

entsteht:

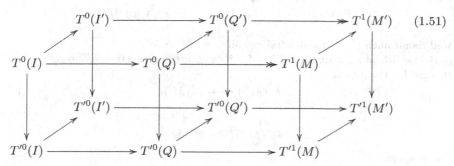

$$\tag{1.51}$$

Setzt man zunächst $M = M'$ aber nicht mehr notwendig $I = I'$, so liest man aus dem rechten Würfel des großen Diagramms ab, dass die Abbildung $\theta : T^1(M) \to T'^1(M)$ von oben nicht vom gewählten I in $0 \to M \to I$ abhängt.
   Beginnt man nun mit zwei völlig beliebigen Auslöschungen $0 \to M \to I \to Q \to 0$ und $0 \to M \to I' \to Q' \to 0$, so gibt es immer ein Diagramm

$$
\begin{array}{ccccccccc}
0 & \longrightarrow & M & \longrightarrow & I' & \longrightarrow & Q' & \longrightarrow & 0 \\
& & \downarrow & & \downarrow & & \downarrow & & \\
0 & \longrightarrow & M & \longrightarrow & I \oplus I' & \longrightarrow & Q'' & \longrightarrow & 0 \\
& & \uparrow & & \uparrow & & \uparrow & & \\
0 & \longrightarrow & M & \longrightarrow & I & \longrightarrow & Q & \longrightarrow & 0,
\end{array}
\tag{1.52}
$$

so dass, unter Verwendung des schon Bewiesenen, die Abbildungen θ_M, wie sie von der oberen und der unteren Auslöschung herstammen, mit der Abbildung übereinstimmen, die von der mittleren Auslöschung herstammt.

In einem zweiten Schritt ist nicht mehr notwendig $M = M'$, und man liest aus dem großen Diagramm ab, dass im Fall des Bestehens eines Diagramms (1.50) die Abbildungen $\theta_M : T^1(M) \to T'^1(M)$ und $\theta_{M'} : T^1(M') \to T'^1(M')$ sich funktoriell für $M \to M'$ verhalten, also das Diagramm

$$
\begin{array}{ccc}
T^1(M) & \longrightarrow & T^1(M') \\
\downarrow & & \downarrow \\
T'^1(M) & \longrightarrow & T'^1(M')
\end{array}
\tag{1.53}
$$

kommutiert.

Es bleibt jetzt noch nachzuweisen, dass dies für ein beliebiges $u : M \to M'$ keine Einschränkung bedeutet. Dazu betrachte man das Diagramm

$$
\begin{array}{ccccccccc}
0 & \longrightarrow & M \oplus M' & \overset{\alpha}{\longrightarrow} & I & \longrightarrow & P & \longrightarrow & 0 \\
& & \beta \uparrow & & \mathrm{id} \uparrow & & \uparrow & & \\
0 & \longrightarrow & M & \overset{\gamma}{\longrightarrow} & I & \longrightarrow & Q & \longrightarrow & 0
\end{array}
\tag{1.54}
$$

mit dem Monomorphismus $\beta = \mathrm{id}_M \oplus u$, einer dann gewählten Auslöschung $0 \to M \oplus M' \overset{\alpha}{\to} I$ und der Festsetzung $\gamma = \alpha \circ \beta$. Mit ihr kommutiert

$$
\begin{array}{ccccc}
T^1(M) & \longrightarrow & T^1(M \oplus M') & \overset{=}{\longrightarrow} & T^1(M) \oplus T^1(M') \\
\downarrow & & \downarrow & & \downarrow \\
T'^1(M) & \longrightarrow & T'^1(M \oplus M') & \overset{=}{\longrightarrow} & T'^1(M) \oplus T'^1(M')
\end{array}
\tag{1.55}
$$

und damit auch (1.53) für das frei gewählte $u : M \to M'$.

Schließlich ist noch zu zeigen, dass für jede exakte Sequenz $0 \to M' \to M \to M'' \to 0$ auch das Diagramm

$$
\begin{array}{ccc}
T^0(M'') & \longrightarrow & T^1(M') \\
\downarrow & & \downarrow {\scriptstyle \theta_{M'}} \\
T'^0(M'') & \longrightarrow & T'^1(M')
\end{array}
\tag{1.56}
$$

kommutiert.

Man bilde dazu ein Diagramm

$$
\begin{array}{ccccccccc}
0 & \longrightarrow & M' & \longrightarrow & I & \longrightarrow & Q & \longrightarrow & 0 \\
& & \mathrm{id} \uparrow & & \uparrow & & \uparrow & & \\
0 & \longrightarrow & M' & \longrightarrow & M & \longrightarrow & M'' & \longrightarrow & 0 ,
\end{array}
\tag{1.57}
$$

indem man mit einer Auslöschung $0 \to M \to I$ startet und das Diagramm dann sukzessive konstruiert.

Es entsteht dann wieder ein Würfel

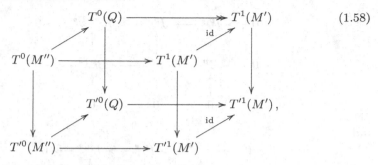

$$(1.58)$$

aus dem man abliest, dass (1.56) wirklich kommutiert.

Damit ist der Funktor $\phi^0 : T^0 \to T'^0$ funktoriell zu einem Morphismus $\phi^1 : T^1 \to T'^1$ fortgesetzt worden. Indem man die obigen Überlegungen induktiv mit T^1 anstelle von T^0 durchläuft, konstruiert man $\phi^2 : T^2 \to T'^2$ und so letztlich alle $\phi^i : T^i \to T'^i$.

□

1.4.5   Cartan-Eilenberg-Auflösungen

Lemma 1.4.5

Es sei $0 \to A' \to A \to A'' \to 0$ eine exakte Sequenz in einer abelschen Kategorie **A** *mit genügend Injektiven. Weiter seien $0 \to A' \to I'^\bullet$ und $0 \to A'' \to I''^\bullet$ zwei gegebene injektive Auflösungen.*

Dann existiert eine injektive Auflösung $0 \to A \to I^\bullet$, so dass das Diagramm

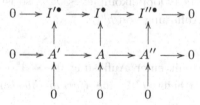

kommutiert. Es ist dabei $I^p = I'^p \oplus I''^p$.

Beweis. Folgt durch geeignete sukzessive Anwendung von Lemma 1.4.3.   □

Es sei $A^0 \to A^1 \to \cdots \to A^i \to \cdots$ ein nicht notwendig exakter Komplex mit Elementen einer abelschen Kategorie **A**. Diese besitze genug Injektive.

Wir zerlegen dann $(A^\bullet)$ in kurze exakte Sequenzen

$$0 \to Z^p \to A^p \to B^{p+1} \to 0 \qquad (1.59)$$

und

$$0 \to B^p \to Z^p \to H^p \to 0. \qquad (1.60)$$

Gesucht ist nun ein System von injektiven Auflösungen

$$0 \to Z^p \to I^{p,\bullet} \qquad\qquad 0 \to A^p \to J^{p,\bullet}$$
$$0 \to B^p \to K^{p,\bullet} \qquad\qquad 0 \to H^p \to L^{p,\bullet},$$

so dass die exakten Diagramme

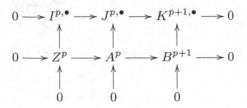

und

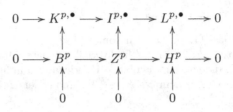

kommutieren.

Wir konstruieren diese induktiv: Es seien $I^{i,\bullet}$, $J^{i,\bullet}$, $L^{i,\bullet}$ für $i \leqslant p-1$ und $K^{i,\bullet}$ für $i \leqslant p$ schon konstruiert. Wir wenden das Lemma 1.4.5 auf (1.60) an und konstruieren $0 \to H^p \to L^{p,\bullet}$ und in der Mitte $0 \to Z^p \to I^{p,\bullet}$. Mit der so gewonnenen Auflösung von Z^p gehen wir in (1.59) und konstruieren gemäß dem Lemma 1.4.5 $0 \to B^{p+1} \to K^{p+1,\bullet}$ und $0 \to A^p \to J^{p,\bullet}$. Damit ist der Induktionsschritt von $p-1$ nach p vollzogen.

Nennt man h_I^p die p-te Kohomologie bezüglich der Derivation in Richtung der ersten Komponente des Doppelkomplexes $J^{\bullet,\bullet}$, so ist also $0 \to h^p(A^\bullet) \to h_I^p(J^{\bullet,\bullet})$ eine injektive Auflösung von $h^p(A^\bullet)$.

Definition 1.4.15
Es sei $A^\bullet$ ein Komplex mit einer Auflösung $0 \to A^\bullet \to J^{\bullet,\bullet}$, wie sie oben konstruiert wurde. Dann heißt $J^{\bullet,\bullet}$ eine *Cartan-Eilenberg-Auflösung von $A^\bullet$*.

♦

Lemma 1.4.6
Es sei $F : \mathbf{A} \to \mathbf{B}$ ein linksexakter Funktor von abelschen Kategorien $\mathbf{A}$, $\mathbf{B}$. Weiter sei $0 \to A^\bullet \to J^{\bullet,\bullet}$ eine Cartan-Eilenberg-Auflösung in $\mathbf{A}$.

Dann ist

$$h_I^p(F(J^{\bullet,\bullet})) = F(h_I^p(J^{\bullet,\bullet})) \,. \tag{1.61}$$

Beweis. Die Sequenzen $0 \to I^{p,q} \to J^{p,q} \to K^{p+1,q} \to 0$ und $0 \to K^{p,q} \to I^{p,q} \to L^{p,q} \to 0$ sind split-exakt und bleiben deshalb exakt unter Anwendung von $F(-)$. □

1.4.6 Quasi-Isomorphismen

Definition 1.4.16

Eine Abbildung von Komplexen $f : I^\bullet \to J^\bullet$ mit

$$h^p(f) : h^p(I^\bullet) \to h^p(J^\bullet),$$

sämtlich Isomorphismen, heißt *Quasi-Isomorphismus von $I^\bullet$ nach $J^\bullet$.* ◆

Proposition 1.4.3

Es sei $M^\bullet$ ein Komplex mit Elementen in einer abelschen Kategorie $\mathbf{A}$ mit genug Injektiven. Dann existiert ein Komplex $J^\bullet$ aus injektiven Elementen in $\mathbf{A}$ sowie eine injektive Abbildung

$$f : M^\bullet \hookrightarrow J^\bullet,$$

die ein Quasi-Isomorphismus ist.

Beweis. Es sei

$$0 \to Z^i \to M^i \to B^{i+1} \to 0$$
$$0 \to B^i \to Z^i \to H^i \to 0$$

die Zerlegung in kurze exakte Sequenzen von $M^\bullet$ und

$$0 \to L^i \to J^i \to Q^{i+1} \to 0$$
$$0 \to Q^i \to L^i \to H^i \to 0$$

die entsprechende Zerlegung von $J^\bullet$. Wir müssen die Q^i, L^i, J^i induktiv konstruieren.

Es seien bereits die Diagramme

$$
\begin{array}{ccccccccc}
0 & \longrightarrow & Z^i & \longrightarrow & M^i & \longrightarrow & B^{i+1} & \longrightarrow & 0 \\
& & \downarrow & & \downarrow{\scriptstyle\beta} & & \downarrow{\scriptstyle\gamma} & & \\
0 & \longrightarrow & L^i & \xrightarrow{\ \alpha\ } & J^i & \longrightarrow & Q^{i+1} & \longrightarrow & 0
\end{array}
$$

bis zu einem festen i konstruiert und außerdem $Z^i \to L^i$, $M^i \to J^i$ und $B^{i+1} \to Q^{i+1}$ injektiv.

Wir bilden das Diagramm

$$
\begin{array}{ccccccccc}
0 & \longrightarrow & B^{i+1} & \longrightarrow & Z^{i+1} & \longrightarrow & H^{i+1} & \longrightarrow & 0 \\
& & \downarrow & & \downarrow & & \parallel & & \\
0 & \longrightarrow & Q^{i+1} & \longrightarrow & L^{i+1} & \longrightarrow & H^{i+1} & \longrightarrow & 0
\end{array}
$$

mit der Fasersumme $L^{i+1} = Q^{i+1} \oplus_{B^{i+1}} Z^{i+1}$. Die Kommutativität und die Exaktheit der Zeilen zeigt eine Diagrammjagd. Außerdem ist $Z^{i+1} \to L^{i+1}$ injektiv nach dem Schlangenlemma.

Es folgt wieder ein Diagramm vom Typ des Anfangsdiagramms:

$$
\begin{array}{ccccccccc}
0 & \longrightarrow & Z^{i+1} & \longrightarrow & M^{i+1} & \longrightarrow & B^{i+2} & \longrightarrow & 0 \\
 & & \Big\downarrow{\scriptstyle\theta} & & \Big\downarrow{\scriptstyle\beta} & & \Big\downarrow{\scriptstyle\gamma} & & \\
0 & \longrightarrow & L^{i+1} & \xrightarrow{\alpha} & J^{i+1} & \longrightarrow & Q^{i+2} & \longrightarrow & 0
\end{array}
$$

Wir bilden dazu eine Injektion $X^{i+1} = L^{i+1} \oplus_{Z^{i+1}} M^{i+1} \hookrightarrow J^{i+1}$ und erzeugen daraus das obenstehende Diagramm.

Die Abbildung $M^{i+1} \to L^{i+1} \oplus_{Z^{i+1}} M^{i+1}$ ist injektiv, weil $Z^{i+1} \to L^{i+1}$ injektiv ist. Damit ist auch $M^{i+1} \to J^{i+1}$ injektiv.

Nach dem Schlangenlemma muss noch die Injektivität von $\operatorname{coker}\theta \xrightarrow{\psi} \operatorname{coker}\beta$ nachgewiesen werden, um die Injektivität von $\gamma : B^{i+2} \to Q^{i+2}$ zu zeigen.

Man schreibe $L^{i+1} \xrightarrow{\alpha'} X^{i+1} \xrightarrow{\iota} J^{i+1}$ und $M^{i+1} \xrightarrow{\beta'} X^{i+1} \xrightarrow{\iota} J^{i+1}$. Der Kern von ψ wird dann von den $l_{i+1} \in L^{i+1}$ erzeugt, für die $\alpha(l_{i+1}) = \beta(m_{i+1})$ mit $m_{i+1} \in M^{i+1}$ ist.

Also $\iota\alpha'(l_{i+1}) = \iota\beta'(m_{i+1})$ und weil ι injektiv auch $\alpha'(l_{i+1}) = \beta'(m_{i+1})$. Es ist also $\alpha'(l_{i+1}) - \beta'(m_{i+1}) = 0$ in X^{i+1}. Daraus folgt aber nach der Definition der Fasersumme X^{i+1}, dass $l_{i+1} = \theta(z_{i+1})$ mit $z_{i+1} \in Z^{i+1}$. Also ist das Bild von l_{i+1} in $\operatorname{coker}\theta$ gleich Null. Damit ist der Induktionsschritt geschafft.

Setzt man dies nun induktiv fort, ergibt sich eine injektive Abbildung $f : M^\bullet \to J^\bullet$, die nach Konstruktion ein Quasi-Isomorphismus ist. $\square$

1.4.7   Azyklische Auflösungen

Für einen kovarianten, rechtsexakten Funktor $G_0 = G : \mathbf{A} \to \mathbf{B}$ können wir, wie oben in dualer Form beschrieben, mittels einer projektiven Auflösung $P_\bullet \to M \to 0$ die derivierten Funktoren $G_i(M) = h^i(G(P_\bullet))$ berechnen.

Diese Berechnung kann aber auch mit einer Auflösung durch *azyklische Objekte* erfolgen, also durch einen Komplex $L_\bullet \to M \to 0$, in dem $G_i(L_j) = 0$ für alle j und alle $i > 0$ gilt. Genaueren Aufschluss gibt die folgende Proposition:

Proposition 1.4.4
Es sei (G_i) ein δ-Funktor über dem kovarianten, rechtsexakten Funktor $G_0 = G : \mathbf{A} \to \mathbf{B}$. Weiter sei M aus $\mathbf{A}$ und

$$
L_{s+1} \longrightarrow L_s \longrightarrow \cdots \longrightarrow L_1 \longrightarrow L_0 \longrightarrow M \longrightarrow 0 \tag{1.62}
$$

eine Auflösung von M mit Objekten L_p aus $\mathbf{A}$.

Für diese gelte: $G_i(L_p) = 0$ mit $i = 0, \ldots, s$ und $p = 0, \ldots, s$. Dann ist

$$
G_p(M) = h^p(G(L_\bullet)) \tag{1.63}
$$

für $p = 0, \ldots, s$.

Beweis. Zerlege (L_i) in kurze exakte Sequenzen

$$0 \to Q_{p+2} \to L_{p+1} \to Q_{p+1} \to 0$$
$$0 \to Q_{p+1} \to L_p \to Q_p \to 0$$
$$0 \to Q_p \to L_{p-1} \to Q_{p-1} \to 0$$
$$\cdots$$
$$0 \to Q_{i+1} \to L_i \to Q_i \to 0$$
$$\cdots$$
$$0 \to Q_1 \to L_0 \to Q_0 \to 0$$

mit $Q_0 = M$. Wendet man darauf G an, so ergibt sich:

$$G(Q_{p+2}) \longrightarrow G(L_{p+1}) \longrightarrow G(Q_{p+1}) \longrightarrow 0$$
$$G(Q_{p+1}) \xrightarrow{\alpha_p} G(L_p) \xrightarrow{\beta_p} G(Q_p) \longrightarrow 0$$
$$G(Q_p) \xrightarrow{\alpha_{p-1}} G(L_{p-1}) \longrightarrow G(Q_{p-1}) \longrightarrow 0 \qquad (1.64)$$
$$\cdots$$
$$G(Q_{i+1}) \longrightarrow G(L_i) \longrightarrow G(Q_i) \longrightarrow 0 \qquad (1.65)$$
$$\cdots$$
$$G(Q_1) \longrightarrow G(L_0) \longrightarrow G(Q_0) \longrightarrow 0$$

Nun ist

$$h^p(G(L_\bullet)) = \ker(G(L_p) \to G(L_{p-1}))/\operatorname{im}(G(L_{p+1}) \to G(L_P)),$$

und das ist gleich

$$\ker((G(L_p)/\operatorname{im}\alpha_p) \to G(L_{p-1})),$$

also auch gleich

$$\ker(G(Q_p) \to G(L_{p-1})).$$

Damit kommt die aus (1.64) gewonnene Sequenz

$$G_1(L_{p-1}) \longrightarrow G_1(Q_{p-1}) \longrightarrow G(Q_p) \longrightarrow G(L_{p-1}) \longrightarrow G(Q_{p-1}) \longrightarrow 0 \qquad (1.66)$$

ins Spiel. Sie beweist, da $G_1(L_{p-1}) = 0$, dass

$$h^p(G(L_\bullet)) = \ker(G(Q_p) \to G(L_{p-1})) = G_1(Q_{p-1}).$$

Nun folgt aus der aus (1.65) gewonnenen Sequenz

$$0 = G_{p-i}(L_i) \longrightarrow G_{p-i}(Q_i) \longrightarrow G_{p-i-1}(Q_{i+1}) \longrightarrow G_{p-i-1}(L_i) = 0 \qquad (1.67)$$

für $i = p-2, \ldots, 0$ und $p \geqslant 2$. Schließt man induktiv zurück, so folgt

$$G_1(Q_{p-1}) = G_2(Q_{p-2}) = \cdots = G_p(Q_0)$$

und damit für $p = 0, \ldots, s$

$$h^p(G(L_\bullet)) = G_p(Q_0) = G_p(M). \qquad (1.68)$$

$\square$

Bemerkung 1.4.4

Mit den üblichen Dualisierungen können wir die obige Proposition auch auf den Fall eines kovarianten linksexakten Funktors $F^0 = F$ übertragen. Dort tritt dann an die Stelle einer injektiven Auflösung

$$0 \to M \to I^\bullet$$

und $F^i(M) = h^i(F(I^\bullet))$ eine Auflösung

$$0 \to M \to L^\bullet$$

mit $F^i(L^j) = 0$ für $i > 0$. Es ist dann ebenso $F^i(M) = h^i(F(L^\bullet))$.

Selbstverständlich kann dies auch mit entsprechenden feineren Einschränkungen an die Indizes, wie in der vorigen Proposition, formuliert werden.

Ebenso können auch die noch nicht erwähnten der vier möglichen Kombinationen von Exaktheits- und Varianztyp des Funktors F^0 abgehandelt werden.

1.4.8 Komposition von Funktoren

Proposition 1.4.5

Es seien $F : \mathbf{B} \to \mathbf{C}$ und $G : \mathbf{A} \to \mathbf{B}$ zwei kovariante linksexakte Funktoren. Dann gibt es eine natürliche Abbildung:

$$R^p(FG)(A) \to FR^pG(A) \tag{1.69}$$

Beweis. Es sei $0 \to A \to I^\bullet$ eine injektive Auflösung. Wir konstruieren eine Abbildung $h^p(FG(I^\bullet)) \to Fh^p(G(I^\bullet))$.

Es seien

$$0 \to \tilde{Z}^p \to G(I^p) \to \tilde{B}^{p+1} \to 0$$

und

$$0 \to \tilde{\tilde{Z}}^p \to FG(I^p) \to \tilde{\tilde{B}}^{p+1} \to 0$$

die Zerlegungen in kurze exakte Sequenzen. Unter Anwendung von F auf $0 \to \tilde{Z}^p \to G(I^p) \to G(I^{p+1})$ folgt

$$
\begin{array}{ccccccc}
0 & \longrightarrow & F(\tilde{Z}^p) & \longrightarrow & FG(I^p) & \longrightarrow & FG(I^{p+1}) \\
 & & \uparrow & & \uparrow & & \uparrow \\
 & & \vdots & & = & & = \\
0 & \longrightarrow & \tilde{\tilde{Z}}^p & \longrightarrow & FG(I^p) & \longrightarrow & FG(I^{p+1}),
\end{array}
$$

also ein Isomorphismus $\alpha : \tilde{\tilde{Z}}^p \xrightarrow{\cong} F(\tilde{Z}^p)$. Mit dem Diagramm

$$
\begin{array}{ccccccccc}
0 & \longrightarrow & F(\tilde{Z}^p) & \longrightarrow & FG(I^p) & \longrightarrow & F(\tilde{B}^{p+1}) & & \\
 & & \alpha\uparrow & & =\uparrow & & \gamma\uparrow & & \\
0 & \longrightarrow & \tilde{\tilde{Z}}^p & \longrightarrow & FG(I^p) & \longrightarrow & \tilde{\tilde{B}}^{p+1} & \longrightarrow & 0
\end{array}
$$

konstruiert man daraus die Abbildung γ.

Schließlich liefert die Anwendung von F auf $0 \to \tilde{B}^p \to \tilde{Z}^p \to h^p(G(I^\bullet)) \to 0$ ein Diagramm

$$
\begin{array}{ccccc}
0 \longrightarrow & F(\tilde{B}^p) & \longrightarrow & F(\tilde{Z}^p) & \longrightarrow & Fh^p(G(I^\bullet)) \\
& \big\uparrow\gamma & & \big\uparrow\alpha & & \big\uparrow\theta \\
0 \longrightarrow & \tilde{\tilde{B}}^p & \longrightarrow & \tilde{\tilde{Z}}^p & \longrightarrow & h^p(FG(I^\bullet)) \longrightarrow 0
\end{array}
$$

und in diesem Diagramm die Abbildung θ. Sie ist unsere gesuchte Abbildung. Die Kommutativität der linken Hälfte des Diagramms mit α und γ folgt aus dem Diagramm:

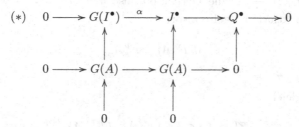

In ihm kommutieren das linke und das rechte Quadrat, sowie das Rechteck des gesamten Diagramms. Mit einer Diagrammjagd unter Benutzung der Surjektivität von ϕ und der Injektivität von ψ beweist man die Kommutativität des mittleren Quadrats. $\qquad\square$

Proposition 1.4.6

Es seien $F : \mathbf{B} \to \mathbf{C}$ und $G : \mathbf{A} \to \mathbf{B}$ zwei kovariante linksexakte Funktoren, und es sei $G(I)$ ein F-azyklisches Objekt in $\mathbf{B}$ für alle injektiven Objekte I von $\mathbf{A}$. Dann gibt es eine natürliche Abbildung:

$$(R^p F)(G(A)) \to R^p(FG)(A) \tag{1.70}$$

Beweis. Es sei $0 \to A \to I^\bullet$ eine injektive Auflösung und

$$
(*) \quad
\begin{array}{ccccccc}
0 \longrightarrow & G(I^\bullet) & \overset{\alpha}{\longrightarrow} & J^\bullet & \longrightarrow & Q^\bullet & \longrightarrow 0 \\
& \big\uparrow & & \big\uparrow & & \big\uparrow & \\
0 \longrightarrow & G(A) & \longrightarrow & G(A) & \longrightarrow & 0 & \\
& \big\uparrow & & \big\uparrow & & & \\
& 0 & & 0 & & &
\end{array}
$$

eine exakte Sequenz mit $\alpha : G(I^\bullet) \to J^\bullet$ ein Quasi-Isomorphismus in einen Komplex injektiver Moduln. Da $G(I^p)$ und J^p beide F-azyklisch sind, gilt dies auch für Q^p. Durch Abwickeln der langen exakten Kohomologiesequenz von $(*)$ und durch die

Beziehung $h^p(G(I^\bullet)) = h^p(J^\bullet)$ ergibt sich $h^p(Q^\bullet) = 0$, das heißt, die Sequenz $Q^\bullet$ ist eine exakte Folge F-azyklischer Elemente. Wendet man F auf (*) an, so ergibt sich:

$$
\begin{array}{ccccccccc}
0 & \longrightarrow & F(G(I^\bullet)) & \longrightarrow & F(J^\bullet) & \longrightarrow & F(Q^\bullet) & \longrightarrow & 0 \\
 & & \uparrow & & \uparrow & & \uparrow & & \\
0 & \longrightarrow & F(G(A)) & \longrightarrow & F(G(A)) & \longrightarrow & 0 & & \\
 & & \uparrow & & \uparrow & & & & \\
 & & 0 & & 0 & & & &
\end{array}
$$

Die Surjektivität der Komplexe folgt dabei aus $(R^1 F)(G(I^p)) = 0$. Es gilt $h^p(F(Q^\bullet)) = (R^p F)(0) = 0$, also

$$(**) \quad R^p(FG)(A) = h^p(F(G(I^\bullet))) = h^p(F(J^\bullet)).$$

Wähle nun eine injektive Auflösung $0 \to G(A) \to K^\bullet$ und einen assoziierten Morphismus von Komplexen:

$$
\begin{array}{ccc}
K^\bullet & \longrightarrow & J^\bullet \\
\uparrow & & \uparrow \\
G(A) & \longrightarrow & G(A)
\end{array}
$$

Er induziert eine Abbildung $F(K^\bullet) \to F(J^\bullet)$ über $FG(A)$, also einen Morphismus:

$$(R^p F)(G(A)) = h^p(F(K^\bullet)) \to h^p(F(J^\bullet)) = R^p(FG)(A)$$

Dieser ist unsere gesuchte Abbildung.   □

1.4.9   Spektralsequenzen

Es sei A ein gefiltertes Objekt einer abelschen Kategorie $\mathbf{A}$, es existiere also ein System von Unterobjekten $(F^p A)_{p \in \mathbb{Z}}$ mit

$$A = \cdots = F^{-i} A = \cdots = F^{-1} A = F^0 A \supseteq F^1 A \supseteq F^2 A \supseteq \cdots \supseteq F^p A \supseteq \cdots$$

Weiterhin sei $d : A \to A$ eine Derivation, also $d^2 = d \circ d = 0$, so dass d die Filtrierung respektiert. Es gelte also:

$$d(F^p A) \subseteq F^p A$$

Definition 1.4.17
Es sei Z_r^p, B_r^p gleich

$$Z_r^p = \{x \in F^p A \mid d\,x \in F^{p+r} A\}$$

$$B_r^p = dZ_r^{p-r}.$$

Dann ist

$$B^p_{r-1} + Z^{p+1}_{r-1} = dZ^{p-r+1}_{r-1} + Z^{p+1}_{r-1} \subseteq Z^p_r$$

sowie

$$B^p_0 \subseteq B^p_1 \subseteq \cdots \subseteq B^p_r \subseteq B^p_{r+1} \subseteq \cdots$$

$$Z^p_0 \supseteq Z^p_1 \supseteq \cdots \supseteq Z^p_r \supseteq Z^p_{r+1} \supseteq \cdots$$

Definition 1.4.18
Es sei E^p_r gleich

$$E^p_r = Z^p_r / (B^p_{r-1} + Z^{p+1}_{r-1}) = Z^p_r / (dZ^{p-r+1}_{r-1} + Z^{p+1}_{r-1}).$$

◆

Definition 1.4.19
Es sei

$$d^p_r : E^p_r \to E^{p+r}_r$$

definiert durch

$$d^p_r(x + B^p_{r-1} + Z^{p+1}_{r-1}) = d\,x + B^{p+r}_{r-1} + Z^{p+r+1}_{r-1}.$$

◆

Bemerkung 1.4.5
Es ist

$$d(Z^p_r) \subseteq Z^{p+r}_r$$

$$d(B^p_{r-1} + Z^{p+1}_{r-1}) = d(dZ^{p-r+1}_{r-1} + Z^{p+1}_{r-1}) \subseteq B^{p+r}_{r-1} + Z^{p+r+1}_{r-1} = dZ^{p+1}_{r-1} + Z^{p+r+1}_{r-1}$$

und damit $d^p_r : E^p_r \to E^{p+r}_r$ wohldefiniert.

Proposition 1.4.7
Es ist

$$\ker d^p_r = (Z^p_{r+1} + Z^{p+1}_{r-1})/(dZ^{p-r+1}_{r-1} + Z^{p+1}_{r-1}).$$

Beweis. Wir halten fest, dass

$$E^p_r = Z^p_r / (dZ^{p-r+1}_{r-1} + Z^{p+1}_{r-1})$$

$$E^{p+r}_r = Z^{p+r}_r / (dZ^{p+1}_{r-1} + Z^{p+r+1}_{r-1}).$$

Es sei $x \in Z^p_r$ mit $d^p_r(x) = 0$, also $d\,x = y + z$ mit $y = d\,y' \in dZ^{p+1}_{r-1}$ und $z \in Z^{p+r+1}_{r-1}$, also $d(x - y') \in Z^{p+r+1}_{r-1}$, also $x - y' \in Z^p_{r+1}$. Es ist also mit der kanonischen Inklusion $\phi : Z^p_{r+1} \subseteq Z^p_r$

$$\ker d^p_r = \mathrm{im}\left(Z^p_{r+1} \xrightarrow{\bar\phi} Z^p_r / (dZ^{p-r+1}_{r-1} + Z^{p+1}_{r-1})\right) =$$

$$= (Z^p_{r+1} + Z^{p+1}_{r-1})/(dZ^{p-r+1}_{r-1} + Z^{p+1}_{r-1}).$$

□

Proposition 1.4.8

Es ist

$$\operatorname{im} d_r^{p-r} = (dZ_r^{p-r} + Z_{r-1}^{p+1})/(dZ_{r-1}^{p-r+1} + Z_{r-1}^{p+1}) \,.$$

Beweis. Wir halten fest, dass

$$E_r^p = Z_r^p/(dZ_{r-1}^{p-r+1} + Z_{r-1}^{p+1})$$
$$E_r^{p-r} = Z_r^{p-r}/(dZ_{r-1}^{p-2r+1} + Z_{r-1}^{p-r+1}) \,.$$

Also ist

$$\operatorname{im} d_r^{p-r} = \operatorname{im}(Z_r^{p-r} \xrightarrow{d} Z_r^p/(dZ_{r-1}^{p-r+1} + Z_{r-1}^{p+1})) =$$
$$= (dZ_r^{p-r} + dZ_{r-1}^{p-r+1} + Z_{r-1}^{p+1})/(dZ_{r-1}^{p-r+1} + Z_{r-1}^{p+1}) =$$
$$(dZ_r^{p-r} + Z_{r-1}^{p+1})/(dZ_{r-1}^{p-r+1} + Z_{r-1}^{p+1}) \,.$$

$$\square$$

Proposition 1.4.9

Es ist

$$(\ker d_r^p / \operatorname{im} d_r^{p-r}) = Z_{r+1}^p/(dZ_r^{p-r} + Z_r^{p+1}) = E_{r+1}^p \,.$$

Beweis. Wir halten fest, dass

$$\ker d_r^p = (Z_{r+1}^p + Z_{r-1}^{p+1})/(dZ_{r-1}^{p-r+1} + Z_{r-1}^{p+1})$$
$$\operatorname{im} d_r^{p-r} = (dZ_r^{p-r} + Z_{r-1}^{p+1})/(dZ_{r-1}^{p-r+1} + Z_{r-1}^{p+1})$$
$$E_{r+1}^p = Z_{r+1}^p/(dZ_r^{p-r} + Z_r^{p+1}) \,.$$

Insgesamt also

$$\ker d_r^p / \operatorname{im} d_r^{p-r} = (Z_{r+1}^p + Z_{r-1}^{p+1})/(dZ_r^{p-r} + Z_{r-1}^{p+1}) =$$
$$= Z_{r+1}^p/(dZ_r^{p-r} + Z_r^{p+1}) = E_{r+1}^p \,.$$

Denn es ist ja für $X = Z_{r+1}^p$ und $Y = dZ_r^{p-r}$ sowie $B = Z_{r-1}^{p+1}$ wegen $Y \subseteq X$ auch

$$(X + B)/(Y + B) = (X + Y + B)/(Y + B) = X/(X \cap (Y + B)) = X/(Y + B \cap X)$$

mit $X \cap B = Z_{r+1}^p \cap Z_{r-1}^{p+1} = Z_r^{p+1}$. $\qquad\square$

Wir haben also die Beziehungen $E_r^p = Z_r^p/(dZ_{r-1}^{p-r+1} + Z_{r-1}^{p+1})$, die wir jetzt als

$$E_r^p = Z_r^p/\tilde{B}_r^p$$

schreiben. Nach unserer anfänglichen Annahme $F^0 A = F^{-1} A = \cdots = F^{-i} A = \cdots = A$ ist dann $\tilde{B}_r^p = dZ_p^0 + Z_{r-1}^{p+1}$ für $r \gg 0$ und damit $\tilde{B}_{r+1}^p \subseteq \tilde{B}_r^p$.

Es ist also $Z_{r+1}^p \subseteq Z_r^p$ und $\tilde{B}_{r+1}^p \subseteq \tilde{B}_r^p$, so dass über

$$
\begin{array}{ccccccccc}
0 & \longrightarrow & \tilde{B}_r^p & \longrightarrow & Z_r^p & \longrightarrow & E_r^p & \longrightarrow & 0 \\
& & \uparrow & & \uparrow & & \uparrow & & \\
0 & \longrightarrow & \tilde{B}_{r+1}^p & \longrightarrow & Z_{r+1}^p & \longrightarrow & E_{r+1}^p & \longrightarrow & 0
\end{array}
$$

für $r > p$ ein System von Abbildungen $\gamma_{r+1,r} : E^p_{r+1} \to E^p_r$ entsteht.

Gleichzeitig können wir $Z^p_\infty = \bigcap_{r>p} Z^p_r$ und $\tilde{B}^p_\infty = dZ^0_p + \bigcap_{r>p} Z^{p+1}_{r-1} = dZ^0_p + Z^{p+1}_\infty$ bilden. Wegen $Z^p_\infty \subseteq Z^p_r$ und $\tilde{B}^p_\infty \subseteq \tilde{B}^p_r$ gibt es Abbildungen $\psi_r : E^p_\infty \to E^p_r$ mit $E^p_\infty = Z^p_\infty / \tilde{B}^p_\infty$, so dass

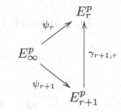

kommutiert.

Insgesamt haben wir damit eine Abbildung

$$\phi^p_\infty : E^p_\infty \to \varprojlim_r \left(\cdots \leftarrow E^p_r \xleftarrow{\gamma_{r+1,r}} E^p_{r+1} \leftarrow \cdots \right).$$

Definition 1.4.20
Wenn diese $\phi^p_\infty : E^p_\infty \to \varprojlim_{r>p} E^p_r$ für alle p ein Isomorphismus sind, so sagen wir: *Die Spektralsequenz E^p_r konvergiert gegen E^p_∞* oder

$$E^p_r \Rightarrow E^p_\infty .$$

♦

Wir wollen dieses E^p_∞ noch einmal genauer verstehen: Dazu filtrieren wir die Homologie $H(A) = (\ker d)/(\operatorname{im} d)$ durch die Bilder

$$F^p H(A) = \operatorname{im} \left(\left((\ker d) \cap F^p A \right) \to \left((\ker d)/(\operatorname{im} d) \right) \right) =$$
$$= \{ x \in F^p A \mid dx = 0 \} / \{ dx \mid x \in A, dx \in F^p A \} .$$

Bemerkung 1.4.6
Wir haben hier zuletzt eine Darstellung mit Elementen gegeben, was für die Kategorie $\mathbf{A} = \mathbf{Ab}$ auch immer möglich ist. Im allgemeinen Fall müsste man eine äquivalente, aber kompliziertere Notation wählen, worauf wir hier verzichten.

Damit ist $F^p H(A)/F^{p+1} H(A)$ nichts anderes als

$$F^p H(A)/F^{p+1} H(A) =$$
$$= \{ x \in F^p A \mid dx = 0 \} / \left(\{ dx \mid x \in A, dx \in F^p A \} + \{ x \in F^{p+1} A \mid dx = 0 \} \right) .$$

Mit den oben eingeführten Z^p_∞ und $\tilde{B}^p_\infty = dZ^0_p + Z^{p+1}_\infty$ ist so

$$F^p H(A)/F^{p+1} H(A) = Z^p_\infty / \tilde{B}^p_\infty = E^p_\infty .$$

Wir halten also fest:

Proposition 1.4.10

Der „Grenzwert" E_∞^p der Spektralsequenz (E_r^p) ist das p-te Objekt der Gradierung $\mathrm{gr}(H(A))$, die zu der oben beschriebenen Filtrierung $F^p H(A)$ von $H(A)$ gehört.

Bemerkung 1.4.7

In der „Praxis" kommt auch der Fall vor, dass die Filtrierung die Form

$$A = F^{-\infty} A \supseteq \cdots \supseteq F^{-i} A \supseteq F^{-i+1} A \supseteq \cdots \supseteq F^0 A = 0$$

hat.

Auch dann ist $E_r^p = Z_r^p / (d Z_{r-1}^{p-r+1} + Z_{r-1}^{p+1}) = Z_r^p / \tilde{B}_r^p$ und mit ebengleich definierten $d_r^p : E_r^p \to E_r^{p+r}$ ist auch $E_{r+1}^p = \ker(d_r^p) / \mathrm{im}(d_r^{p-r})$. Allerdings sind die relevanten p immer kleiner oder gleich Null.

Nun wird aber $Z_{r+1}^p \subseteq Z_r^p$ für $r \geqslant -p$ stationär gleich $Z_\infty^p = Z_{-p}^p$, und man hat $\tilde{B}_r^p \subseteq \tilde{B}_{r+1}^p$ für $r > -(p+1)$. Also existieren für $r > -(p+1)$ Surjektionen

$$\gamma_{r,r+1} : E_r^p \to E_{r+1}^p ,$$

die mit den Surjektionen $E_r^p \xrightarrow{\psi_r} E_\infty^p = Z_\infty^p / \tilde{B}_\infty^p$ verträglich sind, wobei $\tilde{B}_\infty^p = (\bigcup_{r \gg 0} d Z_{r-1}^{p-r+1}) + Z_\infty^{p+1}$ und damit auch $\tilde{B}_r^p \subseteq \tilde{B}_\infty^p$ ist.

Jetzt hat man also Morphismen

$$\phi_\infty^p : \varinjlim_r E_r^p \to E_\infty^p ,$$

die automatisch Isomorphismen sind, und man sagt, *die Spektralsequenz konvergiert gegen E_∞^p oder $E_r^p \Rightarrow E_\infty^p$.*

Gradierte und filtrierte Objekte

Es sei nun A zusätzlich zu seiner Filtrierung $(F^p A)_{p \in \mathbb{Z}}$ auch noch gradiert, also $A = \bigoplus_{n \in \mathbb{Z}} A^n$. Wir nehmen dabei $A^n = 0$ für $n < 0$ an, und natürlich soll die Gradierung mit der Filtrierung kompatibel sein, also

$$F^p A = \bigoplus_n (F^p A \cap A^n) = \bigoplus_n F^p A^n .$$

Weiter sei die Derivation $d : A^n \to A^{n+1}$ eine Abbildung vom Grad $+1$.
Wir definieren dann Z_r^{pq} und B_r^{pq} sowie E_r^{pq} durch

$$Z_r^{pq} = Z_r^p \cap A^{p+q} = Z_r^p \cap A^n$$
$$B_r^{pq} = B_r^p \cap A^{p+q} = B_r^p \cap A^n$$
$$E_r^{pq} = Z_r^{pq} / \left(B_{r-1}^{pq} + Z_{r-1}^{p+1,q-1} \right)$$

mit $n = p + q$.

Speziell B_{r-1}^{pq} ist dabei gleich

$$B_{r-1}^{pq} = dZ_{r-1}^{p-r+1} \cap A^{p+q} = dZ_{r-1}^{p-r+1,q+r-2} \, .$$

Wir haben bei diesen Überlegungen immer folgendes graduierte $(F^p A^n)$ vor Augen: Es sei $(E^{i,j})_{i,j \geqslant 0}$ ein Doppelkomplex mit Derivationen

$$d_I : E^{i,j} \to E^{i+1,j}$$
$$d_{II} : E^{i,j} \to E^{i,j+1} \, ,$$

für die $d_I\, d_I = d_{II}\, d_{II} = d_I d_{II} + d_{II} d_I = 0$ gelte. Es ist dann $(d_I + d_{II})(d_I + d_{II}) = 0$.

Man setzt nun

$$F^p A^n = \bigoplus_{\substack{p' \geqslant p \\ p'+q'=n}} E^{p',q'} \, ,$$

so dass auch $F^p A = \bigoplus_{n \geqslant 0} F^p A^n$ wird. Die Filtrierung $F^p A = F^p E^{\bullet,\bullet}$ nennen wir die *kanonische vertikale Filtrierung von* $E^{\bullet,\bullet}$.

Wir wollen einsehen, dass für $A = E^{\bullet,\bullet}$ mit der vertikalen Filtrierung die zugehörige Spektralsequenz immer konvergiert.

Wir setzen daher noch

$$Z_\infty^{pq} = Z_\infty^p \cap A^n$$
$$\tilde{B}_\infty^{pq} = \tilde{B}_\infty^p \cap A^n$$
$$E_\infty^{pq} = Z_\infty^{pq} / \tilde{B}_\infty^{pq}$$

wieder mit $p + q = n$.

Es ergibt sich nun unmittelbar aus einer Vergegenwärtigung der geometrischen Darstellung der obigen Situation (siehe Abbildung 1.1), dass für $A = E^{\bullet,\bullet}$

$$Z_r^{pq} = Z_{r+1}^{pq} = \cdots = Z_\infty^{pq} \text{ für } r \geqslant q$$
$$B_r^{pq} = B_{r+1}^{pq} = \cdots \text{ für } r \geqslant p$$
$$B_{r-1}^{pq} + Z_{r-1}^{p+1,q-1} = B_r^{pq} + Z_r^{p+1,q-1} = \cdots = \tilde{B}_\infty^{pq} \text{ für } r - 1 \geqslant p, q$$

gilt. Also ist

$$E_r^{pq} = Z_r^{pq} / (B_{r-1}^{pq} + Z_{r-1}^{p+1,q-1}) = Z_\infty^{pq} / \tilde{B}_\infty^{pq} = E_\infty^{pq}$$

für alle $r \gg 0$. Damit konvergiert die Spektralsequenz E_r^{pq} gegen E_∞^{pq}, und man hat für den Grenzwert

$$(\operatorname{gr} h^{p+q}(\operatorname{tot} E^{\bullet,\bullet}))_p = F^p h^{p+q}(\operatorname{tot} E^{\bullet,\bullet}) / F^{p+1} h^{p+q}(\operatorname{tot} E^{\bullet,\bullet}) = E_\infty^{pq} \, ,$$

wobei man die Filtrierung von $h^{p+q}(\operatorname{tot} E^{\bullet,\bullet})$ wie im vorigen Abschnitt beschrieben vorzunehmen hat.

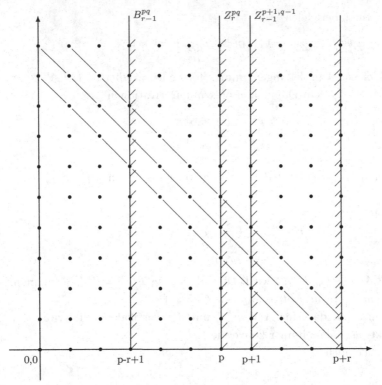

Abb. 1.1 Die Punkte auf den Diagonalen repräsentieren A^9, A^{10}, A^{11}. Ihre Abschnitte ab den schraffierten Vertikalen korrespondieren mit B_{r-1}^{pq}, Z_r^{pq}, $Z_{r-1}^{p+1,q-1}$ für $p = 6$, $q = 3, 4, 5$ und $r = 4$.

Durch eine genaue Betrachtung der hier eingeführten Z_r^{pq} und B_r^{pq} können wir die Terme E_1^{pq} und E_2^{pq} der Spektralsequenz E_r^{pq} für $A = E^{\bullet,\bullet}$ folgendermaßen beschreiben:

$$_I E_1^{\bullet,\bullet} = H_{II}(E^{\bullet,\bullet})$$
$$_I E_2^{\bullet,\bullet} = H_I H_{II}(E^{\bullet,\bullet})$$

Dabei ist $H_{II}(-)$ die Kohomologie bezüglich d_{II}, also die „vertikale Kohomologie", und $H_I(-)$ ist die Kohomologie bezüglich der von d_I auf $_I E_1^{\bullet,\bullet}$ induzierten Derivation.

Es ist nun von großer Bedeutung, dass wir $A = E^{\bullet,\bullet}$ auch gemäß

$$F^q A^n = \bigoplus_{\substack{q' \geq q \\ p'+q'=n}} E^{p',q'}$$

hätten filtrieren können. Dies wird die *horizontale Filtrierung von* $E^{\bullet,\bullet}$ genannt. Alle Überlegungen von oben können dann entsprechend adaptiert werden, und man erhält für die Terme $E_1^{\bullet,\bullet}$ und $E_2^{\bullet,\bullet}$:

$$_{II}E_1^{\bullet,\bullet} = H_I(E^{\bullet,\bullet})$$
$$_{II}E_2^{\bullet,\bullet} = H_{II}H_I(E^{\bullet,\bullet})$$

Beide Spektralsequenzen konvergieren gegen tot $E^{\bullet,\bullet}$, nur sind jeweils die Grenzobjekte unterschiedlich filtriert.

In der „Praxis" kommt sehr oft der Fall vor, dass die Spektralsequenzen „entarten", also in $E_2^{\bullet,\bullet}$ für ein gegebenes n nur $E_2^{n0} \neq 0$ oder $E_2^{0n} \neq 0$ ist. Es ist dann automatisch $h^n(\text{tot } E^{\bullet,\bullet}) = E_2^{n0}$ oder $h^n(\text{tot } E^{\bullet,\bullet}) = E_2^{0n}$.

Trifft dies für die horizontale und die vertikale Spektralsequenz zu, so hat man eine Gleichung

$$_IE_2^{pq} = {}_{II}E_2^{p'q'} = h^n(\text{tot } E^{\bullet,\bullet})$$

mit $n = p + q = p' + q'$ und p oder q gleich Null bzw. p' oder q' gleich Null.

Aus einer Spektralsequenz lassen sich zahlreiche Informationen entnehmen, eine davon sind die *Randhomomorphismen*. Es sei $E_2^{pq} \Rightarrow E_\infty^{p+q}$ eine konvergente Spektralsequenz. Dann existieren Abbildungen

$$E_2^{p0} \twoheadrightarrow E_\infty^{p0} = F^p E_\infty^p \rightarrowtail F_\infty^p \tag{1.71}$$

$$E_\infty^q \twoheadrightarrow F^0 E_\infty^q / F^1 E_\infty^q = E_\infty^{0q} \rightarrowtail E_2^{0q}, \tag{1.72}$$

wie man direkt aus der Spektralsequenz und den Start- und Zielpunkten der Abbildungen $d_r^{pq} : E_r^{pq} \to E_r^{p+r,q-r+1}$ ersieht.

Die Grothendieck-Spektralsequenz

Proposition 1.4.11
Es sei Folgendes erfüllt:

 i) $F : \mathbf{B} \to \mathbf{C}$ *und* $G : \mathbf{A} \to \mathbf{B}$ *sind kovariante linksexakte Funktoren von abelschen Kategorien.*

 ii) *Die Kategorien* $\mathbf{A}$ *und* $\mathbf{B}$ *besitzen genug Injektive.*

 iii) $G(I)$ *ist* F*-azyklisch für jedes injektive* I *aus* $\mathbf{A}$.

 Dann existiert für die derivierten Funktoren von F *und* G *und jedes Objekt* A *aus* $\mathbf{A}$ *eine Spektralsequenz*

$$E_2^{pq} = (R^p F)(R^q G)(A) \Rightarrow \left(R^{p+q}(F \circ G) \right)(A).$$

Beweis. Wähle eine injektive Auflösung $0 \to A \to I^\bullet$ und eine Cartan-Eilenberg-Auflösung $0 \to G(I^\bullet) \to J^{\bullet,\bullet}$, so dass $0 \to G(I^q) \to J^{\bullet,q}$ eine injektive Auflösung von $G(I^q)$ ist. Wir stellen uns also $G(I^\bullet)$ als senkrechte Spalte links neben dem Gitter $J^{\bullet,\bullet}$ vor. Betrachte dann den Doppelkomplex $E^{\bullet,\bullet} = F(J^{\bullet,\bullet})$.

Für ihn gilt mit der waagrechten Filtrierung (entlang p), dass

$$_{II}E_1^{pq} = (H_I(E^{\bullet,\bullet}))^{pq} = (R^pF)(G(I^q)) = \begin{cases} 0 \text{ für } p > 0 \\ F(G(I^q)) \text{ für } p = 0 \end{cases}.$$

Da $G(I^q)$ ein F-azyklisches Objekt ist, verschwinden alle Einträge mit $p > 0$, und in der Spalte ganz links steht $F(G(I^\bullet))$.

Also ist

$$_{II}E_2^{pq} = H_{II}(_{II}E_1^{\bullet,\bullet})^{pq} = \begin{cases} 0 \text{ für } p > 0 \\ h^q(F(G(I^\bullet))) = R^q(F \circ G)(A) \text{ für } p = 0 \end{cases}.$$

Da die Spektralsequenz $_{II}E_2^{pq}$ entartet, ist also

$$_{II}E_2^{pq} \Rightarrow R^{p+q}(F \circ G)(A).$$

Berechnen wir nun mit der senkrechten Filtrierung $_IE_1^{pq} = H_{II}(E^{\bullet,\bullet})^{pq}$, so entsteht in der q-ten Zeile die Anwendung von $F(-)$ auf eine injektive Auflösung von

$$0 \to h^q(G(I^\bullet)) = (R^qG)(A) \to H_{II}(F(J^{\bullet,\bullet}))^{\bullet,q} = F(H_{II}(J^{\bullet,\bullet}))^{\bullet,q}.$$

Dies folgt nach Lemma 1.4.6.

Bildet man dann die waagrechte Kohomologie, so entsteht

$$_IE_2^{pq} = H_I(_IE_1^{\bullet,\bullet})^{pq} = (R^pF)(R^qG)(A).$$

Da aber nun insgesamt

$$_{II}E_2^{pq} \Rightarrow R^{p+q}(F \circ G)(A) \Leftarrow {_I}E_2^{pq} = (R^pF)(R^qG)(A),$$

ist somit die Spektralsequenz der Proposition konstruiert. $\qquad\square$

Definition 1.4.21
Die obige Spektralsequenz heißt *Grothendieck-Spektralsequenz*.   ◆

Wir erhalten mit dieser Spektralsequenz bequem als Nebenergebnis, was wir im vorigen Unterabschnitt nur langwierig beweisen konnten:

Korollar 1.4.2
Mit den Bedingungen der vorigen Proposition liest man die Randhomomorphismen

$$(R^pF)(GA) \to R^p(FG)(A), \tag{1.73}$$

$$R^q(FG)(A) \to F(R^qG)(A) \tag{1.74}$$

ab.

2 Kommutative Ringe und Moduln

Übersicht

© Springer-Verlag GmbH Deutschland, ein Teil von Springer Nature 2019

J. Böhm, *Kommutative Algebra und Algebraische Geometrie*,

https://doi.org/10.1007/978-3-662-59482-7_2

2.1   Ringe, Moduln, Ideale

2.1.1   Ringe

Definition 2.1.1
Ein Ring A ist eine Menge mit zwei Abbildungen

$$+ : A \times A \to A \text{ und } \cdot : A \times A \to A,$$

so dass A bezüglich $+$ eine abelsche Gruppe und bezüglich $\cdot$ assoziativ ist, also

$$a \cdot (b \cdot c) = (a \cdot b) \cdot c$$

gilt.

Außerdem gelten die Distributivgesetze:

$$a \cdot (b + c) = a \cdot b + a \cdot c$$
$$(b + c) \cdot a = b \cdot a + c \cdot a$$

Gibt es ein $1 \in A$ mit $1 \cdot a = a$ für alle $a \in A$, so heißt A *Ring mit* 1. Ist $\cdot$ kommutativ, also $a \cdot b = b \cdot a$, so heißt A *kommutativer Ring*.   ◆

Definition 2.1.2
Ein *Ringhomomorphismus* $\phi : A \to B$ ist eine Abbildung von Ringen mit

$$\phi(a + a') = \phi(a) + \phi(a'),$$
$$\phi(a \cdot a') = \phi(a) \cdot \phi(a').$$

                                                                                    ◆

Proposition 2.1.1
Die Ringe und die Ringhomomorphismen bilden eine Kategorie **Rng**.

Definition 2.1.3
Die kommutativen Ringe mit Eins bilden eine Unterkategorie von **Rng**. Für einen Morphismus $\phi : A \to B$ in dieser Kategorie verlangen wir $\phi(1_A) = 1_B$.
                                                                                    ◆

Im Rest des Buches seien alle Ringe, wenn nicht ausdrücklich anderes gesagt ist, kommutativ mit Eins.

Definition 2.1.4
Es sei $A \subseteq B$ eine Inklusion zweier Ringe. Dann heißt A *Unterring von B* und B *Ringerweiterung von A*.   ◆

Gelegentlich wird B auch bei Vorliegen eines beliebigen Ringhomomorphismus $\phi : A \to B$ als Ringerweiterung von A bezeichnet.

Definition 2.1.5
Ist $\phi : A \to B$ ein Ringhomomorphismus, so heißt B auch *A-Algebra*.   ◆

2.1.2   Moduln

Definition 2.1.6
Eine Menge M heißt A-*Modul* für einen kommutativen Ring A, wenn

i) M eine (additive) abelsche Gruppe ist,

ii) es einen Ringhomomorphismus $A \to \mathrm{End}_{\mathbb{Z}}(M)$ gibt.

Anders gesagt: Für alle $a, a' \in A$, $m \in M$ ist $a \cdot m$ definiert, und es gilt:

$$a \cdot (m + m') = a \cdot m + a \cdot m'$$
$$(a + a') \cdot m = a \cdot m + a' \cdot m$$
$$a \cdot (a' \cdot m) = (a \cdot a') \cdot m$$

$\blacklozenge$

Definition 2.1.7
Ein Morphismus von $f : M \to N$ von A-Moduln ist eine Abbildung f mit

$$f(m + m') = f(m) + f(m')$$
$$f(a\,m) = a\,f(m).$$

Man nennt eine solche Abbildung auch A-*linear* oder einen A-*Homomorphismus*.

$\blacklozenge$

Bezeichnet man die Menge der A-Morphismen $f : M \to N$ wie üblich mit $\mathrm{Hom}_A(M, N)$, so gilt:

Proposition 2.1.2
Die Menge $\mathrm{Hom}_A(M, N)$ *ist ein A-Modul mit*

$$(f + g)(m) = f(m) + g(m)$$
$$(a\,f)(m) = a\,(f(m))$$

für $f, g \in \mathrm{Hom}_A(M, N)$ und $a \in A$.

Definition 2.1.8
Eine Teilmenge $N \subseteq M$ eines A-Moduls M heißt *Untermodul*, wenn N abgeschlossen ist unter

i) der Addition in M eingeschränkt auf N,

ii) der Multiplikation $A \times M \to M$ eingeschränkt auf N.

$\blacklozenge$

Proposition 2.1.3

Es sei M ein A-Modul und $(M_i)_{i \in I}$ eine Familie von Untermoduln $M_i \subseteq M$. Dann sind

$$\sum_{i \in I} M_i = \{m_{i_1} + \cdots + m_{i_s} \mid m_{i_\nu} \in M_{i_\nu}\} \tag{2.1}$$

$$\bigcap_{i \in I} M_i \tag{2.2}$$

Untermoduln von M. Sie heißen Summe der Moduln M_i *und* Schnitt der Moduln M_i.

Im Falle, dass I in voriger Proposition endlich ist, schreiben wir auch $M_1 + \cdots + M_r$ für $\sum_{i=1}^{r} M_i$ und entsprechend $M_1 \cap \cdots \cap M_r$ für $\bigcap_{i=1}^{r} M_i$.

Lemma 2.1.1

Es sei $f : M \to N$ ein Modulhomomorphismus. Dann ist

$$\ker f = \{m \in M \mid f(m) = 0\}$$

ein Untermodul von M, der Kern *von f und*

$$\operatorname{im} f = \{n \in N \mid n = f(m)\} = f(M)$$

ein Untermodul von N, das Bild *von f.*

Definition 2.1.9

Es sei $N \subseteq M$ ein Untermodul. Dann existiert ein Modul M/N zusammen mit einem surjektiven Modulhomomorphismus $M \to M/N$. Der Modul M/N heißt *Quotientenmodul* oder auch *Faktormodul*. ◆

Es ist nämlich $M/N = \{m + N \mid m \in M\}$ mit der Addition

$$(m + N) + (m' + N) = m + m' + N$$

und der Operation von A durch

$$a \cdot (m + N) = a \cdot m + N.$$

Der Morphismus $M \to M/N$ ist durch $m \mapsto m + N$ gegeben. □

Proposition 2.1.4 (Noetherscher Isomorphiesatz)

Es gibt exakte Sequenzen

$$0 \to N/P \to M/P \to M/N \to 0 \tag{2.3}$$

für A-Moduln $M \supseteq N \supseteq P$ sowie

$$0 \to N \cap P \to N \to (N + P)/P \to 0 \tag{2.4}$$

für A-Moduln $N, P \subseteq M$. *Man hat also Isomorphismen*

$$M/N \cong (M/P)/(N/P), \tag{2.5}$$

$$N + P/P \cong N/(N \cap P). \tag{2.6}$$

Definition 2.1.10
Für einen Modulhomomorphismus $f : M \to N$ definiere man

$$\operatorname{coker} f = N/\operatorname{im} f,$$

den *Kokern* von f.   ◆

Es gilt dann mit dem so eingeführten ker f und coker f:

Proposition 2.1.5
*Die Kategorie der A-Moduln ist eine abelsche Kategorie. Sie heiße A-**Mod**.*

Insbesondere existieren für eine Familie $(M_i)_{i \in I}$ von A-Moduln auch Summe und Produkt:

Proposition 2.1.6
Es ist

$$\prod_{i \in I} M_i \overset{def}{=} \{(s_i)_{i \in I} \mid s_i \in M_i\}$$

$$\bigoplus_{i \in I} M_i \overset{def}{=} \{(s_i)_{i \in I} \mid s_i \in M_i, s_i = 0 \text{ für alle } i \text{ bis auf endlich viele}\},$$

wobei Addition und Multiplikation mit $a \in A$ *komponentenweise erklärt werden. Die zugehörigen kanonischen Abbildungen sind:*

$$p_j : \prod_i M_i \to M_j, \quad p_j((s_i)_i) = s_j$$

$$\iota_j : M_j \to \bigoplus_i M_i, \quad \iota_j(m) = (s_i)_i \text{ mit } s_j = m \text{ und } s_k = 0 \text{ für } k \neq j$$

Lemma 2.1.2
Ein Ring A *ist ein A-Modul unter der kanonischen A-Operation* $a \cdot x = a\,x$, *wobei links die Operation von* A *auf sich selbst als Modul und rechts die Multiplikation in* A *steht.*

Lemma 2.1.3
Es sei M *ein A-Modul. Die Abbildung* $\phi_a : M \to M$ *mit* $\phi_a(x) = ax$ *ist ein Modulhomomorphismus von* M *nach* M.
Sie heißt Homothetie *(von* M*).*

Definition 2.1.11

Es sei $\phi_a : M \to M$ eine Homothetie. Ist ϕ_a injektiv, so heißt a *Nichtnullteiler von M*. Ist ϕ_a nicht injektiv, so heißt a *Nullteiler von M*.

Ist $M = A$, so spricht man einfach vom *Nichtnullteiler* bzw. *Nullteiler* (von A). ◆

Definition 2.1.12

Es sei A ein kommutativer Ring. Ist jede Homothetie $\phi_a : A \to A$ mit $a \neq 0$ injektiv, so heißt A *Integritätsring*. ◆

Definition 2.1.13

Es sei A ein kommutativer Ring. Ist eine Homothetie $\phi_a : A \to A$ surjektiv, so heißt a *Einheit von A*. Die Menge aller Einheiten werde mit A^* bezeichnet.

◆

2.1.3 Ideale

Definition 2.1.14

Eine Teilmenge $\mathfrak{a} \subset A$ eines kommutativen Ringes A, die

  i) unter Multiplikation mit A abgeschlossen ist,

  ii) mit dieser Multiplikation zu einem A-Modul wird,

heißt *A-Ideal*. ◆

Proposition 2.1.7

Es sei $\phi : A \to B$ ein Ringhomomorphismus. Dann ist

$$\ker \phi = \{a \in A \mid \phi(a) = 0\}$$

ein Ideal von A, der Kern von ϕ.

Proposition 2.1.8

Es sei $\mathfrak{a} \subseteq A$ ein Ideal eines Ringes A. Dann existiert ein Ring $A/\mathfrak{a}$ und ein kanonischer surjektiver Ringhomomorphismus $A \to A/\mathfrak{a}$.

Beweis. Es sei $A/\mathfrak{a}$ zunächst der nach Obigem wohlerklärte A-Modul mit der zugehörigen kanonischen Surjektion $\phi : A \to A/\mathfrak{a}$, also $\phi(a) = a + \mathfrak{a}$. Man rechnet mit der Formel $aa' - a_1 a_1' = (a - a_1)a' + a_1(a' - a_1')$ leicht nach, dass die Multiplikation

$$(a + \mathfrak{a}) \cdot (a' + \mathfrak{a}) = (a\, a') + \mathfrak{a}$$

wohlerklärt ist und $A/\mathfrak{a}$ zu einem kommutativen Ring mit Eins macht. Ebenso offensichtlich ist ϕ ein surjektiver Ringhomomorphismus. □

Der Ring $A/\mathfrak{a}$ heißt auch *Quotientenring*.

Definition 2.1.15
Es sei A ein Ring und $\mathfrak{p}$ ein Ideal von A. Es sei $A/\mathfrak{p}$ ein Integritätsring.
Dann heißt $\mathfrak{p}$ *Primideal* von A oder kurz *prim*. ◆

Lemma 2.1.4
Es sei $\mathfrak{p}$ ein Ideal eines Ringes A. Dann ist $\mathfrak{p}$ genau dann prim, wenn

$$f\,g \notin \mathfrak{p} \quad \text{für} \quad f, g \notin \mathfrak{p}$$

für alle $f, g \in A$ gilt.

Man sagt auch: Die Menge $S = A - \mathfrak{p}$ ist *multiplikativ abgeschlossen*.

Definition 2.1.16
Es sei A ein kommutativer Ring, $\mathfrak{a}_i$ eine Familie von A-Idealen und $\mathfrak{a}$, $\mathfrak{b}$ A-Ideale
sowie $E \subseteq A$ eine beliebige Teilmenge. Dann sind

$$\sum \mathfrak{a}_i = \{a_{i_1} + \cdots + a_{i_k} \mid a_{i_\nu} \in \mathfrak{a}_{i_\nu}\}$$

$$\bigcap \mathfrak{a}_i = \{a \mid a \in \mathfrak{a}_i \text{ für alle } i\}$$

$$\mathfrak{a}\mathfrak{b} = \{a_1 b_1 + \cdots + a_k b_k \mid a_\nu \in \mathfrak{a}, b_\nu \in \mathfrak{b}\}$$

$$\sqrt{\mathfrak{a}} = \{a \mid a^n \in \mathfrak{a}, n \text{ geeignet}\}$$

$$(\mathfrak{a} : \mathfrak{b}) = \{a \mid a\,\mathfrak{b} \subseteq \mathfrak{a}\}$$

$$(E) = \{a_1 e_1 + \cdots + a_r e_r \mid a_\nu \in A, e_\nu \in E\} = \bigcap_{\substack{\mathfrak{a} \supseteq E \\ \mathfrak{a} \subseteq A \text{ Ideal}}} \mathfrak{a}$$

Ideale von A. Sie heißen: *Summe der $\mathfrak{a}_i$, Schnitt der $\mathfrak{a}_i$, Produkt von $\mathfrak{a}$ und $\mathfrak{b}$,
Radikal von $\mathfrak{a}$, Idealquotient von $\mathfrak{a}$ mit (bzw. durch) $\mathfrak{b}$* sowie *das von E erzeugte
Ideal von A*. ◆

Definition 2.1.17
Es sei M ein A-Modul und $\mathfrak{a} \subseteq A$ ein Ideal. Dann ist

$$\mathfrak{a}M = \{a_1 m_1 + \cdots + a_k m_k \mid a_\nu \in \mathfrak{a}, m_\nu \in M\} \tag{2.7}$$

ein Untermodul $\mathfrak{a}M \subseteq M$. ◆

In Erweiterung der Definition des Idealquotienten definieren wir:

Definition 2.1.18
Es sei M ein A-Modul und $N_1, N_2 \subseteq M$ Untermoduln. Dann ist

$$(N_1 : N_2)_A = (N_1 : N_2) = \{a \in A \mid a\,N_2 \subseteq N_1\} \tag{2.8}$$

ein Ideal von A, der *Modulquotient von N_1 mit (bzw. durch) N_2*. Ist $x \in M$, so
sei $(N_1 : x) = (N_1 : A\,x)$ und entsprechend $(x : N_2) = (A\,x : N_2)$. ◆

Ein wichtiger Spezialfall ist:

Definition 2.1.19
Es sei M ein A-Modul. Dann ist

$$\mathrm{Ann}_A\, M = \{a \in A \mid aM = 0\} = (0 : M)_A \qquad (2.9)$$

ein Ideal von A. Es ist der *Annulator bzw. Annihilator von* M. ◆

Proposition 2.1.9
Es gilt für Ideale $\mathfrak{a}, \mathfrak{b}, \mathfrak{c} \subseteq A$ *und* A-*Moduln* $M, N \subseteq P$:

$$\mathfrak{a}\mathfrak{b} \subset \mathfrak{a} \cap \mathfrak{b}$$
$$\mathfrak{a}\,(\mathfrak{b}\,\mathfrak{c}) = (\mathfrak{a}\,\mathfrak{b})\,\mathfrak{c}$$
$$\mathfrak{a}\,(\mathfrak{b} + \mathfrak{c}) = \mathfrak{a}\,\mathfrak{b} + \mathfrak{a}\,\mathfrak{c}$$
$$\mathfrak{a}\,(\mathfrak{b} \cap \mathfrak{c}) \subseteq \mathfrak{a}\,\mathfrak{b} \cap \mathfrak{a}\,\mathfrak{c}$$
$$\mathfrak{a} \cap (\mathfrak{b} + \mathfrak{c}) \supseteq \mathfrak{a} \cap \mathfrak{b} + \mathfrak{a} \cap \mathfrak{c}$$
$$\mathfrak{a} \cap (\mathfrak{b}\,\mathfrak{c}) \supseteq (\mathfrak{a} \cap \mathfrak{b})\,(\mathfrak{a} \cap \mathfrak{c})$$
$$\sqrt{\sqrt{\mathfrak{a}}} = \sqrt{\mathfrak{a}}$$
$$\sqrt{\mathfrak{a} \cap \mathfrak{b}} = \sqrt{\mathfrak{a}\mathfrak{b}} = \sqrt{\mathfrak{a}} \cap \sqrt{\mathfrak{b}}$$
$$\sqrt{\sqrt{\mathfrak{a}} + \sqrt{\mathfrak{b}}} = \sqrt{\mathfrak{a} + \mathfrak{b}}$$
$$\mathfrak{a}(\mathfrak{b}M) = (\mathfrak{a}\mathfrak{b})M$$
$$(\mathfrak{a} + \mathfrak{a}')M = \mathfrak{a}M + \mathfrak{a}'M$$
$$\mathfrak{a}(M + N) = \mathfrak{a}M + \mathfrak{a}N, \quad M, N \subseteq P$$

Definition 2.1.20
Es sei $\phi : A \to B$ ein Homomorphismus kommutativer Ringe, $\mathfrak{a}$ ein A-Ideal und
$\mathfrak{b}$ ein B-Ideal. Dann heiße

$$\mathfrak{a}^e = \mathfrak{a}B = \phi(\mathfrak{a})\,B = \{\phi(a_1)\,b_1 + \cdots + \phi(a_k)\,b_k \mid a_\nu \in \mathfrak{a}, b_\nu \in B\},$$
$$\mathfrak{b}^c = \phi^{-1}(\mathfrak{b})$$

die *Extension von* $\mathfrak{a}$ und die *Kontraktion von* $\mathfrak{b}$. Sie sind Ideale von B beziehungsweise von A. ◆

Proposition 2.1.10
Es gilt

$$(\mathfrak{a} \cap \mathfrak{a}')^e \subseteq \mathfrak{a}^e \cap \mathfrak{a}'^e$$
$$(\mathfrak{a}\,\mathfrak{a}')^e = \mathfrak{a}^e\,\mathfrak{a}'^e,$$
$$(\mathfrak{a} + \mathfrak{a}')^e = \mathfrak{a}^e + \mathfrak{a}'^e,$$
$$(\mathfrak{b} \cap \mathfrak{b}')^c = \mathfrak{b}^c \cap \mathfrak{b}'^c$$
$$(\mathfrak{b}\,\mathfrak{b}')^c \supseteq \mathfrak{b}^c\,\mathfrak{b}'^c$$
$$(\mathfrak{b} + \mathfrak{b}')^c \supseteq \mathfrak{b}^c + \mathfrak{b}'^c$$
$$\mathfrak{a}^{ec} \supseteq \mathfrak{a}$$
$$\mathfrak{b}^{ce} \subseteq \mathfrak{b}$$
$$\mathfrak{a}^{ece} = \mathfrak{a}^e$$
$$\mathfrak{b}^{cec} = \mathfrak{b}^c$$

für Ideale $\mathfrak{a}, \mathfrak{a}' \subseteq A,\ \mathfrak{b}, \mathfrak{b}' \subseteq B$ *und* $\phi : A \to B$.

Proposition 2.1.11
Ist $\phi : A \to A/\mathfrak{a}$ *für ein Ideal* $\mathfrak{a} \subseteq A$ *der kanonische Homomorphismus, so entsprechen sich die Ideale* $\mathfrak{a}' \supseteq \mathfrak{a}$ *und die Ideale von* $A/\mathfrak{a}$ *unter* $\mathfrak{a}' \mapsto \mathfrak{a}'/\mathfrak{a} = \phi(\mathfrak{a}')$.

Definition 2.1.21
Ein Ideal $\mathfrak{m} \subseteq A$ heißt *maximal*, wenn kein Ideal $\mathfrak{a}$ mit $\mathfrak{m} \subsetneq \mathfrak{a} \subsetneq A$ existiert.
◆

Proposition 2.1.12
Ein maximales Ideal $\mathfrak{m} \subseteq A$ *ist ein Primideal.*

Proposition 2.1.13
Jeder Ring A *hat mindestens ein maximales Ideal.*

Beweis. Die Menge I der Ideale $\mathfrak{a} \subsetneq A$ ist induktiv geordnet: Ist $\mathfrak{a}_\lambda$ eine total geordnete Teilmenge, so ist auch $\bigcup_\lambda \mathfrak{a}_\lambda$ ein Ideal und in I.
Also existiert nach dem Zornschen Lemma ein maximales Element $\mathfrak{m}$ in I. □

Definition 2.1.22
Ein Ring $(A, \mathfrak{m})$ mit nur einem maximalen Ideal $\mathfrak{m}$ heißt *lokaler Ring*. ◆

2.1.4   Nilradikal und Jacobson-Radikal

Definition 2.1.23
Es sei A ein kommutativer Ring. Dann ist $\mathcal{N}_A = \sqrt{(0)}$ das Ideal der nilpotenten Elemente von A bzw. das *Nilradikal von A*.   ◆

Es gilt:

Proposition 2.1.14
Für einen kommutativen Ring A ist

$$\mathcal{N}_A = \bigcap_{\substack{\mathfrak{p} \subseteq A \\ \mathfrak{p}\ prim}} \mathfrak{p}.$$

Beweis. Es sei $f \in \mathcal{N}_A$, also $f^n = 0$. Dann ist $f^n \in \mathfrak{p}$ für jedes $\mathfrak{p} \subseteq A$. Also auch $f \in \mathfrak{p}$ für jedes $\mathfrak{p}$. Sei umgekehrt $f \notin \mathcal{N}_A$, also $f^n \neq 0$ für jedes $n \geqslant 0$. Dann konstruieren wir ein $\mathfrak{p} \subseteq A$, prim, mit $f \notin \mathfrak{p}$.
    Betrachte die Menge M der Ideale $\mathfrak{a} \subseteq A$ mit $\{f^n \mid n \geqslant 0\} \cap \mathfrak{a} = \emptyset$. Diese Menge ist nicht leer, da (0) in ihr liegt. Außerdem ist sie induktiv geordnet, da für jede totalgeordnete Teilmenge $(\mathfrak{a}_\lambda)$ von M die Vereinigung $\bigcup_\lambda \mathfrak{a}_\lambda$ ebenfalls in M liegt. Also hat nach dem Zornschen Lemma M ein maximales Element $\mathfrak{p}$. Dieses ist prim: Es seien $g, h \notin \mathfrak{p}$. Dann ist $f^n \in (\mathfrak{p}, g)$ und $f^m \in (\mathfrak{p}, h)$, also $f^{m+n} \in (\mathfrak{p}, gh)$. Wäre $gh \in \mathfrak{p}$, so läge $\mathfrak{p}$ nicht in M. Also ist $\mathfrak{p}$ prim.   □

Bemerkung 2.1.1
Da $\mathcal{N}_A \subsetneq A$ ein echtes Ideal von A ist $(1 \notin \mathcal{N}_A)$, ist damit auch noch einmal gezeigt, dass jeder Ring A Primideale besitzt.

Definition 2.1.24
Es sei A ein kommutativer Ring. Dann ist

$$\mathrm{Rad}_A = \bigcap_{\substack{\mathfrak{m} \subseteq A \\ \mathfrak{m}\ maximal}} \mathfrak{m}$$

das *Jacobson-Radikal von A*.   ◆

Proposition 2.1.15
Es ist äquivalent: $x \in \mathrm{Rad}_A$ und $1 + ax \in A^*$ für alle $a \in A$.

Beweis. Es sei $x \in \mathrm{Rad}_A$, also $a\,x \in \mathrm{Rad}_A$ für alle a, also $1 + a\,x \notin \mathfrak{m}$ für alle $\mathfrak{m} \subseteq A$, maximal. Also ist $(1 + ax) = (1)$, also $1 + ax \in A^*$.
    Rückwärts schließt man aus $1 + a\,x \notin \mathfrak{m}$ für alle $\mathfrak{m}$ und alle $a \in A$, dass $a\,x \in \mathfrak{m}$ für alle $\mathfrak{m}$ und alle a. Wäre nämlich $a\,x \notin \mathfrak{m}$, so hätte man $b\,a\,x = 1 + z$ mit $b \in A$ und $z \in \mathfrak{m}$, also $1 - bax \in \mathfrak{m}$ im Widerspruch zur Annahme. Damit ist der Rückwärtsschluss komplett.   □

2.1.5 Grundlegende Sätze

Proposition 2.1.16 (Chinesischer Restsatz)
Es sei A ein kommutativer Ring und $\mathfrak{a}_1, \ldots, \mathfrak{a}_r$ Ideale von A mit $\mathfrak{a}_i + \mathfrak{a}_j = (1)$
für alle $1 \leqslant i < j \leqslant r$.

  Dann ist exakt

$$\mathfrak{a}_1 \cdots \mathfrak{a}_r = \mathfrak{a}_1 \cap \ldots \cap \mathfrak{a}_r \to A \to A/\mathfrak{a}_1 \times \cdots \times A/\mathfrak{a}_r \to 0. \qquad (2.10)$$

Beweis. Aus $\mathfrak{a}_i + \mathfrak{a}_j = 1$ folgt durch Multiplikation $\mathfrak{a}_i + \mathfrak{a}_1 \cdots \widehat{\mathfrak{a}_i} \cdots \mathfrak{a}_r = 1$. Es gibt also $a_i \in \mathfrak{a}_i$ und $b_i \in \mathfrak{a}_1 \cdots \widehat{\mathfrak{a}_i} \cdots \mathfrak{a}_r$ mit $a_i + b_i = 1$. Damit ist $b_i = 1 - a_i \equiv 1\,(\mathfrak{a}_i)$ und $b_i \equiv 0\,(\mathfrak{a}_j)$ für $j \neq i$. Ist $(z_1 + \mathfrak{a}_1, \ldots, z_r + \mathfrak{a}_r)$ in (2.10) rechts vorgegeben, so ist dies das Bild von $z = z_1 b_1 + \cdots + z_r b_r$ aus A.

Weiterhin gilt $1 = \prod_{i=1}^r (a_i + b_i) = a + \sum_{i=1}^r c_i$ mit $a \in \mathfrak{a}_1 \cdots \mathfrak{a}_r$ und $c_i = b_i \prod_{j \neq i} a_j \in \mathfrak{a}_1 \cdots \widehat{\mathfrak{a}_i} \cdots \mathfrak{a}_r$. Multipliziert mit $z \in \mathfrak{a}_1 \cap \ldots \cap \mathfrak{a}_r$ ergibt sich $z \in \mathfrak{a}_1 \cdots \mathfrak{a}_r$. $\square$

Proposition 2.1.17
Es sei $\mathfrak{p}$ ein Primideal eines Ringes A, und $\mathfrak{a}_1, \ldots, \mathfrak{a}_r$, beliebige Ideale von A.
Weiter sei

$$\mathfrak{p} \supseteq \mathfrak{a}_1 \cdot \ldots \cdot \mathfrak{a}_r$$

Dann ist $\mathfrak{p} \supseteq \mathfrak{a}_i$ für wenigstens ein i.

Beweis. Wir nehmen das Gegenteil der Folgerung an: Es gebe $x_i \in \mathfrak{a}_i$ mit $x_i \notin \mathfrak{p}$ für jedes i. Dann ist $\prod x_i \in \prod \mathfrak{a}_i$ aber $\prod x_i \notin \mathfrak{p}$. Widerspruch. $\square$

Proposition 2.1.18 (Prime-avoidance-lemma)
Es sei $\mathfrak{a}$ ein Ideal eines Ringes A und $\mathfrak{b}_1, \mathfrak{b}_2, \mathfrak{p}_3, \ldots, \mathfrak{p}_r$ Ideale desselben Rings.
Die Ideale $\mathfrak{p}_i$ seien Primideale. Weiter sei

$$\mathfrak{a} \subseteq \mathfrak{b}_1 \cup \mathfrak{b}_2 \cup \mathfrak{p}_3 \cup \ldots \cup \mathfrak{p}_r.$$

Dann ist $\mathfrak{a} \subseteq \mathfrak{p}_i$ oder $\mathfrak{a} \subseteq \mathfrak{b}_i$ für wenigstens ein i.

Beweis. Im Falle $r = 2$ ist $\mathfrak{a} \subseteq \mathfrak{b}_1 \cup \mathfrak{b}_2$. Wäre $\mathfrak{a} \not\subseteq \mathfrak{b}_i$ für $i = 1, 2$, so existierten $x_i \in \mathfrak{a}$, $x_i \in \mathfrak{b}_i$ und $x_1 \notin \mathfrak{b}_2$ sowie $x_2 \notin \mathfrak{b}_1$. Dann wäre $x_1 + x_2 \in \mathfrak{a}$ aber $x_1 + x_2 \notin \mathfrak{b}_i$. Wäre nämlich beispielsweise $x_1 + x_2 = z \in \mathfrak{b}_1$, so $x_2 = z - x_1 \in \mathfrak{b}_1$ im Widerspruch zur Annahme.

Induktiv sei der Satz bis $r - 1$ schon gezeigt. Es sei nun $\mathfrak{a} \not\subseteq \mathfrak{b}_1 \cup \mathfrak{b}_2 \cup \ldots \cup \mathfrak{p}_{r-1}$, denn anderenfalls wäre der Satz per Induktion schon gezeigt.

Wähle dann ein Element $x_r \in \mathfrak{a}$ mit $x_r \notin \mathfrak{b}_i$, $x_r \notin \mathfrak{p}_j$ für $j < r$. Es ist notwendig $x_r \in \mathfrak{p}_r$.

Wäre nun $\mathfrak{p}_r \supseteq \mathfrak{a} \cap \mathfrak{b}_1 \cap \mathfrak{b}_2 \cap \ldots \cap \mathfrak{p}_{r-1}$, so wäre auch $\mathfrak{p}_r \supseteq \mathfrak{b}_i$ oder $\mathfrak{p}_r \supseteq \mathfrak{p}_j$ für ein $j = 3, \ldots, r - 1$ oder $\mathfrak{p}_r \supseteq \mathfrak{a}$. Im letzteren Fall wäre der Satz gezeigt, in den anderen Fällen wäre $\mathfrak{p}_j$ oder $\mathfrak{b}_i$ überflüssig in der Zerlegung und der Satz per Induktion richtig. Also kann man annehmen, dass ein Element $w_r \in \mathfrak{a} \cap \mathfrak{b}_1 \cap \mathfrak{b}_2 \cap \ldots \cap \mathfrak{p}_{r-1}$ existiert, für das $w_r \notin \mathfrak{p}_r$ ist.

Betrachte nun das Element $z_r = x_r + w_r \in \mathfrak{a}$. Wäre $z_r \in \mathfrak{p}_r$, so auch $w_r = z_r - x_r \in \mathfrak{p}_r$ im Widerspruch zu Annahme. Wäre $z_r \in \mathfrak{b}_1$, so auch $x_r = z_r - w_r \in \mathfrak{b}_1$ ebenfalls im Widerspruch zu Annahme. Ebenso zeigt man $z_r \notin \mathfrak{b}_2$ und $z_r \notin \mathfrak{p}_j$ für $j = 3, \ldots, r - 1$. Ein solches Element $z_r \in \mathfrak{a}$ widerspricht also der Annahme $\mathfrak{a} \subseteq \mathfrak{b}_1 \cup \ldots \cup \mathfrak{p}_r$. Damit ist der Satz durch Widerspruch bewiesen. $\square$

Proposition 2.1.19

Es sei A ein kommutativer Ring und $M = A\,x_1 + \cdots + A\,x_n$ ein endlich erzeug-
ter A-Modul. Weiter sei $\phi \in \mathrm{End}_A(M)$ mit

$$\phi(x_i) = \sum_{j=1}^{n} a_{ij}\, x_j \,. \tag{2.11}$$

Dann existiert ein Polynom $\chi(a_{ij}, T) \in \mathbb{Z}[a_{ij}, T]$ mit

$$\chi(a_{ij}, T) = T^n + \psi_1(a_{ij})\, T^{n-1} + \cdots + \psi_n(a_{ij}) \tag{2.12}$$

und

$$\chi(a_{ij}, \phi) = 0 \in \mathrm{End}_A(M)\,. \tag{2.13}$$

Beweis. Man bilde die Matrix

$$A = \begin{pmatrix} \phi - a_{11} & -a_{12} & \cdots & -a_{1n} \\ -a_{21} & \phi - a_{22} & \cdots & -a_{2n} \\ \vdots & \vdots & \ddots & \vdots \\ -a_{n1} & -a_{n2} & \cdots & \phi - a_{nn} \end{pmatrix}, \tag{2.14}$$

eine $n \times n$-Matrix mit Einträgen aus $\mathrm{End}_A(M)$. Es ist

$$A \cdot \begin{pmatrix} x_1 \\ x_2 \\ \vdots \\ x_n \end{pmatrix} = 0\,. \tag{2.15}$$

Bildet man die adjungierte Matrix A_{ad} von A, so gilt

$$A_{\mathrm{ad}}\, A = (\det A)\, E = \chi(a_{ij}, \phi)\, E$$

mit einem Polynom $\chi(a_{ij}, \phi)$, das die Eigenschaften des oben genannten χ besitzt.
Multipliziert man also A_{ad} von links an (2.15), so ergibt sich

$$\chi(a_{ij}, \phi)\, x_i = 0$$

für alle $i = 1, \ldots, n$, also auch $\chi(a_{ij}, \phi) = 0$ in $\mathrm{End}_A(M)$.   □

Korollar 2.1.1

Es sei wieder $M = A\,x_1 + \cdots + A\,x_n$ ein endlich erzeugter A-Modul und $\phi(M) \subseteq$
$\mathfrak{a}M$ für ein Ideal $\mathfrak{a} \subseteq A$.

Dann gibt es $a_1, \ldots, a_n \in \mathfrak{a}$ mit

$$\phi^n + a_1\, \phi^{n-1} + \cdots + a_{n-1}\, \phi + a_n \in \mathrm{Ann}_A(M) \subset \mathrm{End}_A(M)\,.$$

Lemma 2.1.5 (Nakayama-Lemma)

Es sei M ein endlich erzeugter A-Modul und $\mathfrak{a} \subseteq \mathrm{Rad}_A \subseteq A$ ein Ideal im
Jacobson-Radikal von A. Weiter sei $M = \mathfrak{a}M$.

Dann ist $M = 0$.

Beweis. Da $1 \cdot M \subseteq \mathfrak{a}M$, gilt nach dem vorigen Korollar $(1 + a)M = 0$ für ein geeignetes $a \in \mathrm{Rad}_A$. Dann ist aber $(1 + a) \in A^*$ und damit $M = 0$. $\qquad\square$

Korollar 2.1.2
Es seien $N \subseteq M$ zwei A-Moduln und M/N endlich erzeugter A-Modul. Weiter sei $M = N + \mathfrak{a}M$ für ein $\mathfrak{a} \subseteq \mathrm{Rad}_A$. Dann ist $M = N$.

Beweis. Betrachte $\mathfrak{a}(M/N) = (\mathfrak{a}M + N)/N = (M/N)$. $\qquad\square$

2.2   Limites von Moduln

In der Kategorie A-**Mod** der A-Moduln existieren beliebige Summen und Produkte, also auch beliebige direkte und inverse Limites.

2.2.1   Direkte Limites

Für gerichtete Mengen als Indexkategorien lässt sich der direkte Limes von A-Moduln besonders einfach beschreiben und auch seine Exaktheit nachweisen:

Proposition 2.2.1
Es sei I eine gerichtete Menge und (M_i, ϕ_{ij}) ein direktes System von A-Moduln über I. Dann ist

$$\varinjlim_i M_i = (\coprod_i M_i)/\sim$$

mit $m_i \sim m_j$, wenn es ein $k \in I$ gibt mit $\phi_{ik}(m_i) = \phi_{jk}(m_j)$.

Proposition 2.2.2
Es sei $0 \to (M_i', \phi_{ij}') \xrightarrow{\alpha} (M_i, \phi_{ij}) \xrightarrow{\beta} (M_i'', \phi_{ij}'') \to 0$ eine exakte Sequenz direkter Systeme von A-Moduln. Dann ist auch

$$0 \to \varinjlim_i M_i' \to \varinjlim_i M_i \to \varinjlim_i M_i'' \to 0$$

exakt.

Beweis. Nur die Linksexaktheit ist zu zeigen: Es sei $\alpha(m_i') = 0$. Dann existiert ein Morphismus $i \to j$ mit $\phi_{ij}(\alpha(m_i')) = 0$. Es ist aber $\phi_{ij}(\alpha(m_i')) = \alpha(\phi_{ij}'(m_i')) = 0$, also, weil α injektiv ist, auch $\phi_{ij}'(m_i') = 0$, also $m_i' = 0$ in $\varinjlim_i M_i'$. $\qquad\square$

2.2.2 Inverser Limes

Definition 2.2.1

Es sei $(A_n, \psi_{n_1 n_2} : A_{n_1} \to A_{n_2})$ ein inverses System von R-Moduln.

Es sei $M = M((A_n)) \subseteq \prod_{n_1 n_2} A_{n_1 n_2}$ mit $A_{n_1 n_2} = A_{n_1}$ der Modul aller $(a_{n_1 n_2})_{n_1 n_2}$ mit $a_{n_1 n_2} \in A_{n_1}$, die die Bedingung

$$a_{n_1 n_2} - a_{n_1 n_3} + \psi_{n_2 n_1}(a_{n_2 n_3}) = 0 \tag{2.16}$$

erfüllen.

Weiter sei $P = P((A_n))$ Untermodul von M, der aus allen $(a_{n_1 n_2})_{n_1 n_2}$ besteht mit $a_{n_1 n_2} \in A_{n_1}$, für die

$$a_{n_1 n_2} = a_{n_1} - \psi_{n_2 n_1}(a_{n_2}) \tag{2.17}$$

mit einem System $(a_n)_n$ und $a_n \in A_n$ ist.

Anders gesagt, $P((A_n)) = \phi(\prod_n A_n)$ mit

$$\phi : \prod_n A_n \to M((A_n)), \qquad \phi((a_n))_{n_1 n_2} = a_{n_1} - \psi_{n_2 n_1}(a_{n_2}).$$

Dann ist

$$\varprojlim_n{}^1 A_n \overset{\text{def}}{=} M/P \tag{2.18}$$

der *erste abgeleitete inverse Limes*.   ◆

Proposition 2.2.3

Die Zuordnung $(A_n) \mapsto \varprojlim_n{}^1 A_n$ *ist ein Funktor von der abelschen Kategorie der inversen Systeme von R-Moduln in die Kategorie der R-Moduln.*

Beweis. Es sei eine Abbildung $g : (A_n) \to (B_n)$ von inversen Systemen gegeben. Man muss im Wesentlichen nur überprüfen, dass für ein System $a_{n_1 n_2}$, das (2.16) erfüllt, auch $g_{n_1}(a_{n_1 n_2}) = b_{n_1 n_2}$ diese Gleichung erfüllt und dass außerdem $P((A_n))$ nach $P((B_n))$ abgebildet wird.   □

Proposition 2.2.4

Es sei $(A_n, \psi_{n_2 n_1})$ *ein inverses System von R-Moduln. Dann ist die Sequenz*

$$0 \to \varprojlim_n A_n \to \prod_n A_n \overset{\phi}{\to} M((A_n)) \to \varprojlim_n{}^1 A_n \to 0 \tag{2.19}$$

exakt.

Proposition 2.2.5

Es sei

$$0 \to (A_n) \to (B_n) \to (C_n) \to 0 \tag{2.20}$$

eine exakte Sequenz von inversen Systemen von R-Moduln. Dann ist

$$0 \to \varprojlim_n A_n \to \varprojlim_n B_n \to \varprojlim_n C_n \overset{\delta}{\to} \varprojlim_n{}^1 A_n \to \varprojlim_n{}^1 B_n \to \varprojlim_n{}^1 C_n \tag{2.21}$$

exakt.

Beweis. Betrachte das Diagramm

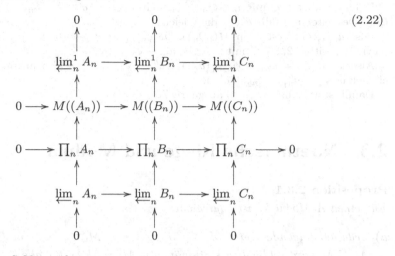

$$(2.22)$$

und wende das Schlangenlemma an.

Die Abbildung δ ist wie folgt definiert: Für ein System (c_n) zu $\varprojlim_n C_n$ wähle man Urbilder (b_n) und setze $a_{n_1 n_2} = b_{n_1} - \psi_{n_2 n_1}(b_{n_2})$. Man rechnet nach, dass $a_{n_1 n_2} \in A_{n_1}$ ist und die Aussage von (2.16) erfüllt ist. Es ist dann $\delta((c_n)) = (a_{n_1 n_2}) + P((A_n))$ mit $P((A_n))$ wie in Definition 2.2.1. Man rechnet weiter nach, dass eine andere Wahl der (b_n) zu einer Abänderung der $(a_{n_1 n_2})$ um ein Element aus $P((A_n))$ führt. $\square$

Proposition 2.2.6

Es sei $(A_n, \psi_{n_1 n_2})$ *ein inverses System von R-Moduln mit* ψ_{n_1, n_2} *surjektiv.*

Dann ist

$$\varprojlim_n{}^1 A_n = 0.$$

Definition 2.2.2

Es sei $(A_n, \psi_{n_1 n_2})$ ein inverses System von R-Moduln. Es sei $\psi_{n_2 n_1}(A_{n_2}) = \psi_{n_3 n_1}(A_{n_3})$ für alle $n_2, n_3 \geqslant N(n_1)$.

Dann sagt man, (A_n) *erfülle die Mittag-Leffler-Bedingung (ML)*. ◆

Proposition 2.2.7

Es sei $(A_n, \psi_{n_1 n_2})$ *ein inverses System, das die Mittag-Leffler-Bedingung erfüllt.*

Dann ist

$$\varprojlim_n{}^1 A_n = 0.$$

Beweis. Es sei $a_{n_1 n_2}$ ein System mit $a_{n_1 n_2} - a_{n_1 n_3} + \psi_{n_2 n_1}(a_{n_2 n_3}) = 0$.

Nenne $Q_n = \psi_{ln}(A_l)$ mit $l \geqslant N(n)$ und $N(n)$ aus der Definition der Mittag-Leffler-Bedingung. Es ist dann $\psi_{n_2 n_1}(Q_{n_2}) = Q_{n_1}$. Es gibt also eine wohldefinierte Abbildung $\bar{\psi}_{n_2 n_1} : A_{n_2}/Q_{n_2} \to A_{n_1}/Q_{n_1}$.

Betrachte das System $\bar{a}_{n_1 n_2} = a_{n_1 n_2} + Q_{n_1}$. Dann erfüllt $\bar{a}_{n_1 n_2}$ auch die Bedingung $\bar{a}_{n_1 n_2} - \bar{a}_{n_1 n_3} + \bar{\psi}_{n_2 n_1}(\bar{a}_{n_2 n_3}) = 0 \in A_{n_1 n_2}/Q_{n_1}$. Es sei nun $\bar{a}_n = \bar{a}_{nl}$ mit $l \geqslant N(n)$. Das im Einzelnen gewählte l ist dabei unerheblich.

Dann gilt, dass $\bar{a}_{n_1 n_2} = \bar{a}_{n_1} - \bar{\psi}_{n_2 n_1}(\bar{a}_{n_2})$ ist.

Wählt man jetzt a_n mit $a_n + Q_n = \bar{a}_n$, so ist $a'_{n_1 n_2} = a_{n_1 n_2} - (a_{n_1} - \psi_{n_2 n_1}(a_{n_2})) \in Q_{n_1}$. Desweiteren erfüllt $a'_{n_1 n_2}$ die Gleichung $a'_{n_1 n_2} - a'_{n_1 n_3} + \psi_{n_2 n_1}(a'_{n_2 n_3}) = 0$. Es ist also $a'_{n_1 n_2}$ ein System in $M((Q_n))$. Da $\psi_{n_2 n_1} : Q_{n_2} \to Q_{n_1}$ surjektiv ist, gibt es nach Proposition 2.2.6 a''_n mit $a'_{n_1 n_2} = a''_{n_1} - \psi_{n_2 n_1}(a''_{n_2})$.

Also ist $a_{n_1 n_2} = a_{n_1} - \psi_{n_2 n_1}(a_{n_2}) + a''_{n_1} - \psi_{n_2 n_1}(a''_{n_2})$, also mit $a'''_n = a_n + a''_n$ einfach $a_{n_1 n_2} = a'''_{n_1} - \psi_{n_2 n_1}(a'''_{n_2})$.

Damit ist aber $\varprojlim_n^1 A_n = 0$ ausgedrückt. $\qquad\square$

2.3 Noethersche Ringe und Moduln

Proposition 2.3.1

Für einen A-Modul M ist äquivalent:

a) *Jede aufsteigende Kette $M_0 \subseteq M_1 \subseteq \cdots \subseteq M_n \subseteq \cdots$ von Untermoduln $M_i \subseteq M$ wird schließlich stationär, also $M_i = M_{i+1}$ für alle $i \geqslant i_0$.*

b) *Jede Familie von Untermoduln $(M_i)_i$ von M besitzt wenigstens ein maximales Element.*

c) *Jeder Untermodul $M' \subseteq M$ ist ein endlich erzeugter A-Modul.*

Beweis. Es sei a) erfüllt. Dann wähle man nacheinander M_{i_ν} aus der Familie (M_i), so dass $M_{i_{\nu+1}} \supseteq M_{i_\nu}$. Irgendwann wird die so erzeugte Folge stationär, und ein maximales Element von $(M_i)_i$ ist gefunden.

Es sei b) erfüllt. Betrachte die Menge der endlich erzeugten Untermoduln $M'' \subseteq M'$. Sie enthält nach b) ein maximales Element $M'' = (m_1, \ldots, m_r) \subseteq M'$. Existiert jetzt noch $m \in M'$ und $m \notin M''$, so wäre $M'' \subsetneq (m, m_1, \ldots, m_r) \subseteq M''$ im Widerspruch zur Maximalität von M''.

Es sei c) erfüllt. Die Vereinigung $M = \bigcup_n M_n$ aus a) ist nach c) gleich $(m_1, \ldots, m_r)$ mit $m_\nu \in M_{n_\nu}$. Sei n größer als das maximale n_ν, so ist $M \subseteq M_n$ und natürlich auch $M_n \subseteq M$, also $M = M_n$. Also ist $M_i = M_j$ für i, j größer als das maximale n_ν. $\qquad\square$

Definition 2.3.1

Ein Modul heißt *noethersch*, wenn er die Bedingungen der vorigen Proposition erfüllt.

Ein Ring A, der als Modul über sich selbst noethersch ist, heißt *noetherscher Ring*. $\qquad\blacklozenge$

Proposition 2.3.2

Es sei $0 \to M' \to M \to M'' \to 0$ eine exakte Sequenz von A-Moduln. Dann gilt:

1. *Ist M noethersch, so auch M' und M''.*

2. *Sind M' und M'' noethersch, so ist es auch M.*

Beweis. Es sei M', M'' noethersch und (M_n) eine aufsteigende Folge von Untermoduln in M. Betrachte das Diagramm:

$$
\begin{array}{ccccccccc}
0 & \longrightarrow & M_n \cap M' & \longrightarrow & M_n & \longrightarrow & M_n + M'/M' & \longrightarrow & 0 \\
& & \downarrow & & \downarrow & & \downarrow & & \\
0 & \longrightarrow & M_{n+1} \cap M' & \longrightarrow & M_{n+1} & \longrightarrow & M_{n+1} + M'/M' & \longrightarrow & 0
\end{array}
$$

Ist bei den äußeren senkrechten Pfeilen Isomorphie eingekehrt, so auch bei dem mittleren.

Die Behauptungen in 1. sind trivial. □

2.4 Filtrierte und gradierte Ringe und Moduln I

2.4.1 Filtrierte Moduln

Definition 2.4.1

Ein Ring A heißt *gefiltert* oder *filtriert*, wenn es eine Familie von Idealen $(A_i)_{i \in \mathbb{Z}}$ gibt, für die gilt:

$$A_0 = A, A_{n+1} \subset A_n, A_p \cdot A_q \subset A_{p+q}$$

Ein gefilterter Modul M ist ein Modul über einem gefilterten Ring A mit einer Familie von Untermoduln $(M_i)_{i \in \mathbb{Z}}$, für die gilt:

$$M_0 = M, M_{n+1} \subset M_n, A_p \cdot M_q \subset M_{p+q}$$

◆

Ein Morphismus $u : M \to N$ gefilterter Moduln muss die Bedingung $u(M_n) \subset N_n$ erfüllen. Für einen Untermodul $P \subset M$ eines gefilterten Moduls M ist mit der Filtrierung $P_n = P \cap M_n$ die kanonische Abbildung $i : P \subset M$ ein Morphismus. Das Gleiche gilt für Quotientenmoduln M/P mit der Filtrierung $(M_n + P)/P$.

Die Kategorie $\mathbf{F}_A$ der gefilterten A-Moduln ist additiv, und für $u : M \to N$ ist $\ker(u)$ und $\operatorname{coker}(u)$ definiert, indem man den entsprechenden Untermodul bzw. Quotientenmodul mit der oben beschriebenen Filtrierung ausstattet.

Wie üblich definiert man

$$\operatorname{coim}(u) := \operatorname{coker}(\ker(u) \to M)$$

und

$$\operatorname{im}(u) := \ker(N \to \operatorname{coker}(u)) . \quad \cdot$$

Es gibt dann eine kanonische exakte Sequenz:

$$0 \to \ker(u) \to M \to \operatorname{coim}(u) \xrightarrow{\Theta} \operatorname{im}(u) \to N \to \operatorname{coker}(u) \to 0,$$

wobei Θ bijektiv ist. Wenn Θ überdies ein Isomorphismus gefilterter Moduln ist, so heißt u *strikt*. Dies entspricht der Bedingung $u(M) \cap N_n = u(M_n)$.

2.4.2 Gradierte Moduln

Definition 2.4.2

Ein Ring A heißt gradiert oder $\mathbb{Z}$-gradiert, wenn er eine Zerlegung

$$A = \bigoplus_{n \in \mathbb{Z}} A_n$$

gestattet, mit $A_p \cdot A_q \subset A_{p+q}$.

Ein Modul M über dem gradierten Ring A heißt gradiert, wenn er eine Zerlegung

$$M = \bigoplus_{n \in \mathbb{Z}} M_n$$

gestattet, mit $A_p \cdot M_q \subset M_{p+q}$.   ◆

Definition 2.4.3

Es sei M ein gradierter A-Modul. Dann ist $M(d)$ mit

$$M(d)_k = M_{d+k}$$

die *d-fache Vertwistung (oder Verschiebung) von M*.

Der Modul $M(d)$ ist offensichtlich auch ein $\mathbb{Z}$-gradierter A-Modul.   ◆

Einem gefilterten Modul M über einem gefilterten Ring A kann auf kanonische Art ein gradierter Modul

$$\mathrm{gr}(M) = \bigoplus_n M_n/M_{n+1}$$

zugeordnet werden, der über dem gradierten Ring

$$\mathrm{gr}(A) = \bigoplus_n A_n/A_{n+1}$$

definiert ist. Die Multiplikation $\mathrm{gr}(A)_p \times \mathrm{gr}(M)_q \to \mathrm{gr}(M)_{p+q}$ wird dabei durch $A_p \times M_q \to M_{p+q}$ aus der Filtrierung induziert.

Ein Morphismus $u : M \to N$ gefilterter Moduln induziert einen Morphismus

$$\mathrm{gr}(u) : \mathrm{gr}(M) \to \mathrm{gr}(N)$$

mit

$$\mathrm{gr}(M)_n = M_n/M_{n+1} \overset{u}{\to} N_n/N_{n+1} = \mathrm{gr}(N)_n$$

(man benutze $u(M_n) \subset N_n$).

2.5   Primspektrum und Zariski-Topologie

2.5.1   Spektrum eines Ringes

Definition 2.5.1
Es sei A ein kommutativer Ring. Dann sei

$$\operatorname{Spec}(A) = \{\mathfrak{p} \mid \mathfrak{p} \subseteq A, \mathfrak{p} \text{ Primideal}\}$$
$$V(E) = \{\mathfrak{p} \in \operatorname{Spec}(A) \mid \mathfrak{p} \supseteq E\}$$
$$D(f) = \operatorname{Spec}(A) - V((f)) = \{\mathfrak{p} \in \operatorname{Spec}(A) \mid f \notin \mathfrak{p}\}$$
$$I(Y) = \bigcap_{\mathfrak{p} \in Y} \mathfrak{p} \quad \text{für } Y \subseteq \operatorname{Spec}(A),$$

wobei $E \subseteq A$ eine beliebige Teilmenge von A und $f \in A$ ein beliebiges Element ist.   ◆

Lemma 2.5.1
Es sei $E_1 \subseteq E_2 \subseteq A$ und $Y_1 \subseteq Y_2 \subseteq \operatorname{Spec}(A)$. Dann ist

$$V(E_1) \supseteq V(E_2)$$
$$I(Y_1) \supseteq I(Y_2).$$

Lemma 2.5.2
Es ist

$$V(E) = V((E))$$
$$V(\bigcap E_i) \supseteq \bigcup V(E_i)$$
$$V(\bigcup E_i) = \bigcap V(E_i)$$
$$V(\sum_i \mathfrak{a}_i) = \bigcap V(\mathfrak{a}_i)$$
$$V(\mathfrak{a} \cap \mathfrak{b}) = V(\mathfrak{a}\mathfrak{b}) = V(\mathfrak{a}) \cup V(\mathfrak{b})$$
$$I(\bigcup Y_i) = \bigcap I(Y_i)$$
$$I(\bigcap Y_i) \supseteq \bigoplus I(Y_i)$$
$$D(fg) = D(f) \cap D(g).$$

Proposition 2.5.1
Die Menge $\operatorname{Spec}(A)$ ist ein topologischer Raum, das Spektrum von A. *Dabei sind die abgeschlossenen Mengen von $\operatorname{Spec}(A)$ die $V(E)$.*

Dies folgt aus den Gleichungen des vorangehenden Lemmas.

Definition 2.5.2
Die so definierte Topologie auf $\operatorname{Spec}(A)$ heißt *Zariski-Topologie*.   ◆

Proposition 2.5.2

Es seien $Y, Y_1, Y_2 \subseteq \mathrm{Spec}\,(A)$ und Y_i abgeschlossen sowie $\mathfrak{a} \subseteq A$ ein Ideal. Dann ist

$$I(Y_1 \cap Y_2) = \sqrt{I(Y_1) + I(Y_2)}$$
$$V(I(Y)) = \bar{Y}$$
$$I(V(\mathfrak{a})) = \sqrt{\mathfrak{a}},$$

wobei $\bar{Y}$ der topologische Abschluss von Y ist.

Lemma 2.5.3

Es sei A ein Ring. Dann ist

$$V(\mathfrak{a}) = \emptyset \iff \mathfrak{a} = (1),$$
$$D(f) = \emptyset \iff f^k = 0,$$

für ein $k > 0$ geeignet.

Proposition 2.5.3

Es sei $X = \mathrm{Spec}\,(A)$. Dann ist die Menge der $D(f)$ mit $f \in A$ eine Basis der Topologie von X.

Beweis. Es sei $U \subseteq X$ offen, also $X - U = V(\mathfrak{a})$ und $\mathfrak{p} \in U \notin V(\mathfrak{a})$. Also ist $\mathfrak{p} \not\supseteq \mathfrak{a}$, das heißt, es gibt $f \in \mathfrak{a} \notin \mathfrak{p}$. Für dieses f ist $\mathfrak{p} \in D(f) \subseteq U$. $\qquad\qquad$ $\square$

Proposition 2.5.4

Es sei $(f_i \in A)$ eine Familie von Elementen eines Ringes A. Dann ist $\bigcup_i D(f_i) \supseteq D(f)$ genau dann, wenn es $a_{i_1}, \ldots, a_{i_r} \in A$ gibt, für die

$$a_{i_1} f_{i_1} + \cdots + a_{i_r} f_{i_r} = f^k, \quad k > 0,$$

ist. Insbesondere ist dann schon $\bigcup_{\nu = 1, \ldots, r} D(f_{i_\nu}) \supseteq D(f)$.

Beweis. Es ist $\bigcup_i D(f_i) \supseteq D(f) \iff \bigcap_i V(f_i) \subseteq V(f) \iff V((f_i)) \subseteq V(f) \iff f \in \sqrt{(f_i)}$. Um die letzte Äquivalenz einzusehen, beachte man, dass die vorletzte Inklusion bedeutet: $(f_i) \subseteq \mathfrak{p} \Rightarrow f \in \mathfrak{p}$, also $f \in \bigcap_{\mathfrak{p} \supseteq (f_i)} \mathfrak{p}$ für alle Primideale $\mathfrak{p} \subseteq A$. $\qquad$ $\square$

Korollar 2.5.1

Der topologische Raum $X = \mathrm{Spec}\,(A)$ mit der Zariski-Topologie ist quasikompakt.

Beweis. Man wähle eine der Überdeckung (U_i) von X untergeordnete Überdeckung $D(f_{ij}) \subseteq U_i$. $\qquad\qquad\qquad\qquad\qquad\qquad\qquad\qquad\qquad\qquad\qquad$ $\square$

Lemma 2.5.4

Es gelten die Beziehungen

$$Y_1 \subseteq Y_2 \Rightarrow I(Y_1) \supseteq I(Y_2)$$
$$\mathfrak{a} \subseteq \mathfrak{b} \Rightarrow V(\mathfrak{a}) \supseteq V(\mathfrak{b}).$$

Daraus folgt, dass $\mathfrak{a} \mapsto V(\mathfrak{a})$ und $Y \mapsto I(Y)$ inklusionsumkehrende Bijektionen zwischen den abgeschlossenen Mengen Y und den Radikalidealen $\mathfrak{a}$ sind.

Lemma 2.5.5

Es sei A ein kommutativer Ring. Dann entsprechen sich unter

$$\mathfrak{p} \to V(\mathfrak{p})$$
$$I(Y) \leftarrow Y$$

die Primideale $\mathfrak{p}$ von A und die irreduziblen abgeschlossenen Teilmengen Y von Spec (A).

Korollar 2.5.2

Für $X = \operatorname{Spec}(A)$ ist die Dimension $\dim X$ gleich dem Supremum $\sup n$ über alle n, für die eine echt aufsteigende Kette von Primidealen

$$\mathfrak{p}_0 \subset \cdots \subset \mathfrak{p}_n$$

existiert.

Definition 2.5.3

Die Dimension $\dim X = \dim \operatorname{Spec}(A)$ wird auch einfach als $\dim A$ geschrieben und heißt *Krulldimension* von A.   ◆

Definition 2.5.4

Es sei $\mathfrak{a} \subseteq A$ ein Ideal im Ring A. Dann heißt

$$\operatorname{ht} \mathfrak{a} = \operatorname{ht}_A \mathfrak{a} = \operatorname{codim}(V(\mathfrak{a}), \operatorname{Spec}(A))$$

die *Höhe von $\mathfrak{a}$ in A*.   ◆

Bemerkung 2.5.1

Ist $\mathfrak{a} = \mathfrak{p}$ ein Primideal, so ist $\operatorname{ht} \mathfrak{p}$ also gleich dem Supremum der Länge r von Primidealketten $A \supset \mathfrak{p} = \mathfrak{p}_0 \supsetneq \cdots \supsetneq \mathfrak{p}_r$.

Ist $\mathfrak{a} \subseteq A$ ein beliebiges Ideal, so ist $\operatorname{ht} \mathfrak{a} = \inf_{\mathfrak{p} \supseteq \mathfrak{a}} \operatorname{ht} \mathfrak{p}$.

Proposition 2.5.5

Es sei $\phi : A \to B$ ein Ringhomomorphismus. Dann ist die Abbildung

$$\phi^* = \operatorname{Spec}(\phi) : \operatorname{Spec}(B) \to \operatorname{Spec}(A), \quad \mathfrak{q} \mapsto \mathfrak{p} = \phi^{-1}(\mathfrak{q})$$

eine stetige Abbildung topologischer Räume.

Insbesondere gilt:

$$\phi^{*-1}(V(\mathfrak{a})) = V(\mathfrak{a}B),$$
$$\phi^{*-1}(D(a)) = D(\phi(a))$$

Theorem 2.5.1

Die Zuordnung

$$A \mapsto \mathrm{Spec}\,(A), \qquad (\phi : A \to B) \mapsto (\phi^* : \mathrm{Spec}\,(B) \to \mathrm{Spec}\,(A))$$

ist ein kontravarianter Funktor von der Kategorie **Rng** *der Ringe in die Kategorie* **Top** *der topologischen Räume.*

Proposition 2.5.6

Es sei A ein kommutativer Ring, $\mathfrak{a} \subseteq A$ ein Ideal. Die Abbildung

$$p^* : \mathrm{Spec}\,(A/\mathfrak{a}) \to \mathrm{Spec}\,(A),$$

die der kanonischen Surjektion $p : A \to A/\mathfrak{a}$ entspricht, ist ein Homöomorphismus auf das Bild $V(\mathfrak{a})$.

Insbesondere gilt

$$\mathfrak{b}^{ec} = \mathfrak{b}, \qquad \bar{\mathfrak{b}}^{ce} = \bar{\mathfrak{b}}$$

für alle Ideale $\mathfrak{b} \supseteq \mathfrak{a}$ von A bzw. $\bar{\mathfrak{b}}$ von $A/\mathfrak{a}$ unter der Abbildung $A \to A/\mathfrak{a}$.

Lemma 2.5.6

Es sei A ein Ring, $\mathfrak{a}$, $\mathfrak{b}$ Ideale von A. Dann ist

$$(V(\mathfrak{a}) - V(\mathfrak{b}))^- \subseteq V((\mathfrak{a} : \mathfrak{b})).$$

Ist $\mathfrak{a} = \sqrt{\mathfrak{a}}$ und A noethersch, so gilt sogar Gleichheit.

Beweis. Für die Gleichheit im Fall $\mathfrak{a} = \sqrt{\mathfrak{a}}$ und A noethersch beachte, dass dann $\mathfrak{a} = \mathfrak{q}_1 \cap \cdots \cap \mathfrak{q}_r$ mit Primidealen $\mathfrak{q}_i \subseteq A$ ist. Also ist $(\mathfrak{a} : \mathfrak{b}) = \bigcap_{i=1}^r (\mathfrak{q}_i : \mathfrak{b})$. Weiterhin ist aber für ein Primideal $\mathfrak{q} \subseteq A$ der Quotient $(\mathfrak{q} : \mathfrak{b})$ entweder gleich $\mathfrak{q}$ für $\mathfrak{q} \not\supseteq \mathfrak{b}$ oder gleich (1) für $\mathfrak{q} \supseteq \mathfrak{b}$. Also ist $V((\mathfrak{q} : \mathfrak{b})) = (V(\mathfrak{q}) - V(\mathfrak{b}))^-$. Zusammen mit der Beziehung $(C_1 \cup C_2)^- = \bar{C}_1 \cup \bar{C}_2$ angewandt auf $V((\mathfrak{a} : \mathfrak{b})) = \bigcup_{i=1}^r V((\mathfrak{q}_i : \mathfrak{b}))$ ergibt sich der Beweis. $\square$

Proposition 2.5.7

Ist A ein noetherscher Ring, so ist $\mathrm{Spec}\,(A)$ mit der oben eingeführten Zariski-Topologie ein noetherscher topologischer Raum.

Bemerkung 2.5.2

Insbesondere hat A nur endlich viele minimale Primideale $\mathfrak{p}_1, \ldots, \mathfrak{p}_r$. Diese entsprechen den irreduziblen Y_i in der topologischen Zerlegung $\mathrm{Spec}\,(A) = Y_1 \cup \cdots \cup Y_r$.

2.5.2 Homogenes Primspektrum von gradierten Ringen

Analog zu $\mathrm{Spec}\,(A)$ für beliebige Ringe A definiert man für $S = \bigoplus_{d \geqslant 0} S_d$, gradierter Ring, einen topologischen Raum $\mathrm{proj}\,(S)$:

Definition 2.5.5

Ein Ideal $\mathfrak{a} \subseteq S$ heißt *homogen*, wenn, äquivalent,

a) $\mathfrak{a} = \bigoplus_d \mathfrak{a} \cap S_d$,

b) $\mathfrak{a}$ ist von homogenen Elementen von S erzeugt.

Ein *homogenes Element* von S ist dabei einfach ein $s \in S_d$.

Das homogene Ideal $S_+ = \bigoplus_{d>0} S_d$ heißt *vernachlässigbares Ideal* oder *irrelevantes Ideal*. ♦

Lemma 2.5.7

Es sei S ein gradierter Ring und $\mathfrak{p} \subseteq S$ ein homogenes Ideal. Dann ist $\mathfrak{p}$ genau dann prim, wenn für alle $f, g \in S - \mathfrak{p}$, homogen, auch $fg \in S - \mathfrak{p}$ folgt.

Definition 2.5.6

Es sei

$$\mathrm{proj}\,(S) = \{\mathfrak{p} \mid \mathfrak{p} \text{ homogen, prim, } \mathfrak{p} \not\supseteq S_+\}$$

$$V_+(\mathfrak{a}) = \{\mathfrak{p} \in \mathrm{proj}\,(S) \mid \mathfrak{p} \supseteq \mathfrak{a}\}$$

$$D_+(f) = \mathrm{proj}\,(S) - V_+((f)) = \{\mathfrak{p} \in \mathrm{proj}\,(S) \mid f \notin \mathfrak{p}\}$$

$$I(Y) = \bigcap_{\mathfrak{p} \in Y} \mathfrak{p} \quad \text{für } Y \subseteq \mathrm{proj}\,(S),$$

wobei $\mathfrak{a}$ homogenes Ideal mit $\mathfrak{a} \not\supseteq S_+$ und $f \in S_d$ homogenes Element ist. Die abgeschlossenen Mengen von $\mathrm{proj}\,(S)$ seien die $V_+(\mathfrak{a})$. Die Menge $\mathrm{proj}\,(S)$ ist das *homogene Primspektrum von S*. ♦

Definition 2.5.7

Es sei $\mathfrak{a} \subseteq S$ ein beliebiges Ideal. Dann sei das homogene Ideal von S

$$\mathfrak{a}^{\mathrm{hom}} = (\{f \in \mathfrak{a} \mid f \in S_d\})$$

die *Homogenisierung von $\mathfrak{a}$*. Es ist $\mathfrak{a}^{\mathrm{hom}} \subseteq \mathfrak{a}$. ♦

Lemma 2.5.8

Es sei S gradiert und $\mathfrak{p} \subseteq S$ prim. Dann ist $\mathfrak{p}^{hom}$ ein homogenes Primideal von S mit $\mathfrak{p}^{hom} \subseteq \mathfrak{p}$.

Lemma 2.5.9

Es ist für homogene Ideale $\mathfrak{a}_i$, $\mathfrak{a}$, $\mathfrak{b}$ und $f, g \in S$, homogen:

$$V_+(\sum_i \mathfrak{a}_i) = \bigcap_i V_+(\mathfrak{a}_i)$$

$$V_+(\mathfrak{a} \cap \mathfrak{b}) = V_+(\mathfrak{a}\mathfrak{b}) = V_+(\mathfrak{a}) \cup V_+(\mathfrak{b})$$

$$V_+(I(Y)) = \bar{Y} \quad \text{mit } \bar{Y} \text{ dem topologischen Abschluss von } Y$$

$$I(V_+(\mathfrak{a})) = \sqrt{\mathfrak{a}}$$

$$D_+(fg) = D_+(f) \cap D_+(g)$$

Beweis. Nur $I(V_+(\mathfrak{a})) = \sqrt{\mathfrak{a}}$ ist nichttrivial. Man beachte hier, dass für beliebiges $\mathfrak{p} \in \mathrm{Spec}\,(S)$ mit $\mathfrak{p} \supseteq \mathfrak{a}$ gilt: $\mathfrak{p} \supseteq \mathfrak{p}^{\mathrm{hom}} \supseteq \mathfrak{a}$ und $\mathfrak{p}^{\mathrm{hom}} \in \mathrm{proj}\,(S)$. $\qquad\qquad\square$

Lemma 2.5.10

Es gelten die Beziehungen:

$$Y_1 \subseteq Y_2 \Rightarrow I(Y_1) \supseteq I(Y_2)$$

$$\mathfrak{a} \subseteq \mathfrak{b} \Rightarrow V_+(\mathfrak{a}) \supseteq V_+(\mathfrak{b})$$

Daraus folgt, dass $\mathfrak{a} \mapsto V_+(\mathfrak{a})$ und $Y \mapsto I(Y)$ inklusionsumkehrende Bijektionen zwischen den abgeschlossenen Mengen $Y \subseteq \mathrm{proj}\,(S)$ und den homogenen Radikalidealen $\mathfrak{a} \subseteq S$ sind.

Lemma 2.5.11

Es sei S ein gradierter Ring. Dann entsprechen sich unter

$$\mathfrak{p} \to V_+(\mathfrak{p})$$

$$I(Y) \leftarrow Y$$

die homogenen Primideale $\mathfrak{p} \in \mathrm{proj}\,(S)$ und die irreduziblen abgeschlossenen Teilmengen Y von $\mathrm{proj}\,(S)$.

Proposition 2.5.8

Die Abbildung

$$V_+(\mathfrak{a}) \subseteq \mathrm{proj}\,(S) \to \mathrm{proj}\,(S/\mathfrak{a}), \quad \mathfrak{b} \mapsto \mathfrak{b}/\mathfrak{a}$$

ist ein Homöomorphismus, wenn man links die induzierte Topologie einführt.

Lemma 2.5.12

Für einen gradierten Ring S und $X = \mathrm{proj}\,(S)$ sind die $D_+(f)$ mit $f \in S_d$ und $d > 0$ eine Basis der Topologie von X.

Lemma 2.5.13

Es sei S ein gradierter Ring und $f_i, f \in S$ homogene Elemente. Weiter sei $\bigcup_i D_+(f_i) \supseteq D_+(f)$.

Dann existieren endlich viele homogene $a_\nu \in S$ mit

$$f^p = a_1 f_{i_1} + \cdots + a_r f_{i_r}$$

für ein geeignetes $p > 0$.

Beweis. Es ist $\bigcap V_+(f_i) = V_+(\mathfrak{a}) \subseteq V_+(f)$, mit $\mathfrak{a} = ((f_i)_i)$, also nach Anwendung von $I(-)$ auch $f \in \sqrt{\mathfrak{a}}$. $\square$

Korollar 2.5.3
Für einen gradierten Ring S sind die $D_+(f)$ mit $f \in S_d$ quasikompakt.

2.6   Polynomringe

Definition 2.6.1
Für eine Menge E und einen Ring A sei

$$M = \{m \in \mathbb{Z}^{(E)} \mid m(E) \subseteq \mathbb{N}_0\}$$

und

$$A[E] = A^{(M)}.$$

Sei $f = \sum_{m \in M} a_m\, m$ und $g = \sum_{n \in M} b_n\, n$. Erklärt man

$$f \cdot g = \sum_{\substack{m \in M \\ n \in M}} a_m \cdot b_n\, (m+n) = \sum_{d \in M} \left(\sum_{\substack{m \in M \\ n \in M \\ m+n=d}} a_m\, b_n \right) d,$$

so wird $A[E]$ eine A-Algebra, der *Polynomring über E mit Koeffizienten in A*.   ♦

Die Menge M heißt die Menge der *Monome* von $A[E]$, die a_m sind die *Koeffizienten*. Ein $m \in M$ wird gewöhnlich als Produkt

$$\prod_{e \in E} e^{m(e)}$$

geschrieben.

Ist $m \in M$ ein Monom, so heißt die Summe $\sum_{e \in E} m(e) = \deg m$ der *Grad* oder *Totalgrad* von m. Die Zahl $m(e)$ ist der *Grad von m in e*, geschrieben $\deg_e m$.

Ist $f = \sum_{m \in M} a_m\, m$, so ist $\deg f$ das Maximum der $\deg m$ unter allen m mit $a_m \neq 0$. Analog ist dann auch $\deg_e f$ als Maximum von $\deg_e m$ über die m mit $a_m \neq 0$ definiert.

Ein Polynom $f = \sum_{m \in M} a_m\, m$ mit $\deg m = d$ für alle m heißt *homogen vom Grad d*. Die homogenen Polynome vom Grad d sind ein A-Untermodul von $A[E]$, wir schreiben ihn $A[E]_d$. Es gilt:

Proposition 2.6.1

Es ist $A[E] = \bigoplus_{d \geqslant 0} A[E]_d$. Mit dieser Zerlegung ist $A[E]$ ein gradierter Ring, und es ist $A[E]_0 = A$.

Es ist also insbesondere $fg \in A[E]_{d+e}$ für $f \in A[E]_d$ und $g \in A[E]_e$.

Proposition 2.6.2

Es sei A ein kommutativer Ring und E eine beliebige Menge. Dann gilt

$$\mathrm{Hom}_{\mathbf{A-Alg}}(A[E], B) = \mathrm{Hom}_{\mathbf{Sets}}(E, V(B)), \qquad (2.23)$$

wobei V der Vergissfunktor von der Kategorie der A-Algebren in die Kategorie der Mengen ist.

Wir können $A[E]$ also als *freie A-Algebra über der Menge E* ansehen.

Für das Folgende führen wir einige Hilfsbegriffe ein: Es sei $A[x]$ der Polynomring in einer Unbestimmten x, und es sei $f \in A[x]$ mit

$$f = a_n x^n + \sum_{i<n} a_i x^i = a_n x^n + r.$$

Dann heiße x^n das *Leitmonom von f*, und $a_n \neq 0$ ist der *Leitkoeffizient*. Der Ausdruck $a_n x^n$ ist der *Leitterm* und r das *Reduktum*. Der *Grad von f*, geschrieben $\deg_x f$, sei n.

Es seien nun g ein Polynom mit Leitterm $a_m x^m$, und es seien f_i Polynome mit den Leittermen $a_{n_i}^{(i)} x^{n_i}$. Es gelte $n_i \leqslant m$ und $a_m = \sum a_i' a_{n_i}^{(i)}$. Dann ist $h = g - \sum a_i' x^{m-n_i} f_i$ die *Reduktion am Leitmonom von g durch die f_i*. Es ist $\deg_x h < \deg_x g$.

Theorem 2.6.1 (Hilbertscher Basissatz)

Es sei A ein noetherscher Ring. Dann ist der Polynomring $A[x]$ auch ein noetherscher Ring.

Beweis. Es sei $I \subseteq A[x]$ ein $A[x]$-Ideal. Man betrachte das *Leitkoeffizientenideal* $\mathfrak{a} \subseteq A$. Dieses besteht aus allen $a \in A$, für die $a = a_m$ in einem $ax^m + \sum_{i<m} a_i x^i \in I$ ist. Man überlegt sich durch Betrachtung von af und $x^r f + g$ für $f, g \in I$ leicht, dass $\mathfrak{a}$ wirklich ein A-Ideal ist.

Da A noethersch ist, gibt es $f_1, \ldots, f_r \in I$, so dass $f_i = a_i x^{n_i} + \sum_{j<n_i} a_j^{(i)} x^j$ und die a_i das Leitkoeffizientenideal erzeugen.

Es sei $n = \max(n_1, \ldots, n_r)$. Ist jetzt ein $g \in I$ gegeben, und es ist $\deg_x g \geqslant n$, so kann eine Reduktion am Leitmonom von g durch die f_i im oben beschriebenen Sinne durchgeführt werden, denn der Leitkoeffizient von g liegt ja im von den Leitkoeffizienten der f_i erzeugten A-Ideal.

So kann nach endlich vielen Reduktionsschritten das Polynom g als

$$g = q_1 f_1 + \cdots + q_r f_r + h$$

dargestellt werden. Dabei sind die $h, q_i \in A[x]$, und es ist $\deg_x h < n$.

Nun betrachte man noch für jedes $m < n$ separat das Leitkoeffizientenideal $\mathfrak{a}_m$, das aus den Leitkoeffizienten der Polynome $f^{(m)} \in I$ vom genauen Grad m und der 0 besteht. Wie oben kann man $f_i^{(m)} \in I$ angeben, so dass die Leitkoeffizienten von $(f_i^{(m)})_{i=1}^{p_i}$ das Ideal $\mathfrak{a}_m$ erzeugen. Also kann man h mit den $f_i^{(m)}$ nach und nach zu 0 reduzieren und eine Darstellung $g = \sum_i q_i f_i + \sum_{m=0}^{n-1} \sum_{j=1}^{p_m} r_j^{(m)} f_j^{(m)}$ mit $r_j^{(m)} \in A[x]$ angeben (sogar mit $r_j^{(m)} \in A$).

Also ist $I = (f_1, \ldots, f_r, \ldots, f_j^{(m)}, \ldots)$ mit $0 \leqslant m < n$ und $1 \leqslant j \leqslant p_m$ eine endliche Basisdarstellung von I. Der Ring $A[x]$ ist somit noethersch. $\qquad \square$

Korollar 2.6.1
Es sei A ein noetherscher Ring. Dann ist jeder Polynomring $A[x_1, \ldots, x_n]$ auch noethersch.

2.7 Hauptidealringe

2.7.1 Allgemeines

Definition 2.7.1
Es sei A ein Ring, in dem jedes Ideal $\mathfrak{a} \subseteq A$ von der Form $\mathfrak{a} = (a)$ mit $a \in \Lambda$ ist. Dann nennen wir A *Hauptidealring*. $\qquad \blacklozenge$

Korollar 2.7.1
Ein Hauptidealring A ist also auch noethersch.

2.7.2 Faktorialität

Es sei A im Folgenden ein *integrer* Hauptidealring.

Definition 2.7.2
Ein Element $x \in A - A^*$ heißt *irreduzibel*, falls aus $x = a\,b$ und $(x) \neq (b)$ die Gleichheit $(x) = (a)$ folgt. $\qquad \blacklozenge$

Proposition 2.7.1
Es ist äquivalent:

a) x ist irreduzibel.

b) (x) ist maximales Ideal.

c) (x) ist Primideal.

Proposition 2.7.2
Jedes Element $x \in A$ kann als Produkt

$$x = u\, p_1^{e_1} \cdot \ldots \cdot p_r^{e_r} \tag{2.24}$$

mit $u \in A^*$ und $p_i \in A$ irreduzibel geschrieben werden. Diese Darstellung ist eindeutig in der Wahl der p_i und der zugehörigen e_i.

Beweis. Da A noethersch ist, hat die Menge X der (x), für die keine Zerlegung in irreduzible Elemente existiert, falls nicht leer, ein maximales Element (x). Dieses kann selbst nicht irreduzibel sein.

Also existieren $a, b \in A$ mit $x = ab$ und $(a) \supsetneq (x)$ und $(b) \supsetneq (x)$. Damit gehören a und b nicht zu X, besitzen also Zerlegungen in Produkte irreduzibler Faktoren. Wegen $x = ab$ gilt dies dann aber auch für x. $\qquad\qquad\qquad\qquad\qquad$ $\square$

2.8 Körper

Definition 2.8.1

Ein kommutativer Ring K heißt *Körper*, wenn die folgenden äquivalenten Bedingungen gelten:

a) Jedes $x \in K$ mit $x \neq 0$ ist eine Einheit, also in K^*.

b) Die Menge $\mathrm{Spec}\,(K)$ besteht aus dem Ideal (0).

c) Der Ring K ist integer und seine Krulldimension ist $\dim K = 0$.

$\qquad\qquad\qquad\qquad\qquad\qquad\qquad\qquad\qquad\qquad\qquad\qquad\qquad\qquad\qquad\qquad\qquad$ ♦

Beispiel 2.8.1

Es sei A ein Integritätsring und $S = A \setminus \{0\}$. Dann ist $K(A) = Q(A) = S^{-1}A$ der *Quotientenkörper von A.* $\qquad\qquad\qquad\qquad\qquad\qquad\qquad\qquad\qquad\qquad\qquad\qquad$ ■

So ist $\mathbb{Q} = Q(\mathbb{Z})$ ein Körper im Sinne des vorigen Beispiels.

Beispiel 2.8.2

Es sei A ein beliebiger Ring und $\mathfrak{m} \subseteq A$ ein maximales Ideal. Dann ist $A/\mathfrak{m}$ ein Körper. $\qquad\qquad\qquad\qquad\qquad\qquad\qquad\qquad\qquad\qquad\qquad\qquad\qquad\qquad\qquad\qquad$ ■

So ist $\mathbb{F}_p = \mathbb{Z}/p\mathbb{Z}$ ein Körper im Sinne des vorigen Beispiels.

Für einen Körper K habe der kanonische Homomorphismus $\mathbb{Z} \to K$ das Ideal $\mathfrak{p}$ als Kern. Dann ist $\mathfrak{p}$ prim, also entweder $\mathfrak{p} = (p)$ mit $p \in \mathbb{Z}$ einer Primzahl oder $\mathfrak{p} = (0)$.

Definition 2.8.2

Ist für einen Körper K unter Zugrundelegung des eben Gesagten

■ $\mathfrak{p} = (p)$, so sagt man, K *hat Charakteristik p*, und schreibt $\mathrm{char}\, K = p$,
■ $\mathfrak{p} = (0)$, so sagt man, K *hat Charakteristik 0*, und schreibt $\mathrm{char}\, K = 0$.

$\qquad\qquad\qquad\qquad\qquad\qquad\qquad\qquad\qquad\qquad\qquad\qquad\qquad\qquad\qquad\qquad\qquad$ ♦

Es gibt also für jeden Körper K entweder eine Inklusion $\mathbb{F}_p \hookrightarrow K$ für ein geeignetes $p \in \mathbb{Z}$, prim, oder eine Inklusion $\mathbb{Q} \hookrightarrow K$. Der eingebettete Körper heißt *Primkörper* von K.

2.9 Tensorprodukt und Lokalisierung

2.9.1 Tensorprodukt

Definition 2.9.1
Es seien M, N und P drei A-Moduln. Dann sei

$$\mathrm{Bilin}_A(M, N; P)$$

die Menge der *A-bilinearen Abbildungen* $\psi : M \times N \to P$. Das heißt, es gelte:

$$\psi(a\,m, n) = a\,\psi(m, n)$$
$$\psi(m, a\,n) = a\,\psi(m, n)$$
$$\psi(m + m', n) = \psi(m, n) + \psi(m', n)$$
$$\psi(m, n + n') = \psi(m, n) + \psi(m, n')$$

$\blacklozenge$

Lemma 2.9.1
Es ist natürlich isomorph

$$\mathrm{Bilin}_A(M, N; P) \cong \mathrm{Hom}_A(M, \mathrm{Hom}_A(N, P)), \quad \psi \mapsto (m \mapsto (n \mapsto \psi(m, n))) \,.$$

Die Abbildung im vorigen Lemma ist ein Beispiel des sogenannten *Curryings* oder *Schönfinkelns*.

Dass die Abbildung natürlich ist, bedeutet wie üblich, dass für Homomorphismen $f : M \to M'$ und $g : N \to N'$ und $h : P' \to P$ das Diagramm

$$\mathrm{Bilin}_A(M', N'; P') \overset{\cong}{\longrightarrow} \mathrm{Hom}_A(M', \mathrm{Hom}_A(N', P')) \qquad (2.25)$$
$$\downarrow \qquad\qquad\qquad\qquad\qquad \downarrow$$
$$\mathrm{Bilin}_A(M, N; P) \overset{\cong}{\longrightarrow} \mathrm{Hom}_A(M, \mathrm{Hom}_A(N, P))$$

kommutiert. Wir führen nun das *Tensorprodukt* $M \otimes_A N$ als universelles Objekt ein, das die Darstellbarkeit des Funktors $(M, N) \mapsto \mathrm{Bilin}_A(M, N; P)$ beweist. Genauer verlangen wir die Existenz eines natürlichen Isomorphismus:

$$\mathrm{Bilin}_A(M, N; P) = \mathrm{Hom}_A(M \otimes_A N, P) \qquad (2.26)$$

In Diagrammsprache ausgedrückt, bedeutet dies, dass im untenstehenden Diagramm für gegebenes ψ und ein für allemal festes, bilineares θ stets eine eindeutige A-lineare Abbildung h_ψ existiert, die das Diagramm kommutieren lässt:

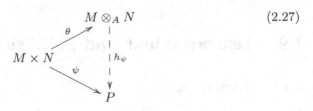

$$(2.27)$$

Bemerkung 2.9.1

Umgekehrt ist bei kommutierendem Diagramm und θ bilinear sowie h_ψ linear auch offensichtlich ψ bilinear.

Die Konstruktion des Tensorprodukts Wir betrachten den freien A-Modul über der Menge $M \times N$, abgekürzt $F_A(M \times N)$. Er kann algebraisch als

$$F_A(M \times N) = A^{(M \times N)} = \{(a_\alpha) \mid a_\alpha \in A, \quad \alpha \in M \times N, \text{ fast alle } a_\alpha = 0\}$$

angegeben werden. Eine andere Schreibweise ist $F_A(M \times N)$ als Inbegriff aller abstrakter endlicher Summen

$$a_1 \, m_1 \times n_1 + \cdots + a_r \, m_r \times n_r$$

anzusehen. Dabei ist

$$\sum a_{m \times n} \, m \times n + \sum a'_{m \times n} \, m \times n = \sum (a_{m \times n} + a'_{m \times n}) \, m \times n$$

und

$$a \sum a_{m \times n} \, m \times n = \sum (a \, a_{m \times n}) \, m \times n.$$

Es sei nun in $F_A(M \times N)$ der Untermodul $R_A(M \times N)$ definiert, und zwar als der von den Elementen

$$(a \, m) \times n - a \, m \times n, \qquad\qquad m \times (a \, n) - a \, m \times n, \quad (2.28)$$
$$(m + m') \times n - m \times n - m' \times n \quad m \times (n + n') - m \times n - m \times n' \quad (2.29)$$

erzeugte Untermodul.

Wir definieren nun

$$M \otimes_A N = F_A(M \times N)/R_A(M \times N),$$
$$\theta : M \times N \to M \otimes_A N, \qquad \theta(m, n) = m \times n + R_A(M \times N). \quad (2.30)$$

Man überprüft sofort, dass θ eine A-bilineare Abbildung ist.

Ist nun eine bilineare Abbildung $\psi : M \times N \to P$ wie im obigen Diagramm gegeben, so definieren wir

$$h : F_A(M \times N) \to P, \text{ mit } h(m \times n) = \psi(m,n).$$

Es ist dann offensichtlich, dass h auf den Erzeugern von $R_A(M \times N)$ und damit auf ganz $R_A(M \times N)$ verschwindet. Also induziert h eine A-lineare Abbildung

$$h_\psi : F_A(M \times N)/R_A(M \times N) = M \otimes_A N \to P.$$

Diese lässt offensichtlich das obige Diagramm wie gefordert kommutieren. Auch ist h_ψ eindeutig bestimmt: Die Bilder $\theta(m,n) = m \times n + R_A(M \times N)$, für die eindeutig $h_\psi(\theta(m,n)) = \psi(m,n)$ sein muss, erzeugen ganz $M \otimes_A N$, denn die $m \times n$ erzeugen $F_A(M \times N)$ als A-Modul.

Man überlegt sich nun leicht, dass die obige Konstruktion für gegebene Morphismen $f : M \to M'$ und $g : N \to N'$ zu einem Morphismus $f \otimes_A g : M \otimes_A N \to M' \otimes_A N'$ führt. Es folgt:

Lemma 2.9.2
Die Zuordnung $(M, N) \mapsto M \otimes_A N$ ist ein Funktor von A-Moduln in zwei Argumenten.

Tensorprodukte mit mehr als zwei Faktoren Alle oben durchgeführten Überlegungen können wir erweitern, indem wir für eine Reihe von A-Moduln $M_1, \ldots, M_k$ zunächst die Menge der k-fach A-multilinearen Abbildungen

$$\mathrm{Lin}^{(k)}(M_1, \ldots, M_k; P) = \mathrm{Hom}_A(M_1, \mathrm{Hom}_A(M_2, \ldots, \mathrm{Hom}_A(M_k, P) \ldots))$$

betrachten. Rechts steht wie oben das Currying der Abbildungen links. Das entsprechende Diagramm hat dann die Gestalt

$$
\begin{array}{ccc}
 & M_1 \otimes_A \cdots \otimes_A M_k & \quad (2.31) \\
 \theta \nearrow & \big| & \\
M_1 \times \cdots \times M_k & \big| h_\psi & \\
 \psi \searrow & \big| & \\
 & \Big\downarrow & \\
 & P, &
\end{array}
$$

und statt $F_A(M \times N)$ betrachtet man $F_A(M_1 \times \cdots \times M_k)$ und ein entsprechendes $R_A(M_1 \times \cdots \times M_k)$. Man hat dann statt der 4 Erzeugungsmuster von R_A oben entsprechend $2k$, also für jeden Faktor eine Relation

$$m_1 \times \cdots \times (a\, m_i) \times \cdots \times m_k = a\, m_1 \times \cdots \times m_i \times \cdots \times m_k$$

und eine Relation

$$m_1 \times \cdots \times (m_i + m_i') \times \cdots \times m_k =$$
$$m_1 \times \cdots \times m_i \times \cdots \times m_k + m_1 \times \cdots \times m_i' \times \cdots \times m_k.$$

Alle weiteren Überlegungen sind analog und führen auf ein Tensorprodukt:

$$M_1 \otimes_A \cdots \otimes_A M_k = F_A(M_1 \times \cdots \times M_k)/R_A(M_1 \times \cdots \times M_k)$$

Die Grundisomorphismen des Tensorprodukts

Proposition 2.9.1
Für A-Moduln M, N, P gilt:

$$A \otimes_A M = M \tag{2.32}$$

$$(M \oplus N) \otimes_A P = (M \otimes_A P) \oplus (N \otimes_A P) \tag{2.33}$$

$$M \otimes_A N = N \otimes_A M \tag{2.34}$$

$$(M \otimes_A N) \otimes_A P = M \otimes_A (N \otimes_A P) = M \otimes_A N \otimes_A P \tag{2.35}$$

Proposition 2.9.2
Es gilt für A-Moduln M_i und N sowie eine A-Algebra B:

$$\left(\bigoplus M_i\right) \otimes_A N = \bigoplus (M_i \otimes_A N) \tag{2.36}$$

$$A[X_i] \otimes_A B = B[X_i], \tag{2.37}$$

wobei $A[X_i]$ (bzw. $B[X_i]$) für einen Polynomring über A (bzw. B) stehe.

Das Tensorprodukt kommutiert auch mit direkten Limites in allgemeiner Weise. Es sei (A_i) ein direktes System von Ringen, und (M_i), (N_i) direkte Systeme von A_i-Moduln, so dass alle denkbaren Verträglichkeiten erfüllt sind. Dann gilt:

Proposition 2.9.3
Es gibt einen Isomorphismus

$$\left(\varinjlim_i M_i\right) \otimes_{(\varinjlim_i A_i)} \left(\varinjlim_i N_i\right) \cong \varinjlim_i (M_i \otimes_{A_i} N_i).$$

Beweis. Man beachte das Diagramm

$$\left(\varinjlim_i M_i\right) \otimes_{(\varinjlim_i A_i)} \left(\varinjlim_i N_i\right) \rightleftarrows \varinjlim_i (M_i \otimes_{A_i} N_i)$$

$$\uparrow \qquad\qquad\qquad\qquad \uparrow$$

$$M_i \otimes_{A_i} N_i =\!=\!=\!=\!=\!=\!= M_i \otimes_{A_i} N_i,$$

in dem die linke vertikale Abbildung von den kanonischen Abbildungen $A_i \to \varinjlim_i A_i$, sowie $M_i \to \varinjlim_i M_i$ und $N_i \to \varinjlim_i N_i$ induziert wird. Die rechte vertikale Abbildung dann entsprechend von $M_i \otimes_{A_i} N_i \to \varinjlim_i (M_i \otimes_{A_i} N_i)$.

Der Beweis ergibt sich aus der Beobachtung, dass jedes Element

$$z \in \left(\varinjlim_i M_i\right) \otimes_{(\varinjlim_i A_i)} \left(\varinjlim_i N_i\right) = M \otimes_A N$$

schon als ein Element aus $M_j \otimes_{A_j} N_j$ für ein geeignetes $j = j(z)$ aufgefasst werden kann, indem man Summanden aus $z = m_1 \otimes_A n_1 + \cdots + m_p \otimes_A n_p$ mit $m_\nu \in M_{i_\nu}$ und $n_\nu \in N_{j_\nu}$ unter Anwendung der Übergangsabbildungen $\phi_{i_\nu j} : M_{i_\nu} \to M_j$, und $\psi_{j_\nu j} : N_{j_\nu} \to N_j$ in ein $M_j \otimes_{A_j} N_j$ „verschiebt". $\qquad\qquad\square$

Die Rechtsexaktheit des Tensorprodukts

Lemma 2.9.3
Es ist für A-Moduln M, N, P die Beziehung

$$\mathrm{Hom}_A(M \otimes_A N, P) = \mathrm{Hom}_A(M, \mathrm{Hom}_A(N, P))$$

erfüllt.

Der Funktor $M \mapsto M \otimes_A N = F_N(M)$ ist also linksadjungiert zum Funktor $P \mapsto \mathrm{Hom}(N, P) = G_N(P)$. Also ist $F_N(-)$ rechtsexakt, das heißt, es gilt:

Proposition 2.9.4
Für eine exakte Sequenz $M' \to M \to M'' \to 0$ von A-Moduln ist auch

$$M' \otimes_A N \to M \otimes_A N \to M'' \otimes_A N \to 0$$

exakt.

Wir können daraus zwei nützliche Korollare ableiten:

Korollar 2.9.1
Es sei $\mathfrak{a}$ ein A-Ideal und M ein A-Modul. Dann ist

$$A/\mathfrak{a} \otimes_A M = M/\mathfrak{a}M.$$

Beweis. Betrachte die Sequenz $0 \to \mathfrak{a} \to A \to A/\mathfrak{a} \to 0$ und tensoriere mit M. $\square$

Korollar 2.9.2
Es seien $\mathfrak{a}$ und $\mathfrak{a}'$ zwei Ideale von A. Dann ist

$$A/\mathfrak{a} \otimes_A A/\mathfrak{a}' = A/(\mathfrak{a} + \mathfrak{a}').$$

Beispiel 2.9.1
Das Tensorprodukt zweier von 0 verschiedener Faktoren kann also 0 sein:

$$\mathbb{Z}/5\mathbb{Z} \otimes_\mathbb{Z} \mathbb{Z}/7\mathbb{Z} = \mathbb{Z}/(5\mathbb{Z} + 7\mathbb{Z}) = 0$$

oder auch

$$\mathbb{Z}/5\mathbb{Z} \otimes_\mathbb{Z} \mathbb{Q} = \mathbb{Q}/5\mathbb{Q} = 0$$

■

Proposition 2.9.5
Für zwei A-Algebren $A \to B$ und $A \to C$ ist $B \otimes_A C$ mit der Multiplikation

$$(b \otimes_A c) \cdot (b' \otimes_A c') = (bb' \otimes_A cc')$$

wieder eine A-Algebra.

Es gilt:

Proposition 2.9.6
Für $\phi : A \to B$ und $\psi : A \to C$ ist $B \otimes_A C$ die Fasersumme in der Kategorie der A-Algebren.

2.9.2 Lokalisierung

Allgemeines

Definition 2.9.2
Eine Teilmenge $S \subseteq A$ eines Ringes A heißt *multiplikativ abgeschlossen*, falls
$1 \in S$ und für alle $s_1, s_2 \in S$ auch $s_1 s_2 \in S$ ist.   ◆

Bemerkung 2.9.2
Es sei $\mathfrak{p}$ ein Primideal von A. Dann ist $S = A - \mathfrak{p}$ multiplikativ abgeschlossen.

Definition 2.9.3
Es sei $S \subseteq A$ eine multiplikativ abgeschlossene Menge eines Ringes A. Weiter
sei M ein A-Modul. Dann ist

$$S^{-1}M = \{ (m,s) \mid m \in M, s \in S \} / \sim .$$

Die Äquivalenzrelation $\sim$ sei, dass

$$(m, s) \sim (m', s')$$

gilt, falls

$$s''(s'm - sm') = 0 \tag{2.38}$$

für ein geeignetes $s'' \in S$ gilt.   ◆

Bemerkung 2.9.3
Wir schreiben statt (m, s) im Folgenden immer m/s, da es sich der Vorstellung
nach um Quotienten („Brüche") handelt.

Bemerkung 2.9.4
Für $\mathfrak{p} \subseteq A$ prim und $S = A - \mathfrak{p}$ schreiben wir $M_\mathfrak{p}$ für $S^{-1}M$.

Bemerkung 2.9.5
Es sei $f \in A$ und $S = \{f^k \mid k \geqslant 0\, k \in \mathbb{Z}\}$ das kanonische, f zugeordnete
multiplikative System. Dann schreiben wir M_f für $S^{-1}M$.

Proposition 2.9.7
Der Modul $S^{-1}M$ ist ein A-Modul unter der Addition

$$\frac{m}{s} + \frac{m'}{s'} = \frac{ms' + m's}{ss'} \tag{2.39}$$

und der Operation von A auf $S^{-1}M$ durch

$$a \cdot \frac{m}{s} = \frac{am}{s}. \tag{2.40}$$

Man überprüft für $x, y \in S^{-1}M$ und $a, b \in A$ die Wohldefiniertheit von $x + y$ und
$a \cdot y$ sowie die Beziehungen $a(x + y) = ax + ay$ und $a(bx) = (ab)x$.   □

Notiz 2.9.1
Für ein Element $m/s \in S^{-1}M$ gilt: $m/s = 0$ genau dann, wenn ein $s' \in S$ mit $s'm = 0$ existiert.

Definition 2.9.4
Es sei $a \in A$ ein Ringelement und M ein A-Modul. Dann ist die A-lineare Abbildung $i_a : M \to M$ mit $i_a(m) = a\,m$ die *Homothetie* zu a.   ◆

Die Abbildung $A \to \operatorname{Hom}_A(M, M)$ mit $a \mapsto i_a$ ist ein Morphismus von A-Algebren.

Bezeichnung 2.9.1
Es sei nun für ein multiplikativ abgeschlossenes System $S \subseteq A$ mit A_S-Mod die Kategorie der A-Moduln M bezeichnet, für die $i_s : M \to M$ ein Isomorphismus für alle $s \in S$ ist.

Desweiteren betrachten wir für einen festen A-Modul M die Kategorie $\mathbf{M}_S$ der A-linearen Morphismen $\phi : M \to N$ mit N aus A_S-Mod. Ein Morphismus zwischen zwei Elementen ϕ, ψ aus dieser Kategorie ist dann ein Dreieck:

$$(2.41)$$

Es gilt dann:

Proposition 2.9.8
Die kanonische Abbildung $i_{S,M} : M \to S^{-1}M$ mit $m \mapsto m/1$ ist ein Anfangselement in der Kategorie $\mathbf{M}_S$.

Proposition 2.9.9
Die Zuordnung

$$M \mapsto S^{-1}M, \qquad (\phi : M \to N) \mapsto (S^{-1}(\phi) : S^{-1}M \to S^{-1}N)$$

ist ein Funktor von A-Mod nach A_S-Mod. Dabei ist $S^{-1}(\phi)(m/s) = \phi(m)/s$.

Der Ring $S^{-1}A$

Betrachtet man nun den A-Modul $S^{-1}A$ näher, so stellt man fest:

Proposition 2.9.10
Der A-Modul $S^{-1}A$ ist ein Ring mit der Multiplikation:

$$\frac{a}{s} \cdot \frac{a'}{s'} = \frac{a\,a'}{s\,s'} \tag{2.42}$$

Die Überprüfung von $(x\,y)\,z = x\,(y\,z)$ und $x\,(y+z) = x\,y + x\,z$ für $x,y,z \in S^{-1}A$ ist elementar. $\square$

Proposition 2.9.11

Ist M ein A-Modul, so ist $S^{-1}M$ ein $S^{-1}A$-Modul vermöge

$$\frac{a}{s} \cdot \frac{m}{s'} = \frac{a\,m}{s\,s'}. \tag{2.43}$$

*Außerdem fällt die Kategorie A_S-**Mod** mit $S^{-1}A$-**Mod** zusammen.*

Man setze nämlich für ein M aus A_S-**Mod**: $a/s \cdot m = a \cdot i_s^{-1}(m)$, damit ergibt sich die letzte Behauptung.

Für die erste Behauptung überprüft man $\alpha\,(\beta z) = (\alpha\,\beta)z$, sowie $(\alpha+\beta)z = \alpha z + \beta z$ und $\alpha\,(z+z') = \alpha\,z + \alpha\,z'$ für $\alpha,\beta \in S^{-1}A$ und $z,z' \in S^{-1}M$. $\square$

Unter der kanonischen Abbildung $i : A \to S^{-1}A$ lassen sich Ideale von A erweitern und solche von $S^{-1}A$ kontrahieren. Es gelten im Einzelnen folgende Beziehungen:

Proposition 2.9.12

Es sei $\mathfrak{a} \subseteq A$ ein Ideal von A und $\mathfrak{a}' \subseteq S^{-1}A$ ein Ideal von $S^{-1}A$. Dann ist:

$$\mathfrak{a}^e = \mathfrak{a}S^{-1}A = \{a/s \mid a \in \mathfrak{a}, s \in S\} = S^{-1}\mathfrak{a}, \tag{2.44}$$

$$\mathfrak{a}'^c = \{a \in A \mid a/s \in \mathfrak{a}' \text{ für ein geeignetes } s \in S\} \tag{2.45}$$

Daraus folgt weiterhin:

$$\mathfrak{a}^{ec} = \{a \in A \mid sa \in \mathfrak{a} \text{ für ein } s \in S\} = \bigcup_{s \in S}(\mathfrak{a} : s), \tag{2.46}$$

$$\mathfrak{a}'^{ce} = \mathfrak{a}' \tag{2.47}$$

Insbesondere ist $\mathfrak{a}^e = S^{-1}\mathfrak{a} = (1)$ genau dann, wenn $\mathfrak{a} \cap S \neq \emptyset$. Ferner sind alle Ideale von $S^{-1}A$ von der Form $S^{-1}\mathfrak{a}$.

Beschränkt man sich auf Primideale $\mathfrak{p} \subseteq A$ und $\mathfrak{p}' \subseteq S^{-1}A$, so ist $\mathfrak{p}'^c$ sowieso prim in A, und $\mathfrak{p}^e = S^{-1}\mathfrak{p}$ ist entweder prim in $S^{-1}A$ oder gleich (1), falls $\mathfrak{p} \cap S \neq \emptyset$ gilt, also $\mathfrak{p}$ *die Menge S trifft*. Ist dies nicht der Fall, so gilt $\mathfrak{p}^{ec} = \mathfrak{p}$, also folgende Proposition:

Proposition 2.9.13

Die Abbildungen $\mathfrak{p} \mapsto \mathfrak{p}^e$ und $\mathfrak{p}' \mapsto \mathfrak{p}'^c$ vermitteln eine Bijektion zwischen $D(S) = \{\mathfrak{p} \mid \mathfrak{p} \cap S = \emptyset\}$ und $\mathrm{Spec}\,(S^{-1}A)$.

Stattet man $D(S)$ mit der von $D(S) \subseteq \mathrm{Spec}\,(A)$ induzierten Topologie aus, so ist diese Abbildung sogar ein Homöomorphismus auf $\mathrm{Spec}\,(S^{-1}A)$.

Beweis. Es entsprechen sich nämlich die abgeschlossenen Mengen $V(\mathfrak{a}) \cap D(S)$ und $V(S^{-1}\mathfrak{a})$. $\square$

Fundamentale Isomorphismen

Es gelten nun folgende wichtige Beziehungen:

Proposition 2.9.14
Für $S \subseteq A$ wie oben und A-Moduln M, N, M_i ist kanonisch isomorph

$$S^{-1}M = S^{-1}A \otimes_A M, \tag{2.48}$$

$$S^{-1}\left(\bigoplus_i M_i\right) = \bigoplus S^{-1}M_i, \tag{2.49}$$

$$S^{-1}(M \otimes_A N) = S^{-1}M \otimes_A S^{-1}N = S^{-1}M \otimes_{S^{-1}A} S^{-1}N. \tag{2.50}$$

Proposition 2.9.15
Es sei $0 \to M' \to M \to M'' \to 0$ eine exakte Folge von A-Moduln. Dann ist auch $0 \to S^{-1}M' \to S^{-1}M \to S^{-1}M'' \to 0$ eine exakte Folge von $S^{-1}A$-Moduln.

Proposition 2.9.16
Es sei $(M_i)_{i \in I}$ eine Familie von Untermoduln eines Moduls M. Dann ist

$$S^{-1}\left(\sum_i M_i\right) = \sum_i S^{-1}M_i,$$

$$S^{-1}\left(\bigcap_i M_i\right) = \bigcap_i S^{-1}M_i, \text{ falls } I \text{ endlich ist.}$$

Für $\mathrm{Hom}_A(M, N)$ erhalten wir einen kanonischen Morphismus:

$$\iota : S^{-1}\mathrm{Hom}_A(M, N) \mapsto \mathrm{Hom}_{S^{-1}A}(S^{-1}M, S^{-1}N) =$$
$$= \mathrm{Hom}_A(S^{-1}M, S^{-1}N) \quad (2.51)$$

Proposition 2.9.17
Es gilt:

1. *Für F, freier A-Modul, ist*

$$S^{-1}\mathrm{Hom}_A(F, N) = \mathrm{Hom}_{S^{-1}A}(S^{-1}F, S^{-1}N)$$

   ein Isomorphismus.

2. *Für M, endlich präsentierter A-Modul, ist*

$$S^{-1}\mathrm{Hom}_A(M, N) = \mathrm{Hom}_{S^{-1}A}(S^{-1}M, S^{-1}N)$$

   ein Isomorphismus.

Beweis. Aussage 1. folgt aus $\mathrm{Hom}_A(A,N) = N$ und $\mathrm{Hom}_{S^{-1}A}(S^{-1}A, S^{-1}N) = S^{-1}N$. Für 2. betrachte man eine Präsentation $F_2 \to F_1 \to M \to 0$. Es folgt die Exaktheit von $0 \to \mathrm{Hom}_A(M,N) \to \mathrm{Hom}_A(F_1, N) \to \mathrm{Hom}_A(F_2, N)$ sowie $S^{-1}F_2 \to S^{-1}F_1 \to S^{-1}M \to 0$ und damit auch des Diagramms:

$$
\begin{array}{ccccc}
0 \longrightarrow S^{-1}\mathrm{Hom}_A(M,N) & \longrightarrow & S^{-1}\mathrm{Hom}_A(F_1,N) & \longrightarrow & S^{-1}\mathrm{Hom}_A(F_2,N) \\
\downarrow & & \downarrow & & \downarrow \\
0 \longrightarrow \mathrm{Hom}_{S^{-1}A}(S^{-1}M, S^{-1}N) & \longrightarrow & \mathrm{Hom}_{S^{-1}A}(S^{-1}F_1, S^{-1}N) & \longrightarrow & \mathrm{Hom}_{S^{-1}A}(S^{-1}F_2, S^{-1}N)
\end{array}
$$

$$\tag{2.52}$$

Aus diesem und 1. folgt die Aussage 2. $\qquad\square$

Proposition 2.9.18

Es seien N, M zwei A-Moduln, S ein multiplikatives System in A. Dann ist

$$S^{-1}(N : M) \subseteq (S^{-1}N : S^{-1}M).$$

Ist M endlich erzeugt, gilt sogar die Gleichheit.

Außerdem wichtig sind die Beziehungen:

Proposition 2.9.19

Es sei $\phi : A \to B$ ein Ringhomomorphismus, S, S_1, S_2, multiplikativ abgeschlossene Systeme für A und $T \subseteq B$, multiplikativ abgeschlossenes System für B. Dann ist

$$S^{-1}B = \phi(S)^{-1}B, \tag{2.53}$$

$$(S_1 S_2)^{-1}A = S_1^{-1}(S_2^{-1}A) = S_2^{-1}(S_1^{-1}A), \tag{2.54}$$

$$S^{-1}(T^{-1}B) = (\phi(S)T)^{-1}B = \phi(S)^{-1}(T^{-1}B). \tag{2.55}$$

Die Abbildungen sind für die erste Zeile $b/s \mapsto b/\phi(s)$, für die zweite Zeile $a/(s_1 s_2) \mapsto (a/s_2)/s_1 \mapsto (a/s_1)/s_2$ und für die dritte Zeile $(b/t)/s \mapsto b/(t\,\phi(s)) \mapsto (b/t)/\phi(s)$. $\quad\square$

Notiz 2.9.2

Man beachte, dass für multiplikativ abgeschlossene Systeme S_1, S_2 auch $S_1 S_2$ multiplikativ abgeschlossen ist.

Permanenzprinzipien, Lokal-Global-Aussagen

Lemma 2.9.4

Es ist für einen A-Modul $M = 0$ genau dann, wenn $M_{\mathfrak{p}} = 0$ für alle $\mathfrak{p} \subseteq A$, prim, oder $M_{\mathfrak{m}} = 0$ für alle $\mathfrak{m} \subseteq A$, maximal.

Beweis. Es sei $s_{\mathfrak{m}} m = 0$ für $s_{\mathfrak{m}} \notin \mathfrak{m}$. Dann ist $\bigcup D(s_{\mathfrak{m}}) = \mathrm{Spec}\,(A)$. Also ist $1 = a_1 s_{\mathfrak{m}_1} + \cdots + a_r s_{\mathfrak{m}_r}$ mit geeigneten $a_1, \ldots, a_r \in A$. Multiplikation mit m ergibt $m = 0$. $\qquad\square$

Proposition 2.9.20

Es sei $0 \to M' \to M \to M'' \to 0$ eine Folge von A-Moduln. Dann ist äquivalent:

a) *Die Folge* $0 \to M' \to M \to M'' \to 0$ *ist exakt.*

b) *Die Folge* $0 \to M'_{\mathfrak{p}} \to M_{\mathfrak{p}} \to M''_{\mathfrak{p}} \to 0$ *ist exakt für alle Primideale* $\mathfrak{p} \subseteq A$.

c) *Die Folge* $0 \to M'_{\mathfrak{m}} \to M_{\mathfrak{m}} \to M''_{\mathfrak{m}} \to 0$ *ist exakt für alle maximalen Ideale* $\mathfrak{m} \subseteq A$.

Proposition 2.9.21
Ist M *ein noetherscher* A-*Modul, so ist auch jede Lokalisierung* $S^{-1}M$ *ein noetherscher* $S^{-1}A$-*Modul.*

Proposition 2.9.22
Es sei M *ein* A-*Modul und* $D(f_i)$ *eine Überdeckung von* $\mathrm{Spec}\,(A)$, *mit* $f_i \in A$. *Es sei jedes* M_{f_i} *ein noetherscher* A_{f_i}-*Modul. Dann ist* M *ein noetherscher* A-*Modul.*

Definition 2.9.5
Es sei M ein A-Modul. Dann ist

$$\mathrm{supp}\,M = \{\mathfrak{p} \subseteq A \text{ prim } \mid M_{\mathfrak{p}} \neq 0\} \tag{2.56}$$

der *Support* oder *Träger* von M *(in A)*.

Es ist $\mathrm{supp}\,m = \mathrm{supp}(Am)$ für $m \in M$ der *Support von m (in A)*. $\blacklozenge$

Proposition 2.9.23
Es sei M *ein Modul und* $\mathfrak{a} = \mathrm{Ann}_A\,M$. *Dann gilt:*

1. *Ist* $\mathfrak{p} \not\supseteq \mathfrak{a}$, *dann ist* $M_{\mathfrak{p}} = 0$. *Also ist* $\mathrm{supp}\,M \subseteq V(\mathrm{Ann}_A\,M)$.

2. *Ist* M *endlich erzeugt, so ist sogar* $\mathrm{supp}\,M = V(\mathrm{Ann}_A\,M)$.

Beweis. Es ist $\mathfrak{p} \in V(\mathrm{Ann}_A\,M)$ äquivalent zu $\mathfrak{p} \supseteq \mathrm{Ann}_A\,M$. Dies ist äquivalent zu $(\mathrm{Ann}_A\,M)_{\mathfrak{p}} \neq (1_{A_{\mathfrak{p}}})$. Es ist

$$(\mathrm{Ann}_A\,M)_{\mathfrak{p}} = (0 : M)_{\mathfrak{p}} \subseteq (0 : M_{\mathfrak{p}})$$

mit Gleichheit rechts, wenn M endlich erzeugt ist. Also ist $\mathfrak{p} \supseteq \mathrm{Ann}_A\,M$ in diesem Fall äquivalent zu $M_{\mathfrak{p}} \neq 0$, also zu $\mathfrak{p} \in \mathrm{supp}\,M$. $\square$

Proposition 2.9.24
Es seien M, N *zwei endlich erzeugte* A-*Moduln. Dann ist*

$$\mathrm{supp}(M \otimes_A N) = \mathrm{supp}\,M \cap \mathrm{supp}\,N\,.$$

Beweis. Es ist $(M \otimes_A N)_{\mathfrak{p}} = M_{\mathfrak{p}} \otimes_{A_{\mathfrak{p}}} N_{\mathfrak{p}}$. Wir können also $(A, \mathfrak{m})$ als lokalen Ring annehmen. Dann ist für einen endlich erzeugten A-Modul $P_{\mathfrak{m}} = P = 0$ nach Nakayama äquivalent mit $P \otimes_A k = 0$ für $k = A/\mathfrak{m}$. Daraus ergibt sich sofort der Beweis. $\square$

2.9.3   Fasern

Es sei $\phi : A \to B$ ein Ringhomomorphismus und $\mathfrak{a} \subseteq A$ ein Ideal sowie $\mathfrak{p} \subseteq A$ ein Primideal. Dann gilt:

Lemma 2.9.5
Die Inklusion $\operatorname{Spec}(B/\mathfrak{a}B) \to \operatorname{Spec}(B)$ *ist ein Homöomorphismus auf ihr Bild. Dieses besteht aus allen Primidealen* $\mathfrak{q} \subseteq B$ *mit* $\mathfrak{q} \cap A \supseteq \mathfrak{a}$.

Lemma 2.9.6
Die Inklusion $\operatorname{Spec}(B_{\mathfrak{p}}) \to \operatorname{Spec}(B)$ *ist ein Homöomorphismus auf ihr Bild. Dieses besteht aus allen Primidealen* $\mathfrak{q} \subseteq B$ *mit* $\mathfrak{q} \cap A \subseteq \mathfrak{p}$.

Proposition 2.9.25
Die Inklusion $\operatorname{Spec}(B_{\mathfrak{p}}/\mathfrak{p}B_{\mathfrak{p}}) \to \operatorname{Spec}(B)$ *ist ein Homöomorphismus auf ihr Bild. Dieses besteht aus allen Primidealen* $\mathfrak{q} \subseteq B$ *mit* $\mathfrak{q} \cap A = \mathfrak{p}$.

Beweis. Betrachte das Diagramm

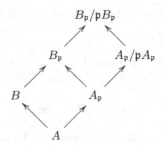

und wende die beiden vorigen Lemmata an.   □

Bemerkung 2.9.6
Setzt man $A_{\mathfrak{p}}/\mathfrak{p}A_{\mathfrak{p}} = k(\mathfrak{p})$, so kann man auch $B \otimes_A k(\mathfrak{p}) = B_{\mathfrak{p}}/\mathfrak{p}B_{\mathfrak{p}}$ schreiben. Der Körper $k(\mathfrak{p})$ heißt auch *Funktionenkörper von A bei $\mathfrak{p}$*.

Bemerkung 2.9.7
Es ist also $(\phi^*)^{-1}(\mathfrak{p}) \cong \operatorname{Spec}(B \otimes_A k(\mathfrak{p}))$, wo $\phi^* : \operatorname{Spec}(B) \to \operatorname{Spec}(A)$ die induzierte Abbildung ist. Deshalb nennt man $B \otimes_A k(\mathfrak{p})$ auch *die Faser von ϕ über $\mathfrak{p}$*.

2.9.4 Äußeres Produkt

Es sei E ein lokal freier A-Modul. Wir führen zunächst den gradierten Ring $T^\bullet$ durch

$$T^\bullet(E) = \bigoplus_{d \geqslant 0} T^d(E),$$

mit

$$T^d(E) = E \otimes_A \cdots \otimes_A E, \quad d \text{ Faktoren}$$

ein. Damit definieren wir den gradierten Ring $\bigwedge^\bullet(E)$ durch

$$\overset{\bullet}{\bigwedge}(E) = T^\bullet(E)/I_{\text{alt}},$$

wo I_{alt} das von den Elementen

$$x \otimes x \in T^2(E)$$

erzeugte beidseitige $T^\bullet$-Ideal ist.

Definition 2.9.6
Der Ring $\bigwedge^\bullet(E)$ heißt *äußeres Produkt* oder *alternierendes Produkt* von E.

◆

Es gilt folgende Beziehung:

$$(2.57)$$

Dabei ist $E \times \cdots \times E$ das Produkt von p Faktoren und ψ eine p-fach A-multilineare, alternierende Abbildung. Die Abbildung $\wedge(e_1, \ldots, e_p)$ ist $e_1 \wedge \ldots \wedge e_p$. Dann ist h_ψ eine eindeutig durch ψ festgelegte A-lineare Abbildung.
Es ist also

$$\text{Hom}_{\text{mult.lin.alt.}}(E \times \cdots \times E, M) = \text{Hom}_{A-\textbf{Mod}}(\overset{p}{\bigwedge} E, M)$$

für einen beliebigen A-Modul M. Also ist $\bigwedge^p E$ als universelles Objekt eindeutig bis auf einen eindeutigen Isomorphismus bestimmt.

2.9.5   Symmetrisches Produkt

Es sei E ein lokal freier A-Modul, und $T^\bullet(E)$ sei der oben definierte gradierte Ring. Damit definieren wir den gradierten Ring $S^\bullet(E)$ durch

$$S^\bullet(E) = T^\bullet(E)/I_{\text{symm}}\,,$$

wo I_{symm} das von den Elementen

$$x \otimes y - y \otimes x \in T^2(E)$$

erzeugte beidseitige $T^\bullet$-Ideal ist.

Definition 2.9.7
Der Ring $S^\bullet(E)$ heißt *symmetrisches Produkt* von E.   ◆

Proposition 2.9.26
Es sei $E = A^r$. Dann ist $S(E) \cong A[x_1,\dots,x_r]$ mit dem Polynomring in r Variablen über A.

Proposition 2.9.27
Für einen Ringhomomorphismus $\phi : A \to B$ gilt

$$S^\bullet(E) \otimes_A B \cong S^\bullet(E \otimes_A B)\,.$$

2.10   Primärzerlegung und assoziierte Primideale

In diesem Abschnitt seien alle Ringe und Moduln, falls nichts anderes gesagt ist, noethersch.

Definition 2.10.1
Es sei A ein noetherscher Ring und M ein A-Modul. Ein Primideal $\mathfrak{p} \in \operatorname{Spec}(A)$ heiße *assoziiert zu* M, falls ein $m \in M$ existiert mit

$$(0 : m)_A = \operatorname{Ann}_A(m) = \mathfrak{p}\,.$$

Die Menge aller assoziierten Primideale von M heiße $\operatorname{Ass} M$.   ◆

Der Untermodul $Am \subset M$ ist also isomorph zu $A/\mathfrak{p}$. Diese Aussage lässt sich auch umkehren:

Lemma 2.10.1
Das Primideal $\mathfrak{p}$ ist genau dann assoziiert zu M, falls eine exakte Sequenz von A-Moduln

$$0 \to A/\mathfrak{p} \to M$$

besteht.

Das m von oben ist nämlich das Bild von $1 + \mathfrak{p}$ in M. □

Lemma 2.10.2

Es sei M ein noetherscher Modul über dem noetherschen Ring A.

Weiter sei $m \neq 0$ aus M und $\mathfrak{p}$ ein Ideal, maximal unter den $\operatorname{Ann}_A(am)$. Dann ist $\mathfrak{p}$ prim und damit $\mathfrak{p} \in \operatorname{Ass}_A M$.

Beweis. Dass ein solches maximales Ideal $\mathfrak{p}$ existiert, folgt aus der Noetherizität von A und M. Dieses ist prim, denn andernfalls gäbe es $a_1, a_2 \notin \mathfrak{p}$ mit $a_1 a_2 am = 0$, aber $a_i am \neq 0$. Damit wäre $\operatorname{Ann}(a_i am)$ echt größer als $\operatorname{Ann}(am)$. □

Bemerkung 2.10.1

Sind A und M graduiert und $m \in M_d$ homogen sowie $\mathfrak{p} = \operatorname{Ann}_A(am)$ maximal mit $a \in A$ homogen, so ist $\mathfrak{p}$ ein homogenes Primideal von A.

Korollar 2.10.1

Für einen noetherschen A-Modul M gilt: $\operatorname{Ass} M = \emptyset$ genau dann, wenn $M = 0$ ist.

Bemerkung 2.10.2

Für A, M graduiert ist $M = 0$ schon äquivalent mit der Nichtexistenz eines homogenen $\mathfrak{p} \in \operatorname{Ass}_A M$.

Bemerkung 2.10.3

Für Beweiszwecke ist oft nützlich festzuhalten, dass aus $\operatorname{Ann}(m) = \mathfrak{p}$ und $\mathfrak{p}$ prim auch $\operatorname{Ann}(am) = \mathfrak{p}$ für alle $a \in A$ mit $am \neq 0$ folgt.

Lemma 2.10.3

Es sei M ein noetherscher A-Modul. Dann ist äquivalent:

a) $a \in A$ ist Nullteiler in M, also $am = 0$ für ein $m \in M$ mit $m \neq 0$.

b) $a \in \mathfrak{p}$ für ein $\mathfrak{p} \in \operatorname{Ass} M$.

Lemma 2.10.4

Es sei $S \subseteq A$ eine multiplikativ abgeschlossene Teilmenge eines noetherschen Rings A und M ein A-Modul.

Dann ist

$$\phi^*(\operatorname{Ass}_{S^{-1}A} S^{-1}M) = \operatorname{Ass}_A S^{-1}M = \{\mathfrak{p} \in \operatorname{Ass}_A M \mid \mathfrak{p} \cap S = \emptyset\}.$$

Hierbei sei $\phi^* : \operatorname{Spec}(S^{-1}A) \to \operatorname{Spec}(A)$ die kanonische, durch $A \to S^{-1}A$ induzierte Abbildung.

Lemma 2.10.5

Es sei $0 \to N' \to N \to N'' \to 0$ *eine exakte Sequenz noetherscher A-Moduln.*
Dann gilt

$$\min . \operatorname{supp} N \subseteq \operatorname{Ass}_A N \,, \tag{2.58}$$

$$\operatorname{supp} N = \operatorname{supp} N' \cup \operatorname{supp} N'' \,, \tag{2.59}$$

$$\operatorname{Ass}_A N' \subseteq \operatorname{Ass}_A N \,, \tag{2.60}$$

$$\operatorname{Ass}_A N \subseteq \operatorname{Ass}_A N' \cup \operatorname{Ass}_A N'' \,, \tag{2.61}$$

wobei $\min . \operatorname{supp} N$ *die endlich vielen minimalen Ideale aus* $\operatorname{supp} N$ *bezeichnet.*

Es ist $\min . \operatorname{supp} N$ die Menge der minimalen Primideale von $A / \operatorname{Ann}_A(N)$.

Proposition 2.10.1

Es sei $\phi : A \to B$ *ein Homomorphismus noetherscher Ringe und* M *ein B-*
Modul. Wir können M *kraft* ϕ *auch als A-Modul* $_A M$ *auffassen. Es gilt dann*

$$\operatorname{Ass}_A(_A M) = \phi^* \operatorname{Ass}_B(M) \,,$$

wobei ϕ^* *die zu* ϕ *gehörige Abbildung* $\operatorname{Spec}(B) \xrightarrow{\phi^*} \operatorname{Spec}(A)$ *ist.*

Beweis. Es sei $\mathfrak{q} \subseteq B$ in $\operatorname{Ass}_B(M)$ und $\mathfrak{q} = \operatorname{Ann}_B(m)$ für ein m in M. Dann ist
$\mathfrak{p} = \phi^{-1}(\mathfrak{q})$ offensichtlich gleich $\operatorname{Ann}_A(m)$. Damit ist die Inklusion $\phi^* \operatorname{Ass}_B(M) \subseteq$
$\operatorname{Ass}_A(_A M)$ gezeigt.

Sei umgekehrt $\mathfrak{p} \in \operatorname{Ass}_A(_A M)$ und $m \in M$ mit $\mathfrak{p} = \operatorname{Ann}_A m$. Betrachte nun $M_\mathfrak{p}$
als $B_\mathfrak{p}$-Modul. In ihm ist $m/1 \neq 0$, da sonst ein $s \notin \mathfrak{p}$ mit $s m = 0$ existieren würde.
Nach den oben angestellten Überlegungen gibt es ein $\mathfrak{q} B_\mathfrak{p} \in \operatorname{Ass} M_\mathfrak{p}$, das ein Element
$b m/s$ aus $M_\mathfrak{p}$ annulliert. Offenbar ist $\phi^*(\mathfrak{q}) = \mathfrak{p}$. Nach Lemma 2.10.4 ist $\mathfrak{q} \in \operatorname{Ass}_B M$,
womit die umgekehrte Inklusion gezeigt ist. $\qquad\square$

Lemma 2.10.6

Es sei M *ein noetherscher A-Modul. Dann existiert eine Filtrierung*

$$(0) = M_0 \subseteq M_1 \subseteq M_2 \subseteq \cdots \subseteq M_{r-1} \subseteq M_r = M \tag{2.62}$$

mit zugehörigen exakten Sequenzen

$$0 \to M_{i-1} \to M_i \to A/\mathfrak{p}_i \to 0 \,. \tag{2.63}$$

Unter den $\mathfrak{p}_i$ *kommen alle Ideale aus* $\operatorname{Ass}_A M$ *vor, insbesondere alle minimalen*
Ideale aus $\operatorname{supp} M$.

Beweis. Es sei die Filtrierung bis M_{i-1} schon konstruiert. Wähle dann ein $m \in M$
mit $(M_{i-1} : m) = \mathfrak{p}$ für ein $\mathfrak{p} \in \operatorname{Ass}(M/M_{i-1})$. Es ist dann $M_i = Am + M_{i-1}$ und
$M_i/M_{i-1} = A/\mathfrak{p}$. $\qquad\square$

Bemerkung 2.10.4

Sind A, M gradiert, so können alle $\mathfrak{p}_i$ als homogene A-Ideale angenommen
werden und man hat Sequenzen:

$$0 \to M_{i-1} \to M_i \to (A/\mathfrak{p}_i)(d_i) \to 0 \tag{2.64}$$

Bemerkung 2.10.5

Es besteht deshalb für A, M gradiert $\mathrm{Ass}_A\, M$ aus homogenen $\mathfrak{p}_i = \mathrm{Ann}(m_i)$ mit $m_i \in M_{k(i)}$, homogen.

Korollar 2.10.2

Für einen noetherschen A-Modul M ist $\mathrm{Ass}\, M$ endlich.

Definition 2.10.2

Es sei M ein noetherscher A-Modul und $\mathfrak{p}$ aus $\mathrm{Ass}_A\, M$. Dann heißt der Quotientenmodul $U = M/Q$ $\mathfrak{p}$-*koprimär*, falls $\mathrm{Ass}_A\, U = \{\mathfrak{p}\}$ ist. Der Untermodul Q heißt dann $\mathfrak{p}$-*primär*. ♦

Lemma 2.10.7

Für jedes $\mathfrak{p} \in \mathrm{Ass}_A\, M$ existiert ein $\mathfrak{p}$-primärer Untermodul $Q \subseteq M$. Er kann so gewählt werden, dass $\mathfrak{p} \notin \mathrm{Ass}\, Q$ ist.

Beweis. Es sei ein N mit $\mathfrak{p} \notin \mathrm{Ass}\, N$ und $\mathfrak{p} \in \mathrm{Ass}\, M/N$ schon konstruiert. Wähle ein $x + N$ mit $\mathrm{Ann}(x + N) = \mathfrak{p}' \neq \mathfrak{p}$ und bilde $N' = N + Ax$. Es ist dann wegen $0 \to N \to N' \to A/\mathfrak{p}' \to 0$ auch $\mathfrak{p} \notin \mathrm{Ass}_A\, N' \subseteq \mathrm{Ass}_A\, N \cup \{\mathfrak{p}'\}$. Weiterhin ist wegen $0 \to N' \to M \to M/N' \to 0$ auch $\mathfrak{p} \in \mathrm{Ass}\, M/N'$.

Beginnt man mit $N = 0$, das die Voraussetzungen über N sicher erfüllt, so erhält man nach endlich vielen Schritten ein $N = Q$ mit $\mathrm{Ass}(M/Q) = \mathfrak{p}$. □

Definition 2.10.3

Es sei $S \subseteq A$ eine multiplikative Teilmenge und $N \subseteq M$ zwei A-Moduln. Weiter sei $\phi : M \to S^{-1}M$ die kanonische Abbildung.

Dann bezeichne $S(N)$ den Modul $\phi^{-1}(S^{-1}N)$, den wir auch als $S^{-1}N \cap M$ abkürzen.

Für $\mathfrak{a} \subseteq A$ ist $S(\mathfrak{a}) = S^{-1}\mathfrak{a} \cap A$. ♦

Lemma 2.10.8

Es sei M ein A-Modul, $N = N_1 \cap \cdots \cap N_r$ ein Schnitt von Untermoduln $N_i \subseteq M$.
Dann ist
$$S(N) = S(N_1) \cap \cdots \cap S(N_r).$$

Lemma 2.10.9

Es sei M ein A-Modul und $Q \subseteq M$ ein $\mathfrak{p}$-primärer Modul.
Dann gilt:
$$S(Q) = \begin{cases} Q, & \textit{falls } S \cap \mathfrak{p} = \emptyset \\ M, & \textit{falls } S \cap \mathfrak{p} \neq \emptyset \end{cases}$$

Beweis. Es ist $S(Q) = \{m \in M \mid sm \in Q \text{ für ein } s \in S\}$. Also gilt für $m \in S(Q)$, dass $s \in (Q : m) = \mathrm{Ann}_A(m + Q)$ mit $m + Q \in M/Q$. Da M/Q ein $\mathfrak{p}$-koprimärer Modul ist, ist für $m + Q \neq 0$ immer $\mathrm{Ann}_A(m + Q) \subseteq \mathfrak{p}$. Ist also $\mathfrak{p} \cap S = \emptyset$, so muss für $m \in S(Q)$ schon $m + Q = 0$, also $m \in Q$ gelten.

Sei jetzt stattdessen $S \cap \mathfrak{p} \neq \emptyset$. Dann ist $\mathrm{Ass}\, S^{-1}(M/Q) = \emptyset$, also $S^{-1}M = S^{-1}Q$ und damit $S(Q) = S(M) = M$. □

Definition 2.10.4

Es sei M ein A-Modul und $Q_1, \ldots, Q_r \subseteq M$ Untermoduln, so dass Q_i ein $\mathfrak{p}_i$-primärer Untermodul ist und

$$N = Q_1 \cap \cdots \cap Q_r$$

gilt. Dann bilden die $Q_1, \ldots, Q_r$ eine *Primärzerlegung von N*. Wenn im Schnitt kein Q_i weggelassen werden kann und $\mathfrak{p}_i \neq \mathfrak{p}_j$ für $i \neq j$ ist, so heißt sie *irredundant*. ◆

Proposition 2.10.2

Es sei M ein noetherscher A-Modul und

$$Q_1 \cap \ldots \cap Q_r = 0$$

eine irredundante Zerlegung von (0) mit Q_i einem $\mathfrak{p}_i$-primären Modul. Dann ist

$$\operatorname{Ass} M = \{\mathfrak{p}_1, \ldots, \mathfrak{p}_r\}.$$

Beweis. Betrachte mit $Q_{1,\ldots,j} = Q_1 \cap \ldots \cap Q_j$ die Filtrierung

$$(0) = Q_{1,\ldots,r} \subseteq Q_{1,\ldots,r-1} \subseteq \cdots \subseteq Q_{1,2} \subseteq Q_1 \subseteq M$$

und die assoziierten exakten Sequenzen

$$0 \to Q_1 \to M \to M/Q_1 \to 0$$

sowie

$$0 \to Q_{1,\ldots,j+1} \to Q_{1,\ldots,j} \to Q_{1,\ldots,j}/Q_{1,\ldots,j+1} \to 0 \,.$$

Unter Beachtung von $0 \neq Q_{1,\ldots,j}/Q_{1,\ldots,j+1} = (Q_{j+1} + Q_{1,\ldots,j})/Q_{j+1}$ und $\emptyset \neq \operatorname{Ass}(Q_{j+1} + Q_{1,\ldots,j})/Q_{j+1} \subseteq \operatorname{Ass} M/Q_{j+1}$ folgt

$$\operatorname{Ass} M \subseteq \operatorname{Ass} M/Q_1 \cup \ldots \cup \operatorname{Ass} M/Q_r = \{\mathfrak{p}_1, \ldots, \mathfrak{p}_r\} \,.$$

Umgekehrt ist $U_i = (Q_i + \bigcap_{j \neq i} Q_j)/Q_i = \bigcap_{j \neq i} Q_j/(Q_1 \cap \cdots \cap Q_r) = \bigcap_{j \neq i} Q_j \subseteq M$. Also $\operatorname{Ass}(U_i) = \{\mathfrak{p}_i\} \subseteq \operatorname{Ass} M$, also $\{\mathfrak{p}_1, \ldots, \mathfrak{p}_r\} \subseteq \operatorname{Ass} M$. □

Theorem 2.10.1

Es sei M ein noetherscher A-Modul. Dann existiert eine Darstellung

$$Q_1 \cap \ldots \cap Q_r = 0,$$

wobei $Q_i \subseteq M$ ein $\mathfrak{p}_i$-primärer Untermodul von M ist.
   Für diese gilt:

1. Alle Elemente von $\operatorname{Ass}_A M$ treten unter den $\mathfrak{p}_i$ genau einmal auf.

2. Für $\mathfrak{p}_i$ minimal in $\operatorname{Ass} M$ ist das zugehörige Q_i eindeutig bestimmt.

Die Q_i zu nicht minimalen $\mathfrak{p}_i$ heißen eingebettete Primärkomponenten.

Beweis. Konstruiere für jedes $\mathfrak{p}_i \in \mathrm{Ass}\, M$ mit $i = 1, \ldots, r$ ein $\mathfrak{p}_i$-primäres Q_i nach Lemma 2.10.7.

Dann ist $Q_1 \cap \ldots \cap Q_r \subseteq Q_i$ für alle i und damit auch $\mathrm{Ass}(Q_1 \cap \ldots \cap Q_r) \subseteq \mathrm{Ass}(Q_i)$. Da $\mathfrak{p}_i \notin \mathrm{Ass}\, Q_i$, ist $\mathrm{Ass}(Q_1 \cap \ldots \cap Q_r) = \emptyset$ und damit $Q_1 \cap \ldots \cap Q_r = 0$.

Ist Q_i mit $\mathfrak{p}_i$ minimal unter $\mathrm{Ass}\, M$ sowie $S = A - \mathfrak{p}_i$, so ist $S(0) = S(Q_i) = Q_i$ und damit Q_i eindeutig bestimmt. $\qquad\square$

Proposition 2.10.3

Es sei $\mathfrak{q} \subseteq A$ ein Ideal eines noetherschen Rings A.

Dann ist äquivalent:

a) *Das Ideal $\mathfrak{q}$ ist als A-Modul primär, also $\mathrm{Ass}_A(A/\mathfrak{q}) = \{\mathfrak{p}\}$ für ein Primideal $\mathfrak{p} \subseteq A$.*

b) *Für $x, y \in A$ mit $xy \in \mathfrak{q}$ und $x \notin \mathfrak{q}$ ist $y^n \in \mathfrak{q}$.*

Weiterhin gilt, dass $\mathfrak{p} = \sqrt{\mathfrak{q}}$ ist.
Ein solches Ideal heißt $\mathfrak{p}$-primäres Ideal von A.

Beweis. Es sei $\mathfrak{q}$ ein $\mathfrak{p}$-primäres Ideal und x, y wie in b). Dann ist $\mathrm{Ann}_{A/\mathfrak{q}}(a\,x) = \mathfrak{p}$ für ein geeignetes a und damit $\mathrm{Ann}_{A/\mathfrak{q}}(x) \subseteq \mathfrak{p}$. Also ist $y \in \mathrm{Ann}_{A/\mathfrak{q}}(x) \subseteq \mathfrak{p}$. Das einzige assoziierte Primideal $\mathfrak{p}$ von $A/\mathfrak{q}$ ist aber notwendigerweise auch das einzige minimale Primideal über $\mathfrak{q}$, es gilt also $\mathfrak{p} = \sqrt{\mathfrak{q}}$. Damit ist $y^n \in \mathfrak{q}$.

Umgekehrt sei b) erfüllt und $x \notin \mathfrak{q}$ mit $\mathrm{Ann}_{A/\mathfrak{q}}(x) = \mathfrak{p}$. Dann ist $\mathfrak{p}^n \subseteq \mathfrak{q}$, also $\mathfrak{p} \subseteq \sqrt{\mathfrak{q}}$. Dies kann aber nicht für zwei Primideale $\mathfrak{p}_1 \neq \mathfrak{p}_2$ erfüllt sein. Wähle nämlich $f \in \mathfrak{p}_1, \notin \mathfrak{p}_2$. Dann ist $f^n \in \mathfrak{q} \subseteq \mathfrak{p}_2$, Widerspruch.

Weiterhin ist bei Vorliegen von b) das Ideal $\sqrt{\mathfrak{q}}$ prim. Es sei nämlich $x^n \notin \mathfrak{q}$ und $y^n \notin \mathfrak{q}$ für alle n. Ist dann $(x\,y)^k = x^k y^k \in \mathfrak{q}$, so folgt aus $x^k \notin \mathfrak{q}$, dass $y^{kl} \in \mathfrak{q}$, Widerspruch. Also ist $\sqrt{\mathfrak{q}}$ prim. $\qquad\square$

Lemma 2.10.10

Es sei $\mathfrak{a} \subseteq \mathfrak{q} \subseteq A$. Dann ist $\mathfrak{q}$ ein primäres Ideal in A genau dann, wenn $\mathfrak{q} + \mathfrak{a} = \bar{\mathfrak{q}}$ ein primäres Ideal in $A/\mathfrak{a}$ ist.

Proposition 2.10.4

Es sei $\mathfrak{a} \subseteq A$ ein Ideal eines noetherschen Rings A. Dann ist

$$\mathfrak{a} = \mathfrak{q}_1 \cap \cdots \cap \mathfrak{q}_s \qquad (2.65)$$

mit $\mathfrak{p}_i$-Primäridealen $\mathfrak{q}_i$.

Beweis. Betrachte den A-Modul $A/\mathfrak{a}$. In ihm gibt es die Zerlegung der Null in $A/\mathfrak{a}$-Primärmoduln $0 = \bar{\mathfrak{q}}_1 \cap \cdots \cap \bar{\mathfrak{q}}_s$. Dabei ist $\bar{\mathfrak{q}}_i = \mathfrak{q}_i + \mathfrak{a}$ für ein primäres Ideal $\mathfrak{q}_i \supseteq \mathfrak{a}$ von A. Also ist $\mathfrak{a} = \mathfrak{q}_1 \cap \cdots \cap \mathfrak{q}_s$. $\qquad\square$

Lemma 2.10.11

Es gilt für $\mathfrak{a}_i \subseteq A$ und $\mathfrak{a} = \mathfrak{a}_1 \cap \cdots \cap \mathfrak{a}_s$, dass

$$S(\mathfrak{a}) = S(\mathfrak{a}_1) \cap \cdots \cap S(\mathfrak{a}_s)\,. \qquad (2.66)$$

Lemma 2.10.12

Es sei $\mathfrak{q} \subseteq A$ *ein* $\mathfrak{p}$-*primäres Ideal. Weiter sei* $S \subseteq A$ *multiplikativ. Dann gilt:*

$$S(\mathfrak{q}) = \begin{cases} \mathfrak{q}, & falls \ S \cap \mathfrak{p} = \emptyset \\ A, & falls \ S \cap \mathfrak{p} \neq \emptyset \end{cases}$$

Korollar 2.10.3

In der Zerlegung $\mathfrak{a} = \mathfrak{q}_1 \cap \cdots \cap \mathfrak{q}_s$ *sind die* $\mathfrak{q}_i$ *mit* $\mathfrak{p}_i = \sqrt{\mathfrak{q}_i}$, *minimal in* $\mathrm{Ass}(A/\mathfrak{a})$
durch

$$S(\mathfrak{a}) = \mathfrak{q}_i$$

mit $S = A - \mathfrak{p}_i$, *eindeutig bestimmt.*

Lemma 2.10.13

Es sei $A = A_0 \oplus A_1 \oplus A_2 \oplus \cdots$ *ein gradierter Ring,* $M = M_0 \oplus M_1 \oplus M_2 \oplus \cdots$
ein gradierter A-Modul und $\mathfrak{p} = \mathrm{Ann}\, m$ *mit* $m \in M$ *ein Primideal.*

Dann ist $\mathfrak{p}$ *ein homogenes Ideal von* A *und* $\mathfrak{p} = \mathrm{Ann}\, m'$ *mit einem homogenen*
Element $m' \in M$.

Beweis. Es sei $f\, m = 0$ und $f = f_d + f_{d+1} + \cdots + f_{d+r} \in \mathfrak{p}$ bzw. $m = m_e + m_{e+1} +$
$\cdots + m_{e+s}$ die Darstellung als Summe homogener Komponenten. Dann muss $f_d \in \mathfrak{p}$
sein, mithin jedes $f_\nu \in \mathfrak{p}$ und damit $\mathfrak{p}$ ein homogenes Ideal von A.

Zunächst ist ja $f_d\, m_e = 0$. Allgemein ist $f_d^{k+1}\, m_{e+k} = 0$. Sei dies nämlich für
$k < k_0$ bereits gezeigt. Betrachte dann $f_d^{k_0}\, f\, m = 0$. Dann ist $f_d^{k_0} f m_\nu = 0$ für
$\nu = e, \ldots, e + k_0 - 1$ wegen der Induktionsannahme. Also $f_d^{k_0}\, f_d\, m_{e+k_0} = 0$, also
$f_d^{k_0+1}\, m_{e+k_0} = 0$. Also ist $f_d^{s+1}\, m_\nu = 0$ für $\nu = e, \ldots, e + s$, mithin $f_d^{s+1}\, m = 0$. Also
$f_d^{s+1} \in \mathfrak{p}$, also $f_d \in \mathfrak{p}$.

Ist also f, m wie oben, so ist auch $f_\mu\, m = 0$, also $f_\mu\, m_\nu = 0$ für $\nu = e, \ldots, e + s$.
Also ist $\mathfrak{p}\, m_\nu = 0$. Wäre $\mathrm{Ann}\, m_\nu \supsetneq \mathfrak{p}$ für alle ν, so gäbe es $s_\nu \notin \mathfrak{p}$ mit $s_\nu\, m_\nu = 0$.
Damit wäre $\prod s_\nu\, m = 0$ aber $\prod s_\nu \notin \mathfrak{p}$. Widerspruch. Also existiert ein m_ν mit
$\mathrm{Ann}_A\, m_\nu = \mathfrak{p}$ wie verlangt. □

Lemma 2.10.14

Es sei $A = A_0[A_1]$ *ein gradierter noetherscher Ring und* M *ein gradierter A-*
Modul. Weiter sei $x \in A_1$ *homogen. Dann ist*

$$\mathrm{Ass}\, M_{(x)} \mapsto \mathrm{Ass}\, M_x, \quad \mathfrak{p} \mapsto \mathfrak{p}[x, x^{-1}] = \mathfrak{p}A_x$$

eine 1-1–Abbildung.

Beweis. Für $\mathfrak{p}' = \mathrm{Ann}_{A_x}(m/x^d)$ mit $m \in M_k$, homogen oBdA, ist $x \notin \mathfrak{p}'$ und deshalb
$\mathfrak{p}' = \mathrm{Ann}_{A_x}(m/x^k)$. Damit ist $\mathfrak{p} = \mathrm{Ann}_{A_{(x)}}(m/x^k) = (\mathfrak{p}')_0$ prim und $\mathfrak{p}' = \mathfrak{p}[x, x^{-1}]$.

In der anderen Richtung wird $\mathrm{Ann}_{A_{(x)}}(m/x^k) = \mathfrak{p}$ auf $\mathrm{Ann}_{A_x}(m/x^k) = \mathfrak{p}'$, prim,
mit $\mathfrak{p}' = \mathfrak{p}[x, x^{-1}]$ abgebildet. □

Lemma 2.10.15

Es sei A *ein gradierter noetherscher Ring,* $A = A_0[A_1]$ *und* A_1 *endlich erzeugt*
über A_0. *Weiter sei*

$$\mathfrak{a} = \mathfrak{q}_1 \cap \cdots \cap \mathfrak{q}_r$$

mit $\mathfrak{q}_i \subseteq A$, homogen, primär, eine Primärzerlegung.

Dann ist jedes $\mathfrak{q}_i$ mit $\mathfrak{p}_i = \sqrt{\mathfrak{q}_i}$, mit $\mathfrak{p}_i$ minimal in $\operatorname{Ass} A/\mathfrak{a}$ und $\mathfrak{p}_i \not\supseteq (A/\mathfrak{a})_1$ eindeutig bestimmt.

Es ist nämlich $(\mathfrak{q}_i)_{(\mathfrak{p}_i)}$ das eindeutige Primärideal $\widetilde{\mathfrak{q}}_i$ von $(A/\mathfrak{a})_{(\mathfrak{p}_i)}$, und $\mathfrak{q}_i$ ist von den homogenen Elementen $a \in A$ erzeugt, für die $a/s \in \widetilde{\mathfrak{q}}_i$ mit $s \in A - \mathfrak{p}_i$ gilt.

Beweis. Es sei S die Menge der homogenen Elemente von $A - \mathfrak{p}_i$ für ein minimales $\mathfrak{p}_i$ aus $\operatorname{Ass} A/\mathfrak{a}$. Dann ist $S(\mathfrak{a}) = S^{-1}\mathfrak{q}_i \cap A = S(\mathfrak{q}_i) = \mathfrak{q}_i$.

Für ein $x \in A_1$ und $x \in S$ ist $S^{-1}\mathfrak{q}_i = (S^{-1}\mathfrak{q}_i)_0[x, x^{-1}]$ und $(S^{-1}\mathfrak{q}_i)_0 = (\mathfrak{q}_i)_{(\mathfrak{p}_i)}$. Nun ist $S^{-1}\mathfrak{q}_i$ ein in $S^{-1}A$ primäres Ideal über $S^{-1}\mathfrak{a}$ und deshalb $(S^{-1}\mathfrak{q}_i)_0$ ein in $(S^{-1}A)_0$ primäres Ideal über $(S^{-1}\mathfrak{a})_0$. Also ist $(\mathfrak{q}_i)_{(\mathfrak{p}_i)}$ eben ein in $A_{(\mathfrak{p}_i)}$ primäres Ideal zu $(\mathfrak{p}_i)_{(\mathfrak{p}_i)}$ über $\mathfrak{a}_{(\mathfrak{p}_i)}$. Dieses ist aber eindeutig bestimmt, denn $(\mathfrak{p}_i)_{(\mathfrak{p}_i)}$ ist maximal in $A_{(\mathfrak{p}_i)}$ und minimales Primideal über $\mathfrak{a}_{(\mathfrak{p}_i)}$. □

2.11 Injektive Moduln

Es sei $\mathbf{Mod}_A$ die Kategorie der A-Moduln für einen kommutativen Ring A.

Proposition 2.11.1
Die Kategorie $\mathbf{Mod}_A$ hat genug Injektive, das heißt, für jedes M aus $\operatorname{Obj} \mathbf{Mod}_A$ gibt es ein L aus $\operatorname{Obj} \mathbf{Mod}_A$ mit

$$0 \to M \to L,$$

so dass

$$X \to \operatorname{Hom}_A(X, L)$$

ein exakter Funktor, also L ein injektives Objekt von $\mathbf{Mod}_A$ ist.

Lemma 2.11.1
Der $\mathbb{Z}$-Modul $\mathbb{Q}/\mathbb{Z}$ ist ein injektives Objekt in $\mathbf{Mod}_\mathbb{Z} = \mathbf{Ab}$.

Lemma 2.11.2
Es sei M ein $\mathbb{Z}$-Modul, $M \ni m \neq 0$. Dann existiert ein $\psi \in \operatorname{Hom}_\mathbb{Z}(M, \mathbb{Q}/\mathbb{Z})$ mit $\psi(m) \neq 0$.

Beweis. Es sei $\operatorname{Ann}_\mathbb{Z} m = a\mathbb{Z}$. Ist $a = 0$, so setze $\psi_1 : \mathbb{Z}m \to \mathbb{Q}/\mathbb{Z}$ durch $\psi_1(m) = 1/2 + \mathbb{Z}$ fest. Andernfalls setze $\psi_1 : \mathbb{Z}m \to \mathbb{Q}/\mathbb{Z}$ durch $\psi_1(m) = 1/a + \mathbb{Z}$ fest. Erweitere ψ_1 zu $\psi : M \to \mathbb{Q}/\mathbb{Z}$ mit $\psi(m) = \psi_1(m) \neq 0$. □

Lemma 2.11.3
Für M aus $\mathbf{Ab}$ ist

$$L = \operatorname{Hom}_\mathbb{Z}(F_\mathbb{Z} \operatorname{Hom}_\mathbb{Z}(M, \mathbb{Q}/\mathbb{Z}), \mathbb{Q}/\mathbb{Z})$$

ein injektives Objekt mit $0 \to M \to L$ *vermöge*

$$m \to \left\{ \sum n_i \phi_i \to \sum n_i \phi_i(m) \right\}.$$

Dabei stehe

$$F_{\mathbb{Z}} \operatorname{Hom}_{\mathbb{Z}}(M, \mathbb{Q}/\mathbb{Z})$$

für den freien $\mathbb{Z}$-Modul über $\operatorname{Hom}_{\mathbb{Z}}(M, \mathbb{Q}/\mathbb{Z})$.

Beweis. Die Injektivität von L ist klar, wenn man die üblichen Tensoridentitäten anwendet und beachtet, dass $F_{\mathbb{Z}} \operatorname{Hom}_{\mathbb{Z}}(M, \mathbb{Q}/\mathbb{Z})$ frei und $\mathbb{Q}/\mathbb{Z}$ injektiv ist.

Die Injektivität der Einbettung $0 \to M \to L$ folgt aus Lemma 2.11.2. $\qquad\square$

Lemma 2.11.4

Für einen Ring A ist $I_A = \operatorname{Hom}_{\mathbb{Z}}(A, \mathbb{Q}/\mathbb{Z})$ mit $a' \, \phi(a) = \phi(a'a)$ für $\phi \in I_A$ ein injektiver A-Modul.

Beweis. Dies folgt sofort aus dem folgenden Lemma. $\qquad\square$

Lemma 2.11.5

Es ist für jeden A-Modul T

$$\operatorname{Hom}_A(T, I_A) = \operatorname{Hom}_{\mathbb{Z}}(T, \mathbb{Q}/\mathbb{Z}).$$

Beweis. Von links nach rechts: $t \mapsto (\phi_t : A \to \mathbb{Q}/\mathbb{Z})$ wird abgebildet auf $t \mapsto \phi_t(1) \in \mathbb{Q}/\mathbb{Z}$. Von rechts nach links: $t \mapsto \psi(t) \in \mathbb{Q}/\mathbb{Z}$ wird abgebildet auf $t \mapsto (\phi_t : A \to \mathbb{Q}/\mathbb{Z})$ mit $\phi_t(a) = \psi(a\,t)$. $\qquad\square$

Lemma 2.11.6

Es sei M ein A-Modul, $M \ni m \neq 0$. Dann existiert ein $\phi \in \operatorname{Hom}_A(M, I_A)$ mit $\phi(m) \neq 0$.

Beweis. Es gibt ein $\psi \in \operatorname{Hom}_{\mathbb{Z}}(M, \mathbb{Q}/\mathbb{Z})$ mit $\psi(m) \neq 0$. Wähle als $\phi \in \operatorname{Hom}_A(M, I_A)$ das nach vorigem Lemma zu ψ assoziierte ϕ. $\qquad\square$

Lemma 2.11.7

Es sei M ein beliebiger A-Modul. Der Modul L sei

$$L = \operatorname{Hom}_A(F_A \operatorname{Hom}_A(M, I_A), I_A),$$

wobei $F_A \, T$ den freien A-Modul über dem A-Modul T bedeute. Dann ist

1. der Modul L ein injektiver A-Modul,

2. die Abbildung

$$m \to \left\{ \sum a_i \phi_i \to \sum a_i \phi_i(m) \right\}$$

eine kanonische Injektion $0 \to M \to L$.

Beweis. Die Injektivität von L ist klar, wenn man die üblichen Tensoridentitäten anwendet und beachtet, dass $F_A \operatorname{Hom}_A(M, I_A)$ frei und I_A injektiv ist.

Die Injektivität der Einbettung $0 \to M \to L$ folgt aus Lemma 2.11.6. $\qquad\square$

2.12   Projektive Moduln

Proposition 2.12.1
Es sei M ein A-Modul. Dann ist äquivalent:

a) *M ist ein projektives Objekt in der Kategorie A-**Mod**.*

b) *Es sei $N \to N'' \to 0$ exakt.*
Dann ist auch $\mathrm{Hom}(M, N) \to \mathrm{Hom}(M, N'') \to 0$ exakt.

c) *Jede exakte Sequenz*
$$0 \to N' \to N \xrightarrow{p} M \to 0$$
spaltet. Das heißt, es gibt einen Morphismus $i : M \to N$ mit $p\,i = \mathrm{id}_M$.

d) *Es gibt einen A-Modul M', so dass $F = M' \oplus M$ ein freier A-Modul ist.*

Definition 2.12.1
Erfüllt ein Modul M eine der Bedingungen der vorigen Proposition, so heißt M
projektiv.   ◆

Lemma 2.12.1
*Es sei M ein endlich erzeugter projektiver A-Modul. Dann ist M endlich
präsentiert.*

Beweis. Für einen freien A-Modul F vom endlichen Rang gibt es eine spaltende
exakte Sequenz $0 \to M' \xrightarrow{\alpha} F \xrightarrow{\beta} M \to 0$. Es sei $\gamma : F \to M'$ mit $\gamma\alpha = \mathrm{id}_{M'}$. Also
hat man eine Präsentation $F \xrightarrow{\alpha\gamma} F \xrightarrow{\beta} M \to 0$.   □
   Die Eigenschaft, projektiv zu sein, ist lokal auf dem Ring A:

Proposition 2.12.2
Es sei M ein endlich erzeugter A-Modul. Dann ist äquivalent:

a) *M ist projektiv.*

b) *M ist endlich präsentiert, und $M_{\mathfrak{m}}$ ist projektiver $A_{\mathfrak{m}}$-Modul für alle maximalen Ideale $\mathfrak{m}$ von A.*

Beweis. Es sei $N \to N'' \to 0$ exakt. Dann sei $\phi : \mathrm{Hom}(M, N) \to \mathrm{Hom}(M, N'')$ und
$\phi_{\mathfrak{m}} : \mathrm{Hom}(M_{\mathfrak{m}}, N_{\mathfrak{m}}) \to \mathrm{Hom}(M_{\mathfrak{m}}, N''_{\mathfrak{m}})$.
   Ist a) erfüllt, so ist M endlich präsentiert, ebenso im Fall b). Also ist $\mathrm{Hom}(M, N) \otimes A_{\mathfrak{m}} = \mathrm{Hom}(M_{\mathfrak{m}}, N_{\mathfrak{m}})$ und $\phi_{\mathfrak{m}} = \phi \otimes \mathrm{id}_{A_{\mathfrak{m}}}$ für alle $\mathfrak{m}$.
   Gilt nun b), so ist die Abbildung ϕ surjektiv, da jede ihrer Lokalisierungen an $\mathfrak{m}$
surjektiv ist.
   Gilt umgekehrt a), so ist $F = M \oplus M'$ mit einem freien A-Modul F und endlich
erzeugten A-Moduln M, M'. Lokalisieren an $(-)_{\mathfrak{m}}$ beweist, dass $M_{\mathfrak{m}}$ ein projektiver
$A_{\mathfrak{m}}$-Modul ist.   □

Proposition 2.12.3

Es sei M ein projektiver A-Modul und N ein beliebiger A-Modul. Dann ist die kanonische Abbildung

$$\mathrm{Hom}(M, A) \otimes_A N = M^\vee \otimes_A N \to \mathrm{Hom}(M, N)$$

ein Isomorphismus.

Beweis. Wähle eine split-exakte Sequenz $0 \to P \to F \to M \to 0$ mit F frei und P, M projektiv. Betrachte dann das Diagramm:

$$
\begin{array}{ccccccccc}
0 & \longrightarrow & P^\vee \otimes_A N & \longrightarrow & F^\vee \otimes_A N & \longrightarrow & M^\vee \otimes_A N & \longrightarrow & 0 \\
& & \downarrow{\scriptstyle \alpha} & & \downarrow{\scriptstyle \beta} & & \downarrow{\scriptstyle \gamma} & & \\
0 & \longrightarrow & \mathrm{Hom}(P, N) & \longrightarrow & \mathrm{Hom}(F, N) & \longrightarrow & \mathrm{Hom}(M, N) & \longrightarrow & 0
\end{array}
$$

In ihm ist β ein Isomorphismus, also γ surjektiv, also auch α surjektiv, also γ injektiv und somit ein Isomorphismus. $\qquad\square$

2.13 Ext **und** Tor

2.13.1 Grundlegende Funktoren von A-Moduln

Im Folgenden sei A ein kommutativer Ring mit 1.

Wir kürzen im Folgenden mit $M^\bullet$ die kurze, nicht notwendig exakte Folge $0 \to M' \to M \to M'' \to 0$ von A-Moduln ab.

Proposition 2.13.1

*In der Kategorie der A-Moduln ist für einen beliebigen A-Modul N und für die folgenden Funktoren von A-**Mod** nach A-**Mod**,*

1. der Funktor $M \mapsto M \otimes_A N$ rechtsexakt und kovariant,

2. der Funktor $\mathrm{Hom}_A(N, -)$ linksexakt und kovariant,

3. der Funktor $\mathrm{Hom}_A(-, N)$ linksexakt und kontravariant.

Beweis. Die erste Aussage gilt, weil jeder linksadjungierte Funktor automatisch rechtsexakt ist: Hier ist $\mathrm{Hom}_A(M^\bullet \otimes_A N, P) = \mathrm{Hom}_A(M^\bullet, \mathrm{Hom}_A(N, P))$.

Die rechte Seite ist eine linksexakte Sequenz, also auch die linke. Aufgrund des Lemmas (1.2.4) ist $M^\bullet \otimes_A N$ eine rechtsexakte Sequenz.

Die Aussagen 2., 3. gelten für die entsprechenden Funktoren von A-**Mod** nach **Ab**, weil A-**Mod** eine abelsche Kategorie ist. Damit gelten sie aber auch, wenn man $\mathrm{Hom}_A(N, -)$ und $\mathrm{Hom}_A(-, N)$ als Funktoren nach A-**Mod** auffasst. $\qquad\square$

2.13.2   Projektive Moduln

Lemma 2.13.1
Ein freier A-Modul $M \cong A^I$ ist projektiv.

Lemma 2.13.2
*Die Kategorie A-**Mod** hat genügend Projektive, das heißt, für jeden A-Modul M existiert ein freier Modul F und eine kurze exakte Sequenz $0 \to K \to F \xrightarrow{p} M \to 0$.*

Beweis. Man wähle F als freien A-Modul über den Elementen von M und setze

$$p\left(\sum_i a_i\, m_i\right) = \sum_i a_i\, m_i\,,$$

wobei die Summe links in F und rechts in M zu bilden ist.   □

Korollar 2.13.1
Kann F als A^n für ein $n \in \mathbb{N}$ gewählt werden, so heißt M endlich erzeugt. Ist insbesondere M noethersch, so ist M a fortiori endlich erzeugt.

2.13.3   Abgeleitete Funktoren

Ist nun F ein kovarianter rechtsexakter Funktor von A-**Mod** nach A-**Mod**, so existieren die linksabgeleiteten Funktoren F^i. Es ist dann

$$F^i(M) = h^i(F(L_\bullet))\,,$$

wobei $L_\bullet \to M \to 0$ eine freie Auflösung von M, also eine Auflösung mit freien Moduln ist.

Entsprechend existieren für einen kovarianten linksexakten Funktor G von A-**Mod** nach A-**Mod** die rechtsabgeleiteten Funktoren G^i. Sie sind entsprechend durch

$$G^i(M) = h^i(G(I^\bullet))$$

definiert, wobei $0 \to M \to I^\bullet$ eine injektive Auflösung von M ist.

2.13.4   Ext **und** Tor

Wir können dies auf die Funktoren $F(M) = M \otimes_A N$ und $G(M) = \mathrm{Hom}(N, M)$ anwenden und erhalten die abgeleiteten Funktoren:

Definition 2.13.1
Als Tor-Funktor bzw. Ext-Funktor bezeichnet man

$$M \mapsto \mathrm{Tor}_i^A(M, N) \overset{\mathrm{def}}{=} F^i(M)$$

$$M \mapsto \mathrm{Ext}_A^i(N, M) \overset{\mathrm{def}}{=} G^i(M)$$

mit $F(M) = M \otimes_A N$ und $G(M) = \mathrm{Hom}_A(N, M)$.   ◆

Sie erfüllen $\mathrm{Tor}_0^A(M, N) = M \otimes_A N$ und $\mathrm{Ext}_A^0(N, M) = \mathrm{Hom}(N, M)$ und sind in lange exakte Kohomologiesequenzen eingebettet. Das heißt, für eine exakte Sequenz $0 \to M' \to M \to M'' \to 0$ existieren lange exakte Sequenzen:

$$\cdots \to \mathrm{Tor}_i^A(M', N) \to \mathrm{Tor}_i^A(M, N) \to \mathrm{Tor}_i^A(M'', N) \xrightarrow{\delta_i}$$
$$\to \mathrm{Tor}_{i-1}^A(M', N) \to \cdots \to \mathrm{Tor}_1^A(M'', N) \xrightarrow{\delta_1}$$
$$\to M' \otimes_A N \to M \otimes_A N \to M'' \otimes_A N \to 0 \quad (2.67)$$

und

$$0 \to \mathrm{Hom}(N, M') \to \mathrm{Hom}(N, M) \to \mathrm{Hom}(N, M'') \xrightarrow{\delta^0}$$
$$\to \mathrm{Ext}_A^1(N, M') \to \cdots \to \mathrm{Ext}_A^{i-1}(N, M'') \xrightarrow{\delta^{i-1}}$$
$$\to \mathrm{Ext}_A^i(N, M') \to \mathrm{Ext}_A^i(N, M) \to \mathrm{Ext}_A^i(N, M'') \to \cdots \quad (2.68)$$

Lemma 2.13.3
Die Zuordnung $N \mapsto \mathrm{Ext}_A^i(N, M)$ ist ein kontravarianter Funktor, die Zuordnung $N \mapsto \mathrm{Tor}_i^A(M, N)$ ein kovarianter Funktor.

Beweis. Für $f : N \to N'$ und eine injektive Auflösung $0 \to M \to I^\bullet$ betrachte $\mathrm{Hom}_A(f, id^\bullet) : \mathrm{Hom}_A(N', I^\bullet) \to \mathrm{Hom}_A(N, I^\bullet)$ und berechne die Kohomologien der beiden Komplexe. Es ergeben sich Zuordnungen $\mathrm{Ext}_A^i(N', M) \to \mathrm{Ext}_A^i(N, M)$, und man prüft leicht nach, dass diese funktoriell sind.
    Ebenso argumentiert man für $N \to \mathrm{Tor}_i^A(M, N)$.   □

Für den Ext-Funktor gibt es auch eine lange exakte Sequenz im ersten Argument:

Proposition 2.13.2
Für eine exakte Sequenz $0 \to N' \to N \to N'' \to 0$ existiert eine lange exakte Sequenz:

$$0 \to \mathrm{Hom}(N'', M) \to \mathrm{Hom}(N, M) \to \mathrm{Hom}(N', M) \xrightarrow{\delta^0}$$
$$\to \mathrm{Ext}_A^1(N'', M) \to \cdots \to \mathrm{Ext}_A^{i-1}(N', M) \xrightarrow{\delta^{i-1}}$$
$$\to \mathrm{Ext}_A^i(N'', M) \to \mathrm{Ext}_A^i(N, M) \to \mathrm{Ext}_A^i(N', M) \to \cdots \quad (2.69)$$

Beweis. Man wähle dafür eine injektive Auflösung $0 \to M \to I^\bullet$. Dann ist $(*)$ $0 \to \mathrm{Hom}(N'', I^\bullet) \to \mathrm{Hom}(N, I^\bullet) \to \mathrm{Hom}(N', I^\bullet) \to 0$ eine exakte Sequenz von Komplexen, da immer $\mathrm{Ext}^1(N'', I^\bullet) = 0$ ist. Nun nehme man von $(*)$ die lange exakte Kohomologiesequenz.   □

Auch der oben eingeführte Tor-Funktor hat eine lange exakte Sequenz im zweiten Argument:

Proposition 2.13.3

Für eine exakte Sequenz $0 \to N' \to N \to N'' \to 0$ existiert eine lange exakte Sequenz:

$$\cdots \to \mathrm{Tor}_i^A(M, N'') \xrightarrow{\delta_i}$$

$$\to \mathrm{Tor}_{i-1}^A(M, N') \to \mathrm{Tor}_{i-1}^A(M, N) \to \mathrm{Tor}_{i-1}^A(M, N'') \xrightarrow{\delta_{i-1}}$$

$$\cdots \to \mathrm{Tor}_1^A(M, N'') \xrightarrow{\delta_1} M \otimes N' \to M \otimes N \to M \otimes N'' \to 0 \quad (2.70)$$

Bemerkung 2.13.1

Der Beweis ist offenbar allgemein auf Bifunktoren $F(-,-)$ anwendbar, die in beiden Argumenten halbexakt sind und beim Einsetzen passender injektiver oder projektiver Objekte in eines der Argumente im anderen Argument exakt werden.

Lemma 2.13.4

Der Funktor $N \mapsto \mathrm{Ext}_A^i(N, M)$ mit $i > 0$ ist koauslöschbar, also ein universeller δ-Funktor.

Lemma 2.13.5

Die Funktoren $M \mapsto \mathrm{Ext}_A^i(N, M)$ mit $i > 0$ sind auslöschbar, die Funktoren $M \mapsto \mathrm{Tor}_i^A(M, N)$ und $M \mapsto \mathrm{Tor}_i^A(N, M)$ mit $i > 0$ sind koauslöschbar.

Folglich sind diese Funktoren universelle δ-Funktoren.

Lemma 2.13.6

Der Tor-Funktor erfüllt die Beziehung

$$\mathrm{Tor}_i^A(M, N) = \mathrm{Tor}_i^A(N, M).$$

Beweis. Dies folgt aus $M \otimes_A N = N \otimes_A M$ und der Tatsache, dass beide Funktoren als Funktoren von M koauslöschbare, also universelle δ-Funktoren sind. $\square$

2.13.5 Die Ext-Paarung

Man kann $\mathrm{Ext}^p(M, N)$ als Äquivalenzklassen von exakten Sequenzen

$$0 \to N \to L^1 \to \cdots \to L^p \to M \to 0 \quad (2.71)$$

beschreiben.

Die Abbildung von $0 \to N \to L^\bullet \to M \to 0$ nach $\mathrm{Ext}^p(M, N)$ ist folgende: Man wähle eine injektive Auflösung $0 \to N \to I^\bullet$ und konstruiere den Morphismus von Sequenzen:

$$
\begin{array}{ccccccccccc}
0 & \longrightarrow & N & \longrightarrow & L^1 & \longrightarrow & \cdots & \longrightarrow & L^{p-1} & \longrightarrow & L^p & \longrightarrow & M & \longrightarrow & 0 \\
& & \downarrow & & \downarrow & & & & \downarrow & & \downarrow & & \downarrow{\phi_{L^\bullet}} & & \\
0 & \longrightarrow & N & \longrightarrow & I^0 & \longrightarrow & \cdots & \longrightarrow & I^{p-2} & \longrightarrow & I^{p-1} & \longrightarrow & Q^p & \longrightarrow & 0
\end{array}
\quad (2.72)
$$

Dabei ist $0 \to Q^i \to I^i \to Q^{i+1} \to 0$ die Splittung von $I^\bullet$.

Der Morphismus $0 \to N \to L^\bullet$ nach $0 \to N \to I^\bullet$ ist der kanonische, von unten her konstruierte Morphismus zwischen einem exakten und einem exakten und injektiven Komplex über $\mathrm{id} : N \to N$. Dann ist

$$\mathrm{Hom}(M, Q^p) / \mathrm{Hom}(M, I^{p-1}) = \mathrm{Ext}^1(M, Q^{p-1}) =$$
$$\cdots = \mathrm{Ext}^p(M, Q^0) = \mathrm{Ext}^p(M, N). \quad (2.73)$$

Damit kann $\phi_{L^\bullet} \in \mathrm{Hom}(M, Q^p)$ ein Element $\mathrm{Ext}^p(M, N)$ zugeordnet werden.

Die Umkehrabbildung macht Gebrauch von dem exakten Diagramm:

$$
\begin{array}{ccccccccc}
0 & \longrightarrow & N & \longrightarrow & L & \longrightarrow & M & \longrightarrow & 0 \\
& & \downarrow{\scriptstyle =} & & \downarrow & & \downarrow & & \\
0 & \longrightarrow & N & \longrightarrow & I & \longrightarrow & Q & \longrightarrow & 0,
\end{array}
\quad (2.74)
$$

in dem $L = I \times_Q M$ das Faserprodukt ist.

Man starte mit

$$
\begin{array}{ccccccccc}
0 & \longrightarrow & Q^{p-1} & \longrightarrow & L^p & \longrightarrow & M & \longrightarrow & 0 \\
& & \downarrow{\scriptstyle =} & & \downarrow & & \downarrow & & \\
0 & \longrightarrow & Q^{p-1} & \longrightarrow & I^{p-1} & \longrightarrow & Q^p & \longrightarrow & 0
\end{array}
\quad (2.75)
$$

und konstruiere induktiv absteigend

$$
\begin{array}{ccccccccc}
0 & \longrightarrow & N & \longrightarrow & L^\bullet & \longrightarrow & M & \longrightarrow & 0 \\
& & \downarrow & & \downarrow & & \downarrow & & \\
0 & \longrightarrow & N & \longrightarrow & I^\bullet & \longrightarrow & Q^p & \longrightarrow & 0.
\end{array}
$$

Äquivalenz Zwei Sequenzen $0 \to N \to L^\bullet \to M \to 0$ und $0 \to N \to L'^\bullet \to M \to 0$ seien dann äquivalent, wenn die Abbildungen $\phi_{L^\bullet}$ und $\phi_{L'^\bullet}$ bei gleichem $0 \to N \to I^\bullet$ aus $\mathrm{Hom}(M, Q^p)$ dieselbe Abbildung $\mathrm{Ext}^1(M, Q^{p-1}) = \mathrm{Ext}^p(M, Q^0) = \mathrm{Ext}^p(M, N)$ induzieren. Die Tatsache der Äquivalenz hängt nicht von der gewählten injektiven Auflösung $0 \to N \to I^\bullet$ ab.

Man überzeugt sich, dass die oben eingeführten Abbildungen zwischen $\mathrm{Ext}^p(M, N)$ und Sequenzen $0 \to N \to L^\bullet \to M \to 0$ unter Beachtung der Äquivalenzrelation invers zueinander sind.

Paarung Die obige Darstellung von $\mathrm{Ext}^p(M, N)$ induziert eine Paarung

$$\mathrm{Ext}^p(M, N) \times \mathrm{Ext}^q(N, P) \to \mathrm{Ext}^{p+q}(M, P) \quad (2.76)$$

vermöge der Aneinanderhängung von $0 \to N \to L^\bullet \to M \to 0$ und $0 \to P \to K^\bullet \to N \to 0$ zu $0 \to P \to K^\bullet \to L^\bullet \to M \to 0$.

Mit ein wenig Überlegung überzeugt man sich, dass diese Definition mit der eingeführten Äquivalenzrelation verträglich ist.

2.14   Flache Moduln

Definition 2.14.1
Ein A-Modul M heißt *flach* oder genauer *A-flach*, wenn für A-Moduln N', N aus

$$0 \to N' \to N$$

folgt, dass

$$0 \to N' \otimes_A M \to N \otimes_A M.$$

◆

Korollar 2.14.1
Der Modul $S^{-1}A$ ist A-flach für alle multiplikativen Systeme S.

Proposition 2.14.1
Für einen A-Modul M ist äquivalent:

a) M ist flach.

b) $\operatorname{Tor}_p^A(M,N) = 0$ für alle A-Moduln N und alle $p > 0$.

c) $\operatorname{Tor}_1^A(M,N) = 0$ für alle A-Moduln N.

d) $\operatorname{Tor}_1^A(M,N) = 0$ für alle endlich erzeugten A-Moduln N.

e) $\operatorname{Tor}_1^A(M,A/\mathfrak{a}) = 0$ für alle Ideale $\mathfrak{a} \subseteq A$.

Beweis. c) folgt aus d): Für $0 \to N' \to N$ kann man ein System $0 \to N_i' \to N_i$ mit endlich erzeugten N_i', N_i wählen, so dass $\varinjlim_i N_i' = N'$ und $\varinjlim_i N_i = N$ ist. Wegen d) ist $0 \to N_i' \otimes_A M \to N_i \otimes_A M$ exakt, also auch der direkte Limes $0 \to N' \otimes_A M \to N \otimes_A M$.

 d) folgt aus e): Es sei N ein endlich erzeugter A-Modul. Dann ist N filtriert mit endlich erzeugten A-Untermoduln $(*)$ $0 \to N_{i-1} \to N_i \to A/\mathfrak{a}_i \to 0$ mit $N_0 = 0$ und $N_r = N$. Gilt e), so folgt induktiv aus den Sequenzen $(*)$, dass $\operatorname{Tor}_1^A(M,N_i) = 0$, also $\operatorname{Tor}_1^A(M,N) = 0$ ist. $\square$

Proposition 2.14.2
Ein A-Modul M ist genau dann A-flach, wenn für jede Summe

$$\sum_{i=1}^r a_i\, m_i = 0 \tag{2.77}$$

ein System von $f_{ij} \in A$ und $n_j \in M$ mit

$$m_i = \sum_{j=1}^s f_{ij}\, n_j \tag{2.78}$$

für alle i existiert, das

$$\sum_{i=1}^{r} a_i\, f_{ij} = 0 \qquad\qquad (2.79)$$

für alle j erfüllt.

Beweis. Es sei zunächst M flach. Betrachte dann die exakte Sequenz

$$0 \to K \xrightarrow{\phi} A^r \xrightarrow{\psi} A\,,$$

wo $\psi(\alpha_1, \ldots, \alpha_r) = \sum_i \alpha_i\, a_i$ ist.

Tensorieren mit M erhält die Exaktheit der Sequenz:

$$0 \to K \otimes_A M \xrightarrow{\phi'} M^r \xrightarrow{\psi'} M$$

Nun ist $\psi'(m_1, \ldots, m_r) = 0$, also

$$(m_1, \ldots, m_r) = \phi'\left(\sum_j k_j \otimes_A n_j \right).$$

Dabei ist $k_j = (f_{1j}, \ldots, f_{rj}) \in K \subseteq A^r$ mit $a_1 f_{1j} + \cdots + a_r f_{rj} = 0$.
Also bedeutet die vorige Gleichung nichts anderes als

$$m_i = \sum_j f_{ij}\, n_j\,,$$

und das war zu zeigen.

Nun gelte umgekehrt die Annahme über die Existenz von f_{ij} und n_j.
Es sei $\mathfrak{a} \subseteq A$ die Inklusion eines Ideals. Es genügt dann zu zeigen:

$$0 \to \mathfrak{a} \otimes_A M \xrightarrow{\phi} M$$

ist exakt.

Sei also $\phi(x) = \phi(\sum_i a_i \otimes_A m_i) = \sum_i a_i\, m_i = 0$. Dann ist

$$x = \sum_i a_i \otimes_A \left(\sum_j f_{ij} n_j \right) = \sum_j \left(\sum_i a_i f_{ij} \right) \otimes_A n_j = 0\,,$$

was zu beweisen war. $\square$

Proposition 2.14.3
Es sei M ein A-Modul. Dann ist M genau dann flach, falls äquivalent:

a) *für alle $\mathfrak{m} \subseteq A$, maximal, $M_\mathfrak{m}$ auch $A_\mathfrak{m}$-flach ist,*

b) *für alle $\mathfrak{p} \subseteq A$, prim, $M_\mathfrak{p}$ auch $A_\mathfrak{p}$-flach ist,*

c) *alle M_{f_i} auch A_{f_i}-flach sind, für eine Überdeckung $\bigcup D(f_i) = \operatorname{Spec}(A)$.*

Proposition 2.14.4
Es sei $0 \to N' \to N \to N'' \to 0$ eine exakte Sequenz. Dann gilt:

1. *Ist N'' und N flach, so auch N'.*

2. Ist N'' und N' flach, so auch N.

Definition 2.14.2
Ein A-Modul M heißt *treuflach*, wenn M ein A-flacher Modul ist und für jeden A-Modul N aus $M \otimes_A N = 0$ schon $N = 0$ folgt.   ◆

Proposition 2.14.5
Für einen A-Modul M ist äquivalent:

a) M ist A-treuflach.

b) M ist A-flach, und für jeden endlich erzeugten A-Modul N folgt aus $M \otimes_A N = 0$ schon $N = 0$.

c) Für jedes Ideal $\mathfrak{a} \subseteq A$ und $M \otimes_A A/\mathfrak{a} = M/\mathfrak{a}M = 0$ folgt $\mathfrak{a} = (1) = A$.

Proposition 2.14.6
Es sei A ein noetherscher Ring und M ein A-Modul. Dann ist äquivalent:

a) Der Modul M ist treuflach.

b) M ist flach, und es folgt aus $M \otimes A/\mathfrak{p} = 0$ schon $\mathfrak{p} = A$ für alle Primideale $\mathfrak{p} \subseteq A$.

Lemma 2.14.1
Es sei $\phi : A \to B$ ein Ringhomomorphismus und M ein endlich erzeugter B-Modul. Dann ist äquivalent:

a) Für ein Primideal $\mathfrak{p} \subseteq A$ ist $M \otimes_A k(\mathfrak{p}) \neq 0$.

b) Es gibt ein Primideal $\mathfrak{q} \subseteq B$ mit $M_\mathfrak{q} \neq 0$ und $\mathfrak{q} \cap A = \mathfrak{p}$.

Beweis. Es sei a) erfüllt. Dann gibt es ein $\mathfrak{q}' = \mathfrak{q}_\mathfrak{p} \subseteq B_\mathfrak{p}$, prim, mit $(M_\mathfrak{p}/\mathfrak{p}M_\mathfrak{p})_{\mathfrak{q}'} \neq 0$. Also ist auch $M_\mathfrak{q} \neq 0$, und wegen $\mathfrak{q}' \supseteq \mathrm{Ann}(M_\mathfrak{p}/\mathfrak{p}M_\mathfrak{p}) \supseteq \mathfrak{p}B_\mathfrak{p}$ gilt sogar $\mathfrak{q} \cap A = \mathfrak{p}$ für $\mathfrak{q} = \mathfrak{q}' \cap B$. Damit ist b) gezeigt.

Umgekehrt sei b) erfüllt. Wäre $0 = M \otimes_A k(\mathfrak{p}) = M_\mathfrak{p}/\mathfrak{p}M_\mathfrak{p}$, so auch $M_\mathfrak{p} = \mathfrak{p}_\mathfrak{p}M_\mathfrak{p}$. Lokalisieren mit $- \otimes_B B_\mathfrak{q}$ ergäbe $M_\mathfrak{q} = \mathfrak{p}_\mathfrak{q}M_\mathfrak{q}$. Da $\mathfrak{p}_\mathfrak{q} \subseteq \mathfrak{q}_\mathfrak{q}$, folgte dann nach dem Lemma von Nakayama $M_\mathfrak{q} = 0$. Widerspruch. Also $M \otimes_A k(\mathfrak{p}) \neq 0$.   □

Proposition 2.14.7
Es sei $\phi : A \to B$ ein Ringhomomorphismus und M ein A-flacher B-Modul, der über B endlich erzeugt ist.

Dann ist äquivalent:

a) M ist A-treuflach.

b) $\phi^*(V(\mathrm{Ann}\, M)) = \mathrm{Spec}\,(A)$ und M ist A-flach.

Beweis. Aus a) folgt für ein $\mathfrak{p} \subseteq A$, prim, dass $M \otimes_A k(\mathfrak{p}) \neq 0$. Also liegt über $\mathfrak{p}$ ein Primideal $\mathfrak{q} \subseteq B$ mit $M_\mathfrak{q} \neq 0$ nach vorigem Lemma. Also gilt b).

Es gelte b), und es sei $M \otimes_A N = 0$ für einen endlich erzeugten A-Modul N. Dann ist $(M \otimes_A k(\mathfrak{p})) \otimes_{k(\mathfrak{p})} (N \otimes_A k(\mathfrak{p})) = 0$. Über $\mathfrak{p}$ liegt wegen b) ein $\mathfrak{q} \subseteq B$, prim, mit $M_\mathfrak{q} \neq 0$. Also ist nach dem vorigen Lemma sogar $M \otimes_A k(\mathfrak{p}) \neq 0$. Also ist $N \otimes_A k(\mathfrak{p}) = 0$ und damit $N_\mathfrak{p} = 0$. Da dies für alle $\mathfrak{p} \subseteq A$, prim, gilt, ist $N = 0$. $\qquad\square$

Korollar 2.14.2

Es sei $\phi : A \to B$ ein Ringhomomorphismus. Dann ist äquivalent:

a) B ist ein A-treuflacher Modul.

b) B ist A-flach und $\phi^* : \mathrm{Spec}\,(B) \to \mathrm{Spec}\,(A)$ ist surjektiv.

Proposition 2.14.8

Es sei $(A, \mathfrak{m}) \to (B, \mathfrak{n})$ ein lokaler Homomorphismus lokaler Ringe. Weiter sei B auch A-flach. Dann ist B sogar A-treuflach.

Beweis. Für ein Primideal $\mathfrak{p} \subseteq \mathfrak{m}$ von A gilt $\mathfrak{p}B \subseteq \mathfrak{m}B \subseteq \mathfrak{n} \neq B$. Also ist wegen der Sequenz $0 \to \mathfrak{p} \to A \to A/\mathfrak{p} \to 0$, tensoriert mit $- \otimes_A B$, auch $B \otimes_A A/\mathfrak{p} \neq 0$. Wegen $0 \to A/\mathfrak{p} \to k(\mathfrak{p})$, tensoriert mit $- \otimes_A B$, ist auch $k(\mathfrak{p}) \otimes_A B \neq 0$. Also liegt in der Faser über $\mathfrak{p}$ wenigstens ein Primideal von B. $\qquad\square$

2.15   Filtrierte und gradierte Ringe und Moduln II

2.15.1   Lokalisierungen und Tensorprodukte

Es sei $A = \bigoplus_{d \in \mathbb{Z}} A_d$ gradiert und $M = \bigoplus_{d \in \mathbb{Z}} M_d$, sowie $N = \bigoplus_{d \in \mathbb{Z}} N_d$ gradierte A-Moduln.

Dann ist $M \otimes_A N$ auch $\mathbb{Z}$-gradiert vermöge

$$(M \otimes_A N)_d = (\{m \otimes_A n \mid m \in M_p,\, n \in N_q,\, p + q = d\}) .$$

Man erkennt dies, indem man $M \otimes_A N$ als $(M \otimes_\mathbb{Z} N)/P$ schreibt, wobei der gradierte $\mathbb{Z}$-Modul $P = \bigoplus_{d \in \mathbb{Z}} P_d$ ist, und die P_d durch

$$(am) \otimes_\mathbb{Z} n - m \otimes_\mathbb{Z} (an)$$

mit $m \in M_p$, $n \in N_q$, $a \in A_r$ und $p + q + r = d$ als $\mathbb{Z}$-Modul erzeugt werden.

Man setzt dann

$$a((m \otimes_\mathbb{Z} n) + P) \overset{\text{def}}{=} ((am) \otimes_\mathbb{Z} n) + P ,$$

um $(M \otimes_\mathbb{Z} N)/P$ als A-Modul aufzufassen. $\qquad\square$

Der Modul $\mathrm{Hom}_A(M, N)_d$ umfasse die A-linearen $\phi : M \to N$ mit $\phi(M_p) \subseteq N_{p+d}$. Er erfüllt die Beziehung

$$\mathrm{Hom}_A(A(r), M)_d = M_{-r+d} . \tag{2.80}$$

Mit $\mathrm{Hom}_A(M, N)$ sei die direkte Summe $\bigoplus_{d \in \mathbb{Z}} \mathrm{Hom}_A(M, N)_d$ bezeichnet. Sie ist ein Untermodul im A-Modul aller irgendwie A-linearen Abbildungen $\phi : M \to N$ und stimmt mit diesem für M endlich erzeugt überein.

Es sei $\mathfrak{p} \subseteq A$ ein homogenes Ideal und $S \subseteq A$ eine multiplikative Teilmenge, die nur aus homogenen Elementen besteht.

Definition 2.15.1
Es sei $M_{\mathfrak{p}} = S^{-1}M$, wobei S aus den *homogenen* $s \in A - \mathfrak{p}$ besteht. Für $f \in A$ homogen sei M_f wie üblich definiert. ♦

Bemerkung 2.15.1
Sollten wir in einer Situation gradierter Moduln und Ringe $M_{\mathfrak{p}}$ doch einmal in der ursprünglichen Bedeutung $(A-\mathfrak{p})^{-1}M$ verwenden, also *ohne Einschränkung auf homogene Nenner*, so werden wir immer darauf hinweisen.

Offensichtlich ist $S^{-1}M$ ein $\mathbb{Z}$-gradierter $S^{-1}A$-Modul mit

$$(S^{-1}M)_d = m/s, \quad m \in M_p, \quad s \in A_q, \quad d = p - q.$$

Damit ist es sinnvoll, von der Komponente $(S^{-1}M)_0$ zu sprechen. Wir führen dafür zwei Bezeichnungen ein:

Definition 2.15.2
Es sei

$$M_{(f)} = (M_f)_0, \tag{2.81}$$
$$M_{(\mathfrak{p})} = (M_{\mathfrak{p}})_0 \tag{2.82}$$

für $f \in A$, homogen, und $\mathfrak{p} \subseteq A$, homogen. ♦

Bemerkung 2.15.2
Es sei im Folgenden $A = A_0[A_1]$.

Proposition 2.15.1
Es gibt einen kanonischen Isomorphismus vom Grad 0

$$\lambda : S^{-1}M \otimes_{S^{-1}A} S^{-1}N \to S^{-1}(M \otimes_A N) \tag{2.83}$$
$$(m/s) \otimes_{S^{-1}A} (n/s') \mapsto (m \otimes n)/(ss'),$$

der auf dem Grad Null der Moduln einen Morphismus

$$\lambda_0 : (S^{-1}M)_0 \otimes_{(S^{-1}A)_0} (S^{-1}N)_0 \to (S^{-1}(M \otimes_A N))_0 \tag{2.84}$$

induziert. Unter den Bedingungen der vorigen Bemerkung ist λ_0 ein Isomorphismus.

Beweis. Es ist die Surjektivität von λ_0 zu zeigen. Es sei für $(m \otimes_A n)/f^r$ und $m \in M_p$ sowie $n \in N_q$ und $f \in S$, homogen, ein Urbild zu finden.

Es gibt dann ein $s > 0$ mit $(\deg f) \mid s + q$. Die $D_+(x^s)$ mit $x \in A_1$ überdecken $D_+(f)$ in $\mathrm{proj}\,(A)$, und man hat deshalb für geeignete $x_1, \ldots, x_k \in A_1$ die Beziehung

$$f^t = b_1 x_1^s + \cdots + b_k x_k^s$$

mit homogenen b_i aus A vom gleichen Grad.

Es ist dann

$$(m \otimes_A n)/f^r = f^t (m \otimes_A n)/(f^{t+r}) = \sum_{i=1}^{k} (b_i m \otimes_A x_i^s n)/f^{r+t}.$$

Damit ist

$$\lambda \left(\sum_{i=1}^{k} (b_i m)/f^d \otimes_{S^{-1}A} (x_i^s n)/f^e \right) = (m \otimes_A n)/f^r,$$

wobei d, e mit $d + e = r + t$ passend gewählt werden können, da $(\deg f) \mid \deg(b_i m)$ und $(\deg f) \mid \deg(x_i^s n)$ ist. Im Fall der Abbildung λ_0 ist $p + q = r(\deg f)$, und so kann auch $(\deg b_i) + p = d(\deg f)$ und $(\deg x_i^s) + q = e(\deg f)$ erreicht werden.

Also ist die Abbildung (2.84) ein Isomorphismus. $\square$

Proposition 2.15.2

Weiterhin besteht eine kanonische Abbildung

$$S^{-1} \mathrm{Hom}_A(M, N) \to \mathrm{Hom}_{S^{-1}A}(S^{-1}M, S^{-1}N) \tag{2.85}$$

$$\phi/s' \mapsto (m/s \mapsto \phi(m)/(s\,s'))$$

für $\phi \in \mathrm{Hom}_A(M, N)_d$ und s, s' homogen, von $\mathbb{Z}$-gradierten Moduln.

Diese Abbildung ist ein Isomorphismus, wenn M ein endlich präsentierter A-Modul ist, also $\bigoplus A(e_i) \to \bigoplus A(d_i) \to M \to 0$ gilt.

Indem wir also von den oben betrachteten $\mathbb{Z}$-gradierten lokalisierten Moduln die Komponente vom Grad 0 selektieren, erhalten wir

Proposition 2.15.3

Es sei $A = A_0[A_1]$ ein gradierter Ring. Dann gilt für $\mathfrak{p} \subseteq A$, homogen, prim, und $\mathfrak{p} \not\supseteq A_+$ immer:

$$(M \oplus N)_{(\mathfrak{p})} = M_{(\mathfrak{p})} \oplus N_{(\mathfrak{p})} \tag{2.86}$$

$$(M \otimes_A N)_{(\mathfrak{p})} = M_{(\mathfrak{p})} \otimes_{A_{(\mathfrak{p})}} N_{(\mathfrak{p})} \tag{2.87}$$

sowie für $f \in A$, homogen, $f \in A_+$

$$(M \oplus N)_{(f)} = M_{(f)} \oplus N_{(f)} \tag{2.88}$$

$$(M \otimes_A N)_{(f)} = M_{(f)} \otimes_{A_{(f)}} N_{(f)} \tag{2.89}$$

und für M endlich präsentierter A-Modul

$$\mathrm{Hom}_A(M, N)_{(\mathfrak{p})} = \mathrm{Hom}_{(\mathfrak{p})}(M_{(\mathfrak{p})}, N_{(\mathfrak{p})}) \tag{2.90}$$

$$\mathrm{Hom}_A(M, N)_{(f)} = \mathrm{Hom}_{(f)}(M_{(f)}, N_{(f)}) \tag{2.91}$$

2.15.2 Topologie gefilterter Moduln

Eine gefilterter Modul M hat eine kanonische Topologie mit der Umgebungsbasis $x + M_n$ für alle $x \in M$ und M_n aus der filtrierenden Familie. Es gilt dann:

Proposition 2.15.4
Es sei N ein Untermodul des gefilterten Moduls M. Dann ist der topologische Abschluss $\bar{N}$ von N gleich $\bigcap(N + M_n)$.

Korollar 2.15.1
M ist separiert genau dann, wenn $\bigcap M_n = 0$.

Proposition 2.15.5
Es sei M ein gefilterter, separierter und vollständiger Modul. Dann konvergiert eine Reihe $\sum x_i$, $x_i \in M$ genau dann, wenn die x_i in M gegen 0 gehen.

2.15.3 Vervollständigung gefilterter Moduln

Es sei M ein gefilterter Modul. Wir bezeichnen seine separierte Vervollständigung (auch genannt Komplettierung) mit $\hat{M}$. Es gilt dann

$$\hat{M} = \varprojlim M/M_n \,,$$

und $\hat{M}$ ist selbst gefiltert mit $\hat{M}_n := \ker(\hat{M} \to M/M_n)$, und es ist $\hat{M}/\hat{M}_n = M/M_n$.

In der Darstellung durch Cauchy-Folgen ist jedes Element $x \in \hat{M}$ eine Äquivalenzklasse von Cauchy-Folgen (x_n) mit $x_n \in M$, für die man also $x_i - x_j \in M_n$ für alle $i, j > N(n)$ annehmen kann. Für jedes n wird also $(x_j + M_n)$ stationär für $j \gg 0$, und damit ist ein Element des inversen Limes beschrieben. Man erkennt, dass die Addition einer Nullfolge (y_n) mit $y_j \in M_n$ für $j \geqslant N'(n)$ dasselbe Element des inversen Limes erzeugt.

Umgekehrt erzeugt ein Element $(x_i + M_i)$ des inversen Limes eine Folge (x_i), die der (strengeren) Cauchybedingung $x_i - x_j \in M_i$ für $i < j$ unterliegt.

Lemma 2.15.1
Es ist $\bigcap_n \hat{M}_n = (0)$, also $\hat{M}$ separiert.

Beweis. Der Untermodul $\hat{M}_n$ besteht aus Folgen $(x_k) \in \prod_k M/M_k$ mit $x_1 = \cdots = x_n = 0$. $\qquad\qquad\square$

Proposition 2.15.6
Es sei $0 \to M' \to M \overset{\phi}{\to} M'' \to 0$ eine exakte Sequenz gefilterter Moduln.

Es sei also (M_n) eine Filtrierung von M und $(M_n \cap M')$ bzw. $\phi(M_n) = ((M_n + M')/M')$ die assoziierten Filtrierungen (M'_n) bzw. (M''_n) von M' bzw. M''.

Dann gibt es eine exakte Sequenz der Vervollständigungen

$$0 \to \varprojlim M'/M'_n \to \varprojlim M/M_n \to \varprojlim M''/M''_n \to 0 \,, \qquad (2.92)$$

also

$$0 \to \hat{M}' \to \hat{M} \to \hat{M}'' \to 0\,. \tag{2.93}$$

Beweis. Zunächst einmal sind wegen

$$M'/(M' \cap M_n) = (M' + M_n)/M_n$$

und wegen

$$(M/M_n)/((M' + M_n)/M_n) = M/(M' + M_n) =$$
$$(M/M')/((M' + M_n)/M') = M''/M_n'' = M''/\phi(M_n)$$

auch

$$0 \to M'/(M' \cap M_n) \to M/M_n \to M''/M_n'' \to 0 \tag{2.94}$$

ein inverses System exakter Sequenzen.

Nur die Surjektivität der Limites rechts ist dann ein Problem. Sie folgt aus Proposition 2.2.5 und der Surjektivität der $M'/M_{n+1}' \to M'/M_n'$. $\square$

2.15.4 $\mathfrak{a}$-adische Filtrierungen

Definition 2.15.3
Es sei A ein noetherscher Ring, $\mathfrak{a} \subset A$ ein Ideal und $M = \bigcup M_n$ ein $\mathfrak{a}$-*filtrierter* A-*Modul*. Das heißt, es gilt

$$\mathfrak{a}\, M_n \subset M_{n+1}\,.$$

Gilt sogar

$$\mathfrak{a}\, M_n = M_{n+1}$$

für alle $n \gg 0$, dann heißt M *essentiell* $\mathfrak{a}$-*filtriert.* $\blacklozenge$

Notiz 2.15.1
Im Fall der vorangehenden Definition ist A mit der Filtrierung $A = \bigcup_{n \geqslant 0} \mathfrak{a}^n$ zu denken.

Um die nächste Proposition zu formulieren, ist folgende Abkürzung hilfreich:

$$A^* = \bigoplus_{n \geqslant 0} \mathfrak{a}^n$$
$$M^* = \bigoplus_{n \geqslant 0} M_n$$

für $\mathfrak{a}$-filtrierte Moduln M über einem (noetherschen) Ring A.

Proposition 2.15.7
Der Ring A^* ist genau dann noethersch, wenn A es ist.

Beweis. Es ist A^* das homomorphe Bild von $A[T_1, \ldots, T_r]$, wenn $\mathfrak{a} = (a_1, \ldots, a_r)$, und es ist $A = A^*/A_+^*$. $\square$

Proposition 2.15.8

Es sei M ein $\mathfrak{a}$-filtrierter A-Modul und A, M noethersch. Dann ist M genau dann essentiell $\mathfrak{a}$-filtriert, wenn M^* ein endlich erzeugter A^*-Modul ist.

Beweis. Genau wenn (M_n) ab $n \geqslant n_0$ die Bedingung $M_{n+1} = \mathfrak{a}M_n$ erfüllt, sind die A-Erzeuger von $M_0, M_1, \ldots, M_{n_0}$, aufgefasst als Teil der entsprechenden Komponente von M^*, die A^*-Erzeuger von M^*. □

Proposition 2.15.9

Es sei M ein mit (M_n) $\mathfrak{a}$-filtrierter A-Modul, A, M noethersch, und $M' \subseteq M$ ein Untermodul von M. Es möge M' die induzierte Filtrierung

$$M'_n = M_n \cap M'$$

tragen.

Dann ist M' essentiell $\mathfrak{a}$-filtriert, wenn M es ist.

Beweis. Aus $0 \to M' \to M$ exakt folgt auch für die Sequenz der A^*-Moduln $0 \to M'^* \to M^*$ exakt. □

Proposition 2.15.10

Es sei M ein A-Modul mit den $\mathfrak{a}$-Filtrierungen (M_n) und $(\tilde{M}_n)$. Sind (M_n) und $(\tilde{M}_n)$ beide essentielle $\mathfrak{a}$-Filtrierungen, so sind sie von beschränkter Differenz. Das heißt, es gibt ein $k > 0$, so dass

$$M_{n+k} \subset \tilde{M}_n \quad und \quad \tilde{M}_{n+k} \subset M_n$$

für alle $n \geqslant 0$.

Korollar 2.15.2

Also sind in den Bezeichnungen von Proposition 2.15.9 die Filtrierungen

$$M'_n = M_n \cap M' \quad und \quad \tilde{M}'_n = \mathfrak{a}^n M'$$

von beschränkter Differenz, wenn M essentiell $\mathfrak{a}$-filtriert ist.

Proposition 2.15.11 (Artin-Rees-Lemma)

Sei für $0 \to M' \to M$ exakt, M, A noethersch und $\mathfrak{a} \subseteq A$ die Filtrierung $M_n = \mathfrak{a}^n M$ vorgegeben. Dann gilt

$$\mathfrak{a}^n(\mathfrak{a}^k M \cap M') = \mathfrak{a}^{n+k} M \cap M' \tag{2.95}$$

für alle $n \geqslant 0$ und ein $k \geqslant 0$ geeignet.

Beweis. Die Filtrierung $\mathfrak{a}^k M \cap M'$ ist nach Proposition 2.15.9 essentiell $\mathfrak{a}$-filtriert. □

Proposition 2.15.12

Im Fall, dass M, M' und M'' durch $\mathfrak{a}^n M$, $\mathfrak{a}^n M'$ und $\mathfrak{a}^n M''$ filtriert sind, gilt für die Komplettierungen:

$$0 \to (M', \mathfrak{a}^n M')\hat{} \to (M, \mathfrak{a}^n M)\hat{} \to (M'', \mathfrak{a}^n M'')\hat{} \to 0$$

ist exakt.

Beweis. Es ist nach Obigem die durch $\mathfrak{a}^n M'$ und die durch $\mathfrak{a}^n M \cap M'$ auf M' induzierte Topologie identisch. $\qquad\square$

2.15.5 Grundtheoreme

Es sei im Folgenden A mit (A_n) und der A-Modul M dazu passend mit (M_n) filtriert.

Proposition 2.15.13
Die kanonischen Abbildungen $A \to \hat{A}$ und $M \to \hat{M}$ induzieren Isomorphismen:

$$\mathrm{gr}(M) \xrightarrow{\sim} \mathrm{gr}(\hat{M}), \quad \mathrm{gr}(A) \xrightarrow{\sim} \mathrm{gr}(\hat{A})$$

Proposition 2.15.14
Es sei A ein noetherscher Ring, $\mathfrak{a} \subseteq A$ ein Ideal und M ein endlich erzeugter A-Modul. Dann besteht

$$N = \ker(M \to \hat{M}) = \bigcap_{n \geqslant 0} \mathfrak{a}^n M$$

aus den $m \in M$, für die es ein $a \in \mathfrak{a}$ gibt mit $(1 + a)m = 0$.

Beweis. Nach dem Artin-Rees-Lemma ist $\mathfrak{a}N = N$, also $1 \cdot N \subseteq \mathfrak{a}N$ und damit $(1 + a)N = 0$ für ein $a \in \mathfrak{a}$. Umgekehrt ist $(1 + a)m = 0$, also $m = -am$ und rekursiv $m \in \bigcap_{n \geqslant 0} \mathfrak{a}^n M$. $\qquad\square$

Korollar 2.15.3
Es sei A ein noetherscher Ring und $\mathfrak{a} \subseteq \mathrm{rad}\,A$. Dann ist $\bigcap_{n \geqslant 0} \mathfrak{a}^n = (0)$.

Allgemein gilt:

Proposition 2.15.15
Es sei A ein noetherscher Ring, $\hat{A}$ seine $\mathfrak{a}$-adische Komplettierung. Weiter sei M ein endlich erzeugter A-Modul.
    Dann ist $\hat{M} = M \otimes_A \hat{A}$.

Beweis. Wähle eine Sequenz $F_2 \to F_1 \to M \to 0$ mit endlich erzeugten freien A-Moduln F_i und betrachte:

$$
\begin{array}{ccccccc}
F_2 \otimes_A \hat{A} & \longrightarrow & F_2 \otimes_A \hat{A} & \longrightarrow & M \otimes_A \hat{A} & \longrightarrow & 0 \\
\downarrow{\scriptstyle\cong} & & \downarrow{\scriptstyle\cong} & & \downarrow & & \\
\hat{F}_2 & \longrightarrow & \hat{F}_1 & \longrightarrow & \hat{M} & \longrightarrow & 0
\end{array}
$$

$\qquad\square$

Daraus folgt:

Proposition 2.15.16
Es sei A ein noetherscher Ring, $\hat{A}$ seine $\mathfrak{a}$-adische Komplettierung.
    Dann ist $\hat{A}$ ein A-flacher Modul, also $- \otimes_A \hat{A}$ exakt.

Lemma 2.15.2

Es sei $\hat{A}$ die $\mathfrak{a}$-adische Komplettierung von A für einen noetherschen Ring A und ein Ideal $\mathfrak{a} \subseteq A$.

Dann ist

1. $\mathfrak{a}\hat{A} = \hat{\mathfrak{a}}$,

2. $\mathfrak{a}^n \hat{A} = \hat{\mathfrak{a}}^n$,

3. $\hat{\mathfrak{a}}^n / \hat{\mathfrak{a}}^{n+1} = \mathfrak{a}^n / \mathfrak{a}^{n+1}$,

4. $\hat{A}/\hat{\mathfrak{a}}^n = A/\mathfrak{a}^n$.

Beweisidee. Benutze die Sequenz $0 \to \mathfrak{a}' \to A \to A/\mathfrak{a}' \to 0$ für geeignete Ideale $\mathfrak{a}' \subseteq A$ und tensoriere mit $- \otimes_A \hat{A}$. $\qquad\square$

Die folgende Proposition ist (im Wege der beiden Folgerungen) der Schlüssel zum Beweis, dass die $\mathfrak{a}$-adische Komplettierung eines noetherschen Ringes A wieder noethersch ist. Dieser Schluss wird dann in Proposition 2.15.19 gezogen.

Proposition 2.15.17

Sei $u : M \to N$ ein Morphismus gefilterter Moduln. Es gelte:

i) M sei vollständig.

ii) N separiert.

iii) $\mathrm{gr}(u)$ surjektiv.

Dann ist u surjektiv, also ein strikter Morphismus, und N ist vollständig.

Beweis. Es sei $n \in N$ beliebig. Dann gibt es ein $n_0 \in N$ mit $n - n_0 \in N_1$ und, weil $\mathrm{gr}(u)$ surjektiv, ein $m_0 \in M_0$ mit $n_0 - u(m_0) \in N_1$. Betrachte nun $n - u(m_0) \in N_1$. Hier gibt es ein $m_1 \in M_1$ mit $n - u(m_0) - u(m_1) \in N_2$. Auf diese Weise konstruiert man eine Folge $m_0, m_1, \ldots, m_k, \ldots$ mit $m_k \in M_k$ und $n - u(m_0 + \cdots + m_k) \in N_k$. Die Summe $m = m_0 + m_1 + \ldots$ existiert in M, und es ist $n - u(m) \in N_k$ für alle $k \geqslant 0$. Also ist $n = u(m)$. $\qquad\square$

Korollar 2.15.4

Sei A ein gefilterter, vollständiger Ring, N ein zugehöriger, gefilterter, separierter A-Modul. Weiter sei $(x_i)_{i \in I}$ eine endliche Familie von Elementen aus N, $x_i \in N_{n_i}$, $n_i \in \mathbb{Z}$, $\bar{x}_i$ das Bild von x_i in $\mathrm{gr}_{n_i}(N)$.

Wenn dann die $\bar{x}_i$ den $\mathrm{gr}(A)$-Modul $\mathrm{gr}(N)$ erzeugen, dann erzeugen die x_i den Modul N, und N ist vollständig.

Beweis. Wähle in der vorigen Proposition $M = \bigoplus_i A(-n_i)$ mit der Abbildung $u : M \to N$ gegeben durch $u((a_i)) = \sum_i a_i x_i$. $\qquad\square$

Lemma 2.15.3

Es sei M ein mit (M_n) gefilterter A-Modul. Es gebe eine exakte Sequenz

$$0 \to M' \to M \to M'' \to 0$$

von A-Moduln. Der Modul M' trage die induzierte Filtrierung

$$M'_n = M_n \cap M'.$$

Desweiteren trage $M'' = M/M'$ die induzierte Filtrierung

$$M''_n = (M_n + M')/M'.$$

Dann ist die Sequenz

$$0 \to (M' \cap M_n)/(M' \cap M_{n+1}) \to M_n/M_{n+1} \to (M' + M_n)/(M' + M_{n+1}) \to 0$$

exakt.

Folglich ist auch

$$0 \to \operatorname{gr} M' \to \operatorname{gr} M \to \operatorname{gr} M'' \to 0$$

exakt.

Beweis. Man beachte die Isomorphismen

$$(M' \cap M_n)/(M' \cap M_{n+1}) = ((M' \cap M_n) + M_{n+1})/M_{n+1}$$

sowie

$$(M' + M_n)/(M' + M_{n+1}) = M_n/(M_n \cap (M_{n+1} + M'))$$

und schließlich

$$(M' \cap M_n) + M_{n+1} = M_n \cap (M_{n+1} + M').$$

□

Proposition 2.15.18

Es sei A ein gefilterter, vollständiger Ring und M ein gefilterter, separierter A-Modul. Weiter sei

1. *$\operatorname{gr}(M)$ ein endlich erzeugter $\operatorname{gr}(A)$-Modul.*
   Dann ist M vollständiger, endlich erzeugter A-Modul.

2. *$\operatorname{gr}(M)$ ein noetherscher $\operatorname{gr}(A)$-Modul.*
   Dann ist M ein noetherscher A-Modul, dessen sämtliche Untermoduln (mit ihrer induzierten Filtrierung) abgeschlossen sind.

Beweis. Die Aussage 1. folgt direkt aus Korollar 2.15.4, indem man dort M für N einsetzt und x_i die Erzeuger von $\operatorname{gr}(M)$ als $\operatorname{gr}(A)$-Modul sein lässt.

Daraus folgt dann aber auch direkt 2.: Ein Untermodul $M' \subseteq M$ ist filtriert und separiert mit der induzierten Filtrierung $M'_n = M_n \cap M'$. Damit gibt er Anlass zu einem Untermodul $\operatorname{gr}(M') \subseteq \operatorname{gr}(M)$. Da $\operatorname{gr}(M)$ noethersch ist, ist $\operatorname{gr}(M')$ endlich erzeugt über $\operatorname{gr}(A)$, und damit ist nach 1. M' ein vollständiger, endlich erzeugter A-Modul. Aus der Vollständigkeit von M' folgt dann auch die Abgeschlossenheit in M. □

Damit können wir jetzt erschließen:

Proposition 2.15.19
Sei $\mathfrak{a}$ ein Ideal eines Ringes A. Es sei

i) $A/\mathfrak{a}$ noethersch.

ii) $\mathfrak{a}$ endlich erzeugtes A-Ideal.

iii) A separiert und vollständig für die $\mathfrak{a}$-adische Topologie.

Dann ist A noethersch.

Beweis. Aus i) und ii) folgt, dass $\mathrm{gr}(A)$ ein noetherscher Ring, also ein noetherscher $\mathrm{gr}(A)$-Modul ist. Da A separiert und vollständig ist, erfüllt A außerdem die Voraussetzungen für M aus der vorigen Proposition. Damit ist nach der Aussage 2. dieser Proposition A ein noetherscher A-Modul, also A ein noetherscher Ring. $\quad\square$

Theorem 2.15.1
Es sei A ein noetherscher Ring und $\hat{A}$ seine $\mathfrak{a}$-adische Komplettierung für ein Ideal $\mathfrak{a} \subseteq A$. Dann ist auch $\hat{A}$ ein noetherscher Ring.

Beweis. Man beachte, dass $\hat{A}$ kanonisch nach dem endlich erzeugten Ideal $\hat{\mathfrak{a}} = \mathfrak{a}\hat{A}$ filtriert ist und $\hat{A}/\hat{\mathfrak{a}} = A/\mathfrak{a}$ gilt. Bezüglich $\hat{\mathfrak{a}}$ erfüllt $\hat{A}$ die Bedingungen der Proposition 2.15.19. Insbesondere ist $\hat{A}$ nach Konstruktion separiert, also $\bigcap_n \hat{\mathfrak{a}}^n = (0)$. $\quad\square$

Wichtig ist auch die folgende Proposition:

Proposition 2.15.20
Der gefilterte Ring A sei separiert und $\mathrm{gr}(A)$ Integritätsring. Dann ist auch A Integritätsring.

Bemerkung 2.15.3
Es sei $(A, \mathfrak{a})$ ein $\mathfrak{a}$-adisch filtrierter lokaler Ring. Weiter sei $(A[X], \mathfrak{a}[X])$ der Polynomring über A mit $\mathfrak{a}[X]$-adischer Filtrierung.

Dann existiert ein Isomorphismus von Ringen:

$$(A[X], (\mathfrak{a}, X))\hat{\ } \cong (A, \mathfrak{a})\hat{\ }[[X]] \tag{2.96}$$

Dieser Isomorphismus ist nicht notwendig ein Isomorphismus von topologischen Ringen.

Beweis. Man betrachte die Diagramme

$$
\begin{array}{ccc}
(A[X], (\mathfrak{a}, X))\hat{\ } & \longleftarrow & (A, \mathfrak{a})\hat{\ }[[X]] \\
\downarrow & & \downarrow \\
A[X]/(\mathfrak{a}, X)^k & & (A/\mathfrak{a}^n)[[X]] \\
\downarrow & & \downarrow \\
\bigoplus_{i=1}^{k} A/\mathfrak{a}^i \cdot X^{k-i} & \longleftarrow & (A/\mathfrak{a}^n)[[X]]/(X^m)
\end{array}
$$

für geeignete k, n, m. Sie sind untereinander verträglich und definieren den gewünschten Isomorphismus $(A, \mathfrak{a})\hat{}[[X]] \xrightarrow{\sim} (A[X], (\mathfrak{a}, X))\hat{}$.

Alternativ kann man eine Abbildung $(A[X], (\mathfrak{a}, X))\hat{} \to (A, \mathfrak{a})\hat{}[[X]]$ direkt auf den Elementen konstruieren: Links sei ein Element f durch eine Cauchy-Folge $f_i \in A[X]$ bezüglich $(\mathfrak{a}, X)$ gegeben. Dann existiert für jedes $N \geqslant 1$ ein $n \geqslant 1$, so dass für alle $i, j > n$ die Aussage $f_i - f_j \in (\mathfrak{a}, X)^N$ gilt. Dies bedeutet aber $f_{ik} - f_{jk} \in \mathfrak{a}^{N-k}$, wobei $f_i = \sum_k f_{ik} X^k$ sei. Wählt man $k \leqslant N/2$, so definieren die Cauchy-Folgen $(f_{ik})_i$ bezüglich $\mathfrak{a}$ Elemente $g_k \in (A, \mathfrak{a})\hat{}$. Zusammen ergeben diese ein Element $\sum_{k \geqslant 0} g_k X^k = g$. Dieses g ist das Bild von f.

Dass die Ringe nicht notwendig topologisch isomorph sind, erkennt man an der Folge $X^n + a^n$ für ein a mit $a^n \in \mathfrak{a}^n - \mathfrak{a}^{n+1}$. Sie konvergiert links gegen Null, aber nicht rechts.   □

Bemerkung 2.15.4

Es folgt damit

$$(A[X, Y], (\mathfrak{a}, X, Y))\hat{} = (A[X][Y], ((\mathfrak{a}, X), Y))\hat{} = (A[X], (\mathfrak{a}, X))\hat{}[[Y]] =$$
$$= (A, \mathfrak{a})\hat{}[[X]][[Y]] = (A, \mathfrak{a})\hat{}[[X, Y]] \quad (2.97)$$

und entsprechend

$$(A[X_1, \ldots, X_n], (\mathfrak{a}, X_1, \ldots, X_n))\hat{} = (A, \mathfrak{a})\hat{}[[X_1, \ldots, X_n]]. \quad (2.98)$$

Proposition 2.15.21

Es sei A ein Ring, $\mathfrak{m}$ ein Ideal von A. Weiter sei A separiert und vollständig bezüglich der $\mathfrak{m}$-adischen Topologie.

Dann ist der Ring der formalen Potenzreihen $A[[X]]$ separiert und vollständig bezüglich der $(\mathfrak{m}, X)$-adischen Topologie.

2.15.6   Idealtheorie der Komplettierungen noetherscher $\mathfrak{a}$-adisch filtrierter Ringe

Es sei A ein noetherscher $\mathfrak{a}$-adisch filtrierter Ring und $\hat{A}$ seine $\mathfrak{a}$-adische Komplettierung.

Lemma 2.15.4

Unter der kanonischen Abbildung $A \to \hat{A}$ ist der Ring A in $\hat{A}$ dicht, und die Elemente $1 - z$ mit $z \in \mathfrak{a}$ sind wegen

$$\frac{1}{1 - z} = 1 + z + z^2 + z^3 + \cdots$$

in $\hat{A}$ invertierbar.

Betrachtet man nun das multiplikative System $S = 1 + \mathfrak{a}$ in A, so gibt es ein kommutatives Dreieck:

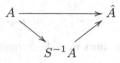

Bezeichnung 2.15.1

Für ein Ideal $\tilde{\mathfrak{a}}$ von $\hat{A}$ sei $\tilde{\mathfrak{a}}^c$ die Kontraktion $\tilde{\mathfrak{a}} \cap A$ in A.

Bezeichnung 2.15.2

Die Extension $\mathfrak{a}'\hat{A}$ eines Ideals $\mathfrak{a}'$ von A in $\hat{A}$ sei mit $(\mathfrak{a}')^e$ bezeichnet.

Lemma 2.15.5

Für ein Ideal $\mathfrak{a}' \subseteq A$ ist
$$(\mathfrak{a}')^e = \mathfrak{a}'\hat{A} = \hat{\mathfrak{a}}'.$$

Das heißt, die Extension fällt mit der topologischen Komplettierung von $\mathfrak{a}'$ bezüglich der kanonischen Inklusion von A in $\hat{A}$ zusammen.

Beweis. Tensoriere die Sequenz $0 \to \mathfrak{a}' \to A \to A/\mathfrak{a}' \to 0$ mit $- \otimes_A \hat{A}$ und erhalte $0 \to \mathfrak{a}' \otimes_A \hat{A} \to \hat{A} \to \hat{A}/\mathfrak{a}'\hat{A} \to 0$. Also $\hat{\mathfrak{a}}' = \mathfrak{a}' \otimes_A \hat{A} = \mathfrak{a}'\hat{A}$. $\qquad\square$

Lemma 2.15.6

Es sei $S = 1 + \mathfrak{a}$ und $\mathfrak{m} \subseteq A$ maximal. Dann ist äquivalent:

a) Es gilt $(1 + \mathfrak{a}) \cap \mathfrak{m} = \emptyset$.

b) Es gilt $\mathfrak{m} \supseteq \mathfrak{a}$.

Lemma 2.15.7

Es sei $\tilde{\mathfrak{m}} \subseteq \hat{A}$ ein maximales Ideal. Dann ist $\mathfrak{a}^e = \mathfrak{a}\hat{A} \subseteq \tilde{\mathfrak{m}}$.

Beweis. Es sei $a \in \mathfrak{a}^e$ und $a \notin \tilde{\mathfrak{m}}$. Dann existiert ein $x \in \hat{A}$, so dass $xa \equiv 1 \mod \tilde{\mathfrak{m}}$. Also $m = 1 - xa$ für ein $m \in \tilde{\mathfrak{m}}$. Da $xa \in \mathfrak{a}^e$, ist aber $1 - xa$ eine Einheit in $\hat{A}$. Widerspruch. $\qquad\square$

Proposition 2.15.22

Es gilt Folgendes:

1. Die Primideale $\mathrm{Spec}\left(\hat{A}\right)$ werden durch $\tilde{\mathfrak{p}} \mapsto \tilde{\mathfrak{p}}^c$ in die Menge

$$\{\mathfrak{p} \mid (1 + \mathfrak{a}) \cap \mathfrak{p} = \emptyset, \quad \mathfrak{p} \in \mathrm{Spec}\,(A)\}$$

abgebildet. Dabei liegen die Primideale $\mathfrak{p} \subseteq A$ mit

$$\{\mathfrak{p} \mid \mathfrak{m} \supseteq \mathfrak{p}, \mathfrak{a}, \text{ für ein } \mathfrak{m} \in \mathrm{maxspec}\,(A)\}$$

im Bild.

2. Die Abbildung $\phi^* : \mathrm{Spec}\left(\hat{A}\right) \to \mathrm{Spec}\,(A)$ *mit* $\phi^*(\widetilde{\mathfrak{m}}) = \widetilde{\mathfrak{m}}^c = \widetilde{\mathfrak{m}} \cap A$ *induziert eine Bijektion*

$$\phi^* : \mathrm{maxspec}\,(\hat{A}) \to \{\mathfrak{m} \in \mathrm{maxspec}\,(A) \mid \mathfrak{m} \supseteq \mathfrak{a}\}\,. \tag{2.99}$$

Beweis. 1. Es sei $\mathfrak{m} \supseteq \mathfrak{a}$. Komplettiert man die Sequenz

$$0 \to \mathfrak{m} \to A \to k(\mathfrak{m}) \to 0$$

bezüglich einer $\mathfrak{a}$-adischen Filtrierung, so ist $k(\mathfrak{m}) \otimes_A \hat{A} = k(\mathfrak{m})\widehat{} = k(\mathfrak{m}) \neq 0$ und außerdem $\mathfrak{m}^e = \mathfrak{m}\hat{A} = \mathfrak{m} \otimes_A \hat{A}$ maximal in $\hat{A}$.

Also ist $\mathfrak{m} = \mathfrak{m}^{ec}$ im Bild $\phi^* : \mathrm{Spec}\left(\hat{A}\right) \to \mathrm{Spec}\,(A)$, und damit ist auch schon die Surjektivität in 2. gezeigt.

Da $A_\mathfrak{m} \to (\hat{A})_{\mathfrak{m}^e}$ flach ist, ist dieser Ringhomomorphismus sogar treuflach. Also sind alle $\mathfrak{p} \subseteq \mathfrak{m}$ mit $\mathfrak{m} \supseteq \mathfrak{a}$ im Bild von $\mathrm{Spec}\left(\hat{A}\right) \to \mathrm{Spec}\,(A)$.

2. Es bleibt noch, die Wohldefiniertheit und die Injektivität in (2.99) nachzuweisen. Es sei $\widetilde{\mathfrak{m}}^c = \mathfrak{p}$. Für $x \in A$ und $x \notin \mathfrak{p}$ existiert ein $y' \in \hat{A}$, so dass $x\,y' = 1 + z$ in $\hat{A}$, wobei $z \in \widetilde{\mathfrak{m}}$ ist. Approximiert man y' genügend nah durch ein $y \in A$, so kann man $x\,y - 1 - z \in (\mathfrak{a}^e)^k$ schreiben.

Da nach Lemma 2.15.7 die Beziehung $\mathfrak{a}^e \subseteq \widetilde{\mathfrak{m}}$ gilt, ist sogar $x\,y - 1 = z'$ mit $z' \in \widetilde{\mathfrak{m}} \cap A = \mathfrak{p}$. Also ist $\mathfrak{p}$ ein maximales Ideal von A und ϕ^* in (2.99) wohldefiniert.

Nach 1. ist überdies $\widetilde{\mathfrak{m}}^{ce}$ wieder ein maximales Ideal von $\hat{A}$, also $\widetilde{\mathfrak{m}}^{ce} = \widetilde{\mathfrak{m}}$. Damit ist $\widetilde{\mathfrak{m}} \mapsto \widetilde{\mathfrak{m}}^c = \widetilde{\mathfrak{m}} \cap A$ als injektiv nachgewiesen. $\qquad\square$

Bemerkung 2.15.5

Die Abbildung $\phi^* : \mathrm{Spec}\left(\hat{A}\right) \to \mathrm{Spec}\,(A)$ ist aber im Allgemeinen nicht injektiv.

Man betrachte zum Beispiel $A = k[x,y]$ und $\hat{A} = k[[x,y]]$ mit den Primidealen $\widetilde{\mathfrak{p}}_1 = (y - (1 + \sum \binom{1/2}{k} x^k))$ und $\widetilde{\mathfrak{p}}_2 = (y + (1 + \sum \binom{1/2}{k} x^k))$. Beide Primideale werden auf $\widetilde{\mathfrak{p}}_i \cap A = (y^2 - 1 - x)$ abgebildet.

2.15.7   Vollständige Ringe und Henselsches Lemma

Lemma 2.15.8

Es sei $f(t_1, \ldots, t_n) \in A[t_1, \ldots, t_n]$ *ein Polynom. Weiter seien* $h_1, \ldots, h_n \in A$. *Dann lässt sich schreiben*

$$f(t_1 + h_1, \ldots, t_n + h_n) = f(t_1, \ldots, t_n) + \sum_i \frac{\partial f}{\partial t_i}(t_1, \ldots, t_n)\,h_i +$$

$$+ \sum_{ij} p_{ij}(t_1, \ldots, t_n, h_1, \ldots, h_n)h_i h_j\,, \tag{2.100}$$

wobei $p_{ij}(t_1, \ldots, t_n, h_1, \ldots, h_n)$ *ein Polynom in* $t_1, \ldots, t_n, h_1, \ldots, h_n$ *mit Koeffizienten in* A *ist.*

Beweis. Wegen A-Linearität genügt es, dies für $f = t_1^{e_1} \cdot \cdots \cdot t_n^{e_n}$ zu zeigen. Dort ist es aber offensichtlich wegen

$$(t_1 + h_1)^{e_1} = t_1^{e_1} + e_1 t_1^{e_1 - 1} h_1 + p(t_1, h_1)\,h_1^2$$

mit $p(t_1, h_1)$ einem Polynom in t_1 und h_1 mit Koeffizienten in A. $\qquad\square$

Proposition 2.15.23 (Henselsches Lemma)
Es sei $(A, \mathfrak{m})$ ein bezüglich der $\mathfrak{m}$-Filtrierung vollständiger lokaler Ring.
   Es sei $F(t_1, \ldots, t_n) \in A[t_1, \ldots, t_n]^n$, und es gebe $a_1, \ldots, a_n \in A$ mit

i) $F(a_1, \ldots, a_n) = 0 \mod \mathfrak{m}$,

ii) $DF(a_1, \ldots, a_n) \mod \mathfrak{m}$ invertierbar in $k_A{}^{n \times n}$,

wobei $DF(t_1, \ldots, t_n)$ die Jacobimatrix $(\partial F_i / \partial t_j)_{ij}$ sei.
   Dann existieren $a_1', \ldots, a_n' \in A$ mit $a_i \equiv a_i' \mod \mathfrak{m}$ und $F(a_1', \ldots, a_n') = 0$.

Beweis. Es seien schon $b_1, \ldots, b_n \in A$ gefunden mit $b_i \equiv a_i \mod \mathfrak{m}$ und $F(b_1, \ldots, b_n) \in \mathfrak{m}^p$. Es seien dann $h_1, \ldots, h_n \in \mathfrak{m}^p$, die $F(b_1 + h_1, \ldots, b_n + h_n) \equiv 0 \mod \mathfrak{m}^{p+1}$ erfüllen mögen.
   Es sei also (mit Beachtung des vorigen Lemmas):

$$F(b_1 + h_1, \ldots b_n + h_n) \equiv F(b_1, \ldots, b_n) + DF(b_1, \ldots, b_n)\,(h_1, \ldots, h_n)^t \equiv$$
$$F(b_1, \ldots, b_n) + DF(a_1, \ldots, a_n)\,(h_1, \ldots, h_n)^t \equiv 0 \mod \mathfrak{m}^{p+1} \quad (2.101)$$

Aus dieser letzteren Bedingung erhält man für die h_i die Gleichung:

$$(h_1, \ldots, h_n)^t = -DF(a_1, \ldots, a_n)^{-1} F(b_1, \ldots, b_n)$$

Man muss hier beachten, dass von $DF(b_1, \ldots, b_n)$ nur der Teil mod $\mathfrak{m}$ eingeht. Für diesen ist $DF(b_1, \ldots, b_n) = DF(a_1, \ldots, a_n)$.
   Iterativ zu immer höheren Potenzen von $\mathfrak{m}^p$ fortschreitend ergibt sich die Lösung $a_1', \ldots, a_n'$ mit $a_i' = a_i + h_i^1 + h_i^2 + \cdots$, wobei h_i^p das im p-ten obigen Schritt konstruierte h_i bezeichnet. $\qquad \square$

2.16   Artinsche Ringe und Moduln

2.16.1   Allgemeines

Definition 2.16.1
Ein A-Modul M heißt *artinsch*, falls Folgendes gilt: Jede fallende Kette

$$M_0 \supseteq M_1 \supseteq \cdots \supseteq M_n \supseteq \cdots$$

von Untermoduln $M_n \subseteq M$ wird irgendwann stationär, das heißt, es ist $M_i = M_{i+1}$ für alle $i \geqslant i_0$.
   Ein Ring A heißt artinsch, falls er als A-Modul artinsch ist. $\blacklozenge$

Proposition 2.16.1
Es sei $0 \to M' \to M \to M'' \to 0$ eine exakte Folge von Moduln. Dann ist äquivalent:

a) M ist artinsch.

b) M' und M'' sind artinsch.

Lemma 2.16.1

Es sei A ein artinscher Ring. Dann ist $\operatorname{Spec}(A) = \{\mathfrak{m}_1, \ldots, \mathfrak{m}_r\}$ mit maximalen Idealen $\mathfrak{m}_i \subseteq A$.

Beweis. 1. Es sei A artinsch und $\mathfrak{p} \subseteq A$ ein Primideal. Dann ist $A/\mathfrak{p}$ artinsch und deshalb $\mathfrak{p}$ maximal in A. Andernfalls gäbe es ein $0 \neq x \in A/\mathfrak{p} - (A/\mathfrak{p})^*$ und damit eine unendlich absteigende Folge $(x) \supsetneq (x^2) \supsetneq (x^3) \supsetneq \cdots$.

2. Also besteht $\operatorname{Spec}(A)$ nur aus maximalen Idealen $\mathfrak{m}_i$. Nenne $\mathfrak{a}_r = \mathfrak{m}_1 \cap \cdots \cap \mathfrak{m}_r$. Es ist $\mathfrak{a}_{r+1} \subsetneq \mathfrak{a}_r$, also können nur endlich viele $\mathfrak{m}_1, \ldots, \mathfrak{m}_r$ in $\operatorname{Spec}(A)$ liegen. $\square$

Lemma 2.16.2

Es sei $(A, \mathfrak{m})$ ein artinscher lokaler Ring. Dann ist jedes Ideal $\mathfrak{a} \subseteq A$ noethersch, also A noethersch.

Beweis. Es sei die Behauptung nicht richtig. Dann existiert ein *minimales nicht noethersches Ideal* $\mathfrak{n} \subseteq A$. In ihm existiert eine unendlich aufsteigende Folge echter Teilideale:
$$\mathfrak{a}_1 \subsetneq \mathfrak{a}_2 \subsetneq \cdots \subsetneq \mathfrak{a}_k \subsetneq \mathfrak{a}_{k+1} \cdots \subset \mathfrak{n}$$
Es ist dann notwendig $\bigcup_{k \geqslant 1} \mathfrak{a}_k = \mathfrak{n}$.

Die absteigende Folge der $\mathfrak{w}_k = \operatorname{Ann}_A(\mathfrak{a}_k)$ wird bei $\mathfrak{w}_{k_0} = \mathfrak{w}_{k_0+1} = \cdots$ stationär. Es ist dann auch $\operatorname{Ann}_A(\mathfrak{n}) = \mathfrak{w}_{k_0} = \operatorname{Ann}_A(\mathfrak{a}_{k_0})$.

Nun ist aber $\mathfrak{m}^{p+1}\mathfrak{a}_{k_0} = \mathfrak{m}^p \mathfrak{a}_{k_0}$ für ein $p > 0$ geeignet und daher nach Nakayama, weil $\mathfrak{m}^p \mathfrak{a}_{k_0} \subsetneq \mathfrak{n}$ endlich erzeugt, auch $\mathfrak{m}^p \mathfrak{a}_{k_0} = 0$.

Also $\mathfrak{m}^p \subseteq \operatorname{Ann}_A(\mathfrak{a}_{k_0}) = \operatorname{Ann}_A(\mathfrak{n})$ und damit $\mathfrak{m}^p \mathfrak{n} = 0$. Damit ist notwendig $\mathfrak{m}\mathfrak{n} \subsetneq \mathfrak{n}$. Somit ist aber $\mathfrak{m}\mathfrak{n}$ noethersch, also endlich erzeugt, und $\mathfrak{n}/\mathfrak{m}\mathfrak{n}$ ein endlichdimensionaler k-Vektorraum, weil A artinsch. Also ist $\mathfrak{n}$ endlich erzeugt und damit doch noethersch. Der Widerspruch ergibt den Beweis. $\square$

Lemma 2.16.3

Es sei A ein artinscher Ring. Dann ist A noethersch.

Beweis. Es sei $\cdots \subset \mathfrak{a}_k \subset \mathfrak{a}_{k+1} \subset \cdots$ eine aufsteigende Folge von Idealen. Für jedes maximale Ideal $\mathfrak{m} \subseteq A$ ist $A_\mathfrak{m}$ ein artinscher, also noetherscher, lokaler Ring, so dass $\mathfrak{a}_k A_\mathfrak{m}$ ab $k \geqslant k_\mathfrak{m}$ stationär in $A_\mathfrak{m}$ wird.

Da es nur endlich viele maximale $\mathfrak{m} \subseteq A$ gibt, wird also $\mathfrak{a}_k A_\mathfrak{m} = \mathfrak{a}_{k+1} A_\mathfrak{m}$ für alle $k \geqslant k_0$ und alle maximalen $\mathfrak{m}$. Damit ist dann auch $\mathfrak{a}_k = \mathfrak{a}_{k+1}$ für alle $k \geqslant k_0$. $\square$

Zusammengenommen ergibt sich

Theorem 2.16.1

Für einen Ring A ist äquivalent:

a) A ist artinsch.

b) A ist noethersch, und es ist $\operatorname{Spec}(A) = \{\mathfrak{m}_1, \ldots, \mathfrak{m}_r\}$ mit maximalen Idealen $\mathfrak{m}_\nu \subseteq A$.

c) Es gibt eine Kompositionsreihe $(0) = \mathfrak{a}_0 \subseteq \mathfrak{a}_1 \subseteq \cdots \subseteq \mathfrak{a}_r = A$ mit

$$0 \to \mathfrak{a}_{i-1} \to \mathfrak{a}_i \to A/\mathfrak{m}_i \to 0$$

exakt für ein $\mathfrak{m}_i \subseteq A$, maximal.

2.16.2 Moduln endlicher Länge

Der Satz von Jordan-Hölder

Lemma 2.16.4

Es sei G eine Gruppe, $K \lhd G$ ein Normalteiler, $H_i \subseteq G$ eine Untergruppe, $H_j \lhd H_i$ ein Normalteiler, H_i/H_j eine einfache Gruppe. Dann ist entweder $H_i \cap K = H_j \cap K$ oder $H_i K = H_j K$. Die jeweils nicht verschwindende Quotientengruppe $((H_i \cap K)/(H_j \cap K)$ oder $H_i K/H_j K)$ ist dann isomorph zu H_i/H_j.

Beweis: Wir bemerken zunächst allgemein:

1. Es sei G eine Gruppe, H eine Untergruppe, K ein Normalteiler in G. Dann ist $HK = KH$ eine Untergruppe in G, denn

$$hkh'k' = hh'(h'^{-1}kh')k' = hh'k_1 k' \in HK$$

$$hk = (hkh^{-1})h = k_1 h \in KH.$$

2. Es ist K ein Normalteiler in KH, denn

$$khk_1 h^{-1} k^{-1} = kk_2 k^{-1} \in K.$$

3. Es ist $H \cap K$ Normalteiler in H, und es ist $HK/K \cong H/(H \cap K)$. Das ist ein noetherscher Isomorphiesatz.

4. Sei G eine Gruppe. K_1, K_2 seien Normalteiler in G. Dann ist $K_1 K_2$ Normalteiler in G, denn

$$gk_1 k_2 g^{-1} = (gk_1 g^{-1})(gk_2 g^{-1}) \in K_1 K_2.$$

Im Fall von Lemma 2.16.4 ist dann:

5. Es ist $H_i \cap K$ Normalteiler in H_i. Klar.

6. Es ist $H_j \cap K$ Normalteiler in $H_i \cap K$. Klar.

7. Es ist $H_j \cap K$ Normalteiler in H_j. Klar.

8. Es ist $H_i \cap K$ Normalteiler in $H_j (H_i \cap K)$. Begründung: Für ein $s \in H_i \cap K$ und $h_j \in H_j$ gilt $h_j s h_j^{-1} = s'' \in H_i \cap K$. Weiter ist also

$$h_j s s' s^{-1} h_j^{-1} = s'' h_j s' h_j^{-1} s''^{-1} = s'' s''' s''^{-1} \in H_i \cap K.$$

9. Es ist $H_j K$ Normalteiler in $H_i K$, denn

$$h_i k(h_j k') k^{-1} h_i^{-1} = h_i h_j (h_j^{-1} kh_j) k' k^{-1} h_i^{-1} = (h_i h_j h_i^{-1}) h_i (k'' k' k^{-1}) h_i^{-1} = h_j' k'''.$$

10. Es ist H_j Normalteiler in $H_j (H_i \cap K)$. Folgt aus 5., 1. und 2., wobei H_i die Rolle der Gruppe G spielt.

11. Es ist $H_j (H_i \cap K)$ Normalteiler in H_i. Folgt aus 4., 5. und $H_j \lhd H_i$.

Wir können nun eine Kette von Isomorphismen konstruieren:

$$H_i K/H_j K = (H_i K/K)/(H_j K/K) = (H_i/(H_i \cap K))/(H_j/(H_j \cap K)) \qquad (2.102)$$

Nun ist $H_j \cap K = H_i \cap H_j \cap K$, also

$$H_j/(H_j \cap K) = H_j/(H_j \cap (H_i \cap K)) = H_j(H_i \cap K)/(H_i \cap K). \qquad (2.103)$$

Damit wird aus (2.102)

$$H_i K/H_j K = (H_i/(H_i \cap K))/(H_j(H_i \cap K)/(H_i \cap K)) = H_i/(H_j(H_i \cap K)). \quad (2.104)$$

Es ist dann weiter

$$(H_i/H_j)/(H_j(H_i \cap K)/H_j) = (H_i/H_j)/((H_i \cap K)/(H_j \cap K)). \qquad (2.105)$$

Also zusammen:

$$H_i K/H_j K = (H_i/H_j)/((H_i \cap K)/(H_j \cap K)) \qquad (2.106)$$

Wenn nun $((H_i \cap K)/(H_j \cap K)) \neq 1$ ist, so muss es gleich (H_i/H_j) sein, weil H_i/H_j einfach ist. Also ist dann $H_i K/H_j K = 1$. Entsprechend schließt man umgekehrt von $H_i K/H_j K \neq 1$ auf $(H_i \cap K)/(H_j \cap K) = 1$. $\qquad \square$

Definition 2.16.2

Es sei G eine Gruppe und

$$G = H_0 \rhd H_1 \rhd \cdots \rhd H_{n-1} \rhd e = H_n$$

ein System von Untergruppen mit $H_{i+1} \lhd H_i$, so dass H_i/H_{i+1} eine einfache Gruppe ist. Dann heißt (H_i) eine *Kompositionsreihe von G der Länge n*. $\qquad \blacklozenge$

Proposition 2.16.2

Es sei G eine Gruppe mit Kompositionsreihe $(H_i)_{0=1,\ldots,n}$. Dann hat jede Kompositionsreihe von G die Länge n.

Beweis. Per Induktion über die Länge n der kürzesten Kompositionsreihe von G. Für $n = 1$, also eine einfache Gruppe, ist die Aussage trivial. Sei also (H_i) eine kürzeste Kompositionsreihe der Länge n. Weiter sei (H'_j) eine zweite Kompositionsreihe der Länge m.

Betrachte die exakte Sequenz von Gruppen $e \to H_1 \to G \to G/H_1 \to e$ und die Reihen $H''_i = H'_i \cap H_1$ sowie $H'''_i = H'_i H_1/H_1$. Nach dem vorigen Lemma induzieren H''_i und H'''_i Kompositionsreihen von H_1 bzw. G/H_1, wobei entweder $H''_{i+1} = H''_i$ oder $H'''_{i+1} = H'''_i$ gilt. Sind also die Längen dieser Kompositionsreihen gleich p und q, so ist $p + q = m$. Da G/H_1 einfach ist, ist auch $q = 1$. Die Länge der kürzesten Kompositionsreihe für H_1 ist $\leqslant n - 1$, also ist, kraft Induktion, $p \leqslant n - 1$. Zusammen $m = p + q \leqslant n$. Da H_i schon als kürzeste Kompositionsreihe für G angenommen war, ist sogar $m = n$ und der Beweis für n erbracht. $\qquad \square$

Theorem 2.16.2 (Jordan-Hölder)

Es sei G eine Gruppe und $(H_i)_{i=0,\ldots,n}$ sowie $(H'_i)_{i=0,\ldots,n}$ zwei Kompositionsreihen. Dann existiert eine Permutation $\pi : \{0,\ldots,n-1\} \to \{0,\ldots,n-1\}$ mit

$$H_i/H_{i+1} \cong H'_{\pi(i)}/H'_{\pi(i)+1}.$$

Anwendung auf Moduln

Eine Kette von Untermoduln $M_0 \subset \cdots \subset M_n$ eines Moduls M sei *unverfeiner-bar*, falls zwischen $M_i \subset M_{i+1}$ kein weiterer Modul eingeschoben werden kann. Alternativ bedeutet dies, dass M_{i+1}/M_i keine echten Untermoduln ungleich Null hat.

Definition 2.16.3
Ein A-Modul M habe eine *Kompositionsreihe der Länge n*, wenn es eine unverfeinerbare Kette

$$(0) = M_0 \subsetneq \cdots \subsetneq M_n = M$$

von Untermoduln $M_i \subseteq M$ gibt. Man sagt dann auch, *M hat endliche Länge*. ◆

Korollar 2.16.1
Ein Modul M von endlicher Länge ist artinsch.

Proposition 2.16.3
Es sei M ein Modul mit einer Kompositionsreihe der Länge n. Dann gilt:
  Jede unverfeinerbare Kette

$$(0) \subsetneq \cdots \subsetneq M_i \subsetneq M_{i+1} \subsetneq \cdots \subsetneq M$$

hat die Länge n.

Definition 2.16.4
Es sei M ein A-Modul endlicher Länge mit Kompositionsreihe der Länge n.
  Dann nennt man $\mathrm{len}_A M = l_A(M) = l(M) = n$ die *Länge von M*. ◆

Proposition 2.16.4
Es sei $0 \to M' \to M \to M'' \to 0$ eine exakte Folge von A-Moduln.
  Dann ist äquivalent:

a) M hat endliche Länge.

b) M', M'' haben endliche Länge.

  Weiter gilt dann

$$\mathrm{len}_A M = \mathrm{len}_A M' + \mathrm{len}_A M''.$$

Korollar 2.16.2
Ist

$$0 \to M_0 \to M_1 \to \cdots \to M_r \to 0$$

eine exakte Sequenz von Moduln endlicher Länge, so ist

$$\sum_{i=0}^{r} (-1)^i \, \mathrm{len}_A M_i = 0 \,.$$

2.16.3   Herbrandquotienten

Das folgende Material ist aus Fulton [8] entnommen.

Es sei M ein A-Modul, $\varphi : M \to M$ ein A-Endomorphismus, und es bezeichne $_\varphi M = \ker \varphi$ sowie $M_\varphi = M / \operatorname{im} \varphi = \operatorname{coker} \varphi$.

Definition 2.16.5

Ist mit obigen Bezeichnungen $\operatorname{len}_A {}_\varphi M < \infty$ und $\operatorname{len}_A M_\varphi < \infty$, so ist

$$e(\varphi; M) = \operatorname{len}_A M_\varphi - \operatorname{len}_A {}_\varphi M \qquad (2.107)$$

der *Herbrandquotient* von M bezüglich φ.   ◆

Das untenstehende Diagramm wird im Beweis des nachfolgenden Satzes benötigt. In ihm ist M ein A-Modul und $\varphi, \psi : M \to M$ sind zwei A-Endomorphismen von M.

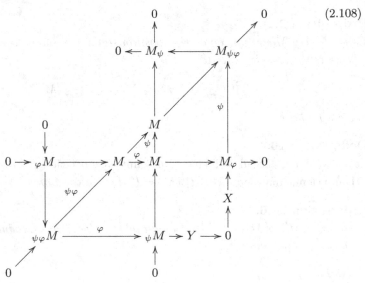

Proposition 2.16.5

Es sei M ein A-Modul wie oben und φ, ψ zwei Endomorphismen von M. Dann sind alle drei Herbrandquotienten $e(\varphi; M)$, $e(\psi; M)$, $e(\psi\,\varphi; M)$ definiert, wenn zwei von ihnen es sind.

Es gilt dann auch:

$$e(\psi\,\varphi; M) = e(\psi; M) + e(\varphi; M) \qquad (2.109)$$

Beweis. Betrachte das obige Diagramm (2.108). In ihm lässt sich eine Abbildung von Y nach X konstruieren, indem man zu einem $y \in Y$ das Urbild in $_\psi M$ aufsucht und es nach M und dann nach M_φ verschiebt.

Das so verschobene Element liegt dann sogar schon in X. Eine übliche Diagrammjagd ergibt unter Zugrundelegung dieser Definition für die Abbildung $X \to Y$ einen Isomorphismus $X \cong Y$. Die Behauptung des Satzes folgt dann aus Korollar 2.16.2.

$\square$

2.17 Algebraische Körpererweiterungen

2.17.1 Allgemeines

Definition 2.17.1
Es sei L/K eine Körpererweiterung, und L sei als Modul über K endlich.

Wir nennen L eine *endliche Körpererweiterung von K*. ♦

Es ist dann auch die Vektorraumdimension $\dim_K L = n$ endlich, und wir schreiben $[L : K] = n$.

Definition 2.17.2
Es sei L/K eine Körpererweiterung und $\alpha \in L$. Wenn es ein monisches $f(X) \in K[X]$ mit $f(\alpha) = 0$ gibt, so heißt α *algebraisch über K*. Ein solches $f(X)$ mit minimalem Grad heißt *Minimalpolynom von α über K*. ♦

Proposition 2.17.1
Es ist $\alpha \in L$ algebraisch über K genau dann, wenn $K(\alpha)/K$ endlich ist.

Korollar 2.17.1
Sind $\alpha, \beta \in L$ algebraisch über K, so auch $\alpha + \beta$, $\alpha - \beta$ und $\alpha\beta$.

Definition 2.17.3
Es sei L/K eine Körpererweiterung und jedes $\alpha \in L$ algebraisch über K. Dann heißt L/K eine *algebraische Körpererweiterung*. ♦

Für später brauchen wir folgende Bemerkung:

Bemerkung 2.17.1
Es sei A ein Ring, und R, S seien zwei A-Algebren vermöge $\psi : A \to R$, $\phi : A \to S$.

Wir führen dann die explizite Bezeichnung $\mathrm{Hom}_\phi(R, S)$ für $\mathrm{Hom}_A(R, S)$ ein.

2.17.2 Normen und Spuren

Es sei L/K eine endliche algebraische Körpererweiterung und ω also $\omega^1, \ldots, \omega^n$ eine K-Basis des Vektorraums L.

Dann gibt es einen Ringhomomorphismus:

$$L \to \mathrm{GL}(n, K), \quad \alpha \mapsto A(\alpha, \omega) = (a^i_j)_{ji}, \quad \alpha \omega^i = \omega^j a^i_j \qquad (2.110)$$

Es ist mit der Kurzform $\alpha \omega = \omega A(\alpha)$ leicht zu erkennen, dass wirklich

$$A(\alpha \beta, \omega) = A(\alpha, \omega) A(\beta, \omega) \qquad (2.111)$$
$$A(\alpha + \beta, \omega) = A(\alpha, \omega) + A(\beta, \omega) \qquad (2.112)$$

für $\alpha, \beta \in L$ ist.

Ersetzt man ω, also $\omega^1, \ldots, \omega^n$, durch ω', also $\omega^{1'}, \ldots, \omega^{n'}$, mit $\omega = \omega' P$ für ein $P \in \mathrm{GL}(n, K)$, so ist dann

$$A(\alpha, \omega) = P^{-1} A(\alpha, \omega') P. \qquad (2.113)$$

Damit ist $\chi(\alpha)$ in folgender Definition ein wohldefiniertes, nur von α abhängendes Polynom vom Grad n aus $K[\lambda]$:

Definition 2.17.4

Mit den oben eingeführten Bezeichnungen sei

$$\chi(\alpha)(\lambda) = \det(\lambda E - A(\alpha, \omega))$$

das charakteristische Polynom.   ◆

Speziell ist

Definition 2.17.5

$$\mathrm{Norm}_{L|K}(\alpha) = \det A(\alpha, \omega) \qquad (2.114)$$
$$\mathrm{Tr}_{L|K}(\alpha) = \mathrm{Tr}\, A(\alpha, \omega) \qquad (2.115)$$

die *Normabbildung von L nach K* und die *Spurabbildung von L nach K*.   ◆

Es ist $\mathrm{Norm}_{L|K}(\beta) \in K$ und $\mathrm{Tr}_{L|K}(\beta) \in K$ und natürlich

$$\mathrm{Norm}_{L|K}(\alpha \beta) = \mathrm{Norm}_{L|K}(\alpha)\, \mathrm{Norm}_{L|K}(\beta), \qquad (2.116)$$
$$\mathrm{Tr}_{L|K}(\alpha + \beta) = \mathrm{Tr}_{L|K}(\alpha) + \mathrm{Tr}_{L|K}(\beta). \qquad (2.117)$$

Proposition 2.17.2

Es sei L/K eine endliche Körpererweiterung und $\gamma \in L$. Dann ist

$$\mathrm{Norm}_{L|K}(\gamma) = \left(\mathrm{Norm}_{K(\gamma)|K}(\gamma)\right)^{[L:K(\gamma)]}, \qquad (2.118)$$
$$\mathrm{Tr}_{L|K}(\gamma) = [L : K(\gamma)]\, \mathrm{Tr}_{K(\gamma)|K}(\gamma). \qquad (2.119)$$

Für Körpertürme gilt:

Proposition 2.17.3
*Es sei $M/L/K$ ein Turm von endlichen Körpererweiterungen mit $[M : L] = m$
und $[L : K] = n$. Dann gilt*

$$\operatorname{Norm}_{L|K} \operatorname{Norm}_{M|L}(\gamma) = \operatorname{Norm}_{M|K}(\gamma), \qquad (2.120)$$

$$\operatorname{Tr}_{L|K} \operatorname{Tr}_{M|L}(\gamma) = \operatorname{Tr}_{M|K}(\gamma) \qquad (2.121)$$

für alle $\gamma \in M$.

Beweis. Es genügt, dies für $M = L(\gamma)$ zu zeigen. Bezüglich der L-Basis $1, \gamma, \ldots, \gamma^{m-1}$
von M ist γ dargestellt durch

$$A(\gamma) = \begin{pmatrix} 0 & 0 & \ldots & 0 & -a_m \\ 1 & 0 & \ldots & 0 & -a_{m-1} \\ \vdots & \ddots & & \vdots \\ 0 & 0 & \ldots & 1 & -a_1 \end{pmatrix}, \qquad (2.122)$$

wobei $\gamma^m + a_1 \gamma^{m-1} + \cdots + a_m$ das Minimalpolynom von γ über L ist. Es ist

$$\operatorname{Tr}_{L(\gamma)|L}(\gamma) = \operatorname{Tr} A(\gamma) = -a_1$$

und

$$\operatorname{Norm}_{L(\gamma)|L}(\gamma) = \det A(\gamma) = (-1)^m a_m.$$

Ist nun $\omega_1, \ldots, \omega_n$ eine K-Basis von L und führt man die K-Basis $\gamma^i \omega_j$ von M ein,
so treten an die Stelle der Einsen in der Matrix $A(\gamma)$ $n \times n$-Einheitsmatrizen und an
die Stelle der $a_i \in L$ die sie repräsentierenden Matrizen aus $\operatorname{Mat}(n \times n, K)$.

Nennt man die so erzeugte Matrix $B(\gamma)$, so ist $\operatorname{Tr} B(\gamma) = \operatorname{Tr}_{L(\gamma)|K}(\gamma)$ und
$\det B(\gamma) = \operatorname{Norm}_{L(\gamma)|K}(\gamma)$.

Andererseits ist aufgrund der Struktur von $B(\gamma)$ auch $\operatorname{Tr} B(\gamma) = \operatorname{Tr}(-a_1)$ und
$\det B(\gamma) = (-1)^{n(m-1)} \det(-a_m)$, wobei für a_1, a_m die entsprechenden Matrizen
stehen sollen. Nun ist aber

$$\operatorname{Tr}(-a_1) = \operatorname{Tr}_{L|K}(-a_1) = \operatorname{Tr}_{L|K} \operatorname{Tr}_{L(\gamma)|L}(\gamma)$$

und entsprechend auch

$$(-1)^{n(m-1)} \det(-a_m) = \operatorname{Norm}_{L|K}((-1)^{m-1}(-a_m)) = \operatorname{Norm}_{L|K} \operatorname{Norm}_{L(\gamma)|L}(\gamma).$$

Fasst man alle genannten Gleichheiten zusammen, ergibt sich die Behauptung. $\qquad \square$

2.17.3 Klassen von Körpererweiterungen

Es seien K, L, M drei Körper.

Es sei $M/L/K$ ein Turm von Körpererweiterungen. Das entsprechende Diagramm sei:

$$\text{(2.123)}$$

Definition 2.17.6

Eine Klasse **K** von Körpererweiterungen

1. habe die Eigenschaft $\mathcal{P}_1$, wenn aus „L/K ist in **K**" und „M/L ist in **K**" auch „M/K ist in **K**" folgt,

2. habe die Eigenschaft $\mathcal{P}_2$, wenn aus „M/K ist in **K**" auch „L/K ist in **K**" und „M/L ist in **K**" folgt. ◆

Sei jetzt ein Erweiterungsdiagramm

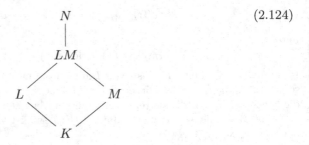

$$\text{(2.124)}$$

von Körpern N, M, L, K gegeben.

Definition 2.17.7

Eine Klasse **K** von Körpererweiterungen habe die Eigenschaft $\mathcal{P}_3$, wenn aus „L/K ist in **K**" auch „LM/M ist in **K**" folgt. ◆

Definition 2.17.8

Eine Klasse **K** von Körpererweiterungen habe die Eigenschaft $\mathcal{P}$, wenn sie $\mathcal{P}_1$, $\mathcal{P}_2$ und $\mathcal{P}_3$ hat. Die Klasse **K** ist dann eine *ausgezeichnete Klasse*. ◆

2.17.4   Algebraischer Abschluss

Bemerkung 2.17.2
Es sei $\phi : K \to L$ ein Körperhomomorphismus und $f(X) = \sum a_i X^i \in K[X]$.
Dann schreiben wir $f^\phi(X) = \sum a_i^\phi X^i$.

Proposition 2.17.4
Es sei $g(X) \in K[X]$ *irreduzibel und*

$$
\begin{array}{ccc}
K[X]/(g(X)) & \xrightarrow{\ \psi\ } & E \\
\big| & & \big| \\
K & \xrightarrow{\ \ \phi\ \ } & L
\end{array}
\tag{2.125}
$$

ein Diagramm von Körpern. Dann entsprechen sich

$$
\psi \in \mathrm{Hom}_K(K[X]/(g(X)), E) \quad \leftrightarrow \quad \{\beta \in E \mid g^\phi(\beta) = 0\}. \tag{2.126}
$$

Proposition 2.17.5
Es sei K *ein gegebener Körper und* $g(X) \in K[X]$ *ein irreduzibles Polynom.*
Dann gibt es eine Körpererweiterung L/K *und* $\alpha \in L$ *mit* $g(\alpha) = 0$.

Beweis. Man setze nämlich $L = K[X]/(g(X))$ und $\alpha = \bar{X}$ das Bild von X in L. $\square$

Proposition 2.17.6
Es sei nun eine endliche Familie $(g_i(X))$ *von Polynomen aus* $K[X]$ *gegeben.*
Dann existiert ein Zerfällungskörper L/K, *so dass jedes* $g_i(X)$ *eingebettet in*
$L[X]$ *in Linearfaktoren zerfällt.*

Beweis. Man zerlege zunächst alle $g_i(X)$ in Faktoren über $K[X]$ und scheide Linearfaktoren aus. Ohne Einschränkung bestehe also $g_i(X)$ nur aus in $K[X]$ irreduziblen Polynomen mit $\deg_X g_i(X) > 1$. Es sei $\Delta = \sum_i \deg_X g_i(X)$.

Man wähle nun eines der $h(X) = g_i(X)$ und konstruiere wie oben $L_1 = K(\alpha) = K[X]/((h(X))$, so dass $h(\alpha) = 0$ wird. Anschließend bette man alle $g_i(X)$ in $K(\alpha)[X]$ ein, faktorisiere in $K(\alpha)[X]$ und scheide Linearfaktoren aus. Es entstehe so eine neue Familie in $L_1[X]$ irreduzibler Polynome $g_j^1(X) \in L_1[X]$.

Dabei wird insbesondere $X - \alpha$ aus $h(X) = g_i(X)$ ausgeschieden, und für die verbleibenden $h_p(X)|h(X)$ mit $h_p(X) \in L_1[X]$ und $\deg_X h_p(X) > 1$ ist $\sum_p \deg_X h_p(X) < \deg_X h(X)$. Eine analoge Überlegung für die übrigen $g_i(X)$ zeigt, dass die Größe Δ beim Übergang zu $(g_j^1(X))$ echt abnimmt.

Man gelangt also nach endlich vielen Schritten zu einem Körper L'/K, in dem jedes $g_i(X)$ in Linearfaktoren zerfallen ist. $\square$

Proposition 2.17.7
Es sei K *ein gegebener Körper. Dann existiert ein Körper* $\bar{K}/K$, *so dass jedes*
Polynom $f(X) \in \bar{K}[X]$ *eine Nullstelle in* $\bar{K}$ *hat.*
Wir nennen $\bar{K}$ *einen* algebraischen Abschluss *von* K.

Beweis. Führe für jedes irreduzible $f(X) \in K[X]$ eine Variable X_f ein und nenne Θ die Menge dieser Polynome.

Es sei $A = K[X_f]_{f \in \Theta}$ und $\mathfrak{m} = (f(X_f))_{f \in \Theta}$. Dann ist $\mathfrak{m} \neq (1)$. Andernfalls wäre für eine endliche Menge $(X_\alpha) \subseteq (X_f)$

$$1 = \sum a_i(X_\alpha) f_i(X_{f_i}) \tag{2.127}$$

in $K[X_\alpha]$. Es sei nun $f_i(\alpha_i) = 0$ mit $\alpha_i \in L'/K$, wobei L'/K der Zerfällungskörper der Familie $(f_i(X))$ ist. Bettet man nun (2.127) in $L'[X_\alpha]$ ein und setzt $X_{f_i} = \alpha_i$, so entsteht der Widerspruch $1 = 0$.

Da $\mathfrak{m} \neq (1)$, gibt es ein maximales Ideal $\mathfrak{n} \supseteq \mathfrak{m}$, und es ist $K_1 = A/\mathfrak{n}$ ein Körper K_1/K.

In K_1 hat jedes irreduzible, also auch jedes Polynom $f(X) \in K[X]$ wenigstens eine Nullstelle.

Konstruiere nun analog zur Konstruktion von K_1/K auch K_2/K_1 und dann eine unendliche Kette $K = K_0 \subseteq K_1 \subseteq K_2 \subseteq \cdots$ von Körpererweiterungen.

Die Menge $\bar{K} = \bigcup_{i \geq 0} K_i$ ist offensichtlich ein Körper mit $K \subseteq \bar{K}$.

Ist irgendein Polynom $f(X) \in \bar{K}[X]$ vorgelegt, so ist dieses schon in einem $K_p[X]$. Also hat es eine Nullstelle in K_{p+1}, also auch in $\bar{K}$. Damit hat jedes Polynom in $\bar{K}[X]$ eine Nullstelle in $\bar{K}$ und zerfällt mithin in $\bar{K}[X]$ in Linearfaktoren. $\qquad\square$

Proposition 2.17.8

Es sei $\bar{K}/K$ der eben konstruierte algebraische Abschluss von K. Weiter sei E/K ein algebraisch abgeschlossener Körper. Dann gibt es wenigstens eine Körpereinbettung $\phi : \bar{K} \to E$ mit $\phi \in \mathrm{Hom}_K(\bar{K}, E)$.

Es sei nun K ein Körper und $f(X) \in K[X]$. Weiter sei E/K ein algebraisch abgeschlossener Körper.

Das Polynom $f(X)$ faktorisiere in $\bar{K}[X]$ als $f(X) = \prod_{i=1}^{r}(X - \lambda_i)^{e_i}$. Es ist dann $K[X]/(f(X)) \otimes_K \bar{K} = \bar{K}[X]/\prod(X - \lambda_i)^{e_i}$, und man hat das Diagramm:

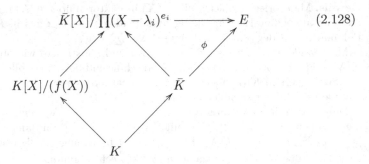

$$\tag{2.128}$$

Aus ihm liest man ab (denn Tensorprodukt in der Kategorie der K-Algebren ist Fasersumme):

$$\mathrm{Hom}_K(\bar{K}[X]/\prod(X - \lambda_i)^{e_i}, E) =$$
$$= \mathrm{Hom}_K(K[X]/(f(X)), E) \times \mathrm{Hom}_K(\bar{K}, E) \tag{2.129}$$

Wählt man ein $\phi \in \mathrm{Hom}_K(\bar{K}, E)$ fest, so ergibt sich eine $1 - 1$-Beziehung:

$$\mathrm{Hom}_K(K[X]/(f(X)), E) \quad \leftrightarrow$$
$$\mathrm{Hom}_\phi(\bar{K}[X]/\prod(X - \lambda_i)^{e_i}, E) \quad \leftrightarrow \quad \{\lambda_1^\phi, \ldots, \lambda_r^\phi\} \quad (2.130)$$

Man erkennt daraus, dass unabhängig von ϕ und E immer

$$\#\mathrm{Hom}_K(K[X]/(f(X)), E) = r \qquad (2.131)$$

ist.

2.17.5 Separabilität

Proposition 2.17.9
Für ein irreduzibles Polynom $f(X) \in K[X]$ ist äquivalent:

a) Es ist $(f(X), f'(X)) = K[X]$.

b) $f(X)$ hat über $\bar{K}[X]$ keine mehrfachen Nullstellen, zerfällt also in lauter verschiedene Linearfaktoren.

Definition 2.17.9
Ein irreduzibles Polynom $f(X) \in K[X]$ heißt *separabel*, falls es die Bedingungen der vorangehenden Proposition erfüllt. ◆

Definition 2.17.10
Es sei L/K eine Körpererweiterung, $\alpha \in L$ und $f(X) = f_\alpha(x) \in K[X]$ sein Minimalpolynom.
   Dann heißt α *separabel über K*, falls $f(X)$ separabel über K ist. ◆

Lemma 2.17.1
Es sei K ein Körper und $f(X) \in K[X]$ ein irreduzibles Polynom. Dann gibt es zwei Möglichkeiten:

1. $\mathrm{char}\, K = 0$ und $f(X)$ ist separabel.

2. $\mathrm{char}\, K = p$ und $f(X) = g(X^{p^m})$ mit $g(X) \in K[X]$, separabel.

Im zweiten Fall ist $f(X)$ genau dann separabel, falls $m = 0$ ist.

Proposition 2.17.10
Es sei L/K mit $[L : K] = n$ eine endliche algebraische Körpererweiterung. Weiter sei $\phi : K \to E$ eine Einbettung in einen algebraisch abgeschlossenen Körper.
   Dann ist $n_s = \#\mathrm{Hom}_\phi(L, E)$ unabhängig von E, und es gilt $n_s \mid n$. Die Größe $n_s = [L : K]_s$ heißt Separabilitätsgrad *von L über K.*

Beweis. Dies folgt aus den beiden nachstehenden Lemmata und der nachstehenden Proposition. □

Lemma 2.17.2
Es seien die Bezeichnungen wie in voriger Proposition und $L = K(\alpha)$. Dann gilt wie in der Proposition $n_s | n$ mit $\text{Hom}_\phi(K(\alpha), E) = n_s$ und mit $n = [K(\alpha) : K]$.

Lemma 2.17.3
Es sei $M/L/K$ ein Turm aus endlichen algebraischen Körpererweiterungen. Dann gibt es eine Abbildung

$$\phi \in \text{Hom}_K(L, E) \mapsto (\text{Hom}_\phi(M, E) \mapsto \text{Hom}_K(M, E)) . \tag{2.132}$$

Umgekehrt entsteht ein Isomorphismus von Mengen:

$$\phi \in \text{Hom}_K(M, E) \mapsto (\psi = \phi|_L \in \text{Hom}_K(L, E), \chi \in \text{Hom}_\psi(M, E)) \tag{2.133}$$

Daraus folgt:

Proposition 2.17.11
Es sei $M/L/K$ eine Folge von Körpererweiterungen mit $[M : L] = m$ und $[L : K] = n$.
Dann ist

$$[M : L]_s [L : K]_s = [M : K]_s . \tag{2.134}$$

Der Separabilitätsgrad ist also multiplikativ in einem Erweiterungsturm.

Definition 2.17.11
Es sei L/K eine Körpererweiterung. Dann ist äquivalent:

a) Alle $\alpha \in L$ sind separabel über K.

b) Es ist $[K(\alpha) : K]_s = [K(\alpha) : K]$ für alle $\alpha \in L$.

c) Es ist $[L' : K]_s = [L' : K]$ für alle endlichen Erweiterungen L'/K mit $L' \subseteq L$.
◆

Definition 2.17.12
Es sei L/K eine Körpererweiterung. Dann heißt L *separabel über* K, falls es die Bedingungen der vorangehenden Proposition erfüllt. ◆

Lemma 2.17.4
Es sei $K(\alpha)/K$ eine separable Körpererweiterung und M/K eine beliebige Körpererweiterung. Dann ist auch $M(\alpha)/M$ eine separable Körpererweiterung.

Beweis. Es sei $f(X) \in K[X]$ das Minimalpolynom von α. Dann ist das Minimalpolynom $g(X) \in M[X]$ von α über M ein Teiler von $f(X)$. Da $f(X)$ keine doppelten Nullstellen hat, gilt dies auch für $g(X)$, und $M(\alpha)$ ist separabel über M. □

Lemma 2.17.5
Es sei L/K eine Körpererweiterung und $\alpha, \beta \in L$, separabel, algebraisch über K. Dann ist auch $K(\alpha, \beta)/K$ separabel.

Beweis. Es ist $K(\alpha, \beta)/K(\alpha)/K$ ein Turm von separablen Körpererweiterungen. □

Proposition 2.17.12
Die Klasse der separablen, algebraischen Körpererweiterungen L/K ist eine ausgezeichnete Klasse.

Beweis. Die Eigenschaften $\mathcal{P}_1$ und $\mathcal{P}_2$ folgen aus Proposition 2.17.11. Es sei nun L/K eine separable, algebraische Erweiterung und M/K eine beliebige Körpererweiterung. $LM = \bigcup_{\alpha \in L} M(\alpha)$, also auch separabel über M. □

Proposition 2.17.13
Es sei L/K eine endliche, separable Körpererweiterung. Dann existiert stets ein $\alpha \in L$ mit $K(\alpha) = L$.

Proposition 2.17.14
Es sei F/K eine endliche separable Körpererweiterung und E/K eine beliebige Körpererweiterung. Weiter sei $F = K(\alpha)$ mit irreduziblem Polynom $f \in K[X]$ und $f(\alpha) = 0$.

In $E[X]$ gilt dann $f(X) = g_1(X) \cdot \cdots \cdot g_r(X)$ mit irreduziblen Polynomen $g_i(X) \in E[X]$. Es sei $L_j = E[X]/(g_j(X)) = E(\alpha_j)$. Dann existiert ein Isomorphismus (von E- oder K-Algebren):

$$F \otimes_K E = L_1 \oplus \cdots \oplus L_r \tag{2.135}$$

und man hat kanonische Injektionen $E \to L_j$ und $F \to L_j$, wobei letztere durch $\alpha \mapsto \alpha_j$ gegeben ist.

Beweis. Da wegen Separabilität von F das Polynom $f(X)$ keine mehrfachen Nullstellen hat, ist die allgemeine Form der Zerlegung $f(X) = g_1(X) \cdot \cdots \cdot g_r(X)$ ohne doppelte irreduzible Faktoren klar.

Nun ist $F \otimes_K E = K[X]/(f(X)) \otimes_K E = E[X]/(f(X))$. Damit folgt die obige Gleichung (2.135) nach dem chinesischen Restsatz.

Die Injektionen $E \to E[X]/(g_j(X))$ sind selbstverständlich. Man betrachte nun die exakte Sequenz $0 \to I \to K[X] \to E[X]/(g_j(X)) \to 0$. Da $E[X]/(g_j(X))$ ein Körper, also Integritätsring, ist, muss I ein Primideal sein. Das Ideal I enthält auf jeden Fall $f(X)$, ein Primelement von $K[X]$ und ist offensichtlich nicht gleich $K[X]$. Also ist $I = (f(X))$, und man hat die Injektion $F = K[X]/(f(X)) \to E[X]/(g_j(X)) = L_j$. □

Proposition 2.17.15
Es sei die Situation der vorigen Proposition für F/K, E/K und den Isomorphismus

$$F \otimes_K E = L_1 \oplus \cdots \oplus L_r$$

sowie den Abbildungen $u_j : F \to L_j$ mit $u_j(\alpha) = \alpha_j$ gegeben.

*Es sei nun $\beta \in F$ ein beliebiges Element und $u_j(\beta) = \beta_j$. Weiter sei $f(X) \in$
$K[X]$ das charakteristische Polynom von β für die Erweiterung F/K. Für ein
β_j sei $g_j(X) \in E[X]$ das charakteristische Polynom von β_j für L_j/E.*
Dann ist $f(X) = g_1(X) \cdot \cdots \cdot g_r(X)$.

Beweis. Es sei $\omega_1, \ldots, \omega_n$ eine K-Basis von F, und es sei $\beta \cdot \omega_i = \sum_j a_i^j \omega_j$. Dann
ist $f(X) = \det((X\delta_i^j - a_i^j))$ das charakteristische Polynom des E-linearen Operators
$z \mapsto \beta z$ auf dem n-dimensionalen E-Vektorraum $F \otimes_K E$.

Dieser E-Vektorraum ist gleich $L_1 \oplus \cdots \oplus L_r$ auf der rechten Seite von (2.135). Wählt
man eine E-Basis η_{ij} mit $(\eta_{ij})_j$ einer E-Basis von L_i, so ist $\beta \eta_{ij} = \beta_i \eta_{ij} = \sum_k a_{ij}^k \eta_{ik}$.
Es ist dann $g_i(X) = \det((X\delta_j^k - a_{ij}^k))$ das charakteristische Polynom von β_i in L_i/E.
In der Basis (η_{ij}) zerfällt die Matrixdarstellung des Operators $z \mapsto \beta z$ also in die
direkte Summe von Matrizen (a_{ij}^k), und damit ist das charakteristische Polynom, auf
diese Weise berechnet, gleich $g_1(X) \cdot \cdots \cdot g_r(X)$. Also, im Vergleich mit der linken
Seite, $f(X) = g_1(X) \cdot \cdots \cdots \cdot g_r(X)$. $\square$

Es folgt also auch:

Korollar 2.17.2
*Für F/K und E/K wie oben mit $F \otimes_K E = L_1 \oplus \cdots \oplus L_r$ und $\beta \in F$ sowie
$u_j : F \to L_j$ und $u_j(\beta) = \beta_j$ gilt:*

$$\mathrm{Norm}_{F|K}(\beta) = \prod_j \mathrm{Norm}_{L_j|E}(\beta_j) \tag{2.136}$$

$$\mathrm{Tr}_{F|K}(\beta) = \sum_j \mathrm{Tr}_{L_j|E}(\beta_j) \tag{2.137}$$

Ist F/K endlich und separabel, mit Einbettungen $\sigma_1, \ldots, \sigma_n : L \to \bar{K}$, so gilt:

Proposition 2.17.16
Für F/K separabel und $\alpha \in F$ ist:

$$\mathrm{Norm}_{L|K}(\alpha) = \prod_i \sigma_i(\alpha), \tag{2.138}$$

$$\mathrm{Tr}_{L|K}(\alpha) = \sum_i \sigma_i(\alpha) \tag{2.139}$$

Beweis. Man betrachte die Zerlegung $F \otimes_K \bar{K} = \bar{K} \oplus \cdots \oplus \bar{K}$ mit n Summanden
rechts. $\square$

2.17.6   Normale Erweiterungen

Proposition 2.17.17
*Es sei L/K eine algebraische Körpererweiterung und $L \subseteq \bar{K}$ fest eingebettet.
Dann ist äquivalent:*

a) Für jede Einbettung $\sigma : L \to \bar{K}$ über K ist $\sigma(L) \subseteq L$.

b) *Für jedes* $\alpha \in L$ *mit Minimalpolynom* $f(X) \in K[X]$ *zerfällt* $f(X)$ *in* $L[X]$ *in Linearfaktoren.*

c) *Jedes irreduzible Polynom* $f(X) \in K[X]$ *mit einer Nullstelle* $\alpha \in L$ *zerfällt in* $L[X]$ *in Linearfaktoren.*

Definition 2.17.13

Erfüllt L/K die Bedingungen der vorstehenden Proposition, so heißt die Erweiterung L/K *normal.* ◆

Proposition 2.17.18

Es gilt:

1. *Es sei* $M/L/K$ *ein Turm von algebraischen Körpererweiterungen und* M/K *normal. Dann ist auch* M/L *normal.*

2. *Es sei* L/K *eine normale, algebraische Körpererweiterung und* M/K *eine belicbigc Körpererweiterung. Dann ist auch* LM/M *eine normale Körpererweiterung.*

Bemerkung 2.17.3

Die normalen Körpererweiterungen sind *keine* ausgezeichnete Klasse. Insbesondere ist für $M/L/K$ mit M/K normal die Erweiterung L/K offensichtlich nicht notwendig normal. Außerdem folgt aus M/L normal und L/K normal *nicht*, dass M/K normal ist.

2.17.7 Duale Basen

Es sei L/K eine endliche separable Körpererweiterung und $\sigma_1, \ldots, \sigma_n : L \to \bar{K}$ die verschiedenen Einbettungen. Wir können nach Obigem annehmen, dass $L = K(\alpha)$ mit einem $\alpha \in L$ dessen Minimalpolynom $f(X) \in K[X]$ sei.

Definieren wir $\langle \alpha, \beta \rangle = \mathrm{Tr}_{L|K}(\alpha\beta)$ für $\alpha, \beta \in L$, so haben wir eine K-Bilinearform $\langle , \rangle : L \to K$ definiert.

Lemma 2.17.6

Es seien $\sigma_1, \ldots, \sigma_n : G \to E^*$ *paarweise verschiedene Homomorphismen einer Gruppe* G *in einen Körper* E. *Dann sind die* $\sigma_1, \ldots, \sigma_n$ *linear unabhängig über* E: *Es gebe* $a_i \in E$ *mit* $\sum a_i \sigma_i(x) = 0$ *für alle* $x \in G$. *Dann ist* $a_i = 0$ *für alle* a_i.

Beweis. Es sei (∗) $S(z) = a_{i_1}\sigma_{i_1}(z) + \cdots + a_{i_r}\sigma_{i_r}(z) = 0$ mit allen $a_{i_\nu} \neq 0$ und r minimal. Wähle $y \in G$ mit $\sigma_{i_1}(y) \neq \sigma_{i_2}(y)$. Betrachte $S(yx) - \sigma_{i_1}(y)S(x) = a'_{i_2}\sigma_{i_2}(x) + \cdots + a'_{i_r}\sigma_{i_r}(x)$ mit $a'_{i_2} \neq 0$. Dies ist eine Abhängigkeitsgleichung wie (∗), aber mit kleinerem r. Der Widerspruch ergibt den Beweis. □

Proposition 2.17.19

Die Bilinearform $\langle,\rangle$ von oben ist nicht ausgeartet.

Beweis. Für eine K-Basis $\omega^1, \ldots, \omega^n$ von L können wir ausrechnen:

$$(\mathrm{Tr}_{L|K}(\omega^i \omega^j)) = (\sigma_k \omega^i)_{ik} \cdot (\sigma_k \omega^j)_{kj} \tag{2.140}$$

Da die $\sigma_1, \ldots, \sigma_n$ nach dem Lemma linear unabhängig über $\bar{K}$ sind, ist $\det(\sigma_p \omega^q)_{pq} \neq 0$ und damit auch $\det(\mathrm{Tr}_{L|K}(\omega^i \omega^j))_{ij} = \det(\sigma_p \omega^q)_{pq}^2 \neq 0$. $\qquad\square$

Es gibt deshalb zu jeder K-Basis $\omega^1, \ldots, \omega^n$ von L eine *duale Basis* $\omega^{1*}, \ldots, \omega^{n*} \in L$ mit $\langle \omega^i, \omega^{j*} \rangle = \delta_{ij}$.

Wie sieht nun die duale Basis von $1, \alpha, \ldots, \alpha^{n-1}$ aus?

Proposition 2.17.20

Mit den obigen Bezeichnungen sei

$$\frac{f(X)}{X - \alpha} = \beta_0 + \beta_1 X + \cdots + \beta_{n-1} X^{n-1}. \tag{2.141}$$

Dann ist

$$\mathrm{Tr}_{L|K}\left(\alpha^i \frac{\beta_j}{f'(\alpha)}\right) = \delta_{ij}. \tag{2.142}$$

Beweis. Man betrachte das folgende Polynom aus $K(X)(z)$:

$$g(z) = \frac{f(X)}{X - z} \frac{z^i}{f(z)} \tag{2.143}$$

Seine möglichen Pole in der Variablen z liegen an den Stellen X und $a_1, \ldots, a_n \in \bar{K}(X)$, wobei wir $f(X) = (X - a_1) \cdot \cdots \cdot (X - a_n)$ setzen. Wir rechnen aus:

$$g(z) = \frac{f(X)}{X - a_p + a_p - z} \frac{(z - a_p + a_p)^i}{\prod_j (z - a_p + a_p - a_j)} =$$

$$= \frac{f(X)}{(X - a_p)\left(1 + \frac{a_p - z}{X - a_p}\right)} \frac{a_p^i + (z - a_p)h(z - a_p)}{(z - a_p)\prod_{j \neq p}(a_p - a_j)\prod_{j \neq p}\left(\frac{z - a_p}{a_p - a_j} + 1\right)}$$

Damit ist also:

$$\mathrm{res}_{z=a_p}\, g(z)\, dz = \frac{f(X)}{X - a_p} \frac{a_p^i}{f'(a_p)}$$

Für $z = X$ formen wir um

$$g(z) = -\frac{f(X)}{z - X} \frac{(z - X + X)^i}{f(z - X + X)} = -\frac{f(X)}{z - X} \frac{X^i + (z - X)h(z - X)}{f(X)\left(1 + \frac{(z-X)q(z-X)}{f(X)}\right)}$$

und lesen unmittelbar

$$\mathrm{res}_{z=X}\, g(z)\, dz = -X^i$$

ab. Mit der Transformation $w = 1/z$ ist

$$g(1/w)d\left(\frac{1}{w}\right) = -\frac{1}{w^2} \frac{f(X)}{X - \frac{1}{w}} \frac{(1/w)^i}{f(1/w)} dw = -\frac{f(X)}{wX - 1} \frac{w^{n-1-i}}{w^n f(1/w)} dw.$$

Da $w^n f(1/w) = 1 + c_1 w + \cdots + c_n w^n$, ist $g(1/w) d(1/w)$ bei $w = 0$ holomorph, also $\mathrm{res}_{z=\infty} g(z) dz = 0$.

Da die Summe der Residuen einer rationalen Funktion in $K(X)(z)$ gleich Null ist, folgt $\mathrm{res}_{z=X} g(z) dz + \sum_p \mathrm{res}_{z=a_p} g(z) dz = 0$, also

$$X^i = \sum_{p=1}^{n} \frac{f(X)}{X - a_p} \frac{a_p^i}{f'(a_p)} = \mathrm{Tr}_{L|K} \left(\frac{f(X)}{(X - \alpha) f'(\alpha)} \alpha^i \right). \qquad (2.144)$$

Damit ist die $\langle \alpha^i, \beta_j \rangle = \delta_{ij}$ nachgewiesen. $\square$

2.17.8   Galoistheorie

Es sei K/k eine endliche, normale und separable Körpererweiterung. Dann faktorisiert jeder k-Homomorphismus $\sigma : K \to \bar{k}$, also ein Homomorphismus mit $\sigma|_k = \mathrm{id}_k$, durch K.

Es ist also $\sigma : K \to K$ ein Körperhomomorphismus über k, also sogar ein Isomorphismus, denn er ist ein injektiver Homomorphismus von Ringen und endlichdimensionalen k-Vektorräumen.

Definition 2.17.14

In der Situation des vorigen Abschnitts ist

$$G = \{\sigma : K \to K \mid \sigma \text{ Ringhomomorphismus mit } \sigma|_k = \mathrm{id}_k\}$$

eine Gruppe, die *Galoisgruppe von K/k*. Wir schreiben auch $G = \mathrm{Gal}_{K/k}$.
$\blacklozenge$

Definition 2.17.15

Eine Körpererweiterung K/k, die normal und separabel ist, heißt *galoissch*.
$\blacklozenge$

Proposition 2.17.21

Es sei K ein Körper, auf dem eine endliche Gruppe G von Körperautomorphismen $\sigma : K \to K$ operiert. Weiter sei

$$K^G = \{x \in K \mid x = x^\sigma \text{ für alle } \sigma \in G\},$$

wobei $x^\sigma = \sigma(x)$ sein soll. Dann ist K/K^G normal und separabel, und es ist $\mathrm{Gal}_{K|K^G} = G$.

Es sei K/k eine endliche galoissche Körpererweiterung und $G = \mathrm{Gal}_{K|k}$ die Galoisgruppe. Dann ist $|G| = \dim_k K = [K : k]$. Weiterhin ist

$$\Phi : H \mapsto K^H = \{x \in K \mid x^\sigma = x \text{ für alle } \sigma \in H\}$$

eine Abbildung von den Untergruppen $H < G$ in die Unterkörper von K, die k umfassen.

Umgekehrt ist für jeden Zwischenkörper $K \supseteq F \supseteq k$ die Erweiterung K/F endlich und galoissch, und die Abbildung

$$\Psi : F \mapsto \mathrm{Gal}_{K/F}$$

ist eine Abbildung von den Zwischenkörpern F in die Untergruppen $H < G$.

Theorem 2.17.1 (Hauptsatz der Galoistheorie)

Die Abbildung Φ ist eine inklusionsumkehrende Bijektion vom Verband der Untergruppen $H < G$ in den Verband der Zwischenkörper $K \supseteq F \supseteq k$. Ihr Inverses ist die Abbildung Ψ.

Es ist dabei $\Phi(H) = K^H$ genau dann galoissch über k, wenn $H \triangleleft G$ ein Normalteiler von G ist, und es ist dann $\mathrm{Gal}_{K^H|k} = G/H$.

2.18   Ganze Ringerweiterungen

Proposition 2.18.1

Es sei B eine A-Algebra und $x \in B$. Dann ist für x äquivalent:

a) *Die Gleichung*

$$x^n + a_1 x^{n-1} + \cdots + a_{n-1} x + a_n = 0 \qquad (2.145)$$

gilt für irgendwelche $a_1, \ldots, a_n \in A$.

b) *Die Unteralgebra $A[x] \subseteq B$ ist ein endlich erzeugter A-Modul.*

c) *Es gibt eine Unteralgebra $C \subseteq B$ mit $x \in C$ und $1 \in C$ sowie C ist endlich erzeugter A-Modul.*

d) *Es gibt einen endlich erzeugten A-Modul M sowie einen A-linearen Homomorphismus*

$$\phi : A[x] \to \mathrm{End}_A(M) \,,$$

und $\phi(A[x])$ operiert treu auf M.

Beweis. Die Implikationen a) $\Rightarrow$ b) $\Rightarrow$ c) $\Rightarrow$ d) sind direkt einzusehen. Bleibt d) $\Rightarrow$ a). Es sei also $M = A\,m_1 + \cdots + A\,m_n$ und

$$\phi(x)\,m_i = \sum a_{ij}\,m_j \,.$$

Also gilt für die Matrix

$$A^x = (a_{ij} - \delta_{ij}\,\phi(x))$$

mit Einträgen in $\mathrm{End}_A(M)$, dass

$$A^x\,(m_1, \ldots, m_r)^t = (0, \ldots, 0)^t \,.$$

Multipliziert man von links mit $(A^x)_{\mathrm{ad}}$ und nennt

$$\chi(T) = T^n + c_1 T^{n-1} + \cdots + c_{n-1} T + c_n = \det(a_{ij} - \delta_{ij} T)$$

das charakteristische Polynom von (a_{ij}), das die Beziehung

$$A^x \,_{\text{ad}} A^x = \chi(\phi(x))E$$

erfüllt, so folgt $\chi(\phi(x))\, m_i = 0$ für alle i, also $\chi(\phi(x))M = 0$. Weiter ist aber $\chi(\phi(x)) = \phi(\chi(x))$, und da $\phi(A[x])$ treu auf M operiert, ist $\chi(x) = 0$. Damit ist aber a) gezeigt.
□

Definition 2.18.1
Es sei B eine A-Algebra, und $x \in B$ erfülle eine der Bedingungen der vorangehenden Proposition. Dann heißt x *ganz über* A.

Sind alle $x \in B$ ganz über A, so heißt B *ganz über* A. ◆

Proposition 2.18.2
Es sei B eine A-Algebra und $x, y \in B$ ganz über A. Dann ist auch $x + y$, $x - y$, $xy \in B$ ganz über A.

Beweis. Es ist $A[y]$ ein endlich erzeugter A-Modul mit $1 \in A[y]$. Also ist $A[x,y]$ ein endlich erzeugter $A[x]$-Modul mit $1 \in A[x,y]$. Da $A[x]$ ein endlich erzeugter A-Modul ist, ist $A[x,y]$ sogar ein endlich erzeugter A-Modul. Da $(x+y)\, A[x,y] \subseteq A[x,y]$, ist $x + y$ ganz über A (nach Proposition 2.18.1 c)). Ebenso $x - y$ und xy. □

Proposition 2.18.3
Es sei C eine B-Algebra und B eine A-Algebra sowie C ganz über B und B ganz über A. Dann ist auch C ganz über A.

Beweis. Es sei $x \in C$. Dann ist $x^n + b_1 x^{n-1} + \cdots + b_n = 0$ mit irgendwelchen $b_i \in B$. Der Ring $C' = A[b_1, \ldots, b_n, x]$ ist ein endlich erzeugter A-Modul mit $1 \in C'$ und $x\, C' \subseteq C'$. Also ist x ganz über A. □

Definition 2.18.2
Es sei B eine A-Algebra. Dann heiße die Gesamtheit der $x \in B$, die ganz über A sind, der *ganze Abschluss von A in B*. Wir schreiben auch $\bar{A}$ für diesen Ring. ◆

Notiz 2.18.1
Nach voriger Proposition ist $\bar{A}$ eine Ringerweiterung von A, es ist $A \subseteq \bar{A} \subseteq B$.

Proposition 2.18.4
Es sei B eine A-Algebra, $x \in B$ und $\mathfrak{a}$ ein Ideal von A. Gegeben seien die Behauptungen:

a) *Die Gleichung*
$$x^n + a_1 x^{n-1} + \cdots + a_{n-1} x + a_n = 0 \tag{2.146}$$
gilt für irgendwelche $a_1, \ldots, a_n \in \mathfrak{a}$.

b) *Es gibt einen endlich erzeugten A-Modul M, einen Homomorphismus*

$$\phi : A[x^m] \to \mathrm{End}_A(M),$$

es operiere $\phi(A[x^m])$ treu auf M, und es gelte

$$x^m\, M \subseteq \mathfrak{a}M\,.$$

c) *Es ist*

$$x \in \sqrt{\mathfrak{a}B}\,.$$

Dann gilt b) $\Leftrightarrow$ a) und a) $\Rightarrow$ c). Ist überdies B ganz über A, so gilt auch c) $\Rightarrow$ a).

Beweis. Um a) $\Rightarrow$ b) einzusehen, setze $M = A[x]$. Es ist dann $x^n \cdot M \subseteq (a_1,\ldots,a_n)\, M$. Da $1 \in M$, operiert $A[x^n]$ treu auf M. Für b) $\Rightarrow$ a) erkennt man aus den Überlegungen von Proposition 2.18.1, dass x^m eine Ganzheitsgleichung mit Koeffizienten aus $\mathfrak{a}$ erfüllt. Also gilt dies auch für x.

Im Fall c) $\Rightarrow$ a) betrachte man $x^n = a_1\, b_1 + \cdots + a_r\, b_r$ und setze $M = A[b_1,\ldots,b_r]$. Es ist dann $x^n M \subseteq (a_1,\ldots,a_r)M$, und x^n operiert wegen $1 \in M$ treu auf M. Also ist wegen b) auch a) erfüllt. $\square$

Definition 2.18.3
Erfüllt in den Bezeichnungen der vorangehenden Proposition x die Bedingung a), so heißt x *ganz über* $\mathfrak{a}$.   ♦

Proposition 2.18.5
Es sei B eine A-Algebra und $x, y \in B$ ganz über $\mathfrak{a}$. Dann ist auch $x + y$, $x - y$, $x\, y \in B$ ganz über $\mathfrak{a}$.

Beweis. Der Ring $B' = A[x, y]$ ist ganz über A, und es ist $x^m \in \mathfrak{a}B'$ sowie $y^n \in \mathfrak{a}B'$. Also ist $(x + y)^{(m+n)} \in \mathfrak{a}B'$ bzw. $(xy)^{\max(m,n)} \in \mathfrak{a}B'$. Also ist $x + y$ bzw. xy nach Proposition 2.18.4 c) ganz über $\mathfrak{a}$. $\square$

Proposition 2.18.6
Es sei $A \subseteq B$ eine ganze Ringerweiterung von Integritätsringen. Dann ist äquivalent:

a) *A ist ein Körper.*

b) *B ist ein Körper.*

Beweis. Es sei A ein Körper und $b \in B$ mit minimaler Ganzheitsgleichung

$$b^m + a_1\, b^{m-1} + \cdots + a_{m-1}\, b + a_m = 0\,,$$

wobei $a_m \neq 0$ ist. Damit ist dann aber auch

$$-a_m^{-1}\left(b^{m-1} + a_1\, b^{m-2} + \cdots + a_{m-1}\right)b = 1$$

und also b in B invertierbar.

Umgekehrt sei B ein Körper, $a \in A$ und $a\, b = 1$. Wieder erfülle b die obige Ganzheitsgleichung. Multiplizieren wir diese mit a^{m-1} durch, so folgt direkt $b \in A$, und A ist als Körper nachgewiesen. $\square$

Proposition 2.18.7

Es sei $\phi : A \to B$ eine ganze Ringerweiterung. Weiter sei $S \subseteq A$ multiplikativ abgeschlossen. Dann ist auch $S^{-1}(\phi) : S^{-1}A \to S^{-1}B$ eine ganze Ringerweiterung.

Insbesondere ist $A_{\mathfrak{p}} \to B_{\mathfrak{p}}$ eine ganze Ringerweiterung für alle $\mathfrak{p} \subseteq A$ prim.

Proposition 2.18.8

Es sei B eine A-Algebra und $\bar{A}$ der ganze Abschluss von A in B. Weiter sei $S \subseteq A$ multiplikativ abgeschlossen. Dann ist

$$(S^{-1}A)^{-} = S^{-1}\bar{A} \subseteq S^{-1}B \, ,$$

wobei links der ganze Abschluss von $S^{-1}A$ in $S^{-1}B$ steht.

Beweis. Ist $b^n + a_1 b^{n-1} + \cdots + a_n = 0$ in B, so ist auch

$$\left(\frac{b}{s}\right)^n + \frac{a_1}{s}\left(\frac{b}{s}\right)^{n-1} + \cdots + \frac{a_n}{s^n} = 0$$

in $S^{-1}B$.

Umgekehrt ist für b/s ganz über $S^{-1}A$ immer eine Ganzheitsgleichung der obigen Form in $S^{-1}B$ hinschreibbar, indem man in der ursprünglichen Ganzheitsgleichung alle a_i/s_i und b/s' zum gemeinsamen Nenner erweitert.

Es ist dann also $(b^n + a_1 b^{n-1} + \cdots + a_n)/s^n = 0$, also $s''(b^n + a_1 b^{n-1} + \cdots + a_n) = 0$ und damit $(s'''^n b)$ ganz über A, also $b/s = (s'''^n b)/(s'''^n s)$ aus $S^{-1}\bar{A}$. $\qquad\square$

Proposition 2.18.9

Es sei $\phi : A \to B$ eine ganze Ringerweiterung und C eine A-Algebra. Dann ist auch $C \to B \otimes_A C$ eine ganze Ringerweiterung.

Beweis. Es sei $x = \sum_{i=1}^{s} b_i \otimes_A c_i \in B \otimes_A C$. Dann ist $C[x] \subseteq A[b_1,\ldots,b_s] \otimes_A C = C'$. Da $A[b_1,\ldots,b_s]$ ein endlich erzeugter A-Modul ist, ist C' ein endlich erzeugter C-Modul und damit x ganz über C. $\qquad\square$

Proposition 2.18.10

Es sei $\phi : A \to B$ eine ganze Ringerweiterung und $\mathfrak{a} \subseteq A$ ein Ideal von A sowie $\mathfrak{b} \subseteq B$ ein Ideal von B. Dann ist auch

1. *$A/\mathfrak{a} \to B/\mathfrak{a}B$ eine ganze Ringerweiterung,*

2. *$A/\phi^{-1}(\mathfrak{b}) \to B/\mathfrak{b}$ eine ganze Ringerweiterung.*

Proposition 2.18.11

Es sei $i : A \subseteq B$ eine ganze Ringerweiterung. Dann gilt:

1. *(Lying-Over) Für jedes Primideal $\mathfrak{p} \subseteq A$ existiert ein Primideal $\mathfrak{q} \subseteq B$ mit $\mathfrak{q} \cap A = \mathfrak{p}$. Man sagt, $\mathfrak{q}$ liegt über $\mathfrak{p}$.*

2. *(Unvergleichbarkeit) Sind $\mathfrak{q}_1 \subseteq \mathfrak{q}_2 \subseteq B$ prim mit $\mathfrak{q}_i \cap A = \mathfrak{p}$, so ist $\mathfrak{q}_1 = \mathfrak{q}_2$.*

Beweis. Lying-Over: Da $B_\mathfrak{p} \supseteq A_\mathfrak{p}$ ganz, kann man $\mathfrak{p}$ maximal annehmen. Es genügt zu zeigen, dass $1 \notin \mathfrak{p}B$. Andernfalls wäre 1 ganz über $\mathfrak{p}$, also $1^r + a_1 1^{r-1} + \cdots + a_r = 0$ mit $a_i \in \mathfrak{p}$, also $1 \in \mathfrak{p}$ Widerspruch.

Unvergleichbarkeit: Wieder ist $B_\mathfrak{p} \supseteq A_\mathfrak{p}$ ganz. Man kann also $\mathfrak{p}$ maximal annehmen. Betrachte dann $B/\mathfrak{q}_1 \supseteq A/\mathfrak{p}$, ganz. Rechts steht ein Körper, also auch links. Also ist $\mathfrak{q}_2/\mathfrak{q}_1 = 0$, also $\mathfrak{q}_2 = \mathfrak{q}_1$. $\qquad\qquad\square$

Mit anderen Worten: Im vorliegenden Fall ist $\mathrm{Spec}\,(B) \to \mathrm{Spec}\,(A)$ surjektiv.

Korollar 2.18.1

Es sei $A \subseteq B$ eine ganze Ringerweiterung. Weiter sei $\mathfrak{p}_2 \supseteq \mathfrak{p}_1$, mit $\mathfrak{p}_i \in \mathrm{Spec}\,(A)$, und $\mathfrak{q}_1 \in \mathrm{Spec}\,(B)$, so dass $\mathfrak{q}_1 \cap A = \mathfrak{p}_1$ ist.

Dann existiert ein Primideal $\mathfrak{q}_2 \supseteq \mathfrak{q}_1$ von B mit $\mathfrak{q}_2 \cap A = \mathfrak{p}_2$.

Korollar 2.18.2 (Going-Up)

Es sei $A \subseteq B$ eine ganze Ringerweiterung, und es sei $\mathfrak{p}_1 \subset \cdots \subset \mathfrak{p}_n$ eine echt aufsteigende Primidealkette in A. Weiter sei $\mathfrak{q}_1 \in \mathrm{Spec}\,(B)$ mit $\mathfrak{q}_1 \cap A = \mathfrak{p}_1$.

Dann existiert eine echt aufsteigende Primidealkette $\mathfrak{q}_1 \subset \cdots \subset \mathfrak{q}_n$ in B, für die $\mathfrak{q}_i \cap A = \mathfrak{p}_i$ ist.

Definition 2.18.4

Es sei A ein kommutativer Ring. Dann heißt A *normal*, falls für alle $\mathfrak{p} \subseteq A$, prim, der Ring $A_\mathfrak{p}$ integer und ganzabgeschlossen in $Q(A_\mathfrak{p})$ ist. $\qquad\qquad\blacklozenge$

Lemma 2.18.1

Es sei A ein Integritätsring. Dann ist A genau dann normal, wenn A in $Q(A)$ ganzabgeschlossen ist.

Proposition 2.18.12

Es sei A ein integrer, faktorieller Ring. Dann ist A normal.

Beweis. Es sei $a/s \in Q(A)$, mit a, s teilerfremd, ganz über A, also

$$\left(\frac{a}{s}\right)^n + a_1 \left(\frac{a}{s}\right)^{n-1} + \cdots + a_n = 0 \, .$$

Multiplizieren mit s^n ergibt $a^n + a_1 s a^{n-1} + \cdots + a_n s^n = 0$. Wegen dieser Beziehung ist offensichtlich jeder Primteiler p von s auch einer von a. Es muss also $s \in A^*$ eine Einheit und $a/s \in A$ sein. $\qquad\qquad\square$

Lemma 2.18.2

Es sei A ein normaler, noetherscher Ring. Dann ist $A = A_1 \times \cdots \times A_r$ mit normalen Integritätsringen A_i.

Beweis. Es seien $\mathfrak{p}_1, \ldots, \mathfrak{p}_r$ die minimalen Primideale von A. Dann ist $\mathfrak{p}_i + \mathfrak{p}_j = 1$, denn für ein maximales Ideal $\mathfrak{m} \supseteq \mathfrak{p}_i, \mathfrak{p}_j$ wäre $A_\mathfrak{m}$ nicht integer.

Außerdem ist $\mathfrak{p}_1 \cap \cdots \cap \mathfrak{p}_r = (0)$. Sei nämlich $x \in \mathfrak{p}_i$ für alle i, und es sei $Ax \subseteq A$ ein von Null verschiedener A-Modul. Dann muss $A_\mathfrak{q} \supseteq (Ax)_\mathfrak{q} \neq 0$ für ein Primideal $x \in \mathfrak{p}_i \subseteq \mathfrak{q} \subseteq A$ sein. Da $(\mathfrak{p}_i)_\mathfrak{q} = 0$, folgt $x/1 = 0$ in $A_\mathfrak{q}$ im Widerspruch zu $(Ax)_\mathfrak{q} \neq 0$. Also $x = 0$.

Aus dem Chinesischen Restsatz folgt nun $A = A/\mathfrak{p}_1 \times \cdots \times A/\mathfrak{p}_r$. $\qquad\qquad\square$

Proposition 2.18.13

Es sei A ein noetherscher Integritätsring, A ganz abgeschlossen in $K = Q(A)$, seinem Quotientenkörper. Dann ist

$$A = \bigcap_{\substack{\mathfrak{p} \subseteq A \\ \mathrm{ht}\,\mathfrak{p}=1}} A_{\mathfrak{p}}.$$

Beweis. Es sei f in allen $A_{\mathfrak{p}}$ mit $\mathrm{ht}\,\mathfrak{p} = 1$ enthalten. Betrachte den A-Modul $M = (A + A\,f)/A$. Ist f nicht von vornherein in A, so gibt es ein $h \in A$ mit $\mathrm{Ann}_M(h\,f) = \mathfrak{q}$ für ein Primideal $\mathfrak{q} \subsetneq A$. Dies folgt aus der Theorie der assoziierten Primideale zum Modul M. Das Ideal $\mathfrak{q}$ ist ungleich (0), enthält also ein Primideal $\mathfrak{p}' \subseteq \mathfrak{q}$ der Höhe 1. Es gilt also

$$\mathfrak{p}'\,h\,f \subseteq A\,.$$

Nun ist aber für $x \in \mathfrak{p}'$ wegen $v_{\mathfrak{p}'}(f) \geqslant 0$ auch $v_{\mathfrak{p}'}(x\,h\,f) > 0$, also $x\,h\,f \in \mathfrak{p}'$. Damit hat man

$$\mathfrak{p}'\,h\,f \subseteq \mathfrak{p}'$$

und also $h\,f$ ganz über A, also $h\,f \in A$, weil A normal. Daraus folgte aber $\mathrm{Ann}_M(h\,f) = A \neq \mathfrak{q}$, so dass doch f von vornherein in A gelegen haben muss. $\qquad\square$

Proposition 2.18.14

Es sei $A \subseteq B$ ganz abgeschlossen und A noethersch. Dann ist auch $A[x] \subseteq B[x]$ ganz abgeschlossen.

Beweis. Es sei $f = b_s\,x^s + \cdots + b_0$ ganz über $A[x]$. Es gibt also eine Gleichung

$$f^m + a_1(x)\,f^{m-1} + \cdots + a_m(x) = 0\,.$$

Also ist jeder Koeffizient $b_{j,r}$ von x^j eines beliebigen f^r als Linearkombination über A von den endlich vielen $b_{j,r'}$ mit $1 \leqslant r' \leqslant m-1$ darstellbar. Insbesondere ist $A[b_s]$ ein endlich erzeugter A-Modul. Damit ist dann b_s ganz über A, also in A. Nun betrachte man $f - b_s\,x^s$, das ebenfalls ganz über $A[x]$ ist. Induktiv folgt, dass alle $b_i \in A$ sind. $\square$

Lemma 2.18.3

Es sei $A \subseteq K = Q(A)$ normal und B/A eine Ringerweiterung mit B integer und $L = Q(B)$. Es sei $b \in B$ ganz über einem Ideal $\mathfrak{a} \subseteq A$, also $f(b) = 0$ mit

$$f(b) = b^m + a_1\,b^{m-1} + \cdots + a_m = 0\,,$$

wobei alle $a_i \in \mathfrak{a}$ sind. Es sei nun

$$g(b) = b^r + w_1\,b^{r-1} + \cdots + w_r = 0$$

das Minimalpolynom von b über K. Dann sind alle $w_i \in \sqrt{\mathfrak{a}}$.

Beweis. Wir führen den algebraischen Abschluss $\bar{L} \supseteq L \supseteq B$ von L über K ein. Dann zerfällt $f(T) = (T - \lambda_1) \cdots (T - \lambda_m)$ in Linearfaktoren über $\bar{L}$. Alle λ_i sind ganz über $\mathfrak{a}$. Nun gilt $g(T) \mid f(T)$ in $K[T]$, weil $g(T)$ ein Minimalpolynom für b ist. Also sind die w_i Polynome in einer Teilmenge der λ_i mit ganzzahligen Koeffizienten. Also sind die w_i ganz über $\mathfrak{a}$. Da A normal, ist dann auch $w_i \in A$, und jedes w_i erfüllt eine Gleichung $w_i^{n_i} + a_{i,1}\,w_i^{n_i-1} + \cdots + a_{i,n_i} = 0$ mit $a_{i,j} \in \mathfrak{a}$. Also auch $w_i \in \sqrt{\mathfrak{a}}$. $\square$

Lemma 2.18.4

Es sei A ein normaler Ring, B ein Integritätsring und $B \supseteq A$ ganz. Weiter sei $\mathfrak{p} \subseteq A$ ein Primideal, und $\mathfrak{q}_1, \ldots, \mathfrak{q}_n$ seien die Primideale von B über $\mathfrak{p}$. Dann ist

$$\sqrt{\mathfrak{p}B} = \mathfrak{q}_1 \cap \cdots \cap \mathfrak{q}_n$$

Beweis. Setzt man $A' = A_{\mathfrak{p}}$ und $B' = B_{\mathfrak{p}}$, so ist $\sqrt{\mathfrak{p}B'} = \mathfrak{q}_1 B' \cap \cdots \cap \mathfrak{q}_n B'$.

Ist also $x \in B$ mit $x \in \mathfrak{q}_1 \cap \cdots \cap \mathfrak{q}_n$, so ist $x/1 \in B'$ auch in $\sqrt{\mathfrak{p}B'}$. Also ist $x/1$ ganz über $\mathfrak{p}A'$, also besteht eine Gleichung

$$\left(\frac{x}{1}\right)^m + \frac{a_1}{s}\left(\frac{x}{1}\right)^{m-1} + \cdots + \frac{a_m}{s^m} = 0$$

mit $a_i \in \mathfrak{p}$ und $s \notin \mathfrak{p}$. Multiplikation mit s^m liefert

$$(sx)^m + a_1(sx)^{m-1} + \cdots + a_m = 0\,.$$

Also ist sx ganz über $\mathfrak{p}$, und nach vorigem Lemma ist das Minimalpolynom von sx gleich

$$(sx)^r + w_1(sx)^{r-1} + \cdots + w_r = 0$$

mit $w_i \in \mathfrak{p}$. Das Minimalpolynom von x sei

$$x^r + v_1 x^{r-1} + \cdots + v_r = 0$$

mit v_i, über die zunächst nur $v_i \in A$ bekannt ist. Multiplikation mit s^r liefert die Gleichung $s^i v_i = w_i$, also auch $v_i \in \mathfrak{p}$. Damit ist x ganz über $\mathfrak{p}$, also $x \in \sqrt{\mathfrak{p}B}$. $\qquad\square$

Proposition 2.18.15 (Going-Down-Theorem)

Es sei A ein normaler Ring, B ein Integritätsring und $B \supseteq A$ ganz. Weiter seien $\mathfrak{p}_1 \subseteq \mathfrak{p}_2$ zwei Primideale von A und $\mathfrak{q}_2 \cap A = \mathfrak{p}_2$ ein Primideal von B über $\mathfrak{p}_2$.

Dann existiert ein Primideal $\mathfrak{q}_1 \subseteq \mathfrak{q}_2$ mit $\mathfrak{q}_1 \cap A = \mathfrak{p}_1$.

Beweis. Wir können annehmen, dass zwischen $\mathfrak{p}_1$ und $\mathfrak{p}_2$ keine weiteren Primideale liegen. Es sei $B' = B_{\mathfrak{q}_2}$. Wir zeigen $\mathfrak{p}_1 B' \cap A = \mathfrak{p}_1$. Es ist dann für ein $f \in \mathfrak{p}_2 \notin \mathfrak{p}_1$ das Ideal $(\mathfrak{p}_1 B')_f$ ungleich dem Einsideal B'_f. Ein Primideal von $(B'/\mathfrak{p}_1 B')_f$ liefert das gesuchte $\mathfrak{q}_1$.

Es sei nun $x \in \mathfrak{p}_1 B' \cap A$. Also $x = b/s$ mit $b \in \mathfrak{p}_1 B$ und $s \notin \mathfrak{q}_2$.

Das Minimalpolynom von b über K ist nach vorigem Lemma 2.18.3.

$$b^r + a_1 b^{r-1} + \cdots + a_r = 0$$

mit Koeffizienten $a_i \in \mathfrak{p}_1$, denn b ist als Element von $\mathfrak{p}_1 B$ ganz über $\mathfrak{p}_1$.

Nun ist $s = b/x$. Sein Minimalpolynom entsteht durch Multiplikation des Polynoms für b mit x^{-r}:

$$(b/x)^r + (a_1/x)(b/x)^{r-1} + \cdots + a_r/x^r = 0, \quad b/x = s$$

Da s ganz über A ist, kann man sein Minimalpolynom auch als

$$s^r + a'_1 s^{r-1} + \cdots + a'_r = 0$$

mit $a'_i \in A$ schreiben. Es ist damit $a'_i = a_i/x^i$, also $a'_i x^i = a_i \in \mathfrak{p}_1$. Wäre jetzt $x \notin \mathfrak{p}_1$, so wäre $a'_i \in \mathfrak{p}_1$ für alle i. Damit wäre s ganz über $\mathfrak{p}_1$, also $s \in \sqrt{\mathfrak{p}_1 B} \subseteq \sqrt{\mathfrak{p}_2 B} \subseteq \mathfrak{q}_2$ im Widerspruch zur Voraussetzung.

Beweis. Einen zweiten, kürzeren Beweis können wir mit Lemma 2.18.4 führen:

Es seien $\mathfrak{q}_{11}, \ldots, \mathfrak{q}_{1n}$ die Primideale von B über $\mathfrak{p}_1$. Wenn $\mathfrak{q}_{1i} \not\subseteq \mathfrak{q}_2$, so gibt es ein $x_i \in \mathfrak{q}_{1i}$ mit $x_i \notin \mathfrak{q}_2$. Dann ist $b = x_1 \cdots \cdots x_n$ ein Element von $B - \mathfrak{q}_2$ mit $b \in \mathfrak{q}_{11} \cap \cdots \cap \mathfrak{q}_{1n}$, also nach dem erwähnten Lemma auch $b \in \sqrt{\mathfrak{p}_1 B} \subseteq \sqrt{\mathfrak{p}_2 B} \subseteq \mathfrak{q}_2$.

Ein solches b kann also nicht existieren, und mithin ist $\mathfrak{q}_{1i} \subseteq \mathfrak{q}_2$ für ein geeignetes i. □

Wir geben im Folgenden noch einen dritten Beweis für das Going-Down-Theorem, der einem anderen Gedankengang folgt.

Lemma 2.18.5

Es sei $B \supseteq A$ eine ganze Ringerweiterung. Die Ringe A, B seien integer mit $Q(A) = K$ und $Q(B) = L$. Weiter sei A normal und L/K endlich, galoissch mit Galoisgruppe $G = \mathrm{Gal}(L : K)$.

Es sei $\mathfrak{b} \subseteq B$ ein Ideal mit $\mathfrak{b}^\sigma \subseteq \mathfrak{b}$ für alle $\sigma \in G$.

Dann ist

$$\mathfrak{b} \subseteq \sqrt{(\mathfrak{b} \cap A)B}.$$

Beweis. Es sei $x \in \mathfrak{b}$ und $G = \{\sigma_1, \ldots, \sigma_r\}$. Dann ist $f(x) = (x - x^{\sigma_1}) \cdots \cdots (x - x^{\sigma_r})$ ein monisches Polynom, dessen Koeffizienten a_i in $\cdots + a_i x^i + \cdots$ unter G invariant sind. Also sind sie aus $K \cap \mathfrak{b}$, also, weil A normal, aus $A \cap \mathfrak{b}$. Damit ist die Aussage gezeigt. □

Proposition 2.18.16

Es sei $B \supseteq A$, $L \supseteq K$ und $G = \mathrm{Gal}(L : K)$ wie im vorigen Lemma. Insbesondere sei A normal.

Es sei $\mathfrak{p} \subseteq A$ prim, und $\mathfrak{q}_1, \ldots, \mathfrak{q}_s$ seien die Primideale von B über $\mathfrak{p}$, also mit $\mathfrak{q}_i \cap A = \mathfrak{p}$.

Dann operiert G transitiv auf den $\mathfrak{q}_i$.

Beweis. Dass $B^G \subseteq B$ und dass $\mathfrak{q}^\sigma$ prim in B für $\mathfrak{q} \subseteq B$ prim und $\sigma \in G$, ist klar.

Betrachte $\mathfrak{b} = \mathfrak{q}_1^{\sigma_1} \cdots \mathfrak{q}_1^{\sigma_r}$ mit den σ_i wie im vorigen Beweis. Dann ist nach vorigem Lemma $\mathfrak{b} \subseteq \sqrt{(\mathfrak{b} \cap A)B} \subseteq \sqrt{\mathfrak{p}B} \subseteq \mathfrak{q}_j$ für jedes $j \geqslant 2$. Also ist mindestens ein $\mathfrak{q}_1^{\sigma_i} \subseteq \mathfrak{q}_j$, also wegen Unvergleichbarkeit diesem gleich. Damit ist alles gezeigt. □

Proposition 2.18.17 (Going-Down-Galois)

Es sei $B \supseteq A$, $L \supseteq K$ und $G = \mathrm{Gal}(L : K)$ wie im vorigen Lemma. Insbesondere sei A normal.

Es seien $\mathfrak{p}' \subseteq \mathfrak{p}$ zwei Primideale von A, und $\mathfrak{q} \subseteq B$ sei ein Primideal mit $\mathfrak{q} \cap A = \mathfrak{p}$.

Dann existiert ein Primideal $\mathfrak{q}' \subseteq \mathfrak{q}$ von B mit $\mathfrak{q}' \cap A = \mathfrak{p}'$.

Beweis. Mit Übergang zu $B_\mathfrak{p}$ und $A_\mathfrak{p}$ kann man, wie üblich, $\mathfrak{p}$ maximal annehmen. Es seien $\mathfrak{q}'_1, \ldots, \mathfrak{q}'_s$ die Primideale von B über $\mathfrak{p}'$. Dann sei $\mathfrak{b} = \prod_{\sigma \in G}(\mathfrak{q}'_1)^\sigma = (\mathfrak{q}'_1 \cdots \mathfrak{q}'_s)^k$ mit $k = r/s$. Weiter ist $\mathfrak{b} \subseteq \sqrt{(\mathfrak{b} \cap A)B} \subseteq \sqrt{\mathfrak{p}'B} \subseteq \sqrt{\mathfrak{p}B} \subseteq \mathfrak{q}$. Also muss wenigstens ein $\mathfrak{q}_1^{\prime\sigma} \subseteq \mathfrak{q}$ sein. Damit ist alles gezeigt. □

Proposition 2.18.18 (Going-Down-Inseparabel)

Es sei $B \supseteq A$ eine ganze Erweiterung von Integritätsringen. Die Erweiterung der Quotientenkörper L/K sei rein inseparabel, char $K = p$ und A normal in K.

Dann gilt:

1. *Über jedem Primideal $\mathfrak{p} \subseteq A$ existiert genau ein Primideal $\mathfrak{q} \subseteq B$ mit $\mathfrak{q} \cap A = \mathfrak{p}$.*

2. *Es seien $\mathfrak{p}' \subseteq \mathfrak{p}$ zwei Primideale von A und $\mathfrak{q}'$, $\mathfrak{q}$ die darüber liegenden Primideale von B. Dann gilt $\mathfrak{q}' \subseteq \mathfrak{q}$.*

Beweis. Es sei $x \in L$. Dann ist $x^{p^m} - z = 0$ für ein $z \in K$. Ist $x \in B$, so ist $z \in B \cap K = A$. Ist $x \in \mathfrak{b}$, dann ist $z \in \mathfrak{b} \cap A \cap K = \mathfrak{b} \cap A$.

Es seien nun $\mathfrak{q}_1$, $\mathfrak{q}_2$ zwei verschiedene Primideale mit $A \cap \mathfrak{q}_i = \mathfrak{p}$. Da sie nicht vergleichbar sind, gibt es $x \in \mathfrak{q}_1 - \mathfrak{q}_2$ und $y \in \mathfrak{q}_2 - \mathfrak{q}_1$.

Nun ist für m geeignet $x^{p^m} \in \mathfrak{q}_1 \cap A = \mathfrak{p}$ und ebenso $y^{p^m} \in \mathfrak{q}_2 \cap A = \mathfrak{p}$. Also $x^{p^m} + y^{p^m} = (x+y)^{p^m} \in \mathfrak{p} \subseteq \mathfrak{q}_i$. Damit ist dann $x + y \in \mathfrak{q}_i$ für $i = 1, 2$, also zum Beispiel auch $x \in \mathfrak{q}_2$ im Widerspruch zur Voraussetzung.

Damit ist 1. gezeigt.

Um 2. einzusehen, wählen wir ein $x \in \mathfrak{q}'$ mit $x^{p^m} \in \mathfrak{q}' \cap A = \mathfrak{p}' \subseteq \mathfrak{p} \subseteq \mathfrak{q}$. Also auch $x \in \mathfrak{q}$, was zu beweisen war. $\qquad\square$

Proposition 2.18.19 (Going-Down)

Es sei $B \supseteq A$ ganz, B, A integer und A normal. Außerdem sei $[Q(B) : Q(A)] = n$ endlich.

Es seien $\mathfrak{p}' \subseteq \mathfrak{p} \subseteq A$ zwei Primideale und $\mathfrak{q} \subseteq B$ ein Primideal mit $\mathfrak{q} \cap A = \mathfrak{p}$. Dann existiert ein Primideal $\mathfrak{q}' \subseteq \mathfrak{q}$ von B mit $\mathfrak{q}' \cap A = \mathfrak{p}'$. Also

Beweis. Es sei $L = Q(B)$ und $K = Q(A)$. Weiter sei $L_1/L/K$ der kleinste Körper der normal über K ist. Ist $G = \mathrm{Aut}_K(L_1)$, so gilt mit $L_i = L_1^G$:

i) L_1/L_i ist galoissch.

ii) L_i/K ist rein inseparabel.

Weiter sei B_i der ganze Abschluss von A in L_i und B_1 der ganze Abschluss von A in L_1. Es ist dann

wobei die Striche für Ganzheitserweiterungen von Ringen stehen.

Es sei nun $\mathfrak{q}_1 \subseteq B_1$ prim mit $\mathfrak{q}_1 \cap B = \mathfrak{q}$. Weiter sei $\mathfrak{q}_i \subseteq B_i$ prim mit $\mathfrak{q}_1 \cap B_i = \mathfrak{q}_i$.
Es ist dann $\mathfrak{q}_i \cap A = \mathfrak{q}_1 \cap B_i \cap A = \mathfrak{q}_1 \cap A = \mathfrak{q}_1 \cap B \cap A = \mathfrak{q} \cap A = \mathfrak{p}$. Also existiert
nach Proposition 2.18.18 ein $\mathfrak{q}_i' \subseteq \mathfrak{q}_i \subseteq B_i$ mit $\mathfrak{q}_i' \cap A = \mathfrak{p}'$.
Weiter existiert nach Proposition 2.18.17 ein $\mathfrak{q}_1' \subseteq \mathfrak{q}_1 \subseteq B_1$ mit $\mathfrak{q}_1' \cap B_i = \mathfrak{q}_i'$. Für
dieses ist $\mathfrak{q}_1' \cap A = \mathfrak{p}'$ und $\mathfrak{q}' = \mathfrak{q}_1' \cap B \subseteq \mathfrak{q}_1 \cap B = \mathfrak{q}$.
Also ist wegen $\mathfrak{q}' \cap A = \mathfrak{q}_1' \cap B \cap A = \mathfrak{q}_1' \cap A = \mathfrak{p}'$ das gesuchte $\mathfrak{q}' \subseteq \mathfrak{q} \subseteq B$ über $\mathfrak{p}'$
gefunden.

$\square$

2.19   Transzendente Körpererweiterungen

Im Folgenden spezialisieren wir den Begriff der Ringerweiterung auf den Fall,
dass die beteiligten Ringe Körper sind.

Definition 2.19.1
Es sei K/k eine Ringerweiterung, und K, k seien zwei Körper. Dann heißt k
Unterkörper und K *Oberkörper* der Erweiterung und die Erweiterung selbst eine
Körpererweiterung.
    Ist K ganz über k, so heißt K *algebraisch* über k.   ◆

Der im Folgenden eingeführte Begriff der algebraischen Unabhängigkeit ist in
manchen seiner Eigenschaften analog zum Begriff der linearen Unabhängigkeit
von Elementen eines Vektorraums.

Definition 2.19.2
Es sei K/k eine Körpererweiterung und $(b_i)_i$ eine Familie von Elementen
von K. Dann heißen die $(b_i)_i$ *algebraisch unabhängig* über k, wenn für alle
$\psi(b_{i_1}, \ldots, b_{i_s}) = 0$ mit $\psi \in k[T_1, \ldots, T_s]$ gilt, dass $\psi = 0$.   ◆

Die folgenden Lemmata sind Analoga zum *Basisaustauschsatz* der linearen Algebra:

Lemma 2.19.1
*Es sei K/k eine Körpererweiterung und $b_1, \ldots, b_n \in K$ algebraisch unabhängig
über k. Weiter erfülle $y \in K$ eine Polynomgleichung $f(y, b_1, \ldots, b_n) = 0$ mit
$f \in k[S, T_1, \ldots, T_n]$, in der b_1 wirklich vorkommt.*
    *Dann ist b_1 algebraisch über $k(y, b_2, \ldots, b_n)$, und $y, b_2, \ldots, b_n$ sind algebraisch
unabhängig über k. Es ist sogar*

$$k(b_1, \ldots, b_n)^- = k(y, b_2, \ldots, b_n)^-.$$

Lemma 2.19.2

Es sei K/k eine Körpererweiterung, $b_1, \ldots, b_n \in K$ algebraisch unabhängig über k. Weiter seien $y_1, \ldots, y_m \in K$ algebraisch unabhängig über k und algebraisch über $k((b_i)_i)$, und es sei $m \leqslant n$. Dann lassen sich die b_i so numerieren, dass

$$y_1, \ldots, y_m, b_{m+1}, \ldots, b_n$$

über k algebraisch unabhängig ist und

$$k(b_1, \ldots, b_n)^- = k(y_1, \ldots, y_m, b_{m+1}, \ldots, b_n)^-$$

gilt.

Eine Transzendenzbasis ist in diesem Sinne analog zur Basis eines Vektorraums.

Definition 2.19.3

Es sei K/k eine Körpererweiterung und $(b_i)_i$ eine Familie von Elementen aus K, algebraisch unabhängig über k, für die K algebraisch über $k((b_i))$ ist.

Dann heißt $(b_i)_i$ *Transzendenzbasis* von K über k.   ◆

Proposition 2.19.1

Es sei K/k eine Körpererweiterung und $K/k((b_i)_i)$ algebraisch für eine endliche Transzendenzbasis $(b_i)_i$ mit n Elementen.

Dann hat jede Transzendenzbasis $(a_j)_j$ mit $K/k((a_j)_j)$ algebraisch auch genau n Elemente.

Man sagt, $\mathrm{tr.\,deg}_k K = n$, der Transzendenzgrad von K über k, ist n.

Eine separierende Transzendenzbasis erlaubt eine Darstellung einer Körpererweiterung ohne Inkaufnahme eines inseparablen algebraischen Anteils:

Definition 2.19.4

Es sei K/k eine Körpererweiterung. Weiter existiere eine Transzendenzbasis $B = (b_i)_i$ mit $b_i \in K$ über k.

Ist dann $K/k((b_i)))$ eine *separable und algebraische* Körpererweiterung, so heißt B eine *separierende Transzendenzbasis* für K über k. Der Körper K heißt dann *separabel erzeugt* über k.   ◆

Vor dem Beweis der beiden folgenden Theoreme brauchen wir einige Hilfsbegriffe. Wir betrachten das Diagramm

$$\begin{array}{ccc} & Kl & \\ \diagup & & \diagdown \\ K & & l \\ \diagdown & & \diagup \\ & k & \end{array} \qquad (2.147)$$

von Körpererweiterungen. In diesem soll l/k algebraisch sein und deshalb Kl wohldefiniert als Teil von K^-, dem algebraischen Abschluss von K.

Definition 2.19.5
In der Situation des vorigen Diagramms heißen K und l *linear disjunkt*, wenn $K \cap l = k$ und die kanonische Abbildung

$$K \otimes_k l \to Kl \qquad\qquad (2.148)$$

ein Isomorphismus ist.   ◆

Bemerkung 2.19.1
Ist $[l : k] = n < \infty$, so sind K und l genau dann linear disjunkt, wenn $[Kl : K] = n$ ist.

Definition 2.19.6
Für einen Körper k mit char $k = p$ bezeichnen wir mit $k^{1/p^\infty} \subseteq \bar{k}$ den von den Lösungen aller Gleichungen $X^{p^r} - z = 0$ mit $r > 0$, ganz, und $z \in k$ erzeugten Unterkörper von $\bar{k}$ ◆

Lemma 2.19.3
In den Bezeichnungen der Definition ist l/k rein inseparabel algebraisch für alle $l \subseteq k^{1/p^\infty}$.

Lemma 2.19.4
Es sei $K = k((a_i))/k$ mit einer Transzendenzbasis (a_i) von K über k. Weiter sei $k \subseteq l \subseteq k^{1/p^\infty}$.

Dann sind K und l linear disjunkt über k.

Beweis. Der Beweis ist eine einfache algebraische Überlegung, die nachweist, dass für

$$\sum g_\alpha((a_i))w_\alpha = 0$$

in $k((a_i))l$ mit $g_\alpha \in k((a_i))$ und $w_\alpha \in l$ auch schon

$$\sum g_\alpha \otimes_k w_\alpha = 0$$

in $k((a_i)) \otimes_k l$ ist.   □

Definition 2.19.7
Es sei K/k eine endlich erzeugte Körpererweiterung. Enthält jedes Erzeugendensystem (b_i) mit $k((b_i)) = K$ eine separierende Transzendenzbasis, so sagen wir, K/k hat *die Eigenschaft G*.   ◆

Bemerkung 2.19.2
Ist für K/k die Charakteristik char $k = p$, so kann das folgende Theorem auf die Erweiterung $Kk^{1/p^\infty}/k^{1/p^\infty}$ des perfekten Körpers k^{1/p^∞} angewandt werden:

Theorem 2.19.1

Es sei K/k eine endlich erzeugte Körpererweiterung und k ein perfekter Körper. Dann enthält jedes Erzeugendensystem $B = (b_i)_i$ eine separierende Transzendenzbasis für K/k.

Die Erweiterung K/k hat also die Eigenschaft G.

Beweis. Es sei $B = (b_i)$ ein endliches Erzeugendensystem von K/k. Dann ist $K/k(B')$ endlich algebraisch für jede aus B ausgewählte Transzendenzbasis $B' \subseteq B$.

Wähle B' so, dass $k(B')^{\mathrm{sep}}$ maximal unter den möglichen B' wird. Dann ist K separabel algebraisch über $k(B')$. Sei nämlich ein $z = b_i \in B \setminus B'$ nicht separabel über $k(B')$ und $\phi(z, b_{i_1}, \ldots, b_{i_s}) = 0$ das irreduzible Minimalpolynom von z über $k(B')$.

Alle Potenzen von z in ϕ sind Potenzen von z^p. Würde dies auch für alle b_{i_ν} gelten, so wäre $\phi = \psi^p$, weil k perfekt, und damit ϕ nicht mehr irreduzibel.

Sei also b_{i_1} nicht nur als Potenz von $b_{i_1}^p$ in ϕ enthalten. Es ist dann notwendigerweise:

$$\frac{\partial \phi}{\partial b_{i_1}} = \psi(z, b_{i_1}, \ldots, b_{i_s}) \neq 0 \tag{2.149}$$

Dies gilt aufgrund der folgenden Überlegung: Ist

$$p_0(b_{i_\nu})z^m + p_1(b_{i_\nu})z^{m-1} + \cdots + p_m(b_{i_\nu}) = 0$$

das irreduzible Minimalpolynom von z über $k(b_{i_\nu})$ und außerdem

$$q_0(b_{i_\nu})z^{m'} + q_1(b_{i_\nu})z^{m'-1} + \cdots + q_{m'}(b_{i_\nu}) = 0$$

ein weiteres Polynom, das auf z, b_{i_ν} verschwindet mit $m' \leqslant m$, so muss $m = m'$ und $q_i = p_i g$, mit einem Quotient von Polynomen $g(b_{i_\nu}) = R/S$, sein. Da R, S teilerfremd sind, teilt S jedes p_i, ist also gleich 1. Damit kann $g(b_{i_\nu})$ immer als Polynom gewählt werden. Insbesondere kann der Grad in b_{i_1} in den q_i nicht abnehmen.

Schreibt man $\phi(T; z, b_{i_2}, \ldots, b_{i_s}) = f(T) \in k(z, b_{i_2}, \ldots, b_{i_s})[T]$, so ist also $f(b_{i_1}) = 0$ und $\partial f / \partial T(b_{i_1}) \neq 0$.

Also ist b_{i_1} keine mehrfache Nullstelle von $f(T)$ und umso mehr keine mehrfache Nullstelle seines Minimalpolynoms $g_{b_{i_1}}(T)$ über $k(z, b_{i_2}, \ldots, b_{i_s})$.

Mit anderen Worten: b_{i_1} ist separabel algebraisch über der Transzendenzbasis $z, B' \setminus \{b_{i_1}\}$. Damit ist ein Element $y \in K$, das separabel über $k(B')$ ist, auch separabel über $k(z, B' \setminus \{b_{i_1}\})$. Betrachte dazu die Kette von Körpererweiterungen:

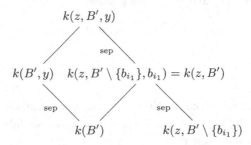

Jeder einzelne markierte Erweiterungsschritt ist rein separabel algebraisch, also auch die ganze Erweiterung.

Damit ist $B'' = z, B' \setminus \{b_{i_1}\}$ aber eine Transzendenzbasis, deren separabler Abschluss echt größer als der von B' ist, da er zusätzlich z enthält. Also ist schon $k(B')^{\text{sep}} = K$.   □

Lemma 2.19.5
Es sei K/k eine endlich erzeugte Körpererweiterung und (b_i) ein endliches Erzeugendensystem mit $K = k((b_i))$. Dann existiert eine endliche, rein inseparable Erweiterung l/k, so dass im Diagramm

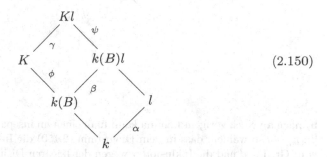

$$(2.150)$$

für eine Teilmenge $B \subseteq ((b_i))$ die Abbildung ψ rein separabel algebraisch ist.

Beweis. Über dem Grundkörper k^{1/p^∞}, der alle p^r-ten Wurzeln aus k enthält, lässt sich nach dem vorangehenden Theorem 2.19.1 eine Auswahl $B \subseteq (b_i)$ finden, die für Kk^{1/p^∞} eine separierende Transzendenzbasis über k^{1/p^∞} darstellt:

$$Kk^{1/p^\infty} \qquad\qquad (2.151)$$
$$\diagdown \beta$$
$$k(B)k^{1/p^\infty}$$
$$\diagdown \alpha$$
$$k^{1/p^\infty}$$

Die Körpererweiterung β ist separabel, so dass jedes b_i separabel über $k(B)k^{1/p^\infty}$ ist. Da in den Abhängigkeitsgleichungen der b_i nur endlich viele Koeffizienten aus k^{1/p^∞} auftauchen, kann man eine Untererweiterung $k \subseteq l \subseteq k^{1/p^\infty}$ mit $[l : k] < \infty$ finden, in der alle diese Koeffizienten vorkommen.

Die b_i sind dann also separabel über $k(B)l$, und es ist $Kl = k((b_i))l$ separabel über $k(B)l$ für diesen über k endlichen Körper l.   □

Proposition 2.19.2
Es sei K/k eine über k endlich erzeugte Körpererweiterung.
   Dann ist äquivalent:

a) *Es gibt eine separierende Transzendenzbasis (a_i) für K über k.*

b) *Für jede endliche Erweiterung l/k mit $l \subseteq k^{1/p^\infty}$ sind die Körper K und l linear disjunkt über k.*

Beweis. a) nach b): Es sei (a_i) die separierende Transzendenzbasis: Man betrachte das untenstehende Diagramm. Es ist $[l : k] = [l : k]_i = d$ und $[k((a_i))l : k((a_i))] = [k((a_i))l : k((a_i))]_i = d$ wegen Lemma 2.19.4.

Da $[K : k((a_i))]_i = 1$ sowie $[Kl : k((a_i))l]_i = 1$ und wegen der Multiplikativität des Inseparabilitätsgrads in Erweiterungstürmen folgt, dass $[Kl : K] = [Kl : K]_i = d$ und mithin nach Bemerkung 2.19.1 K und l linear disjunkt sind:

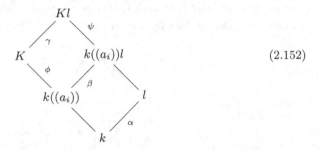

(2.152)

b) nach a): Nach vorigem Lemma kann man eine rein inseparable Erweiterung l/k mit $[l : k] = d$ so wählen, dass in dem Diagramm (2.150) die Inklusion β rein inseparabel vom Grad $\leqslant d$ und die Inklusion γ wegen der linearen Disjunktheit von K und l rein inseparabel vom Grad d ist. Also ist wegen der Multiplikativität von Separabilitäts- und Inseparabilitätsgrad in Körpertürmen auch ϕ separabel vom gleichen Separabilitätsgrad wie ψ. □

Proposition 2.19.3

Es sei K/k eine endlich erzeugte und separabel erzeugte Körpererweiterung. Dann enthält jedes Erzeugendensystem (b_i) mit $K = k((b_i))$ eine separierende Transzendenzbasis für K/k.

Beweis. Wähle nach dem vorigem Lemma 2.19.5 ein passendes l/k, endlich und rein inseparabel, und betrachte das Diagramm (2.150) aus dem Lemma.

Hier ist die Erweiterung α rein inseparabel vom endlichen Grad d. Ebenso ist γ rein inseparabel vom Grad d nach Proposition 2.19.2, da es ja nach Voraussetzung eine separierende Transzendenzbasis für K/k gibt. Die Erweiterung ψ ist rein separabel, die Erweiterung β rein inseparabel vom Grad $\leqslant d$. Also ist ϕ rein separabel vom selben Separabilitätsgrad wie ψ. □

2.20   Gebrochene Ideale

Es sei A ein Integritätsring, $K = Q(A)$ sein Quotientenkörper. Wir wollen im Folgenden A-Untermoduln $I \subseteq K$ betrachten. Es seien zwei solche $I, J \subseteq K$ gegeben.

Dann sind auch $I \cap J$ sowie

$$I + J = \{x + y \mid x \in I, y \in J\}, \tag{2.153}$$

$$I J = \{\sum a_i\, x_i\, y_i \mid a_i \in A, x_i \in I, y_i \in J\}, \tag{2.154}$$

$$(I : J) = \{x \in K \mid x J \subseteq I\} \tag{2.155}$$

wohldefinierte A-Untermoduln von K. Für diese gilt neben $I + J = J + I$ und $I J = J I$ auch

$$I\,(J_1 + J_2) = I\, J_1 + I\, J_2\,. \tag{2.156}$$

Außerdem besteht Verträglichkeit mit der Lokalisierung:

Proposition 2.20.1
Es sei A, I, J wie oben und $S \subseteq A$ eine multiplikativ abgeschlossene Teilmenge von A. Dann ist:

$$S^{-1}(I \cap J) = S^{-1}I \cap S^{-1}J, \tag{2.157}$$

$$S^{-1}(I + J) = S^{-1}I + S^{-1}J, \tag{2.158}$$

$$S^{-1}(I\, J) = (S^{-1}I)\,(S^{-1}J), \tag{2.159}$$

$$S^{-1}(I : J) \subseteq (S^{-1}I : S^{-1}J) \tag{2.160}$$

Die untenstehende Inklusion ist eine Gleichheit, falls J endlich erzeugter A-Modul ist.

Insbesondere ist

$$(I + J)_\mathfrak{p} = I_\mathfrak{p} + J_\mathfrak{p}, \qquad (I\, J)_\mathfrak{p} = I_\mathfrak{p}\, J_\mathfrak{p}, \qquad (I : J)_\mathfrak{p} \subseteq (I_\mathfrak{p} : J_\mathfrak{p})\,. \tag{2.161}$$

Als Spezialisierung der oben allgemein eingeführten A-Untermoduln von K definieren wir:

Definition 2.20.1
Ein A-Modul $I \subseteq K$ heißt *gebrochenes Ideal*, wenn ein $x \in K$ existiert, so dass $x I \subseteq A$ gilt. ◆

Offensichtlich kann man $x \in A$ annehmen. Es gilt dann:

Proposition 2.20.2

Es seien I und J gebrochene Ideale. Dann sind auch

$$I \cap J, \qquad I + J, \qquad I\,J, \qquad (I : J) \qquad (2.162)$$

selbst wieder gebrochene Ideale. Insbesondere ist $(A : I)$ ein gebrochenes Ideal.

Noch spezieller sind die sogenannten *invertierbaren Ideale*:

Definition 2.20.2

Es sei für einen A-Untermodul I von K die Beziehung

$$(A : I)\,I = A$$

erfüllt. Dann heißt I *invertierbares Ideal*.   ◆

Offensichtlich sind invertierbare Ideale auch gebrochene Ideale.

Proposition 2.20.3

Es sei A noethersch. Dann ist für einen A-Untermodul I von K äquivalent:

a) Der Untermodul I ist endlich erzeugt.

b) Der Untermodul I ist ein gebrochenes Ideal.

Proposition 2.20.4

Es sei A ein noetherscher Integritätsring und I ein A-Untermodul von K. Dann ist äquivalent:

a) I ist ein invertierbares Ideal.

b) I ist ein lokal freier, also projektiver A-Modul vom Rang 1.

Beweis. a) nach b): Durch Lokalisieren und Multiplizieren mit geeignetem $a \in A$ können wir annehmen, dass $(A, \mathfrak{m})$ ein lokaler Ring und $I = \mathfrak{a} \subseteq A$ ist. Es sei dann $1 = \sum_{i=1}^{r} x_i a_i$, mit $x_i \in (A : \mathfrak{a})$ und $a_i \in \mathfrak{a}$, eine Darstellung der 1. In ihr können nicht alle $x_i a_i \in \mathfrak{m}$ sein. Also ist oBdA $x_1 a_1 \in A^*$, und wir haben die Darstellung $1 = x_1 u a_1 = x_1 a_1'$ mit $u \in A^*$. Es ist also $x_1 \mathfrak{a} = (1/a_1')\mathfrak{a} = A$, also $\mathfrak{a} = a_1' A \cong A$. Damit ist $\mathfrak{a}$ als freier A-Modul vom Rang 1 nachgewiesen.

Die umgekehrte Implikation ist trivial.   □

2.21   Bewertungsringe

2.21.1   Bewertungen und Normen

Definition 2.21.1

Es sei K ein Körper. Eine Abbildung $|\cdot| \colon K \to \mathbb{R}_{\geq 0}$ mit

i) Es gibt eine Konstante C mit $|1 + x| \leqslant C$ für alle x aus K mit $|x| \leqslant 1$,

ii) $|x\,y| = |x|\,|y|$ für alle x, y aus K,

iii) $|x| = 0$ genau dann, wenn $x = 0$

heißt *(Absolut-)Bewertung auf K*. Ist $|x| = 1$ für alle $x \neq 0$, so heißt $|\cdot|$ *trivial*.

◆

Proposition 2.21.1

Ist in der Definition von $|\cdot|$ die Konstante C gleich 2, so gilt die Dreiecksungleichung

$$|x + y| \leqslant |x| + |y| \tag{2.163}$$

für $x, y \in K$.

Ist C gleich 1, so gilt sogar die ultrametrische Ungleichung

$$|x + y| \leqslant \max(|x|, |y|) . \tag{2.164}$$

Beweis. Es sei $C = 2$. Dann gelten für $x, y \in K$ die Beziehungen:

$$|x + y| \leqslant 2\max(|x|, |y|) , \tag{2.165}$$

$$|x + y| \leqslant 2(|x| + |y|) \tag{2.166}$$

Aus der ersten Beziehung leitet man $|n| \leqslant 4n$ für alle $n \in \mathbb{Z}$ ab. Man betrachte dazu für ein $n > 0$ die Summenzerlegung $n = n_1 + n_2$ mit $n_1 = n_2$ oder $n_2 = n_1 + 1$. Dann ist $|n| \leqslant 2\max(|n_1|, |n_2|)$ Dieselbe Zerlegung wende man rekursiv auf n_1 und n_2 an und gelange somit nach maximal $m = \lceil \log(n)/\log(2) \rceil + 1$ Unterteilungen zu $n_i \leqslant 1$. Die Beziehung für m erkennt man aus der Folge $r_0 = n$ und $r_{i+1} = \frac{1}{2}(r_i + 1)$, wobei $r_i \geqslant n'$ für jeden Teil n' nach der i-ten Unterteilung von n gilt. Es ist explizit $r_i = \frac{n-1}{2^i} + 1$.

Also ist $|n| \leqslant 2^m \leqslant c_1 n$ für ein geeignetes $c_1 < 2^2$, also $|n| < 4n$.

Es ist nun für $N = 2^m$

$$A(x, y, N) = |x + y|^N = \Big|\sum_{i=0}^{N} \binom{N}{i} x^i y^{N-i}\Big| \leqslant 2^{m+1} \sum_{i=0}^{N} \Big|\binom{N}{i}\Big| |x|^i |y|^{N-i} .$$

Die Ungleichung folgt, indem man rekursiv $2^m, 2^{m-1}, 2^{m-2}, \ldots, 2$-lange Teilsummen mit der Beziehung (2.166) auswertet.

Weiter ist

$$B(x, y, N) = (|x| + |y|)^N = \sum_{i=0}^{N} \binom{N}{i} |x|^i |y|^{N-i} .$$

Es ist wegen $|\binom{N}{i}| \leqslant 4\binom{N}{i}$ dann

$$\frac{A(x, y, N)}{B(x, y, N)} \leqslant 2^{m+3} .$$

Also folgt durch Anwendung von $z \mapsto z^{1/N}$.

$$\frac{|x + y|}{|x| + |y|} \leqslant 2^{(m+3)/N} .$$

Geht m, also $N = 2^m$, gegen unendlich, so folgt

$$\frac{|x+y|}{|x|+|y|} \leqslant 1 \,,$$

also die Behauptung.

□

Proposition 2.21.2

Es sei K ein Körper mit zwei Bewertungen $|\cdot|_1$ und $|\cdot|_2$. Dann ist äquivalent:

a) *Die Bewertungen $|\cdot|_1$ und $|\cdot|_2$ erzeugen dieselbe Topologie auf K.*

b) *Es gibt ein $\lambda > 0$ mit $|x|_1 = |x|_2^{\lambda}$ für alle $x \in K$.*

Beweis. Es mögen beide Bewertungen dieselbe Topologie erzeugen. Da x^n in beiden Topologien entweder gegen 0 konvergiert oder nicht und wegen $|x|_i^n = |x^n|_i$ ist äquivalent $|x|_1 < 1$ und $|x|_2 < 1$. Also auch $|x|_1 > 1$ und $|x|_2 > 1$ und damit $|x|_1 = 1$ und $|x|_2 = 1$.

Es sei nun für ein a mit $|a| < 1$ ein $\lambda > 0$ mit $|a|_1 = |a|_2^{\lambda}$ gewählt. Für ein beliebiges $x \in K$ mit $|x|_i < 1$ gibt es dann eine Ungleichung:

$$|a|_1^{n+1} < |x^m|_1 \leqslant |a|_1^n$$

Damit gilt auch $|a|_2^{n+1} < |x^m|_2 \leqslant |a|_2^n$, also:

$$|a|_2^{\lambda(n+1)} < |x^m|_2^{\lambda} < |a|_2^{\lambda n}$$

Ganz links und ganz rechts stehen dieselben Ausdrücke, mithin ist

$$|a|_1 = \frac{|a|_1^{n+1}}{|a|_1^n} < \frac{|x^m|_1}{|x^m|_2^{\lambda}} < \frac{|a|_1^n}{|a|_1^{n+1}} = |a|_1^{-1} \,.$$

Es ist also $c < (|x|_1/|x|_2^{\lambda})^m < 1/c$. Wendet man $z \mapsto z^{1/m}$ an und lässt m gegen Unendlich gehen, so folgt $|x|_1 = |x|_2^{\lambda}$.

Wegen $|x^{-1}| = |x|_i^{-1}$ gilt der Beweis dann auch für alle x.

□

Definition 2.21.2

Es sei K ein Körper. Dann heißen zwei Bewertungen $|\cdot|_1$ und $|\cdot|_2$, die die Bedingungen der vorigen Proposition erfüllen, *äquivalent*.   ◆

Korollar 2.21.1

Jede Bewertung $|\cdot|$ von K ist äquivalent zu einer Bewertung $|\cdot|_1$, für die C gleich 2 in der Definition der Bewertung ist. Also gilt für $|\cdot|_1$ die Dreiecksungleichung.

Definition 2.21.3

Eine Klasse äquivalenter Bewertungen auf K heißt auch *Stelle von K*. Die Menge der Stellen von K werde mit Σ_K abgekürzt.   ◆

Der folgende Satz ist von großer Bedeutung:

Theorem 2.21.1 (Approximationssatz)

Es sei K ein Körper und $|\cdot|_1, \ldots, |\cdot|_n$ paarweise nichtäquivalente Bewertungen von K. Weiter sei $x_1, \ldots, x_n \in K$ und $\varepsilon > 0$ vorgegeben. Dann gibt es ein $x \in K$ mit

$$|x - x_i|_j < \varepsilon$$

für alle $j = 1, \ldots, n$.

Beweis. Wir führen eine Induktion über n durch. Der Satz sei für $n-1$ schon bewiesen. Es sei $w \in K$ mit $|w|_1 > 1$ und $|w|_j < 1$ für $j = 2, \ldots, n-1$. Weiter sei $z \in K$ mit $|z|_1 > 1$ und $|z|_n < 1$.

Nenne dann $b_{1n} = wz^N$ mit einem sehr großen geeigneten N. Dann ist $|b_{1n}|_1 > 1$ sowie $|b_{1n}|_n < 1$, dies gilt für jedes $N > N_0$. Weiterhin ist für $j = 2, \ldots, n-1$ immer entweder $|b_{1n}|_j < 1$ oder $|b_{1n}|_j > 1$. Für $|z|_j > 1$ werde N so groß gewählt, dass $|wz^N|_j > 1$ ist, für $|z|_j < 1$ ist umso mehr $|wz^N|_j < 1$, und für $|z|_j = 1$ ist $|wz^N|_j = |w|_j < 1$.

Nenne nun $c_{1n} = b_{1n}^M/(1 + b_{1n}^M)$. Dann ist $|c_{1n} - 1|_1 < \delta$ und $|c_{1n}|_n < \delta$ und $|c_{1n} - \gamma_j|_j < \delta$ mit γ_j entweder gleich 1 oder gleich 0 für $j = 2, \ldots, n-1$. Dabei werde $\delta > 0$ vorgegeben und $M \gg 0$ passend gewählt.

Definiere nun analog zu c_{1n} beliebige c_{ij}, die bei $|\cdot|_i$ nahe bei 1 und bei $|\cdot|_j$ nahe bei Null sind und bei $|\cdot|_k$, mit $k \neq i, j$, entweder nahe bei 0 oder nahe bei 1 sind.

Nenne dann $z_i = \prod_{l \neq i} c_{il}$. Dann ist $x = \sum_i x_i z_i$ die gesuchte Approximation. $\square$

Für die Bewertungen auf $\mathbb{Q}$ gilt folgender Satz:

Proposition 2.21.3

Es sei $|\cdot|$ eine nichttriviale Bewertung auf $\mathbb{Q}$. Dann ist $|\cdot|$ äquivalent zu

i) dem gewöhnlichen Betrag $|\cdot|$ auf $\mathbb{Q}$ oder zu

ii) der p-adischen Bewertung $|\cdot|_p$, definiert durch $|p^n r/s|_p = 1/p^n$ für p prim und r, s aus $\mathbb{Z}$ teilerfremd untereinander und teilerfremd zu p.

Beweis. Vorbemerkungen: 1. Nach Proposition 2.21.1 kann man durch Übergang zum äquivalenten $|\cdot|^\gamma$ erreichen, dass für $|\cdot|$ die Dreiecksungleichung gilt. Wir nehmen an, dass dies geschehen ist. 2. Wir nennen den normalen, archimedischen Betrag auf $\mathbb{R}$ jetzt auch $|\cdot|_a$ und rufen die Beziehung $||x| - |y||_a \leqslant |x - y|$ in Erinnerung.

Es gebe nun zunächst ein kleinstes $p \in \mathbb{N}$ mit $|p| = \alpha < 1$. Dann ist p notwendigerweise prim. Andernfalls wäre $p = mn$ mit $m, n < p$, also $|m|, |n| \geqslant 1$, also $|p| = |mn| = |m||n| \geqslant 1$. Es sei nun $|2|, \ldots, |p-1| \leqslant C$ für eine Konstante C. Dann ist

$$|a_0 + a_1 p + a_2 p^2 + \cdots + a_k p^k| \leqslant C(1 + \alpha + \alpha^2 + \cdots + \alpha^k) \leqslant$$
$$\leqslant C/(1 - \alpha) = C'.$$

Daraus folgt aber sogar $|x| \leqslant 1$ für alle $x \in \mathbb{Z}$. Da $|x^n| = |x|^n \leqslant C'$ ist notwendig $|x| \leqslant 1$.

Es sei nun $x = qp + r$ mit $0 < r < p$. Dann ist sogar $|x| = 1$. Für $q = 0$ ist dies ja schon gezeigt. Schreibt man nun $x^n = q'p + r'$ mit $0 < r' < p$, so ist $||x|^n - |r'||_a \leqslant |x^n - r'| = |q'p| \leqslant \alpha$. Da $|r'| = 1$, heißt dies nichts anderes als $||x|^n - 1|_a \leqslant \alpha$ für alle ganzen $n > 0$, also $|x| = 1$.

Zusammengefasst erhalten wir

$$|p^n r/s| = |p|^n$$

für r, s ganz und teilerfremd zu p. Damit ist $|\cdot|$ zur oben eingeführten p-adischen Bewertung $|\cdot|_p$ äquivalent.

Es bleibt der Fall $|x| \geqslant 1$ für alle $x \in \mathbb{Z}$. Es sei L das kleinste ganze $L > 0$ mit $|L| = \alpha > 1$.

Wir zeigen, dass dann $L = 2$ sein muss. Ist $L > 2$, so schreibe

$$L^m = a_p (L-1)^p + \cdots + a_0$$

und folgere

$$\alpha^m = |L|^m \leqslant \sum_{\nu=0}^{p} |a_\nu| |L-1|^\nu \leqslant (p+1).$$

Dies ist aber wegen $(L-1)^{\alpha^m - 1} > L^m$ für alle $m \gg 0$ unmöglich.

Wir können also nun $|2| = \alpha > 1$ annehmen. Als nächstes zeigen wir $|K+1| > |K|$ für alle $K \geqslant 1$ per Induktion. Der Fall $K = 1$ wurde eben bewiesen.

Man schreibe an:

$$K^n = \sum_{\nu=0}^{p} a_\nu (K+1)^\nu$$

Es sei $\beta = |K+1|$ und $\alpha = |K| > 1$. Aus $\beta = |K+1| = 1$ würde jetzt wie oben

$$\alpha^n \leqslant \alpha(p+1)$$

folgen, was einen Widerspruch ergibt. Es ist also jedenfalls $\beta > 1$.

Folgere nun aus der Dreiecksungleichung

$$\alpha^n \leqslant \alpha \frac{\beta^{p+1} - 1}{\beta - 1} \leqslant C\beta^p \leqslant C' \beta^{(\log_{K+1}(K))n}.$$

Da $\log_{K+1}(K) = \theta < 1$, muss $\beta > \alpha$ sein.

Ziehe nun zwei beliebige ganze $L, K > 1$ mit $|K| = \alpha$ und $|L| = \beta$ heran und schreibe

$$K^n = \sum_{\nu=0}^{p} a_\nu L^\nu.$$

Es ist dann

$$\alpha^n \leqslant \beta \frac{\beta^{p+1} - 1}{\beta - 1} \leqslant C\beta^p \leqslant C' \beta^{(\log_L K)n}.$$

Es folgt $|K|^{\log L} \leqslant |L|^{\log K}$, also, da $K, L > 1$ beliebig waren,

$$|K|^{\log L} = |L|^{\log K}$$

für alle $L, K > 1$.

Es ist also insbesondere (mit $|2| = \alpha$)

$$|K|^{\log 2} = |2|^{\log K},$$

also

$$|K|^{\log_\alpha 2} = |2|^{\log_\alpha K} = K,$$

also $|K| = K^\gamma$ für alle $K > 0$, ganz. Damit ist auch $|z| = |z|_a^\gamma$ für alle $z \in \mathbb{Q}$. $\qquad\square$

Definition 2.21.4

Es sei E ein Vektorraum über einem bewerteten Körper k mit Bewertung $|\cdot|$.

Dann heißt eine Abbildung $\|\cdot\| \colon E \to \mathbb{R}$ mit

i) $\|x\|= 0$ genau dann, wenn $x = 0$,

ii) $\|\lambda\,x\|= |\lambda|\,\|x\|$ für $x \in E$ und $\lambda \in k$,

iii) $\|x + y\| \leqslant \|x\| + \|y\|$ für $x, y \in E$

eine *Norm auf E*.   ◆

Definition 2.21.5
Es sei E ein Vektorraum über K mit den Normen $\|\cdot\|_1$ und $\|\cdot\|_2$. Dann heißen $\|\cdot\|_1$ und $\|\cdot\|_2$ *äquivalent*, falls sie dieselbe Topologie auf E induzieren.   ◆

Lemma 2.21.1
Zwei Normen $\|\cdot\|_1$ und $\|\cdot\|_2$ auf E sind genau dann äquivalent, falls es zwei reelle Konstanten $C_1, C_2 > 0$ gibt, mit

$$C_1\,\|x\|_1 < \|x\|_2 < C_2\,\|x\|_1 \tag{2.167}$$

für alle $x \in E$.

Bemerkung 2.21.1
Man überlegt sich, dass die so definierte Äquivalenz wirklich eine Äquivalenzrelation unter den Normen auf E definiert.

Theorem 2.21.2
Es sei E ein endlichdimensionaler Vektorraum über dem bewerteten Körper k. Der Körper k sei bezüglich seiner Bewertung vollständig.

Dann sind alle Normen auf E äquivalent, und E ist bezüglich jeder Norm vollständig.

Beweis Wir zeigen, dass eine beliebige Norm $\|\cdot\|$ auf E zu einer beliebigen Norm $\|x\|_\infty$ äquivalent ist, wobei $\|x\|_\infty$ nach Wahl einer Basis $e_1, \ldots, e_n$ durch

$$\|\alpha_1\,e_1 + \cdots + \alpha_n\,e_n\|_\infty = \max(|\alpha_1|, \ldots, |\alpha_n|)$$

definiert ist.

Zunächst einmal ist

$$\|x\| = \|\alpha_1\,e_1 + \cdots + \alpha_n\,e_n\| \leqslant |\alpha_1|\,\|e_1\| + \cdots + |\alpha_n|\,\|e_n\| \leqslant$$
$$L\max(|\alpha_1|, \ldots, |\alpha_n|) = L\|x\|_\infty\,. \tag{2.168}$$

Dabei hängt die Konstante L nur von den $e_1, \ldots, e_n$ und von n ab.

Es bleibt zu zeigen, dass auch eine Konstante C existiert, mit $C\|x\|_\infty < \|x\|$. Für eindimensionale Vektorräume ist dies wegen $\|\alpha\,x\| = |\alpha|\|x\|$ klar.

Es sei nun wieder $e_1, \ldots, e_n$ eine Basis von E und für Dimensionen kleiner n die Aussage über die Äquivalenz aller Normen bereits gezeigt.

Betrachte nun alle $x = \alpha_1\,e_1 + \cdots + \alpha_n\,e_n$. Wenn wenigstens ein α_i gleich Null ist, so gehört x den n verschiedenen $(n-1)$-dimensionalen Vektorräumen $\alpha_i = 0$ an, die wir ab jetzt auch mit E_i abkürzen.

In jedem gibt es ein C_i mit $C_i \|x\|_\infty < \|x\|$, also auch ein universales C mit $C\|x\|_\infty < \|x\|$ für alle x, die der Vereinigung dieser n Teilräume angehören.

Können wir für die verbleibenden x auch ein K mit $K\|x\|_\infty < \|x\|$ finden, ist natürlich auch ein C' vorhanden mit $C'\|x\|_\infty < \|x\|$ für alle $x \in E$.

Es sei also $x = \alpha_1 e_1 + \cdots + \alpha_n e_n$ und alle $\alpha_i \neq 0$.

Wir rechnen

$$\|\sum \alpha_i e_i\| = \|\sum \alpha_i e_i + \sum_{i=2}^n \alpha_1 \beta_i e_i - \sum_{i=2}^n \alpha_1 \beta_i e_i\| =$$

$$\|\alpha_1 (e_1 + \sum_{i=2}^n \beta_i e_i) + \sum_{i=2}^n (\alpha_i - \alpha_1 \beta_i) e_i\| . \quad (2.169)$$

Dabei sind die β_i zunächst freie Parameter, die wir jetzt als $\beta_i = \alpha_i/\alpha_1$ wählen. Damit setzt sich die Rechnung fort als

$$\|\alpha_1 (e_1 + \sum_{i=2}^n \beta_i e_i) + \sum_{i=2}^n (\alpha_i - \alpha_1 \beta_i) e_i\| =$$

$$\|\alpha_1 (e_1 + \sum_{i=2}^n \beta_i e_i)\| = |\alpha_1| \|(e_1 + \sum_{i=2}^n \beta_i e_i)\| . \quad (2.170)$$

Wir müssen jetzt noch zeigen, dass für ein $c_1 > 0$ und beliebige β_i stets $\|(e_1 + \sum_{i=2}^n \beta_i e_i)\| > c_1$ bleibt. Andernfalls gäbe es ja eine Folge z_n im Untervektorraum $\alpha_1 = 0$ mit $\|e_1 + z_n\| \to 0$. Diese z_n wären dann eine Cauchy-Folge in E_1 bezüglich der eingeschränkten $\|\cdot\|$.

Kraft Induktion ist auf E_1 die eingeschränkte Norm $\|\cdot\|$ mit der Norm $\|\cdot\|_\infty$ äquivalent und damit auch, wie man sich leicht überlegt, E_1 ein vollständiger Vektorraum bezüglich beider Normen. Also würde die Folge z_n gegen ein $z \in E_1$ konvergieren, und es müsste dann $\|e_1 + z\| = 0$, also $e_1 + z = 0$ sein. Das widerspräche aber der linearen Unabhängigkeit der e_i.

Also existiert das gewünschte c_1 und man hat

$$\|\sum \alpha_i e_i\| > |\alpha_1| c_1 . \quad (2.171)$$

Stellt man dieselben Überlegungen mit $\alpha_2, \ldots, \alpha_n$ anstelle von α_1 an und benennt die entstehenden Konstanten $c_2, \ldots, c_n$, so folgt aus der Vereinigung der entsprechenden Ungleichungen (2.171) die gewünschte Aussage:

$$\|\sum \alpha_i e_i\| > \max(|\alpha_1|, \ldots, |\alpha_n|) K = \|\sum \alpha_i e_i\|_\infty K$$

Damit ist der Beweis dann erbracht. $\qquad\qquad\qquad\qquad\qquad\qquad\qquad\qquad\qquad\quad \square$

2.21.2 Bewertungen

Definition 2.21.6

Es sei R ein Integritätsring und $v : R \to \Gamma \cup \{\infty\}$ eine Abbildung in eine angeordnete abelsche Gruppe $(\Gamma, <)$ vereinigt mit einem Symbol ∞. Dann heißt v *(Exponential-)Bewertung*, falls

i) für $0 \in R$ die Beziehung $v(0) = \infty$ gilt,

ii) für $x, y \in R\setminus\{0\}$ die Beziehungen

$$v(xy) = v(x) + v(y) \tag{2.172}$$

$$v(x + y) \geqslant \min(v(x), v(y)) \tag{2.173}$$

gelten.

♦

Bemerkung 2.21.2
In einem Ring R mit Bewertung $v : R \to \Gamma$ ist die Menge $R' = \{x \in R \mid v(x) \geqslant 0\}$ ein Unterring mit maximalem Ideal $\mathfrak{m}_{R'} = \{x \in R \mid v(x) > 0\}$.

Definition 2.21.7
Ist in den Bezeichnungen der vorangehenden Bemerkung $R = R'$, so ist R ein *Bewertungsring* mit *Bewertungsgruppe* Γ. ♦

Bemerkung 2.21.3
Die Bewertung $v : R \to \Gamma$ dehnt sich vermöge $v(x/y) = v(x) - v(y)$ eindeutig auf $K = Q(R)$ aus.

Proposition 2.21.4
Ein Integritätsring R ist genau dann Bewertungsring mit Quotientenkörper K, falls für $x \in K^*$ gilt, dass für $x \notin R$ immer $x^{-1} \in R$ ist.

Beweis. Es sei entweder x oder x^{-1} in R. Die Wertegruppe Γ ist dann $\{x\,R \mid x \in K\}$ mit $x\,R + y\,R = xy\,R$ und $x\,R \geqslant y\,R$ für $x\,R \subseteq y\,R$.
   Die Umkehrung folgt aus $R = \{x \in K \mid v(x) \geqslant 0\}$ und $v(x) + v(x^{-1}) = v(1) = 0$. □

Proposition 2.21.5
Es sei R ein Bewertungsring, und $\mathfrak{a}, \mathfrak{a}' \subseteq R$ seien zwei Ideale von R. Dann ist stets entweder $\mathfrak{a} \subseteq \mathfrak{a}'$ oder $\mathfrak{a}' \subseteq \mathfrak{a}$.

Korollar 2.21.2
Ein Bewertungsring R ist ein lokaler Ring $(R, \mathfrak{m})$.

Proposition 2.21.6
Es sei $R \subseteq K$ ein Bewertungsring mit Quotientenkörper K. Dann ist R in K ganz abgeschlossen.

Beweis. Es sei $x \in K - R$ ganz über R, also $x^n + a_1 x^{n-1} + \cdots + a_n = 0$ mit $a_i \in R$. Da $x^{-1} \in R$, folgt nach Multiplikation mit $x^{-(n-1)} \in R$ auch $x \in R$ im Widerspruch zur Annahme. □

Definition 2.21.8
Es sei K ein Körper, und es seien $(R, \mathfrak{m}_R)$ und $(S, \mathfrak{m}_S)$ zwei lokale Teilringe, die in K liegen. Dann sei $S \geqslant R$, falls $S \supseteq R$ und $\mathfrak{m}_S \cap R = \mathfrak{m}_R$.
   Wir sagen: S *dominiert* R und schreiben $S \geqslant R$. ♦

Lemma 2.21.2

Es sei K ein Körper und $(A, \mathfrak{m})$ ein lokaler Unterring sowie $x, x^{-1} \in K$. Dann ist niemals gleichzeitig $\mathfrak{m}A[x] = (1)$ und $\mathfrak{m}A[x^{-1}] = (1)$.

Beweis. Es folgt aus $\mathfrak{m}A[x] = (1)$, dass x^{-1} ganz über $\mathfrak{m}$ ist, und aus $\mathfrak{m}A[x^{-1}] = (1)$, dass x ganz über $\mathfrak{m}$ ist. Also wäre bei Nichteintreten der Folgerung x und x^{-1} ganz über $\mathfrak{m}$. Damit auch $1 = x\,x^{-1}$ ganz über $\mathfrak{m}$. Also $1 + m_1 + \cdots + m_r = u = 0$, was unmöglich ist, da $u \in A^*$.   □

Aus diesem Lemma ergibt sich mit einer einfachen Überlegung

Theorem 2.21.3

Es sei K ein Körper und $(\mathcal{L}(K), \leqslant)$ die Menge seiner lokalen Unterringe geordnet mit $\leqslant$ bezüglich der Dominierungseigenschaft. Dann sind die maximalen Elemente von $\mathcal{L}(K)$ genau die Bewertungsringe $(R, \mathfrak{m}) \subseteq K$.

Theorem 2.21.4

Es sei K ein Körper und $A \subseteq K$ ein Unterring. Dann ist der ganze Abschluss $\bar{A}$ von A in K gleich dem Schnitt aller Bewertungsringe $R \subseteq K$ mit $R \supseteq A$.

2.21.3   Diskrete Bewertungsringe

Definition 2.21.9

Ein Bewertungsring R, der zugleich Hauptidealring ist, heißt *diskreter Bewertungsring.*   ◆

Ein solcher Ring ist also ein lokaler Integritätsring $(R, \mathfrak{m}_R)$ mit $\mathfrak{m}_R = (x)$.

Für seinen Quotientenkörper $K = Q(R)$ gilt, dass jedes $y \in K$ sich eindeutig als $y = u\,x^e$ mit $u \in R^*$ und $e \in \mathbb{Z}$ schreiben lässt. Die Bewertung

$$v : R \to \mathbb{Z}$$

ist dann $v(u\,x^e) = e$.

Proposition 2.21.7

Es sei R ein noetherscher, lokaler Integritätsring, eindimensional und ganz abgeschlossen in seinem Quotientenkörper. Dann ist R ein diskreter Bewertungsring.

Beweis. Es genügt zu zeigen, dass für $x, y \in \mathfrak{m} - (0)$ entweder $(x) \subseteq (y)$ oder $(y) \subseteq (x)$ gilt. Seien also zwei x, y gegeben, für die $(x) \nsubseteq (y)$ und $(y) \nsubseteq (x)$ ist.

Wir betrachten $(x, y) \supsetneq (y)$. Da $\mathrm{Ass}\,R/(y) = \mathfrak{m}$, gibt es ein $a \in R$, so dass $\mathrm{Ann}_{A/(y)}(a\,x) = \mathfrak{m}$. Dieses $a\,x$ ist damit nicht in (y), da sonst $1 \in \mathfrak{m}$ wäre. Weiter ist für alle $m \in \mathfrak{m}$ niemals $m\,a\,x = u\,y$ mit $u \in R^*$, da dies $y = a'x$ nach sich zöge. Also $a\,x\,\mathfrak{m} \subseteq \mathfrak{m}y$, also $(a\,x)/y\,\mathfrak{m} \subseteq \mathfrak{m}$.

Da $\mathfrak{m}$ endlich erzeugter R-Modul, R ganzabgeschlossen in $Q(R)$ und integer ist, folgt $a\,x/y \in R$. Das bedeutet aber $a\,x \in (y)$ im Widerspruch zu der oben festgestellten Unmöglichkeit.   □

2.22　Affine Algebren

2.22.1　Allgemeines

Definition 2.22.1

Eine *affine A-Algebra S über einem Ring A* ist ein homomorphes Bild eines Polynomrings

$$R = A[X_1, \ldots, X_n],$$

also $S = R/I$ für ein Ideal $I \subseteq R$. Man schreibt auch einfach $S = A[x_1, \ldots, x_n]$ mit $x_\nu = X_\nu + I$.

Ist I insbesondere ein Primideal, so ist S eine integre, affine A-Algebra.
◆

Im Folgenden bezeichne k als Ring immer einen Körper.

Proposition 2.22.1 (Noetherscher Normalisierungssatz)

Es sei B eine affine k-Algebra. Dann lassen sich in B Elemente x_1, x_2, ..., x_n wählen, so dass

  i) die Elemente $x_1, \ldots, x_n$ über k algebraisch unabhängig sind,

  ii) der Ring B ganz über $A = k[x_1, \ldots, x_n] \cong k[X_1, \ldots, X_n]$ ist.

Insbesondere ist $B = A\,y_1 + \cdots + A\,y_s$ mit y_i, die ganz über A sind.

Beweis. Es sei $k[x_1, \ldots, x_p, x_{p+1}] = B$. Sind alle x_i algebraisch unabhängig, ist man fertig. Andernfalls gilt eine algebraische Gleichung

$$f(x_{p+1}, x_1, \ldots, x_p) = 0$$

mit

$$f(X_{p+1}, X_1, \ldots, X_p) = \sum a_{d, i_1, \ldots, i_p} X_{p+1}^d X_1^{i_1} \cdots X_p^{i_p}.$$

Nun substituiert man für $i = 1, \ldots, p$ das Element $x_i' = x_i - x_{p+1}^{D^i}$ sowie $x_{p+1}' = x_{p+1}$. Es ist dann $k[x_1, \ldots, x_{p+1}] = k[x_1', \ldots, x_{p+1}']$.

Substituiert man entsprechend für die Variablen in f, so geht jedes Monom in f in ein Polynom in $X_{p+1}', X_1', \ldots, X_p'$ über. Dieses hat für genügend großes D als Monom höchsten Grades das Monom $X_{p+1}'^{d + i_1 D + i_2 D^2 + \cdots + i_p D^p}$. Alle anderen Monome, also jene, die auch noch eines der $X_1', \ldots, X_p'$ enthalten, nehmen X_{p+1}' in der Form $X_{p+1}'^{d + j_1 D + j_2 D^2 + \cdots + j_p D^p}$ auf, wobei wenigstens ein $j_\nu < i_\nu$ ist.

Wählt man nun D größer als das größte in f vorkommende i_ν, d, so wird f nach obiger Substitution zu einem in X_{p+1}' monischen Polynom g in $X_1', \ldots, X_p', X_{p+1}'$. Für dieses gilt nach Konstruktion: $g(x_1', \ldots, x_p', x_{p+1}') = 0$.

Damit ist B ganz über $k[x_1', \ldots x_p']$. Induktiv schließt man weiter, bis alle $x_1, \ldots, x_{p+1}$ algebraisch unabhängig sind.　□

Proposition 2.22.2 (Erweiterter noetherscher Normalisierungsatz)

Es sei

$$B = A[b_1, \ldots, b_n] \supset A$$

eine Inklusion integrer noetherscher Ringe.

Dann existiert ein $a \in A$, so dass eine Kette von Ringinklusionen

$$A_a \subseteq A_a[x_1, \ldots x_s] \subseteq B_a$$

besteht, in der die $x_i \in B$ algebraisch unabhängig über A_a sind und B_a ganz über $A_a[x_1, \ldots, x_s]$ ist.

Beweis. Man betrachte $B \otimes_A K \supset K$, wobei $K = Q(A)$ der Quotientenkörper von A ist. Nach dem gewöhnlichen Normalisierungssatz existieren $x_1, \ldots, x_s \in B \otimes_A K$, so dass jedes $b_i/1 \in B \otimes_A K$ ganz über $K[x_1, \ldots, x_s]$ ist und die $x_1, \ldots, x_s$ algebraisch unabhängig über K sind. Wir können offensichtlich die x_i sogar aus B wählen, so dass jedes $b_i/1$ als Element von $B \otimes_A K$ eine monische Gleichung $f_i \in A_{a_i}[x_1, \ldots, x_s][T]$ erfüllt.

Setzt man nun $a = a_1 \cdots a_n$ und $B' = A[x_1, \ldots, x_s]$, so ist $b_i/1$ ganz über B'_a in B_a und damit B_a ganz über B'_a. Die x_i sind algebraisch unabhängig über A_a, da sie es sogar über K sind. $\square$

2.22.2 Hilbertscher Nullstellensatz

Definition 2.22.2
In einem Ring A sei für jedes $\mathfrak{p} \subseteq A$, prim,

$$\mathfrak{p} = \bigcap_{\substack{\mathfrak{m} \supseteq \mathfrak{p} \\ \mathfrak{m} \text{ maximal}}} \mathfrak{m} \tag{2.174}$$

erfüllt.

In diesem Fall nennen wir A einen *Jacobson-Ring*. ◆

Wir können diese Bedingung auch schreiben als $\mathrm{Rad}_{A/\mathfrak{p}} = 0$ für alle $\mathfrak{p} \in \mathrm{Spec}(A)$.

Korollar 2.22.1
Ist A ein Jacobson-Ring, so sind auch alle Quotienten $A/\mathfrak{a}$ Jacobson-Ringe.

Lemma 2.22.1
Es sei A ein integrer Jacobson-Ring und A_a ein Körper. Dann ist schon A ein Körper.

Beweis. Es sei (0) nicht das maximale Ideal von A. Dann ist a nicht in allen maximalen Idealen von A enthalten, denn sonst wäre $a \in \bigcap \mathfrak{m} = (0)$. Sei also $a \notin \mathfrak{m} \neq 0$. Dann ist $\mathfrak{m}_a$ ein Primideal von A_a größer (0). Also wäre A_a kein Körper. $\square$

Lemma 2.22.2 (Lemma J)
Es sei A ein Jacobson-Ring und $B = A[t_1, \ldots, t_r]$ ein Polynomring über A. Weiter sei $\mathfrak{m} \subseteq B$ maximal und $\mathfrak{p} = A \cap \mathfrak{m}$. Dann ist auch $\mathfrak{p}$ maximal, und es ist $B/\mathfrak{m}$ ganz über $A/\mathfrak{p}$.

Beweis. Wir können A durch $A/\mathfrak{p}$ sowie B durch $B/\mathfrak{m}$ ersetzen und damit A als integer und B als Körper annehmen.

Nach dem erweiterten noetherschen Normalisierungssatz gibt es ein $a \in A$, so dass $B = B_a$ ganz über dem Polynomring $A_a[u_1, \ldots, u_r]$ ist. Da B_a ein Körper ist, ist es auch $A_a[u_1, \ldots, u_r]$. Damit muss $r = 0$ sein und $B = B_a$ schon ganz über dem Körper A_a. Nach vorigem Lemma ist dann schon A ein Körper und B ganz über A. $\qquad\square$

Theorem 2.22.1

Es sei A ein Jacobson-Ring und $B = A[t]$ der Polynomring über A in t. Dann ist auch B ein Jacobson-Ring.

Beweis. Es sei $\mathfrak{q}$ ein Primideal von B und $\mathfrak{p} = \mathfrak{q} \cap A$. Man ersetze B durch $B/\mathfrak{p}[t]$ und A durch $A/\mathfrak{p}$. Es sind dann B und A Integritätsringe. Es sei nun $f(t) \in B$, aber $f(t) \notin \mathfrak{q}$. Wir wollen ein maximales Ideal $\mathfrak{n} \supseteq \mathfrak{q}$ von B finden, für das $f(t) \notin \mathfrak{n}$ ist.

Betrachte den Ring $C = A[t]_{f(t)} = A[t, y]/(f(t)y - 1) = R/(f(t)y - 1)$. Er ist ungleich Null, denn $f(t) \neq 0$ und B integer. Es sei $\mathfrak{q}' = \mathfrak{q}_{f(t)}$ das Bild von $\mathfrak{q}$ in C und $\mathfrak{n}'$ ein maximales Ideal von C über $\mathfrak{q}'$ sowie $\mathfrak{n}''$ sein Bild in R. Es ist dann nach vorigem Lemma auch $\mathfrak{n}'' \cap A = \mathfrak{n}' \cap A = \mathfrak{m}$ maximal. Nenne weiter $\mathfrak{n}' \cap B = \mathfrak{n}$. Man hat ein Diagramm:

Nach dem vorigen Lemma ist außerdem $C/\mathfrak{n}' = A[t, y]/\mathfrak{n}''$ ganz über $A/\mathfrak{m}$, also auch $B/\mathfrak{n}$. Also ist $B/\mathfrak{n}$ ein Körper und $\mathfrak{n}$ nicht nur prim, sondern auch maximal in B. Nach Konstruktion ist $\mathfrak{n} \supseteq \mathfrak{q}$ und $f(t) \notin \mathfrak{n}$. $\qquad\square$

Da jeder Körper k und der Ring der ganzen Zahlen $\mathbb{Z}$ Jacobson-Ringe sind, gilt:

Korollar 2.22.2

Jede affine Algebra $k[t_1, \ldots, t_r]$ sowie $\mathbb{Z}[t_1, \ldots, t_r]$ ist ein Jacobson-Ring.

Proposition 2.22.3 (Hilbertscher Nullstellensatz)

Es sei k ein Körper und $A = k[t_1, \ldots, t_r]$ ein Körper über k. Dann ist A ganz über k.

Beweis. Es ist $A = k[T_1, \ldots, T_r]/\mathfrak{m} = B/\mathfrak{m}$ eine affine Algebra über dem Jacobson-Ring k mit $\mathfrak{m} \cap k = (0)$. Also ist nach Lemma J sogar $A = B/\mathfrak{m}$ ganz über k. $\qquad\square$

2.22.3 Ganzer Abschluss

Die folgenden Propositionen beschäftigen sich mit dem überaus wichtigen Satz, dass der ganze Abschluss eines affinen Integritätsbereichs A in einer endlichen Erweiterung L/K seines Quotientenkörpers $K = Q(A)$ wieder ein endlicher A-Modul und damit auch ein affiner Integritätsbereich ist.

Proposition 2.22.4

Es sei $A \subseteq K = Q(A)$ ein ganzabgeschlossener noetherscher Ring in seinem Quotientenkörper K. Weiter sei $[L : K] = n$ eine endliche, separable Körpererweiterung und $B \subseteq L$ der ganze Abschluss von A in L.

Dann ist B ein endlich erzeugter A-Modul, also B/A eine endliche Abbildung von Ringen.

Beweis. Es ist $L = B \otimes_A K$. Es gibt deshalb $b_1, \ldots, b_n \in B$, linear unabhängig über K mit $Kb_1 + \cdots + Kb_n = L$. Da L/K separabel, haben wir eine nichtausgeartete K-Bilinearform $(x_1, x_2) \mapsto \mathrm{Tr}_{L:K}(x_1 \cdot x_2) = \langle x_1, x_2 \rangle$ für $x_1, x_2 \in L$. Es sei nun $b_i^* \in L$ definiert durch $\langle b_i^*, b_j \rangle = \delta_{ij}$. Es ist dann $b = \sum_i \langle b_i, b \rangle \, b_i^*$, wie man durch Ausrechnung von $\langle b, b_k \rangle$ auf der rechten und auf der linken Seite erkennt. Da alle $\langle b_i, b \rangle \in A$ sind (sie sind ganz über A und in K), folgt $B \subseteq Ab_1^* + \cdots + Ab_n^*$. Da A noethersch ist, ist B endlich erzeugter A-Modul als Untermodul eines solchen. $\quad\square$

Lemma 2.22.3

Es sei A ein noetherscher Integritätsring mit Quotientenkörper $K = Q(A)$. Weiter seien $L_2 \supseteq L_1 \supseteq K$ Körpererweiterungen von K und B_2, B_1 die ganzen Abschlüsse von A in L_2, L_1.

Ist dann B_2 ein endlich erzeugter A-Modul, so gilt dies auch für $B_1 = B_2 \cap L_1$.

Beweis. Der Modul B_1 ist ein A-Untermodul des endlich erzeugten A-Moduls B_2, und A ist noethersch. $\quad\square$

Proposition 2.22.5

Es sei $A = k[x_1, \ldots, x_m]$ eine integre affine k-Algebra mit Quotientenkörper $K = Q(A)$. Weiter sei $[L : K] = n$ eine endliche Körpererweiterung und B der ganze Abschluss von A in L.

Dann ist B ein endlich erzeugter A-Modul.

Beweis. Wir können nach dem noetherschen Normalisierungssatz einen Polynomring $A_0 = k[T_1, \ldots, T_s]$ mit $Q(A_0) = K_0$ finden, so dass A/A_0 eine endliche Erweiterung von A_0 ist. Damit ist auch K/K_0 eine endliche Erweiterung und auch L/K_0 eine endliche Erweiterung. Der ganze Abschluss B von A in L ist dann gleich dem ganzen Abschluss von A_0 in L. Können wir diese Proposition also für einen Polynomring $A = k[T_1, \ldots, T_s]$ zeigen, so ist B ein endlich erzeugter A_0-Modul und umso mehr also ein endlich erzeugter A-Modul. $\quad\square$

Proposition 2.22.6

Es sei $A = k[T_1, \ldots, T_s]$ ein Polynomring mit Quotientenkörper $K = Q(A)$. Weiter sei $[L : K] = n$ eine endliche Körpererweiterung und B der ganze Abschluss von A in L.

Dann ist B ein endlicher A-Modul.

Beweis. Wir ersetzen L zunächst durch die Normalisierung von L/K im Sinne der Galoistheorie, also durch den kleinsten in $\bar{K}/K$ normalen Körper L'/K, der L umfasst. Nach obigem Lemma 2.22.3 genügt es, die Proposition für L' zu beweisen. Nach den üblichen Prinzipien der Galoistheorie kann man L'/K aufteilen als $L'/L''/K$ mit L'/L'' normal und separabel, also galoissch und L''/K rein inseparabel.

Gilt die hier zu beweisende Proposition für jedes L/K, rein inseparabel, so ist der ganze Abschluss A'' von A in L'' ein endlich erzeugter A-Modul. Nach Proposition 2.22.4 ist dann der ganze Abschluss A' von A'' in L'/L'' ein endlich erzeugter A''-Modul, also auch ein endlich erzeugter A-Modul. Der ganze Abschluss A' von A'' in L' ist aber genau der ganze Abschluss B von A in L'. □

Proposition 2.22.7

Es sei $A = k[T_1, \ldots, T_s]$ *ein Polynomring mit Quotientenkörper* $K = Q(A)$. *Weiter sei* $[L : K] = p^n$ *eine endliche, rein inseparable Erweiterung und* B *der ganze Abschluss von* A *in* L.

Dann ist B *ein endlicher* A-*Modul.*

Beweis. Eine beliebige, rein inseparable Erweiterung L ist $L = K(a_1, \ldots, a_r)$ mit

$$a_i^{p^{n_i}} = \phi_i(T_1, \ldots, T_s) \in k(T_1, \ldots, T_s).$$

Sind die $w_1, \ldots, w_N \in k$ die in den ϕ_i auftretenden Koeffizienten, so ist offenbar

$$L \subseteq K((w_j)^{1/p^M}, T_1^{1/p^M}, \ldots, T_s^{1/p^M}) = L'.$$

Wir können also nach Lemma 2.22.3 annehmen, dass $L = k((u_j)_j)(Y_1, \ldots, Y_s) = k'(Y_1, \ldots, Y_s)$ mit

$$(*) \quad u_j^{p^M} = w_j$$

und

$$(**) \quad Y_i^{p^M} = T_i$$

ist.

Es sei nun $z \in L$ und ganz über A. Dann ist z a fortiori auch ganz über $B' = k'[Y_1, \ldots, Y_s]$. Da B' faktoriell und $Q(B') = L$, ist B' auch normal in L und damit $z \in B'$ und $B' = B$ der ganze Abschluss von A in L.

Der $A = k[T_1, \ldots, T_s]$-Modul $B' = k'[Y_1, \ldots, Y_s]$ ist aber offensichtlich ein endlicher A-Modul, wie man aus den Beziehungen $(*), (**)$ leicht erkennt. □

2.23 Das Generic-Freeness-Lemma

Lemma 2.23.1

Es sei A *ein integrer noetherscher Ring,* $B = A[x_1, \ldots, x_n]$ *eine endlich erzeugte* A-*Algebra und* M *ein endlich erzeugter* B-*Modul.*

Dann existiert ein $a \in A$, *so dass* M_a *ein freier* A_a-*Modul ist.*

Beweis. Es sei $(0) \subseteq \cdots M_i \subseteq M_{i+1} \subseteq \cdots M_r = M$ die übliche Kompositionsreihe mit

$$0 \to M_i \to M_{i+1} \to B/P_i \to 0.$$

Können wir den Satz also für alle $M = B/P$ zeigen, P prim in B, so folgt induktiv, dass er auch für das ursprüngliche $M = M_r$ gilt. Es ist ja in einer exakten Sequenz $0 \to N' \to N \to N'' \to 0$ von A-Moduln mit $N'_{a'}$ frei über $A_{a'}$ und $N''_{a''}$ frei über $A_{a''}$, auch $N_{a'a''}$ frei über $A_{a'a''}$.

Sei also $M = B/P$ und $Q = A \cap P$. Ist $Q \neq (0)$, so gibt es $a \in Q$ mit $a \neq 0$. Es ist dann $M_a = 0$ und trivialerweise A_a-frei.

Man kann also im Folgenden $Q = (0)$ annehmen, also

$$A \hookrightarrow B/P = A[x_1, \ldots, x_n] = C.$$

Wir nehmen im Folgenden induktiv an, dass der Satz für alle B, die über ein beliebiges A von weniger als n Elementen als Algebra erzeugt sind, bereits bewiesen ist.

Nun kann der Ring C von oben von über A algebraisch unabhängigen $x_1, \ldots, x_n$ erzeugt sein. In diesem Fall ist er trivialerweise A-frei.

Andernfalls gibt es eine Relation $f(x_1, \ldots, x_n) = 0$ mit $f \in A[X_1, \ldots, X_n]$, in der ohne Einschränkung der Allgemeinheit X_n wirklich vorkomme. Durch eine Substitution der Variablen $x_n = y_n$, $x_i = y_i + y_n^{D^i}$ für $i < n$ wie im noetherschen Normalisierungssatz bringt man f auf die Form

$$a_0 y_n^N + a_1 y_n^{N-1} + \cdots + a_N = 0.$$

Dabei ist $a_0 \in A$ und $a_1, \ldots, a_N \in A[y_1, \ldots, y_{n-1}]$, und es ist

$$A[y_1, \ldots, y_n] = A[x_1, \ldots, x_n].$$

Der Ring $A[y_1, \ldots, y_n]_{a_0}$ ist also ein endlich erzeugter Modul über der A_{a_0}-Algebra $A[y_1, \ldots, y_{n-1}]_{a_0}$. Damit gibt es nach Induktion ein $a \in A$, so dass $A[y_1, \ldots, y_n]_{a_0 a}$ ein freier $A_{a_0 a}$-Modul ist. $\qquad \square$

2.24 Lokale noethersche Ringe

2.24.1 Hilbertpolynome

Kurz: Ein gradierter Ring

$$R = k[T_0, \ldots, T_m]$$

mit k Artinring heißt *Hilbertring*, ebenso jedes homomorphe Bild eines Hilbertrings

$$R \to k[t_0, \ldots, t_m] \to 0$$

Ein endlich erzeugter Modul $M = \bigoplus M_i$, gradiert, über einem Hilbertring R wie oben heißt *Hilbertmodul*.

Man definiert eine Funktion $\chi_M(n) = \operatorname{len}(M_n) = l(M_n)$. Dies ist wohldefiniert, da M_n das Bild von

$$\bigoplus_{i=1}^{r} R_{n-d_i} \xrightarrow{(m_1, \ldots, m_r)} M_n \to 0$$

für homogene Erzeuger $m_i \in M_{d_i}$ von M über R ist und R_e das Bild einer endlichen direkten Summe von Artinringen k.

Lemma 2.24.1

Es sei $0 \to M' \to M \to M'' \to 0$ *eine exakte Sequenz von Hilbertmoduln über dem Hilbertring R. Dann ist*

$$\chi_{M'}(n) - \chi_M(n) + \chi_{M''}(n) = 0, \quad \text{für alle } n.$$

Außerdem gilt für jeden Hilbertmodul M, dass $\chi_{M(d)}(n) = \chi_M(d+n)$ ist.

Lemma 2.24.2

Es sei $Q(T) \in \mathbb{Q}[T]$ *ein Polynom. Dann gilt:*

1. *Es gibt ein Polynom* $P(T) \in \mathbb{Q}[T]$, *so dass*

$$\Delta P(T) = P(T) - P(T-1) = Q(T).$$

   Es ist dabei $\deg P = \deg Q + 1$.

2. *Ist* $Q(T) = \binom{T}{d}$, *so kann* $P(T) = \binom{T+1}{d+1}$ *gewählt werden.*

3. $P(T)$ *ist bis auf eine Konstante* $c \in \mathbb{Q}$ *bestimmt.*

Beweis. Da die $\binom{T}{d}$ eine $\mathbb{Q}$-Basis des Vektorraums $\mathbb{Q}[T]$ bilden und da $\Delta P(T) = P(T) - P(T-1) = Q(T)$ eine $\mathbb{Q}$-lineare Bedingung ist, genügt es, 2. zu zeigen. Dort folgt die Behauptung aber aus $\binom{n+1}{d+1} - \binom{n}{d+1} = \binom{n}{d}$. Die Aussage 3. folgt aus $Q(T) = 0$. $\qquad\square$

Definition 2.24.1

Es sei $(a_n)_{n \in \mathbb{Z}}$ eine Folge mit $a_n \in \mathbb{Z}$. Die Folge heißt *polynomiell*, wenn es ein $P(T) \in \mathbb{Q}[T]$ mit $a_n = P(n)$ für alle $n \geqslant n_0$ gibt. ◆

Bemerkung 2.24.1

Das Polynom $P(T)$ ist natürlich durch die Folge eindeutig bestimmt.

Lemma 2.24.3

Es ist äquivalent:

a) *Die Folge* $(a_n)_{n \in \mathbb{Z}}$ *ist polynomiell mit Polynom* $P(T)$.

b) *Die Folge* $(\Delta a_n = a_n - a_{n-1})_{n \in \mathbb{Z}}$ *ist polynomiell mit Polynom* $Q(T)$.

Die Polynome erfüllen $\Delta P(T) = Q(T)$.

Proposition 2.24.1

Es sei M *ein Hilbertmodul über dem Hilbertring* $k[t_0, \ldots, t_m]$. *Dann ist die Funktion*

$$\chi_M(n) = l(M_n) = P_{\chi_M}(n)$$

für ein Polynom $P_{\chi_M}(T) \in \mathbb{Q}[T]$ *sowie für alle* $n \gg 0$, *und es ist*

$$\deg P_{\chi_M} \leqslant m.$$

Beweis. Die Aussage ist klar für $m = 0$. Allgemein zerlegt sich ein Hilbertmodul M in Sequenzen

$$0 \to M_{i-1} \to M_i \to (R/\mathfrak{p}_i)(d_i) \to 0$$

mit $i = 1, \ldots, r$ und $M_r = M$, den Primidealen $\mathfrak{p}_i$ von R sowie $((R/\mathfrak{p}_i)(d_i))_s = (R/\mathfrak{p}_i)_{d_i+s}$.

Also braucht man nur Integritätsringe $R/\mathfrak{p}$ zu betrachten. Hier hat man

$$0 \to k[t_0, \ldots, t_m] \xrightarrow{\cdot t_0} k[t_0, \ldots, t_m] \to k[\bar{t}_1, \ldots, \bar{t}_m] \to 0,$$

also

$$P_{\chi_{R/\mathfrak{p}}}(n) - P_{\chi_{R/\mathfrak{p}}}(n-1) = P_{\chi_{k[\bar{t}_1, \ldots, \bar{t}_m]}}(n). \tag{2.175}$$

Per Induktion folgt die Behauptung aus dem vorigen Lemma. $\qquad\square$

Die in Proposition 2.24.1 auftauchenden Polynome $P_{\chi_M}(T)$ heißen *Hilbertpolynome* zum Hilbertmodul M. Sie sind aus $\mathbb{Q}[T]$, aber es gilt sogar mehr, nämlich

$$P_{\chi_M}(T) = a_d \binom{T}{d} + a_{d-1} \binom{T}{d-1} + \cdots + a_1 \binom{T}{1} + a_0,$$

wobei $d = \deg P_{\chi_M}$ ist und alle $a_i \in \mathbb{Z}$ sowie $a_d > 0$.

Die Begründung für diese Tatsache ergibt sich aus den obigen Lemmata und der Gleichung (2.175) im obigen Beweis. $\qquad\square$

2.24.2 $\mathfrak{a}$-Filtrierungen noetherscher lokaler Ringe

Im Folgenden nehmen wir stets an, dass $(A, \mathfrak{m})$ ein noetherscher lokaler Ring ist, und M ein endlich erzeugter A-Modul. Das Ideal $\mathfrak{a} \subset A$ sei so gewählt, dass

$$V(\mathfrak{a}) = \{\mathfrak{m}\} \quad \Leftrightarrow \quad l(A/\mathfrak{a}) < \infty.$$

Lemma 2.24.4

Es gilt für jeden endlich erzeugten A-Modul $M \neq 0$:

$$\operatorname{supp}(M/\mathfrak{a}^n M) = \operatorname{supp} M \cap \operatorname{supp} A/\mathfrak{a}^n = \operatorname{supp} M \cap \{\mathfrak{m}\} = \{\mathfrak{m}\},$$

also

$$l(M/\mathfrak{a}^n M) < \infty$$

Lemma 2.24.5

Es sei M ein mit (M_n) essentiell $\mathfrak{a}$-filtrierter Modul. Dann ist

$$\mathfrak{a}^{n+k} M \subset M_n,$$

also

$$0 \longleftarrow M/M_n \longleftarrow M/\mathfrak{a}^{n+k} M,$$

also

$$l(M/M_n) < \infty.$$

Definition 2.24.2

Es sei M ein mit (M_n) essentiell $\mathfrak{a}$-filtrierter Modul. Dann sei die Funktion $\chi(M, M_n) : \mathbb{N}_0 \to \mathbb{N}_0$ durch

$$\chi(M, M_n)(k) = l(M/M_k)$$

gegeben. ◆

Lemma 2.24.6

Es sei M essentiell $\mathfrak{a}$-filtriert mit (M_n). Dann gilt

$$\chi(M, M_n)(k) = P(k) = P_\chi(M, M_n)(k)$$

für ein Polynom $P \in \mathbb{Q}[T]$ und alle $k \gg 0$.

Beweis. Der Ring

$$A^*/\mathfrak{a}A^* = A^*/A^*(1) = \bigoplus_{n \geqslant 0} \mathfrak{a}^n/\mathfrak{a}^{n+1}$$

ist ein Hilbertring und

$$M^*/M^*(1) = \bigoplus_{n \geqslant 0} M_n/M_{n+1}$$

ein zugehöriger Hilbertmodul. Also existiert ein Polynom $Q(T) \in \mathbb{Q}[T]$ mit

$$l(M_n/M_{n+1}) = Q(n) \text{ für } n \gg 0 .$$

Damit ist aber auch

$$l(M/M_n) = \sum_{0 \leqslant i < n} l(M_i/M_{i+1})$$

für $n \gg 0$ polynomiell. □

Lemma 2.24.7

Es seien (M_n) und $(\tilde{M}_n)$ zwei essentielle $\mathfrak{a}$-Filtrierungen von M und

$$\phi(m) = \chi(M, M_n)(m) \qquad \psi(m) = \chi(M, \tilde{M}_n)(m) .$$

Dann ist

$$\phi(m) = P(m) \qquad \psi(m) = P(m) + R(m)$$

für $P(T), R(T) \in \mathbb{Q}[T]$ und alle $m \gg 0$. Für $R(T)$ gilt:

$$\deg R(T) < \deg P(T)$$

Beweis. Da (M_n) und $(\tilde{M}_n)$ von beschränkter Differenz sind, gilt

$$\psi(n + k) \geqslant \phi(n) \text{ und } \phi(n + k) \geqslant \psi(n)$$

für ein festes $k > 0$ und alle $n \gg 0$.

Außerdem sind $\psi(n)$ und $\phi(n)$ für $n \gg 0$ polynomiell. Aus den Ungleichungen folgt, dass die zugehörigen Polynome gleichen Grad und führenden Koeffizienten haben müssen. □

Definition 2.24.3

Im Folgenden wollen wir die essentielle $\mathfrak{a}$-Filtrierung von M, die durch

$$M_n = \mathfrak{a}^n M$$

gegeben ist, die *kanonische $\mathfrak{a}$-Filtrierung von M* nennen.   ◆

Lemma 2.24.8

Es sei

$$0 \longrightarrow M' \longrightarrow M \longrightarrow M'' \longrightarrow 0$$

eine exakte Sequenz von A-Moduln, alle mit kanonischer $\mathfrak{a}$-Filtrierung.
Dann ist

$$P_\chi(M, \mathfrak{a}^n M) = P_\chi(M'', \mathfrak{a}^n M'') + P_\chi(M', M' \cap \mathfrak{a}^n M)$$

und auch

$$P_\chi(M, \mathfrak{a}^n M) = P_\chi(M'', \mathfrak{a}^n M'') + P_\chi(M', \mathfrak{a}^n M') - R,$$

wobei $\deg R < \deg P_\chi(M', \mathfrak{a}^n M')$ ist.
Außerdem ist der führende Koeffizient in R positiv.

Beweis. Die Sequenz

$$0 \longrightarrow M'/(M' \cap M_n) \longrightarrow M/M_n \longrightarrow (M/M')/((M_n + M')/M') \longrightarrow 0$$

ist für eine Filtrierung (M_n) von M exakt. Ist $(M_n) = (\mathfrak{a}^n M)$, so geht sie in

$$0 \longrightarrow M'/(M' \cap \mathfrak{a}^n M) \longrightarrow M/\mathfrak{a}^n M \longrightarrow (M/M')/(\mathfrak{a}^n(M/M')) \longrightarrow 0$$

$$\downarrow \cong \qquad\qquad\qquad\qquad\qquad\qquad \downarrow \cong$$

$$(M' + \mathfrak{a}^n M)/(\mathfrak{a}^n M) \qquad\qquad\qquad\qquad M/(\mathfrak{a}^n M + M')$$

über.

Insbesondere sind die beiden Filtrierungen $\mathfrak{a}^n M'$ und $\mathfrak{a}^n M \cap M'$ von M' beide essentiell $\mathfrak{a}$-adisch (Proposition 2.15.9) und somit von beschränkter Differenz. Mit Lemma 2.24.7 folgt die zweite Behauptung des Lemmas.

Da $\mathfrak{a}^n M' \subseteq \mathfrak{a}^n M \cap M'$, folgt auch $M'/(\mathfrak{a}^n M') \twoheadrightarrow M'/(\mathfrak{a}^n M \cap M') \to 0$, also

$$R(n) = P_\chi(M', \mathfrak{a}^n M') - P_\chi(M', M' \cap \mathfrak{a}^n M) > 0$$

für alle n, womit die Aussage über die Positivität des führenden Koeffizienten gezeigt ist.   □

Lemma 2.24.9

Es sei A oder ein endlich erzeugter A-Modul M kanonisch mit $(\mathfrak{a}^n)$ filtriert und $\mathfrak{a}$ von s Elementen erzeugt. Dann ist

$$\deg P_\chi(M, \mathfrak{a}^n M) \leqslant s.$$

Beweis. Dies folgt aus der Konstruktion im Beweis von Lemma 2.24.6, wo $A^*/A^*(1)$ als Hilbertring benutzt wird. Im vorliegenden Fall existiert ein surjektiver Homomorphismus:

$$(A/\mathfrak{a})[T_1, \ldots, T_s] \to A^*/A^*(1) \to 0$$

Mit Proposition 2.24.1 und dem Beweis von Lemma 2.24.6 folgt die Behauptung. □

2.25   Dimensionstheorie

2.25.1   Grundlegende Ringe

Proposition 2.25.1
Es ist

1. $\dim K = 0$ *für einen Körper* K,

2. $\dim A = 0$ *für einen Artinring* A,

3. $\dim A = 1$ *für einen Hauptidealring* A.

Bemerkung 2.25.1
Es ist also $\dim \mathbb{Z} = 1$, $\dim K[X] = 1$ für einen Polynomring in einer Variablen über einem Körper K. Weiterhin ist $\dim \mathbb{Q} = 0$, $\dim \mathbb{F}_p = 0$, $\dim \mathbb{Z}/m\mathbb{Z} = 0$ für $m \neq 0$ und $\dim K[X]/(f(X)) = 0$ für $f(X) \neq 0$.

2.25.2   Katenarische Ringe

Definition 2.25.1
Ein Ring A heißt *katenarisch*, wenn für zwei Primideale $\mathfrak{p} \subseteq \mathfrak{p}' \subseteq A$ jede unverfeinerbare Kette von Primidealen

$$\mathfrak{p} = \mathfrak{p}_0 \subsetneq \mathfrak{p}_1 \subsetneq \cdots \subsetneq \mathfrak{p}_{e-1} \subsetneq \mathfrak{p}_e = \mathfrak{p}'$$

die gleiche, endliche Länge $e = e(\mathfrak{p}, \mathfrak{p}')$ hat.   ◆

Definition 2.25.2
Ein noetherscher Ring A heißt *universell katenarisch*, wenn jede endlich erzeugte A-Algebra $B = A[b_1, \ldots, b_r]$ katenarisch ist.   ◆

Lemma 2.25.1
Jede Lokalisierung $S^{-1}A$ *eines katenarischen Rings* A *ist katenarisch.*

Lemma 2.25.2
Jede Lokalisierung $S^{-1}A$ *eines noetherschen universell katenarischen Rings* A *ist universell katenarisch.*

Lemma 2.25.3
Es sei A *ein Ring. Dann ist äquivalent:*

a) A *ist katenarisch.*

b) $A_\mathfrak{p}$ *ist katenarisch für jedes Primideal* $\mathfrak{p} \subseteq A$.

c) $A_\mathfrak{m}$ *ist katenarisch für jedes maximale Ideal* $\mathfrak{m} \subseteq A$.

Lemma 2.25.4

Es sei A ein noetherscher Ring. Dann ist äquivalent:

a) *A ist universell katenarisch.*

b) *$A_{\mathfrak{p}}$ ist universell katenarisch für jedes Primideal $\mathfrak{p} \subseteq A$.*

c) *$A_{\mathfrak{m}}$ ist universell katenarisch für jedes maximale Ideal $\mathfrak{m} \subseteq A$.*

Lemma 2.25.5

Es sei A ein katenarischer Ring. Dann ist jeder Quotient $A/\mathfrak{a}$ katenarisch.

Lemma 2.25.6

Es sei A ein noetherscher, universell katenarischer Ring. Dann ist jeder Quotient $A/\mathfrak{a}$ universell katenarisch.

2.25.3 Ganze Ringerweiterungen

Proposition 2.25.2

Es sei $B \supseteq A$ eine ganze Ringerweiterung. Dann ist

$$\dim B = \dim A.$$

Beweis. Es sei $\mathfrak{q}_0 \subsetneq \cdots \subsetneq \mathfrak{q}_n \subseteq B$ eine Primidealkette in B und $\mathfrak{p}_i = \mathfrak{q}_i \cap A$. Wegen der Unvergleichbarkeit der Primideale über $\mathfrak{p}_i$ ist immer $\mathfrak{p}_{i-1} \subsetneq \mathfrak{p}_i$. Also $\dim A \geqslant \dim B$.

Umgekehrt sei $\mathfrak{p}_0 \subsetneq \cdots \subsetneq \mathfrak{p}_m \subseteq A$ eine Primidealkette in A. Wegen Lying-Over und Going-Up gibt es eine Primidealkette $\mathfrak{q}_0 \subsetneq \cdots \subsetneq \mathfrak{q}_m \subseteq B$ mit $\mathfrak{q}_i \cap A = \mathfrak{p}_i$. Also $\dim B \geqslant \dim A$. $\qquad \square$

2.25.4 Lokale noethersche Ringe

Sei $(A, \mathfrak{m})$ ein noetherscher lokaler Ring und M ein endlich erzeugter A-Modul. Wir definieren:

i) $\dim M = \dim \operatorname{supp} M = \dim V(\operatorname{Ann} M) = \dim A/\operatorname{Ann} M$, Krulldimension.

ii) $s(M) =$ minimales n mit $l(M/(x_1, \ldots, x_n)M) < \infty$.

iii) $d(M) =$ Grad des Polynoms $P_\chi(M, \mathfrak{a})(n)$ definiert durch

$$P_\chi(M, \mathfrak{a})(n) = l(M/\mathfrak{a}^n M) \text{ für } n \gg 0 \text{ und}$$

$$\mathfrak{a} \text{ beliebig mit } l(A/\mathfrak{a}) < \infty \Leftrightarrow V(\mathfrak{a}) = \{\mathfrak{m}\}. \quad (2.176)$$

Bemerkung 2.25.2

Die Zahl $d(M)$ ist wohldefiniert, denn für zwei $\mathfrak{a}_1$, $\mathfrak{a}_2$ mit $l(A/\mathfrak{a}_i) < \infty$ gilt $\mathfrak{a}_1^k \subseteq \mathfrak{a}_2$ und $\mathfrak{a}_2^l \subseteq \mathfrak{a}_1$, also $M/\mathfrak{a}_1^{km}M \to M/\mathfrak{a}_2^m M \to 0$ und $M/\mathfrak{a}_2^{lm}M \to M/\mathfrak{a}_1^m M \to 0$. Das zieht aber $P_\chi(M, \mathfrak{a}_2)(m) \leqslant P_\chi(M, \mathfrak{a}_1)(km)$ und $P_\chi(M, \mathfrak{a}_1)(m) \leqslant P_\chi(M, \mathfrak{a}_2)(lm)$ nach sich. Damit ist dann $\deg P_\chi(M, \mathfrak{a}_1) = \deg P_\chi(M, \mathfrak{a}_2)$.

Theorem 2.25.1

Es ist

$$\dim M = s(M) = d(M). \tag{2.177}$$

Beweis. Im Folgenden ersetzen wir A durch $A/\operatorname{Ann} M$. Es gilt dann mit dem neuen A, dass $\operatorname{Ann} M = 0$ und $\operatorname{supp} M = \operatorname{Spec}(A)$ ist. Weiter ist mit dem neuen A die Aussage $l(M/IM) = l(M \otimes_A A/I) < \infty$ äquivalent zu $\operatorname{supp} M \otimes A/I = \{\mathfrak{m}\}$, also wegen $\operatorname{supp} M \otimes_A A/I = \operatorname{supp} M \cap \operatorname{supp} A/I$ äquivalent zu $\operatorname{supp} A/I = \{\mathfrak{m}\}$, also $l(A/I) < \infty$.

Die Zahlen $\dim M$, $d(M)$ und $s(M)$ ändern sich bei diesem Übergang nicht. Für $\dim M$ ist das offensichtlich. Bei $s(M)$ ist sofort zu sehen, dass für $\bar{x}_1, \ldots, \bar{x}_n \in A/\operatorname{Ann} M$, die die Bedingung ii) erfüllen, die Elemente $x_1, \ldots, x_n \in A$ dies ebenfalls tun und auch die Umkehrung gilt. Bei iii) schließlich entspricht einem zugelassenen $\mathfrak{a} \subset A$ ein zugelassenes $\mathfrak{a} + \operatorname{Ann} M \subseteq A/\operatorname{Ann} M$, und es ist dann $P_\chi(M, \mathfrak{a})(m) = P_\chi(M, \mathfrak{a} + \operatorname{Ann} M)(m)$.

1. $d(M) \leqslant s(M)$: Sei $\mathfrak{a} = (x_1, \ldots, x_n)$ das Ideal aus ii). Dann ist nach vorigem $l(A/\mathfrak{a}) < \infty$, also $\mathfrak{a}$ ein zulässiges Ideal nach iii), und man kann $P_\chi(M, \mathfrak{a})$ bilden. Nach Lemma 2.24.9 ist dann $d(M) = \deg P_\chi(M, \mathfrak{a}) \leqslant n$.

2. $s(M) \leqslant \dim M$ (beachte $\dim M < \infty$ nach 3.): Für $\dim M = 0$ ist A ein lokaler Artinring und damit offensichtlich $s(M) = 0$. Sei also $\dim M > 0$. Dann gilt für jedes Primideal $\mathfrak{p}$ der Höhe 1, dass $\mathfrak{p} \not\subseteq \mathfrak{p}_1 \cup \cdots \cup \mathfrak{p}_r$ für die minimalen Ideale $\mathfrak{p}_1, \ldots, \mathfrak{p}_r$ von A. Wähle also $x \in \mathfrak{p} - \bigcup_{1 \leqslant i \leqslant r} \mathfrak{p}_i$ mit einem $\mathfrak{p}$ der Höhe 1, das an einer Primidealkette der Länge $\dim A$ teilnimmt. Dann ist $\operatorname{supp} M/xM = \operatorname{supp} M \cap \operatorname{supp} A/xA = \operatorname{supp} A/xA$ und somit

$$\dim M/xM = \dim A/xA = \dim A - 1 = \dim M - 1.$$

Weiter ist

$$s(M/xM) \leqslant \dim M/xM,$$

kraft Induktion über $\dim M$, sowie

$$s(M) = s(A) \leqslant s(A/xA) + 1 = s(M/xM) + 1.$$

Aus diesen drei Beziehungen ergibt sich die Behauptung.

3. $\dim M \leqslant d(M)$: Man betrachte für M eine kanonische Filtrierung in Sequenzen:

$$0 \to M_{i-1} \to M_i \to A/\mathfrak{p}_i \to 0$$

Unter den $\mathfrak{p}_i$ kommen alle minimalen Primideale von A vor.

Es ist dann $P_\chi(M, \mathfrak{a}) = \sum P_\chi(A/\mathfrak{p}_i, \mathfrak{a} + \mathfrak{p}_i) + R$, wobei R ein Polynom vom Grad $< \deg P_\chi(M)$ ist. Weiter ist

$$d(M) = \deg P_\chi(M) = \sup_i \deg P_\chi(A/\mathfrak{p}_i) = \sup_i d(A/\mathfrak{p}_i).$$

Können wir also

$$(*) \quad \dim A/\mathfrak{p}_i \leqslant d(A/\mathfrak{p}_i)$$

zeigen, so ist

$$\dim M = \sup_i \dim A/\mathfrak{p}_i \leqslant \sup_i d(A/\mathfrak{p}_i) = d(M)$$

und der Beweis erbracht.

Wähle nun ein $\mathfrak{p}_i$ und betrachte im Ring $A' = A/\mathfrak{p}_i$ ein x wie in 2., und zwar für jede maximale Kette von Primidealen in A' ein passendes x. Dies ist nötig, da wir nicht davon ausgehen können, dass $\dim A' < \infty$ ist.

Es gibt dann eine exakte Sequenz:

$$0 \to A' \xrightarrow{\cdot x} A' \to A'/xA' \to 0$$

Aus ihr erschließt man unter Berücksichtigung von Lemma 2.24.8, dass für alle x:

$$\deg P_\chi(A') \geqslant \deg P_\chi(A'/xA') + 1 \tag{2.178}$$

Kraft Induktion über $d(M)$ und wegen $d(M) \geqslant P_\chi(A')$ folgt

$$\deg P_\chi(A'/xA') \geqslant \dim A'/xA' = \dim_x A' - 1.$$

Dabei bezeichne $\dim_x A'$ die Länge der längsten Primidealkette:

$$(0) \subsetneqq (x) \subsetneqq \mathfrak{p}_1 \subsetneqq \cdots$$

Da die Überlegung für jede Kette über (0) und jedes passend wie in 2. gewählte x funktioniert, ist sogar

$$\dim A' = \sup_x \dim_x A' = \sup_x \dim A'/xA' + 1 \leqslant \sup_x \deg P_\chi(A'/xA') + 1.$$

Zusammengefasst folgt mit Ungleichung (2.178):

$$\dim A' = \dim A \leqslant \deg P_\chi(A') = d(A'),$$

also die noch zu zeigende Aussage $(*)$ von oben.

$\square$

Proposition 2.25.3

Es sei A ein noetherscher Ring und $\mathfrak{p} \subseteq A$ ein minimales Primideal über dem Ideal $\mathfrak{a} = (a_1, \ldots, a_r) \subseteq A$. Dann ist

$$\operatorname{ht} \mathfrak{p} \leqslant r.$$

Beweis. Man betrachte $A' = A_\mathfrak{p}$. Der Ring $A_\mathfrak{p}/\mathfrak{a}\,A_\mathfrak{p}$ hat endliche Länge, also ist nach vorigem Theorem $\operatorname{ht} \mathfrak{p} = \dim A' = s(A') \leqslant r$. $\square$

Korollar 2.25.1

Es sei A ein noetherscher Ring. Dann ist A genau dann ein UFD, wenn jedes Primideal $\mathfrak{p} \subseteq A$ der Höhe 1 prinzipal ist, $\mathfrak{p} = (a)$.

2.25.5 Polynomringe

Proposition 2.25.4

Sei A ein noetherscher Ring mit $\dim A = n$. Dann gilt:

$$\dim A[X] = \dim A + 1 \tag{2.179}$$

Beweis. Ist $\mathfrak{p}_0 \subsetneqq \cdots \subsetneqq \mathfrak{p}_n \subsetneqq A$ eine Primidealkette in A. Dann ist $\mathfrak{p}_0[X] \subsetneqq \cdots \subsetneqq \mathfrak{p}_n[X] \subsetneqq (\mathfrak{p}_n[X], X) \subsetneqq B$ eine Primidealkette in $B = A[X]$. Also $\dim B \geqslant \dim A + 1$.

Sei umgekehrt $\mathfrak{n} \subseteq B$ ein maximales Ideal und $\mathfrak{p} = A \cap \mathfrak{n}$. Dann ist $A_{\mathfrak{p}} \to B_{\mathfrak{n}}$ ein lokaler Homomorphismus lokaler Ringe. Ist $\mathfrak{a}A_{\mathfrak{p}} \subseteq A_{\mathfrak{p}}$ ein Definitionsideal, also $\sqrt{\mathfrak{a}A_{\mathfrak{p}}} = \mathfrak{p}A_{\mathfrak{p}}$ und $\mathfrak{q} \subseteq B_{\mathfrak{n}}$ ein minimales Primideal über $\mathfrak{p}B_{\mathfrak{n}}$, so ist $\mathfrak{a}B_{\mathfrak{n}}$ ein Definitionsideal für $\mathfrak{q}B_{\mathfrak{p}}$. Nun ist aber dim $B_{\mathfrak{n}} \otimes_{A_{\mathfrak{p}}} k(\mathfrak{p}) = 1$. Wählt man ein $f \in \mathfrak{n}B_{\mathfrak{n}} - \mathfrak{q}B_{\mathfrak{n}}$, so ist also $(\mathfrak{a}B_{\mathfrak{n}}, f) \subseteq \mathfrak{n}B_{\mathfrak{n}}$ ein Definitionsideal für $\mathfrak{n}B_{\mathfrak{n}}$. Nun ist aber die Anzahl der Erzeuger eines Definitionsideals $\mathfrak{a}$ für $\mathfrak{p}A_{\mathfrak{p}}$ gleich $s(A_{\mathfrak{p}}) = \dim A_{\mathfrak{p}} = r$ und damit $\dim B_{\mathfrak{n}} = s(B_{\mathfrak{n}}) \leqslant r + 1$. Mit $r \leqslant \dim A$ folgt $\dim B_{\mathfrak{n}} \leqslant \dim A + 1$, also letztlich $\dim B \leqslant \dim A + 1$. $\qquad\qquad\qquad\qquad\qquad\qquad\qquad\qquad\qquad\qquad\qquad\qquad\quad\Box$

Korollar 2.25.2

Es sei A wie eben, dann gilt:

$$\dim A[X_1, \ldots, X_r] = \dim A + r \qquad\qquad (2.180)$$

Lemma 2.25.7

Es sei $R = k[X_1, \ldots, X_n]$ ein Polynomring über einem Körper k und $\mathfrak{p}$ ein Primideal von R mit $\operatorname{ht}\mathfrak{p} = 1$.

Dann gibt es Elemente $y_1, \ldots, y_{n-1}$ von R, die über k algebraisch unabhängig sind, sowie ein Element z aus R, so dass

$$R/\mathfrak{p} = k[y_1, \ldots, y_{n-1}, z]$$

und

$$z^d + a_1(y_1, \ldots, y_{n-1})\, z^{d-1} + \cdots + a_d(y_1, \ldots, y_{n-1}) = 0$$

für ein geeignetes d und Polynome a_i in den y_j gilt. Es ist dann wegen Proposition (2.25.2) auch

$$\dim R/\mathfrak{p} = n - 1\,.$$

Beweis. Der Ring R ist ein UFD, also ist $\mathfrak{p} = (f)$ mit $f \in R$ irreduzibel. OBdA lässt sich durch Übergang zu neuen Variablen

$$z = X_1, \quad y_1 = X_2 + z^{D_1}, \ldots, y_{n-1} = X_n + z^{D_{n-1}},$$

wie im Beweis des noetherschen Normalisierungssatzes auch beschrieben, das Polynom f in die gewünschte Gestalt setzen.

Dass die y_i algebraisch unabhängig sind, ist klar: Wenn $\psi(y_1, \ldots, y_{n-1}) = 0$ eine nichtverschwindende Abhängigkeitsgleichung wäre, so bräuchte man in ihr nur $z = 0$ zu setzen und erhielte eine solche für $X_2, \ldots, X_n$. $\qquad\qquad\qquad\qquad\Box$

2.25.6 Affine Algebren

Proposition 2.25.5

Es seien B eine integre affine k-Algebra und $A = k[x_1, \ldots, x_n]$ wie im noetherschen Normalisierungssatz (2.22.1). Dann ist

$$\dim B = \dim A = n\,.$$

Proposition 2.25.6

Es sei $B = k[y_1, \ldots, y_m]$ eine integre, affine k-Algebra. Dann ist

$$\dim B = \mathrm{tr.\,deg}_k\, B = \mathrm{tr.\,deg}_k\,(Q(B))\,.$$

Für das Folgende erweist es sich als nützlich, die verschiedenen Primidealketten eines Rings, wie sie in der Definition der Dimension und der Höhe Verwendung finden, untereinander vergleichbar zu machen:

Die Primidealketten

$$\mathfrak{p}_0 \subsetneq \cdots \subsetneq \mathfrak{p}_l$$

eines Ringes R sind auf natürliche Weise miteinander vergleichbar, indem für zwei solche Ketten

$$\mathfrak{p}_0 \subsetneq \cdots \subsetneq \mathfrak{p}_r < \mathfrak{q}_0 \subsetneq \cdots \subsetneq \mathfrak{q}_s$$

genau dann gelte, wenn es eine injektive Abbildung

$$\psi : \{0, \ldots, r\} \to \{0, \ldots, s\}$$

gibt, für die $\psi(i) < \psi(j)$ für $i < j$ und $\mathfrak{q}_{\psi(i)} = \mathfrak{p}_i$ gilt. Die eine Kette ist dann also *in die andere einbettbar*.

Proposition 2.25.7

Es sei S eine integre, affine k-Algebra und $\dim S = n$. Dann hat jede maximale Primidealkette von S die Länge n.

Beweis. Der Beweis erfolgt durch Induktion über $n = \dim S$. Im Fall $n = 0$ ist S ein Körper und die Behauptung deshalb richtig.

Im allgemeinen Fall können wir über die maximale Kette

$$\mathfrak{p}_0 \subsetneq \mathfrak{p}_1 \subsetneq \cdots \subsetneq \mathfrak{p}_l$$

annehmen, dass $\mathfrak{p}_0 = (0)$ und $\mathrm{ht}\,\mathfrak{p}_1 = 1$ ist. Nach dem noetherschen Normalisierungssatz existiert eine Polynomalgebra $R = k[x_1, \ldots, x_n]$ mit S/R ganz. Nennt man

$$\tilde{\mathfrak{p}}_1 = \mathfrak{p}_1 \cap R\,,$$

so ist $\mathrm{ht}\,\tilde{\mathfrak{p}}_1 = 1$, weil R ein integrer und normaler, weil faktorieller Ring ist und deshalb S/R die Going-Down-Eigenschaft besitzt.

Außerdem ist nach Lemma 2.25.7 $\dim R/\tilde{\mathfrak{p}}_1 = n - 1$ und deshalb nach Proposition 2.25.2 auch

$$\dim S/\mathfrak{p}_1 = \dim R/\tilde{\mathfrak{p}}_1 = n - 1\,.$$

Da $\mathfrak{p}_1 \subsetneq \cdots \subsetneq \mathfrak{p}_l$ eine maximale Kette in $S/\mathfrak{p}_1$ ist, folgt nach Induktion, dass diese Kette die Länge $n - 1$ hat, also $l = n$ ist. Damit ist der Satz per Induktion gezeigt. $\square$

Korollar 2.25.3

Eine affine, integre k-Algebra S ist katenarisch.

Korollar 2.25.4

Ein Körper k ist ein universell katenarischer Ring.

Korollar 2.25.5

Sei S eine affine, integre k-Algebra und $\mathfrak{p}$ *ein Primideal von S. Dann gilt:*

$$\operatorname{ht} \mathfrak{p} + \dim S/\mathfrak{p} = \dim S \qquad (2.181)$$

oder äquivalent

$$\dim S_{\mathfrak{p}} + \dim S/\mathfrak{p} = \dim S \qquad (2.182)$$

Lemma 2.25.8

Es sei A eine endlich erzeugte affine k-Algebra und k'/k *eine Körpererweiterung. Dann ist* $\dim A' = \dim A \otimes_k k' = \dim A$.

Beweis. Es ist A ganz über dem Polynomring $k[x_1, \ldots, x_n] = R$ nach dem noetherschen Normalisierungssatz. Also ist $A' = A \otimes_k k'$ ganz über $R' = R \otimes_k k'$. Offensichtlich ist $\dim R = \dim R' = n$ und damit auch $\dim A = \dim A' = n$. $\qquad\Box$

2.25.7 Dimension von Hilbertmoduln

Ein Satz über Hilbertmoduln:

Proposition 2.25.8

Es sei $R = k[x_0, \ldots, x_m]$ *ein Hilbertring über dem Körper k und M ein Hilbertmodul über R mit Hilbertpolynom* P_M.

Weiter sei $d = \dim M = \dim V(\operatorname{Ann}_R M)$ *die Dimension von M und* $d' = \deg P_M$ *der Grad des Hilbertpolynoms von M. Dann ist*

$$\dim M - 1 = d - 1 = d' = \deg P_M.$$

Beweis. Durch Induktion über m, wobei für $m = -1$ die Beziehungen $0 = d$ und $d' = -1$ gelten. Dabei sei per Konvention der Grad des Nullpolynoms gleich -1. Ansonsten verwendet man die übliche Filtrierung

$$0 \longrightarrow M_{i-1} \longrightarrow M_i \longrightarrow (R/\mathfrak{p}_i)(d_i) \longrightarrow 0,$$

um alles auf $M = R/\mathfrak{p}$ zurückzuführen, indem man die Dimensionen der homogenen Anteile mit gleichem Index in den Moduln der Sequenz betrachtet. Gleiches tut man mit den Sequenzen

$$0 \longrightarrow k[x_0, \ldots, x_m](-1) \xrightarrow{\cdot x_0} k[x_0, \ldots, x_m] \longrightarrow k[x_1, \ldots, x_m] \longrightarrow 0,$$

wo $k[x_0, \ldots, x_m]$ für einen integren Hilbertring steht. Hier benutzt man die Richtigkeit der Behauptung für $m - 1$ und $\dim k[x_1, \ldots, x_m] = \dim k[x_0, \ldots, x_m] - 1$. Insgesamt ergibt sich dann für den Index m:

$$\deg P_M = \max_i \deg P_{R/\mathfrak{p}_i} = \max_i (\dim R/\mathfrak{p}_i - 1) = \dim M - 1$$

$$\Box$$

Proposition 2.25.9

Es sei $(A, \mathfrak{m})$ ein lokaler noetherscher Ring. Dann ist

$$\dim A = \dim \mathrm{gr}_{\mathfrak{m}} A \,.$$

Beweis. Es ist nämlich $\mathrm{gr}_{\mathfrak{m}} A$ ein Hilbertring, und für die Hilbertpolynome gilt $P_\chi(A, \mathfrak{m})(d+1) - P_\chi(A, \mathfrak{m})(d) = P_\chi(\mathrm{gr}_{\mathfrak{m}} A)(d)$ für $d \gg 0$. $\qquad\square$

Korollar 2.25.6

Es sei $(A, \mathfrak{m})$ ein noetherscher lokaler Ring und $\hat{A}$ seine $\mathfrak{m}$-adische Komplettierung. Dann ist

$$\dim A = \dim \mathrm{gr}_{\mathfrak{m}} A = \dim \hat{A} \,.$$

Beweis. Es ist $\mathrm{gr}_{\hat{\mathfrak{m}}} \hat{A} = \mathrm{gr}_{\mathfrak{m}} A$. $\qquad\square$

Proposition 2.25.10

Es sei $R = k[[x_1, \ldots, x_n]]$ der Ring der formalen Potenzreihen über einem Körper k. Dann ist $\dim R = n$.

Beweis. Es ist $R = \hat{A}$ für den lokalen Ring $A = k[x_1, \ldots, x_n]_{\mathfrak{m}}$ und $\mathfrak{m} = (x_1, \ldots, x_n)$. $\qquad\square$

2.25.8   Dimensionsformeln

Lemma 2.25.9

Es sei $\phi : A \to B$ ein Morphismus noetherscher Ringe. Weiter sei $\mathfrak{p} \subseteq A$ ein Primideal und $\mathfrak{q} \subseteq B$, prim, mit $\mathfrak{q} \cap A = \mathfrak{p}$. Überdies sei $\mathfrak{q}$ minimal unter den $\mathfrak{q}' \subseteq B$, prim, mit $\mathfrak{q}' \cap A = \mathfrak{p}$.

Dann ist $\dim B_\mathfrak{q} \leqslant \dim A_\mathfrak{p}$.

Beweis. Es sei $r = \dim A_\mathfrak{p}$. Dann existiert ein Ideal $\mathfrak{a} = (a_1, \ldots, a_r)$, so dass $\mathfrak{p} A_\mathfrak{p}$ minimales Primideal über $\mathfrak{a} A_\mathfrak{p}$ ist. Also ist dann auch $\mathfrak{q} B_\mathfrak{q}$ minimales Primideal über $\mathfrak{a} B_\mathfrak{q}$. Wegen $s(B_\mathfrak{q}) = \dim B_\mathfrak{q}$ ist deshalb $\dim B_\mathfrak{q} \leqslant r$. $\qquad\square$

Lemma 2.25.10 (Going-Down)

Es sei $\phi : A \to B$ ein flacher Ringmorphismus. Weiter sei $\mathfrak{q} \subseteq B$ prim und $\mathfrak{q} \cap A = \mathfrak{p}$. Es sei schließlich $\mathfrak{p}' \subseteq \mathfrak{p}$ ein zweites Primideal von A.

Dann existiert ein $\mathfrak{q}' \subseteq \mathfrak{q}$, prim in B, mit $\mathfrak{q}' \cap A = \mathfrak{p}'$.

Beweis. Die Abbildungen $A_\mathfrak{p} \to B_\mathfrak{p} \to B_\mathfrak{q}$ induzieren eine flache Ringerweiterung $A_\mathfrak{p} \to B_\mathfrak{q}$ mit $\mathfrak{p} B_\mathfrak{q} \subseteq \mathfrak{q} B_\mathfrak{q}$. Diese ist als flache Erweiterung lokaler Ringe auch treuflach. Also gibt es ein Ideal $\mathfrak{q}' \subseteq B$ mit $\mathfrak{q}' B_\mathfrak{q} \cap A_\mathfrak{p} = \mathfrak{p}' A_\mathfrak{p}$. Also ist $\mathfrak{q}' \cap A = \mathfrak{p}'$, und $\mathfrak{q}'$ ist das gesuchte Ideal. $\qquad\square$

Korollar 2.25.7

Es sei $\phi : A \to B$ ein flacher Morphismus noetherscher Ringe. Weiter sei $\mathfrak{q} \subseteq B$, prim, mit $\mathfrak{q} \cap A = \mathfrak{p}$, minimal unter den $\mathfrak{q}' \subseteq B$, prim, mit $\mathfrak{q}' \cap A = \mathfrak{p}$.

Dann ist $\dim B_\mathfrak{q} = \dim A_\mathfrak{p}$.

Beweis. Zunächst ist nach obigem Lemma $\dim B_{\mathfrak{q}} \leqslant \dim A_{\mathfrak{p}}$. Wähle nun eine maximale Primidealkette $\mathfrak{p} = \mathfrak{p}_r \supsetneq \cdots \supsetneq \mathfrak{p}_0$ und dazu nach dem Going-Down-Lemma eine Primidealkette $B \supseteq \mathfrak{q} = \mathfrak{q}_r \supsetneq \cdots \supsetneq \mathfrak{q}_0$ mit $\mathfrak{q}_i \cap A = \mathfrak{p}_i$. Damit ist dann $\dim B_{\mathfrak{q}} \geqslant \dim A_{\mathfrak{p}}$. $\qquad\square$

Lemma 2.25.11

Es sei $\phi : A \to B$ *ein Morphismus noetherscher Ringe. Weiter sei* $\mathfrak{q} \subseteq B$ *ein Primideal und* $\mathfrak{p} = \mathfrak{q} \cap A$ *sein Bild in* A.

Dann ist

$$\dim B_{\mathfrak{q}} \leqslant \dim A_{\mathfrak{p}} + \dim B_{\mathfrak{q}}/\mathfrak{p}B_{\mathfrak{q}} \, .$$

Hat ϕ *die Going-Down-Eigenschaft, so gilt sogar Gleichheit.*

Beweis. Nenne $r = \dim B_{\mathfrak{q}}/\mathfrak{p}B_{\mathfrak{q}}$ und $s = \dim A_{\mathfrak{p}}$.

Wähle ein Definitionsideal $\mathfrak{a} = (a_1, \ldots, a_s) \subseteq A$ mit $\sqrt{\mathfrak{a}_{\mathfrak{p}}} = \mathfrak{p}A_{\mathfrak{p}}$, das nach der Dimensionstheorie noetherscher lokaler Ringe existieren muss. Ebenso muss ein Ideal $\mathfrak{b} = (b_1, \ldots, b_r) \subseteq B$ existieren, so dass $\mathfrak{q}B_{\mathfrak{q}}/\mathfrak{p}B_{\mathfrak{q}}$ ein minimales Ideal über $(\mathfrak{p}, \mathfrak{b})_{\mathfrak{q}} \subseteq (B/\mathfrak{p}B)_{\mathfrak{q}}$ ist. Nun ist weiterhin $\sqrt{\mathfrak{a}B_{\mathfrak{q}}} = \mathfrak{p}B_{\mathfrak{q}}$, also $\sqrt{(\mathfrak{a}B, \mathfrak{b})B_{\mathfrak{q}}} = \mathfrak{q}B_{\mathfrak{q}}$. Das Ideal $(\mathfrak{a}B, \mathfrak{b})B_{\mathfrak{q}}$ ist also ein Definitionsideal mit $r + s$ Elementen in $B_{\mathfrak{q}}$. Damit ist $\dim B_{\mathfrak{q}} \leqslant r + s$.

Für die Umkehrung wähle nun unter den $\mathfrak{q}' \subseteq \mathfrak{q}$ mit $\mathfrak{q}' \cap A = \mathfrak{p}$ eines, für das $\dim B_{\mathfrak{q}}/\mathfrak{q}'B_{\mathfrak{q}} = r$ wird. Dann ist $\dim B_{\mathfrak{q}'} = \dim A_{\mathfrak{p}}$, da einerseits $\mathfrak{q}'$ minimal in der Faser über $\mathfrak{p}$, also $\dim B_{\mathfrak{q}'} \leqslant \dim A_{\mathfrak{p}}$, ist. Andererseits folgt nach der Going-Down-Beziehung für $B_{\mathfrak{q}'}/A_{\mathfrak{p}}$, dass $\dim B_{\mathfrak{q}'} \geqslant \dim A_{\mathfrak{p}} = s$ ist. Also ist $\dim B_{\mathfrak{q}'} = s$ und damit $\dim B_{\mathfrak{q}} \geqslant \dim B_{\mathfrak{q}}/\mathfrak{q}'B_{\mathfrak{q}} + \dim B_{\mathfrak{q}'} = r + s$. $\qquad\square$

Proposition 2.25.11

Es seien A *und* $B = A[x_1, \ldots, x_n]$ *Integritätsbereiche mit* $A \subseteq B$. *Außerdem sei* A *ein noetherscher, universell katenarischer Ring und* $K = Q(A)$. *Dann gilt*

$$\dim B_{\mathfrak{q}} = \dim A_{\mathfrak{p}} + \dim K \otimes_A B \, ,$$

wobei $\mathfrak{q}$ *ein Primideal von* B *ist, das maximal unter den Primidealen* $\mathfrak{q}' \subseteq B$ *mit* $\mathfrak{q}' \cap A = \mathfrak{p}$ *ist.*

Beweis. Setze $B' = A[X_1, \ldots, X_N]$ und $B = B'/\mathfrak{q}_0$. Es sei $\mathfrak{q}'$ das minimale Ideal über $\mathfrak{p}$ in B'. Dann ist $\mathrm{ht}_{B'}(\mathfrak{q}') = \mathrm{ht}_A(\mathfrak{p})$ nach obigem Korollar, da $B' \supseteq A$ flach ist. Weiter ist, wie man an der Grafik abliest, $N + \mathrm{ht}_{B'}(\mathfrak{q}') = \mathrm{ht}_B(\mathfrak{q}) + N - \dim(K \otimes_A B)$. Man beachte dazu, dass $K \otimes_A B' = K[X_1, \ldots, X_N]$ eine affine K-Algebra ist, also insbesondere katenarisch und daher $\mathrm{ht}_{B'} \mathfrak{q}_0 = N - \dim(K \otimes_A B)$.

Zusammen ergibt sich

$$\mathrm{ht}_B(\mathfrak{q}) = \mathrm{ht}_A(\mathfrak{p}) + \dim K \otimes_A B \, , \tag{2.183}$$

also die Behauptung.

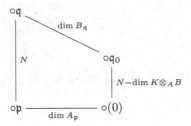

$$\square$$

Proposition 2.25.12 (Nagatas Höhenformel)
Es seien A und B Integritätsbereiche und $A \subseteq B$ sowie $B = A[x_1,\ldots,x_n]$. Wieder sei A noethersch und universell katenarisch. Es seien $\mathfrak{q} \subset B$ und $\mathfrak{p} \subset A$ Primideale mit $\mathfrak{q} \cap A = \mathfrak{p}$. Dann gilt

$$\mathrm{ht}_B \,\mathfrak{q} + \mathrm{tr.}\deg_{A/\mathfrak{p}} B/\mathfrak{q} = \mathrm{ht}_A\,\mathfrak{p} + \mathrm{tr.}\deg_A B\,.$$

Beweis. Sei $\mathfrak{q}_1$ ein Ideal maximaler Höhe in der Faser über $\mathfrak{p}$. Dann ist nach der vorigen Proposition

$$\dim A_{\mathfrak{p}} + \dim Q(A) \otimes_A B = \dim B_{\mathfrak{q}_1}\,.$$

Weiterhin gilt, weil B katenarisch ist, dass $\dim B_{\mathfrak{q}_1} = \dim B_{\mathfrak{q}} + \gamma$, wobei γ die Länge der längsten Primidealkette zwischen $\mathfrak{q}$ und $\mathfrak{q}_1$ bezeichnet. Da aber $\mathfrak{q}_1$ maximal in der Faser ist, ist γ nichts anderes als $\dim B/\mathfrak{q} \otimes_A \kappa(\mathfrak{p}) = \mathrm{tr.}\deg_{A/\mathfrak{p}} B/\mathfrak{q}$.

Zusammen mit $\dim A_{\mathfrak{p}} = \mathrm{ht}_A\,\mathfrak{p}$ und $\dim B_{\mathfrak{q}} = \mathrm{ht}_B\,\mathfrak{q}$ ergibt sich

$$\mathrm{ht}_A\,\mathfrak{p} + \mathrm{tr.}\deg_A B = \mathrm{ht}_B\,\mathfrak{q} + \mathrm{tr.}\deg_{A/\mathfrak{p}} B/\mathfrak{q}\,.$$

$$\square$$

2.26 Homologische Begriffe in der Ring- und Modultheorie

2.26.1 Vorbereitungen

Es seien $(K_\mu, d_\mu^K)_{\nu \geqslant 0}$ und $(L_\nu, d_\nu^L)_{\nu \geqslant 0}$ zwei Komplexe von A-Moduln in nicht-negativen Graden.

Dann kann man einen Komplex $M_\bullet = K_\bullet \otimes_A L_\bullet$ definieren. Für ihn ist

$$M_p = \bigoplus_{\mu=0}^{p} K_\mu \otimes_A L_{p-\mu} \tag{2.184}$$

und $d_p^M : M_p \to M_{p-1}$ definiert durch

$$d_p^M = \bigoplus_{\mu=0}^{p} d_{\mu,p-\mu}\,, \tag{2.185}$$

wobei $d^M_{\mu,\nu} : K_\mu \otimes_A L_\nu \to K_{\mu-1} \otimes L_\nu \oplus K_\mu \otimes_A L_{\nu-1}$ durch

$$d^M_{\mu,\nu} = d^K_\mu \otimes_A \mathrm{id}_{L_\nu} + (-1)^\mu \, \mathrm{id}_{K_\mu} \otimes_A d^L_\nu \qquad (2.186)$$

definiert ist.

Man rechnet leicht nach, dass $d^M_p \circ d^M_{p+1} = 0$ ist. Also ist $(M_\bullet, d^M_\bullet)$ in der Tat auch ein Komplex.

Es gilt unter anderem

$$(K_\bullet \otimes_A L_\bullet) \otimes_A M_\bullet = K_\bullet \otimes_A (L_\bullet \otimes_A M_\bullet). \qquad (2.187)$$

Beweis. Wir rechnen dies direkt nach: Es ist zunächst

$$((K_\bullet \otimes L_\bullet) \otimes M_\bullet)_p = \sum_{i+l=p} (K_\bullet \otimes L_\bullet)_i \otimes M_l = \sum_{i+l=p} \sum_{j+k=i} K_j \otimes L_k \otimes M_l =$$
$$\sum_{j+k+l=p} K_j \otimes L_k \otimes M_l = \sum_{j+n=p} \sum_{k+l=n} K_j \otimes L_k \otimes M_l =$$
$$\sum_{j+n=p} K_j \otimes (L_\bullet \otimes M_\bullet)_n =$$
$$(K_\bullet \otimes (L_\bullet \otimes M_\bullet))_p. \quad (2.188)$$

Wir rechnen nun die Derivationen auf $K_i \otimes L_j \otimes M_k$ aus. Zunächst links geklammert:

$$d^{K\otimes L}_{i+j} \otimes \mathrm{id}_{M_k} + (-1)^{i+j}\mathrm{id}_{K_i \otimes L_j} \otimes d^M_k =$$
$$d^K_i \otimes \mathrm{id}_{L_j} \otimes \mathrm{id}_{M_k} + (-1)^i\mathrm{id}_{K_i} \otimes d^L_j \otimes \mathrm{id}_{M_k} + (-1)^{i+j}\mathrm{id}_{K_i} \otimes \mathrm{id}_{L_j} \otimes d^M_k$$

Dann rechts geklammert:

$$d^K_i \otimes \mathrm{id}_{L_j \otimes M_k} + (-1)^i\mathrm{id}_{K_i} \otimes d^{L\otimes M}_{j+k} =$$
$$d^K_i \otimes \mathrm{id}_{L_j} \otimes \mathrm{id}_{M_k} + (-1)^i\mathrm{id}_{K_i} \otimes d^L_j \otimes \mathrm{id}_{M_k} + (-1)^i\mathrm{id}_{K_i} \otimes (-1)^j \otimes \mathrm{id}_{L_j} \otimes d^M_k$$

Man erkennt die Gleichheit der ausmultiplizierten Abbildungen. $\qquad\square$

Daher kann man auch einfach $K_\bullet \otimes_A L_\bullet \otimes_A M_\bullet$ schreiben.

2.26.2 Der Koszul-Komplex

Es seien $x_1, \ldots, x_n$ Elemente eines kommutativen Rings A.

Dann sei für $p > 0$

$$K_p(x_1, \ldots, x_n) = \sum_{1 \leqslant i_1 < \cdots < i_p \leqslant n} A \, e_{i_1} \wedge \cdots \wedge e_{i_p}$$

und

$$K_0(x_1, \ldots, x_n) = A.$$

Weiter seien Abbildungen

$$d_p : K_p(x_1, \ldots, x_n) \to K_{p-1}(x_1, \ldots, x_n)$$

$$e_{i_1} \wedge \cdots \wedge e_{i_p} \mapsto \sum_{\nu=1}^{p} (-1)^{\nu+1} x_{i_\nu} \, e_{i_1} \wedge \cdots \wedge \widehat{e_{i_\nu}} \wedge \cdots \wedge e_{i_p}$$

definiert. Diese Abbildungen machen aus $(K_\bullet(x_1, \ldots, x_n), d_\bullet)$ einen Komplex freier A-Moduln.

Definition 2.26.1

Der Komplex $(K_\bullet(x_1, \ldots, x_n), d_\bullet)$ heißt *Koszul-Komplex* für $x_1, \ldots, x_n$.   ◆

Im Sinne der Bemerkungen im vorigen Unterabschnitt hätten wir den Koszul-Komplex auch abstrakter folgendermaßen definieren können: Es sei $N_\bullet^i$ der Komplex

$$A \, e_i \to A \to 0 \tag{2.189}$$

mit der einzigen nichttrivialen Derivation $d_1^i(a \, e_i) = a \, x_i$. Seine Homologien sind $h^0(N_\bullet^i) = A/x_i A$ und $h^1(N_\bullet^i) = \mathrm{Ann}_A(x_i)$. Es ist dann

$$K_\bullet(x_1, \ldots, x_n) = N_\bullet^1 \otimes \ldots \otimes N_\bullet^n \tag{2.190}$$

mit dem oben eingeführten Tensorprodukt der $N_\bullet^i$.

Definition 2.26.2

Es sei M ein A-Modul. Dann ist $K_\bullet(x_1, \ldots, x_n; M) = K_\bullet(x_1, \ldots, x_n) \otimes_A M$ der *Koszul-Komplex* für $x_1, \ldots, x_n$ *bezüglich* M.   ◆

Lemma 2.26.1

Es existiert folgendes kommutatives Diagramm mit exakten horizontalen Sequenzen:

$$
\begin{array}{ccccccccc}
0 \to & K_p(x_1, \ldots, x_{n-1}) & \longrightarrow & K_p(x_1, \ldots, x_n) & \twoheadrightarrow & K_{p-1}(x_1, \ldots, x_{n-1}) \otimes A \, e_n & \to 0 \\
& \downarrow{\scriptstyle d_p^{n-1}} & & \downarrow{\scriptstyle d_p^n} & & \downarrow{\scriptstyle d_{p-1}^{n-1} \otimes \mathrm{id}} & \\
0 \to & K_{p-1}(x_1, \ldots, x_{n-1}) & \to & K_{p-1}(x_1, \ldots, x_n) & \to & K_{p-2}(x_1, \ldots, x_{n-1}) \otimes A \, e_n & \to 0
\end{array}
$$
$$\tag{2.191}$$

Dieses Diagramm induziert eine lange exakte Sequenz in der Homologie:

$$\cdots \to H_p(K_\bullet(x_1, \ldots, x_{n-1})) \xrightarrow{\quad} H_p(K_\bullet(x_1, \ldots, x_n)) \to H_{p-1}(K_\bullet(x_1, \ldots, x_{n-1})) \overset{\cdot(-1)^{p-1}x_n}{}$$

$$\to H_{p-1}(K_\bullet(x_1, \ldots, x_{n-1})) \to H_{p-1}(K_\bullet(x_1, \ldots, x_n)) \to H_{p-2}(K_\bullet(x_1, \ldots, x_{n-1})) \to \cdots$$
$$\tag{2.192}$$

Man beachte, dass der Verbindungsoperator δ durch $\cdot(-1)^{p-1} x_n$ gegeben wird. Man sieht dies durch eine entsprechende „Diagrammjagd" in (2.191) unter Anwendung der Formel $d_p^n = d_p^{n-1} \otimes \mathrm{id}_A \oplus d_{p-1}^{n-1} \otimes \mathrm{id}_{A e_n} + (-1)^{p-1} \mathrm{id}_{K_{p-1}^{n-1}} \cdot x_n$.

Bemerkung 2.26.1

Das vorige Lemma gilt auch, wenn man $K_p(x_1, \ldots, x_n)$ und die anderen Moduln sinngemäß durch $K_p(x_1, \ldots, x_n; M)$ für einen A-Modul M ersetzt.

Man kann nämlich in Gleichung (2.191) mit $- \otimes_A M$ tensorieren. Dabei bleiben die Zeilen exakt, weil alle Einträge, insbesondere der rechte, freie A-Moduln sind.

2.26.3 Homologische Dimension

Der allgemeine Fall

Definition 2.26.3

Es sei A ein kommutativer Ring und M ein A-Modul. Dann sind

$$\mathrm{dh}_A\, M = \sup\{p \mid \mathrm{Ext}_A^p(M, N) \neq 0\} \text{ für einen } A\text{-Modul } N,$$

$$\mathrm{di}_A\, M = \sup\{p \mid \mathrm{Ext}_A^p(N, M) \neq 0\} \text{ für einen } A\text{-Modul } N,$$

$$\mathrm{gldh}\, A = \sup\{p \mid \mathrm{Ext}_A^p(N, M) \neq 0\} \text{ für } A\text{-Moduln } M, N$$

die *Projektivdimension* oder *homologische Dimension* von M, die *Injektivdimension* von M und die *Globaldimension* von A.

Jede dieser Dimensionen kann auch den Wert ∞ annehmen. ◆

Für die Projektivdimension schreiben wir auch $\mathrm{pd}_A\, M = \mathrm{dh}_A\, M$.

Bemerkung 2.26.2

Es ist äquivalent: $\mathrm{dh}\, M = 0$ und M ist projektiv sowie $\mathrm{di}\, M = 0$ und M ist injektiv.

Lemma 2.26.2

Es sei $0 \to M' \to M \to M'' \to 0$ eine exakte Folge von A-Moduln. Dann ist

1. $\mathrm{dh}_A\, M \leqslant \sup(\mathrm{dh}_A\, M', \mathrm{dh}_A\, M'')$, *und bei Ungleichheit gilt*

$$\mathrm{dh}_A\, M'' = \mathrm{dh}_A\, M' + 1,$$

2. $\mathrm{di}_A\, M \leqslant \sup(\mathrm{di}_A\, M', \mathrm{di}_A\, M'')$, *und bei Ungleichheit gilt*

$$\mathrm{di}_A\, M' = \mathrm{di}_A\, M'' + 1,$$

3. $\mathrm{dh}_A\, M'' \leqslant \sup(\mathrm{dh}_A\, M, \mathrm{dh}_A\, M' + 1)$, *und bei Ungleichheit gilt*

$$\mathrm{dh}_A\, M = \mathrm{dh}_A\, M'.$$

Bemerkung 2.26.3

Es sei $M_0 \subset \cdots \subset M_n = M$ eine Kompositionsreihe von A-Moduln. Dann ist $\mathrm{dh}_A\, M \leqslant \sup_i \mathrm{dh}_A(M_i/M_{i-1})$.

Lemma 2.26.3

Es sei M ein A-Modul. Dann ist äquivalent:

a) *M ist projektiv.*

b) *$\operatorname{Ext}^1_A(M, N) = 0$ für jeden A-Modul N.*

Lemma 2.26.4

Es sei M ein A-Modul. Dann ist äquivalent:

a) *Es ist $\operatorname{Ext}^{n+1}_A(M, N) = 0$ für jeden A-Modul N.*

b) *Es sei*

$$(*) \quad 0 \to M_n \to \cdots \to M_0 \to M \to 0$$

eine exakte Sequenz mit projektiven A-Moduln $M_0, \ldots, M_{n-1}$. Dann ist auch M_n ein projektiver A-Modul.

Beweis. Die Richtung b) nach a) folgt aus der Berechnung von $\operatorname{Ext}^i(M, N)$ durch eine projektive Auflösung von M.

Es bleibt a) nach b). Für $n = 0$ folgt dies aus dem vorigen Lemma. Für $n > 0$ betrachte die Zerlegung von $(*)$ in $(**)$ $0 \to M_n \to \cdots \to M_1 \to Q \to 0$ und $0 \to Q \to M_0 \to M \to 0$. Dann ist $\operatorname{Ext}^n_A(Q, N) = \operatorname{Ext}^{n+1}_A(M, N) = 0$. Also ist nach Induktion über n und mit der Sequenz $(**)$ auch M_n projektiv. $\square$

Lemma 2.26.5

Es sei M ein A-Modul. Dann ist äquivalent:

a) *M ist injektiv.*

b) *$\operatorname{Ext}^1_A(A/I, M) = 0$ für jedes Ideal $I \subseteq A$.*

Lemma 2.26.6

Es sei M ein A-Modul. Dann ist äquivalent:

a) *Es ist $\operatorname{Ext}^{n+1}_A(N, M) = 0$ für jeden endlich erzeugten A-Modul N.*

b) *Es sei*

$$(*) \quad 0 \to M \to I^0 \to \cdots \to I^n \to 0$$

eine exakte Sequenz mit injektiven A-Moduln $I^0, \ldots, I^{n-1}$. Dann ist auch I^n ein injektiver A-Modul.

Beweis. Die Richtung b) nach a) folgt aus der Berechnung von $\operatorname{Ext}^i(N, M)$ durch eine injektive Auflösung von M.

Es bleibt a) nach b). Für $n = 0$ folgt dies aus dem vorigen Lemma. Für $n > 0$ betrachte die Zerlegung von $(*)$ in $(**)$ $0 \to Q \to I^1 \to \cdots \to I^n \to 0$ und $0 \to M \to I^0 \to Q \to 0$. Dann ist $\operatorname{Ext}^n_A(N, Q) = \operatorname{Ext}^{n+1}_A(N, M) = 0$. Also ist nach Induktion über n und mit der Sequenz $(**)$ auch I^n injektiv. $\square$

Proposition 2.26.1

Es ist $\operatorname{di} M$ *gleich* $d = \sup\{p \mid \operatorname{Ext}_A^p(N, M) \neq 0\}$, *wobei* N *für einen* A-*Modul vom endlichen Typ steht.*

Beweis. Folgt aus dem vorigen Lemma.   □

Korollar 2.26.1

Es ist $\operatorname{gldh} A = \sup \operatorname{dh}_A M$, *wobei* M *alle endlich erzeugten* A-*Moduln durchläuft.*

Beweis. Man nenne $d(M, N)$ das Supremum p von $\operatorname{Ext}_A^p(M, N) \neq 0$. Dann ist

$$\operatorname{gldh} A = \sup_M \sup_N d(M, N) = \sup_N \operatorname{di} N = \sup_{M'} \sup_N d(M', N) = \sup_{M'} \operatorname{dh}_A M',$$

wobei M, N alle A-Moduln und M' die endlich erzeugten A-Moduln durchläuft.   □

Der noethersche Fall

Es seien im Folgenden alle Ringe noethersch.

Lemma 2.26.7

Es sei M *ein endlich erzeugter* A-*Modul und* $\operatorname{Ext}^1(M, N) = 0$ *für alle endlich erzeugten* A-*Moduln* N. *Dann ist* M *ein projektiver* A-*Modul.*

Lemma 2.26.8

Es sei M *ein* A-*Modul und* $\operatorname{Ext}_A^i(M, A/\mathfrak{p}) = 0$ *für jedes Primideal* $\mathfrak{p} \subseteq A$. *Dann ist auch* $\operatorname{Ext}_A^i(M, N) = 0$ *für jeden endlich erzeugten* A-*Modul* N.

Beweis. Betrachte eine Filtrierung $0 \to N_{i-1} \to N_i \to A/\mathfrak{p}_i \to 0$ von $N = N_r$ und $N_0 = 0$.   □

Proposition 2.26.2

Es ist für einen endlich erzeugten A-*Modul* M *äquivalent:*

a) *Für die Projektivdimension gilt* $\operatorname{dh}_A M \leqslant n$.

b) *Es ist* $\operatorname{Ext}_A^{n+1}(M, A/\mathfrak{p}) = 0$ *für alle Primideale* $\mathfrak{p} \subseteq A$.

c) *Es gibt eine exakte Sequenz*

$$0 \to M_n' \to M_{n-1}' \to \cdots \to M_0' \to M \to 0$$

     mit M_i' *endlich erzeugter projektiver* A-*Modul.*

d) *In jeder exakten Sequenz*

$$0 \to M_n \to \cdots \to M_0 \to M \to 0$$

     mit projektiven $M_0, \ldots, M_{n-1}$ *ist* M_n *auch projektiv.*

Beweis. Der Fall b) folgt a fortiori aus a), und d) nach a) folgt aus $\operatorname{Ext}_A^i(M,N) = h^i(\operatorname{Hom}_A(M_\bullet, N))$.

Für b) nach c) konstruiere iterativ eine exakte Sequenz von freien, endlich erzeugten Moduln $M_0', \ldots, M_{n-1}'$ und einem endlich erzeugten M_n':

$$0 \to M_n' \to \cdots \to M_0' \to M \to 0$$

Zerlegt in

$$0 \to Q_{i+1} \to M_i' \to Q_i \to 0,$$

so dass $M_n' = Q_n$ und $Q_0 = M$, ergibt sich

$$(\dagger) \quad \operatorname{Ext}_A^1(Q_n, N) = \operatorname{Ext}_A^2(Q_{n-1}, N) = \cdots = \operatorname{Ext}_A^{n+1}(M, N).$$

Gilt b), so ist nach den beiden vorigen Lemmata auch $Q_n = M_n'$ ein projektiver A-Modul und c) damit bewiesen.

Es gelte nun c), und d) sei zu beweisen. Zerlegt man wieder $0 \to Q_{i+1} \to M_i \to Q_i \to 0$, so ist nach der Beziehung $(\dagger)$ wieder $\operatorname{Ext}_A^1(M_n, N) = \operatorname{Ext}_A^{n+1}(M, N)$ für jeden A-Modul N. Wegen c) ist aber $\operatorname{Ext}_A^{n+1}(M, N) = 0$, also auch $\operatorname{Ext}_A^1(M_n, N) = 0$ für jedes N. Damit ist M_n projektiv. $\qquad\square$

Proposition 2.26.3

Es sei $\psi : A \to B$ ein Ringhomomorphismus, B sei A-flach und M, N endlich erzeugte A-Moduln. Dann ist

$$\operatorname{Tor}_p^A(M, N) \otimes_A B = \operatorname{Tor}_p^B(M \otimes_A B, N \otimes_A B),$$
$$\operatorname{Ext}_A^p(M, N) \otimes_A B = \operatorname{Ext}_B^p(M \otimes_A B, N \otimes_A B).$$

Bemerkung 2.26.4

Diese Proposition lässt sich anwenden für $B = A[X]$, $B = S^{-1}A$ und $B = \widehat{A}$, wo $\widehat{A}$ eine $\mathfrak{a}$-adische Komplettierung von A ist.

Proposition 2.26.4

Es seien A, B wie oben, dann ist $\operatorname{dh}_B(B \otimes_A M) \leqslant \operatorname{dh}_A M$.

Man beachte, dass für einen projektiven A-Modul N auch $N \otimes_A B$ projektiver B-Modul ist. $\qquad\square$

Korollar 2.26.2

Es ist für einen noetherschen Ring A und einen endlich erzeugten A-Modul M:

$$\operatorname{dh}_A M = \sup_{\mathfrak{p}} \operatorname{dh}_{A_\mathfrak{p}} M_\mathfrak{p} = \sup_{\mathfrak{m}} \operatorname{dh}_{A_\mathfrak{m}} M_\mathfrak{m},$$

wobei $\mathfrak{p}$ die Primideale und $\mathfrak{m}$ die maximalen Ideale von A durchläuft.

Der lokale Fall

Proposition 2.26.5

Es sei A ein noetherscher lokaler Ring, $\mathfrak{m}$ sein maximales Ideal, $k = A/\mathfrak{m}$ der Restkörper und M ein endlich erzeugter A-Modul. Dann ist äquivalent:

a) M ist freier A-Modul.

b) M ist projektiver A-Modul.

c) M ist flacher A-Modul.

d) $\mathrm{Tor}_1^A(M,N) = 0$ für alle A-Moduln N.

e) Es ist $\mathrm{Tor}_1^A(M,k) = 0$.

Beweis. Nur der Schluss von e) auf a) ist nicht trivial: Es ist jedenfalls $k^s \xrightarrow{\alpha} M \otimes_A k \to 0$ mit einem Isomorphismus α.

Man wählt nun $m_1, \ldots, m_s$ aus M, die eine Abbildung $A^s \xrightarrow{\beta} M \to 0$ festlegen, die unter $- \otimes_A k$ in α übergeht. Zur Abbildung β gehört die kurze exakte Sequenz $0 \to Q \to A^s \to M \to 0$. Sie ist rechts surjektiv, da $M \otimes_A k = (Am_1 + \cdots + Am_s) \otimes_A k$, also $M = Am_1 + \cdots + Am_s + \mathfrak{m}M$. Also ist nach dem Lemma von Nakayama $M = Am_1 + \cdots + Am_s$.

Tensorieren mit k ergibt nun $0 \to Q \otimes_A k \to k^s \xrightarrow{\alpha} M \otimes_A k \to 0$. Da α ein Isomorphismus ist, ist $Q \otimes_A k = 0$, also $Q = 0$, also M frei. $\square$

Korollar 2.26.3

Es sei A noethersch und M ein endlich erzeugter A-Modul. Dann ist äquivalent:

a) M ist projektiver A-Modul.

b) $M_\mathfrak{m}$ ist projektiver $A_\mathfrak{m}$-Modul für alle maximalen Ideale $\mathfrak{m} \subset A$.

c) $M_\mathfrak{p}$ ist projektiver $A_\mathfrak{p}$-Modul für alle Primideale $\mathfrak{p} \subset A$.

Proposition 2.26.6

Es sei A ein artinscher lokaler Ring, $\mathfrak{m}$ sein maximales Ideal, $k = A/\mathfrak{m}$ der Restkörper und M ein A-Modul. Dann ist äquivalent:

a) M ist freier A-Modul.

b) M ist projektiver A-Modul.

c) M ist flacher A-Modul.

d) $\mathrm{Tor}_1^A(M,N) = 0$ für alle A-Moduln N.

e) Es ist $\mathrm{Tor}_1^A(M,k) = 0$.

Beweis. Wir zeigen die einzig nichttriviale Implikation e) $\Rightarrow$ a).

Aus der Sequenz

$$0 \to \mathfrak{m}^k/\mathfrak{m}^{k+1} \to A/\mathfrak{m}^{k+1} \to A/\mathfrak{m}^k \to 0$$

folgt nach Tensorieren mit $- \otimes_A M$ in der langen exakten Sequenz:

$$\cdots \to \operatorname{Tor}_1^A(M, \mathfrak{m}^k/\mathfrak{m}^{k+1}) \to \operatorname{Tor}_1^A(M, A/\mathfrak{m}^{k+1}) \to \operatorname{Tor}_1^A(M, A/\mathfrak{m}^k) \to \cdots$$

Da $\operatorname{Tor}_1^A(M, k) = 0$, ist auch $\operatorname{Tor}_1^A(M, \mathfrak{m}^k/\mathfrak{m}^{k+1}) = 0$. Ist nun $\operatorname{Tor}_1^A(M, A/\mathfrak{m}^k) = 0$, so dann auch $\operatorname{Tor}_1^A(M, A/\mathfrak{m}^{k+1}) = 0$. Also sind alle $\operatorname{Tor}_1^A(M, A/\mathfrak{m}^l) = 0$.

Wähle nun F frei über A mit einer Abbildung $\phi : F \to M$ so, dass $F \otimes_A k \overset{\sim}{\to} M \otimes_A k$ ein Isomorphismus ist.

Es ist dann

$$M = \mathfrak{m}M + \phi(F).$$

Also ist $M = \phi F + \mathfrak{m}\phi F + \cdots + \mathfrak{m}^l\phi F$, also $\phi : F \to M \to 0$ surjektiv.

Definiere P durch die Sequenz $0 \to P \to F \to M \to 0$. Wir zeigen, dass $P = 0$ ist. Betrachte dazu das exakte Diagramm:

$$
\begin{array}{ccccccc}
& 0 & & 0 & & 0 & \hspace{2cm}(2.193)\\
& \downarrow & & \downarrow & & \downarrow & \\
0 \to & P \otimes_A \mathfrak{m}^k/\mathfrak{m}^{k+1} & \to & F \otimes_A \mathfrak{m}^k/\mathfrak{m}^{k+1} & \to & M \otimes_A \mathfrak{m}^k/\mathfrak{m}^{k+1} & \to 0 \\
& \downarrow & & \downarrow & & \downarrow & \\
0 \to & P \otimes_A A/\mathfrak{m}^{k+1} & \to & F \otimes_A A/\mathfrak{m}^{k+1} & \to & M \otimes_A A/\mathfrak{m}^{k+1} & \to 0 \\
& \downarrow & & \downarrow & & \downarrow & \\
0 \to & P \otimes_A A/\mathfrak{m}^k & \to & F \otimes_A A/\mathfrak{m}^k & \to & M \otimes_A A/\mathfrak{m}^k & \to 0 \\
& \downarrow & & \downarrow & & \downarrow & \\
& 0 & & 0 & & 0 &
\end{array}
$$

Schließe dann aus $P \otimes_A k = 0$ zunächst $P \otimes \mathfrak{m}^k/\mathfrak{m}^{k+1} = 0$. Anschließend, induktiv aus $P \otimes_A A/\mathfrak{m}^k = 0$ dann $P \otimes_A A/\mathfrak{m}^{k+1} = 0$.

Also $P \otimes A/\mathfrak{m}^l = 0$ für alle l. Da irgendwann $\mathfrak{m}^l = 0$, folgt $P = 0$. $\qquad\square$

Proposition 2.26.7

Es sei $(A, \mathfrak{m})$ wieder ein noetherscher lokaler Ring, $k = A/\mathfrak{m}$ und M ein endlich erzeugter A-Modul. Dann ist äquivalent:

a) $\operatorname{dh}_A M \leqslant n$.

b) $\operatorname{Tor}_p^A(M, N) = 0$ für $p > n$ und N einen beliebigen A-Modul.

c) $\operatorname{Tor}_{n+1}^A(M, k) = 0$.

Beweis. Nur c) nach a) ist nichttrivial. Für $n = 0$ ist M nach Obigem flach und frei. Sei $n > 0$. Betrachte eine exakte Sequenz $(*)\ 0 \to Q \to F \to M \to 0$ mit F frei und endlich erzeugt. Dann ist $\operatorname{Tor}_{n+1}^A(M, k) = \operatorname{Tor}_n^A(Q, k)$, also nach Induktion $\operatorname{dh} Q \leqslant n - 1$. Es gibt also eine freie Auflösung von Q der Länge $\leqslant n - 1$ und damit nach $(*)$ eine freie Auflösung der Länge $\leqslant n$ für M. $\qquad\square$

Korollar 2.26.4

Es sei A ein beliebiger noetherscher Ring *und M ein A-Modul vom endlichen Typ. Dann ist äquivalent:*

a) $\mathrm{dh}_A M \leqslant n$.

b) $\mathrm{Tor}_p^A(M, N) = 0$ *für $p > n$ und N einen beliebigen A-Modul.*

c) $\mathrm{Tor}_{n+1}^A(M, A/\mathfrak{m}) = 0$ *für jedes maximale Ideal $\mathfrak{m} \subset A$.*

Korollar 2.26.5

Es sei A ein noetherscher Ring. Dann ist äquivalent:

a) $\mathrm{gldh}\, A \leqslant n$.

b) $\mathrm{Tor}_{n+1}^A(A/\mathfrak{m}, A/\mathfrak{m}) = 0$ *für alle maximalen Ideale $\mathfrak{m} \subset A$.*

Beweis. Um von b) auf a) zu schließen, kann man die aus b) folgende Beziehung $\mathrm{Tor}_{n+1}^A(A/\mathfrak{m}, A/\mathfrak{n}) = 0$ für alle maximalen Ideale $\mathfrak{m}, \mathfrak{n} \subset A$ benutzen. Es ist ja $\mathrm{Ann}_A\, \mathrm{Tor}_{n+1}^A(A/\mathfrak{m}, A/\mathfrak{n}) \supseteq \mathfrak{m} + \mathfrak{n}$.

Es ist dann $\mathrm{dh}_A(A/\mathfrak{m}) \leqslant n$ für jedes $\mathfrak{m} \subseteq A$, maximal, nach vorigem Korollar. Damit ist dann aber auch $\mathrm{Tor}_{n+1}^A(A/\mathfrak{m}, M) = 0$ für jeden endlich erzeugten A-Modul M und damit $\mathrm{dh}_A M \leqslant n$ für jeden solchen. Also $\mathrm{gldh}\, A = \sup\{\mathrm{dh}_A M \mid M$ endlich erzeugt$\} \leqslant n$ $\qquad\square$

Korollar 2.26.6

Es sei $(A, \mathfrak{m})$ ein noetherscher lokaler Ring. Dann ist äquivalent:

a) Es ist $\mathrm{gldh}\, A = n$.

b) Es ist $\mathrm{dh}_A k = n$

c) Es ist $\mathrm{Tor}_{n'}^A(k, k) = 0$ *für $n' > n$ und $\mathrm{Tor}_n^A(k, k) \neq 0$.*

d) Es ist $\mathrm{Tor}_{n'}^A(N, k) = 0$ *für alle A-Moduln N und $n' > n$, und es gibt einen A-Modul M mit $\mathrm{Tor}_n^A(M, k) \neq 0$.*

2.27 Cohen-Macaulaysche Ringe und Moduln

2.27.1 Depth und reguläre Folgen

Definition 2.27.1

Sei A ein Ring und M ein A-Modul, $I \subset A$ ein Ideal von A. Dann ist $x_1, \ldots, x_r \in I$ eine M-reguläre Folge in I, wenn x_s kein Nullteiler im Modul $M/(x_1 M + \cdots + x_{s-1} M)$ für alle $s = 1, \ldots, r$ ist. $\qquad\blacklozenge$

Theorem 2.27.1

Sei A ein noetherscher Ring, M ein endlich erzeugter A-Modul und I ein Ideal. Dann ist äquivalent:

a) $\operatorname{Ext}_A^i(N, M) = 0$ *für alle endlich erzeugten A-Moduln N mit* $\operatorname{supp} N \subset V(I)$ *und für alle* $i < n$.

b) $\operatorname{Ext}_A^i(N, M) = 0$ *für alle* $N = A/\mathfrak{p}$ *mit* $\mathfrak{p} \subseteq A$, *prim, und* $\mathfrak{p} \supseteq I$ *sowie* $i < n$.

c) $\operatorname{Ext}_A^i(A/I, M) = 0$ *für alle* $i < n$.

d) Es gibt eine M-reguläre Folge $x_1, \ldots, x_n$ *in I.*

Beweis. Generell sind a) und b) äquivalent, denn man kann für N eine Filtrierung

$$0 \to N_{j-1} \to N_j \to A/\mathfrak{p}_j \to 0$$

finden, für die $\mathfrak{p}_j \in \operatorname{Ass} N$ gilt, also auch $\mathfrak{p}_j \supseteq I$.

Man betrachte dann den Ausschnitt aus der langen Ext-Sequenz

$$\operatorname{Ext}_A^i(A/\mathfrak{p}_j, M) \to \operatorname{Ext}_A^i(N_j, M) \to \operatorname{Ext}_A^i(N_{j-1}, M)$$

und schließe induktiv von b) auf a).

Wir beginnen mit $n = 1$: Gilt b) oder c), so genügt es zu zeigen, dass $I \not\subseteq \bigcup_{\mathfrak{p} \in \operatorname{Ass} M} \mathfrak{p}$ gilt, also $I \not\subseteq \mathfrak{p}$ für jedes $\mathfrak{p}$ in $\operatorname{Ass} M$. Wäre nämlich $I \subseteq \mathfrak{p}$ mit $\mathfrak{p} \in \operatorname{Ass} M$, so wäre $A/\mathfrak{p} \subseteq M$ und $\operatorname{Hom}_A(A/\mathfrak{p}, M) \neq 0$ im Widerspruch zu b) und mit $A/I \to A/\mathfrak{p}$ auch $\operatorname{Hom}(A/I, M) \neq 0$ im Widerspruch zu c).

Also liegt I nicht in der Vereinigung der Primideale aus $\operatorname{Ass} M$ und enthält daher einen Nichtnullteiler x_1 für M, womit d) gezeigt ist.

Es gelte nun d), und x_1 sei der Nichtnullteiler in I. Dann ist für jedes $N = A/\mathfrak{p}$ mit $\mathfrak{p} \supseteq I$, prim, sowie für $N = A/I$:

$$0 \to \operatorname{Hom}_A(N, M) \xrightarrow{\cdot x_1} \operatorname{Hom}_A(N, M),$$

denn $\operatorname{Hom}_A(N, -)$ ist linksexakt. Nun annulliert der Nichtnullteiler x_1 den Modul $\operatorname{Hom}_A(N, M)$, und somit ist $\operatorname{Hom}_A(N, M) = 0$ und d) $\Rightarrow$ b), c) für $n = 1$ gezeigt.

Es sei der Satz nun bis $n - 1 > 0$ bewiesen.

Es gelte nun d) mit der Folge $x_1, \ldots, x_n \in I$. Bilde dann die Sequenz

$$(*) \quad 0 \to M \xrightarrow{\cdot x_1} M \to M' \to 0,$$

wende $\operatorname{Hom}_A(N, -)$, mit $N = A/\mathfrak{p}$ wie oben, an und betrachte die lange exakte Ext-Sequenz:

$$(\dagger) \quad \operatorname{Ext}_A^{i-1}(N, M) \to \operatorname{Ext}_A^{i-1}(N, M') \to \operatorname{Ext}_A^i(N, M) \xrightarrow{\cdot 0} \operatorname{Ext}_A^i(N, M) \to \operatorname{Ext}_A^i(N, M')$$

Es ist nun $x_2, \ldots, x_n$ eine reguläre Folge in I für M' der Länge $n - 1$, und nach b) für $n - 1$ ist $\operatorname{Ext}_A^i(N, M') = 0$ für $i = 0, \ldots, n - 2$. Aus der Folge $(\dagger)$ für $i = 0, \ldots, n - 1$ entnimmt man dann $\operatorname{Ext}_A^i(N, M) = 0$, also b) für n.

Gilt umgekehrt c) für n, so wählt man einen Nichtnullteiler $x_1 \in I$ für M und bildet die Folgen $(*)$ und $(\dagger)$ mit $N = A/I$.

Ist dann $\operatorname{Ext}_A^i(N, M) = 0$ für $i = 0, \ldots, n - 1$, so folgt aus dem Anfang von $(\dagger)$, dass $\operatorname{Ext}_A^i(N, M') = 0$ für $i = 0, \ldots, n - 2$ ist. Also existiert, kraft Induktion, eine reguläre Folge $x_2, \ldots, x_n$ der Länge $n - 1$ in I für M', also mit x_1 am Anfang, eine reguläre Folge $x_1, x_2, \ldots, x_n$ in I für M der Länge n. Also gilt d) für n. $\qquad\square$

Lemma 2.27.1

Wenn $x_1, \ldots, x_n$ eine maximale M-reguläre Folge in I ist, so ist

$$\operatorname{Ext}_A^n(A/I, M) \neq 0.$$

Beweis. Besteht I nur aus Nullteilern von M, so ist $I \subseteq \mathfrak{p}$ für ein $\mathfrak{p}$ aus $\operatorname{Ass} M$. Damit existiert eine von Null verschiedene Abbildung $A/I \to A/\mathfrak{p} \subseteq M$, also ist $\operatorname{Hom}_A(A/I, M) \neq 0$.

Ist $n \geqslant 1$, so betrachte $0 \to M \xrightarrow{\cdot x_1} M \to M' \to 0$ und die daraus hervorgehende Ext-Sequenz

$$\operatorname{Ext}_A^{n-1}(A/I, M) \to \operatorname{Ext}_A^{n-1}(A/I, M') \to \operatorname{Ext}_A^n(A/I, M).$$

Der Modul ganz links verschwindet, und der mittlere ist kraft Induktion ungleich Null, denn $x_2, \ldots, x_n$ ist eine maximale M'-reguläre Folge in I. Also ist $\operatorname{Ext}_A^n(A/I, M) \neq 0$. $\qquad\square$

Die maximale Länge einer M-regulären Folge in I ist also eindeutig durch I und M festgelegt, wir nennen sie $\operatorname{depth}_I M$, die *I-Tiefe von M*.

Lemma 2.27.2

Es sei $f \in I$ ein M-reguläres Element. Dann ist

$$\operatorname{depth}_I(M/fM) = \operatorname{depth}_I M - 1.$$

Beweis. Folgt aus obiger Charakterisierung mit $\operatorname{Ext}_A^i(A/I, M)$. $\qquad\square$

Ist A ein lokaler Ring mit maximalem Ideal $\mathfrak{m}$, so schreiben wir

$$\operatorname{depth}_A M = \operatorname{depth} M := \operatorname{depth}_{\mathfrak{m}} M$$

und nennen diese Zahl einfach die *Tiefe* von M.

Es ist dann

$$\operatorname{depth} M = 0 \Leftrightarrow \mathfrak{m} \in \operatorname{Ass} M.$$

Wenn A ein beliebiger noetherscher Ring ist und $\mathfrak{p} \in \operatorname{Spec}(A)$, so ist

$$\operatorname{depth}(M_{\mathfrak{p}}) = \operatorname{depth}_{\mathfrak{p}} M,$$

wobei die Tiefe links als $\mathfrak{p}A_{\mathfrak{p}}$-Tiefe von $M_{\mathfrak{p}}$ zu verstehen ist. Es gilt speziell

$$\operatorname{depth}(M_{\mathfrak{p}}) = 0 \Leftrightarrow \mathfrak{p}A_{\mathfrak{p}} \in \operatorname{Ass} M_{\mathfrak{p}} \Leftrightarrow \mathfrak{p} \in \operatorname{Ass} M.$$

Lemma 2.27.3

Es sei A ein noetherscher Ring, M ein endlich erzeugter A-Modul, $\mathfrak{p} \in \operatorname{Ass} M$ und $a \in A$ ein M-reguläres Element. Es sei $\mathfrak{q} \supset (\mathfrak{p}, a)$ ein minimales Primideal. Dann ist $\mathfrak{q} \in \operatorname{Ass}(M/aM)$.

Beweis. Enthält Ass M außer $\mathfrak{p}$ noch ein $\mathfrak{p}'$, so wähle Q als $\mathfrak{p}'$-koprimären Untermodul. Es ist dann $\mathfrak{p} \in \operatorname{Ass} Q$ und $U \xrightarrow{\cdot a} U$ im folgenden Diagramm injektiv (denn es ist ja Ass $U = \{\mathfrak{p}'\}$ und $a \notin \mathfrak{p}'$):

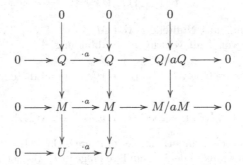

Induktiv über die Anzahl der assoziierten Primideale in Ass M schließen wir $\mathfrak{q} \in \operatorname{Ass}(Q/aQ)$ und deshalb auch $\mathfrak{q} \in \operatorname{Ass}(M/aM)$.

Es bleibt der Fall Ass $M = \{\mathfrak{p}\}$ übrig. In diesem Fall ist supp $M = V(\mathfrak{p})$. Mit supp $M/aM = \operatorname{supp} M \cap \operatorname{supp} A/aA$ folgt supp $M/aM = V(\mathfrak{p}) \cap V(aA)$.

Da $\mathfrak{q} \supseteq \mathfrak{p} + aA$ minimal, ist $\mathfrak{q}$ minimal in supp M/aM. Damit ist es auch Mitglied in Ass M/aM. □

Lemma 2.27.4

Es sei $(A, \mathfrak{m})$ ein noetherscher lokaler Ring, $M \neq 0$ ein endlicher A-Modul und $a \in \mathfrak{m}$ ein M-reguläres Element. Dann ist

$$\dim(M/aM) = \dim M - 1.$$

Beweis. Es seien $\mathfrak{p}_1, \ldots, \mathfrak{p}_r$ die minimalen Primideale von supp M. Sie sind in Ass M, und daher ist $a \notin \mathfrak{p}_i$ für alle i.

Wir brauchen also die Aussage des Lemmas nur für alle $M = A/\mathfrak{p}_i = A_i'$ zu zeigen. Setzt man $A_i'' = A_i'/aA_i'$, so ist offenbar

$$s(A_i') \leqslant s(A_i'') + 1,$$

wobei $s(N)$ die minimale Anzahl r von $a_1, \ldots, a_r \in \mathfrak{m}$ bezeichnet, so dass len $N/(a_1, \ldots, a_r)N < \infty$ ist. Weiterhin ist jedes minimale Primideal $\mathfrak{p}' \supseteq (a, \mathfrak{p}_i) \supseteq \mathfrak{p}_i$ von der Höhe 1 über $\mathfrak{p}_i$. Also ist

$$\dim A_i' \geqslant \dim A_i'' + 1.$$

Nach dem Fundamentalsatz über die Dimension für noethersche lokale Ringe ist $\dim N = s(N)$, also $\dim A_i' = \dim A_i'' + 1$, womit das Lemma gezeigt ist. □

Theorem 2.27.2

Es sei A ein noetherscher Ring, M ein endlicher A-Modul und $x_1, \ldots, x_r \in \operatorname{rad}(A)$. Dann ist äquivalent:

a) $H_p(K_\bullet(x_1, \ldots, x_r; M)) = 0$ *für $p \geqslant 1$,*

b) $H_1(K_\bullet(x_1, \ldots, x_r; M)) = 0,$

c) *die Folge* $x_1, \ldots, x_r$ *ist* M-*regulär,*

wobei $K_\bullet(x_1, \ldots, x_r; M)$ *den Koszul-Komplex über* M *bezeichnet.*

Beweis. Der Satz sei für $r - 1$ schon bewiesen. Man zieht nun die Sequenz (2.192) heran. Gilt b), so ist $H_1(K_\bullet(x_1, \ldots, x_{r-1}; M)) \xrightarrow{\cdot x_r} H_1(K_\bullet(x_1, \ldots, x_{r-1}; M)) \to 0$ surjektiv. Also nach dem Lemma von Nakayama (beachte $x_r \in \operatorname{rad} A$) auch $H_p(K_\bullet(x_1, \ldots, x_{r-1}; M)) = 0$ für $p = 1$ und damit für alle $p \geqslant 1$. Also nach der zitierten Sequenz auch $H_p(K_\bullet(x_1, \ldots, x_r; M)) = 0$ für alle $p \geqslant 1$.

Damit ist a) aus b) hergeleitet. Es folgte $H_p(K_\bullet(x_1, \ldots, x_{r-1}; M)) = 0$ für $p \geqslant 1$ als Nebenergebnis. Also folgt aus a) auch nach Induktion, dass die $x_1, \ldots, x_{r-1}$ eine reguläre Folge für M darstellen. Betrachtet man nur den untersten Teil von (2.192) für $p = 1$, so folgt aus $H_1(K_\bullet(x_1, \ldots, x_r; M)) = 0$, dass x_r injektiv auf $M/(x_1 M + \cdots + x_{r-1} M)$ operiert, also ein Nichtnullteiler ist. Damit ist $x_1, \ldots, x_r$ eine reguläre Folge bezüglich M und so c) aus a) hergeleitet.

Gilt c), so sind per Induktion $H_1(K_\bullet(x_1, \ldots, x_{r-1}; M)) = 0$, und es gilt die eben erwähnte Injektivität von x_r auf $M/(x_1 M + \cdots + x_{r-1} M) = H_0(K_\bullet(x_1, \ldots, x_{r-1}; M))$. Also ist auch $H_1(K_\bullet(x_1, \ldots, x_r; M)) = 0$. Damit ist b) aus c) hergeleitet. □

Theorem 2.27.3

Es sei $(A, \mathfrak{m})$ *ein noetherscher lokaler Ring und* M *ein endlicher* A-*Modul. Dann ist*

$$\operatorname{depth} M \leqslant \dim(A/\mathfrak{p})$$

für alle $\mathfrak{p} \in \operatorname{Ass}(M)$. *Insbesondere ist* $\operatorname{depth} M \leqslant \dim M$.

Beweis. Wir zeigen durch Induktion über $\dim A/\mathfrak{p}$, dass aus $\mathfrak{p} \in \operatorname{Ass} M$ immer $\operatorname{depth} M \leqslant A/\mathfrak{p}$ folgt.

Zunächst sei $\dim A/\mathfrak{p} = 0$, also $\mathfrak{p} = \mathfrak{m} \in \operatorname{Ass} M$ besteht nur aus Nullteilern. Damit ist $\operatorname{depth} M = 0 \leqslant \dim A/\mathfrak{p}$.

Im allgemeinen Fall sei $\dim A/\mathfrak{p} = d > 0$ für ein $\mathfrak{p} \in \operatorname{Ass} M$. Besteht $\mathfrak{m}$ nur aus M-Nullteilern, so ist $\operatorname{depth} M = 0$, und wir sind fertig. Andernfalls wähle ein M-reguläres $x \in \mathfrak{m}$ und bilde $M' = M/xM$. Es existiert dann nach dem Lemma 2.27.3 ein $\mathfrak{q} \in \operatorname{Ass} M'$ mit $\mathfrak{q} \supseteq (\mathfrak{p}, x)$, minimal. Also ist $\dim A/\mathfrak{q} \leqslant \dim A/\mathfrak{p} - 1$ und nach Induktionsannahme $\operatorname{depth} M' \leqslant \dim A/\mathfrak{q}$. Zusammen also

$$\operatorname{depth} M - 1 = \operatorname{depth} M' \leqslant \dim A/\mathfrak{q} \leqslant A/\mathfrak{p} - 1,$$

und damit ist der Induktionsschluss für $A/\mathfrak{p}$ vollzogen. □

Korollar 2.27.1

Es sei A *ein noetherscher lokaler Ring und* M *ein endlicher* A-*Modul. Dann ist* $\operatorname{depth} M = \infty$ *genau dann, wenn* $M = 0$.

Definition 2.27.2

Für einen A-Modul M über dem noetherschen lokalen Ring $(A, \mathfrak{m})$ ist ein *Parametersystem* eine Folge $x_1, \ldots, x_n \in \mathfrak{m}$ mit $n = \dim M = \dim V(\operatorname{Ann} M)$ und

$$\operatorname{len}(M/(x_1 M + \cdots + x_n M)) < \infty.$$

♦

Es gilt:

Lemma 2.27.5

Es seien $(A, \mathfrak{m})$ ein noetherscher lokaler Ring und M ein endlich erzeugter A-Modul. Weiter sei $x_1, \ldots x_r \in \mathfrak{m}$. Dann ist

$$\dim M_r := \dim M/(x_1 M + \cdots + x_r M) \geqslant \dim M - r \,,$$

wobei Gleichheit genau dann eintritt, wenn die $x_1, \ldots, x_r$ zu einem Parametersystem für M erweitert werden können.

Beweis. Es ist $s(M) \leqslant s(M_r) + r$, also wegen $s(N) = \dim N$ auch $\dim M_r \geqslant \dim M - r$. Ist $\dim(M_r) = s(M_r) = n - r$ mit $n = \dim M$, so gibt es $y_1, \ldots, y_{n-r} \in \mathfrak{m}$ mit len $M_r/(y_1, \ldots, y_{n-r})M_r < \infty$, also ist $x_1, \ldots, x_r, y_1, \ldots, y_{n-r}$ ein Parametersystem für M. Ist umgekehrt $x_1, \ldots, x_r, y_1, \ldots, y_{n-r}$ ein Parametersystem für M, so ist $s(M_r) \leqslant n - r$, also $\dim M_r = s(M_r) = n - r$. □

Proposition 2.27.1

Es seien $(A, \mathfrak{m})$ ein noetherscher lokaler Ring und M ein endlich erzeugter A-Modul. Dann kann jede M-reguläre Folge $x_1, \ldots, x_r \in \mathfrak{m}$ zu einem Parametersystem erweitert werden.

Beweis. Mit $M_i = M/(x_1, \ldots, x_i)M$ gilt $\dim M_i = \dim M_{i-1} - 1$, weil x_i regulär für M_{i-1} ist. Also $\dim M_r = \dim M - r$, und nach vorigem Lemma kann $x_1, \ldots, x_r$ zu einem Parametersystem für M erweitert werden. □

Lemma 2.27.6

Sei $(A, \mathfrak{m})$ ein noetherscher lokaler Ring, $x_1, \ldots, x_r \in \mathfrak{m}$ und $J = (x_1, \ldots, x_r)$. Dann ist $x_1, \ldots, x_r$ genau dann regulär, wenn die kanonische Abbildung

$$\phi : (A/J)[X_1, \ldots, X_r] \to \mathrm{gr}_J A = A/J \oplus J/J^2 \oplus J^2/J^3 \oplus \cdots$$

mit $\phi(X_i) = x_i + J^2$ ein Isomorphismus ist.

Beweis. Es sei $x_r, \ldots, x_1$ eine reguläre Folge. Dann haben wir zu zeigen, dass für jedes Polynom

$$h_p(x_1, \ldots, x_r) = k_{p+1}(x_1, \ldots, x_r) \tag{2.194}$$

gilt: $h_p \in J[T_1, \ldots, T_r]$.

Dabei bezeichne ein unterer Index d an $h_d(y_1 \ldots, y_s)$ ein Polynom in $y_1, \ldots, y_s$ vom Grad d mit Koeffizienten in A.

Die Aussage sei also für $r' < r$ bereits bewiesen und auch für $p' < p$. Wir schreiben die Gleichung (2.194) ausführlicher als

$$h'_p(x_1, \ldots, x_{r-1}) + x_r h''_{p-1}(x_1, \ldots, x_r) =$$
$$k'_{p+1}(x_1, \ldots, x_{r-1}) + x_r k''_p(x_1, \ldots, x_r) \,. \tag{2.195}$$

Betrachten wir diese Gleichung modulo x_r, so folgt, dass die Koeffizienten von h'_p aus $(x_1, \ldots, x_{r-1}) + x_r A = J$ sein müssen. Wir haben also eine Identität:

$$h'_p(x_1, \ldots, x_{r-1}) = l_{p+1}(x_1, \ldots, x_r) = l'_{p+1}(x_1, \ldots, x_{r-1}) + x_r l''_p(x_1, \ldots, x_r) \tag{2.196}$$

Es ist damit:

$$l'_{p+1}(x_1, \ldots, x_{r-1}) - k'_{p+1}(x_1, \ldots, x_{r-1}) = x_r(k''_p - l''_p - h''_{p-1}) \equiv 0 \mod x_r$$

Die Koeffizienten von $Q_{p+1} = l'_{p+1} - k'_{p+1}$ sind deshalb in J, und es ist $Q_{p+1}(x_1, \ldots, x_{r-1}) = x_r R_{p+1}(x_1, \ldots, x_{r-1}) + Q_{p+2}(x_1, \ldots, x_{r-1})$.

Damit haben wir die Beziehung

$$Q_{p+2}(x_1, \ldots, x_{r-1}) = x_r(k''_p - l''_p - h''_{p-1} - R_{p+1}).$$

Schließt man induktiv weiter, so ist $Q_{p+2} = x_r R_{p+2} + Q_{p+3}$, und man hat

$$Q_{p+3}(x_1, \ldots, x_{r-1}) = x_r(k''_p - l''_p - h''_{p-1} - R_{p+1} - R_{p+2}).$$

Allgemein ist $x_r(k''_p - l''_p - h''_{p-1}) \in x_r J^{p+1} + J_{r-1}^{p+d}$ für jedes $d > 1$. Damit ist $x_r(k''_p - l''_p - h''_{p-1}) \in x_r J^{p+1}$. Teilt man durch x_r, so folgt

$$k''_p(x_1, \ldots, x_r) - l''_p(x_1, \ldots, x_r) - h''_{p-1}(x_1, \ldots, x_r) \in J^{p+1}.$$

Damit sind kraft Induktion in p die Koeffizienten von h''_{p-1} in J, weil $h''_{p-1} = h'''_p$ für ein geeignetes h'''_p, und es ist

$$h_p(T_1, \ldots, T_r) = h'_p(T_1, \ldots, T_{r-1}) + T_r h''_{p-1}(T_1, \ldots, T_r) \in J[T_1, \ldots, T_r].$$

Damit ist die eine Richtung gezeigt.

Um die umgekehrte Implikation nachzuweisen, nehmen wir an, dass

$$A/J[T_1, \ldots, T_r] \xrightarrow{\sim} \mathrm{gr}_J A = \bigoplus_{d \geqslant 0} J_r^d / J_r^{d+1} \tag{2.197}$$

sei.

Wir nennen $\bar{A} = A/x_r A$ und $\bar{J} = J/x_r A$ und leiten die exakte Sequenz

$$\mathrm{gr}_J A \xrightarrow{\cdot x_r + J^2} \mathrm{gr}_J A \to \mathrm{gr}_{\bar{J}} \bar{A} = \bigoplus (J^k + x_r A)/(J^{k+1} + x_r A) \to 0 \tag{2.198}$$

her. Dies bedeutet nichts anderes als

$$A/J[T_1, \ldots, T_r] \xrightarrow{\cdot T_r} A/J[T_1, \ldots, T_r] \to \mathrm{gr}_{\bar{J}} \bar{A} = A/J[T_1, \ldots, T_{r-1}] \to 0.$$

Induktiv folgt daraus, dass $x_1 + x_r A, \ldots, x_{r-1} + x_r A$ eine reguläre Folge in $A/x_r A$ bilden.

Um (2.198) zu zeigen, betrachten wir die exakte Sequenz:

$$J^{k-1}/J^k \xrightarrow{\cdot x_r + J^2} J^k/J^{k+1} \to J^k/(J^{k+1} + x_r J^{k-1}) \to 0$$

Es ist nun zu zeigen:

$$J^k/(J^{k+1} + x_r J^{k-1}) = (J^k + x_r A)/(J^{k+1} + x_r A) = J^k/(J^k \cap (J^{k+1} + x_r A)),$$

und damit bleibt

$$J^{k+1} + x_r J^{k-1} = J^k \cap (J^{k+1} + x_r A)$$

nachzuweisen.

Die Inklusion $\subseteq$ ist trivial. Umgekehrt sei $z_{k+1} + x_r a \in J^k$, $z_{k+1} \in J^{k+1}$ also $x_r a \in J^k$. Wäre nun $a \notin J^{k-1}$, so wäre $a + J^{k-1} \neq 0$ in $\mathrm{gr}_J A$. Da auch $x_r + J^2 \neq 0$ in $\mathrm{gr}_J A$, so ist dann $x_r a + J^k \neq 0$ in $\mathrm{gr}_J A$ und damit $x_r a \notin J^k$ im Widerspruch zu $z_{k+1} \in J^{k+1}$. Also ist $a \in J^{k-1}$ und damit auch die Inklusion $\supseteq$ gezeigt.

Wir zeigen nun, dass x_r ein Nichtnullteiler in A ist: Es sei also $x_r\,a = 0$ und $a \neq 0$. Dann ist $a \notin J^p$ für ein geeignetes p. Wegen der Struktur von $\mathrm{gr}_J A$ und $x_r + J^2 \neq 0$ ist dann $x_r\,a + J^{p+1} \neq 0$. Also $x_r\,a \notin J^{p+1}$, also $x_r a \neq 0$ im Widerspruch zur Annahme. Damit ist x_r Nichtnullteiler in A.

Nun sind aber $x_1 + x_r A, \ldots, x_{r-1} + x_r A$ wie oben gezeigt eine reguläre Folge in $A/x_r A$. Es ist also zunächst $x_1 + x_r A$ Nichtnullteiler in $A/x_r A$. Als nächstes ist das Bild von $x_2 + x_r A$ in $(A/x_r A)/((x_1, x_r)/x_r A) = A/(x_1, x_r)$ ein Nichtnullteiler. Also ist das Bild von x_2 in $A/(x_1, x_r)$ ein Nichtnullteiler. So kann man induktiv bis x_{r-1} schließen.

Es ergibt sich, dass $x_r, x_1, \ldots, x_{r-1}$ eine reguläre Folge in A ist. Dies gilt dann aber auch für ihre Umordnung $x_1, \ldots, x_r$. Damit ist der Beweis erbracht. □

Korollar 2.27.2

Es sei $(A, \mathfrak{m})$ ein noetherscher lokaler Ring und $J = (x_1, \ldots, x_r) \subseteq A$ ein Ideal, das von einer regulären Folge $x_1, \ldots, x_r$ erzeugt wird.

Dann ist J/J^2 ein freier A/J-Modul vom Rang r und

$$J/J^2 = (x_1 + J^2)A/J \oplus \cdots \oplus (x_r + J^2)A/J.$$

Proposition 2.27.2

Sei A ein noetherscher Ring, M ein endlicher A-Modul und $I \subset A$ ein Ideal. Dann ist

$$\mathrm{depth}_I M = \inf_{\mathfrak{p} \supseteq I}(\mathrm{depth}\, M_{\mathfrak{p}}).$$

Beweis. Es ist mit $N = A/I$

$$(\mathrm{Ext}_A^i(N, M))_{\mathfrak{p}} = \mathrm{Ext}_{A_{\mathfrak{p}}}^i(N_{\mathfrak{p}}, M_{\mathfrak{p}}).$$

Ist also die linke Seite gleich Null, so auch die rechte. Damit ist

$$d'(\mathfrak{p}) = \mathrm{depth}\, M_{\mathfrak{p}} \geqslant d = \mathrm{depth}_I M.$$

Umgekehrt ist $\mathrm{Ext}_A^i(N, M) \neq 0$, so ist auch wegen $\mathrm{supp}\,\mathrm{Ext}_A^i(N, M) \subseteq V(I)$ auch $\mathrm{Ext}_A^i(N, M)_{\mathfrak{p}} \neq 0$ für ein $\mathfrak{p} \supseteq I$. Ist also $d < \infty$ und setzt man $i = d$, so folgt

$$d \geqslant \inf_{\mathfrak{p} \supseteq I} \mathrm{depth}\, M_{\mathfrak{p}}.$$

Zusammen mit der vorigen Ungleichung ergibt sich die Behauptung. □

Korollar 2.27.3

Seien A, I, M wie oben. Dann ist $\mathrm{depth}_I M = \infty$ genau dann, wenn $M = IM$.

Beweis. Ist $\mathrm{depth}_I M = \infty$, so ist auch $\mathrm{depth}\, M_{\mathfrak{p}} = \infty$, für alle $\mathfrak{p} \supseteq I$. Also $M_{\mathfrak{p}} = 0$ für $\mathfrak{p} \supseteq I$. Daraus folgt $(M/IM)_{\mathfrak{p}} = 0$. Da aber $\mathrm{supp}(M/IM) \subseteq V(I)$, ist $\mathrm{supp}(M/IM) = \emptyset$ also $M = IM$.

Umgekehrt ist $M = IM$, so ist $M_{\mathfrak{p}} = I_{\mathfrak{p}} M_{\mathfrak{p}}$ für alle $\mathfrak{p} \supseteq I$. Also, nach dem Nakayama-Lemma, $M_{\mathfrak{p}} = 0$ und damit $\mathrm{depth}\, M_{\mathfrak{p}} = \infty$. Also $\mathrm{depth}_I M = \infty$. □

Theorem 2.27.4

Sei A ein noetherscher Ring, M ein endlicher A-Modul, I ein Ideal und $x_1, \ldots, x_r$ eine M-reguläre Folge in I.

Weiter sei entweder

i) $I \subset \mathrm{Rad}(A) = \bigcap_{\mathfrak{m} \in \mathrm{maxspec}\,(A)} \mathfrak{m}$ *oder*

ii) *A ein gradierter Ring, M ein gradierter A-Modul und jedes x_i homogen mit positivem Grad.*

Dann ist jede Permutation $x_{\pi(1)}, \ldots, x_{\pi(r)}$ auch M-regulär.

Beweis. Der Fall i) folgt aus Theorem 2.27.2. $\qquad\qquad\qquad\qquad\qquad$ $\square$

Lemma 2.27.7
Sei $(A, \mathfrak{m})$ ein noetherscher lokaler Ring. Dann ist jede maximale $\mathfrak{m}$-Folge eine maximale $\hat{\mathfrak{m}}$-Folge in $\hat{A}$.

2.27.2 Cohen-Macaulay-Moduln

Lokaler Fall

Es sei im Folgenden, wenn nicht anders festgesetzt, $(A, \mathfrak{m})$ ein noetherscher lokaler Ring. Dann gilt für einen endlichen A-Modul M, dass $\mathrm{depth}\,M \leqslant \dim M$, wenn $M \neq 0$.

Definition 2.27.3
M heißt Cohen-Macaulaysch (C.M.), wenn $M = 0$ oder wenn $\mathrm{depth}\,M = \dim M$. $\qquad\qquad\qquad\qquad\qquad\qquad\qquad\qquad\qquad\qquad\qquad\qquad$ ◆

Definition 2.27.4
Wenn A als A-Modul C.M. ist, nennen wir ihn Cohen-Macaulay-Ring. $\qquad$ ◆

Proposition 2.27.3
Seien A, B zwei lokale noethersche Ringe und $\varphi : A \longrightarrow B$ ein Homomorphismus, der B zu einem endlichen A-Modul macht. Sei weiter M ein endlicher B-Modul. Dann gilt:

$$\mathrm{depth}_A(M) = \mathrm{depth}_B(M)$$
$$\dim_A(M) = \dim_B(M)$$

Proposition 2.27.4
Der Modul M ist ein Cohen-Macaulay $(A, \mathfrak{m})$-Modul genau dann, wenn $\hat{M}$ ein Cohen-Macaulay $\hat{A}$-Modul für die Komplettierung über $(\mathfrak{m}^k)_k$ ist.

Beweis. Es ist $M/\mathfrak{m}^k \cong \hat{M}/\hat{\mathfrak{m}}^k\hat{M}$ für alle k. Aus der Berechnung von $\dim M$ über Hilbertpolynome folgt daraus $\dim M = \dim \hat{M}$.

Weiterhin ist $\mathrm{Ext}_A^i(k, M) \otimes_A \hat{A} = \mathrm{Ext}_{\hat{A}}^i(k, \hat{M})$, und $- \otimes_A \hat{A}$ ist treuflach. Also verschwindet $\mathrm{Ext}_A^i(k, M)$ genau dann, wenn $\mathrm{Ext}_{\hat{A}}^i(k, \hat{M})$ verschwindet. Damit ist $\mathrm{depth}\,M = \mathrm{depth}\,\hat{M}$ und die Proposition bewiesen. $\qquad\qquad\qquad\qquad$ $\square$

Die folgende Proposition drückt die wichtige Tatsache aus, dass ein C.M. Modul keine „eingebetteten assoziierten Primideale" besitzt. Ist $M = A$, so spricht man von „eingebetteten Primärkomponenten".

Theorem 2.27.5

Sei M ein C.M. Modul über dem lokalen noetherschen Ring A. Dann ist

$$\dim A/\mathfrak{p} = \operatorname{depth} M = \dim M \ \text{für alle } \mathfrak{p} \in \operatorname{Ass} M \, .$$

Beweis. Es ist $\dim M \geqslant \dim A/\mathfrak{p} \geqslant \operatorname{depth} M = \dim M$ für jedes $\mathfrak{p} \in \operatorname{Ass} M$.   □

Lemma 2.27.8

Sei M ein C.M. Modul über dem lokalen noetherschen Ring $(A, \mathfrak{m})$ mit $\dim M = n$. Weiter sei $x \in \mathfrak{m}$ mit $\dim(M') = n - 1$ für $M' = M/xM$.

Dann ist die Abbildung $M \overset{\cdot x}{\longrightarrow} M$ injektiv und M' ist ein C.M. Modul.

Beweis. Wäre x ein Nullteiler für M, so wäre $x \in \mathfrak{p}$ für ein $\mathfrak{p} \in \operatorname{Ass} M$. Damit wäre aber $\dim M' \geqslant \dim A/(\mathfrak{p}, x) = \dim A/\mathfrak{p} = \dim M$. Also ist x kein Nullteiler und damit auch $\operatorname{depth} M' = \operatorname{depth} M - 1$. Also ist $\operatorname{depth} M' = \dim M'$ und damit M' C.M. Modul.   □

Korollar 2.27.4

Wenn $x_1, \ldots, x_r \in \mathfrak{m}$ für einen C.M. Modul M eine M-reguläre Folge bilden, dann ist auch $M_r := M/(x_1 M + \cdots + x_r M)$ C.M., und es ist $\dim M_r = \dim M - r$, wenn $M \neq 0$.

Proposition 2.27.5

Wenn M ein C.M. Modul über dem Ring $(A, \mathfrak{m})$ ist, so ist jedes Parametersystem für M eine M-reguläre Folge.

Umgekehrt, wenn es ein Parametersystem für M gibt, das eine M-reguläre Folge in $\mathfrak{m} = \operatorname{rad}(A)$ ist, so ist M ein C.M. Modul.

Beweis. Es sei $x_1, \ldots, x_n$ ein Parametersystem von M mit $n = \dim M$. Dann ist mit $M_i = M/(x_1, \ldots, x_i)M$ auch $\dim M_i = \dim M - i$. Nach Lemma 2.27.8 ist deshalb zunächst x_1 Nichtnullteiler und M_1 C.M. Induktiv schließt man weiter mit Lemma 2.27.8, dass, weil M_i C.M. Modul und $\dim M_{i+1} = \dim M_i - 1$, auch x_{i+1} Nichtnullteiler für M_i und M_{i+1} C.M. ist. Also ist $x_1, \ldots, x_n$ eine M-reguläre Folge.

Ist umgekehrt $x_1, \ldots, x_n$ eine M-reguläre Folge, so ist $\operatorname{depth} M \geqslant \dim M = n$. Also $\operatorname{depth} M = \dim M$ und M ist C.M. Modul.   □

Proposition 2.27.6

Ist M ein C.M. Modul über $(A, \mathfrak{m})$, so gilt: Für alle $\mathfrak{p} \in \operatorname{Spec}(A)$ ist der $A_\mathfrak{p}$-Modul $M_\mathfrak{p}$ auch C.M.

Beweis. Ist $\mathfrak{p} \not\supseteq \operatorname{Ann} M$, so ist $M_\mathfrak{p} = 0$ und damit trivial C.M. Man kann also $\mathfrak{p} \supseteq \operatorname{Ann} M$, also $\mathfrak{p} \in \operatorname{supp} M$ annehmen.

Wir führen eine Induktion über $\operatorname{depth}_\mathfrak{p} M = \operatorname{depth}_{A_\mathfrak{p}} M_\mathfrak{p}$ durch.

Es sei zunächst $\operatorname{depth}_\mathfrak{p} M = 0$, also besteht $\mathfrak{p}$ nur aus Nullteilern für M. Also ist $\mathfrak{p} \subseteq \bigcup_{\mathfrak{p}' \in \operatorname{Ass} M} \mathfrak{p}'$, also $\mathfrak{p} = \mathfrak{p}'$ mit einem minimalen $\mathfrak{p}'$ in $\operatorname{supp} M$. Es ist dann $\dim M_\mathfrak{p} = 0$, und $M_\mathfrak{p}$ ist trivialerweise C.M.

Ist $\operatorname{depth}_\mathfrak{p} M > 0$, so existiert ein $x \in \mathfrak{p}$, das kein Nullteiler für M ist. Wir haben also eine exakte Sequenz $0 \to M \overset{\cdot x}{\longrightarrow} M \to M' \to 0$, und M' ist ein C.M. Modul.

Lokalisiert entsteht

$$0 \to M_\mathfrak{p} \overset{\cdot x}{\longrightarrow} M_\mathfrak{p} \to M'_\mathfrak{p} \to 0 \, .$$

Es ist dann depth $M_{\mathfrak{p}} = \text{depth } M'_{\mathfrak{p}} + 1$.

Kraft Induktion über depth$_{\mathfrak{p}} M = \text{depth } M_{\mathfrak{p}}$ ist $M'_{\mathfrak{p}}$ ein C.M. Modul über $A_{\mathfrak{p}}$, also depth $M'_{\mathfrak{p}} = \dim M'_{\mathfrak{p}} = \dim M_{\mathfrak{p}} - 1$. Also ist depth $M_{\mathfrak{p}} = \dim M_{\mathfrak{p}}$ und damit $M_{\mathfrak{p}}$ auch C.M. $\square$

Theorem 2.27.6 (Ungemischtheitssatz)

Sei M ein Cohen-Macaulay-Modul über $(A, \mathfrak{m})$ mit $\dim M = n$, und es seien $x_1, \dots, x_r \in \mathfrak{m}$. Weiter sei

$$M' = M/(x_1 M + \cdots + x_r M)$$

und $\dim M' = n - r$.

Dann ist M' ein Cohen-Macaulay-Modul der Dimension $n - r$, und es gilt für jedes $\mathfrak{p} \in \text{Ass}(M')$, dass $\dim A/\mathfrak{p} = n - r$.

Beweis. Die $x_1, \dots, x_r$ nehmen wegen $\dim M' = n - r$ an einem Parametersystem von M teil. Nach Proposition 2.27.5 ist ein solches eine reguläre Folge und damit depth $M' = \dim M' = n - r$. Nach Theorem 2.27.5 folgt der zweite Teil der Behauptung. $\square$

Die Umkehrung dieses Satzes liefert eine Charakterisierung von Cohen-Macaulay-Moduln:

Theorem 2.27.7

Sei M ein $(A, \mathfrak{m})$-Modul, und es gelte für jedes r und für jede Familie $x_1, \dots, x_r \in \mathfrak{m}$ mit $\dim(M/(x_1 M + \cdots + x_r M)) = n - r$, dass $\dim A/\mathfrak{p} = n - r$ für jedes $\mathfrak{p} \in \text{Ass}(M/(x_1 M + \cdots + x_r M))$. Dann ist M ein Cohen-Macaulay-Modul.

Beweis. Wir führen eine Induktion über $n = \dim M$. Für $n = 0$ ist die Behauptung trivialerweise wahr.

Ist $n > 0$, so ist $\dim A/\mathfrak{p} = n$ für jedes $\mathfrak{p} \in \text{Ass } M$. Also auch $\mathfrak{m} \not\subseteq \bigcup_{\mathfrak{p} \in \text{Ass } M} \mathfrak{p}$, und man hat ein $x \in \mathfrak{m}$, Nichtnullteiler für M. Es sei $M/xM = M'$, und es gilt dann $\dim M' = \dim M - 1$ sowie depth $M' = \text{depth } M - 1$. Wir brauchen also nur M' C.M. zu zeigen.

Ist jetzt $x_1, \dots, x_r \in \mathfrak{m}$, so ist

$$M'_r = M'/(x_1, \dots, x_r)M' = M/(x, x_1, \dots, x_r)M = M_{r+1}.$$

Ist $\dim M'_r = \dim M' - r = \dim M - (r+1)$, so ist $x, x_1, \dots, x_r$ eine Sequenz im Sinne des Theorems. Also besteht $\text{Ass } M_{r+1}$ nur aus Primidealen $\mathfrak{p}$ mit $\dim A/\mathfrak{p} = n - (r+1)$. Es ist aber $\text{Ass } M'_r = \text{Ass } M_{r+1}$, also ist $\dim A/\mathfrak{p} = (n-1) - r = \dim M' - r$ für jedes $\mathfrak{p} \in \text{Ass } M'_r$.

Nach der Induktionsannahme ist daher M' ein C.M. Modul und deshalb auch M ein solcher. $\square$

Theorem 2.27.8

Es sei M ein Cohen-Macaulay-Modul über $(A, \mathfrak{m})$ mit $\dim M = n$ und $\mathfrak{p} \in \text{supp } M$. Dann gilt:

1. *Es existieren $x_1, \dots, x_r \in \mathfrak{m}$, die einen Teil eines Parametersystems von M bilden, so dass $\mathfrak{p} \in \text{Ass}(M/(x_1 M + \cdots + x_r M))$.*

2. *Es ist* $\dim(A/\mathfrak{p}) = n - r$, $\dim M_\mathfrak{p} = r$, *und* $M_\mathfrak{p}$ *ist ein* $A_\mathfrak{p}$-*Cohen-Macaulay-Modul*.

Beweis. Zunächst 1.: Ist $\mathfrak{p} \in \mathrm{Ass}\,M$, so kann $r = 0$ gesetzt werden. Andernfalls enthält $\mathfrak{p}$ einen Nichtnullteiler x für M. Betrachtet man $M' = M/xM$, so ist $\mathrm{supp}\,M' = \mathrm{supp}\,M \cap V(x) \ni \mathfrak{p}$. Weiterhin ist M' C.M. Modul, und so gibt es, kraft Induktion über $\dim M$, auch $x_1, \ldots, x_{r-1} \in \mathfrak{m}$, so dass $\mathfrak{p} \in \mathrm{Ass}(M'/(x_1, \ldots, x_{r-1})M')$ und die $x_1, \ldots, x_{r-1}$ Teil eines Parametersystems für M', also auch eine reguläre Folge in M' sind. Da $M'/(x_1, \ldots, x_{r-1})M' = M/(x, x_1, \ldots, x_{r-1})M$, ist $\mathfrak{p} \in \mathrm{Ass}(M/(x, x_1, \ldots, x_{r-1})M)$, und $x, x_1, \ldots, x_{r-1}$ ist eine M-reguläre Folge, also Teil eines Parametersystems.

2.: Es ist $\dim M_\mathfrak{p}/(x_1, \ldots, x_r)M_\mathfrak{p} = 0$, denn $\mathfrak{p}$ ist ein minimales Primideal in $\mathrm{supp}(M/(x_1, \ldots, x_r)M)$. Also ist $\dim M_\mathfrak{p} \leqslant r$. Andererseits definiert $x_1/1, \ldots, x_r/1$ eine $M_\mathfrak{p}$-reguläre Folge in $\mathfrak{p}A_\mathfrak{p}$. Damit ist $r \leqslant \mathrm{depth}\,M_\mathfrak{p}$.

Zusammengenommen also

$$r \leqslant \mathrm{depth}\,M_\mathfrak{p} \leqslant \dim M_\mathfrak{p} \leqslant r\,,$$

und somit ist $M_\mathfrak{p}$ ein C.M. Modul über $A_\mathfrak{p}$ mit $\dim M_\mathfrak{p} = r$.

Außerdem ist $M/(x_1, \ldots, x_r)M$ ein C.M. A-Modul der Dimension $n - r$, also auch $\dim A/\mathfrak{p} = n - r$. $\qquad\square$

Korollar 2.27.5

Es sei $(A, \mathfrak{m})$ *ein noetherscher lokaler C.M. Ring mit* $\dim A = n$, *und es sei* $\mathfrak{p} \subseteq A$ *ein Primideal.*

Dann ist

$$\dim A = n = \dim A/\mathfrak{p} + \dim A_\mathfrak{p}\,.$$

Insbesondere ist A *equidimensional mit Dimension* n.

Korollar 2.27.6

Jede unverfeinerbare Primidealkette in dem noetherschen lokalen C.M. Ring $(A, \mathfrak{m})$ *hat Länge* $n = \dim A$.

Beweis. Induktion über $n = \dim A$. Für $n = 0$ ist die Aussage trivial. Andernfalls sei

$$\mathfrak{p}_0 \subsetneq \mathfrak{p}_1 \subsetneq \cdots \subsetneq \mathfrak{p}_{e-1} \subsetneq \mathfrak{p}_e = \mathfrak{m}$$

die Kette. Es ist dann für $\mathfrak{p} = \mathfrak{p}_{e-1}$ zunächst $\dim A/\mathfrak{p} = 1$, also $\dim A_\mathfrak{p} = n - 1$ und $A_\mathfrak{p}$ C.M. Nach Induktion ist deshalb $e - 1 = n - 1$, also $e = n$. $\qquad\square$

Korollar 2.27.7

Ein noetherscher lokaler C.M. Ring $(A, \mathfrak{m})$ *ist katenarisch.*

Nichtlokaler Fall

Für nicht notwendig lokale Ringe definieren wir:

Definition 2.27.5
Es sei R ein noetherscher Ring. Dann ist R ein C.M. Ring, wenn $R_\mathfrak{m}$ C.M. für jedes maximale Ideal $\mathfrak{m} \subseteq R$. ◆

Proposition 2.27.7
Es sei R ein C.M. Ring. Dann ist $R_\mathfrak{p}$ auch C.M. für jedes Primideal $\mathfrak{p} \subseteq R$.

Lemma 2.27.9
Es sei R ein C.M. Ring und $x \in R$ ein Nichtnullteiler. Dann ist auch R/xR ein C.M. Ring.

Proposition 2.27.8
Es sei R ein C.M. Ring und $I \subseteq R$ ein Ideal. Dann ist

$$\operatorname{depth}_I R = \operatorname{ht}_R I \, .$$

Beweis. Es sei $\operatorname{depth}_I R = 0$, also I enthalte nur Nullteiler. Damit ist $I \subseteq \bigcup_{\mathfrak{p} \in \operatorname{Ass} R} \mathfrak{p}$, also $I \subseteq \mathfrak{p}$ mit $\mathfrak{p} \in \operatorname{Ass} R$. Da R C.M. ist, ist $\mathfrak{p}$ minimal in $\operatorname{Spec}(R)$. Damit ist $\operatorname{ht} I = 0$.

Es sei nun $r = \operatorname{depth}_I R > 0$ und $\mathfrak{p} \supseteq I$ ein Primideal, mit dem eine unverfeinerbare Primidealkette der Länge $\operatorname{ht}_R I$ beginnt. Es ist dann

$$(*) \quad \operatorname{depth}_I R \leqslant \operatorname{depth}_{I_\mathfrak{p}} R_\mathfrak{p} \leqslant \operatorname{depth}_{\mathfrak{p}_\mathfrak{p}} R_\mathfrak{p} \leqslant \dim R_\mathfrak{p} = \operatorname{ht}_R I \, .$$

Für die Umkehrung wähle ein $x \in I$ mit x Nichtnullteiler in R. Nenne $R' = R/xR$ und $I' = IR'$. Dann ist

$$\operatorname{ht}_R I = \inf_{\substack{\mathfrak{p} \supseteq I \\ \text{minimal}}} \dim R_\mathfrak{p} = \inf_{\substack{\mathfrak{p}' \supseteq I' \\ \text{minimal}}} \dim R'_{\mathfrak{p}'} + 1 = \operatorname{ht}_{R'} I' + 1 \, .$$

Kraft Induktion über $\operatorname{ht}_R I$ ist $\operatorname{ht}_{R'} I' = \operatorname{depth}_{I'} R'$. Ist $x_1 + xR, \ldots, x_{r'} + xR$ eine R'-reguläre Folge in I', so ist $x, x_1, \ldots, x_{r'} \in I$ eine R-reguläre Folge in I. Also $\operatorname{depth}_I R \geqslant \operatorname{depth}_{I'} R' + 1$.

Nimmt man alle Ungleichungen zusammen, so ist

$$\operatorname{ht}_R I = \operatorname{ht}_{R'} I' + 1 = \operatorname{depth}_{I'} R' + 1 \leqslant \operatorname{depth}_I R \, .$$

Zusammen mit $(*)$ ergibt sich die Behauptung. □

Proposition 2.27.9
Ein Ring R ist genau dann C.M., wenn $R[X]$ C.M. ist.

Beweis. Da X ein Nichtnullteiler in $R[X]$ ist, folgt aus $R[X]$ C.M., dass $R = R[X]/XR[X]$ auch C.M. ist.

Umgekehrt sei R C.M. und $\mathfrak{n} \subseteq R[X]$ ein maximales Ideal. Weiter sei $\mathfrak{p} = \mathfrak{n} \cap R$ und $A = R_\mathfrak{p}$ und $\mathfrak{m} = \mathfrak{p}A \subseteq A$. Es ist dann $A[X] \subseteq R[X]_\mathfrak{n} = A[X]_\mathfrak{n}$.

Das maximale Ideal $\mathfrak{n} \subseteq A[X]$ liegt dann in der Faser über $\mathfrak{m}$ und ist in ihr maximal. Der Ring der Faser ist $k[X] = (A/\mathfrak{m})[X]$, und $\bar{\mathfrak{n}} \subseteq k[X]$ ist gleich $(\bar{f}(X))$ mit einem monischen Polynom $\bar{f}(X) \in k[X]$. Also ist $\mathfrak{n} = (\mathfrak{m}[X], f(X))$ mit einem monischen Polynom $f(X) \in A[X]$.

Es ist $\dim A[X] = \dim A + 1 = n + 1$. Eine Primidealkette $\mathfrak{p}_0 \subsetneq \cdots \subsetneq \mathfrak{p}_n = \mathfrak{m}$ in A gibt Anlass zu einer Primidealkette $\mathfrak{p}_0[X] \subsetneq \cdots \subsetneq \mathfrak{m}[X]$ in $A[X]_\mathfrak{n}$, und über $\mathfrak{m}[X]$ sitzt nur noch das maximale Ideal $\mathfrak{n} \subseteq A[X]$. Also ist auch $\dim A[X]_\mathfrak{n} = n + 1$.

Wir müssen also nur eine $A[X]_\mathfrak{n}$-reguläre Folge der Länge $n + 1$ in $\mathfrak{n}$ finden. Da A C.M. ist, gibt es eine A-reguläre Folge $a_1, \ldots, a_n \in \mathfrak{m}$, so dass also mit $\mathfrak{a}_i = (a_1, \ldots, a_i)$ die Abbildung $A/\mathfrak{a}_{i-1} \xrightarrow{\cdot a_i} A/\mathfrak{a}_{i-1}$ injektiv ist.

Tensorieren mit dem flachen $- \otimes_A A[X]_\mathfrak{n}$ zeigt, dass $a_1, \ldots, a_n$ auch eine $A[X]_\mathfrak{n}$-reguläre Folge der Länge n in $\mathfrak{n}$ ist.

Damit ist aber $(*)$ $a_1, \ldots, a_n, f(X)$ mit dem monischen $f(X) \in \mathfrak{n} \subseteq A[X]$ von oben, eine reguläre Folge der Länge $n + 1$, denn $(A/\mathfrak{a}_n)[X] \xrightarrow{\cdot f(X)} (A/\mathfrak{a}_n)[X]$ ist injektiv, weil $f(X)$ monisch ist. Also ist auch die Lokalisierung mit $- \otimes_{A[X]} A[X]_\mathfrak{n}$ eine injektive Abbildung und damit $(*)$ als reguläre Folge in $\mathfrak{n}$ für $A[X]_\mathfrak{n}$ nachgewiesen. $\qquad \square$

Korollar 2.27.8
Ein C.M. Ring R ist universell katenarisch.

2.28   Differentialmoduln

Im Folgenden seien A, B, C kommutative Ringe, B eine A-Algebra via $A \xrightarrow{\varphi} B$ und C eine B-Algebra via $B \xrightarrow{\psi} C$. Weiter sei I ein B-Ideal.

Definition 2.28.1
Es sei N ein B-Modul. Dann ist $\mathrm{Der}_A(B, N)$ der B-Modul der *Derivationen* von B nach N über A. Eine Derivation $d : B \longrightarrow N$ über A ist eine A-lineare Abbildung mit

$$d(bb') = b\, d(b') + b'\, d(b)$$
$$da = d\varphi(a) = 0 \quad \text{für} \quad a \in A\,.$$

$\blacklozenge$

Definition 2.28.2
Es sei N ein beliebiger B-Modul. Mit $\Omega_{B|A}$ wollen wir das darstellende Objekt für den Funktor $N \longrightarrow \mathrm{Der}_A(B, N)$ bezeichnen, es gilt also

$$\mathrm{Der}_A(B, N) \cong \mathrm{Hom}_B(\Omega_{B|A}, N)\,.$$

Außerdem haben wir eine kanonische Derivation $d_{B|A} : B \longrightarrow \Omega_{B|A}$.

Wir nennen $\Omega_{B|A}$ den *Differentialmodul von B über A*. $\blacklozenge$

Der Modul $\Omega_{B|A}$ existiert wirklich, wir können ihn wie folgt konstruieren. Betrachte den freien B-Modul über die Symbole $\{db \mid b \in B\}$ und teile die Relationen

$$\{d(b\,b') - b\,d(b') - b'\,d(b), d(b + b') - db - db' \mid b, b' \in B\}$$

sowie

$$\{d(ab) - \varphi(a)\,db \mid a \in A, b \in B\}$$

heraus. Wenn dann $\delta \in \mathrm{Der}_A(B, N)$ ist, so wird die entsprechende Abbildung $h_\delta \in \mathrm{Hom}_B(\Omega_{B|A}, N)$ durch $h_\delta(db) = \delta b$ definiert. $\qquad\square$

Lemma 2.28.1
Die folgende Sequenz ist exakt:

$$C \otimes_B \Omega_{B|A} \longrightarrow \Omega_{C|A} \longrightarrow \Omega_{C|B} \longrightarrow 0$$

Die erste Abbildung ist dabei durch $c \otimes db \longrightarrow cd\psi(b)$ *gegeben.*
  Die zweite Abbildung wird über

$$\mathrm{Hom}_C(\Omega_{C|A}, \Omega_{C|B}) = \mathrm{Der}_A(C, \Omega_{C|B})$$

als Bild von $d_{C|B}$ *in* $\mathrm{Der}_A(C, \Omega_{C|B})$ *unter der kanonischen Abbildung*

$$\mathrm{Der}_B(C, \Omega_{C|B}) \to \mathrm{Der}_A(C, \Omega_{C|B})$$

gegeben.
  Das ist identisch mit der Abbildung von $d_{C|A}x$ *auf* $d_{C|B}x$ *für* $x \in C$.

Beweis. Wir zeigen zunächst einige Aussagen über die zweite Abbildung. Wir nennen α_M die kanonische Abbildung

$$\alpha_M : \mathrm{Der}_B(C, M) \longrightarrow \mathrm{Der}_A(C, M)$$

für einen C-Modul M. Wenn $\gamma : M \longrightarrow N$ ein C-Homomorphismus ist, so ist

$$\alpha_N(\gamma \circ \delta) = \gamma \circ \alpha_M(\delta) \quad \text{für} \quad \delta \in \mathrm{Der}_B(C, M).$$

Wir haben nun

$$d_{C|B} \in \mathrm{Der}_B(C, \Omega_{C|B}) \longrightarrow \alpha_{\Omega_{C|B}}(d_{C|B}) = \overline{d}_{C|B} \in \mathrm{Der}_A(C, \Omega_{C|B})$$

$$\downarrow$$

$$h_{\overline{d}} \in \mathrm{Hom}_C(\Omega_{C|A}, \Omega_{C|B}),$$

und es ist

$$h_{\overline{d}} \circ d_{C|A} = \alpha_{\Omega_{C|B}}(d_{C|B}) = \overline{d}_{C|B}.$$

  Das Diagramm

$$\mathrm{Hom}_C(\Omega_{C|B}, N) \ni \psi \longrightarrow \mathrm{Hom}_C(\Omega_{C|A}, N) \ni \psi \circ h_{\overline{d}}$$
$$\downarrow \qquad\qquad\qquad\qquad\qquad\qquad \downarrow$$
$$\mathrm{Der}_B(C, N) \ni \psi \circ d_{C|B} = \delta \longrightarrow \mathrm{Der}_A(C, N) \ni \alpha_N(\delta) \overset{!}{=} \psi \circ h_{\overline{d}} \circ d_{C|A}$$

kommutiert, weil die rechts unten behauptete Gleichheit wegen

$$\alpha_N(\psi \circ d_{C|B}) = \psi \circ \alpha_{\Omega_{C|B}}(d_{C|B})$$

erfüllt ist. Man beachte, dass die untere Abbildung für alle N injektiv ist.
  Nun zur Konstruktion der ersten Abbildung $C \otimes_B \Omega_{B|A} \longrightarrow \Omega_{C|A}$:

Wir konstruieren eine B-bilineare Abbildung $t : C \times \Omega_{B|A} \longrightarrow \Omega_{C|A}$ als

$$t : (c, m) \longrightarrow c\, t_\delta(m),$$

wo $t_\delta : \Omega_{B|A} \longrightarrow \Omega_{C|A}$ die Abbildung aus $\mathrm{Hom}_B(\Omega_{B|A}, \Omega_{C|A})$ ist, die der B-Derivation $\delta \in \mathrm{Der}_A(B, \Omega_{C|A})$ mit $\delta b = d_{C|A}\psi(b)$ entspricht. Es ist also

$$t_\delta \circ d_{B|A} b = \delta b = d_{C|A}\psi(b).$$

Die zu t gehörige B-lineare Abbildung

$$C \otimes_B \Omega_{B|A} \xrightarrow{\ \sigma\ } \Omega_{C|A}$$

wird also durch $\sigma(c \otimes d_{B|A}b) = c\, d_{C|A}\psi(b)$ gegeben. Es bleibt noch zu zeigen, dass σ sogar C-linear ist:

$$\sigma(c'\, c \otimes db) = c'\, c\, d_{C|A}\psi(b) = c'\, \sigma(c \otimes db)$$

Wir untersuchen nun, welche Auswirkungen σ beim Übergang von den Abbildungen der Differentialmoduln zu den Derivationen hat:

$$\mathrm{Hom}_C(\Omega_{C|A}, N) \ni \theta \longrightarrow \mathrm{Hom}_C(C \otimes_B \Omega_{B|A}, N) \ni \theta \circ \sigma$$

$$\mathrm{Hom}_B(\Omega_{B|A},\ _B N) \ni m \mapsto \theta(\sigma(1 \otimes m)) = \theta \circ t_\delta(m)$$

$$\mathrm{Der}_A(C, N) \ni \theta \circ d_{C|A} \longrightarrow \mathrm{Der}_A(B, N) \ni b \to \theta \circ t_\delta \circ d_{B|A}(b) = \theta \circ d_{C|A} \circ \psi(b)$$

Die untere Abbildung ist also einfach $\delta \to \delta \circ \psi$ für eine C-Derivation über A nach N.

Für später bemerken wir Folgendes: Die Umkehrabbildung zu den nach unten laufenden Isomorphismen rechts lautet:

$$\delta \in \mathrm{Der}_A(B,\ _B N) \to (c \otimes d_{B|A}b \mapsto c\,\delta b) \in \mathrm{Hom}_C(C \otimes_B \Omega_{B|A}, N)$$

Zusammengenommen haben wir: Der Sequenz

$$\mathrm{Hom}_C(\Omega_{C|B}, N) \longrightarrow \mathrm{Hom}_C(\Omega_{C|A}, N) \longrightarrow \mathrm{Hom}_C(C \otimes_B \Omega_{B|A}, N)$$

entspricht die Sequenz auf den Derivationen (die alle C-Moduln sind):

$$0 \to \mathrm{Der}_B(C, N) \ni \delta \to \mathrm{Der}_A(C, N) \ni \alpha_N(\delta), \delta' \to \mathrm{Der}_A(B, N) \ni \delta' \circ \psi,$$

die offensichtlich exakt ist. $\qquad\qquad\qquad\qquad\qquad\qquad\qquad\qquad\qquad\qquad\square$

Lemma 2.28.2

Es sei $C = B/I$. Die folgende Sequenz ist exakt:

$$I/I^2 \xrightarrow{\ \alpha\ } C \otimes_B \Omega_{B|A} \xrightarrow{\ \beta\ } \Omega_{C|A} \longrightarrow 0$$

Die letzte Abbildung entsteht aus dem vorigen Lemma unter Beachtung von $\Omega_{C|B} = 0$. Die erste Abbildung ist $x + I^2 \longrightarrow \bar{1} \otimes d_{B|A}x$, für $x \in I$. Sie ist wohldefiniert und C-linear. Die zweite Abbildung ist $c \otimes d_{B|A}b \longrightarrow c\, d_{C|A}(b+I)$.

Beweis. Die erste Abbildung entsteht aus der B-linearen Abbildung $\bar{\alpha} : I \longrightarrow C \otimes_B$ $\Omega_{B|A}$, $\bar{\alpha}(x) = \bar{1} \otimes d_{B|A}x$. (Es ist $\bar{\alpha}(bx) = \bar{1} \otimes d(bx) = \bar{1} \otimes (b\,dx + x\,db) = b(\bar{1} \otimes dx) +$ $(\bar{x} \otimes db) = b\bar{\alpha}(x)$ wegen $\bar{x} = 0$.)

Sei x aus I^2, also $x = \sum b_i\, c_i$ mit $b_i, c_i \in I$. Dann ist $\bar{1} \otimes dx = \sum \bar{1} \otimes (b_i\, dc_i + c_i\, db_i) =$ $\sum (\bar{b}_i \otimes dc_i + \bar{c}_i \otimes db_i) = 0$. Also ist α wohldefiniert.

Es sei $b \in B$, $x \in I$, so ist $\alpha(\bar{b}(x + I^2)) = \bar{1} \otimes d(bx) = \bar{b} \otimes dx = \bar{b} \cdot (\bar{1} \otimes \mathrm{d}x) = \bar{b}\,\alpha(x)$. Also ist α C-linear.

Wir bilden nun $M \mapsto \mathrm{Hom}_C(M, N)$ mit obiger Sequenz und erhalten

$$\mathrm{Der}_A(C, N) \longrightarrow \mathrm{Der}_A(B, {}_B N) \longrightarrow \mathrm{Hom}_C(I/I^2, N).$$

Die linke Abbildung ist $\delta \longrightarrow \delta \circ \psi$, die rechte wird gegeben durch $\delta \longrightarrow ((x + I^2) \longrightarrow$ $\delta(x))$. Diese Sequenz ist links injektiv und auch in der Mitte exakt, da eine Derivation aus der Mitte, die nach rechts verschwindet, also auf I verschwindet, schon über $C = B/I$ definiert ist. $\qquad\square$

Lemma 2.28.3
Es sei A' eine A-Algebra. Dann ist

$$\Omega_{B|A} \otimes_B B' \cong \Omega_{B'|A'}. \tag{2.199}$$

wobei $B' = B \otimes_A A'$ sei.

Lemma 2.28.4
Es sei S ein multiplikativ abgeschlossenes System in B. Dann ist

$$\Omega_{S^{-1}B|A} = S^{-1}\Omega_{B|A}. \tag{2.200}$$

Lemma 2.28.5
Es sei $\mathfrak{q} \subseteq B$ prim und $\mathfrak{p} = A \cap \mathfrak{q}$. Dann ist

$$\Omega_{B|A} \otimes_B B_{\mathfrak{q}} = \Omega_{B_{\mathfrak{q}}|A} = \Omega_{B_{\mathfrak{q}}|A_{\mathfrak{p}}}. \tag{2.201}$$

Beweis. Benutze $S^{-1}\Omega_{B|A} = \Omega_{S^{-1}B|A}$ und die Sequenz $A \to A_{\mathfrak{p}} \to B_{\mathfrak{q}}$. $\qquad\square$

Lemma 2.28.6
Es sei ein Diagramm

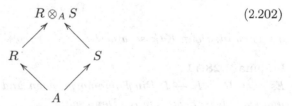

$$\tag{2.202}$$

von Ringen gegeben. Wir schreiben $C = R \otimes_A S$.

Dann ist

$$\Omega_{C|A} = \Omega_{R|A} \otimes_R C \oplus \Omega_{S|A} \otimes_S C.$$

Beweis. Betrachte die beiden exakten Sequenzen:

$$\Omega_{R|A} \otimes_R C \to \Omega_{C|A} \to \Omega_{C|R} = \Omega_{S|A} \otimes_S C \to 0\,,$$
$$\Omega_{S|A} \otimes_S C \to \Omega_{C|A} \to \Omega_{C|S} = \Omega_{R|A} \otimes_R C \to 0$$

Sie zeigen zusammengenommen, dass die Abbildungen links injektiv und die Sequenzen split sind. □

Lemma 2.28.7
Es sei $B = A[x_1, \ldots, x_n]$ ein Polynomring über A. Dann ist

$$\Omega_{B|A} = B\,dx_1 + \cdots + B\,dx_n\,.$$

Lemma 2.28.8
Es sei

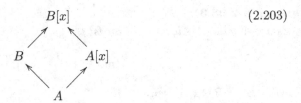

$$(2.203)$$

ein Diagramm von Ringen mit $A[x]$, $B[x]$ Polynomring über A, B. Dann ist

$$\Omega_{B[x]|A} = \Omega_{B|A} \otimes_B B[x] \oplus \Omega_{A[x]|A} \otimes_{A[x]} B[x] =$$
$$= \Omega_{B|A} \otimes_B B[x] \oplus B[x]dx\,.$$

Lemma 2.28.9
Es sei k ein Körper und $K = k(t_1, \ldots, t_n)$ reintranszendent von den t_i erzeugt. Dann ist

$$\Omega_{K|k} = Kdt_1 + \cdots + Kdt_n\,.$$

Lemma 2.28.10
Es sei K/k eine endlich erzeugte algebraische Körpererweiterung. Es gilt

$$\Omega_{K|k} = 0$$

genau dann, wenn K/k separabel ist.

Lemma 2.28.11
Es seien $R \to K \to L$ Ringhomomorphismen und K, L Körper mit L separabel und endlich erzeugt über K. Dann gilt:

$$\Omega_{L|R} = L \otimes_K \Omega_{K|R}$$

Beweis. Man schreibe $L = K[x]/I$ mit $I = (f(x))$ und betrachte die exakte Sequenz:

$$I/I^2 \to \Omega_{K[x]|R} \otimes_{K[x]} L \to \Omega_{L|R} \to 0$$

Es ist

$$\Omega_{K[x]|R} = \Omega_{K|R} \otimes_K K[x] \oplus K[x]dx \,,$$

und die Abbildung $I/I^2 \to \Omega_{K[x]|R} \otimes_{K[x]} L$ wird durch $f(x) \mapsto f^\delta(x) \oplus f'(x)dx$ gegeben, wobei f^δ für die Anwendung von $\delta : K \to \Omega_{K|R}$ auf die Koeffizienten von f steht.

Nimmt man alles zusammen und beachtet $(f(x), f'(x)) = 1$ in $K[x]$, weil L/K separabel, so folgt die Behauptung. $\qquad\square$

Korollar 2.28.1
Ist $L = K(\alpha)/K/k$ ein Turm von Körpererweiterungen, so ist

$$\dim_K \Omega_{K|k} + 1 \geqslant \dim_L \Omega_{L|k} \geqslant \dim_K \Omega_{K|k} \,.$$

Beweis. Dies folgt aus einer genauen Analyse des vorigen Beweises, da

$$\dim_L \Omega_{K[x]|k} \otimes_{K[x]} L = \dim_K \Omega_{K|k} + 1$$

ist. $\qquad\square$

Korollar 2.28.2
Es sei L/k eine endlich erzeugte Körpererweiterung mit $\operatorname{tr.deg}_k L = r$. Dann ist

$$\dim_L \Omega_{L|k} \geqslant r \,,$$

wobei Gleichheit eintritt, wenn $L/k(t_1, \ldots, t_r)$ separabel und $k(t_1, \ldots, t_r)/k$ reintranszendent ist.

2.29 Reguläre Ringe

2.29.1 Vorbereitung

Proposition 2.29.1 (Auslander-Buchsbaum)
Es sei $(A, \mathfrak{m})$ ein noetherscher lokaler Ring, $n = \operatorname{gldh} A$, und M ein endlich erzeugter A-Modul. Dann ist

$$\operatorname{dh}_A M + \operatorname{depth}_A M = n = \operatorname{gldh} A \,. \tag{2.204}$$

Beweis. Es sei zunächst $\operatorname{depth}_A M = 0$, also $\mathfrak{m} \in \operatorname{Ass} M$. Damit ist $A/\mathfrak{m} \subseteq M$. Man hat also eine exakte Sequenz $0 \to k \to M \to P \to 0$ und deshalb eine exakte Sequenz:

$$\operatorname{Tor}_{n+1}^A(P, k) = 0 \to \operatorname{Tor}_n^A(k, k) \to \operatorname{Tor}_n^A(M, k)$$

Da $\operatorname{Tor}_n^A(k, k) \neq 0$, ist auch $\operatorname{Tor}_n^A(M, k) \neq 0$, und wegen $\operatorname{Tor}_{n+1}^A(M, k) = 0$ ist $\operatorname{dh}_A M = n$.

Es sei nun ein M vorgegeben und $x \in \mathfrak{m}$ ein Nichtnullteiler. Betrachte die exakte Sequenz $0 \to M \xrightarrow{\cdot x} M \to M'' \to 0$ und bilde die langen exakten Sequenzen

$$\mathrm{Ext}_A^i(k, M) \xrightarrow{0} \mathrm{Ext}_A^i(k, M) \hookrightarrow \mathrm{Ext}_A^i(k, M'') \twoheadrightarrow \mathrm{Ext}_A^{i+1}(k, M) \xrightarrow{0} \mathrm{Ext}_A^{i+1}(k, M)$$

und

$$\mathrm{Tor}_i^A(k, M) \xrightarrow{0} \mathrm{Tor}_i^A(k, M) \hookrightarrow \mathrm{Tor}_i^A(k, M'') \twoheadrightarrow \mathrm{Tor}_{i-1}^A(k, M) \xrightarrow{0} \mathrm{Tor}_{i-1}^A(k, M) \, .$$

Aus der ersten Sequenz liest man $\mathrm{depth}_A M'' = \mathrm{depth}_A M - 1$ ab. Entsprechend folgt aus der zweiten Sequenz $\mathrm{dh}_A M'' = \mathrm{dh}_A M + 1$. Damit kann per Induktion die Richtigkeit der im Satz behaupteten Gleichung von M'' auf M übertragen werden. $\square$

2.29.2   Definition und Kriterien für reguläre lokale Ringe

Definition 2.29.1

Es sei $(A, \mathfrak{m})$ ein noetherscher lokaler Ring der Dimension n. Dann heißt A *regulär*, wenn eine der folgenden, äquivalenten Bedingungen erfüllt ist:

a) Die homologische Dimension $\mathrm{gldh}\, A = \sup\{p \mid \mathrm{Ext}_A^p(M, N) \neq 0\}$ ist endlich.
   Sie ist in diesem Fall automatisch gleich $n = \dim A$.

b) Es ist $\dim_k(\mathfrak{m}/\mathfrak{m}^2) = n$.

c) $\mathfrak{m}$ kann von n Elementen erzeugt werden.

d) Für den Tangentialkegel gilt $\mathrm{gr}_{\mathfrak{m}}\, A \cong k[X_1, \ldots, X_n]$.

Dabei ist $k = A/\mathfrak{m}$ der Restkörper von A.   ◆

Beweis. Wir wollen einen Ring, der b), c) oder d) erfüllt, *geometrisch regulär* nennen. Ein Ring, der a) erfüllt, heiße *kohomologisch regulär*.

Zunächst ist wegen Nakayamas Lemma und weil $\mathfrak{m}$ mindestens von n Elementen erzeugt werden muss, b) äquivalent zu c). Weiter existiert dann eine Surjektion $k[T_1, \ldots, T_n] \twoheadrightarrow \mathrm{gr}_{\mathfrak{m}}\, A$, also ein Isomorphismus $k[T_1, \ldots, T_n]/I \xrightarrow{\sim} \mathrm{gr}_{\mathfrak{m}}\, A$. Da $n = \dim A = \dim \mathrm{gr}_{\mathfrak{m}}\, A$, muss sogar $I = 0$ gelten. Damit ist d) gezeigt.

Ist $\bar{x}_i$ das Bild von T_i in $\mathfrak{m}/\mathfrak{m}^2$ und $x_i \in \mathfrak{m}$ ein Urbild, so ist $x_1, \ldots, x_n$ eine reguläre Folge in A. Also ist $K_\bullet(x_1, \ldots, x_n) \to k \to 0$, der Koszul-Komplex über den x_i, eine freie Auflösung der Länge n von k. Damit ist $\mathrm{Tor}_j(k, M) = 0$ für $j > n$ und $\mathrm{Tor}_n(k, k) = k \neq 0$. Damit ist A als kohomologisch regulär mit $\mathrm{gldh}\, A = n$ nachgewiesen.

Es sei nun umgekehrt $(A, \mathfrak{m})$ ein noetherscher lokaler Ring mit $\mathrm{gldh}\, A < \infty$. Wir zeigen durch Induktion über $\dim A$, dass A dann ein geometrisch regulärer Ring ist.

Zunächst ist für $\dim A = 0$ der Ring A ein Artin-Ring und $\mathrm{depth}\, A = 0$. Damit ist $\mathrm{gldh}\, A = \mathrm{depth}\, A + \mathrm{pd}_A\, A = 0$, also auf jeden Fall $\dim A = \mathrm{gldh}\, A$.

Also ist $\mathrm{pd}_A\, k = 0$ und damit k projektiv, also frei, also $k = A^r$. Mit $- \otimes_A k$ folgt $r = 1$, also $A = k$ und $\mathfrak{m} = 0$. Damit ist der Fall $\dim A = 0$ abgehandelt.

Es sei nun $\dim A = n$ und für $\dim A < n$ der Satz bereits bewiesen. Wähle ein $\mathfrak{p} \subseteq \mathfrak{m}$ mit $\dim A_{\mathfrak{p}} = n - 1$. Betrachte eine freie A-Auflösung

$$F_\bullet \to A/\mathfrak{p} \to 0 \, .$$

Sie hat endliche Länge. Tensorieren mit $A_{\mathfrak{p}}$ ergibt eine endliche, freie $A_{\mathfrak{p}}$-Auflösung von $k(\mathfrak{p}) = A_{\mathfrak{p}}/\mathfrak{p}A_{\mathfrak{p}}$. Damit ist $\mathrm{Tor}_{\nu}^{A_{\mathfrak{p}}}(k(\mathfrak{p}), k(\mathfrak{p})) = 0$ für alle $\nu \gg 0$. Also ist $\mathrm{gldh}\, A_{\mathfrak{p}} < \infty$ und mithin per Induktion $\mathrm{gldh}\, A_{\mathfrak{p}} = \dim A_{\mathfrak{p}} = n - 1$. Die kürzeste freie Auflösung

$$F_{\bullet} \to A/\mathfrak{p} \to 0$$

hat also mindestens die Länge $r \geqslant n - 1$. Nun ist $\mathrm{pd}\, A/\mathfrak{p} + \mathrm{depth}\, A/\mathfrak{p} = \mathrm{gldh}\, A$. Auch ist $\mathrm{depth}\, A/\mathfrak{p} \geqslant 1$. Damit ist $\mathrm{gldh}\, A = r + 1 \geqslant n$.

Weiter ist $\mathrm{pd}\, A + \mathrm{depth}\, A = \mathrm{gldh}\, A \geqslant n$. Wegen $\mathrm{pd}\, A = 0$ ist $\mathrm{depth}\, A \geqslant n$ und wegen $\mathrm{depth}\, A \leqslant \dim A = n$ auch $\mathrm{depth}\, A = \dim A = n$. Also ist auch $\mathrm{gldh}\, A = n = \dim A$ und A auch ein Cohen-Macaulay-Ring.

Sind $\mathfrak{p}_i$ die minimalen, und damit die assoziierten, Primideale von A, so ist $\mathfrak{m} \nsubseteq \mathfrak{m}^2 \cup \bigcup_i \mathfrak{p}_i$. Also gibt es ein $x \in \mathfrak{m} - \mathfrak{m}^2$, das kein Nullteiler von A ist. Es sei $\mathfrak{m}/\mathfrak{m}^2 = (\bar{x}_1, \ldots, \bar{x}_s)$ mit $x = x_1$ oBdA, weiter sei $A' = A/x$.

Wir werden zeigen, dass

$$\mathrm{Tor}_i^{A'}(k, \mathfrak{m}/(x\mathfrak{m})) = 0 \tag{2.205}$$

für alle $i \gg 0$ ist.

Nun ist die Surjektion von A'-Moduln $\mathfrak{m}/x\mathfrak{m} \to \mathfrak{m}/(xA) \to 0$ split mit der Injektion $0 \to \mathfrak{m}/(xA) \to \mathfrak{m}/(x\mathfrak{m})$, die durch $x_i + xA \mapsto x_i + x\mathfrak{m}$ für $i = 2, \ldots, s$ gegeben ist. Also folgt aus (2.205), dass auch

$$\mathrm{Tor}_i^{A'}(k, \mathfrak{m}/(xA)) = \mathrm{Tor}_i^{A'}(k, \mathfrak{m}') = 0$$

für alle $i \gg 0$ ist.

Wegen

$$0 \to \mathfrak{m}' \to A' \to k \to 0$$

ist deshalb auch $\mathrm{Tor}_i^{A'}(k, k) = 0$ für alle $i \gg 0$. Damit ist per Induktion A' als geometrisch regulärer Ring nachgewiesen. Da $\dim_k \mathfrak{m}'/\mathfrak{m}'^2 + 1 = \dim_k \mathfrak{m}/\mathfrak{m}^2$, gilt dies dann auch für A.

Es bleibt noch, die Aussage aus Gleichung (2.205) zu beweisen.

Wir beginnen mit der exakten Sequenz:

$$0 \to \mathfrak{m} \xrightarrow{\cdot x} \mathfrak{m} \to \mathfrak{m}/x\mathfrak{m} \to 0$$

Ist F ein endlicher, freier A-Modul $F \to \mathfrak{m} \to 0$, so hat man das Diagramm (benutze das Schlangenlemma für die Null ganz oben rechts und ganz unten rechts):

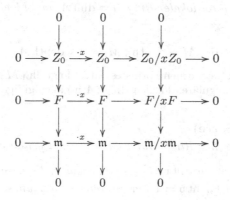

Induktiv konstruiert man eine A-freie Auflösung $F_\bullet \to \mathfrak{m} \to 0$ mit

$$\begin{array}{ccccccc}
0 & \longrightarrow & F_\bullet & \xrightarrow{\cdot x} & F_\bullet & \longrightarrow & F'_\bullet & \longrightarrow & 0 \\
& & \downarrow & & \downarrow & & \downarrow & & \\
0 & \longrightarrow & \mathfrak{m} & \xrightarrow{\cdot x} & \mathfrak{m} & \longrightarrow & \mathfrak{m}/x\mathfrak{m} & \longrightarrow & 0
\end{array}$$

und erhält nebenbei eine A'-freie Auflösung $F'_\bullet$ von $\mathfrak{m}/x\mathfrak{m}$.
   Wegen

$$F_\bullet \otimes_A k \xrightarrow{\cdot 0} F_\bullet \otimes_A k \to F'_\bullet \otimes_A k \to 0$$

ist $F_\bullet \otimes_A k \cong F'_\bullet \otimes_A k$, also auch

$$\mathrm{Tor}_i^A(k,\mathfrak{m}) = h_i(F_\bullet \otimes_A k) = h_i(F'_\bullet \otimes_A k)$$

gleich Null für $i \gg 0$. Da aber $F'_p \otimes_A k = F'_p \otimes_{A'} k$, ist auch

$$h_i(F'_\bullet \otimes_A k) = h_i(F'_\bullet \otimes_{A'} k) = \mathrm{Tor}_i^{A'}(k,\mathfrak{m}/x\mathfrak{m}).$$

Also $\mathrm{Tor}_i^{A'}(k,\mathfrak{m}/x\mathfrak{m}) = 0$ für $i \gg 0$, wie in Gleichung (2.205) behauptet. $\square$

Korollar 2.29.1
Es sei $(A,\mathfrak{m})$ ein regulärer lokaler Ring und $\mathfrak{p} \subseteq A$ ein Primideal. Dann ist auch $A_\mathfrak{p}$ ein regulärer lokaler Ring.

2.29.3   Verschiedenes

Zwei Aussagen über die Länge von projektiven Auflösungen:

Proposition 2.29.2
Es sei A ein regulärer lokaler Ring. Dann gilt

1. $\mathrm{dh}_A M \leqslant \dim A$ für jeden A-Modul M,

2. wenn $k = A/\mathfrak{m}$, dann ist $\mathrm{dh}_A k = \dim A$.

Korollar 2.29.2 (Auslander-Buchsbaum)
Es sei $(A,\mathfrak{m})$ ein regulärer lokaler Ring, $n = \dim A$, und M ein endlich erzeugter A-Modul. Dann ist

$$\mathrm{dh}_A M + \mathrm{depth}_A M = n = \mathrm{depth}\,A. \tag{2.206}$$

Beweis. Aus der oben bewiesenen Form des Satzes folgt $\mathrm{dh}_A M + \mathrm{depth}\,M = \mathrm{gldh}\,A$. Nun ist aber für einen regulären lokalen Ring $(A,\mathfrak{m})$ auch $\mathrm{gldh}_A = \dim A = \mathrm{depth}\,A$.
     $\square$

Theorem 2.29.1 (Serre)
Es sei A ein noetherscher Ring. Dann ist A normal genau dann, wenn gilt

(R_1) *Für $\mathfrak{p} \subseteq A$, prim, mit $\mathrm{ht}\,\mathfrak{p} \leqslant 1$ ist $A_\mathfrak{p}$ regulär. Es ist also $A_\mathfrak{p}$ für $\mathrm{ht}\,\mathfrak{p} = 0$ ein Körper und für $\mathrm{ht}\,\mathfrak{p} = 1$ ein diskreter Bewertungsring.*

(S_2) *Für $\mathfrak{p} \subseteq A$, prim, mit $\mathrm{ht}\,\mathfrak{p} \geqslant 2$ ist $\mathrm{depth}\,A_\mathfrak{p} \geqslant 2$.*

2.29.4 Jacobische Kriterien

Für einen lokalen Ring $(B, \mathfrak{m})$ ist die Frage interessant, ob man $k_B = B/\mathfrak{m}$ in B einbetten kann, so dass eine Sequenz $k_B \to B \to B/\mathfrak{m} \to k_B$ die Identität auf k_B induziert. Ist dies der Fall, so sagt man, B enthalte einen *Koeffizientenkörper*.

Theorem 2.29.2 (I. S. Cohen)
Es sei $(B, \mathfrak{m})$ eine vollständige lokale k-Algebra und

$$k \to B \to B/\mathfrak{m} = k_B$$

eine separable Körpererweiterung. Dann enthält B einen Koeffizientenkörper, das heißt, man hat eine Sequenz

$$k_B \to B \to B/\mathfrak{m} = k_B \,,$$

die die Identität auf k_B induziert.

Beweis. Siehe [16, S. 205, (28.J) Theorem 60]. □

Korollar 2.29.3
Es sei $(B, \mathfrak{m})$ eine lokale k-Algebra. Es sei $k \to B/\mathfrak{m} = k_B$ eine separable Körpererweiterung.

Dann enthält $B' = B/\mathfrak{m}^k$ einen Koeffizientenkörper. Es gibt also eine Sequenz $k_B \to B' \to B'/\mathfrak{m} = k_B$, die id_{k_B} induziert.

Lemma 2.29.1
In den Bezeichnungen des vorigen Korollars ist exakt

$$\mathrm{Der}_k(B, k_B) = \mathrm{Der}_k(B/\mathfrak{m}^2, k_B) \to (\mathfrak{m}/\mathfrak{m}^2)' \to 0 \,.$$

Beweis. Es sei $b \in \mathfrak{m}^2$, also $b = \sum b_i^1 b_i^2$ mit $b_i^1, b_i^2 \in \mathfrak{m}$. Weiter sei $\delta \in \mathrm{Der}_k(B, k_B)$. Dann ist $\delta(b) = \sum(\delta(b_i^1)\bar{b}_i^2 + \delta(b_i^2)\bar{b}_i^2) = 0$. Also induziert δ eine Derivation $\delta_1 \in \mathrm{Der}_k(B/\mathfrak{m}^2, k_B)$ durch $\delta_1(b + \mathfrak{m}^2) = \delta(b)$. Die Isomorphie links ist also klar.

Die Abbildung rechts wird durch $\delta \mapsto h_\delta$ mit $h_\delta(b + \mathfrak{m}^2) = \delta(b + \mathfrak{m}^2)$ induziert. Für $a \in B$ und $b \in \mathfrak{m}$ ist $\delta(ab) = \bar{a}\delta(b) + \bar{b}\delta(a)$ und $\bar{b} = 0$. Also $h_\delta(ab + \mathfrak{m}^2) = \bar{a}h_\delta(b + \mathfrak{m}^2)$. Offensichtlich ist auch $h_\delta(b_1 + b_2 + \mathfrak{m}^2) = h_\delta(b_1 + \mathfrak{m}^2) + h_\delta(b_2 + \mathfrak{m}^2)$, also h_δ wohldefiniert.

Es sei nun $\gamma : k_B \to B/\mathfrak{m}^2$ die Inklusion des Koeffizientenkörpers. Wir definieren $\gamma(b) = \gamma(b + \mathfrak{m})$ für $b \in B$. Es ist dann $\gamma(\gamma(b)) = \gamma(b)$.

Es sei nun ein $h : \mathfrak{m}/\mathfrak{m}^2 \to k_B$ schon vorgegeben.

Setzt man $\delta : B/\mathfrak{m}^2 \to k_B$ durch $\delta(b + \mathfrak{m}^2) = h(b - \gamma(b) + \mathfrak{m}^2)$, so rechnet man leicht nach, dass δ aus $\mathrm{Der}_k(B/\mathfrak{m}^2, k_B)$ ist. Es ist ja

$$\delta(b_1 b_2 + \mathfrak{m}^2) = h(b_1 b_2 - \gamma(b_1 b_2) + \mathfrak{m}^2) =$$

$$= h((b_1 - \gamma(b_1))b_2 + (b_2 - \gamma(b_2))\gamma(b_1) + \mathfrak{m}^2) =$$

$$\bar{b}_2\, \delta(b_1 + \mathfrak{m}^2) + \bar{b}_1\, \delta(b_2 + \mathfrak{m}^2) \,. \quad (2.207)$$

Überdies ist offensichtlich wegen $\gamma(b) = 0$ für $b \in \mathfrak{m}$ auch $h = h_\delta$. Damit ist die Surjektivität rechts gezeigt. □

Diese Tatsachen werden in der folgenden Proposition verwendet:

Proposition 2.29.3

Es sei $(B, \mathfrak{m})$ ein lokaler Ring, der zugleich eine k-Algebra ist. Weiter sei

$$k \to B \to B/\mathfrak{m} = k_B$$

eine separable Körpererweiterung. Dann ist die Sequenz

$$0 \to \mathfrak{m}/\mathfrak{m}^2 \to \Omega_{B|k} \otimes_B k_B \to \Omega_{k_B|k} \to 0 \qquad (2.208)$$

exakt.

Beweis. Die Sequenz (2.208) entsteht aus der Folge von Homomorphismen $k \to B \to B/\mathfrak{m} = k_B$ unter Anwendung von Lemma 2.28.2. Nur die Injektivität links ist noch zu beweisen.

Durch Anwenden von $N \mapsto \operatorname{Hom}_{k_B}(N, k_B) = N'$ ergibt sich die Bedingung

$$(\Omega_{B|k} \otimes_B k_B)' \to (\mathfrak{m}/\mathfrak{m}^2)' \to 0,$$

also

$$\operatorname{Der}_k(B, k_B) \to (\mathfrak{m}/\mathfrak{m}^2)' \to 0.$$

Dies ist aber nach vorigem Lemma erfüllt. $\qquad\qquad\square$

Theorem 2.29.3

Es sei B ein lokaler Ring mit $k \subset B \to B/\mathfrak{m} \cong k$. Kurz gesagt: B enthalte kanonisch seinen Restklassenkörper. Es gelte:

i) Der Körper k sei perfekt.

ii) Der Ring B sei Lokalisierung einer endlich erzeugten k-Algebra.

Dann ist äquivalent:

a) B ist ein regulärer lokaler Ring mit $\dim B = n$.

b) $\Omega_{B|k}$ ist ein freier B-Modul vom Rang $n = \dim B$.

Beweis. Aus dem vorigen Satz folgt $\Omega_{B|k} \otimes_B k = \mathfrak{m}/\mathfrak{m}^2$. Ist also b) erfüllt, so ist B regulär wegen $\dim_k \mathfrak{m}/\mathfrak{m}^2 = \dim B$.

Ist a) erfüllt, so ist B auch integer, und man kann $K = Q(B)$ betrachten. Es ist dann $\Omega_{B|k} \otimes_B K = \Omega_{K|k}$. Nach ii) haben wir eine Kette $k \subseteq k(t_1, \ldots, t_n) \subseteq K$ mit $K/k(t_1, \ldots, t_n)$ separabel und $n = \dim B$. Also ist $\dim_K \Omega_{K|k} = n = \dim B$ und $\dim_k \Omega_{B|k} \otimes_B k = \dim_k \mathfrak{m}/\mathfrak{m}^2 = \dim B = n$.

Die Aussage folgt dann aus folgendem Lemma, wenn man dort $\Omega_{B|k}$ für M einsetzt. $\qquad\square$

Lemma 2.29.2

Es sei $(B, \mathfrak{m}_B)$ ein lokaler noetherscher Integritätsring mit $k = B/\mathfrak{m}_B$ und $K = Q(B)$. Weiter sei M ein endlich erzeugter B-Modul. Dann ist äquivalent:

a) Es gilt $\dim_k(M \otimes_B k) = \dim_K(M \otimes_B K) = n$.

b) Der Modul M ist frei vom Rang n.

Die folgende Proposition liefert ein in der „Praxis" überaus nützliches Verfahren für die Bestimmung der regulären und der singulären Stellen auf einer algebraischen Varietät:

Proposition 2.29.4 (Jacobisches Kriterium)
Sei $A = k[x_1, \ldots, x_n]$ der Polynomring über einem Körper k und

- $I \subset A$ *sei ein Ideal von A,*
- $\mathfrak{p} \supset I$ *sei ein Primideal über I,*
- c *sei die Kodimension von I in $A_{\mathfrak{p}}$.*

Es sei $B = A/I$ und $k(\mathfrak{p}) = A_{\mathfrak{p}}/\mathfrak{p}A_{\mathfrak{p}}$ der Funktionenkörper bei $\mathfrak{p}$. Weiter seien

$$f_1, \ldots, f_s \in A$$

Erzeuger des Ideals I. Die Jacobimatrix *$J = J(f_1, \ldots, f_s)$ sei*

$$J(f_1, \ldots, f_s) = \left(\frac{\partial f_i}{\partial x_j} \right)_{\substack{i=1,\ldots,s \\ j=1,\ldots,n}}.$$

Dann gilt:

1. *Der Rang von J über dem Ring $A/\mathfrak{p}$ ist $\leqslant c$.*

2. *Wenn $k(\mathfrak{p})$ separabel über k ist, dann ist $B_{\mathfrak{p}}$ genau dann regulär, wenn der Rang von J, ausgewertet über $A/\mathfrak{p}$, gleich c ist.*

Beweis. Wir beweisen die Aussage 2.). Dazu brauchen wir die exakten Sequenzen

$$I/I^2 \to \Omega_{A|k} \otimes_A B \to \Omega_{B|k} \to 0 \tag{2.209}$$

und

$$(\mathfrak{p}/\mathfrak{p}^2)_{\mathfrak{p}} \xrightarrow{\alpha} \Omega_{B_{\mathfrak{p}}|k} \otimes_{B_{\mathfrak{p}}} k(\mathfrak{p}) \to \Omega_{k(\mathfrak{p})|k} \to 0, \tag{2.210}$$

die aus $\mathfrak{p}_{\mathfrak{p}} \hookrightarrow B_{\mathfrak{p}} \twoheadrightarrow k(\mathfrak{p})$ entspringt.

Es sei nun $\dim V(\mathfrak{p}) = r$, und es sei der Rang der Jacobimatrix $J(f_1, \ldots, f_s)$ über $A/\mathfrak{p}$ mit ρ bezeichnet.

Tensoriert man die Sequenz (2.209) erst mit $\otimes_B B_{\mathfrak{p}}$ und dann mit $\otimes_{B_{\mathfrak{p}}} k(\mathfrak{p})$, so ergibt sich

$$(I/I^2) \otimes_B k(\mathfrak{p}) \xrightarrow{\beta} \Omega_{A|k} \otimes_A k(\mathfrak{p}) \to \Omega_{B_{\mathfrak{p}}|k} \otimes_{B_{\mathfrak{p}}} k(\mathfrak{p}) \to 0. \tag{2.211}$$

In dieser tensorierten Sequenz ist die mittlere Dimension n und die rechte, weil $\dim \operatorname{im} \beta = \rho$, dem Rang von $J(f_1, \ldots, f_s)$, ist, $= n - \rho$. Also

$$\dim_{k(\mathfrak{p})} \Omega_{B_{\mathfrak{p}}|k} \otimes_{B_{\mathfrak{p}}} k(\mathfrak{p}) = n - \rho.$$

In der Sequenz (2.210) ist damit die mittlere Dimension $= n - \rho$. Die rechte Dimension ist gleich r, denn es ist $k(\mathfrak{p})$ eine separable algebraische Körpererweiterung von $k(u_1, \ldots, u_r)$ mit $u_i \in k(\mathfrak{p})$ transzendent über k und r gleich der Dimension $\dim B/\mathfrak{p} = r$.

Also ist
$$\dim \operatorname{im}(\alpha) = n - \rho - r.$$
Andererseits ist auch
$$r + \dim B_{\mathfrak{p}} + c = n,$$
also
$$\dim B_{\mathfrak{p}} = n - c - r,$$
denn es ist ja $r = \dim B/\mathfrak{p}$ und $c = \operatorname{ht}_{A_{\mathfrak{p}}} I$ und $B = A/I$ sowie $n = \dim A$.

Es ergibt sich:
$$\dim B_{\mathfrak{p}} = n - c - r \leqslant n - \rho - r = \dim \operatorname{im}(\alpha) \leqslant \dim(\mathfrak{p}/\mathfrak{p}^2)_{\mathfrak{p}}$$

Damit ist für $\rho < c$ nachgewiesen, dass $B_{\mathfrak{p}}$ nicht regulär ist.

Es sei nun $\rho = c$. Da nach Annahme $k \to B_{\mathfrak{p}} \to k(\mathfrak{p})$ eine separable Erweiterung ist, ist die Abbildung α eine Injektion. Also ist $\dim(\operatorname{im}\alpha) = \dim(\mathfrak{p}/\mathfrak{p}^2)_{\mathfrak{p}}$, und es folgt

$$\dim B_{\mathfrak{p}} = n - c - r = n - \rho - r = \dim \operatorname{im}\alpha = \dim(\mathfrak{p}/\mathfrak{p}^2)_{\mathfrak{p}}.$$

Umgekehrt erzwingt $\dim B_{\mathfrak{p}} = \dim(\mathfrak{p}/\mathfrak{p}^2)_{\mathfrak{p}}$ auch $c = \rho$.

Um 1. zu zeigen, notieren wir die Beziehungen

$$n - \rho = \dim_{k(\mathfrak{p})} \Omega_{B_{\mathfrak{p}}|k} \otimes_{B_{\mathfrak{p}}} k(\mathfrak{p}) \geqslant \dim_{k(\mathfrak{p})} \Omega_{k(\mathfrak{p})|k}$$

und

$$\dim_{k(\mathfrak{p})} \Omega_{k(\mathfrak{p})|k} \geqslant \dim B/\mathfrak{p} = \dim A/\mathfrak{p} = r.$$

Wählt man als $\mathfrak{p}$ ein minimales $\mathfrak{p}'$ mit $\mathfrak{p} \supseteq \mathfrak{p}' \supseteq I$ und $\operatorname{ht}_A \mathfrak{p}' = c$, also $\dim B/\mathfrak{p}' = \dim A/\mathfrak{p}' = n - c$, so ist $r = n - c$. Es folgt also $n - \rho \geqslant n - c$ für ein solches $\mathfrak{p}'$, also $c \geqslant \rho$ für $\mathfrak{p}'$ und, a fortiori, für $\mathfrak{p}$.

$\square$

3 Garben und geringte Räume

Übersicht

3.1   Garben

3.1.1   Prägarben

Es sei X ein topologischer Raum, dann ist $\mathbf{Ouv}(X)$ die *Kategorie der offenen Mengen von X*. Das heißt, die Objekte sind die offenen Mengen $U \subset X$, und für zwei offene Mengen $U, V \subset X$ ist

$$\mathrm{Hom}_{\mathbf{Ouv}(X)}(U,V) = \begin{cases} i_U & \text{die kanonische Inklusion falls } i_U : U \subset V \text{ existiert} \\ \emptyset & \text{sonst.} \end{cases}$$

Eine $\mathbf{A}$-wertige Prägarbe für eine Kategorie $\mathbf{A}$ und einen topologischen Raum X ist eine „relative Version der Kategorie $\mathbf{A}$ bezüglich X".

Definition 3.1.1
Für einen topologischen Raum X ist eine $\mathbf{A}$-*Prägarbe* auf X ein kontravarianter Funktor:

$$\mathcal{F} : \mathbf{Ouv}(X) \to \mathbf{A}$$

◆

Definition 3.1.2
Wenn $\mathcal{F}$ eine Prägarbe auf X und $U \subset V$ offene Mengen von X sind, so bezeichnet man die Abbildung

$$\mathcal{F}(U \subset V) = \rho_U^V : \mathcal{F}(V) \to \mathcal{F}(U)$$

als *Restriktionsabbildung (von V nach U)*. ◆

© Springer-Verlag GmbH Deutschland, ein Teil von Springer Nature 2019
J. Böhm, *Kommutative Algebra und Algebraische Geometrie*,
https://doi.org/10.1007/978-3-662-59482-7_3

Notiz 3.1.1
Für $U \subset V \subset W$ folgt dann aus der Funktorialität von $\mathcal{F}$:

$$\rho_U^W = \rho_U^V \circ \rho_V^W$$

Notiz 3.1.2
Für $s \in \mathcal{F}(V)$ und $U \subset V$ kürzt man oft ab:

$$s|_U \overset{def}{=} \rho_U^V(s)$$

Morphismen   Ein Morphismus $f : \mathcal{F} \to \mathcal{G}$ zweier Prägarben auf X ist eine natürliche Transformation der als Funktoren aufgefassten Prägarben, also ein System von Abbildungen

$$f_U : \mathcal{F}(U) \to \mathcal{G}(U),$$

für die alle Quadrate

$$
\begin{array}{ccc}
\mathcal{F}(V) & \xrightarrow{\ f_V\ } & \mathcal{G}(V) \\
{\scriptstyle \rho_U^V}\downarrow & & \downarrow{\scriptstyle \rho_U^V} \\
\mathcal{F}(U) & \xrightarrow{\ f_U\ } & \mathcal{G}(U)
\end{array}
$$

mit $U \subset V$ kommutieren. N.B.: Man beachte, dass ρ_U^V links sich auf die Garbe $\mathcal{F}$ und rechts auf die Garbe $\mathcal{G}$ bezieht.

Proposition 3.1.1
Die $\mathbf{A}$-Prägarben auf X bilden eine Kategorie, nämlich $\mathbf{PrSh_A}(X) = \mathrm{Hom}(\mathbf{Ouv}(X)^\circ, \mathbf{A})$.

Definition 3.1.3
Es sei X ein topologischer Raum. Dann definiert für ein festes $U \subseteq X$, offen,

$$\mathcal{F} \mapsto \Gamma(U, \mathcal{F}) \overset{def}{=} \mathcal{F}(U)$$

einen Funktor von $\mathbf{PrSh_A}(X)$ nach $\mathbf{A}$. Er heißt *Schnittfunktor*.   ◆

Definition 3.1.4
Die Kategorie der mengenwertigen Prägarben auf X, das heißt der Prägarben mit $\mathbf{A}$ gleich $\mathbf{Ens}$, sei mit $\mathbf{PrSh}(X)$ bezeichnet.   ◆

Bemerkung 3.1.1
Generell wird im Folgenden immer $\mathbf{A}$ eine Unterkategorie von $\mathbf{Ens}$ sein, in der

  i) direkte Limites

  ii) und inverse Limites

existieren.

Besonders wichtig sind die Fälle $\mathbf{A}$ gleich $\mathbf{Ab}$ und auch $\mathbf{Rng}$.

Definition 3.1.5
Es sei X ein topologischer Raum und A ein Objekt aus der Kategorie **A**. Dann
definiert die Zuordnung

$$U \mapsto \mathcal{A}(U) = A$$

für alle $U \subseteq X$, offen, mit den Restriktionen, $\rho_U^V = \mathrm{id}_A$ für $U \subseteq V$, offen, eine
Prägarbe auf X.

Sie heißt *konstante* **A**-*Prägarbe auf X mit Werten in A.* ◆

Halme

Definition 3.1.6
Es sei $\mathcal{F}$ eine Prägarbe auf einem topologischen Raum X und $x \in X$ ein Punkt.
Dann nennt man *Halm von $\mathcal{F}$ bei x* den induktiven Limes

$$\mathcal{F}_x \overset{\text{def}}{=} \varinjlim_{U \ni x} \mathcal{F}(U).$$

Dabei durchläuft U alle offenen Mengen, die x umfassen. ◆

Bemerkung 3.1.2
Im induktiven System oben ist $U \geqslant U'$ durch $U \subset U'$ definiert. Dies wird auch
in analogen Fällen die übliche Festsetzung sein.

Definition 3.1.7
Für einen Schnitt $s \in \mathcal{F}(U)$ und $x \in U$ ist s_x das kanonische Bild von s unter
$\mathcal{F}(U) \to \mathcal{F}_x$. Man nennt s_x den *Keim von s bei x.* ◆

Definition 3.1.8
Es sei $f : \mathcal{F} \to \mathcal{G}$ ein Morphismus von Garben auf X. Dann induziert f eine
Abbildung von Halmen $f_x : \mathcal{F}_x \to \mathcal{G}_x$ für jedes $x \in X$. ◆

Die Abbildung f_x entsteht nämlich aus:

$$
\begin{array}{ccc}
\mathcal{F}_x = \varinjlim_{U \ni x} \mathcal{F}(U) & \longrightarrow & \varinjlim_{U \ni x} \mathcal{G}(U) = \mathcal{G}_x \\
\uparrow & & \uparrow \\
\mathcal{F}(U) & \xrightarrow{\quad f_U \quad} & \mathcal{G}(U)
\end{array}
$$

□

Proposition 3.1.2
*Die Zuordnung $\mathcal{F} \mapsto \mathcal{F}_x$ und $(f : \mathcal{F} \to \mathcal{G}) \mapsto (f_x : \mathcal{F}_x \to \mathcal{G}_x)$ definiert einen
kovarianten Funktor von $\mathbf{PrSh}(X)$ nach $\mathbf{Sets}$.*

Abelsche Prägarben

Definition 3.1.9

Eine *abelsche Prägarbe* ist eine Prägarbe $\mathcal{F}$ mit $\mathbf{A} = \mathbf{Ab}$. Für eine solche gilt also:

i) Die Menge $\mathcal{F}(U)$ für alle $U \subset X$, offen, ist eine abelsche Gruppe.

ii) Die Restriktionsabbildungen ρ_U^V für alle $U \subset V$ sind Gruppenhomomorphismen.

$\blacklozenge$

Proposition 3.1.3

Die abelschen Prägarben auf X bilden eine Kategorie $\mathbf{AbPrSh}(X)$, bei der für die Morphismen $f : \mathcal{F} \to \mathcal{G}$ gilt, dass $f_U : \mathcal{F}(U) \to \mathcal{G}(U)$ für alle U ein Gruppenhomomorphismus ist.

Proposition 3.1.4

Die Kategorie $\mathbf{AbPrSh}(X)$ ist eine abelsche Kategorie.

Es ist nämlich für $f, g : \mathcal{F} \to \mathcal{G}$ eine Differenz $f - g$ definierbar durch

$$(f - g)_U : \mathcal{F}(U) \to \mathcal{G}(U) \quad s \mapsto f_U(s) - g_U(s),$$

so dass $\mathrm{Hom}_{\mathbf{AbPrSh}(X)}(\mathcal{F}, \mathcal{G})$ eine abelsche Gruppe wird.

Außerdem existieren vermöge

$$(\ker f)(U) = \ker f_U \subset \mathcal{F}(U),$$
$$(\mathrm{coker}\, f)(U) = \mathrm{coker}\, f_U = \mathcal{G}(U)/f_U(\mathcal{F}(U))$$

die Prägarben $\ker f$ und $\mathrm{coker}\, f$.

Wie üblich identifiziert man $\ker f$ mit dem offensichtlichen Morphismus $0 \to \ker f \hookrightarrow \mathcal{F}$ und $\mathrm{coker}\, f$ mit dem offensichtlichen Morphismus $\mathcal{G} \to \mathrm{coker}\, f \to 0$. Definiert man dann

$$\mathrm{coim}\, f = \mathrm{coker}(\ker f),$$
$$\mathrm{im}\, f = \ker(\mathrm{coker}\, f),$$

so gilt $(\mathrm{im}\, f)(U) = f_U(\mathcal{F}(U))$.

Die Grundbeziehungen für abelsche Kategorien sind erfüllt:

Proposition 3.1.5

Für alle Prägarben $\mathcal{H}$ gilt:

1. *Die Folge $0 \to \mathrm{Hom}(\mathcal{H}, \ker f) \to \mathrm{Hom}(\mathcal{H}, \mathcal{F}) \to \mathrm{Hom}(\mathcal{H}, \mathcal{G})$ ist eine exakte Sequenz abelscher Gruppen.*

2. *Die Folge* $0 \to \operatorname{Hom}(\operatorname{coker} f, \mathcal{H}) \to \operatorname{Hom}(\mathcal{G}, \mathcal{H}) \to \operatorname{Hom}(\mathcal{F}, \mathcal{H})$ *ist eine exakte Sequenz abelscher Gruppen.*

3. *Der kanonische Morphismus* $\operatorname{coim} f \to \operatorname{im} f$ *ist ein Isomorphismus.*

Wie in jeder abelschen Kategorie definiert man:

Definition 3.1.10
Eine Sequenz abelscher Prägarben auf einem topologischen Raum X

$$\mathcal{F}_1 \xrightarrow{f_1} \mathcal{F}_2 \xrightarrow{f_2} \mathcal{F}_3 \xrightarrow{f_3} \cdots \xrightarrow{f_{n-1}} \mathcal{F}_n$$

ist exakt, wenn stets im $f_i = \ker f_{i+1}$ ist.   ◆

Man könnte die vorige Definition auch anders formulieren, denn es gilt:

Lemma 3.1.1
Eine Sequenz abelscher Prägarben auf einem topologischen Raum X

$$\mathcal{F}_1 \to \mathcal{F}_2 \to \mathcal{F}_3 \to \cdots \to \mathcal{F}_n$$

ist exakt, wenn für alle $U \subset X$, offen, die Sequenz

$$\mathcal{F}_1(U) \to \mathcal{F}_2(U) \to \mathcal{F}_3(U) \to \cdots \to \mathcal{F}_n(U)$$

abelscher Gruppen exakt ist.

Damit **AbPrSh** zu einer abelschen Kategorie wird, müssen auch direkte Summen existieren. In der Tat gilt:

Proposition 3.1.6
Es sei $(\mathcal{F}_i)_{i \in I}$ eine Familie von abelschen Prägarben. Dann sind die Prägarben $\bigoplus_{i \in I} \mathcal{F}_i$ und $\prod_{i \in I} \mathcal{F}_i$, definiert durch

$$\left(\bigoplus_{i \in I} \mathcal{F}_i \right)(U) = \bigoplus_{i \in I} (\mathcal{F}_i(U))$$

und

$$\left(\prod_{i \in I} \mathcal{F}_i \right)(U) = \prod_{i \in I} (\mathcal{F}_i(U)),$$

die direkte Summe *und das* direkte Produkt *der $\mathcal{F}_i$.*

Es gelten die üblichen Beziehungen:

$$\operatorname{Hom}_{\mathbf{AbPrSh}}\left(\bigoplus_{i \in I} \mathcal{F}_i, \mathcal{G} \right) = \prod_{i \in I} \operatorname{Hom}_{\mathbf{AbPrSh}}(\mathcal{F}_i, \mathcal{G})$$

$$\operatorname{Hom}_{\mathbf{AbPrSh}}\left(\mathcal{G}, \prod_{i \in I} \mathcal{F}_i \right) = \prod_{i \in I} \operatorname{Hom}_{\mathbf{AbPrSh}}(\mathcal{G}, \mathcal{F}_i)$$

Proposition 3.1.7

Es sei $(\mathcal{F}_i, h_{ij})$ ein direktes System abelscher Prägarben auf X. Dann existiert der direkte Limes $\varinjlim_i \mathcal{F}_i$, und es ist $(\varinjlim_i \mathcal{F}_i)(U) = \varinjlim_i (\mathcal{F}_i(U))$.

Proposition 3.1.8

Es sei $(\mathcal{F}_i, k_{ij})$ ein inverses System abelscher Prägarben auf X. Dann existiert der inverse Limes $\varprojlim_i \mathcal{F}_i$, und es ist $(\varprojlim_i \mathcal{F}_i)(U) = \varprojlim_i (\mathcal{F}_i(U))$.

Proposition 3.1.9

Die Zuordnung $\mathcal{F} \mapsto \mathcal{F}_x$ für ein $x \in X$ ist ein kovarianter, exakter Funktor abelscher Kategorien von $\mathbf{AbPrSh}(X)$ nach $\mathbf{Ab}$.

Korollar 3.1.1

Es ist für einen Morphismus $f : \mathcal{F} \to \mathcal{G}$ von abelschen Prägarben auf X und $x \in X$:

$$(\ker_{\mathbf{AbPrSh}} f)_x = \ker_{\mathbf{Ab}} f_x$$
$$(\mathrm{coker}_{\mathbf{AbPrSh}} f)_x = \mathrm{coker}_{\mathbf{Ab}} f_x$$
$$(\mathrm{coim}_{\mathbf{AbPrSh}} f)_x = \mathrm{coim}_{\mathbf{Ab}} f_x$$
$$(\mathrm{im}_{\mathbf{AbPrSh}} f)_x = \mathrm{im}_{\mathbf{Ab}} f_x$$

Support

Definition 3.1.11

Es sei $\mathcal{F}$ eine abelsche Prägarbe auf einem topologischen Raum X und $s \in \mathcal{F}(U)$ ein Schnitt über einer offenen Menge $U \subseteq X$.

Dann ist der *Support von* $\mathcal{F}$ die Menge

$$\mathrm{supp}\, \mathcal{F} = \{x \in X \mid \mathcal{F}_x \neq 0\}.$$

Der *Support von* $s \in \mathcal{F}(U)$ ist die Menge

$$\mathrm{supp}\, s = \{x \in U \mid s_x \neq 0\}.$$

$\blacklozenge$

Bemerkung 3.1.3

Der Support $\mathrm{supp}\, s$ von $s \in \mathcal{F}(U)$ ist abgeschlossen in U.

3.1.2 Garben

Garbenkozyklen

Es sei nun eine Prägarbe $\mathcal{F}$ sowie eine offene Menge $U \subset X$ gegeben und zusätzlich eine offene Überdeckung $(U_i)_{i \in I}$ von U. Die Schnitte $U_i \cap U_j$ seien mit U_{ij} bezeichnet.

Weiter seien $s_i \in \mathcal{F}(U_i)$ gegeben, für die

$$s_i|_{U_{ij}} = s_j|_{U_{ij}}$$

gilt. Ein solches System von Vorgaben sei mit $(U, (U_i), (s_i))$ abgekürzt und heiße auch *Garbenkozyklus*.

Ein Schnitt $s \in \mathcal{F}(U)$ induziert einen Garbenkozyklus $s_i = s|_{U_i}$.

Definition 3.1.12
Ein System $(U, (U_i), (s_i))$ heißt *auflösbar*, wenn es ein $s \in \mathcal{F}(U)$ mit

$$s|_{U_i} = s_i$$

gibt. Ist dieses s eindeutig bestimmt, so heißt das System *eindeutig auflösbar*.
◆

Definition 3.1.13
Für eine Prägarbe $\mathcal{F}$ auf X gelten folgende Bedingungen:

(S1) Für jedes $U \subseteq X$, offen, jede Überdeckung (U_i) von U und jedes $s \in \mathcal{F}(U)$ mit $s_i = s|_{U_i} = 0$ ist auch $s = 0$.

(S2) Für jedes System $(U, (U_i), (s_i))$ gibt es eine *Auflösung* $s \in \mathcal{F}(U)$ mit $s|_{U_i} = s_i$.

Eine Prägarbe, die (S1) erfüllt, heißt *separiert*.
◆

Definition 3.1.14
Eine Prägarbe $\mathcal{F}$ auf einem topologischen Raum X, für die jedes System

$$(U, (U_i), (s_i))$$

wie oben beschrieben eindeutig auflösbar ist, heißt *Garbe* auf X.

Es handelt sich also um eine Prägarbe, die die Bedingungen (S1) und (S2) erfüllt.
◆

Man kann die Auflösbarkeit der Systeme $(U, (U_i), (s_i))$ auch so ausdrücken: Die Sequenz

$$\mathcal{F}(U) \longrightarrow \prod_{i \in I} \mathcal{F}(U_i) \underset{p_2}{\overset{p_1}{\rightrightarrows}} \prod_{i,j \in I} \mathcal{F}(U_{ij})$$

ist exakt. Dabei ist $\pi_{ij} \circ p_1 = \rho_{U_{ij}}^{U_i} \circ \pi_i$ und $\pi_{ij} \circ p_2 = \rho_{U_{ij}}^{U_j} \circ \pi_j$.

Definition 3.1.15
Die Kategorie der Garben auf einem topologischen Raum X sei mit $\mathbf{Sh}(X)$
bezeichnet. Für sie setzt man

$$\mathrm{Hom}_{\mathbf{Sh}(X)}(\mathcal{F}, \mathcal{G}) = \mathrm{Hom}_{\mathbf{PrSh}(X)}(\mathcal{F}, \mathcal{G}).$$

wobei rechts die Garben als Prägarben aufgefasst werden.   ◆

Definition 3.1.16
Der Halm $\mathcal{F}_x$ einer Garbe $\mathcal{F}$ ist $\varinjlim_{U \ni x} \mathcal{F}(U)$, also einfach der Halm von $\mathcal{F}$,
aufgefasst als Prägarbe.   ◆

Garbifizierung

Es sei
$$v : \mathbf{Sh}(X) \to \mathbf{PrSh}(X)$$

der Vergissfunktor. Dieser Funktor hat einen linksadjungierten Funktor

$$^+ : \mathbf{PrSh}(X) \to \mathbf{Sh}(X),$$

den wir *Garbifizierung* nennen.

Es gibt also für eine Prägarbe $\mathcal{F}$ und eine Garbe $\mathcal{G}$ einen natürlichen Isomorphismus:

$$\mathrm{Hom}_{\mathbf{Sh}(X)}(\mathcal{F}^+, \mathcal{G}) \cong \mathrm{Hom}_{\mathbf{PrSh}(X)}(\mathcal{F}, v(\mathcal{G}))$$

Damit ist auch $\mathcal{F}^+$ durch eine universelle Eigenschaft festgelegt und so eindeutig
(bis auf eindeutigen Isomorphismus) bestimmt.

Konkret gegeben ist $\mathcal{F}^+$ wie folgt:

$$\mathcal{F}^+(U) = \left\{ s \left| \begin{array}{l} s : U \to \coprod_{x \in U} \mathcal{F}_x \text{ mit } s(x) \in \mathcal{F}_x \\[4pt] \text{so dass für alle } x \in U \text{ existieren} \\[4pt] 1) \text{ eine offene Menge } V(x) \text{ mit } x \in V(x) \subset U \text{ und} \\[4pt] 2) \ t(x) \in \mathcal{F}(V(x)) \text{ mit} \\[4pt] \quad s(y) = t(x)_y \in \mathcal{F}_y \text{ für alle } y \in V(x) \end{array} \right. \right\}$$

Man überlegt sich leicht folgende wichtige Beziehung für die Halme:

Proposition 3.1.10
*Es sei $\mathcal{F}$ eine Prägarbe auf X und $x \in X$. Weiter sei $\mathcal{F}^+$ die Garbifizierung.
Dann ist natürlich isomorph*

$$\mathcal{F}_x^+ \cong \mathcal{F}_x, \quad s_U \mapsto s_U(x),$$

*wobei die Abbildung rechts die den Isomorphismus induzierende Abbildung
$\mathcal{F}^+(U) \to \mathcal{F}_x$ für ein U mit $x \in U$ darstellt.*

Weiterhin gilt:

Lemma 3.1.2
Es sei $\mathcal{F}$ eine Garbe auf X. Dann ist $v(\mathcal{F})^+ \cong \mathcal{F}$ ein natürlicher Isomorphismus von Garben.

Abelsche Garben

Definition 3.1.17
Eine *abelsche Garbe* $\mathcal{F}$ auf einem topologischen Raum X ist eine abelsche Prägarbe, die zugleich eine Garbe ist. Die Kategorie der abelschen Garben heiße **AbSh**(X). ◆

Damit die abelschen Garben zu einer abelschen Kategorie werden, müssen wir die Definition von coker f für $f : \mathcal{F} \to \mathcal{G}$ modifizieren.

Definition 3.1.18
Für einen Morphismus abelscher Garben $f : \mathcal{F} \to \mathcal{G}$ ist

$$\mathrm{coker}_{\mathbf{AbSh}}\, f = (\mathrm{coker}_{\mathbf{AbPrSh}}\, f)^+ .$$

◆

Dies ist nötig, da $\mathrm{coker}_{\mathbf{AbPrSh}}\, f$ zwar eine Prägarbe, aber im Allgemeinen keine Garbe ist.

Dagegen gilt

Definition 3.1.19
Für einen Morphismus abelscher Garben $f : \mathcal{F} \to \mathcal{G}$ ist

$$\mathrm{ker}_{\mathbf{AbSh}}\, f = \mathrm{ker}_{\mathbf{AbPrSh}}\, f .$$

◆

da $\mathrm{ker}_{\mathbf{AbPrSh}}\, f$ schon eine Garbe ist. Damit **AbSh**(X) eine abelsche Kategorie ist, muss gelten:

Lemma 3.1.3
Es sei $f : \mathcal{F} \to \mathcal{G}$ ein Morphismus abelscher Garben. Dann ist

$$\mathrm{coim}_{\mathbf{AbSh}}\, f = \mathrm{coker}_{\mathbf{AbSh}}\, \mathrm{ker}_{\mathbf{AbSh}}\, f \cong \mathrm{ker}_{\mathbf{AbSh}}\, \mathrm{coker}_{\mathbf{AbSh}}\, f = \mathrm{im}_{\mathbf{AbSh}}\, f .$$

Beweis. Man schreibt die entsprechende Behauptung für abelsche Prägarben auf, wendet den Funktor $\mathcal{F} \to \mathcal{F}^+$ an und zieht diesen systematisch „nach innen", wobei man folgendes Lemma benutzt. Schließlich beachte man $f^+ = f$. □

Lemma 3.1.4

Es sei $f : \mathcal{F} \to \mathcal{G}$ ein Morphismus abelscher Prägarben. Dann ist

$$(\text{coker}_{\mathbf{AbPrSh}}\, f)^+ = \text{coker}_{\mathbf{AbSh}}(f^+)\,,$$
$$(\ker_{\mathbf{AbPrSh}}\, f)^+ = \ker_{\mathbf{AbSh}}(f^+)\,.$$

Beweisidee. Man betrachte etwa für coker f das Diagramm

und die von der Abbildung α induzierte Abbildung $\alpha' : (\text{coker}\, f)^+ \to \text{coker}\, f^+$.

Bei Betrachtung der Halme $()_x$ ergibt sich α'_x als Isomorphismus für alle $x \in X$. Man überlegt sich leicht, dass dies aufgrund der Garbeneigenschaften bedeutet, dass α' ein Isomorphismus ist.   □

Proposition 3.1.11

Es sei $f : \mathcal{F} \to \mathcal{G}$ ein Morphismus abelscher Garben. Dann ist

$$\text{im}_{\mathbf{AbSh}}\, f = (\text{im}_{\mathbf{AbPrSh}}\, f)^+\,.$$

Beweis. Betrachte die Sequenz abelscher Prägarben:

$$0 \to \text{im}_{\mathbf{AbPrSh}} \to \mathcal{G} \to \text{coker}_{\mathbf{AbPrSh}}\, f \to 0$$

Anwenden von $(-)^+$ und beachten der folgenden Proposition ergibt

$$0 \to (\text{im}_{\mathbf{AbPrSh}}\, f)^+ \to \mathcal{G}^+ \to (\text{coker}_{\mathbf{AbPrSh}}\, f)^+ \to 0\,.$$

Nun ist aber $\mathcal{G}^+ = \mathcal{G}$, da $\mathcal{G}$ bereits eine Garbe ist. Weiter ist nach oben Bewiesenem $(\text{coker}_{\mathbf{AbPrSh}}\, f)^+ = \text{coker}_{\mathbf{AbSh}}(f^+) = \text{coker}_{\mathbf{AbSh}}\, f$. Damit ist die Aussage gezeigt. □

Proposition 3.1.12

Es sei $0 \to \mathcal{F}' \to \mathcal{F} \to \mathcal{F}'' \to 0$ eine exakte Sequenz von abelschen Prägarben. Dann ist

$$0 \to \mathcal{F}'^+ \to \mathcal{F}^+ \to \mathcal{F}''^+ \to 0$$

eine exakte Sequenz abelscher Garben.

Der Funktor $\mathcal{F} \mapsto \mathcal{F}^+$ ist also exakt.

Beweis. Der Funktor $(-)^+$ ist linksadjungiert, also rechtsexakt. Dass er auch linksexakt ist, folgt aus der Beziehung $(\ker_{\mathbf{AbPrSh}}\, f)^+ = \ker_{\mathbf{AbSh}}\, f^+$ für die Abbildung $f : \mathcal{F} \to \mathcal{F}''$ aus der exakten Sequenz.   □

Schließlich müssen Summen und Produkte in **AbSh** existieren, wir konstruieren sie aus den Summen und Produkten in **AbPrSh**:

Proposition 3.1.13

Es sei $(\mathcal{F}_i)_{i\in I}$ *eine Familie von abelschen Garben. Dann sind die Garben* $\bigoplus_{i\in I}\mathcal{F}_i$ *und* $\prod_{i\in I}\mathcal{F}_i$ *definiert durch*

$$\bigoplus_{i\in I}\mathcal{F}_i = \left(\bigoplus_{i\in I}\mathcal{F}_i\right)^+$$

und

$$\prod_{i\in I}\mathcal{F}_i = \prod_{i\in I}\mathcal{F}_i\,,$$

wobei rechts Summe und Produkt über die als Prägarben aufgefassten Garben zu nehmen ist.

Es gelten die üblichen Beziehungen:

$$\mathrm{Hom}_{\mathbf{AbSh}}\left(\bigoplus_{i\in I}\mathcal{F}_i,\mathcal{G}\right) = \prod_{i\in I}\mathrm{Hom}_{\mathbf{AbSh}}(\mathcal{F}_i,\mathcal{G})$$

$$\mathrm{Hom}_{\mathbf{AbSh}}\left(\mathcal{G},\prod_{i\in I}\mathcal{F}_i\right) = \prod_{i\in I}\mathrm{Hom}_{\mathbf{AbSh}}(\mathcal{G},\mathcal{F}_i)$$

Bemerkung 3.1.4

Man beachte, dass bei der Summe eine zusätzliche Garbifizierung nötig ist, während das Produkt in der Prägarbenkategorie automatisch schon eine Garbe ist.

Außerdem existieren direkter und inverser Limes:

Proposition 3.1.14

Es sei $(\mathcal{F}_i, h_{ij})$ *ein direktes und* $(\mathcal{F}_i, k_{ij})$ *ein inverses System von abelschen Garben auf einem topologischen Raum X. Dann sind*

$$\varinjlim_i \mathcal{F}_i = \left(\varinjlim_{i,\mathbf{AbPrSh}}\mathcal{F}_i\right)^+$$

$$\varprojlim_i \mathcal{F}_i = \varprojlim_{i,\mathbf{AbPrSh}}\mathcal{F}_i$$

der direkte und inverse Limes der jeweiligen Systeme.

Bemerkung 3.1.5

Ein Schnitt $s\in\Gamma(U,\varinjlim_i\mathcal{F}_i)$ kann also als System

$$(s_\alpha\in\Gamma(U_\alpha,\mathcal{F}_{i_\alpha}))$$

für eine Überdeckung (U_α) von U aufgefasst werden, wobei für alle $x\in U_{\alpha\beta}=U_\alpha\cap U_\beta$ ein $V\subseteq U_{\alpha\beta}$, offen, mit $x\in V$ sowie ein $i_{\alpha\beta}\geqslant i_\alpha, i_\beta$ existiert, so dass

$$h_{i_\alpha i_{\alpha\beta}}(s_{i_\alpha})|_V = h_{i_\beta i_{\alpha\beta}}(s_{i_\beta})|_V$$

gilt.

Proposition 3.1.15

Ist X in voriger Proposition noethersch, so ist $\varinjlim_{i,\textbf{AbPrSh}} \mathcal{F}_i$ bereits eine Garbe, und es gilt:

$$(\varinjlim_i \mathcal{F})(U) = \varinjlim_i (\mathcal{F}_i(U))$$

Die Exaktheit einer Garbensequenz kann auf den Halmen gemessen werden:

Proposition 3.1.16

Die Zuordnung $\mathcal{F} \mapsto \mathcal{F}_x$ für ein $x \in X$ von $\textbf{AbSh}(X)$ nach $\textbf{Ab}$ ist ein kovarianter, exakter Funktor abelscher Kategorien.

Es sei also $0 \to \mathcal{F}' \xrightarrow{f} \mathcal{F} \to \mathcal{F}'' \to 0$ eine exakte Garbensequenz. Dann ist $\mathcal{F}'' \cong \mathrm{coker}_{\textbf{AbSh}} f$. In der Prägarbenkategorie ist exakt $0 \to \mathcal{F}' \to \mathcal{F} \to \mathrm{coker}_{\textbf{AbPrSh}} f \to 0$. Hier kann man zu den Halmen übergehen: $0 \to \mathcal{F}'_x \to \mathcal{F}_x \to (\mathrm{coker}_{\textbf{AbPrSh}} f)_x \to 0$ ist exakt. Nun ist aber $(\mathrm{coker}_{\textbf{AbPrSh}} f)^+ = \mathrm{coker}_{\textbf{AbSh}} f$ und also $(\mathrm{coker}_{\textbf{AbPrSh}} f)_x = (\mathrm{coker}_{\textbf{AbSh}} f)_x = \mathcal{F}''_x$. Damit ist die Exaktheit von $0 \to \mathcal{F}'_x \xrightarrow{f} \mathcal{F}_x \to \mathcal{F}''_x \to 0$ nachgewiesen.   □

Insbesondere gilt auch:

Korollar 3.1.2

Es ist für einen Morphismus $f : \mathcal{F} \to \mathcal{G}$ von abelschen Garben auf X und $x \in X$:

$$(\mathrm{ker}_{\textbf{AbSh}} f)_x = \mathrm{ker}_{\textbf{Ab}} f_x$$
$$(\mathrm{coker}_{\textbf{AbSh}} f)_x = \mathrm{coker}_{\textbf{Ab}} f_x$$
$$(\mathrm{coim}_{\textbf{AbSh}} f)_x = \mathrm{coim}_{\textbf{Ab}} f_x$$
$$(\mathrm{im}_{\textbf{AbSh}} f)_x = \mathrm{im}_{\textbf{Ab}} f_x$$

Weiterhin gilt:

Proposition 3.1.17

Es sei $\mathcal{F}$ eine abelsche Garbe auf X. Weiter sei $\mathcal{F}_x = 0$ für alle $x \in X$. Dann ist $\mathcal{F} = 0$.

und

Proposition 3.1.18

Die natürliche Abbildung

$$\mathcal{F} \mapsto \prod_{x \in X} \mathcal{F}_x$$

ist eine treue, exakte Einbettung abelscher Kategorien von $\textbf{AbSh}(X)$ nach $\textbf{Ab}$.

Eine Sequenz von Garben $\mathcal{F}_1 \to \cdots \to \mathcal{F}_n$ ist also genau dann exakt, wenn alle ihre Halmsequenzen $\mathcal{F}_{1x} \to \cdots \to \mathcal{F}_{nx}$ exakt sind.

Dies, zusammen mit der Definition des Kokerns von Garben, führt zu folgender Aussage für kurze exakte Sequenzen von Garben:

Proposition 3.1.19

Es sei

$$0 \longrightarrow \mathcal{F}' \longrightarrow \mathcal{F} \longrightarrow \mathcal{F}'' \longrightarrow 0$$

eine kurze exakte Sequenz abelscher Garben auf einem topologischen Raum X. Dann gilt:

1. *Für $U \subset X$, offen, $s \in \mathcal{F}(U)$ mit $s_x \in \mathcal{F}'_x$ für alle $x \in U$ ist schon $s \in \mathcal{F}'(U)$.*

2. *Jeder globale Schnitt $s \in \mathcal{F}''(X)$ kann als System von*

$$(s_i \in \mathcal{F}(U_i))_{i \in I}$$

für eine Überdeckung (U_i) von X gegeben werden, wobei

$$s_i|_{U_{ij}} - s_j|_{U_{ij}} \in \mathcal{F}'(U_{ij})$$

gelten muss.

Ein solches System von (s_i) entspricht genau dann dem Nullschnitt von $\mathcal{F}''(X)$, wenn alle $s_i \in \mathcal{F}'(U_i)$ sind.

Exaktheit überträgt sich bei Garben nicht mehr auf die Schnitte. Es gilt aber Linksexaktheit des Schnittfunktors:

Proposition 3.1.20

Es sei

$$0 \longrightarrow \mathcal{F}' \longrightarrow \mathcal{F} \longrightarrow \mathcal{F}'' \longrightarrow 0$$

eine kurze exakte Sequenz abelscher Garben auf einem topologischen Raum X. Dann ist

$$0 \longrightarrow \mathcal{F}'(U) \longrightarrow \mathcal{F}(U) \longrightarrow \mathcal{F}''(U)$$

für jedes $U \subseteq X$ exakt.

Der Vergissfunktor $\mathcal{F} \mapsto v\mathcal{F}$ von den Garben in die Prägarben ist rechtsadjungiert, also linksexakt. Folglich ist $0 \to \mathcal{F}' \to \mathcal{F} \to \mathcal{F}''$ eine exakte Sequenz abelscher *Prägarben* und damit $0 \to \mathcal{F}'(U) \to \mathcal{F}(U) \to \mathcal{F}''(U)$ exakt für alle $U \subseteq X$, offen. $\qquad\square$

Die Surjektivität von Garbenmorphismen lässt sich so ausdrücken:

Proposition 3.1.21

Es sei $f : \mathcal{F} \to \mathcal{G}$ ein Morphismus von abelschen Garben auf X. Dann ist äquivalent:

a) *$\operatorname{coker} f = 0$.*

b) *$(\operatorname{coker} f)_x = 0$ für alle $x \in X$.*

c) *Die Abbildungen $f_x : \mathcal{F}_x \to \mathcal{G}_x$ sind für alle $x \in X$ surjektiv.*

d) *Für jedes $s \in \mathcal{G}(U)$ existiert eine Familie $(s_i \in \mathcal{F}(U_i))_i$, mit $\bigcup U_i = U$, so dass $f_{U_i}(s_i) = s|_{U_i}$ ist.*

Definition 3.1.20

Es sei $\mathcal{A}$ die konstante Prägarbe auf X mit Werten in einer abelschen Gruppe A. Dann heißt die assoziierte Garbe $\mathcal{A}^+$ die *konstante Garbe auf X mit Werten in A.*   ♦

3.1.3   Garbenfunktoren

Der Funktor f_*

Es sei $f : X \to Y$ eine Abbildung topologischer Räume. Dann existiert ein zu f gehöriger Funktor $f_{p*} : \mathbf{PrSh}(X) \to \mathbf{PrSh}(Y)$, der durch

$$f_{p*}(\mathcal{F})(V) = \mathcal{F}(f^{-1}V)$$

für eine Prägarbe $\mathcal{F}$ aus $\mathbf{PrSh}(X)$ und $V \subset Y$, offen, gegeben ist.

Sei $\rho^U_{U'}$ die Restriktionsabbildung von $\mathcal{F}$, so ist $\tilde{\rho}^V_{V'} = \rho^{f^{-1}V}_{f^{-1}V'}$ diejenige von $f_{p*}\mathcal{F}$.

Die Prägarbe $f_{p*}\mathcal{F}$ heißt *direktes Bild* von $\mathcal{F}$.

Proposition 3.1.22

Ist $\mathcal{F}$ bereits eine Garbe, so ist auch $f_{p*}\mathcal{F}$ eine solche, man hat also einen Funktor $f_* : \mathbf{Sh}(X) \to \mathbf{Sh}(Y)$ mit $\mathcal{F} \mapsto f_*\mathcal{F} = f_{p*}\mathcal{F}$. Bei der Gleichheit rechts wird die Garbe $\mathcal{F}$ als Prägarbe aufgefasst.

Es sei $(V_i \to V)$ eine offene Überdeckung in Y. Dann ist $(f^{-1}V_i \to f^{-1}V)$ eine offene Überdeckung in X, und es ist $f^{-1}V_{ij} = f^{-1}V_i \cap f^{-1}V_j$.

Da $\mathcal{F}$ eine Garbe ist, hat man die exakte Sequenz:

$$\mathcal{F}(f^{-1}V) \longrightarrow \prod_{i \in I} \mathcal{F}(f^{-1}V_i) \Longrightarrow \prod_{i,j \in I} \mathcal{F}(f^{-1}V_{ij})$$

Also ist auch

$$f_p \mathcal{F}(V) \longrightarrow \prod_{i \in I} f_p \mathcal{F}(V_i) \Longrightarrow \prod_{i,j \in I} f_p \mathcal{F}(V_{ij})$$

exakt und deshalb $f_p\mathcal{F}$ eine Garbe.   □

Proposition 3.1.23

Es sei $f : X \to Y$ eine Abbildung topologischer Räume. Weiter sei $0 \to \mathcal{F}' \to \mathcal{F} \to \mathcal{F}'' \to 0$ eine exakte Sequenz abelscher Garben auf X.

Dann ist

$$0 \to f_*\mathcal{F}' \to f_*\mathcal{F} \to f_*\mathcal{F}''$$

ebenfalls eine exakte Sequenz abelscher Garben.

Für abelsche Garben gilt außerdem:

Proposition 3.1.24
Es sei $\mathcal{F}_i$ eine Familie abelscher Garben auf X. Dann ist

$$f_* \left(\prod_i \mathcal{F}_i \right) = \prod_i f_* \mathcal{F}_i \,.$$

Bezüglich der Komposition von Abbildungen topologischer Räume verhält sich $f \mapsto f_*$ funktoriell:

Proposition 3.1.25
Es seien $f : X \to Y$ und $g : Y \to Z$ Abbildungen topologischer Räume. Dann gilt:

$$g_{p*} \circ f_{p*} = (g \circ f)_{p*}$$
$$g_* \circ f_* = (g \circ f)_*$$

Der Funktor f^{-1}

Theorem 3.1.1
In der Prägarbenkategorie $\mathbf{PrSh}(X)$ existiert zu f_{p*} ein linksadjungierter Funktor, den wir f^p nennen wollen. Er heißt inverser Bildfunktor.
Er erfüllt also die fundamentale Beziehung

$$\mathrm{Hom}_{\mathbf{PrSh}(X)}(f^p \, \mathcal{F}, \mathcal{G}) = \mathrm{Hom}_{\mathbf{PrSh}(Y)}(\mathcal{F}, f_{p*} \mathcal{G}) \,. \tag{3.1}$$

Definition 3.1.21
Der Funktor f^p ist wie folgt definiert: Für $\mathcal{F}$ aus $\mathbf{PrSh}(Y)$ setze

$$(f^p \, \mathcal{F}) (U) = \varinjlim_{\substack{V \supset f(U), \\ V \text{ offen}}} \mathcal{F}(V),$$

wobei U für eine beliebige offene Menge von X steht.   ◆

Da für $U \supset U'$ der Limes rechts für U über eine Unterkategorie der Indexkategorie für U' geht, gibt es eine kanonische Abbildung

$$\varinjlim_{\substack{V \supset f(U), \\ V \text{ offen}}} \mathcal{F}(V) \to \varinjlim_{\substack{V \supset f(U'), \\ V \text{ offen}}} \mathcal{F}(V),$$

die die Restriktionsabbildung für $f^p \mathcal{F}$ liefert.

Die Richtigkeit von Theorem 3.1.1 sieht man ein, indem man sich überzeugt, dass sowohl der linke als auch der rechte Homomorphismus in (3.1) äquivalent ist zu einem System von Abbildungen

$$\gamma_{V,U} : \mathcal{F}(V) \to \mathcal{G}(U), \qquad V \supseteq f(U),$$

die für $Y \supseteq V \supseteq V'$ und $X \supseteq U \supseteq U'$ die Nebenbedingungen

$$
\begin{array}{ccc}
\mathcal{F}(V) & \xrightarrow{\gamma_{V,U}} & \mathcal{G}(U) \\
\downarrow{\scriptstyle \rho^V_{V'}} & & \downarrow{\scriptstyle \rho^U_{U'}} \\
\mathcal{F}(V') & \xrightarrow{\gamma_{V',U'}} & \mathcal{G}(U')
\end{array}
$$

erfüllen.

Proposition 3.1.26
Für die Halme von $f^p\,\mathcal{F}$ gilt $(f^p\,\mathcal{F})_x = \mathcal{F}_{f(x)}$.

Beweis.

$$
\begin{aligned}
(f^p\,\mathcal{F})_x &= \varinjlim_{U \ni x}(f^p\,\mathcal{F})(U) = \varinjlim_{U \ni x}\ \varinjlim_{V \supset f(U)}\ \mathcal{F}(V) = \\
&= \varinjlim_{V \ni f(x)}\ \mathcal{F}(V) = \mathcal{F}_{f(x)}\,,
\end{aligned}
\tag{3.2}
$$

wobei wie üblich U und V offene Mengen sind.　　　　　　　　　　　□

Aus dem Funktor f^p lässt sich ein zu f_* in der Garbenkategorie rechtsadjungierter Funktor f^{-1} gewinnen, für den gilt:

$$
\mathrm{Hom}_{\mathbf{Sh}(X)}(f^{-1}\mathcal{F}, \mathcal{G}) = \mathrm{Hom}_{\mathbf{Sh}(Y)}(\mathcal{F}, f_*\mathcal{G})
$$

Lemma 3.1.5
Es ist

$$
f^{-1}(\mathcal{F}) = (f^p\,\mathcal{F})^+\,.
$$

Man hat dann

$$
\begin{aligned}
\mathrm{Hom}_{\mathbf{Sh}(X)}(f^{-1}\mathcal{F}, \mathcal{G}) &= \mathrm{Hom}_{\mathbf{PrSh}(X)}(f^p\,\mathcal{F}, v(\mathcal{G})) = \\
= \mathrm{Hom}_{\mathbf{PrSh}(Y)}(\mathcal{F}, f_{p*}v(\mathcal{G})) &= \mathrm{Hom}_{\mathbf{Sh}(Y)}(\mathcal{F}, f_*\mathcal{G})\,.
\end{aligned}
$$

Da sich Halme unter Übergang zur Garbifizierung nicht ändern, gilt wegen (3.2):

Proposition 3.1.27
Es gilt $(f^{-1}\mathcal{F})_x = \mathcal{F}_{f(x)}$.

Konkret angebbar ist $f^{-1}\mathcal{F}$ wie folgt:

Proposition 3.1.28

Es ist für $U \subseteq X$, offen:

$$(f^{-1}\mathcal{F})(U) = \left\{ s \;\middle|\; \begin{array}{l} s : U \to \coprod_{x \in U} \mathcal{F}_{f(x)} \text{ mit } s(x) \in \mathcal{F}_{f(x)} \\ \text{so dass für alle } x \in U \text{ existieren} \\ \text{1) offene Mengen } V(x), W(x) \text{ mit} \\ \quad x \in V(x) \subset U \text{ und} \\ \quad f(V(x)) \subseteq W(x) \subseteq Y \\ \text{2) } t(x) \in \mathcal{F}(W(x)) \text{ mit} \\ \quad s(z) = t(x)_{f(z)} \in \mathcal{F}_{f(z)} \text{ für alle } z \in V(x) \end{array} \right\}$$

Folgendes Lemma wird später gebraucht:

Lemma 3.1.6

Es sei $f : X \to Y$ eine Abbildung topologischer Räume und $\mathcal{F}$ eine Prägarbe auf Y. Dann ist $(f^p \, \mathcal{F})^+ = f^{-1}(\mathcal{F}^+)$.

Der Funktor f^{-1} ist exakt:

Proposition 3.1.29

Es sei $f : X \to Y$ eine Abbildung topologischer Räume. Weiter sei $0 \to \mathcal{G}' \to \mathcal{G} \to \mathcal{G}'' \to 0$ eine exakte Sequenz abelsche Garben auf Y.

Dann ist

$$0 \to f^{-1}\mathcal{G}' \to f^{-1}\mathcal{G} \to f^{-1}\mathcal{G}'' \to 0$$

ebenfalls eine exakte Sequenz abelscher Garben.

Für abelsche Garben gilt überdies:

Proposition 3.1.30

Es sei $\mathcal{F}_i$ eine Familie abelscher Garben auf X. Dann ist

$$f^{-1}\left(\bigoplus_i \mathcal{F}_i\right) = \bigoplus_i f^{-1}\mathcal{F}_i \, .$$

Zieht man die beiden letzten Propositionen zusammen, so folgt außerdem

Proposition 3.1.31

Es sei $(\mathcal{F}_i, h_{ij})$ ein direktes System abelscher Garben. Dann gilt:

$$f^{-1}(\varinjlim_i \mathcal{F}_i) = \varinjlim_i f^{-1}\mathcal{F}_i$$

Bezüglich der Komposition von Abbildungen topologischer Räume verhält sich $f \mapsto f^{-1}$ ebenfalls funktoriell:

Proposition 3.1.32
Es seien $f : X \to Y$ und $g : Y \to Z$ Abbildungen topologischer Räume. Dann gilt:

$$f^p \circ g^p = (g \circ f)^p$$
$$f^{-1} \circ g^{-1} = (g \circ f)^{-1}$$

Bemerkung 3.1.6
Wir haben den zu f_* adjungierten Funktor mit f^{-1} bezeichnet, weil wir die Bezeichnung f^* für den Fall reservieren wollen, dass die zugrundeliegenden Garben nicht nur abelsche Garben aus $\mathbf{Sh}(X)$ sind, sondern noch einzuführende „Modulgarben auf einem geringten Raum".

Wenn aber keine Verwechslung zu befürchten ist, behalten wir uns vor, auch f^* für abelsche Garben zu verwenden.

Dies wird insbesondere für die Einbettungsabbildungen $i : Y \to X$ und $j : U \to X$ für $Y \subseteq X$, abgeschlossen, oder $U \subseteq X$, offen, der Fall sein.

3.1.4   Welke Garben

Definition 3.1.22
Eine Garbe oder Prägarbe $\mathcal{F}$ auf einem topologischen Raum X heißt *welk*, falls für alle $V \subseteq U \subseteq X$, offen, die Abbildung $\mathcal{F}(U) \to \mathcal{F}(V)$ surjektiv ist.   ◆

Proposition 3.1.33
Es sei $0 \to \mathcal{F}' \to \mathcal{F} \to \mathcal{F}'' \to 0$ eine exakte Sequenz abelscher Garben auf X und $\mathcal{F}'$ welk.

Dann ist auch
$$0 \to \mathcal{F}'(U) \to \mathcal{F}(U) \to \mathcal{F}''(U) \to 0$$

exakt für alle $U \subseteq X$, offen.

Beweis. Es sei ein Schnitt $s \in \mathcal{F}''(U)$ gegeben. Er ist definiert durch Schnitte $s_i \in \mathcal{F}(U_i)$ für eine Überdeckung (U_i) von U, für die $s_i|_{U_{ij}} - s_j|_{U_{ij}} \in \mathcal{F}'(U_{ij})$ ist. Wir zeigen: Es gibt einen Schnitt $s(U) \in \mathcal{F}(U)$, so dass $s(U)|_{U_i} - s_i \in \mathcal{F}'(U_i)$ ist.

Dazu betrachten wir alle Schnitte $s(V) \in \mathcal{F}(V)$ mit $V \subseteq X$, offen, und Vereinigung gewisser U_i, die die ebengenannte, für $s(U)$ formulierte Bedingung erfüllen.

Ein solcher Schnitt $s(U')$ sei für ein U', das die Vereinigung gewisser U_i ist, schon gefunden. Ist $U' \subsetneq U$, so gibt es ein U_i mit $U'' = U' \cup U_i \supsetneq U'$. Weiter sei $U''' = U' \cap U_i$. Es ist dann $s'' = s(U')|_{U'''} - s_i|_{U'''} \in \mathcal{F}'(U''')$. Wähle ein $t \in \mathcal{F}'(U')$ mit $t|_{U'''} = s''$. Es stimmen dann $s(U') - t$ und s_i auf U''' überein und können zu einem $s(U'')$ verklebt werden.

Dieses $s(U'')$ stimmt bis auf ein Element aus $\mathcal{F}'(U')$ mit $s(U')$ auf U' überein, und damit ist für alle U_j aus der gewählten Überdeckung von U' auch s_j gleich $s(U'')|_{U_j}$ bis auf ein Element aus $\mathcal{F}'(U_j)$. Auf U_i ist $s(U'')$ mit s_i identisch, stimmt also a fortiori bis auf ein Element aus $\mathcal{F}'(U_i)$ mit s_i überein.

Damit haben wir den maximalen Definitionsbereich beim Übergang von $s(U')$ zu $s(U'')$ echt erweitert. Mit einer üblichen Anwendung des Zornschen Lemmas folgt die Existenz des gesuchten $s(U)$ und damit die Behauptung.   □

Proposition 3.1.34
Es sei $0 \to \mathcal{F}' \to \mathcal{F} \to \mathcal{F}'' \to 0$ eine exakte Sequenz abelscher Garben auf X und $\mathcal{F}'$ sowie $\mathcal{F}$ welk. Dann ist auch $\mathcal{F}''$ welk.

Proposition 3.1.35
Es sei $f : X \to Y$ ein Morphismus topologischer Räume und $\mathcal{F}$ eine welke Garbe auf X. Dann ist $f_*\mathcal{F}$ eine welke Garbe auf Y.

3.1.5   Die Funktoren $j_!$ und $i^!$

Ist X ein topologischer Raum und $U \subseteq X$ eine offene Teilmenge sowie $Y = X - U$ deren Komplement, liegt also eine Situation

$$U \overset{j}{\hookrightarrow} X \overset{}{\underset{i}{\longleftarrow\!\!\!\!-}} Y \qquad\qquad (3.3)$$

mit zwei kanonischen Einbettungen i und j vor, so existieren zwei weitere Garbenfunktoren $j_!$ und $i^!$. Sie sind folgendermaßen definiert:

Definition 3.1.23
Es sei $\mathcal{F}$ eine Garbe auf U. Dann ist $j_!\mathcal{F}$ die zu der Prägarbe $j_{!p}\mathcal{F}$ assoziierte Garbe auf X. Dabei ist $j_{!p}\mathcal{F}$ definiert durch

$$j_{!p}\mathcal{F}(V) = \mathcal{F}(V), \text{ falls } V \subseteq U ,$$
$$j_{!p}\mathcal{F}(V) = 0, \text{ falls } V \not\subseteq U .$$

◆

Bemerkung 3.1.7
Man beachte, dass $j_{!p}\mathcal{F}$ in der Regel wirklich keine Garbe ist. Sei nämlich V eine disjunkte Vereinigung $V_1 \cup V_2$ mit $V_1 \subseteq U$ und $V_2 \not\subseteq U$, so ist $j_{!p}\mathcal{F}(V) = 0$. Wäre $j_{!p}\mathcal{F}$ eine Garbe, so müsste dies gleich $j_{!p}\mathcal{F}(V_1) = \mathcal{F}(V_1)$ sein.

Definition 3.1.24
Es sei $\mathcal{G}$ eine Garbe auf X. Dann ist $i^!\mathcal{G}$ definiert durch

$$i^!\mathcal{G}(V \cap Y) = \{s \in \mathcal{G}(V) \mid \mathrm{supp}(s) \subseteq Y \cap V\} =$$
$$= \ker(\mathcal{G}(V) \to \mathcal{G}(V \cap Y^c)), \text{ wobei } Y^c = X \setminus Y .$$

◆

Bemerkung 3.1.8

Man überlegt sich leicht, dass diese Definition nicht von dem gewählten V abhängt und dass die so definierte Prägarbe $i^! \mathcal{G}$ auch eine Garbe ist.

Die neu eingeführten Funktoren erfüllen folgende nützliche Adjunktionsbeziehungen zu den schon früher eingeführten Garbenfunktoren:

Proposition 3.1.36

Es gilt

$$\mathrm{Hom}(j_! \mathcal{F}, \mathcal{G}) = \mathrm{Hom}(\mathcal{F}, j^{-1}\mathcal{G}) \,, \tag{3.4}$$

$$\mathrm{Hom}(i_* \mathcal{H}, \mathcal{G}) = \mathrm{Hom}(\mathcal{H}, i^! \mathcal{G}) \tag{3.5}$$

für Garben $\mathcal{F}$, $\mathcal{G}$, $\mathcal{H}$ auf U, X, Y.

Bemerkung 3.1.9

Diese Beziehungen garantieren, dass j^{-1} linksexakt und i_* rechtsexakt wird.

Für die Halme gelten folgende Aussagen:

Proposition 3.1.37

$$j_! \mathcal{F}_x = \mathcal{F}_x \ \textit{für } x \in U \,, \tag{3.6}$$

$$j_! \mathcal{F}_x = 0 \ \textit{für } x \notin U \,, \tag{3.7}$$

$$j^{-1}\mathcal{G}_x = \mathcal{G}_x \ \textit{für alle } x \in U \,, \tag{3.8}$$

$$j_* \mathcal{F}_x = \mathcal{F}_x \ \textit{für } x \in U \tag{3.9}$$

sowie

$$i^{-1}\mathcal{G}_x = \mathcal{G}_x \ \textit{für } x \in Y \,, \tag{3.10}$$

$$i_* \mathcal{H}_x = 0 \ \textit{für } x \notin Y \,, \tag{3.11}$$

$$i_* \mathcal{H}_x = \mathcal{H}_x \ \textit{für alle } x \in Y \tag{3.12}$$

$$\tag{3.13}$$

mit Garben $\mathcal{F}$, $\mathcal{G}$, $\mathcal{H}$ auf U, X, Y.

Proposition 3.1.38

Der Funktor $j_!$ ist exakt, also für $0 \to \mathcal{F}' \to \mathcal{F} \to \mathcal{F}'' \to 0$, exakt, ist auch

$$0 \to j_! \mathcal{F}' \to j_! \mathcal{F} \to j_! \mathcal{F}'' \to 0$$

exakt.

Proposition 3.1.39

Der Funktor $i^!$ ist linksexakt, also für $0 \to \mathcal{F}' \to \mathcal{F} \to \mathcal{F}'' \to 0$, exakt, ist auch

$$0 \to i^! \mathcal{F}' \to i^! \mathcal{F} \to i^! \mathcal{F}''$$

exakt.

Bemerkung 3.1.10

Mit Vorgriff auf später sei Y eine abgeschlossene Untervarietät einer Varietät X mit $i : Y \hookrightarrow X$ als kanonischer Einbettung. Die Sequenz $0 \to \mathcal{I}_Y \to \mathcal{O}_X \to i_* \mathcal{O}_Y \to 0$, die später eingeführt werden wird, zeigt, dass nicht immer Rechtsexaktheit vorliegen muss: Es ist nämlich $i^! \mathcal{O}_X (V \cap Y) = 0$ für alle $V \subseteq X$, offen, mit $V \cap Y \neq \emptyset$.

Am Ende der Sequenz ist aber $i^! i_* \mathcal{O}_Y \cong \mathcal{O}_Y$. Damit kann keine Surjektivität vorliegen.

Die folgende Sequenz enthält die Abbildung $\mathcal{G} \to i_* i^{-1} \mathcal{G} \to 0$, die aus $i^{-1} \mathcal{G} \to i^{-1} \mathcal{G}$ entsteht:

Proposition 3.1.40

Für eine Garbe $\mathcal{G}$ auf X sei $\mathcal{G}_U = j_! j^{-1} \mathcal{G}$ und $\mathcal{G}_Y = i_* i^{-1} \mathcal{G}$. Dann gibt es kanonische Abbildungen:

$$0 \to \mathcal{G}_U \to \mathcal{G}, \quad \mathcal{G} \to \mathcal{G}_Y \to 0 \tag{3.14}$$

Diese lassen sich zu einer kurzen exakten Sequenz

$$0 \longrightarrow \mathcal{G}_U \longrightarrow \mathcal{G} \longrightarrow \mathcal{G}_Y \longrightarrow 0 \tag{3.15}$$

zusammensetzen.

In einer weiteren Sequenz steht die mit Y verbundene Inklusion am Anfang der Sequenz. Dort hat man die Inklusion $0 \to i_* i^! \mathcal{H} \to \mathcal{H}$, die aus $i^! \mathcal{H} \to i^! \mathcal{H}$ entsteht:

Proposition 3.1.41

Es sei $\mathcal{H}_Y(\mathcal{G})$ definiert als $i_* i^! \mathcal{G}$. Dann existiert eine kanonische, injektive Abbildung

$$0 \to i_* i^! \mathcal{G} \to \mathcal{G}, \tag{3.16}$$

die sich in eine kurze exakte Sequenz

$$0 \to \mathcal{H}_Y(\mathcal{G}) \to \mathcal{G} \to j_* j^{-1} \mathcal{G} \tag{3.17}$$

einbetten lässt.

Bemerkung 3.1.11

Die Garbe $\mathcal{H}_Y(\mathcal{G}) \subseteq \mathcal{G}$ heißt auch *Untergarbe von $\mathcal{G}$ mit Träger in Y*.

Lemma 3.1.7

Ist in Proposition 3.1.41 die Garbe $\mathcal{G}$ welk, so ist

$$\mathcal{G} \to j_* j^{-1} \mathcal{G} \to 0$$

exakt und damit auch die Sequenz (3.17):

$$0 \to \mathcal{H}_Y(\mathcal{G}) \to \mathcal{G} \to j_* j^{-1} \mathcal{G} \to 0$$

Bemerkung 3.1.12

Im Folgenden stehe zur Angleichung der Schreibweisen i^* und j^* für i^{-1} und j^{-1}.

Wir können den hier vorliegenden Sachverhalt auch noch anders darstellen. Einer Garbe $\mathcal{F}$ aus $\mathbf{Sh}(X)$ werden die Garben

$$\mathcal{F}_1 = i^* \mathcal{F}$$
$$\mathcal{F}_2 = j^* \mathcal{F}$$

aus $\mathbf{Sh}(Y)$ und aus $\mathbf{Sh}(U)$ zugeordnet.

Es gibt dann eine Abbildung

$$\phi_{\mathcal{F}} : \mathcal{F}_1 \to i^* j_* \mathcal{F}_2 \,, \tag{3.18}$$

die aus $\mathcal{F} \to j_* j^* \mathcal{F}$ unter Anwendung von $i^*(-)$ konstruiert wird.

Wir haben damit einen Funktor von Kategorien:

$$\Phi : \mathbf{Sh}(X) \to \mathbf{T}(\mathbf{Sh}(Y), \mathbf{Sh}(U)) \tag{3.19}$$
$$(\mathcal{F}) \mapsto \big(\mathcal{F}_1 = i^* \mathcal{F}, \mathcal{F}_2 = j^* \mathcal{F}, \phi_{\mathcal{F}} : \mathcal{F}_1 \to i^* j_* \mathcal{F}_2 \big)$$

Die Kategorie $\mathbf{T}(\mathbf{Sh}(Y), \mathbf{Sh}(U))$ besteht aus Tripeln $(\mathcal{F}_1, \mathcal{F}_2, \phi : \mathcal{F}_1 \to i^* j_* \mathcal{F}_2)$. Die Morphismen $(\mathcal{F}_1, \mathcal{F}_2, \phi) \mapsto (\mathcal{G}_1, \mathcal{G}_2, \psi)$ sind durch Abbildungen $f_1 : \mathcal{F}_1 \to \mathcal{G}_1$ und $f_2 : \mathcal{F}_2 \to \mathcal{G}_2$ gegeben, für die

$$\begin{array}{ccc}
\mathcal{F}_1 & \xrightarrow{\ \phi\ } & i^* j_* \mathcal{F}_2 \\
\downarrow{\scriptstyle f_1} & & \downarrow{\scriptstyle i^* j_*(f_2)} \\
\mathcal{G}_1 & \xrightarrow{\ \psi\ } & i^* j_* \mathcal{G}_2
\end{array} \tag{3.20}$$

kommutiert.

Entscheidend ist nun:

Theorem 3.1.2

Der obige Funktor $\mathbf{Sh}(X) \to \mathbf{T}(\mathbf{Sh}(Y), \mathbf{Sh}(U))$ ist eine Äquivalenz von Kategorien.

Man betrachte zum Beweis für $(\mathcal{F}_1, \mathcal{F}_2, \phi : \mathcal{F}_1 \to i^* j_* \mathcal{F}_2)$ das Faserprodukt

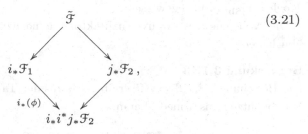

$$(3.21)$$

wobei die Abbildung unten rechts die kanonische ist. Die Zuordnung Ψ : $(\mathcal{F}_1, \mathcal{F}_2, \phi : \mathcal{F}_1 \to i^* j_* \mathcal{F}_2) \mapsto \tilde{\mathcal{F}}$ ist die behauptete Umkehrung des Funktors im Theorem.

Wendet man nämlich i^* an (der exakte Funktor i^* erhält Faserprodukte) und beachtet $i^* i_* i^* = i^*$, so entsteht:

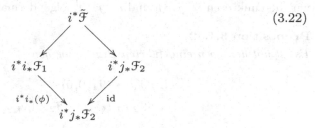

$$(3.22)$$

Es ist also $i^* \tilde{\mathcal{F}} = i^* i_* \mathcal{F}_1 = \mathcal{F}_1$, denn das Faserprodukt entartet offenbar durch die Abbildung id.

Wendet man j^* an (der exakte Funktor j^* erhält Faserprodukte) und beachtet $j^* i_* = 0$, so entsteht:

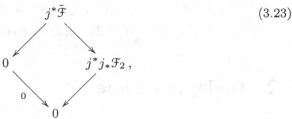

$$(3.23)$$

also $j^* \tilde{\mathcal{F}} = j^* j_* \mathcal{F}_2 = \mathcal{F}_2$.

Wir haben damit $\Phi \circ \Psi = \mathrm{id}_{\mathbf{T}(\mathbf{Sh}(Y), \mathbf{Sh}(U))}$ nachgewiesen.

Aus dem Faserprodukt

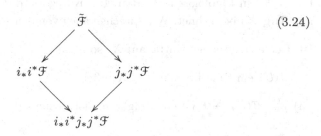

$$(3.24)$$

ergibt sich dann analog $i^*\tilde{\mathcal{F}} = i^*\mathcal{F}$ und $j^*\tilde{\mathcal{F}} = j^*\mathcal{F}$, also $\mathcal{F} = \tilde{\mathcal{F}}$. Damit ist auch $\Psi \circ \Phi = \mathrm{id}_{\mathbf{Sh}(X)}$ nachgewiesen.

Die Volltreue des Äquivalenzfunktors Φ nachzuweisen, bleibe dem Leser überlassen.

Bemerkung 3.1.13

Die Beziehung $i^*i_*i^*\mathcal{F} = i^*\mathcal{F}$ ergibt sich aus der Tatsache, dass i_* volltreu ist. Wir benutzen das Yoneda-Lemma:

$$\mathrm{Hom}(i^*i_*i^*\mathcal{F}, \mathcal{G}) = \mathrm{Hom}(i_*i^*\mathcal{F}, i_*\mathcal{G}) = \mathrm{Hom}(i^*\mathcal{F}, \mathcal{G}), \qquad (3.25)$$

wobei die zweite Gleichheit die Volltreue von i_* ausdrückt.

Ebenso gilt $j^*j_*j^*\mathcal{F} = j^*\mathcal{F}$, weil j_* volltreu ist.

Nutzen wir jetzt die Äquivalenz von $\mathbf{Sh}(X)$ mit $\mathbf{T}(\mathbf{Sh}(Y), \mathbf{Sh}(U))$, so können wir die Funktoren i_*, j_*, $j_!$ und i^*, j^*, $i^!$ folgendermaßen beschreiben:

Proposition 3.1.42

Es ist mit den oben eingeführten Bezeichnungen

$$i_* : \mathcal{F}_1 \mapsto (\mathcal{F}_1, 0, 0)$$
$$j_* : \mathcal{F}_2 \mapsto (i^*j_*\mathcal{F}_2, \mathcal{F}_2, \mathrm{id}_{i^*j_*\mathcal{F}_2})$$
$$j_! : \mathcal{F}_2 \mapsto (0, \mathcal{F}_2, 0)$$

sowie

$$i^* : (\mathcal{F}_1, \mathcal{F}_2, \phi) \mapsto \mathcal{F}_1$$
$$j^* : (\mathcal{F}_1, \mathcal{F}_2, \phi) \mapsto \mathcal{F}_2$$
$$i^! : (\mathcal{F}_1, \mathcal{F}_2, \phi) \mapsto \ker \phi.$$

3.2   Geringte Räume

3.2.1   Ringgarben und Modulgarben

Definition 3.2.1

Es sei X ein topologischer Raum. Die Kategorie der ringwertigen Garben sei mit $\mathbf{Rng}(X)$ bezeichnet. Wir sprechen auch von den *Ringgarben auf X*.   ♦

Ist $\mathcal{F}$ eine ringwertige Garbe auf X, so ist also

i) $\mathcal{F}(U)$ ein Ring für alle $U \subseteq X$, offen,

ii) $\rho_V^U : \mathcal{F}(U) \to \mathcal{F}(V)$ ein Ringhomomorphismus für alle $V \subseteq U \subseteq X$, offen.

Es sei nun X ein topologischer Raum und $\mathcal{A}$ eine Ringgarbe auf X. Weiter sei $\mathcal{F}$ eine abelsche Garbe auf X, die eine besondere Struktur besitzt. Es sei nämlich

1. $\mathcal{F}(U)$ ein $\mathcal{A}(U)$-Modul für alle $U \subseteq X$, offen,

2. das Diagramm

$$
\begin{array}{ccc}
\mathcal{A}(U) \times \mathcal{F}(U) & \longrightarrow & \mathcal{F}(U) \\
\downarrow & & \downarrow \\
\mathcal{A}(V) \times \mathcal{F}(V) & \longrightarrow & \mathcal{F}(V)
\end{array}
$$

kommutativ für alle $V \subseteq U \subseteq X$, offen. Die waagrechten Abbildungen seien durch die $\mathcal{A}(U)$- und $\mathcal{A}(V)$-Modulstruktur gegeben.

Definition 3.2.2
Eine wie oben definierte Garbe $\mathcal{F}$ auf X heißt $\mathcal{A}$-*Modulgarbe* oder $\mathcal{A}$-*Modul*. ◆

Definition 3.2.3
Ein Morphismus $f : \mathcal{F} \to \mathcal{G}$ von $\mathcal{A}$-Modulgarben ist ein Garbenmorphismus, für den die Diagramme

$$
\begin{array}{ccc}
\mathcal{A}(U) \times \mathcal{F}(U) & \longrightarrow & \mathcal{A}(U) \times \mathcal{G}(U) \\
\downarrow & & \downarrow \\
\mathcal{F}(U) & \longrightarrow & \mathcal{G}(U)
\end{array}
$$

kommutieren. Die Menge dieser Morphismen heiße $\mathrm{Hom}_{\mathcal{A}}(\mathcal{F}, \mathcal{G})$. ◆

Proposition 3.2.1
*Die $\mathcal{A}$-Modulgarben bilden mit den so erklärten Morphismen eine Kategorie. Diese heiße $\mathcal{A}$-**Mod**.*

Proposition 3.2.2
*Es sei $f : \mathcal{F} \to \mathcal{G}$ ein Morphismus von $\mathcal{A}$-Moduln. Dann sind die in der Garbenkategorie **AbSh** definierten Garben*

$$\ker f, \quad \mathrm{coker}\, f, \quad \mathrm{im}\, f, \quad \mathrm{coim}\, f$$

auch $\mathcal{A}$-Moduln.

Lemma 3.2.1
*Es sei $\mathcal{F}_1 \to \cdots \to \mathcal{F}_n$ eine Folge von $\mathcal{A}$-Moduln. Diese Folge ist genau dann in $\mathcal{A}$-**Mod** exakt, wenn sie in **AbSh** exakt ist.*

Proposition 3.2.3
Die $\mathcal{A}$-Moduln $\bigoplus_{i \in I} \mathcal{F}_i$ und $\prod_{i \in I} \mathcal{F}_i$ sind die entsprechenden abelschen Garben. Eine $\mathcal{A}$-Modul-Struktur ist auf diesen kanonisch induziert.

Es folgt also:

Proposition 3.2.4
Die Kategorie $\mathcal{A}$-$\mathbf{Mod}$ ist eine abelsche Kategorie.

Bemerkung 3.2.1
Wir hätten oben überall die Garbenbedingung weglassen können und hätten dann die *ringwertigen Prägarben* und die $\mathcal{A}$-*Modul-Prägarben* erhalten.
   Auch diese letzteren bilden eine abelsche Kategorie.

Die Modulgarben über den Ringgarben sind sozusagen „relative" Versionen von Moduln über Ringen, entsprechende grundlegende Beziehungen übertragen sich also sinngemäß:

Definition 3.2.4
Es sei $\mathcal{B}$ eine Ringgarbe, die vermöge eines Ringgarbenmorphismus $\phi : \mathcal{A} \to \mathcal{B}$ auch ein $\mathcal{A}$-Modul ist. Dann nennen wir $\mathcal{B}$ eine $\mathcal{A}$-Algebra.   ◆

Proposition 3.2.5
Es sei $\mathcal{F}$ ein $\mathcal{B}$-Modul und $\mathcal{B}$ eine $\mathcal{A}$-Algebra. Dann ist $\mathcal{F}$ auch ein $\mathcal{A}$-Modul.

Definition 3.2.5
Es sei $\mathcal{A}$ eine Ringgarbe auf X und $\mathcal{J} \subseteq \mathcal{A}$ eine Untergarbe, die ein $\mathcal{A}$-Untermodul von $\mathcal{A}$ ist. Dann heißt $\mathcal{J}$ *Idealgarbe von $\mathcal{A}$*.   ◆

Proposition 3.2.6
In der Kategorie der $\mathcal{A}$-Moduln existiert ein Tensorprodukt. Es ist nämlich

$$\mathcal{F} \otimes_{\mathcal{A}} \mathcal{G} = T_{\mathcal{A}}(\mathcal{F}, \mathcal{G})^+ , \tag{3.26}$$

wobei $T_{\mathcal{A}}(\mathcal{F}, \mathcal{G})$ als Abkürzung für die in der Kategorie der $\mathcal{A}$-Modul-Prägarben gebildete Prägarbe

$$T(\mathcal{F}, \mathcal{G})(U) = \mathcal{F}(U) \otimes_{\mathcal{A}(U)} \mathcal{G}(U)$$

steht.

Bemerkung 3.2.2
Damit ist übrigens auch ein Tensorprodukt für abelsche Garben erklärt, da man diese ja als $\mathbb{Z}$-Modulgarben auffassen kann, wobei $\mathbb{Z}$ hier für die konstante $\mathbb{Z}$-wertige Ringgarbe steht.

Proposition 3.2.7

Es seien $\mathcal{F}, \mathcal{G}$ zwei A-Moduln auf X. Dann ist die Prägarbe

$$\mathcal{H}om_A(\mathcal{F}, \mathcal{G})(U) \overset{def}{=} \operatorname{Hom}_{A|_U}(\mathcal{F}|_U, \mathcal{G}|_U), \tag{3.27}$$

deren Restriktionen durch die Einschränkungen

$$\operatorname{Hom}_{A|_U}(\mathcal{F}|_U, \mathcal{G}|_U) \xrightarrow{restr.} \operatorname{Hom}_{A|_V}(\mathcal{F}|_V, \mathcal{G}|_V), \quad V \subseteq U, \text{ offene Mengen},$$

gegeben sind, eine A-Modulgarbe.

Beweis. Sind $f_i : \mathcal{F}|_{U_i} \to \mathcal{G}|_{U_i}$ Garbenabbildungen mit $f_i|_{U_{ij}} = f_j|_{U_{ij}}$, so lassen sich diese offensichtlich zu einer eindeutigen Garbenabbildung $f : \mathcal{F}|_U \to \mathcal{G}|_U$ auf $U = \bigcup_i U_i$ verkleben. $\qquad\square$

Definition 3.2.6

Die Garbe $\mathcal{H}om_A(\mathcal{F}, \mathcal{G})$ heißt die $\mathcal{H}om$-*Garbe der Abbildungen von $\mathcal{F}$ nach $\mathcal{G}$.*

$\blacklozenge$

Proposition 3.2.8

Es seien $\mathcal{F}, \mathcal{G}, \mathcal{H}$ drei A-Modulgarben. Dann gilt:

$$(\mathcal{F} \otimes_A \mathcal{G}) \otimes_A \mathcal{H} = \mathcal{F} \otimes_A (\mathcal{G} \otimes_A \mathcal{H})$$

$$(\mathcal{F} \oplus \mathcal{G}) \otimes_A \mathcal{H} = (\mathcal{F} \otimes_A \mathcal{H}) \oplus (\mathcal{G} \otimes_A \mathcal{H})$$

$$\mathcal{F} \otimes_A \mathcal{G} = \mathcal{G} \otimes_A \mathcal{F}$$

$$\operatorname{Hom}(\mathcal{F} \otimes_A \mathcal{G}, \mathcal{H}) = \operatorname{Hom}(\mathcal{F}, \mathcal{H}om(\mathcal{G}, \mathcal{H}))$$

Beweis. Interessant ist eigentlich nur

$$\operatorname{Hom}(\mathcal{F} \otimes_A \mathcal{G}, \mathcal{H}) = \operatorname{Hom}(\mathcal{F}, \mathcal{H}om(\mathcal{G}, \mathcal{H})).$$

Man kann aufgrund der Definition von $\mathcal{F} \otimes_A \mathcal{G}$ dieses durch $T_A(\mathcal{F}, \mathcal{G})$ ersetzen und Morphismen nur in der Kategorie der A-Modul-Prägarben betrachten.

Es steht links ein System von Abbildungen:

$$
\begin{array}{ccc}
\mathcal{F}(U) \otimes_{A(U)} \mathcal{G}(U) & \xrightarrow{\phi_U} & \mathcal{H}(U) \\
{\scriptstyle \rho^U_{\mathcal{F},W} \otimes \rho^U_{\mathcal{G},W}} \downarrow & & \downarrow {\scriptstyle \rho^U_{\mathcal{H},W}} \\
\mathcal{F}(W) \otimes_{A(W)} \mathcal{G}(W) & \xrightarrow{\phi_W} & \mathcal{H}(W)
\end{array}
$$

Diesem ordnet man einen Morphismus $\theta(\phi) : \mathcal{F} \to \mathcal{H}om(\mathcal{G}, \mathcal{H})$ vermöge

$$s_U \in \mathcal{F}(U) \mapsto \operatorname{Hom}(\mathcal{G}|_U, \mathcal{H}|_U)$$

$$(\theta(\phi)_U(s_U))_W : \mathcal{G}(W) \to \mathcal{H}(W)$$

$$(\theta(\phi)_U(s_U))_W(t_W) = \phi_W(\rho^U_{\mathcal{F},W}(s_U) \otimes t_W)$$

für $W \subseteq U$ zu.

Für die umgekehrte Abbildung sei ein $\psi : \mathcal{F} \to \mathcal{H}om(\mathcal{G}, \mathcal{H})$ gegeben.

Dann ordnet man zu

$$\psi_U : \mathcal{F}(U) \to \mathcal{H}om(\mathcal{G}|_U, \mathcal{H}|_U)(U) = \mathrm{Hom}(\mathcal{G}|U, \mathcal{H}|_U)$$
$$\mathcal{F}(U) \to \gamma(\psi)_U : \mathcal{G}(U) \to \mathcal{H}(U)$$
$$\gamma(\psi)_U \text{ definiert durch } \gamma(\psi)_U(s_U)(t_U) = \psi_U(s_U)_U(t_U)$$
$$\phi_U : \mathcal{F}(U) \otimes_{A(U)} \mathcal{G}(U) \to \mathcal{H}(U)$$
$$\phi_U(s_U \otimes_{A(U)} t_U) = \gamma(\psi)_U(s_U)(t_U)$$

und kommt so von ψ wieder zu $\phi = \gamma(\psi)$ zurück. Man rechnet nun leicht nach, dass θ und γ Umkehrabbildungen zueinander sind.   □

Außerdem verträgt sich Tensorierung mit der Bildung der Halme:

Proposition 3.2.9
Es ist für $x \in X$ sowie A-Moduln $\mathcal{F}$ und $\mathcal{G}$:

$$(\mathcal{F} \otimes_A \mathcal{G})_x = \mathcal{F}_x \otimes_{A_x} \mathcal{G}_x$$

Darüberhinaus vertragen sich Ringgarben und Modulgarben mit den Funktoren f^{-1} und f_*:

Proposition 3.2.10
Es sei $f : X \to Y$ eine Abbildung topologischer Räume und $\mathcal{F}$ ein A-Modul auf X.

Dann ist $f_* A$ eine Ringgarbe auf Y und $f_* \mathcal{F}$ ein $f_* A$-Modul.

Proposition 3.2.11
Es sei $f : X \to Y$ eine Abbildung topologischer Räume und $\mathcal{G}$ ein B-Modul auf Y.

Dann ist $f^{-1} B$ eine Ringgarbe auf X und $f^{-1} \mathcal{G}$ ein $f^{-1} B$-Modul.

Bemerkung 3.2.3
Ein $f^{-1} B$-Modul $\mathcal{F}$ auf X ist gegeben durch ein allseits kompatibles System von Ringoperationen $B(V) \times \mathcal{F}(U) \to \mathcal{F}(U)$ für alle $U \subseteq X$, offen, und $V \subseteq Y$, offen, für die $f(U) \subseteq V$ gilt.

Proposition 3.2.12
Es sei $f : X \to Y$ eine Abbildung topologischer Räume und $\mathcal{F}$ ein B-Modul auf Y und $\mathcal{G}$ ein $f^{-1} B$-Modul auf X.

Dann ist

$$\mathrm{Hom}_{f^{-1}B}(f^{-1}\mathcal{F}, \mathcal{G}) = \mathrm{Hom}_B(\mathcal{F}, f_* \mathcal{G}). \tag{3.28}$$

Bemerkung 3.2.4
Die Garbe $f_* \mathcal{G}$ ist ein $f_* f^{-1} B$-Modul, also unter $B \to f_* f^{-1} B$ auch ein B-Modul.

Proposition 3.2.13

Es sei $f : X \to Y$ eine Abbildung topologischer Räume und $\mathcal{F}$ ein $\mathcal{B}$-Modul auf Y und $\mathcal{G}$ ein $f^{-1}\mathcal{B}$-Modul auf X.

Dann ist

$$f_* \mathcal{H}om_{f^{-1}\mathcal{B}}(f^{-1}\mathcal{F}, \mathcal{G}) = \mathcal{H}om_{\mathcal{B}}(\mathcal{F}, f_*\mathcal{G}). \tag{3.29}$$

Proposition 3.2.14

Es sei $f : X \to Y$ eine Abbildung topologischer Räume, und $\mathcal{F}$, $\mathcal{G}$, $(\mathcal{F}_i)_{i \in I}$ seien $\mathcal{B}$-Moduln auf Y.

Dann ist

$$f^{-1}(\mathcal{F} \otimes_{\mathcal{B}} \mathcal{G}) = f^{-1}\mathcal{F} \otimes_{f^{-1}\mathcal{B}} f^{-1}\mathcal{G}$$

$$f^{-1}\left(\bigoplus_{i \in I} \mathcal{F}_i\right) = \bigoplus_{i \in I} f^{-1}\mathcal{F}_i.$$

Beweis. Es ist

$$\mathrm{Hom}_{f^{-1}\mathcal{B}}(f^{-1}\mathcal{F} \otimes_{f^{-1}\mathcal{B}} f^{-1}\mathcal{G}, \mathcal{P}) = \mathrm{Hom}_{f^{-1}\mathcal{B}}(f^{-1}\mathcal{F}, \mathcal{H}om_{f^{-1}\mathcal{B}}(f^{-1}\mathcal{G}, \mathcal{P})) =$$

$$= \mathrm{Hom}_{\mathcal{B}}(\mathcal{F}, f_* \mathcal{H}om_{f^{-1}\mathcal{B}}(f^{-1}\mathcal{G}, \mathcal{P})) = \mathrm{Hom}_{\mathcal{B}}(\mathcal{F}, \mathcal{H}om_{\mathcal{B}}(\mathcal{G}, f_*\mathcal{P})) =$$

$$= \mathrm{Hom}_{\mathcal{B}}(\mathcal{F} \otimes_{\mathcal{B}} \mathcal{G}, f_*\mathcal{P}) = \mathrm{Hom}_{f^{-1}\mathcal{B}}(f^{-1}(\mathcal{F} \otimes_{\mathcal{B}} \mathcal{G}), \mathcal{P}). \tag{3.30}$$

$\square$

3.2.2 Geringte Räume

Definition 3.2.7

Ein geringter Raum $(X, \mathcal{O}_X)$ ist ein topologischer Raum X zusammen mit einer ringwertigen Garbe $\mathcal{O}_X$, der sogenannten *Strukturgarbe*.   ◆

Definition 3.2.8

Ein Morphismus $f : (X, \mathcal{O}_X) \to (Y, \mathcal{O}_X)$ geringter Räume wird gegeben durch

i) eine stetige Abbildung $f : X \to Y$ und

ii) einen Ringgarbenmorphismus $f^\sharp : \mathcal{O}_Y \to f_*\mathcal{O}_X$.   ◆

Der Garbenmorphismus $f^\sharp$ entspricht also einem System von Ringhomomorphismen

$$
\begin{array}{ccc}
\mathcal{O}_Y(V_1) & \longrightarrow & \mathcal{O}_X(U_1) \\
\downarrow & & \downarrow \\
\mathcal{O}_Y(V_2) & \longrightarrow & \mathcal{O}_X(U_2)
\end{array}
$$

für alle offenen Mengen $V_2 \subseteq V_1 \subseteq Y$ und $U_2 \subseteq U_1 \subseteq X$ mit $f(U_i) \subseteq V_i$.

Man sieht leicht, dass so für jedes $x \in X$ eine Sequenz

$$\mathcal{O}_{Y,f(x)} \to (f_*\mathcal{O}_X)_{f(x)} \to \mathcal{O}_{X,x} \qquad (3.31)$$

von Ringabbildungen induziert wird. Für diese gilt unter anderem

$$\begin{array}{ccc} \mathcal{O}_Y(V) & \longrightarrow & \mathcal{O}_X(U) \\ \downarrow & & \downarrow \\ \mathcal{O}_{Y,f(x)} & \longrightarrow & \mathcal{O}_{X,x} \end{array}$$

für $f(U) \subseteq V$ und $x \in U$.

Proposition 3.2.15

Die geringten Räume $(X, \mathcal{O}_X)$ zusammen mit den Morphismen $(f, f^\sharp)$ bilden eine Kategorie. Diese heiße **EspAnn**.

Zwei Morphismen $f : (X, \mathcal{O}_X) \to (Y, \mathcal{O}_Y)$ und $g : (Y, \mathcal{O}_Y) \to (Z, \mathcal{O}_Z)$ lassen sich nämlich zu einem Morphismus $h = g \circ f : (X, \mathcal{O}_X) \to (Z, \mathcal{O}_Z)$ komponieren. Dabei ist für die topologischen Räume einfach $h = g \circ f$. Für die Garben gilt:

$$f^\sharp : \mathcal{O}_Y \to f_*\mathcal{O}_X$$
$$g_*(f^\sharp) : g_*\mathcal{O}_Y \to g_*(f_*\mathcal{O}_X)$$
$$g^\sharp : \mathcal{O}_Z \to g_*\mathcal{O}_Y$$

Definiert man

$$h^\sharp : \mathcal{O}_Z \to (g \circ f)_*\mathcal{O}_X, \quad h^\sharp = g_*(f^\sharp) \circ g^\sharp,$$

so entsteht eine Abbildung

$$\mathrm{Hom}_{\mathbf{EspAnn}}(X, Y) \times \mathrm{Hom}_{\mathbf{EspAnn}}(Y, Z) \to \mathrm{Hom}_{\mathbf{EspAnn}}(X, Z),$$

die die geringten Räume zu einer Kategorie macht.

Definition 3.2.9

Ein geringter Raum $(X, \mathcal{O}_X)$, für den die Halme $\mathcal{O}_{X,x}$ für alle $x \in X$ lokale Ringe sind, heißt *lokal geringter Raum*.   ◆

Definition 3.2.10

Ein Morphismus $f : (X, \mathcal{O}_X) \to (Y, \mathcal{O}_Y)$ lokal geringter Räume ist ein Morphismus geringter Räume, für den gilt:

Für die $f_x^\sharp : \mathcal{O}_{Y,f(x)} \to \mathcal{O}_{X,x}$ ist $f^\sharp(\mathfrak{m}_{f(x)}) \subseteq \mathfrak{m}_x$. Der Morphismus respektiert also die Struktur der lokalen Ringe.   ◆

Proposition 3.2.16

Die so definierten lokal geringten Räume bilden zusammen mit den passend definierten Morphismen eine Unterkategorie der geringten Räume. Sie heiße **EspLocAnn**.

3.2.3 Modulgarben auf geringten Räumen

Proposition 3.2.17
Es sei $f : X \to Y$ ein Morphismus geringter Räume und $\mathcal{F}$ ein $\mathcal{O}_X$-Modul. Dann ist $f_*\mathcal{F}$ ein $\mathcal{O}_Y$-Modul.

Beweis. Die Garbe $f_*\mathcal{F}$ ist ein $f_*\mathcal{O}_X$-Modul. Also kraft $\mathcal{O}_Y \to f_*\mathcal{O}_X$ auch ein $\mathcal{O}_Y$-Modul. $\qquad\square$

Proposition 3.2.18
*Es sei $f : X \to Y$ ein Morphismus geringter Räume. Dann existiert ein Funktor f^* von $\mathcal{O}_Y$-**Mod** nach $\mathcal{O}_X$-**Mod**, der*

$$\mathrm{Hom}_{\mathcal{O}_X}(f^*\mathcal{G}, \mathcal{F}) = \mathrm{Hom}_{\mathcal{O}_Y}(\mathcal{G}, f_*\mathcal{F})$$

erfüllt.
  Er ist durch

$$f^*\mathcal{G} = f^{-1}\mathcal{G} \otimes_{f^{-1}\mathcal{O}_Y} \mathcal{O}_X$$

definiert.

Man beachte, dass die kanonische Abbildung $f^\sharp : \mathcal{O}_Y \to f_*\mathcal{O}_X$ eine Abbildung $f^{-1}\mathcal{O}_Y \to \mathcal{O}_X$ induziert.

Proposition 3.2.19
Es sei $f : X \to Y$ ein Morphismus geringter Räume. Weiter seien $\mathcal{F}$, $\mathcal{G}$ zwei $\mathcal{O}_Y$-Moduln und $(\mathcal{F}_i)$ eine Familie von $\mathcal{O}_Y$-Moduln.
  Dann kommutiert der Funktor f^* mit Tensorprodukt und Summe:

$$f^*(\mathcal{F} \otimes_{\mathcal{O}_Y} \mathcal{G}) = f^*\mathcal{F} \otimes_{\mathcal{O}_X} f^*\mathcal{G}, \tag{3.32}$$

$$f^*\left(\bigoplus_i \mathcal{F}_i\right) = \bigoplus_i f^*\mathcal{F}_i \tag{3.33}$$

Proposition 3.2.20
Es sei $f : X \to Y$ ein Morphismus geringter Räume, und es sei $0 \to \mathcal{F}' \to \mathcal{F} \to \mathcal{F}'' \to 0$ eine exakte Sequenz von $\mathcal{O}_Y$-Moduln.
  Dann ist

$$f^*\mathcal{F}' \to f^*\mathcal{F} \to f^*\mathcal{F}'' \to 0$$

eine exakte Sequenz von $\mathcal{O}_X$-Moduln.

Bezüglich der Komposition von Morphismen geringter Räume verhalten sich f_* und f^* funktoriell:

Proposition 3.2.21

Es seien $f : X \to Y$ und $g : Y \to Z$ Morphismen geringter Räume. Dann ist

$$(f \circ g)_* \mathcal{F} = f_* \, g_* \mathcal{F}$$
$$(f \circ g)^* \mathcal{G} = g^* \, f^* \mathcal{G}$$

für alle $\mathcal{O}_X$-Moduln $\mathcal{F}$ und alle $\mathcal{O}_Z$-Moduln $\mathcal{G}$.

Bemerkung 3.2.5

Wir bezeichnen die Kategorie der $\mathcal{O}_X$-Moduln auf einem geringten Raum X statt mit $\mathcal{O}_X$-**Mod** auch mit **Mod**(X).

Ebenso sei mit $\mathrm{Hom}_X(\mathcal{F}, \mathcal{G})$ immer $\mathrm{Hom}_{\mathcal{O}_X}(\mathcal{F}, \mathcal{G})$ gemeint und entsprechend für $\mathcal{H}om_X(\mathcal{F}, \mathcal{G})$ dann $\mathcal{H}om_{\mathcal{O}_X}(\mathcal{F}, \mathcal{G})$.

3.2.4 Offene Teilräume

Definition 3.2.11

Es sei $(X, \mathcal{O}_X)$ ein geringter Raum und $U \subset X$ eine offene Teilmenge.

Dann ist der *offene Teilraum* $(U, \mathcal{O}_X|_U)$ ebenfalls ein geringter Raum, den man auch mit $(U, \mathcal{O}_U)$ bezeichnet. Die Abbildung $j : U \hookrightarrow X$ der topologischen Räume induziert eine, ebenfalls j genannte, der geringten Räume

$$j : (U, \mathcal{O}_U) \to (X, \mathcal{O}_X)\,,$$

wobei $j^\sharp$ die kanonische Abbildung $\mathcal{O}_X \to j_* j^* \mathcal{O}_X$ ist.   ◆

Die Abbildung j der geringten Räume induziert Isomorphismen der Halme

$$j_x^\sharp : \mathcal{O}_{X,x} \to \mathcal{O}_{U,x}$$

für alle $x \in U$.

Proposition 3.2.22

Es sei $f : X \to Y$ eine Abbildung geringter Räume, $V \subset Y$, offen, und $f(X) \subset V$ als topologische Räume. Dann faktorisiert f in der Kategorie der geringten Räume durch V als $f = j \circ f'$:

$$(X, \mathcal{O}_X) \xrightarrow{\ f'\ } (V, \mathcal{O}_V) \xrightarrow{\ j\ } (Y, \mathcal{O}_Y)$$

Proposition 3.2.23

Es sei $j : (U, \mathcal{O}_U) \to (X, \mathcal{O}_X)$ die Einbettung der geringten Räume für $U \subseteq X$, offen. Dann ist $j^* \mathcal{F} = j^{-1} \mathcal{F}$ für jeden $\mathcal{O}_X$-Modul auf X.

Bemerkung 3.2.6

Insbesondere ist j^* ein exakter Funktor.

Proposition 3.2.24

Es sei $(X, \mathcal{O}_X)$ ein geringter Raum und $(U, \mathcal{O}_U)$ ein offener Unterraum mit Komplement $Y = X - U$. Dann gilt für einen $\mathcal{O}_X$-Modul $\mathcal{F}$:

In der Sequenz

$$0 \to \mathcal{H}_Y(\mathcal{F}) \to \mathcal{F} \to j_* j^{-1} \mathcal{F}$$

sind $j_* j^{-1} \mathcal{F} = j_* j^* \mathcal{F}$ und $\mathcal{H}_Y(\mathcal{F})$ auch $\mathcal{O}_X$-Moduln.

Es sei $f : (X, \mathcal{O}_X) \to (Y, \mathcal{O}_Y)$ ein Morphismus geringter Räume und $j : V \to Y$ ein offener Teilraum. Weiter sei $U \subseteq f^{-1}(V) \subseteq X$ ein offener Teilraum mit $j' : U \to X$. Dann hat man ein Quadrat von geringten Räumen:

$$\begin{array}{ccc} U & \xrightarrow{j'} & X \\ {\scriptstyle f'}\downarrow & & \downarrow{\scriptstyle f} \\ V & \xrightarrow{j} & Y \end{array} \qquad (3.34)$$

Proposition 3.2.25

Ist in der obigen Situation $\mathcal{F}$ ein $\mathcal{O}_X$-Modul und $U = f^{-1}(V)$, so gilt:

$$j^* f_* \mathcal{F} = f'_* j'^* \mathcal{F} \qquad (3.35)$$

Proposition 3.2.26

Ist in der obigen Situation $\mathcal{G}$ ein $\mathcal{O}_Y$-Modul, so gilt:

$$j'^* f^* \mathcal{G} = f'^* j^* \mathcal{G} \qquad (3.36)$$

3.2.5 Verklebungen von Garben auf topologischen Räumen

Es sei $(X_i)_{i \in I}$ eine Familie topologischer Räume und $(\mathcal{F}_i)$ eine Familie von Garben auf den X_i. Weiter seien $U_{ij} \subset X_i$ offene Teilmengen, und es gebe *topologische Verheftungsabbildungen*, das sind Homöomorphismen

$$f_{ji} : U_{ij} \overset{\sim}{\to} U_{ji} ,$$

die die sogenannte *Kozykelbedingung*

$$f_{ij}|_{U_{jik}} \circ f_{jk}|_{U_{kji}} = f_{ik}|_{U_{kij}}$$

erfüllen, wobei $U_{abc} = U_{ab} \cap U_{ac}$ ist.

Zusätzlich existieren *Garbenverheftungsabbildungen*

$$\alpha_{ji} : \mathcal{F}_i|_{U_{ij}} \to f_{ij*}(\mathcal{F}_j|_{U_{ji}})$$

mit der zugehörigen Kozykelbedingung

$$\alpha_{ki}|_{U_{ikj}} = (f_{ij}|_{U_{jik}})_* (\alpha_{kj}|_{U_{jki}}) \circ \alpha_{ji}|_{U_{ijk}} .$$

Dann kann man einen topologischen Raum X und eine Garbe $\mathcal{F}$ auf X, zusammen mit injektiven, offenen, stetigen Abbildungen

$$j_i : X_i \to X$$

konstruieren, so dass die folgende kanonische Sequenz

$$\mathrm{Hom}(X, Z) \longrightarrow \prod_{i \in I} \mathrm{Hom}(X_i, Z) \rightrightarrows \prod_{i,j \in I} \mathrm{Hom}(U_{ij}, Z)$$

von Mengen stetiger Abbildungen für jeden topologischen Raum Z exakt ist.

Außerdem ist

$$\gamma_i : \mathcal{F}|_{j_i(X_i)} \xrightarrow{\sim} j_{i*}\mathcal{F}_i \,,$$

wobei dieser Isomorphismus die Beziehung

$$j_{i*}(\alpha_{ki}) \circ \gamma_i|_{X_{ik}} \mathcal{F}|_{X_{ik}} = \gamma_k|_{X_{ik}} \mathcal{F}|_{X_{ik}}$$

erfüllt, wo $X_{ik} = j_i(U_{ik}) = j_k(U_{ki})$ ist.

Bezeichnung 3.2.1
Man schreibt für X auch $\bigcup_i X_i = X$.

Konkret konstruiert wird X auf folgende Weise: Man definiert

$$X' = \coprod_{i \in I} X_i \quad \text{und} \quad X = X'/R \,,$$

wobei die Relation R durch

$$R = \{(x_i, f_{ji}(x_i)) \mid x_i \in U_{ij}\}$$

gegeben ist. Aufgrund der Kozykelbedingung an die f_{ij} ist R eine Äquivalenzrelation.

Die Topologie auf $X = X'/R$ ist die induzierte, also die feinste, bei der $\pi : X' \to X'/R$ stetig wird.

Auf X definiert man eine Garbe $\mathcal{F}$ durch

$$\mathcal{F}(W) = \left\{ (s_i)_{i \in I} \; \middle| \; \begin{array}{l} s_i \in \mathcal{F}_i(X_i \cap \pi^{-1}(W)) \text{ und} \\ \alpha_{ji}(s_i|_{U_{ij} \cap \pi^{-1}(W)}) = s_j|_{U_{ji} \cap \pi^{-1}(W)} \end{array} \right\} .$$

Es ist dann

$$(X, \mathcal{F})$$

der gesuchte topologische Raum mit den verklebten Garben $\mathcal{F}_i$.

3.2.6 Verklebungen von Morphismen

Es seien X_i, Y_i Familien geringter Räume und $f_i : X_i \to Y_i$ eine Familie von Morphismen geringter Räume. Weiter seien $U_{ij} \subseteq X_i$ offene Teilräume und $\phi_{ij} : U_{ji} \overset{\sim}{\to} U_{ij}$ Isomorphismen geringter Räume, die die Kozykelbedingung

$$\phi_{ij}|_{U_{jik}} \circ \phi_{jk}|_{U_{kji}} = \phi_{ik}|_{U_{kij}}$$

mit $U_{abc} = U_{ab} \cap U_{ac}$ erfüllen.

Entsprechend seien offene Teilräume $V_{ij} \subseteq Y_i$ und Isomorphismen $\psi_{ij} : V_{ji} \overset{\sim}{\to} V_{ij}$ definiert, für die ebenfalls gelte:

$$\psi_{ij}|_{V_{jik}} \circ \psi_{jk}|_{V_{kji}} = \psi_{ik}|_{V_{kij}}$$

Es gelte ferner, dass $f_i(U_{ij}) \subseteq V_{ij}$ und dass die Diagramme

$$
\begin{array}{ccc}
U_{ji} & \overset{\phi_{ij}}{\longrightarrow} & U_{ij} \\
\downarrow{f_j} & & \downarrow{f_i} \\
V_{ji} & \underset{\psi_{ij}}{\longrightarrow} & V_{ij}
\end{array}
$$

kommutieren.

Theorem 3.2.1
Unter den obigen Voraussetzungen gibt es eindeutig bestimmte geringte Räume X, Y mit Familien von Abbildungen

$$j_i : X_i \to X, \quad j_i' : Y_i \to Y$$

und einen eindeutigen Morphismus geringter Räume $f : X \to Y$ mit $f \circ j_i = j_i' \circ f_i$.

3.2.6 Verteilungen von Morphismen

4 Affine Schemata

Übersicht

4.1   Garben auf Spec (A)

Es sei M ein A-Modul. Dann kann man eine Garbe $\widetilde{M}$ auf Spec (A) wie folgt definieren:

Definition 4.1.1
Die Festsetzung

$$\widetilde{M}(U) = \left\{ s \left| \begin{array}{l} s : U \to \coprod_{\mathfrak{p} \in U} M_\mathfrak{p} \text{ mit } s(\mathfrak{p}) \in M_\mathfrak{p} \\[4pt] \text{so dass für alle } \mathfrak{p} \in U \text{ existieren} \\[4pt] 1) \text{ eine offene Menge } V(\mathfrak{p}) \text{ mit } \mathfrak{p} \in V(\mathfrak{p}) \subset U \text{ und} \\[4pt] 2) \ m \in M, f \in A \text{ mit } f \notin \mathfrak{q} \text{ für alle } \mathfrak{q} \in V(\mathfrak{p}) \\[4pt] \text{mit } s(\mathfrak{q}) = \frac{m}{f} \in M_\mathfrak{q} \text{ für alle } \mathfrak{q} \in V(\mathfrak{p}) \end{array} \right. \right\}$$

für jede offene Menge U in Spec (A) definiert eine Garbe $\widetilde{M}$ auf Spec (A).   ◆

Definition 4.1.2
Einem Morphismus $\phi : M \to N$ von A-Moduln kann man kanonisch einen Morphismus

$$\widetilde{\phi} : \widetilde{M} \to \widetilde{N}$$

zuordnen. Dabei setzt man für $s \in \widetilde{M}(U)$:

$$\widetilde{\phi}(s)(\mathfrak{p}) = \phi_\mathfrak{p}(s(\mathfrak{p})),$$

wobei $\phi_\mathfrak{p}$ die ϕ kanonisch zugeordnete Abbildung $\phi_\mathfrak{p} : M_\mathfrak{p} \to N_\mathfrak{p}$ ist.   ◆

© Springer-Verlag GmbH Deutschland, ein Teil von Springer Nature 2019
J. Böhm, *Kommutative Algebra und Algebraische Geometrie*,
https://doi.org/10.1007/978-3-662-59482-7_4

Proposition 4.1.1
Damit ist $M \mapsto \widetilde{M}$ ein Funktor von den A-Moduln in die abelschen Garben auf dem topologischen Raum $\mathrm{Spec}\,(A)$.

Lemma 4.1.1
Es gibt im Sinne der obigen funktoriellen Zuordnung natürliche Isomorphismen

1. für die Halme

$$(\widetilde{M})_{\mathfrak{p}} \cong M_{\mathfrak{p}}.$$

2. für die Schnitte auf standard-offenen Teilmengen

$$\widetilde{M}(D(f)) \cong M_f.$$

Beweis. Für 2.: Es sei $s \in \widetilde{M}(D(f))$ repräsentiert durch endlich viele $(m_i/f_i)_i$ mit $m_i \in M$ und $f_i \in A$.

Da m_i/f_i und m_j/f_j auf $D(f_i f_j)$ übereinstimmen, ist $f_i^N f_j^{N+1} m_i = f_i^{N+1} f_j^N m_j$ (man kann ohne Weiteres ein universales N wählen).

Ersetzt man m_i/f_i durch $m_i f_i^N / f_i^{N+1} = m_i'/f_i'$ so kann man $f_j' m_i' = f_i' m_j'$ schreiben. Wegen $\bigcup D(f_i) = D(f)$ ist $f^r = a_1 f_1' + \cdots + a_p f_p'$.

Setze nun $m = a_1 m_1' + \cdots + a_p m_p'$. Dann ist $m f_i' = \sum a_j f_i' m_j' = \sum a_j f_j' m_i' = f^r m_i'$. Also $m/f^r = m_i'/f_i'$. $\qquad\square$

Insbesondere kommutieren mit den obigen Isomorphismen auch:

$$
\begin{array}{ccc}
M_f & \overset{\cong}{\longrightarrow} & \widetilde{M}(D(f)) \\
\downarrow & & \downarrow \\
M_{fg} & \overset{\cong}{\longrightarrow} & \widetilde{M}(D(fg))
\end{array}
$$

und

$$
\begin{array}{ccc}
M_f & \overset{\cong}{\longrightarrow} & \widetilde{M}(D(f)) \\
\downarrow & & \downarrow \\
M_{\mathfrak{p}} & \overset{\cong}{\longrightarrow} & \widetilde{M}_{\mathfrak{p}}
\end{array}
$$

4.2   Der geringte Raum $(\mathrm{Spec}\,(A), \widetilde{A})$

Stattet man den topologischen Raum $Y = \mathrm{Spec}\,(A)$ mit der Ringgarbe $\mathcal{O}_Y = \widetilde{A}$ aus, so entsteht ein lokal geringter Raum $(Y, \mathcal{O}_Y)$.

Definition 4.2.1
Ein *affines Schema* ist ein lokal geringter Raum $(X, \mathcal{O}_X)$, der zu einem $(\mathrm{Spec}\,(A), \widetilde{A})$ isomorph ist.   ◆

Bemerkung 4.2.1

Die affinen Schemata bilden eine volle Unterkategorie **AffSch** der lokal geringten Räume **EspLocAnn**.

Proposition 4.2.1

Es sei ein Ringhomomorphismus $\phi : A \to B$ gegeben. Dann dehnt sich die Zuordnung

$$\phi \in \mathrm{Hom}_{\mathbf{Rng}}(A, B) \mapsto \phi^* \in \mathrm{Hom}_{\mathbf{Top}}(\mathrm{Spec}\,(B), \mathrm{Spec}\,(A))$$

mit

$$\phi^* : \mathfrak{q} \in \mathrm{Spec}\,(B) \mapsto \phi^*(\mathfrak{q}) = \phi^{-1}(\mathfrak{q}) = \mathfrak{p} \in \mathrm{Spec}\,(A)$$

zu einer Zuordnung

$$\phi \in \mathrm{Hom}_{\mathbf{Rng}}(A, B) \mapsto$$
$$\mathrm{Spec}\,(\phi) \in \mathrm{Hom}_{\mathbf{EspLocAnn}}((\mathrm{Spec}\,(B), \widetilde{B}), (\mathrm{Spec}\,(A), \widetilde{A}))$$

in die Homomorphismen lokal geringter Räume aus.

Es sei f die zu definierende Abbildung $\mathrm{Spec}\,(\phi)$. Die zu f gehörige Abbildung

$$f^\sharp : \mathcal{O}_Y \to f_*\mathcal{O}_X \tag{4.1}$$

kann auf einer Basis der Topologie von $Y = \mathrm{Spec}\,(A)$ definiert werden. Eine solche sind die $D(a)$ mit $a \in A$. Es ist dann

$$f_*\mathcal{O}_X(D(a)) = \mathcal{O}_X(f^{-1}(D(a))) = \mathcal{O}_X(D(\phi(a))) = B_{\phi(a)}\,.$$

Auf $D(a)$ sei also (4.1)

$$f^\sharp_{D(a)} : \mathcal{O}_Y(D(a)) = A_a \to f_*\mathcal{O}_X(D(a)) = B_{\phi(a)}, \quad x/a^m \mapsto \phi(x)/\phi(a)^m\,.$$

Da das Diagramm

$$
\begin{array}{ccc}
A_a & \xrightarrow{\ f^\sharp\ } & B_{\phi(a)} \\
\downarrow & & \downarrow \\
A_{aa'} & \xrightarrow{\ f^\sharp\ } & B_{\phi(aa')} \\
\uparrow & & \uparrow \\
A_{a'} & \xrightarrow{\ f^\sharp\ } & B_{\phi(a')}
\end{array}
$$

unter Verwendung der Morphismen aus (4.1) kommutiert, ist der so definierte Morphismus der Strukturgarben $f^\sharp$ wohldefiniert. Verfolgt man die Definition von $f^\sharp$ auf die Halme, so ergibt sich folgendes kommutative Diagramm aus (3.31)

$$
\begin{array}{ccc}
\mathcal{O}_{Y,y} \longrightarrow (f_*\mathcal{O}_X)_y \longrightarrow \mathcal{O}_{X,x} \\
\downarrow{\scriptstyle\cong} \qquad \downarrow{\scriptstyle\cong} \qquad \downarrow{\scriptstyle\cong} \\
A_{\mathfrak{p}} \longrightarrow B_{\mathfrak{p}} \longrightarrow B_{\mathfrak{q}}\,,
\end{array}
$$

wo $x = \mathfrak{q}$ und $y = \mathfrak{p} = f(x) = \phi^{-1}(\mathfrak{q})$ ist und die Morphismen der unteren Zeile kanonisch durch ϕ induziert werden.

Theorem 4.2.1
Die Zuordnung

$$A \mapsto (\mathrm{Spec}\,(A), \widetilde{A}), \qquad \phi \mapsto \mathrm{Spec}\,(\phi)$$

ist ein volltreuer, kontravarianter Funktor von **Rng** *nach* **EspLocAnn**.
  Es ist also funktoriell isomorph:

$$\mathrm{Hom}_{\mathbf{Rng}}(A, B) =$$
$$= \mathrm{Hom}_{\mathbf{EspLocAnn}}(\mathrm{Spec}\,(B), \mathrm{Spec}\,(A)) =$$
$$= \mathrm{Hom}_{\mathbf{AffSch}}(\mathrm{Spec}\,(B), \mathrm{Spec}\,(A))$$

  Darüberhinaus ist die Kategorie **Rng**° *äquivalent zur Kategorie* **AffSch** *der affinen Schemata.*

Beweisskizze. Dass ein Ringhomomorphismus $\phi : A \to B$ einen Morphismus affiner Schemata und geringter Räume $\mathrm{Spec}\,(\phi) : \mathrm{Spec}\,(B) = X \to \mathrm{Spec}\,(A) = Y$ induziert, haben wir bereits oben gesehen. Ist umgekehrt $f : X \to Y$ ein Morphismus geringter Räume, so gibt es ein kommutatives Diagramm

$$\begin{array}{ccc} \mathcal{O}_Y(Y) & \xrightarrow{f_Y^\sharp} & \mathcal{O}_X(X) \\ \downarrow & & \downarrow \\ \mathcal{O}_{Y,y} & \xrightarrow{f^\sharp} & \mathcal{O}_{X,x} \end{array} \qquad (4.2)$$

mit $y = f(x)$. Auf Ringebene ist dies

$$\begin{array}{ccc} A & \xrightarrow{f_Y^\sharp} & B \\ \downarrow & & \downarrow \\ A_{\mathfrak{p}} & \xrightarrow{f^\sharp} & B_{\mathfrak{q}} \, , \end{array} \qquad (4.3)$$

wobei unten $(f^\sharp)^{-1}(\mathfrak{q}B_{\mathfrak{q}}) = \mathfrak{p}A_{\mathfrak{p}}$ ist. Also ist auch oben $(f_Y^\sharp)^{-1}(\mathfrak{q}) = \mathfrak{p}$. Damit ist f als gegeben durch $\mathrm{Spec}\left(f_Y^\sharp\right)$ nachgewiesen. $\qquad \square$

4.3   Modulgarben auf affinen Schemata

Proposition 4.3.1
Es sei M ein A-Modul und $X = \mathrm{Spec}\,(A)$ als geringter Raum. Dann gilt:

$$M \mapsto \widetilde{M}, \qquad \phi \in \mathrm{Hom}_A(M, N) \mapsto \widetilde{\phi} \in \mathrm{Hom}_{\mathcal{O}_X}(\widetilde{M}, \widetilde{N})$$

*ist ein volltreuer, exakter Funktor von A-***Mod** *nach* $\mathcal{O}_X$-**Mod**.
  Insbesondere ist

$$\mathrm{Hom}_A(M, N) \cong \mathrm{Hom}_{\mathcal{O}_X}(\widetilde{M}, \widetilde{N}) \, .$$

Beweis. Die $\mathcal{O}_X$-Modulstruktur auf $\widetilde{M}$ ergibt sich aus den Diagrammen:

$$
\begin{array}{ccc}
A_a \times M_a & \longrightarrow & M_a \\
\downarrow & & \downarrow \\
A_{aa'} \times M_{aa'} & \longrightarrow & M_{aa'}
\end{array}
$$

Die übrigen Aussagen folgen ebenso durch systematisches Anwenden der Definitionen.
□

Proposition 4.3.2

Es sei A ein Ring, $X = \mathrm{Spec}\,(A)$, M ein A-Modul und $\mathcal{F}$ ein $\mathcal{O}_X$-Modul. Dann gibt es einen natürlichen Isomorphismus:

$$
\mathrm{Hom}_A(M, \Gamma(X, \mathcal{F})) \cong \mathrm{Hom}_{\mathcal{O}_X}(\widetilde{M}, \mathcal{F})
$$

Proposition 4.3.3

Es sei $X = \mathrm{Spec}\,(A)$ als geringter Raum, M und N zwei A-Moduln, sowie (M_i) eine Familie von A-Moduln. Dann ist

$$
\bigoplus_i \widetilde{M}_i \cong \left(\bigoplus_i M_i \right)^{\sim}, \tag{4.4}
$$

$$
\widetilde{M} \otimes_{\mathcal{O}_X} \widetilde{N} \cong (M \otimes_A N)^{\sim} \tag{4.5}
$$

sowie für ein induktives respektive endliches inverses System (M_i, h_{ij})

$$
\varinjlim_i \widetilde{M}_i \cong \left(\varinjlim_i M_i \right)^{\sim}, \tag{4.6}
$$

$$
\varprojlim_i \widetilde{M}_i \cong \left(\varprojlim_i M_i \right)^{\sim}. \tag{4.7}
$$

Beweis. Es ist $\widetilde{M} \otimes_{\mathcal{O}_X} \widetilde{N} = T_{\mathcal{O}_X}(\widetilde{M}, \widetilde{N})^+$, wobei rechts das Tensorprodukt der Prägarben gemeint ist. Nun ist aber

$$
T(\widetilde{M}, \widetilde{N})(D(f)) = \widetilde{M}(D(f)) \otimes_{\mathcal{O}_X(D(f))} \widetilde{N}(D(f)) =
$$
$$
= M_f \otimes_{A_f} N_f = (M \otimes_A N)_f = (M \otimes_A N)^{\sim}(D(f)). \tag{4.8}
$$

Also ist $T(\widetilde{M}, \widetilde{N})$ schon selbst eine Garbe, nämlich eben $(M \otimes_A N)^{\sim}$ und damit auch $\widetilde{M} \otimes_{\mathcal{O}_X} \widetilde{N}$. Analog benutzt man die Gleichungskette

$$
\left(\bigoplus_i \widetilde{M}_i \right)(D(f)) = \bigoplus_i (\widetilde{M}_i(D(f))) = \bigoplus_i (M_i)_f =
$$

$$
\left(\bigoplus_i M_i \right)_f = \left(\bigoplus_i M_i \right)^{\sim}(D(f)) \tag{4.9}
$$

und beachtet, dass das anfangs hingeschriebene Symbol $\bigoplus_i$ eine direkte Summe von Prägarben bezeichnen soll, die sich dann wieder als Garbe herausstellt. □

Proposition 4.3.4

Es sei $f : X \to Y$ ein Morphismus affiner Schemata, $X = \operatorname{Spec}(B)$ und $Y = \operatorname{Spec}(A)$. Weiter sei M ein B-Modul und N ein A-Modul. Dann ist

1. $f^*(\widetilde{N}) = (N \otimes_A B)^\sim$.

2. $f_*(\widetilde{M}) = ({}_A M)^\sim$.

5 Schemata I

Übersicht

5.1 Allgemeines

5.1.1 Definition

Definition 5.1.1
Ein *Schema* ist ein lokal geringter Raum $(X, \mathcal{O}_X)$, in dem für jeden Punkt $x \in X$ eine offene Umgebung $U = U(x)$ existiert, so dass $(U, \mathcal{O}_X|U)$ ein affines Schema ist. ◆

Definition 5.1.2
Ein Schemamorphismus $f : X \to Y$ ist ein Morphismus in der Kategorie der lokal geringten Räume. ◆

© Springer-Verlag GmbH Deutschland, ein Teil von Springer Nature 2019
J. Böhm, *Kommutative Algebra und Algebraische Geometrie*,
https://doi.org/10.1007/978-3-662-59482-7_5

Bemerkung 5.1.1
Die Schemata bilden mit den so definierten Morphismen eine Kategorie, die Kategorie **Sch**. Wie üblich existiert für jedes Schema S die relative Unterkategorie **Sch**$/S$, die sogenannten S-Schemata.

5.1.2   Offene Unterschemata

Proposition 5.1.1
Es sei X ein Schema und $U \subseteq X$ eine offene Teilmenge. Dann ist

1. *der lokal geringte Raum $(U, \mathcal{O}_X|_U) = (U, \mathcal{O}_U)$ ebenfalls ein Schema.*

2. *die kanonische Abbildung $j : U \subseteq X$ zusammen mit der kanonischen Abbildung $j^\sharp : \mathcal{O}_X \to j_*\mathcal{O}_U$ ein Schemamorphismus.*

Für affine offene Unterschemata gilt folgendes wichtiges Lemma:

Lemma 5.1.1
Es sei X ein Schema, $U = \operatorname{Spec}(A) \subseteq X$ ein affines offenes Unterschema von X und $V = \operatorname{Spec}(B) \subseteq U$ ein affines offenes Unterschema von U und damit von X.

Dann existiert für jedes $a \in A$ mit $D(a) \subseteq V$ ein Isomorphismus von affinen Schemata

$$\operatorname{Spec}(A_a) \cong \operatorname{Spec}\left(B_{\phi(a)}\right),$$

wobei $\phi : A \to B$ der durch die Inklusion $V \subseteq U$ induzierte Ringhomomorphismus ist.

Es gibt also, anders gesagt, ein affines Unterschema $W \subseteq U, V$ mit $W = D(a)$ und $W = D(b)$, wobei überdies $b = \phi(a)$ ist.

5.1.3   Morphismen

Proposition 5.1.2
Es gibt für ein Schema X und einen Ring A einen natürlichen Isomorphismus:

$$\operatorname{Hom}_{\mathbf{Sch}}(X, \operatorname{Spec}(A)) \cong \operatorname{Hom}_{\mathbf{Rng}}(A, \mathcal{O}_X(X)) \tag{5.1}$$

Beweis. Es sei $Y = \operatorname{Spec}(A)$. Dann gehört zu $f : X \to Y$ die Abbildung $f^\sharp : \mathcal{O}_Y \to f_*\mathcal{O}_X$. Diese induziert mit $f_Y^\sharp : A = \mathcal{O}_Y(Y) \to \mathcal{O}_X(X)$ die gesuchte Abbildung rechts.

Umgekehrt sei $\phi : A \to \mathcal{O}_X(X)$ gegeben. Dann gibt es Verlängerungen

$$\phi_U : A \to \mathcal{O}_X(X) \xrightarrow{r_{X,U}} \mathcal{O}_X(U)$$

für jedes $U \subseteq X$ affin. Für $W \subseteq U, V$, sämtlich affin, besteht Kompatibilität: $r_{U,W} \circ \phi_U = r_{V,W} \circ \phi_V$. Also verkleben die assoziierten Morphismen $\phi_U^* : U \to \operatorname{Spec}(A)$ zu einem Morphismus $f : X \to \operatorname{Spec}(A)$.

Man überlegt sich nun, dass diese beiden Zuordnungen in der Tat den gesuchten funktoriellen Isomorphismus induzieren. □

Korollar 5.1.1
Das Schema $\mathrm{Spec}\,(\mathbb{Z})$ *ist ein Endobjekt in der Kategorie* **Sch** *der Schemata.*

Definition 5.1.3
Es sei X ein Schema und $x \in X$. Dann ist $k(x) = \kappa(x) = \mathcal{O}_{X,x}/\mathfrak{m}_x$ der *Funktionenkörper von X bei x.* ◆

Proposition 5.1.3
Es sei X ein Schema und $x \in X$ ein Punkt von X. Dann entsprechen sich für einen Körper k mit $\mathrm{Spec}\,(k) = \{x_0\}$:

1. *Morphismen $f : \mathrm{Spec}\,(k) \to X$ mit $f(x_0) = x$.*

2. *Inklusionen $\kappa(x) \subseteq k$.*

5.1.4 Topologie

Definition 5.1.4
Es sei X ein topologischer Raum und $x_0 \in \{x_1\}^-$ für zwei Punkte $x_0, x_1 \in X$. Dann schreiben wir $x_1 \rightsquigarrow x_0$ und sagen, x_0 ist eine *Spezialisierung* von x_1 und x_1 eine *Generisierung* von x_0. ◆

Proposition 5.1.4
Es sei X ein topologischer Raum. Es gilt:

1. *Eine offene Teilmenge $U \subseteq X$ ist abgeschlossen unter Generisierung.*

2. *Eine abgeschlossene Teilmenge $A \subseteq X$ ist abgeschlossen unter Spezialisierung.*

3. *$W \subseteq X$ ist genau dann abgeschlossen unter Generisierung, wenn $X - W$ abgeschlossen unter Spezialisierung ist.*

Proposition 5.1.5
Es sei $f : X \to Y$ ein Schemamorphismus und $x_1 \rightsquigarrow x_0$ für $x_0, x_1 \in X$. Dann gilt auch $f(x_1) \rightsquigarrow f(x_0)$.

Definition 5.1.5
Es sei X ein topologischer Raum und $Y \subseteq X$ eine abgeschlossene Teilmenge. Dann heißt ein $y \in X$ mit $Y = \{y\}^-$ *generischer Punkt von Y.* ◆

Lemma 5.1.2
Es sei X ein Schema. Dann hat jede irreduzible, abgeschlossene Teilmenge $Y \subseteq X$ einen eindeutig bestimmten generischen Punkt.

Definition 5.1.6

Es sei X ein Schema. Dann heißt X *lokal noethersch*, wenn für jedes $x \in X$ eine offene, affine Umgebung $U = U(x)$ mit $U = \mathrm{Spec}\,(A)$ und einem noetherschen Ring A, abhängig von x, existiert. ◆

Definition 5.1.7

Ein Schema X heißt *noethersch*, wenn es lokal noethersch und als topologischer Raum quasikompakt ist. ◆

Proposition 5.1.6

Es sei X ein lokal noethersches Schema. Dann ist für jede affine offene Teilmenge $U = \mathrm{Spec}\,(A) \subseteq X$ der Ring A noethersch.

Bemerkung 5.1.2

Daher gilt auch: Ist $X = \mathrm{Spec}\,(A)$ ein lokal noethersches affines Schema, so ist X noethersch und A ein noetherscher Ring.

Definition 5.1.8

Es sei X ein Schema. Dann heißt X *integer* oder *Integritätsschema* oder *integral*, wenn für jede offene Teilmenge $U \subseteq X$ der Ring $\mathcal{O}_X(U)$ ein Integritätsring ist. ◆

Bemerkung 5.1.3

Damit ist sofort klar: Ein Integritätsschema X ist irreduzibel.

Definition 5.1.9

Ein Schemamorphismus $f : X \to Y$ heißt *dominant*, wenn $f(X)$ dicht in Y ist. ◆

Proposition 5.1.7

Es sei $f : X \to Y$ ein dominanter Morphismus integrer Schemata. Weiter sei $V = \mathrm{Spec}\,(A) \subseteq Y$ offen und affin sowie $U = \mathrm{Spec}\,(B) \subseteq X$ offen und affin mit $f(U) \subseteq V$.

Dann sind U, V integer und dicht in X, Y, und $f(U)$ ist dicht in V.

Beweis. Es sei $W \subseteq V$ offen. Dann ist auch $f^{-1}(W)$ offen und nichtleer in X und trifft daher U. Also ist $f(U)$ dicht in V. □

Bemerkung 5.1.4

In jedem Integritätsschema X gibt es einen Punkt $\xi \in X$, so dass $\{\xi\}^-$ gleich X ist. Der Punkt ξ heißt *generischer Punkt von X*.

Bemerkung 5.1.5

Für jedes Integritätsschema X mit generischem Punkt ξ ist $\mathcal{O}_{X,\xi} = K(X)$ ein Körper, der *Funktionenkörper von X*. Es ist außerdem für jedes $U = \mathrm{Spec}\,(A) \subseteq X$, offen und affin, $Q(A) = K(X)$.

5.1.5   Offene Teilmengen und Affinitätskriterien

Definition 5.1.10

Es sei X ein Schema und $f \in \mathcal{O}_X(X)$. Dann sei

$$X_f = \{x \in X \mid f_x \notin \mathfrak{m}_x\} \,,$$

wobei f_x für das Bild von f in $\mathcal{O}_{X,x}$ steht und $\mathfrak{m}_x$ das maximale Ideal in $\mathcal{O}_{X,x}$ ist.   ◆

Lemma 5.1.3

Es sei X, f wie oben und $U = \mathrm{Spec}\,(A)$ ein offenes affines Unterschema von X. Weiter sei a das Bild von f unter $\mathcal{O}_X(X) \to \mathcal{O}_X(U) = A$. Dann ist

$$X_f \cap U = D(a)\,.$$

Lemma 5.1.4

Die X_f sind offene Unterschemata von X.

Lemma 5.1.5

Es sei X ein Schema und (U_i) eine endliche offene Überdeckung von X. Es gelte:

 i) Jedes U_i ist affin.

ii) Jedes $U_{ij} = U_i \cap U_j$ ist von endlich vielen affinen Schemata U_{ijk} überdeckbar.

Dann gilt für ein $f \in \mathcal{O}_X(X)$:

1. Es sei $s \in \mathcal{O}_X(X)$ mit $s|_{X_f} = 0$. Dann ist $f^n s = 0$ in $\mathcal{O}_X(X)$ für ein geeignetes ganzes, nichtnegatives n.

2. Es sei $s \in \mathcal{O}_X(X_f)$. Dann existiert ein $t \in \mathcal{O}_X(X)$ mit $f^n s = t|_{X_f}$.

Beweis. Es sei $A_i = \mathcal{O}_X(U_i)$ und f_i das Bild von f in A_i. In 1. ist $s|_{U_i}$ ein $s_i \in A_i$ mit $f_i^{n_i} s_i = 0$ in A_i. Wähle $n > n_i$ für alle i, und man hat $(f^n s)|_{U_i} = 0$ für alle i, also $f^n s = 0$ in $\mathcal{O}_X(X)$.

In 2. ist $s|_{U_i \cap X_f} = s_i / f_i^{r_i}$. Also ist für ein geeignetes n der Schnitt $f^n s|_{U_i \cap X_f} = t_i|_{U_i \cap X_f}$ mit $t_i \in A_i$. Es ist $t_i|_{U_{ij} \cap X_f} = t_j|_{U_{ij} \cap X_f}$, also nach 1. auch $(f_i^{n_{ij}} t_i)|_{U_{ij}} = (f_j^{n_{ij}} t_j)|_{U_{ij}}$. Also definieren für ein $m > n_{ij}$ für alle i,j die $f_i^m t_i$ einen Schnitt $t \in \mathcal{O}_X(X)$ mit $t|_{X_f} = f^{n+m} s$.   □

Korollar 5.1.2

In der Situation des vorigen Lemmas ist

$$\mathcal{O}_X(X_f) = \mathcal{O}_X(X)_f\,.$$

Proposition 5.1.8

Es sei X ein Schema und $f_1, \ldots, f_n \in \mathcal{O}_X(X)$. Es gelte:

i) $(f_i) = \mathcal{O}_X(X)$ für das von den f_i erzeugte Ideal.

ii) Die offenen Unterschemata X_{f_i} sind affin.

Dann ist auch X affin.

Lemma 5.1.6

Es sei $\phi : A \to B$ eine Ringabbildung und $f = \phi^* : \mathrm{Spec}\,(B) \to \mathrm{Spec}\,(A)$. Dann gilt:

1. Ist ϕ injektiv, so ist $f(\mathrm{Spec}\,(B))$ dicht in $\mathrm{Spec}\,(A)$.

2. Ist A reduziert, so folgt aus $f(\mathrm{Spec}\,(B))$ dicht in $\mathrm{Spec}\,(A)$, dass ϕ injektiv ist.

Lemma 5.1.7

Es sei $f : X \to Y$ ein Morphismus von Schemata und X noethersch. Ist dann

$$0 \to \mathcal{O}_Y \to f_* \mathcal{O}_X \tag{5.2}$$

injektiv, so ist $f(X)$ dicht in Y.

Beweis. Es sei ohne Einschränkung $Y = \mathrm{Spec}\,(A)$. Wir müssen zeigen, dass für $y \in A$ mit $D(y) \neq \emptyset$ auch $X_{\phi(y)} \neq \emptyset$ ist, wo $\phi : A = \mathcal{O}_Y(Y) \to \mathcal{O}_X(X) = f_* \mathcal{O}_X(Y)$ ist. Sei also $X_{\phi(y)} = \emptyset$. Dann ist, weil X mit endlich vielen offenen affinen Schemata überdeckbar ist, auch $\phi(y)^n = 0$ in $\mathcal{O}_X(X)$. Da ϕ nach Voraussetzung injektiv ist, folgt $y^n = 0$, also $D(y) = \emptyset$. Der Widerspruch ergibt den Beweis. $\square$

5.2 Grundkonstruktionen mit Schemata

5.2.1 Funktorielle Konstruktion

Es sei F ein kovarianter Funktor von der Kategorie der affinen Schemata in die Kategorie der Schemata, der für ein affines Schema $X = \mathrm{Spec}\,(A)$ einen Morphismus $\psi_X : F(X) \to X$ liefert und für den aus den Diagrammen

$$
\begin{array}{ccc}
F(D(a)) & \xrightarrow{F(i_a)} & F(X) \\
{\scriptstyle \psi_{D(a)}} \downarrow & & \downarrow {\scriptstyle \psi_X} \\
D(a) & \xrightarrow{\;\;i_a\;\;} & X
\end{array}
$$

neue Diagramme durch Anwenden von $(-)_a$

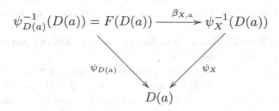

mit einem eindeutigen Isomorphismus $\beta_{X,a} = F(i_a)_a$ für jedes $a \in A$ entstehen.

Proposition 5.2.1
Mit den oben eingeführten Bezeichnungen existiert für jedes Schema X ein Schema $F(X)$ mit einem Schemamorphismus $\psi_X : F(X) \to X$.

Beweis. Das Schema X kann als Verklebung von affinen Schemata U_i entlang von $U_{ijk} \subseteq U_i \cap U_j$ aufgefasst werden, für die U_{ijk} durch $U_{ijk} = (U_i)_{a_{ijk}}$ und $U_{ijk} = (U_j)_{a_{jik}}$ gegeben sind. Dabei ist $a_{rst} \in \mathcal{O}_{U_r}(U_r)$. □

5.2.2   Das schematheoretische Produkt

Die Kategorie der Schemata besitzt Faserprodukte. Wir wiederholen noch einmal die Definition:

Definition 5.2.1
Es seien X, Y, S Schemata und $f : X \to S$ sowie $g : Y \to S$ Schemaabbildungen.
   Ein Faserprodukt

$$X \times_S Y$$

ist ein mit zwei kanonischen Abbildungen

$$p_1 : X \times_S Y \to X, \quad p_2 : X \times_S Y \to Y$$

ausgestattetes Schema, das die universelle Eigenschaft

$$(X \times_S Y)(T) = X(T) \times_{S(T)} Y(T)$$

für alle Schemata T erfüllt. Das Faserprodukt rechts ist dabei eines von Mengen.
   Die Abbildungen p_1 und p_2 heißen auch *kanonische Projektionen*.   ◆

Es gilt nun:

Theorem 5.2.1
Es seien X, Y, S Schemata und $f : X \to S$ sowie $g : Y \to S$ Schemaabbildungen.
   Dann existiert das Faserprodukt $X \times_S Y$ und es ist eindeutig bis auf einen eindeutigen Isomorphismus.

Beweis. Man überdecke S mit affinen S_α und konstruiere die $f^{-1}(S_\alpha) \times_{S_\alpha} g^{-1}(S_\alpha)$. Dazu überdecke man $f^{-1}(S_\alpha)$ mit affinen $X_{\alpha\beta}$ und $g^{-1}(S_\alpha)$ mit affinen $Y_{\alpha\gamma}$. Dann existiert nach Lemma 5.2.4 jedes $X_{\alpha\beta} \times_{S_\alpha} Y_{\alpha\gamma}$ und ist nach Lemma 5.2.3 gleich $X_{\alpha\beta} \times_S Y_{\alpha\gamma}$.

Nach Lemma 5.2.2 verklebt man nun die $X_{\alpha\beta} \times_S Y_{\alpha\gamma}$ auf der linken Seite zu einem $f^{-1}(S_\alpha) \times_S Y_{\alpha\gamma}$.

Hat man so alle $f^{-1}(S_\alpha) \times_S Y_{\alpha\gamma}$ konstruiert, so verklebt man mit demselben Argument $f^{-1}(S_\alpha) \times_S Y_{\alpha\gamma}$ mit $f^{-1}(S_\alpha) \times_S Y_{\alpha\gamma'}$ entlang $f^{-1}(S_\alpha) \times_S Y_{\alpha\gamma\gamma'}$.

Damit ist dann $f^{-1}(S_\alpha) \times_S g^{-1}(S_\alpha)$ konstruiert. Dieses Schema ist aber schon $f^{-1}(S_\alpha) \times_S Y$, denn für ein Paar Abbildungen $\xi : T \to f^{-1}(S_\alpha)$ und $\eta : T \to Y$ mit $f\xi = g\eta$ ist $\eta(T) \subseteq g^{-1}(S_\alpha)$.

Also kann man die $f^{-1}(S_\alpha) \times_S Y$ nach Lemma 5.2.2 links verkleben und erhält $X \times_S Y$. □

Lemma 5.2.1

Es seien X, Y, S Schemata wie im Theorem und $U \subseteq X$, $V \subseteq Y$ offene Teilmengen. Das Faserprodukt $X \times_S Y$ existiere, und die beiden kanonischen Projektionen seien p_1 und p_2. Dann existiert auch $U \times_S V$, und es ist mit einem eindeutigen Isomorphismus

$$U \times_S V = p_1^{-1}(U) \cap p_2^{-1}(V) . \tag{5.3}$$

Lemma 5.2.2

Es seien X, Y, S Schemata wie im Theorem. Es sei $(U_i)_i$ eine Überdeckung von X mit offenen Unterschemata. Die Faserprodukte $U_i \times_S Y$ mögen alle existieren. Dann existiert auch $X \times_S Y$, und es ist

$$X \times_S Y = \dot{\bigcup}_i U_i \times_S Y . \tag{5.4}$$

Beweis. Es sei $X_i = U_i \times_S Y$ und $U_{ij} = U_i \cap U_j$. Dann sind $X_{i,j} = p_{X_i,1}^{-1}(U_{ij})$ und $X_{j,i} = p_{X_j,1}^{-1}(U_{ij})$ zueinander und zu $U_{ij} \times_S Y$ nach vorigem Lemma kanonisch isomorph.

Also kann man X_i und X_j entlang $X_{i,j}$ und $X_{j,i}$ verkleben. Diese Verklebungen sind bezogen auf $U_{ijk} = U_i \cap U_j \cap U_k$ verträglich, wie man ebenfalls aus vorigem Lemma ableitet.

Insgesamt ist dann die Verklebung $\dot{\bigcup}_i U_i \times_S Y = X \times_S Y$, da

$$\mathrm{Hom}(T, X \times_S Y) = \mathrm{Hom}(T, \dot{\bigcup}_i U_i \times_S Y)$$

für alle S-Schemata T ist.

Es ist nämlich eine Abbildung $w : T \to \dot{\bigcup}_i U_i \times_S Y$ nichts anderes als ein kompatibles System von Abbildungen $w_i : T_i = w^{-1}(U_i \times_S Y) \to U_i \times_S Y$.

Dies ist wiederum ein zwischen den T_i und bezüglich $U_i \to S$ und $Y \to S$ kompatibles System von Abbildungen $u_i : T_i \to U_i$, $v_i : T_i \to Y$, $r_i : T_i \to S$. Die u_i, v_i, r_i verkleben zu einer Abbildung $u : T \to X$ und den ursprünglichen Abbildungen $v : T \to Y$ und $r : T \to S$. Für diese gilt $f \circ u = g \circ v = r$.

Damit ist die Inklusion $\subseteq$ in der Beziehung

$$\mathrm{Hom}(T, \dot{\bigcup}_i U_i \times_S Y) = \mathrm{Hom}(T, X) \times_{\mathrm{Hom}(T,S)} \mathrm{Hom}(T, Y)$$

gezeigt. Durchläuft man die Argumentation rückwärts, ergibt sich die Inklusion $\supseteq$, also die Gleichheit. $\square$

Lemma 5.2.3

Es seien X, Y, S Schemata wie im Theorem. Weiter sei $S' \subseteq S$ ein offenes Unterschema und $f(X) \subseteq S'$ sowie $g(Y) \subseteq S'$. Das Faserprodukt $X \times_{S'} Y$ möge existieren. Dann existiert auch $X \times_S Y$, und es ist

$$X \times_S Y = X \times_{S'} Y. \tag{5.5}$$

Lemma 5.2.4

Es seien X, Y, S Schemata wie im Theorem. Sie seien überdies affin, also $X = \mathrm{Spec}\,(B)$, $Y = \mathrm{Spec}\,(C)$ und $S = \mathrm{Spec}\,(A)$. Dann existiert $X \times_S Y$, und es ist

$$X \times_S Y = \mathrm{Spec}\,(B \otimes_A C). \tag{5.6}$$

Beweis. Es ist nämlich

$$\mathrm{Hom}(T, \mathrm{Spec}\,(B \otimes_A C)) \cong \mathrm{Hom}(B \otimes_A C, \mathcal{O}_T(T)) =$$
$$= \mathrm{Hom}(B, \mathcal{O}_T(T)) \times_{\mathrm{Hom}(A, \mathcal{O}_T(T))} \mathrm{Hom}(C, \mathcal{O}_T(T)) \cong$$
$$\cong \mathrm{Hom}(T, \mathrm{Spec}\,(B)) \times_{\mathrm{Hom}(T, \mathrm{Spec}(A))} \mathrm{Hom}(T, \mathrm{Spec}\,(C)).$$

$\square$

5.2.3 Fasern von Morphismen

Definition 5.2.2

Es sei $f : X \to S$ ein Schemamorphismus. Dann ist für ein $s \in S$

$$X_s = X \times_S \kappa(s)$$

die *Faser von f bei s*. $\blacklozenge$

Es gilt:

Proposition 5.2.2

Im cartesischen Quadrat

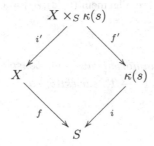

ist die Abbildung i' ein Homöomorphismus auf das Bild $i'(X \times_S \kappa(s)) = f^{-1}(s)$.

Beweis. Zunächst kann man S durch eine affine Umgebung $\mathrm{Spec}\,(A)$ von s sowie X durch $f^{-1}(\mathrm{Spec}\,(A))$ ersetzen.

Weiterhin gilt nun: Es sei $g : X \to Y$ ein beliebiger Schemamorphismus und $Z \subseteq Y$ eine beliebige Teilmenge. Dann ist die Aussage, dass g ein Homöomorphismus auf $g(X) = Z$ ist, lokal auf der Basis.

Das heißt, wenn sie für alle $g_{V_i} : g^{-1}(V_i) \to V_i$ und $Z \cap V_i$ für eine offene Überdeckung (V_i) von Y gilt, so gilt sie für g.

Um die Aussage der Proposition zu zeigen, kann man sich also auf $X = \mathrm{Spec}\,(B)$ und $S = \mathrm{Spec}\,(A)$ beschränken. Man betrachtet also das in jedem Rechteck cartesische Diagramm:

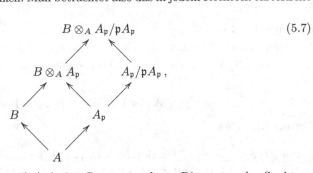

$$(5.7)$$

wo $s = \mathfrak{p}$ und damit $\kappa(s) = A_\mathfrak{p}/\mathfrak{p}A_\mathfrak{p}$ ist. Das zugeordnete Diagramm der Spektren mit umgekehrten Pfeilen umfasst das Diagramm der Proposition.

Nennen wir die Aussage der Proposition, bezogen auf ein beliebiges cartesisches Diagramm, Aussage–$(*)$, so gilt aufgrund der Eigenschaften von Lokalisierung und Quotientenbildung Aussage–$(*)$ für jedes einzelne cartesische Quadrat in (5.7). Also auch für das äußere cartesische Rechteck. (Wir hatten dies auch schon in Proposition 2.9.25 gezeigt.) □

Proposition 5.2.3

Es sei $f : X \to S$ ein Schemamorphismus, $s \in S$ und $x \in X_s$. Dann ist

$$\mathcal{O}_{X_s,x} = \mathcal{O}_{X,x} \otimes_{\mathcal{O}_{S,s}} k(s) = \mathcal{O}_{X,x}/\mathfrak{m}_{S,s}\mathcal{O}_{X,x} \,.$$

Beweis. Wähle Umgebungen $U = \mathrm{Spec}\,(B)$ und $V = \mathrm{Spec}\,(A)$ von $x = \mathfrak{q}$ und $s = \mathfrak{p}$. Dann folgt die Behauptung aus der Identität

$$(B_\mathfrak{p}/\mathfrak{p}B_\mathfrak{p})_{(\mathfrak{q}B_\mathfrak{p}/\mathfrak{p}B_\mathfrak{p})} = (B_\mathfrak{p}/\mathfrak{p}B_\mathfrak{p}) \otimes_{B_\mathfrak{p}} B_\mathfrak{q} =$$
$$B_\mathfrak{q} \otimes_{A_\mathfrak{p}} A_\mathfrak{p}/\mathfrak{p}A_\mathfrak{p} = B_\mathfrak{q} \otimes_A A/\mathfrak{p} \otimes_A A_\mathfrak{p} = B_\mathfrak{q}/\mathfrak{p}B_\mathfrak{q} \,. \quad (5.8)$$

Für die erste Gleichheit beachte allgemein $(C/\mathfrak{a})_{\mathfrak{p}C/\mathfrak{a}} = C_\mathfrak{p} \otimes_C C/\mathfrak{a}$ für $\mathfrak{p} \supset \mathfrak{a}$ und $\mathfrak{p}$ prim. □

Proposition 5.2.4

Es sei $f : X \to T$ ein Schemamorphismus und ebenso $g : T' \to T$. Ist f surjektiv, so ist auch $f' : X' = X \times_T T' \to T'$ surjektiv.

Beweis. Wähle ein x mit $f(x) = g(t')$ und betrachte das kommutative Diagramm:

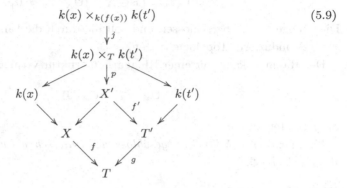

$$k(x) \times_{k(f(x))} k(t') \qquad\qquad (5.9)$$

Die Abbildung j folgt aus dem Diagramm

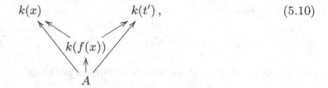

$$k(x) \qquad\qquad k(t'), \qquad\qquad (5.10)$$

in dem Spec (A) für eine affine offene Umgebung von $f(x) = g(t')$ in T steht. Es existiert also ein Ringhomomorphismus $k(x) \otimes_A k(t') \to k(x) \otimes_{k(f(x))} k(t')$, der die Abbildung j induziert.

Nun ist $k(x) \otimes_{k(f(x))} k(t') \neq 0$, also enthält $k(x) \times_{k(f(x))} k(t')$ einen Punkt w. Für diesen ist $f'(p(j(w))) = t'$. Also ist f' surjektiv. $\qquad\square$

Proposition 5.2.5

Es sei $f : X \to Y$ eine Schemaabbildung und $V = \mathrm{Spec}\,(\mathcal{O}_{Y,y})$ mit der kanonischen Abbildung $g : V \to Y$ für ein $y \in Y$. Weiter sei $X' = X \times_Y V$ und $p : X' \to X$ die kanonische Projektion.

Dann induziert p einen Homöomorphismus $p : X' \to f^{-1}(g(V))$, und es ist für $x' \in X'$ und $x \in X$ mit $p(x') = x$ auch $\mathcal{O}_{X,x} = \mathcal{O}_{X',x'}$.

Ist X integer, so ist auch X' integer, und es ist $K(X) = K(X')$.

5.3   Abgeschlossene Unterschemata

Definition 5.3.1

Es sei X ein Schema. Eine Idealgarbe $\mathcal{I} \subseteq \mathcal{O}_X$ heißt *quasikohärent*, falls für jedes $x \in X$ ein $U_x \subseteq X$, offen und affin, existiert, so dass $\mathcal{I} \cong \widetilde{I}$ für ein Ideal $I \subseteq A$, wobei Spec $(A) = U_x$ sei.   ♦

Definition 5.3.2

Es sei X ein Schema und $\mathcal{I}$ eine quasikohärente Idealgarbe auf X.

Dann sei

$$Y = V(\mathfrak{I}) = \{x \in X \mid (\mathcal{O}_X/\mathfrak{I})_x \neq 0\}.$$

Die Menge Y ist abgeschlossen und soll die durch die kanonische Inklusion $i :$ $Y \hookrightarrow X$ induzierte Topologie tragen.

Der Raum Y kann mit einer Ringgarbenstruktur vermöge

$$\mathcal{O}_Y = i^{-1}(\mathcal{O}_X/\mathfrak{I})$$

ausgestattet werden.

Man nennt $Y = V(\mathfrak{I})$ ein *abgeschlossenes Unterschema von X definiert durch die Idealgarbe $\mathfrak{I}$.*   ♦

Proposition 5.3.1
Der geringte Raum $(Y, \mathcal{O}_Y)$ ist ein Schema, und die kanonische Inklusion $i :$ $Y \hookrightarrow X$ zusammen mit der durch

$$i^\sharp : \mathcal{O}_X \to \mathcal{O}_X/\mathfrak{I} = i_* i^{-1}(\mathcal{O}_X/\mathfrak{I})$$

gegebenen Abbildung $i^\sharp$ ist ein Schemamorphismus.

Beweis. Dies folgt aus den beiden folgenden Aussagen.   □

Lemma 5.3.1
Es gilt $\mathcal{F} = i_* i^{-1} \mathcal{F}$ für alle Garben $\mathcal{F}$ mit $\operatorname{supp} \mathcal{F} \subseteq Y$. Außerdem gilt $i^{-1} i_* \mathcal{F} = \mathcal{F}$ für alle Garben $\mathcal{F}$ auf Y.

Proposition 5.3.2
Mit den Bezeichnungen und in der Situation von oben sei $U = \operatorname{Spec}(A) \subseteq X$ und $\mathfrak{I}|_U \cong \widetilde{I}$ für das Ideal $I \subseteq A$.

Dann ist $U \cap Y = \operatorname{Spec}(A/I)$, und die von i induzierte Abbildung $i_U = i|_{i^{-1}U} :$ $U \cap Y \hookrightarrow U$ wird gegeben durch $\operatorname{Spec}(\varphi)$, wobei $\varphi : A \to A/I$ ist.

Beweis. Dass $U \cap Y = V(I) \cong \operatorname{Spec}(A/I)$ als topologischer Raum ist, ist leicht zu sehen. Es bleibt also, die Gleichheit als geringte Räume zu zeigen. Es ist dafür zunächst einmal möglich, X durch U, Y durch $Y \cap U$ und i durch i_U zu ersetzen. Es ist dann nachzuweisen, dass $i^{-1}(_A\widetilde{(A/I)}) = _{A/I}\widetilde{A/I}$ ist. Für zwei Garben $\mathcal{F}$ und $\mathcal{G}$ auf Y gilt nun $\mathcal{F} \cong \mathcal{G}$ genau dann, wenn $i_* \mathcal{F} \cong i_* \mathcal{G}$ ist. Wendet man nun i_* auf $i^{-1}(_A\widetilde{(A/I)}) = _{A/I}\widetilde{A/I}$ an, so ergibt sich $_A\widetilde{(A/I)} = (_A(_{A/I}A/I))^\sim$. Diese Isomorphie ergibt also die Behauptung.   □

Bemerkung 5.3.1
Noch einfacher einzusehen ist die Wohldefiniertheit der Schemastruktur von Y aus der Beziehung $(A/I)_f = A_f/I_f$. Ordnet man jedem $U \subseteq X$, affin, die Abbildung $U \cap Y \xrightarrow{i_U} U$, induziert von $A \to A/I$, zu, so ist eindeutig isomorph:

$$i_U^{-1}(U_f) = i_{U_f}^{-1}(U_f)$$

Mit dem üblichen funktoriellen Verklebungsargument, das wir schon bei der Konstruktion des Faserprodukts benutzt haben, entsteht durch Verkleben aller i_U der Morphismus $i : Y \to X$ und zugleich die Schemastruktur auf Y.

Proposition 5.3.3
Es sei $i : Y \hookrightarrow X$ ein abgeschlossenes Unterschema mit $Y = V(\mathfrak{J})$ für eine Idealgarbe $\mathfrak{J}$.
   Dann ist
$$0 \to \mathfrak{J} \to \mathcal{O}_X \to i_* \mathcal{O}_Y \to 0$$
eine exakte Sequenz von $\mathcal{O}_X$-Moduln.

Es sei X ein Schema und $Y \subseteq X$ eine abgeschlossene Teilmenge. Wir definieren eine Idealgarbe $\mathcal{N}_Y \subseteq \mathcal{O}_X$ durch

$$\mathcal{N}_Y|_U = (\bigcap_{\mathfrak{p} \in Y \cap U} \mathfrak{p})^{\sim} \tag{5.11}$$

für jedes $U \subseteq X$, affin, mit $U = \mathrm{Spec}\,(A)$.

Es sei $\phi : A \to B$ ein Ringhomomorphismus und $\mathcal{N}_A, \mathcal{N}_B$ die Nilradikale. Da $\phi(\mathcal{N}_A) \subseteq \mathcal{N}_B$, ist die Abbildung $\phi_{\mathrm{red}} : A_{\mathrm{red}} \to B_{\mathrm{red}}$ mit $A_{\mathrm{red}} = A/\mathcal{N}_A$ und $B_{\mathrm{red}} = B/\mathcal{N}_B$ wohldefiniert.

Lemma 5.3.2
*Die Zuordnung $A \mapsto A_{red}$ und $\phi : A \to B \mapsto \phi_{red} : A_{red} \to B_{red}$ ist ein Funktor von der Kategorie **Rng** in die Kategorie der reduzierten Ringe.*
   Außerdem ist $(A_a)_{red} = (A_{red})_a$ für alle $a \in A$.

Proposition 5.3.4
Die Garbe $\mathcal{N}_Y \subseteq \mathcal{O}_X$ ist wohldefiniert und eine quasikohärente Idealgarbe auf X.

Beweis. Wir müssen nur die Wohldefiniertheit überprüfen. Dazu genügt es, eine Inklusion offener Teilmengen $D(f) \subseteq U = \mathrm{Spec}\,(A)$ zu betrachten, die durch $A \to A_f$ mit $f \in A$ induziert wird. Es sei $Y \cap U = V(\mathfrak{a})$. Es ist dann $Y \cap D(f) = V(\mathfrak{a}_f)$. Die Behauptung folgt dann aus der Beziehung $\mathcal{N}_{(A/\mathfrak{a})_f} = (\mathcal{N}_{A/\mathfrak{a}})_f$. $\square$

Definition 5.3.3
Es sei $Y \subseteq X$ eine abgeschlossene Teilmenge eines Schemas X. Dann nennen wir $V(\mathcal{N}_Y) = (Y, \mathcal{O}_X/\mathcal{N}_Y)$ das abgeschlossene Unterschema Y *mit der reduzierten induzierten Schemastruktur.* ◆

Ist lokal $X = \mathrm{Spec}\,(A)$ und $Y = V(\mathfrak{a})$, so ist

$$Y = \mathrm{Spec}\,((A/\mathfrak{a})/\mathcal{N}_{A/\mathfrak{a}}) = \mathrm{Spec}\,(A/\mathfrak{a}'), \quad \mathfrak{a}' = \bigcap_{\mathfrak{p} \supseteq \mathfrak{a}} \mathfrak{p}.$$

Definition 5.3.4

Ist für ein Schema X die Garbe $\mathcal{N}_X = 0$, so nennen wir X *reduziert*.   ◆

Ein Integritätsschema X ist also immer reduziert.

Definition 5.3.5

Es sei X ein Schema und $\mathcal{N}_X \subseteq X$ die oben eingeführte Idealgarbe. Dann heißt $\mathcal{N}_X$ die *Garbe der nilpotenten Elemente in* $\mathcal{O}_X$. Das abgeschlossene Unterschema $V(\mathcal{N}_X) = X_{\mathrm{red}}$ ist das *Schema X mit der reduzierten induzierten Schemastruktur*.   ◆

Wir schreiben auch $(X_{\mathrm{red}}, \mathcal{O}_{X_{\mathrm{red}}}) = (X, \mathcal{O}_X/\mathcal{N}_X)$.

Proposition 5.3.5

Die Zuordnung $X \mapsto X_{red}$ ist ein Funktor von der Kategorie der Schemata in sich, bzw. in die Unterkategorie der reduzierten Schemata.

Beweis Es sei $f : X \to Y$. Lokal werde f durch $\phi_{A,B} : A \to B$ gegeben. Da $\phi_{A,B}(\mathcal{N}_A) \subseteq \mathcal{N}_B$, ist $(\phi_{A,B})_{\mathrm{red}} : A/\mathcal{N}_A \to B/\mathcal{N}_B$ wohldefiniert. Außerdem gilt für $\phi_{A',B'} : A' \to B'$, wenn ein kommutatives Diagramm

$$\begin{array}{ccc} A & \longrightarrow & B \\ \downarrow & & \downarrow \\ A' & \longrightarrow & B' \end{array} \qquad (5.12)$$

besteht, dass auch

$$\begin{array}{ccc} A_{\mathrm{red}} & \longrightarrow & B_{\mathrm{red}} \\ \downarrow & & \downarrow \\ A'_{\mathrm{red}} & \longrightarrow & B'_{\mathrm{red}} \end{array} \qquad (5.13)$$

kommutiert.

Damit verkleben die einzelnen $(\phi_{A,B})_{\mathrm{red}}$ zu einer Abbildung $f_{\mathrm{red}} : X_{\mathrm{red}} \to Y_{\mathrm{red}}$. Für diese ist

$$\begin{array}{ccc} X_{\mathrm{red}} & \xrightarrow{\;f_{\mathrm{red}}\;} & Y_{\mathrm{red}} \\ \downarrow & & \downarrow \\ X & \xrightarrow{\;\;f\;\;} & Y , \end{array} \qquad (5.14)$$

wobei die senkrechten Abbildungen Inklusionen von abgeschlossenen Unterschemata sind.   □

Folgende Proposition kennzeichnet die Integritätsschemata:

Proposition 5.3.6

Es sei X ein Schema. Dann ist äquivalent:

a) X ist Integritätsschema.

b) X ist reduziert und irreduzibel.

5.4 Grundlegende Klassen von Schemamorphismen

5.4.1 Immersionen

Definition 5.4.1

Eine Schemaabbildung $j : Y \to X$ heißt *Immersion*, wenn für sie gilt:

i) $j : Y \to j(Y)$ ist ein Homöomorphismus, wenn man $j(Y)$ die induzierte Teilmengentopologie gibt.

ii) $j(Y)$ ist lokal abgeschlossen, also $j(Y) = U \cap A$ mit einer offenen Teilmenge U und einer abgeschlossenen Teilmenge A von X.

iii) $j^\sharp : \mathcal{O}_{X,j(y)} \to j_* \mathcal{O}_{Y,j(y)}$ ist surjektiv für alle $y \in Y$.

◆

Lemma 5.4.1

Es sei $j : Y \to X$ eine Abbildung, die i) in der vorigen Definition erfüllt. Dann ist in der Sequenz

$$\mathcal{O}_{X,j(y)} \to (j_* \mathcal{O}_Y)_{j(y)} \xrightarrow{\sim} \mathcal{O}_{Y,y}$$

die rechte Abbildung ein Isomorphismus.

Definition 5.4.2

Eine Immersion $j : U \to X$ heißt *offene Immersion*, falls:

i) $j(U)$ ist offen in X.

ii) Die Abbildungen $j^\sharp : \mathcal{O}_{X,j(y)} \to (j_* \mathcal{O}_U)_{j(y)}$ sind Isomorphismen.

◆

Definition 5.4.3

Eine Immersion $i : Y \to X$ heißt *abgeschlossene Immersion*, falls $i(Y)$ abgeschlossen in X ist.

◆

Korollar 5.4.1

Eine Immersion $j : Y \to X$ kann als $Y \xrightarrow{i} U \xrightarrow{j'} X$ faktorisiert werden. Dabei ist i eine abgeschlossene Immersion, j' eine offene Immersion, und U kann als das U aus Definition 5.4.1, ii) gewählt werden.

Lemma 5.4.2

Es sei $j : Y \to X$ eine Immersion, die als $Y \xrightarrow{j'} A \xrightarrow{i} X$ in eine offene Immersion j' und eine abgeschlossene Immersion i faktorisiert. Dann kann j auch als $Y \xrightarrow{i'} U' \xrightarrow{j''} X$ in eine abgeschlossene Immersion i' und eine offene Immersion j'' faktorisiert werden.

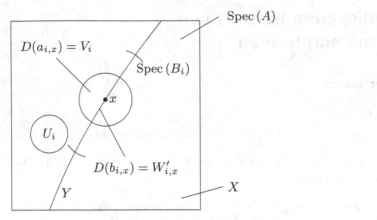

Abb. 5.1 Zum Beweis von Proposition 5.4.1

Beweis. Man setze $U' = X - i(A - j'(Y))$. Dann ist $i(j'(Y)) \subseteq U'$, und $i \circ j' : Y \to U'$ ist eine abgeschlossene Immersion. □

Bemerkung 5.4.1

Aus vorigem ergibt sich, symbolisch ausgedrückt, dass eine Immersion als $A \, U \, X$ geschrieben wird, sowie, dass eine Folge von Immersionen $U \, A \, X$ auch als $A' \, U' \, X$ umgeordnet werden kann.

Die Möglichkeit, eine beliebige Immersion $A \, U \, X$ auch immer als $U' \, A' \, X$ schreiben zu können, besteht hingegen nicht.

Lemma 5.4.3

Für $f : X \to Y$ ist äquivalent:

a) f ist Immersion.

b) $f_{V_i} : f^{-1}(V_i) \to V_i$ ist Immersion für jedes V_i einer Überdeckung $(V_i)_{i \in I}$ von Y mit offenen (eventuell affinen) V_i.

Man sagt: Die Eigenschaft „Immersion" ist „lokal auf der Basis".

Lemma 5.4.4

Es sei $i : Y \to X$ eine abgeschlossene Immersion, und $X = \mathrm{Spec}\,(A)$ sowie $Y = \mathrm{Spec}\,(B)$, affine Schemata. Dann ist die induzierte Abbildung von Ringen $i^\sharp : A \to B$ eine Surjektion.

Beweis. Man betrachte $A \to A/\mathfrak{a} \to B$ mit $\mathfrak{a} = \ker i^\sharp$. Die von $A/\mathfrak{a} \to B$ induzierte Schemaabbildung ist abgeschlossen und dicht, also surjektiv. Durchläuft $\mathfrak{q}$ die Primideale von B und sei $\mathfrak{p} = A \cap \mathfrak{q}$, so durchläuft $\mathfrak{p}$ die Primideale von $A/\mathfrak{a}$. Nach Definition der Immersion ist außerdem $(A/\mathfrak{a})_\mathfrak{p} \to B_\mathfrak{p} = B_\mathfrak{q}$ surjektiv. Also ist auch $A/\mathfrak{a} \to B$ surjektiv. □

Proposition 5.4.1

Es sei $i : Y \to X$ eine abgeschlossene Immersion und $X = \mathrm{Spec}\,(A)$ affin. Dann ist auch Y ein affines Schema mit $Y \cong \mathrm{Spec}\,(A/\mathfrak{a})$.

Beweis. Man überdecke X mit offenen Mengen $U_i = D(a_i)$, $V_i = D(a_i')$. Für die U_i gelte sämtlich $U_i \subseteq X - i(Y)$. Die V_i seien so gewählt, dass $i^{-1}(V_i) = Y_{b_i} = W_i$, affin, und die V_i die Menge $i(Y)$ überdecken. Damit überdecken die W_i auch das Schema Y.

Die V_i, W_i werden gewonnen, indem man eine affine Überdeckung

$$W_i' = \mathrm{Spec}\,(B_i)$$

von Y zugrundelegt. Den Abbildungen $W_i' \to Y \to X$ korrespondieren Morphismen $A \to B_i$, und die Bilder V_i' von W_i' in $i(Y)$ sind offen. Das heißt, für jeden Punkt x aus V_i' gibt es ein $a_{i,x}$ mit $x \in D(a_{i,x})$ und $D(a_{i,x}) \cap i(Y) \subseteq V_i'$, also

$$i^{-1}(D(a_{i,x})) = Y_{i^\sharp(a_{i,x})} \subseteq W_i' = \mathrm{Spec}\,(B_i).$$

Setze nun
$$W_{i,x}' = \mathrm{Spec}\,((B_i)_{b_{i,x}}) = Y_{i^\sharp(a_{i,x})} = i^{-1}(D(a_{i,x})).$$

Dabei ist $b_{i,x}$ das Bild von $a_{i,x}$ unter $A \to B_i$ und $i^\sharp : A = \mathcal{O}_X(X) \to \mathcal{O}_Y(Y)$ die kanonische Abbildung.

Der Inbegriff der $W_{i,x}'$ seien die obengenannten W_i und die a_i' die entsprechende Auswahl der $a_{i,x}$. Weiter sei $i^\sharp(a_i') = b_i$. Es genügen von den U_i, V_i endliche viele, da X quasikompakt ist.

Damit überdecken insbesondere endlich viele W_i schon Y, und Y ist quasikompakt. Es ist also

$$1 = \sum f_i a_i + \sum g_i a_i' \Leftrightarrow 1 - \sum g_i a_i' = \sum f_i a_i, \qquad (5.15)$$

und man hat $i^\sharp(a_i)$ nilpotent in $\mathcal{O}_Y(Y)$. Die Nilpotenz folgt dabei aus lokaler Nilpotenz von $i^\sharp(a_i)$ und der Quasikompaktheit von Y.

Wendet man $i^\sharp$ auf eine genügend hohe Potenz der rechten Form von Gleichung (5.15) an, so folgt, dass Y mit den b_i die Bedingungen von Proposition 5.1.8 erfüllt, also Y_{b_i} affin ist und $(b_i) = 1$ im Ring $\mathcal{O}_Y(Y)$. $\qquad\square$

Proposition 5.4.2

Es sei $i : Y \to X$ eine abgeschlossene Immersion. Dann existiert ein abgeschlossenes Unterschema $Y' \subseteq X$, so dass i als $Y \xrightarrow{\cong} Y' \subseteq X$ faktorisiert.

Man betrachte $0 \to \mathcal{I} \to \mathcal{O}_X \to i_*\mathcal{O}_Y \to 0$. Dann ist $Y' = V(\mathcal{I})$. Die Garbe $\mathcal{I}$ ist quasikohärent wegen der vorigen Proposition und Proposition 4.3.4. $\qquad\square$

Proposition 5.4.3

Es sei $j : W \to X$ eine offene Immersion. Dann faktorisiert j als $W \xrightarrow{j'} j(W) \subseteq X$, wobei j' ein Isomorphismus und $j(W)$ mit der kanonischen offenen Unterschemastruktur ausgestattet ist.

Proposition 5.4.4

Es gilt:

1. *(Komposition): Es seien $f : Z \to Y$ und $g : Y \to X$ (offene oder abgeschlossene) Immersionen. Dann ist auch $g \circ f : Z \to X$ eine (offene oder
   abgeschlossene) Immersion.*

2. *(Basiswechsel): Es sei $f : X \to Y$ eine (offene oder abgeschlossene) Immersion. Weiter sei $g : Y' \to Y$ ein beliebiger Schemamorphismus und
   $f' : X' = X \times_Y Y' \to Y'$ die Basiserweiterung von f. Dann ist auch f'
   eine (offene oder abgeschlossene) Immersion.*

5.4.2 Quasikompakte Morphismen

Definition 5.4.4
Ein Schemamorphismus $f : X \to Y$ heißt *quasikompakt*, falls $f^{-1}(V)$ quasikompakt in X für jedes $V \subseteq Y$, quasikompakt, ist.   ◆

Proposition 5.4.5
Es gilt:

1. *Es sei $i : Y \to X$ eine abgeschlossene Immersion. Dann ist i quasikompakt.*

2. *(Komposition): Es seien $f : X \to Y$ und $g : Y \to Z$ quasikompakte Morphismen. Dann ist auch $g \circ f : X \to Z$ quasikompakt.*

3. *(Basiswechsel): Es sei $f : X \to Y$ ein quasikompakter Morphismus. Weiter
   sei $g : Y' \to Y$ ein beliebiger Schemamorphismus und $f' : X' = X \times_Y
   Y' \to Y'$ die Basiserweiterung von f. Dann ist auch f' ein quasikompakter
   Morphismus.*

5.4.3 Morphismen vom endlichen Typ

Definition 5.4.5
Es sei $f : X \to Y$ ein Schemamorphismus.
   Dann heißt

1. *f vom endlichem Typ, bei $x \in X$,* wenn es für x und $y = f(x)$ offene affine
   Umgebungen

$$U = U(x) = \mathrm{Spec}\,(B)$$

   mit $x \in U$ und

$$V = V(y) = \mathrm{Spec}\,(A)$$

   mit $y \in V$ gibt, für die $f(U) \subseteq V$ gilt und für die

$$B = A[b_1, \ldots, b_r]$$

   eine endlich erzeugte A-Algebra vermöge des durch $f|_U$ induzierten Ringho-
   momorphismus $\phi : A \to B$ ist,

2. f *von endlicher Präsentation bei* x, falls hier $B = R/I$ mit einem Polynomring $R = A[T_1, \ldots, T_r]$ und einem endlich erzeugten Ideal $I = (f_1, \ldots, f_s) \subseteq$
   R ist,

3. f *lokal vom endlichen Typ (bzw. lokal von endlicher Präsentation)*, wenn f
   für jedes $x \in X$ vom endlichen Typ (bzw. von endlicher Präsentation) bei x
   ist.

   ◆

Definition 5.4.6
Ein Schemamorphismus, der lokal vom endlichen Typ und quasikompakt ist,
heißt *vom endlichen Typ*.   ◆

Proposition 5.4.6
Es sei $f : X \to Y$ ein Schemamorphismus, und es gebe

 i) eine endliche affine Überdeckung $(\mathrm{Spec}\,(A_i))_i$ *von* Y

 ii) sowie affine Überdeckungen $(\mathrm{Spec}\,(B_{ij}))_{ij}$ *von* $f^{-1}(\mathrm{Spec}\,(A_i))$.

*Weiter sei B_{ij} vermöge des durch f induzierten Morphismus $\phi_{ij} : A_i \to B_{ij}$
eine endlich erzeugte A_i-Algebra.*

 Dann ist f lokal vom endlichen Typ.

Beweis. Es sei $V = \mathrm{Spec}\,(A) \subseteq Y$ und $U = \mathrm{Spec}\,(B) \subseteq X$ mit $f(U) \subseteq V$ und
$f(x) = y$ mit $x \in U$.

Indem man oben die $A_i \to B_{ij}$ um $A_g = (A_i)_f \to (B_{ij})_f$ erweitert, kann man
annehmen, dass für ein System von $i \in I$ die $\mathrm{Spec}\,(A_i)$ eine Basis der Topologie von
V bilden und jedes A_i mit $i \in I$ eine endlich erzeugte A-Algebra ist.

Wähle ein $(\mathrm{Spec}\,(A_i) \ni y) \subseteq V$. Dann ist $x \in \mathrm{Spec}\,(B_{ij})$ für ein ij. Lokalisiere
$(\mathrm{Spec}\,(B^x := (B_{ij})_b = B_{b_x}) \ni x) \subseteq U$. Auf diese Weise hat man eine Überdeckung
von U mit $\mathrm{Spec}\,(B^x = B_{b_x})$, die endlich erzeugte A-Algebren sind.

Man ist so auf das folgende Lemma reduziert.   □

Lemma 5.4.5
*Es sei B eine A-Algebra, und es gebe eine endliche Überdeckung $(D(f_i))$ von
$\mathrm{Spec}\,(B)$, so dass B_{f_i} eine endlich erzeugte A-Algebra wird. Dann ist auch B
eine endlich erzeugte A-Algebra.*

Beweisidee. Man schreibe $B_{f_i} = A[b_{i\nu}, \frac{1}{f_i}]$ und bestimme $x_i \in B$ mit $\sum x_i f_i = 1$.
Dann erkennt man leicht, dass

$$B = A[(b_{i\nu})_{i\nu}, (f_i)_i, (x_i)_i]$$

ist. Man schreibe dafür $b \in B$ als $b/1 \in B_{f_i}$, erhalte

$$b/1 = G_i(b_{i\nu}, f_i)/f_i^d$$

und folglich

$$f_i^N b = H_i(b_{i\nu}, f_i)$$

mit einem universellen N für alle i. Nun gibt es Polynome $\psi_i((x_i, f_i))$ mit

$$\sum \psi_i((x_i, f_i)) \, f_i^N = 1 \,.$$

Also ist

$$b = \sum \psi_i((x_i, f_i)) \, H_i(b_{i\nu}, f_i) \,.$$

$\square$

Für Morphismen, die lokal vom endlichen Typ sind, gilt die übliche

Proposition 5.4.7
Es gilt:

1. *Offene und abgeschlossene Immersionen sind lokal vom endlichen Typ.*

2. *(Komposition): Es seien $f : X \to Y$ und $g : Y \to Z$ lokal vom endlichen Typ. Dann ist auch $g \circ f : X \to Z$ lokal vom endlichen Typ.*

3. *(Basiswechsel): Es sei $f : X \to Y$ lokal vom endlichen Typ. Weiter sei $g : Y' \to Y$ ein beliebiger Schemamorphismus und $f' : X' = X \times_Y Y' \to Y'$ die Basiserweiterung von f. Dann ist auch f' lokal vom endlichen Typ.*

5.4.4 Affine Morphismen

Definition 5.4.7
Ein Schemamorphismus $f : X \to Y$ heißt *affin*, wenn für jede offene affine Teilmenge

$$V = \mathrm{Spec}\,(A) \subseteq Y$$

das Urbild $U = f^{-1}(V) = \mathrm{Spec}\,(B)$ eine affine offene Teilmenge ist. ◆

Proposition 5.4.8
Es sei $f : X \to Y$ ein Schemamorphismus, und

i) *es sei eine affine Überdeckung $V_i = (\mathrm{Spec}\,(A_i))_i$ von Y gegeben,*

ii) *die Urbilder $U_i = f^{-1}(V_i) = \mathrm{Spec}\,(B_i)$ für alle i seien affine offene Teilmengen.*

Dann ist f affin.

Beweis. Es sei $U = f^{-1}(V)$ und $V = \mathrm{Spec}\,(A) \subseteq Y$, affin.

Mit den Lokalisierungen $A_g = (A_i)_f \to (B_i)_f$ kann man annehmen, dass für ein System von $i \in I$ die V_i eine Basis der Topologie von V bilden.

Man kann also endlich viele $f_j \in A$ finden, so dass in $U_{\phi(f_j)} \to V_{f_j}$ das Schema $U_{\phi(f_j)}$ affin ist, wobei $\phi : A \to \mathcal{O}_U(U)$ ist, und die $D(f_j)$ das Schema V überdecken.

Da so $(f_j) = 1$ in A, ist $(\phi(f_j)) = 1$ in $\mathcal{O}_U(U)$. Also ist nach dem üblichen Affinitätskriterium (Proposition 5.1.8) auch U affin. $\square$

Proposition 5.4.9

Es gilt:

1. *Abgeschlossene Immersionen sind affin.*

2. *(Komposition): Es seien $f : X \to Y$ und $g : Y \to Z$ affin. Dann ist auch $g \circ f : X \to Z$ affin.*

3. *(Basiswechsel): Es sei $f : X \to Y$ affin. Weiter sei $g : Y' \to Y$ ein beliebiger Schemamorphismus und $f' : X' = X \times_Y Y' \to Y'$ die Basiserweiterung von f. Dann ist auch f' affin.*

5.4.5 Endliche Morphismen

Definition 5.4.8

Ein Schemamorphismus $f : X \to Y$ heißt *endlich*, wenn für jede offene affine Teilmenge

$$V = \mathrm{Spec}\,(A) \subseteq Y$$

das Urbild $U = f^{-1}(V) = \mathrm{Spec}\,(B)$ eine affine offene Teilmenge ist, für die B eine endliche A-Algebra vermöge des durch $f|_U$ induzierten Ringhomomorphismus $\phi : A \to B$ ist. ◆

Bemerkung 5.4.2

Ein endlicher Schemamorphismus ist also auch affin.

Proposition 5.4.10

Es sei $f : X \to Y$ ein Schemamorphismus, und

i) *es sei eine affine Überdeckung $V_i = (\mathrm{Spec}\,(A_i))_i$ von Y gegeben,*

ii) *die Urbilder $U_i = f^{-1}(V_i) = \mathrm{Spec}\,(B_i)$ für alle i seien affine offene Teilmengen,*

iii) *die B_i seien endliche A_i-Algebren kraft des durch $f|_{U_i}$ induzierten Homomorphismus $A_i \to B_i$.*

Dann ist f endlich.

Beweis. Dass f eine affine Abbildung ist, folgt aus Proposition 5.4.8. Es sei $U = f^{-1}(V)$ mit $V = \mathrm{Spec}\,(A) \subseteq Y$.

Indem man in voriger Proposition durch Übergang von A_i zu $(A_i)_f = A_g$ annimmt, dass für ein System $i \in I$ die V_i eine Basis der Topologie von V bilden, reduziert man dann auf folgendes Lemma. $\square$

Lemma 5.4.6

Es sei B eine A-Algebra, und es gebe eine endliche Überdeckung $(D(a_i))$ von $\mathrm{Spec}\,(A)$, so dass B_{a_i} eine endliche A_{a_i}-Algebra wird. Dann ist auch B eine endliche A-Algebra.

Beweis. Es sei $A_{a_i}^{n_i} \to B_{a_i}$ surjektive Abbildung von A-Moduln induziert von $A^{n_i} \to B$. Dann ist $M = \bigoplus_i A^{n_i} \to B$ surjektiv, weil alle $M_{a_i} \to B_{a_i}$ als Abbildung von A-Moduln surjektiv sind. $\qquad\square$

Für endliche Morphismen gilt die übliche

Proposition 5.4.11

Es gilt:

1. *Abgeschlossene Immersionen sind endlich.*

2. *(Komposition): Es seien $f : X \to Y$ und $g : Y \to Z$ endlich. Dann ist auch $g \circ f : X \to Z$ endlich.*

3. *(Basiswechsel): Es sei $f : X \to Y$ endlich. Weiter sei $g : Y' \to Y$ ein beliebiger Schemamorphismus und $f' : X' = X \times_Y Y' \to Y'$ die Basiserweiterung von f. Dann ist auch f' endlich.*

5.4.6 Diagonale Δ und Graph Γ_f eines Morphismus

Definition 5.4.9
Für jeden Schemamorphismus $f : X \to Y$ lässt sich eine Abbildung $\Delta : X \to X \times_Y X$ durch das folgende kommutative Diagramm definieren:

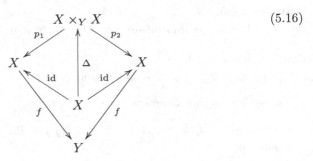

$$(5.16)$$

Die Abbildung $\Delta = \Delta_f$ ist die *Diagonalabbildung* zu f.   ♦

Definition 5.4.10
Es sei $f : X \to Y$ ein Morphismus von S-Schemata und $\Delta : Y \to Y \times_S Y$ die Diagonalabbildung. Dann ist Γ_f im cartesischen Quadrat

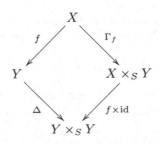

der *Graph-Morphismus* zu f. Symbolisch wird er durch die Abbildung $x \mapsto (x, f(x))$ beschrieben, die das Verhalten von $\Gamma_f(T) : X(T) \to (X \times_S Y)(T)$ wiedergibt. ◆

5.5 Separierte und eigentliche Morphismen

5.5.1 Definition

Proposition 5.5.1
Es sei $f : X \to Y$ und $\Delta : X \to X \times_Y X$ die Diagonalabbildung. Dann ist Δ eine Immersion.

Beweis. Man kann zunächst auf $Y = \mathrm{Spec}\,(A)$ reduzieren. Ist dann U_i eine affine offene Überdeckung von X, so überdecken die offenen Mengen $U_i \times_Y U_i$ das Bild $\Delta(X)$. Nach dem folgenden Lemma ist also $\Delta : X \to \bigcup_i (U_i \times_Y U_i) \to X \times_Y X$ eine Sequenz aus einer abgeschlossenen und einer offenen Immersion. □

Lemma 5.5.1
Es seien $X = \mathrm{Spec}\,(B)$ und $Y = \mathrm{Spec}\,(A)$ affin und $f : X \to Y$ sowie $\Delta : X \to X \times_Y X$ wie oben. Dann ist Δ eine abgeschlossene Immersion.

Definition 5.5.1
Es sei $f : X \to Y$ und $\Delta : X \to X \times_Y X$ wie oben. Dann heißt f *separiert*, wenn Δ eine abgeschlossene Immersion ist. ◆

Definition 5.5.2
Es sei $f : X \to Y$ und $\Delta : X \to X \times_Y X$ wie oben. Dann heißt f *quasisepariert*, wenn Δ ein quasikompakter Morphismus ist. ◆

Bemerkung 5.5.1
Ein affiner Morphismus ist quasikompakt und eine abgeschlossene Immersion affin. Also ist ein separierter Morphismus auch quasisepariert.

Proposition 5.5.2
Es sei $f : X \to Y$ quasisepariert und Y affin. Weiter sei $U_1, U_2 \subseteq X$ offen, affin. Dann ist $U_1 \cap U_2$ quasikompakt.

Beweis. Es ist $U_1 \cap U_2 = \Delta_f^{-1}(U_1 \times_Y U_2)$. □

Definition 5.5.3
Es sei $f : X \to Y$ ein Schemamorphismus. Dann heißt f *eigentlich*, falls

i) f vom endlichen Typ ist,

ii) f separiert ist,

iii) für alle $g : Y' \to Y$ die Basiserweiterung $f' : X \times_Y Y' \to Y'$ von f mit g eine *abgeschlossene Abbildung* ist.

Die letzte Eigenschaft nennt man *universelle Abgeschlossenheit*.   ♦

5.5.2   Permanenzprinzipien von Morphismen

Lemma 5.5.2
Es sei $f : X \to Y$ ein Morphismus von S-Schemata und W ein S-Schema. Dann ist das folgende Diagramm cartesisch:

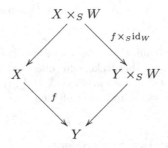

Die folgende Charakterisierung einer Klasse von Morphismen ist in vielen Situationen nützlich:

Proposition 5.5.3
Es sei $\mathcal{P}$ eine Klasse von Morphismen von Schemata, und es seien folgende Bedingungen an $\mathcal{P}$ gegeben:

a) *Die abgeschlossenen Immersionen $i : Y \hookrightarrow X$ sind in $\mathcal{P}$.*
b) *Es sei $f : X \to Y$ und $g : Y \to Z$ in $\mathcal{P}$. Dann ist auch $g \circ f : X \to Z$ in $\mathcal{P}$.*
c) *Es sei $f : X \to Y$ in $\mathcal{P}$ und $g : Y' \to Y$. Dann ist auch $f' : X \times_Y Y' \to Y'$ in $\mathcal{P}$.*
d) *Es seien $f : X \to Y$ und $f' : X' \to Y'$ zwei Morphismen von S-Schemata aus $\mathcal{P}$. Dann ist auch $f \times_S f' : X \times_S X' \to Y \times_S Y'$ in $\mathcal{P}$.*
e) *Es seien $f : X \to Y$ und $g : Y \to Z$ zwei Schemamorphismen, und es sei $g \circ f : X \to Z$ aus $\mathcal{P}$. Außerdem sei g separiert. Dann ist auch f aus $\mathcal{P}$.*
f) *Es sei $f : X \to Y$ aus $\mathcal{P}$. Dann ist auch $f_{\mathrm{red}} : X_{\mathrm{red}} \to Y_{\mathrm{red}}$ aus $\mathcal{P}$.*

Dann folgt aus a), b), c) auch die Gültigkeit von d), e), f).

Beweis. Wir beweisen d): Es ist

$$f \times_S f' = (\mathrm{id}_Y \times_S f') \circ (f \times_S \mathrm{id}_{X'}).$$

Nach c) und dem Lemma sind die Faktoren der Komposition in $\mathcal{P}$, also nach b) auch $f \times_S f'$.

Wir beweisen e): Mit den Bezeichnungen von Definition 5.4.10 und aus dem Diagramm

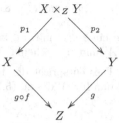

erkennen wir einmal, dass $f = p_2 \circ \Gamma_f$ ist. Nun ist aber $\Gamma_f : X \to X \times_Z Y$ als Basiserweiterung der abgeschlossenen Immersion $\Delta : Y \to Y \times_Z Y$ in $\mathcal{P}$. Ebenso gilt dies für p_2 als Basiserweiterung von $g \circ f$. Also ist f als Komposition nach b) auch in $\mathcal{P}$. $\qquad\square$

Definition 5.5.4

Eine Klasse $\mathcal{P}$ wie in der vorigen Proposition heißt *ausgezeichnete Klasse von Morphismen*. $\qquad\blacklozenge$

5.5.3 Morphismen von Bewertungsringen in beliebige Schemata

Es sei $T = \mathrm{Spec}\,(R)$ mit einem Bewertungsring R. Das maximale und das minimale Ideal von R seien $\mathfrak{m}_R = \mathfrak{q}_0 = t_0 \in T$ und $(0) = \mathfrak{q}_1 = t_1 \in T$. Dann gilt:

Lemma 5.5.3

Für ein Schema X entsprechen sich folgende Mengen:

- *die Abbildungen $f : T \to X$ mit $f(t_1) = x_1$ und $f(t_0) = x_0$.*
- *die Diagramme*

$$
\begin{array}{ccc}
\mathcal{O}_{Z,x_1} & \longrightarrow & K \\
\uparrow & & \uparrow \\
\mathcal{O}_{Z,x_0} & \xrightarrow{\ \alpha\ } & R,
\end{array}
\tag{5.17}
$$

wobei $Z = \overline{\{x_1\}}$ mit der reduzierten, induzierten Unterschemastruktur ist und R den Ring $\mathcal{O}_{Z,x_0}$ vermöge α dominiert.

Ist nämlich zunächst $X = \mathrm{Spec}\,(A)$, so wird $f : T \to X$ beschrieben durch einen Ringhomomorphismus $\phi : A \to R$. Es sei dabei $\phi^{-1}(\mathfrak{q}_1) = \mathfrak{p}_1$ und $\phi^{-1}(\mathfrak{q}_0) = \mathfrak{p}_0$.

Dann ergibt sich aus der injektiven Abbildung $A/\mathfrak{p}_1 \to R$ folgendes Diagramm:

$$
\begin{array}{ccc}
(A/\mathfrak{p}_1)_{\mathfrak{p}_1} & \longrightarrow & K \\
\uparrow & & \uparrow \\
(A/\mathfrak{p}_1)_{\mathfrak{p}_0} & \xrightarrow{\ \alpha\ } & R
\end{array}
\tag{5.18}
$$

Bezeichnet man mit π die Abbildung $A \to (A/\mathfrak{p}_1)_{\mathfrak{p}_0}$, so ist $\phi = \alpha \circ \pi$. Man hat dann eine eineindeutige Beziehung zwischen den $\phi : A \to R$ und den Diagrammen (5.18), die durch $\phi \leftrightarrow \alpha \circ \pi$ gegeben ist. Das Diagramm (5.18) entspricht dabei offensichtlich dem Diagramm (5.17).

Wählt man im Folgenden nun ein $s \in A$ mit $s \notin \mathfrak{p}_0$ und setzt $A' = A_s$ sowie die Ideale $\mathfrak{p}_1' = \mathfrak{p}_1 A'$ und $\mathfrak{p}_0' = \mathfrak{p}_0 A'$ und das Schema $X' = \operatorname{Spec}(A')$, so faktorisiert $f : T \to X$, als $T \xrightarrow{f'} X' \subseteq X$. Dies entspricht der Faktorisierung von $\phi : A \to R$ durch $A \to A' \to R$. Bildet man nun für A' das zu (5.18) analoge Diagramm

$$
\begin{array}{ccc}
(A'/\mathfrak{p}_1')_{\mathfrak{p}_1'} & \longrightarrow & K \\
\uparrow & & \uparrow \\
(A'/\mathfrak{p}_1')_{\mathfrak{p}_0'} & \xrightarrow{\ \alpha\ } & R \, ,
\end{array}
\tag{5.19}
$$

so sind die Ringe und Abbildungen mit denen von (5.18) identisch. Es ist nämlich für jedes $\mathfrak{q}, \mathfrak{r} \in \operatorname{Spec}(A)$ mit $\mathfrak{q} \subseteq \mathfrak{r}$ und $s \notin \mathfrak{r}$ sowie $\mathfrak{q}' = \mathfrak{q} A'$ und $\mathfrak{r}' = \mathfrak{r} A'$

$$
(A/\mathfrak{q})_{\mathfrak{r}} \cong (A'/\mathfrak{q}')_{\mathfrak{r}'} \cong (A/\mathfrak{q})_{\mathfrak{r}} \otimes_A A' \, .
\tag{5.20}
$$

Tensoriert man also (5.18) mit $\otimes_A A'$, so geht es identisch in (5.19) über. Es entsprechen sich also eineindeutig die Abbildungen $f : T \to X$, die Abbildungen $f' : T \to X'$ und die Diagramme (5.18), die mit den (5.19) identisch sind.

Für allgemeines X faktorisiert man $f : T \to X$ in

$$
f : T \xrightarrow{f'} U \hookrightarrow X
\tag{5.21}
$$

mit $U \subseteq X$ offen, affin. Man ordnet f dann eindeutig das Diagramm (5.18) zu, das nach obigen Überlegungen f' zukommt und (5.17) entspricht.

Umgekehrt lässt sich einem gegebenen Diagramm (5.17) ein Morphismus $f' : T \to U$ für ein affines $i : U \subseteq X$ zuordnen, wobei jedes U mit $x_0 \in U$ herangezogen werden kann. Man erhält dann einen Morphismus $f : T \to X$ als $f = i \circ f'$.

Diese Zuordnung ist von der Wahl von U unabhängig. Hat man nämlich zwei verschiedene U_i mit

$$
f : T \xrightarrow{f_i'} U_i \hookrightarrow X \, ,
\tag{5.22}
$$

so kann man stets s_1, s_2 finden, so dass $(U_1)_{s_1} = (U_2)_{s_2} \supseteq f(T)$ ist.

Da man nach obigen Überlegungen das U in (5.21) durch ein U_s ersetzen kann, für das $U_s \supseteq f(T)$ gilt, ohne dass sich das zugeordnete Diagramm ändert, ist also das der Abbildung f zugeordnete Diagramm von der Faktorisierung (5.21) unabhängig und auch umgekehrt die dem Diagramm (5.17) vermöge der Faktorisierung (5.21) zugeordnete Abbildung f von dieser Faktorisierung unabhängig. □

Proposition 5.5.4

Es sei X ein Schema, und $x_1, x_0 \in X$ Punkte von X. Es sei x_0 eine Spezialisierung von x_1, also $x_1 \rightsquigarrow x_0$.

Dann existiert ein Bewertungsring R mit Quotientenkörper K und ein Diagramm

$$
\begin{array}{ccc}
U & \xrightarrow{\ g\ } & X \\
\downarrow & \nearrow & \\
& f & \\
T & &
\end{array}
\tag{5.23}
$$

mit $U = \operatorname{Spec}(K)$ und $T = \operatorname{Spec}(R)$. Für diese gilt: Ist t_1 das Nullideal von R und t_0 das maximale Ideal, so ist $f(t_1) = x_1$ sowie $f(t_0) = x_0$.

Beweis. Man setze $Z = \{x_1\}^-$ mit der abgeschlossenen reduzierten Unterschemastruktur und wähle $K = \mathcal{O}_{Z,x_1} = K(Z)$, den Funktionenkörper. In ihm ist $\mathcal{O}_{Z,x_0} \subseteq K$ ein lokaler Ring, der von einem Bewertungsring $(R, \mathfrak{m}_R)$ dominiert wird. Der Ring R hat die gesuchten Eigenschaften. $\square$

Lemma 5.5.4

Es sei X ein Schema, und es kommutiere

$$U \xrightarrow{\quad\quad} X, \qquad (5.24)$$
$$j \downarrow \;\; \underset{h_1}{\overset{h_2}{\nearrow}}$$
$$T$$

wobei $T = \operatorname{Spec}(R)$ und $U = \operatorname{Spec}(K)$ mit $K = Q(R)$, wie oben, ist. Ist dann $h_1(t_0) = h_2(t_0)$, so ist $h_1 = h_2$.

Beweis. Folgt aus Diagramm (5.17), weil α durch $\mathcal{O}_{Z,x_1} \to K$ und die Wahl von $x_0 \in \{x_1\}^-$ festgelegt ist. $\square$

5.5.4 Bewertungstheoretische Kriterien

Wir benötigen das folgende Lemma:

Lemma 5.5.5

Es sei $f : X \to Y$ eine quasikompakte Schemaabbildung, und es sei $f(X)$ abgeschlossen unter Spezialisierung. Dann ist $f(X)$ sogar abgeschlossen.

Beweis. Zunächst kann man $f : X \to Y$ durch $f_{\mathrm{red}} : X_{\mathrm{red}} \to Y_{\mathrm{red}}$ ersetzen, da sich die topologische Situation dadurch nicht ändert. Damit existiert $f(X)^- \hookrightarrow Y$, der schematheoretische Abschluss von $f(X)$ in Y. (Hier brauchen wir einen Vorgriff auf Abschnitt 5.7, Proposition 5.7.1. Dieser ist aber unschädlich.) Man ersetzt damit weiter $Y = f(X)^-$ und erhält insgesamt die Zusatzbedingungen: X, Y reduziert, $f(X)$ dicht in Y. Zu zeigen ist dann $f(X) = Y$.

Es sei nun y_0 ein beliebiger Punkt in Y. Wir wählen eine Umgebung $V = \operatorname{Spec}(A)$ von y_0, so dass das Primideal $\mathfrak{p}_0$ dem Punkt y_0 entspricht. Nun existiert kraft eines allgemeinen Satzes über kommutative Ringe unter dem Primideal $\mathfrak{p}_0$ ein minimales Primideal $\mathfrak{p}_1 \subseteq \mathfrak{p}_0$. Wir zeigen, dass dieses im Bild $f(X)$ liegt.

Überdecke dazu $U = f^{-1}(V)$ mit endlich vielen affinen $U_i = \operatorname{Spec}(B_i)$ und ersetze U durch $U' = \coprod_i U_i$ sowie f durch $f' = \coprod_i f|_{U_i}$. Dann ist $U' = \operatorname{Spec}(\prod_i B_i) = \operatorname{Spec}(B')$ und f' gegeben durch einen Ringhomomorphismus $A \to B'$. Dieser ist injektiv, da $f(U) = f'(U')$ dicht in V liegt und die Schemata reduziert sind.

Also ist auch $A_{\mathfrak{p}_1} = \kappa(\mathfrak{p}_1) \to B'_{\mathfrak{p}_1}$ injektiv. Das bedeutet aber $\mathfrak{p}_1 \in f'(U') = f(U)$, wie verlangt. $\square$

Wir studieren jetzt folgende Situation: Es sei $f : X \to Y$ ein Morphismus noetherscher Schemata und das folgende Diagramm gegeben:

$$U \longrightarrow X \qquad\qquad (5.25)$$
$$\begin{array}{ccc} & h & \nearrow \\ \downarrow & \diagup & \downarrow f \\ T \longrightarrow Y \end{array}$$

Dabei ist

- $T = \operatorname{Spec}(A)$ das Spektrum eines Bewertungsrings.
- $U = \operatorname{Spec}(K)$ das Spektrum seines Quotientenkörpers.

Gefragt ist nach der Vielfachheit der Möglichkeiten, eine Abbildung h zu finden, die obiges Diagramm kommutativ ergänzt.

Proposition 5.5.5
Es sei $f : X \to Y$ ein Morphismus noetherscher Schemata.
  Dann ist äquivalent:

a) *Es gibt für jedes mögliche kommutative Diagramm (5.25) höchstens einen Pfeil h, der das Diagramm kommutativ belässt.*

b) *Für $\Delta : X \to X \times_Y X$ ist $\Delta(X)$ abgeschlossen.*

c) *f ist separiert.*

Beweis. Die Äquivalenz von b) und c) folgt aus der Tatsache, dass Δ eine Immersion ist und damit eine abgeschlossene Immersion, wenn $\Delta(X)$ abgeschlossen.
  Es sei also jetzt a) erfüllt. Es sei $w_1 \in \Delta(X)$ und $w_1 \rightsquigarrow w_0$ mit einem $w_0 \in X \times_Y X$. Wir betrachten ein Diagramm

$$U \longrightarrow X \times_Y X \qquad\qquad (5.26)$$
$$\begin{array}{ccc} \downarrow & h \nearrow & \downarrow \\ T \longrightarrow Y, \end{array}$$

in dem $T = \operatorname{Spec}(R)$ das Spektrum eines geeigneten Bewertungsrings und $U = \operatorname{Spec}(K)$ das Spektrum seines Quotientenkörpers ist. Der Punkt t_1 sei das Nullideal von R, der Punkt t_0 sein maximales Ideal. Alles sei so gewählt, dass $h(t_1) = w_1$ und $h(t_0) = w_0$ ist. Wegen a) ist dann $p_1 h = p_2 h$ (jedes $p_i \circ h$ ergibt eine Diagonale in (5.25)), also $h = \Delta\, p_1 h$, wie man leicht nachrechnet. Also ist auch $w_0 = h(t_0)$ in $\Delta(X)$ enthalten. Nach Lemma 5.5.5 ist damit $\Delta(X)$ abgeschlossen, denn $\Delta : X \to X \times_Y X$ ist quasikompakt, weil X, Y noethersch sind.
  Umgekehrt, sei a) nicht erfüllt und in einem geeigneten Diagramm

$$U \longrightarrow X \qquad\qquad (5.27)$$
$$\begin{array}{ccc} \downarrow & h_2 \nearrow \nearrow & \uparrow \\ j & \diagup \diagup & h_1 \downarrow \\ T \longrightarrow Y \end{array}$$

der Morphismus h_1 von h_2 verschieden. Wir betrachten $h = h_1 \times_Y h_2 : T \to X \times_Y X$. Es ist $h(t_1) \in \Delta(X)$, da $h_1 j = h_2 j$ ist. Andererseits ist $h_1(t_0) \neq h_2(t_0)$, da sonst nach Lemma 5.5.4 auch $h_1 = h_2$ wäre. Also ist $h(t_0) \notin \Delta(X)$. Wegen $h(t_1) \rightsquigarrow h(t_0)$ ist $\Delta(X)$ dann nicht abgeschlossen.   □

Proposition 5.5.6

Es sei $f : X \to Y$ ein Morphismus noetherscher Schemata. Der Morphismus f sei vom endlichen Typ.

Dann ist äquivalent:

a) *Es gibt für jedes mögliche kommutative Diagramm (5.25) genau einen Pfeil h, der das Diagramm kommutativ belässt.*

b) *f ist eigentlich.*

Beweis. Die Existenz maximal eines Pfeiles h ist äquivalent zur Separiertheit. Wir müssen also nur zeigen, dass die Existenz mindestens eines Pfeiles äquivalent zur universellen Abgeschlossenheit von $f : X \to Y$ ist.

Es sei also $f : X \to Y$ universell abgeschlossen. Betrachte das Diagramm:

$$\begin{array}{ccc}
U & \xrightarrow{\ g'\ } & X \times_Y T \longrightarrow X \\
{\scriptstyle j}\downarrow & {\scriptstyle h'}\nearrow & \downarrow{\scriptstyle f'} \qquad \downarrow{\scriptstyle f} \\
T & \longrightarrow & T \longrightarrow Y
\end{array} \qquad (5.28)$$

Man wähle $w_1 = g'(u_1) \in X \times_Y T$ mit $Z = \{w_1\}^-$ und $f'(w_1) = t_1$. Dann ist $f'(Z)$ abgeschlossen, also $t_0 = f'(w_0)$ mit einem $w_0 \in Z$, also $w_1 \rightsquigarrow w_0$.

Aus dem Diagramm

$$\begin{array}{ccc}
K =\!=\!= \mathcal{O}_{T,t_1} & \xleftarrow[\ \supseteq\ ]{} & \mathcal{O}_{T,t_0} \\
{\scriptstyle g'^\sharp}\uparrow & & \downarrow{\scriptstyle f'^\sharp} \\
\mathcal{O}_{Z,w_1} & \xleftarrow[\ \supseteq\ ]{} & \mathcal{O}_{Z,w_0}
\end{array} \qquad (5.29)$$

ergibt sich, dass $\mathcal{O}_{Z,w_0}$ den Bewertungsring $\mathcal{O}_{T,t_0}$ in K dominiert. Also ist er diesem gleich und induziert die Abbildung h' im obigen Diagramm gemäß der Korrespondenz aus Lemma 5.5.3. Damit folgt sofort die Existenz des $h = p_1 \circ h'$ durch Projektion auf X.

Umgekehrt, sei $f' : X' = X \times_Y Y' \to Y'$ eine Basiserweiterung von f und f erfülle die Annahme über die Existenz genau eines Pfeiles h im Diagramm (5.25).

Dann existiert im Diagramm

$$\begin{array}{ccc}
U & \longrightarrow & X' \\
{\scriptstyle j}\downarrow & {\scriptstyle h}\nearrow & \downarrow{\scriptstyle f'} \\
T & \xrightarrow{\ g\ } & Y'
\end{array} \qquad (5.30)$$

ein Pfeil h für jede Wahl von U und T. Es seien nun $y_1 \rightsquigarrow y_0$ zwei Punkte in Y' mit $y_1 \in f'(X')$. Es sei, was immer möglich ist, T so gewählt, dass $g(t_1) = y_1$ und $g(t_0) = y_0$ ist. Dann beweist die Existenz von h, dass auch $y_0 = f'(h(t_0))$ in $f'(X')$ liegt. Mithin ist $f'(X')$ abgeschlossen, denn f' ist als Basiserweiterung des quasikompakten Morphismus f auch quasikompakt, und wir können das oben schon benutzte Lemma 5.5.5 heranziehen.   □

Proposition 5.5.7
Es gilt:

1. *Offene und abgeschlossene Immersionen sind (quasi-)separiert.*

2. *(Komposition): Es seien $f : X \to Y$ und $g : Y \to Z$ (quasi-)separiert. Dann ist auch $g \circ f : X \to Z$ (quasi-)separiert.*

3. *(Basiswechsel): Es sei $f : X \to Y$ (quasi-)separiert. Weiter sei $g : Y' \to Y$ ein beliebiger Schemamorphismus und $f' : X' = X \times_Y Y' \to Y'$ die Basiserweiterung von f. Dann ist auch f' (quasi-)separiert.*

4. *Es sei $f : X \to Y$ ein Schemamorphismus und (V_i) eine offene Überdeckung von Y. Die Morphismen $f_{V_i} : f^{-1}(V_i) \to V_i$ seien alle (quasi-)separiert. Dann ist auch f (quasi-)separiert.*

Proposition 5.5.8
Es gilt:

1. *Abgeschlossene Immersionen sind eigentlich.*

2. *(Komposition): Es seien $f : X \to Y$ und $g : Y \to Z$ eigentlich. Dann ist auch $g \circ f : X \to Z$ eigentlich.*

3. *(Basiswechsel): Es sei $f : X \to Y$ eigentlich. Weiter sei $g : Y' \to Y$ ein beliebiger Schemamorphismus und $f' : X' = X \times_Y Y' \to Y'$ die Basiserweiterung von f. Dann ist auch f' eigentlich.*

4. *Es sei $f : X \to Y$ ein Schemamorphismus und (V_i) eine offene Überdeckung von Y. Die Morphismen $f_{V_i} : f^{-1}(V_i) \to V_i$ seien alle eigentlich. Dann ist auch f eigentlich.*

Zum Schluss, noch ein paar nützliche Sätze:

Proposition 5.5.9
Es seien X, Y zwei S-Schemata. Es sei X reduziert und Y/S separiert. Weiter seien $f, g : X \to Y$ zwei S-Abbildungen und $f|U = g|U$ für eine in X dichte, offene Teilmenge $U \subseteq X$. Dann ist sogar $f = g$.

Proposition 5.5.10
Es sei X/S separiert und $S = \operatorname{Spec}(A)$ affin. Weiter seien $U, V \subseteq X$ zwei affine, offene Teilmengen. Dann ist auch $U \cap V \subseteq X$ eine affine, offene Teilmenge.

Proposition 5.5.11

Es sei $f : X \to Y$ ein Morphismus von S-Schemata X/S und Y/S über einem noetherschen Schema S. Es seien X/S und Y/S separiert und vom endlichen Typ über S. Weiter sei $Z \hookrightarrow X$ ein abgeschlossenes Unterschema und Z/S eigentlich.

Dann ist $f(Z) \subseteq Y$ abgeschlossen. Nennt man $f(Z)$ das schematheoretische Bild von $Z \to X \to Y$ in Y, so ist überdies $f(Z)/S$ eigentlich.

Beweis. Wir machen hier einen kleinen Vorgriff auf die Theorie quasikohärenter Garben und des schematheoretischen Bildes. Dieser ist aber unschädlich.

Betrachte das Diagramm:

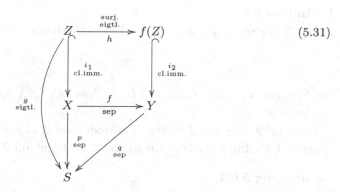

$$(5.31)$$

Es werde $f(Z)$ als $V(\mathcal{J})$ konstruiert mit

$$0 \to \mathcal{J} \to \mathcal{O}_Y \to (f \circ i_1)_* \mathcal{O}_Z .$$

Da $f \circ i_1$ separiert und quasikompakt bzw. weil Z noethersch, ist $(f \circ i_1)_* \mathcal{O}_Z$ quasikohärenter $\mathcal{O}_Y$-Modul. Also existiert $f(Z)$ in der angegebenen Form. Weiter ist aufgrund der Eigenschaften des schematheoretischen Bildes und weil Z noethersch ist, auch $h : Z \to f(Z)$ eine dichte Abbildung.

Weiter ist h eigentlich, weil g eigentlich und $q \circ i_2$ separiert. Also ist h abgeschlossen und weil dicht sogar surjektiv, also insbesondere auch $f(Z)$ abgeschlossen in Y. Weiter ist $q \circ i_2$ separiert und vom endlichen Typ über S, denn sowohl q als auch i_2 sind separiert bzw. vom endlichen Typ.

Es bleibt also nur nachzuweisen, dass $q \circ i_2$ auch universell abgeschlossen ist. Wir bilden vom vorigen Diagramm ein Faserprodukt $- \times_S S'$. Unter ihm behalten die jeweiligen Abbildungen ihre oben benannten Eigenschaften:

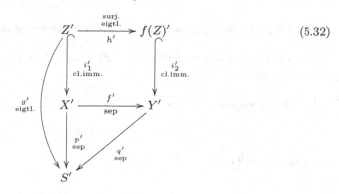

$$(5.32)$$

Eine abgeschlossene Menge $A \subseteq f(Z)'$ ist Bild einer solchen aus Z', nämlich $A = h'(A')$ mit $A' = h'^{-1}(A)$. Also ist $(q' \circ i_2')(A) = q'(i_2'(h(A'))) = g'(A')$ abgeschlossen in S'. Damit ist $q' \circ i_2'$ als abgeschlossene Abbildung nachgewiesen. Da S' beliebig war, ist dann auch sogar $q \circ i_2$ universell abgeschlossen — also eigentlich. $\square$

5.6 Quasikohärente und kohärente Modulgarben

5.6.1 Definition, Summe, Tensorprodukt, Limes

Definition 5.6.1
Es sei X ein Schema und $\mathcal{F}$ ein $\mathcal{O}_X$-Modul. Weiter sei

$$\mathcal{F}|_U \cong \widetilde{M} \tag{5.33}$$

für jede offene, affine Teilmenge $U = \operatorname{Spec}(A) \subseteq X$ und einen zugehörigen A-Modul M.

Dann heißt $\mathcal{F}$ *quasikohärenter* $\mathcal{O}_X$-Modul auf X. Ist überdies M endlich erzeugter A-Modul, so heißt $\mathcal{F}$ *kohärenter* $\mathcal{O}_X$-Modul auf X.   ♦

Bemerkung 5.6.1
Wir werden bei der Verwendung kohärenter $\mathcal{O}_X$-Moduln meist annehmen, dass X noethersch ist, da sonst die hier gegebene Definition nicht mit der allgemeineren, wie sie zum Beispiel in EGA [12] zu finden ist, übereinstimmt.

Lemma 5.6.1
Es sei X ein Schema, $f \in \mathcal{O}_X(X)$ und $\mathcal{F}$ ein $\mathcal{O}_X$-Modul. Es existiere eine endliche, offene, affine Überdeckung (U_i) von X und für jedes $U_{ij} = U_i \cap U_j$ eine endliche, offene, affine Überdeckung (U_{ijk}) mit den Eigenschaften

i) $\mathcal{F}|_{U_i} \cong \widetilde{M_i}$ *für einen A_i-Modul M_i mit $U_i = \operatorname{Spec}(A_i)$,*

ii) $\mathcal{F}|_{U_{ijk}} \cong \widetilde{M_{ijk}}$ *für einen A_{ijk}-Modul M_{ijk} mit $U_{ijk} = \operatorname{Spec}(A_{ijk})$.*

Dann gilt:

1. Sei $s \in \mathcal{F}(X)$ mit $s|_{X_f} = 0$, so ist $f^n s = 0$ für ein geeignetes n.

2. Sei $s \in \mathcal{F}(X_f)$, so existiert ein $t \in \mathcal{F}(X)$, so dass $f^n s = t|_{X_f}$ für ein geeignetes n ist.

In der Konsequenz ist also

$$\mathcal{F}(X_f) = \mathcal{F}(X)_f \, .$$

Beweis. Wie in Lemma 5.1.5. $\square$

Proposition 5.6.1

Es sei X ein Schema, $\mathcal{F}$ ein $\mathcal{O}_X$-Modul und (U_i) eine offene affine Überdeckung von X. Weiter sei $U_i = \operatorname{Spec}(A_i)$ und $\mathcal{F}|_{U_i} = \widetilde{M_i}$ für einen A_i-Modul M_i.

Dann ist $\mathcal{F}$ ein quasikohärenter $\mathcal{O}_X$-Modul.

Beweis. Gilt die Voraussetzung der obigen Proposition, so gilt sie auch für jedes $U \subseteq X$ offen und $\mathcal{F}|_U$, denn man kann durch Hinzunahme von $(A_i)_a$, $(M_i)_a$ annehmen, dass die (U_i) eine Basis der Topologie von X bilden.

Man kann sich also auf $X = \operatorname{Spec}(A)$ affin beschränken. Dann kann man überdies die (U_i) alle als $D(a_i)$ wählen. Es sind dann die Voraussetzungen von Lemma 5.6.1 erfüllt, und es ist $\mathcal{F} = \widetilde{\mathcal{F}(X)}$. Da dies für alle $U \subseteq X$ offen, affin gilt, ist $\mathcal{F}$ quasikohärent. $\qquad\square$

Proposition 5.6.2

Ist in der vorigen Proposition X noethersch und jeder Modul M_i endlich erzeugt als A_i-Modul, so ist $\mathcal{F}$ kohärent.

Korollar 5.6.1

Es sei $X = \operatorname{Spec}(A)$ ein affines Schema und $\mathcal{F}$ ein $\mathcal{O}_X$-Modul. Dann ist $\mathcal{F}$ genau dann quasikohärent, wenn die kanonische Abbildung

$$\mathcal{F}(X)_a \to \mathcal{F}(D(a))$$

für alle $a \in A$ ein Isomorphismus ist. Es ist dann $\mathcal{F} = \widetilde{\mathcal{F}(X)}$.

Korollar 5.6.2

Es sei M ein A-Modul. Dann ist $\widetilde{M}$ ein quasikohärenter $\mathcal{O}_X$-Modul auf $X = \operatorname{Spec}(A)$.

Proposition 5.6.3

Es sei $f : \mathcal{F} \to \mathcal{G}$ ein Morphismus quasikohärenter $\mathcal{O}_X$-Moduln.

Dann sind auch $\ker f$, $\operatorname{coker} f$, $\operatorname{im} f$, $\operatorname{coim} f$ quasikohärente $\mathcal{O}_X$-Moduln.

Ist X noethersch, so gilt dies auch für kohärente $\mathcal{O}_X$-Moduln.

Proposition 5.6.4

Es sei X ein affines Schema und $0 \to \mathcal{F}' \to \mathcal{F} \to \mathcal{F}'' \to 0$ eine exakte Sequenz von $\mathcal{O}_X$-Moduln. Die Garbe $\mathcal{F}'$ sei quasikohärent.

Dann ist

$$0 \longrightarrow \mathcal{F}'(X) \longrightarrow \mathcal{F}(X) \longrightarrow \mathcal{F}''(X) \longrightarrow 0$$

exakt.

Beweis. Es sei $t \in \mathcal{F}''(X)$ vorgegeben. Dann existiert eine endliche Überdeckung (U_i) mit $U_i = D(f_i)$ von $X = \operatorname{Spec}(A)$ und $s_i \in \mathcal{F}(X)$ mit $\phi(s_i) = t|_{U_i}$. Dabei sei $\phi : \mathcal{F} \to \mathcal{F}''$ die Abbildung aus obiger Sequenz.

Es ist dann $(s_i - s_j)|_{U_{ij}} = s_{ij}$ Bild eines Elements $w_{ij} \in \mathcal{F}'(U_{ij})$. Für die w_{ij} gilt dann $w_{ij} + w_{jk} = w_{ik}$ auf dem gemeinsamen Bereich U_{ijk}. Können wir nun $w_i \in \mathcal{F}'(U_i)$ finden, für die $w_{ij} = w_i - w_j$ auf U_{ij} gilt, so verklebt das System $(s_i - w_i)$ zu einem $s \in \mathcal{F}(X)$, dessen Bild $\phi(s)$ gleich t ist.

Ist nun $\mathcal{F}' = \widetilde{M}$ mit einem A-Modul M, so können die w_{ij} als $\frac{m_{ij}}{f_i f_j}$ dargestellt werden, für die

$$f_k\, m_{ij} + f_i\, m_{jk} = f_j\, m_{ik} \tag{5.34}$$

gilt. Dazu muss eventuell f_i durch $f_i^{n_i}$ ersetzt werden.

Im Einzelnen überlegt man wie folgt: Ausgehend von Gleichungen

$$(f_i f_j f_k)^N (f_k\, m_{ij} + f_i\, m_{jk} - f_j\, m_{ik}) = 0$$

ersetzt man $m_{ij}/(f_i f_j)$ durch $m_{ij}(f_i f_j)^N/(f_i f_j)^{N+1} = m'_{ij}/(f_i f_j)^{N+1}$. Für diese ist dann $(f_k^{N+1}\, m'_{ij} + f_i^{N+1}\, m'_{jk} - f_j^{N+1}\, m'_{ik}) = (f_i f_j f_k)^N (f_k\, m_{ij} + f_i\, m_{jk} - f_j\, m_{ik}) = 0$. Ersetzt man jetzt f_i durch $f'_i = f_i^{N+1}$, so wird $m'_{ij}/(f_i f_j)^{N+1}$ zu $m'_{ij}/(f'_i f'_j)$, und man erhält in den m'_{ij} und f'_i die Beziehung (5.34).

Nun überdecken die $D(f_i)$ ganz X, es gibt also x_i mit

$$\sum x_i\, f_i = 1. \tag{5.35}$$

Wir setzen nun $m_i = \sum x_r m_{ir}$ und behaupten, dass $f_j\, m_i - f_i\, m_j = m_{ij}$ ist. Damit wären die $\frac{m_i}{f_i}$ die oben gesuchten w_i.

Es ist nun aber

$$f_j\, m_i - f_i\, m_j = \sum_r x_r\, (f_j\, m_{ir} - f_i\, m_{jr})\,.$$

Der Ausdruck in Klammern rechts kann wegen (5.34) zu $f_r\, m_{ij}$ umgeformt werden. Wegen (5.35) folgt dann $f_j\, m_i - f_i\, m_j = m_{ij}$, wie verlangt. □

Proposition 5.6.5

Es sei X ein Schema und $0 \to \mathcal{F}' \to \mathcal{F} \to \mathcal{F}'' \to 0$ eine exakte Sequenz von $\mathcal{O}_X$-Moduln.

Dann gilt: Sind zwei dieser $\mathcal{O}_X$-Moduln quasikohärent, dann ist es auch der dritte.

Ist X noethersch, so gilt dies auch für kohärente $\mathcal{O}_X$-Moduln.

Proposition 5.6.6

Es sei X ein Schema, und es seien $\mathcal{F}$, $\mathcal{G}$, $\mathcal{F}_i$ zwei quasikohärente $\mathcal{O}_X$-Moduln sowie eine Familie von quasikohärenten $\mathcal{O}_X$-Moduln. Dann sind auch

$$\mathcal{F} \otimes_{\mathcal{O}_X} \mathcal{G}, \qquad \bigoplus_{i \in I} \mathcal{F}_i, \qquad \prod_{i \in I} \mathcal{F}_i, \text{ falls } I \text{ endlich ist,}$$

quasikohärente $\mathcal{O}_X$-Moduln.

Die Aussage gilt auch für kohärente anstelle quasikohärenter $\mathcal{O}_X$-Moduln, vorausgesetzt I ist stets endlich.

Bemerkung 5.6.2

Aus Obigem folgt, dass auch $\varinjlim_i \mathcal{F}_i$ und $\varprojlim_i \mathcal{F}_i$ für entsprechende direkte oder endliche inverse Systeme $(\mathcal{F}_i, h_{ij})$ von quasikohärenten $\mathcal{O}_X$-Moduln quasikohärent sind.

Proposition 5.6.7

Es sei X ein Schema. Dann gilt: Die quasikohärenten $\mathcal{O}_X$-Moduln bilden eine abelsche Kategorie. Diese heiße $\mathbf{Qco}(X)$.

Ist X noethersch, so bilden auch die kohärenten $\mathcal{O}_X$-Moduln eine abelsche Kategorie, $\mathbf{Coh}(X)$.

Proposition 5.6.8

Es sei $X = \operatorname{Spec}(A)$ und $\mathcal{F} = \widetilde{M}$ ein quasikohärenter $\mathcal{O}_X$-Modul. Es sei $m \in M$ ein globaler Schnitt.

Dann ist

$$\operatorname{supp}(m) = V(\operatorname{Ann} m)\,.$$

Ist überdies A noethersch und M endlich erzeugt, so ist

$$\operatorname{supp} \mathcal{F} = \operatorname{supp} M = V(\operatorname{Ann} M)\,.$$

Korollar 5.6.3

Es sei X ein noethersches Schema und $\mathcal{F}$ ein kohärenter $\mathcal{O}_X$-Modul. Dann ist $\operatorname{supp} \mathcal{F}$ abgeschlossen in X.

Eine wichtige Kategorie von $\mathcal{O}_X$-Moduln sind die lokal freien $\mathcal{O}_X$-Moduln.

Definition 5.6.2

Es sei X ein lokal geringter Raum und $\mathcal{F}$ ein $\mathcal{O}_X$-Modul. Dann heißt $\mathcal{F}$ *lokal frei* genau dann, wenn es für jedes $x \in X$ ein $U_x \subseteq X$, offen, gibt, auf dem $\mathcal{F}|_{U_x} \cong (\mathcal{O}_X|_{U_x})^{I_x}$ gilt. ◆

Die Mächtigkeit von I_x heißt dann der *Rang von $\mathcal{F}$ bei x*.

Definition 5.6.3

Es sei $\mathcal{E}$ ein $\mathcal{O}_X$-Modul auf einem Schema X und $(s_i \in \mathcal{E}(X))$ ein System globaler Schnitte. Dann heißen die (s_i) *Erzeugende von $\mathcal{E}$*, wenn

$$\bigoplus_i \mathcal{O}_X \xrightarrow{p_{(s_i)}} \mathcal{E} \to 0$$

exakt ist.

Dabei sei $(p_{(s_i)})_U((a_i)) = \sum a_i s_i|_U$ für $a_i \in \mathcal{O}_X(U)$ und $U \subseteq X$ offen. ◆

Im Folgenden schreiben wir in obiger Situation einfach $\bigoplus \mathcal{O}_X \to \mathcal{E} \to 0$.

Lemma 5.6.2

Es sei X ein noethersches Schema und $\mathcal{E}$ ein kohärenter $\mathcal{O}_X$-Modul. Weiter sei $\mathcal{E}$ von globalen Schnitten erzeugt. Dann genügen endlich viele Schnitte, um $\mathcal{E}$ zu erzeugen.

Beweis. Es sei $P \in X$ ein abgeschlossener Punkt. Dann ist $\mathcal{E}_P$ ein endlich erzeugter $\mathcal{O}_{X,P}$-Modul, und endlich viele globale Schnitte $s_{1,P}, \ldots, s_{n_P,P}$ genügen, um $\mathcal{E}_P$ zu erzeugen. In der Sequenz $\bigoplus_{i=1}^{n_P} \mathcal{O}_X \to \mathcal{E} \to \mathcal{Q} \to 0$ ist dann $\mathcal{Q}_P = 0$. Da $\mathcal{Q}$ kohärent, ist $\mathcal{Q}|_{U_P} = 0$ für eine geeignete offene Umgebung U_P von P. Weil X noethersch ist, überdecken endlich viele $U_{P_1}, \ldots, U_{P_r}$ das Schema X. Damit sind die endlich vielen s_{i,P_j} Erzeuger von $\mathcal{E}$. $\qquad\qquad\square$

Definition 5.6.4
Es sei X ein noethersches Schema und $\mathcal{F}$ ein kohärenter $\mathcal{O}_X$-Modul.

Dann ist

$$\mu_x(\mathcal{F}) = \dim_{k(x)} \mathcal{F} \otimes_{\mathcal{O}_X} k(x)$$

die *lokale Dimension von* $\mathcal{F}$ *bei* x für ein $x \in X$.   ◆

Lemma 5.6.3
Es sei X ein noethersches Schema und $\mathcal{F}$ ein kohärenter $\mathcal{O}_X$-Modul. Dann ist $x \mapsto \mu_x(\mathcal{F})$ eine oberhalbstetige Funktion $X \to \mathbb{Z}$.

Bemerkung 5.6.3
Es ist also $\{x \in X \mid \mu_x(\mathcal{F}) \geqslant n\}$ eine abgeschlossene Teilmenge von X.

Oder anders gesagt: Ist $x \in X$ mit $\mu_x(\mathcal{F}) = n$, so existiert eine offene Umgebung $x \in U \subseteq X$ mit $\mu_{x'}(\mathcal{F}) \leqslant n$ für alle $x' \in U$.

Lemma 5.6.4
Ist X noethersch und reduziert, $\mathcal{F}$ kohärent und $\mu_x(\mathcal{F})$ konstant, so ist $\mathcal{F}$ lokal frei.

5.6.2   Verhalten unter Garbenfunktoren

Proposition 5.6.9
Es sei $f : X \to Y$ ein Schemamorphismus und $\mathcal{F}$ ein (quasi-)kohärenter $\mathcal{O}_Y$-Modul. Ist $\mathcal{F}$ kohärent, so seien X und Y noethersch.

Dann ist $f^*\mathcal{F}$ ein (quasi-)kohärenter $\mathcal{O}_X$-Modul.

Beweis. Wähle $U = \mathrm{Spec}\,(B) \subseteq X$, offen, $V = \mathrm{Spec}\,(A) \subseteq Y$, offen, mit $f(U) \subseteq V$. Nenne $f_U = f|_U$. Dann ist $(f^*\mathcal{F})|_U = (f_U^*(\mathcal{F}|_V))$. Ist nun $\phi : A \to B$ die zu f_U gehörige Ringabbildung und $\mathcal{F}|_V = \widetilde{M}$ für einen A-Modul M, so ist $f_U^*(\mathcal{F}|_V) = (B \otimes_A M)\widetilde{}$. $\square$

Proposition 5.6.10
Es sei $f : X \to Y$ ein Schemamorphismus und $\mathcal{F}$ ein lokal freier $\mathcal{O}_Y$-Modul. Dann ist $f^*\mathcal{F}$ ein lokal freier $\mathcal{O}_X$-Modul vom selben Rang wie $\mathcal{F}$.

Beweis. Es sei $f_U : U \to V$ wie im vorigen Beweis und $\mathcal{F}|_V$ ein freier $\mathcal{O}_V$-Modul. Man hat also $M = A^I$, und es ist $B \otimes_A M = B^I$ ein freier B-Modul, also $f^*\mathcal{F}|_U = (B \otimes_A M)\widetilde{}$ ein freier $\mathcal{O}_U$-Modul. $\qquad\qquad\square$

Proposition 5.6.11

Es sei $f : X \to Y$ eine Schemaabbildung und entweder f quasi-kompakt und (quasi-)separiert oder X noethersch.

Weiter sei $\mathcal{F}$ ein quasikohärenter $\mathcal{O}_X$-Modul. Dann ist $f_*\mathcal{F}$ ein quasikohärenter $\mathcal{O}_Y$-Modul.

Beweis. Ersetzt man Y durch ein offenes affines Unterschema Y', die Abbildung f durch $f_{Y'}$ und $\mathcal{F}$ durch $\mathcal{F}|_{f^{-1}(Y')}$, so kann man ohne Einschränkung der Allgemeinheit Y als affin annehmen. Aufgrund der Annahmen über f oder X gibt es dann eine exakte Sequenz

$$0 \longrightarrow f_*\mathcal{F} \xrightarrow{\ \alpha\ } \bigoplus_i (f|_{U_i})_*\mathcal{F}|_{U_i} \xrightarrow{\ \beta\ } \bigoplus_{ijk} (f|_{U_{ijk}})_*\mathcal{F}|_{U_{ijk}}, \tag{5.36}$$

wobei $(U_i)_i$ eine endliche offene affine Überdeckung von X und $(U_{ijk})_k$ eine endliche offene affine Überdeckung von $U_i \cap U_j$ darstellt.

Die Abbildung α ist durch

$$s \in \mathcal{F}(f^{-1}V) \to (s_i) \in \bigoplus_i \mathcal{F}(f^{-1}V \cap U_i), \quad s_i = s|_{(f^{-1}V \cap U_i)}$$

gegeben, die Abbildung β ist

$$(s_i \in \mathcal{F}(f^{-1}V \cap U_i)) \mapsto$$
$$(s_{ijk} = s_i|_{f^{-1}V \cap U_{ijk}} - s_j|_{f^{-1}V \cap U_{ijk}} \in \mathcal{F}(f^{-1}V \cap U_{ijk}))$$

und bildet die (s_i) auf $(0)_{ijk}$ ab, die sich zu einem s verkleben lassen, dessen Bild unter α sie sind. Da die beiden rechts stehenden Garben in (5.36) quasikohärent sind, ist es auch $f_*\mathcal{F}$ als ihr Kern. $\qquad\square$

Proposition 5.6.12

Es sei $f : X \to Y$ ein affiner Schemamorphismus und $0 \to \mathcal{F}' \to \mathcal{F} \to \mathcal{F}'' \to 0$ eine exakte Sequenz quasikohärenter $\mathcal{O}_X$-Moduln.

Dann ist

$$0 \to f_*\mathcal{F}' \to f_*\mathcal{F} \to f_*\mathcal{F}'' \to 0$$

eine exakte Sequenz quasikohärenter $\mathcal{O}_Y$-Moduln.

Proposition 5.6.13 (Projektionssatz)

Es sei $f : X \to Y$ ein Morphismus geringter Räume und $\mathcal{F}$ ein $\mathcal{O}_X$-Modul sowie $\mathcal{E}$ ein lokal freier $\mathcal{O}_Y$-Modul.

Dann gilt:

$$f_* \left(\mathcal{F} \otimes_{\mathcal{O}_X} f^*\mathcal{E} \right) = f_*\mathcal{F} \otimes_{\mathcal{O}_Y} \mathcal{E}$$

Beweis. Die Abbildung $f^* f_*\mathcal{F} \to \mathcal{F}$ induziert eine Abbildung

$$f^* f_*\mathcal{F} \otimes_{\mathcal{O}_X} f^*\mathcal{E} \to \mathcal{F} \otimes_{\mathcal{O}_X} f^*\mathcal{E}.$$

Nun ist $f^* f_*\mathcal{F} \otimes_{\mathcal{O}_X} f^*\mathcal{E} = f^*(f_*\mathcal{F} \otimes_{\mathcal{O}_Y} \mathcal{E})$. Also ist die obige Abbildung gleich

$$f^*(f_*\mathcal{F} \otimes_{\mathcal{O}_Y} \mathcal{E}) \to \mathcal{F} \otimes_{\mathcal{O}_X} f^*\mathcal{E}.$$

Damit hat man die assoziierte Abbildung

$$f_* \mathcal{F} \otimes_{\mathcal{O}_Y} \mathcal{E} \to f_*(\mathcal{F} \otimes_{\mathcal{O}_X} f^* \mathcal{E}).$$

Um die Isomorphie nachzuweisen, genügt es, sich auf $f : X \to Y$ zu beschränken, wo $\mathcal{E} \cong \mathcal{O}_Y^l$ ist. Dafür ist die Abbildung offensichtlich isomorph.

$\square$

Lemma 5.6.5
Es sei $i : Y \to X$ eine abgeschlossene Immersion. Weiter sei $\mathcal{F}$ ein quasikohärenter $\mathcal{O}_Y$-Modul und $\mathcal{L}$ ein quasikohärenter $\mathcal{O}_X$-Modul.
Dann gilt:

$$i_*(\mathcal{F} \otimes_{\mathcal{O}_Y} i^* \mathcal{L}) = i_* \mathcal{F} \otimes_{\mathcal{O}_X} \mathcal{L} \tag{5.37}$$

5.6.3   Vektorbündel und Linienbündel

Definition 5.6.5
Ein *Linienbündel* $\mathcal{L}$ auf einem Schema X ist ein lokal freier kohärenter $\mathcal{O}_X$-Modul vom Rang 1. Wir nennen $\mathcal{L}$ auch eine *invertierbare Garbe*.   ◆

Bemerkung 5.6.4
Das heißt, für jedes $x \in X$ gibt es eine affine Umgebung $U = \mathrm{Spec}\,(A)$ mit $x \in U$ und $\mathcal{L}|_U \cong \tilde{A}$.

Definition 5.6.6
Es sei $\mathcal{L}$ ein Linienbündel auf einem Schema X. Weiter sei $s \in \mathcal{L}(X)$ ein Schnitt. Dann sei $X_s = \{x \in X \mid s_x \notin \mathfrak{m}_x \mathcal{L}_x\}$.   ◆

Proposition 5.6.14
Die Menge X_s ist offen in X.

Lemma 5.6.6
Es sei $f : X \to Y$ ein Schemamorphismus. Weiter sei $\mathcal{L}$ ein Linienbündel auf Y und $s \in \mathcal{L}(Y)$ ein Schnitt. Es ist dann

$$f^*(s) \in (f^* \mathcal{L})(X)$$

ein Schnitt im Linienbündel $f^* \mathcal{L}$, und es gilt $f^{-1}(Y_s) = X_{f^*(s)}$.

Beweis. Man wähle $U = \mathrm{Spec}\,(B) \subseteq X$, $V = \mathrm{Spec}\,(A) \subseteq Y$, $f(U) \subseteq V$, mit $\mathcal{L}|_V$ trivial. Dann ist $s|_V$ unter der Wahl eines Isomorphismus $\mathcal{L}|_V \cong \mathcal{O}_V$ durch $a \in A$ gegeben.

Ist $\phi : A \to B$ der durch f induzierte Ringhomomorphismus, so ist $f^*(s) = \phi(a)$ mit einem Isomorphismus $(f^* \mathcal{L})|_U \cong \mathcal{O}_U$, der sich durch Anwendung von f^* auf den Isomorphismus $\mathcal{L}|_V \cong \mathcal{O}_V$ ergibt. Es ist also $f^{-1}(D(a)) \cap U = D(\phi(a)) = U_{f^* s}$.

Die Wahl eines anderen Isomorphismus $\mathcal{L} \cong \mathcal{O}_V$ hätte a mit $a' \in A^*$ multipliziert und am Ergebnis nichts geändert.

$\square$

Lemma 5.6.7
Es sei $\mathcal{E}$ ein kohärenter $\mathcal{O}_X$-Modul auf einem noetherschen Schema X. Dann ist äquivalent:

a) $\mathcal{E}$ ist lokal frei.

b) Alle Halme $\mathcal{E}_x$ sind freie $\mathcal{O}_{X,x}$-Moduln.

Proposition 5.6.15
Es seien $\mathcal{E}$ und $\mathcal{F}$ zwei lokal freie $\mathcal{O}_X$-Moduln. Dann sind auch

$$\mathcal{E} \oplus \mathcal{F}, \quad \mathcal{E} \otimes_{\mathcal{O}_X} \mathcal{F}, \quad \mathcal{H}om(\mathcal{E},\mathcal{F})$$

lokal freie $\mathcal{O}_X$-Moduln.
   Insbesondere ist

$$\mathcal{E}^\vee = \mathcal{H}om(\mathcal{E},\mathcal{O}_X)$$

lokal frei. Der Modul $\mathcal{E}^\vee$ heißt der zu $\mathcal{E}$ duale Modul.

Ist $\mathcal{E}$ ein lokal freier $\mathcal{O}_X$-Modul, so sprechen wir auch von einem *Vektorbündel*.
   Im eigentlichen Sinn wollen wir aber unter einem Vektorbündel ein Schema $\mathbb{A}(\mathcal{E})$ über X verstehen, das wie folgt konstruiert wird:
   Es sei zunächst $\mathcal{S}$ eine $\mathcal{O}_X$-Algebrengarbe.

Definition 5.6.7
Eine $\mathcal{O}_X$-*Algebrengarbe* ist eine Ringgarbe, die mit einem Morphismus von Ringgarben $\mathcal{O}_X \to \mathcal{S}$ ausgestattet ist.   ◆

Eine $\mathcal{O}_X$-Algebrengarbe ist also immer auch ein $\mathcal{O}_X$-Modul. Ist sie als $\mathcal{O}_X$-Modul (quasi-)kohärent, so nennen wir sie *(quasi-)kohärente Algebrengarbe.*
   Über einem $U \subseteq X$, offen und affin, betrachte den Ringhomomorphismus

$$\mathcal{O}_X(U) \to \mathcal{S}(U).$$

Er induziert einen Schemamorphismus:

$$\pi_U : \mathrm{Spec}\,(\mathcal{S}(U)) \to U$$

Wegen der Beziehung $\mathcal{S}(U_f) = \mathcal{S}(U)_f$ für alle $f \in \mathcal{O}_X(U)$ folgt

$$\pi_U^{-1}(U_f) = \pi_{U_f}^{-1}(U_f),$$

im Sinne einer kanonischen Gleichheit.
   Wie schon früher immer bei Verklebungsargumenten benutzt, kann man also die einzelnen $\mathrm{Spec}\,(\mathcal{S}(U))$ zu einem Schema über X verkleben.

Definition 5.6.8

Aus einer quasikohärenten $\mathcal{O}_X$-Algebra $\mathcal{S}$ kann man mit obiger Konstruktion ein Schema $\pi : \mathrm{Spec}\,(\mathcal{S}) \to X$ konstruieren.

Das Schema $\mathrm{Spec}\,(\mathcal{S})$ heißt *Spektrum der Algebrengarbe* $\mathcal{S}$ oder auch (affiner) Kegel über $\mathcal{S}$. ◆

Korollar 5.6.4
Die Abbildung $\pi : \mathrm{Spec}\,(\mathcal{S}) \to X$ *ist ein affiner Schemamorphismus.*

Das Schema $\mathrm{Spec}\,(\mathcal{S})$ ist durch eine universelle Eigenschaft gekennzeichnet. Es ist nämlich für alle Schemata $f : Y \to X$:

$$\mathrm{Hom}_X(Y, \mathrm{Spec}\,(\mathcal{S})) = \mathrm{Hom}_{\mathcal{O}_X - \mathrm{Algebr}}(\mathcal{S}, f_*\mathcal{O}_Y)$$

Kraft $f^\sharp : \mathcal{O}_X \to f_*\mathcal{O}_Y$ ist $f_*\mathcal{O}_Y$ eine $\mathcal{O}_X$-Algebra, und rechts sind Morphismen in der Kategorie der $\mathcal{O}_X$-Algebren gemeint.

Lemma 5.6.8
Ist $\pi : \mathrm{Spec}\,(\mathcal{S}) \to X$, *so ist* $\pi_*\mathcal{O}_{\mathrm{Spec}(\mathcal{S})} = \mathcal{S}$.

Korollar 5.6.5
Für zwei quasikohärente $\mathcal{O}_X$-*Algebrengarben* $\mathcal{S}$, $\mathcal{T}$ *gilt:*

$$\mathrm{Hom}_X(\mathrm{Spec}\,(\mathcal{T}), \mathrm{Spec}\,(\mathcal{S})) = \mathrm{Hom}_{\mathcal{O}_X - Algebr}(\mathcal{S}, \mathcal{T})$$

Es sei nun $f : X \to Y$ ein affiner Schemamorphismus, definiert durch $X = \mathrm{Spec}\,(\mathcal{S})$ und $\mathcal{S} = f_*\mathcal{O}_X$. Dann ist $\mathcal{F} \mapsto f_*\mathcal{F}$ ein Funktor von der Kategorie $\mathbf{Qco}(X)$ der quasikohärenten $\mathcal{O}_X$-Moduln in die Kategorie $\mathcal{S} - \mathbf{Mod}$ der $\mathcal{S}$-Moduln, die zugleich über $\mathcal{O}_Y \to f_*\mathcal{O}_X$ quasikohärente $\mathcal{O}_Y$-Moduln sind.

Es gibt dann weiterhin einen umkehrenden Funktor $\mathcal{G} \mapsto \widetilde{\mathcal{G}}$ von $\mathcal{S} - \mathbf{Mod}$ in die Kategorie $\mathbf{Qco}(X)$, so dass folgende Beziehung besteht:

Proposition 5.6.16
Es sei $\mathcal{G}$ *ein* $\mathcal{S}$-*Modul und* $\mathcal{F}$ *ein quasikohärenter* $\mathcal{O}_X$-*Modul. Dann gilt:*

$$\mathrm{Hom}_{\mathbf{Qco}(X)}(\widetilde{\mathcal{G}}, \mathcal{F}) = \mathrm{Hom}_{\mathcal{S} - \mathbf{Mod}}(\mathcal{G}, f_*\mathcal{F}) \tag{5.38}$$

Beweis. Es ist lokal $X = \mathrm{Spec}\,(B)$ und $Y = \mathrm{Spec}\,(A)$ und $\mathcal{F} = \widetilde{N}$ für einen B-Modul N sowie $\mathcal{G} = {}_A\widetilde{M}$ für einen A-Modul M, der aber zugleich B-Modul ist und seine A-Modul-Struktur über $A \to B$ erhält. Man kann dann M als B_A-Modul auffassen, und $\widetilde{M}$ ist dann ${}_B\widetilde{M}$ mit M als B-Modul. Letztlich steht lokal die Gleichung $\mathrm{Hom}_{B-\mathbf{Mod}}(M, N) = \mathrm{Hom}_{B_A-\mathbf{Mod}}(M, N_A)$, bei der offensichtlich beide Seiten identisch sind.

Geht man von $\phi : A \to B$ zu $A_a \to B_{\phi(a)}$ über, so lokalisiert sich der dazugehörige funktorielle Isomorphismus. Man kann also die $\widetilde{\mathcal{G}}|_{\mathrm{Spec}(B_i)}$ für eine affine Überdeckung $\mathrm{Spec}\,(A_i \to B_i)$ von X und Y miteinander verkleben und erhält $\widetilde{\mathcal{G}}$ als $\mathcal{O}_X$-Modul. □

Man hat also auch kanonische Abbildungen:

$$\alpha : (f_* \mathcal{F})^\sim \to \mathcal{F}, \qquad (5.39)$$

$$\beta : \mathcal{G} \to f_* \widetilde{\mathcal{G}} \qquad (5.40)$$

Proposition 5.6.17
Die Funktoren $\mathcal{F} \mapsto f_* \mathcal{F}$ und $\mathcal{G} \mapsto \widetilde{\mathcal{G}}$ definieren eine Äquivalenz von Kategorien zwischen $\mathbf{Qco}(X)$ und $\mathcal{S} - \mathbf{Mod}$, und die Abbildungen α und β sind Isomorphismen.

Es sei nun $\mathcal{E}$ ein lokal freier $\mathcal{O}_X$-Modul. Dann bildet man die symmetrische $\mathcal{O}_X$-Algebra $S(\mathcal{E})$. Diese ist definiert durch

$$S(\mathcal{E})(U) = S(\mathcal{E}(U))$$

auf allen offenen, affinen $U \subseteq X$. Wegen $S(\mathcal{E})(U_f) = (S(\mathcal{E})(U))_f$ ist das wohldefiniert.

Lemma 5.6.9
Ist $\mathcal{E}$ quasikohärent, so auch $S(\mathcal{E})$.

Definiere nun:

Definition 5.6.9
Es sei $\mathcal{E}$ ein lokal freier, quasikohärenter $\mathcal{O}_X$-Modul. Dann ist

$$\mathbb{A}(\mathcal{E}) = \mathrm{Spec}\,(S(\mathcal{E})) \qquad (5.41)$$

das Vektorbündel zu $\mathcal{E}$ über X. ◆

Korollar 5.6.6
Ist $\pi : \mathbb{A}(\mathcal{E}) \to X$ ein Vektorbündel, so ist $\pi_* \mathcal{O}_{\mathbb{A}(\mathcal{E})} = S(\mathcal{E})$.

Proposition 5.6.18
Es ist für ein $U \subseteq X$ offen:

$$\mathrm{Hom}_X(U, \mathbb{A}(\mathcal{E})) = \mathrm{Hom}_U(U, \mathbb{A}(\mathcal{E})_U) =$$
$$= \mathrm{Hom}_{\mathcal{O}_U - \mathbf{Algebr}}(S(\mathcal{E})|_U, \mathcal{O}_U) =$$
$$= \mathrm{Hom}_{\mathcal{O}_U - \mathbf{Mod}}(\mathcal{E}|_U, \mathcal{O}_U) = (\mathcal{E}|_U)^\vee , \quad (5.42)$$

wobei $\mathbb{A}(\mathcal{E})_U = \pi^{-1}(U)$, wo $\pi : \mathbb{A}(\mathcal{E}) \to X$ die kanonische Projektion ist.

Definition 5.6.10
Für ein Schema X sei $\mathbb{A}_X^n$ definiert als $\mathbb{A}(\mathcal{O}_X^n)$ im Sinne der obigen Konstruktion. Das Schema $\mathbb{A}_X^n$ ist der (n-dimensionale) *affine Raum über X*. ◆

Bemerkung 5.6.5
Wir hätten auch $\mathbb{A}_{\mathbb{Z}}^n = \mathrm{Spec}\,(\mathbb{Z}[T_1, \ldots, T_n])$ und $\mathbb{A}_X^n = \mathbb{A}_{\mathbb{Z}}^n \times_{\mathbb{Z}} X$ definieren können.

5.6.4   Tensorprodukte und Filtrierungen

Definition 5.6.11

Es sei $\mathcal{F}$ ein quasikohärenter $\mathcal{O}_X$-Modul auf einem Schema X.

Dann bezeichne F^{*m} ein bestimmtes m-faches Produkt von $\mathcal{F}$, nämlich entweder $F^{\otimes m}$ oder $F^{\wedge m}$.   ♦

Proposition 5.6.19

Es sei

$$0 \to \mathcal{F}' \to \mathcal{F} \to \mathcal{F}'' \to 0 \tag{5.43}$$

eine exakte Sequenz von lokal freien $\mathcal{O}_X$-Moduln auf einem Schema X. Dann existiert eine Filtrierung

$$\mathcal{F}^{*m} = S^0 \mathcal{F}^{*m} \supseteq S^1 \mathcal{F}^{*m} \supseteq \cdots \supseteq S^m \mathcal{F}^{*m} \supseteq S^{m+1} \mathcal{F}^{*m} = 0 \tag{5.44}$$

mit der Eigenschaft

$$S^j \mathcal{F} / S^{j+1} \mathcal{F} = \mathcal{F}'^{*j} \otimes_{\mathcal{O}_X} \mathcal{F}''^{*(m-j)}. \tag{5.45}$$

Beweis. Es sei lokal auf $U = \operatorname{Spec}(A)$ die Sequenz (5.43) dargestellt durch freie A-Moduln

$$0 \to F' \to F \xrightarrow{p} F'' \to 0. \tag{5.46}$$

Es existieren dann Splittungen dieser Sequenz, festgelegt durch $\theta : F'' \to F$ als $0 \to F' \to F' \oplus_\theta F'' \to F'' \to 0$.

Eine solche Splittung hat einen Isomorphismus

$$
\begin{aligned}
F^{*m} = (F' \oplus F'')^{*m} &= F'^{*m} \oplus F'^{*(m-1)} \otimes_A F''^{*1} \oplus \cdots \\
&\cdots \oplus F'^{*s} \otimes_A F''^{*(m-s)} \oplus \cdots \oplus F''^{*m}
\end{aligned}
\tag{5.47}
$$

zur Folge.

Wir definieren jetzt lokal

$$(S^j \mathcal{F}^{*m})|_U = F'^{*m} \oplus F'^{*(m-1)} \otimes_A F''^{*1} \oplus \cdots \oplus F'^{*j} \otimes_A F''^{*(m-j)}. \tag{5.48}$$

Es ist dann

$$(S^j \mathcal{F}^{*m})|_U / (S^{j+1} \mathcal{F}^{*m})|_U \cong F'^{*j} \otimes_A F''^{*(m-j)} \tag{5.49}$$

mit einem Isomorphismus, der scheinbar von der Splittung θ abhängt.

Eine alternative Splittung θ' bildet wegen $p \theta' = \operatorname{id}_{F''}$ das Element w in $(z,w) \in F' \oplus F''$ auf (Aw, w) und damit das Paar (z, w) auf $(z + A w, w)$ ab.

Dabei geht jedes $(S^j \mathcal{F}^{*m})|_U$ in sich über, denn es besteht aus Elementen $\sum q_i$, deren Summanden $q_i = w_1^i * w_2^i * \cdots * w_m^i$ mindestens j Faktoren aus F' enthalten.

Ein Faktor w_i'', der vorher in F'' lag, kann nun durch ein alternatives Splitting in $w_i^{\nu\,\prime\prime} \mapsto (\tilde{w}_i^\nu)' + (\tilde{w}_i^\nu)'' \in F' \oplus F''$ übergehen. Offensichtlich geht so S^j in sich über.

Die Komponente $F'^{*j} \otimes_A F''^{*(m-j)}$ geht mit der Identität in sich, plus einem Anteil in $(S^{j+1} \mathcal{F}^{*m})|_U$ über. Damit ist bewiesen, dass die Komponenten $(S^j \mathcal{F}^{*m})|_U$ und der Isomorphismus (5.49) wohldefiniert sind. Man hat also global

$$(S^j \mathcal{F}^{*m}) / (S^{j+1} \mathcal{F}^{*m}) \cong \mathcal{F}'^{*j} \otimes_{\mathcal{O}_X} \mathcal{F}''^{*(m-j)}.$$

$$\square$$

Proposition 5.6.20

Es sei $0 \to \mathcal{F}' \to \mathcal{F} \to \mathcal{F}'' \to 0$ *wie in der vorigen Proposition. Die Ränge der Vektorbündel seien jeweils* m', m, m''.

Es ist dann

$$\overset{m}{\bigwedge} \mathcal{F} = \overset{m'}{\bigwedge} \mathcal{F}' \otimes_{\mathcal{O}_X} \overset{m''}{\bigwedge} \mathcal{F}'' \,. \tag{5.50}$$

Beweis. Man hat die Sequenzen

$$0 \to S^{j+1} \mathcal{F}^{\wedge m} \to S^j \mathcal{F}^{\wedge m} \to \overset{j}{\bigwedge} \mathcal{F}' \otimes \overset{m-j}{\bigwedge} \mathcal{F}'' \to 0 \,.$$

Nur für $j = m'$ ist der Ausdruck rechts von 0 verschieden. Also ist

$$\mathcal{F}^{\wedge m} = S^0 \mathcal{F}^{\wedge m} = \overset{m'}{\bigwedge} \mathcal{F}' \otimes \overset{m''}{\bigwedge} \mathcal{F}'' \,. \tag{5.51}$$

$\square$

Proposition 5.6.21

Es sei $0 \to \mathcal{L} \to \mathcal{F} \to \mathcal{G} \to 0$ *eine exakte Sequenz von Vektorbündeln. Es sei* $\mathcal{L}$ *ein Linienbündel.*

Dann existieren exakte Sequenzen:

$$0 \to \mathcal{L} \otimes \overset{d-1}{\bigwedge} \mathcal{G} \to \overset{d}{\bigwedge} \mathcal{F} \to \overset{d}{\bigwedge} \mathcal{G} \to 0 \tag{5.52}$$

Beweis. Es existieren exakte Sequenzen:

$$0 \to S^{j+1} \mathcal{F}^{\wedge d} \to S^j \mathcal{F}^{\wedge d} \to \wedge^j \mathcal{L} \otimes \wedge^{d-j} \mathcal{G} \to 0$$

Nur für $j = 0$ und $j = 1$ sind die Ausdrücke links von 0 verschieden. Also ist $S^\nu \mathcal{F}^{\wedge d} = 0$ für $\nu > 1$. Betrachtet man die Sequenzen für $j = 0$ und $j = 1$ und setzt für $S^\nu \mathcal{F}^{\wedge d}$ ein, so ergibt sich die Behauptung. $\square$

Proposition 5.6.22

Es sei $0 \to \mathcal{G} \to \mathcal{F} \to \mathcal{L} \to 0$ *eine exakte Sequenz von Vektorbündeln. Es sei* $\mathcal{L}$ *ein Linienbündel.*

Dann existieren exakte Sequenzen:

$$0 \to \overset{d}{\bigwedge} \mathcal{G} \to \overset{d}{\bigwedge} \mathcal{F} \to \mathcal{L} \otimes \overset{d-1}{\bigwedge} \mathcal{G} \to 0 \tag{5.53}$$

Proposition 5.6.23

Es sei $\mathcal{E} = \mathcal{L}_1 \oplus \cdots \oplus \mathcal{L}_d$ *eine Summe von Linienbündeln. Dann ist*

$$\overset{d}{\bigwedge} \mathcal{E} = \mathcal{L}_1 \otimes \cdots \otimes \mathcal{L}_d \,. \tag{5.54}$$

Beweis. Man hat die exakte Sequenz $0 \to \mathcal{L}_1 \to \mathcal{E} \to \mathcal{E}' \to 0$ mit $\mathcal{E}' = \mathcal{L}_2 \oplus \cdots \oplus \mathcal{L}_d$. Aus der Gleichung (5.51) folgt direkt:

$$\overset{d}{\bigwedge} \mathcal{E} = \mathcal{L}_1 \otimes \overset{d-1}{\bigwedge} \mathcal{E}'$$

Induktiv über d ergibt sich die Behauptung. $\square$

Proposition 5.6.24

Es sei $\mathcal{E} = \mathcal{L}_1 \oplus \cdots \oplus \mathcal{L}_m$ *eine Summe von Linienbündeln. Dann ist*

$$\bigwedge^d \mathcal{E} = \sum_{1 \leqslant i_1 < \cdots < i_d \leqslant m} \bigwedge^d (\mathcal{L}_{i_1} \oplus \cdots \oplus \mathcal{L}_{i_d}) . \tag{5.55}$$

Beweis. Man hat mit $\mathcal{E}_{2,\ldots,m} = \mathcal{L}_2 \oplus \cdots \oplus \mathcal{L}_m$ die split-exakte Sequenz:

$$0 \to \mathcal{L}_1 \to \mathcal{E} \to \mathcal{E}_{2,\ldots,m} \to 0$$

Wendet man die Gleichung (5.52) an, so folgt

$$0 \to \mathcal{L}_1 \otimes \bigwedge^{d-1} \mathcal{E}_{2,\ldots,m} \to \bigwedge^d \mathcal{E} \to \bigwedge^d \mathcal{E}_{2,\ldots,m} \to 0 .$$

Auch diese Sequenz ist split-exakt. Induktiv über d und m und mit der vorigen Proposition ergibt sich die Behauptung.   □

5.6.5   Ausdehnung von kohärenten Garben

Lemma 5.6.10

Es sei X *ein noethersches affines Schema und* $j : U \subseteq X$ *ein offenes Unterschema.*

Auf U *sei eine kohärente Garbe* $\mathcal{F}$ *definiert. Weiter sei* $\mathcal{F} \subseteq \mathcal{H}|_U$ *mit einer quasikohärenten Garbe* $\mathcal{H}$.

Dann gibt es eine kohärente Garbe $\mathcal{G} \subseteq \mathcal{H}$ *auf* X *mit* $\mathcal{G}|_U = \mathcal{F}$.

Beweis. Es sei X gleich $\mathrm{Spec}\,(A)$ affin und $\mathcal{H} = \widetilde{M}$ mit einem A-Modul M.

Überdecke nun U mit endlich vielen $D(f_i)$ und wähle endlich viele m_{ij}/f_i^d, die jeweils in $D(f_i)$ den Modul $\mathcal{F}(D(f_i)) = L_i$ erzeugen. Die m_{ij} erzeugen einen noetherschen Modul $P \subseteq M$.

Definiere P' durch

$$0 \to P' \to P \to \prod_i P_{f_i}/L_i.$$

Es ist dann wegen $(P_{f_i}/L_i)_{f_j} = (P_{f_j}/L_j)_{f_i}$ auch

$$0 \to P'_{f_j} \to P_{f_j} \to \prod_i (P_{f_j}/L_j)_{f_i}$$

und damit einmal $L_j \subseteq P'_{f_j}$ und, wenn man aus voriger Sequenz die Folge

$$0 \to P'_{f_j} \to P_{f_j} \to (P_{f_j}/L_j)_{f_j} = P_{f_j}/L_j$$

herausgreift, auch $P'_{f_j} \subseteq L_j$. Also $P'_{f_j} = L_j$. Damit ist $\widetilde{P'}$ die gesuchte Garbe $\mathcal{G}$.   □

Proposition 5.6.25

Es sei X *ein noethersches Schema und* $j : U \subseteq X$ *ein offenes Unterschema.*

Auf U *sei eine kohärente Garbe* $\mathcal{F}$ *definiert. Weiter sei* $\mathcal{F} \subseteq \mathcal{H}|_U$ *mit einer quasikohärenten Garbe* $\mathcal{H}$.

Dann gibt es eine kohärente Garbe $\mathcal{G} \subseteq \mathcal{H}$ *auf* X *mit* $\mathcal{G}|_U = \mathcal{F}$.

Beweis. Wir betrachten mit noetherscher Induktion das größte offene Gebiet U' mit $U \subseteq U' \subseteq X$, auf das $\mathcal{F}$ mit $\mathcal{G} \subseteq \mathcal{H}$ wie in der Proposition ausgedehnt werden kann. Die Ausdehnung heiße $\mathcal{G}' \subseteq \mathcal{H}|_{U'}$.

Wäre nun $U' \subsetneq X$, so wählte man eine offene affine Menge U'' mit $U' \cup U'' \supsetneq U'$ und dehnte $\mathcal{G}'|_{U'' \cap U'}$ von $U'' \cap U'$ auf ganz U'' aus. Das Ergebnis $\mathcal{G}'' \subseteq \mathcal{H}|_{U''}$ verklebte man dann mit $\mathcal{G}'$ auf $U' \cap U''$ zu einem $\mathcal{G}''' \subseteq \mathcal{H}|_{U' \cup U''}$ auf $U' \cup U''$, das eine Ausdehnung von $\mathcal{F}$ mit den gewünschten Eigenschaften auf $U'' \cup U' \supseteq U'$ darstellt.

Nun sollte aber schon U' maximal in Bezug auf die Ausdehnbarkeit von $\mathcal{F}$ sein. Es folgt also $U' = X$ und damit die Behauptung. $\qquad\square$

Korollar 5.6.7

Es sei X ein noethersches Schema und $j : U \subseteq X$ ein offenes Unterschema. Auf U sei eine kohärente Garbe $\mathcal{F}$ definiert.

Dann gibt es eine kohärente Garbe $\mathcal{G}$ auf X mit $\mathcal{G}|_U = \mathcal{F}$ und $\mathcal{G} \subseteq j_*\mathcal{F}$.

Beweis. Die Garbe $j_*\mathcal{F}$ ist quasikohärent, kann also im vorigen Satz als $\mathcal{H}$ dienen. $\square$

Korollar 5.6.8

Es sei X ein noethersches Schema und $\mathcal{F}$ eine quasikohärente Garbe auf X. Dann ist

$$\mathcal{F} = \varinjlim_{\lambda} \mathcal{F}_\lambda \,,$$

wo $\mathcal{F}_\lambda \subseteq \mathcal{F}$ die kohärenten Untergarben von $\mathcal{F}$ durchläuft.

Beweis. Es sei $s \in \mathcal{F}(U)$ ein Schnitt. Wir zeigen, dass er schon als $s \in \mathcal{F}_\lambda(U)$, für ein geeignetes λ, erscheint. Die Garbe $\mathcal{O}_U s \subseteq \mathcal{F}|_U$ kann zu einer kohärenten Garbe $\mathcal{F}' \subseteq \mathcal{F}$ auf X ausgedehnt werden, für die $\mathcal{F}'|_U = \mathcal{O}_U s$ ist. Also ist $s \in \mathcal{F}'(U)$. $\qquad\square$

Als nützliche Anwendung beweisen wir noch:

Lemma 5.6.11

Es sei $i : X \to Y$ eine Immersion noetherscher Schemata. Dann kann i als

$$X \xrightarrow{j_X} Z \xrightarrow{i_Z} Y$$

mit einer offenen Immersion j_X und einer abgeschlossenen Immersion i_Z geschrieben werden.

Beweis. Eine allgemeine Immersion $i : X \to Y$ sei zunächst als $X \xrightarrow{i'} U \xrightarrow{j} Y$ mit einer offenen Immersion j und einer abgeschlossenen Immersion i' geschrieben. Wir wollen die Reihenfolge AUY nach UAY umdrehen.

Es sei dafür $\mathcal{I}_X \subseteq \mathcal{O}_U = \mathcal{O}_Y|_U$ die kohärente Idealgarbe, die $i'(X)$ definiert. Kraft des Ausdehnungssatzes dehnen wir sie zu einer kohärenten Idealgarbe $\mathcal{I}_Z \subseteq \mathcal{O}_Y$ aus. Diese definiert eine abgeschlossene Immersion $i_Z : Z \to Y$, und die Abbildung $i = j \circ i'$ kann als $i = i_Z \circ j_X$ mit $j_X : X = U \cap Z \to Z$ geschrieben werden. $\qquad\square$

5.7 Schematheoretisches Bild

Definition 5.7.1
Es sei $f : X \to Y$ ein Schemamorphismus. Es sei $Z \subseteq Y$ ein abgeschlossenes Unterschema von Y, so dass für jedes andere abgeschlossene Unterschema $Z' \subseteq Y$ mit

$$\begin{array}{c}
Z \\
\end{array} \tag{5.56}$$

$$X \quad \overset{g}{\nearrow} \overset{\big|}{\underset{h}{\big|}} \overset{i}{\searrow} \quad Y\,, $$

$$g' \searrow \quad \overset{\big\downarrow}{} \quad \nearrow i' $$

$$Z'$$

wo $f = i\,g = i'\,g'$ ist, ein h existiert, mit dem obiges Diagramm kommutiert.

Die Abbildung h ist dann eine abgeschlossene Immersion, und Z heißt *schematheoretisches Bild von X unter f*.   ◆

Proposition 5.7.1
Es sei $f : X \to Y$ ein Schemamorphismus, und entweder sei

i) $f_* \mathcal{O}_X$ *ein quasikohärenter $\mathcal{O}_Y$-Modul oder*

ii) X *reduziert.*

Dann existiert ein schematheoretisches Bild Z mit $X \overset{g}{\to} Z \overset{i}{\to} Y$ und $f = i\,g$.
Weiterhin gilt:

1. *Ist X reduziert, so ist Z identisch mit $\overline{f(X)}$, dem topologischen Abschluss von $f(X)$ in Y ausgestattet mit der reduzierten induzierten Schemastruktur.*

2. *Ist X noethersch und $f_* \mathcal{O}_X$ quasikohärenter $\mathcal{O}_Y$-Modul, so ist $g : X \to Z$ dicht.*

Beweis. Es sei zunächst $f_* \mathcal{O}_X$ quasikohärenter $\mathcal{O}_Y$-Modul. Dann ist in der Sequenz

$$0 \to \mathcal{J} \to \mathcal{O}_Y \overset{f^\sharp}{\longrightarrow} f_* \mathcal{O}_X$$

die Idealgarbe $\mathcal{J}$ auch quasikohärent, definiert also ein abgeschlossenes Unterschema $Z \subseteq Y$. Wegen $\mathcal{O}_Y \to \mathcal{O}_Y/\mathcal{J} \to f_* \mathcal{O}_X$ und damit $\mathcal{O}_{Y,y} \to \mathcal{O}_{Y,y}/\mathcal{J}_y \to (f_* \mathcal{O}_X)_y \to \mathcal{O}_{X,x}$ kann f durch $Z = V(\mathcal{J})$ mit $\mathcal{O}_Z = \mathcal{O}_Y/\mathcal{J}$ faktorisiert werden: $X \overset{g}{\to} Z \overset{i}{\to} Y$.

Man sieht dies auch am Diagramm

$$\begin{array}{ccc}
\mathcal{O}_Y(V) & \longrightarrow & \mathcal{O}_X(f^{-1}(V)) \\
\big\downarrow & & \big\downarrow \\
\mathcal{O}_Y/\mathcal{J}(V) & \overset{\phi}{\longrightarrow} & \mathcal{O}_X(f^{-1}(V)) \\
& \searrow{\scriptstyle \phi_\lambda} & \big\downarrow \\
& & \mathcal{O}_X(U_\lambda)\,,
\end{array} \tag{5.57}$$

wo $V = \mathrm{Spec}\,(A)$ und $(U_\lambda = \mathrm{Spec}\,(B_\lambda))$ eine affine offene Überdeckung von $f^{-1}(V)$ ist. Die $\phi^*_\lambda : U_\lambda \to V \cap Z$ verkleben und definieren die Abbildung g. (Man muss noch überprüfen, dass beim Übergang von V nach V_f mit $f \in A$ alles funktoriell zusammenpasst.)

Die Aussage 2. leiten wir wie folgt her: Es ist $\mathcal{O}_Y/\mathcal{J} \hookrightarrow f_*\mathcal{O}_X$. Weiter ist $\mathcal{O}_Y/\mathcal{J} = i_*\mathcal{O}_Z$. Also

$$i_*\mathcal{O}_Z \hookrightarrow (i \circ g)_*\mathcal{O}_X = i_*g_*\mathcal{O}_X\,.$$

Man kann i_* hier weglassen, weil i eine abgeschlossene Immersion ist (betrachte die Halme). Also

$$\mathcal{O}_Z \hookrightarrow g_*\mathcal{O}_X\,.$$

Da X nach Annahme noethersch ist, folgt: $g : X \to Z$ ist eine dichte Abbildung.

Sei nun

$$X \xrightarrow{g'} Z' \xrightarrow{i'} Y$$

eine zweite Faktorisierung von f wie aus der Definition, so hat man

$$0 \to \mathcal{J}' \to \mathcal{O}_Y \to i'_*\mathcal{O}_{Z'}$$

und wegen $\mathcal{O}_{Z'} \to g'_*\mathcal{O}_X$ auch $i'_*\mathcal{O}_{Z'} \to i'_*g'_*\mathcal{O}_X = f_*\mathcal{O}_X$. Es entsteht das Diagramm

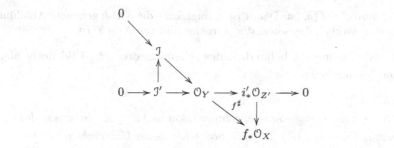

und damit eine Injektion $\mathcal{J}' \subseteq \mathcal{J}$, die zu

$$Z = V(\mathcal{J}) \hookrightarrow V(\mathcal{J}') = Z'$$

Anlass gibt.

Nun betrachten wir den Fall X reduziert. Wir wählen eine offene Teilmenge $V \subseteq Y$ mit $V = \mathrm{Spec}\,(A)$ und betrachten f nur auf $f : f^{-1}V \to V$. Es sei dann $(U_i)_i$ eine Überdeckung von $f^{-1}V$ und zugleich eine affine Basis der Topologie, $U_i = \mathrm{Spec}\,(B_i)$.

Es mögen nun Sequenzen $0 \to \mathfrak{a}_i \to A \to B_i$ bestehen, so dass $\overline{f(U_i)} = V(\mathfrak{a}_i)$ wird. Nun ist aber

$$(f(f^{-1}V))^- = (\bigcup \overline{f(U_i)})^- = (\bigcup V(\mathfrak{a}_i))^-$$

und weiter

$$(\bigcup V(\mathfrak{a}_i))^- = \bigcap_{V(\mathfrak{a}) \supseteq V(\mathfrak{a}_i)} V(\mathfrak{a}) = \bigcap_{\mathfrak{a} \subseteq \mathfrak{a}_i} V(\mathfrak{a}) = V(\bigcap \mathfrak{a}_i)\,.$$

Es ist dann also $Z = V(\bigcap \mathfrak{a}_i)$, offensichtlich reduziert, da $\mathfrak{a}_i = \sqrt{\mathfrak{a}_i}$, und mit einer kanonischen Faktorisierung $X \xrightarrow{g} Z \xrightarrow{i} Y$ mit $f = i\,g$ ausgestattet.

Diese ist auf U_i nämlich durch $A \to A/(\bigcap \mathfrak{a}_i) \to B_i$ gegeben. Die Kompatibilität besteht, da es sich bei den U_i um eine Basis der Topologie von $f^{-1}V$ handelte. Man hat dann nur für $B_i \to B_j$ aus $U_j \subseteq U_i$ das Diagramm

$$
\begin{array}{ccccc}
A & \longrightarrow & A/(\bigcap_k \mathfrak{a}_k) & \longrightarrow & B_i \\
\downarrow{\scriptstyle =} & & \downarrow{\scriptstyle =} & & \downarrow \\
A & \longrightarrow & A/(\bigcap_k \mathfrak{a}_k) & \longrightarrow & B_j
\end{array}
$$

zu betrachten und $\mathfrak{a}_i, \mathfrak{a}_j \supseteq \bigcap_k \mathfrak{a}_k$ zu beachten.

Es bleibt noch zu überlegen, dass man die aus den Sequenzen $0 \to \mathfrak{a}_i \to A \to B_i$ und $0 \to A \to A/\bigcap \mathfrak{a}_i \to B_i$ gewonnenen Teilfaktorisierungen von f über verschiedenen V miteinander verkleben kann. Dazu muss man beide Sequenzen an einem $s \in A$ lokalisieren, also mit $-\otimes_A A_s$ tensorieren. Es bleibt dann nachzuweisen, dass $\bigcap (\mathfrak{a}_i)_s = (\bigcap \mathfrak{a}_i)_s$ ist.

Sei dafür $a/s^k \in \bigcap (\mathfrak{a}_i)_s$, also $a/s^k = a_i/s^{k_i}$, also $s^{l_i+k_i}a = s^{l_i+k}a_i$. Umsomehr ist dann $(sa)^{l_i+k_i} \in \mathfrak{a}_i$. Da alle $\mathfrak{a}_i$ Radikalideale sind, folgt $sa \in \bigcap \mathfrak{a}_i$. Die umgekehrte Inklusion ist trivial.

Ist jetzt ein zweites $Z' = V(\mathfrak{a}')$ aus der Definition 5.7.1 gegeben, so folgt aus dem Diagramm

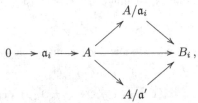

dass $\mathfrak{a}' \subseteq \mathfrak{a}_i$, also $\mathfrak{a}' \subseteq \bigcap \mathfrak{a}_i$ ist. Damit ist gezeigt, dass die dort h genannte Abbildung existiert und Z wirklich das schematheoretische Bild von X in Y ist. $\square$

Die folgenden Lemmata behandeln das schematheoretische Bild unter abgeschlossenen Immersionen:

Lemma 5.7.1
Es sei $i : X \to Y$ eine abgeschlossene Immersion und $Z \subseteq X$ ein abgeschlossenes Unterschema. Dann ist $i(Z) \subseteq Y$ ein abgeschlossenes Unterschema von Y.

Lemma 5.7.2
Es sei $i : X \to Y$ eine abgeschlossene Immersion und $Z_1, Z_2 \subseteq X$ abgeschlossene Unterschemata mit $\mathfrak{I}_{Z_1}$ und $\mathfrak{I}_{Z_2}$ als Idealgarben. Es sei $Z = Z_1 \cap Z_2$ der idealtheoretische Durchschnitt definiert durch die Idealgarbe $\mathfrak{I}_Z = \mathfrak{I}_{Z_1} + \mathfrak{I}_{Z_2}$. Dann gilt:

$$\mathfrak{I}_{i(Z)} = \mathfrak{I}_{i(Z_1)} + \mathfrak{I}_{i(Z_2)},$$

also $i(Z_1) \cap i(Z_2) = i(Z_1 \cap Z_2)$ im idealtheoretischen Sinn.

Beweis. In der lokalen Darstellung auf Ringebene ist i als $A \to A/\mathfrak{b}$ gegeben. Es ist $\mathfrak{I}_{Z_i} = (\mathfrak{a}_i + \mathfrak{b})/\mathfrak{b}$ und $\mathfrak{I}_Z = (\mathfrak{a}_1 + \mathfrak{a}_2 + \mathfrak{b})/\mathfrak{b}$.

Die $\mathfrak{I}_{i(Z_i)}$ sind $\mathfrak{a}_i + \mathfrak{b}$ und $\mathfrak{I}_{i(Z)} = \mathfrak{a}_1 + \mathfrak{a}_2 + \mathfrak{b}$. $\square$

Lemma 5.7.3
Es sei $i : X \to Y$ eine abgeschlossene Immersion und $Z \subseteq Y$ ein abgeschlossenes Unterschema. Das Urbild $i^{-1}(Z)$ sei $X \times_Y Z$. Dann gilt

$$i(i^{-1}(Z)) = Z \cap i(X)$$

im idealtheoretischen Sinne.

5.8   Konstruierbare Mengen

Definition 5.8.1
Es sei X ein topologischer Raum. Eine *Mengenalgebra* $\mathbf{M}$ sei eine Menge von Teilmengen von X, für die gilt:

i) Für $A, B \in \mathbf{M}$ ist $A \cup B \in \mathbf{M}$.

ii) Für $A, B \in \mathbf{M}$ ist $A \cap B \in \mathbf{M}$.

iii) Für $A \in \mathbf{M}$ ist $X - A \in \mathbf{M}$.

◆

Lemma 5.8.1
Es sei $\mathbf{M}_i$ eine Familie von Mengenalgebren auf einem topologischen Raum X. Dann ist auch $\mathbf{M} = \bigcap_i \mathbf{M}_i$ eine Mengenalgebra auf X.

Definition 5.8.2
Es sei X ein topologischer Raum. Die kleinste Mengenalgebra $\mathbf{M}$ auf X, die alle offenen Mengen von X enthält, heiße die Algebra der *konstruierbaren Mengen* auf X. ◆

Lemma 5.8.2
Die konstruierbaren Mengen T in X sind genau die endlichen disjunkten Vereinigungen

$$T = (U_1 \cap A_1) \,\dot\cup\, \cdots \,\dot\cup\, (U_r \cap A_r)$$

von lokal abgeschlossenen Mengen $U_i \cap A_i$, wo U_i für eine offene und A_i für eine abgeschlossene Menge steht.

Beweis. Es sei $\mathbf{M}$ die Menge der beschriebenen endlichen disjunkten Vereinigungen von $U_i \cap A_i$. Es reicht zu zeigen: Für T_1, T_2 aus $\mathbf{M}$ ist sowohl $T_1 \cap T_2$ als auch T_1^c in $\mathbf{M}$.
Sei also $T_1 = \dot\cup_i(U_i \cap A_i)$ eine disjunkte Vereinigung aus $\mathbf{M}$. Dann ist

$$T_1 \cap (U \cap A) = \dot\cup_i(U_i \cap U \cap A_i \cap A) = \dot\cup(U_i' \cap A_i')$$

offensichtlich auch in $\mathbf{M}$. Damit ist auch $T_1 \cap T_2$ in $\mathbf{M}$.
Ist $T_1 = (U \cap A)$, so ist $T_1^c = U^c \cup A^c = (X \cap U^c) \dot\cup (U \cap A^c)$ auch in $\mathbf{M}$.
Induktiv folgt aus
$$T_1 = (U_1 \cap A_1) \,\dot\cup\, \cdots \,\dot\cup\, (U_r \cap A_r),$$
dass $T_1^c = (U_1 \cap A_1)^c \cap \dot\cup_j(U_j' \cap A_j')$ und wegen $(U_1 \cap A_1)^c = \dot\cup_i(U_i'' \cap A_i'')$ auch $T_1^c = \dot\cup_{ij}(U_i'' \cap U_j' \cap A_i'' \cap A_j')$. Damit ist T_1^c aus $\mathbf{M}$. □

Definition 5.8.3
Es sei X ein noetherscher topologischer Raum. Dann heißt X *Zariski-Raum*, wenn für jedes irreduzible, abgeschlossene $Y \subset X$ ein eindeutiger generischer Punkt $y \in X$ existiert. ◆

Lemma 5.8.3

Es sei X ein Zariski-Raum und $T \subseteq X$ eine konstruierbare Menge. Dann ist

1. *T abgeschlossen, wenn sie abgeschlossen unter Spezialisierung ist,*

2. *T offen, wenn sie abgeschlossen unter Generisierung ist.*

Beweis. Zunächst folgt 2. aus 1. beim Übergang von T zu $X - T$. Wir zeigen 1.:

Es sei nun $T = \dot{\bigcup}_i(U_i \cap A_i)$. Man zerlegt jedes A_i in irreduzible abgeschlossene Komponenten A_{ij} für die oBdA $U_i \cap A_{ij}$ nichtleer und dicht in A_{ij} ist. Also enthält $U_i \cap A_{ij}$ den generischen Punkt ξ_{ij} von A_{ij}. Es ist damit also $A_{ij} = \{\xi_{ij}\}^- \subseteq T$. Andererseits ist $\bar{T} \subseteq \bigcup_{ij}(U_i \cap A_{ij})^- = \bigcup_{ij} A_{ij}$. Also ist $T = \bar{T} = \bigcup_{ij} A_{ij}$ abgeschlossen. $\square$

Lemma 5.8.4

Es sei $f : X \to Y$ eine stetige Abbildung topologischer Räume und T konstruierbar in Y. Dann ist $f^{-1}(T)$ konstruierbar in X.

Lemma 5.8.5

Es sei $f : W \to X$ eine offene oder abgeschlossene Immersion und $T \subseteq W$ konstruierbar. Dann ist auch $f(T)$ konstruierbar in X.

Lemma 5.8.6

Es sei $Y = \mathrm{Spec}\,(A)$ mit einem noetherschen Integritätsring A und $X = \mathrm{Spec}\,(A[T]/I)$ mit $I = (h_1, \ldots, h_r)$ prim und $h_i \in A[T]$. Die Abbildung $A \to A[T]/I = A[t]$ sei injektiv.

Ist dann $f : X \to Y$ die induzierte Schemaabbildung, so enthält $f(D(s))$ für $s \in A[t]$, $s \neq 0$, eine offene Menge $D(a) \subseteq Y$ mit $a \in A$.

Beweis. Der Fall $I = 0$ ist trivial: Sei $s = a_m T^m + \cdots + a_0$, so wähle $a = a_m$. Es sei also $I \neq 0$.

Man betrachte die Tensorierung von $A \to A[T]/I$ mit $K = Q(A)$. Da $K \otimes_A A[t] \supseteq K \neq 0$, folgt $K \otimes_A I = g(T)K[T]$ mit $g(T) \in K[T]$ und $g(T) \neq 0$.

Es ist also

$$g(T) = \sum F_i(T)h_i(T)$$

in $K[T]$, also schon in $A_{a_0}[T]$. Weiter ist

$$h_i(T) = G_i(T)\,g(T)$$

in $K[T]$, also schon in $A_{a_i}[T]$. Ersetzt man A durch $A' = A_{a_0 a_1 \cdots a_r}$, so wird $I' = (g(T))$, $g(T) \in A'[T]$ irreduzibel in $K[T]$ und oBdA monisch.

Als $s'(t)$ dient das Bild des ursprünglichen $s(t)$ in $A'[t] = A'[T]/I'$. Der Ring $A'[t]$ ist Integritätsring, weil Lokalisierung des Integritätsrings $A[t]$ an $a_0 \cdots \cdots a_r \neq 0$. Diese letztere Beziehung gilt, weil $a_i \notin I$, denn es ist ja $A \hookrightarrow A[T]/I$ injektiv. Aus Lokalisierungsgründen folgt auch $A' \hookrightarrow A'[t]$ aus $A \hookrightarrow A[t]$. Wäre $s'(t) \in I'$, so wäre $(a_0 \cdots \cdots a_r)^N s(t) \in I$, also wegen $a_i \notin I$ auch $s(t) \in I$ im Widerspruch zu $s \neq 0$ in $A[t]$.

Wir nennen im Folgenden A' einfach A und I' einfach I, ebenso $s'(t)$ und $A'[t]$ einfach wieder $s(t)$ und $A[t]$.

Es sei nun $g(T) = T^m + \ldots + a_0$ und $s(T) = a'_n T^n + \ldots + a'_0$. Weiter sei $a'' = \mathrm{res}_T(s(T), g(T))$. Dann ist $a = a'' \, a'_n$ ein in der Behauptung postuliertes a. Dabei ist $a'' \neq 0$, da sonst $s(T)$ und $g(T)$ in $K[T]$ einen gemeinsamen Teiler besäßen, also dort $g(T)$ das Polynom $s(T)$ teilen würde. Da $g(T)$ monisch, wäre der Quotient in $A[T]$ und damit $s(T) \in I$.

Es sei nun $\mathfrak{p} \in D(a)$. Man betrachte die Tensorierung von $A \to (A[T]/(g(T)))_{s(T)}$ mit $k(\mathfrak{p})$. Es entsteht $k(\mathfrak{p}) \to (k(\mathfrak{p})[T]/\bar{g}(T))_{\bar{s}(t)} = L$, und es ist $\mathrm{res}_T(\bar{g}(T), \bar{s}(T)) \neq 0$.

Also ist der Ring L von 0 verschieden (Nullstellen von $\bar{g}(t)$ und $\bar{s}(t)$ in $k(\mathfrak{p})^-$ sind disjunkt, also $\bar{s}(t)^p = \bar{w}(t)g(\bar{t})$ ausgeschlossen) und die Faser über $\mathfrak{p}$ nicht leer. $\qquad \square$

Lemma 5.8.7

Es sei $f : X \to Y$ ein dominanter Morphismus vom endlichen Typ. Weiter sei Y integer und noethersch sowie X integer und $U \subseteq X$ offen. Dann existiert eine offene Menge $V \subseteq f(U)$.

Beweis. Für eine offene affine Teilmenge V von Y betrachte man die Zurückziehung $f_V : f^{-1}(V) \to V$. Sie ist dominant, und es ist $U \cap f^{-1}(V)$ nicht leer. Also kann man $Y = \mathrm{Spec}\,(A)$ affin annehmen.

Als nächstes ersetze man X durch eine geeignet gewählte offene affine Teilmenge U' und U durch $U \cap U'$. Diese offene Menge U' wird einer endlichen offenen Überdeckung mit $U_i = \mathrm{Spec}\,(A[t_1^i, \ldots, t_{r_i}^i])$ entnommen.

Für wenigstens ein U_i muss dann $f(U_i)$ dicht in Y sein. Damit kann man $X = \mathrm{Spec}\,(A[t_1, \ldots, t_r])$ und $Y = \mathrm{Spec}\,(A)$ mit Integritätsringen A und $A[t_1, \ldots, t_r]$ sowie weiterhin $f(X)$ dicht in Y annehmen. Also gilt auch: $A \to A[t_1, \ldots, t_r]$ ist injektiv.

Betrachte nun die Kette von Inklusionen von Integritätsringen

$$A \subseteq A[t_1] \subseteq A[t_1, t_2] \subseteq \cdots \subseteq A[t_1, \ldots, t_r],$$

ersetze U durch ein in ihm enthaltenes nichtleeres $D(s)$ mit $s \in A[t_1, \ldots, t_r]$ und wende das vorige Lemma an. $\qquad \square$

Theorem 5.8.1 (Chevalley)

Es sei $f : X \to Y$ ein Schemamorphismus vom endlichen Typ. Weiter sei Y noethersch und $T \subseteq X$ konstruierbar in X. Dann ist $f(T)$ konstruierbar in Y.

Beweis. Man kann sich durch Übergang zu $f_{\mathrm{red}} : X_{\mathrm{red}} \to Y_{\mathrm{red}}$ auf reduzierte Schemata beschränken. Weiter kann man $T = U \cap A$ annehmen. Dann ist $T \to X$ eine Immersion, und $T \to X \to Y$ ist ebenfalls ein Morphismus vom endlichen Typ. Es genügt also, sich auf $T = X$ zu beschränken. Indem man X als Vereinigung irreduzibler X_i schreibt, genügt es, sich auf X irreduzibel zu beschränken.

Als nächstes ersetzt man Y durch das schematheoretische Bild $f(X)^-$ und kann annehmen, dass die irreduzible Menge $f(X)$ dicht in Y ist.

Damit ist Y auch irreduzibel. Nach vorigem Lemma existiert dann $U \subseteq f(X) \subseteq Y$ offen. Die Differenz $Y' = Y - U$ ist dann eine abgeschlossene echte Teilmenge von Y. Nun betrachtet man die Abbildung $Y' \times_Y X = f^{-1}(Y') \to Y'$ und wendet induktiv das Theorem an. Kraft noetherscher Induktion folgt damit die Behauptung. $\qquad \square$

5.9   Projektive Limites von Schemata

Das Folgende ist aus EGA IV$_3$, §8 [11, S. 5-34].

Es sei S_0 ein beliebiges Schema und

$$(\tilde{u}_{\mu\lambda} : \mathcal{A}_\mu \to \mathcal{A}_\lambda)_{\mu \leqslant \lambda}$$

ein induktives System von quasikohärenten $\mathcal{O}_{S_0}$-Algebren. Weiter sei

$$\mathcal{A} = \varinjlim_\lambda \mathcal{A}_\lambda \, .$$

Dann definieren die den Algebren zugeordneten affinen S_0-Schemata ein projektives System von Schemata

$$S_\lambda = \mathrm{Spec}\,(\mathcal{A}_\lambda)$$

mit dem Limes

$$\varprojlim_\lambda S_\lambda = S = \mathrm{Spec}\,(\mathcal{A})$$

und Übergangsabbildungen

$$u_{\lambda\mu} : S_\lambda \to S_\mu \quad \text{für} \quad \lambda \geqslant \mu$$

sowie Projektionen

$$u_\lambda : S \to S_\lambda \, ,$$

die sich jeweils aus den Abbildungen der Algebren herleiten.

Wir nehmen nun für ein festes α zwei Schemata X_α und Y_α über S_α als gegeben an. Diese definieren dann für alle $\lambda \geqslant \alpha$ Schemata

$$X_\lambda = X_\alpha \times_{S_\alpha} S_\lambda$$
$$Y_\lambda = Y_\alpha \times_{S_\alpha} S_\lambda \, .$$

Auf diese Weise erhält man zwei projektive Systeme von Schemata

$$(X_\lambda, v_{\lambda\mu})$$

und

$$(Y_\lambda, w_{\lambda\mu})$$

mit den Limites

$$X = X_\alpha \times_{S_\alpha} S$$

und

$$Y = Y_\alpha \times_{S_\alpha} S \, .$$

Lemma 5.9.1
Für $\lambda \geqslant \mu$ *gilt* $X_\lambda = X_\mu \times_{S_\mu} S_\lambda$ *und* $Y_\lambda = Y_\mu \times_{S_\mu} S_\lambda$.

Beweis. Man beachte für X_λ

$$X_\lambda = X_\alpha \times_{S_\alpha} S_\lambda = X_\alpha \times_{S_\alpha} (S_\mu \times_{S_\mu} S_\lambda) = X_\mu \times_{S_\mu} S_\lambda$$

und entsprechend für Y_λ. □

Dementsprechend gibt es ein induktives System von Mengenabbildungen

$$e_{\mu\lambda} : \mathrm{Hom}_{S_\mu}(X_\mu, Y_\mu) \to \mathrm{Hom}_{S_\lambda}(X_\lambda, Y_\lambda) \quad \text{für} \quad \lambda \geqslant \mu$$

mit $e_{\mu\lambda}(f) = f \times_{S_\mu} \mathrm{id}_{S_\lambda}$ für $f : X_\mu \to Y_\mu$ sowie eine kanonische Abbildung

$$e_\lambda : \mathrm{Hom}_{S_\lambda}(X_\lambda, Y_\lambda) \to \mathrm{Hom}_S(X, Y)$$

mit $e_\lambda(f) = f \times_{S_\lambda} \mathrm{id}_S$ und schließlich eine kanonische, in S_α, X_α und Y_α funktorielle Abbildung

$$e : \varinjlim_\lambda \mathrm{Hom}_{S_\lambda}(X_\lambda, Y_\lambda) \to \mathrm{Hom}_S(X, Y). \tag{5.58}$$

Es gilt dann folgendes:

Theorem 5.9.1
Es sei X_α *quasikompakt (bzw. quasikompakt und quasisepariert) sowie* Y_α *lokal vom endlichen Typ (bzw. lokal von endlicher Präsentation) über* S_α. *Dann ist die Abbildung* (5.58) *injektiv (bzw. bijektiv).*

sowie

Theorem 5.9.2
Es sei das Grundschema S_0 *nun quasikompakt und quasisepariert. Weiter sei* X/S *ein Schema von endlicher Präsentation über* S. *Dann gibt es ein Schema* X_λ/S_λ, *von endlicher Präsentation über* S_λ, *und einen Isomorphismus*

$$X \overset{\sim}{\to} X_\lambda \times_{S_\lambda} S$$

von S-*Schemata.*

Beweis. Die beiden vorangehenden Theoreme sind Théorème (8.8.2) in [11, S. 28]. Ein kompletter Beweis findet sich dort. □

Die Anwendungen dieser sehr allgemeinen Aussagen sind überaus nützlich schon in Spezialfällen:

Korollar 5.9.1
Es sei X *ein Schema vom endlichen Typ über* $\mathbb{Q}$. *Dann existiert ein Schema* X' *vom endlichen Typ über* $\mathrm{Spec}\,(\mathbb{Z}[1/n])$, *so dass* $X = X' \times_{\mathbb{Z}} \mathbb{Q}$.

Korollar 5.9.2

Es sei $f : X \to Y$ ein Morphismus von $\mathbb{Q}$-Schemata vom endlichen Typ.

Dann gibt es ein $n \in \mathbb{Z}$ und einen Schemamorphismus von $\mathbb{Z}[1/n]$-Schemata $f' : X' \to Y'$ mit $X = X' \times_{\mathbb{Z}} \mathbb{Q}$ und $Y = Y' \times_{\mathbb{Z}} \mathbb{Q}$ sowie $f = f' \times_{\mathbb{Z}} \mathrm{id}_{\mathbb{Q}}$

Korollar 5.9.3

Es sei $\bar{k}$ der algebraische Abschluss eines Körpers k und X ein Schema vom endlichen Typ über $\bar{k}$.

Dann existiert eine endliche algebraische Körpererweiterung $\bar{k} \supseteq l \supseteq k$ und ein l-Schema X' vom endlichen Typ über l, so dass $X = X' \times_l \bar{k}$ wird.

Beweisidee. Wir können uns zum Beispiel die letzte Aussage auch direkt plausibel machen, indem wir sehen, dass X durch endlich viele affine $\bar{k}$-Algebren $A_i = \bar{k}[X_{i,1}, \ldots, X_{i,n_i}]/I_i = B_i/I_i$ und zwischen ihnen bestehende Verklebungsabbildungen spezifiziert wird. Diese werden insgesamt durch endlich viele Polynome $g_{ijk} \in B_i$ repräsentiert.

Weiterhin werden die endlich vielen Ideale I_i jeweils von endlich vielen Polynomen f_{ij} erzeugt.

Der Inbegriff aller in den g_{ijk} und den f_{ij} vorkommenden Koeffizienten erzeugt eine endliche Körpererweiterung l von k, die als ein l im Sinne des vorigen Korollars gewählt werden kann.

Der allgemeine Beweis von Theorem 5.9.2 bedient sich letztlich ähnlicher Reduktionen.   □

5.10   Dimensionstheorie

Bemerkung 5.10.1

Es sei $f : X \to Y$ ein Morphismus noetherscher Schemata. Weiter sei $X = U_1 \cup \cdots \cup U_r$ eine endliche offene Überdeckung von X und $j : X_y \to X$ die kanonische Abbildung.

Dann gilt:

1. $(U_i)_y = U_i \cap X_y = j^{-1}(U_i)$ ist eine offene Überdeckung des noetherschen Schemas X_y.

2. Ist $Z \subseteq X_y$ eine irreduzible Komponente von X_y, so ist $U_i \cap Z$ entweder leer oder eine irreduzible Komponente von $U_i \cap X_y = (U_i)_y$.

Proposition 5.10.1

Es sei $f : X \to Y$ ein dominanter Morphismus vom endlichen Typ und X, Y integre noethersche Schemata. Das Schema Y sei überdies universell katenarisch. Weiter sei $n = \dim X - \dim Y$ und $n' = \mathrm{tr. deg}_{K(Y)} K(X)$. Dann gilt:

1. *Es gibt eine offene dichte Teilmenge $V \subseteq Y$, so dass $\dim f^{-1}(y) = n'$ für alle $y \in V$.*

2. *Für alle $y \in Y$ mit $y = f(x)$ ist $\dim f^{-1}(y) \geqslant n'$.*

3. *Für jedes $y \in Y$ mit $y = f(x)$ ist für alle irreduziblen Komponenten X'_y von $f^{-1}(y)$ die Dimension $\dim X'_y \geqslant n'$.*

Beweis. Man reduziert zunächst auf $Y = \operatorname{Spec}(A)$ affin und dann, nach der vorigen Bemerkung, durch Überdeckung $X = U_1 \cup \cdots \cup U_r$ und U_i offen, affin, auf $X = \operatorname{Spec}(B)$, $Y = \operatorname{Spec}(A)$. Man beachte $K(U_i) = K(X)$.

Zunächst 3. und damit auch 2.: Man wähle für ein $y = \mathfrak{p} \in \operatorname{Spec}(A)$ ein minimales Element $\mathfrak{q}' \in \operatorname{Spec}(B)$ in der Faser X_y, sowie ein ebenfalls in X_y liegendes Element $\mathfrak{q} \supseteq \mathfrak{q}'$ maximaler Höhe.

Dann ist nach Proposition 2.25.11

$$\dim B_\mathfrak{q} = \dim A_\mathfrak{p} + \dim Q(A) \otimes_A B.$$

Nun ist zunächst einmal

$$\dim Q(A) \otimes_A B = n'.$$

Es ist aber auch

$$\operatorname{ht}_B \mathfrak{q}' \leqslant \operatorname{ht}_A \mathfrak{p} = \dim A_\mathfrak{p} = r.$$

Es gibt nämlich ein Ideal $\mathfrak{a} \subseteq A$, das von r Elementen erzeugt wird, und für das $A_\mathfrak{p}/\mathfrak{a}A_\mathfrak{p}$ ein Modul endlicher Länge ist.

Nun ist $B_{\mathfrak{q}'}/\mathfrak{p}B_{\mathfrak{q}'}$ nach Wahl von $\mathfrak{q}'$ ein Modul endlicher Länge, also gilt dasselbe auch von $B_{\mathfrak{q}'}/\mathfrak{a}B_{\mathfrak{q}'}$. Damit ist aber

$$\dim B_{\mathfrak{q}'} \leqslant r = \dim A_\mathfrak{p}.$$

Also ist für $X'_y = V(\mathfrak{q}') \cap X_y$, also die irreduzible Komponente von X_y über $\mathfrak{q}'$,

$$(*) \quad \dim X'_y = \dim B_\mathfrak{q} - \dim B_{\mathfrak{q}'} = n' + r - \dim B_{\mathfrak{q}'} \geqslant n'.$$

Dabei folgt die erste Gleichheit aus der Katenarizität von B.

Als nächstes sei 1. nachzuweisen: Nach dem *Generic-Freeness-Lemma* gibt es ein $a \in A$, so dass in $A_a \subseteq B_a$ der Ring B_a flach über A_a ist. Es gilt dann das *Going-Down-Lemma*, und die assoziierte Abbildung $\operatorname{Spec}(B_a) \to \operatorname{Spec}(A_a)$ ist offen. Da $f(X)$ dicht in Y ist und außerdem $f(X)$ konstruierbar in Y ist und so eine offene Teilmenge von Y enthält, kann man a so wählen, dass $\operatorname{Spec}(B_a) \to \operatorname{Spec}(A_a)$ surjektiv ist.

Wir ersetzen jetzt A durch A_a und B durch B_a. Dabei bleibt der Transzendenzgrad n' erhalten, und es gilt nach Annahme $f(X) = Y$.

Des weiteren seien $\mathfrak{p}$, $\mathfrak{q}$ und $\mathfrak{q}'$ wie oben gewählt.

Es gilt jetzt aber $\operatorname{ht}_B \mathfrak{q}' = \operatorname{ht}_A \mathfrak{p}$, denn man kann jeder Primidealkette $\mathfrak{p} \supset \cdots \supset (0)$ in A eine darüberliegende Primidealkette $\mathfrak{q}' \supset \cdots \supset \mathfrak{q}_0$ in B zuordnen, indem man die Going-Down-Beziehung verwendet.

Damit ist $\operatorname{ht}_B \mathfrak{q}' \geqslant \operatorname{ht}_A \mathfrak{p}$ gezeigt, also nach Obigem

$$\dim B_{\mathfrak{q}'} = \operatorname{ht}_B \mathfrak{q}' = \operatorname{ht}_A \mathfrak{p} = r.$$

Berücksichtigt man diese Gleichheit in der Formel $(*)$ für die Faserdimension, so gilt $\dim X_y = n'$ für alle $y \in \operatorname{Spec}(A)$, was zu beweisen war. $\qquad\square$

Bemerkung 5.10.2

Für Y vom endlichen Typ über einem Körper k gilt sogar $n = n'$.

Lemma 5.10.1

*Es sei A ein noetherscher Integritätsring und $B \supseteq A$ eine integre, endlich er-
zeugte A-Algebra. Es sei $n = \mathrm{tr.\,deg}_{K(A)} K(B)$. Dann existiert ein $a \in A$, mit
$a \neq 0$, so dass für alle Primideale $\mathfrak{p} \subseteq A$ mit $a \notin \mathfrak{p}$ die Faser $B \otimes_A \kappa(\mathfrak{p})$ die
Dimension n hat.*

Beweis. Ist $f : \mathrm{Spec}(B) \to \mathrm{Spec}(A)$ die induzierte Abbildung, so enthält die konstruierbare, in $\mathrm{Spec}(A)$ dichte Menge $f(\mathrm{Spec}(B))$ eine offene Teilmenge $D(a')$. Weiter
gibt es ein $a'' \in A$, so dass $B_{a''}$ ganz über dem Polynomring $A_{a''}[T_1, \ldots, T_n]$ (erweiterter noetherscher Normalisierungssatz) ist.

Setzt man $a = a'a''$, so hat man für alle $\mathfrak{p} \not\supseteq a$ ein Diagramm:

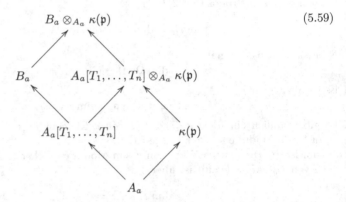

$$(5.59)$$

Für ein $a \notin \mathfrak{p}$ ist $B \otimes_A \kappa(\mathfrak{p}) = B_a \otimes_{A_a} \kappa(\mathfrak{p})$. Es ist $\dim A_a[T_1, \ldots, T_n] \otimes_{A_a} \kappa(\mathfrak{p}) = n$ und
weil $B_a \otimes_{A_a} \kappa(\mathfrak{p})$ ganz über $A_a[T_1, \ldots, T_n] \otimes_{A_a} \kappa(\mathfrak{p})$, ist auch $\dim B_a \otimes_{A_a} \kappa(\mathfrak{p}) = n$. $\square$

Das folgende Theorem macht eine bedeutende Aussage über die Dimension
von Fasern in einer Abbildung noetherscher Schemata vom endlichen Typ:

Theorem 5.10.1

*Es sei A ein noetherscher Ring und B eine endlich erzeugte A-Algebra. Der Ring
A sei universell katenarisch. Dann existiert für jedes $h \geqslant 0$ ein Ideal $I_h \subseteq B$,
so dass für $\mathfrak{q} \subseteq B$, maximales Ideal, genau dann $\mathfrak{q} \supseteq I_h$ ist, falls*

$$\dim B_{\mathfrak{q}}/\mathfrak{p}B_{\mathfrak{q}} = \mathrm{ht}_{B \otimes_A \kappa(\mathfrak{p})}\, \mathfrak{q} \geqslant h \qquad (5.60)$$

ist. Dabei ist $\mathfrak{p} = A \cap \mathfrak{q}$ und $\kappa(\mathfrak{p}) = A_{\mathfrak{p}}/\mathfrak{p}A_{\mathfrak{p}} = Q(A/\mathfrak{p})$.

Bemerkung 5.10.3

Der Ring $B \otimes_A \kappa(\mathfrak{p})$ ist der Koordinatenring der Faser von B/A über $\mathfrak{p}$.

Beweis(idee). Es seien $\mathfrak{q}_1, \ldots, \mathfrak{q}_r$ die minimalen Primideale von B und $\mathfrak{p}_i = A \cap \mathfrak{q}_i$.
Weiter sei $\mathcal{V}_h(B, A)$ die Menge der maximalen Ideale $\mathfrak{q} \subseteq B$, die die Bedingungen des
Theorems erfüllen, für die also $I_h \subseteq \mathfrak{q}$ gelten muss.

Dann ist $\mathcal{V}_h(B, A) = \bigcup_{i=1}^r \mathcal{V}_h(B/\mathfrak{q}_i, A/\mathfrak{p}_i)$. Also kann man auf den Fall reduzieren,
dass $A \subseteq B$ und B integre, endlich erzeugte A-Algebra ist.

Für alle $\mathfrak{q}$ wie in den Voraussetzungen gilt:

$$d = \mathrm{ht}_{B \otimes_A \kappa(\mathfrak{p})}\, \mathfrak{q} = \dim B_{\mathfrak{q}} - \dim B_{\mathfrak{q}'} \geqslant n = \dim Q(A) \otimes_A B$$

mit einem in der Faser minimalen $\mathfrak{q}' \subseteq \mathfrak{q}$ mit $\mathfrak{q}' \cap A = \mathfrak{p}$, das an einer Kette der Höhe d teilhat. Wie im Beweis von Proposition 5.10.1 ergibt sich die Ungleichheit rechts.

Also ist $I_d = 0$ für $d \leqslant n$.

Nach vorigem Lemma existiert nun ein $a \in A$ mit $a \neq 0$ und $\dim B \otimes_A \kappa(\mathfrak{p}) = n$ für $a \notin \mathfrak{p}$.

Also gilt für $d > n$, dass $\mathcal{V}_d(B, A) = \mathcal{V}_d(B/aB, A/a)$, und der Beweis kann per noetherscher Induktion (oder Induktion über $\dim A$) weitergeführt werden. $\qquad\square$

Definition 5.10.1

Es sei $f : X \to Y$ ein Schemamorphismus. Dann sei

1. $X_h = \left\{ x \in X \;\middle|\; \begin{array}{c} \text{mit } y = f(x) \text{ existiert } Z \subseteq X_y, \text{ irreduzible Komponente,} \\ \text{mit } x \in Z, \dim Z \geqslant h \end{array} \right\}$.

2. $Y_h = \{ y \in Y \mid \dim X_y \geqslant h \}$.

$\blacklozenge$

Der folgende Satz beschreibt die *Halbstetigkeit der Faserdimension*.

Proposition 5.10.2

Es sei $f : X \to Y$ ein dominanter Morphismus vom endlichen Typ integrer noetherscher Schemata, Y sei überdies universell katenarisch. Dann gilt:

1. Die Mengen X_h sind abgeschlossen in X.

2. Die Y_h sind konstruierbar.

3. Es sei $f : X \to Y$ eigentlich. Dann sind die Y_h abgeschlossen.

Beweis. Im Fall 1. ist $X_h = X$ für $h \leqslant n'$ mit n' aus Proposition 5.10.1. Weiter existiert ein $V \subseteq Y$, offen, so dass für $U = f^{-1}(V)$ immer $X_y = U_y$ mit $\dim X_y = n'$ für alle $y \in V$. Es ist U dicht in X, und man hat $X_h \subseteq X - U = X'$, also $X_h' = X_h$, für $h > n'$. Man zerlege $X' = X_1' \cup \cdots \cup X_r'$ in irreduzible Komponenten und betrachte $f_i : X_i' \to f(X_i') = Z_i$ mit dem schematheoretischen Bild $Z_i \subseteq Y$.

Es ist dann für $h > n'$ immer $X_h = (X_1')_h \cup \cdots \cup (X_r')_h$. Enthält nämlich für $x \in X'$ die Faser $X_{f(x)} = X_{f(x)}'$ eine irreduzible Komponente $x \in Z \subseteq X_{f(x)}$ mit $\dim Z \geqslant h$, so liegt diese, wegen $Z \subseteq X_1' \cup \cdots \cup X_r'$, schon in einem X_j'.

Nach noetherscher Induktion sind die $(X_i')_h$ abgeschlossen in X_i', also in X. Damit ist auch X_h abgeschlossen in X.

Für 2. und 3. beachte $f(X_h) = Y_h$. $\qquad\square$

5.11   Projektive Schemata I

5.11.1   Das Schema $\operatorname{proj}(S)$

Definition 5.11.1
Es sei $S = \bigoplus_d S_d$ ein gradierter Ring und M ein gradierter S-Modul. Dann gibt es eine Garbe $\widetilde{M}$ auf $\operatorname{proj}(S)$, definiert durch

$$\widetilde{M}(U) = \left\{ s \;\left|\; \begin{array}{l} s : U \to \coprod_{\mathfrak{p} \in U} M_{(\mathfrak{p})} \text{ mit } s(\mathfrak{p}) \in M_{(\mathfrak{p})} \\[4pt] \text{so dass für alle } \mathfrak{p} \in U \text{ existieren} \\[4pt] 1)\ \text{eine offene Menge } W(\mathfrak{p}) \text{ mit } \mathfrak{p} \in W(\mathfrak{p}) \subset U \text{ und} \\[4pt] 2)\ m \in M_d, f \in S_d \text{ mit } f \notin \mathfrak{q} \text{ für alle } \mathfrak{q} \in W(\mathfrak{p}) \\[4pt] \text{mit } s(\mathfrak{q}) = \dfrac{m}{f} \in M_{(\mathfrak{q})} \text{ für alle } \mathfrak{q} \in W(\mathfrak{p}) \end{array} \right. \right\}$$

für alle $U \subseteq \operatorname{proj}(S)$ offen.   ◆

Lemma 5.11.1
Es gelten folgende kanonische Isomorphismen

$$\widetilde{M}(D_+(f)) \cong M_{(f)}$$
$$\widetilde{M}_{\mathfrak{p}} \cong M_{(\mathfrak{p})}$$

für $f \in S_+$ homogen und $\mathfrak{p} \in \operatorname{proj}(S)$.

Beweis. Wir beweisen die erste Aussage: Der Schnitt $s \in \widetilde{M}(D_+(f))$ sei lokal auf endlich vielen $D_+(f_i)$ durch $x_i / f_i^{p_i}$ gegeben. Wir ersetzen f_i durch $f_i^{p_i}$ und erhalten lokale Darstellungen x_i / f_i.

Durch Übergang zu $x_i f_i^{e_i} / f_i^{e_i+1} = x_i' / f_i'$ mit geeigneten $e_i \geq 0$ können wir annehmen, dass alle x_i', f_i' homogen vom gleichen Grad sind. Es seien jetzt also x_i / f_i mit $x_i, f_i \in S_d$ die lokalen Darstellungen von s.

Da für alle $\mathfrak{p} \in D_+(f_i f_j)$ das Bild von x_i / f_i und das von x_j / f_j in $M_{(\mathfrak{p})}$ übereinstimmen, ist sogar $x_i / f_i = x_j / f_j$ in $M_{(f_i f_j)}$, also

$$(f_i f_j)^n (f_j x_i - f_i x_j) = 0$$

für ein geeignetes $n \gg 0$. Also $f_i^n f_j^{n+1} x_i = f_i^{n+1} f_j^n x_j$. Setzt man $x_i' = x_i f_i^n$ und $f_i' = f_i^{n+1}$, so ist $x_i' / f_i' = x_i / f_i$ und $f_j' x_i' = f_i' x_j'$.

Also mit erneuter Umbenennung:

$$f_j x_i = f_i x_j$$

mit $x_i, f_i \in S_{d'}$ homogen vom gleichen Grad für alle i.

Nun überdecken die $D_+(f_i)$ das Gebiet $D_+(f)$. Damit gilt

$$f^p = b_1 f_1 + \cdots + b_r f_r$$

mit homogenen $b_i \in S$ vom gleichen Grad.

Setze nun

$$x = x_1 \, b_1 + \cdots + x_r \, b_r \,.$$

Dann ist

$$f_j \, x = \sum_{i=1}^{r} f_j \, x_i \, b_i = \sum_{i=1}^{r} f_i \, x_j \, b_i = x_j \big(\sum_{i=1}^{r} f_i \, b_i \big) = f^p \, x_j \,.$$

Also $x/f^p = x_j/f_j$. Damit verkleben unsere lokalen Darstellungen x_i/f_i zu einer globalen x/f^p, und die Behauptung ist gezeigt.

Die zweite Aussage ist elementar klar. $\qquad\square$

Stattet man nun den topologischen Raum $X = \mathrm{proj}\,(S)$ mit der Ringgarbe $\mathcal{O}_X = \widetilde{S}$ aus, so wird X zu einem Schema:

Proposition 5.11.1
Der lokal geringte Raum $(\mathrm{proj}\,(S), \widetilde{S})$ *ist ein Schema. Er kann nämlich mit den affinen Schemata*

$$(D_+(f), \widetilde{S}|_{D_+(f)}) \cong (\mathrm{Spec}\,(S_{(f)}), \widetilde{S_{(f)}})$$

überdeckt werden.

Beweisidee. Die Abbildung ψ der Mengen $D_+(f) \to \mathrm{Spec}\,(S_{(f)})$ ist durch

$$\psi(\mathfrak{p}) = (\mathfrak{p}\, S_f) \cap S_{(f)}$$

gegeben. Man muss zeigen, dass diese Abbildung bijektiv, stetig und abgeschlossen ist. Die Umkehrabbildung wird durch

$$\phi(\mathfrak{p}) = \Big(\big\{ s \in S_d \mid s^k/f^l \in \mathfrak{p} \big\} \Big)$$

gegeben.

Es entsprechen sich dann

$$D_+(fg) \longleftrightarrow D(g^k/f^l)$$

für $g \in S_d$ und k, l geeignet.

Die Gleichheit der Garben folgt aus

$$\mathcal{O}_X(D_+(fg)) = S_{(fg)} = (S_{(f)})_{\frac{g^k}{f^l}} = \mathcal{O}_{\mathrm{Spec}(S_{(f)})}(D(g^k/f^l)) \,.$$

Man beachte auch den Isomorphismus der Halme:

$$S_{(\mathfrak{p})} = (S_{(f)})_{\psi(\mathfrak{p})}, \quad x/s \mapsto ((xs^l)/f^d)/(s^{l+1}/f^d)$$

$\qquad\square$

Definition 5.11.2
Ein Schema $X = \mathrm{proj}\,(S)$ heißt *projektives Schema.* $\qquad\blacklozenge$

Proposition 5.11.2

Es seien S, T zwei gradierte Ringe, $\varphi : S \to T$ eine homogene Ringabbildung.
Dann induziert φ eine Abbildung von Schemata

$$f_\varphi : U \longrightarrow \mathrm{proj}\,(S)\,,$$

wobei

$$U = \mathrm{proj}\,(T) - \mathrm{V}(\varphi(S_+))$$

ist. Die Abbildung, $f_\varphi(\mathfrak{q}) = \varphi^{-1}(\mathfrak{q})$, kann auch durch Verklebung von

$$D_+(\varphi(s)) = \mathrm{Spec}\,\big(T_{(\varphi(s))}\big) \longrightarrow \mathrm{Spec}\,\big(S_{(s)}\big) = D_+(s)$$

gegeben werden. Es ist dann

$$f_\varphi^{-1}(D_+(s)) = D_+(\varphi(s))\,.$$

Definition 5.11.3

Es sei $S = A[t_0, \dots, t_r]$ der gradierte Polynomring über A mit der kanonischen
Gradierung. Dann ist

$$\mathbb{P}_A^r = \mathrm{proj}\,(A[t_0, \dots, t_r])$$

der *r-dimensionale projektive Raum über A*.   ◆

Definition 5.11.4

Für ein beliebiges Schema X ist der r-dimensionale projektive Raum über X
gleich

$$\mathbb{P}_X^r = \mathbb{P}_{\mathbb{Z}}^r \times_{\mathbb{Z}} X\,.$$

◆

Definition 5.11.5

Allgemein heißt ein S-Schema X *projektives Schema*, wenn es eine abgeschlossene Immersion

$$i : X \longrightarrow \mathbb{P}_S^r$$

von S-Schemata gibt.   ◆

5.11.2 Die von gradierten Moduln induzierten quasikohärenten Garben

Es sei im Folgenden M ein gradierter S-Modul über dem gradierten Ring S und
$X = \mathrm{proj}\,(S)$.

Lemma 5.11.2
Es ist $\widetilde{M}|_{D_+(f)} \cong \widetilde{M_{(f)}}$, *wobei* $M_{(f)}$ *als* $S_{(f)}$-*Modul aufzufassen und* $\sim$ *in dieser Kategorie zu bilden ist.*

Beweisidee. Man benutze $M_{(fg)} = (M_{(f)})_{g^k/f^l}$ und $\psi(D_+(fg)) = D(g^k/f^l) \subset$ Spec $\left(S_{(f)}\right)$, wobei ψ der oben eingeführte Homöomorphismus $\psi : D_+(f) \to$ Spec $\left(S_{(f)}\right)$ ist. □

Korollar 5.11.1
Der $\mathcal{O}_X$-*Modul* $\widetilde{M}$ *ist eine quasikohärente* $\mathcal{O}_X$-*Modulgarbe.*

Beweis. Er wird ja auf einem $D_+(f)$ durch $\widetilde{M_{(f)}}$ gegeben. □

Definition 5.11.6
Für $X = \text{proj}\,(S)$ definiert man die $\mathcal{O}_X$-Moduln

$$\mathcal{O}_X(n) = \widetilde{S(n)}$$

für alle $n \in \mathbb{Z}$. Sie heißen *Vertwistungen* von $\mathcal{O}_X$. ◆

Lemma 5.11.3
Für $X = \text{proj}\,(S)$ *mit* $S = S_0[S_1]$ *sind die* $\mathcal{O}_X(n)$ *Linienbündel auf* X.

Beweis. Es ist $\mathcal{O}_X(n)|_{D_+(f)} = (f^n S_{(f)})^\sim$ für alle $f \in S_1$. □

Definition 5.11.7
Die Vertwistungsgarbe $\mathcal{O}_{\mathbb{P}^r_X}(n)$ ist als $p_1^* \mathcal{O}_{\mathbb{P}^r_\mathbb{Z}}(n)$ definiert. ◆

5.11.3 Modulgarben auf projektiven Schemata

Definition 5.11.8
Es sei $\mathcal{F}$ ein $\mathcal{O}_X$-Modul und $X = \text{proj}\,(S)$ ein projektives Schema. Dann sei

$$\mathcal{F}(n) = \mathcal{F} \otimes_{\mathcal{O}_X} \mathcal{O}_X(n).$$

◆

Proposition 5.11.3
Es sei $S = S_0[S_1]$ *ein gradierter Ring und* M, N *zwei gradierte* S-*Moduln. Dann ist auf* $X = \text{proj}\,(S)$:

$$\widetilde{M} \oplus \widetilde{N} \cong (M \oplus N)^\sim$$
$$\widetilde{M} \otimes_{\widetilde{S}} \widetilde{N} \cong (M \otimes_S N)^\sim$$
$$\widetilde{M}(n) \cong (M(n))^\sim$$

Beweis. Für ein $f \in S_1$ ist wegen $\widetilde{M}(D_+(f)) = M_{(f)}$ und $\widetilde{N}(D_+(f)) = N_{(f)}$ auch

$$(\widetilde{M} \otimes_{\mathcal{O}_X} \widetilde{N})(D_+(f)) = \widetilde{M}(D_+(f)) \otimes_{\mathcal{O}_X(D_+(f))} \widetilde{N}(D_+(f)) =$$
$$= M_{(f)} \otimes_{S_{(f)}} N_{(f)} = (M \otimes_S N)_{(f)} = (M \otimes_S N)\widetilde{\ }(D_+(f)) \quad (5.61)$$

und ebenso

$$(\widetilde{M} \oplus \widetilde{N})(D_+(f)) = \widetilde{M}(D_+(f)) \oplus \widetilde{N}(D_+(f)) = M_{(f)} \oplus N_{(f)} =$$
$$= (M \oplus N)_{(f)} = (M \oplus N)\widetilde{\ }(D_+(f)) \quad (5.62)$$

und zuletzt mit Heranziehung des schon über das Tensorprodukt Gezeigten:

$$(\widetilde{M(n)})(D_+(f)) = (\widetilde{M} \otimes_{\mathcal{O}_X} \mathcal{O}_X(n))(D_+(f)) =$$
$$= (M \otimes_S S(n))_{(f)} = M(n)_{(f)} = \widetilde{M(n)}(D_+(f)) \quad (5.63)$$

Es seien nun $f, g, h \in S_1$. Dann existiert für jeden gradierten S-Modul M ein kanonischer Isomorphismus:

$$\theta_{f,g} : (M_{(f)})_{\frac{g}{f}} \to (M_{(g)})_{\frac{f}{g}}$$

Lokalisiert man nochmal an h, so entsteht

$$(\theta_{f,g})_h : (M_{(f)})_{\frac{gh}{f^2}} \to (M_{(g)})_{\frac{fh}{g^2}} .$$

Auf $D_+(fgh)$ gilt die Verklebbarkeitsbedingung

$$(\theta_{f,h})_g = (\theta_{g,h})_f \circ (\theta_{f,g})_h . \quad (5.64)$$

Wendet man diese $\theta_{f,g}$ usw. auf die rechten und linken Seiten der obigen Isomorphismen an, so verkleben diese Isomorphismen wegen (5.64) über der Vereinigung aller $D_+(f)$.

Diese überdecken aber wegen $S = S_0[S_1]$ das ganze Schema $\operatorname{proj}(S)$, womit unsere Behauptung gezeigt ist. $\qquad\square$

Korollar 5.11.2

Es sei S, M, N wie in der vorigen Proposition und $\mathfrak{p} \in \operatorname{proj}(S)$.

Dann ist

$$(M \otimes_S N)_{(\mathfrak{p})} = M_{(\mathfrak{p})} \otimes_{S_{(\mathfrak{p})}} N_{(\mathfrak{p})} , \quad (5.65)$$

$$(M \oplus N)_{(\mathfrak{p})} = M_{(\mathfrak{p})} \oplus N_{(\mathfrak{p})} \quad (5.66)$$

und für jedes $f \in S_d$

$$(M \otimes_S N)_{(f)} = M_{(f)} \otimes_{S_{(f)}} N_{(f)} , \quad (5.67)$$

$$(M \oplus N)_{(f)} = M_{(f)} \oplus N_{(f)} . \quad (5.68)$$

Beweis. Wir hatten dies schon früher gezeigt, der Beweis hier ist unabhängig: Er folgt aus voriger Proposition unter Beachtung der kanonischen Isomorphismen $\widetilde{M}_\mathfrak{p} = M_{(\mathfrak{p})}$ und $\widetilde{M}(D_+(f)) = M_{(f)}$ bzw. $\widetilde{N}_\mathfrak{p} = N_{(\mathfrak{p})}$ und $\widetilde{N}(D_+(f)) = N_{(f)}$. $\qquad\square$

Korollar 5.11.3
Es gilt für $X = \mathrm{proj}\,(S)$, dass

$$\mathcal{O}_X(m) \otimes_{\mathcal{O}_X} \mathcal{O}_X(n) = \mathcal{O}_X(m+n)\,.$$

Proposition 5.11.4
Es sei $\varphi : S \to T$ ein Homomorphismus gradierter Ringe mit $S = S_0[S_1]$ und $T = T_0[T_1]$. Weiter sei f_φ die zugehörige Abbildung

$$f_\varphi : U = U_\varphi \subseteq \mathrm{proj}\,(T) \to \mathrm{proj}\,(S)\,.$$

Schließlich sei M ein gradierter S-Modul sowie N ein gradierter T-Modul. Dann ist

$$f_*(\tilde{N}|_U) = ({}_S N)^{\sim}\,, \tag{5.69}$$
$$f^* \tilde{M} = (T \otimes_S M)^{\sim}|_U\,. \tag{5.70}$$

Beweis. Für (5.69) ist

$$(f_*\tilde{N}|_U)(D_+(s)) = \tilde{N}|_U(D_+(\varphi(s))) = N_{(\varphi(s))} =$$
$$= ({}_S N)_{(s)} = ({}_S N)^{\sim}(D_+(s))$$

Gleichung (5.70): Es sei $f_s = f|_{f^{-1}(D_+(s))} = f|_{D_+(\varphi(s))}$. Dann ist

$$(f^* \tilde{M})(D_+(\varphi(s))) = (f_s^* \tilde{M}|_{D_+(s)})(D_+(\varphi(s)))\,.$$

Damit können wir uns aber auf den Fall eines Morphismus affiner Schemata $f_s : \mathrm{Spec}\,(T_{(\phi(s))}) \to \mathrm{Spec}\,(S_{(s)})$ und einer Modulgarbe $(M_{(s)})^{\sim}$ auf $\mathrm{Spec}\,(S_{(s)})$ zurückziehen und Proposition 4.3.4 anwenden:

$$f_s^* (M_{(s)})^{\sim} = (M_{(s)} \otimes_{S_{(s)}} T_{(\varphi(s))})^{\sim} = ((M \otimes_S T)_{(\varphi(s))})^{\sim}$$

$\square$

5.11.4 Die Funktoren $\Gamma_*(X, \mathcal{F})$ und $\widetilde{M}$

Definition 5.11.9
Es sei $\mathcal{F}$ ein $\mathcal{O}_X$-Modul auf dem projektiven Schema $X = \mathrm{proj}\,(S)$. Dann ist

$$\Gamma_*(X, \mathcal{F}) = \bigoplus_{n \in \mathbb{Z}} \Gamma(X, \mathcal{F}(n))\,.$$

$\blacklozenge$

Proposition 5.11.5
Es sei X und $\mathcal{F}$ wie oben. Dann gilt:

1. *Der gradierte $\mathbb{Z}$-Modul $S' = \Gamma_*(X, \mathcal{O}_X)$ ist in kanonischer Weise ein gradierter Ring.*

2. *Der gradierte $\mathbb{Z}$-Modul $\Gamma_*(X, \mathcal{F})$ ist in kanonischer Weise ein S'-Modul.*

Es sei im Folgenden immer $S = S_0[S_1]$, also S von homogenen Elementen vom Grad 1 erzeugt.

Proposition 5.11.6
Es sei $X = \operatorname{proj}(S)$ und M ein gradierter S-Modul. Dann gibt es eine kanonische, natürliche Abbildung:

$$M \xrightarrow{\ \alpha\ } \Gamma_*(X, \widetilde{M})$$

Beweis. Es sei $S = S_0[f_1, \ldots, f_r]$. Dann ist ein Schnitt $s \in \Gamma(X, \widetilde{M}(d))$ durch ein System kompatibler Schnitte ($s_i \in \Gamma(D_+(f_i), \widetilde{M}(d)) = M(d)_{(f_i)}$), die auf $D_+(f_i f_j)$ übereinstimmen, gegeben.

Dies ist aber nichts anderes als ein System (m_i/f_i^p) mit $\deg(m_i) = p + d$ und $(f_i f_j)^N (f_j^p m_i - f_i^p m_j) = 0$.

Ein $m \in M_d$ gibt nun Anlass zu einem solchen System durch ($m_i/1 = m/1$). Dies definiert die Abbildung $m \mapsto \alpha(m)$. $\square$

Proposition 5.11.7
Es sei $X = \operatorname{proj}(S)$ und $\mathcal{F}$ ein $\mathcal{O}_X$-Modul. Dann gibt es eine kanonische, natürliche Abbildung:

$$\Gamma_*(X, \mathcal{F})^{\sim} \xrightarrow{\ \beta\ } \mathcal{F}$$

Beweis. Wir kürzen ab $M = \Gamma_*(X, \mathcal{F})$.

Für $f \in S_1$ sei $U = D_+(f)$ und $\theta_{d,f} : \mathcal{O}_X(d)|_U = \mathcal{O}_U(d) \to \mathcal{O}_X|_U = \mathcal{O}_U$ durch $S(d)_{(f)} \to S_{(f)}$ mit $a/f^k \mapsto a/f^{k+d}$ gegeben.

Ist nun $s \in \Gamma(X, \mathcal{F} \otimes_{\mathcal{O}_X} \mathcal{O}_X(d))$, so schränkt man ein

$$s \mapsto s|_U \in \Gamma(U, \mathcal{F}|_U \otimes_{\mathcal{O}_U} \mathcal{O}_U(d))$$

und bildet ab

$$s|_U \mapsto (\operatorname{id}_{\mathcal{F}|_U} \otimes \theta_{d,f})_U(s|_U) \in \mathcal{F}(U) = (\mathcal{F}|_U \otimes_{\mathcal{O}_U} \mathcal{O}_U)(U).$$

Auf diese Weise entsteht eine Abbildung $\beta_f : M_{(f)} \to \mathcal{F}(U)$ aus

$$\operatorname{Hom}_{S_{(f)}}(M_{(f)}, \mathcal{F}|_U(U)) = \operatorname{Hom}_{\mathcal{O}_U}((M_{(f)})^{\sim}, \mathcal{F}|_U) = \operatorname{Hom}_{\mathcal{O}_U}(\widetilde{M}|_U, \mathcal{F}|_U).$$

Die einzelnen Abbildungen β_f, β_g für verschiedene $f, g \in S_1$ verkleben auf $D_+(fg)$ und ergeben so die Abbildung $\beta : \widetilde{M} \to \mathcal{F}$. $\square$

Proposition 5.11.8
Es sei $X = \operatorname{proj}(S)$ und $S = A[x_0, \ldots, x_r]$ der Polynomring über A. Dann ist die Abbildung

$$S \xrightarrow{\ \alpha\ } \Gamma_*(X, \mathcal{O}_X)$$

ein Isomorphismus.

Beweis. Ein Schnitt $s \in \Gamma(X, \mathcal{O}_X(d))$ wird durch $(h_i/x_i^p)_{i=0,\ldots,r}$ repräsentiert, wobei die $h_i \in S_{p+d}$ sind. Die Kompatibilitätsbedingungen $(x_i x_j)^N (x_j^p h_i - x_i^p h_j) = 0$ vereinfachen sich zu $x_j^p h_i = x_i^p h_j$, da S ein Integritätsring ist. Überdies ist S faktoriell, und so gilt $h_i = x_i^p h_i'$ und $h_j = x_j^p h_j'$, da x_i^p und x_j^p relativ prim sind.

Also ist $h_i' = h_j' = h \in S_d$, und es ist $s = \alpha(h)$. $\qquad\qquad\qquad\square$

Im folgenden Lemma sei X ein Schema, das mit endlich vielen affinen offenen Mengen (U_i) überdeckbar ist, für die ihrerseits wieder $U_{ij} = U_i \cap U_j$ mit endlich vielen offenen affinen Mengen U_{ijk} überdeckbar ist.

Lemma 5.11.4

Es sei $\mathcal{L}$ ein Linienbündel auf X und $\mathcal{F}$ eine quasikohärente Garbe. Weiter seien $f \in \mathcal{L}(X)$ ein globaler Schnitt und $U = X_f$ die zugehörige offene Menge. Dann gilt:

1. *Gilt für $s \in \mathcal{F}(X)$, dass $s|_U = 0$ ist, also s auf U verschwindet, so existiert ein $n \geqslant 0$ mit $s \otimes f^n = 0$ als Element von $\Gamma(X, \mathcal{F} \otimes_{\mathcal{O}_X} \mathcal{L}^n)$.*

2. *Es gibt für jedes $s \in \mathcal{F}(U)$ ein $t \in \Gamma(X, \mathcal{F} \otimes_{\mathcal{O}_X} \mathcal{L}^n)$ mit $t|_U = s \otimes_{\mathcal{O}_U} (f|_U)^n$ für ein geeignetes $n \geqslant 0$.*

Beweis. Man ersetze $U_i = \operatorname{Spec}(A_i)$ durch ein System $U_{i\alpha} = \operatorname{Spec}((A_i)_{f_{i\alpha}})$, so dass $\mathcal{L}|_{U_{i\alpha}}$ trivial wird. Gleichzeitig ersetze man U_{ijk} durch die affinen $U_{i\alpha j\beta k} = U_{ijk} \cap U_{i\alpha} \cap U_{j\beta} = \operatorname{Spec}((A_{ijk})_{f_{i\alpha} f_{j\beta}})$.

Der weitere Beweis folgt dann dem Muster von Lemma 5.1.5. $\qquad\qquad\square$

Proposition 5.11.9

Es sei $X = \operatorname{proj}(S)$ und $S = S_0[S_1]$ sowie S_1 ein endlich erzeugter S_0-Modul. Weiter sei $\mathcal{F}$ ein quasikohärenter $\mathcal{O}_X$-Modul. Dann ist die oben eingeführte Abbildung

$$\Gamma_*(X, \mathcal{F})^\sim \xrightarrow{\ \beta\ } \mathcal{F}$$

ein Isomorphismus.

Beweis. Ist $S = S[f_1, \ldots, f_r]$ mit $f_i \in S_1$, so sind mit $U_i = D_+(f_i) = X_{f_i}$ die Voraussetzungen des vorigen Lemmas erfüllt.

Es ist dann für jedes $f \in S_1$ wegen $D_+(f) = X_f$ und mit $\mathcal{L} = \mathcal{O}_X(1)$ immer $\mathcal{F}(D_+(f)) = \Gamma_*(X, \mathcal{F})_{(f)}$, also $\mathcal{F} = (\Gamma_*(X, \mathcal{F}))^\sim$. $\qquad\qquad\square$

5.11.5 Abgeschlossene Unterschemata von $\operatorname{proj}(S)$

Proposition 5.11.10

Es sei $\varphi : S \to T$ ein surjektiver Morphismus gradierter Ringe. Dann ist die Abbildung f_φ eine abgeschlossene Immersion:

$$f_\varphi : \operatorname{proj}(T) \to \operatorname{proj}(S)$$

Also erzeugt jedes homogene Ideal $I \subseteq S$ eine abgeschlossene Immersion vermöge $S \to S/I$.

Proposition 5.11.11

Es sei $I \subseteq S$ ein homogenes Ideal eines gradierten Ringes. Dann definiert $\tilde{I} = \mathcal{I}_Y$ die Idealgarbe eines abgeschlossenen Unterschemas $Y(I) \subseteq \operatorname{proj}(S)$ von $\operatorname{proj}(S)$.

Bemerkung 5.11.1

Das Schema Y in der vorigen Proposition ist das schematheoretische Bild von $f_\varphi : \operatorname{proj}(S/I) \to \operatorname{proj}(S)$, wobei $\varphi : S \to S/I$ ist.

Definition 5.11.10

Es sei $I \subseteq S$ ein homogenes Ideal von $S = A[x_0, \ldots, x_n]$. Dann ist

$$I_{\mathrm{sat}} = \bigcap_i \bigcup_r (I : x_i^r)$$

die *Saturierung* von I. Ein Ideal I mit $I = I_{\mathrm{sat}}$ heißt *saturiert*.   ◆

Man betrachte für das Folgende die Sequenz

$$0 \to \mathcal{I}_Y \to \mathcal{O}_X \to i_*\mathcal{O}_Y \to 0$$

für ein abgeschlossenes Unterschema $i : Y \hookrightarrow X$, mit $X = \mathbb{P}^n_A$.

Es folgt dann unter Anwendung von $\Gamma_*(X, -)$:

$$
\begin{array}{ccccccccc}
0 & \longrightarrow & \Gamma_*(X, \mathcal{I}_Y)^\sim & \longrightarrow & \Gamma_*(X, \mathcal{O}_X)^\sim & \longrightarrow & \Gamma_*(X, i_*\mathcal{O}_Y)^\sim & & (5.71) \\
 & & \downarrow = & & \downarrow = & & \downarrow \beta & & \\
0 & \longrightarrow & \mathcal{I}_Y & \longrightarrow & \mathcal{O}_X & \longrightarrow & i_*\mathcal{O}_Y & \longrightarrow & 0 \\
 & & = \uparrow & & = \uparrow & & = \uparrow & & \\
0 & \longrightarrow & \tilde{I} & \longrightarrow & \tilde{S} & \longrightarrow & \widetilde{S/I} & \longrightarrow & 0 \, ,
\end{array}
$$

wobei $I = \Gamma_*(X, \mathcal{I}_Y)$ und $S = A[x_0, \ldots, x_n]$ ist. Es ist damit gezeigt, dass jede Idealgarbe $\mathcal{I}_Y \subseteq \mathcal{O}_X$ gleich $\tilde{I}$ mit $I = \Gamma_*(X, \mathcal{I}_Y) \subseteq S$ ist und dass $Y = \operatorname{proj}(S/I)$ gilt.

Lemma 5.11.5

Es sei I ein homogenes Ideal von $S = A[x_0, \ldots, x_n]$ und $X = \mathbb{P}^n_A = \operatorname{proj}(S)$. Dann ist

$$\Gamma_*(X, \tilde{I}) = I_{\mathrm{sat}} \, .$$

Proposition 5.11.12

Sei $Y \subseteq X = \mathbb{P}^n_A$ ein abgeschlossenes Unterschema. Dann ist $\Gamma_*(X, \mathcal{I}_Y) = I(Y)$ ein homogenes Ideal von $S = A[x_0, \ldots, x_n]$. Es gilt:

1. Das Unterschema Y ist gleich $V(\widetilde{I(Y)})$.

2. Das Ideal $I(Y)$ ist saturiert.

Proposition 5.11.13

Es sei $S = A[x_0, \ldots, x_n]$. *Dann entsprechen sich unter*

$$Y \mapsto \Gamma_*(X, \mathcal{I}_Y) = I(Y), \quad I \mapsto Y(I) = V(\widetilde{I})$$

die abgeschlossenen Unterschemata $Y \subseteq X = \mathrm{proj}\,(S)$ *und die saturierten Ideale* $I \subseteq S$.

Beweis(idee). Die obigen Aussagen beruhen letztlich nur darauf, dass für homogene Ideale $I, J \subseteq S$ genau dann $\tilde{I} = \tilde{J}$ (bzw. $\tilde{I} \subseteq \tilde{J}$) ist, wenn $I_{(x_i)} = J_{(x_i)}$ (bzw. $I_{(x_i)} \subseteq J_{(x_i)}$) für $i = 0, \ldots, n$ gilt. $\qquad\square$

Das folgende Lemma ist oft nützlich:

Lemma 5.11.6

Es sei $Y \overset{i}{\hookrightarrow} X \hookrightarrow \mathbb{P}^n_A$ *eine Kette von abgeschlossenen Unterschemata. Dann ist*

$$i_* \mathcal{O}_Y \otimes_{\mathcal{O}_X} \mathcal{O}_X(n) = i_* i^*(\mathcal{O}_X(n)), \tag{5.72}$$

$$i^*(\mathcal{O}_X)(n) = \mathcal{O}_Y(n) = i^*(\mathcal{O}_X(n)). \tag{5.73}$$

Es sei $\phi : S \to T$ ein Morphismus homogener Ringe und $X = \mathrm{proj}\,(T)$, $Y = \mathrm{proj}\,(S)$. Weiter sei $U \subseteq X$ der Definitionsbereich von $\mathrm{proj}\,(\phi) = \phi^*$ gegeben durch $U = X - V(\phi S_+)$.

Es sei nun durch ein homogenes Ideal $I \subseteq S$ ein abgeschlossenes Unterschema $V(I) \subseteq Y$ definiert. Man betrachte das Diagramm:

$$\begin{array}{ccc} V(I) \times_Y U & \longrightarrow & U \\ \downarrow & & \downarrow \phi^* \\ V(I) & \longrightarrow & Y \end{array} \tag{5.74}$$

Dann wird das abgeschlossene Unterschema $V(I) \times_Y U$ durch das Ideal $J = IT$ gegeben.

Beweis. Betrachte von Y die offene affine Teilmenge $D_+(f)$ für $f \in S$, homogen, und durchlaufe von dort das Diagramm rückwärts. Es entsteht in der Ringsicht:

$$\begin{array}{ccccccc} S_{(f)}/IS_{(f)} \otimes_{S_{(f)}} T_{(\phi f)} & =\!=\!= & T_{(\phi f)}/IT_{(\phi f)} & \longleftarrow & T_{(\phi f)} & \longleftarrow & IT_{(\phi f)} \\ & & \uparrow & & \phi \uparrow & & \uparrow \\ & & S_{(f)}/IS_{(f)} & \longleftarrow & S_{(f)} & \longleftarrow & I_{(f)} \end{array}$$

$$\square$$

5.11.6   Ein Endlichkeitssatz für kohärente Garben

Definition 5.11.11

Eine Garbe $\mathcal{F}$ auf einem topologischen Raum X heißt von globalen Schnitten $s_i \in \Gamma(X, \mathcal{F})$ erzeugt, wenn die s_{ix} den Halm $\mathcal{F}_x$ für jedes $x \in X$ erzeugen.

Ist $(X, \mathcal{O}_X)$ ein lokal geringter Raum, so sollen die s_{ix} den Halm $\mathcal{F}_x$ als $\mathcal{O}_{X,x}$-Modul erzeugen.   ◆

Bemerkung 5.11.2

Da jeder Schnitt $s_i \in \mathcal{F}(X)$ einem Morphismus $\mathcal{O}_X \xrightarrow{\cdot s_i} \mathcal{F}$ entspricht, ist dies gleichbedeutend mit der Existenz einer Surjektion

$$\bigoplus_i \mathcal{O}_X \to \mathcal{F} \to 0$$

von $\mathcal{O}_X$-Moduln.

Proposition 5.11.14 (Serres Endlichkeitssatz)

Es sei $X = \mathrm{proj}\,(S)$ und $S = S_0[S_1]$ sowie S_1 endlich erzeugter S_0-Modul und S_0 noethersch. Weiter sei $\mathcal{F}$ ein kohärenter $\mathcal{O}_X$-Modul. Dann existiert eine exakte Sequenz

$$\bigoplus_i \mathcal{O}_X(-n_i) \longrightarrow \mathcal{F} \longrightarrow 0\,,$$

das heißt, es gibt endlich viele Schnitte $s_i \in \mathcal{F}(n_i)(X)$, die durch $f \in \mathcal{O}_X(-n_i) \mapsto f s_i \in \mathcal{F}$ obige Abbildung verwirklichen.

Anders gesagt: Es gibt eine Vertwistung $\mathcal{F}(n)$ mit $n \geqslant 0$, die von endlich vielen globalen Schnitten $t_j \in \Gamma(X, \mathcal{F}(n))$ erzeugt ist.

Beweisidee. Man betrachte die $U_i = D_+(x_i)$ für eine endliche S_0-Basis (x_i) von S_1. Auf jedem U_i ist der Modul $\Gamma_*(X, \mathcal{F})_{(x_i)}$ endlich erzeugt als $\mathcal{O}_X(U_i)$-Modul. Es seien t_{ji} die Zähler aus $\mathcal{F}(n_{ji})(X)$ dieser Erzeuger. Alle t_{ji} zusammengenommen sind gerade die s_i des obigen Satzes.   □

Lemma 5.11.7

Es sei $S = S_0[x_0, \ldots, x_n]$ ein gradierter Integritätsring mit $x_i \in S_1$ und $X = \mathrm{proj}\,(S)$. Es sei $f \in \Gamma(X, \mathcal{O}_X(d))$ und $d \geqslant 0$.

Dann ist f ganz über S bezüglich der kanonischen Einbettung $S \to \Gamma_*(X, \mathcal{O}_X) = \bigoplus_{d \geqslant 0} \Gamma(X, \mathcal{O}_X(d)) = S' \subseteq Q_{\mathrm{hom}}(S) = S_{(0)}$.

Es ist also S' ganz über S in $Q_{\mathrm{hom}}(S)$.

Beweis. Das Element f wird durch kompatible $f = f_i/x_i^k$ dargestellt, und es gilt daher $f x_i^k \in S_{k+d}$

Man überlegt sich leicht, dass damit $f S_p \subseteq S_{p+d}$ für alle $p \geqslant k(n+1)$ ist, oder anders gesagt:

$$f S_{\geqslant N} \subseteq S_{\geqslant N}, \quad \text{für } N \geqslant k(n+1)\,,$$

wobei $S_{\geqslant N} = \bigoplus_{l \geqslant N} S_l$ ist.

Nun ist aber $S_{\geqslant N}$ endlich erzeugter S-Modul (nämlich über dem endlich erzeugten S_0-Modul S_N) und daher f ganz über S.   □

Proposition 5.11.15

Es sei $X = \operatorname{proj}(S)$ und $S = S_0[S_1]$ sowie $S_1 = S_0 x_0 + \cdots + S_0 x_n$. Es sei $A = S_0$ eine affine k-Algebra. Es ist also X ein abgeschlossenes Unterschema von $\mathbb{P}_A^n$.

Weiter sei $\mathcal{F}$ ein kohärenter $\mathcal{O}_X$-Modul. Dann gilt:

$$\Gamma(X, \mathcal{F})$$

ist ein endlich erzeugter A-Modul.

Beweis. Man überlegt sich zunächst, dass $\mathcal{F} = \widetilde{M}$ für einen endlich erzeugten S-Modul M:

Da $\mathcal{F} = \Gamma_*(X, \mathcal{F})^{\sim}$, existiert ein S-Modul N mit $\widetilde{N} = \mathcal{F}$. Da $\mathcal{F}$ kohärent, ist jedes $N_{(x_i)}$ von endlich vielen n_{ij}/x_i^p erzeugt. Der von allen (n_{ij}) endlich erzeugte S-Untermodul $M \subseteq N$ ist wegen $M_{(x_i)} = N_{(x_i)}$ der gesuchte Modul.

Anschließend betrachte man die kanonische Filtrierung

$$(0) = M_0 \subseteq M_1 \subseteq \cdots \subseteq M_r = M \tag{5.75}$$

mit

$$M_i/M_{i-1} = (S/\mathfrak{p}_i)(d_i).$$

Aus der Filtrierung ergeben sich exakte Sequenzen:

$$0 \to \Gamma(X, \widetilde{M_{i-1}}) \to \Gamma(X, \widetilde{M_i}) \to \Gamma(X, S/\mathfrak{p}_i(d_i)^{\sim})$$

Es genügt also, die Behauptung des Satzes für $M = (S/\mathfrak{p})(d)$ und damit sogar für $M = S(d)$ und S Integritätsring zu zeigen, denn es ist ja

$$\Gamma(\operatorname{proj}(S), (S/\mathfrak{p})(d)^{\sim}) = \Gamma(\operatorname{proj}(S/\mathfrak{p}), (S/\mathfrak{p})(d)^{\sim}).$$

Nun kann ein $s \in \Gamma(X, S(d)^{\sim})$ dargestellt werden durch $s_i \in \Gamma(U_i, S(d)^{\sim})$, deren Bilder in $\Gamma(U_{ij}, S(d)^{\sim})$ übereinstimmen.

Oder, anders gesagt, s wird repräsentiert durch $s_i/x_i^k \in S(d)_{(x_i)}$ mit $s_i \in S_{k+d}$, deren Bilder in $S(d)_{(x_i x_j)}$ übereinstimmen. Wir können diese Elemente alle als Elemente eines einzigen Rings, nämlich von $Q_{\hom}(S)$, auffassen, der aus den Quotienten f/s mit $f, s \in S$ und s homogen besteht.

Da die Multiplikation mit x_l, die s auf $x_l s$ abbildet, offensichtlich injektiv ist, besteht eine Injektion

$$\Gamma(X, S(d)^{\sim}) \hookrightarrow \Gamma(X, S(d+1)^{\sim}).$$

Es genügt also, die Behauptung für ein irgendwie gewähltes großes $d \gg 0$ zu zeigen.

Nach dem vorigen Lemma gehört aber jedes solche s dem ganzen Abschluss von S in $Q_{\hom}(S)$ an.

Weiter ist aber der ganze Abschluss S' von S in $Q(S)$ ein endlich erzeugter S-Modul. Der S-Untermodul $S'' = Q_{\hom}(S) \cap S' \subseteq S'$ ist also auch endlich erzeugter S-Modul.

Also werden die homogenen Komponenten S_d'' endlich erzeugte A-Moduln sein.

Da $s \in S_d''$, haben wir gezeigt

$$\Gamma(X, S(d)^{\sim}) \subseteq S_d''$$

mit S_d'' endlich erzeugter A-Modul. Damit ist der Satz im Spezialfall, und nach der anfänglichen Reduktion, auch im Allgemeinen bewiesen. $\qquad\square$

Definition 5.11.12

Es sei X ein Schema. Dann heißt X *normal in* $x \in X$, falls $\mathcal{O}_{X,x}$ ein normaler Ring ist.

Das Schema X heißt *normal*, falls es für jedes $x \in X$ normal in x ist.   ◆

Definition 5.11.13

Ein Schema $X = \mathrm{proj}\,(S)$ zu einem gradierten Ring S heißt *projektiv normal*, wenn S Integritätsring und in $Q(S)$ ganz abgeschlossen ist.   ◆

Korollar 5.11.4

Es erfülle S die Bedingungen der vorigen Proposition, und es sei $X = \mathrm{proj}\,(S)$ überdies projektiv normal.

Dann gilt $\Gamma(X, \mathcal{O}_X(d)) = S_d$ für alle $d \geqslant 0$.

Beweis. Nach Lemma 5.11.7 ist der Ring $S' = \bigoplus_{d \geqslant 0} \Gamma(X, \mathcal{O}_X(d))$ ganz über S in $Q_{\mathrm{hom}}(S) \subseteq Q(S)$. Also ist $S' = S$.   □

5.12   Varietäten

5.12.1   Allgemeines

Definition 5.12.1

Ein Schema X/k, von endlichem Typ über einem Körper k heiße *algebraisches Schema*.   ◆

Definition 5.12.2

Eine *Varietät* X über einem Körper k ist ein integres Schema mit einer Abbildung $X \to \mathrm{Spec}\,(k)$, die

  i) separiert,

  ii) von endlichem Typ

ist. Eine Varietät X ist also ein reduziertes, irreduzibles und über k separiertes algebraisches Schema.   ◆

Definition 5.12.3

Eine *verallgemeinerte projektive Varietät* X ist ein projektives, reduziertes Schema über einem Körper k, also ein reduziertes abgeschlossenes Unterschema $i : X \hookrightarrow \mathbb{P}^n_k$.

Ist X sogar integer, so heißt X *projektive Varietät*. Ist $U \subseteq X$ ein offenes Unterschema einer projektiven Varietät, so heißt U *quasiprojektive Varietät*.   ◆

Bemerkung 5.12.1

Eine Varietät soll im ganzen folgenden Text, wenn nichts anderes ausdrücklich gesagt wird, über einem *algebraisch abgeschlossenen* Körper k definiert sein.

Das folgende „Rigidity Lemma" ist nützlich in der Untersuchung abelscher Varietäten.

Lemma 5.12.1

Seien X, Y Varietäten über k, mit X eigentlich über einem Körper k.

Es sei

$$f : X \times Y \to \mathbb{A}_k^1$$

ein Morphismus mit

$$f(X \times y_0) = f(x_0 \times Y) = 0$$

für abgeschlossene Punkte $x_0 \in X$ und $y_0 \in Y$.

Dann ist $f(X \times Y) = 0$.

Proposition 5.12.1 (Rigidity Lemma)

Es seien X, Y, Z Varietäten über k, mit X eigentlich über einem Körper k.

Weiter sei

$$f : X \times Y \to Z$$

ein Morphismus mit

$$f(X \times y_0) = f(x_0 \times Y) = z_0$$

für abgeschlossene Punkte $x_0 \in X$, $y_0 \in Y$ und $z_0 \in Z$.

Beweis. Wähle eine offene affine Umgebung $W \subseteq Z$ mit $z_0 \in W$. Dann ist $f^{-1}(W) = U$ eine offene Untervarietät von $X \times Y$, die $X \times y_0$ und $x_0 \times Y$ enthält. Das abgeschlossene Komplement von U sei $A \subseteq X \times Y$. Nun ist $p : X \times Y \to Y$ eigentlich und damit $p(A)$ abgeschlossen in Y mit $y_0 \notin p(A)$. Wähle eine offene Umgebung $V' \subseteq Y$ mit $V' \cap p(A) = \emptyset$ und $y_0 \in V'$. Dann ist $f(X \times V') \subseteq W$, und für die Abbildung $f' : X \times V' \to W$ mit $f' = f|_{X \times V'}$ ist $f'(X \times y_0) = f'(x_0 \times V') = z_0$. Da $W \subseteq \mathbb{A}_k^n$ für ein geeignetes $\mathbb{A}_k^n$, folgt nach dem vorigen Lemma, dass $f(X \times V') = z_0$. Da $X \times V'$ dicht in $X \times Y$ ist, gilt sogar $f(X \times Y) = z_0$. □

5.12.2 Kegel

Es sei $X \subseteq \mathbb{A}_k^n$ ein abgeschlossenes Unterschema. Es ist also $X = \operatorname{Spec}(A/I)$ mit $A = k[x_1, \ldots, x_n]$ und $I \subseteq A$, einem Ideal von A. Dann existiert ein abgeschlossenes Unterschema $\bar{X} \subseteq \mathbb{P}_k^n$ in einem Diagramm

$$
\begin{array}{ccc}
X & \xrightarrow{\;i\;} & \mathbb{A}_k^n \\
\downarrow & & \downarrow{\scriptstyle j} \\
\bar{X} & \longrightarrow & \mathbb{P}_k^n
\end{array}
\qquad (5.76)
$$

mit $\operatorname{proj}(S) = \mathbb{P}_k^n$ und $S = k[y_0, \ldots, y_n]$. Dabei wird $j : \mathbb{A}_K^n \to D_+(y_0) \subseteq \mathbb{P}_k^n$ durch den Isomorphismus $A \to S_{(y_0)}$ mit $x_i \mapsto y_i/y_0$ definiert.

Es kann $\bar{X}$ auch als schematheoretisches Bild von $j(i(X))$ in $\mathbb{P}_k^n$ aufgefasst werden.

Definition 5.12.4
Das Unterschema $\bar{X} \subseteq \mathbb{P}_k^n$ ist der *projektive Abschluss* des affinen algebraischen Schemas $X \subseteq \mathbb{A}_k^n$. ◆

Wir erinnern zunächst, dass

$$f^{\mathrm{dehom}}(x_1, \ldots, x_n) = f(1, x_1, \ldots, x_n)$$

für ein $f(y_0, \ldots, y_n) \in S$ und

$$f^{\mathrm{hom}} = y_0^d f(y_1/y_0, \ldots, y_n/y_0)$$

für ein $f(x_1, \ldots, x_n) \in A$ mit $\deg f = d$ ist.

Das homogene Ideal $I' \subseteq k[y_0, \ldots, y_n] = S$, das $\bar{X}$ in $\mathbb{P}_k^n$ definiert, erfüllt folgende äquivalente Bedingungen:

Proposition 5.12.2
Es gilt mit den vorangehenden Bezeichnungen:

a) *Man betrachte I als Teil von $S_{(y_0)}$ und definiere $I' = I^{ec}$ bezüglich $A = S_{(y_0)} \subseteq S_{y_0} \supseteq S$.*

b) *Es sei $I' = \{f \in S_d \mid f^{dehom} \in I\}$. Dies ist schon ein Ideal in S.*

c) *Es sei $I' = (\{f^{hom} \mid f \in I\})_S$.*

Beweis. Es ist festzuhalten, dass $f \mapsto f^{\mathrm{dehom}}$ als Abbildung $S \to A$ ein surjektiver Homomorphismus ist. Daher ist die Menge in b) rechts schon ein Ideal.

Man beachte weiterhin $y_0^e \, (f^{\mathrm{dehom}})^{\mathrm{hom}} = f$ für alle homogenen $f \in S$ mit einem geeigneten $e \geqslant 0$, sowie $(f^{\mathrm{hom}})^{\mathrm{dehom}} = f$ für alle $f \in A$. Daraus folgt die Gleichheit von I' in b) und c).

Für die Aussage, dass $\bar{X}$ das schematheoretische Bild von $j(i(X))$ in $\mathbb{P}_k^n$ ist, betrachte man die Sequenzen

$$S_{(y_i)} \to S_{(y_i y_0)} \to A_{y_i/y_0} \to (A/I)_{y_i/y_0}, \tag{5.77}$$

wobei A als $k[y_1/y_0, \ldots, y_n/y_0]$ aufgefasst wurde. Es sei g/y_i^d mit $g \in S_d$ im Kern J_i der Abbildung $S_{(y_i)} \to (A/I)_{y_i/y_0}$. Dann ist wegen

$$\frac{g}{y_i^d} = \frac{g}{y_0^d} \frac{y_0^d}{y_i^d} = \frac{g}{y_0^d} \left(\frac{y_i}{y_0}\right)^{-d} \tag{5.78}$$

auch $g/y_0^d \in I_{y_i/y_0}$, wobei man g/y_0^d als Element von A auffasst. Es ist also $(y_i/y_0)^p (g/y_0^d) = h \in I$ oder auch $(y_i^p g)^{\mathrm{dehom}} = x_i^p g^{\mathrm{dehom}} \in I$. Schreibt man

$$g/y_i^d = g \, y_i^p / y_i^{d+p},$$

so besteht der Kern J_i aus h/y_i^d mit $h^{\text{dehom}} \in I$. Damit ist dieser Kern gleich $I'_{(y_i)}$. Da der Kern J_i auf $S_{(y_i)}$ das schematheoretische Bild definiert, ist die Behauptung gezeigt. $\qquad\square$

Es sei nun $X \subseteq \mathbb{P}^n_k$ ein abgeschlossenes Unterschema, definiert durch ein homogenes Ideal $I \subseteq k[x_0, \ldots, x_n] = S$. Dann sei $C(X) \subseteq \mathbb{A}^{n+1}_k$ das affine Unterschema von $\mathrm{Spec}\,(S)$, das durch $I \subseteq S$ definiert ist.

Definition 5.12.5
Wir nennen $C(X)$ *den affinen Kegel über dem projektiven algebraischen Schema* X. $\qquad\qquad\blacklozenge$

Schließlich definieren wir noch für ein $X \subseteq \mathbb{P}^n_k$ den *projektiven Kegel über* X, $P(X) = \overline{C(X)} \subseteq \mathbb{P}^{n+1}_k$. Er hat die Eigenschaft:

Proposition 5.12.3
Es sei die Hyperebene $H \subseteq \mathbb{P}^{n+1}_k$ *durch* $C(\mathbb{P}^n_k) \cup H = \mathbb{P}^{n+1}_k$ *definiert. Dann ist* $H \cap P(X) \cong X$.

Beweis. Es sei $I = I(X) \subseteq k[x_0, \ldots, x_n] = S$ das Ideal von X. Dann besteht das Ideal J von $P(X)$ in $S' = k[x_0, \ldots, x_n, z]$ mit $\mathrm{proj}\,(S') = \mathbb{P}^{n+1}_k$ aus $f_d + z^1 f_{d-1} + \cdots + z^d f_0 = (f_d + \cdots + f_0)^{\text{hom}}$ in J_d, wobei $f_e \in I_e$ ist. Die Hyperebene H ist $V(z)$, und es gilt $S'/(z, J) = S/I$. Damit ist die behauptete Isomorphie gezeigt. $\qquad\square$

5.12.3 Der Satz von Bezout

Es sei

$$Y \subseteq X = \mathbb{P}^n_k$$

ein projektives Schema über einem Körper k.

Dann ist $Y = \mathrm{proj}\,(S)$, wobei $R = k[X_0, \ldots, X_n]$ ein gradierter Polynomring über k und

$$S = R/I = k[X_0, \ldots, X_n]/I = k[x_0, \ldots, x_n]$$

mit einem homogenen Ideal $I \subseteq R$ ist.

Weiterhin ist S ein *Hilbertring*. Es existiert also ein *Hilbertpolynom* $P_S(n)$ mit der Eigenschaft

$$P_S(d) = l(S_d), \quad \text{für } d \gg 0,$$

wo $l(S_d)$ für die Länge von S_d, also für $l(S_d) = \dim_k(S_d)$ steht.

Genauer gesagt ist

$$P_S(m) = a_r \binom{m}{r} + a_{r-1} \binom{m}{r-1} + \cdots + a_1 \binom{m}{1} + a_0 \tag{5.79}$$

mit $a_i \in \mathbb{Z}$, und es gilt:

Proposition 5.12.4

Für die Dimension der projektiven Varietät $X = \text{proj}\,(S)$ *gilt:*

$$\dim(\text{proj}\,(S)) = \deg P_S = r$$

Beweis. Es ist $\dim \text{proj}\,(S) = \max_i \dim S_{(x_i)}$. Weiter ist $\dim S_{(x_i)} = \dim S_{x_i} - 1$ für $x_i \notin I$. Es ist dann nämlich $S_{x_i} \cong S_{(x_i)}[x_i, x_i^{-1}]$ und x_i nicht algebraisch über $S_{(x_i)}$ in $K(S)$. Also ist $\dim \text{proj}\,(S) = \dim S - 1$. Nun benutze man Proposition 2.25.8. $\square$

Definition 5.12.6

Es sei $S = R/I$ wie oben. Dann sei $\deg \text{proj}\,(S) = \deg S = a_r$, mit a_r aus (5.79), der *Grad von* $\text{proj}\,(S)$. ◆

Bemerkung 5.12.2

Ist $P_S(m) = c_r m^r + c_{r-1} m^{r-1} + \cdots + c_0$ das Polynom $P_S(m)$ in expliziter Darstellung, so ist $\deg \text{proj}\,(S) = r!\, c_r$.

Dass dies eine sinnvolle Definition ist, zeigen die folgenden Propositionen:

Proposition 5.12.5

Es ist für $R = k[X_0, \ldots, X_n]$ *wie oben* $P_R(m) = \binom{m+n}{n}$. *Insbesondere ist* $\deg \text{proj}\,(R) = 1$.

Proposition 5.12.6

Es sei $S = R/I$ *wie oben mit* $I \subseteq R$ *prim, und es sei weiter* $f \in R - I$ *homogen vom Grad* d *und* $I' = (I, f)$. *Dann ist*

$$\deg \text{proj}\,(R/I') = d \deg \text{proj}\,(R/I). \qquad (5.80)$$

Beweis. Betrachtet man die exakte Sequenz $0 \to S(-d) \xrightarrow{\cdot f} S \to R/I' \to 0$, so folgt $P_S(m) - P_S(m-d) = P_{R/I'}(m)$.

Es sei nun $P_S(m) = 1/s!\, a_s\, m^s + \sum_{\nu=0}^{s-1} a_\nu m^\nu$ und also

$$a_s = \deg \text{proj}\,(S).$$

Es ist dann

$$P_{R/I'}(m) = P_S(m) - P_S(m-d) =$$

$$= 1/s!\, a_s(m^s - (m-d)^s) + \sum_{\nu=0}^{s-1} a_\nu(m^\nu - (m-d)^\nu).$$

Man erkennt sofort, dass dann $1/(s-1)!\, a_s\, d\, m^{s-1}$ der führende Term von $P_{R/I'}$ ist. Also ist wegen $\dim \text{proj}\,(R/I') = \dim \text{proj}\,(S) - 1 = s - 1$

$$\deg \text{proj}\,(R/I') = d \deg \text{proj}\,(S).$$

$\square$

Korollar 5.12.1

Es sei $f \in R = k[X_0, \ldots, X_n]$ *homogen mit* $\deg f = d > 0$. *Dann ist*

$$\deg \text{proj}\,(R/(f)) = d.$$

Definition 5.12.7

Es sei $S = R/I$ wie oben, also $Y = V(I) \subseteq \mathbb{P}_k^n$ ein abgeschlossenes Unterschema von $\mathbb{P}_k^n$. Es sei $Y = Y_1 \cup \cdots \cup Y_r$ die Zerlegung in irreduzible Komponenten, die den minimalen homogenen Primidealen $\mathfrak{p}_1, \ldots, \mathfrak{p}_r$ über I entspricht.

Es sei dann

$$i(Y_j; Y) = i(\mathfrak{p}_j; I) = \operatorname{len}(R/I)_{\mathfrak{p}_j} \qquad (5.81)$$

die *Vielfachheit von Y_j in Y*. ◆

Bemerkung 5.12.3

Es gilt auch $\operatorname{len}_R(R/I)_{\mathfrak{p}} = \operatorname{len}_{R_{(\mathfrak{p})}}(R/I)_{(\mathfrak{p})}$. Man sieht dies durch Aufschreiben der üblichen Filtrierung

$$(0) = M^0 \subseteq M^1 \subseteq \cdots \subseteq M^r = R/I$$

mit $0 \to M^{i-1} \to M^i \to (R/\mathfrak{p}_i)(d_i) \to 0$ und wahlweisem Anwenden von $(-)_{(\mathfrak{p})}$ und $(-)_{\mathfrak{p}}$. Es ist $((R/\mathfrak{p}_i)(d_i))_{(\mathfrak{p})}$ und $((R/\mathfrak{p}_i)(d_i))_{\mathfrak{p}}$ immer gleichzeitig entweder 0 oder $R_{(\mathfrak{p})}-$ bzw. $R_{\mathfrak{p}}$-isomorph zu dem Körper $(R/\mathfrak{p})_{(\mathfrak{p})}$ bzw. $(R/\mathfrak{p})_{\mathfrak{p}}$.

Sei nämlich $L = (R/\mathfrak{p})(d)_{(\mathfrak{p})}$, so gilt für $d > 0$, dass $L = z_d(R/\mathfrak{p})_{(\mathfrak{p})}$ mit einem $z_d \in R_d$ und $z_d \notin \mathfrak{p}$, das immer existieren muss, da sonst $R_+ \subseteq \mathfrak{p}$. Ist $d < 0$, so ist $L = z_d^{-1}(R/\mathfrak{p})_{(\mathfrak{p})}$.

Proposition 5.12.7

Es sei $S = R/I$ mit $Y = V(I)$ und $Y = Y_1 \cup \cdots \cup Y_r$ eine Zerlegung in irreduzible Komponenten entsprechend den minimalen homogenen Primidealen $\mathfrak{p}_1, \ldots, \mathfrak{p}_r \supseteq I$. Daraus seien $Y_1, \ldots, Y_{r'}$ diejenigen Komponenten mit $\dim Y_i = \dim Y$ und $\mathfrak{p}_1, \ldots, \mathfrak{p}_{r'}$ die ihnen entsprechenden Primideale. Dann gilt:

$$\deg Y = \sum_{j=1}^{r'} i(Y_j; Y) \deg Y_j \qquad (5.82)$$

Beweis. Man betrachte eine übliche Filtrierung von R/I mit gradierten R-Moduln

$$(*) \quad 0 \to M_{j-1} \to M_j \to R/\mathfrak{p}_j'(d_j) \to 0.$$

Unter den Primidealen $(\mathfrak{p}_j')_{j=1..s}$ befinden sich also alle homogenen Primideale aus $\operatorname{Ass} R/I$, also auch die oben eingeführten Primideale $(\mathfrak{p}_i)_{i=1..r'}$ über I.

Sei $\mathfrak{p} = \mathfrak{p}_i$ ein solches, so erkennt man durch Tensorieren der Sequenzen $(*)$ mit $R_{\mathfrak{p}}$, dass $\mathfrak{p}_j' = \mathfrak{p}$ genauso oft vorkommt, wie $i(Y_i; Y) = \operatorname{len}(R/I)_{\mathfrak{p}}$ angibt. Denn es ist ja $(R/\mathfrak{p}_j'(d_j))_{\mathfrak{p}}$ entweder 0, falls $\mathfrak{p}_j' \neq \mathfrak{p}$, oder ein Modul der Länge 1, isomorph zu $k(\mathfrak{p})$, falls $\mathfrak{p}_j' = \mathfrak{p}$.

Bezeichnet man nun mit $P_j(m) = P_{R/\mathfrak{p}_j'}(m)$, so gilt also wegen $(*)$, dass

$$P_{R/I}(m) = \sum_j P_j(m + d_j)$$

ist. Dabei tragen zum führenden Koeffizienten von $P_{R/I}$ nur diejenigen P_j etwas bei, die von einem $\mathfrak{p}_j'$ über I stammen, das $\dim V(\mathfrak{p}_j') = \dim Y$ erfüllt. Die übrigen sind entweder *eingebettete Primärkomponenten* oder haben als minimale Primideale kleinere Dimension als Y, also kleineren Grad des Hilbertpolynoms P_j.

Nun ist
$$P_j(m) = 1/t_j! \ \deg(R/\mathfrak{p}_j') \, m^{t_j} + O(m^{t_j-1})$$
mit $\dim \mathrm{proj}\left(R/\mathfrak{p}_j'\right) = t_j$.

Also ist der führende Koeffizient $(1/t!) \deg Y$ von $P_{R/I}$ gleich

$$1/t! \ \left(\sum_{j=1}^{r'} i(\mathfrak{p}_j; I) \deg R/\mathfrak{p}_j\right) = 1/t! \ \left(\sum_{j=1}^{r'} i(Y_j; Y) \deg Y_j\right),$$

wobei $t = \max_j t_j = \dim \mathrm{proj}\,(R/I)$ ist. Es ist also schließlich

$$\deg Y = \sum_{j=1}^{r'} i(Y_j; Y) \deg Y_j .$$

$\square$

Definition 5.12.8
Es sei $S = R/I$ wie oben und $f \in R$ homogen. Es sei $I' \subseteq R$ das Ideal $I' = (I, f)$. Weiter sei $\mathfrak{p} \subseteq R$ ein minimales homogenes Primideal über I', das einer irreduziblen Komponente Z von $Y = V(I, f)$ entspricht. Dann heiße

$$i(I, (f); \mathfrak{p}) \overset{\text{def}}{=} i(Z; Y) = \mathrm{len}(R/I')_\mathfrak{p} = \mathrm{len}(R/I \otimes_R R/f)_\mathfrak{p} \tag{5.83}$$

die *Schnittmultiplizität* von I und (f) bei $\mathfrak{p}$. $\blacklozenge$

Das folgende Theorem ist der berühmte *Satz von Bezout*.

Proposition 5.12.8 (Satz von Bezout)
Es sei $R = k[X_0, \ldots, X_n]$ ein gradierter Polynomring über einem Körper k und $S = R/I$ mit $I \subseteq R$, prim und homogen.

Weiter sei $f \in R - I$ homogen mit $\deg f = d$ und es sei $I' = (I, f)$. Die $\mathfrak{p}_i$ mit $i = 1, \ldots, r$ seien die minimalen homogenen Primideale über I'. Dann gilt:

$$d \cdot \deg \mathrm{proj}\,(S) = \sum_{i=1}^{r} \deg \mathrm{proj}\,(R/\mathfrak{p}_i) \cdot i(I, (f); \mathfrak{p}_i) \tag{5.84}$$

Beweis. Folgt aus Proposition 5.12.7 und Proposition 5.12.6, da alle minimalen $\mathfrak{p}_i$ mit $i = 1, \ldots, r$ die gleiche Dimension $\dim V(\mathfrak{p}_i) = \dim \mathrm{proj}\,(S) - 1$ haben. $\square$

5.13   Projektive Morphismen

5.13.1   Morphismen nach $\mathbb{P}^n_A$

Proposition 5.13.1
Es sei A ein kommutativer Ring und X ein A-Schema. Dann entsprechen sich

a) A-Morphismen

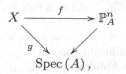

b) Linienbündel $\mathcal{L}$ auf X mit $n+1$-Tupeln von Schnitten

$$(s_0, \dots, s_n) \in \mathcal{L}(X)^{n+1},$$

die $\mathcal{L}$ erzeugen, modulo der kanonischen Isomorphismen von

$$(\mathcal{L}, s_0, \dots, s_n) \mapsto (\mathcal{L}', s_0', \dots, s_n'),$$

bei denen ein Isomorphismus $\phi : \mathcal{L} \to \mathcal{L}'$ auch die Abbildung $\phi(s_\nu) = s_\nu'$ bewirkt.

Anders gesagt also exakte Sequenzen

$$g^* \mathcal{O}_{\mathrm{Spec}(A)}^{n+1} = \mathcal{O}_X^{n+1} \to \mathcal{L} \to 0$$

modulo der natürlichen Isomorphie solcher Sequenzen (bei der $\mathcal{O}_X^{n+1}$ fest bleibt).

Die Zuordnung ist:

$$f \mapsto (\mathcal{L}, (s_i)) = \big(f^*(\mathcal{O}_{\mathbb{P}_A^n}(1)), (f^*(t_i))\big)$$

und

$$(s_0, \dots, s_n) \in \mathcal{L}(X)^{n+1} \mapsto f = (s_0 : \dots : s_n),$$

wobei $(s_0 : \dots : s_n)$ bedeute, dass für alle $V = \mathrm{Spec}(B) \subseteq X_{s_i}, \mathcal{L}|_V$ trivial

$$f|_V = \mathrm{Spec}(\phi_{B,i})$$
$$\phi_{B,i} : A[t_{\mu i}] \to B, t_{\mu i} \mapsto s_\mu'/s_i'$$

ist.

 Dabei seien $t_0, \dots, t_n$ die kanonischen Schnitte in $\mathcal{O}_{\mathbb{P}_A^n}(1)$. Die $t_{\mu i}$ bezeichnen wie üblich die affinen Koordinaten t_μ/t_i in $D_+(t_i)$.

 Schließlich sind s_μ', s_i' die Bilder der $s_\mu|_V$, $s_i|_V$ unter einem irgendwie festgelegten Isomorphismus $\mathcal{L}|_V \cong \mathcal{O}_V$.

Bemerkung 5.13.1

Man beachte, dass bei gegebenem f die Beziehung $X_{s_i} = f^{-1}(D_+(t_i))$ mit den der Abbildung f zugeordneten s_i gilt (wegen Lemma 5.6.6).

 Weiterhin ist $\mathrm{Spec}(A[t_{\mu i}]) = D_+(t_i) \subseteq \mathbb{P}_A^n$.

Beweis. Wir starten ausgehend von einem Linienbündel $\mathcal{L}$ und Schnitten s_μ: Man muss sich hier überlegen, dass die zuletzt definierte Abbildung $f : X \to \mathbb{P}_A^n$ wirklich wohldefiniert ist.

1. Zunächst einmal ist die Wahl der Isomorphie $\mathcal{L}|_V \cong \mathcal{O}_V$ nicht entscheidend. Eine andere Wahl entspricht der Multiplikation der s_μ', $s_i' \in B$ mit einer Einheit $b \in B^*$. Offensichtlich berührt das die Abbildung $\phi : A[t_{\mu i}] \to B$ nicht.

2. Weiterhin kommutiert für alle $f \in B$ das Dreieck

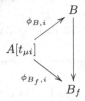

so dass die einzelnen Abbildungen f_V wirklich miteinander verkleben, solange sie in dasselbe $D_+(t_i)$ abbilden.

3. Es bleibt noch, die Kompatibilität von $\phi_{B,i}$ mit $\phi_{B,j}$ nachzuweisen.

Für ein $V = \mathrm{Spec}\,(B) \subseteq X$ mit $V \subseteq X_{s_i}$ und $V \subseteq X_{s_j}$ ergeben sich nämlich zwei Ringhomomorphismen:

$$A[t_{\mu i}] = \mathcal{O}_{\mathbb{P}_A^n}(D_+(t_i)) \to \mathcal{O}_X(X_{s_i}) \to B, \quad A[t_{\nu j}] = \mathcal{O}_{\mathbb{P}_A^n}(D_+(t_j)) \to \mathcal{O}_X(X_{s_j}) \to B$$

Man überzeugt sich nun von der Kommutativität des Diagramms:

$$
\begin{array}{ccc}
A[t_{\mu i}] & \longrightarrow & A[t_{\mu i}]_{t_{ji}} \\
& & \phi_i \searrow \\
\psi_{ij} \downarrow & & \quad B \\
& & \phi_j \nearrow \\
A[t_{\nu j}] & \longrightarrow & A[t_{\nu j}]_{t_{ij}}
\end{array}
$$

Dort ist ψ_{ij} ein Isomorphismus mit $\psi_{ij}(t_{\mu i}) = t_{\mu j}/t_{ij}$ und $\psi_{ij}(1/t_{ji}) = t_{ij}$. Die Abbildung ϕ_i bildet ab: $t_{\mu i} \mapsto s_\mu'/s_i'$, $1/t_{ji} \mapsto s_i'/s_j'$. Die Abbildung ϕ_j bildet ab: $t_{\nu j} \mapsto s_\nu'/s_j'$ und $1/t_{ij} \mapsto s_j'/s_i'$.

4. Die Abbildung f ist überall definiert: Die X_{s_i} überdecken ganz X, weil die s_i das Linienbündel $\mathcal{L}$ erzeugen.

5. Als nächstes ist noch nachzuweisen, dass $f^*\mathcal{O}_{\mathbb{P}_A^n}(1) = \mathcal{L}$ ist und $f^*(t_i) = s_i \in \mathcal{L}(X)$ ist.

Wir gehen wieder zu der lokalen Abbildung $A[t_{\mu i}] \to B$ zurück. Dann ist $\mathcal{O}_{\mathbb{P}_A^n}(1)|_{D_+(t_i)} = \widetilde{t_i A[t_{\mu i}]}$, also wird $f^*\mathcal{O}_{\mathbb{P}_A^n}(1)|_{\mathrm{Spec}(B)}$ von dem Modul $t_i A[t_{\mu i}] \otimes_{A[t_{\mu i}]} B$ erzeugt. Dieser ist isomorph zu B unter den Abbildungen

$$t_i \otimes_{A[t_{\mu i}]} b \mapsto s_i'b, \tag{5.85}$$

$$b \mapsto t_i \otimes_{A[t_{\mu i}]} b/s_i'. \tag{5.86}$$

Damit ist lokal ein Isomorphismus

$$f^*\mathcal{O}_{\mathbb{P}_A^n}(1)|_{\mathrm{Spec}(B)} \cong \mathcal{L}|_{\mathrm{Spec}(B)} \tag{5.87}$$

konstruiert. Eine andere Trivialisierung von $\mathcal{L}$ über $\mathrm{Spec}\,(B)$ entspräche einem B-linearen Isomorphismus $B \to B$ mit $1 \mapsto s' \in B^*$. Damit würde abgebildet $s'_\mu \mapsto s'_\mu s'$ und $s'_i \mapsto s'_i s'$. Es bliebe dann, wie oben schon bemerkt, s'_μ / s'_i gleich, und auch der konstruierte Isomorphismus (5.87) bliebe unverändert. Dies sieht man im Einzelnen an den Diagrammen ($A' = A[t_{\mu i}]$):

$$
\begin{array}{ccccc}
t_i \otimes_{A'} b \longrightarrow s' s'_i b & bs' \longrightarrow t_i \otimes_{A'} bs'/(s' s'_i) & & (5.88) \\
\uparrow \quad \cdot s' \uparrow \quad \cdot s' \uparrow & \uparrow & & \\
t_i \otimes_{A'} b \longrightarrow s'_i b & b \longrightarrow t_i \otimes_{A'} b/s'_i & &
\end{array}
$$

Die Schnitte $f^*(t_\mu)$ auf $\mathrm{Spec}\,(B)$ sind durch

$$t_\mu = t_i \cdot t_{\mu i} \mapsto s'_i \cdot s'_\mu / s'_i = s'_\mu$$

gegeben, also mit den s'_μ wie gefordert identisch. Geht man zu einer anderen Trivialisierung über, multipliziert also s'_μ zu $s'_\mu s'$, so ist

$$s'_i s' \cdot (s'_\mu s')/(s'_i s') = s'_\mu s'$$

also wieder $f^*(t_\mu) = s_\mu$ auf $\mathrm{Spec}\,(B)$.

Wir betrachten jetzt die umgekehrte Schlussrichtung und zeigen, dass man ausgehend von $f : X \to \mathbb{P}^n_A$ aus dem Linienbündel $f^* \mathcal{O}_{\mathbb{P}^n_A}(1)$ und den Schnitten $f^*(t_i)$ wieder die Abbildung f erhält.

Lokal sei wieder f gegeben durch $A' = A[t_{\mu i}] \to B$ mit $t_{\mu i} \mapsto s'_{\mu i}$. Dann ist $f^* \mathcal{O}_{\mathbb{P}^n_A}(1)|_V = \mathcal{L}|_V$ mit $V = \mathrm{Spec}\,(B)$ gegeben durch

$$(*) \quad t_i A' \otimes_{A'} B \cong B.$$

Für die Schnitte $t_\mu|_{\mathrm{Spec}(A')}$ ist $f^*(t_\mu) = s'_\mu$ mit $s'_\mu \in B$ unter dem Isomorphismus $(*)$ von oben. Das Element s'_i ist dabei aus B^*, da nach Annahme $f(V) \subseteq D_+(t_i)$, also $V \subseteq D(f^*(t_i))$ ist.

Aus der Beziehung $t_\mu = t_{\mu i} t_i$ für $\mathrm{Spec}\,(A')$ und $\mathcal{O}_{\mathbb{P}^n_A}(1)|_{\mathrm{Spec}(A')}$ ergibt sich $s'_\mu = s'_{\mu i} s'_i$.

Nun ist die aus $\mathcal{L}$ und $f^*(t_i)$ abgeleitete Abbildung $A[t_{\mu i}] \to B$ gleich $t_{\mu i} \mapsto s'_{\mu i} = s'_\mu / s'_i$ also identisch mit der Abbildung f vom Anfang.

$\square$

Bemerkung 5.13.2

Wir hätten die Zuordnung

$$(s_0, \ldots, s_n) \mapsto f = (s_0 : \ldots : s_n)$$

auch kürzer definieren können: Auf X_{s_i} ist der „Quotient" $s_\mu / s_i \in \mathcal{O}_X(X_{s_i})$ wohldefiniert, wie man durch Wahl lokaler Repräsentanten erkennen kann.

Also gibt es Ringhomomorphismen $A[t_{\mu i}] \to \mathcal{O}_X(X_{s_i})$ mit $t_{\mu i} \mapsto s_\mu / s_i$, die auf kanonische Weise Schemamorphismen $f_i : X_{s_i} \to D_+(t_i)$ induzieren.

Nun muss man sich noch vergewissern, dass f_i und f_j auf $X_{s_i} \cap X_{s_j}$ übereinstimmen.

Proposition 5.13.2

Es sei $f : X \to \mathbb{P}^n_A$ ein Morphismus von A-Schemata, festgelegt wie oben durch $(s_0, \ldots, s_n) \in \mathcal{L}(X)^{n+1}$. Dann ist äquivalent:

a) f ist eine abgeschlossene Immersion.

b) Es gilt:

   i) Alle X_{s_i} sind affin.

   ii) Die Abbildungen $A[t_{\mu i}] \to \mathcal{O}_X(X_{s_i})$ sind surjektiv.

c) Es gilt:

   i) Eine Auswahl $X_{s_{i_\alpha}}$ ist eine affine, offene Überdeckung von X.

   ii) Die Abbildungen $A[t_{\mu i_\alpha}] \to \mathcal{O}_X(X_{s_{i_\alpha}})$ sind surjektiv.

Beweis(idee). Die Abbildung $f : X \to \mathbb{P}_A^n$ ist genau dann eine abgeschlossene Immersion, wenn es eine Überdeckung $D_+(t_{i_\alpha})$ von $\mathbb{P}_A^n$ gibt, so dass $f|_{X_{s_{i_\alpha}}} : X_{s_{i_\alpha}} \to D_+(t_{i_\alpha})$ jeweils eine abgeschlossene Immersion ist. $\qquad\square$

Definition 5.13.1
Es sei X ein S-Schema und $\mathcal{L}$ ein Linienbündel auf X. Wenn eine Immersion $i : X \to \mathbb{P}_S^n$ von S-Schemata existiert, mit der $\mathcal{L} \cong i^* \mathcal{O}_{\mathbb{P}_S^n}(1)$ gilt, so nennt man $\mathcal{L}$ *sehr ampel.* $\qquad\blacklozenge$

Bemerkung 5.13.3
Die Abbildung $i : X \to \mathbb{P}_S^n$ in der vorigen Definition ist also eine Komposition $i = j \circ i'$, wo i' eine abgeschlossene und j eine offene Immersion ist.

Da wir nun die Abbildungen $(X \to \mathbb{P}_A^n)/A$ verstehen, können wir auch eine Beschreibung der Punkte

$$\mathbb{P}_k^n(l) = \mathrm{Hom}_{\mathrm{Spec}(k)}(\mathrm{Spec}\,(l), \mathbb{P}_k^n)$$

mit Werten in einer Körpererweiterung l/k geben:

Proposition 5.13.3
Es entspricht $\mathbb{P}_k^n(l)$ den Systemen

$$(s_0 : \ldots : s_n) \in l^{n+1}$$

mit wenigstens einem $s_i \neq 0$ modulo Multiplikationen mit $s \in l^*$ durch die $(s_0 : \ldots : s_n)$ in $(ss_0 : \ldots : ss_n)$ übergeht.

Beweis. Ein Linienbündel auf $\mathrm{Spec}\,(l)$ ist immer gleich $\tilde{l}$. $\qquad\square$

5.13.2 Veronese-Einbettung

Es sei $S = \bigoplus_{k \geqslant 0} S_k$ ein gradierter Ring und $X = \mathrm{proj}\,(S)$. Dann ist auch $S^{(d)} = \bigoplus_{k \geqslant 0} S_{dk}$ ein gradierter Ring, und es gilt:

Lemma 5.13.1
Es sei S, $S^{(d)}$ wie oben und $f \in S_{dk}$. Dann ist die Abbildung

$$\phi_f : S^{(d)}_{(f)} \to S_{(f)}, \quad a/f \mapsto a/f$$

für jedes f wie oben ein Isomorphismus.

Lemma 5.13.2
Es sei S, $S^{(d)}$ wie oben und $f, g \in S_{kd}$. Dann kommutiert

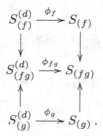

Also gilt:

Proposition 5.13.4
Die einzelnen $\mathrm{Spec}\,(\phi_f) : \mathrm{Spec}\left(S_{(f)}\right) \to \mathrm{Spec}\left(S^{(d)}_{(f)}\right)$ verkleben zu einem Isomorphismus $i : \mathrm{proj}\,(S) \to \mathrm{proj}\left(S^{(d)}\right)$.

Beweis. Man beachte, dass die $D_+(f)$ mit $f \in S_{kd}$ ganz $\mathrm{proj}\,(S)$ überdecken. $\square$
  Für diesen Isomorphismus i gilt die folgende Proposition:

Proposition 5.13.5
Es sei $X = \mathrm{proj}\,(S)$ mit $S = S_0[S_1]$ und $X^{(d)} = \mathrm{proj}\left(S^{(d)}\right)$ sowie $i : X \to X^{(d)}$ der obige Isomorphismus.
  Dann gilt:

$$i^* \mathcal{O}_{X^{(d)}}(1) = \mathcal{O}_X(d)$$

Wir können obige Überlegungen auch anders formulieren: Es sei X ein projektives A-Schema über einem Ring A. Dann ist X mit einer sehr amplen Garbe $\mathcal{O}_X(1)$ ausgestattet, und diese besitzt ein System $x_0, \ldots, x_n$ von überall erzeugenden Schnitten, die eine Immersion

$$i : X \to \mathbb{P}^n_A$$

vermitteln.

Bilden wir nun die Garbe $\mathcal{O}_X(d)$, so ist diese mit einem erzeugenden System von Schnitten

$$x_0^{k_0} x_1^{k_1} \cdots\cdot x_n^{k_n}, \quad k_0 + \ldots + k_n = d$$

ausgestattet. Dessen Mächtigkeit ist $1 + N_{n,d} = \binom{d+n}{d} = \binom{d+n}{n}$.

Wir haben also gemäß den Überlegungen des vorigen Abschnitts einen korrespondierenden Morphismus

$$v_X^{(d)} : X \to \mathbb{P}_A^{N_{n,d}}.$$

Definition 5.13.2
Die Abbildung $v_X^{(d)} : X \to \mathbb{P}_A^{N_{n,d}}$ heißt *Veronese-Abbildung* oder *Veronese-Einbettung*.   ◆

Für sie gilt:

Lemma 5.13.3
Die Abbildung $v = v^{(d)} : \mathbb{P}_A^n \to \mathbb{P}_A^{N_{n,d}} = \mathbb{P}_A^N$ *ist eine abgeschlossene Immersion.*

Beweis. Es sei

$$\mathbb{P}_A^n = \mathrm{proj}\,(A[x_0, \ldots, x_n]) = \mathrm{proj}\,(T)$$

und

$$\mathbb{P}_A^N = \mathrm{proj}\left(A[\ldots, u_{x_0^{e_0} \cdots x_n^{e_n}}, \ldots]\right) = \mathrm{proj}\,(S)$$

mit $e_0 + \cdots + e_n = d$. Definiere eine Abbildung $\phi : S \to T^{(d)}$ durch

$$\phi : u_{x_0^{e_0} \cdots x_n^{e_n}} \mapsto x_0^{e_0} \cdots x_n^{e_n}.$$

Dann ist $v = \mathrm{proj}\,(\phi) : \mathrm{proj}\,(T) = \mathrm{proj}\left(T^{(d)}\right) \to \mathrm{proj}\,(S)$ und $\mathcal{I}_{v(\mathbb{P}^n)} = \widetilde{I}$ mit $I = \ker \phi$. Dies folgt aus der Surjektivität von ϕ und dem Isomorphismus $S/I \xrightarrow{\sim} T^{(d)}$.   □

Lemma 5.13.4
Es seien die Bezeichnungen wie im vorigen Lemma und $Y = V(J)$ *mit* $J \subseteq T$. *Dann ist* $v(Y) = V((J^{(d)}, I))$, *wobei* $J_k^{(d)} = \phi_k^{-1}(J_{dk})$ *mit obigem* $\phi : S \to T^{(d)}$ *ist.*

Proposition 5.13.6
Die Abbildung $v^{(d)} : X \to \mathbb{P}_A^{N_{n,d}}$ *ist für projektive* A-*Schemata* X *eine abgeschlossene Immersion.*

Beweis. Es ist $v_{\mathbb{P}_A^n}^{(d)} : \mathbb{P}_A^n \hookrightarrow \mathbb{P}_A^{N_{n,d}}$ eine abgeschlossene Immersion, und man hat eine Faktorisierung $X \hookrightarrow \mathbb{P}_A^n \hookrightarrow \mathbb{P}_A^{N_{n,d}}$ in abgeschlossene Immersionen.   □

5.13.3   Segre-Einbettung

Die allgemeine Segre-Einbettung

Die *Segre-Einbettung* liefert den Nachweis, dass das Faserprodukt zweier projektiver Varietäten über einem Körper k wieder eine projektive Varietät über k ist. Es ist aber sogar eine Verallgemeinerung möglich, nach der dies auch für projektive Schemata über einem Ring A gilt. Man führt dazu folgende Konstruktion durch:

Definition 5.13.3
Seien S, T gradierte Ringe mit $R_0 = S_0 = A$. Dann kann man den gradierten Ring $S \times T$ bilden, indem man

$$(S \times T)_d = S_d \otimes_A R_d$$

setzt. ◆

Es ist dann

$$(S \times T)_{(f \otimes g)} \cong S_{(f)} \otimes_A T_{(g)} \quad \text{mit } (s \otimes t)/(f \otimes g)^k \mapsto s/f^k \otimes t/g^k \quad (5.89)$$

für alle $(f, g) \in S_d \times T_d$ mit $d \geqslant 1$.

Es gilt deshalb, dass

$$\operatorname{proj}(S \times T) \cong \operatorname{proj}(S) \times_A \operatorname{proj}(T), \qquad (5.90)$$

wobei der Isomorphismus durch Verkleben der Abbildungen (5.89) erhalten wird. Die Kompatibilität bei Verklebung zeigt das Diagramm:

$$
\begin{array}{ccc}
(S \times T)_{(f \otimes g)} & \overset{\cong}{\longrightarrow} & S_{(f)} \otimes_A T_{(g)} \\
\downarrow & & \downarrow \\
(S \times T)_{(ff' \otimes gg')} & \overset{\cong}{\longrightarrow} & S_{(ff')} \otimes_A T_{(gg')} \\
\uparrow & & \uparrow \\
(S \times T)_{(f' \otimes g')} & \overset{\cong}{\longrightarrow} & S_{(f')} \otimes_A T_{(g')}
\end{array}
\qquad (5.91)
$$

Die kanonischen Abbildungen

$$p_1 : \operatorname{proj}(S \times T) \to \operatorname{proj}(S), \qquad p_2 : \operatorname{proj}(S \times T) \to \operatorname{proj}(T)$$

werden durch Verkleben von

$$
\begin{aligned}
S_{(f)} &\to (S \times T)_{(f \otimes g)} = S_{(f)} \otimes_A T_{(g)} \\
x/f^r &\mapsto (x \otimes g^r)/(f \otimes g)^r = x/f^r \otimes 1
\end{aligned}
\qquad (5.92)
$$

und

$$T_{(g)} \to (S \times T)_{(f \otimes g)} = S_{(f)} \otimes_A T_{(g)} \tag{5.93}$$
$$y/g^r \mapsto (f^r \otimes y)/(f \otimes g)^r = 1 \otimes y/g^r$$

für alle Paare $(f, g) \in S_d \times T_d$ erhalten. Die $D_+(f \otimes g)$ überdecken $\mathrm{proj}\,(S \times T)$ wirklich, da die $f \otimes g$ das Ideal $(S \times T)_+$ erzeugen.

Aufgrund der universellen Eigenschaft des Faserprodukts $p_1, p_2 : X \times_Z Y \to X, Y$

$$p_1^{-1}(U) = U \times_Z Y$$
$$p_2^{-1}(V) = X \times_Z V$$

und des Isomorphismus in (5.90) folgt:

Lemma 5.13.5

Es ist in den Bezeichnungen von oben

$$p_1^{-1}(D_+(f)) = \bigcup_{\substack{r \in \mathbb{N} \\ g \in T_e}} D_+(f^r \otimes g), \tag{5.94}$$

$$p_2^{-1}(D_+(g)) = \bigcup_{\substack{r \in \mathbb{N} \\ f \in S_d}} D_+(f \otimes g^r). \tag{5.95}$$

Denn jedes $S_{(f)} \otimes_A T_{(g)} = S_{(f^r)} \otimes_A T_{(g^s)} = (S \times T)_{(f^r \otimes g^s)}$ für $r \deg f = s \deg g$. $\square$

Weiterhin gilt deswegen auch

$$p_1^{-1}(D_+(f)) \cap p_2^{-1}(D_+(g)) = D_+(f \otimes g) \tag{5.96}$$

für f aus S_d und g aus T_d.

Lemma 5.13.6

Setzt man $X = \mathrm{proj}\,(S)$ und $Y = \mathrm{proj}\,(T)$ sowie

$$Z = \mathrm{proj}\,(S \times T) = X \times_A Y\,,$$

so ist

$$p_1^* \mathcal{O}_X(1) \otimes p_2^* \mathcal{O}_Y(1) \cong \mathcal{O}_Z(1)\,.$$

Beweis. Dies folgt aus den Gleichungen (5.92) und (5.93), die p_1 und p_2 lokal auf Z beschreiben, sowie der Beziehung

$$(p_1^* \mathcal{O}_X(1) \otimes_{\mathcal{O}_Z} p_2^* \mathcal{O}_Y(1))|_{D_+(f \otimes g)} =$$
$$(S(1)_{(f)} \otimes_{S_{(f)}} (S \times T)_{(f \otimes g)}) \otimes_{(S \times T)_{(f \otimes g)}} ((S \times T)_{(f \otimes g)} \otimes_{T_{(g)}} T(1)_{(g)}) =$$
$$S(1)_{(f)} \otimes_{S_{(f)}} S_{(f)} \otimes_A T_{(g)} \otimes T(1)_{(g)} =$$
$$S(1)_{(f)} \otimes_A T(1)_{(g)} = (S \times T)(1)_{(f \otimes g)}\,.$$

$\square$

Die klassische Segre-Abbildung

Die obige Konstruktion ist für Polynomringe $S = k[x_0, \ldots, x_m]$ und $T = k[y_0, \ldots, y_n]$, also $X = \mathbb{P}_k^m$ und $Y = \mathbb{P}_k^n$, identisch mit der *Segre-Einbettung* von

$$X \times_k Y \hookrightarrow \operatorname{proj}\left(k[(u_{ij})_{\substack{0 \leqslant i \leqslant m \\ 0 \leqslant j \leqslant n}}]\right) = \mathbb{P}_k^{mn+m+n} = Z.$$

Diese wird klassisch gegeben durch die Abbildung

$$\phi : (x_0 : \ldots : x_m) \times (y_0 : \ldots : y_n) \to$$
$$(u_{00} : \ldots : u_{ij} : \ldots : u_{mn}) \quad \text{mit } u_{ij} = x_i\, y_j \quad (5.97)$$

von den abgeschlossenen Punkten von $X \times_k Y$ in die abgeschlossenen Punkte von Z. Man sieht sofort, dass das Bild von ϕ in der Verschwindungsmenge des Ideals

$$I = (\{u_{ij}\, u_{kl} - u_{il}\, u_{kj} \mid i < k \text{ und } j < l\})$$

liegt, das nichts anderes zum Ausdruck bringt, als dass die Matrix (u_{ij}) einen Rang $\leqslant 1$ hat.

Mit dieser Rangbedingung rekonstruiert man die $(x_0 : \ldots : x_m)$ und die $(y_0 : \ldots : y_n)$ wieder aus den u_{ij}, zeigt also, dass $\operatorname{im}(\phi) = V(I)$ und dass ϕ injektiv ist, und gewinnt so eine Kette von Abbildungen:

$$(\mathbb{P}_k^m \times_k \mathbb{P}_k^n)\,(\bar{k}) \xrightarrow{\sim} V(I)(\bar{k}) \hookrightarrow \mathbb{P}_k^{mn+m+n}\,(\bar{k})$$

Es handelt sich auch wirklich um reguläre Abbildungen, denn es gilt:

Proposition 5.13.7

Die Segre-Abbildung ϕ ist gegeben durch die Verklebung von Abbildungen

$$f_{pq} : D_+(x_p) \times_{\operatorname{Spec}(k)} D_+(y_q) \to D_+(u_{pq}),$$

die auf Ringebene durch Ringhomomorphismen ψ_{pq} mit der Gestalt

$$\psi_{pq} : k[u_{ij}]_{(u_{pq})} \to k[x_i]_{(x_p)} \otimes_k k[y_j]_{(y_q)} \quad u_{ij}/u_{pq} \mapsto x_i/x_p \otimes_k y_j/y_q \quad (5.98)$$

gegeben sind.

Bemerkung 5.13.4

Die Abbildungen (5.98) sind, wie man leicht sieht, alle surjektiv, womit ebenfalls gezeigt ist, dass die „klassische" Segre-Abbildung eine abgeschlossene Immersion $\mathbb{P}_k^m \times_k \mathbb{P}_k^n \hookrightarrow \mathbb{P}_k^{mn+m+n}$ definiert.

Der Kern der Abbildung in (5.98) ist übrigens gleich $I_{(u_{pq})}$. Er enthält nämlich zunächst einmal $I_{(u_{pq})}$. Weiterhin lässt sich jedes $f \in k[u_{ij}]_{(u_{pq})}$ modulo $I_{(u_{pq})}$ als $f_1 = f(u_{pi}/u_{pq}, u_{jq}/u_{pq})$ schreiben, indem man die Relationen

$$u_{rs}/u_{pq} = u_{ps}/u_{pq}\, u_{rq}/u_{pq}$$

aus $I_{(u_{pq})}$ benutzt. Das Bild von f_1 ist aber $f(y_i/y_q, x_j/x_p)$, und das ist gleich 0 nur, wenn $f = 0$. Also ist $I_{(u_{pq})} = \ker \psi_{pq}$.

Es sei nun mit $\psi(u_{ij}) = x_i \otimes y_j$ das Ideal

$$P = \ker(k[u_{ij}] \xrightarrow{\psi} k[x_i] \otimes_k k[y_j]) \,.$$

Es ist ein Primideal, da $k[x_i] \otimes_k k[y_j]$ ein Integritätsring ist.

Man hat $I \subseteq P$ sowie $P_{(u_{pq})} = I_{(u_{pq})}$.

Generalisierung der klassischen Segre-Abbildung

Lässt man die $k[x_i]$ und $k[y_j]$ in (5.98) statt Polynomringen nur integre gradierte affine Algebren sein, so bleibt die Surjektivität erhalten, man erhält für projektive Varietäten $X \subset \mathbb{P}_k^m$ und $Y \subset \mathbb{P}_k^n$ eine abgeschlossene Immersion $X \times_k Y \hookrightarrow \mathbb{P}_k^{mn+m+n}$, die auf den abgeschlossenen Punkten durch (5.97) gegeben ist.

Die Generalisierung dieser Konstruktion gelingt für S und T gradiert wie oben mit der Zusatzbedingung, dass S und T endlich erzeugt von S_1 und T_1 sind.

Definition 5.13.4
Ein gradierter Ring R heiße *endlich erzeugt von* R_1, wenn $R_0 = A$, und R_1 ein endlich erzeugter A-Modul sowie $R = A[R_1]$ ist. ◆

Bemerkung 5.13.5
Dies ist äquivalent zu der Bedingung, dass eine abgeschlossene Immersion $i :$ $\mathrm{proj}\,(R) \hookrightarrow \mathbb{P}_A^r$ existiert, wobei r als die Anzahl der Erzeuger von R_1 über A gewählt werden kann.

Lemma 5.13.7
Es sei nun $S = A[x_0, \dots, x_m]$ *mit* $x_i \in S_1$ *und* $T = A[y_0, \dots, y_n]$ *mit* $y_j \in T_1$. *Dann ist* $R = S \times T = A[x_i \otimes y_j]$, *mit* $i = 0, \dots, m$, $j = 0, \dots, n$.

Dies erfordert eine kleine Überlegung, man muss zeigen, dass alle $x_0^{d_0} x_1^{d_1} \cdots x_m^{d_m} \otimes$ $y_0^{d_0'} y_1^{d_1'} \cdots y_n^{d_n'}$ mit $\sum d_i = \sum d_i' = d$ gleich einem geeigneten $\prod (x_i \otimes y_j)^{d_{ij}}$ mit $\sum d_{ij} = d$ sind. Das geht induktiv durch „Ausklammern" geeigneter $x_i \otimes y_j$. □

Also existiert eine Surjektion gradierter Ringe

$$A[u_{ij}] \to R \quad \text{mit} \quad u_{ij} \mapsto x_i \otimes y_j, \quad i = 0, \dots, m \quad j = 0, \dots, n,$$

und dementsprechend gibt es eine abgeschlossene Immersion

$$i : X \times_A Y \hookrightarrow \mathbb{P}_A^{mn+m+n}$$

mit $X = \mathrm{proj}\,(S)$, $Y = \mathrm{proj}\,(T)$ und $\mathrm{proj}\,(A[u_{ij}]) = \mathbb{P}_A^{mn+m+n}$.

Diese abgeschlossene Immersion stimmt für gradierte affine Algebren S und T über $A = k$ mit der klassischen Segre-Einbettung überein.

Weiterhin gilt:

Lemma 5.13.8

Ist, mit den obigen Bezeichnungen, $i : X \times_A Y \to \mathbb{P}_A^{mn+m+n}$, die Segre-Einbettung, so gilt:

$$i^* \mathcal{O}_{\mathbb{P}_A^{mn+m+n}}(1) = \mathcal{O}_{X \times_A Y}(1) = p_1^* \mathcal{O}_X(1) \otimes_{\mathcal{O}_{X \times_A Y}} p_2^* \mathcal{O}_Y(1)$$

Es gilt nämlich mit der Surjektion $A[u_{ij}] \to A[x_i \otimes y_j]$ die Beziehung $A[u_{ij}](1) \otimes_{A[u_{ij}]}$ $A[x_i \otimes y_j] = A[x_i \otimes y_j](1)$. Die zweite Gleichheit ist Lemma 5.13.6. $\square$

Anders gesagt:

Lemma 5.13.9

Es seien die A-Morphismen

i) $X \to \mathbb{P}_A^m$ *durch* $\mathcal{O}_X(1)$ *mit den Schnitten* $(s_i \in \mathcal{O}_X(1)(X))$ *und*

ii) $Y \to \mathbb{P}_A^n$ *durch* $\mathcal{O}_Y(1)$ *mit den Schnitten* $(t_j \in \mathcal{O}_Y(1)(Y))$

gegeben.

Dann wird die Segre-Einbettung $i : X \times_A Y \to \mathbb{P}^{mn+m+n}$ *durch das Linienbündel* $p_1^* \mathcal{O}_X(1) \otimes_{\mathcal{O}_{X \times_A Y}} p_2^* \mathcal{O}_Y(1)$ *mit den Schnitten* $p_1^*(s_i) \otimes p_2^*(t_j)$ *gegeben.*

5.13.4 Definition und Eigenschaften projektiver Morphismen

Definition 5.13.5

Es sei $f : X \to Y$ ein Morphismus von Schemata. Er faktorisiere als

mit einer abgeschlossenen Immersion i. Dann heißt f *projektiver Morphismus.* ◆

Proposition 5.13.8

Es gilt:

1. *Abgeschlossene Immersionen sind projektiv.*

2. *(Komposition): Es seien* $f : X \to Y$ *und* $g : Y \to Z$ *projektiv. Dann ist auch* $g \circ f : X \to Z$ *projektiv.*

3. *(Basiswechsel): Es sei* $f : X \to Y$ *projektiv. Weiter sei* $g : Y' \to Y$ *ein beliebiger Schemamorphismus und* $f' : X' = X \times_Y Y' \to Y'$ *die Basiserweiterung von* f. *Dann ist auch* f' *projektiv.*

Um 2. einzusehen, betrachte folgendes kommutative Diagramm:

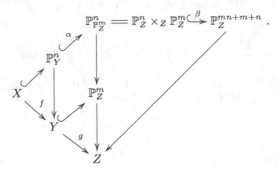

Die Abbildung α ist das Produkt von id : $\mathbb{P}_Z^n \to \mathbb{P}_Z^n$ und $Y \hookrightarrow \mathbb{P}_Z^m$ über $\mathbb{Z}$, also eine abgeschlossene Immersion. Die Abbildung β ist eine Segre-Abbildung.

Um 3. einzusehen, betrachte folgendes kommutative Diagramm:

$$
\left(\begin{array}{ccc}
X & \longleftarrow & X' \\
{\scriptstyle\alpha}\downarrow & & \downarrow{\scriptstyle\beta} \\
\mathbb{P}_Y^n & \longleftarrow & \mathbb{P}_{Y'}^n \\
\downarrow & & \downarrow \\
Y & \underset{g}{\longleftarrow} & Y'
\end{array}\right) \quad f,\ f' \qquad\qquad (5.99)
$$

Hier sind alle Rechtecke cartesisch. Aus diesem Grund ist β eine abgeschlossene Immersion, weil α nach Annahme eine ist. $\square$

Lemma 5.13.10
Der Morphismus $\mathbb{P}_Z^r \to \mathbb{Z}$ ist eigentlich.

Beweis. Man benutzt das bewertungstheoretische Kriterium. Die Abbildung $g :$ Spec$(K) \to \mathbb{P}_Z^r$ sei gegeben durch ein System von $u_0, \ldots, u_r \in K$, denn ein Linienbündel $\mathcal{L}$ mit globalen Schnitten $s_0, \ldots, s_r$ über Spec(K) wird durch ein solches System von u_i repräsentiert, bei dem wenigstens ein $u_j \neq 0$ ist.

Da R ein Bewertungsring ist, gibt es ein u_p, so dass $u_i' = u_i/u_p \in R$ für alle i ist.

Die u_i' definieren ebenfalls die Abbildung $g :$ Spec$(K) \to \mathbb{P}_Z^r$ und außerdem eine Fortsetzung $h :$ Spec$(R) \to \mathbb{P}_Z^r$. Der zugehörige surjektive Morphismus von $\widetilde{R}^{r+1}$ in das Linienbündel $\widetilde{R}$ über Spec(R) wird durch $(a_0, \ldots, a_r) \mapsto \sum a_i u_i' \in R$ dargestellt. Da $u_p' = 1$, erzeugen die u_i' das Bündel $\widetilde{R}$, so dass h wohldefiniert ist. $\square$

Theorem 5.13.1
Ein projektiver Morphismus $f : X \to Y$ ist eigentlich.

Beweis. Er faktorisiert als $X \xrightarrow{i} \mathbb{P}_Y^r \to Y$ mit einer abgeschlossenen Immersion i und einer Basiserweiterung von $\mathbb{P}_Z^r \to \mathbb{Z}$ mit $Y \to \mathbb{Z}$. $\square$

Theorem 5.13.2
Es sei $f : X \to Y$ ein projektiver Morphismus noetherscher Schemata und Y vom endlichen Typ über einem Körper k. Weiter sei $\mathcal{F}$ eine kohärente Garbe auf X.

Dann ist auch $f_*\mathcal{F}$ kohärent auf Y.

Beweis. Man kann $Y = \mathrm{Spec}\,(A)$ als affine k-Algebra annehmen, und es ist dann $X = \mathrm{proj}\,(S/I) = \mathrm{proj}\,(R)$ mit $S = A[x_0, \ldots, x_n]$ dem Polynomring über A und einem homogenen Ideal $I \subseteq S$. Also ist $R = R_0[R_1]$ und R_1 endlicher R_0-Modul. Nach dem Endlichkeitssatz ist dann $\Gamma(X, \mathcal{F})$ ein endlich erzeugter A-Modul. Da aber auch $f_*\mathcal{F}$ quasikohärent auf Y und somit $f_*\mathcal{F} = \Gamma(X, \mathcal{F})^\sim$, ist damit die Kohärenz gezeigt. $\qquad\qquad\qquad\qquad\qquad\qquad\qquad\qquad\qquad\qquad\qquad\qquad\qquad\qquad\square$

Bemerkung 5.13.6
Das Theorem ist also nichts anderes als eine relative Version des früheren Endlichkeitssatzes.

5.14 Divisoren

5.14.1 Weil-Divisoren

Allgemeines

Definition 5.14.1
Ein Schema X hat die Eigenschaft $(*)$, wenn es integer, separiert, noethersch und regulär in Kodimension 1 ist, d.h. alle lokalen Ringe $\mathcal{O}_{X,x}$ mit $\dim \mathcal{O}_{X,x} = \mathrm{codim}\{x\}^- = 1$ sind regulär.   ◆

Bemerkung 5.14.1
Wenn ein Schema X die Eigenschaft $(*)$ hat, so sind alle lokalen Ringe $\mathcal{O}_{X,x}$, für $\{x\}^-$ 1-kodimensional, diskrete Bewertungsringe, deren Quotientenring gleich $K(X)$, dem Funktionenkörper des Schemas, ist.

Definition 5.14.2
Sei X ein beliebiges Schema. Ein $Z \subseteq X$ irreduzibel, abgeschlossen und mit $\mathrm{codim}\,Z = 1$ heiße *Primdivisor in X*.   ◆

Definition 5.14.3
Die freie abelsche Gruppe über den Primdivisoren

$$\mathrm{Div}\,X = \left\{ \sum_{i,\mathrm{endlich}} n_i Z_i \mid n_i \in \mathbb{Z}, Z_i \subseteq X \text{ Primdivisor} \right\}$$

ist die Gruppe der *(Weil-)Divisoren* von X.   ◆

Definition 5.14.4
Ist im Weil-Divisor $D = \sum n_i Z_i$ jedes $n_i \geqslant 0$, so heißt D *effektiver (Weil-)Divisor*. Wir schreiben auch $D \geqslant 0$.   ◆

Definition 5.14.5

Es sei $D = \sum n_i Z_i$ ein Weil-Divisor. Dann ist $\operatorname{supp} D = \bigcup_i Z_i$ der *Support von* D. ◆

Definition 5.14.6

Es sei $K(X)$ der Funktionenkörper eines $(*)$-Schemas und $f \in K(X)^*$. Dann ist $(f) = \operatorname{div}(f) \in \operatorname{Div} X$ definiert durch

$$(f) = (f)_X = \operatorname{div}(f) = \operatorname{div}_X(f) = \sum_{Z \subseteq X \ \text{Primdivisor}} v_Z(f) Z , \qquad (5.100)$$

wobei $v_Z : K(X)^* \to \mathbb{Z}$ die durch die Einbettung des DBR $\mathcal{O}_{X, x_Z}$ in seinen Quotientenkörper $K(X)$ gegebene Bewertung ist. ◆

Lemma 5.14.1

Die Abbildung $f \mapsto (f)$ von $K(X)^*$ nach $\operatorname{Div} X$ ist wohldefiniert und ein Gruppenhomomorphismus.

Beweis. 1. Wähle $U \subseteq X$, offen, affin, $U = \operatorname{Spec}(A)$. Dann ist $f = a/s$ regulär auf der offenen affinen Teilmenge $\operatorname{Spec}(A_s) = \operatorname{Spec}(B) \overset{\text{def}}{=} V$. Die Menge $V(f) \subseteq \operatorname{Spec}(B)$ besteht aus der Vereinigung von endlich vielen (eventuell keinen, falls $f \in B^*$) $V(\mathfrak{p}_i)$ mit $\operatorname{ht} \mathfrak{p}_i = 1$ (Krullscher Hauptidealsatz).

Von den Primdivisoren Z von X, die V schneiden, haben also nur diejenigen mit $\mathfrak{p}_Z = \mathfrak{p}_i$ ein $v_Z(f) \neq 0$. Das Komplement $X - V$ besteht aus der Vereinigung von endlich vielen abgeschlossenen, irreduziblen Teilmengen $A_i \subseteq X$. Ein Primdivisor Z, der V nicht schneidet, ist mit einem der A_i identisch, es gibt also höchstens endlich viele solche. Zusammengenommen können also nur endlich viele Primdivisoren Z ein $v_Z(f) \neq 0$ haben.

2. Die Homomorphismus-Eigenschaft folgt aus $v_Z(f_1 f_2) = v_Z(f_1) + v_Z(f_2)$. □

Definition 5.14.7

Das Bild von $K(X)^*$ unter $f \mapsto (f)$ in $\operatorname{Div} X$ ist die Untergruppe $\operatorname{Div}^h X$ der Hauptdivisoren. Die Faktorgruppe

$$\operatorname{Cl} X = \operatorname{Div} X / \operatorname{Div}^h X$$

heißt *Divisorenklassengruppe* von X. ◆

Bemerkung 5.14.2

Ist $X = \operatorname{Spec}(A)$, so schreiben wir auch $\operatorname{Div} A$ bzw. $\operatorname{Cl} A$ für $\operatorname{Div} X$ bzw. $\operatorname{Cl} X$.

Definition 5.14.8

Zwei Weil-Divisoren D, D' auf X heißen *linear äquivalent*, falls ein $f \in K(X)^*$ existiert mit $(f) = D - D'$. ◆

Die Divisoren D, D' sind also genau dann linear äquivalent, wenn ihre Bilder in $\operatorname{Cl} X$ zusammenfallen.

Proposition 5.14.1
Es sei $X = \operatorname{Spec}(A)$ mit einem noetherschen, normalen Ring A. Dann ist äquivalent:

a) Es gilt $\operatorname{Cl} X = 0$.

b) A ist ein UFD.

Weil-Divisoren von $\mathbb{P}_k^n$

Im faktoriellen Ring $S = k[X_0, \ldots, X_n]$ ist jedes homogene Primideal $\mathfrak{p}$ der Höhe 1 gleich einer Hyperfläche $\mathfrak{p} = (F)$ mit $F \in S_d$, homogen mit $d > 0$.

Die Weil-Divisoren von

$$\mathbb{P}_k^n = \operatorname{proj}(S)$$

sind also von der Form

$$D = \sum_i n_i Y_i$$

mit $Y_i = V(F_i)$, wobei $F_i \in k[X_0, \ldots, X_n]$ prim und homogen vom Grad d_i.

Definition 5.14.9
Wir definieren $\deg D = \sum n_i d_i$ als den *Grad von D.* ◆

Lemma 5.14.2
Es sei $X = \mathbb{P}_k^n$ und $f \in K(X)$ eine rationale Funktion sowie $\operatorname{div}(f) = D$ der zugeordnete Hauptdivisor. Dann ist $\deg \operatorname{div}(f) = 0$.

Beweis. Es ist $f = F/G$ mit F, G homogenen Formen in $k[X_0, \ldots, X_n]$ vom gleichen Grad. Sind $F = \prod_i F_i^{n_i}$ und $G = \prod_j G_j^{m_j}$ die Primfaktorzerlegungen, so ist $D = \sum_i n_i V(F_i) - \sum m_j V(G_j)$. Offensichtlich ist $\sum n_i \deg F_i - \sum m_j \deg G_j = 0$. □

Proposition 5.14.2
Es sei k ein Körper und $\mathbb{P}_k^n$ der projektive Raum. Weiter sei $D = \sum_i n_i Y_i$ ein Weil-Divisor auf $\mathbb{P}_k^n$ mit $d = \deg D$.
Dann gilt:

1. Es ist $D \sim dH$, wobei $H = V(X_0)$ der Hyperebenenprimdivisor ist.

2. Die Abbildung $\mathbb{Z} \to \operatorname{Cl}\mathbb{P}_k^n$ mit $1 \mapsto H$ induziert einen Isomorphismus

$$\operatorname{Cl}\mathbb{P}_k^n = \mathbb{Z}. \tag{5.101}$$

Beweis. 1. Es sei $Y_i = V(F_i)$. Weiter sei $G = \prod F_i^{n_i}$ mit $\deg G = d = \deg D$. Dann ist (G/X_0^d) eine rationale Funktion auf $\mathbb{P}_k^n$. Für diese gilt $\operatorname{div}(G/X_0^d) = D - dH$. Also ist $D \sim dH$.

2. Da $\deg \operatorname{div}(f) = 0$ für alle rationalen Funktionen $f \in K(\mathbb{P}_k^n)$, ist die Abbildung $\mathbb{Z} \to \operatorname{Cl}\mathbb{P}_k^n$ mit $d \mapsto dH$ injektiv. Nach 1. ist sie auch surjektiv. □

Exakte Sequenzen für $U \subseteq X$

Lemma 5.14.3

Es sei X ein $(*)$-Schema, $Y \subseteq X$ eine abgeschlossene echte Teilmenge, $U = X - Y$.

1. Dann existieren Abbildungen

$$\operatorname{Div} X \xrightarrow{\beta'} \operatorname{Div} U \to 0 \tag{5.102}$$

und

$$\operatorname{Cl} X \xrightarrow{\beta} \operatorname{Cl} U \to 0. \tag{5.103}$$

Dabei ist β' die Abbildung von $\operatorname{Div} X$ nach $\operatorname{Div} U$, die jeden nicht in Y enthaltenen Primdivisor Z' auf $Z' \cap U$ und die übrigen auf 0 abbildet. Also

$$\beta'\Big(\sum_i n_i Z_i\Big) = \sum_{i,\ Z_i \cap U \neq \emptyset} n_i(Z_i \cap U)$$

Die Abbildung β ist eine split-Surjektion.

2. Ist $\operatorname{codim}(Y, X) > 1$, so sind β und β' Isomorphismen.

3. Wenn $Y = Z$ ein Primdivisor ist, so sind

$$0 \to \mathbb{Z} \cdot Z \xrightarrow{\alpha'} \operatorname{Div} X \xrightarrow{\beta'} \operatorname{Div}(X - Z) \to 0 \tag{5.104}$$

und

$$\mathbb{Z} \cdot Z \xrightarrow{\alpha} \operatorname{Cl} X \xrightarrow{\beta} \operatorname{Cl}(X - Z) \to 0 \tag{5.105}$$

exakte Sequenzen.

Beweis. 1) Die Abbildung $Z' \to Z' \cap U$ von $\operatorname{Div} X - \{Z' | Z' \subseteq Y\}$ nach $\operatorname{Div} U$ ist wohldefiniert. Offenbar ist $Z' \cap U$ irreduzibel und abgeschlossen in U, es ist aber auch $\operatorname{ht}_U(Z' \cap U) = 1$, da eine in U irreduzible Teilmenge $Z_U \subseteq U$ eine in X irreduzible Teilmenge Z_U^-, mit $Z_U^- \cap U = Z_U$, induziert.

Aus diesem Grund induziert ein Primdivisor $Z' \subseteq U$ von $\operatorname{Div} U$ auch einen Primdivisor $Z'^- \subseteq X$, der sein topologischer Abschluss ist. Für diesen gilt $Z'^- \cap U = Z'$. Also ist $\beta' : \operatorname{Div} X \to \operatorname{Div} U$ surjektiv. Da

$$
\begin{array}{ccc}
K(U) & \xrightarrow{\ \sim\ } & K(X) \\
\uparrow & & \uparrow \\
\mathcal{O}_{U,x} & \xrightarrow{\ \sim\ } & \mathcal{O}_{X,x}
\end{array}
$$

für $x \in U$, wird ein Hauptdivisor von $\operatorname{Div} X$ auf einen Hauptdivisor von $\operatorname{Div} U$ abgebildet. Es ist also β wohldefiniert und surjektiv, weil β' es ist.

Die Splittung entsteht für $Z \in \operatorname{Div} U$ durch $Z \mapsto \bar{Z} \in \operatorname{Div} X$.

2) Wegen $\operatorname{codim}(Y, X) > 1$ kann kein Primdivisor $Z \in \operatorname{Div} X$ Teil von Y sein. Also $Z \cap U \neq \emptyset$ für alle Primdivisoren $Z \subseteq X$.

Die Umkehrabbildung von β' wird durch $Z_U \subseteq U \longrightarrow Z_U^-$ induziert. Es ist also $\mathrm{Div}\, X \cong \mathrm{Div}\, U$.

Da $K(U) = K(X)$, entsprechen sich auch die jeweiligen Hauptdivisoren.

3) Ein Primdivisor Z' mit $Z' \cap (X - Z) = \emptyset$, also mit $Z' \subseteq Z$, muss mit Z identisch sein. Also besteht der Kern von β' aus den $nZ \in \mathrm{Div}\, X$ mit $n \in \mathbb{Z}$. $\square$

Weil-Divisorenklassen $\mathrm{Cl}\, X$ und $\mathrm{Cl}\, \mathbb{A}_X^n$ sowie $\mathrm{Cl}\, \mathbb{P}_X^n$

Lemma 5.14.4

Es sei A ein integrer, noetherscher Ring, regulär in Kodimension 1 mit Quotientenkörper K. Es seien also alle $A_\mathfrak{p}$ diskrete Bewertungsringe für $\mathrm{ht}\, \mathfrak{p} = 1$.

1. Dann ist auch $A[X]$ integer, noethersch und regulär in Kodimension 1.

2. Ein Primideal $\mathfrak{p}' \subseteq A[X]$ mit $\mathrm{ht}\, \mathfrak{p}' = 1$ ist dabei von einer der folgenden Formen:

1. Es ist $\mathfrak{p}' \cap A = \mathfrak{p}$ mit einem Primideal $\mathfrak{p} \subseteq A$ der Höhe 1 in A. In diesem Fall ist $\mathfrak{p}' = \mathfrak{p}[X] = \mathfrak{p}A[X]$.

2. Es ist $\mathfrak{p}' \cap A = (0)$. Dann liegt $\mathfrak{p}'$ in der Faser $A[X] \otimes_A K = K[X]$ und wird dort durch $\mathfrak{p}'K[X] = (p(X))$ mit einem Primelement $p(X)$ des Hauptidealrings $K[X]$ beschrieben.

Beweis. 2.2.: Es sei $\mathfrak{p}' \cap A = (0)$. Die Faser $K \otimes_A A[X]$ ist eindimensional und die Aussage 2. damit offensichtlich.

2.1.: Es sei nun $\mathfrak{p}' \cap A = \mathfrak{p} \neq (0)$. Dann muss $\mathrm{ht}\, \mathfrak{p} = 1$ sein, da die Zuordnung $\mathfrak{p} \mapsto \mathfrak{p}[X]$ sonst Primideale in $A[X]$ zwischen (0) und $\mathfrak{p}[X]$ liefern würde. Da $\mathfrak{p}[X] \subseteq \mathfrak{p}'$ prim ist, muss es dann sogar gleich $\mathfrak{p}'$ sein, da sonst wiederum $\mathrm{ht}\, \mathfrak{p}' = 1$ verletzt wäre.

1.: Es bleibt, die Aussagen über Regularität in Kodimension 1 zu zeigen: Wir müssen zeigen, dass jeweils $A[X]_{\mathfrak{p}'}$ ein diskreter Bewertungsring ist.

Wir bemerken zunächst allgemein, dass der lokale Ring $A[X]_{\mathfrak{p}[X]}$ isomorph zu $(A_\mathfrak{p}[X])_{\mathfrak{p}\, A_\mathfrak{p}[X]}$ ist.

Im Fall 2.2. ist $A[X]_{\mathfrak{p}'} = K[X]_{\mathfrak{p}'K[X]} = K[X]_{(p(X))}$ offenkundig ein diskreter Bewertungsring.

Um die Bewertung auf $K(A[X])$ direkt anzugeben, sei $f(X)/g(X)$ mit $f(X), g(X) \in A[X]$ ein beliebiges Element aus $K(A[X])$.

Man kann dann

$$f(X)/g(X) = p(X)^m r(X)/s(X)$$

schreiben, wobei $m \in \mathbb{Z}$ und $r(X), s(X) \in K[X]$ zu $p(X)$ teilerfremd sind. Es ist dann

$$v_{\mathfrak{p}'}(f(X)/g(X)) = m.$$

Im Fall 2.1. gilt wegen $A[X]_{\mathfrak{p}[X]}$ isomorph zu $(A_\mathfrak{p}[X])_{\mathfrak{p}\, A_\mathfrak{p}[X]}$: Ist $\pi \in A$ ein Element, das $\mathfrak{p}A_\mathfrak{p}$ erzeugt, so kann jedes $f(X)/g(X) \in A[X]_{\mathfrak{p}[X]}$ als $\pi^m r(X)/s(X)$ geschrieben werden. Dabei ist $m \geqslant 0$ eindeutig bestimmt und $r(x), s(X) \in A[X] \notin \mathfrak{p}[X]$. Man betrachte für diese Aussage einfach die Schreibweise

$$\frac{f(X)}{g(X)} = \frac{\sum_i \pi^{e_i} a_i / s_i X^i}{\sum_j \pi^{f_j} a_j' / s_j' X^j}$$

mit $a_i, s_i, a_j', s_j' \in A - \mathfrak{p}$ und ziehe dort ein geeignetes π^m heraus und tilge die Nenner durch Multiplikation mit den s_i, s_j'.

Also kann jedes $f(X)/g(X)$ aus $K(A[X])$ als $\pi^m r(X)/s(X)$ mit $m \in \mathbb{Z}$ und $r(X), s(X) \in A[x] - \mathfrak{p}[X]$ geschrieben werden. Dabei ist m eindeutig, und die Zuordnung $v_{\mathfrak{p}[X]}(f(X)/g(X)) = m$ eine diskrete Bewertung auf $K(A[X])$. $\square$

Bemerkung 5.14.3

In den Bezeichnungen des vorigen Lemmas nennen wir $\mathfrak{p}'$ vom Typ 1. *vertikal* und jene vom Typ 2. *horizontal* über Spec (A).

Lemma 5.14.5

Es seien die Bezeichnungen wie in den vorigen beiden Lemmata. Es sei $X =$ Spec (A) und $X \times_{\mathbb{Z}} \mathbb{A}^1_{\mathbb{Z}} =$ Spec $(A[X])$.

Weiter sei

$$D = \sum n_i \, \mathfrak{p}_i$$

ein Divisor in Div X und

$$D' = \sum n_i \mathfrak{p}_i[X]$$

durch Hochhebung der $\mathfrak{p}_i$ zugeordnete Divisor in Div$(X \times_{\mathbb{Z}} \mathbb{A}^1_{\mathbb{Z}})$.

Dann ist $D = (a/s)$ mit $a, s \in A$ genau dann, wenn $D' = (f(X)/g(X))$ mit $f(X), g(X) \in A[X]$.

Beweis. Es sei $D' = (f(X)/g(X))$. Da D' nur vertikale Divisoren enthält, muss $\deg f(X) = \deg g(X) = 0$ sein. Also $f(X)/g(X) = a/s$.

Umgekehrt sei $D = \operatorname{div}_A(a/s)$. Dann ist $v_{\mathfrak{p}}(a/s) = v_{\mathfrak{p}[X]}(a/s)$ und $v_{p(x)}(a/s) = 0$ für $p(x) \in K[X]$ irreduzibel. Also $D' = \operatorname{div}_{A[X]}(a/s)$. $\square$

Für die injektive Abbildung

$$\theta_A : \operatorname{Div}(A) \to \operatorname{Div}(A[X])$$
$$\sum n_i \mathfrak{p}_i \mapsto \sum n_i \mathfrak{p}_i[X]$$

gilt also

$$\theta_A^{-1}(\operatorname{Div}^h(A[X]) \cap \theta_A(\operatorname{Div}(A))) = \operatorname{Div}^h(A).$$

Damit definiert sie auch eine injektive Abbildung:

$$\theta_A' : \operatorname{Cl}(A) \to \operatorname{Cl}(A[X])$$

Jeder horizontale Primdivisor $\mathfrak{p}'$ in $A[X]$ definiert genau ein monisches, irreduzibles $p(X) \in K[X]$ mit $v_{\mathfrak{p}'}(f) = v_{p(x)}(f)$ für alle $f \in K(A[X])$.

Ist jetzt

$$D' = \sum m_i \mathfrak{p}_i'$$

eine Summe horizontaler Primdivisoren in Div $A[X]$ mit zugeordneten irreduziblen $p_i(X) \in K[X]$, so ist

$$\operatorname{div}_{A[X]}(\prod_i p_i(X)^{m_i}) = D' + R',$$

wobei R' aus vertikalen Primdivisoren in $\operatorname{Div} A[X]$ besteht.

Es ist also

$$\operatorname{Div}(A[X]) = \operatorname{Div}^h(A[X]) + \theta_A(\operatorname{Div} A).$$

Damit ist θ'_A surjektiv und injektiv, also ein Isomorphismus.

Proposition 5.14.3

Es sei X ein $(*)$-Schema. Dann ist auch $\mathbb{A}^1 \times_\mathbb{Z} X = \mathbb{A}^1_X$ ein $(*)$-Schema, und es ist $\operatorname{Cl}\mathbb{A}^1_X = \operatorname{Cl} X$.

Beweis. Man betrachtet Diagramme der Form

$$
\begin{array}{ccc}
\operatorname{Div}\mathbb{A}^1_X & \longrightarrow & \operatorname{Div}\mathbb{A}^1_U \\
\theta_X \uparrow & & \theta_U \uparrow \\
\operatorname{Div} X & \longrightarrow & \operatorname{Div} U
\end{array}
$$

für offene, affine $U \subseteq X$. Wir kürzen außerdem ab: $X' = \mathbb{A}^1_X$ und $U' = \mathbb{A}^1_U$.

1.a.(Injektivität): Ist nun $\theta_X(D) = (f'_{X'})_{X'}$ ein Hauptdivisor in X', so ist $\theta_X(D)|_{U'} = \theta_U(D|_U) = (f'_{X'})_{U'}$. Damit ist aber nach dem obigen affinen Fall $f'_{X'}$ nicht nur in $K(X')$, sondern bereits in $K(X)$, und man hat $(D|_U) = (f'_{X'})_U$. Da dies für jedes $U \subseteq X$ affin gilt, ist $D = (f'_{X'})_X$ auch ein Hauptdivisor in X.

1.b. (Wohldefiniertheit): Ist umgekehrt $D = (f_X)_X$ und $D' = \theta_X(D)$, so ist $D'|_{U'} = \theta_U((f_X)_U)$ und nach Obigem damit $D'|_{U'} = (f_X)_{U'}$, indem $f_X \in K(X)$ als Element von $K(X')$ aufgefasst wird. Also ist $D' = (f_X)_{X'}$, ein Hauptdivisor.

2. (Surjektivität): Die Unterscheidung in horizontale und vertikale Divisoren lässt sich auch auf $\operatorname{Div} X'$ übertragen. Alle vertikalen Divisoren liegen dann im Bild $\theta_X(\operatorname{Div} X)$.

Ist hingegen $Z' \in \operatorname{Div} X'$ ein horizontaler Primdivisor, so ist $p(Z') \cap U \neq \emptyset$, mit $p : \mathbb{A}^1_X \to X$ der kanonischen Projektion, für jedes offene, affine $U \subseteq X$.

Es ist dann

$$Z'|_{U'} = \theta_U(D) + (f'_{U'})_{U'}$$

nach den vorigen lokalen Betrachtungen, denn $Z'|_{U'}$ bleibt lokal über U ein horizontaler Divisor. Weiterhin ist aber (beachte $((f'_{U'})_{X'})|_{U'} = (f'_{U'})_{U'}$

$$(f'_{U'})_{X'} = (f'_{U'})_{U'} + \theta_X(D_1)$$

mit einem Divisor $D_1 \in \operatorname{Div} X$, der nur Primdivisoren aus $X - U$ umfasst.

Zusammen ergibt sich, dass bis auf Hauptdivisoren in $\operatorname{Div} X'$ der Divisor Z' im Bild von θ_X liegt. Also liegt jeder Divisor von $\operatorname{Div} X'$ bis auf Hauptdivisoren im Bild von θ_X.

Damit ist die Isomorphie

$$\theta'_X : \operatorname{Cl} X \to \operatorname{Cl}(\mathbb{A}^1_X)$$

nachgewiesen. $\square$

Korollar 5.14.1

Es sei X ein $(*)$-Schema. Dann ist auch $\mathbb{A}^n \times_\mathbb{Z} X = \mathbb{A}^n_X$ ein $(*)$-Schema, und es ist $\operatorname{Cl}\mathbb{A}^n_X = \operatorname{Cl} X$.

Proposition 5.14.4

Es sei X ein $(*)$-Schema. Dann ist auch $\mathbb{P}^n \times_\mathbb{Z} X = \mathbb{P}^n_X$ ein $(*)$-Schema, und es ist $\operatorname{Cl}\mathbb{P}^n_X = \operatorname{Cl} X \times \mathbb{Z}$.

Beweis. Über $U = \text{Spec}(A) \subseteq X$ ist $\mathbb{P}^n_U = \text{proj}(A[x_0, \ldots, x_n])$, und $V(x_0) = H_U$ definiert einen Primdivisor in $\mathbb{P}^n_U$. Zusammen ergibt das einen Primdivisor $H \subseteq \mathbb{P}^n_X$ mit $H \cap \mathbb{P}^n_U = H_U$. Es ist dann auch $\mathbb{P}^n_X - H = \mathbb{A}^n_X$, wie man wieder durch Globalisierung der Situationen über U erkennt. Man hat also eine Sequenz

$$\mathbb{Z} \xrightarrow{\psi} \text{Cl}\,\mathbb{P}^n_X \xrightarrow{\beta} \text{Cl}\,\mathbb{A}^n_X \to 0 \tag{5.106}$$

mit $\psi(d) = dH$.

Die Abbildung ψ ist injektiv: Der Primdivisor H liegt nämlich in der Faser des generischen Punktes ξ von X unter der kanonischen Projektion $p: \mathbb{P}^n_X \to X$. Wäre nun $dH = (f)_{\mathbb{P}^n_X}$ mit $f \in K(\mathbb{P}^n_X)$ ein Hauptdivisor in $\mathbb{P}^n_X$, so wäre $dH \cap p^{-1}(\xi)$ auch ein Hauptdivisor in $\mathbb{P}^n_{K(X)}$. Dies zieht aber $d = 0$ nach sich.

Wir konstruieren jetzt ein Splitting von (5.106), also eine Abbildung $\text{Cl}\,\mathbb{A}^n_X \to \text{Cl}\,\mathbb{P}^n_X$. Betrachte dazu

$$\text{Div}\,X \xrightarrow{\theta_X} \text{Div}\,\mathbb{A}^n_X \xrightarrow{\iota} \text{Div}\,\mathbb{P}^n_X,$$

wobei die Abbildung ι durch den topologischen Abschluss $\iota: Z \mapsto \bar{Z}$ gegeben ist. Ist $D = (f)_X \in \text{Div}^h X$ mit $f \in K(X)$, so ist sowohl $\theta_X(D) = (f)_{\mathbb{A}^n_X}$ als auch $\iota(\theta_X(D)) = (f)_{\mathbb{P}^n_X}$, indem f als Element von $K(\mathbb{P}^n_X) = K(\mathbb{A}^n_X)$ aufgefasst wird.

Man hat also eine Abbildung $\phi: \text{Cl}\,X \to \text{Cl}\,\mathbb{P}^n_X$, die sich in ein Diagramm

$$\begin{array}{ccc} \text{Cl}\,X & \xrightarrow{\phi} & \text{Cl}\,\mathbb{P}^n_X \\ & \theta'_X \searrow & \downarrow \beta \\ & & \text{Cl}\,\mathbb{A}^n_X \end{array}$$

einbettet. Da θ'_X ein Isomorphismus ist, ist ϕ injektiv und $\phi \circ (\theta'_X)^{-1}: \text{Cl}\,\mathbb{A}^n_X \to \text{Cl}\,\mathbb{P}^n_X$ eine Splittung der obigen Sequenz (5.106). Damit ist $\text{Cl}\,\mathbb{P}^n_X = \text{Cl}\,\mathbb{A}^n_X \times \mathbb{Z} = \text{Cl}\,X \times \mathbb{Z}$. $\square$

Untervarietäten von $\mathbb{P}^n_k$

Sei $X \subseteq \mathbb{P}^n_k$ eine Untervarietät des n-dimensionalen projektiven Raumes über einem algebraisch abgeschlossenen Körper k. Es sei X regulär in Kodimension 1, also X ein $(*)$-Schema.

Dann lässt sich für jeden Primdivisor $H \in \text{Div}\,\mathbb{P}^n_k$, $H = V(f)$ mit $X \nsubseteq H$ ein Schnittdivisor

$$H.X = \sum n_i Y_i$$

definieren, wo $\bigcup Y_i = H \cap X$ die Zerlegung in irreduzible Komponenten ist.

Dabei wendet man entweder den Bezoutschen Satz an und setzt

$$n_i := i(X, H; Y_i)$$

gleich der Schnittmultiplizität von H und X entlang Y_i, oder man betrachtet auf den standard-affinen offenen $U_i \subseteq \mathbb{P}^n_k$ die Funktion f/x_i^d, $d = \deg f$ und schränkt diese rationale Funktion auf eine rationale Funktion $\tilde{f}$ auf $U_i \cap X$, also auf X ein und bildet dann von dieser rationalen Funktion den Hauptdivisor $(\tilde{f})$ in $\text{Div}(X \cap U_i)$.

Beide Vorgehensweisen stimmen überein. Dies erfordert eine Überlegung, die sich durch die Gleichung

$$\mathrm{len}_{S_\mathfrak{q}}\, S/(\mathfrak{p},f)_\mathfrak{q} = \mathrm{len}_{S_{(\mathfrak{q})}}\, S/(\mathfrak{p},f)_{(\mathfrak{q})} =$$
$$= v_{(\mathfrak{q})}((f+\mathfrak{p})/x_i^d; (S/\mathfrak{p})_{(\mathfrak{q})}) =$$
$$= v_{\mathfrak{q}_{(x_i)}}(((f+\mathfrak{p})/x_i^d)/(1/1); ((S/\mathfrak{p})_{(x_i)})_{\mathfrak{q}_{(x_i)}}) \quad (5.107)$$

ausdrücken lässt.

Wenn man

$$\deg(\sum n_i Y_i) := \sum n_i \deg Y_i$$

setzt, wo $\deg Y_i$ der übliche Grad einer projektiven Varietät als Untervarietät von $\mathbb{P}_k^n$ ist, so folgt

$$\deg(H.X) = (\deg H)(\deg X)\,,$$

wie man aus dem Bezoutschen Satz

$$\deg H \deg X = \sum i(X, H; Y_i) \deg Y_i$$

folgert.

Dies bleibt auch bei linearer Erweiterung der obigen Konstruktion von einem Primdivisor H zu einer Summe von Primdivisoren D richtig, man hat dann also $\deg D \deg X = \deg(D.X)$. Da man jeden Primdivisor $H \in \mathrm{Div}\,\mathbb{P}_k^n$ durch einen linear äquivalenten H_1 ersetzen kann, der X nicht enthält, und ein Hauptdivisor $(f) = H \in \mathrm{Div}\,\mathbb{P}_k^n$, der X nicht enthält, durch Einschränken von f auf X einen Hauptdivisor auf X ergibt, der gleich dem Schnittdivisor ist, gibt es eine wohldefinierte Abbildung

$$
\begin{array}{ccc}
\mathrm{Cl}\,\mathbb{P}_k^n & \longrightarrow & \mathrm{Cl}\,X \\
\downarrow{\scriptstyle\cong} & & \downarrow \\
\mathbb{Z} & \xrightarrow{\ \cdot d\ } & \mathbb{Z}\,,
\end{array}
$$

wo die senkrechten Pfeile durch die jeweilige deg-Abbildung gegeben sind. (Dass die Abbildung $\mathrm{Cl}\,X \to \mathbb{Z}$ wohldefiniert ist, sieht man daraus, dass es für jeden Hauptdivisor (f), $f \in K(X)$ eine rationale Funktion $g \in K(\mathbb{P}_k^n)$ gibt, die auf X eingeschränkt f ergibt. Es ist dann $(g).X = (f)$ und daher $\deg(f) = \deg(g) \deg X = 0$.)

5.14.2 Cartier-Divisoren

Es sei X ein beliebiges Schema. Wir definieren eine Prägarbe $\mathcal{K}^\circ_X$ auf der Unterkategorie von $\mathbf{Ouv}(X)$, die aus den $\mathrm{Spec}\,(A) \subseteq X$ und den Inklusionen $\mathrm{Spec}\,(A_f) \subseteq \mathrm{Spec}\,(A)$ besteht, durch folgende Festsetzung

$$\mathcal{K}^\circ_X(\mathrm{Spec}\,(A)) = S^{-1}_{Q,A}A \overset{\mathrm{def}}{=} Q(A)$$

für $\mathrm{Spec}\,(A) \subseteq X$ und $S_{Q,A}$ das multiplikativ abgeschlossene System der Nichtnullteiler von A.

Um die Abbildung $Q(A) \to Q(A_f)$ zu definieren, stellen wir fest, dass für jedes $s \in S_{Q,A}$ auch $s/1 \in S_{Q,A_f}$. Zum Beweis bilde man aus $0 \to A \overset{\cdot s}{\to} A$ durch Lokalisierung $0 \to A_f \overset{\cdot s/1}{\longrightarrow} A_f$. Damit können wir eine wohldefinierte Abbildung

$$Q(A) \to Q(A_f),\, (a/s) \to (a/1)/(s/1) \qquad (5.108)$$

konstruieren, für die

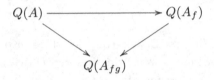

kommutiert.

Definition 5.14.10
Die zu der Prägarbe $\mathcal{K}^\circ_X$ assoziierte Garbe sei $\mathcal{K}_X$, die Garbe der meromorphen Funktionen auf X. $\mathcal{K}^*_X$ ist die (multiplikative) Garbe der (multiplikativ) invertierbaren Elemente der Ringgarbe $\mathcal{K}_X$. Entsprechend ist $\mathcal{O}^*_X$ für die Ringgarbe $\mathcal{O}_X$ definiert. ◆

Wir betrachten nun die exakte Sequenz

$$1 \to \mathcal{O}^*_X \to \mathcal{K}^*_X \to \mathcal{D} \to 1.$$

Ein $D \in \Gamma(X, \mathcal{D})$ wird gegeben durch ein System $(U_i, f_i)_{i \in I}$, wobei $f_i \in \mathcal{K}^*_X(U_i)$ und $f_i|_{U_{ij}}/f_j|_{U_{ij}} \in \mathcal{O}^*_X(U_{ij})$ für $U_{ij} = U_i \cap U_j$.

Bemerkung 5.14.4
Das Element D repräsentiert durch (U_i, f_i) ist das Nullelement von $\Gamma(X, \mathcal{D})$, wenn $f_i \in \mathcal{O}_X(U_i)^*$ für alle i ist. (Und nicht etwa, wenn alle $f_i = 1$ sind.)

Definition 5.14.11
Ein $D \in \Gamma(X, \mathcal{D})$ heißt *Cartier-Divisor* von X. Das Bild von $\Gamma(X, \mathcal{K}^*_X)$ in $\Gamma(X, \mathcal{D})$ ist die Untergruppe der *Cartier-Hauptdivisoren*.

Für die Cartier-Divisoren auf X schreiben wir auch $\operatorname{CaDiv} X$, für die Cartier-Hauptdivisoren auch $\operatorname{CaDiv}^h X$.

Die Quotientengruppe

$$\operatorname{CaCl} X \stackrel{\text{def}}{=} \operatorname{CaDiv} X / \operatorname{CaDiv}^h X$$

ist die Gruppe der Cartier-(Divisoren-)Klassen. $\qquad\blacklozenge$

Definition 5.14.12
Zwei Cartier-Divisoren D, D' heißen *linear äquivalent*, wenn $D - D' = (f)$ ein Hauptdivisor ist. Man schreibt dann $D \sim D'$. $\qquad\blacklozenge$

Bemerkung 5.14.5
Sind D und D' durch (f_i) und (f_i') auf einer gemeinsamen Überdeckung (U_i) gegeben, so bedeutet dies, dass ein $f \in \mathcal{K}^*(X)$ existiert, so dass $f_i f_i'^{-1} f|_{U_i} \in \mathcal{O}_{U_i}(U_i)^*$ ist.

Beachte die Anwendung der vorigen Anmerkung.

Definition 5.14.13
Ein Cartier-Divisor $D = (U_i, f_i)$ mit $f_i \in \mathcal{K}_X^*(U_i) \cap \mathcal{O}_X(U_i)$ heißt *effektiver Cartier-Divisor*. Wir schreiben auch $D \geqslant 0$. $\qquad\blacklozenge$

Bemerkung 5.14.6
Dies ist äquivalent zu der Forderung, dass $D = (U_i, f_i)$ mit $U_i = \operatorname{Spec}(A_i)$ und f_i Nichtnullteiler in A_i.

Es sei $D = (U_i, f_i)$ ein Cartier-Divisor auf X und (V, f) ein Paar aus $V \subseteq X$, offen, und $f \in \mathcal{K}_X^*(V)$. Dann heißt (V, f) *verträglich mit D*, falls für alle $V_i = V \cap U_i$ die rationale Funktion $f_i|_{V_i} f^{-1}|_{V_i}$ in $\mathcal{O}_X^*(V_i)$ liegt.

Definition 5.14.14
Es sei $D = (U_i, f_i)$ ein Cartier-Divisor auf einem Schema X. Dann ist $\operatorname{supp} D \subseteq X$, der *Support von D*, so definiert:

Ein $x \in X$ ist genau dann in $X - \operatorname{supp} D$, wenn ein (V, f), verträglich mit D und mit $x \in V$ existiert, so dass $f \in \mathcal{O}_{X,x}^*$ gilt. $\qquad\blacklozenge$

5.14.3 Linienbündel

Ein *Linienbündel* $\mathcal{L}$ auf einem Schema X ist ein lokal freier kohärenter $\mathcal{O}_X$-Modul vom Rang 1. Das heißt, für jedes $x \in X$ gibt es eine affine Umgebung $U = \operatorname{Spec}(A)$ mit $x \in U$ und $\mathcal{L}|_U \cong \tilde{A}$.

Proposition 5.14.5
Die Menge $\mathrm{L}(X)$ *der Linienbündel auf X bildet eine Gruppe unter* $(\mathcal{L}_1, \mathcal{L}_2) \mapsto \mathcal{L}_1 \otimes \mathcal{L}_2$, *neutrales Element ist* $\mathcal{O}_X$ *und* $\mathcal{L}^{-1} = \mathcal{H}om(\mathcal{L}, \mathcal{O}_X)$.

Proposition 5.14.6

Die Linienbündel $\mathcal{L}$, für die ein Isomorphismus $\mathcal{O}_X \overset{\sim}{\to} \mathcal{L}$ existiert, bilden eine Untergruppe $\mathrm{L}_{\mathrm{triv}}(X) \subseteq \mathrm{L}(X)$.

Bemerkung 5.14.7

Dies sind genau die Linienbündel, für die ein nirgends verschwindender Schnitt $s \in \mathcal{L}(X)$ existiert, für den also niemals $s_x \in \mathfrak{m}_x \mathcal{L}_x$ für ein $x \in X$ ist.

Definition 5.14.15

Die Quotientengruppe bezeichnet man als

$$\mathrm{Pic}\, X = \mathrm{L}(X)/\mathrm{L}_{\mathrm{triv}}(X)\,,$$

die *Picardgruppe von X*.   ◆

Ist ein Linienbündel $\mathcal{L}$ gegeben, so kann man eine affine, offene, Überdeckung U_i und Isomorphismen $\phi_i : \mathcal{O}_{U_i} \overset{\sim}{\to} \mathcal{L}|_{U_i}$ finden. Sie heißt auch *trivialisierende Überdeckung*. Die Abbildung

$$(\phi_j^{-1})|_{U_{ij}} \circ (\phi_i)|_{U_{ij}} : \mathcal{O}_{U_{ij}} \to \mathcal{O}_{U_{ij}}$$

definiert dann einen Isomorphismus von $\mathcal{O}_{U_{ij}}$ als $\mathcal{O}_{U_{ij}}$-Modul. Sie wird also durch ein $\alpha_{ij} \in \mathcal{O}_{U_{ij}}(U_{ij})^*$ repräsentiert.

Diese α_{ij} erfüllen die *Kozykelbedingung*

$$(\alpha_{ij})|_{U_{ijk}} \cdot (\alpha_{jk})|_{U_{ijk}} = (\alpha_{ik})|_{U_{ijk}}\,.$$

Durchläuft man die obigen Schlüsse rückwärts, so erkennt man, wie sich durch entsprechende Verklebung aus einem System (α_{ij}), das die Kozykelbedingung erfüllt, ein Linienbündel $\mathcal{L}$ gewinnen lässt.

Aus der Sicht einer trivialisierenden Überdeckung (U_i) wie oben gilt dann: Ein Schnitt $s \in \mathcal{L}(U)$ wird also durch $s_i \in \mathcal{O}_X(U \cap U_i)$ gegeben, für die

$$s_i|_{U_{ij} \cap U}\, \alpha_{ij} = s_j|_{U_{ij} \cap U}$$

ist.

Existiert nun ein nirgends verschwindender globaler Schnitt $\mathcal{L}(X)$, so wird er repräsentiert durch $s_i \in \mathcal{O}_{U_i}(U_i)^*$ mit $s_i|_{U_{ij}} \alpha_{ij} = s_j|_{U_{ij}}$.

Es gilt also:

Proposition 5.14.7

Ein Linienbündel $\mathcal{L}$, das durch den Kozyklus $(\alpha_{ij} \in \mathcal{O}_X(U_{ij})^*)$ repräsentiert wird, ist also genau dann trivial, wenn

$$\alpha_{ij} = s_i^{-1}|_{U_{ij}}\, s_j|_{U_{ij}}$$

mit geeigneten $s_i \in \mathcal{O}_X(U_i)^*$.

Für die Darstellung eines Linienbündels $\mathcal{L}$ durch seinen Kozyklus (α_{ij}) gelten folgende Beziehungen:

Proposition 5.14.8
Es seien $\mathcal{L}_1, (\alpha_{ij})$ und $\mathcal{L}_2, (\beta_{ij})$ zwei Linienbündel mit ihren Kozyklen zur selben Überdeckung. Dann ist

$$(\mathcal{L}_1 \otimes_{\mathcal{O}_X} \mathcal{L}_2, (\alpha_{ij}\,\beta_{ij}))$$

und

$$(\mathcal{H}om(\mathcal{L}_1, \mathcal{O}_X), (\alpha_{ij}^{-1}))$$

die Beschreibung der Bündel links durch die rechts stehenden Kozyklen.

Proposition 5.14.9
Es sei $f : X \to Y$ ein Schemamorphismus. Dann ist

$$f^* : \operatorname{Pic} Y \to \operatorname{Pic} X, \quad \mathcal{L} \mapsto f^* \mathcal{L} \tag{5.109}$$

ein wohldefinierter Gruppenhomomorphismus.

Beweis. Es ist $f^*\mathcal{L}$ ein lokal freies Vektorbündel vom selben Rang wie $\mathcal{L}$, also auch ein Linienbündel. Weiterhin ist $f^*\mathcal{L} \cong f^*\mathcal{L}'$ für $\mathcal{L} \cong \mathcal{L}'$ und $f^*(\mathcal{L}\otimes_{\mathcal{O}_Y}\mathcal{L}') = f^*\mathcal{L}\otimes_{\mathcal{O}_X}f^*\mathcal{L}'$ für $\mathcal{L}, \mathcal{L}'$ Linienbündel auf Y. $\qquad\square$

5.14.4 Korrespondenz zwischen $\operatorname{Div} X$, $\operatorname{CaCl} X$ und $\operatorname{Pic} X$

Von $\operatorname{CaDiv} X$ **nach** $\operatorname{Div} X$

Sei X ein $(*)$-Schema. Dann gibt es einen Gruppenhomomorphismus

$$\alpha' : \operatorname{CaDiv} X \to \operatorname{Div} X, \tag{5.110}$$

der einem Cartier-Divisor (U_i, f_i) den Weil-Divisor $D = \sum n_Z Z$ zuordnet, wo $n_Z := v_Z(f_i)$ für ein beliebiges $i \in I$ mit $Z \cap U_i \neq \emptyset$. Die Wohldefiniertheit folgt aus $f_i^{-1} f_j \in \mathcal{O}_{U_{ij}}(U_{ij})^*$.

Ist (U_i, f_i) ein effektiver Cartier-Divisor, so ist der zugeordnete Weil-Divisor D ebenfalls effektiv. Die Umkehrung gilt, wenn X ein normales Schema, also zum Beispiel ein lokal faktorielles Schema, ist.

Die Abbildung (5.110) induziert eine Abbildung

$$\alpha : \operatorname{CaCl} X \to \operatorname{Cl} X.$$

Ein Hauptdivisor (X, f) als Cartier-Divisor mit $f \in K(X)$ geht nämlich in den Hauptdivisor $\operatorname{div}_X(f)$ als Weil-Divisor über. $\qquad\square$

Proposition 5.14.10

Wenn das Schema X lokal faktoriell ist (alle $\mathcal{O}_{X,x}$ UFD), so hat die Abbildung α' eine Umkehrung und ist ein Isomorphismus.

Beweis. Wir zeigen zunächst, dass für jeden Weil-Divisor $D = \sum n_i Z_i$ ein Cartier-Divisor $D' = (U_i, f_i)$ existiert mit $\alpha'(D') = D$.

Betrachte für jedes $x \in X$, mit $\dim \mathcal{O}_{X,x} > 0$, den Ring $\mathcal{O}_{X,x}$ und die Z_i mit $x \in Z_i$. Sie induzieren Primideale $\mathfrak{p}_{x,i}$ der Höhe 1 in $\mathcal{O}_{X,x}$. Da $\mathcal{O}_{X,x}$ faktoriell, sind alle Primideale der Höhe 1 prinzipal. Es gibt also ein $f_{x,i} \in \mathcal{O}_{X,x}$, so dass $(f_{x,i}) = \mathfrak{p}_{x,i}$.

Setze nun $g_x = \prod_i f_{x,i}^{n_i}$ mit den n_i aus D. Wähle dann eine offene affine Umgebung U_x von x, so dass $U_x \cap Z_j = \emptyset$ für alle Z_j mit $x \notin Z_j$. Außerdem sei $U_x \cap Z = \emptyset$ für alle Primdivisoren Z mit $v_Z(g_x) \neq 0$ und $x \notin Z$. Es ist damit garantiert, dass $U_x \cap D = \operatorname{div}_{U_x}(g_x)$.

Der Schnitt $U_{xx'} = U_x \cap U_{x'}$ ist affin, weil X separiert, und es ist

$$\operatorname{div}_{U_{xx'}}(g_x(g_{x'})^{-1}) = 0.$$

Da $U_{xx'}$ ein affines, normales Schema ist, bedeutet das $g_x(g_{x'})^{-1} \in \mathcal{O}_{U_{xx'}}(U_{xx'})^*$. Also ist $D' = (U_x, g_x)$ ein Cartier-Divisor mit $\alpha'(D') = D$.

Es bleibt die Injektivität von α': Es sei $D' = (U_i, f_i)$ ein Cartier-Divisor mit U_i offen, affin, was keine Einschränkung bedeutet. Ist $\alpha'(D') = 0$, so ist $\operatorname{div}_{U_i}(f_i) = 0$, also $f_i \in \mathcal{O}_{U_i}(U_i)^*$, weil U_i ein normales, affines Schema ist. Also ist D' der Null-Cartier-Divisor, und α' ist injektiv. $\qquad\square$

Bemerkung 5.14.8

Unter α' entsprechen sich mit den Annahmen der vorigen Proposition die Cartier- und Weil-Hauptdivisoren, so dass die Abbildung α von oben zum Isomorphismus wird.

Von $\operatorname{CaCl} X$ nach $\operatorname{Pic} X$

Auf jedem Schema gibt es eine Abbildung

$$\operatorname{CaDiv} X \to \boldsymbol{L}(X) \tag{5.111}$$
$$D \mapsto \mathcal{O}_X(D),$$

die einem Cartier-Divisor $D = (U_i, f_i)$ das Unterlinienbündel $\mathcal{O}_X(D) \subseteq \mathcal{K}_X$ zuordnet, für das $\mathcal{O}_X(D)|_{U_i} \cong \mathcal{O}_{U_i} \cdot f_i^{-1}$ ist, also die Verklebungsfunktionen $\alpha_{ij} = f_i^{-1} f_j \in (\mathcal{O}_{U_{ij}}(U_{ij}))^*$ sind.

Für die Aussage über α_{ij} betrachte man das Diagramm:

$$\tag{5.112}$$

$\qquad\qquad\qquad\qquad\qquad\qquad\qquad\qquad\qquad\qquad\qquad\square$

Bemerkung 5.14.9

Die Verheftungsfunktion auf dem Bündel $\mathcal{O}_X(D)$ beim Übergang von U_i zu U_j ist also α_{ij} mit $f_i\alpha_{ij} = f_j$. Damit ist α_{ij} dieselbe Verheftungsfunktion, die beim Übergang von (U_i, f_i) nach (U_j, f_j) im Cartier-Divisor D Anwendung findet. Dies erklärt die Wahl von $f_i^{-1}\mathcal{O}_{U_i}$ bei der Konstruktion von $\mathcal{O}_X(D)$. Sowohl der Cartier-Divisor als auch das Linienbündel $\mathcal{O}_X(D)$ entsprechen derselben Klasse in $H^1(X, \mathcal{O}_X^*)$.

Bemerkung 5.14.10

Statt $\mathcal{O}_X(D)$ schreibt man auch $\mathcal{L}(D)$.

Proposition 5.14.11

Es gilt für Divisoren D, D_1, D_2 aus CaDiv X:

$$\mathcal{O}_X(D_1 + D_2) = \mathcal{O}_X(D_1) \otimes_{\mathcal{O}_X} \mathcal{O}_X(D_2)\,, \tag{5.113}$$

$$\mathcal{O}_X(-D) = \mathcal{O}_X(D)^{-1} \tag{5.114}$$

Weiter ist $\mathcal{O}_X(D) \cong \mathcal{O}_X$ genau dann, wenn $D = (f)$ mit $f \in \mathcal{K}(X)$.

Die Abbildung (5.111) induziert also einen injektiven Homomorphismus der Klassen

$$\mathrm{CaCl}\, X \xrightarrow{\beta} \mathrm{Pic}\, X\,. \tag{5.115}$$

Für ein integres Schema X ist β surjektiv. Wir zeigen zunächst das Lemma:

Lemma 5.14.6

Es sei X ein integres Schema und $\mathcal{L}$ ein Linienbündel auf X. Dann existiert eine Einbettung von $\mathcal{O}_X$-Moduln:

$$\mathcal{L} \hookrightarrow \mathcal{K}_X$$

Die Garbe $\mathcal{K}_X$ ist welk, und die Einschränkungen $\mathcal{K}_X(X) \to \mathcal{K}_X(U)$ sind für alle $U \subseteq X$, offen, Isomorphismen. Man schreibt auch $\mathcal{K}_X(X) = K(X)$.

Beweis. Man wähle ein festes $U \subseteq X$, offen, über dem $\mathcal{L}$ trivialisierbar ist, und einen Isomorphismus $f_U : \mathcal{L}|_U \xrightarrow{\sim} \mathcal{O}_U$. Zusammen mit der kanonischen Einbettung $\mathcal{O}_U \subseteq \mathcal{K}|_U$ hat man eine Injektion $g : \mathcal{L}|_U \hookrightarrow \mathcal{K}|_U$ von $\mathcal{O}_U$-Moduln.

Für ein beliebiges $V \subseteq X$, offen, existiert dann die Injektion

$$i_V : \mathcal{L}(V) \xrightarrow{\rho^V_{U\cap V}} \mathcal{L}(U \cap V) \xrightarrow{g_{U\cap V}} \mathcal{K}_X(U \cap V) \xrightarrow{\sim} \mathcal{K}_X(V)\,.$$

Zusammen bilden diese Injektionen i_V eine Injektion $i : \mathcal{L} \to \mathcal{K}_X$ von $\mathcal{O}_X$-Moduln. $\square$

Die folgende Proposition beschreibt den Übergang von $\mathcal{L}$ nach D und zurück nach $\mathcal{L}(D) = \mathcal{L}$:

Proposition 5.14.12

Sei nun $l : \mathcal{L} \subseteq \mathcal{K}_X$ ein in die rationale Funktionengarbe eingebettetes Bündel.

Weiter sei (U_i) eine Überdeckung von X und $\phi_i : \mathcal{O}_{U_i} \overset{\sim}{\to} \mathcal{L}|_{U_i}$ ein System von Trivialisierungen. Anders gesagt, gegeben sei ein System $s_i \in \mathcal{L}(U_i)$ von über U_i erzeugenden Schnitten, $\mathcal{O}_{U_i} s_i = \mathcal{L}|_{U_i}$.

Dann bildet $D = (U_i, f_i^{-1})$ mit $f_i = l_{U_i} \circ \phi_i(1_{U_i}) = l_{U_i}(s_i)$ einen Divisor $D \in \mathrm{CaDiv}\, X$, für den $\mathcal{O}_X(D) = \mathcal{L}$ als Linienbündel auf X ist.

Beweis. Über U_i wird $\mathcal{L}$ in $\mathcal{K}$ als $\mathcal{O}_{U_i} \cdot f_i$ gegeben. Dies ist aber genau die Darstellung von $\mathcal{O}_X(D) = \mathcal{L}$ über U_i, denn $D = (U_i, f_i^{-1})$.

Man beachte, dass, für X integer, $f_i \in \mathcal{K}_X(U_i) - \{0\} = \mathcal{K}_X(U_i)^* = K(X)^*$. $\qquad\square$

Bemerkung 5.14.11

Beim Übergang von $\mathcal{L}$ zu D entstehen unabhängig von den getroffenen Auswahlen immer gleiche Divisoren. Dies sieht man mittels gemeinsamer Verfeinerungen von Überdeckungen und der Bemerkung, dass (f_i) und $(f_i a_i)$ mit $a_i \in \mathcal{O}_X(U_i)^*$ denselben Divisor definieren.

Jetzt betrachten wir den Weg von $D = (U_i, f_i)$ nach $\mathcal{L}(D)$ und zurück nach D'. Wir zeigen $D \sim D'$:

Proposition 5.14.13

Es sei $D = (U_i, f_i)$ ein Cartier-Divisor auf einem Integritätsschema X. Das Bündel $\mathcal{O}_X(D) \subseteq \mathcal{K}_X$ sei gemäß Lemma 5.14.6 eingebettet.

Weiter sei D' der gemäß Proposition 5.14.12 zu $\mathcal{O}_X(D) \subseteq \mathcal{K}_X$ konstruierte Divisor. Dann ist $D' \sim D$.

Beweis. Als U aus dem Beweis von Lemma 5.14.6 wählen wir ein U_{i_0}.

Dies bedeutet keine Einschränkung, denn sei das U aus Lemma 5.14.6 mit $\mathcal{O}_X(D)|_U$ trivial irgendwie vorgegeben, so können wir es durch $U' = U \cap U_{i'}$ mit einem beliebigen $U_{i'}$ ersetzen und dann $(U', (f_{i'})|_{U'})$ als (U_{i_0}, f_{i_0}) in das System $D = (U_i, f_i)$ hinzunehmen.

Wir haben dann als Grundlage der Einbettung in $K(X)$ die Abbildung

$$\mathcal{O}_X(D)|_{U_{i_0}} \overset{\sim}{\to} \mathcal{O}_{U_{i_0}} \subseteq K(X)$$

mit $a_{i_0} f_{i_0}^{-1} \mapsto a_{i_0} h$ mit $h \in \mathcal{O}_{U_{i_0}}(U_{i_0})^*$, um die Willkür in der Wahl der Trivialisierung in Lemma 5.14.6 auszudrücken.

Damit wird das Element $a_i f_i^{-1}$ als Schnitt von $\mathcal{O}_X(D)(U_i)$ auf $a_i f_i^{-1} f_{i_0} h$ als Element von $K(X)$ abgebildet, denn es ist ja $a_i f_i^{-1} = (a_i f_i^{-1} f_{i_0}) f_{i_0}^{-1}$.

Also ist das Bild von 1_{U_i} unter der Trivialisierung $\mathcal{O}_{U_i} \overset{\sim}{\to} \mathcal{O}_{U_i} f_i^{-1} = \mathcal{O}_X(D)|_{U_i}$ gleich

$$1_{U_i} \mapsto f_i^{-1} f_{i_0} h.$$

Also ist der Divisor D' auf (U_i) gegeben durch $(U_i, (f_i^{-1} f_{i_0} h)^{-1}) = (U_i, f_i f_{i_0}^{-1} h^{-1})$. Damit ist $D' = D - (f_{i_0} h) \sim D$. $\qquad\square$

Bemerkung 5.14.12

Dass hier nur $D' \sim D$ und nicht $D = D'$ gilt, hat seine Ursache darin, dass wir die kanonische Einbettung $\mathcal{L}(D) \subseteq \mathcal{K}_X$ beim Übergang von $\mathcal{L}(D)$ nach D'

vergessen haben und eine beliebige Einbettung, wie sie uns die Anwendung von
Lemma 5.14.6 liefert, angenommen haben. Hätten wir die Abbildung

$$D \mapsto (\mathcal{L}(D) \subseteq \mathcal{K}_X) \mapsto D' \tag{5.116}$$

betrachtet, so wäre $D = D'$.

Beweis. Denn es wäre ja für $D = (U_i, f_i)$ dann $\mathcal{L}(D) = (\mathcal{O}_{U_i} f_i^{-1} \subseteq K(X))$ und
damit $D' = (U_i, a_i f_i)$ mit $a_i \in \mathcal{O}_X(U_i)^*$, also $D = D'$. □

Wie schon oben gezeigt, ist dann auch

$$(\mathcal{L} \subseteq \mathcal{K}_X) \mapsto D \mapsto (\mathcal{L}(D) \subseteq \mathcal{K}_X) \tag{5.117}$$

mit $(\mathcal{L} \subseteq \mathcal{K}_X) = (\mathcal{L}(D) \subseteq \mathcal{K}_X)$.

Beispiel 5.14.1

Betrachte $X = \mathbb{P}_k^n = \mathrm{proj}\,(k[X_0, \ldots, X_n])$ und seine affinen Teilstücke U_i. Dann
gibt es einen Weil-Divisor $H_0 = X - U_0$, einen Cartier-Divisor $(U_i, X_0/X_i)$ und
das Linienbündel $\mathcal{O}_X(1)$. Dieses kann dabei als das in $K(X)$ eingebettete Bündel
$(\mathcal{O}_{U_i} \cdot X_i/X_0)$ aufgefasst werden.

Die Isomorphieklassen dieser drei Objekte entsprechen sich unter den vorangehenden Isomorphismen. Sie erzeugen jeweils die Gruppe $\mathrm{Cl}\,X = \mathrm{CaCl}\,X = \mathrm{Pic}\,X = \mathbb{Z}$. ∎

Es sei $Y \subseteq X$ ein lokal prinzipales abgeschlossenes Unterschema. Das heißt,
es sei $\mathcal{J}_Y \subseteq \mathcal{O}_X$ eine lokal freie Garbe vom Rang 1, also ein Linienbündel, und
$Y \cap U_i = V(f_i)$ für den Cartier-Divisor $Y = (f_i, U_i)$ mit $f_i \in \mathcal{O}_{U_i}(U_i)$, kein
Nullteiler.

Proposition 5.14.14

Dann ist die exakte Sequenz

$$0 \to \mathcal{J}_Y \to \mathcal{O}_X \to i_* \mathcal{O}_Y \to 0 \tag{5.118}$$

identisch mit

$$0 \to \mathcal{O}_X(-Y) \to \mathcal{O}_X \to i_* \mathcal{O}_Y \to 0\,, \tag{5.119}$$

und es ist

$$\mathcal{J}_Y \cong \mathcal{O}_X(-Y)\,. \tag{5.120}$$

Beweis. Lokal auf U_i ist $\mathcal{J}_Y \subseteq \mathcal{O}_X$ gleich $\mathcal{O}_{U_i} f_i \subseteq \mathcal{O}_{U_i}$. Weiterhin ist $\mathcal{O}_X(-Y)$ das
Linienbündel, das zu dem Cartier-Divisor (f_i^{-1}, U_i) gehört. Dieses ist aber gerade
$(\mathcal{O}_{U_i} f_i)$, also $\mathcal{J}_Y$. □

5.14.5   Globale Schnitte von $\mathcal{O}_X(D)$

Proposition 5.14.15
Es sei X ein Schema, D ein Cartier-Divisor auf X, gegeben durch (f_i, U_i) mit $f_i \in \mathcal{K}^*(U_i)$, wie oben beschrieben.

Weiter sei $\mathcal{O}_X(D)$ das zugehörige Bündel aus $\mathrm{Pic}\, X$, beschrieben durch $(\mathcal{O}_{U_i}, f_i^{-1})$.

Dann entsprechen sich

- *die globalen Schnitte $s \in \Gamma(X, \mathcal{O}_X(D))$ bis auf Multiplikation mit Elementen aus $\Gamma(X, \mathcal{O}_X^*)$,*
- *die effektiven Cartier-Divisoren $D' = (f_i', U_i)$ $(f_i' \in \mathcal{O}_{U_i}(U_i))$ mit $D' \sim D$.*

Dabei wird einem Schnitt $s \in \Gamma(X, \mathcal{O}_X(D))$ folgender Divisor D' zugeordnet: Man wähle eine Überdeckung U_i von X, so dass $\mathcal{O}_X(D)|_{U_i}$ trivial ist, sowie Trivialisierungen $\psi_i : \mathcal{O}_X(D)|_{U_i} \to \mathcal{O}_{U_i}$. Dann ist $D' = (\psi_i(s|_{U_i}), U_i)$.

Man kann nachrechnen (gemeinsame Verfeinerung!), dass dies unabhängig von der gewählten Überdeckung und den Trivialisierungen ist.

Benutzt man zweckmäßigerweise die in der Proposition gewählte Überdeckung, so wird s gegeben durch $a_i f_i^{-1}$ mit $a_i \in \mathcal{O}_{U_i}(U_i)$, für die

$$f = a_i f_i^{-1} = a_j f_j^{-1}$$

gilt. Der zugeordnete effektive Divisor D' ist dann (a_i, U_i). Man hat also

$$(f) + D = D' \geqslant 0\,.$$

Ist umgekehrt für $f \in \mathcal{K}_X^*(X)$ durch $(f f_i) = (h_i)$ mit $h_i \in \mathcal{O}_X(U_i)$ ein effektiver Cartier-Divisor $D' \sim D$ gegeben, so wird der zugehörige Schnitt s lokal durch $(f f_i)(f_i^{-1}) = h_i f_i^{-1}$ beschrieben. Bezüglich der Einbettung $\mathcal{L}(D) \subseteq \mathcal{K}$ ist der Schnitt dann $f \in \mathcal{K}_X(X)$.

Korollar 5.14.2
Ist in der Situation der vorigen Proposition X sogar Integritätsschema mit Funktionenkörper $K(X)$, so ist

$$\Gamma(X, \mathcal{O}_X(D)) = \{f \in K(X)^* \mid (f) + D \geqslant 0\}\,. \tag{5.121}$$

Definition 5.14.16
Es sei X ein Schema und $\mathcal{L} = \mathcal{L}(D)$ ein Linienbündel. Dann heißt ein Untervektorraum $W \subseteq V = \Gamma(X, \mathcal{L})$ *Linearsystem (von Divisoren)* auf X. Ist $W = V$, so ist W ein *volles Linearsystem*.   ◆

Definition 5.14.17
Es sei $V = \Gamma(X, \mathcal{L}(D))$ ein Linearsystem auf einem Schema X. Dann heißt $P \in X$ *Basispunkt* von V, wenn für jedes $s \in V$ die Beziehung $s_P \in \mathfrak{m}_P \mathcal{L}_P$ gilt. Dabei ist $\mathfrak{m}_P \subseteq \mathcal{O}_{X,P}$ das maximale Ideal.   ◆

Bemerkung 5.14.13

Ist $D' \sim D$ der effektive Divisor, der dem Schnitt $s \in \Gamma(X, \mathcal{L}(D))$ entspricht, so ist P genau dann Basispunkt von s, wenn $P \in \operatorname{supp} D'$ gilt.

Es sei $f : X \to Y$ ein Schemamorphismus und $\mathcal{L} = \mathcal{L}(D)$ ein Linienbündel auf Y. Dann ist $f^*\mathcal{L}$ ein Linienbündel auf X. Die kanonische Abbildung

$$f^\sharp : \Gamma(Y, \mathcal{L}) \to \Gamma(X, f^*\mathcal{L}) \tag{5.122}$$

bildet ein Linearsystem $W \subseteq \Gamma(Y, \mathcal{L})$ auf das Linearsystem $f^\sharp(W) \subseteq \Gamma(X, f^*\mathcal{L})$ ab.

Es sei $Y \hookrightarrow X$ eine abgeschlossene Immersion projektiver Varietäten und D auf X ein Cartier-Divisor mit $Y \not\subseteq \operatorname{supp} D$.

Definition 5.14.18

Für $Y \hookrightarrow X$ und D wie oben sei der *Schnitt von D und Y* als Divisor auf Y mit der Bezeichnung $D.Y$ eingeführt.   ◆

Seine Konstruktion ist wie folgt: Lokal auf $U = \operatorname{Spec}(A) \subseteq X$ ist der Divisor D repräsentiert durch r_U mit $r_U = a/s \in Q(A)$. Die Untervarietät $U \cap Y$ sei repräsentiert durch $\operatorname{Spec}(A/\mathfrak{p})$ mit einem Primideal $\mathfrak{p} \subseteq A$.

Da $Y \not\subseteq \operatorname{supp} D$, gilt am generischen Punkt $\mathfrak{p} \notin \operatorname{supp} D$ von Y, dass $a/s \in (A_\mathfrak{p})^*$. Es ist also $a/s = a'/s'$ in $A_\mathfrak{p}$ mit $a', s' \notin \mathfrak{p}$.

Sind a'', s'' die Bilder von a', s' in $Q(A/\mathfrak{p}) = K(Y)$, so kann man $D.Y \cap U$ durch $r''_{U \cap Y} = a''/s''$ definieren.

Bemerkung 5.14.14

Ist D effektiv, so ist auch $D.Y$ effektiv.

Mit dieser Definition können wir formulieren:

Proposition 5.14.16

Es sei $i : Y \hookrightarrow X$ eine abgeschlossene Immersion projektiver Varietäten. Weiter sei $\mathcal{L}(D)$ ein Linienbündel auf X und

$$W \subseteq \Gamma(X, \mathcal{L}(D))$$

ein Linearsystem.

Für $s \in W$ mit zugeordnetem effektiven Divisor $D_s \sim D$ ist entweder

- *das Bild $i^\sharp(s) = 0$, dann ist $Y \subseteq \operatorname{supp} D_s$, oder*
- *der Schnitt $D_s.Y \in \operatorname{CaDiv} Y$ ist der effektive Divisor, der $i^\sharp(s) \neq 0$ zugeordnet ist.*

Beispiel 5.14.2

Es sei $i : Y \subseteq \mathbb{P}^n_k = X$ eine abgeschlossene Immersion und $\mathcal{L}(D) = \mathcal{O}_X(1)$. Dann ist $W = \Gamma(X, \mathcal{O}_X(1))$ das System der Hyperebenen H in X, und für einen Schnitt $s \in W$, der einer Hyperebene H_s entspricht, entspricht der Schnitt $i^\sharp(s)$ dem effektiven Divisor $H_s.Y$ in Y, falls $Y \not\subseteq H_s$. Dabei ist $\operatorname{supp}(H_s.Y) = H_s \cap Y$.

Ist hingegen $Y \subseteq H_s$, so ist $i^\sharp(s) = 0$ in $\Gamma(Y, \mathcal{O}_Y(1))$ und umgekehrt.   ■

5.15 Projektive Schemata II

5.15.1 Ample und sehr ample Linienbündel

Definition 5.15.1

Es sei X ein noethersches Schema. Dann heißt ein Linienbündel $\mathcal{L}$ auf X *ampel*, wenn für jede kohärente Garbe $\mathcal{F}$ auf X ein $n_0 > 0$ existiert, so dass für alle $n \geqslant n_0$ die Garbe $\mathcal{F} \otimes_{\mathcal{O}_X} \mathcal{L}^{\otimes n}$ von globalen Schnitten erzeugt ist. ◆

Proposition 5.15.1

Es sei X ein projektives noethersches Schema über einem noetherschen Ring A. Dann ist eine bezüglich der Immersion $i : X \to \mathbb{P}_A^n$ sehr ample Garbe $\mathcal{L}$ auch ampel.

Beweis. Für eine abgeschlossene Immersion i folgt dies aus dem Satz von Serre (Proposition 5.11.14).

Da alle Schemata noethersch sind, kann man i als $X \xrightarrow{j} X' \xrightarrow{i'} \mathbb{P}_A^n$ schreiben, mit einer offenen Immersion j und einer abgeschlossenen Immersion i'.

Weiter sei $\mathcal{F}$ ein kohärenter $\mathcal{O}_X$-Modul. Nach dem kohärenten Ausdehnungssatz gibt es einen kohärenten $\mathcal{O}_{X'}$-Modul $\mathcal{F}'$ mit $\mathcal{F}'|_X = \mathcal{F}$. Für ihn ist nach der Eingangsbemerkung $\mathcal{F}'(n)$ für alle $n \geqslant n_0$ von globalen Schnitten erzeugt. Also ist auch $\mathcal{F}(n) = \mathcal{F}'(n)|_X$ von globalen Schnitten erzeugt für $n \geqslant n_0$. Das heißt aber nichts anderes, als dass $i^* \mathcal{O}_{\mathbb{P}_A^n}(1) = \mathcal{L}$ eine ample Garbe ist. □

Proposition 5.15.2

Es sei X ein noethersches Schema und $\mathcal{L}$ ein Linienbündel auf X. Dann ist äquivalent:

a) $\mathcal{L}$ ist ampel.

b) $\mathcal{L}^{\otimes n}$ ist ampel für alle $n > 0$.

c) $\mathcal{L}^{\otimes n}$ ist ampel für ein $n > 0$.

Theorem 5.15.1

Es sei X ein Schema vom endlichen Typ über einem noetherschen Ring A.

Dann ist ein Linienbündel $\mathcal{L}$ auf X genau dann ampel, wenn eine geeignete Potenz $\mathcal{L}^{\otimes m}$ sehr ampel bezüglich einer Immersion $i : X \to \mathbb{P}_A^n$ ist.

Beweis. Proposition 5.15.1 erledigt eine Richtung des Beweises. Es bleibt nur zu zeigen, dass aus $\mathcal{L}$ ampel auch $\mathcal{L}^{\otimes m}$ sehr ampel folgt.

Es sei dafür jetzt $\mathcal{L}$ ampel. Zunächst bilden wir eine geeignete Potenz $\mathcal{L}^{\otimes m}$, um „$\mathcal{L}$ erzeugt von globalen Schnitten" voraussetzen zu können.

Für P abgeschlossener Punkt von X wähle eine offene affine Umgebung $U_P = \mathrm{Spec}\left(B^{(P)}\right)$ mit einer endlich erzeugten A-Algebra $B^{(P)}$. Betrachte

$$0 \to \mathcal{I}_{(X - U_P) \cup P} \to \mathcal{I}_{X - U_P} \hookrightarrow \mathcal{O}_X \,.$$

Tensorieren mit $\mathcal{L}^{m_P}$, so dass alle Garben von globalen Schnitten erzeugt (vgSe) sind, erhält die Exaktheit

$$0 \to \mathfrak{I}_{(X-U_P)\cup P} \otimes \mathcal{L}^{m_P} \to \mathfrak{I}_{X-U_P} \otimes \mathcal{L}^{m_P} \hookrightarrow \mathcal{L}^{m_P}.$$

Wähle einen globalen Schnitt $f^{(P)} \in \mathcal{L}^{m_P}(X)$, der in der mittleren, aber nicht in der anfänglichen Garbe enthalten ist. Für ihn ist $f_P^{(P)} \notin \mathfrak{m}_P\mathcal{L}_P^m$. Setze $V^{(P)} = X_{f^{(P)}}$. Dann ist $V^{(P)} = \operatorname{Spec}\left(B_{b^{(P)}}^{(P)}\right) = \operatorname{Spec}\left(C^{(P)}\right)$ mit einem Element $b^{(P)} \in B^{(P)}$. Also ist auch $C^{(P)} = A[T_1^P, \ldots, T_{j_P}^{(P)}]$ eine endlich erzeugte A-Algebra.

Es genügen nun endlich viele $V^{(P)}$ zur Überdeckung von X. Diese seien $(V^{(P_i)})_i = (V_i)_i$. Ihre $C^{(P_i)}$ seien $C_i = A[T_{ij}]$, und $f^{(P_i)}$ heiße f_i sowie $m_{P_i} = m_i$.

Nenne nun $m = \prod m_i$ und ersetze f_i durch $f_i^{m/m_i} \in \mathcal{L}^m$. Dann bleibt wegen $X_{f_i} = X_{f_i^d}$ auch V_i gleich, und alle f_i sind nun in $\mathcal{L}^m$.

Ersetze wieder $\mathcal{L}$ durch $\mathcal{L}^m$ und f_i^{m/m_i} durch $f_i \in \mathcal{L}$.

Dann gilt für $T_{ij} \in \mathcal{O}_X(X_{f_i})$, dass $T_{ij} \otimes f_i^{n_{ij}} = s_{ij}|_{X_{f_i}}$ mit $s_{ij} \in \mathcal{L}^{n_{ij}}(X)$. Wähle ein $n > n_{ij}$, so kann für alle i,j statt n_{ij} auch n verwendet werden.

Es ist also $f_i^n \otimes T_{ij} = s_{ij}|_{V_i}$ mit $s_{ij} \in \mathcal{L}^n(X)$.

Benutze nun $\mathcal{L}^n$ und die f_i^n sowie die s_{ij} als globale Schnitte, um einen Morphismus $h : X \to \mathbb{P}_A^N = \operatorname{proj}(A[S_{ij}, F_i])$ zu definieren.

Für ihn ist $h^{-1}(D_+(F_i^n)) = X_{f_i^n}$. Da die $X_{f_i^n}$ das Schema X überdecken, ist h überall definiert. Weiter wird $R_l = A[S_{ij}, F_i]_{(F_l)}$ auf $A[s_{ij}/f_l^n, f_i^n/f_l^n] \subseteq C_l$ abgebildet. Da $s_{ij}/f_i^n = T_{ij}$ auf V_l, ist sogar $R_l \to C_l$ surjektiv. Also definiert h eine abgeschlossene Immersion in die offene Teilmenge $\bigcup D_+(F_l) \subseteq \mathbb{P}_A^N$.

Damit ist h eine Immersion und $\mathcal{L}^n = h^*\mathcal{O}_{\mathbb{P}_A^N}(1)$ eine sehr ample Garbe. $\qquad\square$

Proposition 5.15.3

Es sei X ein noethersches Schema, und $\mathcal{L}$, $\mathcal{M}$ seien zwei Linienbündel auf X. Dann gilt:

1. *Es sei $\mathcal{L}$ ampel und $\mathcal{M}$ von globalen Schnitten erzeugt. Dann ist auch $\mathcal{L} \otimes_{\mathcal{O}_X} \mathcal{M}$ ampel.*

2. *Es sei $\mathcal{L}$ ampel und $\mathcal{M}$ beliebig. Dann ist $\mathcal{M} \otimes_{\mathcal{O}_X} \mathcal{L}^{\otimes n}$ ampel für genügend großes n.*

3. *Wenn $\mathcal{L}$ und $\mathcal{M}$ beide ampel sind, so ist es auch $\mathcal{L} \otimes_{\mathcal{O}_X} \mathcal{M}$.*

Wenn X außerdem vom endlichen Typ über einem noetherschen Ring A ist, so gilt:

4. *Wenn $\mathcal{L}$ sehr ampel und $\mathcal{M}$ von globalen Schnitten erzeugt ist, so ist $\mathcal{L} \otimes_{\mathcal{O}_X} \mathcal{M}$ sehr ampel.*

5. *Wenn $\mathcal{L}$ ampel ist, so gibt es ein $n_0 > 0$, so dass $\mathcal{L}^{\otimes n}$ sehr ampel für alle $n \geq n_0$ ist.*

5.15.2   Projektive Kegel von quasikohärenten Algebren

Es gelte im Folgenden

(†)   Es sei X ein noethersches Schema, $\mathcal{S}$ ein quasikohärenter $\mathcal{O}_X$-Modul

$$\mathcal{S} = \bigoplus_{d \geqslant 0} \mathcal{S}_d$$

und eine gradierte $\mathcal{O}_X$-Algebra. Es sei $\mathcal{S}_0 \cong \mathcal{O}_X$ ein Isomorphismus und $\mathcal{S}_1$ ein kohärenter $\mathcal{O}_X$-Modul sowie $\mathcal{S}$ lokal erzeugt von $\mathcal{S}_1$ als $\mathcal{O}_X$-Algebra.

Unter diesen Voraussetzungen können wir das Schema $\mathrm{Proj}\,(\mathcal{S})/X$ definieren.

Definition 5.15.2
Es sei

$$\mathrm{Proj}\,(\mathcal{S})|_U \overset{\mathrm{def}}{=} \mathrm{proj}\,(\mathcal{S}(U)) \tag{5.123}$$

für $U \subseteq X$ affin. Es gibt dann kanonische Abbildungen

$$\pi_U : \mathrm{Proj}\,(\mathcal{S})|_U \to U \tag{5.124}$$

und kanonische Isomorphismen

$$\pi_U^{-1}(U_f) \cong \mathrm{Proj}\,(\mathcal{S}(U_f)) = \pi_{U_f}^{-1}(U_f)$$

für alle $f \in \mathcal{O}_X(U)$.

Also lassen sich die Schemata (5.123) zusammen mit den Morphismen (5.124) zu einem Schema $\mathrm{Proj}\,(\mathcal{S})$ mit einer Abbildung

$$\pi : \mathrm{Proj}\,(\mathcal{S}) \to X$$

verkleben.

Dieses Schema $\mathbb{P} = \mathrm{Proj}\,(\mathcal{S})$ trägt eine kanonische $\mathcal{O}_{\mathbb{P}}(1)$-Garbe, die lokal durch $\mathcal{S}(U)(1)^{\sim}$ gegeben ist.

Wir nennen $\mathrm{Proj}\,(\mathcal{S})$ auch den *projektiven Kegel über* $\mathcal{S}$.   ◆

Lemma 5.15.1
Es sei $S = R[x_0, \ldots, x_n]$ ein gradierter Ring und $L \cong R$ ein R-Modul. Definiere dann

$$S * L = \bigoplus_{d \geqslant 0} S_d \otimes L^{\otimes d}.$$

Identifiziert man $\alpha : R \overset{\sim}{\to} L$, so hat man einen von α abhängigen Isomorphismus $\varphi_\alpha : S \to S = S * R \cong S * L$, der einen Isomorphismus $f_\alpha : \mathrm{proj}\,(S * L) \to \mathrm{proj}\,(S)$ induziert.

Es gilt dann: Der Isomorphismus f_α hängt nicht von der gewählten Identifizierung α ab.

Überdies ist die Konstruktion funktoriell unter Lokalisierung $R \to R_r$, das heißt, nennen wir $\varphi_\alpha = \varphi_\alpha^R$, so ist $\varphi_\alpha^{R_r} = (\varphi_\alpha^R)_r$.

Beweis. Es seien $\alpha, \beta : R \xrightarrow{\sim} L$ zwei Isomorphismen, festgelegt durch $\alpha(1) = x$ und $\beta(1) = y$. Es ist dann $y = a\,x$ mit $a \in R^*$.

Das Dreieck

$$
\begin{array}{ccc}
S & \xrightarrow{\varphi_\alpha} & S * L \\
& {\scriptstyle \varphi_\beta} \searrow & \downarrow {\scriptstyle \theta} \\
& & S * L
\end{array}
$$

definiert eine Abbildung θ. Es ist für $s \in S_d$ das Bild $\varphi_\alpha(s) = s \otimes x^{\otimes d}$ und $\varphi_\beta(s) = s \otimes y^{\otimes d} = s \otimes (ax)^{\otimes d} = a^d \varphi_\alpha(s)$.

Die Abbildung θ ist also für $s \in S_d$ durch $\theta(s \otimes l^{\otimes d}) = a^d(s \otimes l^{\otimes d})$ festgelegt.

Nennen wir der Kürze halber $T = S * L$, so ist $\theta : T \to T$ auf der Komponente T_d gleich $\theta(t) = a^d t$ für $t \in T_d$.

Damit ist aber für jedes $f \in T_1$ die Abbildung $\theta_f : T_{(f)} \to T_{(f)}$ gleich der Identität, denn es ist ja $\theta_f(t/f^d) = (a^d t)/(af)^d = t/f$ für $t \in T_d$.

Also ist $\theta^* : \mathrm{proj}\,(T) \to \mathrm{proj}\,(T)$ gleich der Identität, und wir haben $f_\alpha = \varphi_\alpha^* = \varphi_\beta^* = f_\beta$, wie behauptet.

Die Funktorialität unter $R \to R_r$ ist offensichtlich. $\qquad \square$

Proposition 5.15.4

Es seien X, S wie in (†), *es sei $\mathcal{L}$ eine invertierbare Garbe auf X sowie*

$$
S' = \bigoplus_{d \geqslant 0} S_d \otimes \mathcal{L}^d = S * \mathcal{L}.
$$

Dann erfüllt S' auch (†), *und es gibt einen natürlichen Isomorphismus*

$$
\phi : \mathrm{Proj}\,(S') = \mathbb{P}' \to \mathrm{Proj}\,(S) = \mathbb{P}
$$

mit $\pi_\mathbb{P} \circ \phi = \pi_{\mathbb{P}'}$ und

$$
\phi^* \mathcal{O}_\mathbb{P}(1) \otimes_{\mathcal{O}_{\mathbb{P}'}} \pi_{\mathbb{P}'}^* \mathcal{L} \cong \mathcal{O}_{\mathbb{P}'}(1). \tag{5.125}
$$

Beweis. Die Wohldefiniertheit von ϕ und dass ϕ ein Isomorphismus ist, folgt aus dem vorangegangenen Lemma: Wegen der Funktorialität unter $R \to R_r$ verkleben die einzelnen, dort konstruierten Morphismen f_α über X miteinander und ergeben die Abbildung ϕ.

Man betrachte nun (5.125) lokal über $U = \mathrm{Spec}\,(R) \subseteq X$. Es sei $S = \tilde{S}$, wo $S = R[x_0, \ldots, x_n]$ ein gradierter R-Modul ist, und das Linienbündel $\mathcal{L}$ sei auf U trivial und durch den R-Modul $L \cong R$ repräsentiert.

Dann ist auf $S_{(f)}$ für ein $f \in S_1$ die Abbildung von der linken Seite auf die rechte Seite von (5.125):

$$
S(1)_{(f)} \otimes_{S_{(f)}} (S * L)_{(f \otimes 1)} \otimes_{(S*L)_{(f \otimes 1)}} (S * L)_{(f \otimes 1)} \otimes_R L =
$$
$$
= S(1)_{(f)} \otimes_{S_{(f)}} (S * L)_{(f \otimes 1)} \otimes_R L \xrightarrow{\sim} (S * L)(1)_{(f \otimes 1)}
$$

Dies ist offensichtlich ein natürlicher Isomorphismus. $\qquad \square$

Proposition 5.15.5

Es seien X, S wie in (†) *und $\pi : \mathrm{Proj}\,(S) = \mathbb{P} \to X$. Dann gilt:*

1. Die Abbildung π ist eigentlich.

2. *Wenn X eine ample Garbe $\mathcal{L}$ besitzt, dann ist π projektiv, und*

$$\mathcal{O}_{\mathbb{P}}(1) \otimes_{\mathcal{O}_{\mathbb{P}}} \pi^* \mathcal{L}^d$$

ist eine sehr ample invertierbare Garbe auf $\mathbb{P}$ über X für ein geeignetes $d > 0$.

Beweis. Die Behauptung 1. ist offensichtlich, denn über $U = \operatorname{Spec}(A) \subseteq X$, offen, ist $\operatorname{Proj}(\mathcal{S}) \cap \pi^{-1}(U) = \operatorname{proj}(S)$ mit einer A-Algebra $S = A[x_0, \ldots, x_n]/I$, wobei $A[x_0, \ldots, x_n]$ der Polynomring über A ist.

Wir beweisen nun 2.: Man betrachte $\operatorname{Proj}(\mathcal{S} * \mathcal{L}^{\otimes d})$. Es ist dann $(\mathcal{S} * \mathcal{L}^{\otimes d})_1 = \mathcal{S}_1 \otimes_{\mathcal{O}_X} \mathcal{L}^{\otimes d}$.

Wählt man d also genügend groß, so ist $(\mathcal{S} * \mathcal{L}^{\otimes d})_1$ von globalen Schnitten über X erzeugt. Da $(\mathcal{S} * \mathcal{L}^{\otimes d})_1$ kohärent und X noethersch ist, genügen dafür endlich viele Schnitte.

Das heißt also, es gibt einen surjektiven Garbenhomomorphismus

$$\mathcal{O}_X^{N+1} \to \left(\mathcal{S} * \mathcal{L}^{\otimes d}\right)_1 \to 0\,,$$

und, da die Garbe rechts die Garbe $\mathcal{S} * \mathcal{L}^{\otimes d}$ als $\mathcal{O}_X$-Algebra erzeugt, auch einen surjektiven Algebrenhomomorphismus

$$\mathcal{O}_X[T_0, \ldots, T_N] \to \mathcal{S} * \mathcal{L}^{\otimes d} \to 0\,.$$

Wendet man Proj an, so entspricht dies einer abgeschlossenen Immersion i' : $\operatorname{Proj}(\mathcal{S} * \mathcal{L}^{\otimes d}) \hookrightarrow \operatorname{Proj}(\mathcal{O}_X[T_0, \ldots, T_N]) = \mathbb{P}_X^N$.

Benutzt man die Bezeichnungen der vorigen Proposition und nennt $\mathbb{P}'$ das Schema $\operatorname{Proj}(\mathcal{S} * \mathcal{L}^{\otimes d})$ sowie $\mathbb{P}$ das Schema $\operatorname{Proj}(\mathcal{S})$, so ist $i'^* \mathcal{O}_{\mathbb{P}_X^N}(1) = \mathcal{O}_{\mathbb{P}'}(1)$.

Man nenne nun ψ die Umkehrabbildung von ϕ aus voriger Proposition, sie definiert einen Isomorphismus $\psi : \mathbb{P} \to \mathbb{P}'$. Zusammen ergibt sich eine abgeschlossene Immersion $i = i' \circ \psi : \mathbb{P} \xrightarrow{\sim} \mathbb{P}' \hookrightarrow \mathbb{P}_X^N$. Es ist dann

$$i^* \mathcal{O}_{\mathbb{P}_X^N}(1) \;=\; \psi^* \mathcal{O}_{\mathbb{P}'}(1) \;=\; \psi^*\left(\phi^* \mathcal{O}_{\mathbb{P}}(1) \otimes_{\mathcal{O}_{\mathbb{P}'}} \pi_{\mathbb{P}'}^* \mathcal{L}^{\otimes d}\right) \;=\; \mathcal{O}_{\mathbb{P}}(1) \otimes_{\mathcal{O}_{\mathbb{P}}} \pi_{\mathbb{P}}^* \mathcal{L}^{\otimes d}\,.$$

$\square$

Proposition 5.15.6
Es sei wie oben $\mathcal{S} = \mathcal{S}_0 \oplus \mathcal{S}_1 \oplus \cdots$ eine gradierte $\mathcal{O}_X$-Algebrengarbe auf einem Schema X. Weiter bezeichne $\mathcal{S}[z]$ die gradierte Algebrengarbe mit

$$\mathcal{S}[z]_d = \mathcal{S}_0\, z^d \oplus \mathcal{S}_1\, z^{d-1} \oplus \cdots \oplus \mathcal{S}_d\, z^0\,. \tag{5.126}$$

Dann gilt

$$\operatorname{Proj}(\mathcal{S}[z])_{(z)} \cong \operatorname{Spec}(\mathcal{S})\,, \tag{5.127}$$

und $\operatorname{Spec}(\mathcal{S})$ ist dicht in $\operatorname{Proj}(\mathcal{S}[z])$. Weiterhin ist $V(z) \subseteq \operatorname{Proj}(\mathcal{S}[z])$, die Hyperebene im Unendlichen, isomorph zu $\operatorname{Proj}(\mathcal{S})$.

5.15.3   Projektive Bündel $\mathbb{P}(\mathcal{E})$

Für die folgende Definition sei zunächst an den Begriff des *symmetrischen Produkts* $S^{\bullet}(E)$ eines lokal freien A-Moduls E erinnert.

Da für $f \in A$ auch $S^{\bullet}(E)_f \cong S^{\bullet}(E_f)$ kanonisch isomorph ist, lässt sich die Definition von $S^{\bullet}(E)$ vermöge

$$S^{\bullet}(\mathcal{E})|_U \cong S^{\bullet}(\mathcal{E}(U))$$

zu einer Definition von $S^{\bullet}(\mathcal{E})$ für eine lokal freie $\mathcal{O}_X$-Garbe $\mathcal{E}$ fortsetzen.

Definition 5.15.3
Es sei X ein noethersches Schema, $\mathcal{E}$ ein lokal freier kohärenter $\mathcal{O}_X$-Modul. Dann sei

$$\mathbb{P}(\mathcal{E}) = \mathrm{Proj}\,(\mathcal{S}) \quad \text{mit} \quad \mathcal{S} = S(\mathcal{E}) = \bigoplus_{d \geqslant 0} S^d(\mathcal{E}).$$

Wir nennen $\mathbb{P}(\mathcal{E})$ das *projektive Bündel über* $\mathcal{E}$.   ◆

Notiz 5.15.1
Wenn $\mathcal{E}|_U$ frei ist, dann gilt $\mathcal{E} \cong \mathcal{O}_U^{n+1}$ und deshalb $\mathbb{P}(\mathcal{E})|_U \cong \mathbb{P}_U^n$.

Proposition 5.15.7
Es seien X, $\mathcal{E}$, $\mathcal{S}$, $\mathbb{P}(\mathcal{E})$ wie in der Definition 5.15.3 Dann gilt:

1. Es existiert ein Isomorphismus von gradierten $\mathcal{O}_X$-Algebren:

$$\mathcal{S} \cong \bigoplus_{l \in \mathbb{Z}} \pi_* \mathcal{O}_{\mathbb{P}(\mathcal{E})}(l) \quad \text{wenn } \mathrm{rang}(\mathcal{E}) \geqslant 2$$

Insbesondere gilt:

1. $\pi_* \mathcal{O}_{\mathbb{P}}(l) = 0$ für $l < 0$.

2. $\pi_* \mathcal{O}_{\mathbb{P}} = \mathcal{O}_X$.

3. $\pi_* \mathcal{O}_{\mathbb{P}}(1) = \mathcal{E}$.

2. Es gibt einen natürlichen surjektiven Morphismus:

$$\pi^* \mathcal{E} \to \mathcal{O}_{\mathbb{P}(\mathcal{E})}(1)$$

Beweis. Alle diese Aussagen sind lokal in der Basis X und können daher auf den Fall $X = \mathrm{Spec}\,(A)$ und $\mathcal{E} = A^{n+1}$ sowie $\mathrm{Proj}\,(\mathcal{S}) = \mathrm{proj}\,(A[t_0, \ldots, t_n])$ zurückgeführt werden.   □

Proposition 5.15.8
Es sei $f : \mathcal{E} \to \mathcal{F}$ ein surjektiver Morphismus von lokal freien $\mathcal{O}_X$-Moduln. Dann ist

$$f' : \mathbb{P}(\mathcal{F}) \to \mathbb{P}(\mathcal{E})$$

eine abgeschlossene Immersion von X-Schemata.

Proposition 5.15.9

Es seien X, $\mathcal{E}$, $\mathbb{P}(\mathcal{E})$ wie oben. Weiter sei $Y \xrightarrow{g} X$ ein zweites Schema. Dann entspricht ein Morphismus f

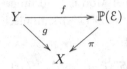

einer invertierbaren Garbe $\mathcal{L}$ auf Y und einer surjektiven Abbildung

$$g^*\mathcal{E} \twoheadrightarrow \mathcal{L} \to 0\,.$$

Beweis. Setze nämlich $\mathcal{L} = f^*\mathcal{O}_{\mathbb{P}(\mathcal{E})}(1)$ und konstruiere die Abbildung $g^*\mathcal{E} \twoheadrightarrow \mathcal{L}$ direkt aus den Definitionen für den Spezialfall $X = \mathrm{Spec}\,(A)$, $Y = \mathrm{Spec}\,(B)$. ☐

Beispiel 5.15.1

Es sei $\mathcal{E}$ ein Vektorbündel auf X und $f \in \mathcal{E}(X)$ ein globaler Schnitt. Dann hat man die Abbildungen $\pi^*\mathcal{E} \to \mathcal{O}_{\mathbb{P}(\mathcal{E})}(1)$ und $\mathcal{E}(X) \to \pi^*\mathcal{E}(\mathbb{P}(\mathcal{E}))$.

Zusammen definieren sie einen globalen Schnitt aus $\mathcal{O}_{\mathbb{P}(\mathcal{E})}(1)(\mathbb{P}(\mathcal{E}))$, den wir auch mit f bezeichnen wollen.

Man hat dann eine wohldefinierte offene Teilmenge $\mathbb{P}(\mathcal{E})_f \subseteq \mathbb{P}(\mathcal{E})$.

Im Folgenden sei X projektiv, eingebettet über $\mathcal{O}_X(1)$. Es ist dann bei geeignetem $n \geqslant 0$ und für $d_i \geqslant 0$ für ein Vektorbündel $\mathcal{E}$ stets $\bigoplus_i \mathcal{O}_X(d_i) \to \mathcal{E}(n) \to 0$ nach dem Serreschen Vertwistungssatz. Da auch $\mathcal{O}_X^m \to \mathcal{O}_X(d) \to 0$ surjektiv gefunden werden kann, gibt es ein N mit $\mathcal{O}_X^{N+1} \to \mathcal{E}(n) \to 0$ surjektiv, wenn man n groß genug wählt. Desweiteren ist $\mathbb{P}(\mathcal{E}(n)) \cong \mathbb{P}(\mathcal{E})$ nach Proposition 5.15.4.

Vergleicht man affine und projektive Bündel, so gilt die Beziehung

$$\mathbb{A}(\mathcal{E}) \cong \mathrm{Spec}\,(S(\mathcal{E})) \cong \mathbb{P}(\mathcal{E} \oplus \mathcal{O}_X)_f\,,$$

wobei f der Schnitt $0 \oplus 1$ von $\mathcal{F} = \mathcal{E} \oplus \mathcal{O}_X$ über X ist.

Da nun, wie bemerkt, $\mathcal{O}_X^{N+1} \to \mathcal{F}(n) \to 0$ und $\mathbb{P}(\mathcal{F}(n)) = \mathbb{P}(\mathcal{F})$, folgt:

$$\mathbb{P}(\mathcal{F}) \cong \mathbb{P}(\mathcal{F}(n)) \hookrightarrow \mathbb{P}_X^N\,,$$

wobei die Abbildung rechts eine abgeschlossene Immersion ist. Das Bündel $\mathbb{A}(\mathcal{E}) \cong \mathbb{P}(\mathcal{F})_f$ ist damit als quasiprojektive Mannigfaltigkeit nachgewiesen und gleichzeitig explizit als Einbettung konstruiert. ∎

Proposition 5.15.10

Es sei X ein reguläres noethersches Schema und $\pi : \mathbb{P}(\mathcal{E}) \to X$ ein projektives Bündel zu einem Vektorbündel $\mathcal{E}$ über X (der Rang von $\mathcal{E}$ sei größer als 1).

Dann ist

$$\alpha : \mathrm{Pic}\,X \times \mathbb{Z} \to \mathrm{Pic}\,\mathbb{P}(\mathcal{E})$$

mit $\alpha(\mathcal{L}, n) = \pi^*\mathcal{L} \otimes \mathcal{O}_{\mathbb{P}}(n)$ eine Bijektion.

Beweis. Es sei $\pi^*\mathcal{L} \otimes \mathcal{O}_{\mathbb{P}}(n) = \mathcal{O}_{\mathbb{P}}$. Anwenden von π_* und die Projektionsformel ergeben $\mathcal{O}_X = \pi_*\mathcal{O}_{\mathbb{P}} = \mathcal{L} \otimes \pi_*\mathcal{O}_{\mathbb{P}}(n)$. Da $\pi_*\mathcal{O}_{\mathbb{P}}(n) = S^n(\mathcal{E})$, ist $n = 0$ und $\mathcal{L} \cong \mathcal{O}_X$. Damit ist die Injektivität von α gezeigt.

Die Surjektivität gilt wegen folgender Überlegung: Überdecke X mit U_i, so dass $\mathcal{E}$ auf U_i trivial ist. Es ist dann $\mathbb{P}_i = \mathbb{P}(\mathcal{E}) \times_X U_i \cong U_i \times \mathbb{P}^n$, also $\mathrm{Pic}(\mathbb{P}_i) = \mathrm{Pic}\, U_i \times \mathbb{Z}$. Ist nun $\mathcal{M} \in \mathrm{Pic}\,\mathbb{P}(\mathcal{E})$, so ist lokal $\mathcal{M}|_{\mathbb{P}_i} \cong \pi^*(\mathcal{L}_i) \otimes \mathcal{O}_{\mathbb{P}_i}(n_i)$. Dabei ist $\mathcal{L}_i \in \mathrm{Pic}\, U_i$ und $\pi : \mathbb{P}_i \to U_i$ die kanonische Abbildung. Da X integres Schema, ist $U_i \cap U_j$ nichtleer und deshalb auch $n_i = n_j = n$. Setzt man $\mathcal{M}' = \mathcal{M} \otimes \mathcal{O}_{\mathbb{P}}(-n)$, so ist $\mathcal{M}'|_{\mathbb{P}_i} = \pi^*\mathcal{L}_i$. Also, wieder nach der Projektionsformel $\pi_*(\mathcal{M}') = \mathcal{L}$ mit einem Linienbündel $\mathcal{L}$, für das $\mathcal{L}|_{U_i} = \mathcal{L}_i$ ist. Also ist $\pi^*\mathcal{L} \otimes \mathcal{O}_{\mathbb{P}}(n) = \mathcal{M}$ und die Surjektivität von α gezeigt. $\square$

Korollar 5.15.1

Es sei X ein reguläres noethersches Schema, und $\mathcal{E}$, $\mathcal{E}'$ seien zwei Vektorbündel auf X. Dann ist äquivalent:

a) Es ist $\mathbb{P}(\mathcal{E}) \cong \mathbb{P}(\mathcal{E}')$.

b) Es ist $\mathcal{E} \cong \mathcal{E}' \otimes_{\mathcal{O}_X} \mathcal{L}$ mit einem Linienbündel $\mathcal{L} \in \mathrm{Pic}\, X$.

5.15.4 Kegel

In Abschnitt 5.12.2 hatten wir drei Arten von projektiven Abschlüssen bzw. Kegeln für Schemata über $\mathrm{Spec}\,(k)$ eingeführt:

1. für $X \subseteq \mathbb{A}_k^n$ den Abschluss $\bar{X} \subseteq \mathbb{P}_k^n$,

2. für $X \subseteq \mathbb{P}_k^n$ den affinen Kegel $C(X) \subseteq \mathbb{A}_k^{n+1}$,

3. für $X \subseteq \mathbb{P}_k^n$ den projektiven Kegel $P(X) = \overline{C(X)} \subseteq \mathbb{P}_k^{n+1}$ und eine Hyperfläche $H \subseteq \mathbb{P}_k^{n+1}$ mit $H \cap P(X) \cong X$.

Wir definieren jetzt analoge Bildungen für ein beliebiges (noethersches) Basisschema T anstelle von $\mathrm{Spec}\,(k)$ und entsprechenden Verallgemeinerungen von $\mathbb{A}_k^n$ bzw. $\mathbb{P}_k^n$.

Bemerkung 5.15.1

Man beachte, dass hier für eine gradierte Algebrengarbe $\mathcal{S}^\bullet$ die Algebrengarbe $\mathcal{S}^\bullet[z]$ durch

$$(\mathcal{S}^\bullet[z])_d = \mathcal{S}^d \oplus z\,\mathcal{S}^{d-1} \oplus \cdots \oplus z^d\,\mathcal{S}^0$$

definiert ist.

Definition 5.15.4

Es sei $X \subseteq \mathrm{Spec}\,(\mathcal{S}^\bullet)$. Dabei ist $\mathcal{S}^\bullet$ eine gradierte $\mathcal{O}_T$-Algebrengarbe. Dann ist $\bar{X}$ das schematheoretische Bild von

$$X \to \mathrm{Spec}\,(\mathcal{S}^\bullet) \to \mathrm{Proj}\,(\mathcal{S}^\bullet[z]).$$

Im Spezialfall $\mathcal{S}^\bullet = S(\mathcal{E})$ mit einem $\mathcal{O}_T$-Vektorbündel $\mathcal{E}$ ist $\mathcal{S}^\bullet[z] = S(\mathcal{E} \oplus \mathcal{O}_T)$.

♦

Definition 5.15.5

Es ist $X = \mathrm{Proj}\,(\mathcal{S}^\bullet/\mathcal{I}) \subseteq \mathrm{Proj}\,(\mathcal{S}^\bullet)$ und

$$C(X) = \mathrm{Spec}\,(\mathcal{S}^\bullet/\mathcal{I}).$$

◆

Definition 5.15.6

Es ist $X = \mathrm{Proj}\,(\mathcal{S}^\bullet/\mathcal{I}) \subseteq \mathrm{Proj}\,(\mathcal{S}^\bullet)$.

Dann ist

$$P(X) = \overline{C(X)} = \mathrm{Proj}\,((\mathcal{S}^\bullet/\mathcal{I})[z]) = \mathrm{Proj}\,(\mathcal{S}^\bullet[z]/\mathcal{I}[z]) \subseteq \mathrm{Proj}\,(\mathcal{S}^\bullet[z])$$

und

$$H = V(z\mathcal{S}^\bullet[z]).$$

Es ist dann auch $H \cap P(X) \cong X$.

Im Spezialfall $\mathcal{S}^\bullet = S(\mathcal{E})$ ist $X = \mathrm{Proj}\,(S(\mathcal{E})/\mathcal{I})$ und

$$P(X) = \mathrm{Proj}\,(S(\mathcal{E} \oplus \mathcal{O}_T)/\mathcal{I}S(\mathcal{E} \oplus \mathcal{O}_T))$$

und $H = V(0 \oplus 1)$ mit $0, 1$, den kanonischen Schnitten von $\mathcal{E}$ und $\mathcal{O}_T$.   ◆

5.15.5 Aufblasungen

Definition 5.15.7

Es sei X ein noethersches Schema, $\mathcal{I}$ eine kohärente Idealgarbe und

$$\mathcal{S} = \bigoplus_{d \geqslant 0} \mathcal{I}^d, \quad \mathcal{I}^0 = \mathcal{O}_X.$$

Dann erfüllen X und $\mathcal{S}$ die Bedingung (†) des vorigen Abschnitts.

Man nennt

$$\tilde{X} = \mathrm{Bl}_Z X := \mathrm{Proj}\,(\mathcal{S})$$

die *Aufblasung von X entlang $\mathcal{I}$* (im Englischen *Blow-Up*) bzw. die *Aufblasung von X entlang dem Unterschema $Z = V(\mathcal{I})$ von X*.   ◆

Definition 5.15.8

Es sei $f : X \to Y$ ein Schemamorphismus und $\mathcal{I} \subseteq \mathcal{O}_Y$ eine Idealgarbe. Dann ist auch $f^{-1}\mathcal{I} \subseteq f^{-1}\mathcal{O}_Y$ eine Idealgarbe (für die Ringgarbe $f^{-1}\mathcal{O}_Y$). Es gibt eine natürliche Abbildung von Ringgarben $f^{-1}\mathcal{O}_Y \xrightarrow{\psi} \mathcal{O}_X$. Man definiert

$$\mathcal{I}' \overset{\mathrm{def}}{=} \psi(f^{-1}\mathcal{I}) \overset{\mathrm{def}}{=} f^{-1}\mathcal{I} \cdot \mathcal{O}_X \overset{\mathrm{def}}{=} \mathcal{I} \cdot \mathcal{O}_X.$$

◆

Notiz 5.15.2
Im Diagramm

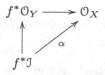

ist $\operatorname{im}\alpha = f^{-1}\mathfrak{J}\cdot\mathcal{O}_X$.

Lemma 5.15.2
Es sei $f : X \to Y$ *ein Schemamorphismus und* $U = \operatorname{Spec}(B) \subseteq X$ *sowie* $V = \operatorname{Spec}(A) \subseteq Y$ *mit* $f(U) \subseteq V$.

Weiter sei auf Y *eine Idealgarbe* $\mathfrak{J}$ *gegeben, und es sei* $\mathfrak{J}|_V = \tilde{I}$ *mit einem Ideal* $I \subseteq A$.

Dann ist $(f^{-1}\mathfrak{J}\cdot\mathcal{O}_X)|_U = (f^\sharp(I)\,B)^{\tilde{}}$, *wobei* $f^\sharp : A \to B$ *die durch* f *induzierte Abbildung der Ringe ist.*

Beweis. Es sei $\mathfrak{q} \in \operatorname{Spec}(B)$ und $\mathfrak{p} = A \cap \mathfrak{q}$ sein Bild in V. Dann ist $(f^{-1}\tilde{I})_\mathfrak{q} = I_\mathfrak{p}$ und damit
$$(f^{-1}\tilde{I})_\mathfrak{q}\,B_\mathfrak{q} = I_\mathfrak{p}\,B_\mathfrak{q} = (IB)_\mathfrak{q}\,.$$

$\square$

Lemma 5.15.3
Es sei A *ein Ring,* $I \subseteq A$ *ein Ideal. Dann ist die Aufblasung* $\tilde{X}$ *von* $X = \operatorname{Spec}(A)$ *entlang* $\tilde{I}$ *gleich*
$$\operatorname{proj}(A[t\,I]) = \operatorname{proj}\left(A \oplus I \oplus I^2 \oplus \cdots\right). \tag{5.128}$$

Definition 5.15.9
Der gradierte Ring $A[t\,I]$ heißt die *Rees-Algebra* von A und I.   ◆

Lemma 5.15.4
Es sei $X = \operatorname{proj}(S_0 \oplus S_1 \oplus S_2 \oplus \cdots)$ *und* $Y = \operatorname{Spec}(A) = \operatorname{Spec}(S_0)$ *sowie* $f : X \to Y$ *die kanonische Abbildung. Weiter sei* $I \subseteq A$ *ein Ideal.*

Dann ist

$$V(f^{-1}(\tilde{I})\mathcal{O}_X) = \operatorname{proj}((S_0 \oplus S_1 \oplus S_2 \oplus \cdots)/I(S_0 \oplus S_1 \oplus S_2 \oplus \cdots)) =$$
$$= \operatorname{proj}(S_0/I \oplus S_1/IS_1 \oplus S_2/IS_2 \oplus \cdots). \tag{5.129}$$

Korollar 5.15.2
Es sei J *in den Bezeichnungen des Lemmas 5.15.3 ein weiteres Ideal von* A. *Dann ist*

$$V((f^{-1}\tilde{J})\mathcal{O}_{\tilde{X}}) = \operatorname{Proj}(A[t\,I]/JA[t\,I]) =$$
$$= \operatorname{Proj}\left(A \oplus I \oplus I^2 \oplus \cdots/J \oplus JI \oplus JI^2 \oplus \cdots\right) =$$
$$= \operatorname{Proj}\left(A/J \oplus I/IJ \oplus I^2/I^2 J \oplus \cdots\right) \tag{5.130}$$

mit der kanonischen Abbildung $f : \tilde{X} \to X$.

Proposition 5.15.11

Es sei X noethersches Schema, $\mathfrak{I}$ kohärente Idealgarbe und $\pi : \tilde{X} \to X$ die Aufblasung entlang $\mathfrak{I}$. Dann gilt:

1. $\tilde{\mathfrak{I}} = f^{-1}\mathfrak{I} \cdot \mathcal{O}_{\tilde{X}}$ *ist eine invertierbare Garbe auf $\tilde{X}$.*

2. *Die invertierbare Garbe $f^{-1}\mathfrak{I} \cdot \mathcal{O}_{\tilde{X}}$ ist die kanonische Garbe $\mathcal{O}_{\tilde{X}}(1)$ von $\tilde{X}$ als* Proj-*Schema.*

3. *Es sei $Y = V(\mathfrak{I})$ und $U = X - Y$. Dann ist $\pi : \pi^{-1}(U) \to U$ ein Isomorphismus.*

Beweis. Wir zeigen 1. wie folgt: Lokal ist $X = \mathrm{Spec}\,(R)$, $I = (g_1, \ldots, g_s)$ und $\tilde{X} = \mathrm{proj}\,(S)$ mit $S = R[tg_1, \ldots tg_s]$. Eine standard-affine Teilmenge von $\mathrm{proj}\,(S)$ ist das Spektrum von $R[tg_1, \ldots tg_s]_{(tg_\nu)}$, also von $S_\nu = R[g_1/g_\nu, \ldots, g_s/g_\nu] \subseteq R_{g_\nu}$. Nun ist wegen $g_\mu = g_\nu\, g_\mu/g_\nu$ auch $(g_1, \ldots, g_s)S_\nu = g_\nu S_\nu$. Damit ist $I\,S$ lokal in $D_+(tg_\nu)$ ein lokal prinzipales Ideal. Der Erzeuger g_ν ist in $R[g_1/g_\nu, \ldots, g_s/g_\nu] \subseteq R_{g_\nu}$ ein Nichtnullteiler. Man beachte dazu das Diagramm:

$$
\begin{array}{ccc}
S_{(t\,g_\nu)} & \hookrightarrow & R_{g_\nu} \\
& {\scriptstyle \cong}\searrow & \uparrow \\
& & R[g_1/g_\nu, \ldots, g_s/g_\nu]
\end{array}
\tag{5.131}
$$

Damit definieren die $(D_+(t\,g_\nu), g_\nu)$ einen effektiven Cartier-Divisor auf $\mathrm{proj}\,(S)$. Die zugehörige invertierbare Garbe weist $f^{-1}\mathfrak{I}|_{\mathrm{proj}(S)}$ als invertierbar aus.

Um 2. zu erkennen, genügt es zu bemerken, dass $IS = I \oplus I^2 \oplus I^3 \oplus \cdots$ und $S(1)$ wegen $(IS)_j = I^{j+1} = S(1)_j$ die gleichen Garben auf $\mathrm{proj}\,(S)$ induzieren.

Im Falle 3. ist $\mathfrak{I}|_U = \mathcal{O}_U$ und damit $\mathcal{S}|_U = \mathcal{O}_U[T]$ und somit $\mathrm{Proj}\,(\mathcal{S}|_U) = U$. $\square$

Bemerkung 5.15.2

Das Linienbündel $f^{-1}\mathfrak{I} \cdot \mathcal{O}_{\tilde{X}}$, aufgefasst als Cartier-Divisor, wird auch *exzeptioneller Divisor* genannt.

Proposition 5.15.12 (Universelle Eigenschaft der Aufblasung)

Es sei $\tilde{X}$ die Aufblasung von X entlang $\mathfrak{I}$. Im Diagramm

$$
\begin{array}{ccc}
Z & \overset{g}{\dashrightarrow} & \tilde{X} \\
& {\scriptstyle f}\searrow \quad \swarrow {\scriptstyle \pi} & \\
& X &
\end{array}
$$

sei $f^{-1}\mathfrak{I} \cdot \mathcal{O}_Z$ eine invertierbare Garbe auf Z. Dann existiert g und ist eindeutig bestimmt.

Beweis. Wir betrachten wieder lokal $X = \mathrm{Spec}\,(R)$, $I = (g_1, \ldots, g_s) \subseteq R$ und $Z = \mathrm{Spec}\,(B)$.

Das Schema Z sei so (verkleinert) gewählt, dass $IB = bB$ für ein $b \in B$ ist, das kein Nullteiler ist. Dies ist nämlich genau die Bedingung dafür, dass $f^{-1}\mathfrak{I} \cdot \mathcal{O}_Z$ auf Spec (B) invertierbar ist. Es ist ja $B \xrightarrow{\sim} IB$ mit $1 \mapsto b$. Ist $b'b = 0$, so ist auch $b' \cdot 1 = 0$, also $b' = 0$, also b kein Nullteiler.

Man hat also Beziehungen $f^\sharp(g_i) = b\,b_i$ mit geeigneten b_i.

Die Abbildung g oben wird dann auf $g^{-1}\mathrm{Spec}\,(S_\nu) = g^{-1}\mathrm{Spec}\,(R[g_1/g_\nu, \ldots, g_s/g_\nu])$ durch $g_i/g_\nu \mapsto b_i/b_\nu$ dargestellt. Dies ist nichts anderes als die Einschränkung von γ : $R_{g_\nu} \to B_{bb_\nu}$ mit $\gamma(r/g_\nu^e) = f^\sharp(r)/(bb_\nu)^e$ auf $R[g_i/g_\nu]$, die offenbar durch $B_{b_\nu} \to B_{bb_\nu}$ faktorisiert.

Man hat also kommutative Dreiecke

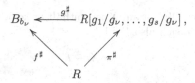

$$B_{b_\nu} \xleftarrow{\ g^\sharp\ } R[g_1/g_\nu, \ldots, g_s/g_\nu]\,,$$

mit $f^\sharp$ und $\pi^\sharp$ nach R,

die zusammenpassende und eindeutig bestimmte Schemaabbildungen $D(b_\nu) \to \mathrm{Spec}\,(S_\nu) \subseteq \mathrm{proj}\,(S)$ induzieren. Aus $IB = bB$ folgt nun $b = \sum g_\nu b'_\nu = \sum bb_\nu b'_\nu$. Da man mit b kürzen darf (kein Nullteiler!), ist sogar $1 = \sum b_\nu b'_\nu$. Damit ist $\bigcup D(b_\nu) = \mathrm{Spec}\,(B)$ gezeigt.

Da die Konstruktionen funktoriell unter Lokalisierungen $B \to B_{b'}$ sind, verkleben für eine affine Überdeckung U_i von Z die einzelnen Abbildungen $g_i : U_i \to \tilde{X}$ zu $g : Z \to \tilde{X}$. $\square$

Korollar 5.15.3

Es sei $f : Y \to X$ ein Morphismus noetherscher Schemata und $\mathfrak{I}$ eine kohärente Idealgarbe auf X. Weiter sei $\tilde{X}$ die Aufblasung von X entlang $\mathfrak{I}$ sowie $\tilde{Y}$ die Aufblasung von Y entlang $f^{-1}\mathfrak{I} \cdot \mathcal{O}_Y$.

Dann gibt es eine eindeutige Abbildung $\tilde{f} : \tilde{Y} \to \tilde{X}$ mit:

$$
\begin{array}{ccc}
\tilde{Y} & \xrightarrow{\ \tilde{f}\ } & \tilde{X} \\
\downarrow & & \downarrow \\
Y & \xrightarrow{\ f\ } & X
\end{array}
$$

Dabei ist $\tilde{f}$ eine abgeschlossene Immersion, falls f eine ist.

Beweis. Nur die letzte Aussage ist noch zu zeigen: Lokal betrachtet sei $X = \mathrm{Spec}\,(A)$ und $\mathfrak{I} = \tilde{I}$ sowie $Y = V(J)$ mit Idealen $I, J \subseteq A$. Dann entspricht $f^{-1}(\mathfrak{I}) \cdot \mathcal{O}_Y$ dem Ideal $(I + J)/J \subseteq A/J$.

Da die Abbildung

$$A[tI] \to (A/J)[t(I + J)/J]$$

wegen $I^d \twoheadrightarrow ((I + J)^d + J)/J = (I^d + J)/J$ eine Surjektion ist, induziert diese eine abgeschlossene Immersion $\tilde{Y} = \mathrm{proj}\,(A[t(I + J)/J]) \hookrightarrow \mathrm{proj}\,(A[tI]) = \tilde{X}$. $\square$

Definition 5.15.10

Wenn in der Situation des Korollars Y abgeschlossenes Unterschema in X ist, so heißt $\tilde{Y}$ die *strikt Transformierte* von Y unter $\pi_{\tilde{X}}$. $\blacklozenge$

Proposition 5.15.13

Es sei $Y \subseteq X$ ein abgeschlossenes Unterschema eines noetherschen Schemas X, und es enthalte Y keine irreduzible Komponente von X.

Weiter sei $p : \tilde{X} = \mathrm{Bl}_Y X \to X$ die Aufblasung von X in Y und $E = V(p^{-1}(\mathfrak{I}_Y)\mathcal{O}_{\tilde{X}})$ der exzeptionelle Divisor in $\tilde{X}$.

Sind nun $X_1, \dots, X_r$ die irreduziblen Komponenten von X und $\tilde{X}_1, \dots, \tilde{X}_s$ diejenigen von $\tilde{X}$, so ist $r = s$, und bei geeigneter Numerierung induziert $p : \tilde{X}_i - E \to X_i - Y$ einen birationalen Morphismus.

Insbesondere ist auch $\dim \tilde{X} = \dim X$.

Beweis. Da E ein Cartier-Divisor auf $\tilde{X}$ ist, enthält er keine irreduzible Komponente $\tilde{X}_i$ von $\tilde{X}$. Es entsprechen sich also $1 - 1$

$$\tilde{X}_i \leftrightarrow \tilde{X}_i - E$$

und

$$X_j \leftrightarrow X_j - Y.$$

Da $p : \tilde{X} - E \to X - Y$ ein Isomorphismus ist, entsprechen sich $1 - 1$ die irreduziblen Komponenten $\tilde{X}_i$ und $X_{j(i)}$, und ferner ist $p : \tilde{X}_i - E \to X_{j(i)} - Y$ ein Isomorphismus, der $\tilde{X}_i$ und $X_{j(i)}$ als birational ausweist.   □

Im Folgenden spezialisieren wir unsere Betrachtungen auf Varietäten, also auf integre, separierte Schemata vom endlichen Typ über einem algebraisch abgeschlossenen Körper k.

Proposition 5.15.14

Es sei X/k eine Varietät, $\mathfrak{I} \subseteq \mathcal{O}_X$ eine von Null verschiedene kohärente Idealgarbe sowie $\pi : \tilde{X} \to X$ die Aufblasung von $\mathfrak{I}$. Dann gilt:

1. *$\tilde{X}$ ist auch eine Varietät.*

2. *Die Abbildung $\pi : \tilde{X} \to X$ ist birational, eigentlich und surjektiv.*

3. *Wenn X quasi-projektiv (bzw. projektiv) ist, dann ist $\tilde{X}$ es auch, und π ist ein projektiver Morphismus.*

Beweis. 2. Dass π eigentlich ist, wurde in Proposition 5.15.5 schon gezeigt.

Nun ist $V = X - V(\mathfrak{I})$ nichtleer und damit dicht in X, denn $\mathfrak{I}$ ist ungleich Null. Wegen $\pi^{-1}(V) \xrightarrow{\sim} V$ ist $\pi(\tilde{X}) \supseteq V$ und abgeschlossen, also $\pi(\tilde{X}) = X$.

1. Für $U = \mathrm{Spec}\,(A) \subseteq X$ gilt die Beziehung $\pi^{-1}(U) = \mathrm{proj}\,(A[tI]) = \mathrm{proj}\,(S)$ mit einem Ideal $I \subseteq A$, das $\mathfrak{I}$ auf U definiert.

Nun ist A integre, endlich erzeugte k-Algebra, was demzufolge auch für S und für $S_{(s)}$ mit $s \in S_+$ gilt. Damit ist $\pi^{-1}(U)$ ein reduziertes algebraisches Schema über k, in dem sich zwei nichtleere offene Mengen stets nichtleer schneiden, da $D_+(s) \cap D_+(s') = \mathrm{proj}\,(S_{(ss')})$. Also ist $\pi^{-1}(U)$ auch irreduzibel und damit integer, also eine Varietät (Separiertheit folgt, da $\pi^{-1}(U) \to U$ separiert, weil eigentlich).

Also ist $\tilde{X}$ ein reduziertes, mit endlich vielen Varietäten $\pi^{-1}(U_i)$ überdeckbares Schema.

Jeder lokale Ring $\mathcal{O}_{\tilde{X}, P}$ ist also ein Integritätsring, so dass es kein $P \in \tilde{X}$ geben kann, das in zwei verschiedenen irreduziblen Komponenten liegt.

Ist $\tilde{X}$ also zusammenhängend, so ist es auch integer und damit eine Varietät.

Wäre es unzusammenhängend mit $\tilde{X} = \tilde{X}_1 \cup \tilde{X}_2$ als disjunkte Vereinigung abgeschlossener Teile, so wären auch $\pi(\tilde{X}_1), \pi(\tilde{X}_2)$ abgeschlossen in X und $\pi(\tilde{X}_1) \cup \pi(\tilde{X}_2) = X$

Dann muss aber ein $P \in \pi(\tilde{X}_1) \cap \pi(\tilde{X}_2)$ existieren, da X als Varietät auch zusammenhängend ist. Damit würde aber für ein U wie oben mit $P \in U$ auch $\pi^{-1}(U)$ in die disjunkten nichtleeren Teile $\pi^{-1}(U) \cap \tilde{X}_i$ zerfallen, was wegen $\pi^{-1}(U)$ integer ausgeschlossen ist.

Schließlich ist $\tilde{X}/k$ separiert, da X/k separiert und π als eigentlicher Morphismus auch separiert ist,

2. Da $\pi : \pi^{-1}(V) \overset{\sim}{\to} V$ und $\pi^{-1}(V)$ dicht in der Varietät $\tilde{X}$, ist π auch birational.

3. Wir geben einen konstruktiven Beweis: Betrachte für eine abgeschlossene Immersion $X \hookrightarrow \mathbb{P}_k^n$ das Diagramm

$$
\begin{array}{ccc}
\tilde{X} & \xrightarrow{\ i'\ } \mathrm{Bl}_I\, \mathbb{P}_k^n = \tilde{P} \\
\downarrow & & \downarrow{\scriptstyle \pi} \\
X & \xrightarrow{\ \ i\ \ } & \mathbb{P}_k^n
\end{array}
$$

mit $\mathbb{P}_k^n = \mathrm{proj}\,(k[x_0,\ldots,x_n]) = \mathrm{proj}\,(A)$ und $I = (a_1,\ldots,a_s) \subseteq A$, homogenes Ideal, das auf X die Idealgarbe $\mathfrak{I}$ induziert. Dann induziert für jedes $a \in A_1$

$$
A_{(a)} \otimes_k k[t_1,\ldots,t_s] \to A_{(a)}[tI] = A_{(a)}[ta_1,\ldots,ta_s], \quad t_i \mapsto ta_i
$$

eine Surjektion gradierter Ringe, also eine abgeschlossene Immersion $\pi^{-1}(D_+(a)) \to D_+(a) \times_k \mathbb{P}_k^{s-1}$. Durch Verklebung hat man dann eine abgeschlossene Immersion $\tilde{P} \hookrightarrow \mathbb{P}_k^n \times_k \mathbb{P}_k^{s-1}$, die mit der abgeschlossenen Immersion i' zusammen $\tilde{X}$ als projektiv ausweist.

Ist X nur quasiprojektiv mit $j : X \to X'$ mit j offene Immersion und $i : X' \to \mathbb{P}_k^n$ abgeschlossene Immersion, so ist $\pi'^{-1}(X) = \tilde{X}$, wobei $\pi' : \tilde{X}' \to X'$ die Aufblasung von X' in einer Erweiterung der Idealgarbe $\mathfrak{I}$ von X auf X' darstellt. Damit ist $\tilde{X}$ quasiprojektiv, da $\tilde{X}'$ nach Vorigem projektiv ist.

Alternativ hätten wir uns auf Proposition 5.15.5 berufen können, nachdem $\pi : \tilde{X} \to X$ projektiv ist, weil X (als (quasi-)projektives Schema) eine (sehr) ample Garbe $\mathcal{L}$ aufweist. $\qquad\square$

Das folgende Theorem erfordert einen längeren Beweis:

Theorem 5.15.2

Es sei X/k eine quasiprojektive Varietät und Z/k eine Varietät mit einem Morphismus $f : Z \to X$, der birational und projektiv ist.

Dann gibt es eine kohärente Idealgarbe $\mathfrak{I} \subseteq \mathcal{O}_X$, so dass $Z \cong \tilde{X}$, wobei $\tilde{X}$ die Aufblasung von X entlang $\mathfrak{I}$ ist und f der Abbildung $\pi : \tilde{X} \to X$ entspricht.

Beweis. Siehe [13, S. 166, Theorem 7.17]. $\qquad\square$

5.15.6   Projektive Varietäten

Linearsysteme auf einer projektiven Varietät liefern Abbildungen in einen $\mathbb{P}^n_k$, die außerhalb der *Basispunkte* des Linearsystems definiert sind.

Der folgende Satz gibt ein wichtiges Kriterium, wann ein solches Linearsystem eine *Immersion* definiert. Zum Beweis benötigen wir ein Lemma:

Lemma 5.15.5

Es sei $A \to B$ ein lokaler Homomorphismus noetherscher lokaler Ringe, und es gelte:

1. $A/\mathfrak{m}_A \cong B/\mathfrak{m}_B \cong k$.

2. $\mathfrak{m}_A \to \mathfrak{m}_B/\mathfrak{m}_B^2$ ist surjektiv.

3. B ist ein endlich erzeugter A-Modul.

Dann ist die Abbildung $A \to B$ surjektiv.

Proposition 5.15.15

Es sei X/k projektiv, k ein algebraisch abgeschlossener Körper. Es sei $\mathcal{L}$ ein Linienbündel auf X und V ein Untervektorraum von $\Gamma(X, \mathcal{L})$.

Die durch eine Basis $s_0, \ldots, s_n$ von V festgelegte Abbildung

$$f : X \to \mathbb{P}^n_k = \mathbb{P}^n$$

ist genau dann eine abgeschlossene Immersion, wenn gilt:

i) V trennt Punkte, das heißt, für abgeschlossene Punkte $P \neq Q \in X$ gibt es $s \in V$ mit $s_P \in \mathfrak{m}_P \mathcal{L}_P$ aber $s_Q \notin \mathfrak{m}_Q \mathcal{L}_Q$.

ii) V trennt Tangentenvektoren, das heißt, für jeden abgeschlossenen Punkt $P \in X$ erzeugen die $s \in V$ mit $s_P \in \mathfrak{m}_P \mathcal{L}_P$ den k-Vektorraum $\mathfrak{m}_P \mathcal{L}_P / \mathfrak{m}_P^2 \mathcal{L}_P$.

Beweis Wir zeigen zunächst das Hinreichen der Bedingung:

1) Die Abbildung f ist überall definiert, da die X_s mit $s \in V$ wegen i) das Schema X überdecken.

Die Morphismen $p : X \to k$ und $q : \mathbb{P}^n \to k$ sind nach Annahme projektiv, und es gilt $p = q \circ f$. Da p projektiv und q eigentlich und damit separiert ist, folgt, dass f auch projektiv ist, denn die projektiven Morphismen sind eine ausgezeichnete Klasse.

Also ist $f(X)$ abgeschlossen und f eine abgeschlossene Abbildung.

Wegen i) ist f injektiv auf den abgeschlossenen Punkten, denn gemäß i) liegt P auf der durch die Koeffizienten λ_i von $s = \sum_{i=0}^n \lambda_i s_i$ definierten Hyperebene $\lambda_0 X_0 + \cdots + \lambda_n X_n = 0$, der Punkt Q aber nicht.

Da X eine Varietät über einem algebraisch abgeschlossenen Körper ist, folgt aus der Injektivität von f auf den abgeschlossenen Punkten auch, dass f auf dem ganzen Raum X injektiv ist.

Damit sind die topologischen Voraussetzungen gegeben, die f erfüllen muss, um eine abgeschlossene Immersion zu sein.

2) Es bleibt zu zeigen, dass

$$\mathcal{O}_{\mathbb{P}^n, f(x)} \twoheadrightarrow \mathcal{O}_{X,x} \tag{5.132}$$

für alle $x \in X$ ist, also überall Surjektivität herrscht. Die Beziehung (5.132) braucht nur für abgeschlossene $x \in X$ nachgewiesen zu werden. Sei nämlich x' nicht abgeschlossen, so gibt es x, abgeschlossen, Spezialisierung von x', und es ist:

$$
\begin{array}{ccc}
\mathcal{O}_{\mathbb{P}^n, f(x)} = A & \xrightarrow{\ \psi\ } & \mathcal{O}_{X,x} = B \\
\big\downarrow & & \big\downarrow \\
\mathfrak{p} = \psi^{-1}(\mathfrak{q}) \qquad \mathcal{O}_{\mathbb{P}^n, f(x')} = A_{\mathfrak{p}} & \xrightarrow{\quad\quad} & \mathcal{O}_{X,x'} = B_{\mathfrak{q}}
\end{array}
$$

Es gilt dann, dass die untere Abbildung surjektiv ist, wenn die obere es auch ist.

Wir brauchen also nur die Richtigkeit von 1., 2. und 3. aus dem vorigen Lemma zu überprüfen.

1. ist klar.

Für 2. wählen wir eine offene affine Umgebung $U = \operatorname{Spec}(C)$ von $P \in X$, auf der $\mathcal{L}$ trivial ist. Die Schnitte $s_0, \ldots, s_n$ sind dann Elemente von C, oBdA sei $s_0 \in C^*$. Die Abbildung f wird dann lokal gegeben durch

$$D = k[X_1/X_0, \ldots, X_n/X_0] \to C$$
$$\theta : X_i/X_0 \mapsto s_i/s_0\,.$$

Es ist dann $B = C_{\mathfrak{m}_P}$ und $\mathfrak{m}_B = \mathfrak{m}_P B$. Sei nun

$$v + \mathfrak{m}_P^2 B = \left(\sum \lambda_i s_i\right) + \mathfrak{m}_P^2 B \in \mathfrak{m}_P/\mathfrak{m}_P^2 B$$

mit $\lambda_i \in k$, eine Darstellung, die wegen ii) immer existiert. Wir schreiben im Folgenden $b(P) \in k$ für das eindeutig bestimmte Element von k, für das $b - b(P) \in \mathfrak{m}_P$ gilt.

Es sei nun $v' = \lambda_0 s_0 + \cdots + \lambda_n s_n \in \mathfrak{m}_P$. Setze an:

$$h = s_0(P)\left(\lambda_0 + \sum \lambda_i \frac{X_i}{X_0}\right)$$

Es ist dann $\theta(h) = s_0(P)/s_0\, v' \in \mathfrak{m}_P$ und damit, passend erweitert,

$$\theta(h) = s_0^{-1} v'((s_0(P) - s_0) + s_0)\,.$$

Nun ist aber $s_0(P) - s_0 \in \mathfrak{m}_P$ und auch $s_0^{-1} v' \in \mathfrak{m}_P$.
Also folgt

$$\theta(h) + \mathfrak{m}_P^2 B = s_0^{-1} v' s_0 + \mathfrak{m}_P^2 B = v + \mathfrak{m}_P^2 B\,.$$

Es sei nun $A = D_{\mathfrak{n}_{f(P)}}$ und $\mathfrak{m}_A = \mathfrak{n}_{f(P)} A$. Dann ist $\theta(h) \in \mathfrak{m}_P$, also $h \in \mathfrak{n}_{f(P)} = \theta^{-1}(\mathfrak{m}_P)$.

Wir haben also wirklich eine Surjektion $\mathfrak{m}_A \to \mathfrak{m}_B/\mathfrak{m}_B^2$, und damit ist 2. auch richtig.

Um 3. einzusehen, beachten wir, dass $f_*\mathcal{O}_X$ ein *kohärenter* $\mathcal{O}_{\mathbb{P}^n}$-Modul ist, weil f projektiv ist. Es ist also lokal auf V um $f(P)$ eine geeignete Abbildung $\mathcal{O}_V^m \to f_*(\mathcal{O}_X)|_V \to 0$ surjektiv. Also ist auch

$$\mathcal{O}_{V,f(P)}^m \to f_*(\mathcal{O}_X)_{f(P)} \to 0\,.$$

Die kanonische Abbildung $f_*(\mathcal{O}_X)_{f(P)} \to \mathcal{O}_{X,P}$ ist in unserem Fall surjektiv (sogar bijektiv), da f eine topologische Immersion ist. Da $A = \mathcal{O}_{V,f(P)}$ und $B = \mathcal{O}_{X,P}$, ist auch 3. gezeigt.

Ist umgekehrt $f : X \to \mathbb{P}_k^n = \mathrm{proj}(S) = \mathrm{proj}(k[X_0,\ldots,X_n])$ eine abgeschlossene Immersion, so ist $\mathcal{L} = f^*\mathcal{O}_{\mathbb{P}_k^n}(1)$ und $V = ks_0 + \cdots + ks_n$ mit $s_i = f^*(X_i)$.

Es trennt V offensichtlich zwei abgeschlossene Punkte $P \neq Q \in X$ voneinander. Man wähle nämlich eine Hyperebene $H \subseteq \mathbb{P}_k^n$, die $f(P)$, aber nicht $f(Q)$ enthält. Ist $\sum a_i X_i = 0$ die Gleichung von H, so ist $\sum a_i s_i \in V$ der trennende Schnitt.

Um die Trennung der Tangentenvektoren zu zeigen, vereinfachen wir die Situation wie folgt: Wir betrachten $f^{-1}(D_+(X_0)) = \mathrm{Spec}(k[x_1,\ldots,x_n]) = \mathrm{Spec}(A) = U$ mit einer affinen k-Algebra A und nehmen oBdA an, dass $P \in U$.

Das Linienbündel $\mathcal{L}$ über U kann dann so trivialisiert werden, dass s_i dem Element x_i für $i = 1,\ldots,n$ und s_0 der $1 \in A$ entspricht. Indem wir für einen beliebigen Punkt $P' \in U$ die Transformation $x_i \mapsto x_i - x_i(P')$ durchführen, können wir $P = (0,\ldots,0)$ annehmen.

Ein Element $w \in \mathfrak{m}_P \mathcal{L}_P = \mathfrak{m}_P A_{\mathfrak{m}_P}$ entspricht dann einer Summe $w = q_0 + q_1 x_1 + \cdots q_n x_n$ mit $q_i \in \mathfrak{m}_P A_{\mathfrak{m}_P}$. Modulo $\mathfrak{m}_P^2 A_{\mathfrak{m}_P}$ ist dies gleich $w + \mathfrak{m}_P^2 A_{\mathfrak{m}_P} = q_0 + \mathfrak{m}_P^2 A_{\mathfrak{m}_P}$. Nun ist $q_0 = f_0/h_0$ mit $f_0, h_0 \in A$ sowie mit $h_0(P) \neq 0$, und es gilt $f_0/h_0 + \mathfrak{m}_P^2 A_{\mathfrak{m}_P} = (\lambda_1' x_1 + \cdots + \lambda_n' x_n)/h_0(P) + \mathfrak{m}_P^2 A_{\mathfrak{m}_P}$ mit $\lambda_i' \in k$.

Setzt man $\lambda_i = \lambda_i'/h_0(P)$, so gilt: Das Element $v = \lambda_1 s_1 + \cdots + \lambda_n s_n \in \Gamma(X,\mathcal{L})$ erfüllt $v + \mathfrak{m}_P^2 \mathcal{L}_P = w + \mathfrak{m}_P^2 \mathcal{L}_P$ und weist die gewünschte Surjektivität nach. $\square$

Bemerkung 5.15.3

Der Satz bleibt auch dann richtig, wenn man nur annimmt, dass X/k eigentlich statt projektiv ist.

Man benötigt dann allerdings den Satz, dass für f eigentlich auch $f_*\mathcal{O}_X$ ein *kohärenter* $\mathcal{O}_{\mathbb{P}_k^n}$-Modul ist. Diese Aussage (sogenannte „Kohärenz der (höheren) direkten Bildgarben") ist ein klassisches Theorem der modernen algebraischen Geometrie, wird aber in diesem Buch nicht bewiesen.

Der folgende Satz gibt ein oft nützliches Kriterium über Irreduzibilität und Dimension einer projektiven Varietät:

Proposition 5.15.16

Es sei $f : X \to Y$ ein projektiver Morphismus von reduzierten, projektiven Schemata über einem Körper k. Weiter sei

i) $f(X) = Y$,

ii) $f^{-1}(y) = X_y$ irreduzibel für alle (maximalen) $y \in Y$,

iii) $\dim f^{-1}(y) = m$ für alle (maximalen) $y \in Y$,

iv) Y irreduzibel.

Dann ist auch X irreduzibel, und es ist $\dim X = \dim Y + m$.

Beweis. Es sei $X = X_1 \cup \ldots \cup X_s$ die Zerlegung in irreduzible Komponenten. Dann ist $Y = f(X_1) \cup \ldots \cup f(X_s)$, und damit kann man annehmen, dass $f(X_i) = Y$ für $i = 1, \ldots, s'$ mit $s' \leqslant s$ und $f(X_j) \subsetneq Y$ für die übrigen X_j. Für jedes der X_i gibt es ein d_i, so dass auf einer offenen und damit dichten Teilmenge $U_i \subseteq Y$ gilt: $\dim(X_i)_y = d_i$ für alle $y \in U_i$. Nun gibt es eine offene, dichte Teilmenge $U \subseteq \bigcap U_i$, wo $X_y = (X_1)_y \cup \ldots \cup (X_{s'})_y$, und damit ist wenigstens ein $d_i = m$, oBdA sei dies d_1. Dann ist $\dim(X_1)_y \geqslant m$ für alle $y \in Y$ und damit $(X_1)_y = X_y$ für alle $y \in Y$. Damit ist aber $X = X_1$ und deshalb irreduzibel. Die Beziehung $\dim X - \dim Y = m$ folgt dann aus der allgemeinen Dimensionstheorie, da global $\dim X_y = m$ gilt. $\qquad\square$

Als erste Anwendung beweisen wir gleich

Proposition 5.15.17

Es sei $X \subseteq \mathbb{P}^n_k$ eine projektive Varietät mit $\dim X = r$. Dann ist für einen generischen linearen Teilraum $L \subseteq \mathbb{P}^n_k$ mit $\dim L = n - r - 1$ der Schnitt $X \cap L$ leer.

Beweis. Nenne $H = (\mathbb{P}^n_k)^*$ die Varietät der Hyperebenen in $\mathbb{P}^n_k$. In der Varietät $Y = H \times \ldots \times H \times X = H^{(r+1)} \times X$ mit $r+1$ Faktoren H betrachte die abgeschlossene Untervarietät $\Gamma \subseteq Y$ mit

$$\Gamma = \{(h_1, \ldots, h_{r+1}, P) \mid h_i(P) = 0\}.$$

Dann ist die Faser von Γ über $x \in X$ eine irreduzible Varietät der Dimension $(r+1)(n-1)$. Also ist Γ selbst von der Dimension $(r+1)(n-1) + r = (r+1)n - 1$. Da $\dim H^{(r+1)} = (r+1)n$, ist das Bild von Γ in $H^{(r+1)}$ eine echte abgeschlossene Teilmenge. Mithin definieren generisch gewählte $(h_1, \ldots, h_{r+1}) \in H^{(r+1)}$ das gesuchte L. $\qquad\square$

5.15.7 Morphismen von $\mathbb{P}^n_k$ nach $\mathbb{P}^m_k$

Wir betrachten eine Abbildung $f : \mathbb{P}^n_k \to \mathbb{P}^m_k$ mit einem Körper k. Sie wird beschrieben durch $f^*(\mathcal{O}_{\mathbb{P}^m}(1)) = \mathcal{O}_{\mathbb{P}^n}(d)$ zusammen mit Schnitten $s_i \in \mathcal{O}_{\mathbb{P}^n}(d)(\mathbb{P}^n)$, die als $s_i = f^*(x_i)$ gegeben sind. Dabei ist x_i ein System linear unabhängiger globaler Schnitte aus $\mathcal{O}_{\mathbb{P}^m}(1)(\mathbb{P}^m)$.

Theorem 5.15.3

Es gibt keinen Morphismus $f : \mathbb{P}^n_k \to \mathbb{P}^m_k$ für $m < n$ außer der konstanten Abbildung auf einen Punkt $Q \in \mathbb{P}^m_k$.

Beweis. Ist $m < n$ und $d > 0$, so hätte die gemeinsame Nullstelle der $s_0, \ldots, s_m$ höchstens Kodimension $m+1 \leqslant n$ in $\mathbb{P}^n_k$, also gäbe es mindestens einen Punkt $P \in \mathbb{P}^n_k$, wo alle $s_i(P) = 0$ sind. Damit wäre $P \notin f^{-1}(\mathbb{P}^m_k)$. Es muss also $d = 0$ und die Abbildung konstant sein. $\qquad\square$

5.15.8   Projektion von einem linearen Teilraum

Es sei nun $X = \mathbb{P}_k^n$ mit einem algebraisch abgeschlossenen Körper k und $L \subseteq X$ ein linearer Teilraum der Dimension $k \geqslant 0$. Weiter sei $E \subseteq X$ ein zweiter linearer Teilraum mit Dimension $n - k - 1$, also $E \cong \mathbb{P}^{n-k-1}$, und es sei $E \cap L = \emptyset$.

Dann definieren wir eine Abbildung $p : X - L \to E \subseteq X$ folgendermaßen: Für einen Punkt $Q \in X$ bilde den von L und Q erzeugten kleinsten linearen Teilraum, abgekürzt $\overline{LQ}$. Er hat Dimension $k + 1$, wenn $Q \notin L$, und schneidet E daher in einer Untervarietät Q' der Dimension 0. Da es sich um lineare Unterräume handelt, ist Q' ein eindeutig bestimmter Punkt $Q' \in E \subseteq X$.

Definition 5.15.11
Die oben definierte Abbildung $p : X - L \to E \subseteq X$ mit $p(Q) = Q' \in E$ heißt *Projektion von L (nach $E = \mathbb{P}^{n-k-1}$)*. Wir fassen sie als Abbildung $p : X - L \to X$ auf, deren Bild in E liegt.   ♦

Ist in Koordinaten $Q = (x_0 : \ldots : x_n)$, so ist $Q' = (W_0(\underline{x}) : \ldots : W_n(\underline{x}))$ mit linearen homogenen Polynomen $W_\nu(\underline{x}) = W_\nu(x_0, \ldots, x_n)$.

Beweis. Man erkennt dies etwa mit der Cramerschen Regel. Es seien $v_0, \ldots, v_k$ linear unabhängige Erzeuger von L jetzt aufgefasst als linearer Unterraum L' von k^{n+1} mit Dimension $k + 1$. Weiter sei $w_0, \ldots, w_{n-k-1}$ ein entsprechendes System des Unterraums E' von k^{n+1} mit Dimension $n - k$.

Es sei $Q = (x_0, \ldots, x_n) \in k^{n+1}$. Die Beziehung

$$\lambda_0 v_0 + \cdots + \lambda_k v_k + \mu_0 w_0 + \cdots + \mu_{n-k-1} w_{n-k-1} = Q$$

legt λ_i und μ_j eindeutig fest. Es ist dann

$$Q' = \mu_0 w_0 + \cdots + \mu_{n-k-1} w_{n-k-1}\,.$$

Der Faktor μ_j ist aber ein lineares Polynom in $x_0, \ldots, x_n$, wie man aus der Beziehung

$$\mu_j = \frac{\det(v_0, \ldots, v_k, w_0, \ldots, w_{j-1}, Q, w_{j+1}, \ldots, w_{n-k-1})}{\det(v_0, \ldots, v_k, w_0, \ldots, w_{n-k-1})}$$

sofort ersieht.

Als abstrakte Abbildung $X - L \to \mathbb{P}_k^{n-k-1}$ wird p durch

$$Q \mapsto (\mu_0(Q), \ldots, \mu_{n-k-1}(Q))$$

mit den obigen μ_j gegeben.   □

5.16   Die Differentialgarbe $\Omega_{X|Y}$

5.16.1   Definition und grundlegende Eigenschaften

Es sei $f : X \to Y$ ein Schemamorphismus. Dann lässt sich eine quasikohärente $\mathcal{O}_X$-Garbe $\Omega_{X|Y}$ durch Zusammenkleben lokal definierter Differentialgarben herstellen.

Definition 5.16.1
Für einen Schemamorphismus $f : X \to Y$ seien U, V offene affine Teilmengen mit

$$\begin{array}{ccc} X & \xrightarrow{\ f\ } & Y \\ \uparrow & & \uparrow \\ U & \xrightarrow{\ f_U\ } & V \end{array}$$

und $U = \mathrm{Spec}\,(B)$ sowie $V = \mathrm{Spec}\,(A)$.

Dann sei $\Omega_{X|Y}$ ein quasikohärenter $\mathcal{O}_X$-Modul, für den

$$(\Omega_{X|Y})|_U = (\Omega_{B|A})^{\sim}$$

mit der durch f_U induzierten Abbildung $A \to B$ ist.

Die Garbe $\Omega_{X|Y}$ heißt *Garbe der (Kähler-)Differentiale von X relativ zu Y* oder einfach *Differentialgarbe*.   ◆

Bemerkung 5.16.1
Dass $\Omega_{X|Y}$ wohldefiniert ist, überlegt man sich, indem man das Verhalten von $\Omega_{B|A}$ unter Abbildungen $A \to A_a$ und $B \to B_b$ betrachtet.

Die folgenden Propositionen folgen aus entsprechenden Aussagen für affine Schemata, auf die sich der Beweis durch lokale Betrachtungen immer reduzieren lässt.

Proposition 5.16.1
Es seien $X \xrightarrow{f} Y \xrightarrow{g} Z$ drei Schemata mit Morphismen f und g.

Dann besteht folgende Sequenz:

$$f^* \Omega_{Y|Z} \to \Omega_{X|Z} \to \Omega_{X|Y} \to 0$$

Proposition 5.16.2
Es sei

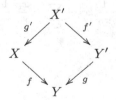

ein kartesisches Quadrat von Schemata.

Dann ist die Komposition der kanonischen Abbildungen

$$g'^* \Omega_{X|Y} \to \Omega_{X'|Y} \to \Omega_{X'|Y'} \tag{5.133}$$

ein Isomorphismus.

Proposition 5.16.3

Es seien X, Y zwei S-Schemata und $X \times_S Y$ das Faserprodukt mit den kanonischen Abbildungen p_1, p_2. Dann ist

$$\Omega_{X \times_S Y|S} = p_1^* \Omega_{X|S} \oplus p_2^* \Omega_{Y|S} \,.$$

Proposition 5.16.4

Es seien $X \xrightarrow{f} Z$ zwei Schemata und $i : Y \hookrightarrow X$ ein abgeschlossenes Unterschema von X, das durch die Idealgarbe $\mathcal{J} \subset \mathcal{O}_X$ beschrieben wird.

Dann besteht folgende Sequenz:

$$\mathcal{J}/\mathcal{J}^2 \to \Omega_{X|Z} \otimes_{\mathcal{O}_X} \mathcal{O}_Y \to \Omega_{Y|Z} \to 0$$

Dabei stehe $\Omega_{X|Z} \otimes_{\mathcal{O}_X} \mathcal{O}_Y$ für $i^* \Omega_{X|Z}$.

Proposition 5.16.5 (Euler-Sequenz)

Es sei A ein kommutativer Ring und $X = \mathbb{P}^n_A$ der projektive Raum über A. Dann existiert folgende exakte Sequenz:

$$0 \to \Omega_{X|A} \to \mathcal{O}_X(-1)^{n+1} \to \mathcal{O}_X \to 0 \tag{5.134}$$

Beweis. Wir definieren die Abbildungen über jedem affinen Teilstück von X getrennt. Es sei etwa $D_+(x_0) = U_0 \subset X$. Dann ist

$$\Omega_{X|A}|_{U_0} = R\,d(x_1/x_0) + \cdots + R\,d(x_n/x_0) \,,$$

wobei $R = A[x_1/x_0, \ldots, x_n/x_0]$ ist. Ein Element von $\Omega_{X|A}(U_0)$ hat also die Form

$$\sum_{i=1}^n a_i\,d(x_i/x_0) = \sum_{i=1}^n a_i\,\frac{dx_i\,x_0 - x_i\,dx_0}{x_0^2} \,.$$

Der rechte Ausdruck ist dabei rein formal aus dem linken durch Anwendung der Differentiationsregeln gebildet. Er ist, weiter umgeformt, gleich

$$\sum_{i=1}^n a_i\,\frac{1}{x_0}dx_i - \sum_{i=1}^n a_i\,\frac{x_i}{x_0}\,\frac{1}{x_0}\,dx_0 \,. \tag{5.135}$$

Identifiziert man formal

$$\mathcal{O}_X(-1)^{n+1} \cong \sum_{j=0}^n \mathcal{O}_X(-1)\,dx_j \,,$$

so liefert (5.135) eine Injektion von $\Omega_{X|A}(U_0)$ in $\mathcal{O}_X(-1)^{n+1}(U_0)$. Damit ist die linke Abbildung in (5.134) bekannt. Man rechnet auch leicht nach, dass die Definitionen auf den überlappenden Stücken der $U_i = D_+(x_i)$ übereinstimmen.

Die rechte Abbildung in (5.134) wird auf U_0 durch

$$(b_0/x_0, b_1/x_0, \ldots, b_n/x_0) \to b_0 + \sum_{i=1}^{n} b_i \frac{x_i}{x_0}$$

gegeben, wobei b_i aus R ist. Man prüft auch hier leicht die Übereinstimmung auf überlappenden U_i nach und ebenso die Exaktheit von (5.134). □

Proposition 5.16.6

Es sei $X = \mathbb{P}_A^n$ wie in der vorigen Proposition. Die Sequenz aus dieser Proposition sei abgekürzt $0 \to \Omega_{X|A} \to \mathcal{E} \to \mathcal{O}_X \to 0$.

Dann existiert eine exakte Sequenz:

$$0 \to \bigwedge^d \Omega_{X|A} \xrightarrow{d} \bigwedge^d \mathcal{E} \xrightarrow{d-1} \bigwedge \Omega_{X|A} \to 0 \tag{5.136}$$

Beweis. Die Behauptung folgt aus der Gleichung (5.53), angewandt auf die Sequenz aus der vorigen Proposition. □

Beispiel 5.16.1

Es sei $X = \mathbb{A}_k^n$, also $X = \operatorname{Spec}(A)$ mit $A = k[x_1, \ldots, x_n]$. Weiter sei $Y = \operatorname{Spec}(A/I)$ mit einem Ideal $I = (f_1, \ldots, f_r) \subseteq A$. Dann ist

$$\Omega_{X|k} \cong A\,dx_1 \oplus \cdots \oplus A\,dx_n\,, \tag{5.137}$$

$$\Omega_{X|k} \otimes_{\mathcal{O}_X} \mathcal{O}_Y \cong A/I\,dx_1 \oplus \cdots \oplus A/I\,dx_n\,, \tag{5.138}$$

$$\Omega_{Y|k} \cong (A/I\,dx_1 \oplus \cdots \oplus A/I\,dx_n)/$$
$$(((\frac{\partial f_i}{\partial x_1} + I)dx_1 + \cdots + (\frac{\partial f_i}{\partial x_n} + I)dx_n)_i)\,, \tag{5.139}$$

wobei links immer die dem Modul rechts entsprechende Garbe steht.

Die Abbildung $I/I^2 \to \Omega_{X|k} \otimes_{\mathcal{O}_X} \mathcal{O}_Y$ wird auf Modulebene gegeben durch

$$f + I^2 \mapsto (\frac{\partial f}{\partial x_1} + I)dx_1 + \cdots + (\frac{\partial f}{\partial x_n} + I)dx_n\,.$$

∎

Beispiel 5.16.2

In Erweiterung des vorigen Beispiels betrachten wir $f : Y \to X$ mit

$$X = \operatorname{Spec}(k[x_1, \ldots, x_n]/I) = \operatorname{Spec}(A/I), \quad I = (f_1, \ldots, f_r)$$

und

$$Y = \operatorname{Spec}(k[y_1, \ldots, y_m]/J) = \operatorname{Spec}(B/J), \quad J = (g_1, \ldots, g_s).$$

Die Abbildung f sei gegeben durch $x_i + I \mapsto h_i(y_1, \ldots, y_m) + J$.

Dann wird die Sequenz $f^* \Omega_{X|k} \to \Omega_{Y|k} \to \Omega_{Y|X} \to 0$ auf Modulebene gegeben durch

$$((A/I \, dx_1 + \cdots + A/I \, dx_n))/P \otimes_{A/I} B/J \xrightarrow{\alpha}$$
$$(B/J \, dy_1 + \cdots + B/J \, dy_m)/Q \to M \to 0. \quad (5.140)$$

Dabei wird A/I gemäß der durch f induzierten Abbildung $A/I \to B/J$ abgebildet und $dx_i \mapsto (\partial h_i/\partial y_1 + J) \, dy_1 + \cdots + (\partial h_i/\partial y_m + J) \, dy_m$.

Für die Untermoduln P und Q gilt:

$$P = ((\sum_j (\frac{\partial f_i}{\partial x_j} + I) dx_j)_i), \quad Q = ((\sum_j (\frac{\partial g_i}{\partial y_j} + J) dy_j)_i)$$

Man rechnet zunächst nach, dass das Bild von dx_i nicht vom benutzten h_i mod J abhängt, indem man h_i durch $h_i + h_i'$ mit $h_i' = \sum b_l \, g_l$ ersetzt und erkennt, dass

$$\sum_j \partial h_i'/\partial y_j \, dy_j = \sum_{j,l} \frac{\partial b_l}{\partial y_j} g_l \, dy_j + \sum_{j,l} b_l \frac{\partial g_l}{\partial y_j} \, dy_j$$

im Bildmodul 0 ist.

Weiterhin wird ein Element $\sum_j \partial f_i/\partial x_j \, dx_j$ aus P auf $\sum_{j,k} \partial f_i/\partial x_j \, \partial h_j/\partial y_k \, dy_k$ abgebildet. Dies ist aber $\sum_k \partial f_i(h_1, \ldots, h_m))/\partial y_k \, dy_k$. Da $J \ni f_i(h_1, \ldots, h_m) = \sum_l b_l g_l$, wird auch dieses Element im Bildmodul zu 0. ∎

Beispiel 5.16.3

Es sei X eine projektive k-Varietät mit $i : X \to \mathbb{P}_k^n$ und $\mathbb{P}_k^n = \text{proj}(S)$ mit $S = k[x_0, \ldots, x_n]$. Wir wollen eine Präsentation von $\Omega_{X|k}$ als $\widetilde{M}$ mit einem S-Modul M finden.

Wir beginnen mit

$$0 \to \Omega_{\mathbb{P}^n|k} \to \mathcal{O}_{\mathbb{P}^n}(-1)^{n+1} \to \mathcal{O}_{\mathbb{P}^n} \to 0$$

und wenden i^* an:

$$0 \to i^* \Omega_{\mathbb{P}^n|k} \to \mathcal{O}_X(-1)^{n+1} \to \mathcal{O}_X \to 0 \quad (5.141)$$

Die Sequenz $0 \to \mathcal{I}_X \to \mathcal{O}_{\mathbb{P}^n} \to \mathcal{O}_X \to 0$ sei auf Modulebene durch

$$0 \to I \to S \to S/I \to 0$$

mit einem saturierten Ideal I von S wiedergegeben, also $\widetilde{S/I} = \mathcal{O}_X$.

Es ist dann also $\Omega_{\mathbb{P}^n|k} \otimes \mathcal{O}_X = i^* \Omega_{\mathbb{P}^n|k} = \widetilde{N}$ mit

$$0 \to N \to (S/I)(-1)^{n+1} \xrightarrow{\alpha} S/I, \quad (5.142)$$

wobei $\alpha((f_i)) = \sum x_i f_i$ ist. Man sieht dies, indem man $X \mapsto \widetilde{X}$ auf (5.142) anwendet, mit (5.141) vergleicht und das 5-Lemma anwendet.

Als nächstes gilt:

$$\mathfrak{I}_X/\mathfrak{I}_X^2 \xrightarrow{d} \Omega_{\mathbb{P}^n|k} \otimes \mathcal{O}_X \to \Omega_{X|k} \to 0$$

Wendet man auf die Sequenz

$$I/I^2 \xrightarrow{d} N \to M \to 0$$

den Funktor $X \mapsto \widetilde{X}$ an, so erkennt man wieder mit dem 5-Lemma und Vergleich mit der vorigen Sequenz, dass $\widetilde{M} = \Omega_{X|k}$. Die Abbildung $d : I/I^2 \to N$ wird dabei durch $d(f + I^2) = (\frac{\partial f}{\partial x_i} + I)_i$ nach $(S/I)(-1)^{n+1}$ induziert. Dass d durch N faktorisiert, folgt aus $\sum x_i \frac{\partial f}{\partial x_i} = s\,f$ für ein homogenes Polynom f aus S vom Grad s.

Man rechnet auch leicht nach, dass d auf Garbenebene die korrespondierende Abbildung $\mathfrak{I}_X/\mathfrak{I}_X^2 \xrightarrow{d} \Omega_{\mathbb{P}^n|k} \otimes \mathcal{O}_X \to \mathcal{O}_X(-1)^{n+1}$ induziert. Es genügt für eine Betrachtung über $D_+(x_\alpha)$ die Gleichung

$$d(\frac{f}{x_\alpha^s}) = \sum_i \frac{\partial f}{\partial x_i} \frac{1}{x_\alpha^s} dx_i - f \frac{s}{x_\alpha^{s+1}} dx_\alpha$$

und die Bemerkung, dass $f\frac{s}{x_\alpha^{s+1}}$ in $(S/I)(-1)_{(x_\alpha)}$ zu Null wird, da $f \in I$ ist.

Ist also $I = (f_1, \ldots, f_m)$ mit $f_j \in S$, homogen, so ist

$$M = N/(d(f_1 + I^2), \ldots, d(f_m + I^2)).$$

Damit ist die gesuchte Präsentation $\Omega_{X|k} = \widetilde{M}$ gefunden. ∎

Proposition 5.16.7

Es sei X/k ein Schema vom endlichen Typ über einem Körper k und $\dim W \geq n$ für jede irreduzible Komponente $W \subseteq X$.

Dann ist $\dim_{k(x)} \Omega_{X|k} \otimes_{\mathcal{O}_X} k(x) \geq n$ für jedes $x \in X$.

Beweis. Es sei $j : W \hookrightarrow X$ eine irreduzible Komponente mit reduzierter induzierter Schemastruktur und mit $x \in W$. Weiter sei $i : \{x\} \to W$ und $i' = j \circ i$. Dann ist

$$(*) \quad i'^*\Omega_{X|k} = \Omega_{X|k} \otimes_{\mathcal{O}_X} k(x) = j^*\Omega_{X|k} \otimes_{\mathcal{O}_W} k(x) \to \Omega_{W|k} \otimes_{\mathcal{O}_W} k(x) \to 0$$

surjektiv.

Es ist $\dim W \geq n$ und deshalb

$$\dim_{K(W)}(\Omega_{W|k} \otimes_{\mathcal{O}_W} K(W) = \Omega_{K(W)|k}) \geq n\,,$$

denn $K(W) = F(w_1, \ldots, w_r)$ mit F rein-transzendent über k vom Grad $\dim W$ und w_i algebraisch über F.

Es ist aber weiterhin $\Omega_{W|k}$ eine kohärente Garbe auf W, und nach dem Satz über die Halbstetigkeit der lokalen Dimension ist damit auch $\dim_{k(x)}(\Omega_{W|k} \otimes_{\mathcal{O}_W} k(x)) \geq n$. Wegen $(*)$ folgt $\dim_{k(x)} \Omega_{X|k} \otimes_{\mathcal{O}_X} k(x) \geq n$. □

5.16.2   Reguläre Untervarietäten

Definition 5.16.2

Ein Schema X heißt *regulär bzw. nichtsingulär in $x \in X$*, wenn $\mathcal{O}_{X,x}$ ein regulärer lokaler Ring ist.

Ein Schema X heißt *nichtsingulär oder auch regulär*, falls es in allen $x \in X$ regulär ist. ◆

Theorem 5.16.1

Es sei X ein separiertes, irreduzibles Schema vom endlichen Typ über einem algebraisch abgeschlossenen Körper k.

Dann ist X genau dann regulär und eine Varietät, also reduziert, falls $\Omega_{X|k}$ ein lokal freier $\mathcal{O}_X$-Modul vom Rang $n = \dim X$ ist.

Beweis. Es sei $\Omega_{X|k}$ lokal frei vom Rang n. Dann ist für jeden abgeschlossenen Punkt $x \in X$ und mit lokalem Ring $(\mathcal{O}_{X,x}, \mathfrak{m})$ auch

$$\Omega_{X|k} \otimes_{\mathcal{O}_X} k(x) = \mathfrak{m}/\mathfrak{m}^2$$

vom Rang n als $k(x)$-Vektorraum. Damit ist $\mathcal{O}_{X,x}$ ein regulärer lokaler Ring. Da dies auch für alle seine Lokalisierungen gilt, ist X ein reguläres Schema. Insbesondere ist $\mathcal{O}_{X,x}$ dann auch ein Integritätsring, mithin X reduziert und irreduzibel, also eine Varietät.

Umgekehrt, sei X eine reguläre Varietät. Nenne $(B, \mathfrak{m})$ den Ring $\mathcal{O}_{X,x}$ für einen abgeschlossenen Punkt $x \in X$.

Dann ist $\Omega_{X|k} \otimes k(x) = \Omega_{B|k} \otimes_B k_B = \mathfrak{m}/\mathfrak{m}^2$. Da B regulär, ist $\mathfrak{m}/\mathfrak{m}^2$ ein k_B-Vektorraum vom Rang n. Weiterhin gilt für die Funktionenkörper $K(X) = Q(B)$, dass $K(X)$ separable Erweiterung von $L = k(T_1, \ldots, T_n)$ ist. Also ist

$$\Omega_{B|k} \otimes_B Q(B) = \Omega_{Q(B)|k} =$$
$$= Q(B) \otimes_L \Omega_{L|k} = Q(B) \otimes_L (L\, dT_1 + \cdots L\, dT_n) = Q(B)^n . \quad (5.143)$$

Nun ist allgemein für einen lokalen noetherschen Integritätsring B jeder B-Modul M mit

$$\operatorname{rang}_{k_B} M \otimes_B k_B = \operatorname{rang}_{Q(B)} M \otimes_B Q(B) = n$$

ein freier B-Modul vom Rang n. Also auch $\Omega_{B|k}$. Mithin ist $\Omega_{X|k}$ ein lokal freier $\mathcal{O}_X$-Modul vom Rang n. □

Proposition 5.16.8

Es sei X/k eine Varietät über einem algebraisch abgeschlossenen Körper k. Dann existiert eine nichtleere, offene und reguläre Untervarietät $U \subseteq X$.

Beweis. Es ist $\Omega_{X|k}$ eine kohärente Garbe und für den generischen Punkt ξ von X ist $\Omega_{X|k} \otimes_{\mathcal{O}_X} k(\xi) = \Omega_{K(X)|k}$ mit dem Funktionenkörper $K(X)$ von X.

Da k algebraisch abgeschlossen, ist dieser Funktionenkörper eine separable Erweiterung eines reintranszendenten Körpers $L = k(u_1, \ldots, u_n)$ mit $n = \dim X$. Also ist $\dim_{K(X)} \Omega_{K(X)|k} = n$ und damit $\dim_{k(\xi)} \Omega_{X|k} \otimes_{\mathcal{O}_X} k(\xi) = n$.

Da die lokale Dimension einer kohärenten Garbe eine oberhalbstetige Funktion auf X ist, gibt es ein $U \subseteq X$, offen, mit $\xi \in U$, so dass $\dim_{k(x)} \Omega_{X|k} \otimes_{\mathcal{O}_X} k(x) = n$ für alle $x \in U$ ist. Damit ist $\Omega_{U|k}$ lokal frei vom Rang $n = \dim U$ und nach vorigem Theorem U/k eine reguläre Varietät. □

Vor dem Beweis des folgenden Theorems ist es günstig, ein kleines Hilfslemma abzutrennen:

Lemma 5.16.1

Es sei $(A, \mathfrak{m})$ ein regulärer lokaler Ring der Dimension n und $f_1, \ldots, f_r \in \mathfrak{m} - \mathfrak{m}^2$ deren Bild in $\mathfrak{m}/\mathfrak{m}^2$ ein r-dimensionaler $k = A/\mathfrak{m}$-Vektorraum ist.

Dann ist $I = (f_1, \ldots, f_r)$ ein Primideal von A, und es ist $\dim A/I = n - r$ sowie $\mathrm{ht}\, I = r$.

Beweis. Es sei $\mathfrak{m}/\mathfrak{m}^2 = (g_j + \mathfrak{m}^2, f_i + \mathfrak{m}^2)$ mit $j = 1, \ldots, n-r$ und $i = 1, \ldots, r$. Dann ist $(g_1, \ldots, g_{n-r}, f_1, \ldots, f_r)$ eine reguläre A-Folge in $\mathfrak{m}$. Insbesondere ist $f_1, \ldots, f_r$ eine reguläre Teilfolge und damit $\dim A/I = \dim A/((f_i)) = \mathrm{depth}\, A/((f_i)) = n - r$.

Da $\mathfrak{m}/I = (g_1 + I, \ldots, g_{n-r} + I)$ von $n - r$ Elementen erzeugt, ist auch A/I regulär und damit ein Integritätsring. Folglich ist I ein Primideal und hat die Höhe r. $\qquad\square$

Theorem 5.16.2

Es sei X eine nichtsinguläre Varietät über einem algebraisch abgeschlossenen Körper k, $Y \subset X$ ein irreduzibles abgeschlossenes Unterschema, definiert durch die Idealgarbe $\mathfrak{J} \subset \mathcal{O}_X$. Dann ist äquivalent:

a) Y ist nichtsingulär.

b) Es gilt:

i) $\Omega_{Y|k}$ ist lokal freie Garbe (auf Y).

ii) Die Folge

$$0 \to \mathfrak{J}/\mathfrak{J}^2 \to \Omega_{X|k} \otimes_{\mathcal{O}_X} \mathcal{O}_Y \to \Omega_{Y|k} \to 0$$

ist exakt.

Es gilt dann jeweils noch, dass $\mathfrak{J}$ lokal von $r = \mathrm{codim}(Y, X)$ Elementen erzeugt wird und $\mathfrak{J}/\mathfrak{J}^2$ eine lokal freie Garbe (auf Y) vom Rang r ist.

Beweis. Wir betrachten in einer offenen Teilmenge $\mathrm{Spec}\,(A) \subseteq X$ von X die Sequenz

$$(*) \quad 0 \to I/I^2 \to \Omega_{A|k} \otimes_A B \to \Omega_{B|k} \to 0$$

mit $B = A/I$.

Zunächst sei diese Sequenz exakt und $\Omega_{B|k}$ lokal frei, also flach und projektiv. Tensorieren mit $k(x) = A/\mathfrak{m}$ für ein $x \in Y$, abgeschlossen, liefert dann die exakte Sequenz $0 \to I/\mathfrak{m}I \to \mathfrak{m}/\mathfrak{m}^2 \to \mathfrak{m}/(\mathfrak{m}^2 + I) \to 0$.

Der Vektorraum in der Mitte hat Dimension n, der links hat mindestens Dimension $r = \mathrm{codim}(Y, X)$, denn die Urbilder seiner Erzeuger in I erzeugen bereits I (Nakayama-Lemma). Also ist $\dim \big(\mathfrak{m}/(\mathfrak{m}^2 + I)\big) \leqslant n - r$. Damit ist aber $\dim \big(\mathfrak{m}/(\mathfrak{m}^2 + I)\big) = n - r$ und Y in x regulär.

Es sei nun umgekehrt Y nichtsingulär. Wir setzen nun A in $(*)$ gleich einem $\mathcal{O}_{X,x}$ für einen abgeschlossenen Punkt $x = \mathfrak{m} \in Y$. Es ist dann $\Omega_{B|k}$ frei vom Rang $n - r$ und $I \subseteq \mathfrak{m}$ ein Primideal.

In der exakten Sequenz von Vektorräumen $0 \to (I + \mathfrak{m}^2)/\mathfrak{m}^2 \to \mathfrak{m}/\mathfrak{m}^2 \to \mathfrak{m}/(\mathfrak{m}^2 + I) \to 0$ sind die Dimensionen r, n und $n - r$. Es gibt also r Elemente $f_1, \ldots, f_r \in I$, die als $f_i + \mathfrak{m}^2$ den Vektorraum $I + \mathfrak{m}^2/\mathfrak{m}^2$ erzeugen.

Es sei $I' = (f_1, \dots, f_r)$. Dann ist nach Lemma 5.16.1 das Ideal $I' \subseteq I$ ein Primideal der Höhe r, also $I = I'$. Damit ist $\dim_k (I/\mathfrak{m}I) \leqslant r$ gezeigt, also sogar $\dim_k (I/\mathfrak{m}I) = r$. Wäre nämlich $\dim_k (I/\mathfrak{m}I) < r$, so wäre I von weniger als r Elementen erzeugt und könnte nicht Höhe r aufweisen. Da $I/I^2 \otimes_A k(x) = I/\mathfrak{m}I$, ist damit die Exaktheit der Sequenz (∗) gezeigt. Man betrachte hierfür die exakten Sequenzen

$$0 \to P \to I/I^2 \to Q \to 0$$
$$0 \to Q \to \Omega_{A|k} \otimes_A B \to \Omega_{B|k} \to 0$$

und beachte dabei, dass $\Omega_{A|k}$ ein freier A-Modul sowie $\Omega_{B|k}$ ein freier B-Modul ist, so dass auch Q ein freier B-Modul ist. Tensorieren mit $- \otimes_B k(x)$ ist deshalb exakt, und aus Dimensionsgründen ist $P \otimes_B k(x) = 0$, also $P = 0$ (Nakayama-Lemma). Damit ist die Garbenfolge im Theorem lokalisiert an jedem $x \in Y$, abgeschlossen, exakt, also überhaupt exakt.   □

Die oben auftretende Garbe $\mathcal{J}/\mathcal{J}^2$ bekommt einen besonderen Namen:

Definition 5.16.3

Es sei $i : Y \to X$ eine abgeschlossene Immersion, und es definiere

$$0 \to \mathcal{J} \to \mathcal{O}_X \to i_* \mathcal{O}_Y \to 0$$

eine Idealgarbe $\mathcal{J}$.

Dann heißt der $\mathcal{O}_Y$-Modul $\mathcal{J}/\mathcal{J}^2$ die *Konormalengarbe von Y in Bezug auf die Einbettung in X*, und die Garbe

$$\mathcal{H}om_{\mathcal{O}_Y}(\mathcal{J}/\mathcal{J}^2, \mathcal{O}_Y) = (\mathcal{J}/\mathcal{J}^2)^\vee = \mathcal{N}_{Y|X}$$

heißt entsprechend *Normalengarbe* oder *Normalbündel*, wenn $\mathcal{J}/\mathcal{J}^2$ lokal frei in Y ist.   ♦

Das folgende Theorem greift den Begriff der Aufblasung von Untervarietäten aus Abschnitt 5.15.5 wieder auf.

Theorem 5.16.3

Sei X eine nichtsinguläre Varietät über k und $Y \subseteq X$ eine nichtsinguläre abgeschlossene Untervarietät mit Idealgarbe $\mathcal{J}$.

Es sei $\pi : \tilde{X} \to X$ die Aufblasung von X entlang $\mathcal{J}$, und es sei $Y' \subseteq \tilde{X}$ das Unterschema, das durch die inverse Bildgarbe $\mathcal{J}' = f^{-1}\mathcal{J} \cdot \mathcal{O}_{\tilde{X}}$ definiert ist.

Dann gilt:

1. *Die Varietät $\tilde{X}$ ist auch nichtsingulär.*

2. *Y' zusammen mit der induzierten Projektion $\pi : Y' \to Y$ ist isomorph zum projektiven Raumbündel $\mathbb{P}(\mathcal{J}/\mathcal{J}^2)$ über der (lokal freien) Garbe $\mathcal{J}/\mathcal{J}^2$ auf Y.*

3. *Unter dem Isomorphismus in 2. gibt es eine isomorphe Entsprechung:*

$$\mathcal{N}_{Y'|\tilde{X}} \cong \mathcal{O}_{\mathbb{P}(\mathcal{J}/\mathcal{J}^2)}(-1)$$

Beweis. Wir beweisen zunächst 2. Für eine offene Teilmenge $U \subseteq X$ sei $U =$ Spec (A) und $\mathfrak{I}|_U = \tilde{I}$ mit einem Ideal $I = (f_1, \ldots, f_r) \subseteq A$. Dann ist $\pi^{-1}(U) =$ proj $(A \oplus I \oplus I^2 \oplus \cdots)$. Weiterhin ist das Ideal $\mathfrak{I}'$, das $Y' \cap \pi^{-1}(U)$ definiert, durch $I \oplus I^2 \oplus I^3 \oplus \cdots$ gegeben. Also ist

$$Y' \cap \pi^{-1}(U) = \text{proj}\,(A/I \oplus I/I^2 \oplus I^2/I^3 \oplus \cdots) = \text{proj}\,(S').$$

Die Abbildung

$$\phi : A/I[t_1, \ldots, t_r] \to A/I \oplus I/I^2 \oplus \cdots$$

mit $t_i \mapsto f_i + I^2$ ist aber ein Isomorphismus von A/I-Moduln. Man erkennt dies, indem man die Lokalisierungen an allen maximalen Idealen $I \subseteq \mathfrak{m} \subseteq A$ betrachtet und aus der Regularität von $A_\mathfrak{m}$ und den Eigenschaften von regulären Folgen und Cohen-Macaulay-Moduln erschließt, dass $f_1, \ldots, f_r$ eine reguläre Folge in $A_\mathfrak{m}$ bilden. Damit ist $\phi_\mathfrak{m}$ ein Isomorphismus für alle $\mathfrak{m}$ maximal in A über I und damit ϕ überhaupt ein Isomorphismus. Damit ist 2. gezeigt.

Um 3. zu zeigen, bemerken wir, dass $\mathfrak{I}'/\mathfrak{I}'^2$ auf $\pi^{-1}(U)$ durch $I/I^2 \oplus I^2/I^3 \oplus \cdots$ dargestellt wird. Dies ist aber als S'-Modul identisch mit $S'(1)$. Da $S'(1)$ die Garbe $\mathcal{O}_{Y'}(1) = \mathcal{O}_{\mathbb{P}(\mathfrak{I}/\mathfrak{I}^2)}(1)$ darstellt, folgt 3. durch Invertierung der Garben.

Zuletzt ist 1. einfach zu zeigen. Wir erkennen aus 2. dass Y' nichtsingulär von der Dimension $n - r + r - 1 = n - 1$ ist. Nach der universellen Eigenschaft wird Y' lokal als effektiver Divisor gegeben. Für einen abgeschlossenen Punkt $P \in Y'$ ist also $\mathcal{O}_{Y',P} = \mathcal{O}_{\tilde{X},P}/(f)$, wobei (f) rechts durch Y', das durch P hindurchgeht, induziert wird. Links steht ein regulärer lokaler Ring der Dimension $n - 1$. Damit ist $\mathfrak{m}/(f)$ von $n - 1$ Elementen erzeugt und folglich $\mathfrak{m}$ von n Elementen. Damit ist auch $\mathcal{O}_{\tilde{X},P}$ ein regulärer lokaler Ring. Außerhalb von Y' ist sowieso $\mathcal{O}_{\tilde{X},P} = \mathcal{O}_{X,\pi(P)}$ regulär. $\square$

Wir wollen nun in obiger Situation Pic $\tilde{X}$ aus Pic X berechnen.

Es sei wie im vorigen Theorem $\tilde{X}$ die Aufblasung einer nichtsingulären Varietät X an dem Ideal $\mathfrak{I}$ eines nichtsingulären Unterschemas $Y = V(\mathfrak{I})$.

Es sei Y' wie oben das Urbild von Y unter $\pi : \tilde{X} \to X$, also der exzeptionelle Divisor, und es gelte außerdem codim$(Y, X) \geqslant 2$.

Dann existiert eine Abbildung

$$\gamma : \mathbb{Z} \to \text{Pic}\,\tilde{X}\,,$$

die durch $1 \mapsto [Y']$ gegeben ist. Dabei ist Y' als Primdivisor in Div $\tilde{X}$ aufzufassen, und $[Y']$ ist das Bild von Y' unter Div $\tilde{X} \to \text{Cl}\,\tilde{X} \stackrel{\sim}{\to} \text{Pic}\,\tilde{X}$.

Es gilt

$$[Y'] = \mathcal{O}_{\tilde{X}}(-1)\,, \tag{5.144}$$

denn man hat ja die Sequenzen $0 \to \mathfrak{I}_{Y'} \to \mathcal{O}_{\tilde{X}} \to \mathcal{O}_{Y'} \to 0$ und $0 \to \mathcal{O}_{\tilde{X}}(1) \to \mathcal{O}_{\tilde{X}} \to \mathcal{O}_{Y'} \to 0$. Also gilt für das lokal in $\tilde{X}$ prinzipale Unterschema Y' die Beziehung $\mathcal{O}_{\tilde{X}}(-Y') = \mathfrak{I}_{Y'} = \mathcal{O}_{\tilde{X}}(1)$ und damit $\mathcal{O}_{\tilde{X}}(Y') = \mathcal{O}_{\tilde{X}}(-1)$.

Die Abbildung

$$\text{Pic}\,X \to \text{Pic}\,\tilde{X}$$

ist $\mathcal{L} \mapsto \pi^* \mathcal{L}$.

Proposition 5.16.9

Die oben genannten Abbildungen definieren einen Isomorphismus:

$$\alpha : \operatorname{Pic} X \times \mathbb{Z} \to \operatorname{Pic} \tilde{X} \tag{5.145}$$

Beweis. Man hat eine exakte Sequenz:

$$\mathbb{Z} \xrightarrow{\gamma} \operatorname{Pic} \tilde{X} \to \operatorname{Pic}(\tilde{X} - Y') \to 0$$

In dieser ist $\gamma(1) = [Y'] = \mathcal{O}_{\tilde{X}}(-1)$. Weiter ist $\tilde{X} - Y' \cong X - Y$ und $\operatorname{Pic}(X - Y) = \operatorname{Pic} X$, da $\operatorname{codim}(Y, X) \geqslant 2$. Also ist

$$\mathbb{Z} \xrightarrow{\gamma} \operatorname{Pic} \tilde{X} \to \operatorname{Pic} X \to 0 \tag{5.146}$$

exakt, und es bleibt, die Injektivität von γ nachzuweisen und eine Splittung anzugeben.

Wir definieren dafür als eine Splittung $\deg : \operatorname{Pic} \tilde{X} \to \mathbb{Z}$. Dazu wird $\mathcal{L}$ aus $\operatorname{Pic} \tilde{X}$ auf $i^*\mathcal{L} \in \operatorname{Pic} Y'$ abgebildet. Dabei ist $i : Y' \to \tilde{X}$ die Injektion. Es ist

$$(*) \quad \operatorname{Pic} Y' = \operatorname{Pic} \mathbb{P}(\mathfrak{I}/\mathfrak{I}^2) = \mathbb{Z} \times \operatorname{Pic} Y$$

mit der Festsetzung $(-1, 0) \cong \mathcal{O}_{Y'}(1)$.

Durch Projektion mit $\deg' : \operatorname{Pic} Y' \to \mathbb{Z}$ in $(*)$ ergibt sich ein Homomorphismus $\deg : \operatorname{Pic} \tilde{X} \to \mathbb{Z}$ als $\deg \mathcal{L} = \deg' i^*\mathcal{L}$.

Nun ist $i^*\mathcal{O}_{\tilde{X}}(n) = \mathcal{O}_{Y'}(n)$ also $\deg \mathcal{O}_{\tilde{X}}(n) = -n$. Damit ist $\deg \gamma(d) = \deg \mathcal{O}_{\tilde{X}}(-d) = \deg' \mathcal{O}_{Y'}(-d) = d$, also in der Tat $\deg$ eine Splittung.

Die Abbildung $\operatorname{Pic} X \to \operatorname{Pic} \tilde{X}$ mit $\mathcal{L} \mapsto \pi^*\mathcal{L}$ liefert eine Splittung auf der anderen Seite. $\qquad\square$

5.17   Bertini-Theorem

Lemma 5.17.1

Es sei $(A, \mathfrak{m})$ ein regulärer lokaler Ring. Weiter sei $f \in \mathfrak{m}$. Dann ist äquivalent:

a) Es ist $f \notin \mathfrak{m}^2$.

b) Der Ring A/fA ist auch regulär.

Lemma 5.17.2

Es sei $X = \mathbb{P}^n_k = \operatorname{proj}(k[T_0, \ldots, T_n])$ und $Y \subseteq X$ eine nichtsinguläre Untervarietät mit $\dim Y = r$. Weiter sei $x \in Y$ ein abgeschlossener Punkt und $x \in D_+(T_0)$ und $(B, \mathfrak{n}) = \mathcal{O}_{X,x}$ sowie $(B/\mathfrak{p}, \bar{\mathfrak{n}}) = \mathcal{O}_{Y,x}$.

Es sei nun $F \in \mathcal{O}_X(1)(X)$ eine Hyperebenengleichung mit $F(x) = 0$, also $f \in \mathfrak{n}$, wobei $f = F/T_0$ das Bild von F in B ist. Weiter sei $\bar{f} = f + \mathfrak{p} \in B/\mathfrak{p}$. Dann ist äquivalent:

a) $V(F)$ umfasst $T_x Y$.

b) $\bar{f} + \bar{\mathfrak{n}}^2$ wird von allen $(\bar{\mathfrak{n}}/\bar{\mathfrak{n}}^2)'$ annulliert.

c) $\bar{f} \in \bar{\mathfrak{n}}^2$.

d) $f \in \mathfrak{p} + \mathfrak{n}^2$.

e) *Mit* $\mathfrak{p} + \mathfrak{n}^2 = (g_j + \mathfrak{n}^2)_{j=1,\ldots,n-r}$ *folgt* $f + \mathfrak{n}^2 = \sum_{j=1}^{n-r} \lambda_j\, g_j + \mathfrak{n}^2$ *mit beliebigen* $\lambda_j \in k$.

f) $B/(\mathfrak{p}, f)$ *ist kein regulärer Ring.*

Die Bedingung e) zeigt also, dass die F, die $T_x Y$ umfassen, einen $n - r$ dimensionalen Vektorraum, also einen $n - r - 1$-dimensionalen projektiven Raum aufspannen. $\quad\square$

Proposition 5.17.1 (Bertini-Theorem)

Es sei $X \subseteq \mathbb{P}_k^n$ *eine nichtsinguläre projektive Varietät mit* $\dim X = r$ *über* k, *einem algebraisch abgeschlossenen Körper. Weiter sei*

$$\mathcal{H} = \{H \subseteq \mathbb{P}_k^n \mid H \text{ Hyperebene im } \mathbb{P}_k^n\} \cong (\mathbb{P}_k^n)^*$$

der duale projektive Raum der Hyperebenen im $\mathbb{P}_k^n$.
  Die Menge $U \subseteq \mathcal{H}$ *sei*

$$U = \{H \in \mathcal{H} \mid H \cap X \text{ ist eine reguläre Untervarietät von } \mathbb{P}_k^n\}\,.$$

Dabei ist $H \cap X$ *das Unterschema von* $\mathbb{P}_k^n$, *das durch* $\mathfrak{I}_X + \mathfrak{I}_H$ *definiert ist.*
  Dann gilt: U *ist eine in* $\mathcal{H} \cong \mathbb{P}_k^n$ *dichte, offene Teilmenge.*

Beweis. Es genügt nachzuweisen, dass alle abgeschlossenen Punkte von $H \cap X$ regulär sind, so dass wir im Folgenden eine rein varietätentheoretische Analyse durchführen und uns auf abgeschlossene Punkte beschränken können.

Wir führen die projektive Untervarietät $\Gamma \subseteq X \times_k \mathcal{H}$, die aus den (x, H) mit $x \in H$ besteht, ein.

Betrachtet man die Projektion $\Gamma \to X$, so besteht die Faser über jedem $x \in X$ aus dem irreduziblen $n - 1$-dimensionalen Teilraum $\mathcal{H}_x$ der Hyperebenen aus $\mathcal{H}$, die x enthalten.

Also ist Γ eine irreduzible Varietät der Dimension $n - 1 + r$, wobei $r = \dim X$.

Weiter ist aber nun für jedes $x \in X$ der Teilraum $\mathcal{S}_x$ aller $H \in \mathcal{H}_x$, die zu X in x tangential sind (oder X ganz umfassen), also den r-dimensionalen Tangentialraum $T_x X$ enthalten, eine irreduzible $n - 1 - r$ dimensionale Varietät.

Also bildet die Gesamtheit aller $\mathcal{S}_x$ eine irreduzible $n - 1 - r + r = n - 1$-dimensionale Untervarietät $\mathcal{S}$ von Γ.

Da $\mathfrak{I}_X / \mathfrak{I}_X^2$ lokal frei vom Rang $n - r$ ist, gibt es auf einem geeigneten $U \subseteq \mathbb{P}_k^n$ homogene Formen $G_1, \ldots, G_{n-r}$ mit linear unabhängigen $dG_i|_p$ für $p \in X \cap U$, abgeschlossen, und $X \cap U = V(G_1, \ldots, G_{n-r})$. Die Varietät $\mathcal{S}$ ist dann über U durch die Bedingungen $\mathrm{rang}(dG_1|_p, \ldots, dG_{n-r}|_p, H_0) \leqslant n - r$ und $G_j(p) = 0$ gegeben, wo $H_0 \in k^{n+1}$ mit $H_0(p) = 0$ ist.

Projiziert man $\mathcal{S}$ auf $\mathcal{H}$, so entsteht, da die Abbildung $\Gamma \to \mathcal{H}$ projektiv ist, eine abgeschlossene echte Untervarietät als Bild.

Deren Komplement ist die in der Proposition genannte dichte Menge U. Der Zusammenhang zwischen Regularität von $H \cap X$ in x und der Definition der $\mathcal{S}_x$ ist durch die vorigen Lemmata gegeben. $\quad\square$

5.18   Vollständige Durchschnitte

Definition 5.18.1

Es sei X ein Schema. Dann heißt X *Cohen-Macaulaysch in* $x \in X$, falls $\mathcal{O}_{X,x}$ ein Cohen-Macaulay-Ring ist.

Das Schema X heißt *Cohen-Macaulaysch*, falls es für jedes $x \in X$ Cohen-Macaulaysch in x ist.   ◆

Definition 5.18.2

Es sei $Y \subseteq X$ ein abgeschlossenes Unterschema einer nichtsingulären Varietät X.

Dann heißt Y *lokal vollständiger Durchschnitt*, falls $\mathfrak{I}_{Y,y}$ für alle $y \in Y$ von $r = \operatorname{codim}_y(Y, X)$ Elementen erzeugt wird.   ◆

Proposition 5.18.1

Es sei $Y \subseteq X$ ein abgeschlossenes Unterschema einer nichtsingulären Varietät X über k. Das Schema Y sei lokal vollständiger Durchschnitt. Dann gilt:

1. Das Schema Y ist Cohen-Macaulaysch.

2. Das Schema Y ist normal genau dann, wenn es regulär in Kodimension 1 ist, also alle $\mathcal{O}_{Y,y}$ regulär sind, für die $\dim \mathcal{O}_{Y,y} = 1$ ist.

Beweis. Der Ring $A = \mathcal{O}_{X,x}$ ist regulär und daher C.M., und $\mathfrak{I}_{Y,x} = (f_1, \ldots, f_r)$ mit $r = \operatorname{codim}_x(Y, X)$ wird von einer Folge der Länge r erzeugt. Also ist nach dem Macaulayschen Ungemischtheitssatz auch $\mathcal{O}_{Y,x} = A/(f_1, \ldots, f_r)$ ein C.M. Ring. Es ist also $\operatorname{depth} \mathcal{O}_{Y,y} = \dim \mathcal{O}_{Y,y}$ für alle $y \in Y$. Nach Serres Kriterium für Normalität ist damit (S_2) für $\mathcal{O}_{Y,y}$ erfüllt. Also ist der Ring $\mathcal{O}_{Y,y}$ normal, wenn er regulär in Kodimension 1 ist (Kriterium (R_1)).   □

Lemma 5.18.1

Es sei $X = \mathbb{P}_k^n$ und $H \subseteq X$ ein abgeschlossenes, lokal prinzipales Unterschema. Dann ist $H = V(f)$ und $\mathfrak{I}_H = \widetilde{I}_H$ mit $I_H = f S$ und $S = k[x_0, \ldots, x_n]$ sowie $f \in S$, homogen.

Es sei im Folgenden $X = \mathbb{P}_k^n$ und $Y \subseteq X$ ein abgeschlossenes Unterschema mit $\operatorname{codim}(Y, X) = r$ und Idealgarbe $\mathfrak{I}_Y = \widetilde{I}$ für das Ideal $I \subseteq S = k[x_0, \ldots, x_n]$ mit $I = I(Y)$.

Definition 5.18.3

Dann heißt Y *idealtheoretischer Schnitt von lokal prinzipalen* H_i also $Y = H_1 \cap \cdots \cap H_r$, falls

$$\mathfrak{I}_Y = \mathfrak{I}_{H_1} + \cdots + \mathfrak{I}_{H_r}$$

mit $\mathfrak{I}_{H_i}$, der Idealgarbe eines lokal prinzipalen $H_i \subseteq X$.   ◆

Definition 5.18.4

Ist in den Bezeichnungen von oben $I(Y) = (f_1, \ldots, f_r)$ mit $f_i \in S$, homogen, so heißt Y *global vollständiger Durchschnitt*.   ◆

Proposition 5.18.2

Mit den Bezeichnungen von oben ist äquivalent:

a) *Das Schema Y ist idealtheoretischer Durchschnitt von lokal prinzipalen H_i, also*

$$\mathfrak{I}_Y = \mathfrak{I}_{H_1} + \cdots + \mathfrak{I}_{H_r}.$$

b) *Das Schema Y ist global vollständiger Durchschnitt. Es ist also*

$$I(Y) = (f_1, \ldots, f_r),$$

wobei $\mathfrak{I}_{H_i} = \widetilde{(f_i S)}$.

Beweis. Die Richtung b) nach a) ist klar. Es sei umgekehrt Y idealtheoretisch vollständiger Durchschnitt und $V(f_i) = H_i$ nach Lemma 5.18.1. Weiter sei $J = (f_1, \ldots, f_r)$. Dann ist $\widetilde{J} = \widetilde{I} = \mathfrak{I}_Y$. Daraus folgt insbesondere $I_{(f)} = J_{(f)}$ und $I_{(\mathfrak{p})} = J_{(\mathfrak{p})}$ für alle $f \in S$, homogen, und $\mathfrak{p} \in \mathrm{proj}\,(S)$.

Es ist nun $\mathrm{codim}_S I = \mathrm{codim}_S J = r$. Weil J aus r Elementen besteht, hat auch keine Komponente von Y eine Kodimension größer als r (Krullscher Hauptidealsatz).

Da $S_{(x_i)}$ Cohen-Macaulay-Ring ist, folgt nach dem Macaulayschen Ungemischtheitssatz, dass $\mathrm{Ass}(S/I)_{(x_i)}$ und $\mathrm{Ass}(S/J)_{(x_i)}$ nur minimale Elemente aufweisen.

Seien nun $I = \bigcap Q_i \cap Q_+$ und $J = \bigcap Q'_j \cap Q'_+$ mit Primäridealen Q_i resp. Q'_j, deren Primideale $\sqrt{Q_i}$ resp. $\sqrt{Q'_j}$ mit den Primidealen aus $\mathrm{Ass}\,S/I$ resp. $\mathrm{Ass}\,S/J$ außer dem irrelevanten Primideal identisch sind.

Dann sind wegen voriger Bemerkung diese beiden Mengen von Primidealen gleich und bestehen aus den Primidealen der irreduziblen Komponenten von $Y = V(\mathfrak{I}_Y) = V(\widetilde{I}) = V(\widetilde{J})$.

Die Ideale Q_+ und Q'_+ sind entweder gleich S, oder sie sind zum irrelevanten Primideal $(x_0, \ldots, x_n)$ assoziiert. Man kann nun den Macaulayschen Ungemischtheitssatz direkt auf S und $J = (f_1, \ldots, f_r)$ anwenden, indem man beachtet, dass $\dim S/J = n - r + 1 = \dim S - r$ ist. Es folgt, dass jedenfalls schon einmal $Q'_+ = S$ ist, also nicht auftritt. Geometrisch bedeutet dies natürlich den Übergang von $Y \subseteq \mathbb{P}^n_k$ zum Kegel $C(Y) \subseteq \mathbb{A}^{n+1}_k$ und die Untersuchung des lokalen Rings an seiner Spitze $0 \in \mathbb{A}^{n+1}_k$.

Da alle anderen assoziierten Primideale minimal sind, ist Q_i das eindeutig bestimmte Ideal von S, für das $(Q_i)_{(\mathfrak{p}_i)} = Q_i(\mathfrak{p}_i)$ ist. Dabei ist $Q_i(\mathfrak{p}_i)$ das eindeutige Primärideal über $I_{(\mathfrak{p}_i)}$ in $S_{(\mathfrak{p}_i)}$ für $\mathfrak{p}_i = \sqrt{Q_i}$.

Nun ist aber $I_{(\mathfrak{p}_i)} = J_{(\mathfrak{p}_i)}$ und $\mathfrak{p}_i$ auch zu J assoziiert. Also ist Q_i gleich einem eindeutigen $Q'_{j(i)}$. Schließt man so für alle Q_i und dann rückwärts für alle Q'_j, so erkennt man, dass die Menge der Q_i mit der der Q'_j identisch ist.

Also ist auch $I = J \cap Q_+$. Da I maximal unter den I' mit $\mathfrak{I}_Y = \widetilde{I}'$ ist, folgt $Q_+ \supseteq J$ und $I = J$.   □

Lemma 5.18.2

Es sei $Y \subseteq \mathbb{P}^n_k$ ein abgeschlossenes Unterschema und global vollständiger Durchschnitt.

Es sei also $I(Y) = (f_1, \ldots, f_r)$ und $r = \mathrm{codim}(Y, \mathbb{P}^n_k)$. Weiter sei $\dim Y \geqslant 1$ und Y normal.

Dann ist Y projektiv normal.

Beweis. Es sei $S = k[x_0, \ldots, x_n]$ der Koordinatenring von $\mathbb{P}^n_k$ und $C(Y) \subseteq \mathrm{Spec}\,(S) = \mathbb{A}^{n+1}_k$, der affine Kegel über Y.

Dann ist $S' = S/I(Y)$ Cohen-Macaulaysch und $C(Y)$ lokal vollständiger Durchschnitt, also auch jedes $S'_\mathfrak{q}$ mit $\mathfrak{q} \subseteq S'$, prim, Cohen-Macaulaysch.

Weiterhin ist jedes $S'_{(x_i)}$ normales Schema, da $Y = \mathrm{proj}\,(S')$ normal. Damit ist auch $S'_{x_i} = S'_{(x_i)}[x_i, x_i^{-1}] = S'_{(x_i)}[T, T^{-1}]$ normal, denn für einen normalen Ring A ist auch $A[T]$ normal. Um dies einzusehen, können wir vom allgemeinen Fall $A = A_1 \times \cdots \times A_s$ auf den Fall A integer reduzieren, indem wir jeden Faktor einzeln betrachten:

Es ist dann A ganzabgeschlossen in $K = Q(A)$ und damit auch $A[T] \subseteq K[T]$ ganzabgeschlossen. Weiter ist $K[T] \subseteq K(T)$ ganzabgeschlossen und somit $A[T]$ ganzabgeschlossen in $K(T) = Q(A[T])$.

Es sei nun $S'_\mathfrak{q}$ ein lokaler Ring für $C(Y)$. Ist $x_i \notin \mathfrak{q}$, so ist $S'_\mathfrak{q} = (S'_{x_i})_{\mathfrak{q}S'_{x_i}}$ ein normaler Ring, da S'_{x_i} einer ist. Also ist $S'_\mathfrak{q}$ normal und damit regulär, für $\mathrm{ht}_{S'}\,\mathfrak{q} \leqslant 1$, denn ein Ideal $\mathfrak{q}$, das alle x_i enthält, muss ja gleich $\mathfrak{n} = S'_+$ sein. Es ist aber $\mathrm{ht}_{S'}\,\mathfrak{n} > 1$, da $\dim C(Y) > 1$.

Damit ist S' ein normaler Ring nach dem Serreschen Kriterium. Also ist auch $S'_\mathfrak{n}$ ein Integritätsring. Somit ist auch S' Integritätsring, denn jedes minimale Primideal von S' ist homogen und daher ein minimales Primideal von $S'_\mathfrak{n}$. $\square$

Lemma 5.18.3

Es sei $Y \subseteq \mathbb{P}^n_k$ ein projektiv normales Unterschema. Weiter sei $\mathbb{P}^n_k = \mathrm{proj}\,(S)$ mit $S = k[x_0, \ldots, x_n]$.

Dann ist die Abbildung

$$S_d \to \Gamma(Y, \mathcal{O}_Y(d)) \to 0$$

surjektiv für alle $d \geqslant 0$.

Insbesondere ist $\Gamma(Y, \mathcal{O}_Y) = k$, also Y zusammenhängend.

Beweis. Es ist $Y = \mathrm{proj}\,(T) = \mathrm{proj}\,(S/I)$. Nach Korollar 5.11.4 ist $T_d = \Gamma(Y, \mathcal{O}_Y(d))$ und damit $S_d \to T_d = (S/I)_d \to 0$ surjektiv. $\square$

Lemma 5.18.4

Es sei $X = \mathbb{P}^n_k$, und $d_1, \ldots, d_r > 0$ seien ganze Zahlen mit $r < n$. Dann existieren nichtsinguläre Hyperflächen $Z_i = V(f_i) \subseteq X$ mit $f_i \in S_{d_i}$, so dass $Y = Z_1 \cap \cdots \cap Z_r$ eine nichtsinguläre, irreduzible, r-kodimensionale Varietät $Y \subseteq X$ ist.

Insbesondere ist $\mathcal{I}_Y = \tilde{I}$ mit $I = (f_1, \ldots, f_r)$, also Y ein global vollständiger Durchschnitt der Z_i.

Beweis. Setze $Y_0 = X$. Der Beweis sei für $i-1$ schon erbracht. Bette das so konstruierte $Y' = Y_{i-1}$ mit der Veronese-Abbildung vom Grad d_i, die mit $v : \mathbb{P}^n_k \to \mathbb{P}^{N_{n,d_i}} = \mathbb{P}^N_k$ bezeichnet sei, in $\mathbb{P}^N_k$ ein.

Es sei H eine Hyperebene in $\mathbb{P}^N_k$. Dann ist $Z_H = v^{-1}(H)$ eine irreduzible Hyperfläche in $\mathbb{P}^n_k$ vom Grad d_i.

Da v eine abgeschlossene Immersion ist, gilt die folgende Kette von Isomorphismen im Sinne idealtheoretischer Schnitte:

$$Z_H \cap Y' \cong v(Z_H \cap Y') = v(Z_H) \cap v(Y') =$$
$$= v(v^{-1}(H)) \cap v(Y') = H \cap v(\mathbb{P}^n_k) \cap v(Y') = H \cap v(Y')$$

Außerdem ist $v(Y') \cong Y'$ irreduzibel und nichtsingulär und die Abbildung $H \mapsto Z_H$ injektiv.

Der generischen Hyperfläche H entspricht erstens ein nichtsinguläres Z_H. Weiter ist zweitens für eine generische Hyperfläche H auch $H \cap v(Y')$ nichtsingulär nach dem Satz von Bertini. Außerdem ist $H \cap v(Y')$ auch zusammenhängend nach den beiden vorigen Lemmata, wenn $\dim Y' = \dim v(Y') > 1$. Wähle eine Hyperfläche H_i, die beide Bedingungen erfüllt.

Dann ist $Y_i = Z_{H_i} \cap Y' \cong v(Y') \cap H_i$ und $Z_i = Z_{H_i} = V(f_i)$.

$\square$

6 Schemata II

6.1 Kohomologie des Schnittfunktors $\Gamma(X, -)$

6.1.1 Definition als derivierter Funktor

Lemma 6.1.1
Es sei $(X, \mathcal{O}_X)$ ein geringter Raum und $\mathcal{F}$ ein $\mathcal{O}_X$-Modul. Dann existiert ein in den $\mathcal{O}_X$-Moduln injektiver Modul $\mathcal{I}$ und eine Injektion

$$0 \to \mathcal{F} \to \mathcal{I}.$$

Beweis. Man nehme den $\mathcal{O}_X$-Modul der *diskontinuierlichen Schnitte*:

$$\coprod_x \mathcal{F}_x = \prod_x i_{x*} i_x^* \mathcal{F}$$

© Springer-Verlag GmbH Deutschland, ein Teil von Springer Nature 2019
J. Böhm, *Kommutative Algebra und Algebraische Geometrie*,
https://doi.org/10.1007/978-3-662-59482-7_6

Für jedes $\mathcal{F}_x$ wähle man eine Einbettung $\mathcal{F}_x \hookrightarrow I_x$ in einen festen, injektiven $\mathcal{O}_{X,x}$-Modul. Dann ist

$$0 \to \mathcal{F} \hookrightarrow \coprod_x \mathcal{F}_x \hookrightarrow \coprod_x I_x = \mathfrak{I}$$

eine Injektion der gewünschten Art.

Es ist nämlich

$$\mathrm{Hom}(\mathcal{G}, \mathfrak{I}) = \mathrm{Hom}(\mathcal{G}, \coprod_x I_x) = \mathrm{Hom}(\mathcal{G}, \prod_x i_{x*} I_x) =$$

$$= \prod_x \mathrm{Hom}(i_x^* \mathcal{G}, I_x) = \prod_x \mathrm{Hom}(\mathcal{G}_x, I_x) \quad (6.1)$$

und damit für $0 \to \mathcal{G}' \to \mathcal{G}$, exakt, auch $\mathrm{Hom}(\mathcal{G}, \mathfrak{I}) \to \mathrm{Hom}(\mathcal{G}', \mathfrak{I}) \to 0$ exakt. $\qquad\square$

Die Kategorie der $\mathcal{O}_X$-Moduln hat also *genügend injektive Objekte*.

Es sei nun $\mathcal{F}$ eine abelsche Garbe auf einem topologischen Raum X. Dieser trägt die konstante Ringgarbe $\mathbb{Z}$, und $\mathcal{F}$ ist ein $\mathbb{Z}$-Modul. Also existiert nach vorigem Lemma eine Einbettung

$$0 \to \mathcal{F} \to \mathfrak{I}$$

in einen injektiven $\mathbb{Z}$-Modul, also in ein injektives Objekt in der Kategorie der abelschen Garben.

Nun ist der Funktor $\mathcal{F} \to \Gamma(X, \mathcal{F})$ von den abelschen Garben in die abelschen Gruppen, wie wir von früher wissen, linksexakt. Mit dem Wissen, dass die abelschen Garben genug Injektive haben, können wir definieren:

$$H^i(X, \mathcal{F}) = R^i \Gamma(X, \mathcal{F}) \quad (6.2)$$

Wir nennen $H^i(X, \mathcal{F})$ die *i-te Kohomologiegruppe von $\mathcal{F}$ auf X*.

Sind wir in der Lage, eine injektive Auflösung $0 \to \mathcal{F} \to \mathfrak{I}^\bullet$ direkt angeben zu können, so können wir also $H^i(X, \mathcal{F})$ als

$$H^i(X, \mathcal{F}) = h^i(\Gamma(X, \mathfrak{I}^\bullet))$$

berechnen.

Lemma 6.1.2
Ein injektiver $\mathcal{O}_X$-Modul $\mathfrak{I}$ ist welk.

Beweis. Es gibt für jedes $j : U \to X$, offen, die exakte Sequenz $0 \to j_! j^* \mathcal{O}_X \to \mathcal{O}_X$. Damit ist $\mathrm{Hom}(\mathcal{O}_X, \mathfrak{I}) \to \mathrm{Hom}(j_! j^* \mathcal{O}_X, \mathfrak{I}) \to 0$ exakt. Es ist aber $\mathrm{Hom}(\mathcal{O}_X, \mathfrak{I}) = \mathfrak{I}(X)$ und $\mathrm{Hom}(j_! j^* \mathcal{O}_X, \mathfrak{I}) = \mathrm{Hom}(j^* \mathcal{O}_X, j^* \mathfrak{I}) = \mathfrak{I}(U)$. $\qquad\square$

Lemma 6.1.3
Es sei $\mathfrak{I}$ eine abelsche Garbe auf einem topologischen Raum X.

Dann ist $\mathcal{J}$ genau dann injektiv, wenn für alle $U \subseteq X$, offen, im Diagramm

$$0 \longrightarrow \mathcal{R} \longrightarrow \mathbb{Z}_U \tag{6.3}$$

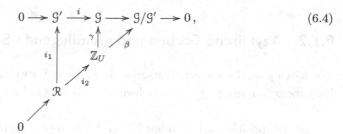

bei gegebener Abbildung ϕ eine ergänzende Abbildung ψ existiert.

Beweis. Für die einzig interessante Richtung ist zu zeigen:

$$0 \longrightarrow \mathcal{G}' \longrightarrow \mathcal{G}$$

Ist nun $\mathcal{G}'$ eine echte Untergarbe von $\mathcal{G}$, so gibt es ein $s \in \mathcal{G}(U)$, das nicht in $\mathcal{G}'(U)$ liegt. Betrachte nun das Diagramm

$$0 \longrightarrow \mathcal{G}' \overset{i}{\longrightarrow} \mathcal{G} \longrightarrow \mathcal{G}/\mathcal{G}' \longrightarrow 0, \tag{6.4}$$

bei dem $\gamma : \mathbb{Z}_U \to \mathcal{G}$ durch $1 \mapsto s$ festgelegt und $\mathcal{R}$ der Kern von β ist.

Mit dem so definierten $\mathcal{R}$ bilden wir ein zweites Diagramm

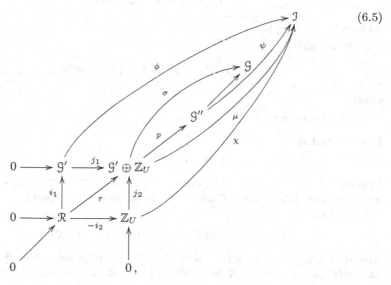

$$(6.5)$$

in dem $\mathcal{G}'' = (\mathcal{G}' \oplus \mathbb{Z}_U)/r(\mathcal{R}) = \mathcal{G}' \oplus_r \mathbb{Z}_U$ ist, wobei $r(x) = i_1(x) \oplus -i_2(x)$ ist.

Die Abbildung σ ist durch $\sigma j_1 = i$ und $\sigma j_2 = \gamma$ festgelegt. Für sie gilt $\ker \sigma = r$, so dass σ durch $\mathcal{G}''$ faktorisiert und die dadurch entstehende Abbildung $\iota : \mathcal{G}'' \to \mathcal{G}$ eine Injektion ist.

Diese Beziehungen erkennt man durch eine symbolische Rechnung mit Elementen: Aus $(x, y) \mapsto i x + \gamma y = 0$ mit x aus $\mathcal{G}'$ und y aus $\mathbb{Z}_U$ folgt $(*)$ $i x = -\gamma y$, also γy aus $\mathcal{G}'$. Nach vorigem Diagramm ist damit $(**)$ $y = i_2 z$ mit z aus $\mathcal{R}$. Nun ist nach vorigem Diagramm einerseits $i\, i_1 z = \gamma\, i_2 z$ und nach $(*)$ und $(**)$ andererseits $i x = -\gamma\, i_2 z$, also $x = -i_1 z$. Insgesamt also $(x, y) = (-i_1 z, i_2 z)$. Damit ist $r = \ker \sigma$ nachgewiesen.

Die Abbildung χ sei durch $\chi\, i_2 = \phi\, i_1$ und Anwendung der Voraussetzung festgelegt. Ist dann $\mu : \mathcal{G} \oplus \mathbb{Z}_U \to \mathcal{I}$ die durch ϕ und χ bestimmte Abbildung, so ist $\mu\, r = 0$, so dass μ durch eine Abbildung $\psi : \mathcal{G}'' \to \mathcal{I}$ faktorisiert.

Man erkennt leicht, dass die Abbildung $h_1 = p\, j_1 : \mathcal{G}' \to \mathcal{G}''$ injektiv ist. Die Verkettung $\psi\, h_1 = \phi$ erweist ψ als Ausdehnung der Abbildung $\phi : \mathcal{G}' \to \mathcal{I}$ auf die Garbe $\mathcal{G}''$, die auch $\sigma\, j_2(\mathbb{Z}_U)$, also $\gamma(\mathbb{Z}_U)$ umfasst.

Damit ist $\mathcal{G}''$ nach der kanonischen Inklusionsordnung zwischen den $(\mathcal{G}'', \psi)$, die Ausdehnungen von $(\mathcal{G}', \phi)$ sind, größer als $(\mathcal{G}', \phi)$ selbst. Mit dem üblichen Argument folgt nach dem Zornschen Lemma, dass sich ϕ zu der gesuchten Abbildung $\psi : \mathcal{G} \to \mathcal{I}$ ausdehnen lässt. $\qquad\square$

6.1.2 Azyklische Garben und grundlegende Sätze

Wir leiten jetzt die wichtige Tatsache ab, nach der für welke Garben alle höheren Kohomologien von $\Gamma(X, -)$ verschwinden. Welke Garben sind also für $\Gamma(X, -)$ *azyklisch*.

Nach Proposition 3.1.33 folgt: Es sei X ein topologischer Raum und $\mathcal{F}'$ eine welke Garbe auf X. Die Sequenz abelscher Garben

$$0 \to \mathcal{F}' \to \mathcal{F} \to \mathcal{F}'' \to 0$$

sei exakt.

Dann ist auch

$$0 \to \Gamma(X, \mathcal{F}') \to \Gamma(X, \mathcal{F}) \to \Gamma(X, \mathcal{F}'') \to 0$$

exakt.

Daraus leitet man ab:

Lemma 6.1.4
Für $\mathcal{F}$ welk ist $H^p(X, \mathcal{F}) = 0$ für alle $p > 0$.

Beweis. Man bette $\mathcal{F}$ in eine exakte Sequenz $0 \to \mathcal{F} \to \mathcal{I} \to \mathcal{Q} \to 0$ mit einer injektiven und daher welken Garbe $\mathcal{I}$ ein. Es ist dann auch $\mathcal{Q}$ welk.

Wir haben

$$H^0(X, \mathcal{I}) \twoheadrightarrow H^0(X, \mathcal{Q}) \to H^1(X, \mathcal{F}) \to H^1(X, \mathcal{I}) = 0.$$

Also ist $H^1(X, \mathcal{F}) = 0$. Es sei nun schon $H^p(X, \mathcal{F}) = 0$ für jedes welke $\mathcal{F}$ gezeigt. Dann ist $0 = H^p(X, \mathcal{Q}) \to H^{p+1}(X, \mathcal{F}) \to H^{p+1}(X, \mathcal{I}) = 0$. Also auch $H^{p+1}(X, \mathcal{F}) = 0$. $\qquad\square$

Lemma 6.1.5
Es sei X ein noetherscher topologischer Raum und $(\mathcal{G}_i, h_{ij})$ ein direktes System welker abelscher Garben. Dann ist auch $\varinjlim_i \mathcal{G}_i$ welk.

Beweis. Es ist $(\varinjlim_i \mathcal{G}_i)(U) = \varinjlim_i (\mathcal{G}_i(U))$, weil X noethersch ist. Weiterhin ist ein Limes von Surjektionen eine Surjektion. $\square$

Proposition 6.1.1

Es sei X ein noetherscher topologischer Raum und

$$(\mathcal{F}_i, h_{ij})_{i \in I}$$

ein direktes System abelscher Garben. Dann gilt

$$H^p(X, \varinjlim_i \mathcal{F}_i) = \varinjlim_i H^p(X, \mathcal{F}_i) \tag{6.6}$$

für alle $p \geqslant 0$.

Beweis. Betrachte die abelsche Kategorie der direkten Systeme abelscher Garben über der Indexmenge I. Dann sind die Funktoren von dieser Kategorie nach **Ab** in der Gleichung oben für $p = 0$ identisch.

Es sei nun $0 \to (\mathcal{F}'_i) \to (\mathcal{F}_i) \to (\mathcal{F}''_i) \to 0$ eine exakte Sequenz direkter Systeme. Dann gibt diese Sequenz sowohl mit dem linken wie mit dem rechten Funktor in (6.6) Anlass zu einer langen exakten Kohomologiesequenz, denn $\varinjlim_i$ ist ein exakter Funktor. Es sind also beide Funktoren δ-Funktoren.

Es bleibt noch zu zeigen, dass beide Funktoren auslöschbar sind. Dazu genügt es, ein direktes System $(\mathcal{F}_i)$ mit $0 \to (\mathcal{F}_i) \to (\mathcal{G}_i)$ in ein direktes System $(\mathcal{G}_i)$ einzubetten, für das $H^p(X, \varinjlim_i \mathcal{G}_i) = 0$ und $\varinjlim_i H^p(X, \mathcal{G}_i) = 0$ ist.

Wähle dazu die funktorielle Einbettung $0 \to \mathcal{F}_i \to \mathcal{G}_i$, wobei $\mathcal{G}_i$ für die welke Garbe der diskontinuierlichen Schnitte von $\mathcal{F}_i$ stehe. $\square$

Lemma 6.1.6

Sei $i : Y \subseteq X$ eine abgeschlossene Teilmenge eines topologischen Raumes X. Dann ist

$$H^p(Y, \mathcal{F}) = H^p(X, i_* \mathcal{F}), \tag{6.7}$$

wobei $\mathcal{F} \in \mathbf{Ab}(Y)$ eine Garbe abelscher Gruppen auf Y ist.

Beweis. Es sei $0 \to \mathcal{F} \to \mathcal{J}^\bullet$ eine welke Auflösung von $\mathcal{F}$. Dann ist $0 \to i_* \mathcal{F} \to i_* \mathcal{J}^\bullet$ eine ebenfalls welke Auflösung von $i_* \mathcal{F}$. Es ist nämlich i_* ein exakter Funktor, und es ist $i_* \mathcal{G}$ welk für $\mathcal{G}$ welk.

Nun ist

$$\Gamma(X, i_* \mathcal{J}^\bullet) = \Gamma(Y, \mathcal{J}^\bullet), \tag{6.8}$$

womit (6.7) bewiesen ist, indem man in (6.8) die Kohomologiegruppen berechnet. $\square$

6.1.3 Grothendiecks Verschwindungssatz

Das folgende Theorem von Grothendieck setzt der Existenz nichtverschwindender Kohomologie eine „obere Grenze":

Theorem 6.1.1

Es sei X ein noetherscher topologischer Raum und $\dim X = n$. Dann ist $H^i(X, \mathcal{F}) = 0$ für alle abelschen Garben $\mathcal{F}$ auf X und alle $i > n$.

Beweis. 1) Man benutze die kurze exakte Sequenz für $U \subseteq X$, offen, und $Y = X - U$:

$$0 \to j_! j^* \mathcal{F} \to \mathcal{F} \to i_* i^* \mathcal{F} \to 0 \qquad (6.9)$$

und reduziere auf X irreduzibel durch Induktion über die Anzahl der irreduziblen Komponenten.

2) Man führe die Untergarben $\mathcal{F}_{U,s} \subseteq \mathcal{F}$ ein, die von $s \in \mathcal{F}(U)$ erzeugt werden, also in eine Sequenz

$$0 \to \mathcal{R} \to \mathbb{Z}_U \to \mathcal{F}_{U,s} \to 0$$

passen.

Geeignete Summen $\mathcal{F}_{U_1,s_1} + \cdots + \mathcal{F}_{U_r,s_r} \subseteq \mathcal{F}$ kürze man mit $\mathcal{F}_\lambda$ ab.
Die $\mathcal{F}_\lambda$ bilden dann ein induktives System mit

$$\varinjlim_\lambda \mathcal{F}_\lambda = \mathcal{F}. \qquad (6.10)$$

Entspricht nämlich

$$\mathcal{F}_\lambda = \mathcal{F}_{U_1,s_1} + \cdots + \mathcal{F}_{U_m,s_m}$$

und

$$\mathcal{F}_{\lambda'} = \mathcal{F}_{U_1',s_1'} + \cdots + \mathcal{F}_{U_n',s_n'},$$

so ist ein $\lambda'' \geqslant \lambda, \lambda'$ gegeben durch die totale Summe

$$\mathcal{F}_{\lambda''} = \mathcal{F}_{U_1,s_1} + \cdots + \mathcal{F}_{U_m,s_m} + \mathcal{F}_{U_1',s_1'} + \cdots + \mathcal{F}_{U_n',s_n'}.$$

Es genügt also, $H^i(X, \mathcal{F}_\lambda) = 0$ für $i > n$ nachzuweisen.

3) Sei also $\mathcal{F}_\lambda = \mathcal{F}_{U_1,s_1} + \cdots + \mathcal{F}_{U_m,s_m}$, so existiert natürlich eine Filtration

$$(0) = \mathcal{F}_0 \subseteq \mathcal{F}_1 \subseteq \cdots \subseteq \mathcal{F}_m = \mathcal{F}_\lambda$$

aus

$$\mathcal{F}_i = \mathcal{F}_{U_1,s_1} + \cdots + \mathcal{F}_{U_i,s_i}$$

mit den Teilquotienten $\mathcal{G}_i$

$$0 \to \mathcal{F}_{i-1} \to \mathcal{F}_i \to \mathcal{G}_i \to 0$$

und, und dies ist entscheidend, Sequenzen

$$0 \to \mathcal{R} \to \mathbb{Z}_{U_i} \to \mathcal{G}_i \to 0, \qquad (6.11)$$

denn es gibt natürlich Surjektionen $\mathcal{F}_{U_i,s_i} \to \mathcal{G}_i$.

Also genügt es, $H^i(X, \mathcal{R}) = 0$ und $H^i(X, \mathbb{Z}_U) = 0$ für $i > n$ nachzuweisen.

4) Man benutze die Sequenz

$$0 \to \mathbb{Z}_U \to \mathbb{Z} \to \mathbb{Z}_Y \to 0$$

und erschließe induktiv über $\dim X$ und aus $H^i(X, \mathbb{Z}) = 0$ für $i > 0$, weil $\mathbb{Z}$ welk auf X, mit

$$\cdots \to H^n(X, \mathbb{Z}_Y) \to H^{n+1}(X, \mathbb{Z}_U) \to H^{n+1}(X, \mathbb{Z}) \to \cdots,$$

dass $H^i(X, \mathbb{Z}_U) = 0$ für $i > n$.

5) Damit genügt es, in (6.11) noch $H^i(X, \mathcal{R}) = 0$ für $i > n$ nachzuweisen. Wegen $0 \to \mathcal{R} \to \mathbb{Z}_U \hookrightarrow \mathbb{Z}$ kann man hier $0 \to \mathcal{R} \to \mathbb{Z} \to \mathcal{E} \to 0$ annehmen.

Nun gibt es unter allen $\mathcal{R}(U)$ für $U \subseteq X$ eines mit maximalem $\mathcal{R}(U) = m\mathbb{Z}$. Damit ist dann auch $\mathcal{R}(U') = m\mathbb{Z}$ für $U' \subseteq U$.

Es sei nun $\mathcal{R}' = m\mathbb{Z}$ als konstante, also auf X welke Garbe. Dann existiert die Sequenz

$$0 \to \mathcal{R} \to \mathcal{R}' \to \mathcal{Z} \to 0.$$

Es ist dann supp $\mathcal{Z} \subsetneq X$, also $H^i(X, \mathcal{Z}) = 0$ für $i > n-1$. Also wie üblich $H^i(X, \mathcal{R}) = 0$ für alle $i > n$. Mit diesem Schritt ist der Beweis erbracht.

6) Es bleibt noch der Fall dim $X = 0$. Es gibt dann kein nichtleeres $U \subsetneq X$, offen, also ist $\mathcal{F} \to \mathcal{F}(X) = \mathcal{F}_x$ mit $x \in X$ ein exakter Funktor. $\qquad\square$

Bemerkung 6.1.1
Es sei $\mathcal{F}$ eine abelsche Garbe auf einem topologischen Raum X. Dann heißt $\mathcal{F}$ *endlich erzeugt*, falls eine Surjektion abelscher Garben

$$\bigoplus_i \mathbb{Z}_{W_i} \to \mathcal{F} \to 0 \tag{6.12}$$

existiert, wobei die $W_i \subseteq X$ offene Mengen in X sind.

6.1.4   Beispiele

Beispiel 6.1.1
Es sei $X = \mathbb{P}^1_k$ und $\mathcal{K}_X$ die Garbe der meromorphen Funktionen auf X. Dann ist die Sequenz

$$0 \to \mathcal{O}_X \to \mathcal{K}_X \to \mathcal{K}_X/\mathcal{O}_X \to 0 \tag{6.13}$$

eine welke Auflösung von $\mathcal{O}_X$.

Es ist nämlich

$$\mathcal{K}_X/\mathcal{O}_X = \bigoplus_{x \in X} i_{x*}i_x^*(\mathcal{K}_X/\mathcal{O}_X) = \bigoplus_{x \in X} i_{x*}(\mathcal{K}_{X,x}/\mathcal{O}_{X,x}) \tag{6.14}$$

mit einem offenkundigen Missbrauch der Bezeichnungen bei der zweiten Identität.

Überdies bleibt die Sequenz (6.13) unter $\Gamma(X, -)$ exakt, so dass

$$H^1(X, \mathcal{O}_X) = 0 \tag{6.15}$$

folgt.   ∎

Beispiel 6.1.2
Es sei X ein noetherscher topologischer Raum, $U \subseteq X$, offen, und $0 \to \mathcal{R} \to \mathbb{Z}_U$ eine exakte Sequenz abelscher Garben.

Dann ist $\mathcal{R}$ eine endlich erzeugte abelsche Garbe auf X.   ∎

Beweis. Man kann ohne Weiteres $U = X$ annehmen. Zunächst sei X irreduzibel. Dann ist jedes $V \subseteq X$, offen, auch zusammenhängend. Es ist also $\mathcal{R}(V) \subseteq \mathbb{Z}(V) = \mathbb{Z}$ als $\mathbb{Z}$-Modul und damit $\mathcal{R}(V) = n_V \mathbb{Z}$ mit $n_V \in \mathbb{Z}$. Die Zuordnung $V \mapsto n_V$ ist eine Abbildung vom Verband der offenen Teilmengen von X nach $\mathbb{Z}$.

Für $W \subseteq V$ ist $\mathcal{R}(V) \subseteq \mathcal{R}(W)$, und es gilt die Beziehung $a_{VW}\, n_W = n_V$, also $n_W \mid n_V$. Es ist also $n_V \mid n_X$ für alle $V \subseteq X$, offen, und damit die Anzahl der möglichen n_V endlich.

Man betrachte weiterhin für ein festes $n = n_V$ die Menge der $W \subseteq X$, offen, mit $n_W = n$. Es sei dann $W' = \bigcup_{n_W = n} W$. Es ist dann zunächst einmal $n_W \mid n_{W'}$. Andererseits lassen sich die einzelnen (n_W, W) zu einem (n_W, W') verkleben, für das $b\, n_{W'} = n_W$, also $n_{W'} \mid n_W$ gilt. Zusammen also $n = n_{W'}$.

Es seien jetzt $n_1, \ldots, n_r$ die Teiler von n_X, die im Verband von $V \subseteq X$, offen, auftreten. Weiter seien die $W_1, \ldots, W_r$ die nach der Vorschrift im vorigen Absatz konstruierten maximalen offenen Teilmengen von X.

Es ist dann offensichtlich

$$\bigoplus \mathbb{Z}_{W_i} \to \mathcal{R} \to 0, \qquad (6.16)$$

wobei 1_{W_i} auf $n_i|_{W_i}$ abgebildet wird, eine Surjektion, die $\mathcal{R}$ als endlich erzeugt nachweist.

Im allgemeinen Fall sei $X = Y_1 \cup \cdots \cup Y_r$ eine Zerlegung in irreduzible Komponenten, $Y = Y_r$ und $U = X - Y$. Man hat dann die exakte Sequenz

$$0 \to \mathcal{R}_U \to \mathcal{R} \to \mathcal{R}_Y \to 0$$

mit $\mathcal{R}_U = j_! \, j^* \mathcal{R}$ und $\mathcal{R}_Y = i_* i^* \mathcal{R}$.

Aufgrund der Irreduzibilität von Y und kraft Induktion kann man $\mathcal{R}_U$ und $\mathcal{R}_Y$ als endlich erzeugt annehmen. Betrachte nun das Diagramm:

$$
\begin{array}{ccccccccc}
0 & \longrightarrow & \bigoplus \mathbb{Z}_{V_k} & \longrightarrow & \bigoplus \mathbb{Z}_{V_k} \oplus \bigoplus \mathbb{Z}_{W_{ij}} & \longrightarrow & \bigoplus \mathbb{Z}_{W_{ij}} & \longrightarrow & 0 \\
& & \big\downarrow{\phi} & & \big\downarrow & & \big\downarrow & & \\
& & & & & & \bigoplus \mathbb{Z}_{W_i} & & \\
& & & & & & \big\downarrow{\psi} & & \\
0 & \longrightarrow & \mathcal{R}_U & \longrightarrow & \mathcal{R} & \xrightarrow{\;p\;} & \mathcal{R}_Y & \longrightarrow & 0 \\
& & \big\downarrow & & & & \big\downarrow & & \\
& & 0 & & & & 0 & &
\end{array}
\qquad (6.17)
$$

Darin ist ψ durch $1_{W_i} \mapsto s_i \in \mathcal{R}_Y(W_i)$ definiert. Da $\mathcal{R} \to \mathcal{R}_Y \to 0$ surjektiv, gibt es $t_{ij} \in \mathcal{R}(W_{ij})$ für eine endliche Überdeckung W_{ij} von W_i, so dass $p(t_{ij}) = s_i|_{W_{ij}}$ ist. Die Abbildung $\mathbb{Z}_{W_{ij}} \to \mathcal{R}$ ist dann durch $1_{W_{ij}} \mapsto t_{ij} \in \mathcal{R}(W_{ij})$ definiert.

Mit einer Anwendung des Schlangenlemmas ist damit die Behauptung bewiesen. $\square$

Beispiel 6.1.3

Es sei $\mathcal{I}_\alpha$ ein induktives System injektiver abelscher Garben auf einem noetherschen topologischen Raum X.

Dann ist auch $\mathcal{I} = \varinjlim_\alpha \mathcal{I}_\alpha$ eine injektive abelsche Garbe auf X. $\blacksquare$

Beweis. Wir müssen nur zeigen, dass in einem Diagramm

$$
\begin{array}{ccc}
0 \longrightarrow \mathcal{R} & \longrightarrow & \mathbb{Z}_U \\
& \phi \searrow & \big\downarrow{\psi} \\
& & \varinjlim_\alpha \mathcal{I}_\alpha,
\end{array}
\qquad (6.18)
$$

in dem die Abbildung ϕ vorgegeben ist, auch die Abbildung ψ existiert.

Nun ist $\mathcal{R}$ endlich erzeugt, so dass die Abbildung $\phi : \mathcal{R} \to \varinjlim_{\alpha} \mathcal{I}_{\alpha}$ in Wirklichkeit schon durch ein $\mathcal{I}_{\alpha_0}$ faktorisiert. Damit ergibt sich aus obigem Diagramm

$$0 \longrightarrow \mathcal{R} \longrightarrow \mathbb{Z}_U \qquad (6.19)$$

$$\begin{array}{c} \phi \searrow \quad \downarrow \psi_0 \\ \mathcal{I}_{\alpha_0} \\ \downarrow i_0 \\ \varinjlim_{\alpha} \mathcal{I}_{\alpha} \end{array}$$

die Existenz der Abbildung ψ_0 und damit auch von $\psi = i_0 \, \psi_0$. $\qquad \square$

Beispiel 6.1.4

Es sei S^1 der Einheitskreis mit der gewöhnlichen Topologie und $\mathbb{Z}$ die konstante $\mathbb{Z}$-wertige Garbe auf S^1. Dann ist

$$H^1(S^1, \mathbb{Z}) = \mathbb{Z}.$$

Ist hingegen $\mathcal{R}$ die Garbe der auf S^1 stetigen Funktionen, so ist

$$H^1(S^1, \mathcal{R}) = 0.$$

$\blacksquare$

6.2 Kohomologie auf abgeschlossenem Träger

Es sei im Folgenden immer X ein topologischer Raum, $Y \subseteq X$ abgeschlossen und $U = X - Y \subseteq X$ offen.

Wir definieren zunächst:

Definition 6.2.1

Es sei $\mathcal{F}$ eine abelsche Garbe auf X. Dann sei für $V \subseteq X$, offen,

$$\Gamma_Y(V, \mathcal{F}) = \Gamma(V, \mathcal{H}_Y(\mathcal{F})) = \ker(\mathcal{F}(V) \to \mathcal{F}(V \cap U)) \qquad (6.20)$$

die Schnitte von $\mathcal{F}$ *mit Träger in* Y. $\qquad \blacklozenge$

Proposition 6.2.1

Es sei $0 \to \mathcal{F}' \to \mathcal{F} \to \mathcal{F}'' \to 0$ *eine exakte Sequenz abelscher Garben auf* X. *Dann ist*

$$0 \to \Gamma_Y(V, \mathcal{F}') \to \Gamma_Y(V, \mathcal{F}) \to \Gamma_Y(V, \mathcal{F}'') \qquad (6.21)$$

exakt. Es ist also $\mathcal{F} \mapsto \Gamma_Y(V, \mathcal{F})$ *ein linksexakter Funktor auf* **AbSh**(X).

Wir können also die rechtsabgeleiteten Funktoren von $\Gamma_Y(V, -)$ bilden:

Definition 6.2.2
Die rechtsabgeleiteten Funktoren von $\Gamma_Y(V, \mathcal{F})$ existieren und seien mit $H_Y^i(V, \mathcal{F})$ bezeichnet. Es sind die *Kohomologiegruppen mit abgeschlossenem Träger.*   ◆

Ist $\mathcal{F}'$ welk, so ist die Sequenz (6.21) auch rechtsexakt:

Proposition 6.2.2
Es sei $0 \to \mathcal{F}' \to \mathcal{F} \to \mathcal{F}'' \to 0$ *eine exakte Sequenz abelscher Garben auf X und* $\mathcal{F}'$ *welk. Dann ist*

$$0 \to \Gamma_Y(V, \mathcal{F}') \to \Gamma_Y(V, \mathcal{F}) \to \Gamma_Y(V, \mathcal{F}'') \to 0 \qquad (6.22)$$

exakt.

Beweis. Betrachte das Diagramm:

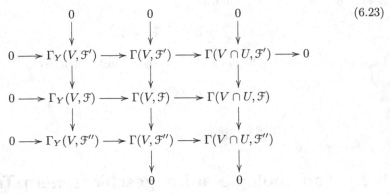

$$(6.23)$$

Eine Diagrammjagd zeigt $\Gamma_Y(V, \mathcal{F}) \to \Gamma_Y(V, \mathcal{F}'') \to 0$.   □
    Damit können wir erschließen:

Proposition 6.2.3
Es sei $\mathcal{F}$ eine welke, abelsche Garbe auf X. Dann ist

$$H_Y^i(X, \mathcal{F}) = 0$$

für alle $i > 0$, ganz.

Beweis. Wähle eine exakte Sequenz $0 \to \mathcal{F} \to \mathcal{I} \to \mathcal{Q} \to 0$ mit einer injektiven Garbe $\mathcal{I}$. Dann ist $\mathcal{I}$ welk und damit auch $\mathcal{Q}$ welk. Betrachte nun die lange exakte Kohomologiesequenz

$$\cdots \to \Gamma_Y(X, \mathcal{I}) \twoheadrightarrow \Gamma_Y(X, \mathcal{Q}) \to H_Y^1(X, \mathcal{F}) \to H_Y^1(X, \mathcal{I}) = 0 \to \cdots, \quad (6.24)$$

aus der $H_Y^1(X, \mathcal{F}) = 0$ sofort folgt. Damit ist dann auch $H_Y^1(X, \mathcal{Q}) = 0$, denn an der Wahl von $\mathcal{F}$ war nichts Spezielles.
    Im nächsten Schritt

$$\cdots \to H_Y^1(X, \mathcal{Q}) \to H_Y^2(X, \mathcal{F}) \to H_Y^2(X, \mathcal{I}) = 0 \to \cdots \quad (6.25)$$

folgt dann $H_Y^2(X, \mathcal{F}) = 0$.
    Induktiv weiter fortschreitend ergibt sich die Behauptung der Proposition.   □

Lemma 6.2.1

Es sei $\mathcal{F}$ eine welke, abelsche Garbe auf X. Dann ist exakt

$$0 \to \mathcal{H}_Y(\mathcal{F}) \to \mathcal{F} \to_U \mathcal{F} \to 0, \tag{6.26}$$

wobei $_U\mathcal{F} = j_* j^* \mathcal{F}$ sei.

Ebenso ist $\Gamma(X, -)$ von obiger Sequenz

$$0 \to \Gamma_Y(X, \mathcal{F}) \to \Gamma(X, \mathcal{F}) \to \Gamma(U, \mathcal{F}) \to 0 \tag{6.27}$$

exakt, und es ist

$$H^1(X, \mathcal{H}_Y(\mathcal{F})) = 0. \tag{6.28}$$

Beweis. In (6.27) ist nur die Surjektivität rechts fraglich. Sie folgt sofort, da $\mathcal{F}$ welk ist. Die Aussage in (6.28) folgt aus der Surjektivität links in (6.27), der langen exakten Kohomologiesequenz für (6.26) und $H^1(X, \mathcal{F}) = 0$. $\qquad\square$

Proposition 6.2.4

Es sei $\mathcal{F}$ eine abelsche Garbe auf X. Dann gibt es eine lange exakte Kohomologiesequenz:

$$0 \to \Gamma_Y(X, \mathcal{F}) \to \Gamma(X, \mathcal{F}) \to \Gamma(U, \mathcal{F}) \to$$
$$\to H_Y^1(X, \mathcal{F}) \to H^1(X, \mathcal{F}) \to H^1(U, \mathcal{F}) \to$$
$$\to H_Y^2(X, \mathcal{F}) \to \cdots \tag{6.29}$$

Beweis. Betrachte das Diagramm

$$
\begin{array}{ccccccccc}
0 & \longrightarrow & \mathcal{H}_Y(\mathcal{G}^\bullet) & \longrightarrow & \mathcal{G}^\bullet & \longrightarrow & _U\mathcal{G}^\bullet & \longrightarrow & 0, \\
& & \uparrow & & \uparrow & & \uparrow & & \\
0 & \longrightarrow & \mathcal{H}_Y(\mathcal{F}) & \longrightarrow & \mathcal{F} & \dashrightarrow & _U\mathcal{F} & & \\
& & \uparrow & & \uparrow & & \uparrow & & \\
& & 0 & & 0 & & 0 & &
\end{array}
\tag{6.30}
$$

wobei $\mathcal{G}^\bullet$ eine welke Auflösung von $\mathcal{F}$ ist. Nun wende $\Gamma(X, -)$ an und beachte die zeilenweise Exaktheit nach vorigem Lemma.

Weiterhin steht in der Spalte links $0 \to \Gamma_Y(\mathcal{F}) \to \Gamma_Y(\mathcal{G}^\bullet)$. Da $H_Y^i(X, \mathcal{G}^p) = 0$, also die $\mathcal{G}^p$ azyklisch für $\Gamma_Y(X, -)$ sind, folgt $H_Y^i(X, \mathcal{F}) = h^i(\Gamma_Y(X, \mathcal{G}^\bullet))$.

In der mittleren Spalte steht $0 \to \Gamma(X, \mathcal{F}) \to \Gamma(X, \mathcal{G}^\bullet)$. Dieser Komplex berechnet $H^i(X, \mathcal{F})$, da die $\mathcal{G}^p$ auf X welk sind.

In der rechten Spalte steht $0 \to \Gamma(U, \mathcal{F}) \to \Gamma(U, \mathcal{G}^\bullet)$. Dieser Komplex berechnet $H^i(U, \mathcal{F})$, da die $\mathcal{G}^p$ auf U welk sind.

Die behauptete lange exakte Kohomologiesequenz ist also nichts anderes als diejenige des im Diagramm dargestellten Komplexes nach Anwendung von $\Gamma(X, -)$. $\qquad\square$

Proposition 6.2.5 (Excision)

Es sei $V \subseteq X$ offen mit $Y \subseteq V \subseteq X$. Weiter sei $\mathcal{F}$ eine abelsche Garbe auf X. Dann ist

$$H_Y^i(X, \mathcal{F}) = H_Y^i(V, \mathcal{F}|_V) \tag{6.31}$$

für alle $i = 0, 1, \ldots$

Beweis. Es ist $\Gamma_Y(X, -) = \Gamma_Y(V, -) \circ (\mathcal{F} \mapsto j_V^* \mathcal{F})$. Weiterhin ist $\mathrm{Hom}(j_{V!}\mathcal{G}, \mathcal{F}) = \mathrm{Hom}(\mathcal{G}, j_V^* \mathcal{F})$. Damit ist $\mathcal{F}|_V = j_V^* \mathcal{F}$ rechtsadjungiert zum exakten Funktor $j_{V!}$ und bildet injektive auf injektive Objekte ab. Also ist nach einem allgemeinen Satz der homologischen Algebra $R^i \Gamma_Y(X, -) = R^i \Gamma_Y(V, -) \circ (\mathcal{F} \mapsto j_V^* \mathcal{F})$, also

$$H_Y^i(X, \mathcal{F}) = H_Y^i(V, j_V^* \mathcal{F}).$$

$\square$

Proposition 6.2.6 (Mayer-Vietoris)

Es seien $Y_1, Y_2 \subseteq X$ zwei abgeschlossene Teilmengen von X und $\mathcal{F}$ eine abelsche Garbe auf X.

Dann existiert eine lange exakte Kohomologiesequenz:

$$0 \to \Gamma_{Y_1 \cap Y_2}(X, \mathcal{F}) \to \Gamma_{Y_1}(X, \mathcal{F}) \oplus \Gamma_{Y_2}(X, \mathcal{F}) \to \Gamma_{Y_1 \cup Y_2}(X, \mathcal{F}) \to$$
$$\to H_{Y_1 \cap Y_2}^1(X, \mathcal{F}) \to H_{Y_1}^1(X, \mathcal{F}) \oplus H_{Y_2}^1(X, \mathcal{F}) \to H_{Y_1 \cup Y_2}^1(X, \mathcal{F}) \to$$
$$\to H_{Y_1 \cap Y_2}^2(X, \mathcal{F}) \to \cdots \quad (6.32)$$

Diese Sequenz heißt auch Mayer-Vietoris-Sequenz.

Beweis. Es gibt offensichtlich eine exakte Sequenz

$$0 \to \mathcal{H}_{Y_1 \cap Y_2}(\mathcal{F}) \to \mathcal{H}_{Y_1}(\mathcal{F}) \oplus \mathcal{H}_{Y_2}(\mathcal{F}) \to \mathcal{H}_{Y_1 \cup Y_2}(\mathcal{F}),$$

die symbolisch durch $t \mapsto (t, -t)$ und $(s_1, s_2) \mapsto s_1 + s_2$ ausgedrückt werden kann.

Ist $\mathcal{F}$ welk, so ist die Sequenz auch rechts surjektiv, sogar auf den Schnitten. Man erkennt dies aus dem Diagramm:

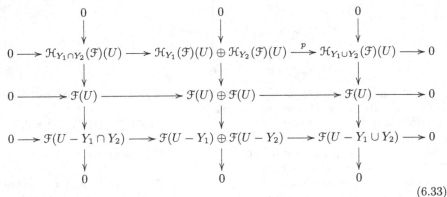

$$(6.33)$$

Die Surjektivität von p ist zu zeigen, alle anderen Beziehungen folgen aus der Welkheit von $\mathcal{F}$ und den Definitionen. Das Schlangenlemma gibt den Beweis.

Man wähle nun eine welke Auflösung $0 \to \mathcal{F} \to \mathcal{G}^\bullet$ und betrachte

$$0 \to \mathcal{H}_{Y_1 \cap Y_2}(\mathcal{G}^\bullet) \to \mathcal{H}_{Y_1}(\mathcal{G}^\bullet) \oplus \mathcal{H}_{Y_2}(\mathcal{G}^\bullet) \to \mathcal{H}_{Y_1 \cup Y_2}(\mathcal{G}^\bullet) \to 0.$$

Hierauf wende man $\Gamma(X, -)$ an und beachte $H^1(X, \mathcal{H}_{Y_1 \cap Y_2}(\mathcal{G}^p)) = 0$ (oder die oben gezeigte Exaktheit der Schnitte). Es ist also exakt

$$0 \to \Gamma_{Y_1 \cap Y_2}(X, \mathcal{G}^\bullet) \to \Gamma_{Y_1}(X, \mathcal{G}^\bullet) \oplus \Gamma_{Y_2}(X, \mathcal{G}^\bullet) \to \Gamma_{Y_1 \cup Y_2}(X, \mathcal{G}^\bullet) \to 0. \quad (6.34)$$

Nun ist $h^i(\Gamma_{Y_1 \cap Y_2}(X, \mathcal{G}^\bullet)) = H^i_{Y_1 \cap Y_2}(X, \mathcal{F})$ sowie $h^i(\Gamma_{Y_j}(X, \mathcal{G}^\bullet)) = H^i_{Y_j}(X, \mathcal{F})$ und · $h^i(\Gamma_{Y_1 \cup Y_2}(X, \mathcal{G}^\bullet)) = H^i_{Y_1 \cup Y_2}(X, \mathcal{F})$.

Zusammen mit der langen exakten Sequenz aus der „Abwicklung" des Komplexes (6.34) ergibt sich die Behauptung. $\qquad\square$

Es sei im folgenden Beispiel für einen abgeschlossenen Punkt $P \in X$ die Menge $X_P = \{Q \in X \mid P \in \overline{\{Q\}}\}$, also die Menge aller Q aus X, die sich *zu P spezialisieren*.

Beispiel 6.2.1

Es sei $j_P : X_P \to X$ die Inklusionsabbildung in einen Zariski-Raum X. Versieht man X_P mit der induzierten Topologie, so ist

$$H^i_P(X, \mathcal{F}) = H^i_P(X_P, j_P^* \mathcal{F}) \qquad (6.35)$$

für eine abelsche Garbe $\mathcal{F}$ auf X. $\qquad\blacksquare$

Beweis. Betrachte für alle $U \ni P$, offen, die Diagramme

$$
\begin{array}{ccc}
0 & & 0 \\
\downarrow & & \downarrow \\
\Gamma_P(X, \mathcal{F}) & \longrightarrow & \Gamma_P(X_P, j_P^* \mathcal{F}) \\
\downarrow & & \downarrow \\
\Gamma(U, \mathcal{F}) & \longrightarrow & \Gamma(X_P, j_P^* \mathcal{F}) \\
\downarrow & & \downarrow \\
\Gamma(U - P, \mathcal{F}) & \longrightarrow & \Gamma(X_P - P, j_P^* \mathcal{F}|_{X_P - P})
\end{array}
$$

und bilde den Limes $\varinjlim_{P \in U}$ über diese Diagramme:

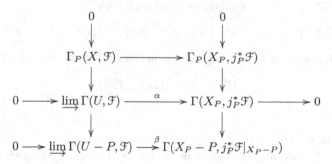

Die Isomorphie α folgt aus $\Gamma(X_P, j_P^* \mathcal{F}) = \mathcal{F}_P$. Die Injektivität von β überlegt man sich leicht: Ein Element s von links, das rechts Null wird, gibt Anlass zu einer Überdeckung von $X_P - P$ mit $U_i \subseteq U$, für die $s|_{U_i} = 0$ ist.

Es ist also natürlich isomorph:

$$\Gamma_P(X, \mathcal{F}) = \Gamma_P(X_P, j_P^* \mathcal{F}) \qquad (6.36)$$

Wir zeigen, dass links und rechts auslöschbare δ-Funktoren stehen. Links ist dies klar, denn die Einbettung $0 \to \mathcal{F} \to \mathcal{G}$ in eine injektive und damit welke Garbe $\mathcal{G}$ liefert die gewünschte Auslöschung $R^i \Gamma_P(X, \mathcal{G}) = H^i_P(X, \mathcal{G}) = 0$.

Rechts ist eine detailliertere Überlegung nötig: Man bettet ein $0 \to \mathcal{F} \to \mathcal{I}$, wobei $\mathcal{I}$ die übliche injektive Garbe diskontinuierlicher Schnitte ist.

Es ist dann $j_P^* \mathcal{I}(U \cap X_P)$ gegeben durch ein endliches System von Schnitten

$$s_\alpha \in \mathcal{I}(U_\alpha),$$

so dass $\bigcup (U_\alpha \cap X_P) = U \cap X_P$ und die s_α ein kompatibles System von $t_z \in j_P^* \mathcal{I}_z = \mathcal{I}_z$ für die $z \in U \cap X_P$ induzieren.

Wir zeigen nun, dass bereits ein einziges U_α dafür ausreicht. Kraft Induktion genügt es dafür anzunehmen, dass das System (U_α) aus zwei offenen Mengen $U_1 = X - Y_1$ und $U_2 = X - Y_2$ besteht. Wir nehmen an, dass Y_i alle irreduziblen Komponenten von X enthält, die X_P nicht treffen. In diesem Fall ist $U_{12} = U_1 \cap U_2 \neq \emptyset$ äquivalent mit $U_{12} \cap X_P \neq \emptyset$. Wir nehmen natürlich an, dass U_{12} nichtleer ist, da sonst $U = U_1 \cup U_2$ als einziges U_α gewählt werden könnte.

Die jeweiligen Schnitte auf U_1, U_2 seien s_1 und s_2. Es gibt dann eine offene Menge $V_{12} \subseteq U_{12} = U_1 \cap U_2$, auf der s_1 und s_2 übereinstimmen und für die $U_{12} \cap X_P = V_{12} \cap X_P$ ist.

Das lokal abgeschlossene Komplement $U_{12} - V_{12}$ sei $U_{12} \cap Y_{12}$ mit einer abgeschlossenen Menge Y_{12}. Zerlegt man Y_{12} in irreduzible abgeschlossene Komponenten Y_{12i}, so kann Y_{12i} entweder P nicht enthalten oder muss ein Teil von Y_1 oder Y_2 sein. Andernfalls wäre ξ_{12i}, der generische Punkt von Y_{12i}, in $U_{12} \cap X_P$ enthalten, also in $V_{12} \cap X_P$. Nun liegt aber $\xi_{12i} \subseteq Y_{12i} \subseteq Y_{12}$ gerade wegen dieser Inklusion nicht in $V_{12} = U_{12} - Y_{12}$.

Nennt man nun A_{12} die Vereinigung aller Y_{12i}, die P nicht enthalten, so kann man die Einschränkungen $U_1' = U_1 - A_{12}$ und $U_2' = U_2 - A_{12}$ definieren.

Sie haben die Eigenschaft $U_1' \cap U_2' = V_{12}$, und damit verkleben $s_1|_{U_1'}$ und $s_2|_{U_2'}$ zu einem s' auf $U_1' \cup U_2'$.

Es ist also $t \in j_P^* \mathcal{I}(U \cap X_P)$ schon induziert durch einen Schnitt $s \in \mathcal{I}(U')$ mit $U \cap X_P = U' \cap X_P$. Ist $\mathcal{I}$ welk, so kann man s zu einem Schnitt $s' \in \mathcal{I}(X)$ ausdehnen. Dieser induziert dann eine Ausdehnung von t zu t' aus $j_P^* \mathcal{I}(X_P)$. Also ist für $\mathcal{I}$ welk, auch $j_P^* \mathcal{I}$ welk.

Da $\mathcal{F} \mapsto j_P^* \mathcal{F}$ ein exakter Funktor ist, folgt schließlich

$$R^i(\Gamma_P(X_P, j_P^* \mathcal{I})) = (R^i \Gamma_P)(X_P, j_P^* \mathcal{I}) = H_P^i(X_P, j_P^* \mathcal{I}) = 0.$$

Also ist auch die rechte Seite von (6.36) ein in $\mathcal{F}$ auslöschbarer δ-Funktor und damit

$$H_P^i(X, \mathcal{F}) = H_P^i(X_P, j_P^* \mathcal{P})$$

für alle i. $\qquad \square$

Bemerkung 6.2.1

Die Menge X_P ist abgeschlossen unter Generisierung, aber auch auf einem Zariski-Raum im Allgemeinen nicht offen.

Andernfalls wäre ihr Komplement immer abgeschlossen, was aber schon für $X = \mathbb{A}_k^1$, mit k unendlich, zu einem Widerspruch führt. Das Komplement von X_P ist ungleich X und enthält unendlich viele abgeschlossene Punkte. Damit kann es nicht abgeschlossen sein.

6.3 Kohomologie auf noetherschen affinen Schemata

Definition 6.3.1

Es sei A ein kommutativer Ring, $\mathfrak{a} \subseteq A$ ein Ideal und M ein A-Modul.

Dann sei

$$\Gamma_{\mathfrak{a}}(M) = \{m \in M \mid \mathfrak{a}^n\, m = 0 \text{ für } n \text{ geeignet }\}. \tag{6.37}$$

$\blacklozenge$

Lemma 6.3.1

Es sei A und $\mathfrak{a}$ sowie M und $\Gamma_{\mathfrak{a}}(M)$ wie in der vorigen Definition. Überdies sei $\mathfrak{a}$ endlich erzeugt.

Dann ist

$$\Gamma_{\mathfrak{a}}(M) = \{m \in M \mid \operatorname{supp} m \subseteq V(\mathfrak{a})\}. \tag{6.38}$$

Beweis. Ist $\mathfrak{a}^n\, m = 0$, so ist $\mathfrak{a}_{\mathfrak{p}}^n\, m/1 = 0$ in $M_{\mathfrak{p}}$. Da für $\mathfrak{p} \not\supseteq \mathfrak{a}$ die Gleichheit $\mathfrak{a}_{\mathfrak{p}} = 1$ gilt, folgt für diese Primideale $\mathfrak{p}$ auch $m/1 = 0$ in $M_{\mathfrak{p}}$. Also $\operatorname{supp} m \subseteq V(\mathfrak{a})$.

Für die umgekehrte Richtung betrachte die exakte Sequenz

$$0 \to \mathfrak{b} \to A \xrightarrow{\cdot m} A$$

mit $\mathfrak{b} = \operatorname{Ann}_A(m)$ und ihre Lokalisierungen:

$$0 \to \mathfrak{b}_{\mathfrak{p}} \to A_{\mathfrak{p}} \xrightarrow{\cdot m} A_{\mathfrak{p}}$$

Wegen $\operatorname{supp} m \subseteq V(\mathfrak{a})$ ist $m/1 = 0$ in $M_{\mathfrak{p}}$ für $\mathfrak{p} \not\supseteq \mathfrak{a}$. Also ist für diese $\mathfrak{p}$ auch $\mathfrak{b}_{\mathfrak{p}} = 1$. und damit $\mathfrak{p} \not\supseteq \mathfrak{b}$. Also ist $V(\mathfrak{b}) \subseteq V(\mathfrak{a})$ und damit $\mathfrak{a} \subseteq \sqrt{\mathfrak{a}} \subseteq \sqrt{\mathfrak{b}}$. Ist $\mathfrak{a}$ endlich erzeugt, folgt $\mathfrak{a}^n \subseteq \mathfrak{b}$, also $\mathfrak{a}^n\, m = 0$. $\qquad\square$

Lemma 6.3.2

Es sei A ein noetherscher Ring, $\mathfrak{a} \subseteq A$ ein Ideal und I ein injektiver A-Modul.

Dann ist auch $\Gamma_{\mathfrak{a}}(I)$ ein injektiver A-Modul.

Beweis. Es ist zu zeigen, dass sich in jedem Diagramm

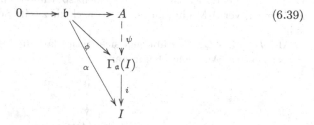

$$\tag{6.39}$$

gebildet aus einem Ideal $\mathfrak{b}$ von A und einer Abbildung ϕ eine passende Abbildung ψ finden lässt.

Zunächst ist jedenfalls $\mathfrak{a}^n\, \alpha(\mathfrak{b}) = 0$ für alle genügend großen n. Anders gesagt, $i\,\phi(\mathfrak{a}^n\,\mathfrak{b}) = 0$, also $\phi(\mathfrak{a}^n\,\mathfrak{b}) = \mathfrak{a}^n\,\phi(\mathfrak{b}) = 0$.

Nun ist für alle genügend großen n und ein festes k auch

$$\mathfrak{b} \cap \mathfrak{a}^{n+k} \subseteq \mathfrak{a}^n \mathfrak{b}.$$

Es findet sich also auch ein n, so dass $\phi(\mathfrak{b} \cap \mathfrak{a}^{n+k}) = 0$ ist. Damit kann man ϕ als Komposition

$$\mathfrak{b} \to \mathfrak{b}/(\mathfrak{b} \cap \mathfrak{a}^{n+k}) \to \Gamma_{\mathfrak{a}}(I)$$

auffassen. Die dabei auftretende Abbildung $\chi : (\mathfrak{b}/(\mathfrak{b} \cap \mathfrak{a}^{n+k}) \to I$ kann man in ein Diagramm

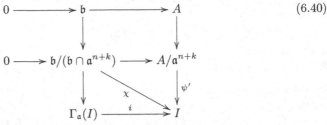

$$(6.40)$$

einbetten.

Da ψ' von $A/\mathfrak{a}^{n+k}$ ausgeht, hat $\psi'(A/\mathfrak{a}^{n+k})$ einen Träger, der Teil von $V(\mathfrak{a})$ ist. Damit faktorisiert ψ' als

$$A/\mathfrak{a}^{n+k} \xrightarrow{\psi''} \Gamma_{\mathfrak{a}}(I) \xrightarrow{i} I,$$

und die gesuchte Abbildung ψ ist die Komposition $A \to A/\mathfrak{a}^{n+k} \xrightarrow{\psi''} \Gamma_{\mathfrak{a}}(I)$. $\qquad\square$

Lemma 6.3.3

Es sei A ein noetherscher Ring und I ein injektiver A-Modul. Dann sind die Abbildungen

$$I \to I_f$$

für alle $f \in A$ surjektiv.

Beweis. Betrachte die beiden exakten Sequenzen von A-Moduln:

$$0 \to \Gamma_{(f)}(I) \to I \to Z \to 0, \qquad\qquad (6.41)$$
$$0 \to Z \to I_f \to Q \to 0 \qquad\qquad (6.42)$$

Da $\Gamma_{(f)}(I)$ injektiv ist, ist die erste Sequenz split und damit $I = \Gamma_{(f)}(I) \oplus Z$. Damit ist Z ein injektiver A-Modul, und somit ist auch die zweite Sequenz als A-Modul-Sequenz split.

Also $I_f = Z \oplus Q$. Man überlegt sich leicht, dass für $t \in Q = I_f/I$ stets $f^n t = 0$ für n geeignet gilt. Aus dem Diagramm

$$
\begin{array}{ccc}
0 & & 0 \\
\downarrow & & \downarrow \\
0 \longrightarrow Q \longrightarrow & I_f & \\
\downarrow{\cdot f^n} & & \downarrow{\cdot f^n} \\
0 \longrightarrow Q \longrightarrow & I_f &
\end{array}
\qquad\qquad (6.43)
$$

entnimmt man, dass dann sogar $t = 0$ gelten muss. Also ist $Q = 0$ und $I_f = Z$.

Damit ist die Sequenz von A-Moduln

$$0 \to \Gamma_{(f)}(I) \to I \to I_f \to 0 \qquad (6.44)$$

exakt.   □

Lemma 6.3.4

Es sei A ein noetherscher Ring und I ein injektiver A-Modul.

Dann ist für $X = \operatorname{Spec}(A)$ der $\mathcal{O}_X$-Modul $\widetilde{I}$ eine welke Garbe.

Beweis. Zu zeigen ist $\widetilde{I}(X) \to \widetilde{I}(U)$ ist surjektiv für alle $U \subseteq X$, offen. Für $U = D(f)$
entspricht das dem vorigen Lemma.

Generell sei $U = D(f_1) \cup \cdots \cup D(f_n)$ und $s' \in \widetilde{I}(U)$ lokal gegeben durch x_p/f_p mit
$f_q x_p = f_p x_q$. Finde nach vorigem Lemma ein $y \in I$ mit $f_1 y - x_1 = 0$ (eventuell muss
man dazu noch $x_i/f_i = x_i f_i^N / f_i^{N+1} = x_i'/f_i'$ schreiben). Betrachte dann $y - x_p/f_p$
für $p = 2, \ldots, n$. Es ist

$$f_1(y - x_p/f_p) = f_1 y - f_1 x_p/f_p = f_1 y - f_p x_1/f_p = f_1 y - x_1/1 = 0$$

in I_{f_p}.

Also ist $y - s'|_{U''} \in \Gamma_{(f_1)} \widetilde{I}(U'')$ für $U'' = D(f_2) \cup \cdots \cup D(f_n)$.

Nach Induktion gibt es ein $w \in \Gamma_{(f_1)} I$ mit $w|_{U''} = y|_{U''} - s'|_{U''}$, also

$$w = y - x_p/f_p$$

auf $D(f_p)$.

Betrachte nun $z = y - w$. Es ist $z/1 - x_1/f_1 = y/1 - x_1/f_1 = 0$ auf $D(f_1)$, denn
$w/1 = 0$ in $D(f_1)$, da $w \in \Gamma_{(f_1)} I$. Weiterhin ist

$$z/1 - x_p/f_p = y/1 - w/1 - x_p/f_p = y/1 - (y/1 - x_p/f_p) - x_p/f_p = 0$$

in $D(f_p)$. Also ist $z|_U = s'$ und $\widetilde{I}$ ist welk.   □

Lemma 6.3.5

Es sei A ein noetherscher Ring und $X = \operatorname{Spec}(A)$. Der A-Modul I sei als A-
Modul injektiv. Dann ist $\widetilde{I}$ ein welker, quasikohärenter, in $\mathbf{Qco}(X)$ injektiver
$\mathcal{O}_X$-Modul.

Beweis. Es ist $\operatorname{Hom}(\widetilde{M^\bullet}, \widetilde{I}) = \operatorname{Hom}(M^\bullet, I)$.   □

Lemma 6.3.6

Es sei A, X wie oben und $\mathcal{F}$ ein quasikohärenter $\mathcal{O}_X$-Modul. Dann gibt es eine
Injektion

$$0 \to \mathcal{F} \to \mathcal{J}$$

in einen welken, quasikohärenten, in $\mathbf{Qco}(X)$ injektiven $\mathcal{O}_X$-Modul $\mathcal{J}$.

Beweis. Man betrachte nämlich eine injektive Einbettung $0 \to \mathcal{F}(X) \to I$ von $\mathcal{F}(X)$
in den A-Moduln. Es ist dann $\mathcal{J} = \widetilde{I}$.   □

Lemma 6.3.7

Es sei X ein noethersches Schema und $\mathcal{F}$ ein quasikohärenter $\mathcal{O}_X$-Modul. Dann gibt es stets einen welken, in $\mathbf{Qco}(X)$ injektiven, *quasikohärenten $\mathcal{O}_X$-Modul $\mathcal{I}$ mit*

$$0 \to \mathcal{F} \to \mathcal{I}.\qquad(6.45)$$

Beweis. Man konstruiert $\mathcal{I}$ wie folgt:

1. Man wähle eine endliche Überdeckung (U_i) von X mit noetherschen, affinen Schemata.

2. Man finde für jedes i die im vorigen Lemma genannte injektive Einbettung

$$j^*_{U_i}\mathcal{F} \hookrightarrow \mathcal{I}_i.$$

3. Es gibt dann eine injektive Einbettung von quasikohärenten $\mathcal{O}_X$-Moduln:

$$0 \to \mathcal{F} \hookrightarrow \prod_i j_{U_i*}j^*_{U_i}\mathcal{F} \hookrightarrow \prod_i j_{U_i*}\mathcal{I}_i$$

Man beachte, dass j_{U_i*} linksexakt sowie $j_{U_i*}\mathcal{I}_i$ welk und quasikohärent ist.
Es ist somit

$$\mathcal{I} = \prod_i j_{U_i*}\mathcal{I}_i.$$

Aus

$$\mathrm{Hom}(\mathcal{G}, \prod_i j_{U_i*}\mathcal{I}_i) = \prod_i \mathrm{Hom}(j^*_{U_i}\mathcal{G}, \mathcal{I}_i)$$

folgen dann die Aussagen über $\mathcal{I}$.   □

Proposition 6.3.1

Es sei X ein noethersches Schema. Dann ist äquivalent:

a) $X = \mathrm{Spec}\,(A)$ *ist affin.*

b) $H^i(X, \mathcal{F}) = 0$ *für alle quasikohärenten $\mathcal{F}$ auf X und $i > 0$.*

c) $H^1(X, \mathcal{I}) = 0$ *für alle kohärenten Idealgarben $\mathcal{I}$ auf X.*

Beweis. Wir zeigen, dass a) aus c) folgt. Für $U \subseteq X$, offen, affin und $P \in U$ maximal betrachte die exakte Sequenz

$$0 \to \mathcal{I}_{Y \cup P} \to \mathcal{I}_Y \to k(P) \to 0,$$

wobei $Y = X - U$ ist. Anwendung von $\Gamma(X, -)$ liefert

$$0 \to \mathcal{I}_{Y \cup P}(X) \to \mathcal{I}_Y(X) \to k(P) \to 0.$$

Es existiert also ein $f_P \in \mathcal{I}_Y(X)$ mit $f_P(P) \neq 0$. Damit ist X_{f_P} ein affines Schema $U_P \subseteq X$ mit $P \in U_P$. Da X noethersch ist, gibt es endlich viele $f_1, \ldots, f_r$ mit $f_i = f_{P_i}$, so dass $\bigcup U_{P_i} = X$ ist. Können wir zeigen, dass $(1) = (f_i) \subseteq \mathcal{O}_X(X)$ ist, so wäre der Beweis, dass X affin ist, erbracht.

Betrachte die exakte Sequenz

$$0 \to \mathcal{K} \to \mathcal{O}_X^r \to \mathcal{O}_X \to 0,$$

wobei die Abbildung $\mathcal{O}_X^r \to \mathcal{O}_X$ symbolisch durch $(a_1, \ldots, a_r) \mapsto a_1 f_1 + \cdots + a_r f_r$ gegeben ist. Können wir zeigen, dass für jedes $\mathcal{K} \subseteq \mathcal{O}_X^r$ immer $H^1(X, \mathcal{K}) = 0$, so wäre $1 = \sum a_i f_i$ und der Beweis beendet.

Es sei $\mathcal{E}$ das Bild von $\mathcal{K}$ in $\mathcal{O}_X^{r-1}$ unter der Projektion $\mathcal{O}_X^r \to \mathcal{O}_X^{r-1} \to 0$. Man hat ein Diagramm:

$$
\begin{array}{ccccccccc}
0 & \longrightarrow & \mathcal{O}_X & \longrightarrow & \mathcal{O}_X^r & \longrightarrow & \mathcal{O}_X^{r-1} & \longrightarrow & 0 \\
& & \uparrow & & \uparrow & & \uparrow & & \\
0 & \longrightarrow & \mathcal{L} & \longrightarrow & \mathcal{K} & \longrightarrow & \mathcal{E} & \longrightarrow & 0
\end{array}
$$

Kraft Induktion ist zunächst $H^1(X, \mathcal{E}) = 0$. Andererseits ist $\mathcal{L} \subseteq \mathcal{O}_X$, also ein Ideal und damit $H^1(X, \mathcal{L}) = 0$. Also auch $H^1(X, \mathcal{K}) = 0$, und alles ist gezeigt. $\qquad\square$

Lemma 6.3.8

Es sei X ein noethersches Schema und $\mathcal{I} \subseteq \mathcal{O}_X$ ein Ideal mit $\mathcal{I}^2 = 0$. Weiter sei $V(\mathcal{I}) = (X, \mathcal{O}_X/\mathcal{I}) = (X', \mathcal{O}_{X'})$. Dann ist X genau dann affin, wenn X' es ist.

Beweis. Da $X' \hookrightarrow X$ eine abgeschlossene Immersion ist, ist es nur nötig nachzuweisen, dass aus der Affinität von X' auch die von X folgt. Sei $\mathcal{J} \subseteq \mathcal{O}_X$ ein Ideal.
Betrachte die Folge

$$0 \to \mathcal{I}\mathcal{J} \to \mathcal{J} \to \mathcal{J}/\mathcal{I}\mathcal{J} \to 0\,.$$

Die Garben an den Rändern verschwinden unter Multiplikation mit $\mathcal{I}$, sind also $\mathcal{O}_X/\mathcal{I} = \mathcal{O}_{X'}$-Moduln. Also hat man als Ausschnitt aus der langen exakten Kohomologiesequenz:

$$0 = H^1(X', \mathcal{I}\mathcal{J}) \to H^1(X, \mathcal{J}) \to H^1(X', \mathcal{J}/\mathcal{I}\mathcal{J}) = 0$$

Damit ist nach dem kohomologischen Kriterium auch X affin. $\qquad\square$

Korollar 6.3.1

Es sei X ein noethersches Schema. Dann ist X genau dann affin, wenn X_{red} affin ist.

Beweis. Es sei $\mathcal{N} = \mathcal{N}_X$. Betrachte die Filtrierung $\mathcal{N} \supseteq \mathcal{N}^2 \supseteq \mathcal{N}^3 \supseteq \cdots \supseteq \mathcal{N}^r = (0)$ und wende das Lemma für jede Stufe in der Filtrierung an. $\qquad\square$

Proposition 6.3.2

Es sei X ein noethersches reduziertes Schema mit $X = X_1 \cup \cdots \cup X_r$, der Zerlegung in irreduzible Komponenten. Dann ist X genau dann affin, wenn alle X_i es sind.

Beweis. Statte jedes X_a mit der reduzierten induzierten Unterschemastruktur aus. Es ist dann $i_a : X_a \to X$ eine abgeschlossene Immersion. Damit ist jedes X_a affin, wenn X es ist.

Umgekehrt sei jedes X_i affin. Weiter sei $\mathcal{J} \subseteq \mathcal{O}_X$ eine Idealgarbe und $i : X_1 \to X$ sowie $i' : X_2 \cup \cdots \cup X_r \to X$ die abgeschlossenen Immersionen. Dann ist exakt

$$0 \to \mathcal{K} \to \mathcal{J} \to i'_* i'^* \mathcal{J} \to 0\,.$$

Es ist supp $K \subseteq X_1$ also $\mathcal{K} = i_* i^* \mathcal{K}$. Anwenden von $H^0(X, -)$ liefert den Ausschnitt der langen exakte Sequenz

$$H^1(X_1, \mathcal{K}) \to H^1(X, \mathcal{J}) \to H^1(X_2 \cup \cdots \cup X_r, i'^* \mathcal{J})\,.$$

Die Terme links und rechts verschwinden kraft Induktion, also auch der mittlere. Damit ist auch X affin. □

Proposition 6.3.3

Es sei A ein noetherscher Ring und $0 \to M' \to M \to M'' \to 0$ eine exakte Sequenz von A-Moduln. Weiter sei $\mathfrak{a} \subseteq A$ ein Ideal von A. Dann ist auch

$$0 \to \Gamma_\mathfrak{a} M' \to \Gamma_\mathfrak{a} M \to \Gamma_\mathfrak{a} M'' \tag{6.46}$$

eine exakte Sequenz.

Beweis. Es sei $\mathfrak{a} = (f_1, \ldots, f_n)$. Dann ist die Sequenz $0 \to \Gamma_\mathfrak{a} M \to M \to \prod_i M_{f_i}$ exakt und funktoriell in M. Aus

$$0 \longrightarrow \prod_i M'_{f_i} \longrightarrow \prod_i M_{f_i} \longrightarrow \prod_i M''_{f_i} \longrightarrow 0 \tag{6.47}$$

$$
\begin{array}{ccccccccc}
0 & \longrightarrow & M' & \longrightarrow & M & \longrightarrow & M'' & \longrightarrow & 0 \\
\end{array}
$$

$$
\begin{array}{ccccccc}
0 & \longrightarrow & \Gamma_\mathfrak{a} M' & \longrightarrow & \Gamma_\mathfrak{a} M & \longrightarrow & \Gamma_\mathfrak{a} M'' \\
\end{array}
$$

$$
\begin{array}{ccccc}
& 0 & & 0 & & 0 &
\end{array}
$$

folgt die behauptete Linksexaktheit. □

Also ist $M \mapsto \Gamma_\mathfrak{a} M$ ein linksexakter Funktor von der Kategorie der A-Moduln in sich.

Definition 6.3.2

Wir nennen $(\Gamma_\mathfrak{a}^i M)_{i \geqslant 0}$ oder $(H_\mathfrak{a}^i(M))_{i \geqslant 0}$ die *i-ten derivierten Funktoren von* $M \mapsto \Gamma_\mathfrak{a}(M)$. ◆

Er wird also berechnet durch eine injektive Auflösung $0 \to M \to I^\bullet$ und die Beziehung:

$$\Gamma_\mathfrak{a}^i M = h^i(\Gamma_\mathfrak{a}(I^\bullet))$$

Proposition 6.3.4

Es sei A ein noetherscher Ring und M ein A-Modul. Weiter sei $\mathfrak{a} \subseteq A$ ein Ideal und $X = \mathrm{Spec}\,(A)$ sowie $Y = V(\mathfrak{a})$ und $U = X - Y$.

Dann ist

$$H_Y^i(X, \widetilde{M}) = \Gamma_\mathfrak{a}^i M. \tag{6.48}$$

Außerdem gilt:

$$\Gamma_\mathfrak{a} \Gamma_\mathfrak{a}^i M = \Gamma_\mathfrak{a}^i M \tag{6.49}$$

Beweis. Es sei $\mathfrak{a} = (f_1, \ldots, f_n)$. Zunächst ist

$$H_Y^0(X, \widetilde{M}) = \ker(\widetilde{M}(X) \to \widetilde{M}(U)) = \ker(M \to \prod_i M_{f_i}) = \Gamma_\mathfrak{a} M.$$

Die Funktoren stimmen also für $i = 0$ überein. Außerdem handelt es sich für jede Sequenz $0 \to M' \to M \to M'' \to 0$ offensichtlich um δ-Funktoren. Weiterhin ist eine injektive Einbettung $0 \to M \to I$ auch eine Auslöschung beider Funktoren. Links, weil $\widetilde{I}$ ein welker $\mathcal{O}_X$-Modul ist, und rechts, weil $\Gamma_\mathfrak{a} M$ über injektive Auflösungen berechnet wird, also $\Gamma_\mathfrak{a}^i I = 0$ für $i > 0$ ist.

Für die ergänzende Bemerkung genügt es, die Formel $\Gamma_\mathfrak{a}^i M = h^i(\Gamma_\mathfrak{a}(I^\bullet))$ heranzuziehen, nach der $\Gamma_\mathfrak{a}^i M = \operatorname{coker}(\operatorname{im} d^{i-1} \to \ker d^i)$ ist. Ist nun $f : P \to Q$ eine Abbildung zweier Moduln, für die $\Gamma_\mathfrak{a} P = P$ und $\Gamma_\mathfrak{a} Q = Q$ gilt, so gilt diese Beziehung auch für $\ker f$, $\operatorname{im} f$ und $\operatorname{coker} f$, wie man leicht nachrechnet. Man beachte nur $\Gamma_\mathfrak{a} P = P$, wenn für alle $x \in P$ ein n existiert, für das $\mathfrak{a}^n x = 0$ ist. $\square$

Proposition 6.3.5

Es sei A ein noetherscher Ring und M ein A-Modul sowie $\mathfrak{a} \subseteq A$ ein Ideal.
   Dann gilt:

1. *Aus $\operatorname{depth}_\mathfrak{a} M \geqslant 1$ folgt, dass $\Gamma_\mathfrak{a} M = 0$ ist. Ist M endlich erzeugt, so gilt auch die Umkehrung.*

2. *Es ist äquivalent für M endlich erzeugt:*

   a) *Es ist $\operatorname{depth}_\mathfrak{a} M \geqslant n$.*

   b) *Es ist $\Gamma_\mathfrak{a}^i M = 0$ für $i < n$.*

Beweis. 1. Es sei $x \in \mathfrak{a}$ mit $0 \to M \xrightarrow{\cdot x} M$ injektiv. Ist dann $\mathfrak{a}^n m = 0$ für ein $m \in M$, so ist auch $x^n m = 0$, also $m = 0$. Also $\Gamma_\mathfrak{a} M = 0$.

Umgekehrt sei M endlich erzeugt und $\Gamma_\mathfrak{a} M = 0$. Bestünde $\mathfrak{a}$ nur aus Nullteilern von M, so wäre $\mathfrak{a} \subseteq \bigcup_{\mathfrak{p} \in \operatorname{Ass} M} \mathfrak{p}$, also auch $\mathfrak{a} \subseteq \mathfrak{p}$ für ein $\mathfrak{p} \in \operatorname{Ass} M$. Damit existiert ein $m \in M$ mit $\operatorname{Ann}(m) = \mathfrak{p}$, also $m \neq 0$ und $\mathfrak{a} m = 0$, also $\Gamma_\mathfrak{a} M \neq 0$ im Widerspruch zur Annahme.

2. Der Satz ist für $n = 1$ eben bewiesen. Es sei also $n > 1$ und die Äquivalenz für $n - 1$ schon gezeigt. Man wähle ein $x \in \mathfrak{a}$ mit einer exakten Sequenz:

$$0 \to M \xrightarrow{\cdot x} M \to M' \to 0$$

Es ist dann $\operatorname{depth}_\mathfrak{a} M' = \operatorname{depth}_\mathfrak{a} M - 1$. Aus der zugehörigen langen exakten Kohomologiesequenz für $\Gamma_\mathfrak{a}(-)$ entnehmen wir das Stück

$$\Gamma_\mathfrak{a}^{i-1} M \to \Gamma_\mathfrak{a}^{i-1} M' \to \Gamma_\mathfrak{a}^i M \xrightarrow{\cdot x} \Gamma_\mathfrak{a}^i M . \tag{6.50}$$

Ist nun $\Gamma_\mathfrak{a}^{i-1} M = 0 = \Gamma_\mathfrak{a}^i M$, so ist auch $\Gamma_\mathfrak{a}^{i-1} M' = 0$. Weiterhin folgt aus $\Gamma_\mathfrak{a}^{i-1} M' = 0$, dass $0 \to \Gamma_\mathfrak{a}^i M \xrightarrow{\cdot x} \Gamma_\mathfrak{a}^i M$ ist. Nach dem oben Bewiesenen besteht aber $\Gamma_\mathfrak{a}^i M$ aus Elementen m, für die $\mathfrak{a}^n m = 0$ ist. Also auch $x^n m = 0$ und damit $m = 0$, also $\Gamma_\mathfrak{a}^i M = 0$.

Durch diese Betrachtungen und Einsetzen passender i folgt durch Induktion die Behauptung. $\square$

Proposition 6.3.6

Es sei X ein noethersches Schema und $P \in X$ ein abgeschlossener Punkt mit $\mathcal{O}_{X,P} = \mathcal{O}_P$.
   Dann ist äquivalent:

i) *Es ist* $\text{depth}_{\mathfrak{m}_P} \mathcal{O}_P \geq 2$.

ii) *Für jedes* $U \ni P$, *offen, ist die Abbildung* $\mathcal{O}_X(U) \to \mathcal{O}_X(U - P)$ *surjektiv.*

Beweis. Man betrachte die exakte Sequenz:

$$0 \to H^0_P(U, \mathcal{O}_X) \to H^0(U, \mathcal{O}_X) \to H^0(U - P, \mathcal{O}_X) \to H^1_P(U, \mathcal{O}_X) \to H^1(U, \mathcal{O}_X)$$

$$(6.51)$$

Da $H^0(U, \mathcal{O}_X) \to H^0(U - P, \mathcal{O}_X)$ injektiv ist, ist jedenfalls $H^0_P(U, \mathcal{O}_X) = 0$. Es ist für ein $V = \text{Spec}(A)$ offen in U mit $P \in V$ auch

$$H^i_P(U, \mathcal{O}_X) = H^i_P(V, \mathcal{O}_X) = H^i_P(V, \mathcal{O}_V) = H^i_{\mathfrak{m}_P}(A) = H^i_{\mathfrak{m}_P}(A_{\mathfrak{m}_P}).$$

Ist also $\text{depth}_{\mathfrak{m}_P} \mathcal{O}_P \geq 2$, so ist $H^1_P(U, \mathcal{O}_X) = 0$ und $H^0(U, \mathcal{O}_X) \to H^0(U - P, \mathcal{O}_X) \to 0$ surjektiv.

Gilt umgekehrt auch die Surjektivität in (6.51) für alle U, so auch für $U = V = \text{Spec}(A)$. Es ist dann $H^1(U, \mathcal{O}_X) = H^1(V, \mathcal{O}_V) = 0$, und aus $H^0(V, \mathcal{O}_X) \to H^0(V - P, \mathcal{O}_X) \to 0$ folgt $H^1_P(V, \mathcal{O}_X) = 0$. Es ist aber, wie oben schon hingeschrieben, $H^1_P(V, \mathcal{O}_X) = H^1_{\mathfrak{m}_P}(\mathcal{O}_P)$. Also ist nach der vorangehenden Proposition und wegen $H^0_{\mathfrak{m}_P}(\mathcal{O}_P) = 0$ nach der Eingangsüberlegung auch $\text{depth}_{\mathfrak{m}_P} \mathcal{O}_P \geq 2$. $\qquad\square$

Proposition 6.3.7 (Deligne)

Es sei A ein noetherscher Ring, $\mathfrak{a} \subseteq A$ ein Ideal und M ein A-Modul. Weiter sei $U = X - V(\mathfrak{a})$. Dann ist isomorph:

$$H^0(U, \widetilde{M}) = \varinjlim_n \text{Hom}_A(\mathfrak{a}^n, M) = L \qquad (6.52)$$

Beweis. Es sei $\psi_n : \mathfrak{a}^n \to M$ ein Repräsentant eines Elements der rechten Seite. Man ordnet $\psi = \psi_n$ einen Schnitt $s \in H^0(U, \widetilde{M})$ wie folgt zu: Wähle $f \in \mathfrak{a}^n$. Dann sei $s|_{D(f)} = s_f = \psi(f)/f \in M_f$. Da $\psi(gf) = g\psi(f) = f\psi(g)$ für $f, g \in \mathfrak{a}^n$, ist auch $\psi(f)/f = \psi(g)/g = \psi(gf)/(gf)$ auf $D(gf)$. Damit verkleben die einzelnen s_f zu einem Schnitt $s \in \widetilde{M}(U)$, denn es ist ja $\bigcup_i D(f_i) = U$, wenn $\mathfrak{a}^n = (f_1, \ldots, f_r)$ (weil $\mathfrak{p} \supsetneq \mathfrak{a} \Leftrightarrow \mathfrak{p} \supsetneq \mathfrak{a}^n \Leftrightarrow f_i \notin \mathfrak{p}$ für ein $f_i \in \mathfrak{a}^n$).

Man rechnet nach, dass für ein kommutatives Dreieck

$$
\begin{array}{ccc}
\mathfrak{a}^n & \xrightarrow{\psi_n} & M \\
\uparrow & \nearrow_{\psi_{n+1}} & \\
\mathfrak{a}^{n+1} & &
\end{array}
$$

die Schnitte $s(\psi_n)$ und $s(\psi_{n+1})$ übereinstimmen. Außerdem ist $s(\psi_n + \psi_{n'}) = s(\psi_n) + s(\psi_{n'})$ sowie $s(a\,\psi_n) = a\,s(\psi_n)$. Damit ist eine Abbildung von rechts nach links definiert.

Um eine Abbildung von links nach rechts zu bekommen, beginnt man mit einem Schnitt $s \in \widetilde{M}(U)$. Es wird sich zeigen, dass für alle $p \geq p_0$ die Menge $s\,\mathfrak{a}^p \subseteq M$ ist. Also definiert s ein System von Abbildungen $\psi_s(f) = f\,s \in M$ für $f \in \mathfrak{a}^p$.

Es gibt für $s \in \widetilde{M}(U)$ einen endlich erzeugten A-Modul $M' \subseteq M$ mit $s \in \widetilde{M}'(U)$. Man betrachte die exakte Sequenz:

$$0 \to \Gamma_\mathfrak{a}(M') \to M' \xrightarrow{\pi} \widetilde{M}'(U) \xrightarrow{\gamma} \Gamma^1_\mathfrak{a}(M') \to 0$$

Nun ist $\mathfrak{a}^r \Gamma_{\mathfrak{a}}(M') = 0$ und auch $\mathfrak{a}^r \gamma(s) = 0$ für ein genügend großes r. Also existiert für $s \in \widetilde{M}'(U)$ und $f \in \mathfrak{a}^r$ ein $m_s' \in M'$ mit $fs = \pi(m_s')$. Weiter ist m_s' bis auf einen Summanden h aus $\Gamma_{\mathfrak{a}}(M')$ bestimmt. Für diesen ist $\mathfrak{a}^r h = 0$. Also existiert für $f \in \mathfrak{a}^{2r}$ genau ein m_s' mit

$$fs = m_s' \in M' \subseteq M.$$

Wählt man ein anderes endlich erzeugtes M'' mit $s \in \widetilde{M}''(U)$, so ist für $f' \in \mathfrak{a}^{2r'}$

$$f's = m_s'' \in M'' \subseteq M.$$

Um diese zu vergleichen, kann man $M' \subseteq M''$ annehmen und das Diagramm

$$
\begin{array}{ccccccccc}
0 & \longrightarrow & \Gamma_{\mathfrak{a}}(M'') & \longrightarrow & M'' & \longrightarrow & \widetilde{M}''(U) & \xrightarrow{\gamma''} & \Gamma_{\mathfrak{a}}^1(M'') & \longrightarrow & 0 \\
& & \uparrow & & \uparrow & & \uparrow & & \uparrow & & \\
0 & \longrightarrow & \Gamma_{\mathfrak{a}}(M') & \longrightarrow & M' & \longrightarrow & \widetilde{M}'(U) & \xrightarrow{\gamma'} & \Gamma_{\mathfrak{a}}^1(M') & \longrightarrow & 0 \\
& & \uparrow & & \uparrow & & \uparrow & & & & \\
& & 0 & & 0 & & 0 & & & &
\end{array}
\tag{6.53}
$$

heranziehen.

Es sei nun $\mathfrak{a}^p \Gamma_{\mathfrak{a}}(M'') = 0 = \mathfrak{a}^p \gamma''(s)$ für $p > p(M'')$ und $\mathfrak{a}^p \Gamma_{\mathfrak{a}}(M') = 0 = \mathfrak{a}^p \gamma'(s)$ für $p > p(M')$.

Aus obigem Diagramm liest man dann ab, dass für $p > p(M'), p(M'')$ und für $f \in \mathfrak{a}^{2p}$ auch $fs'' = m_s'' = m_s' = fs'$ ist. Dabei ist $s' \in \widetilde{M}'(U)$ und $s'' \in \widetilde{M}''(U)$ sein Bild unter der Injektion $\widetilde{M}'(U) \hookrightarrow \widetilde{M}''(U)$.

Man hat also ein System von Abbildungen $\psi^{(s,M',p)}(f) = fs \in M' \subseteq M$ für $M' \subseteq M$ endlich erzeugt, $s \in \widetilde{M}'(U)$ und $f \in \mathfrak{a}^p$ mit $p > p(M')$.

Jedes System von Abbildungen $(\psi^{(s,M',p)})_{p > p(M')}$ erzeugt also ein Bild $\bar{\psi}^{(s,M')}$ in L. Ist $\psi^{(s,M'',p')}$ eine zweite Abbildung, so stimmt nach Obigem das Bild $\bar{\psi}^{(s,M'')}$ mit $\bar{\psi}^{(s,M')}$ überein. Wir nennen dieses Element von L jetzt einfach $\psi^{(s)}$.

Man rechnet nun nach, dass $\psi^{(s_1)} + \psi^{(s_2)} = \psi^{(s_1 + s_2)}$, indem man Repräsentanten $\psi^{(s_i, M_i, p_i)}$ wählt und für $p > p(M_1), p(M_2), p(M_1 + M_2)$ den Vergleich beider Seiten durchführt, was auf $fs_1 + fs_2 = f(s_1 + s_2)$ hinausläuft. Ebenso gilt wegen $f(as) = a(fs)$ auch $\psi^{(as)} = a \psi^{(s)}$.

Damit ist $s \mapsto \psi^{(s)}$ eine wohldefinierte Abbildung von links nach rechts in (6.52).

Man muss nun noch zeigen, dass $\psi^{(s(\phi))} = \phi$ für ein $\phi \in L$ ist und auch die Umkehrung $s(\psi^{(t)}) = t$ gilt. $\qquad\square$

Das folgende Beispiel zeigt, dass für einen nichtnoetherschen Ring A und einen injektiven A-Modul I sowie $a \in A$ die Abbildungen $I \to I_a$ nicht mehr surjektiv sein müssen.

Beispiel 6.3.1

Es sei $A = k[x_0, x_1, x_2, \dots]$ ein Polynomring mit den Relationen $x_0^n x_n = 0$ für $n > 0$. Weiter sei $0 \to A \to I$ exakt mit I, injektiver A-Modul. Dann ist $I \to I_{x_0}$ nicht surjektiv. $\qquad\blacksquare$

Beweis. Wir beweisen dies durch Widerspruch. Es ist zunächst $0 \to A_{x_0} \to I_{x_0}$, also $1/x_0 \in I_{x_0}$. Im Falle der Surjektivität gibt es ein $z \in I$ mit $z/1 = 1/x_0$ in I_{x_0}. Dies ist gleichbedeutend mit

$$x_0^n z = x_0^{n-1}$$

für ein geeignetes $n > 0$. Also ist dann $x_0^{n-1} x_n = x_0^n x_n z = 0$. Nun ist aber $x_0^{n-1} x_n \neq 0$ in A.

Man erkennt dies, indem man den Ring $R = k[t]/(t^n)$ heranzieht und eine Abbildung $A \to R$ konstruiert. Bei dieser wird abgebildet $x_0 \mapsto t$, $x_1 \mapsto t^{n-1}$, $x_2 \mapsto t^{n-2}, \ldots, x_n \mapsto 1$ sowie $x_i \mapsto 0$ für $i > n$. Offensichtlich sind die Relationen $x_0^i x_i = 0$ für $i > 0$ erfüllt, wenn man die x_j entsprechend substituiert. Nun wird aber $x_0^{n-1} x_n$ auf $t^{n-1} \neq 0$ abgebildet, ist also ungleich 0 in A. $\square$

6.4   Cech-Kohomologie

6.4.1   Der Cech-Komplex

Es sei X ein Schema und $\mathfrak{U} = (U_i)_{i \in I}$ eine offene Überdeckung sowie $\mathcal{F}$ eine abelsche Garbe auf X. Die Menge I sei auf eine feste Weise wohlgeordnet. Es sei $U_{i_0 \ldots i_p} = U_{i_0} \cap \cdots \cap U_{i_p}$.

Definition 6.4.1
Der Komplex mit Werten in **Ab**

$$C^p(\mathfrak{U}, \mathcal{F}) = \prod_{i_0 < i_1 < \cdots < i_p} \Gamma(U_{i_0 \ldots i_p}, \mathcal{F})$$

mit den Abbildungen

$$d^p : C^p(\mathfrak{U}, \mathcal{F}) \to C^{p+1}(\mathfrak{U}, \mathcal{F})$$

$$(d^p \alpha)_{i_0 \ldots i_{p+1}} = \sum_{\nu=0}^{p+1} (-1)^\nu \alpha_{i_0 \ldots \widehat{i_\nu} \ldots i_{p+1}} |_{U_{i_0 \ldots i_{p+1}}}$$

heißt *Cech-Komplex* für $\mathcal{F}$ zur Überdeckung $\mathfrak{U}$. $\blacklozenge$

Für $i_0 < \cdots < i_p$ sei $j_{i_0 \ldots i_p} : U_{i_0 \ldots i_p} \hookrightarrow X$ die kanonische offene Immersion.

Definition 6.4.2
Der Komplex von Garben

$$\mathcal{C}^p(\mathfrak{U}, \mathcal{F}) = \prod_{i_0 < i_1 < \cdots < i_p} j_{i_0 \ldots i_p *} \mathcal{F} |_{U_{i_0 \ldots i_p}}$$

mit den Abbildungen

$$d^p : \mathcal{C}^p(\mathfrak{U}, \mathcal{F})(V) \to \mathcal{C}^{p+1}(\mathfrak{U}, \mathcal{F})(V),$$

also

$$d^p : \prod_{i_0 < \cdots < i_p} \mathcal{F}(U_{i_0 \ldots i_p} \cap V) \to \prod_{i_0 < \cdots < i_{p+1}} \mathcal{F}(U_{i_0 \ldots i_{p+1}} \cap V)$$

$$(d^p \alpha)_{i_0 \ldots i_{p+1}} = \sum_{\nu=0}^{p+1} (-1)^{\nu} \alpha_{i_0 \ldots \widehat{i_\nu} \ldots i_{p+1}}|_{U_{i_0 \ldots i_{p+1}} \cap V} \, ,$$

wo $\alpha_{i_0 \ldots \widehat{i_\nu} \ldots i_{p+1}} \in \mathcal{F}(U_{i_0 \ldots \widehat{i_\nu} \ldots i_{p+1}} \cap V)$ und $(d^p \alpha)_{i_0 \ldots i_{p+1}} \in \mathcal{F}(U_{i_0 \ldots i_{p+1}} \cap V)$, heißt *garbifizierter Cech-Komplex* für $\mathcal{F}$ zur Überdeckung $\mathfrak{U}$. ◆

Es gilt folgende, wichtige, Beziehung:

Lemma 6.4.1
Es ist $C^p(\mathfrak{U}, \mathcal{F}) = \Gamma(X, \mathcal{C}^p(\mathfrak{U}, \mathcal{F}))$.

6.4.2 Hauptsatz der Cech-Kohomologie

Es sei jetzt X ein Schema und $\mathfrak{U} = (U_i)$ eine Überdeckung mit offenen Teilmengen. Weiter sei $0 \to \mathcal{F}' \to \mathcal{F} \to \mathcal{F}'' \to 0$ eine exakte Sequenz von abelschen Garben oder von $\mathcal{O}_X$-Moduln. Dann ist

$$0 \to C^p(\mathfrak{U}, \mathcal{F}') \to C^p(\mathfrak{U}, \mathcal{F}) \to C^p(\mathfrak{U}, \mathcal{F}'') \to 0 \qquad (6.54)$$

nicht notwendig exakt. Man sieht dies sofort, indem man etwa $\mathfrak{U} = (X)$ wählt.

Es gilt aber folgendes:

Lemma 6.4.2
Sind in der Überdeckung $\mathfrak{U}$ *alle* $U_{i_0 \ldots i_p}$ *affin, und sind die* $\mathcal{F}'$, $\mathcal{F}$, $\mathcal{F}''$ *quasi-kohärente* $\mathcal{O}_X$-*Moduln, so ist* (6.54) *exakt für alle* p. *Wir nennen dies eine* gute *Cech-Situation.*

Man definiert nun mit den oben eingeführten Bezeichnungen:

Definition 6.4.3
Es sei

$$\check{H}^p(\mathfrak{U}, \mathcal{F}) = h^p\left(\Gamma(X, \mathcal{C}^\bullet(\mathfrak{U}, \mathcal{F}))\right) = h^p\left(C^\bullet(\mathfrak{U}, \mathcal{F})\right)$$

die p-te Cech-Kohomologiegruppe von $\mathcal{F}$, wobei jetzt $\mathcal{F}$ zunächst einmal eine ganz beliebige abelsche Garbe sein darf. ◆

Ist nun die Situation von Lemma 6.4.2 gegeben, so gibt es zu jeder kurzen exakten Sequenz $0 \to \mathcal{F}' \to \mathcal{F} \to \mathcal{F}'' \to 0$ von quasikohärenten $\mathcal{O}_X$-Moduln eine lange exakte Sequenz:

$$0 \to \check{H}^0(\mathfrak{U}, \mathcal{F}') \to \check{H}^0(\mathfrak{U}, \mathcal{F}) \to \check{H}^0(\mathfrak{U}, \mathcal{F}'') \to$$
$$\to \check{H}^1(\mathfrak{U}, \mathcal{F}') \to \check{H}^1(\mathfrak{U}, \mathcal{F}) \to \check{H}^1(\mathfrak{U}, \mathcal{F}'') \to \check{H}^2(\mathfrak{U}, \mathcal{F}') \to \cdots$$

Es gilt also:

Proposition 6.4.1

Liegt eine gute Cech-Situation vor, so ist $\mathcal{F} \mapsto \check{H}^p(\mathfrak{U}, \mathcal{F})$ ein δ-Funktor von der Kategorie $\mathbf{Qco}(X)$ nach $\mathbf{Ab}$.

Weiterhin gilt:

Lemma 6.4.3

Es sei $\mathcal{F}$ eine beliebige abelsche Garbe auf X, $\mathfrak{U}$ eine Überdeckung von X. Dann ist kanonisch isomorph:

$$\check{H}^0(\mathfrak{U}, \mathcal{F}) = \Gamma(X, \mathcal{F}) = H^0(X, \mathcal{F})$$

Lemma 6.4.4

Der Komplex

$$0 \to \mathcal{F} \to \mathcal{C}^\bullet(\mathfrak{U}, \mathcal{F}) \tag{6.55}$$

ist exakt, das heißt, $\mathcal{C}^\bullet(\mathfrak{U}, \mathcal{F})$ ist eine Auflösung von $\mathcal{F}$. Die Auflösung besteht aus $\mathcal{O}_X$-Moduln, wenn $\mathcal{F}$ ein solcher ist.

Beweis. Man konstruiert auf U_i eine Homotopie für $p \geqslant 1$

$$k : \mathcal{C}^p(\mathfrak{U}, \mathcal{F}) \to \mathcal{C}^{p-1}(\mathfrak{U}, \mathcal{F})$$

durch das Diagramm:

$$
\begin{array}{ccc}
\prod_{i_0 < i_1 < \cdots < i_p} j_{i_0 \ldots i_p *}\mathcal{F}|_{U_{i_0 \ldots i_p}}|_{U_i} & \xrightarrow{k^p} & \prod_{i_0 < i_1 < \cdots < i_{p-1}} j_{i_0 \ldots i_{p-1} *}\mathcal{F}|_{U_{i_0 \ldots i_{p-1}}}|_{U_i} \\
\downarrow & & \downarrow \\
j_{i\, i_0 \ldots i_{p-1} *}\mathcal{F}|_{U_{i\, i_0 \ldots i_{p-1}}}|_{U_i} & \xrightarrow{\quad\text{id}\quad} & j_{i_0 \ldots i_{p-1} *}\mathcal{F}|_{U_{i_0 \ldots i_{p-1}}}|_{U_i}
\end{array}
\tag{6.56}
$$

Die Abbildung k wird symbolisch durch $(k\,a)_{i_0 \ldots i_{p-1}} = a_{i i_0 \ldots i_{p-1}}$ wiedergegeben. Man rechnet aus:

$$((k\,d + d\,k)\,a)_{i_0 \ldots i_p} = (k\,d\,a)_{i_0 \ldots i_p} + (d\,k\,a)_{i_0 \ldots i_p} =$$

$$= (d\,a)_{i\, i_0 \ldots i_p} + \sum_{\nu=0}^{p}(-1)^\nu (k\,a)_{i_0 \ldots \widehat{i_\nu} \ldots i_p} =$$

$$= a_{i_0 \ldots i_p} + \sum_{\nu=0}^{p}(-1)^{\nu+1} a_{i i_0 \ldots \widehat{i_\nu} \ldots i_p} + \sum_{\nu=0}^{p}(-1)^\nu a_{i i_0 \ldots \widehat{i_\nu} \ldots i_p} = a_{i_0 \ldots i_p} \tag{6.57}$$

Es ist also $k\,d + d\,k = \mathrm{id}$, also id nullhomotop und damit $\mathcal{C}^\bullet(\mathfrak{U}, \mathcal{F})$ exakt. □

Man nennt die vorige Auflösung die *Cech-Auflösung* von $\mathcal{F}$.

Lemma 6.4.5

Es sei $\mathcal{F}$ eine welke Garbe. Dann ist $\check{H}^p(\mathfrak{U}, \mathcal{F}) = 0$ für alle $p > 0$.

Beweis. Die Sequenz $0 \to \mathcal{F} \to \mathcal{C}^\bullet(\mathfrak{U}, \mathcal{F})$ besteht nur aus welken Garben: Zerlegt man sie in kurze exakte Sequenzen der Form $0 \to \mathcal{G}'^p \to \mathcal{G}^p \to \mathcal{G}''^p \to 0$, so ist per Induktion sofort klar, dass alle $\mathcal{G}'^p$, $\mathcal{G}^p$, $\mathcal{G}''^p$ welk sind. Also ist $\Gamma(X, -)$ auf diesen Sequenzen exakt. Damit ist auch $\Gamma(X, \mathcal{C}^\bullet(\mathfrak{U}, \mathcal{F}))$ exakt, und dieser Komplex ist gleich $C^\bullet(\mathfrak{U}, \mathcal{F})$.

Aus $\check{H}^p(\mathfrak{U}, \mathcal{F}) = h^p(C^\bullet(\mathfrak{U}, \mathcal{F}))$ folgt dann die Behauptung. □

Lemma 6.4.6

Es sei $\mathcal{F}$ eine Garbe, und es seien

$$0 \to \mathcal{F} \to \mathcal{C}^{\bullet}(\mathfrak{U}, \mathcal{F}), \qquad 0 \to \mathcal{F} \to \mathcal{J}^{\bullet}$$

einmal die Cech-Auflösung und ein andermal eine beliebige injektive Auflösung von $\mathcal{F}$.

Dann gibt es einen bis auf Homotopie eindeutig bestimmten Morphismus von Komplexen, so dass

$$\mathcal{C}^{\bullet}(\mathfrak{U}, \mathcal{F}) \longrightarrow \mathcal{J}^{\bullet} \qquad (6.58)$$

ein kommutatives Diagramm von Auflösungen wird. Es existieren deshalb eindeutig bestimmte, funktorielle Morphismen

$$\check{H}^p(\mathfrak{U}, \mathcal{F}) \to H^p(X, \mathcal{F}) \qquad (6.59)$$

für alle $p \geqslant 0$.

Damit können wir nun folgenden wichtigen Hauptsatz der Cech-Theorie zeigen:

Theorem 6.4.1

Es sei X ein noethersches Schema, $\mathfrak{U} = (U_i)$ eine Überdeckung, so dass alle $U_{i_0 \ldots i_p}$ affin sind, und $\mathcal{F}$ ein quasikohärenter $\mathcal{O}_X$-Modul. Dann ist die kanonische Abbildung

$$\check{H}^p(\mathfrak{U}, \mathcal{F}) \overset{\sim}{\to} H^p(X, \mathcal{J}) \qquad (6.60)$$

ein Isomorphismus für alle $p \geqslant 0$.

Beweis. Wir benutzen die Tatsache, dass für $\mathcal{F}$ ein welker, in $\mathbf{Qco}(X)$ injektiver, qco $\mathcal{O}_X$-Modul $\mathcal{G}$ und eine exakte Sequenz $0 \to \mathcal{F} \to \mathcal{G} \to \mathcal{Q} \to 0$ von qco $\mathcal{O}_X$-Moduln existiert.

Wir betrachten jetzt einen Ausschnitt aus den langen exakten Kohomologiesequenzen, die nach Annahme sowohl für $\check{H}^p(\mathfrak{U}, -)$ als auch für $H^p(X, -)$ existieren. Ebenso verwenden wir die Abbildungen (6.59):

$$\begin{array}{ccccccc}
\check{H}^p(\mathfrak{U}, \mathcal{G}) & \longrightarrow & \check{H}^p(\mathfrak{U}, \mathcal{Q}) & \longrightarrow & \check{H}^{p+1}(\mathfrak{U}, \mathcal{F}) & \longrightarrow & \check{H}^{p+1}(\mathfrak{U}, \mathcal{G}) = 0 \\
\downarrow & & \downarrow & & \downarrow & & \downarrow \\
H^p(X, \mathcal{G}) & \longrightarrow & H^p(X, \mathcal{Q}) & \longrightarrow & H^{p+1}(X, \mathcal{F}) & \longrightarrow & H^{p+1}(X, \mathcal{G}) = 0
\end{array} \qquad (6.61)$$

Die Nullen an den Ecken des Diagramms ergeben sich aus dem Verschwinden von gewöhnlicher Kohomologie und auch der Cech-Kohomologie auf *welken* Garben (6.4.5). Nimmt man nun an, dass für p bereits die Isomorphie (6.60) *für alle in Frage kommenden Garben* gezeigt ist, so folgt daraus, dass sie auch für $\mathcal{F}$ und $p+1$ gilt. Nun war $\mathcal{F}$ aber beliebig, und damit ist der Induktionsschluss vollzogen. Die Richtigkeit für $p = 0$ folgt aus Lemma 6.4.3. $\qquad \square$

6.4.3   Das cup-Produkt in der Cech-Kohomologie

In der Cech-Kohomologie existiert ein natürliches cup-Produkt:

$$\cup : C^p(\mathfrak{U}, \mathcal{F}) \times C^q(\mathfrak{U}, \mathcal{G}) \to C^{p+q}(\mathfrak{U}, \mathcal{F} \otimes \mathcal{G})$$

Es wird gegeben durch

$$(\alpha \cup \beta)_{i_0 \dots i_{p+q}} = \alpha_{i_0 \dots i_p} \cdot \beta_{i_p \dots i_{p+q}} \tag{6.62}$$

für $\alpha \in C^p(\mathfrak{U}, \mathcal{F})$ und $\beta \in C^q(\mathfrak{U}, \mathcal{G})$.

Für dieses Produkt gilt die fundamentale Formel

$$\delta(\alpha \cup \beta) = \delta\alpha \cup \beta + (-1)^p \, \alpha \cup \delta\beta \,.$$

Beweis. Wir rechnen aus:

$$\delta(\alpha \cup \beta)_{i_0 \dots i_{p+q}} =$$

$$= \sum_{\nu=0}^{p+q+1} (-1)^\nu \, (\alpha \cup \beta)_{i_0 \dots \widehat{i_\nu} \dots i_{p+q+1}} =$$

$$= \sum_{\nu=0}^{p} (-1)^\nu \alpha_{i_0 \dots \widehat{i_\nu} \dots i_{p+1}} \cdot \beta_{i_{p+1} \dots i_{p+q+1}} +$$

$$\sum_{\nu=p+1}^{p+q+1} (-1)^\nu \alpha_{i_0 \dots i_p} \cdot \beta_{i_p \dots \widehat{i_\nu} \dots i_{p+q+1}}$$

und

$$(\delta\alpha \cup \beta)_{i_0 \dots i_{p+q+1}} = (\delta\alpha)_{i_0 \dots i_{p+1}} \cdot \beta_{i_{p+1} \dots i_{p+q+1}} =$$

$$= \sum_{\nu=0}^{p} (-1)^\nu \alpha_{i_0 \dots \widehat{i_\nu} \dots i_{p+1}} \cdot \beta_{i_{p+1} \dots i_{p+q+1}} +$$

$$(-1)^{p+1} \alpha_{i_0 \dots i_p} \cdot \beta_{i_{p+1} \dots i_{p+q+1}}$$

sowie

$$(\alpha \cup \delta\beta)_{i_0 \dots i_{p+q+1}} = \alpha_{i_0 \dots i_p} \cdot (\delta\beta)_{i_p \dots i_{p+q+1}} =$$

$$= \alpha_{i_0 \dots i_p} \cdot \sum_{\nu=1}^{q+1} (-1)^\nu \beta_{i_p \dots \widehat{i_{\nu+p}} \dots i_{p+q+1}} +$$

$$\alpha_{i_0 \dots i_p} \cdot \beta_{i_{p+1} \dots i_{p+q+1}}$$

Multipliziert man das Ergebnis im untersten Block mit $(-1)^p$ und addiert zum Ergebnis des mittleren Blocks, so entsteht offensichtlich das Ergebnis des obersten Blocks.   □

Außerdem gilt:

$$(\alpha \cup \beta) = (-1)^{pq} \, (\beta \cup \alpha)$$

6.4.4   Cech-Kohomologie für Prägarben

Wir hatten gesehen, dass für eine exakte Garbensequenz $0 \to \mathcal{F}' \to \mathcal{F} \to \mathcal{F}'' \to 0$
nicht notwendig eine lange exakte Sequenz

$$\cdots \to \check{H}^p(\mathfrak{U}, \mathcal{F}') \to \check{H}^p(\mathfrak{U}, \mathcal{F}) \to \check{H}^p(\mathfrak{U}, \mathcal{F}'') \to \cdots \qquad (6.63)$$

existiert, weil $0 \to C^\bullet(\mathfrak{U}, \mathcal{F}') \to C^\bullet(\mathfrak{U}, \mathcal{F}) \to C^\bullet(\mathfrak{U}, \mathcal{F}'')$ rechts nicht surjektiv
sein muss.

Anders verhält es sich natürlich, falls in der exakten Sequenz oben Prägarben
stehen: Dann ist

$$0 \to C^\bullet(\mathfrak{U}, \mathcal{F}') \to C^\bullet(\mathfrak{U}, \mathcal{F}) \to C^\bullet(\mathfrak{U}, \mathcal{F}'') \to 0$$

exakt, und die Zuordung $(\mathcal{F} \mapsto \check{H}^p(\mathfrak{U}, \mathcal{F}))_p$ ist ein δ-Funktor.

Wir wollen uns hierin von einer speziellen Überdeckung lösen und beginnen
daher mit folgenden Überlegungen:

Definition 6.4.4
Es sei X ein topologischer Raum und $\mathfrak{U} = (U_i)_{i \in I}$ sowie $\mathfrak{V} = (V_j)_{j \in J}$ zwei offene
Überdeckungen von X. Existiert eine Abbildung $\lambda : J \to I$, die die Bedingung
$V_j \subseteq U_{\lambda(j)}$ für alle $j \in J$ erfüllt, so heißt $\mathfrak{V}$ *Verfeinerung von* $\mathfrak{U}$. $\qquad\blacklozenge$

Lemma 6.4.7
Es sei $\lambda : \mathfrak{V} \to \mathfrak{U}$ *eine Verfeinerungsabbildung von zwei offenen Überdeckungen
eines topologischen Raumes* X. *Weiter sei* $\mathcal{F}$ *eine abelsche Prägarbe auf* X.

Dann induziert λ *einen Morphismus von Komplexen:*

$$C^\bullet(\lambda) : C^\bullet(\mathfrak{U}, \mathcal{F}) \to C^\bullet(\mathfrak{V}, \mathcal{F}) \qquad (6.64)$$

und damit auch ein System von in $\mathcal{F}$ *natürlichen Morphismen:*

$$\lambda^p : \check{H}^p(\mathfrak{U}, \mathcal{F}) \to \check{H}^p(\mathfrak{V}, \mathcal{F}) \qquad (6.65)$$

Beweis. Definiere für $(m_{i_0 \ldots i_p})$ aus $C^p(\mathfrak{U}, \mathcal{F})$ die Abbildung

$$(C^p(\lambda)(m_{i_0 \ldots i_p}))_{j_0 \ldots j_p} = m_{\lambda(j_0) \ldots \lambda(j_p)}|_{V_{j_0 \ldots j_p}} \qquad (6.66)$$

und beachte $V_{j_\nu} \subseteq U_{\lambda(j_\nu)}$. $\qquad\qquad\square$

Lemma 6.4.8
Es seien $\lambda, \mu : \mathfrak{V} \to \mathfrak{U}$ *zwei Verfeinerungsabbildungen von zwei offenen
Überdeckungen eines topologischen Raumes* X. *Weiter sei* $\mathcal{F}$ *eine abelsche
Prägarbe auf* X.

Dann gibt es eine in $\mathcal{F}$ *natürliche Homotopie von Komplexen*

$$k^p(\lambda, \mu) : C^p(\mathfrak{U}, \mathcal{F}) \to C^{p-1}(\mathfrak{V}, \mathcal{F}) \qquad (6.67)$$

mit

$$k^{p+1}(\lambda, \mu)d^p + d^{p-1}k^p(\lambda, \mu) = C^p(\lambda) - C^p(\mu). \qquad (6.68)$$

Beweis. Definiere für $(m_{i_0 \dots i_p}) \in C^p(\mathfrak{U}, \mathcal{F})$ die Abbildung k^p durch

$$(k^p(m_{i_0 \dots i_p}))_{j_0 \dots j_{p-1}} = \sum_{\nu=0}^{p-1} (-1)^\nu m_{\lambda(j_0) \dots \lambda(j_\nu)\mu(j_\nu) \dots \mu(j_{p-1})}|_{V_{j_0 \dots j_{p-1}}}. \tag{6.69}$$

Beachte dabei $V_{j_\alpha} \subseteq U_{\lambda(j_\alpha)}$ und $V_{j_\alpha} \subseteq U_{\mu(j_\alpha)}$. $\qquad\square$

Lemma 6.4.9
Für eine Verfeinerung $\lambda : \mathfrak{V} \to \mathfrak{U}$ existiert eine Abbildung von

$$i^p_{\mathfrak{V},\mathfrak{U}} : \check{H}^p(\mathfrak{U}, \mathcal{F}) \to \check{H}^p(\mathfrak{V}, \mathcal{F}), \tag{6.70}$$

die nicht mehr vom konkret gewählten λ abhängt.

Damit kann dann für das durch Verfeinerung halbgeordnete System von offenen Überdeckungen $(\mathfrak{U})$ von X ein direkter Limes $\varinjlim_{\mathfrak{U}} \check{H}^p(\mathfrak{U}, \mathcal{F})$ definiert werden.

Definition 6.4.5
Es sei X ein topologischer Raum und X_{cover} das System der offenen Überdeckungen $\mathfrak{U}$ von X. Es sei $\mathfrak{V} \leqslant \mathfrak{U}$, falls $\mathfrak{V}$ eine Verfeinerung von $\mathfrak{U}$ ist, und es sei $i^p_{\mathfrak{V},\mathfrak{U}}$ die oben eingeführte Abbildung.
Dann sei für eine abelsche Prägarbe $\mathcal{F}$ auf X

$$\check{H}^p(X, \mathcal{F}) := \varinjlim_{\mathfrak{U} \in X_{\text{cover}}} \check{H}^p(\mathfrak{U}, \mathcal{F}) \tag{6.71}$$

die p-te Cech-Kohomologie von $\mathcal{F}$. Dabei steht rechts das durch die $i^p_{\mathfrak{V},\mathfrak{U}}$ für $\mathfrak{V} \leqslant \mathfrak{U}$ gegebene induktive System. $\qquad\blacklozenge$

Lemma 6.4.10
Es sei $\mathcal{I}$ eine injektive abelsche Prägarbe auf einem topologischen Raum X. Dann ist

$$\check{H}^p(\mathfrak{U}, \mathcal{I}) = 0$$

für $p > 0$.

Beweis. Es sei $\mathfrak{U} = (U_i)$ und $\mathbb{Z}_U$ die konstante Prägarbe auf U mit $\mathbb{Z}_U(V) = \mathbb{Z}$ für $V \subseteq U$ und $\mathbb{Z}_U(V) = 0$ für $V \nsubseteq U$.
Es gibt dann einen offensichtlichen Komplex $C_\bullet(\mathbb{Z})$ der Form

$$\bigoplus \mathbb{Z}_{U_{i_0}} \xleftarrow{d^1} \bigoplus \mathbb{Z}_{U_{i_0 i_1}} \xleftarrow{d^2} \cdots \xleftarrow{d^p} \bigoplus \mathbb{Z}_{U_{i_0 \dots i_p}} \xleftarrow{d^{p+1}} \cdots,$$

so dass

$$C^\bullet(\mathfrak{U}, \mathcal{I}) = \operatorname{Hom}_{\mathbf{AbPrSh}(X)}(C_\bullet(\mathbb{Z}), \mathcal{I})$$

ist.
Es ist dann nur die Exaktheit von $C_\bullet(\mathbb{Z})$ nachzuweisen, also die Exaktheit von $\Gamma(V, C_\bullet(\mathbb{Z}))$ für jedes $V \subseteq X$ offen. Wir können $V \subseteq U_j$ für ein bestimmtes U_j aus $\mathfrak{U}$ annehmen, denn sonst wären alle Terme in $\Gamma(V, C_\bullet(\mathbb{Z}))$ gleich Null.

Damit existiert dann aber eine Homotopie $k^p : C_p(\mathbb{Z}) \to C_{p+1}(\mathbb{Z})$, die über V durch $\mathbb{Z}_{U_{i_0\ldots i_p}}(V) \overset{\sim}{\to} \mathbb{Z}_{U_{ji_0\ldots i_p}}(V)$ induziert wird.

Man rechnet nach, dass für $s \in C_p(\mathbb{Z})$ die Beziehung

$$s = (k^{p-1}d^p + d^{p+1}k^p)s$$

gilt, also die Identität nullhomotop ist. Es ist nämlich

$$kds = k\left(\sum_{\nu=0}^{p}(-1)^\nu s_{i_0\ldots\widehat{i_\nu}\ldots i_p}\right) = \sum_{\nu=0}^{p}(-1)^\nu s_{ji_0\ldots\widehat{i_\nu}\ldots i_p}$$

und

$$dks = d(s_{ji_0\ldots i_p}) = s_{i_0\ldots i_p} + \sum_{\nu=0}^{p}(-1)^{\nu+1} s_{ji_0\ldots\widehat{i_\nu}\ldots i_p},$$

wobei $s_{i_0\ldots i_p}$ ein Element aus $\mathbb{Z}_{U_{i_0\ldots i_p}}(V)$ ist und $s_{i_0\ldots\widehat{i_\nu}\ldots i_p}$ für das Bild unter $\mathbb{Z}_{U_{i_0\ldots i_p}}(V) \to \mathbb{Z}_{U_{i_0\ldots\widehat{i_\nu}\ldots i_p}}(V)$ steht.

Also ist $C_\bullet(\mathbb{Z})$ ein exakter Prägarbenkomplex. $\qquad\square$

Die Kategorie der abelschen Prägarben auf X hat genug injektive Objekte:

Proposition 6.4.2
Für jede abelsche Prägarbe $\mathcal{P}$ auf X gibt es eine injektive abelsche Prägarbe $\mathcal{J}$ und eine Injektion $0 \to \mathcal{P} \hookrightarrow \mathcal{J}$.

Beweis. Wie schon früher gesehen, ist für jede abelsche Gruppe M die Abbildung

$$M \to I(M) = \mathrm{Hom}_{\mathbb{Z}}(F_{\mathbb{Z}}\,\mathrm{Hom}_{\mathbb{Z}}(M, \mathbb{Q}/\mathbb{Z}), \mathbb{Q}/\mathbb{Z})$$

injektiv und $I(M)$ eine injektive abelsche Gruppe. Weiterhin ist $M \mapsto I(M)$ ein kovarianter Funktor auf den abelschen Gruppen. Also können wir $\mathcal{J} = I(\mathcal{P})$ konstruieren, indem wir $I(\mathcal{P})(U) = I(\mathcal{P}(U))$ für $U \subseteq X$, offen, setzen. $\qquad\square$

Es ergibt sich deshalb

Lemma 6.4.11
Die Zuordnungen $(\mathcal{F} \mapsto \check{H}^p(\mathfrak{U}, \mathcal{F}))_p$ bzw. $(\mathcal{F} \mapsto \check{H}^p(X, \mathcal{F}))_p$ sind auslöschbare δ-Funktoren auf der Kategorie der abelschen Prägarben $\mathcal{F}$ auf einem topologischen Raum X.

Daraus folgt:

Proposition 6.4.3
Die Funktoren $\check{H}^p(\mathfrak{U}, \mathcal{F})$ bzw. $\check{H}^p(X, \mathcal{F})$ sind die rechtsabgeleiteten Funktoren von $\check{H}^0(\mathfrak{U}, \mathcal{F})$ bzw. $\check{H}^0(X, \mathcal{F})$ in der Kategorie der abelschen Prägarben auf X.

Lemma 6.4.12
Der Vergissfunktor $i : \mathbf{AbSh}(X) \to \mathbf{AbPrSh}(X)$ ist rechtsadjungiert zum exakten Funktor $a : \mathbf{AbPrSh}(X) \to \mathbf{AbSh}(X)$, der jeder Prägarbe die assoziierte Garbe zuordnet.

Wir haben also

$$\mathrm{Hom}_{\mathbf{AbSh}(X)}(a\mathcal{F}, \mathcal{G}) = \mathrm{Hom}_{\mathbf{AbPrSh}(X)}(\mathcal{F}, i\mathcal{G}).$$

Also ist i linksexakt und hat daher rechtsabgeleitete Funktoren, die wir $\mathcal{F} \mapsto$
$H^p(\mathcal{F}) := R^p i(\mathcal{F})$ nennen.

Lemma 6.4.13
Der Funktor i bildet injektive Garben in injektive Prägarben ab.

Beweis. Er ist rechtsadjungiert zum exakten Funktor a. □

Lemma 6.4.14
Für eine abelsche Garbe ist $ai\mathcal{F} = \mathcal{F}$. Daraus folgt $aH^p(\mathcal{F}) = 0$ für $p > 0$.

Beweis. Betrachte die Grothendieck-Spektralsequenz

$$(R^p a)(R^q i)\mathcal{F} \Rightarrow R^{p+q} \mathrm{id}_{\mathbf{AbSh}(X)}$$

und beachte $R^p a = 0$ und $R^p \mathrm{id}_{\mathbf{AbSh}(X)} = 0$ für $p > 0$. □

Lemma 6.4.15
*Für eine Prägarbe $\mathcal{P}$ sind die natürlichen Abbildungen $\check{H}^0(\mathfrak{U}, \mathcal{P}) \to H^0(X, a\mathcal{P})$
mit $i^0_{\mathfrak{V},\mathfrak{U}}$ verträglich.*

Die Abbildung des Limes $\check{H}^0(X, \mathcal{P}) \to H^0(X, a\mathcal{P})$ ist injektiv.

Lemma 6.4.16
Es ist $\check{H}^0(X, H^q(\mathcal{F})) = 0$ für $q > 0$.

Beweis. Es ist $0 \to \check{H}^0(X, H^q(\mathcal{F})) \hookrightarrow H^0(X, aH^q(\mathcal{F})) = 0$ für alle $q > 0$. □

Da $\mathcal{F} \mapsto i\mathcal{F}$ injektive Garben in injektive Prägarben abbildet, können wir die
Grothendieck-Spektralsequenz für

$$\check{H}^0(X, i(\mathcal{F})) = H^0(X, \mathcal{F})$$

für abelsche Garben $\mathcal{F}$ auf X bilden. Sie ist also $\check{H}^p(X, H^q(\mathcal{F})) \Rightarrow H^{p+q}(X, \mathcal{F})$.

Mit dem vorangehenden Lemma ergibt sich

Korollar 6.4.1
Die Abbildung $E_2^{10} \hookrightarrow E_\infty^1$ ist ein Isomorphismus:

$$\check{H}^1(X, \mathcal{F}) \xrightarrow{\sim} H^1(X, \mathcal{F}) \tag{6.72}$$

6.4.5　Anwendungen der Cech-Kohomologie

Proposition 6.4.4
*Es sei $f : X \to Y$ ein affiner Morphismus noetherscher separierter Schemata.
Weiter sei $\mathcal{F}$ ein quasikohärenter $\mathcal{O}_X$-Modul. Dann gilt:*

$$H^p(X, \mathcal{F}) = H^p(Y, f_*\mathcal{F}) \tag{6.73}$$

Beweis. Es sei $\mathfrak{U} = (U_i)$ eine offene affine Überdeckung von Y. Dann ist $U_{i_0 \dots i_p} = U_{i_0} \cap \dots \cap U_{i_p}$ auch offen und affin, weil Y separiert. Da f affin und X separiert, ist $\mathfrak{V} = (V_i) = (f^{-1}(U_i))$ eine affine offene Überdeckung von X mit $V_{i_0 \dots i_p} = V_{i_0} \cap \dots \cap V_{i_p}$ offen und affin. Weiter ist $\Gamma(V_{i_0 \dots i_p}, \mathcal{F}) = \Gamma(U_{i_0 \dots i_p}, f_* \mathcal{F})$, also $C^\bullet(\mathfrak{V}, \mathcal{F}) = C^\bullet(\mathfrak{U}, f_* \mathcal{F})$. Also auch

$$H^p(X, \mathcal{F}) = \check{H}^p(\mathfrak{V}, \mathcal{F}) = h^p(C^\bullet(\mathfrak{V}, \mathcal{F})) =$$
$$= h^p(C^\bullet(\mathfrak{U}, f_* \mathcal{F})) = \check{H}^p(\mathfrak{U}, f_* \mathcal{F}) = H^p(Y, f_* \mathcal{F}). \quad (6.74)$$

$\square$

Lemma 6.4.17

Es sei $f : X \to Y$ ein endlicher, surjektiver Morphismus integrer noetherscher Schemata. Dann existiert eine kohärente Garbe $\mathcal{M}$ auf X und ein Morphismus

$$\alpha : \mathcal{O}_Y^r \to f_* \mathcal{M}, \quad (6.75)$$

so dass für den generischen Punkt η von Y die Abbildung $\alpha_\eta : \mathcal{O}_{Y,\eta}^r \to (f_* \mathcal{M})_\eta$ ein Isomorphismus ist.

Beweis. Es sei $U \subseteq Y$ affin, $U = \operatorname{Spec}(A)$ und $V = f^{-1}(U)$ affin, $V = \operatorname{Spec}(B)$. Weiter sei $L = Q(B)$ und $K = Q(A)$. Dann ist L/K algebraisch und $L \cong K^r$ mit $L = K\,l_1 + \dots + K\,l_r$. Die l_i sind aus $\mathcal{K}_X(V)$, und weil $\mathcal{K}_X$ welk ist, können sie zu Schnitten $f_i = l_i$ von $\mathcal{K}_X(X)$ ausgedehnt werden. Nun setzt man $\mathcal{M} = \mathcal{O}_X f_1 + \dots + \mathcal{O}_X f_r$. Damit hat man eine Abbildung $f^* \mathcal{O}_Y^r = \mathcal{O}_X^r \to \mathcal{M}$. Die dazugehörige adjungierte Abbildung ist $\alpha : \mathcal{O}_Y^r \to f_* \mathcal{M}$. Auf U ist diese Abbildung $A^r \to \mathcal{M}(V) \to \mathcal{K}_X(V) = L$ gleich $(a_1, \dots, a_r) \mapsto a_1 l_1 + \dots + a_r l_r$. Tensorieren mit $- \otimes_A K$ ergibt den Isomorphismus $K^r \to L$ von oben. Beachte dazu die Beziehung

$$f_* \mathcal{M}_\eta = f_* \mathcal{M}(U) \otimes_A K = \mathcal{M}(V) \otimes_A K =$$
$$= (B\,l_1 + \dots + B\,l_r) \otimes_A K = L\,l_1 + \dots + L\,l_r = L. \quad (6.76)$$

Also herrscht Isomorphie am generischen Punkt. $\square$

Lemma 6.4.18

Es sei $f : X \to Y$ ein endlicher, surjektiver Morphismus integrer noetherscher Schemata. Weiter sei $\mathcal{F}$ ein kohärenter $\mathcal{O}_Y$-Modul. Dann existiert ein kohärenter $\mathcal{O}_X$-Modul $\mathcal{G}$ und eine Abbildung

$$\beta : f_* \mathcal{G} \to \mathcal{F}^r, \quad (6.77)$$

für die am generischen Punkt η von Y die Abbildung $\beta_\eta : (f_* \mathcal{G})_\eta \to \mathcal{F}_\eta^r$ ein Isomorphismus ist.

Beweis. Wende $\mathcal{H}om_{\mathcal{O}_Y}(-, \mathcal{F})$ auf die Abbildung $\alpha : \mathcal{O}_Y^r \to f_* \mathcal{M}$ von oben an. Es entsteht die Abbildung $\beta : \mathcal{H}om_{\mathcal{O}_Y}(f_* \mathcal{M}, \mathcal{F}) \to \mathcal{F}^r$. Sie ist nach Konstruktion ein Isomorphismus am generischen Punkt von Y.

Es bleibt zu zeigen, dass $\mathcal{H}om_{\mathcal{O}_Y}(f_*\mathcal{M},\mathcal{F}) = f_*\mathcal{G}$ für einen kohärenten $\mathcal{O}_X$-Modul $\mathcal{G}$. Lokal auf $U = \mathrm{Spec}\,(A) \subseteq Y$ und für $V = f^{-1}(U) = \mathrm{Spec}\,(B)$ ist $\mathcal{H}om_{\mathcal{O}_Y}(f_*\mathcal{M},\mathcal{F})$ die zu $\mathrm{Hom}_A(M_A, N)$ assoziierte Garbe. Dabei ist M ein endlich erzeugter B-Modul und N ein endlich erzeugter A-Modul. M_A steht für die Auffassung von M als A-Modul. Da B/A endlich, ist auch M_A ein endlich erzeugter A-Modul. Also ist $\mathrm{Hom}_A(M_A, N) = A\phi_1 + \cdots + A\phi_n$. Da M ein B-Modul ist, kann $\mathrm{Hom}_A(M_A, N)$ auch als B-Modul P aufgefasst werden. Es ist dann auch $P = B\phi_1 + \cdots + B\phi_n$ ein endlich erzeugter B-Modul mit $P_A = \mathrm{Hom}_A(M_A, N)$. Der $\mathcal{O}_X$-Modul $\mathcal{G}$ ist dann gleich $\widetilde{P}$ auf V. $\hfill\square$

Theorem 6.4.2 (Chevalley)

Es sei $f : X \to Y$ ein surjektiver, endlicher Morphismus noetherscher separierter Schemata. Weiter sei X affin. Dann ist auch Y affin.

Beweis. Zunächst kann man X, Y und f durch X_{red}, Y_{red} und f_{red} ersetzen. Im Diagramm

$$X_{\mathrm{red}} = X_{\mathrm{red}} \times_Y Y_{\mathrm{red}} \qquad\qquad (6.78)$$

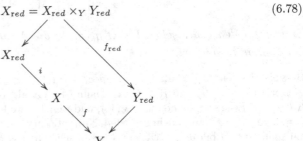

ist das Viereck cartesisch, i surjektive abgeschlossene Immersion, also $f \circ i$ endlich und surjektiv, also auch f_{red} endlich und surjektiv.

Es sei also jetzt X und Y reduziert und $Y = Y_1 \cup \cdots \cup Y_r$ die Zerlegung in irreduzible Komponenten. Dann ist Y affin genau dann, wenn alle Y_i es sind. Mit dem Diagramm

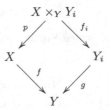

ersetzt man Y durch Y_i und X durch $X \times_Y Y_i$ sowie f durch das, weil das Diagramm cartesisch ist, ebenfalls surjektive und endliche f_i. Das Schema $X \times_Y Y_i$ ist affin, weil p, als Erweiterung von g, eine abgeschlossene Immersion ist.

Nun sei $f : X \to Y$ gegeben mit Y integer und $X = X_1 \cup \cdots \cup X_s$ der Zerlegung in irreduzible Komponenten. Das irreduzible Y ist Vereinigung der abgeschlossenen $f(X_j)$, also schon $f(X_j) = Y$ für ein geeignetes j. Man ersetze nun X durch das ebenfalls affine X_j und f durch $f \circ i_j$, wobei $i_j : X_j \to X$ die abgeschlossene Immersion ist. Damit kann man nun X und Y als integer annehmen.

Es sei nun $\mathcal{F}$ eine kohärente Garbe auf Y. Wir wollen zeigen, dass dann immer $H^1(Y, \mathcal{F}) = 0$ gilt. Es existiert, nach vorigem Lemma, eine kohärente Garbe $\mathcal{G}$ auf X und eine Abbildung $\beta : f_*\mathcal{G} \to \mathcal{F}^r$. Diese ist ein Isomorphismus am generischen Punkt von η.

Betrachtet man die exakte Sequenz

$$0 \to \mathcal{P}_1 \to f_*\mathcal{G} \to \mathcal{F}^r \to \mathcal{P}_2 \to 0, \tag{6.79}$$

so ist $(\mathcal{P}_j)_\eta = 0$. Also ist $\mathrm{supp}\,\mathcal{P}_j = Y_j$ mit $Y_j = V(\mathrm{Ann}(\mathcal{P}_j))$. Beide Y_j sind echte abgeschlossene Unterschemata von Y mit abgeschlossenen Immersionen $i_j : Y_j \to Y$. Es ist dann $\mathcal{P}_j = i_{j*}i_j^*\mathcal{P}_j$.

Wir können also kraft noetherscher Induktion und mit den Diagrammen

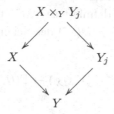

annehmen, dass die Y_j affin sind, mithin $H^p(Y, \mathcal{P}_j) = H^p(Y_j, i_j^*\mathcal{P}_j) = 0$ für alle $p > 0$ ist.

Zerlegt man die obige Sequenz in zwei kurze exakte Sequenzen:

$$0 \to \mathcal{P}_1 \to f_*\mathcal{G} \to \mathcal{Q} \to 0, \tag{6.80}$$
$$0 \to \mathcal{Q} \to \mathcal{F}^r \to \mathcal{P}_2 \to 0, \tag{6.81}$$

so folgt aus Proposition 6.4.4 $H^p(Y, f_*\mathcal{G}) = H^p(X, \mathcal{G}) = 0$ für alle $p > 0$ auch $H^p(Y, \mathcal{Q}) = 0$ für alle $p > 0$.

Damit ist wegen $H^p(Y, \mathcal{P}_2) = 0$ für alle $p > 0$ auch $H^p(Y, \mathcal{F}^r) = 0$, mithin $H^p(Y, \mathcal{F}) = 0$ für alle $p > 0$. Also ist Y affin nach dem kohomologischen Affinitätskriterium.

□

Beispiel 6.4.1

Es sei $X = \mathbb{A}_k^2 = \mathrm{Spec}\,(k[x, y])$ und $U = X - \{(0, 0)\}$. Es sei $\mathfrak{U}$ die Überdeckung von U mit $D(x), D(y) \subseteq U$. Dann ist

$$H^1(U, \mathcal{O}_U) = \check{H}^1(\mathfrak{U}, \mathcal{O}_U) = (\{x^i\,y^j \mid i, j < 0\})_k. \tag{6.82}$$

Insbesondere ist U nicht affin. ∎

Beweis. Der Komplex $C^\bullet(\mathfrak{U}, \mathcal{O}_U)$ ist gleich

$$k[x, y]_x \oplus k[x, y]_y \xrightarrow{d^0} k[x, y]_{xy}.$$

Nun ist $k[x, y]_x = (\{x^i\,y^j \mid i \in \mathbb{Z}, j \geqslant 0\})_k$ und $k[x, y]_y = (\{x^i\,j^j \mid i \geqslant 0, j \in \mathbb{Z}\})_k$. Weiter ist $k[x, y]_{xy} = (\{x^i\,y^j \mid i, j \in \mathbb{Z}\})_k$. Die Mengen in den Klammern sind jeweils k-Basen, und die Abbildung d^0 ist durch die offensichtlichen Inklusionen zwischen diesen Moduln vermittelt. Also ist

$$\check{H}^1(\mathfrak{U}, \mathcal{O}_U) = \mathrm{coker}\,d^0 = k[x, y]_{xy}/\,\mathrm{im}\,d^0 = (\{x^i\,y^j \mid i, j < 0\})_k. \tag{6.83}$$

□

Proposition 6.4.5

Es sei $(X, \mathcal{O}_X)$ ein lokal geringter Raum. Dann heiße $\mathrm{Pic}\, X$ die Gruppe der Isomorphieklassen von Linienbündeln auf X. Es gilt:

$$\mathrm{Pic}\, X = H^1(X, \mathcal{O}_X^*) \tag{6.84}$$

Beispiel 6.4.2

Es sei X ein Unterschema von $\mathbb{P}_k^2$, das durch eine homogene Gleichung $f(x_0, x_1, x_2) = 0$ vom Grad d definiert ist. Weiter sei $P = (1, 0, 0) \notin X$. Dann überdecken $U = D(x_1)$ und $V = D(x_2)$ das Schema X. Der Cech-Komplex zu dieser Überdeckung $\mathfrak{U}$ ist also

$$\Gamma(U, \mathcal{O}_X) \oplus \Gamma(V, \mathcal{O}_X) \to \Gamma(U \cap V, \mathcal{O}_X). \tag{6.85}$$

Es gilt für seine Kohomologie:

$$\dim H^0(X, \mathcal{O}_X) = \dim \check{H}^0(\mathfrak{U}, \mathcal{O}_X) = 1, \tag{6.86}$$

$$\dim H^1(X, \mathcal{O}_X) = \dim \check{H}^1(\mathfrak{U}, \mathcal{O}_X) = \frac{1}{2}(d-1)(d-2) \tag{6.87}$$

∎

Definition 6.4.6

Es sei X ein noethersches, separiertes Schema. Dann sei

$$\mathrm{cd}(X) = \inf\{n \mid H^i(X, \mathcal{F}) = 0 \text{ für alle quasikohärenten } \mathcal{F} \text{ und } i > n\}. \tag{6.88}$$

Die Zahl $\mathrm{cd}(X)$ heißt *kohomologische Dimension von X*.   ◆

Proposition 6.4.6

Es sei X ein noethersches, separiertes Schema. Dann ist $\mathrm{cd}(X)$ die kleinste Zahl n, so dass für $i > n$ und $\mathcal{F}$ kohärent immer $H^i(X, \mathcal{F}) = 0$ ist.

Beweis. Es sei $H^i(X, \mathcal{F}) = 0$ für alle kohärenten $\mathcal{F}$ auf X. Ein $\mathcal{G}$, quasikohärent auf X, ist direkter Limes kohärenter $\mathcal{G}_\lambda \subseteq \mathcal{G}$.

Da X noethersch, ist

$$H^i(X, \mathcal{G}) = H^i(X, \varinjlim_\lambda \mathcal{G}_\lambda) = \varinjlim_\lambda H^i(X, \mathcal{G}_\lambda) = 0.$$

□

Proposition 6.4.7

Es sei X quasiprojektiv über einem Körper k. Dann ist $\mathrm{cd}(X)$ die kleinste Zahl n, so dass für $i > n$ und $\mathcal{F}$ kohärent und lokal frei immer $H^i(X, \mathcal{F}) = 0$ ist.

Beweis. Es sei $X \subseteq Y$ offen im projektiven Schema Y. Es sei $\mathcal{F}$ auf X kohärent. Dann ist $\mathcal{F} = \mathcal{G}|_X$ mit einem kohärenten $\mathcal{O}_Y$-Modul $\mathcal{G}$. Es existiert dann eine exakte Sequenz $0 \to \mathcal{P} \to \bigoplus_i \mathcal{O}_Y(d_i) \to \mathcal{G} \to 0$ und durch Einschränkung auf X eine exakte Sequenz $0 \to \mathcal{Q} \to \mathcal{E} \to \mathcal{F} \to 0$ mit $\mathcal{E} = \bigoplus_i \mathcal{O}_X(d_i)$. Die Garbe $\mathcal{E}$ ist ein kohärenter und lokal freier $\mathcal{O}_X$-Modul, die Garbe $\mathcal{Q}$ kohärenter $\mathcal{O}_X$-Modul.

Ist nun $H^i(X, \mathcal{E}) = 0$ für alle $i > n$, so ist $H^p(X, \mathcal{F}) = H^{p+1}(X, \mathcal{Q})$ für alle $p > n$. Da $\mathcal{F}$ beliebig war, kann man, indem man $\mathcal{Q}$ an die Stelle von $\mathcal{F}$ setzt, induktiv weiter auf $H^{p+1}(X, \mathcal{Q}) = H^{p+2}(X, \mathcal{Q}')$ mit einem kohärenten $\mathcal{Q}'$ schließen. Es gibt also $\mathcal{Q}_j$, kohärent, so dass $H^p(X, \mathcal{F}) = H^{p+j}(X, \mathcal{Q}_j)$ ist. Da aber $H^s(X, \mathcal{P}) = 0$ für alle $s > \dim X$ und alle abelschen Garben $\mathcal{P}$ auf X (Satz von Grothendieck), ist auch $H^p(X, \mathcal{F}) = 0$ für $p > n$. Nennt man $\mathrm{cd}'(X)$ die über lokal freie kohärente Garben definierte Dimension, so folgt also aus $\mathrm{cd}'(X) = n$ auch $\mathrm{cd}(X) \leqslant n$, also $\mathrm{cd}(X) \leqslant \mathrm{cd}'(X)$. Andererseits ist natürlich $\mathrm{cd}'(X) \leqslant \mathrm{cd}(X)$, also $\mathrm{cd}(X) = \mathrm{cd}'(X)$. $\square$

Proposition 6.4.8

Es sei X ein noethersches separiertes Schema und (U_i) eine affine offene Überdeckung von X mit $r + 1$ Teilmengen. Dann ist $\mathrm{cd}(X) \leqslant r$.

Beweis. Es sei $\mathcal{F}$ ein quasikohärenter $\mathcal{O}_X$-Modul. Dann ist das p-te Element im Cech-Komplex $C^p((U_i), \mathcal{F}) = \prod_{i_0 < \cdots < i_p} \mathcal{F}(U_{i_0, \ldots, i_p})$.

Ist nun $p > r$, so ist die Indexmenge des Produkts notwendig leer, also $C^p((U_i), \mathcal{F}) = 0$ für $p > r$. Umsomehr ist dann $H^p(X, \mathcal{F}) = \check{H}^p((U_i), \mathcal{F}) = 0$. $\square$

Proposition 6.4.9

Es seien $X, Y \subseteq \mathbb{P}_k^n$ zwei reduzierte, abgeschlossene Unterschemata und k ein Körper. Es sei $\dim X = r$.

Dann gibt es $r + 1$ Hyperflächen $H_1, \ldots, H_{r+1} \subseteq \mathbb{P}_k^n$ mit $H_i \supseteq Y$, so dass

$$X - Y = \bigcup_{i=1}^{r+1} (X - H_i).$$

Das Schema $X - H_i \subseteq \mathbb{P}_k^n - H_i$ ist dabei affin.

Beweis. Im Fall $r = 0$ sei $X = \{P_1, \ldots, P_s, Q_1, \ldots, Q_t\}$ mit $P_i \notin Y$ und $Q_j \in Y$.
Betrachte die Sequenz:

$$0 \to \mathcal{I}_{Y \cup P_1 \cup \cdots \cup P_s} \to \mathcal{I}_Y \to k(P_1) \times \cdots \times k(P_s) \to 0$$

Der Schnitt $\Gamma(\mathbb{P}_k^n, (-)(d))$ wird auf dieser Sequenz für eine genügend hohe Vertwistung d exakt. Also existiert ein $h \in \mathcal{I}_Y(d)$, so dass $P_i \notin V(h)$ für alle i und $V(h) \supseteq Y$. Setze $H_1 = V(h)$, und der Beweis für $r = 0$ ist erbracht.

Es sei nun $r > 0$ und der Satz für $\dim X < r$ schon gezeigt. Weiter sei $X = X_1 \cup \cdots \cup X_m$ die Zerlegung in irreduzible Komponenten. OBdA ist $X_i \not\subseteq Y$ für jedes X_i. Wähle so in jedem $X_i - Y$ einen Punkt Q_i, der auch in keinem X_j mit $j \neq i$ liegt.
Betrachte die exakte Sequenz

$$0 \to \mathcal{I}_{Y \cup Q_1 \cup \cdots \cup Q_m} \to \mathcal{I}_Y \to k(Q_1) \times \cdots \times k(Q_m) \to 0,$$

bei der wieder ein Schnitt $\Gamma(\mathbb{P}_k^n, (-)(d))$ für eine genügend hohe Vertwistung d exakt wird. Es gibt also einen Schnitt h aus der mittleren Idealgarbe mit $V(h) \supseteq Y$ und $h(Q_i) \neq 0$ für alle Q_i.

Setze $X' = V(h) \cap X$. Dann ist $\dim X' \leqslant r - 1$, und deshalb, kraft Induktion, kann $X' - Y$ mit r Hyperflächenkomplementen $D(w_1), \ldots, D(w_r) \subseteq \mathbb{P}_k^n$ überdeckt werden, für die $V(w_i) \supseteq Y$ ist.

Es ist $X \cap D(w_i) \subseteq X - Y$ affin, da $X \hookrightarrow \mathbb{P}_k^n$ eine abgeschlossene Immersion ist.

Nimmt man noch $D(h)$ zu den $D(w_i)$ hinzu, so hat man eine vollständige offene und affine Überdeckung von $X - Y$ mit $r + 1$ Teilmengen $D(w_i) \cap X$ und $D(h) \cap X$. $\square$

Korollar 6.4.2

Es sei $X \subseteq \mathbb{P}^n_k$ eine quasiprojektive Varietät mit $\dim X = r$. Dann lässt sich X mit $r + 1$ offenen affinen Teilen $U_1, \ldots, U_{r+1} \subseteq X$ überdecken.

Es folgt daher

$$\mathrm{cd}(X) \leqslant r = \dim X. \tag{6.89}$$

Proposition 6.4.10

Es sei $Y \subseteq X = \mathbb{P}^n_k$ ein mengentheoretisch vollständiger Durchschnitt mit $\mathrm{codim}\, Y = r$. Dann ist $\mathrm{cd}(X - Y) \leqslant r - 1$.

Beweis. Es gibt abgeschlossene Hyperflächen $H_1, \ldots, H_r \subseteq \mathbb{P}^n_k$ mit $H_j = V(h_j)$ und mit $Y = H_1 \cap \cdots \cap H_r$ *als Mengen*. Also ist $X - Y = (X - H_1) \cup \cdots \cup (X - H_r)$. Also wird $X - Y$ von den r offenen affinen Mengen $D(h_j) = X - H_j$ überdeckt, und es ist nach der vorvorigen Proposition $\mathrm{cd}(X - Y) \leqslant r - 1$. $\qquad\square$

6.5 Infinitesimale Erweiterungen von Schemata

Definition 6.5.1

Es sei X ein Schema und $\mathcal{F}$ ein quasikohärenter $\mathcal{O}_X$-Modul. Weiter sei $i : X \to X'$ eine abgeschlossene Immersion und

$$0 \to \mathcal{I} \to \mathcal{O}_{X'} \to i_* \mathcal{O}_X \to 0$$

die zugehörige exakte Sequenz. Es sei $\mathcal{I}^2 = 0$, also auch $\mathcal{I}$ ein $\mathcal{O}_{X'}/\mathcal{I}$-Modul, also ein $\mathcal{O}_X$-Modul. Es sei auch $\mathcal{I} \cong \mathcal{F}$ als $\mathcal{O}_X$-Modul.

Dann heißt $i : X \to X'$ eine *infinitesimale Erweiterung von X mit $\mathcal{F}$*. ◆

Bemerkung 6.5.1

Die Abbildung $i : X \to X'$ ist ein topologischer Homöomorphismus.

Mit den Bezeichnungen der Definition sei $\mathcal{O}_{X'} = \mathcal{O}_X \oplus \mathcal{F}$, und auf $\mathcal{O}_X \oplus \mathcal{F}$ sei eine $\mathcal{O}_X$-Algebra-Struktur vermöge der Multiplikation

$$(b_1, m_1) \cdot (b_2, m_2) \mapsto (b_1 b_2, b_1 m_2 + b_2 m_1) \tag{6.90}$$

eingeführt.

Definition 6.5.2

Es sei X, $\mathcal{F}$ wie oben. Dann ist $\widetilde{X}(\mathcal{F}) = \mathrm{Spec}\,(\mathcal{O}_X \oplus \mathcal{F})$ die *triviale infinitesimale Erweiterung von X mit $\mathcal{F}$*. Wir schreiben auch einfach $\widetilde{X}$, falls $\mathcal{F}$ sich von selbst versteht.

Die Immersion $i : X \to \widetilde{X}$ wird durch die Projektion $\mathcal{O}_X \oplus \mathcal{F} \to \mathcal{O}_X$ gegeben. Eine Projektion $p : \widetilde{X} \to X$ entsteht aus der kanonischen Abbildung $\mathcal{O}_X \to \mathcal{O}_X \oplus \mathcal{F}$. ◆

Für reguläre, affine Varietäten sind alle infinitesimalen Erweiterungen trivial:

Proposition 6.5.1
Es sei X eine reguläre, affine k-Varietät und $i : X \to X'$ eine infinitesimale Erweiterung von X mit $\mathcal{F}$. Dann existiert ein Isomorphismus $\phi : X' \to \widetilde{X}(\mathcal{F})$ und ein Diagramm:

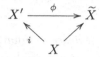

Proposition 6.5.2
Es sei X, $\mathcal{F}$ und $\widetilde{X}$ wie oben. Weiter sei X ein A-Schema für einen Ring A. Dann entsprechen sich eineindeutig

i) die Morphismen $\phi : \widetilde{X} \to \widetilde{X}$ mit $\phi \circ i = i$,

ii) die A-linearen Derivationen $d(\phi) : \mathcal{O}_X \to \mathcal{F}$,

iii) die Elemente $\delta(\phi) \in \operatorname{Hom}_{\mathcal{O}_X}(\Omega_{X|A}, \mathcal{F})$.

Außerdem entspricht die Komposition der Morphismen $\phi_1 \circ \phi_2$ der Addition $d_1(\phi_1) + d_2(\phi_2)$.

Beweis. Lokal ist $X = \operatorname{Spec}(B)$ und $\mathcal{F} = \widetilde{M}$ mit einem B-Modul M. Für die Abbildung $\phi^\sharp : B \oplus M \to B \oplus M$ gilt das Diagramm:

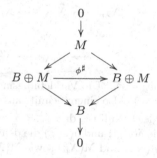

Also ist $\phi^\sharp((b, m)) = (b, m + \delta(b))$. Es ist

$$\phi^\sharp((b_1, m_1) \cdot (b_2, m_2)) = \phi^\sharp((b_1 b_2, b_1 m_2 + b_2 m_1)) =$$
$$= (b_1 b_2, b_1 m_2 + b_2 m_1 + \delta(b_1 b_2)) =$$
$$= (b_1, m_1 + \delta(b_1)) \cdot (b_2, m_2 + \delta(b_2)) =$$
$$= (b_1 b_2, b_1 m_2 + b_2 m_1 + b_1 \delta(b_2) + b_2 \delta(b_1)). \quad (6.91)$$

Also ist $\delta(b_1 b_2) = b_1 \delta(b_2) + b_2 \delta(b_1)$, und δ ist die zu $\phi^\sharp$ eineindeutig assoziierte Derivation $\delta : B \to M$. Man überlegt sich, dass sich diese Definition durch Verkleben globalisieren lässt. $\square$

Bemerkung 6.5.2

Ist $\Omega_{X|A}$ in der vorigen Proposition ein lokal freier $\mathcal{O}_X$-Modul, so ist auch

$$\mathrm{Hom}_{\mathcal{O}_X}(\Omega_{X|A}, \mathcal{F}) = \mathrm{Hom}_{\mathcal{O}_X}(\mathcal{O}_X, \Omega^{\vee}_{X|A} \otimes_{\mathcal{O}_X} \mathcal{F}) = (\Omega^{\vee}_{X|A} \otimes_{\mathcal{O}_X} \mathcal{F})(X). \quad (6.92)$$

Es sei nun X im Folgenden immer eine reguläre k-Varietät und $i : X \to X'$ eine infinitesimale Erweiterung von X mit $\mathcal{F}$. Dann gilt:

Proposition 6.5.3

Es entsprechen sich Isomorphieklassen infinitesimaler Erweiterungen i : $X \to X'$ mit $\mathcal{F}$ von einer regulären Varietät X über k und Elemente von $H^1(X, \Omega^{\vee}_{X|k} \otimes_{\mathcal{O}_X} \mathcal{F})$.

Beweis. Wähle eine affine offene Überdeckung (X_λ) von X, und die zugehörige offene affine Überdeckung X'_λ von X' mit $i(X_\lambda) = X'_\lambda$ ($i(X_\lambda)$ ist nach Chevalleys Theorem affin, weil $i : X_\lambda \to i(X_\lambda)$ surjektiv und endlich ist). Es sei $\widetilde{X}_\lambda$ die triviale Erweiterung von X_λ mit $\mathcal{F}|_{X_\lambda}$.

Lokal sei $\phi_\lambda : X'_\lambda \to \widetilde{X}_\lambda$ ein Trivialisierungsmorphismus, der nach Proposition 6.5.1 immer existieren muss. Weiter sei $\psi_\lambda : X'_\lambda \to \widetilde{X}_\lambda$ eine alternative Trivialisierung. Dann existiert ein Diagramm (in dem die oberste und unterste Zeile identisch sind)

$$
\begin{array}{ccccccc}
X'_\lambda & \xleftarrow{\ j\ } & X'_{\lambda\mu} & \xrightarrow{\ =\ } & X'_{\mu\lambda} & \xrightarrow{\ j'\ } & X'_\mu \\
\uparrow{\psi_\lambda} & & \uparrow{\psi'_\lambda} & & \uparrow{\psi'_\mu} & & \uparrow{\psi_\mu} \\
\widetilde{X}_\lambda & \xleftarrow{\ j''\ } & \widetilde{X}_{\lambda\mu} & \xrightarrow{\psi_{\lambda\mu}} & \widetilde{X}_{\mu\lambda} & \xrightarrow{\ j'''\ } & \widetilde{X}_\mu \\
\uparrow{w_\lambda} & & \uparrow{w'_\lambda} & & \uparrow{w'_\mu} & & \uparrow{w_\mu} \\
\widetilde{X}_\lambda & \xleftarrow{\ j''\ } & \widetilde{X}_{\lambda\mu} & \xrightarrow{\phi_{\lambda\mu}} & \widetilde{X}_{\mu\lambda} & \xrightarrow{\ j'''\ } & \widetilde{X}_\mu \\
\downarrow{\phi_\lambda} & & \downarrow{\phi'_\lambda} & & \downarrow{\phi'_\mu} & & \downarrow{\phi_\mu} \\
X'_\lambda & \xleftarrow{\ j\ } & X'_{\lambda\mu} & \xrightarrow{\ =\ } & X'_{\mu\lambda} & \xrightarrow{\ j'\ } & X'_\mu
\end{array}
\quad (6.93)
$$

mit $\psi_\lambda \circ w_\lambda = \phi_\lambda$ und $\psi_\mu \circ w_\mu = \phi_\mu$. Die Verklebungsmorphismen $\phi_{\lambda\mu}$ entsprechen Schnitten $\delta_{\lambda\mu} \in (\Omega_{X|k} \otimes \mathcal{F})(X_{\lambda\mu})$. Also einem Schnitt aus $C^1((X_\lambda), \Omega^{\vee}_{X|k} \otimes \mathcal{F})$, dessen Bild in $C^2((X_\lambda), \Omega^{\vee}_{X|k} \otimes \mathcal{F})$ gleich Null ist, da $\phi_{\lambda\tau} = \phi_{\mu\tau} \circ \phi_{\lambda\mu}$ auf $\widetilde{X}_{\lambda\mu\tau}$ ist.

Sind $\delta(w_\lambda)$ und $\delta(w_\mu)$ sowie $\delta(\phi_{\lambda\mu})$ und $\delta(\psi_{\lambda\mu})$ die den Abbildungen in Klammern entsprechenden Schnitte in $\mathcal{M}(X_\lambda)$ und $\mathcal{M}(X_\mu)$ sowie $\mathcal{M}(X_{\lambda\mu})$ und $\mathcal{M}(X_{\lambda\mu})$ mit $\mathcal{M} = \Omega^{\vee}_{X|k} \otimes \mathcal{F}$, so liest man aus dem Zentrum des Diagramms die Beziehung

$$\delta(\phi_{\lambda\mu}) = -\delta(w_\mu)|_{X_{\lambda\mu}} + \delta(\psi_{\lambda\mu}) + \delta(w_\lambda)|_{X_{\lambda\mu}} \quad (6.94)$$

ab. Es ist also $\delta(\phi_{\lambda\mu}) - \delta(\psi_{\lambda\mu}) = \delta(w_\lambda) - \delta(w_\mu)$ im Bild von $d^0 : C^0((X_\lambda), \mathcal{M}) \to C^1((X_\lambda), \mathcal{M})$. Der Übergang zu einer anderen Trivialisierung von X' bedeutet also die Addition eines Randes in $C^1((X_\lambda), \mathcal{M})$. Außerdem ist die durch Verklebung entlang $\phi_{\lambda\mu}$ gewonnene infinitesimale Erweiterung $X''(\phi)$ isomorph zu der Ausgangserweiterung X'.

Also entsprechen sich die Isomorphieklassen von Erweiterungen X' über X mit $\mathcal{F}$ und die Elemente

$$\check{H}^1((X_\lambda), \mathcal{M}) = H^1(X, \mathcal{M}) = H^1(X, \Omega^{\vee}_{X|k} \otimes \mathcal{F}).$$

$\square$

Proposition 6.5.4

Es sei $(X', \mathcal{O}_{X'})$ ein lokal geringter Raum und $\mathfrak{I}$ eine $\mathcal{O}_{X'}$-Idealgarbe mit $\mathfrak{I}^2 = 0$. Weiter sei $(X, \mathcal{O}_X)$ der lokal geringte Raum $(X', \mathcal{O}_{X'}/\mathfrak{I})$.

Dann existiert eine exakte Sequenz von abelschen Garben auf X':

$$0 \to \mathfrak{I} \to \mathcal{O}_{X'}^* \to \mathcal{O}_X^* \to 0 \tag{6.95}$$

Dabei ist die Abbildung links durch $a \in \mathfrak{I}(U) \mapsto 1+a \in \mathcal{O}_{X'}^*(U)$ und die Abbildung rechts durch $f \in \mathcal{O}_{X'}^*(U) \mapsto f + \mathfrak{I}(U) \in \mathcal{O}_X^*(U)$ gegeben.

Aus dieser Sequenz folgt durch Anwenden von $\Gamma(X', -)$ die lange exakte Sequenz:

$$\cdots \to H^1(X, \mathfrak{I}) \to \operatorname{Pic} X' \to \operatorname{Pic} X \to H^2(X, \mathfrak{I}) \to \cdots \tag{6.96}$$

Beweis. Es sei $i : X \to X'$ die kanonische Inklusion geringter Räume. Auf den assoziierten topologischen Räumen ist i die Identität. Die Kategorien $\mathbf{Ab}(X)$ und $\mathbf{Ab}(X')$ sind äquivalent unter $\mathcal{F} \mapsto i_* \mathcal{F}$ und $\mathcal{F} \mapsto i^* \mathcal{F}$. Also ist $H^i(X, \mathcal{F}) = H^i(X', \mathcal{F})$ für eine Garbe aus $\mathbf{Ab}(X)$ bzw. $\mathbf{Ab}(X')$. Insbesondere ist $H^i(X, \mathfrak{I}) = H^i(X', \mathfrak{I})$ und $H^i(X, \mathcal{O}_X^*) = H^i(X', \mathcal{O}_X^*)$. $\qquad\square$

Beispiel 6.5.1

Es sei $X = \mathbb{P}_k^2 = \operatorname{proj}(k[x_0, x_1, x_2])$ und (U_i) für $i = 0, 1, 2$ die kanonische Überdeckung. Dann existiert ein Element $\vartheta \in H^1(X, \Omega_{X|k}) = \check{H}^1((U_i), \Omega_{X|k})$, nämlich

$$\vartheta_{ij} = \frac{x_i}{x_j} d\left(\frac{x_j}{x_i}\right) \in \Gamma(U_{ij}, \Omega_{X|k}). \tag{6.97}$$

Beweis. Es ist symbolisch

$$\vartheta_{ij} = \frac{x_i}{x_j} d\left(\frac{x_j}{x_i}\right) = \frac{x_i}{x_j}\left(\frac{dx_j}{x_i} - dx_i \frac{x_j}{x_i^2}\right) = \frac{dx_j}{x_j} - \frac{dx_i}{x_i}. \tag{6.98}$$

Also $\vartheta_{ij} + \vartheta_{jk} = \vartheta_{ik}$. $\qquad\square$

Nun ist

$$\Omega_{X|k} \cong \Omega_{X|k}^\vee \otimes \omega$$

mit $\omega = \bigwedge^2 \Omega_{X|k}$.

Also definiert $\vartheta \in H^1(X, \Omega_{X|k}^\vee \otimes \omega)$ eine infinitesimale Erweiterung X' von X mit ω. Also besteht eine exakte Sequenz

$$0 \to \omega \to \mathcal{O}_{X'}^* \to \mathcal{O}_X^* \to 0 \tag{6.99}$$

und damit eine lange exakte Sequenz in der Kohomologie

$$H^1(X, \omega) \to \operatorname{Pic} X' \to \operatorname{Pic} X \xrightarrow{\alpha} H^2(X, \omega).$$

Es ist (wie wir später sehen werden) $H^1(X, \omega) = 0$ und $H^2(X, \omega) = H^2(X, \mathcal{O}_X(-3)) = k$. Weiterhin ist für $\operatorname{char} k = 0$ auch die Abbildung α injektiv. Damit ist in diesem Fall $\operatorname{Pic} X' = 0$ und insbesondere auch X' nicht projektiv.

Es bleibt die Injektivität von α nachzuweisen:

Beweis. Die Verklebungsdaten $\phi_{ij} : \tilde{U}_{ij} \to \tilde{U}_{ji}$ nach obiger Bezeichnungsweise werden durch

$$\phi_{ij}(f \oplus \psi) = f \oplus \delta(f) + \psi = f \oplus \vartheta_{ji} \wedge df + \psi \tag{6.100}$$

mit $f \in \mathcal{O}_X(U_{ij})$ und $\psi \in \omega(U_{ij})$ gegeben.

Nun ist $\mathcal{O}_X(1)$ ein Erzeuger von $\operatorname{Pic} X$ und durch den Kozykel $\frac{x_i}{x_j} \in \mathcal{O}_X^*(U_{ij})$ gegeben. Diesen wollen wir gemäß α auf $H^2(X,\omega)$ abbilden. Wir nehmen dazu den Ausschnitt aus den Cech-Komplexen der obigen kurzen exakten Garbensequenz:

$$
\begin{array}{ccccccccc}
0 & \longrightarrow & \omega(U_{012}) & \overset{i}{\longrightarrow} & \mathcal{O}_{X'}^*(U_{012}') & \longrightarrow & \mathcal{O}_X^*(U_{012}) & \longrightarrow & 0 \\
& & {\scriptstyle d^1}\big\uparrow & & {\scriptstyle d^1}\big\uparrow & & {\scriptstyle d^1}\big\uparrow & & \\
0 & \longrightarrow & \prod \omega(U_{ij}) & \longrightarrow & \prod \mathcal{O}_{X'}^*(U_{ij}') & \overset{p}{\longrightarrow} & \prod \mathcal{O}_X^*(U_{ij}) & \longrightarrow & 0
\end{array}
\tag{6.101}
$$

Die mittlere Spalte kann nach Einführung entsprechender Trivialisierungen auch geschrieben werden als

$$\mathcal{O}_{\tilde{U}_{012}}^*(\tilde{U}_{012}) \tag{6.102}$$
$$\scriptstyle d^1 \big\uparrow$$
$$\mathcal{O}_{\tilde{U}_{12}}^*(\tilde{U}_{12}) \times \mathcal{O}_{\tilde{U}_{02}}^*(\tilde{U}_{02}) \times \mathcal{O}_{\tilde{U}_{01}}^*(\tilde{U}_{01}).$$

Ist $(x_1/x_2), (x_0/x_2), (x_0/x_1)$ das Urbild unter p des Kozykels $(x_i/x_j, U_{ij})$, so kann sein Bild unter d^1 für die zwei letzten Komponenten einfach durch Einschränkung gegeben werden. Denn es ist ja $U_{012} \subseteq U_{01}, U_{02} \subseteq U_0$, so dass keine Verklebungsabbildung ins Spiel gebracht werden muss. Anders bei $U_{12} \subseteq U_1$. Hier benötigt man die Verklebung $\phi_{10} : \tilde{U}_{10} \to \tilde{U}_{01}$, um $\mathcal{O}_{\tilde{U}_{12}}^*(\tilde{U}_{12})$ auf $\mathcal{O}_{\tilde{U}_{012}}^*(\tilde{U}_{012})$ abzubilden. Das Bild ist dann

$$\frac{x_1}{x_2} \mapsto \frac{x_1}{x_0}\frac{x_0}{x_2} \oplus \vartheta_{01} \wedge d\left(\frac{x_1}{x_0}\frac{x_0}{x_2}\right). \tag{6.103}$$

Nun ist $\vartheta_{01} = x_0/x_1\, d(x_1/x_0)$ und

$$
\begin{aligned}
\vartheta_{01} \wedge d\left(\frac{x_1}{x_0}\frac{x_0}{x_2}\right) &= \vartheta_{01} \wedge \left[d\left(\frac{x_1}{x_0}\right)\frac{x_0}{x_2} + d\left(\frac{x_0}{x_2}\right)\frac{x_1}{x_0}\right] = \\
&= \frac{x_0}{x_1}\frac{x_1}{x_0} d\left(\frac{x_1}{x_0}\right) \wedge d\left(\frac{x_0}{x_2}\right) = \\
&= -\left(\frac{x_0}{x_2}\right)^2 d\left(\frac{x_1}{x_0}\right) \wedge d\left(\frac{x_2}{x_0}\right). \tag{6.104}
\end{aligned}
$$

Insgesamt ist

$$
\begin{aligned}
d^1\left(\frac{x_1}{x_2},\frac{x_0}{x_2},\frac{x_0}{x_1}\right) &= \frac{x_2}{x_0}\frac{x_0}{x_1}\left(\frac{x_1}{x_2} \oplus -\left(\frac{x_0}{x_2}\right)^2 d\left(\frac{x_1}{x_0}\right) \wedge d\left(\frac{x_2}{x_0}\right)\right) = \\
&= \left(1 \oplus -\frac{x_0}{x_1}\frac{x_0}{x_2} d\left(\frac{x_1}{x_0}\right) \wedge d\left(\frac{x_2}{x_0}\right)\right). \tag{6.105}
\end{aligned}
$$

Also wird der Kozykel $\alpha(\mathcal{O}_X(1))$ in $\check{H}^2((U_i),\omega)$ durch die nichtverschwindende Form

$$\Gamma(U_{012},\omega) = -\left(\frac{x_0}{x_1}\frac{x_0}{x_2}\right) d\left(\frac{x_1}{x_0}\right) \wedge d\left(\frac{x_2}{x_0}\right) \tag{6.106}$$

repräsentiert.

Nun ist $\alpha(\mathcal{O}_X(m)) = m\,\alpha(\mathcal{O}_X(1))$ und deshalb α injektiv in char $k = 0$. $\qquad\square$

$\blacksquare$

6.6 Kohomologie der projektiven Räume $\mathbb{P}_A^n$

6.6.1 Vorbemerkung

Ist $i : X \to \mathbb{P}_A^r$ eine abgeschlossene Immersion, so ist $H^i(X, \mathcal{F}) = H^i(\mathbb{P}_A^r, i_*\mathcal{F})$.

Da für $\mathcal{F}$ (quasi-)kohärent, $i_*\mathcal{F}$ (quasi-)kohärent auf $\mathbb{P}_A^r$ ist, kann man die Berechnung von Kohomologien von (quasi-)kohärenten Garben über X auf solche über $\mathbb{P}_A^r$ zurückführen.

Da für kohärente Garben $\mathcal{F}$ immer Sequenzen

$$0 \to \mathcal{K} \to \bigoplus_i \mathcal{O}_{\mathbb{P}_A^r}(d_i) \to \mathcal{F} \to 0$$

existieren, ist die Kenntnis von $H^i(\mathbb{P}_A^r, \mathcal{O}_{\mathbb{P}_A^r}(d)) = 0$ für alle i, d ein wichtiger Grundstein.

6.6.2 Die Grundtheoreme zur Kohomologie der projektiven Räume

Theorem 6.6.1
Es sei A ein noetherscher Ring, $X - \mathbb{P}_A^r$ also $X = \text{proj}(S)$ mit $S = A[x_0, \ldots, x_r]$.

Dann gilt:

1. *$S \to \Gamma_*(\mathcal{O}_X) = \bigoplus_{n \in \mathbb{Z}} H^0(X, \mathcal{O}_X(n))$ ist ein Isomorphismus von S-Moduln.*

2. *$H^i(X, \mathcal{O}_X(n)) = 0$ für $0 < i < r$ und alle $n \in \mathbb{Z}$.*

3. *$H^r(X, \mathcal{O}_X(-r - 1)) \cong A$.*

4. *$H^0(X, \mathcal{O}_X(n)) \times H^r(X, \mathcal{O}_X(-n - r - 1)) \to H^r(X, \mathcal{O}_X(-r - 1))$ ist eine nichtausgeartete Paarung freier A-Moduln.*

Beweis. Die Richtigkeit von 1. hatten wir schon früher gezeigt.

Wir zeigen zunächst 3. und 4. für beliebige r. Dazu führen wir $\mathcal{M} = \bigoplus_{d \in \mathbb{Z}} \mathcal{O}_X(d)$ ein und erkennen, dass gilt:

$$C^r((D_+(x_i)), \mathcal{M}) = S_{x_0 \cdots x_r}$$
$$C^{r-1}((D_+(x_i)), \mathcal{M}) = \prod_\nu S_{x_0 \cdots \widehat{x_\nu} \cdots x_r}$$

Indem man die Monome in S gleich durch $(x_0 \cdots x_r)^p$ bzw. $(x_0 \cdots \widehat{x_\nu} \cdots x_r)^q$ dividiert, kann man auch direkt schreiben:

$$S_{x_0 \cdots x_r} = \bigoplus_{e_0, \ldots, e_r} A\, x_0^{e_0} \cdots x_r^{e_r} , \tag{6.107}$$

$$S_{x_0 \cdots \widehat{x_\nu} \cdots x_r} = \bigoplus_{\substack{e_0, \ldots, e_r \\ e_\nu \geqslant 0}} A\, x_0^{e_0} \cdots x_\nu^{e_\nu} \cdots x_r^{e_r} \tag{6.108}$$

Es ist dann natürlich $(S_{x_0 \cdots x_r})_d = \bigoplus_{e_0 + \cdots + e_r = d} A\, x_0^{e_0} \cdots x_r^{e_r}$ und entsprechend für $(S_{x_0 \cdots \widehat{x_\nu} \cdots x_r})_d$.

Es gibt offensichtliche Injektionen $i_\nu : S_{x_0 \cdots \widehat{x_\nu} \cdots x_r} \to S_{x_0 \cdots x_r}$, die in den rechten Seiten von (6.107) und (6.108) einfach Inklusionen sind. Aus diesen formt sich die Abbildung $d^{r-1} : \prod S_{x_0 \cdots \widehat{x_\nu} \cdots x_r} \to S_{x_0 \cdots x_r}$.

Wir erkennen nun leicht, dass ein Monom $x_0^{e_0} \cdots x_r^{e_r}$ von $S_{x_0 \cdots x_r}$ genau dann im Bild von d^{r-1} liegt, wenn wenigstens ein $e_\nu \geqslant 0$ ist. Nennt man $Q = Q''/d^{r-1}Q'$ den Quotienten $S_{x_0 \cdots x_r}/d^{r-1}(\prod_\nu S_{x_0 \cdots \widehat{x_\nu} \cdots x_r})$, so ist offensichtlich

$$Q_d = 0 \text{ für } d > -r - 1 , \tag{6.109}$$

$$Q_{-r-1} = A\, x_0^{-1} \cdots x_r^{-1} + d^{r-1}Q' , \tag{6.110}$$

$$Q_{-d-r-1} = \bigoplus_{\substack{e_0 + \cdots + e_r = d \\ e_\nu \geqslant 0}} A\, x_0^{-1-e_0} \cdots x_r^{-1-e_r} + d^{r-1}Q' . \tag{6.111}$$

Da Q_d gleich $\check{H}^r((D_+(x_i)), \mathcal{M}_d) = \check{H}^r((D_+(x_i)), \mathcal{O}_X(d)) = H^r(X, \mathcal{O}_X(d))$ ist, ist damit 3. und auch 4. gezeigt. Die Paarung

$$H^0(X, \mathcal{O}_X(d)) \times H^r(X, \mathcal{O}_X(-d - r - 1)) \to H^r(X, \mathcal{O}_X(-r - 1))$$

ist durch

$$(a\, x_0^{f_0} \cdots x_r^{f_r}, a'\, x_0^{-1-e_0} \cdots x_r^{-1-e_r} + d^{r-1}Q') \mapsto$$
$$a\,a' x_0^{f_0 - 1 - e_0} \cdots x_r^{f_r - 1 - e_r} + d^{r-1}Q' =$$
$$= a\,a'\, \delta_{e_0}^{f_0} \cdots \delta_{e_r}^{f_r} x_0^{-1} \cdots x_r^{-1} + d^{r-1}Q' \tag{6.112}$$

gegeben.

Wir nehmen jetzt an, dass 1., 3. und 4. bereits für alle r und 2. für $r - 1$ bewiesen ist.

Nenne $\mathcal{M} = \bigoplus_{d \in \mathbb{Z}} \mathcal{O}_X(d)$ und $\mathcal{S} = \bigoplus_{d \geqslant 0} \mathcal{O}_X(d)$. Dann ist $H^0(X, \mathcal{S}) = S$ und $H^i(X, \mathcal{M})$ ein $H^0(X, \mathcal{S})$-Modul, also ein S-Modul.

Betrachte die kurzen exakten Sequenzen:

$$0 \to \mathcal{M}(-1) \xrightarrow{\cdot x_r} \mathcal{M} \to \mathcal{M}' \to 0$$

Man beachte, dass $H^i(X, \mathcal{M}') = H^i(X', \mathcal{M}')$ für $X' = \mathbb{P}_A^{r-1}$ ist. Denn es ist ja $\mathcal{M}' = i_* i^* \mathcal{M}'$ für die abgeschlossene Immersion $i : V(x_r) \hookrightarrow X$. Desweiteren ist $\mathcal{M}' = \bigoplus_{d \in \mathbb{Z}} \mathcal{O}_{X'}(d)$. Also ist nach Induktion $H^p(X, \mathcal{M}') = H^p(X', \mathcal{M}') = 0$ für $p = 1, \ldots, r - 2$. Also sind die Abbildungen

$$\phi_p : H^p(X, \mathcal{M}(-1)) \xrightarrow{\cdot x_r} H^p(X, \mathcal{M})$$

für $p = 2, \ldots, r - 1$ immer Injektionen.

Aus der exakten Sequenz

$$0 \to H^0(X, \mathcal{M}(-1)) = S(-1) \to H^0(X, \mathcal{M}) = S \to$$
$$\to H^0(X, \mathcal{M}') = H^0(X', \mathcal{M}') = S/x_r S(-1) \to 0 \quad (6.113)$$

entnimmt man aus der langen exakten Kohomologiesequenz für $p = 0, 1$, dass auch

$$\phi_1 : H^1(X, \mathcal{M}(-1)) \xrightarrow{\cdot x_r} H^1(X, \mathcal{M})$$

eine Injektion ist.

Nun ist aber weiterhin

$$H^p(X, \mathcal{M}) = \check{H}(\mathfrak{U}, \mathcal{M}) = h^p(C^\bullet(\mathfrak{U}, \mathcal{M}))$$

für die Überdeckung $\mathfrak{U} = (D_+(x_j))_{j=0,\dots,r}$. Also ist auch

$$H^p(X, \mathcal{M})_{x_r} = \check{H}(\mathfrak{U}, \mathcal{M})_{x_r} = h^p(C^\bullet(\mathfrak{U}, \mathcal{M})_{x_r}) =$$
$$= h^p(C^\bullet(\mathfrak{U} \cap D_+(x_r), \mathcal{M})) = \check{H}^p(\mathfrak{U} \cap D_+(x_r), \mathcal{M}) = H^p(D_+(x_r), \mathcal{M}) .$$

Man beachte für den Übergang in die zweite Zeile die Identitäten:

$$\Gamma(U_{i_0 \cdots i_p}, \mathcal{M}) = \bigoplus_d S_{(x_{i_0} \cdots x_{i_p})}(d) = S_{x_{i_0} \cdots x_{i_p}}$$

$$(S_{x_{i_0} \cdots x_{i_p}})_{x_r} = S_{x_r x_{i_0} \cdots x_r x_{i_p}}$$

Nun ist aber $H^p(D_+(x_r), \mathcal{M}) = 0$, weil $D_+(x_r)$ affin. Also ist für $m \in H^p(X, \mathcal{M})$ auch $x_r^N m = 0$. Also $x_r(x_r^{N-1}m) = 0$, also $\phi_p(x_r^{N-1}m) = 0$, also $x_r^{N-1}m = 0$. Induktiv also $m = 0$. Damit ist also $H^p(X, \mathcal{M}) = 0$ und damit 2. für die Dimension r gezeigt. $\square$

Bemerkung 6.6.1
Man beachte, dass

$$H^r(X, \mathcal{O}_X(-r - 1)) = H^r(X, \omega_{X|A}) = H^0(X, \mathcal{O}_X) = A$$

nach der (später noch einzuführenden) Dualitätstheorie ist.

Theorem 6.6.2
Es sei X ein projektives Schema über dem noetherschen Ring A und $\mathcal{O}_X(1)$ ein sehr amples Linienbündel auf X über A. Weiter sei $\mathcal{F}$ eine kohärente Garbe auf X. Dann ist

1. *$H^i(X, \mathcal{F})$ ein endlich erzeugter A-Modul, für alle $i \geq 0$,*

2. *$H^i(X, \mathcal{F}(n)) = 0$ für alle $n \geq n_0$ und alle $i > 0$ für ein festes n_0 (das von $\mathcal{F}$ abhängt).*

Beweis. Man benutzt zunächst die Immersion $i : X \to \mathbb{P}_A^r$ und die Beziehung

$$H^i(X, \mathcal{F} \otimes_{\mathcal{O}_X} \mathcal{O}_X(n)) = H^i(\mathbb{P}_A^r, i_* \mathcal{F} \otimes_{\mathcal{O}_{\mathbb{P}_A^r}} \mathcal{O}_{\mathbb{P}_A^r}(n)) ,$$

um ohne Einschränkung der Allgemeinheit $X = \mathbb{P}_A^r$ anzunehmen.

Dann betrachtet man eine Sequenz

$$0 \to \mathcal{E}' \to \mathcal{E} \to \mathcal{F} \to 0$$

mit $\mathcal{E} = \bigoplus_i \mathcal{O}_X(d_i)$.

Es ist dann zunächst $H^r(X, \mathcal{E}(n)) \to H^r(X, \mathcal{F}(n)) \to 0$ immer surjektiv. Der A-Modul $H^r(X, \mathcal{E}(n))$ ist nach vorigem Theorem endlich erzeugt und für $n > n_0$ immer gleich Null. Damit ist der Satz für $i = r$ gezeigt.

Als nächstes betrachten wir für $0 \leqslant i < r$ die Sequenz

$$H^i(X, \mathcal{E}(n)) \to H^i(X, \mathcal{F}(n)) \to H^{i+1}(X, \mathcal{E}'(n)) \to H^{i+1}(X, \mathcal{E}(n)) \qquad (6.114)$$

und nehmen an, dass für $i + 1$ und größer das Theorem schon gelte. Dann ist $H^i(X, \mathcal{F}(n))$ ein endlich erzeugter A-Modul, da er zwischen zwei solchen steht.

Ist $i > 0$, so steht links eine Null und für alle $n > n_0'$ ist $H^{i+1}(X, \mathcal{E}'(n)) = 0$ nach Induktionsannahme. Damit ist das Theorem für den Index i gezeigt. Induktiv absteigend ist es für alle in Frage kommenden i richtig. $\qquad \Box$

6.6.3 Kohomologische Charakterisierung ampler Garben

Für das folgende Theorem brauchen wir als Vorbereitung:

Lemma 6.6.1
Es sei X ein noethersches Schema und $\mathcal{F}$ ein kohärenter $\mathcal{O}_X$-Modul.
Weiter sei

$$\mathcal{F}_1 \subseteq \mathcal{F}_2 \subseteq \cdots \subseteq \mathcal{F}_k \subseteq \cdots \subseteq \mathcal{F}$$

eine aufsteigende Kette von $\mathcal{O}_X$-Untermoduln. Dann wird diese Kette irgendwann stationär, also $\mathcal{F}_k = \mathcal{F}_{k_0}$ für alle $k \geqslant k_0$.

Dies ist äquivalent zu: Ist $(\mathcal{F}_\lambda)$ eine Familie von $\mathcal{O}_X$-Untermoduln von $\mathcal{F}$, so enthält diese Familie ein maximales Element.

Lemma 6.6.2
Es sei X ein Schema und $0 \to \mathcal{F}' \xrightarrow{f} \mathcal{F} \xrightarrow{g} \mathcal{F}'' \to 0$ eine exakte Sequenz von $\mathcal{O}_X$-Moduln. Weiter sei auch $0 \to H^0(X, \mathcal{F}') \to H^0(X, \mathcal{F}) \to H^0(X, \mathcal{F}'') \to 0$ exakt.

Ist dann $\mathcal{F}'$ und $\mathcal{F}''$ von globalen Schnitten erzeugt, so auch $\mathcal{F}$.

Beweis. Es sei $w_1, \ldots, w_m \in \mathcal{F}'(X)$ und die entsprechende Garbenabbildung $\bigoplus_{i=1}^m \mathcal{O}_X \xrightarrow{(w_i)_i} \mathcal{F}' \to 0$ surjektiv. Ebenso sei $t_1, \ldots, t_n \in \mathcal{F}''(X)$ und $\bigoplus_{j=1}^n \mathcal{O}_X \xrightarrow{(t_j)_j}$ $\mathcal{F}'' \to 0$ die entsprechende Surjektion. Weiter sei $u_i = f(w_i) \in \mathcal{F}(X)$ und $g(s_j) = t_j$ mit $s_j \in \mathcal{F}(X)$. Dann ist auch $\bigoplus_{i=1}^m \mathcal{O}_X \oplus \bigoplus_{j=1}^n \mathcal{O}_X \xrightarrow{(u_i)_i, (s_j)_j} \mathcal{F} \to 0$ surjektiv. Man sieht dies direkt durch Betrachtung der Halme $0 \to \mathcal{F}'_P \to \mathcal{F}_P \to \mathcal{F}''_P \to 0$. $\qquad \Box$

Theorem 6.6.3
Es sei A ein noetherscher Ring, X eigentlich über $\mathrm{Spec}\,(A)$. Es sei $\mathcal{L}$ ein Linienbündel auf X. Dann ist äquivalent:

a) $\mathcal{L}$ *ist ampel.*

b) *Für jede kohärente Garbe $\mathcal{F}$ auf X gibt es ein $n_0 \in \mathbb{Z}$, so dass*

$$H^i(X, \mathcal{F} \otimes \mathcal{L}^n) = 0$$

für alle $n \geqslant n_0$ und $i > 0$.

Beweis. Ist $\mathcal{L}$ ampel, so ist $\mathcal{L}^n$ sehr ampel, weil X eigentlich über einem noetherschen Ring A. Also ist $H^i(X, \mathcal{F} \otimes \mathcal{L}^{nn'}) = 0$ für $n' \geqslant n'_0(i, \mathcal{F})$ Damit ist auch $H^i(X, \mathcal{F} \otimes \mathcal{L}^d \otimes \mathcal{L}^{nn'_d}) = 0$ mit $d = 0, \ldots, n-1$ für $n'_d \geqslant n'_{d0}$. Also ist $H^i(X, \mathcal{F} \otimes \mathcal{L}^m) = 0$ für $m > \max(nn'_{d0}) + n$.

Umgekehrt sei b) richtig. Wir müssen zeigen, dass für jedes $\mathcal{F}$, kohärent, alle $\mathcal{F} \otimes \mathcal{L}^m$, für $m \geqslant m_0$, von globalen Schnitten erzeugt (vgSe) sind.

Wir zeigen als Erstes, dass $\mathcal{L}^n$ für ein geeignetes n vgSe ist. Betrachte dazu für alle $P \in X$, abgeschlossen, die Sequenz:

$$0 \to \mathcal{I}_P \to \mathcal{O}_X \to k(P) \to 0$$

Tensorieren mit $\mathcal{L}^{n_P}$ und Anwenden von $H^0(X, -)$ liefert, wenn $H^1(X, \mathcal{I}_P \otimes \mathcal{L}^{n_P}) = 0$ ist:

$$0 \to H^0(X, \mathcal{I}_P \otimes \mathcal{L}^{n_P}) \to H^0(X, \mathcal{L}^{n_P}) \to H^0(X, k(P) \otimes \mathcal{L}^{n_P}) = k(P) \to 0$$

Ist $t_P \in H^0(X, k(P) \otimes \mathcal{L}^{n_P}) = k(P) = 1$, so sei f_P sein Urbild in $H^0(X, \mathcal{L}^{n_P})$. Dann ist $X_{f_P} = U_P$ eine offene Menge in X. Endlich viele davon (U_{P_i}) überdecken X, und es ist $X_{f_P^d} = X_{f_P} = U_P$ mit $f_P^d \in \mathcal{L}^{n_P d}(X)$. Nennt man $m = \prod n_{P_i}$, so sind $f_{P_i}^{m/n_{P_i}} \in \mathcal{L}^m(X)$, und die $X_{f_{P_i}^{m/n_{P_i}}}$ überdecken X. Also ist $\mathcal{L}^m$ von den globalen Schnitten $f_{P_i}^{m/n_{P_i}}$ erzeugt.

Wir ersetzen jetzt $\mathcal{L}$ durch $\mathcal{L}^m$, nehmen also an, dass $\mathcal{L}$ vgSe ist.

Es sei nun $\mathcal{F}$ ein beliebiger kohärenter $\mathcal{O}_X$-Modul. Wir betrachten die Menge aller Untermoduln $\mathcal{F}' \subseteq \mathcal{F}$, mit $\mathcal{F}' \otimes \mathcal{L}^{m'}$ ist vgSe für ein geeignetes $m' = m'_0$ und damit auch für alle $m' > m'_0$. Diese Menge ist nicht leer, da die Nullgarbe in ihr enthalten ist.

Sie enthält somit nach dem vorangehenden Lemma ein maximales Element $\mathcal{F}''$. Wir zeigen, dass dieses gleich $\mathcal{F}$ sein muss.

Andernfalls existierte eine Sequenz:

$$0 \to \mathcal{F}'' \to \mathcal{F} \to \mathcal{G} \to 0$$

Es sei $\mathcal{G}_P \neq 0$. Dann hat man aus $0 \to \mathcal{I}_P \to \mathcal{O}_X \to k(P) \to 0$ die Sequenz

$$0 \to \mathcal{I}_P \mathcal{G} \to \mathcal{G} \to \mathcal{G} \otimes k(P) \to 0,$$

wobei $\mathcal{I}_P \mathcal{G} = \mathrm{im}(\mathcal{I}_P \otimes \mathcal{G} \to \mathcal{G})$ ist.

Tensorieren mit $\mathcal{L}^d$ unter Annahme von $H^1(X, \mathcal{I}_P \mathcal{G} \otimes \mathcal{L}^d) = 0$ liefert wieder

$$0 \to H^0(X, \mathcal{I}_P \mathcal{G} \otimes \mathcal{L}^d) \to H^0(X, \mathcal{G} \otimes \mathcal{L}^d) \to$$
$$\to H^0(X, \mathcal{G} \otimes k(P) \otimes \mathcal{L}^d) = k(P) \otimes \mathcal{G} = k(P)^m \to 0. \quad (6.115)$$

Also gibt es ein $s_P \in H^0(X, \mathcal{G} \otimes \mathcal{L}^d)$ mit $(s_P)_P \neq 0$. Wir nennen $h : \mathcal{O}_X \xrightarrow{\cdot s_P} \mathcal{G} \otimes \mathcal{L}^d$ und $\mathcal{G}' = \mathrm{im}\, h \subseteq \mathcal{G} \otimes \mathcal{L}^d$. Die Garbe $\mathcal{G}'$ ist nach Konstruktion vgSe. Weiter sei $\mathcal{G}'' = \mathcal{G}' \otimes \mathcal{L}^{-d} \subseteq \mathcal{G}$.

Wir definieren dann durch die exakten Sequenzen

$$\begin{array}{ccccccccc}
0 & \longrightarrow & \mathcal{F}'' & \longrightarrow & \mathcal{F}' & \longrightarrow & \mathcal{G}'' & \longrightarrow & 0 \\
& & \downarrow & & \downarrow & & \downarrow & & \\
0 & \longrightarrow & \mathcal{F}'' & \longrightarrow & \mathcal{F} & \longrightarrow & \mathcal{G} & \longrightarrow & 0
\end{array} \qquad (6.116)$$

die Garbe $\mathcal{F}'$ als Pushout von $\mathcal{O}_X$-Moduln. Es sei nun $\mathcal{F}'' \otimes \mathcal{L}^e$ vgSe.

Dann entsteht durch Tensorieren mit $e' \geqslant e + d$, so dass auch $H^1(X, \mathcal{F}'' \otimes \mathcal{L}^{e'}) = 0$, die Sequenz:

$$0 \to \mathcal{F}'' \otimes \mathcal{L}^{e'} \to \mathcal{F}' \otimes \mathcal{L}^{e'} \to \mathcal{G}'' \otimes \mathcal{L}^{e'} \to 0 \qquad (6.117)$$

In ihr stehen links und rechts Garben, die vgSe sind, und sie bleibt nach Anwendung von $H^0(X, -)$ exakt. Also ist, nach vorigem Lemma, auch $\mathcal{F}' \otimes \mathcal{L}^{e'}$ vgSe. Dies steht im Widerspruch zur Annahme, dass $\mathcal{F}''$ die größte Untergarbe dieser Art sei. Also ist in der Tat $\mathcal{F} \otimes \mathcal{L}^p$ vgSe für ein $p = p_0$ und damit auch für alle $p \geqslant p_0$.

Gehen wir wieder zum anfänglichen $\mathcal{L}$, vor der Ersetzung, zurück, so bedeutet dies die Aussage, dass für jedes kohärente $\mathcal{F}$ auch $\mathcal{F} \otimes \mathcal{L}^{md}$ vgSe ist mit $d \geqslant d_0$. Daraus folgt aber nach einer früheren Überlegung schon, dass $\mathcal{L}$ ampel ist. $\square$

6.6.4   Ample Garben unter f^*

Es seien im Folgenden X, Y noethersche eigentliche Schemata über einem noetherschen Ring A.

Proposition 6.6.1
Es sei $i : Y \hookrightarrow X$ eine abgeschlossene Immersion und $\mathcal{L}$ eine ample invertierbare Garbe auf X. Dann ist auch $i^*\mathcal{L}$ ampel auf Y.

Beweis. Aus $\mathcal{L}$ ampel folgt $\mathcal{L}^m$ sehr ampel für ein $m > 0$. Es sei $f : X \to \mathbb{P}_A^N$ die assoziierte (abgeschlossene) Immersion mit $f^* \mathcal{O}_{\mathbb{P}_A^N}(1) = \mathcal{L}^m$. Dann ist $i^*\mathcal{L}^m$ zu der Immersion $f \circ i$ assoziiert, also sehr ampel. Damit ist dann auch $i^*\mathcal{L}$ ampel auf Y. $\square$

Proposition 6.6.2
Es sei X ein Schema wie oben und $\mathcal{N}$ eine nilpotente Idealgarbe mit $\mathcal{N}^2 = 0$. Weiter sei $i : X' = V(\mathcal{N}) \hookrightarrow X$ das zugehörige abgeschlossene Unterschema.

Es sei nun $\mathcal{L}$ eine invertierbare Garbe auf X. Dann ist $\mathcal{L}$ ampel auf X genau dann, wenn $i^*\mathcal{L} = \mathcal{L} \otimes_{\mathcal{O}_X} \mathcal{O}_{X'}$ ampel auf X' ist.

Beweis. Es sei $i^*\mathcal{L}$ ampel auf X', und es sei $\mathcal{F}$ eine kohärente Garbe auf X. Betrachte die Sequenz kohärenter Garben,

$$0 \to \mathcal{N}\mathcal{F} \to \mathcal{F} \to \mathcal{F}/\mathcal{N}\mathcal{F} \to 0 \qquad (6.118)$$

und ihre Tensorierung mit $\mathcal{L}^m$:

$$0 \to \mathcal{N}\mathcal{F} \otimes \mathcal{L}^m \to \mathcal{F} \otimes \mathcal{L}^m \to \mathcal{F}/\mathcal{N}\mathcal{F} \otimes \mathcal{L}^m \to 0 \qquad (6.119)$$

Nun sind $\mathcal{N}\mathcal{F}$ und $\mathcal{F}/\mathcal{N}\mathcal{F}$ beides $\mathcal{O}_X/\mathcal{N}$-Moduln, also

$$H^p(X, \mathcal{N}\mathcal{F} \otimes \mathcal{L}^m) = H^p(X', \mathcal{N}\mathcal{F} \otimes i^*\mathcal{L}^m) = 0$$

für $m \gg 0$ und $p > 0$. Ebenso ist

$$H^p(X, \mathcal{F}/\mathcal{N}\mathcal{F} \otimes \mathcal{L}^m) = H^p(X', \mathcal{F}/\mathcal{N}\mathcal{F} \otimes i^*\mathcal{L}^m) = 0 \,.$$

Also ist auch $H^p(X, \mathcal{F} \otimes \mathcal{L}^m) = 0$ für $m \gg 0$ und $p > 0$. Mithin ist $\mathcal{L}$ ampel auf X.

Die umgekehrte Implikation folgt aus voriger Proposition. $\square$

Korollar 6.6.1

Es sei X ein Schema wie oben und $\mathcal{L}$ eine invertierbare Garbe auf X. Weiter sei $i : X_{red} \to X$ das zugehörige reduzierte Schema. Dann ist $\mathcal{L}$ genau dann ampel auf X, wenn $i^*\mathcal{L}$ ampel auf X_{red} ist.

Beweis. Es sei $\mathcal{N}$ die nilpotente Idealgarbe, die X_{red} definiert. Betrachte die Filtrierung $\mathcal{N} \supseteq \mathcal{N}^2 \supseteq \cdots \supseteq \mathcal{N}^r = 0$ und die Unterschemata $X_i = V(\mathcal{N}^i)$. Dann ist $X_i \subseteq X_{i+1}$ eine abgeschlossene Immersion, die durch $\mathcal{M} = \mathcal{N}^i/\mathcal{N}^{i+1}$ definiert wird. Nun ist aber $\mathcal{M}^2 = 0$, also erfüllt die Immersion $X_i \subseteq X_{i+1}$ die Bedingungen der vorangehenden Proposition, und wir können aus $i^*\mathcal{L}$ ampel auf $X_{red} = X_1$ auf $\mathcal{L}$ ampel auf $X_r = X$ schließen. $\square$

Proposition 6.6.3

Es sei X ein Schema wie oben und zusätzlich reduziert. Weiter sei $X = X_1 \cup \cdots \cup X_r$ die Zerlegung in irreduzible Komponenten. Die Abbildungen $i_\alpha : X_\alpha \to X$ seien die zugehörigen abgeschlossenen Immersionen.

Es sei nun $\mathcal{L}$ eine invertierbare Garbe auf X. Dann ist $\mathcal{L}$ genau dann ampel auf X, wenn alle $i_\alpha^*\mathcal{L}$ ampel auf X_α sind.

Beweis. Es seien alle $i_\alpha^*\mathcal{L}$ ampel. Wir zeigen, dass dann auch $\mathcal{L}$ ampel ist.

Es sei $\mathcal{F}$ eine kohärente Garbe auf X. Weiter seien $i_1 : X_1 \to X$ und $i : X_2 \cup \cdots \cup X_r \to X$ die kanonischen abgeschlossenen Immersionen.

Dann existiert eine exakte Sequenz kohärenter Garben auf X:

$$0 \to \mathcal{F}' \to \mathcal{F} \to i_*i^*\mathcal{F} \to 0 \tag{6.120}$$

Die Garbe $\mathcal{F}'$ hat ihren Träger auf X_1, die Garbe $\mathcal{F}'' = i_*i^*\mathcal{F}$ hat einen Träger in $X_2 \cup \cdots \cup X_r$. Es ist also

$$H^p(X, \mathcal{F}' \otimes \mathcal{L}^m) = H^p(X_1, \mathcal{F}' \otimes i_1^*\mathcal{L}^m) = 0$$

für $m \gg 0$ und $p > 0$. Ebenso ist

$$H^p(X, \mathcal{F}'' \otimes \mathcal{L}^m) = H^p(X_2 \cup \cdots \cup X_r, \mathcal{F}'' \otimes i^*\mathcal{L}^m) = 0$$

für $m \gg 0$ und $p > 0$. Dabei haben wir kraft Induktion angenommen, dass aus $i_\nu^*\mathcal{L} = i_\nu^*i^*\mathcal{L}$ ampel für $\nu = 2, \ldots, r$ auch $i^*\mathcal{L}$ ampel auf $X_2 \cup \cdots \cup X_r$ folgt. Also ist auch $H^p(X, \mathcal{F} \otimes \mathcal{L}^m) = 0$ für $m \gg 0$ und $p > 0$, wie man aus der Sequenz

$$0 \to \mathcal{F}' \otimes \mathcal{L}^m \to \mathcal{F} \otimes \mathcal{L}^m \to \mathcal{F}'' \otimes \mathcal{L}^m \to 0 \tag{6.121}$$

abliest. Also ist $\mathcal{L}$ ampel. $\square$

Proposition 6.6.4

Es sei $f : X \to Y$ ein endlicher surjektiver Morphismus von Schemata X, Y wie oben. Weiter sei $\mathcal{L}$ eine invertierbare Garbe auf Y. Dann ist $\mathcal{L}$ genau dann ampel auf Y, wenn $f^*\mathcal{L}$ ampel auf X ist.

Beweis. Betrachte zunächst das cartesische Quadrat

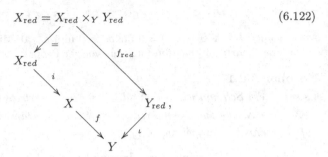

$$X_{\text{red}} = X_{\text{red}} \times_Y Y_{\text{red}} \tag{6.122}$$

in dem f_{red} ein endlicher und surjektiver Morphismus ist.

Es gelten die Implikationen: $\mathcal{L}$ ampel. $\Leftrightarrow \mathcal{L}_{\text{red}} = \iota^*\mathcal{L}$ ampel. $\Leftrightarrow f_{\text{red}}^*\iota^*\mathcal{L}$ ampel, denn wir nehmen an, dass für X, Y reduziert der Satz schon gezeigt ist. $\Leftrightarrow i^*f^*\mathcal{L}$ ampel. $\Leftrightarrow f^*\mathcal{L}$ ampel.

Es seien also X, Y reduziert und $Y = Y_1 \cup \cdots \cup Y_r$ die Zerlegung in irreduzible Komponenten sowie $i_j : Y_j \to Y$ die kanonische Immersion. Weiter sei $X_j = X \times_Y Y_j$ und $i'_j : X_j \to X$ die kanonische Immersion. Dann ist $f_j : X_j \to Y_j$ als Basiserweiterung ebenfalls endlich und surjektiv und $X = \bigcup X_j$.

Ist nun $\mathcal{L}$ auf Y ampel, so auch $\mathcal{L}|_{Y_j}$ auf Y_j. Wenn der Satz für Y integer schon bewiesen ist, so ist dann $(f^*\mathcal{L})|_{X_j} = f_j^*(\mathcal{L}|_{Y_j})$ ampel auf X_j. Nun ist aber jede irreduzible Komponente X' von X Teil eines X_j, denn $f(X') \subseteq \bigcup_j (f(X') \cap Y_j)$, und $f(X')$ ist irreduzibel. Also ist $f^*\mathcal{L}|_{X'}$ ampel auf X' für jede irreduzible Komponente X' von X und damit $f^*\mathcal{L}$ ampel auf X.

Ist umgekehrt $f^*\mathcal{L}$ ampel auf X, so ist auch $f^*\mathcal{L}|_{X_j}$ ampel auf X_j. Das ist aber gleich $f_j^*(\mathcal{L}|_{Y_j})$. Wenn der Satz wieder für Y integer schon gilt, so folgt also $\mathcal{L}|_{Y_j}$ ampel auf Y_j. Damit ist dann aber auch $\mathcal{L}$ ampel auf Y.

Es sei also nun Y integer und $X = X_1 \cup \cdots \cup X_r$ die Zerlegung in irreduzible Komponenten mit $i_j : X_j \to X$ der kanonischen Immersion. Dann ist $f(X_j) = Y_j$ mit Y_j reduziert und irreduzibel, also integer mit Immersion $i'_j : Y_j \to Y$. Weiter sei $f_j : X_j \to Y_j$ mit $f \circ i_j = i'_j \circ f_j$. Da $i'_j \circ f_j = f \circ i_j$ endlich und i'_j separiert, ist auch f_j endlich und nach Konstruktion surjektiv.

Da Y irreduzibel und $Y = \bigcup Y_j$, kann oBdA angenommen werden, dass $f(X_1) = Y$ ist, also auch $i'_1 = \text{id}_Y$.

Dann gelten die Implikationen $\mathcal{L}$ ampel auf $Y \Rightarrow i_j'^*\mathcal{L}$ ampel auf Y_j für alle j. $\Rightarrow$ $f_j^*i_j'^*\mathcal{L}$ ampel auf X_j, denn wir nehmen an, dass der Satz für X, Y integer bereits bewiesen ist. $\Rightarrow i_j^*f^*\mathcal{L}$ ampel auf X_j für alle $j \Rightarrow f^*\mathcal{L}$ ampel auf X. $\Rightarrow i_1^*f^*\mathcal{L}$ ampel auf X_1. $\Rightarrow f_1^*i_1'^*\mathcal{L} = f_1^*\mathcal{L}$ ampel auf $X_1 \Rightarrow \mathcal{L}$ ampel auf Y, denn wir nehmen an, dass der Satz für X, Y integer bereits bewiesen ist.

Es seien also jetzt X, Y integre Schemata. Zunächst sei $\mathcal{L}$ auf Y ampel. Weiter sei $\mathcal{G}$ eine kohärente Garbe auf X. Dann ist

$$H^p(X, \mathcal{G} \otimes f^*\mathcal{L}^m) = H^p(Y, f_*(\mathcal{G} \otimes f^*\mathcal{L}^m)) = H^p(Y, f_*\mathcal{G} \otimes \mathcal{L}^m). \tag{6.123}$$

Die erste Gleichheit gilt nach Proposition 6.4.4, die zweite nach der Projektionsformel. Da $\mathcal{L}$ ampel und $f_*\mathcal{G}$ kohärent auf Y, verschwindet der letzte Ausdruck für $m \gg 0$ und $p > 0$, also auch der erste. Damit ist $f^*\mathcal{L}$ als ampel auf X nachgewiesen.

Es sei nun umgekehrt $f^*\mathcal{L}$ auf X ampel, und es ist zu zeigen, dass auch $\mathcal{L}$ auf Y ampel ist. Es sei dafür $\mathcal{F}$ eine kohärente Garbe auf Y.

Da X, Y integer und f endlich und surjektiv, existiert eine kohärente Garbe $\mathcal{G}$ auf X sowie ein Morphismus $\beta : f_* \mathcal{G} \to \mathcal{F}^r$, der ein Isomorphismus am generischen Punkt von Y ist.

Man hat also eine exakte Sequenz:

$$0 \to \mathcal{P}_1 \to f_* \mathcal{G} \to \mathcal{F}^r \to \mathcal{P}_2 \to 0 \tag{6.124}$$

Dabei ist $Y_i = \mathrm{supp}\, \mathcal{P}_i$ wegen der Isomorphie von β am generischen Punkt ein echtes abgeschlossenes Unterschema von Y. Wir tensorieren jetzt die Sequenz mit $\mathcal{L}^m$:

$$0 \to \mathcal{P}_1 \otimes \mathcal{L}^m \to f_* \mathcal{G} \otimes \mathcal{L}^m \to \mathcal{F}^r \otimes \mathcal{L}^m \to \mathcal{P}_2 \otimes \mathcal{L}^m \to 0 \tag{6.125}$$

Kraft noetherscher Induktion und wegen $f_i : X_i = X \times_Y Y_i \to Y_i$ endlich, surjektiv sowie $(f^* \mathcal{L})|_{X_i} = f_i^*(\mathcal{L}|_{Y_i})$ ampel können wir annehmen, dass $\mathcal{L}|_{Y_i}$ eine ample Garbe ist. Also ist jedenfalls

$$H^p(Y, \mathcal{P}_i \otimes \mathcal{L}^m) = H^p(Y_i, \mathcal{P}_i \otimes (\mathcal{L}|_{Y_i})^m) = 0 \tag{6.126}$$

für $m \gg 0$ und $p > 0$.

Außerdem ist

$$H^p(Y, f_* \mathcal{G} \otimes \mathcal{L}^m) = H^p(Y, f_*(\mathcal{G} \otimes f^* \mathcal{L}^m)) = H^p(X, \mathcal{G} \otimes f^* \mathcal{L}^m) = 0 \tag{6.127}$$

für $m \gg 0$ und $p > 0$, da $f^* \mathcal{L}$ nach Annahme ampel ist.

Mit der üblichen Überlegung über lange exakte Kohomologiesequenzen ergibt sich aus (6.125), dass $H^p(Y, \mathcal{F}^r \otimes \mathcal{L}^m) = 0$, also $H^p(Y, \mathcal{F} \otimes \mathcal{L}^m) = 0$ für $m \gg 0$ und $p > 0$, also $\mathcal{L}$ ampel.

$\square$

6.6.5 Hilbertpolynome kohärenter Garben

Es sei $\mathcal{F}$ eine kohärente Garbe auf einem projektiven Schema $X \subseteq \mathbb{P}_k^n$ über einem Körper k.

Definition 6.6.1
Es ist

$$\chi(X, \mathcal{F}) = \sum_i (-1)^i \dim_k H^i(X, \mathcal{F}) \tag{6.128}$$

die *Euler-Charakteristik* von $\mathcal{F}$. ◆

Proposition 6.6.5
Für eine exakte Sequenz $0 \to \mathcal{F}' \to \mathcal{F} \to \mathcal{F}'' \to 0$ von kohärenten Garben auf einem projektiven Schema X/k gilt:

$$\chi(X, \mathcal{F}) = \chi(X, \mathcal{F}') + \chi(X, \mathcal{F}'') \tag{6.129}$$

Proposition 6.6.6
Es ist $\chi(X, \mathcal{F}(m)) = H^0(X, \mathcal{F}(m))$ für alle $m \gg 0$.

Wir definieren:

Definition 6.6.2

Es gelte die Bezeichnung $P_{\mathcal{F}}(m) = \chi(X, \mathcal{F}(m))$.   ◆

Man nennt $P_{\mathcal{F}}(m)$ das *Hilbertpolynom* von $\mathcal{F}$ aufgrund folgender Eigenschaft:

Proposition 6.6.7

Es ist für alle $m \gg 0$

$$P_{\mathcal{F}}(m) = a_d \binom{m}{d} + a_{d-1} \binom{m}{d-1} + \cdots + a_0 \qquad (6.130)$$

mit $a_i \in \mathbb{Z}$ *und* $d = \dim \operatorname{supp} \mathcal{F}$.

Beweis. Es sei $X \subseteq \mathbb{P}_k^n = \operatorname{proj}(k[x_0, \ldots, x_n])$ und $Z = \operatorname{supp} \mathcal{F}$. Für $\dim Z = 0$ ist offensichtlich $P_{\mathcal{F}}(m)$ konstant.

Man nehme nun oBdA an, dass $V(x_0) \subsetneq Z$, und betrachte die exakte Sequenz

$$0 \to \mathcal{H} \to \mathcal{F}(-1) \xrightarrow{\cdot x_0} \mathcal{F} \to \mathcal{G} \to 0$$

und ihre Tensorierungen mit $\mathcal{O}_X(m)$:

$$0 \to \mathcal{H}(m) \to \mathcal{F}(m-1) \xrightarrow{\cdot x_0} \mathcal{F}(m) \to \mathcal{G}(m) \to 0$$

Aus der Additivität der Euler-Charakteristik folgt die Beziehung:

$$P_{\mathcal{F}}(m) - P_{\mathcal{F}}(m-1) = P_{\mathcal{G}}(m) - P_{\mathcal{H}}(m) \qquad (6.131)$$

Nun gilt $\operatorname{supp} \mathcal{H}, \operatorname{supp} \mathcal{G} \subseteq V(x_0)$, so dass mit dem üblichen Argument und noetherscher Induktion oder Induktion über $\dim \operatorname{supp} \mathcal{F}$ jedenfalls die polynomielle Natur von $P_{\mathcal{F}}(m)$ und die Ganzzahligkeit der a_i gesichert ist.   □

6.7 Höhere direkte Bilder, Kohomologie von f_*

Gegeben sei ein Morphismus $f : X \to Y$ geringter Räume. Dann gilt für den Funktor $f_* : \mathbf{Ab}(X) \to \mathbf{Ab}(Y)$ beziehungsweise $f_* : \mathbf{Mod}(X) \to \mathbf{Mod}(Y)$ (in beiden Kategorien, wenn f^* geeignet definiert ist):

$$\operatorname{Hom}(f^*\mathcal{G}, \mathcal{F}) = \operatorname{Hom}(\mathcal{G}, f_*\mathcal{F})$$

Der Funktor f_* ist also linksexakt, weil rechtsadjungiert.

Definition 6.7.1

Die rechtsabgeleiteten Funktoren $R^p f_*$ des Funktors $f_* : \mathbf{Ab}(X) \to \mathbf{Ab}(Y)$ existieren.

Für ein $\mathcal{F}$ aus $\mathbf{Ab}(X)$ heißen die $R^p f_* \mathcal{F}$ *höhere direkte Bildgarben* von $\mathcal{F}$.
                    ◆

Proposition 6.7.1

Es sei $f : X \to Y$ ein Schemamorphismus und $\mathcal{F}$ aus $\mathbf{Ab}(X)$. Dann ist $R^p f_* \mathcal{F}$ die zu der Prägarbe $\mathcal{F}_*^p$

$$\mathcal{F}_*^p : V \to H^p(f^{-1}(V), \mathcal{F}|_{f^{-1}V})$$

assoziierte Garbe.

Beweis. Sowohl $\mathcal{F} \mapsto (R^p f_* \mathcal{F})_p$ als auch $\mathcal{F} \mapsto \left((\mathcal{F}_*^p)^+\right)_p$ sind δ-Funktoren, die für $p = 0$ übereinstimmen. Mit $\mathcal{F} \hookrightarrow \mathcal{I}$ und $\mathcal{I}$ injektiv in $\mathbf{Ab}(X)$ existiert eine Auslöschung für beide Funktoren (beachte $j^*\mathcal{I}$ injektiv für $j : U \subseteq X$, offen). $\square$

Korollar 6.7.1

Es sei f wie oben und $\mathcal{F}$ in $\mathbf{Ab}(X)$ welk. Dann ist $R^p f_* \mathcal{F} = 0$ für alle $p > 0$.

Korollar 6.7.2

Es sei $f : X \to Y$ wie oben und $f_V = f|_{f^{-1}(V)} : f^{-1}(V) \to V$ für ein $V \subseteq Y$ offen. Dann ist

$$(R^p f_* \mathcal{F})|_V = R^p f_{V*}(\mathcal{F}|_{f^{-1}V}).$$

Es gilt:

Lemma 6.7.1

Es sei

$$0 \to \mathcal{F} \to \mathcal{I}^\bullet$$

eine welke Auflösung von $\mathcal{F}$ in $\mathbf{Ab}(X)$. Dann ist

$$R^p f_* \mathcal{F} = h^p(f_* \mathcal{I}^\bullet).$$

Daraus folgt:

Proposition 6.7.2

Es sei $f : X \to Y$ ein Schemamorphismus und $\mathcal{F}$ ein $\mathcal{O}_X$-Modul. Dann ist $R^p f_* \mathcal{F}$ der p-te derivierte Funktor von $f_* : \mathbf{Mod}(X) \to \mathbf{Mod}(Y)$.

Beweis. Jeder $\mathcal{O}_X$-Modul $\mathcal{F}$ besitzt *in der Kategorie* $\mathbf{Mod}(X)$ eine injektive Auflösung $0 \to \mathcal{F} \to \mathcal{I}^\bullet$. Jedes $\mathcal{I}$, injektiv in $\mathbf{Mod}(X)$, ist welk in $\mathbf{Ab}(X)$ (wegen $j_! j^* \mathcal{O}_X \subseteq \mathcal{O}_X$). $\square$

Proposition 6.7.3

Es sei $f : X \to Y$ ein Schemamorphismus, X noethersch und $\mathcal{F}$ ein quasikohärenter $\mathcal{O}_X$-Modul. Dann gilt für $V \subseteq Y$ affin:

$$R^p f_* \mathcal{F}|_V = H^p(f^{-1}V, \mathcal{F}|_{f^{-1}V})^\sim \qquad (6.132)$$

Dabei wird rechts die natürliche $\mathcal{O}_V(V)$-Modul-Struktur von $H^p(f^{-1}V, \mathcal{F}|_{f^{-1}V})$ zur Bildung der zu diesem Modul assoziierten, quasikohärenten $\mathcal{O}_V$-Garbe benutzt.

Beweis. Links und rechts stehen δ-Funktoren in $\mathcal{F}$ von $\mathbf{Qco}(X)$ nach $\mathbf{Mod}(Y)$, die für $p = 0$ übereinstimmen, denn $f_*\mathcal{F}$ ist quasikohärent. Eine Injektion $0 \to \mathcal{F} \to \mathcal{I}$ in eine in $\mathbf{Qco}(X)$ injektive und in $\mathbf{Ab}(X)$ welke Garbe liefert eine Auslöschung für beide Funktoren.   □

Korollar 6.7.3

Es sei $f : X \to Y$ ein Schemamorphismus, X noethersch und $\mathcal{F}$ ein quasikohärenter $\mathcal{O}_X$-Modul. Dann ist auch $R^p f_*\mathcal{F}$ ein quasikohärenter $\mathcal{O}_Y$-Modul.

Proposition 6.7.4

Es sei $f : X \to Y$ ein Morphismus separierter noetherscher Schemata.

Weiter sei $\mathcal{F}$ eine quasikohärente Garbe auf X, $\mathfrak{U} = (U_i)$ eine offene, affine Überdeckung von X und $\mathcal{C}^\bullet(\mathfrak{U}, \mathcal{F})$ die Cech-Auflösung von $\mathcal{F}$. Dann gilt für jedes $p \geqslant 0$:

$$R^p f_* \, \mathcal{F} = h^p \left(f_* \, \mathcal{C}^\bullet(\mathfrak{U}, \mathcal{F}) \right) \tag{6.133}$$

Beweis. Es sei $j : V \subseteq Y$ eine affine offene Teilmenge von Y. Dann ist

$$h^p \left(f_* \mathcal{C}^\bullet(\mathfrak{U}, \mathcal{F}) \right)(V) = h^p \left(f_* \mathcal{C}^\bullet(\mathfrak{U}, \mathcal{F}) \right)|_V (V) =$$

$$= h^p \left(f_{V*} \prod_{i_0 < \cdots < i_p} j_{V i_0 \ldots i_p *} \mathcal{F}|_{U_{i_0 \ldots i_p} \cap f^{-1}V} \right)(V) =$$

$$= h^p \left(\prod_{i_0 < \cdots < i_p} \mathcal{F}(U_{i_0 \ldots i_p} \cap f^{-1}V) \right) =$$

$$= H^p(f^{-1}V, \mathcal{F}|_{f^{-1}V}) \, . \tag{6.134}$$

Dabei kann in der zweiten Zeile $\Gamma(V, -)$ mit $h^p(-)$ vertauscht werden, da $\Gamma(V, -)$ auf quasikohärenten Garben exakt ist.

Die Abbildung $j_{V i_0 \ldots i_p}$ sei die Inklusion $U_{i_0 \ldots i_p} \cap f^{-1}V \subseteq f^{-1}V$, und f_V sei wie üblich $f|_{f^{-1}V}$.

Im Übrigen ist $U_{i_0 \ldots i_p} \cap f^{-1}V$ eine offene, affine Teilmenge von X und damit $(U_{i_0 \ldots i_p} \cap f^{-1}V)_{i_0 \ldots i_p}$ eine gute Cech-Überdeckung von $f^{-1}V$.   □

Proposition 6.7.5

Es sei $f : X \to Y$ ein projektiver Morphismus von noetherschen Schemata und $\mathcal{O}_X(1)$ eine sehr ample invertierbare Garbe auf X über Y. Weiter sei $\mathcal{F}$ ein kohärenter $\mathcal{O}_X$-Modul.

Dann gilt:

1. Die kanonische Abbildung $f^* f_*\mathcal{F}(n) \to \mathcal{F}(n)$ ist für $n \gg 0$ surjektiv.

2. Die höheren direkten Bilder $R^p f_*\mathcal{F}$ sind kohärent.

3. Für $n \gg 0$ ist $R^p f_*\mathcal{F}(n) = 0$.

Beweis. Man kann ohne Weiteres $Y = \mathrm{Spec}\,(A)$ affin annehmen. Dann sagt die Surjektivität in 1. aus, dass $\mathcal{F}(n)$ von globalen Schnitten aus $H^0(X, \mathcal{F}(n))$ erzeugt wird. Es sei dies nämlich der Fall, und $s_1, \ldots, s_N \in H^0(X, \mathcal{F}(n))$ die Schnitte. Man hat also eine Abbildung $\mathcal{O}_Y^N \to f_* \mathcal{F}(n)$ und ein Diagramm

$$f^* \mathcal{O}_Y^N = \mathcal{O}_X^N \longrightarrow f^* f_* \mathcal{F}(n)$$
$$\psi \searrow \quad \downarrow \phi$$
$$\mathcal{F}(n)\,,$$

wobei die Surjektion ψ symbolisch durch $(a_i) \mapsto \sum_i a_i s_i$ gegeben wird. Damit ist dann auch ϕ surjektiv. Da $\mathcal{F}(n)$ nach Serres Theorem für $n \gg 0$ von globalen Schnitten erzeugt wird, ist somit 1. gezeigt.

Die Aussagen 2. und 3. folgen aus $R^p f_* \mathcal{F}(n) = H^p(X, \mathcal{F}(n))^\sim$. $\qquad\square$

Der wichtige Projektionssatz erweitert sich auch auf höhere direkte Bilder:

Proposition 6.7.6
Es sei $f : X \to Y$ eine Abbildung von Schemata. Weiter sei $\mathcal{E}$ ein lokal freier $\mathcal{O}_Y$-Modul und $\mathcal{F}$ ein $\mathcal{O}_X$-Modul.

Dann gilt:

$$R^p f_*(\mathcal{F} \otimes_{\mathcal{O}_X} f^* \mathcal{E}) = R^p f_* \mathcal{F} \otimes_{\mathcal{O}_Y} \mathcal{E} \qquad (6.135)$$

Beweis. Man zeigt, dass rechts und links δ-Funktoren in $\mathcal{F}$ stehen. Diese für stimmen für $p = 0$ (wegen der gewöhnlichen Projektionsformel) als linksexakte Funktoren in $\mathcal{F}$ überein. Da beide Funktoren auch durch eine Einbettung $0 \to \mathcal{F} \to \mathcal{I}$ mit einem injektiven $\mathcal{O}_X$-Modul $\mathcal{I}$ auslöschbar sind, sind sie universell und stimmen überein.

Um die Auslöschbarkeit links zu sehen, kann man für ein beliebiges $j : V \subseteq Y$, offen, auf dem $\mathcal{E}|_V$ trivial ist, den Funktor $j^*(-)$ anwenden und damit auf den Fall reduzieren, dass $\mathcal{E} = \mathcal{O}_X^I$ ist. $\qquad\square$

6.8 Die Funktoren $\mathcal{E}xt^i$ und Ext^i von Modulgarben

Definition 6.8.1
Sei $(X, \mathcal{O}_X)$ ein geringter Raum, $\mathcal{F}$ ein $\mathcal{O}_X$-Modul. Dann seien $\mathrm{Ext}^i(\mathcal{F}, -)$ die rechtsabgeleiteten Funktoren von $\mathrm{Hom}(\mathcal{F}, -)$ und $\mathcal{E}xt^i(\mathcal{F}, -)$ die rechtsabgeleiteten Funktoren von $\mathcal{H}om(\mathcal{F}, -)$. $\qquad\blacklozenge$

Lemma 6.8.1
Sei $j : U \subset X$, offen, und $\mathcal{I}$ injektiv in $\mathbf{Mod}(X)$. Dann ist $\mathcal{I}_{|U}$ ein injektives Objekt von $\mathbf{Mod}(U)$.

Beweis. Es ist j^* rechtsadjungiert zum exakten Funktor $j_!$. $\qquad\square$

Lemma 6.8.2
Es sei X ein Schema und $\mathcal{F}$ ein $\mathcal{O}_X$-Modul sowie $\mathcal{I}$ ein injektiver $\mathcal{O}_X$-Modul. Dann ist $\mathcal{H}om(\mathcal{F}, \mathcal{I})$ ein welker $\mathcal{O}_X$-Modul.

Beweis. Wir müssen zeigen, dass für jedes $j : U \subseteq X$ die Abbildung

$$\mathrm{Hom}_{\mathcal{O}_X}(\mathcal{F}, \mathcal{I}) \to \mathrm{Hom}_{\mathcal{O}_U}(j^*\mathcal{F}, j^*\mathcal{I})$$

surjektiv ist. Nun ist $\mathrm{Hom}_{\mathcal{O}_U}(j^*\mathcal{F}, j^*\mathcal{I}) = \mathrm{Hom}_{\mathcal{O}_X}(\mathcal{F}_U, \mathcal{I})$ mit $j_!j^*\mathcal{F} = \mathcal{F}_U \subseteq \mathcal{F}$. Da $\mathcal{I}$ injektiv ist, folgt die Surjektivität $\mathrm{Hom}_{\mathcal{O}_X}(\mathcal{F}, \mathcal{I}) \twoheadrightarrow \mathrm{Hom}_{\mathcal{O}_X}(\mathcal{F}_U, \mathcal{I})$. $\quad\square$

Proposition 6.8.1
Für $U \subset X$ gilt:

$$\mathcal{E}xt_X^i(\mathcal{F}, \mathcal{G})|_U \cong \mathcal{E}xt_U^i(\mathcal{F}|_U, \mathcal{G}|_U)$$

Beweis. Beides sind mit Injektiven auslöschbare δ-Funktoren in $\mathcal{G}$, die für $i = 0$ übereinstimmen. $\quad\square$

Proposition 6.8.2
Für jedes $\mathcal{G} \in \mathbf{Mod}(X)$ gilt:

1. $\mathcal{E}xt^0(\mathcal{O}_X, \mathcal{G}) = \mathcal{G}.$

2. $\mathcal{E}xt^i(\mathcal{O}_X, \mathcal{G}) = 0,$ *für $i > 0$.*

3. $\mathrm{Ext}^i(\mathcal{O}_X, \mathcal{G}) \cong H^i(X, \mathcal{G})$ *für alle $i \geqslant 0$.*

Beweis. 1. und 2. Es ist $\mathcal{E}xt^0(\mathcal{O}_X, \mathcal{G}) = \mathcal{H}om(\mathcal{O}_X, \mathcal{G}) = \mathcal{G}.$ Da die Identität ein exakter Funktor ist, verschwinden die Ableitungen.
3. Für $i = 0$ stimmen beide Funktoren überein, also auch ihre Rechtsableitungen. $\quad\square$

Proposition 6.8.3
Es sei $0 \to \mathcal{F}' \to \mathcal{F} \to \mathcal{F}'' \to 0$ eine kurze exakte Sequenz in $\mathbf{Mod}(X)$.

Dann gibt es für jedes $\mathcal{G}$ eine lange exakte Sequenz:

$$0 \to \mathrm{Hom}(\mathcal{F}'', \mathcal{G}) \to \mathrm{Hom}(\mathcal{F}, \mathcal{G}) \to \mathrm{Hom}(\mathcal{F}', \mathcal{G}) \to$$
$$\to \mathrm{Ext}^1(\mathcal{F}'', \mathcal{G}) \to \mathrm{Ext}^1(\mathcal{F}, \mathcal{G}) \to \dots$$

und entsprechend:

$$0 \to \mathcal{H}om(\mathcal{F}'', \mathcal{G}) \to \mathcal{H}om(\mathcal{F}, \mathcal{G}) \to \mathcal{H}om(\mathcal{F}', \mathcal{G}) \to$$
$$\to \mathcal{E}xt^1(\mathcal{F}'', \mathcal{G}) \to \mathcal{E}xt^1(\mathcal{F}, \mathcal{G}) \to \dots$$

Proposition 6.8.4
Es möge eine exakte Sequenz

$$\dots \to \mathcal{L}_2 \to \mathcal{L}_1 \to \mathcal{L}_0 \to \mathcal{F} \to 0$$

geben, wobei die $\mathcal{L}_i$ lokal freie Garben von endlichem Rang sind. Dann ist für jedes $\mathcal{G} \in \mathbf{Mod}(X)$

$$\mathcal{E}xt^i(\mathcal{F}, \mathcal{G}) \cong h^i(\mathcal{H}om(\mathcal{L}_\bullet, \mathcal{G})).$$

Beweis. Links und rechts stehen δ-Funktoren in $\mathcal{G}$: Da für alle $\mathcal{G}'$ die Garbe $\mathcal{E}xt^i(\mathcal{L}_j, \mathcal{G}') = 0$ ist, ist für eine exakte Sequenz $0 \to \mathcal{G}' \to \mathcal{G} \to \mathcal{G}'' \to 0$ auch

$$0 \to \mathcal{H}om(\mathcal{L}_\bullet, \mathcal{G}') \to \mathcal{H}om(\mathcal{L}_\bullet, \mathcal{G}) \to \mathcal{H}om(\mathcal{L}_\bullet, \mathcal{G}'') \to 0$$

exakt. Damit ist die rechte Seite als δ-Funktor nachgewiesen. Für die linke Seite ist diese Eigenschaft klar aus der Konstruktion. Dass die Funktoren für $i = 0$ übereinstimmen, überprüft man leicht aus den Voraussetzungen.

Außerdem verschwinden beide Seiten für $\mathcal{G}$ injektiv und $i > 0$. Für die linke Seite folgt dies aus der Konstruktion. Für die rechte Seite folgt aus $\mathcal{E}xt^1(-, \mathcal{G}) = 0$, dass $\mathcal{G}' \mapsto \mathcal{H}om(\mathcal{G}', \mathcal{G})$ exakt ist. Damit ist $h^i(\mathcal{H}om(\mathcal{L}_\bullet, \mathcal{G})) = 0$ für $i > 0$. $\qquad\square$

Lemma 6.8.3

Es sei $\mathcal{L} \in \mathbf{Mod}(X)$ lokal frei von endlichem Rang und $\mathcal{J} \in \mathbf{Mod}(X)$ injektiv, dann ist auch $\mathcal{L} \otimes \mathcal{J}$ injektiv.

Beweis. Es ist $\mathrm{Hom}(\mathcal{F}^\bullet, \mathcal{L} \otimes_{\mathcal{O}_X} \mathcal{J}) = \mathrm{Hom}(\mathcal{F}^\bullet \otimes_{\mathcal{O}_X} \mathcal{L}^\vee, \mathcal{J})$. $\qquad\square$

Proposition 6.8.5

Es sei $\mathcal{L}$ eine lokal freie Garbe von endlichem Rang und $\mathcal{L}^\vee = \mathcal{H}om(\mathcal{L}, \mathcal{O}_X)$ ihre Dualgarbe. Dann gilt für alle $\mathcal{F}, \mathcal{G} \in \mathbf{Mod}(X)$:

$$\mathrm{Ext}^i(\mathcal{F} \otimes \mathcal{L}, \mathcal{G}) \cong \mathrm{Ext}^i(\mathcal{F}, \mathcal{L}^\vee \otimes \mathcal{G})$$

sowie

$$\mathcal{E}xt^i(\mathcal{F} \otimes \mathcal{L}, \mathcal{G}) \cong \mathcal{E}xt^i(\mathcal{F}, \mathcal{L}^\vee \otimes \mathcal{G}) \cong \mathcal{E}xt^i(\mathcal{F}, \mathcal{G}) \otimes \mathcal{L}^\vee$$

für alle $i \geqslant 0$

Beweis. Alle Funktoren sind δ-Funktoren in $\mathcal{G}$, die für $i = 0$ übereinstimmen. Da $\mathcal{L}^\vee \otimes \mathcal{G}$ injektiv ist für $\mathcal{G}$ injektiv, sind sie auch alle auslöschbar. $\qquad\square$

Lemma 6.8.4

Es sei X ein noethersches affines Schema, $\mathcal{G}$ ein injektiver $\mathcal{O}_X$-Modul. Dann ist auch $\mathcal{G}_x$ ein injektiver $\mathcal{O}_x$-Modul für alle $x \in X$.

Proposition 6.8.6

Es sei X ein noethersches Schema, $\mathcal{F}$ eine kohärente Garbe auf X, $\mathcal{G}$ ein $\mathcal{O}_X$-Modul und $x \in X$ ein Punkt von X. Dann ist

$$\mathcal{E}xt^i(\mathcal{F}, \mathcal{G})_x \cong \mathrm{Ext}^i_{\mathcal{O}_{X,x}}(\mathcal{F}_x, \mathcal{G}_x). \tag{6.136}$$

Beweis. Man kann zunächst X durch eine affine offene Umgebung U von x ersetzen, also X affin annehmen. Wir zeigen dann, dass links und rechts auslöschbare δ-Funktoren *in $\mathcal{F}$* stehen, die für $i = 0$ übereinstimmen.

Weil $\mathcal{F}$ kohärent, existiert eine exakte Folge $\mathcal{O}_X^m \to \mathcal{O}_X^n \to \mathcal{F} \to 0$. Wendet man $\mathcal{H}om(-, \mathcal{G})_x$ an, so entsteht $0 \to \mathcal{H}om(\mathcal{F}, \mathcal{G})_x \to \mathcal{G}_x^n \to \mathcal{G}_x^m$. Wendet man $\mathrm{Hom}_{\mathcal{O}_{X,x}}((-)_x, \mathcal{G}_x)$ an, so entsteht $0 \to \mathrm{Hom}_{\mathcal{O}_{X,x}}(\mathcal{F}_x, \mathcal{G}_x) \to \mathcal{G}_x^n \to \mathcal{G}_x^m$. Mit dem 5-Lemma schließt man wie üblich auf die Gleichheit der beiden Funktoren.

Dass rechts und links in Gleichung (6.136) δ-Funktoren in $\mathcal{F}$ stehen, ist leicht zu sehen. Es bleibt die Auslöschbarkeit: Hier benutzt man, dass wegen X affin immer eine Surjektion $\mathcal{O}_X^m \to \mathcal{F} \to 0$ existiert und dass für $\mathcal{F} = \mathcal{O}_X$ beide Seiten von (6.136) für $i > 0$ verschwinden. $\qquad\qquad\square$

Es sei X ein Schema und $\mathcal{F}, \mathcal{G}$ zwei $\mathcal{O}_X$-Moduln. Ist $\mathcal{G}$ injektiv, so ist, wie oben bemerkt, $\mathcal{H}om(\mathcal{F}, \mathcal{G})$ welk. Der Funktor $\mathcal{G} \mapsto \mathcal{H}om(\mathcal{F}, \mathcal{G})$ bildet also injektive Objekte in solche ab, die für $H^p(X, -)$ azyklisch sind. Daraus folgt:

Proposition 6.8.7

Es gibt mit den obigen Bezeichnungen eine Spektralsequenz:

$$H^p(X, \mathcal{E}xt^q(\mathcal{F}, \mathcal{G})) \Rightarrow \mathrm{Ext}^{p+q}(\mathcal{F}, \mathcal{G}) \qquad\qquad (6.137)$$

Beweis. Es ist die Grothendieck-Spektralsequenz für die Komposition von Funktoren $\Gamma(X, \mathcal{H}om_{\mathcal{O}_X}(\mathcal{F}, \mathcal{G})) = \mathrm{Hom}_{\mathcal{O}_X}(\mathcal{F}, \mathcal{G})$. $\qquad\qquad\square$

Proposition 6.8.8

Es sei X ein projektives Schema über einem noetherschen Ring A, $\mathcal{O}_X(1)$ eine sehr ample Garbe und $\mathcal{F}, \mathcal{G}$ kohärente Garben auf X. Dann gibt es eine ganze Zahl $n_0 > 0$, abhängig von $\mathcal{F}$ und $\mathcal{G}$, so dass für jedes $n \geqslant n_0$ gilt:

$$\mathrm{Ext}^i(\mathcal{F}, \mathcal{G}(n)) \cong \Gamma(X, \mathcal{E}xt^i(\mathcal{F}, \mathcal{G}(n)))$$

Proposition 6.8.9

Es sei X ein noethersches Schema, und $\mathcal{F}, \mathcal{G}$ seien kohärente $\mathcal{O}_X$-Moduln. Dann ist auch $\mathcal{E}xt_X^i(\mathcal{F}, \mathcal{G})$ ein kohärenter $\mathcal{O}_X$-Modul.

Beweis. Durch Einschränkung auf $U \subseteq X$, offen, affin können wir X affin annehmen. Es existiert dann eine Folge $\mathcal{O}_X^m \to \mathcal{O}_X^n \to \mathcal{F} \to 0$. Anwenden von $\mathcal{H}om_X(-, \mathcal{G})$ ergibt

$$0 \to \mathcal{H}om_X(\mathcal{F}, \mathcal{G}) \to \mathcal{H}om_X(\mathcal{O}_X^n, \mathcal{G}) \to \mathcal{H}om_X(\mathcal{O}_X^m, \mathcal{G}).$$

Damit ist $\mathcal{H}om_X(\mathcal{F}, \mathcal{G}) = \ker(\mathcal{G}^n \to \mathcal{G}^m)$ offensichtlich kohärent.

Man wähle dann weiterhin eine exakte Sequenz $0 \to \mathcal{F}' \to \mathcal{O}_X^m \to \mathcal{F} \to 0$ und entnehme aus der assoziierten langen exakten Sequenz zu $\mathcal{H}om_X(-, \mathcal{G})$ einmal

$$\mathcal{H}om_X(\mathcal{O}_X^m, \mathcal{G}) \to \mathcal{H}om_X(\mathcal{F}', \mathcal{G}) \to \mathcal{E}xt_X^1(\mathcal{F}, \mathcal{G}) \to 0$$

und dann

$$0 = \mathcal{E}xt_X^i(\mathcal{O}_X^m, \mathcal{G}) \to \mathcal{E}xt_X^i(\mathcal{F}', \mathcal{G}) \to \mathcal{E}xt_X^{i+1}(\mathcal{F}, \mathcal{G}) \to \mathcal{E}xt_X^{i+1}(\mathcal{O}_X^m, \mathcal{G}) = 0.$$

Aus ersterer Sequenz folgt $\mathcal{E}xt_X^1(\mathcal{F}, \mathcal{G})$ kohärent für alle kohärenten $\mathcal{F}, \mathcal{G}$, und mit der letzteren Sequenz überträgt sich dies auf alle $i > 1$. $\qquad\qquad\square$

6.9 Flache Morphismen

6.9.1 Allgemeines

Definition 6.9.1
Sei $f : X \to Y$ ein Morphismus von Schemata. Dann heißt ein $\mathcal{O}_X$-Modul $\mathcal{F}$ auf X *flach über Y bei x*, wenn $\mathcal{F}_x$ mit der Ringabbildung $\mathcal{O}_{Y,y} \to \mathcal{O}_{X,x}$ ein flacher $\mathcal{O}_{Y,y}$-Modul für $y = f(x)$ wird.

Ist $\mathcal{F}$ flach für alle $x \in X$, so heißt $\mathcal{F}$ *flach über Y*. ◆

Definition 6.9.2
Ein Morphismus von Schemata $f : X \to Y$ heißt *flach* genau dann, wenn $\mathcal{O}_X$ ein flacher $\mathcal{O}_X$-Modul über Y ist. ◆

Proposition 6.9.1
Für $f : X \to Y$ und einen quasikohärenten $\mathcal{O}_X$-Modul $\mathcal{F}$ ist äquivalent:

a) $\mathcal{F}(U)$ ist ein flacher $\mathcal{O}_Y(V)$-Modul für alle affinen U, V mit $f(U) \subseteq V$.

b) $\mathcal{F}$ ist flach bei x für alle $x \in X$.

Flache Morphismen erfüllen die drei üblichen Eigenschaften:

Proposition 6.9.2
Für $f : X \to Y$ flach, $g : Y \to Z$ flach und $h : Y' \to Y$ beliebig gilt:

1. Eine offene Immersion ist flach.

2. (Transitivität) $g \circ f : X \longrightarrow Z$ ist flach.

3. (Basiswechsel) $f' : X \times_Y Y' \longrightarrow Y'$ ist flach.

Proposition 6.9.3
Eine flache Abbildung $f : X \to Y$, vom endlichen Typ mit Y noethersch, ist offen, also $f(U) \subseteq Y$, offen, für jedes $U \subseteq X$, offen.

Beweis. Die Abbildung lokaler Ringe $\mathcal{O}_{Y,y} \to \mathcal{O}_{X,x}$ mit $y = f(x)$ ist treuflach, und daher ist $f(U)$ abgeschlossen unter Generisierung. Gleichzeitig ist $f(U)$ konstruierbar in Y. Also $f(U)$ offen in Y. $\square$

6.9.2   Relative Dimension

Proposition 6.9.4

Es sei $f : X \to Y$ ein flacher Morphismus vom endlichen Typ, und X, Y seien noethersche Schemata. Dann gilt für beliebige $x \in X$ und $y = f(x)$:

$$\dim_x X_y = \dim_x X - \dim_y Y \qquad (6.138)$$

Dabei stehe für ein Schema T und $t \in T$ die Bezeichnung $\dim_t T$ für $\dim \mathcal{O}_{T,t}$.

Beweis. Wähle $V = \operatorname{Spec}(A) \ni y$ und $U = \operatorname{Spec}(B) \ni x$ mit $f(U) \subseteq V$. Es sei $\mathfrak{q} = \mathfrak{q}_x$ das Primideal von x in B und $\mathfrak{p} = \mathfrak{p}_y$ das Primideal von y in A.

Nenne $r = \dim B_{\mathfrak{q}}/\mathfrak{p}B_{\mathfrak{q}} = \dim_x X_y$ und $s = \dim A_{\mathfrak{p}} = \dim_y Y$.

Dann induziert $f : U \to V$ einen flachen Morphismus $\phi : A \to B$, der also auch die Going-Down-Eigenschaft besitzt. Nach Lemma 2.25.11 ist dann

$$\dim_x X = \dim B_{\mathfrak{q}} = r + s = \dim_x X_y + \dim_y Y \, .$$

$\square$

Die folgende Proposition kann als ein „Lokal-Global-Prinzip" für die Relativ-dimension einer flachen Abbildung angesehen werden:

Proposition 6.9.5

Es sei $f : X \to Y$ ein flacher Morphismus algebraischer Schemata. Weiterhin sei Y irreduzibel.

   Dann ist äquivalent:

a) *Jede irreduzible Komponente $X' \subseteq X$ hat $\dim X' = \dim Y + n$.*

b) *Für jedes $y = f(x) \in Y$, abgeschlossen oder nicht abgeschlossen, gilt: $\dim Z = n$ für jede irreduzible Komponente Z von X_y.*

Beweis. Es sei b) richtig: Wähle dann ein abgeschlossenes $x \in X'$, das in keiner anderen irreduziblen Komponente von X liegt. Es ist dann auch $f(x) = y$ abgeschlossen in Y. Es folgt $\dim X' = \dim_x X = \dim_y Y + \dim_x X_y = \dim Y + \dim X_y = \dim Y + n$, denn es ist ja x maximal auch in X_y, also $\dim_x X_y = \dim X_y$.

Umgekehrt sei a) richtig und $y \in Y$ vorgegeben. Die irreduzible Komponente $Z \subseteq X_y$ enthält ein in ihr maximales x mit $f(x) = y$, das in keiner anderen irreduziblen Komponente von X_y liegen soll.

Es ist

$$\dim Z = \dim_x Z = \dim_x X_y = \dim_x X - \dim_y Y.$$

Weiter seien $S = \{y\}^-$ und $T = \{x\}^-$ die Abschlüsse in Y und X. Es ist $k(x)$ algebraisch über $k(y)$, da x maximal in dem algebraischen $k(y)$-Schema X_y ist. Also folgt

$$\dim S = \dim T \, .$$

Es ist

$$\dim Y = \dim_y Y + \dim S \, ,$$

und man hat

$$\dim X' = \dim_x X + \dim T$$

für ein $X' \subseteq X$, irreduzible Komponente. Schließlich gilt

$$\dim X' = \dim Y + n$$

nach Voraussetzung. Nimmt man alle diese Gleichungen zusammen, so folgt

$$\dim Z = \dim X' - \dim Y = n.$$

$\square$

Der Begriff der „Relativdimension" wird für Morphismen algebraischer Schemata folgendermaßen gefasst:

Definition 6.9.3
Es sei $f : X \to Y$ ein Morphismus algebraischer Schemata. Es gelte für alle Varietäten $V \subseteq Y$ und jede irreduzible Komponente $V' \subseteq f^{-1}(V)$, dass $\dim V' = \dim V + n$.

Dann sagt man, f habe *relative Dimension n*.   ♦

Für beliebige Schemaabbildungen definieren wir:

Definition 6.9.4
Es sei $f : X \to Y$ ein beliebiger Schemamorphismus. Es seien alle Fasern X_y für $y = f(x)$ equidimensional mit Dimension n.

Dann sagt man, f habe *faserweise relative Dimension n*.   ♦

Proposition 6.9.6
Es sei $f : X \to Y$ ein flacher Morphismus algebraischer Schemata und Y irreduzibel. Dann ist äquivalent:

a) f hat Relativdimension n.

b) f hat faserweise Relativdimension n.

Beweis. Dies folgt aus Proposition 6.9.5 und aus der folgenden Proposition. $\square$

Proposition 6.9.7
Es sei $f : X \to Y$ ein flacher Morphismus algebraischer Schemata. Weiterhin sei Y irreduzibel, und es gelte für jede irreduzible Komponente $X' \subseteq X$, dass $\dim X' = \dim Y + n$ ist.

Dann hat f die relative Dimension n.

Überdies gilt für jedes cartesische Quadrat

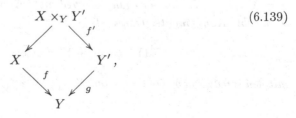

(6.139)

dass auch f' relative Dimension n hat.

Beweis. Es sei $V \subseteq Y$ eine irreduzible Teilvarietät und V' eine irreduzible Komponente von $f^{-1}(V)$. Weiter sei x maximal in V' und in keiner anderen irreduziblen Komponente von $f^{-1}(V)$ enthalten. Es sei $y = f(x)$, maximal in Y und in V.

Dann ist $\dim_x V' = \dim_x(f^{-1}(V)) = \dim_x(f^{-1}(V))_y + \dim_y V$. Nun ist $f^{-1}(V)_y = X_y$ und $\dim_y V = \dim V$, also $\dim_x V' = \dim_x X_y + \dim V$. Nach Proposition 6.9.5 ist $\dim_x X_y = n$, also $\dim V' = \dim_x V' = n + \dim V$, was zu beweisen war.

Um die zweite Behauptung zu beweisen, müssen wir zeigen, dass für eine irreduzible Varietät $V \subseteq Y'$ jede irreduzible Komponente $V' \subseteq f'^{-1}(V)$ die Dimension $\dim V + n$ hat.

Dazu ersetzen wir zunächst Y' durch V selbst und betrachten die Beziehung

$$(*) \quad X_y \times_{k(y)} k(y') = X'_{y'},$$

wobei $X' = X \times_Y Y'$ und $y = g(y')$ mit $y' \in Y'$ sei.

Nach Voraussetzung ist X equidimensional mit $\dim X = \dim Y + n$. Damit hat nach Proposition 6.9.5 jede irreduzible Komponente von X_y die Dimension n. Nach dem folgenden Lemma angewandt auf $(*)$ hat dann auch jede irreduzible Komponente von $X'_{y'}$ die Dimension n.

Wieder nach Proposition 6.9.5, und weil sowohl f' flach als auch Y' irreduzibel ist, folgt dann, dass X' equidimensional mit der Dimension $\dim Y + n$ ist.

Also ist $f' : X' \to Y'$ von relativer Dimension n. $\square$

Lemma 6.9.1

Es sei X/k ein algebraisches Schema über dem Körper k und k'/k eine Körpererweiterung. Ist X equidimensional mit $\dim X = n$, so ist auch $X' = X \times_k k'$ equidimensional mit $\dim X' = n$.

Beweis. Die Abbildung $q : X' \to X$ ist als Basiserweiterung von k'/k treuflach. Es sei $Z' \subseteq X'$ eine irreduzible Komponente. Wähle eine offene, affine, Teilmenge $U' \subseteq Z'$. Der generische Punkt $\eta_{Z'} \in U', Z'$ wird auf ein minimales Element $\eta_Z \in X$ abgebildet, denn q ist als flache Abbildung vom endlichen Typ offen. Es ist damit $Z = \{\eta_Z\}^- = q(Z')^-$ eine irreduzible Komponente von X mit $\dim Z = n$ nach Voraussetzung.

Das Bild $U = q(U') \subseteq X$ ist offen, und man wähle ein $V \subseteq U$, offen, affin und dicht in Z. Es ist dann $\dim V = \dim Z = n$. Nach Lemma 2.25.8 ist dann auch $\dim q^{-1}(V) = \dim(V \otimes_k k') = n$. Da $q^{-1}(V)$ dicht in Z', ist $\dim Z' = n$.

Also ist X' equidimensional mit $\dim X' = n$. $\square$

Das folgende Lemma ist in Situationen nützlich, wo man die relative Dimension betrachten will, aber Y nicht irreduzibel ist:

Lemma 6.9.2

Es sei $f : X \to Y$ eine flache Abbildung noetherscher Schemata. Weiter sei $X = X_1 \cup \cdots \cup X_r$ die Zerlegung in irreduzible Komponenten sowie $Y' \subseteq Y$ eine irreduzible Komponente. Dann ist

$$f^{-1}(Y) = X \times_Y Y' = X_{i_1} \cup \cdots \cup X_{i_s}$$

mit den irreduziblen Komponenten X_{i_ν} für die $f(X_{i_\nu}) \subseteq Y'$ gilt.

Beweis. Es sei η der generische Punkt von Y'. Ist $f(x) \in Y'$, so ist $\eta \rightsquigarrow f(x)$ eine Spezialisierung. Da f flach ist, also die Going-Down-Eigenschaft hat, gibt es eine Generisierung x' mit $x' \rightsquigarrow x$ und $f(x') = \eta$. Eine weitere Generisierung zum generischen Punkt $\xi \rightsquigarrow x'$ einer irreduziblen Komponente $X' \subseteq X$ ist möglich, es ist dann $f(\xi) = \eta$, also $f(X') \subseteq Y'$ und $x \in X'$. $\qquad\square$

Lemma 6.9.3
Es sei $\phi : A \to B$ ein flacher Homomorphismus noetherscher Ringe. Weiter sei A reduziert und jede Faser $B \otimes_A k(\mathfrak{p})$ für ein Primideal $\mathfrak{p} \subseteq A$ reduziert.

Dann ist auch B reduziert.

Beweis. Es seien $\mathfrak{p}_1, \ldots, \mathfrak{p}_r$ die minimalen Primideale von A. Es ist dann $A_{\mathfrak{p}_i} = k(\mathfrak{p}_i)$. Weil A reduziert ist, folgt

$$0 \to A \to \prod_{i=1}^{r} A_{\mathfrak{p}_i}.$$

Ist nämlich für alle i immer $s_i a = 0$ mit $s_i \notin \mathfrak{p}_i$, so folgt $a \in \mathfrak{p}_i$ also wegen $\bigcap_i \mathfrak{p}_i = (0)$ auch $a = 0$.

Tensorieren mit B liefert $0 \to B \to \prod_i B \otimes_A k(\mathfrak{p}_i)$. Ist nun $b^n = 0$, so ist das Bild von b in $\prod_i B \otimes_A k(\mathfrak{p}_i)$ gleich Null, da die Fasern reduziert sind. Damit ist $b = 0$ und B reduziert. $\qquad\square$

Es ergibt sich daraus

Proposition 6.9.8
Es sei $f : X \to Y$ ein flacher Morphismus noetherscher Schemata. Weiter sei Y reduziert und jede Faser $f^{-1}(y) = X_y = X \times_Y k(y)$ reduziert. Dann ist auch X reduziert.

6.9.3 Kriterien für Flachheit

Definition 6.9.5
Ein Punkt x eines Schemas X heißt assoziierter Punkt von X, wenn $\operatorname{Ass} \mathcal{O}_{X,x} = \{\mathfrak{m}_x\}$ ist, also $\mathfrak{m}_x$ nur aus Nullteilern besteht. $\qquad\blacklozenge$

Proposition 6.9.9
Es sei Y ein integres, reguläres, 1-dimensionales Schema und $f : X \to Y$ eine Schemaabbildung mit X noethersch.

Dann ist f genau dann flach, wenn jeder assoziierte Punkt x von X auf den generischen Punkt η von Y abgebildet wird.

Beweis. Es sei $B = \mathcal{O}_{X,x}$ und $A = \mathcal{O}_{Y,y}$ mit $y = f(x)$. Ist $y = \eta$, so ist $A = K(Y)$ ein Körper und B damit flach über A.

Wir zeigen zuerst das Hinreichen der Bedingung: Ist y ein Punkt der Höhe 1, so ist A ein diskreter Bewertungsring. Es sei $\mathfrak{m}_A = (a)$. Wir müssen nur nachweisen, dass a kein Nullteiler in B ist. Wäre a ein Nullteiler, so gäbe es ein Primideal $\mathfrak{q} \subseteq B$ aus $\operatorname{Ass} B$ mit $a \in \mathfrak{q}$. Da $\operatorname{Ass} B_{\mathfrak{q}} = \{\mathfrak{q}B_{\mathfrak{q}}\}$, ist $\mathfrak{q}$ ein assoziierter Punkt von X und müsste auf η abgebildet werden. Also $\mathfrak{q} \cap A = (0)$ im Widerspruch zu $a \in \mathfrak{q} \cap A$.

Für die Notwendigkeit, sei B/A flach: Dann ist a kein Nullteiler in B, und damit gilt für jedes assoziierte Primideal $\mathfrak{q} \subseteq B$ auch $a \notin \mathfrak{q} \cap A$. Also $\mathfrak{q} \cap A = (0)$. $\square$

Bemerkung 6.9.1

Im Spezialfall, dass X reduziert ist, entsprechen seine assoziierten Punkte gerade den generischen Punkten seiner irreduziblen Komponenten.

Die Bedingung ist dann äquivalent damit, dass jede irreduzible Komponente X' von X das Schema Y dominiert.

Beweis. In einem Ring A besteht jedes assoziierte Primideal aus lauter Nullteilern. Ist A reduziert, so liegt ein Nullteiler schon in einem minimalen Primideal von A. $\square$

6.9.4   Ergänzende Sätze

Proposition 6.9.10 (Local criterion of flatness)

Es sei $(A, \mathfrak{m}_A) \to (B, \mathfrak{m}_B)$ ein lokaler Morphismus lokaler noetherscher Ringe. Weiter sei M ein endlich erzeugter B-Modul.

Dann ist äquivalent:

a) *Der Modul M ist A-flach.*

b) *Es ist $\mathrm{Tor}_1^A(M, k(A)) = 0$, wobei $k(A) = A/\mathfrak{m}_A$ sei.*

Proposition 6.9.11

Es sei B eine noethersche A-Algebra, A ein noetherscher Ring und $b \in B$. Weiter sei M ein endlich erzeugter B-Modul, der A-flach ist.

Dann gilt: Ist b kein Nullteiler in $M \otimes_A k(\mathfrak{n} \cap A)$ für alle maximalen Ideale $\mathfrak{n} \subseteq B$, so ist auch M/bM ein A-flacher A-Modul.

Beweis. Aufgrund der Voraussetzung können wir nacheinander ersetzen: $M = M_\mathfrak{n}$, $B = B_\mathfrak{n}$ und $A = A_\mathfrak{p}$ für $\mathfrak{n} \cap A = \mathfrak{p}$.

Es sei also $A \to B$ ein lokaler Homomorphismus lokaler Ringe und $b \in B$ kein Nullteiler in $M \otimes_A k(A)$. M ist ein flacher A-Modul. Betrachte dann die Sequenz:

$$0 = \mathrm{Tor}_1^A(M, k(A)) \to \mathrm{Tor}_1^A(M/bM, k(A)) \to$$
$$\to M \otimes_A k(A) \overset{\cdot b}{\hookrightarrow} M \otimes_A k(A) \to M/bM \otimes_A k(A) \to 0 \,.$$

Da also $\mathrm{Tor}_1^A(M/bM, k(A)) = 0$, folgt, dass M/bM ein A-flacher Modul ist.

Generell folgt also, $(M/bM)_\mathfrak{n}$ ist $A_\mathfrak{p}$-flach und damit auch A-flach für alle $\mathfrak{n} \subseteq B$ maximal. Also ist M/bM auch A-flach. $\square$

Proposition 6.9.12

Es sei $B = A[T_1, \ldots, T_n]$ ein Polynomring und $I = (P_1, \ldots, P_r)$ mit $r \leqslant n$ ein Ideal von B. Weiter sei $J(I)$ das von den Determinanten der Hauptminoren der Matrix

$$M = \left(\frac{\partial P_i}{\partial T_j} \right)_{\substack{i=1,\ldots,r \\ j=1,\ldots,n}}$$

erzeugte Ideal in B.

Gilt dann für die Summe der Ideale: $J(I) + I = B$, so ist B/I flach über A.

Beweis. Man betrachte nun nacheinander die maximalen Ideale $\mathfrak{n} \subseteq B$ und setze $\mathfrak{n} \cap A = \mathfrak{p}$. Es sei $k = k(\mathfrak{p}) = A_\mathfrak{p}/\mathfrak{p}A_\mathfrak{p}$.

Sind alle $(B/I)_\mathfrak{n}$ flach über $A_\mathfrak{p}$, so ist B/I flach über A. Da $(B/I)_\mathfrak{n} = 0$ für $\mathfrak{n} \not\supseteq I$, genügt es, die $\mathfrak{n} \supseteq I$ zu betrachten.

Mit $\bar{f}$ sei im Folgenden das Bild in $B_\mathfrak{n} \otimes_A \bar{k}$ eines Elements $f \in B$ gemeint. Dabei ist $\mathfrak{n} \subseteq B$ ein maximales Ideal über $\mathfrak{p}$ und I. Mit $\bar{k}$ sei der algebraische Abschluss von k bezeichnet.

Wir halten fest, dass die Bedingung $J(I) + I = B$ impliziert, dass die Matrix M mod $\mathfrak{n}$ vollen Rang hat.

Es genügt nun, nach der vorigen Proposition, zu zeigen, dass für alle i das Bild des Polynoms $\bar{P}_i$ kein Nullteiler in $(B_\mathfrak{n} \otimes_A k)/(\bar{P}_1, \ldots, \bar{P}_{i-1})$ ist. Das ist äquivalent zu: $\bar{P}_i$ ist kein Nullteiler in $(B_\mathfrak{n} \otimes_A \bar{k})/(\bar{P}_1, \ldots, \bar{P}_{i-1})$.

Alle Überlegungen spielen sich also in $C = B_\mathfrak{n} \otimes_A \bar{k} = \bar{k}[T_1, \ldots, T_n]_\mathfrak{n}$ ab.

Da für jedes in Frage kommende i die Matrix

$$\left(\partial(\bar{P}_1, \ldots, \bar{P}_{i-1})/\partial(T_1, \ldots, T_n)\right)$$

modulo $\mathfrak{n}$ vollen Rang hat, ist $(B_\mathfrak{n} \otimes_A \bar{k})/(\bar{P}_1, \ldots, \bar{P}_{i-1})$ regulärer lokaler Ring, also ein Integritätsring.

Weiterhin ist deswegen auch (∗) $\operatorname{codim}_\mathfrak{n}(\bar{P}_1, \ldots, \bar{P}_i) = i$.

Damit ist $\bar{P}_i$ nicht im Ideal $(\bar{P}_1, \ldots, \bar{P}_{i-1})$ von C enthalten, und da $C/(\bar{P}_1, \ldots, \bar{P}_{i-1})$ ein Integritätsring ist, ist damit $\bar{P}_i$ auch kein Nullteiler in $C/(\bar{P}_1, \ldots, \bar{P}_{i-1})$. □

Proposition 6.9.13

Es sei $A \to B$ ein lokaler Homomorphismus lokaler noetherscher Ringe. Weiter sei M ein endlich erzeugter B-Modul und $a \in A$ weder Einheit noch Nullteiler.

Dann ist äquivalent:

a) *M ist flacher A-Modul.*

b) *Es gilt:*

   i) *a ist kein Nullteiler für M.*

   ii) *M/aM ist ein flacher A/aA-Modul.*

Beweis. Wir schreiben $A' = A/aA$. Es ist dann exakt (∗) $0 \to A \xrightarrow{\cdot a} A \to A' \to 0$. Ist M über A flach, so ist auch $0 \to M \xrightarrow{\cdot a} M \to M/aM \to 0$ exakt. Also ist a kein Nullteiler für M.

Es gibt nun eine Spektralsequenz:

$$\operatorname{Tor}_p^{A'}(\operatorname{Tor}_q^A(M, A'), k(A')) \Rightarrow \operatorname{Tor}_{p+q}^A(M, k(A))$$

Da rechts alle $\operatorname{Tor}_i^A(M, k(A)) = 0$ für $i > 0$ und links alle $\operatorname{Tor}_q^A(M, A') = 0$ für $q > 0$ sind, folgt $\operatorname{Tor}_p^{A'}(M \otimes_A A', k(A')) = 0$ für alle $p > 0$. Also ist $M \otimes_A A' = M/aM$ ein A'-flacher Modul.

Umgekehrt mögen die Annahmen aus b) gelten. Tensoriert man (∗) mit $- \otimes_A M$, so folgt $\operatorname{Tor}_q^A(M, A') = 0$ für alle $q > 0$. Weiterhin ist $\operatorname{Tor}_p^{A'}(M \otimes_A A', k(A')) = 0$ für alle $p > 0$. Also ist nach obiger Spektralsequenz $\operatorname{Tor}_i^A(M, k(A)) = 0$ für alle $i > 0$. Also ist M flacher A-Modul. □

Theorem 6.9.1 (Miracle Flatness)

Es sei $\phi : (A, \mathfrak{m}_A) \to (B, \mathfrak{m}_B)$ ein lokaler Homomorphismus noetherscher lokaler Ringe. Weiter sei A regulär und B ein Cohen-Macaulay-Ring. Gilt dann

$$\dim B = \dim A + \dim B \otimes_A k_A, \qquad (6.140)$$

so ist B via ϕ eine flache A-Algebra.

Beweis. Wir führen eine Induktion über $\dim A$ durch. Für $\dim A = 0$ ist $A = k_A$, ein Körper und der Satz trivial erfüllt.

Sei nun A mit $\dim A = n > 0$ gegeben und der Satz für $\dim A < n$ schon gezeigt. Die minimalen Primideale von B seien $\mathfrak{p}_1, \ldots, \mathfrak{p}_r$. Dann ist $\dim B/\mathfrak{p}_i = \dim B$, da B als lokaler Cohen-Macaulay-Ring auch equidimensional ist. Wäre nun $\mathfrak{m}_A B \subseteq \mathfrak{p}_i$, so wäre $\dim B/\mathfrak{m}_A B = \dim B$ und damit $\dim A = 0$. Also ist

$$\mathfrak{m}_A \not\subseteq \mathfrak{m}_A^2 \cup \phi^{-1}(\mathfrak{p}_1) \cup \cdots \cup \phi^{-1}(\mathfrak{p}_r).$$

Es gibt also ein $x \in \mathfrak{m}_A - \mathfrak{m}_A^2$ mit $\phi(x) \notin \mathfrak{p}_i$, also $\phi(x)$ kein Nullteiler in B. Außerdem ist A/xA ein regulärer Ring mit $\dim A/xA = n - 1$ und B/xB wieder ein Cohen-Macaulay-Ring mit $\dim B/xB = \dim B - 1$. Weiter ist $B/xB \otimes_{A/x} k_{A/x} = B \otimes_A k_A$, also sind auch die Dimensionen gleich. Damit ist nach Induktionsannahme B/xB als flacher A/x-Modul nachgewiesen.

Wir haben nun die exakten Sequenzen:

$$0 \to A \xrightarrow{\cdot x} A \to A/xA \to 0, \qquad (6.141)$$

$$0 \to B \xrightarrow{\cdot x} B \to B/xB \to 0 \qquad (6.142)$$

Tensorieren der ersten Sequenz mit $- \otimes_A B$ liefert die lange exakte Sequenz:

$$\cdots \to \operatorname{Tor}_2^A(A, B) \to \operatorname{Tor}_2^A(A/x, B) \to$$
$$\to \operatorname{Tor}_1^A(A, B) \to \operatorname{Tor}_1^A(A, B) \to \operatorname{Tor}_1^A(A/x, B) \to$$
$$\to B \xrightarrow{\cdot x} B \to B/xB \to 0 \quad (6.143)$$

Aus ihr lesen wir $\operatorname{Tor}_p^A(A/x, B) = 0$ für $p > 0$ ab.

Nun benutzen wir die Spektralsequenz für $R \to S$ und einen R-Modul M sowie einen S-Modul N, die durch

$$\operatorname{Tor}_q^S(\operatorname{Tor}_p^R(S, M), N) \Rightarrow \operatorname{Tor}_{p+q}^R(M, N)$$

beschrieben wird.

Wir wählen $R \to S$ als $A \to A/x$ und $M = B$ sowie $N = k_A$. Es entsteht

$$\operatorname{Tor}_q^{A/x}(\operatorname{Tor}_p^A(A/x, B), k_A) \Rightarrow \operatorname{Tor}_{p+q}^A(B, k_A). \qquad (6.144)$$

Oben haben wir $\operatorname{Tor}_p^A(A/x, B) = 0$ für $p > 0$ gesehen. Es steht also links nur die Spalte $p = 0$ mit $\operatorname{Tor}_q^{A/x}(B/xB, k_A)$.

Wie oben gezeigt, ist B/xB ein flacher A/x-Modul, und so ist $\operatorname{Tor}_q^{A/x}(B/xB, k_A) = 0$ für $q > 0$. Damit ist dann auch $\operatorname{Tor}_i^A(B, k_A) = 0$ für $i > 0$ und, nach dem lokalen Flachheitskriterium, auch B ein flacher A-Modul. $\square$

6.10   Glatte Morphismen

6.10.1   Varietäten

Wir betrachten zunächst nur Schemata X/k vom endlichen Typ über einem Körper k.

Definition 6.10.1
Ein Morphismus $f : X \to Y$ von Schemata vom endlichen Typ über k ist *glatt mit Relativdimension n*, wenn

i) f flach ist,

ii) für irreduzible Komponenten $X' \subseteq X$ und $Y' \subseteq Y$ mit $f(X') \subseteq Y'$ stets gilt:
$$\dim X' = \dim Y' + n\,,$$

iii) für jeden Punkt $x \in X$ (abgeschlossen oder nicht) gilt:
$$\dim_{k(x)}(\Omega_{X|Y} \otimes k(x)) = n$$

◆

Bemerkung 6.10.1
Für jedes Y ist $\mathbb{A}_Y^n$ und $\mathbb{P}_Y^n$ glatt mit Relativdimension n.

Lemma 6.10.1
Es sei $f : X \to k$ eine Abbildung vom endlichen Typ mit einem algebraisch abgeschlossenen Körper k. Dann ist äquivalent:

a) f ist glatt mit Relativdimension n.

b) X ist reguläre Vereinigung regulärer Varietäten X_i über k mit $\dim X_i = n$.

Bemerkung 6.10.2
Wir mussten in b) eine etwas umständliche Formulierung wählen, weil f nicht als separiert angenommen wurde. Wäre f separiert, könnten wir „eine disjunkte Vereinigung regulärer Varietäten" schreiben.

Proposition 6.10.1
Es gilt:

1. *Offene Immersionen sind glatt mit Relativdimension 0.*

2. *Basiswechsel: Wenn $f : X \to Y$ glatt mit Relativdimension n und $g : Y' \to Y$ beliebig, so ist $f' : X \times_Y Y' \to Y'$ auch glatt mit Relativdimension n.*

3. *Komposition: Wenn* $f : X \to Y$ *glatt mit Relativdimension* n *und* $g : Y \to Z$ *glatt mit Relativdimension* m, *so ist* $g \circ f : X \to Z$ *glatt mit Relativdimension* $m + n$.

4. *Produkt: Wenn* X *und* Y *glatt über* Z *sind, mit Relativdimensionen* m *und* n, *so ist* $X \times_Z Y$ *glatt über* Z *mit Relativdimension* $m + n$.

Beweis. 1. Ist trivial.

2. Wir wissen bereits, dass sich die Flachheit auf f' überträgt. Es sei $Y_1' \subseteq Y'$ eine irreduzible Komponente. Dann liegt $g(Y_1') \subseteq Y_1$ in einer irreduziblen Komponente $Y_1 \subseteq Y$. Im cartesischen Diagramm mit $X_1 = X \times_Y Y_1$ besteht nach Lemma 6.9.2 X_1 aus den irreduziblen Komponenten X_i' von X mit $f(X_i') \subseteq Y_1$:

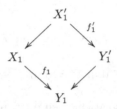

Also hat f_1 Relativdimension n, und es überträgt sich die Relativdimension n von f_1 auf f_1' nach Proposition 6.9.7.

Es ist mit $x' \in X'$ und $x = g'(x')$, seinem Bild unter $g' : X' = X \times_Y Y' \to X$,

$$\Omega_{X'|Y'} \otimes_{\mathcal{O}_{X'}} k(x') = g'^* \Omega_{X|Y} \otimes_{\mathcal{O}_{X'}} k(x') = i'^* g'^* \Omega_{X|Y} =$$
$$= i^* \Omega_{X|Y} \otimes_{k(x)} k(x') = (\Omega_{X|Y} \otimes_{\mathcal{O}_X} k(x)) \otimes_{k(x)} k(x'),$$

wobei $i : \{x\} \to X$ und $i' : \{x'\} \to X'$ die kanonischen Inklusionen sind. Also hat $\Omega_{X'|Y'}$ lokal Rang gleich n, wenn das für $\Omega_{X|Y}$ gilt.

3. Dass $g \circ f$ flach ist, wissen wir schon. Es sei nun $X_1 \subseteq X$ eine irreduzible Komponente und $g(f(X_1)) \subseteq Z_1$ mit einer irreduziblen Komponente $Z_1 \subseteq Z$. Dann ist nach Lemma 6.9.2 auch $g^{-1}(Z_1) = Y_{i_1} \cup \cdots \cup Y_{i_s}$ mit den irreduziblen Komponenten Y_{i_ν} von Y, für die $g(Y_{i_\nu}) \subseteq Z_1$ ist. Da $f(X_1) \subseteq \bigcup_\nu Y_{i_\nu}$, ist wegen $f(X_1)$ irreduzibel auch $f(X_1) \subseteq Y_1 = Y_{i_{\nu_0}}$.

Also ist $f(X_1) \subseteq Y_1$ und $g(Y_1) \subseteq Z_1$, und man hat $\dim X_1 - \dim Z_1 = \dim X_1 - \dim Y_1 + \dim Y_1 - \dim Z_1 = n + m$.

Aus der Sequenz $f^* \Omega_{Y|Z} \to \Omega_{X|Z} \to \Omega_{X|Y} \to 0$ entsteht für $i : \{x\} \to X$:

$$i^* f^* \Omega_{Y|Z} \to i^* \Omega_{X|Z} \to i^* \Omega_{X|Y} \to 0,$$

eine Sequenz von $k(x)$-Vektorräumen. Links ist die Dimension m, rechts n und damit $\dim_{k(x)} \Omega_{X|Z} \otimes_{\mathcal{O}_X} k(x) \leqslant m + n$.

Nun ist aber für $z = gf(x)$ und $i' : \{x\} \to X_z$ sowie $i = pi'$ mit $p : X_z \to X$, der kanonischen Abbildung, auch $i'^* \Omega_{X_z|k(z)} = i^* \Omega_{X|Z}$.

Es ist nun $\dim W = m + n$ für jede irreduzible Komponente $W \subseteq X_z$ nach Proposition 6.9.5, und deshalb ist nach Proposition 5.16.7 auch

$$\dim_{k(x)} i'^* \Omega_{X_z|k(z)} = \dim_{k(x)} \Omega_{X_z|k(z)} \otimes_{\mathcal{O}_{X_z}} k(x) \geqslant m + n.$$

Also auch $\dim_{k(x)}(i^* \Omega_{X|Z} = \Omega_{X_z|k(z)} \otimes_{\mathcal{O}_{X_z}} k(x)) \geqslant m + n$ und damit zusammen mit der vorigen Ungleichung $\dim_{k(x)} \Omega_{X|Z} \otimes_{\mathcal{O}_X} k(x) = m + n$.

4. Folgt aus 2. und 3. $\square$

Theorem 6.10.1

Sei $f : X \to Y$ ein Morphismus von Schemata vom endlichen Typ über k. Dann ist f genau dann glatt mit Relativdimension n, wenn gilt:

i) *f ist flach,*

ii) *$X_{\bar{y}} := X \times_Y k(y)^-$ ist equidimensional mit $\dim X_{\bar{y}} = n$ und regulär für jeden Punkt $y \in Y$. Dabei stehe $k(y)^-$ für den algebraischen Abschluss von $k(y)$.*

Beweis. Es sei f glatt mit Relativdimension n. Dann ist f nach Definition flach, und es ist auch $X_{\bar{y}}$ als Basiserweiterung mit $- \times_Y k(y)^-$ glatt mit Relativdimension n. Also zerfällt $X_{\bar{y}}$ in eine reguläre Vereinigung von regulären Varietäten der Dimension n.

Umgekehrt sei $f : X \to Y$ flach und $X_{\bar{y}}$ erfülle die Bedingungen des Theorems. Dann ist auch X_y equidimensional mit Dimension n. Es sei X'' eine irreduzible Komponente von X und Y' eine solche von Y mit $f(X'') \subseteq Y'$, jeweils aufgefasst als abgeschlossenes Unterschema von X bzw. Y.

Ist $f' : X' = X \times_Y Y' \to Y'$, so ist f' auch flach mit der Bedingung X'_y equidimensional der Dimension n. Also ist X' equidimensional mit $\dim X' = \dim Y' + n$, nach Proposition 6.9.5.

Nach Lemma 6.9.2 besteht X' aus den irreduziblen Komponenten X_ν von X mit $f(X_\nu) \subseteq Y'$. Unter diesen ist auch X'', so dass $\dim X'' = \dim Y' + n$ ist.

Somit ist die Bedingung ii) für f als glatter Morphismus der Relativdimension n erfüllt.

Es sei $j : X_y \to X_{\bar{y}}$ und $i : X_y \to X$. Weiter sei $x \in X$ mit $f(x) = y$ und $x' \in X_{\bar{y}}$ mit $j(x') = x$ sowie $i' : \{x'\} \to X_{\bar{y}}$. Dann gilt:

$$(\Omega_{X|Y} \otimes_{\mathcal{O}_X} k(x)) \otimes_{k(x)} k(x') =$$
$$= i'^*(j^* i^* \Omega_{X|Y}) = i'^* \Omega_{X_{\bar{y}}|k(y)^-} = \Omega_{X_{\bar{y}}|k(y)^-} \otimes_{\mathcal{O}_{X_{\bar{y}}}} k(x')$$

Der $k(x')$-Vektorraum rechts hat Dimension n, denn $\Omega_{X_{\bar{y}}|k(y)^-}$ ist ein lokal freier $\mathcal{O}_{X_{\bar{y}}}$-Modul vom Rang n. Also ist auch $\dim_{k(x)} \Omega_{X|Y} \otimes_{\mathcal{O}_X} k(x) = n$. $\square$

Proposition 6.10.2

Sei $f : X \to Y$ ein Morphismus nichtsingulärer Varietäten über einem algebraisch abgeschlossenen Körper k. Sei $n = \dim X - \dim Y$.

Dann ist äquivalent:

a) *f ist glatt mit Relativdimension n.*

b) *$\Omega_{X|Y}$ ist lokal frei mit Rang n auf X.*

c) *Für jeden abgeschlossenen Punkt $x \in X$ ist die Abbildung der Tangentialräume*
$$T_x f : (\mathfrak{m}_x / \mathfrak{m}_x^2)^\vee \to (\mathfrak{m}_y / \mathfrak{m}_y^2)^\vee$$
surjektiv.

Beweis. a) $\Rightarrow$ b): Es ist $\dim_{k(x)} \Omega_{X|Y} \otimes_{\mathcal{O}_X} k(x) = n$ für alle $x \in X$. Da X ein Integritätsschema ist und $\Omega_{X|Y}$ kohärent, folgt dann automatisch $\Omega_{X|Y}$ lokal frei.

b) $\Rightarrow$ c): Man hat die Sequenz $f^*\Omega_{Y|k} \to \Omega_{X|k} \to \Omega_{X|Y} \to 0$. Tensorieren mit $k(x)$ für ein abgeschlossenes $x \in X$ ergibt mit $y = f(x)$ die exakte Folge

$$\Omega_{Y|k} \otimes_{\mathcal{O}_Y} k(y) \to \Omega_{X|k} \otimes_{\mathcal{O}_X} k(x) \to \Omega_{X|Y} \otimes_{\mathcal{O}_X} k(x) \to 0$$

mit $k = k(x) = k(y)$. Da X und Y reguläre Varietäten sind, lassen sich der linke und mittlere Term umschreiben. Es ist dann:

$$(*) \quad \mathfrak{m}_y/\mathfrak{m}_y^2 \to \mathfrak{m}_x/\mathfrak{m}_x^2 \to \Omega_{X|Y} \otimes_{\mathcal{O}_X} k(x) \to 0$$

Der mittlere Term hat $\dim_k = \dim X = \dim Y + n$, der linke hat $\dim_k = \dim Y$. Da rechts ein Term mit $\dim_k = n$ steht, muss die Sequenz links injektiv sein. Dualisieren mit $\operatorname{Hom}_k(-, k)$ ergibt c).

c) $\Rightarrow$ a) Es sei $B = \mathcal{O}_{X,x}$ und $A = \mathcal{O}_{Y,y}$ für $y = f(x)$ und x abgeschlossen. Es seien $a_1, \dots, a_r \in A$ mit $r = \dim Y$ die Erzeuger von $\mathfrak{m}_y/\mathfrak{m}_y^2$. Es sind dann die Bilder $b_1, \dots, b_r \in B$ Teil eines Erzeugendensystems von $\mathfrak{m}_x/\mathfrak{m}_x^2$.

Als solche sind sie eine reguläre Folge in B. Also ist b_i kein Nullteiler für $B/(b_1, \dots, b_{i-1})B$ oder, anders gesagt, a_i ist kein Nullteiler für $B/(a_1, \dots, a_{i-1})B$.

Nun ist aber $B/(a_1, \dots, a_r)B$ ein flacher $A/(a_1, \dots, a_r) = k$-Modul. Mit Proposition 6.9.13 schließt man rückwärts von $a_r, a_{r-1}, \dots, a_1$, dass auch B ein flacher A-Modul ist.

Also ist $f : X \to Y$ eine flache Abbildung. Damit ist auch $f(X)$ offen in Y und deshalb $f(X)$ dicht in Y.

Mit der Sequenz $(*)$, links jetzt injektiv, folgt $\dim_{k(x)} \Omega_{X|Y} \otimes_{\mathcal{O}_X} k(x) = \dim X - \dim Y = n$ für alle $x \in X$ abgeschlossen.

Nun ist $\Omega_{X|Y}$ kohärent und $\eta_Y = f(\eta_X)$, mit den generischen Punkten von Y und X. Also kann man schreiben:

$$\Omega_{X|Y} \otimes_{\mathcal{O}_X} K(X) = \Omega_{X_{K(Y)}|K(Y)} \otimes_{\mathcal{O}_{X_{K(Y)}}} K(X) = \Omega_{K(X)|K(Y)}$$

Es ist aber $\dim_{K(X)} \Omega_{K(X)|K(Y)} \geqslant n$, da $n = \operatorname{tr.deg}_{K(Y)} K(X)$. Also folgt nach dem Halbstetigkeitssatz für die lokale Faserdimension, dass $\Omega_{X|Y}$ ein lokal freier $\mathcal{O}_X$-Modul ist. Also ist auch $\dim_{k(x)} \Omega_{X|Y} \otimes_{\mathcal{O}_X} k(x) = n$ für alle $x \in X$. $\qquad \square$

Lemma 6.10.2

Sei $f : X \to Y$ ein dominanter Morphismus integrer Schemata vom endlichen Typ über einem algebraisch abgeschlossenen Körper k mit $\operatorname{char} k = 0$. Dann existiert eine nichtleere offene Teilmenge $U \subseteq X$, so dass $f : U \to Y$ glatt ist.

Beweis. Nach Proposition 5.16.8 kann man zunächst X und Y durch offene, dichte, Teilmengen ersetzen, die reguläre k-Varietäten sind.

Da $f(\eta_X) = \eta_Y$ für die generischen Punkte von X und Y, können wir wieder schreiben:

$$\Omega_{X|Y} \otimes_{\mathcal{O}_X} K(X) = \Omega_{K(X)|K(Y)}$$

Es ist aber $K(X) = K(Y)(w_1, \dots, w_n)(\alpha)$ mit $w_1, \dots, w_n$ transzendent über $K(Y)$ und α separabel algebraisch über $K(Y)(w_1, \dots, w_n)$, weil $\operatorname{char} k = 0$.

Also ist $\dim_{K(X)} \Omega_{K(X)|K(Y)} = \operatorname{tr.deg}_{K(Y)} K(X) = n = \dim X - \dim Y$. Es gibt deshalb wegen der Halbstetigkeit der lokalen Dimension für kohärente Garben ein $U \subseteq X$ offen, so dass $\dim_{k(x)} \Omega_{X|Y} \otimes_{\mathcal{O}_X} k(x) = n$ für alle $x \in U$ ist. Dies ist nach Proposition 6.10.2 b) das gesuchte U. $\qquad \square$

Proposition 6.10.3

Sei $f : X \to Y$ ein Morphismus von Schemata vom endlichen Typ über einem algebraisch abgeschlossenen Körper k mit $\operatorname{char} k = 0$. Für ein beliebiges r sei

$$X_r = \{abgeschlossene\ Punkte\ x \in X \,|\, \operatorname{rang} T_x f \leqslant r\}.$$

Dann ist

$$\dim \overline{f(X_r)} \leqslant r.$$

Beweis. Es sei X'_r der topologische Abschluss von X_r in X ausgestattet mit der reduzierten induzierten Unterschemastruktur.

Man wähle eine irreduzible Komponente $X' \subseteq X'_r$ von X'_r und betrachte das integre schematheoretische Bild $f(X') = Y'$ mit der dominanten, von f induzierten Abbildung $f' : X' \to Y'$.

Nach vorigem Lemma gibt es ein $U \subseteq X'$, so dass die Einschränkung $f' : U \to Y'$ glatt ist.

Man hat nun für ein abgeschlossenes $x \in U \cap X_r$ und $y = f(x) = f'(x)$ ein Diagramm von Tangentialräumen:

$$
\begin{array}{ccc}
T_x U & \longrightarrow & T_x X \\
\downarrow{\scriptstyle T_x f'} & & \downarrow{\scriptstyle T_x f} \\
T_y Y' & \longrightarrow & T_y Y
\end{array}
$$

Die waagrechten Abbildungen sind injektiv, für die senkrechte Abbildung rechts ist $\dim_k \operatorname{im}(T_x f) \leqslant r$, und die senkrechte Abbildung links ist surjektiv, weil $f'|_U$ glatt.

Also ist $\dim_k T_y Y' \leqslant r$ und damit auch $\dim_y Y' \leqslant r$. Da Y' eine Varietät ist, folgt $\dim Y' \leqslant r$. Insgesamt ist also für das schematheoretische Bild $f(X'_r)$ auch $\dim f(X'_r) \leqslant r$ und damit dann $\dim \overline{f(X_r)} \leqslant r$. $\qquad\square$

Korollar 6.10.1

Sei $f : X \to Y$ ein Morphismus von Varietäten über einem algebraisch abgeschlossenen Körper k mit $\operatorname{char} k = 0$, und X sei nichtsingulär. Dann gibt es eine nichtleere, offene Teilmenge $V \subseteq Y$, so dass $f : f^{-1}V \to V$ glatt ist.

Beweis. Ist $f(X)$ nicht dicht in Y, so wähle $V \subseteq Y$ mit $V \cap f(X) = \emptyset$.

Es sei also f dominant. Es gibt ein $V \subseteq Y$, offen und dicht, mit V nichtsinguläre Varietät. Wir können also durch Übergang zu $f^{-1}V \to V$ die Varietät Y als nichtsingulär annehmen.

Es sei jetzt $m = \dim Y$ und X_{m-1} die Menge der abgeschlossenen Punkte wie in der vorigen Proposition. Es ist dann $\dim (f(X_{m-1}))^- < m$. Also kann man ein $V \subseteq Y$, offen und dicht, mit $V \cap (f(X_{m-1}))^- = \emptyset$ finden.

Es hat dann also für jedes abgeschlossene $x \in f^{-1}(V)$ die Abbildung $T_x f$ den Rang m und ist mithin surjektiv. Nach Proposition 6.10.2 ist $f : f^{-1}(V) \to V$ damit glatt. $\qquad\square$

6.10.2   Allgemeine Schemata

In diesem Abschnitt seien alle Ringe und Schemata, über die nicht ausdrücklich anders bestimmt wurde, noethersch.

Definition 6.10.2
Es sei $R = A[T_1, \ldots, T_r]$ und $I = (P_1, \ldots, P_m) \subseteq R$ ein Ideal.

Ein Ring $B = R/I$ zusammen mit dem Ideal I heißt dann *ringtheoretisch glatt über A mit Relativdimension* $n = r - m$, falls für das Ideal $J_m(I) \subseteq R$, das von den $m \times m$-Minoren der Jacobimatrix

$$J(I) = \frac{\partial(P_1, \ldots, P_m)}{\partial(T_1, \ldots, T_r)} \in R^{m \times r}$$

erzeugt wird, die Beziehung

$$J_m(I) + I = R$$

gilt.   ◆

Bemerkung 6.10.3
Wir hätten auch äquivalent verlangen können, dass das Bild von $J_m(I)$ in B gleich B ist.

Definition 6.10.3
Ist in den Bezeichnungen der vorigen Definition schon für den Hauptminor

$$j_m^h(I) = \det \frac{\partial(P_1, \ldots, P_m)}{\partial(T_1, \ldots, T_m)}$$

die Beziehung $j_m^h(I)R + I = R$ erfüllt, so heißt B *standard glatt über A.*   ◆

Bemerkung 6.10.4
Wir hätten auch äquivalent fordern können, dass das Bild $j_m^h(I)'$ von $j_m^h(I)$ in B eine Einheit in B ist.

Proposition 6.10.4
Es sei $B = A[T_1, \ldots, T_r]/I = R/I$ mit $I = (P_1, \ldots, P_m) \subseteq R$ ringtheoretisch (standard) glatt über A. Weiter sei $A \to C$ ein Ringhomomorphismus und $R' = R \otimes_A C$ sowie $B' = B \otimes_A C$.

Dann ist auch

$$B' = B \otimes_A C = C[T_1, \ldots, T_r]/(P_1, \ldots, P_m) = R'/IR'$$

ringtheoretisch (standard) glatt über C.

Proposition 6.10.5

Es sei $B = A[T_1, \ldots, T_r]/I = R/I$ mit $I = (P_1, \ldots, P_m) \subseteq R$ ringtheoretisch (standard) glatt über A. Weiter sei $b_0 \in B$ das Bild von $c_0 \in R$. Dann ist

$$B_{b_0} = B[z]/(z\, b_0 - 1) = A[T_1, \ldots, T_r, z]/(P_1, \ldots, P_r, z\, c_0 - 1)$$

auch ringtheoretisch (standard) glatt über A.

Beweis. Dass $A \to B$ ringtheoretisch glatt ist, ist klar. Für „standard glatt" ist die Variablenreihenfolge $T_1, \ldots, T_m, z, T_{m+1}, \ldots, T_r$ in $R[z]$ heranzuziehen. □

Proposition 6.10.6

Es seien $A \to B = R/I$ und $B \to C = S/J$ standard glatt mit Relativdimensionen d und e. Dann ist auch $A \to C$ standard glatt mit Relativdimension $d + e$.

Beweis. Es sei

$$B = A[U_1, \ldots, U_r]/(P_1, \ldots, P_m) = R/I$$

und

$$C = B[W_1, \ldots, W_s]/(Q_1, \ldots, Q_n) = S/J.$$

Mit $T = A[U_1, \ldots, U_r, W_1, \ldots, W_s]$ und $K = (P_1', \ldots, P_m', Q_1', \ldots, Q_n')$ ist $C = T/K$. Dabei sei Q_i' ein Urbild von Q_i in T unter der kanonischen Abbildung $T \to S$ und P_i' entsprechend das Bild von P_i unter $R \to T$.

Dass $C = T/K$ standard glatt über A mit Relativdimension $r + s - (m + n)$ ist, erkennt man aus der Matrix:

$$\begin{pmatrix} \frac{\partial P_1'}{\partial U_1} & \cdots & \frac{\partial P_1'}{\partial U_m} & 0 & \cdots & 0 \\ \vdots & & \vdots & \vdots & & \vdots \\ \frac{\partial P_m'}{\partial U_1} & \cdots & \frac{\partial P_m'}{\partial U_m} & 0 & \cdots & 0 \\ \frac{\partial Q_1'}{\partial U_1} & \cdots & \frac{\partial Q_1'}{\partial U_m} & \frac{\partial Q_1'}{\partial W_1} & \cdots & \frac{\partial Q_1'}{\partial W_n} \\ \vdots & & \vdots & \vdots & & \vdots \\ \frac{\partial Q_n'}{\partial U_1} & \cdots & \frac{\partial Q_n'}{\partial U_m} & \frac{\partial Q_n'}{\partial W_1} & \cdots & \frac{\partial Q_n'}{\partial W_n} \end{pmatrix},$$

deren Determinante in T/K eine Einheit ist, weil dies für ihre beiden Hauptdiagonalblöcke $(\frac{\partial P_i'}{\partial U_j})_{ij}$ und $(\frac{\partial Q_i'}{\partial W_j})_{ij}$ auch einzeln gilt. Genauer ist $j_{m+n}^h(K)' = j_m^h(I)'\, j_n^h(J)'$, wobei $j_m^h(I)'$ das Bild von $j_m^h(I) \in R$ unter $R \to B = R/I \to C = S/J = T/K$ ist und die anderen gestrichenen Größen für ihre jeweiligen offenkundigen Bilder in T/K stehen. Sie sind dort sämtlich Einheiten.

Benutzt man also in T eine Variablenanordnung, die mit $U_1, \ldots, U_m, W_1, \ldots, W_n$ beginnt, so ist T/K standard glatt über A. □

Proposition 6.10.7

Es sei $B = A[T_1, \ldots, T_r]/I = R/I$ mit $I = (P_1, \ldots, P_m) \subseteq R$ ringtheoretisch standard glatt über A. Dann ist

$$\Omega_{B|A} = B\, dT_{m+1} + \cdots + B\, dT_{m+(r-m)}$$

ein freier B-Modul vom Rang $r - m = n$, der Relativdimension von B/A.

Beweis. Es sei $J(I)$ die Matrix

$$J(I) = \begin{pmatrix} \frac{\partial P_1}{\partial T_1} dT_1 & \cdots & \frac{\partial P_1}{\partial T_r} dT_r \\ \vdots & & \vdots \\ \frac{\partial P_m}{\partial T_1} dT_1 & \cdots & \frac{\partial P_m}{\partial T_r} dT_r \end{pmatrix}.$$

Dann gilt

$$\Omega_{B|A} = (B\,dT_1 + \cdots + B\,dT_r)/(J(I)),$$

wobei der Quotient mit dem B-Modul zu bilden ist, der von den Zeilensummen von $J(I)$ erzeugt wird. Nun ist

$$b = \det(\frac{\partial P_i}{\partial T_j})_{\substack{i=1,\ldots,m \\ j=1,\ldots,m}} = \det M$$

eine Einheit in B. Multipliziert man $J(I)$ von links mit M_{ad}, so entsteht

$$J(I)' = \begin{pmatrix} b\,dT_1 & \cdots & 0 & b_{1,m+1}\,dT_{m+1} & \cdots & b_{1,r}\,dT_r \\ \vdots & & \vdots & \vdots & & \vdots \\ 0 & \cdots & b\,dT_m & b_{m,m+1}\,dT_{m+1} & \cdots & b_{m,r}\,dT_r \end{pmatrix}.$$

Es gilt dann aber offensichtlich

$$\Omega_{B|A} = (B\,dT_1 + \cdots + B\,dT_r)/(J(I)') = B\,dT_{m+1} + \cdots + B\,dT_{m+(r-m)},$$

also die Behauptung.   □

Proposition 6.10.8
Es sei $B = A[T_1,\ldots,T_r]/I = R/I$ mit $I = (P_1,\ldots,P_m) \subseteq R$ ringtheoretisch glatt über A. Dann ist B flach über A mit faserweiser Relativdimension $r - m$.

Beweis. Die Aussage über die Flachheit folgt nach Proposition 6.9.12. Für die Relativdimension betrachte man für $\mathfrak{p} \subseteq A$, prim, die Basiserweiterungen mit $A \to k(\mathfrak{p})$ und $A \to k(\mathfrak{p})^-$, wobei $k(\mathfrak{p})^-$ der algebraische Abschluss ist.

Diese sind ringtheoretisch glatt über $k(\mathfrak{p})$ bzw. $k(\mathfrak{p})^-$ mit Relativdimension $r - m$. Also handelt es sich um disjunkte Vereinigungen affiner Varietäten der Dimension $r - m$.   □

Definition 6.10.4
Ein Schemamorphismus $f : X \to Y$ noetherscher Schemata heißt *glatt in* $x \in X$ *mit Relativdimension* n, wenn Folgendes gilt:

- Es gibt offene Umgebungen $U = \mathrm{Spec}\,(B) \subseteq X$ und $V = \mathrm{Spec}\,(A) \subseteq Y$ von x und $y = f(x)$ mit $f(U) \subseteq V$,

- so dass für die induzierte Abbildung $A \to B$ der Ring B ringtheoretisch glatt mit Relativdimension n über A ist.

◆

Bemerkung 6.10.5
Wir hätten äquivalent sogar fordern können, dass $A \to B$ standard glatt ist.

Definition 6.10.5
Ist $f : X \to Y$ glatt mit Relativdimension 0 in $x \in X$, so heißt f *étale in x*.
♦

Definition 6.10.6
Ist für $f : X \to Y$ die Abbildung $f : X \to Y$ glatt (bzw. étale) in x für alle
$x \in X$, so heißt f glatt (bzw. étale).
♦

Proposition 6.10.9
Offene Immersionen sind étale.

Proposition 6.10.10
Es seien $f : X \to Y$ und $g : Y \to Z$ glatte Schemamorphismen mit Relativdimension m und n und $h : Y' \to Y$ ein weiterer Schemamorphismus.
  Dann gilt:

1. Die Basiserweiterung $f' : X \times_Y Y' \to Y'$ ist glatt mit Relativdimension m.

2. Die Komposition $g \circ f$ ist glatt mit Relativdimension $m + n$.

Definition 6.10.7
Ein kontravarianter Funktor $F : \mathbf{Sch}/Y \to \mathbf{Set}$ heißt *formal glatt* (bzw. *formal unverzweigt* bzw. *formal étale*), wenn

  - für jedes affine Y-Schema Z und jedes Unterschema $Z_0 \subset Z$ definiert
    durch ein nilpotentes Ideal $\mathfrak{J}$,

  - die Abbildung $F(Z) \to F(Z_0)$ surjektiv (bzw. injektiv bzw. bijektiv) ist.

♦

Bemerkung 6.10.6
Ein formal étaler Funktor ist also auch formal glatt.

Definition 6.10.8
Ein Schema X über Y heißt *formal glatt* (*formal unverzweigt, formal étale*), falls
der Funktor $h_X(T) = \mathrm{Hom}_Y(T, X)$ in $\mathbf{Sch}/Y$ formal glatt (unverzweigt, étale)
ist.

♦

Bemerkung 6.10.7
Das bedeutet: Für jedes Diagramm

$$
\begin{array}{ccc}
Z_0 & \longrightarrow & X \\
\downarrow & {\scriptstyle h} \nearrow & \downarrow {\scriptstyle f} \\
Z & \longrightarrow & Y
\end{array}
\tag{6.145}
$$

mit Z und Z_0 wie in Definition 6.10.7 existiert mindestens ein (bzw. höchstens
ein bzw. genau ein) h, so dass das Diagramm einschließlich h kommutiert.

Bemerkung 6.10.8

Man kann sich in Definition 6.10.7 auch auf $Z_0 = V(\mathcal{J})$ mit $\mathcal{J}^2 = 0$ beschränken, indem man eine Kette $Z_0 = Z_{0,0} \subseteq Z_{0,1} \subseteq Z_{0,2} \subseteq \cdots \subseteq Z_{0,r} = Z$ von abgeschlossenen Unterschemata $Z_{0,i}$ betrachtet, so dass $Z_{0,i}$ in $Z_{0,i+1}$ durch eine Idealgarbe $\mathcal{J}_{0,i}$ mit $\mathcal{J}_{0,i}^2 = 0$ gegeben ist.

Bemerkung 6.10.9

Ist für einen Ringhomomorphismus $\phi : A \to B$ die assoziierte Schemaabbildung (formal) glatt (unverzweigt, étale), so nennen wir ϕ ebenfalls (formal) glatt (unverzweigt, étale).

Proposition 6.10.11

Für Schemaabbildungen $f : X \to Y$ und $g : Y \to Z$ mit f und g formal glatt (bzw. unverzweigt, étale) sowie der Basiserweiterung $f' : X \times_Y Y' \to Y'$ mit einer beliebigen Abbildung $h : Y' \to Y$ gilt:

1. f' ist formal glatt (bzw. unverzweigt, étale).

2. $g \circ f$ ist formal glatt (bzw. unverzweigt, étale).

Proposition 6.10.12

Sei $f : X \to Y$ ein Morphismus noetherscher Schemata vom endlichen Typ. Dann ist äquivalent:

a) f ist formal glatt und vom endlichen Typ mit faserweiser Relativdimension n.

b) Für jedes $x \in X$ existiert eine offene Umgebung U von x und V von $y = f(x)$, so dass $f|_U$ faktorisiert in $U \to V' \to V \hookrightarrow Y$, wobei $U \to V'$ étale ist und $V' \cong \mathbb{A}_V^n$.

c) f ist glatt mit Relativdimension n.

d) f ist flach, und für jeden algebraisch abgeschlossenen geometrischen Punkt $\bar{y}$ von Y ist die Faser $X_{\bar{y}} \to \bar{y}$ glatt mit $\dim X_{\bar{y}} = n$.

e) f ist flach, und für jeden algebraisch abgeschlossenen geometrischen Punkt $\bar{y}$ von Y ist $X_{\bar{y}}$ regulär mit $\dim X_{\bar{y}} = n$.

f) f ist flach mit faserweiser Relativdimension n, und $\Omega_{X|Y}$ ist lokal frei vom Rang n.

Wir beginnen mit d) nach c):

Beweis. Beginne dazu mit der Auswahl eines $x_0 \in X$ und setze $y_0 = f(x_0)$. Der Punkt x_0 sei oBdA maximal in X. Wähle dann eine affine Umgebung $V_0 = \mathrm{Spec}\,(A)$ von y_0, und eine offene Umgebung $U_0 = \mathrm{Spec}\,(B)$ von x_0 mit

$$B = A[t_1, \ldots, t_r]/(P_\nu)_{\nu=1,\ldots,s}.$$

Man beachte, dass man über s und r zunächst nichts weiß. Nun ist das Bild $\bar{x}_0$ von x_0 in $X_{\bar{y}_0}$ ein regulärer Punkt, und $X_{\bar{y}_0}$ hat lokal um $\bar{x}_0$ die Form $\bar{B} = k(y_0)^- [t_1, \ldots, t_r]/(\bar{P}_\nu)_{\nu=1,\ldots,s}$.

Es gibt also einen $m \times m$-Minor von $\frac{\partial(\bar{P}_1,\ldots,\bar{P}_s)}{\partial(t_1,\ldots,t_r)}$, dessen Determinante modulo $\mathfrak{m}_{\bar{x}_0}$ nicht verschwindet, und mit einem m, für das $r - m = n = \dim X_{\bar{y}_0}$ gilt.

Wir numerieren die P_i und t_i so, dass die Determinante dieses Minors genau das Bild von $\Delta = \det \frac{\partial(P_1,\ldots,P_m)}{\partial(t_1,\ldots,t_m)}$ ist.

Wir betrachten jetzt die Ringe

$$B' = B_\Delta = A[t_1, \ldots, t_r, z]/(P_\nu, z\,\Delta - 1)_{\nu=1,\ldots,s} \qquad (6.146)$$

und

$$B'' = A[t_1, \ldots, t_r, z]/(P_\nu, z\,\Delta - 1)_{\nu=1,\ldots,m}, \qquad (6.147)$$

wobei B'', was entscheidend ist, im oben definierten Sinn ringtheoretisch (standard) glatt ist, denn wir haben mit $z\Delta - 1$ das Nichtverschwinden des $m \times m$-Minors Δ erzwungen.

Es gibt für diese Ringe offensichtlich eine Surjektion $B'' \to B'$, also eine abgeschlossene Immersion $\mathrm{Spec}\,(B') \hookrightarrow \mathrm{Spec}\,(B'')$.

Da B'' ringtheoretisch glatt über A ist, ist es auch flach über A. Außerdem ist $B' = B_\Delta$ als Lokalisierung ebenfalls flach über A.

Es ist dann für unser x_0 und $y_0 = f(x_0)$ von oben

$$B'' \otimes_A k(y_0)^- \to B' \otimes_A k(y_0)^- \to 0. \qquad (6.148)$$

Dabei verschwinden beide Tensorprodukte nicht: Denn über y_0 liegt $x_0 \in \mathrm{Spec}\,(B')$ sowie sein Bild in $\mathrm{Spec}\,(B'')$ unter der durch die kanonische Abbildung $B'' \to B'$ induzierten Abbildung der Spektren. Also ist $B' \otimes_A k(y_0)^-$ sowie $B'' \otimes_A k(y_0)^-$ ungleich 0.

Nun ist aber $B'' \otimes_A k(y_0)^-$ aufgrund der Jacobi-Bedingungen, die sich durch das Nichtverschwinden von Δ ausdrücken, eine disjunkte Vereinigung endlich vieler glatter Varietäten

$$W_1 \cup \ldots \cup W_l$$

der Dimension n.

Wir nehmen oBdA an, dass x_0 in W_1 liegt, und wählen ein $g \in A[t_1, \ldots, t_r, z]$ so, dass

$$x_0 \in \mathrm{Spec}\,\big(B''_g \otimes_A k(y_0)^-\big) \subseteq W_1$$

und

$$x_0 \in \mathrm{Spec}\,\big(B'_g\big)$$

gilt.

Die Faser $B'_g \otimes_A k(y_0)^-$ ist ebenfalls glatt, nichtleer, und von der Dimension n sowie durch eine abgeschlossene Immersion in $B''_g \otimes_A k(y_0)^-$ eingebettet. Also ist sie mit dieser Varietät identisch, und für J aus

$$0 \longrightarrow J \longrightarrow B''_g \longrightarrow B'_g \longrightarrow 0 \qquad (6.149)$$

gilt:

$$J \otimes_A k(y_0) = 0 \quad \text{für } y_0 = f''(x_0) = f(x_0)$$

Betrachte nun für $y = y_0$ die Sequenz:

$$0 \longrightarrow \mathfrak{p}_y\, A_{\mathfrak{p}_y} \longrightarrow A_{\mathfrak{p}_y} \longrightarrow k(y) \longrightarrow 0$$

Tensorieren mit $\otimes_A J$ liefert:

$$0 \longrightarrow \mathfrak{p}_y \otimes_A J_{\mathfrak{p}_y} \longrightarrow J_{\mathfrak{p}_y} \longrightarrow 0 \longrightarrow 0$$

Also ist

$$J_{\mathfrak{p}_y} = \mathfrak{p}_y J_{\mathfrak{p}_y} .$$

Dies folgt aber auch direkt aus $J \otimes_A k(y_0) = 0$.
Es folgt für $x = x_0$ über $y = y_0$:

$$J_{\mathfrak{p}_x} = (J_{\mathfrak{p}_y})_{\mathfrak{p}_x} = (\mathfrak{p}_y J_{\mathfrak{p}_y})_{\mathfrak{p}_x} = (\mathfrak{p}_y)_{\mathfrak{p}_x} J_{\mathfrak{p}_x} \subset \mathfrak{p}_x J_{\mathfrak{p}_x}$$

Nach dem Lemma von Nakayama ist also $J_{\mathfrak{p}_x} = 0$ für $x = x_0$.

Da J endlich erzeugt ist, kann man ein $h \in B''_g$ und sogar in B'' finden, für das:

$$J_h = 0$$

Es ist dann auch

$$0 \to B''_{gh} \to B'_{gh} \to 0$$

ein Isomorphismus von Ringen.

Indem wir $V \subseteq Y$ gleich $\operatorname{Spec}(A)$ und $U \subseteq X$ gleich $\operatorname{Spec}(B''_{gh})$ setzen, haben wir mit B''_{gh} einen ringtheoretisch standard glatten Ring über A gefunden, und es gilt $f(U) \subseteq V$. Also ist f in jedem abgeschlossenen Punkt $x_0 \in X$ glatt. Damit ist f aber sogar in jedem Punkt $x \in X$ glatt, denn man wähle einfach ein abgeschlossenes x_0 mit $x \rightsquigarrow x_0$ und beachte, dass $x \in U = U(x_0) \ni x_0$ mit dem oben konstruierten U. $\square$

Als nächstes zeigen wir die Äquivalenz von c) und b):

Beweis. Wegen c) gibt es lokal um $x \in X$ ein $U \subseteq X$ und ein $V \subseteq Y$ mit $f(U) \subseteq V$, so dass $V = \operatorname{Spec}(A)$ und $U = \operatorname{Spec}(B)$ mit $B = R/I$ ringtheoretisch standard glatt über A ist. Es ist also

$$B = A[T_1, \dots, T_{m+n}]/I = R/I$$

mit $I = (P_1, \dots, P_m) \subseteq R$ und $j_m^h(I)'$ einer Einheit in B.

Man setze nun $C = A[T_{m+1}, \dots, T_{m+n}]$ und $D = C[T_1, \dots, T_m] = R$ sowie $J = I \subseteq D$. Dann ist $\operatorname{Spec}(C) = \mathbb{A}_A^n$, und $D/J = R/I = B$ ist standard glatt über C mit Relativdimension 0, also étale. Man hat also die gewünschte Zerlegung in einen étalen Morphismus, gefolgt von einer affinen Projektion $U \to V' \to V$ mit $V' = \operatorname{Spec}(C) = \mathbb{A}_A^n$.

Durchläuft man die obigen einfachen Überlegungen rückwärts, erkennt man direkt die Äquivalenz von b) und c). $\square$

Der Schritt von e) nach d):

Es sei das $\bar{k} = k(\bar{y})$-Schema $X_{\bar{y}} = X'$ regulär. Es existiert dann lokal für ein abgeschlossenes $x \in X'$ eine Sequenz:

$$(*) \quad 0 \to I/I^2 \to \Omega_{A|\bar{k}} \otimes_A B \to \Omega_{B|\bar{k}} \to 0,$$

wobei $A = \bar{k}[u_1, \dots, u_r]$ ein Polynomring und $B = A/I$ mit einem Ideal $I \subseteq A$ ist, so dass $U = \operatorname{Spec}(B) \subseteq X'$ eine offene, affine Umgebung von x ist.

In der Sequenz $(*)$ ist I/I^2 lokal frei vom Rang $m = r - n$. Aus der Exaktheit der Sequenz folgt nach früheren Überlegungen, dass man nach Tensorierung mit $- \otimes_B B_b$ für ein $b \in B$, das bei x nicht verschwindet, $I = (P_1, \dots, P_m)$ annehmen kann.

Dabei ist der Rang der Jacobimatrix

$$(\frac{\partial P_i}{\partial u_j})_{\substack{i=1,\dots,m \\ j=1,\dots,r}}$$

bei x gleich m. OBdA verschwindet der Minor

$$\Delta = \det(\frac{\partial P_i}{\partial u_j})_{\substack{i=1,\dots,m \\ j=1,\dots,m}}$$

bei x nicht. Der Ring $B_{b\Delta}$ induziert dann eine ringtheoretisch über $\bar{k}$ standard glatte Umgebung von x in X'. ☐

Der Schritt von d) nach e):

Dass $X' = X_{\bar{y}}$ glatt über $\bar{k} = k(\bar{y})$ mit Relativdimension n ist, zieht unmittelbar nach sich, dass $\Omega_{X'|\bar{k}}$ ein lokal freier $\mathcal{O}_{X'}$-Modul vom Rang n ist. Damit ist X' aber regulär. ☐

Der Schritt von f) nach e):

Beweis. Die Flachheit der Abbildung f wird per Annahme übertragen. Lokal sei $f(\mathrm{Spec}\,(B)) \subseteq \mathrm{Spec}\,(A)$ und $k = k(y)$ für ein $y \in \mathrm{Spec}\,(A)$ und $\bar{k}$ der algebraische Abschluss. Man hat das cartesische Diagramm:

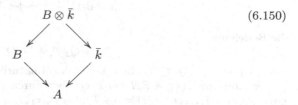

$$(6.150)$$

Also ist mit $B' = B \otimes_A \bar{k}$ auch $\Omega_{B'|\bar{k}} = \Omega_{B|A} \otimes_B B'$. Man kann $\mathrm{Spec}\,(B)$ immer so klein wählen, dass $\Omega_{B|A} = B^n$, also $\Omega_{B'|\bar{k}} = B'^n$.

Damit gilt für $X_{\bar{y}}$ global, $\Omega_{X_{\bar{y}}|k(\bar{y})}$ ist lokal frei vom Rang $n = \dim X_{\bar{y}}$. Folglich ist $X_{\bar{y}}$ eine reguläre Vereinigung regulärer Varietäten über $k(\bar{y})$.

☐

Der Schritt von b) nach f):

Beweis. Es sei $U \to \mathbb{A}^n_V = V' \to V$ die lokale Faktorisierung und $V = \mathrm{Spec}\,(A)$ sowie $U = \mathrm{Spec}\,(B)$ mit $B = A[T_1,\dots,T_{m+n}]/I = R/I$ und $I = (P_1,\dots,P_m) \subseteq R$. Man kann annehmen, dass B ringtheoretisch standard glatt über A mit Relativdimension n ist, indem man benutzt, dass U étale über V' ist. Es ist dann also sowohl $f' : U \to V$ mit $f' = f|_U$ flach über A faserweise mit Relativdimension n als auch

$$\Omega_{B|A} = B\,dT_{m+1} + \cdots + B\,dT_{m+n}$$

ein freier B-Modul vom Rang n. Indem man X mit U wie oben überdeckt, sieht man, dass f auch allgemein faserweise von Relativdimension n ist, also jede Faser X_y equidimensional mit Dimension n. ☐

Jetzt, der Schritt von b) nach a):

Wir betrachten zunächst den lokalen Fall, in dem f als $X \xrightarrow{g} \mathbb{A}^n_Y \to Y$ faktorisiert und Y und X affine Schemata sind.

Wir studieren also Diagramme der Form

$$R/I \longleftarrow C \tag{6.151}$$

$$R \longleftarrow A,$$

wobei R ein beliebiger Ring und $I \subseteq R$ ein Ideal mit $I^2 = 0$ ist. Existiert jedesmal ein solches h, so ist C über A formal glatt. Ist h überdies eindeutig, so ist C über A formal étale.

Im Spezialfall $C = A[T_1, \ldots, T_m]$ ergibt sich aus

$$R/I \longleftarrow A[T_1, \ldots, T_m] \qquad r_i + I \longleftarrow T_i \tag{6.152}$$

$$R \longleftarrow A \qquad\qquad r_i$$

sofort, dass $A[T_1, \ldots, T_m]$ über A formal glatt ist.

Der nächste zu betrachtende Fall ist $C = A[T_1, \ldots, T_m]/(P_1, \ldots, P_m)$ mit $P_i \in B = A[T_1, \ldots, T_m]$. Weiterhin soll für

$$\Delta = \det\left(\frac{\partial P_i}{\partial T_j}\right) = \det J$$

die Beziehung

$$1 = Q\,\Delta + Q_1\,P_1 + \cdots Q_m\,P_m$$

mit geeigneten $Q, Q_i \in B$ gelten. Es ist dabei natürlich $\Delta = \det J \in B$.

Der Morphismus $C \to R/I$ werde gegeben durch $T_i \mapsto r_i + I$ mit der Nebenbedingung $P_\nu(r_1 + I, \ldots, r_m + I) = 0 + I$, also $P_\nu(r_1, \ldots, r_m) \in I$.

Eine Liftung $C \to R$ ist eindeutig bestimmt durch die Auswahl von $h_i \in I$, so dass $T_i \mapsto r_i + h_i$. Dabei muss lediglich $P_\nu(r_1 + h_1, \ldots, r_m + h_m) = 0$ erfüllt bleiben. Wir rechnen aus:

$$P_\nu(r_1 + h_1, \ldots, r_m + h_m) = P_\nu(r_1, \ldots, r_m) + \frac{\partial P_\nu}{\partial T_j}(r_1, \ldots, r_m)\,h_j \tag{6.153}$$

Höhere Potenzen in den h_j verschwinden wegen $I^2 = 0$.

Es ergibt sich die Beziehung:

$$\begin{pmatrix} P_1(\vec{r}) \\ \vdots \\ P_m(\vec{r}) \end{pmatrix} = -J|_{\vec{r}} \cdot \begin{pmatrix} h_1 \\ \vdots \\ h_m \end{pmatrix} \tag{6.154}$$

Multiplikation mit J_{ad} liefert:

$$\Delta(\vec{r}) \begin{pmatrix} h_1 \\ \vdots \\ h_m \end{pmatrix} = -J_{\mathrm{ad}}|_{\vec{r}} \cdot \begin{pmatrix} P_1(\vec{r}) \\ \vdots \\ P_m(\vec{r}) \end{pmatrix} \tag{6.155}$$

Multiplikation mit dem Q von oben liefert:

$$(1 - Q_1\,P_1 - \cdots - Q_m\,P_m)|_{\vec{r}}(h_i)_i = -Q|_{\vec{r}}\,J_{\mathrm{ad}}|_{\vec{r}}(P_j(\vec{r}))_j \tag{6.156}$$

Nun ist aber $P_\nu(\vec{r})h_i = 0$, da $P_\nu(\vec{r})$ schon selbst in I liegt. Es bleibt

$$(h_i)_i = -Q(\vec{r})\, J_{\mathrm{ad}}|_{\vec{r}}(P_j(\vec{r}))_j \,. \tag{6.157}$$

Damit ist eine durch die h_i gegebene Liftung als existent und eindeutig nachgewiesen.

Wir wollen also nun den globalen Fall betrachten. Es erfülle $f : X \to Y$ die Annahme b), das heißt, f faktorisiere lokal als

$$
\begin{array}{ccc}
X & \xrightarrow{\;f\;} & Y \\
\uparrow & & \uparrow \\
U & \xrightarrow{\;g\;} \mathbb{A}^n_V \xrightarrow{\;p\;} & V
\end{array}
\tag{6.158}
$$

mit g standard-étale wie oben und p der kanonischen Projektion.

Wir wählen nun eine offene Überdeckung von X mit U_i, für die

$$U_i \to \mathbb{A}^n_{V_i} \to V_i$$

eine entsprechende Faktorisierung darstellt und U_i ebenso wie V_i affine Schemata sind.

Indem wir das Diagramm

$$
\begin{array}{ccc}
X & \xleftarrow{\;s\;} & \mathrm{Spec}\,(R/I) \\
\downarrow{\scriptstyle f} & {\scriptstyle h} & \downarrow \\
Y & \xleftarrow{\;t\;} & \mathrm{Spec}\,(R)
\end{array}
\tag{6.159}
$$

zugrunde legen, wählen wir eine endliche Überdeckung $D(f_\alpha)$ von $\mathrm{Spec}\,(R)$, so dass

$$s(D(f_\alpha + I)) \subseteq U_{i(\alpha)}$$

und

$$t(D(f_\alpha)) \subseteq V_{i(\alpha)}$$

wird.

Es ist dann

$$U_\alpha = U_{i(\alpha)} \times_{V_{i(\alpha)}} D(f_\alpha) \to \mathbb{A}^n_{V_{i(\alpha)}} \times_{V_{i(\alpha)}} D(f_\alpha) \to D(f_\alpha)$$

ebenso eine Faktorisierung in eine (standard-)étale Abbildung und eine affine Erweiterung.

Wir können also $V_\alpha = \mathrm{Spec}\,(R_{f_\alpha})$ setzen und

$$U_\alpha = \mathrm{Spec}\,(R_\alpha[s^\alpha_1, \ldots, s^\alpha_{m+n}]/J_\alpha) = \mathrm{Spec}\,(B_\alpha/J_\alpha) = \mathrm{Spec}\,(C_\alpha)$$

schreiben, wo $J_\alpha = (P^\alpha_\nu(s^\alpha_\mu))_{\nu=1,\ldots,m}$ ist und für das Ideal Δ^α_m der Determinanten der $m \times m$-Minoren von $(\partial P^\alpha_\nu/\partial s^\alpha_\mu)$ die Beziehung $\Delta^\alpha_m + J_\alpha = B_\alpha$ gilt. Die Wahl eines für alle α gleichen $m_\alpha = m$ ist ebenfalls eine Konsequenz der Endlichkeit unserer Überdeckung.

Definiert man $U_{\alpha\beta} = (U_\alpha)_{f_\beta} \to (V_\alpha)_{f_\beta}$, so gibt es kanonische Übergangsabbildungen $F_{\alpha\beta} : U_{\alpha\beta} \to U_{\beta\alpha}$, die von dem Diagramm

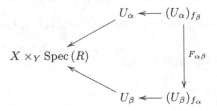

herrühren.

Dabei wird $F_{\beta\alpha}$ beschrieben durch polynomielle Funktionen $(s_1^\alpha, \ldots, s_{n+m}^\alpha) = F_{\alpha\beta}(s_1^\beta, \ldots, s_{n+m}^\beta)$, für die gilt:

$$(*) \quad F_{\alpha\beta *}((J_\alpha)_{f_\beta}) \subseteq (J_\beta)_{f_\alpha}$$

Man erkennt dies aus dem Diagramm:

$$
\begin{array}{ccc}
R_{\alpha\beta}[s_\nu^\alpha] & \longrightarrow & R_{\beta\alpha}[s_\nu^\beta] \\
\downarrow & & \downarrow \\
(R_\alpha[s_\nu^\alpha]/J_\alpha)_{f_\beta} & \xrightarrow{F_{\beta\alpha}^*} & (R_\beta[s_\nu^\beta]/J_\beta)_{f_\alpha}
\end{array}
$$

Bemerkung 6.10.10
Es ist $F_{\alpha\beta} \in (R_{\alpha\beta}[s_1^\beta, \ldots, s_{n+m}^\beta])^{n+m}$.

Wir können jetzt h_α für jedes α konstruieren, so dass

$$
\begin{array}{ccc}
U_\alpha & \xleftarrow{\ s_\alpha\ } & \mathrm{Spec}\,((R/I)_{f_\alpha}) \\
\downarrow & {\scriptstyle h_\alpha} & \downarrow \\
V_\alpha & \xleftarrow{\ t_\alpha\ } & \mathrm{Spec}\,(R_{f_\alpha})
\end{array}
\qquad (6.160)
$$

kommutiert. Die Abbildung h_α wird also durch ein System $(r_\alpha^i)_i$ mit $r_\alpha^i \in R_{f_\alpha} = R_\alpha$ beschrieben.

Wir wollen die h_α so bestimmen, dass für α, β und für $F_{\alpha\beta} : U_{\alpha\beta} \to U_{\beta\alpha}$ auch $F_{\alpha\beta} \circ h_\alpha = h_\beta$ auf $\mathrm{Spec}\,(R_{\alpha\beta})$ ist.

Da die einzelnen h_α von einzelnen $U_\alpha(\mathrm{Spec}\,((R/I)_\alpha))$ herstammen, die miteinander verkleben, ergibt sich für α, β erst einmal die Relation in $R_{\alpha\beta}$:

$$F_{\alpha\beta}(r_\beta^i) = (r_\alpha^i + y_{\alpha\beta}^i)_i,$$

wobei $y_{\alpha\beta}^i \in I_{f_\alpha f_\beta}$.

Es gilt nun $F_{\alpha\beta}(F_{\beta\gamma}(s_\gamma^i)) = F_{\alpha\gamma}(s_\gamma^i) + T_{\alpha\beta\gamma}(s_\gamma^i)$, wobei $T_{\alpha\beta\gamma}$ aus $(J_\gamma)_{f_\alpha f_\beta}$ stammt. Da die (r_γ^i) alle den Relationen aus J_γ genügen, gilt *exakt*:

$$F_{\alpha\beta}(F_{\beta\gamma}(r_\gamma^i)) = F_{\alpha\gamma}(r_\gamma^i) \qquad (6.161)$$

Rechnen wir dies aus, so folgt

$$
\begin{aligned}
F_{\alpha\beta}(r_\beta^i + y_{\beta\gamma}^i) &= F_{\alpha\beta}(r_\beta^i) + F_{\alpha\beta}'(r_\beta^i)\,y_{\beta\gamma}^i = \\
&= r_\alpha^i + y_{\alpha\beta}^i + F_{\alpha\beta}'(r_\beta^i)\,y_{\beta\gamma}^i = F_{\alpha\gamma}(r_\gamma^i) = r_\alpha^i + y_{\alpha\gamma}^i. \quad (6.162)
\end{aligned}
$$

Es ergibt sich so für $y^i_{\alpha\beta}$:

$$y^i_{\alpha\beta} + F'_{\alpha\beta}(r^i_\beta)\, y^i_{\beta\gamma} - y^i_{\alpha\gamma} = 0 \qquad (6.163)$$

Wir wollen nun jedes (r^i_α) durch ein $(r^i_\alpha + x^i_\alpha)$ mit $x^i_\alpha \in I_{f_\alpha}$ ersetzen, so dass

$$F_{\alpha\beta}(r^i_\beta + x^i_\beta) = r^i_\alpha + x^i_\alpha$$

wird. Rechnen wir das aus, so entsteht

$$F_{\alpha\beta}(r^i_\beta) + F'_{\alpha\beta}(r^i_\beta)\, x^i_\beta = r^i_\alpha + y_{\alpha\beta} + F'_{\alpha\beta}(r^i_\beta)\, x^i_\beta = r^i_\alpha + x^i_\alpha \,. \qquad (6.164)$$

Damit muss für die x^i_α gelten:

$$y_{\alpha\beta} = -F'_{\alpha\beta}(r^i_\beta)\, x^i_\beta + x^i_\alpha \qquad (6.165)$$

Nun interpretieren wir (6.163) als $\delta(y_{\alpha\beta}) = 0$ und (6.165) als $\delta(x_\alpha) = (y_{\alpha\beta})$ mit einem kohomologischen δ-Operator.

Wir haben damit ein Problem von der Art einer Cech-Kohomologie auf einer Überdeckung $D(f_\alpha)$ von $\mathrm{Spec}\,(R)$ vorliegen.

Es ist also, weil $D(f_\mu)$ eine Überdeckung von $\mathrm{Spec}\,(R)$ ist:

$$\sum_\mu z_\mu f_\mu = 1$$

Setze dann

$$x^i_\alpha = \sum_\mu z_\mu f_\mu y^i_{\alpha\mu}\,. \qquad (6.166)$$

Es ist

$$x^i_\alpha - F'_{\alpha\beta}(r^i_\beta)\, x^i_\beta = \sum_\mu z_\mu f_\mu \left(y^i_{\alpha\mu} - F'_{\alpha\beta}(r^i_\beta) y^i_{\beta\mu} \right) = \sum_\mu z_\mu f_\mu y^i_{\alpha\beta} = y^i_{\alpha\beta}\,, \qquad (6.167)$$

womit wir den Kozykel (6.163) aufgelöst haben.

Bemerkung: Damit das in (6.166) ausgerechnete x^i_α wirklich in I_{f_α} liegt, muss $y^i_{\alpha\mu} = \tilde{y}^i_{\alpha\mu}/(f_\alpha f_\mu)$ mit $\tilde{y}^i_{\alpha\mu} \in I$ sein. Dies lässt sich jedoch, wie üblich bei dieser Art von Betrachtungen, durch Übergang zu gemeinsamen großen Nennern $(f_\alpha f_\mu)^N$ und anschließendem Ersetzen von $f^N_\alpha \mapsto f_\alpha$ immer erreichen, da es sich nur um endlich viele vorkommende Brüche handelt. $\qquad\Box$

Zuletzt, der Schritt von a) nach e):

Beweis. Es sei $f : X \to Y$ formal glatt. Wähle ein $V = \mathrm{Spec}\,(R) \subseteq Y$, offen und affin, und ein $U = \mathrm{Spec}\,(B) \subseteq X$, offen und affin mit $f(U) \subseteq V$. Man kann annehmen, dass $B = A/J$ mit einem Polynomring $A = R[u_1, \ldots, u_r]$ und einem Ideal $J \subseteq A$.

Nun ist $f^{-1}(V) \to V$ als Basiserweiterung formal glatt, und auch die offene Immersion $U \subseteq f^{-1}(V)$ ist formal glatt. Also ist $f' : U \to V$ mit $f' = f|_U$ formal glatt.

Betrachte nun die Diagramme:

$$
\begin{array}{ccc}
A/J^k & \xleftarrow{\;\phi_k\;} & A/J \\
\uparrow & \nearrow{\scriptstyle\phi_{k+1}} & \uparrow \\
A/J^{k+1} & \longleftarrow & R
\end{array}
$$

Die Abbildung ϕ_1 ist $\mathrm{id}_{A/J}$, die anderen Abbildungen werden aus der formalen Glattheit induktiv konstruiert.

Zusammen hat man eine Abbildung $\phi : A/J \to \hat{A}$, wobei $\hat{A}$ die Komplettierung $(A, J^k)\hat{\ }$ ist. Diese Abbildung ist überdies ein Schnitt der kanonischen Projektion $\hat{A} \to A/J$. Also ist A/J als A-Modul ein direkter Summand von $\hat{A} = A/J \oplus M$. Andererseits ist $\hat{A}$ ein flacher A-Modul und A ein flacher R-Modul, also $\hat{A}$ ein flacher R-Modul. Damit ist aber auch A/J als direkter Summand ein flacher R-Modul und somit die Flachheit von f nachgewiesen.

Es bleibt zu zeigen, dass $X_{\bar{y}}$ für jeden geometrischen Punkt $\bar{y} \to Y$ ein reguläres algebraisches Schema ist. Jedenfalls ist $X_{\bar{y}} \to \bar{y}$ als Basiserweiterung von f auch formal glatt. Es sei wieder lokal $U = \mathrm{Spec}\,(B) \subseteq X_{\bar{y}}$, offen, affin, mit $B = A/J$ und dem Polynomring $A = k[u_1, \ldots, u_r]$, wobei $k = k(\bar{y}) = k(y)^-$ ist.

Wir betrachten nun die Sequenz

$$J/J^2 \to \Omega_{A|k} \otimes_A B \to \Omega_{B|k} \to 0$$

und wollen zeigen, dass sie links injektiv ist und aus lokal freien Garben besteht.

Anwenden von $\mathrm{Hom}_B(-, B')$ mit $\mathfrak{q} \subseteq B$, einem Ideal, und $B' = B/\mathfrak{q}$ ergibt links die Abbildung

$$0 \leftarrow \mathrm{Hom}_B(J/J^2, B') \leftarrow \mathrm{Der}_{A|k}(A, B')\,.$$

Sie ist surjektiv, da wegen der formalen Glattheit, wie oben gesehen, eine split-Injektion $A/J \xrightarrow{\phi} A/J^2 \xrightarrow{p} A/J$ existiert. Ein Element $h \in \mathrm{Hom}_B(J/J^2, B')$ ist dann Bild der Derivation

$$\delta_h(a) = h((a + J^2) - (\phi p(a + J^2)))\,.$$

Also ist für alle $\mathfrak{q} \subseteq B$ und $B' = B/\mathfrak{q}$ die Sequenz

$$(*) \quad 0 \to \mathrm{Hom}_B(\Omega_{B|k}, B') \to \mathrm{Hom}_B(\Omega_{A|k} \otimes_A B, B') \to \mathrm{Hom}_B(J/J^2, B') \to 0$$

exakt. Damit ist auch

$$\mathrm{Ext}_B^1(\Omega_{B|k}, B') = 0$$

insbesondere für alle $\mathfrak{q} \subseteq B$, prim. Nach einem Grundtheorem über Projektivdimensionen impliziert dies, dass $\Omega_{B|k}$ projektiver, also lokal freier B-Modul ist. Es ist dann also auch $\mathrm{Ext}_B^\nu(\Omega_{B|k}, B') = 0$ für alle $\nu > 0$ und damit, wieder nach der Sequenz $(*)$, auch $\mathrm{Ext}^1(J/J^2, B') = 0$ für alle B'. Damit ist auch J/J^2 ein lokal freier B-Modul. Indem wir nun in $(*)$ einfach $B' = B$ setzen und benutzen, dass alle Terme lokal freie B-Moduln sind, ergibt sich die Exaktheit von

$$0 \to J/J^2 \to \Omega_{A|k} \otimes_A B \to \Omega_{B|k} \to 0$$

und die Tatsache, dass sie nur aus lokal freien B-Moduln besteht. Also ist U/k eine reguläre affine Varietät und damit auch $X_{\bar{y}}$ eine reguläre Vereinigung regulärer k-Varietäten. $\qquad\square$

Bemerkung 6.10.11

Es sei $f : X \to Y$ ein Morphismus von Schemata vom endlichen Typ über einem Körper k. Dann ist f glatt nach der obigen allgemeineren Definition 6.10.4 genau dann, wenn er nach Definition 6.10.1 glatt ist.

Beweis. Die Bedingung e) in voriger Proposition ist äquivalent zu den Voraussetzungen in Theorem 6.10.1. $\qquad\square$

Proposition 6.10.13
*Es sei $A \to B \to C$ eine Kette von Ringhomomorphismen und $B \to C$ glatt, so
ist die assoziierte Sequenz von Differentialmoduln*

$$0 \to \Omega_{B|A} \otimes_B C \to \Omega_{C|A} \to \Omega_{C|B} \to 0 \qquad (6.168)$$

insbesondere links injektiv und damit exakt.

Beweis. Es liegt links Injektivität vor, wenn

$$\mathrm{Hom}_C(\Omega_{C|A}, M) \to \mathrm{Hom}_C(\Omega_{B|A} \otimes_B C, M) \to 0$$

für alle C-Moduln M surjektiv ist.

Wir formen dies mit

$$\mathrm{Hom}_C(\Omega_{B|A} \otimes_B C, M) = \mathrm{Hom}_B(\Omega_{B|A}, \mathrm{Hom}_C(C, M)) = \mathrm{Hom}_B(\Omega_{B|A,B} M)$$

in eine Sequenz von Derivationen um:

$$\mathrm{Der}_A(C, M) \to \mathrm{Der}_A(B, M) \to 0$$

Wir müssen also nur zeigen, dass eine Derivation $\delta : B \to M$ mit $\delta(A) = 0$ zu einer
Derivation $\bar\delta : C \to M$ mit $\bar\delta(A) = 0$ fortgesetzt werden kann, also mit $\phi : B \to C$ die
Beziehung $\bar\delta \circ \phi = \delta$ gilt.

Es gilt allgemein für einen R-Modul M und für eine infinitesimale Erweiterung
$R' = R \oplus M\varepsilon$, dass die Splittungen $s : R \to R'$ und die Derivationen $\delta : R \to M$
einander unter der Zuordnung $s(r) = (r, \delta(r))$ entsprechen.

Wir betrachten jetzt für den obigen Modul M die infinitesimale Erweiterung $C' =
C \oplus M\varepsilon$ und das Diagramm

$$
\begin{array}{ccc}
C' & \xleftarrow{\ h_\delta\ } & B \\[2pt]
\scriptstyle\pi \downarrow {\scriptstyle\nwarrow}^{\ h_{\bar\delta}} & & \downarrow \scriptstyle\phi \\[4pt]
C & \xleftarrow[\ \mathrm{id}\ ]{} & C,
\end{array}
\qquad (6.169)
$$

wo $h_\delta(b) = (\phi(b), \delta(b))$ ist.

Da $\phi : B \to C$ glatt und $C' \to C$ eine infinitesimale Erweiterung ist, existiert
ein Ringhomomorphismus $h_{\bar\delta}$, der obiges Diagramm kommutieren lässt. Er hat die
Form $h_{\bar\delta}(c) = (c, \bar\delta(c))$, und die Derivation $\bar\delta$ ist die oben gesuchte Fortsetzung von
$\delta : B \to M$ nach C. $\qquad\square$

Korollar 6.10.2
*Es sei $g : Y \to Z$ ein Schemamorphismus und $f : X \to Y$ ein glatter Schema-
morphismus. Dann ist die Sequenz*

$$0 \to f^*\Omega_{Y|Z} \to \Omega_{X|Z} \to \Omega_{X|Y} \to 0$$

exakt.

Beweis. Wähle $W \subseteq Z$ sowie $V \subseteq Y$ und $U \subseteq X$, affine und offene Mengen mit
$f(U) \subseteq V$ und $g(V) \subseteq W$ und benutze $\Omega_{X|Y}|_U = \Omega_{U|V}$ sowie $\Omega_{X|Z}|_U = \Omega_{U|W}$ und
$(f^*\Omega_{Y|Z})|_U = f'^*\Omega_{V|W}$ mit $f' : U \to V$ und $f' = f|_U$. $\qquad\square$

6.11   Gruppenvarietäten und das Theorem von Kleiman

Definition 6.11.1

Es sei G eine Varietät über einem algebraisch abgeschlossenen Körper k.

Weiter existieren Morphismen $\mu : G \times G \to G$ und $\rho : G \to G$, so dass $G(k)$ unter μ zu einer Gruppe wird, für die ρ die Bildung des inversen Elements bedeutet.

Dann heißt G *Gruppenvarietät über k*. ◆

Definition 6.11.2

Es sei G eine Gruppenvarietät über k und X eine k-Varietät. Weiter sei ein Morphismus $\theta : G \times X \to X$ gegeben, der einen Gruppenhomomorphismus $G(k) \to \operatorname{Aut} X$ induziert.

Dann sagt man, *G operiert auf X vermöge θ*. ◆

Definition 6.11.3

Es operiere eine Gruppenvarietät über k auf einer Varietät X so, dass die Gruppe $G(k)$ transitiv auf der Menge $X(k)$ operiert.

Dann heißt *X homogener Raum (für G)*. ◆

Beispiel 6.11.1

Die Varietät $X = \mathbb{P}^n_k$ ist ein homogener Raum für die Gruppenvarietät $G = \operatorname{PGL}_k(n)$. ■

Lemma 6.11.1

Es sei G eine Gruppenvarietät über k, algebraisch abgeschlossen mit $\operatorname{char} k = 0$. Weiter sei X ein homogener Raum für G mit $\theta : G \times X \to X$.

Dann gilt: Die Abbildung $\theta_x : G \to X$ mit $\theta(g) = \theta(g,x)$ für ein abgeschlossenes $x \in X$ ist glatt.

Beweis. Es gibt jedenfalls ein $g \in G$, für das θ_x eine surjektive Abbildung der Tangentialräume $T_g G \to T_{gx} X$ induziert. Betrachte nun das Diagramm:

$$
\begin{array}{ccc}
G & \xleftarrow{\;hg^{-1}\cdot\;} & G \\
{\scriptstyle \theta(-,x)}\downarrow & & \downarrow{\scriptstyle \theta(-,x)} \\
X & \xleftarrow[\theta(hg^{-1},-)]{} & X
\end{array}
$$

Die waagrechten Abbildungen sind Isomorphismen, die linke senkrechte Abbildung bildet h auf hx ab, die rechte senkrechte Abbildung g auf gx. Also ist auch $T_h G \to T_{hx} X$ surjektiv. □

Theorem 6.11.1 (Kleiman)

Es sei X ein homogener Raum für die Gruppenvarietät G über einem algebraisch abgeschlossenen Körper k mit $\operatorname{char} k = 0$. Weiter seien $f : Y \to X$ und $g : Z \to X$ Morphismen von nichtsingulären Varietäten Y, Z nach X.

Für jedes σ in $G(k)$ sei Y^σ die Varietät Y mit der Abbildung $\sigma \circ f$ nach X.

Dann existiert eine nichtleere offene Teilmenge $V \subseteq G$, so dass für jedes $\sigma \in V(k)$ das Schema $Y^\sigma \times_X Z$ nichtsingulär und entweder leer oder von der Dimension

$$\dim\left(Y^\sigma \times_X Z\right) = \dim Y + \dim Z - \dim X \qquad (6.170)$$

ist.

Beweis. Es sei $\dim X = n$, $\dim Y = r$, $\dim Z = s$ und $\dim G = e$. Nach vorigem Lemma sind alle $\theta(-, x) : G \to X$ glatte Abbildungen, also mit surjektiver Abbildung der Tangentialräume. Umsomehr ist dann auch für $p : G \times Y \to X$ mit $p(\sigma, y) = \sigma f(y)$ die Abbildung der Tangentialräume surjektiv und damit, da $G \times Y$ und X reguläre Varietäten sind, auch p glatt.

Wir betrachten die Inzidenzvarietät

$$G \times Y \times Z \supseteq \Gamma = \{(\sigma, y, z) \mid \sigma f(y) = g(z)\} \xrightarrow{\pi} G$$

zusammen mit ihrer Projektion π auf G.

Sie liegt in dem Diagramm

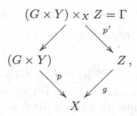

so dass p' glatt und damit, weil Z/k glatt, auch Γ/k glatt ist.

Die Abbildung p und daher auch die Abbildung p' hat Relativdimension $e + r - n$. Also ist $\dim \Gamma = r + s + e - n$. Ist nun $r + s - n < 0$, so bedeutet dies $\dim \Gamma < \dim G$, und das Komplement des Bildes $\pi(\Gamma) \subseteq G$ enthält eine offene dichte Teilmenge $V \subseteq G$, so dass $\pi^{-1}(\sigma) = \emptyset$ für alle $\sigma \in V$. Nun ist die Faser $\pi^{-1}(\sigma) = Y^\sigma \times_X Z$, so dass hier der Fall vorliegt, in dem $Y^\sigma \times_X Z$ leer ist.

Ist stattdessen aber $r + s - n \geqslant 0$, so ist $\dim \pi^{-1}(\sigma) \geqslant \dim \Gamma - \dim G = r + s + e - n - e = r + s - n$.

Nun kann $\pi(\Gamma)$ nicht dicht in G sein, also eine offene, nichtleere Teilmenge $V \subseteq G$ existieren, für die $\pi^{-1}(V) = \emptyset$ ist. In diesem Fall ist dann immer $Y^\sigma \times_X Z = \emptyset$ für $\sigma \in V$.

Andernfalls können wir eine offene dichte Teilmenge $V \subseteq G$ finden, so dass $\pi : \pi^{-1}(V) \to V$ eine glatte Abbildung ist. Für ein $\sigma \in V$ ist dann $\pi^{-1}(\sigma)$ eine Vereinigung regulärer Untervarietäten von Γ mit der Dimension $\dim \Gamma - \dim G = r + s - n$.

Damit ist der zweite Teil der Folgerung und die Beziehung (6.170) im obigen Theorem nachgewiesen. $\qquad\square$

6.12 Kohomologie und Basiswechsel

Proposition 6.12.1

Es sei $f : X \to Y$ ein separierter Morphismus vom endlichen Typ noetherscher Schemata. Es sei $\mathcal{F}$ aus $\mathbf{Qco}(X)$ und $u : Y' \to Y$ ein weiterer Schemamorphismus. Dann sei

das zugehörige cartesische Quadrat, also $X' = X \times_Y Y'$. Es existiert dann stets ein natürlicher Morphismus:

$$u^* R^i f_* \mathcal{F} \to R^i g_* v^* \mathcal{F} \tag{6.171}$$

Dieser ist ein Isomorphismus, wenn u flach ist.

Beweis. Wir geben zunächst einen Beweis für (6.171) mit natürlichen Morphismen von Funktoren:

$$R^p f_* \mathcal{F} \to R^p f_* v_* v^* \mathcal{F} \to R^p (f_* v_*) v^* \mathcal{F} \to R^p (u_* g_*) v^* \mathcal{F} \to u_* (R^p g_*) v^* \mathcal{F}$$

Dabei folgen die zweite und die letzte Abbildung aus den Beziehungen

$$R^p(F) G A \to R^p (FG) A$$

und

$$R^p(FG) A \to F(R^p G) A$$

für kovariante, linksexakte Funktoren F, G, bei denen G injektive in F-azyklische Objekte abbildet. Die Abbildungen sind dann die Kantenhomomorphismen der Spektralsequenz $(R^p F)(R^q G) \Rightarrow R^{p+q}(F \circ G)$ für $(p, 0)$ und $(0, p)$.

Der zweite Beweis bedient sich der Čech-Kohomologie: Man kann sich auf $Y = \mathrm{Spec}\,(A)$ und $Y' = \mathrm{Spec}\,(B)$ affin beschränken. Für X wählt man eine Überdeckung $\mathfrak{U} = (U_i)$ mit affinen Teilmengen. Es ist dann auch $U_{i_0 \ldots i_p} = U_{i_0} \cap \cdots \cap U_{i_p}$ affin (f separiert!), und der Čech-Komplex

$$C^\bullet(\mathcal{F}, U_{i_0 \ldots i_p}) = C^\bullet(M_{i_0 \ldots i_p}, U_{i_0 \ldots i_p})$$

berechnet $H^i(X, \mathcal{F}) = R^i f_* \mathcal{F}$. Also ist

$$h^i(C^\bullet(\mathcal{F}, U_{i_0 \ldots i_p})) \otimes_A B = u^* R^i f_*(\mathcal{F}).$$

Weiterhin ist $R^i g_* v^* \mathcal{F} = H^i(X', \mathcal{F} \otimes_A B)$. Dieser Ausdruck wird aber von dem Čech-Komplex

$$C^\bullet(M_{i_0 \ldots i_p} \otimes_A B, U_{i_0 \ldots i_p} \times_A B)$$

berechnet. Die kanonische Abbildung

$$h^i(C^\bullet(M_{i_0 \ldots i_p})) \otimes_A B \to h^i(C^\bullet(M_{i_0 \ldots i_p} \otimes_A B))$$

entspricht dann der Abbildung (6.171).

Ist nun u flach, so ist B ein flacher A-Modul und die vorige Abbildung ein Isomorphismus. $\qquad \square$

Proposition 6.12.2
Es sei $f : X \to Y$ ein separierter Morphismus vom endlichen Typ noetherscher Schemata und $Y = \operatorname{Spec}(A)$ affin. Es sei $\mathcal{F}$ quasikohärenter $\mathcal{O}_X$-Modul und $u : k(y) \to Y$ für ein $y \in Y$ die kanonische Abbildung. Dann sei:

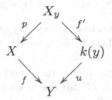

Es ist dann

$$H^i(X, \mathcal{F} \otimes k(y)) = H^i(X_y, \mathcal{F}_y). \tag{6.172}$$

Dabei steht $k(y)$ für $f^* k(y)^{\tilde{}}$, wobei $k(y)$ als A-Modul aufgefasst wird. Mit $\mathcal{F}_y$ ist $p^*\mathcal{F}$ gemeint.

Beweis. Es sei $(U_{i_0 \dots i_p}) = (\operatorname{Spec}(B_{i_0 \dots i_p}))$ ein System offener Mengen einer Cech-Überdeckung von X. Das zugehörige Element im Cech-Komplex $C^p(\mathfrak{U}, \mathcal{F} \otimes k(y))$ sei

$$U_{i_0 \dots i_p} \mapsto M_{i_0 \dots i_p} \otimes_A k(y),$$

wobei natürlich $M_{i_0 \dots i_p} = \mathcal{F}(U_{i_0 \dots i_p})$ ist. Dieser Cech-Komplex berechnet $H^i(X, \mathcal{F} \otimes k(y))$.

Entsprechend wird der Cech-Komplex $C^p(p^*\mathfrak{U}, p^*\mathcal{F})$ durch

$$p^{-1}(U_{i_0 \dots i_p}) \mapsto M_{i_0 \dots i_p} \otimes_{B_{i_0 \dots i_p}} B_{i_0 \dots i_p} \otimes_A k(y) = M_{i_0 \dots i_p} \otimes_A k(y)$$

gegeben. Dieser Cech-Komplex berechnet $H^i(X_y, p^*\mathcal{F})$ und ist offenkundig zu dem vorigen isomorph. ∎

6.13 Flachheit und Hilbertpolynom

Theorem 6.13.1
Es sei $f : X \to Y$ ein projektiver Schemamorphismus und Y ein noethersches Integritätsschema. Weiter sei $\mathcal{F}$ eine kohärente Garbe auf X.

Dann ist äquivalent:

a) *$\mathcal{F}$ ist über Y flach.*

b) *$f_*\mathcal{F}(m)$ ist ein lokal freier $\mathcal{O}_Y$-Modul mit endlichem Rang für $m \gg 0$.*

c) *Für jedes $y \in Y$ ist das Hilbertpolynom $P_{\mathcal{F} \otimes_{\mathcal{O}_Y} k(y)}$ gleich $P_{\mathcal{F}} = P$ für ein beliebiges, aber festes numerisches Polynom P.*

Beweis. Es kann oBdA angenommen werden, dass $X = \mathbb{P}^n_Y$ ist. Dazu gehe man nämlich bei der Immersion $i : X \to \mathbb{P}^n_Y$ von $\mathcal{F}$ zu $i_*\mathcal{F}$ über. Alle drei Aussagen bleiben davon unberührt:

die Aussage a) wegen $i_* \mathcal{F}_P = \mathcal{F}_P$ für $P \in X$ oder $= 0$ für $P \notin X$,

die Aussage b) wegen $f'_* i_* \mathcal{F} = f_* \mathcal{F}$ mit dem Morphismus $f' : \mathbb{P}^n_Y \to Y$, für den $f' \circ i = f$ gilt,

die Aussage c) wegen

$$H^0(X_y, \mathcal{F} \otimes k(y)(m)) = H^0(\mathbb{P}^n_Y \times_Y k(y), i_* \mathcal{F} \otimes k(y)(m)).$$

Indem wir die flachen Basiserweiterungen $\mathrm{Spec}\,(\mathcal{O}_{Y,y}) \to Y$ für alle $y \in Y$ betrachten, können wir zudem annehmen, dass $Y = \mathrm{Spec}\,(A)$ mit einem noetherschen, lokalen Integritätsring A ist.

Wir beweisen als Erstes die Äquivalenz von a) und b): Ist $\mathcal{F}$ flach über A, so besteht der Cech-Komplex $C^\bullet(\mathfrak{U}, \mathcal{F}(m)) = C^\bullet$ für die kanonische Überdeckung $\mathfrak{U} = (D_+(x_i))$ von $X = \mathrm{proj}\,(A[x_0, \ldots, x_n])$ aus flachen, also freien A-Moduln.

Es ist $h^p(C^\bullet) = H^p(X, \mathcal{F}(m)) = 0$ für $m \gg 0$ und $p > 0$. Also ist der augmentierte Komplex $0 \to H^0(X, \mathcal{F}(m)) \to C^\bullet$ exakt.

Da für $0 \to M' \to M \to M'' \to 0$ aus „M, M'' flach" auch „M' flach" folgt, schließt man rückwärts von oben her in diesem Komplex auf die A-Flachheit von $H^0(X, \mathcal{F}(m)) = (f_* \mathcal{F}(m))(Y)$. Außerdem ist $H^0(X, \mathcal{F}(m))$ als Kohomologie einer kohärenten Garbe über einem projektiven A-Schema natürlich ein endlich erzeugter A-Modul.

Ist umgekehrt $H^0(X, \mathcal{F}(m))$ flach für alle $m \gg 0$, so ist auch

$$M = \bigoplus_{d \geqslant d_0} H^0(X, \mathcal{F}(d))$$

ein A-flacher Modul für ein geeignetes $d_0 \geqslant 0$. Es ist dann $\mathcal{F}(D_+(x_i)) = M_{(x_i)}$ ebenso A-flach und damit auch $\mathcal{F}$ flach über Y.

Wir beweisen jetzt die Äquivalenz von b) und c):

Man betrachte dazu die Sequenz $A^l \xrightarrow{\alpha} A \to A/\mathfrak{p} \to 0$ für ein beliebiges Primideal $\mathfrak{p}$ von A. Dabei sei die Abbildung $\alpha : A^l \to A$ aus den Erzeugern $(a_1, \ldots, a_l) = \mathfrak{p}$ gebildet.

Aus dieser Sequenz entsteht durch Tensorieren mit $\mathcal{F}(m)$ die exakte Sequenz

$$\mathcal{F}(m)^l \xrightarrow{\mathrm{id}_{\mathcal{F}(m)} \otimes \alpha} \mathcal{F}(m) \to \mathcal{F}(m) \otimes_A A/\mathfrak{p} \to 0$$

und daraus die exakte Sequenz von Homologiegruppen:

$$H^0(X, \mathcal{F}^l(m)) \to H^0(X, \mathcal{F}(m)) \to H^0(X, \mathcal{F} \otimes_A (A/\mathfrak{p})(m)) \to H^1(X, (\mathrm{im}\,\mathrm{id}_{\mathcal{F}} \otimes \alpha)(m))$$

Wählt man $m > N_{\mathfrak{p}}$ mit einem $N_{\mathfrak{p}}$, das von $\mathcal{F}$ und $\mathfrak{p}$ abhängt, so ist

$$H^1(X, (\mathrm{im}\,\mathrm{id}_{\mathcal{F}} \otimes \alpha)(m)) = 0.$$

Tensoriert man dann noch weiter mit $k(\mathfrak{p})$, so ergibt sich für $m > N_{\mathfrak{p}}$ der Isomorphismus

$$H^0(X, \mathcal{F}(m)) \otimes_A k(\mathfrak{p}) \xrightarrow{\sim} H^0(X, \mathcal{F} \otimes_A (A/\mathfrak{p})(m)) \otimes_{A/\mathfrak{p}} k(\mathfrak{p}).$$

Da $A/\mathfrak{p} \to k(\mathfrak{p})$ eine flache Ringerweiterung ist, hat man schließlich:

$$H^0(X, \mathcal{F} \otimes_A (A/\mathfrak{p})(m)) \otimes_{A/\mathfrak{p}} k(\mathfrak{p}) = H^0(X, \mathcal{F} \otimes_A k(\mathfrak{p})(m)),$$

also

$$H^0(X, \mathcal{F}(m)) \otimes_A k(\mathfrak{p}) \xrightarrow{\sim} H^0(X, \mathcal{F} \otimes_A k(\mathfrak{p})(m)) \tag{6.173}$$

Für endlich viele Primideale $\mathfrak{p}_i$ kann man daher ein $N = N_{(\mathfrak{p}_i)}$ wählen, so dass für alle $m > N$ und für alle ausgewählten $\mathfrak{p}_i$ gilt:

$$\dim_{k(\mathfrak{p}_i)} H^0(X, \mathcal{F}(m)) \otimes_A k(\mathfrak{p}_i) = r_{m,\mathfrak{p}_i} = P_{\mathcal{F} \otimes_A k(\mathfrak{p}_i)}(m) \qquad (6.174)$$

Es ist ja der Ausdruck links für $m \gg 0$ wegen (6.173) nichts anderes als $P_{\mathcal{F} \otimes_A k(\mathfrak{p}_i)}(m)$ für alle betrachteten $\mathfrak{p}_i$.

Wähle nun als zu betrachtende $\mathfrak{p}_i$ das maximale Ideal $\mathfrak{m}_A$ und das minimale Ideal (0) von A.

Ist dann $r_{m,\mathfrak{m}_A} = r_{m,(0)}$, weil $P_{\mathcal{F} \otimes_A k(\mathfrak{p})} = P$ für alle $\mathfrak{p} \subseteq A$, prim, so ist $H^0(X, \mathcal{F}(m))$ ein freier A-Modul, da seine Ränge bei $\mathfrak{m}_A$ und bei (0) gleich sind.

Ist umgekehrt $H^0(X, \mathcal{F}(m))$ ein flacher, also freier A-Modul für alle $m \gg 0$, so sind die Ränge $\dim_{k(\mathfrak{p}_i)} H^0(X, \mathcal{F}(m)) \otimes_A k(\mathfrak{p}_i) = r = P_{\mathcal{F} \otimes_A k(\mathfrak{p}_i)}(m)$ für alle $\mathfrak{p}_i \subseteq A$ aus einem endlichen System und für $m > N$ gleich. Man wählt jetzt als solche Systeme immer das Ideal $(0) \subseteq A$ und ein beliebiges Primideal $\mathfrak{p} \subseteq A$, um zu erkennen, dass $P_{\mathcal{F} \otimes_A K(A)} = P_{\mathcal{F} \otimes_A k(\mathfrak{p})}$ ist.

Damit ist die Äquivalenz von b) und c) gezeigt. $\qquad \square$

6.14 Algebraische Familien

6.14.1 Allgemeine Familien

Definition 6.14.1

Es sei $f : X \to T$ eine surjektive Abbildung von Varietäten über einem algebraisch abgeschlossenen Körper k.

Es gelte für jeden abgeschlossenen Punkt $t \in T$:

i) Das Schema $X_t = f^{-1}(t)$ ist irreduzibel, und es ist

$$\dim f^{-1}(t) = \dim X - \dim T.$$

ii) Es sei $\zeta_t \in f^{-1}(t) \subseteq X$ der generische Punkt von $f^{-1}(t)$ in X. Dann ist

$$f^{\sharp}(\mathfrak{m}_t) = \mathfrak{m}_{\zeta_t} \subseteq \mathcal{O}_{X, \zeta_t},$$

wobei $(\mathcal{O}_{T,t}, \mathfrak{m}_t)$ der lokale Ring von $t \in T$ ist.

Wir nennen $X_{(t)}$ die Faser $X_t = f^{-1}(t)$ mit der reduzierten induzierten Unterschemastruktur.

Es ist dann $X_{(t)}$ *eine algebraische Familie von Varietäten, parametrisiert durch T*. $\qquad \blacklozenge$

Bemerkung 6.14.1

Die Bedingung ii) verlangt, dass jede Faser nur mit Multiplizität 1 in Erscheinung tritt.

Sie ist äquivalent zu: $\mathcal{O}_{X_t, \eta_t}$ ist ein reduzierter Ring, also X_t reduziert am generischen Punkt η_t.

Man erkennt das durch eine lokale Betrachtung:

Wählt man $V = \mathrm{Spec}\,(A)$ mit $t \in V$ und $U = \mathrm{Spec}\,(B)$ mit $f(U) \subseteq V$ und $x \in U$ für ein x mit $f(x) = t$, so ist $f(U)$ dicht in V und $\dim U = \dim X$ sowie $\dim V = \dim T$.

Auf U, V ist die Abbildung f also gegeben durch eine Injektion $\phi : A \to B$ von affinen integren k-Algebren. Weiter ist $\mathfrak{m}_t \subseteq A$ das maximale Ideal, das t entspricht, und es ist $X_t \cap U = \mathrm{Spec}\,(B/\mathfrak{m}_t B)$. Es sei nun $\mathfrak{q}_t \subseteq B$ das minimale Primideal über $\mathfrak{m}_t B$.

Damit ist

$$\mathcal{O}_{X,\zeta_t} = B_{\mathfrak{q}_t}, \tag{6.175}$$

$$\mathcal{O}_{X_t,\eta_t} = (B/\mathfrak{m}_t)_{\mathfrak{q}_t}. \tag{6.176}$$

Bedingung ii) sagt dann aus: Es kann dann durchaus $\mathfrak{m}_t B \subsetneq \mathfrak{q}_t$ sein, aber es gilt $\mathfrak{m}_t B_{\mathfrak{q}_t} = \mathfrak{q}_t B_{\mathfrak{q}_t}$. Dies ist offensichtlich äquivalent zu $(B/\mathfrak{m}_t)_{\mathfrak{q}_t} = (B/\mathfrak{q}_t)_{\mathfrak{q}_t}$, also zu $\mathcal{O}_{X_t,\eta_t}$ reduziert. $\quad\square$

Beispiel 6.14.1

Es sei $X \subseteq \mathbb{A}_k^4$ mit den Koordinaten x, y, z, a gegeben durch das Ideal

$$I = (a^2\,(x+1) - z^2, ax\,(x+1) - yz, xz - ay, y^2 - x^2\,(x+1)). \tag{6.177}$$

Weiter sei $T = \mathbb{A}_k^1$ mit der Koordinate a, und es sei $f : X \to T$ gegeben durch Einschränkung der Abbildung $(x, y, z, a) \mapsto a$ von $\mathbb{A}_k^4$ nach $\mathbb{A}_k^1$.

Dann ist $f : X \to T$ eine algebraische Familie. $\quad\blacksquare$

Beweis. Es sei $A = \mathbb{Q}[a]$ und $B = R/I$ mit $R = \mathbb{Q}[a, x, y, z]$ und $I = (f_1, f_2, f_3, f_4) \subseteq R$ mit dem I von oben, das man mittels Primärzerlegung als prim nachweist. Man rechnet $\Omega_{X|T}$ explizit als

$$M = ((R\,da + R\,dx + R\,dy + R\,dz)/\mathrm{im}\,J) \otimes_R B$$

aus, wobei

$$J = \frac{\partial(f_1, \ldots, f_4, a)}{\partial(a, x, y, z)}$$

für die Jacobimatrix steht.

Ist $B' = B_a$ und $A' = A_a$, so rechnet man ebenso direkt mit einem Computeralgebrasystem $\mathrm{pd}_{B'}(M \otimes_B B') = 0$ aus. Es ist also M_a projektiver B'-Modul, dessen Rang man als $\mathrm{rang}(M_a) = 1$ bestimmt.

Weiterhin ist die Abbildung $\mathrm{Spec}\,(B') \to \mathrm{Spec}\,(A')$ surjektiv, also flach. Damit ist B'/A' glatt, und alle Fasern über $a \neq 0$ sind reguläre Varietäten der Dimension 1, erfüllen also die Bedingungen (i) und (ii) für algebraische Familien.

Für die Faser bei $a = 0$ überprüft man dann direkt (mit einem Computeralgebrasystem), dass die Bedingungen (i) und (ii) an die Faser erfüllt sind. (Die Faser hat eine eingebettete Primärkomponente der Dimension 0). $\quad\square$

Beispiel 6.14.2

Es sei $X = \mathrm{Spec}\,(k[x, y, t]/I)$ und $I = (ty - x^2)$ sowie $f : X \to T$ mit $T = \mathrm{Spec}\,(k[t])$. Dann ist $f : X \to T$ keine algebraische Familie, da die Bedingung ii) für $t = 0$ nicht erfüllt ist: Es ist $X_0 = \mathrm{Spec}\,(k[x, y, t]/(ty - x^2, t)) = \mathrm{Spec}\,(k[x, y]/(x^2))$. Die Faser X_0 tritt also mit Multiplizität 2 auf. $\quad\blacksquare$

6.14.2 Algebraische Familien von Divisoren

Es sei X ein Schema vom endlichen Typ über einem algebraisch abgeschlossenen Körper k und T eine nichtsinguläre Kurve über k, also eine eindimensionale, nichtsinguläre Varietät über k.

Die Projektion $q : X \times_k T \to T$ ist dann eine flache Abbildung mit den Fasern $(X \times_k T)_t$, die wir einfach X_t nennen. Es ist dann natürlich $X_t \cong X$ für alle abgeschlossenen Punkte $t \in T$.

Wir wollen jetzt den Begriff *algebraische Familie von Divisoren über T* definieren.

Eine solche Familie ist ein effektiver Cartier-Divisor D auf $X \times_k T$, der eine Zusatzbedingung erfüllt, die wir im Folgenden beschreiben:

Es sei zunächst $P \in X_t$ ein beliebiger abgeschlossener Punkt in $X \times T$. Dann existiert eine offene, affine Umgebung $U \subseteq X \times T$ mit $P \in U$, auf der D durch ein Element $f \in \Gamma(U, \mathcal{O}_{X \times T})$ beschrieben wird, das ein Nichtnullteiler in $\Gamma(U, \mathcal{O}_{X \times T})$ ist.

Es sei nun möglich, U so zu wählen, dass das Bild $\bar{f}$ von f in $\Gamma(U \cap X_t, \mathcal{O}_{X_t})$ ebenfalls ein Nichtnullteiler ist.

Definition 6.14.2
Ist diese Bedingung für alle $P \in X_t$ erfüllt, so nenne man den durch die $\bar{f}$ auf X_t definierten Divisor D_t und sage, D_t *ist über t definiert*.

Ist nun D_t über t für alle $t \in T$ definiert so nennen wir D bzw. die D_t eine *algebraische Familie von Divisoren über T*. ◆

Proposition 6.14.1
Es sei in den Bezeichnungen von oben D ein effektiver Cartier-Divisor auf $X \times T$.

Dann ist äquivalent:

a) D definiert eine algebraische Familie von Divisoren über T.

b) D aufgefasst als Unterschema $D \subseteq X \times T$ ist bezüglich der Einschränkung von $q : X \times T \to T$ auf D über T flach.

Beweis. Es sei $U \subseteq X \times T$ wie oben, offen, affin mit $U = \mathrm{Spec}\,(B)$ und $q(U) \subseteq V$ mit $V \subseteq T$ offen, affin und $V = \mathrm{Spec}\,(A)$. Weiter sei $P \in U \cap X_t$ wie oben, also $q(P) = t$ mit einem abgeschlossenen Punkt $t \in T$.

Es sei nun $f \in B$ mit f Nichtnullteiler in B der Repräsentant von D über U. Weiter sei $\mathfrak{m} \subseteq A$ das zu t gehörige Ideal. Es ist $A_\mathfrak{m}$ ein diskreter Bewertungsring, also $\mathfrak{m}A_\mathfrak{m} = (a)_\mathfrak{m}$. Es gehört dann zu $X_t \cap U$ der Ring $B' = (B/aB)_\mathfrak{m}$. Da B über A flach ist, folgt aus $0 \to A_\mathfrak{m} \xrightarrow{\cdot a} A_\mathfrak{m}$ auch $0 \to B_\mathfrak{m} \xrightarrow{\cdot a} B_\mathfrak{m}$.

Die Bedingung, dass f in B' einen Nichtnullteiler induziert, ist also äquivalent zu a, f ist eine reguläre Folge in $B_\mathfrak{m}$. Dies ist wiederum äquivalent zu a, f ist eine reguläre Folge in allen $B_\mathfrak{n}$ mit $\mathfrak{n} \subseteq B$ maximal und $\mathfrak{n} \cap A = \mathfrak{m}$, also in den $\mathfrak{n} \in \mathrm{maxspec}\,(B_\mathfrak{m})$. Ein solches $\mathfrak{n}$ kann f enthalten oder nicht. Ist $f \notin \mathfrak{n}$, dann ist $\bar{f}$ cine Einheit in $(B/aB)_\mathfrak{n}$, also a, f trivialerweise eine reguläre Folge.

Es ist also die Definiertheit von D_t auf U äquivalent zu a, f ist eine reguläre Folge in $B_\mathfrak{n}$ für alle $\mathfrak{n} \supseteq (\mathfrak{m}B, f)$. Da $B_\mathfrak{n}$ ein lokaler Ring ist, ist a, f regulär äquivalent zu f, a regulär. Da f selbst kein Nullteiler in $B_\mathfrak{n}$ ist, ist dies also äquivalent zu $0 \to (B/fB)_\mathfrak{n} \xrightarrow{\cdot a} (B/fB)_\mathfrak{n}$. Dies ist aber äquivalent zu $(B/fB)_\mathfrak{n}$ flach über $A_\mathfrak{m}$, also, indem man alle $\mathfrak{n}$ über $(\mathfrak{m}, f)$ heranzieht, äquivalent zu B/fB flach über A.

Das ist aber genau die Aussage, dass D als Unterschema flach über T ist.   □

6.15   Serre-Dualität

6.15.1   Dualität für $\mathbb{P}^n_k$

Proposition 6.15.1
Es sei $X = \mathbb{P}^n_k$ *der projektive Raum über einem Körper* k. *Es sei* $\Omega_{X|k}$ *die kanonische Differentialgarbe und*

$$\omega_X = \bigwedge^n \Omega_{X|k} \cong \mathcal{O}_X(-n-1)$$

die dualisierende Garbe.

Weiter sei $\mathcal{F}$ *eine kohärente Garbe auf* X. *Dann gilt:*

1. *Die Paarung*

$$t : \mathrm{Hom}_{\mathcal{O}_X}(\mathcal{F}, \omega_X) \times H^n(X, \mathcal{F}) \to H^n(X, \omega_X) = k$$

ist nicht ausgeartet und induziert einen Isomorphismus

$$\theta^0 : \mathrm{Hom}_{\mathcal{O}_X}(\mathcal{F}, \omega_X) \xrightarrow{\sim} H^n(X, \mathcal{F})'. \tag{6.178}$$

2. *Der Isomorphismus aus (6.178) verlängert sich zu einer Familie von Isomorphismen*

$$\theta^i : \mathrm{Ext}^i(\mathcal{F}, \omega_X) \xrightarrow{\sim} H^{n-i}(X, \mathcal{F})' \tag{6.179}$$

für $i = 1, \dots, n$.

Dabei stehe M' *für den* k-*dualen Modul* $\mathrm{Hom}_k(M, k)$.

Beweis. Wir zeigen zunächst (6.178). Dazu betten wir $\mathcal{F}$ in eine Sequenz

$$\mathcal{E}' \to \mathcal{E} \to \mathcal{F} \to 0 \tag{6.180}$$

ein. In dieser ist $\mathcal{E} = \bigoplus \mathcal{O}_X(-d_i)$ und $\mathcal{E}' = \bigoplus \mathcal{O}_X(-d'_i)$.

Wir zeigen die Richtigkeit von (6.178) für $\mathcal{F} = \mathcal{O}_X(d)$. Also: $\mathrm{Hom}_{\mathcal{O}_X}(\mathcal{O}_X(d), \omega_X) = \mathrm{Hom}_{\mathcal{O}_X}(\mathcal{O}_X, \mathcal{O}_X(-n-1-d)) = H^0(X, \mathcal{O}_X(-n-1-d))$. Andererseits ist nach einem der Grundsätze für die Kohomologie projektiver Räume $H^n(X, \mathcal{O}_X(d)) = H^0(X, \mathcal{O}_X(-n-1-d))'$ und $M'' = M$.

Damit ist die Dualität für $\mathcal{O}_X(d)$ und somit auch für $\mathcal{E}$ und $\mathcal{E}'$ nachgewiesen.

Das Diagramm

$$\begin{array}{ccccccc}
\mathrm{Hom}_{\mathcal{O}_X}(\mathcal{E}',\omega_X) & \longleftarrow & \mathrm{Hom}_{\mathcal{O}_X}(\mathcal{E},\omega_X) & \longleftarrow & \mathrm{Hom}_{\mathcal{O}_X}(\mathcal{F},\omega_X) & \longleftarrow & 0 \\
\downarrow{\scriptstyle\cong} & & \downarrow{\scriptstyle\cong} & & \downarrow{\scriptstyle\theta} & & \\
H^n(X,\mathcal{E}')' & \longleftarrow & H^n(X,\mathcal{E})' & \longleftarrow & H^n(X,\mathcal{F})' & \longleftarrow & 0
\end{array} \qquad (6.181)$$

zeigt die gewünschte Isomorphie θ^0.

Um jetzt (6.179) zu zeigen, erkennen wir, dass $\mathcal{F} \mapsto \mathrm{Ext}^i(\mathcal{F},\omega_X)$ und $\mathcal{F} \mapsto H^{n-i}(X,\mathcal{F})'$ beides δ-Funktoren auf der abelschen Kategorie der kohärenten $\mathcal{O}_X$-Moduln sind. Sie stimmen nach dem eben Gezeigten in $i = 0$ überein, sind dann linksexakt und kontravariant.

Beide δ-Funktoren sind auslöschbar. Man wähle nämlich eine Surjektion $\mathcal{E} \to \mathcal{F} \to 0$ mit $\mathcal{E} = \bigoplus \mathcal{O}_X(-d_i)$ und $d_i \gg 0$. Es ist dann $H^{n-i}(X,\mathcal{O}_X(-d)) = 0$ für alle $i > 0$ und

$$\mathrm{Ext}^i_{\mathcal{O}_X}(\mathcal{O}_X(-d),\omega_X) = \mathrm{Ext}^i_{\mathcal{O}_X}(\mathcal{O}_X,\mathcal{O}_X(-n-1+d)) = H^i(X,\mathcal{O}_X(-n-1+d)) = 0$$

für alle $i > 0$. Für $i = n$ gilt dies wegen

$$H^n(X,\mathcal{O}_X(-n-1+d)) = H^0(X,\mathcal{O}_X(-d))' = 0$$

für $d \gg 0$.

Also handelt es sich um universelle δ-Funktoren, die somit kanonisch isomorph sind. $\qquad\square$

6.15.2 Dualität für projektive Schemata

Definition 6.15.1
Es sei X/k ein projektives Schema der Dimension n. Es existiere ein $\mathcal{O}_X$-Modul ω_X^o mit den Eigenschaften:

1. Es gibt einen Morphismus $t : H^n(X,\omega_X^o) \to k$.

2. Die Paarung

$$\mathrm{Hom}_{\mathcal{O}_X}(\mathcal{F},\omega_X^o) \times H^n(X,\mathcal{F}) \to H^n(X,\omega_X^o) \to k \qquad (6.182)$$

ist nicht ausgeartet.

Dann heißt ω_X^o eine *dualisierende Garbe für X* und t eine *Spurabbildung*. $\qquad\blacklozenge$

Bemerkung 6.15.1
Eine dualisierende Garbe ist durch diese universelle Eigenschaft eindeutig bis auf einen eindeutigen Isomorphismus definiert.

Ist $\omega_X^o{}'$ eine zweite dualisierende Garbe, so ist

$$\mathrm{Hom}_{\mathcal{O}_X}(\omega_X^o{}',\omega_X^o) \cong H^n(X,\omega_X^o{}')'$$

und

$$\mathrm{Hom}_{\mathcal{O}_X}(\omega_X^o,\omega_X^o{}') \cong H^n(X,\omega_X^o)'.$$

Die Spurabbildungen $t' \in H^n(X, \omega_X^o{}')'$ und $t \in H^n(X, \omega_X^o)'$ induzieren so ein Paar von Isomorphismen aus $\mathrm{Hom}_{\mathcal{O}_X}(\omega_X^o{}', \omega_X^o)$ und $\mathrm{Hom}_{\mathcal{O}_X}(\omega_X^o, \omega_X^o{}')$.

Es sei im Folgenden immer X/k ein projektives Schema der Dimension n mit einer Einbettung $i : X \to \mathbb{P}_k^N$. Die Kodimension von X in $\mathbb{P} = \mathbb{P}_k^N$ sei r, also $n = N - r$.

Wir setzen nun

$$\omega_X^o = \mathcal{E}xt_{\mathcal{O}_\mathbb{P}}^r(i_*\mathcal{O}_X, \omega_\mathbb{P})$$

und wollen zeigen, dass es sich dabei um eine dualisierende Garbe auf X handelt.

Wir benötigen zwei Lemmata:

Lemma 6.15.1 (Lemma A)

Es ist $\mathcal{E}xt_{\mathcal{O}_\mathbb{P}}^j(i_*\mathcal{O}_X, \omega_\mathbb{P}) = 0$ *für* $j < r$.

Beweis. Es ist

$$H^0(\mathbb{P}, \mathcal{E}xt_{\mathcal{O}_\mathbb{P}}^j(i_*\mathcal{O}_X, \omega_\mathbb{P})(d)) = \mathrm{Ext}_{\mathcal{O}_\mathbb{P}}^j(i_*\mathcal{O}_X, \omega_\mathbb{P}(d)) =$$
$$= \mathrm{Ext}_{\mathcal{O}_\mathbb{P}}^j(i_*\mathcal{O}_X(-d), \omega_\mathbb{P}) = H^{N-j}(\mathbb{P}, i_*\mathcal{O}_X(-d))' = H^{N-j}(X, \mathcal{O}_X(-d))'$$

für alle $d \geqslant d_0$.

Die letzte Kohomologie verschwindet für $j < r$, denn $\dim X = N - r$. Nun wähle man d so, dass auch noch $\mathcal{E}xt_{\mathcal{O}_\mathbb{P}}^j(i_*\mathcal{O}_X, \omega_\mathbb{P})(d)$ von globalen Schnitten erzeugt ist. $\square$

Lemma 6.15.2 (Lemma B)

Es gibt einen kanonischen Isomorphismus:

$$\mathrm{Hom}_{\mathcal{O}_X}(\mathcal{F}, \omega_X^o) = \mathrm{Hom}_{\mathcal{O}_X}(\mathcal{F}, \mathcal{E}xt_\mathbb{P}^r(i_*\mathcal{O}_X, \omega_\mathbb{P})) = \mathrm{Ext}_\mathbb{P}^r(i_*\mathcal{F}, \omega_\mathbb{P}) \qquad (6.183)$$

Beweis. Wähle eine injektive Auflösung $0 \to \omega_\mathbb{P} \to \mathcal{J}^\bullet$ von $\omega_\mathbb{P}$ als $\mathcal{O}_\mathbb{P}$-Modul. Dann ist

$$\mathcal{E}xt_{\mathcal{O}_\mathbb{P}}^j(i_*\mathcal{O}_X, \omega_\mathbb{P}) = h^j(\mathcal{H}om_{\mathcal{O}_\mathbb{P}}(i_*\mathcal{O}_X, \mathcal{J}^\bullet)) =$$
$$= h^j(\mathcal{H}om_{\mathcal{O}_X}(\mathcal{O}_X, i^!\mathcal{J}^\bullet)) = h^j(i^!\mathcal{J}) = R^j i^! \omega_\mathbb{P}. \quad (6.184)$$

Da der Funktor $i^!(-)$ rechtsadjungiert zum exakten Funktor $i_*(-)$ ist, erhält er injektive Objekte. Wir haben daher eine Grothendieck-Spektralsequenz

$$\mathrm{Ext}_{\mathcal{O}_X}^p(\mathcal{F}, R^q i^! \omega_\mathbb{P}) \Rightarrow \mathrm{Ext}_\mathbb{P}^{p+q}(i_*\mathcal{F}, \omega_\mathbb{P})$$

aus der Verkettung der Funktoren $F(-) = \mathrm{Hom}_{\mathcal{O}_X}(\mathcal{F}, -)$ und $G(-) = i^!(-)$ zu

$$F \circ G(-) = \mathrm{Hom}_{\mathcal{O}_X}(\mathcal{F}, i^!(-)) = \mathrm{Hom}_\mathbb{P}(i_*\mathcal{F}, -)$$

angewandt auf $\omega_\mathbb{P}$. Nach Lemma A ist $R^q i^! \omega_\mathbb{P} = 0$ für $q = 0, \ldots, r - 1$. Damit liest man aus den Einträgen der Spektralsequenz mit $p + q = r$ die Beziehung

$$\mathrm{Hom}_{\mathcal{O}_X}(\mathcal{F}, R^r i^! \omega_\mathbb{P}) = \mathrm{Ext}_\mathbb{P}^r(i_*\mathcal{F}, \omega_\mathbb{P})$$

direkt ab. $\square$

Es gilt nun für unser obiges $i : X \hookrightarrow \mathbb{P}_k^N = \mathbb{P}$:

$$\mathrm{Hom}_{\mathcal{O}_X}(\mathcal{F}, \omega_X^o) = \mathrm{Ext}_{\mathcal{O}_{\mathbb{P}}}^r(i_*\mathcal{F}, \omega_{\mathbb{P}}) = H^{N-r}(\mathbb{P}, i_*\mathcal{F})' = H^n(X, \mathcal{F})' \qquad (6.185)$$

Damit ist der Grundisomorphismus

$$\theta^0 : \mathrm{Hom}_{\mathcal{O}_X}(\mathcal{F}, \omega_X^o) \to H^n(X, \mathcal{F})' \qquad (6.186)$$

gezeigt.

Weiterhin ist $H^n(X, \omega_X^o)' = \mathrm{Hom}_{\mathcal{O}_X}(\omega_X^o, \omega_X^o)$. Das Element $\mathrm{id}_{\omega_X^o} \in \mathrm{Hom}_{\mathcal{O}_X}(\omega_X^o, \omega_X^o)$ definiert also ein Element aus $H^n(X, \omega_X^o) \to k$, nämlich die Spurabbildung

$$t : H^n(X, \omega_X^o) \to k.$$

Dass diese wirklich eine nichtausgeartete Paarung

$$\mathrm{Hom}_{\mathcal{O}_X}(\mathcal{F}, \omega_X^o) \times H^n(X, \mathcal{F}) \to H^n(X, \omega_X^o) \xrightarrow{t} k$$

erzeugt, ist noch einzusehen.

Man betrachte dazu das Diagramm:

$$
\begin{array}{ccc}
\mathrm{Hom}(\mathcal{F}, \omega_X^o) \times H^n(X, \mathcal{F}) & \longrightarrow & H^n(X, \omega_X^o) \\
\Big\downarrow{\theta_{\mathcal{F}}^0 \times \mathrm{id}_{H^n(X,\mathcal{F})}} & & \Big\downarrow{\theta_{\omega_X^o}^0(\mathrm{id}_{\omega_X^o})} \\
H^n(X, \mathcal{F})' \times H^n(X, \mathcal{F}) & \longrightarrow & k
\end{array}
\qquad (6.187)
$$

Es kommutiert wegen der funktoriellen Identität

$$\theta_{\omega_X^o}^0(\mathrm{id}_{\omega_X^o}) \circ H^n(X, \varphi_{\mathcal{F}})\, h = \left[H^n(X, \varphi_{\mathcal{F}})'\left(\theta_{\omega_X^o}^0(\mathrm{id}_{\omega_X^o})\right)\right] h =$$

$$\theta_{\mathcal{F}}^0(\mathrm{Hom}(\varphi_{\mathcal{F}}, \mathrm{id}_{\omega_X^o})(\mathrm{id}_{\omega_X^o}))\, h = \theta_{\mathcal{F}}^0(\mathrm{id}_{\omega_X^o} \circ \varphi_{\mathcal{F}})\, h = \theta_{\mathcal{F}}^0(\varphi_{\mathcal{F}})\, h\,, \quad (6.188)$$

die man für $\varphi_{\mathcal{F}} \in \mathrm{Hom}_{\mathcal{O}_X}(\mathcal{F}, \omega_X^o)$ und $h \in H^n(X, \mathcal{F})$ im Diagramm

$$
\begin{array}{ccc}
\mathrm{Hom}(\omega_X^o, \omega_X^o) & \xrightarrow{\ \theta_{\omega_X^o}^0\ } & H^n(X, \omega_X^o)' \\
\Big\downarrow{\mathrm{Hom}(\varphi_{\mathcal{F}}, \mathrm{id}_{\omega_X^o})} & & \Big\downarrow{H^n(X, \varphi_{\mathcal{F}})'} \\
\mathrm{Hom}(\mathcal{F}, \omega_X^o) & \xrightarrow[\ \theta_{\mathcal{F}}^0\ ]{} & H^n(X, \mathcal{F})'
\end{array}
\qquad (6.189)
$$

abliest.

Um das folgende Theorem zu beweisen, brauchen wir noch zwei Lemmata:

Lemma 6.15.3
Es sei $(A, \mathfrak{m})$ ein noetherscher regulärer lokaler Ring mit $\dim A = n$. Weiter sei M ein endlich erzeugter A-Modul mit

$$\mathrm{Ext}_A^j(M, A) = 0$$

für $j = 1, \ldots, n$. Dann ist M ein projektiver, also freier A-Modul.

Beweis. Wir zeigen $\text{Ext}^j_A(M, N) = 0$ für alle endlich erzeugten A-Moduln N durch Induktion über $\text{pd}_A N$. Es sei $\text{pd}_A N = i$ und

$$0 \to N_i \to N_{i-1} \to \cdots \to N_0 \to N \to 0$$

eine projektive Auflösung von N. Weiter sei

$$(*) \quad 0 \to N' \to N_0 \to N \to 0$$

der Anfang der Auflösung und damit auch $\text{pd}_A N' = i - 1$. Der projektive Modul N_0 ist frei, also ist stets $\text{Ext}^j_A(M, N_0) = 0$ nach Voraussetzung für alle $j \geqslant 1$. Aus $(*)$ entnehmen wir daher $\text{Ext}^j_A(M, N) = \text{Ext}^{j+1}_A(M, N')$ für alle $j \geqslant 1$ und führen damit den Induktionsschluss über $\text{pd}_A N$.

Also ist insbesondere auch $\text{Ext}^j_A(M, A/\mathfrak{p}) = 0$ für alle Primideale $\mathfrak{p} \subseteq A$ und alle $j \geqslant 1$. Nach einem früheren Satz ist dann M projektiv. $\square$

Lemma 6.15.4

Es sei $(A, \mathfrak{m})$ ein noetherscher regulärer lokaler Ring mit $\dim A = n$. Weiter sei M ein endlich erzeugter A-Modul. Dann ist äquivalent:

a) *Für die Projektivdimension von M gilt: $\text{pd}_A M = d$.*

b) *Es ist $\text{Ext}^j_A(M, A) = 0$ für $j > d$ und $\text{Ext}^d_A(M, A) \neq 0$.*

Beweis. Der Satz ist für $\text{pd}_A M = 0$ nach vorigem Lemma richtig. Wir zeigen ihn durch Induktion über $\text{pd}_A M$. Es sei jetzt

$$0 \to M_i \to M_{i-1} \to \cdots \to M_0 \to M \to 0$$

eine minimale projektive Auflösung von M und

$$(*) \quad 0 \to M' \to M_0 \to M \to 0$$

ihr Anfang. Es ist dann insbesondere $\text{pd}_A M' = \text{pd}_A M - 1$.

Da M_0 ein freier A-Modul ist, entnehmen wir aus $(*)$ die Beziehungen

$$\text{Ext}^j_A(M', A) = \text{Ext}^{j+1}_A(M, A)$$

für alle $j \geqslant 1$. Damit ist die behauptete Äquivalenz des Lemmas durch Induktion gezeigt. $\square$

Theorem 6.15.1

Es sei X ein projektives Schema mit $i : X \hookrightarrow \mathbb{P}^N$ wie oben eingeführt. Dann gilt:

1. *Für jeden kohärenten $\mathcal{O}_X$-Modul $\mathcal{F}$ gibt es kanonische Abbildungen*

$$\theta^i : \text{Ext}^i_{\mathcal{O}_X}(\mathcal{F}, \omega^o_X) \to H^{n-i}(X, \mathcal{F})'$$

mit $i = 1, \ldots, n$ als Fortsetzungen von θ^0.

2. *Es ist äquivalent:*

a) X *ist ein equidimensionales Cohen-Macaulayschema der Dimension* $n = N - r$.

b) *Für jedes Vektorbündel, also jeden lokal freien kohärenten* $\mathcal{O}_X$-*Modul,* $\mathcal{F}$
auf X *ist*

$$H^i(X, \mathcal{F}(-q)) = 0 \qquad (6.190)$$

für $i = 0, \ldots, n - 1$ *und* $q \gg 0$.

c) *Die Abbildungen* θ^i *für* $i = 1, \ldots, n$ *sind Isomorphismen.*

Beweis. Die Funktoren $\mathcal{F} \mapsto \operatorname{Ext}^i_{\mathcal{O}_X}(\mathcal{F}, \omega^\circ_X)$ und $\mathcal{F} \mapsto H^{n-i}(X, \mathcal{F})'$ sind δ-Funktoren auf der Kategorie der kohärenten $\mathcal{O}_X$-Moduln, die für $i = 0$ mit θ^0 isomorph und beide linksexakt und kontravariant sind.

Der Funktor $\operatorname{Ext}^i_{\mathcal{O}_X}(\mathcal{F}, \omega^\circ_X)$ ist durch $\mathcal{E} \to \mathcal{F} \to 0$ auslöschbar, wobei $\mathcal{E} = \bigoplus \mathcal{O}_X(-d_i)$ ist. Man hat ja

$$\operatorname{Ext}^i_{\mathcal{O}_X}(\mathcal{O}_X(-d_i), \omega^\circ_X) = \operatorname{Ext}^i_{\mathcal{O}_X}(\mathcal{O}_X, \omega^\circ_X(d_i)) = H^i(X, \omega^\circ_X(d_i)). \qquad (6.191)$$

Wählt man $d_i \gg 0$, so werden alle $H^i(X, \omega^\circ_X(d_i)) = 0$ für $i > 0$, und mithin ist auch $\operatorname{Ext}^i_{\mathcal{O}_X}(\mathcal{E}, \omega^\circ_X) = 0$. Dass man in der Auslöschungssequenz die d_i beliebig groß wählen kann, ist klar. Also ist der Ext-Funktor universell, und die behaupteten Abbildungen existieren.

Gilt nun die Aussage c), sind also die θ^i alle Isomorphismen, so sind für ein Vektorbündel $\mathcal{F}$ alle

$$H^i(X, \mathcal{F}(-q))' = \operatorname{Ext}^{n-i}_{\mathcal{O}_X}(\mathcal{F}(-q), \omega^\circ_X) =$$
$$= \operatorname{Ext}^{n-i}_{\mathcal{O}_X}(\mathcal{O}_X, \mathcal{F}^\vee \otimes \omega^\circ_X(q)) = H^{n-i}(X, \mathcal{F}^\vee \otimes \omega^\circ_X(q)). \quad (6.192)$$

Es ist aber dann $H^{n-i}(X, \mathcal{F}^\vee \otimes \omega^\circ_X(q)) = 0$ für $i < n$ und $q \gg 0$, weil genügend hohe Vertwistungen kohärenter Garben verschwindende Kohomologie haben. Also folgt b) aus c).

Gilt umgekehrt b), so ist für alle $\mathcal{E} = \bigoplus \mathcal{O}_X(-d_i)$ mit dem $\mathcal{E}$ aus der Auslöschungssequenz oben: $H^{n-i}(X, \mathcal{E}) = 0$ für $i > 0$, wenn alle $d_i \gg 0$ sind. Also ist $\mathcal{F} \to H^{n-i}(X, \mathcal{F})'$ auslöschbar, damit universell, und alle θ^i sind Isomorphismen.

Wir haben also jetzt die Äquivalenz von b) und c) gezeigt.

Es bleibt die Äquivalenz von a) und b): Es ist äquivalent $H^p(X, \mathcal{F}(-d)) = 0$ mit

$$H^p(\mathbb{P}^N, i_*\mathcal{F}(-d)) = 0$$

für $p = 0, \ldots, n - 1$. Letzteres ist äquivalent zu $\operatorname{Ext}^{N-p}_{\mathcal{O}_\mathbb{P}}(i_*\mathcal{F}(-d), \omega_\mathbb{P}) = 0$ für $p = 0, \ldots, n - 1$, also $\operatorname{Ext}^q_{\mathcal{O}_\mathbb{P}}(i_*\mathcal{F}(-d), \omega_\mathbb{P}) = 0$ für $q = r + 1, \ldots, N$.

Nun ist für genügend große $d \gg 0$

$$\operatorname{Ext}^q_{\mathcal{O}_\mathbb{P}}(i_*\mathcal{F}(-d), \omega_\mathbb{P}) = \operatorname{Ext}^q_{\mathcal{O}_\mathbb{P}}(i_*\mathcal{F}, \omega_\mathbb{P}(d)) = \Gamma(\mathbb{P}^N, \mathcal{E}xt^q_{\mathcal{O}_\mathbb{P}}(i_*\mathcal{F}, \omega_\mathbb{P}(d))), \qquad (6.193)$$

und die Garbe $\mathcal{E}xt^q_{\mathcal{O}_\mathbb{P}}(i_*\mathcal{F}, \omega_\mathbb{P}(d))$ ist für alle genügend großen $d \gg 0$ von globalen Schnitten erzeugt. Also ist $\operatorname{Ext}^q_{\mathcal{O}_\mathbb{P}}(i_*\mathcal{F}(-d), \omega_\mathbb{P}) = 0$ für alle genügend großen d äquivalent mit $\mathcal{E}xt^q_{\mathcal{O}_\mathbb{P}}(i_*\mathcal{F}, \omega_\mathbb{P}(d)) = 0$ für alle genügend großen $d \gg 0$.

Nun ist aber

$$\mathcal{E}xt^q_{\mathcal{O}_\mathbb{P}}(\mathcal{E}, \mathcal{G})_x = \operatorname{Ext}^q_{\mathcal{O}_{\mathbb{P},x}}(\mathcal{E}_x, \mathcal{G}_x).$$

Also ist b) äquivalent zu

$$(*) \quad \text{Ext}^q_{\mathcal{O}_{\mathbb{P},x}}(i_*\mathcal{F}_x, (\omega_{\mathbb{P}}(d))_x) = 0$$

für alle $q = r+1, \ldots, N$ und $d \gg 0$.

Es sei nun für $x \in X$, abgeschlossener Punkt, immer $A = \mathcal{O}_{\mathbb{P},x}$ und $A/\mathfrak{a} = \mathcal{O}_{X,x}$ sowie $M = i_*\mathcal{F}_x$. Dann ist b) wegen $(*)$ und Lemma 6.15.4 äquivalent zu $\text{pd}_A M \leqslant r$, also zu $\text{depth}_A M \geqslant N - r = n$.

Andererseits ist M ein freier $A/\mathfrak{a}$-Modul, so dass $\text{depth}_A M \geqslant n$ äquivalent zu $\text{depth}_{A/\mathfrak{a}} A/\mathfrak{a} \geqslant n$ ist. Wegen $n \geqslant \dim A/\mathfrak{a} \geqslant \text{depth}_{A/\mathfrak{a}} A/\mathfrak{a} \geqslant n$ ist dies sogar äquivalent mit „X ist n-equidimensionales Cohen-Macaulayschema". $\qquad \square$

Theorem 6.15.2

Es sei $X \subseteq \mathbb{P}^N_k$ ein r-kodimensionales Unterschema und lokal vollständiger Durchschnitt. Es sei $n = N - r = \dim X$ und $X = V(\mathcal{J})$. Dann gilt die Gleichheit

$$\omega^o_X \cong \omega_{\mathbb{P}|k} \otimes \bigwedge^r (\mathcal{J}/\mathcal{J}^2)^{\vee} . \tag{6.194}$$

Beweis. Für einen abgeschlossenen Punkt $x \in X$ ist $\mathcal{O}_{X,x} = \mathcal{O}_{\mathbb{P},x}/(f_1, \ldots, f_r)$. Da $\mathcal{O}_{\mathbb{P},x}$ C.M. Ring ist, $f_1, \ldots, f_r \in \mathcal{O}_{\mathbb{P},x}$ eine reguläre Folge in $\mathcal{O}_{\mathbb{P},x}$, und $\mathcal{O}_{X,x}$ ist auch ein C.M. Ring mit $\dim \mathcal{O}_{X,x} = N - r = n$.

Also ist X ein equidimensionales C.M.-Schema, und man hat $\omega^o_X = \mathcal{E}xt^r_{\mathcal{O}_{\mathbb{P}}}(\mathcal{O}_X, \omega_{\mathbb{P}})$.

Da der Koszul-Komplex $K_\bullet(f_i, \mathcal{O}_{\mathbb{P},x})$ exakt ist und aus noetherschen Moduln besteht, ist er auch in einer geeigneten affinen Umgebung $U \ni x$ von x exakt.

Es sei also $U = \text{Spec}(A)$ und $X \cap U = V(I)$ mit $I = (f_1, \ldots, f_r)$ und $f_1, \ldots, f_r$ eine reguläre Folge für A. Der Koszul-Komplex $K_\bullet(f_1, \ldots, f_r) \to A/I \to 0$ ist also eine projektive Auflösung von A/I, und es ist I/I^2 ein lokal freier A/I-Modul vom Rang r.

Es ist dann

$$\mathcal{E}xt^r_{\mathcal{O}_{\mathbb{P}}}(\mathcal{O}_X, \omega_{\mathbb{P}})|_U = (h^r(\text{Hom}_A(K_\bullet(f_1, \ldots, f_r), A)) \otimes_A L)^{\tilde{}},$$

wobei $\tilde{L} = \omega_{\mathbb{P}}|_U$ ist.

Nun ist $h^r(\text{Hom}_A(K_\bullet(f_1, \ldots, f_r), A)) = A/(f_1, \ldots, f_r) = A/I$. Wählt man statt $f_1, \ldots, f_r$ eine reguläre Folge $g_1, \ldots, g_r \in I$ als Basis mit $f_i = \sum a^j_i g_j$, so hat man einen Morphismus von Koszul-Komplexen:

$$\begin{array}{ccc} K_\bullet(f_i) \longrightarrow & A/I \longrightarrow & 0 \\ \Big\downarrow \varphi_\bullet & \Big\downarrow = & \\ K_\bullet(g_i) \longrightarrow & A/I \longrightarrow & 0 \end{array} \tag{6.195}$$

Ist $K_1(f_1, \ldots, f_r) = Ae_1 + \cdots + Ae_r$ und $K_1(g_1, \ldots, g_r) = Ae'_1 + \cdots + Ae'_r$, so wird φ_1 durch $e_i \mapsto \sum a^j_i e'_j$ gebildet.

Entsprechend ist $\varphi_r : K_r(\underline{f}) \to K_r(\underline{g})$ gegeben durch

$$\varphi_r = \bigwedge^r \varphi_1 = \det(a^j_i) .$$

Andererseits transformiert sich $\bigwedge^r I/I^2$ mit $\det(a^j_i + I)$, wenn man von $I = (g_1, \ldots, g_r)$ zu $I = (f_1, \ldots, f_r)$ übergeht, denn es ist

$$(f_1 + I^2) \wedge \cdots \wedge (f_r + I^2) = \det(a^j_i + I)(g_1 + I^2) \wedge \cdots \wedge (g_r + I^2) .$$

Also transformiert sich $\text{Hom}_{A/I}(\bigwedge^r I/I^2, A/I)$ mit $\det(a_i^j + I)$ beim Übergang von $I = (f_1, \ldots, f_r)$ nach $I = (g_1, \ldots, g_r)$. Dies ist dieselbe Varianz, wie oben bei φ_r beobachtet.

Es ist also

$$\mathcal{E}xt^r_{\mathcal{O}_\mathbb{P}}(\mathcal{O}_X, \omega_\mathbb{P})|_U = \left(\text{Hom}_{A/I} \left(\bigwedge^r I/I^2, A/I \right) \otimes_A L \right)^{\sim},$$

also global

$$\mathcal{E}xt^r_{\mathcal{O}_\mathbb{P}}(\mathcal{O}_X, \omega_\mathbb{P}) = \bigwedge^r (\mathcal{I}/\mathcal{I}^2)^\vee \otimes \omega_\mathbb{P}.$$

$\qquad\qquad\qquad\qquad\qquad\qquad\qquad\qquad\qquad\qquad\qquad\qquad\qquad\qquad$ $\square$

Korollar 6.15.1

Es sei X eine reguläre projektive Varietät mit $\dim X = n$ über einem algebraisch abgeschlossenen Körper k. Dann ist $\omega^o_X = \omega_X = \bigwedge^n \Omega_{X|k}$.

Beweis. Es ist $X = V(\mathcal{I}) \subseteq \mathbb{P}^N_k$ ein lokal vollständiger Durchschnitt und erfüllt daher die Bedingungen des vorigen Theorems. Weiterhin ist $\bigwedge^{N-n} \mathcal{I}/\mathcal{I}^2 \otimes_{\mathcal{O}_X} \bigwedge^n \Omega_{X|k} = \bigwedge^N \Omega_{\mathbb{P}^n_k|k} = \omega_{\mathbb{P}^N_k}$. $\qquad\qquad\qquad\qquad\qquad\qquad\qquad\qquad\qquad\qquad\qquad$ $\square$

6.15.3 Explizite Berechnung von Kohomologiegruppen

Den elementaren Dualitätssatz 6.15.1, in dem (6.178) auch für einen beliebigen noetherschen Ring $k = A$ gilt, kann man nutzen, um $H^i(X, \mathcal{F})$ für $X = \mathbb{P}^n_A$, mit A noetherscher Ring, und $i = 0, \ldots, n$ für eine kohärente Garbe $\mathcal{F}$ auf X zu berechnen. Man geht dazu wie folgt vor:

Man findet einen endlich erzeugten S-Modul M für $S = A[x_0, \ldots, x_n]$, für den $\widetilde{M} = \mathcal{F}$ gilt. Man bestimmt eine freie Auflösung von M mit $m \geqslant n$:

$$F^{m+1} \to F^m \to \cdots \to F^1 \to F^0 \to M \to 0$$

Jedes F^i ist dabei von der Form $\bigoplus S(-d_{ij})$, wobei die $d_{ij} > 0$ gewählt werden können.

Aus der langen exakten Kohomologiesequenz

$$0 \to H^0(X, \mathcal{F}') \to H^0(X, \mathcal{F}) \to H^0(X, \mathcal{F}'') \to$$
$$\to H^1(X, \mathcal{F}') \to \cdots \to$$
$$\to H^n(X, \mathcal{F}') \to H^n(X, \mathcal{F}) \to H^n(X, \mathcal{F}'') \to 0 \quad (6.196)$$

liest man ab, dass für kohärente Garben $\mathcal{F}$ auf X der Funktor $\mathcal{F} \to H^n(X, \mathcal{F})$ kovariant und rechtsexakt ist. Sein i-ter derivierter Funktor ist $H^{n-i}(X, \mathcal{F})$ mit $H^i(X, \mathcal{F}) = 0$ für $i < 0$. Er ist auslöschbar, da einerseits $H^{n-i}(X, \mathcal{E}) = 0$ für $i > 0$ und $\mathcal{E} = \bigoplus_j \mathcal{O}_X(-d_j)$ mit $d_j > 0$. Andererseits existiert stets eine Surjektion $\mathcal{E} \to \mathcal{F} \to 0$ für ein geeignetes solches $\mathcal{E}$.

Insbesondere sind die Garben $\widetilde{F}^p$ auch azyklisch für $H^{n-i}(X, \mathcal{F})$.

Also gilt

$$
\begin{aligned}
H^{n-i}(X, \mathcal{F}) = h^i(H^n(X, \widetilde{F}^\bullet)) = \\
= h^i(\operatorname{Hom}_{\mathcal{O}_X}(\widetilde{F}^\bullet, \mathcal{O}_X(-n-1))') = h^i(\operatorname{Hom}_S(F^\bullet, S(-n-1))'_0) \quad (6.197)
\end{aligned}
$$

für $i = 0, \ldots, n$. Dabei stehe M' für $\operatorname{Hom}_A(M, A)$ für einen A-Modul M. Die zweite Gleichheit folgt aus $M'' = M$ für freie A-Moduln, wie es die $H^n(X, \widetilde{F}^p)$ sind, und aus der allgemeinen Dualität für $\mathbb{P}_A^n$.

Notiz 6.15.1

Der Modul $\operatorname{Hom}_S(M, N)$ *ist für gradierte S-Moduln M, N selbst $\mathbb{Z}$-gradiert. Mit* $\operatorname{Hom}_S(M, N)_0$ *ist seine Komponente vom Grad 0 gemeint.*

Für diese Komponente gilt, wie im Folgenden immer benutzt:

$$
\begin{aligned}
\operatorname{Hom}_{\mathcal{O}_X}(\mathcal{O}_X(k), \mathcal{O}_X(l)) = \operatorname{Hom}_{\mathcal{O}_X}(\mathcal{O}_X, \mathcal{O}_X(l-k)) = \\
= \Gamma(X, \mathcal{O}_X(l-k)) = S_{l-k} = \operatorname{Hom}_S(S(k), S(l))_0
\end{aligned}
$$

Die $\operatorname{Hom}_S(F^i, S(-n-1))'_0$ sind freie A-Moduln von endlichem Rang, denn es ist ja

$$
\operatorname{Hom}_S(S(-d_{ij}), S(-n-1))'_0 \cong S(-n-1)'_{d_{ij}} = S'_{d_{ij}-n-1}.
$$

Die Abbildungen zwischen diesen Moduln gehen auf explizit bestimmbare Weise aus den Abbildungen $F^i \to F^{i-1}$ hervor. Es sei nämlich $F^i = \bigoplus_k S(-d_{ik})$ und $F^{i-1} = \bigoplus_j S(-d_{i-1,j})$. Es gelte

$$
\begin{array}{ccc}
\bigoplus_k S(-d_{ik}) & \longrightarrow & \bigoplus_j S(-d_{i-1,j}) \\
\downarrow & & \downarrow \\
S(-d_{ik}) & \xrightarrow{\cdot p_{jk}} & S(-d_{i-1,j})
\end{array}
$$

mit Polynomen p_{jk} vom Grad $\deg(p_{jk}) = -d_{i-1,j} + d_{i,k}$.

Man hat dann weiter

$$
\begin{array}{ccc}
\operatorname{Hom}_S(\bigoplus_k S(-d_{ik}), S(-n-1))_0 & \longleftarrow & \operatorname{Hom}_S(\bigoplus_j S(-d_{i-1,j}), S(-n-1))_0 \\
\downarrow & & \downarrow \\
\operatorname{Hom}_S(S, \bigoplus_k S(d_{ik}-n-1))_0 & \longleftarrow & \operatorname{Hom}(S, \bigoplus_j S(d_{i-1,j}-n-1))_0 \\
\downarrow & & \downarrow \\
S_{d_{ik}-n-1} & \xleftarrow{\cdot p_{jk}} & S_{d_{i-1,j}-n-1}
\end{array}
$$

und schließlich die Dualisierung dazu:

$$
S'_{d_{ik}-n-1} \xrightarrow{p'_{jk}} S_{d_{i-1,j}-n-1}
$$

6.15.4 Bottsche Formel

Lemma 6.15.5
Es sei X ein Schema und $\mathcal{E}$ ein lokal freier $\mathcal{O}_X$-Modul vom Rang n.
  Dann ist

$$\overset{p}{\bigwedge}\mathcal{E} \otimes \overset{n-p}{\bigwedge}\mathcal{E} = \overset{n}{\bigwedge}\mathcal{E} \tag{6.198}$$

oder auch für $\mathcal{E}^\vee$:

$$\overset{p}{\bigwedge}\mathcal{E}^\vee = \overset{n-p}{\bigwedge}\mathcal{E} \otimes \overset{n}{\bigwedge}\mathcal{E}^\vee \tag{6.199}$$

Lemma 6.15.6
Es sei $X = \mathbb{P}_A^r$ der projektive Raum über einem Körper A.
  Dann ist

$$H^q(X,\Omega_{X|A}^p(k)) \cong H^{r-q}(X,\Omega_{X|A}^{r-p}(-k)). \tag{6.200}$$

Beweis. Es ist

$$H^q(X,\Omega_{X|A}^p(k)) = \mathrm{Ext}_{\mathcal{O}_X}^{r-q}(\Omega_{X|A}^p(k),\Omega_{X|A}^r)' =$$
$$= \mathrm{Ext}_{\mathcal{O}_X}^{r-q}(\mathcal{O}_X,\left(\Omega_{X|A}^p\right)^\vee(-k)\otimes\Omega_{X|A}^r)' = H^{r-q}(X,\Omega_{X|A}^{r-p}(-k))', \tag{6.201}$$

wobei die letzte Gleichheit aus dem vorigen Lemma für $\mathcal{E} = \Omega_{X|A}$ und $n = r$ folgt. $\square$

Proposition 6.15.2 (Bottsche Formel)
Es sei $X = \mathbb{P}_A^r$ der projektive Raum über einem Körper A. Weiter sei $\Omega_{X|A}^p = \overset{p}{\bigwedge}\Omega_{X|A}$.
  Dann existieren exakte Sequenzen:

$$0 \to \Omega_{X|A}^p(p) \to \mathcal{O}_X^{\oplus\binom{r+1}{p}} \to \Omega_{X|A}^{p-1}(p) \to 0, \tag{6.202}$$

und es ist

1. $H^q(X,\Omega_{X|A}^p(k)) = A$ für $0 \leqslant q = p \leqslant r$ und $k = 0$,

2. $H^0(X,\Omega_{X|A}^p(k)) = A^{h_{0pk}}$ für $k > p$ und $h_{0pk} = \binom{k+r-p}{k}\binom{k-1}{p}$,

3. $H^r(X,\Omega_{X|A}^p(k)) = A^{h_{rpk}}$ für $k < p - r$ mit $h_{rpk} = \binom{-k+p}{-k}\binom{-k-1}{r-p}$,

4. $H^q(X,\Omega_{X|A}^p(k)) = 0$ sonst.

Beweis. Man betrachte die exakte Sequenz (5.136)

$$0 \to \Omega_{X|A}^p \to \overset{p}{\bigwedge}\mathcal{E} \to \Omega_{X|A}^{p-1} \to 0$$

mit $\mathcal{E} = \mathcal{O}_X(-1)^{\oplus(r+1)}$. Es ist dann $\bigwedge^p\mathcal{E} = \mathcal{O}_X(-p)^{\oplus\binom{r+1}{p}}$, und durch Vertwisten mit $\mathcal{O}_X(p)$ entsteht die Sequenz (6.202).

Wir beginnen jetzt, diese Sequenzen auszuwerten mit $p = r + 1$, also

$$\Omega^r_{X|A}(r + 1) = \mathcal{O}_X$$

oder

$$\Omega^r_{X|A}(k) = \mathcal{O}_X(k - r - 1).$$

Es ist dann

$$H^r(X, \Omega^r_{X|A}(k)) = H^r(X, \mathcal{O}_X(k - r - 1)) = \binom{-k + r}{r} = \binom{-k + r}{-k} = h_{rrk},$$

wie oben angegeben für $k < r - r = 0$. Für $k > 0$ ist $H^r(X, \Omega^r_{X|A}(k)) = H^r(X, \mathcal{O}_X(k - r - 1)) = 0$, wie behauptet, und schließlich ist auch $H^r(X, \Omega^r_{X|A}) = H^r(X, \mathcal{O}_X(-r - 1)) = A$.

Weiterhin ist

$$H^0(X, \Omega^r_{X|A}(k)) = H^0(X, \mathcal{O}_X(k - r - 1)) = \binom{k - r - 1 + r}{r} = \binom{k - 1}{r} = h_{0rk},$$

wie oben angegeben für $k > r$. Für $k \leqslant r$ ist

$$H^0(X, \Omega^r_{X|A}(k)) = H^0(X, \mathcal{O}_X(k - r - 1)) = 0.$$

Damit ist der Satz für $p = r$ und alle ganzen q, k gezeigt.

Als nächstes nehmen wir uns $p = r - 1$ vor und benutzen die Sequenz:

$$0 \to \Omega^r_{X|A}(k + r) \to \mathcal{O}_X(k)^{\oplus r+1} \to \Omega^{r-1}_{X|A}(k + r) \to 0$$

Es ergibt sich als Teil der zugehörigen langen exakten Kohomologiesequenz:

$$0 \to H^{r-1}(X, \Omega^{r-1}_{X|A}(k + r)) \to H^r(X, \Omega^r_{X|A}(k + r)) \to H^r(X, \mathcal{O}_X(k)^{r+1})$$

Ist nun $k + r \geqslant 0$, also $k \geqslant -r$, so ist $H^r(X, \mathcal{O}_X(k)) = 0$, man hat also für $k \geqslant 0$ den Isomorphismus

$$H^{r-1}(X, \Omega^{r-1}_{X|A}(k)) = H^r(X, \Omega^r_{X|A}(k)) = \begin{cases} A & \text{für } k = 0 \ , \\ 0 & \text{für } k > 0 \ . \end{cases}$$

Mit den Sequenzen

$$0 \to \Omega^j_{X|A}(k) \to \mathcal{O}_X(k - j)^{\oplus \binom{r+1}{j}} \to \Omega^{j-1}_{X|A}(k) \to 0$$

erhalten wir für $j = r - 1, r - 2, \ldots, 2$

$$H^{j-1}(X, \Omega^{j-1}_{X|A}(k)) = H^j(X, \Omega^j_{X|A}(k)) = \begin{cases} A & \text{für } k = 0 \ , \\ 0 & \text{für } k > 0 \ , \end{cases} \qquad (6.203)$$

da die Kohomologien der mittleren Terme im durchlaufenen Bereich der j verschwinden.

Insbesondere ist

$$H^1(X, \Omega^1_{X|A}(k)) = \begin{cases} A & \text{für } k = 0 \ , \\ 0 & \text{für } k > 0 \ . \end{cases}$$

Nun ist aber wegen der Serre-Dualität in der Form des vorigen Lemmas auch

$$H^1(X, \Omega^1_{X|A}(k)) \cong H^{r-1}(X, \Omega^{r-1}_{X|A}(-k)) \ .$$

So finden wir schließlich $H^{r-1}(X, \Omega_{X|A}^{r-1}(k)) = 0$ für $k < 0$ und damit zusammengefasst

$$H^{r-1}(X, \Omega_{X|A}^{r-1}(k)) = \begin{cases} A & \text{für } k = 0, \\ 0 & \text{sonst.} \end{cases}$$

Nach der obigen Gleichung (6.203) für $j = r-1, r-2, \ldots, 2$ und jetzt für beliebige k ergibt sich daraus

$$H^j(X, \Omega_{X|A}^j(k)) = \begin{cases} A & \text{für } k = 0, \\ 0 & \text{sonst} \end{cases}$$

für $j = 1, \ldots, r-1$.

Nun betrachten wir wieder die Sequenz

$$0 \to \Omega_{X|A}^p(k) \to \mathcal{E} \to \Omega_{X|A}^{p-1}(k) \to 0$$

mit $H^j(X, \mathcal{E}) = 0$ für $j = 1, \ldots, r-1$. So ergibt sich

$$H^{j-1}(X, \Omega_{X|A}^{p-1}(k)) = H^j(X, \Omega_{X|A}^p(k)) \qquad (6.204)$$

für $j = 2, \ldots, p-1$. Für $p = r$ steht rechts immer die Null, und es ist damit

$$H^j(X, \Omega_{X|A}^{r-1}(k)) = 0$$

für $j = 1, \ldots, r-2$. Es sei nun $H^j(X, \Omega_{X|A}^p(k)) = 0$ für $j = 1, \ldots, p-1$ und für ein $p > 2$ schon gezeigt. Mit demselben Schluss und (6.204) folgt dann $H^j(X, \Omega_{X|A}^{p-1}(k)) = 0$ für $j = 1, \ldots, p-2$.

Wegen $H^j(X, \Omega_{X|A}^p(k)) = H^{r-j}(X, \Omega_{X|A}^{r-p}(-k))$ erhalten wir aus $H^j(X, \Omega_{X|A}^p(k)) = 0$ für $j = 1, \ldots, r-2$ und alle k auch $H^j(X, \Omega_{X|A}^1(k)) = 0$ für $j = 2, \ldots, r-1$ und alle k.

Ebenso entsteht aus $H^j(X, \Omega_{X|A}^{r-2}(k)) = 0$ für $j = 1, \ldots, r-3$ und alle k die Beziehung $H^j(X, \Omega_{X|A}^2(k)) = 0$ für $j = 3, \ldots, r-1$ und alle k.

Wir können dies induktiv immer fortsetzen, und es ergibt sich damit für $j = 1, \ldots, r-1$:

$$H^j(X, \Omega_{X|A}^p(k)) = \begin{cases} A & \text{für } p = j \text{ und } k = 0, \\ 0 & \text{für } p \neq j \text{ und } k \text{ beliebig} \end{cases} \qquad (6.205)$$

Es bleibt noch, $H^0(X, \Omega_{X|A}^p(k))$ und $H^r(X, \Omega_{X|A}^p(k))$ für beliebige p, k zu ermitteln. Wir beginnen mit

$$0 \to \Omega_{X|A}^p(k) \to \mathcal{O}_X(k-p)^{\oplus \binom{r+1}{p}} \to \Omega_{X|A}^{p-1}(k) \to 0$$

und entnehmen der langen exakten Kohomologiesequenz:

$$(*) \quad 0 \to H^0(X, \Omega_{X|A}^p(k)) \to H^0(X, \mathcal{O}_X(k-p)^{\oplus \binom{r+1}{p}}) \to$$
$$\to H^0(X, \Omega_{X|A}^{p-1}(k)) \to H^1(X, \Omega_{X|A}^p(k)) \quad (6.206)$$

Wir nehmen $p \geqslant 1$ an und setzen voraus, dass die Formeln im Satz für $p-1$ bereits bewiesen sind. Zunächst ist dann

$$(**) \quad H^1(X, \Omega_{X|A}^p(k)) = 0$$

für $p > 1$. Im Fall $k < p$ ist $H^0(X, \Omega^p_{X|A}(k)) = 0$ für alle p, weil $H^0(X, \mathcal{O}_X(k-p)) = 0$.

Ist $p \geqslant 1$ und $k = p$, so ist $(**)$ ebenfalls erfüllt, und aus der Gleichheit der Ränge des zweiten und dritten Terms in $(*)$

$$\binom{r+1}{p} = \binom{p+r-p+1}{p}\binom{p-1}{p-1}$$

folgt sofort $H^0(X, \Omega^p_{X|A}(p)) = 0$.

Es bleiben also jetzt nur die Fälle $k > p$ und $p \geqslant 1$. Da $(**)$ hier immer gilt, ist lediglich die Identität

$$\binom{r+1}{p}\binom{k-p+r}{r} - \binom{k+r-p+1}{k}\binom{k-1}{p-1} = \binom{k+r-p}{k}\binom{k-1}{p}$$

nachzuweisen.

Die Fälle $H^r(X, \Omega^p_{X|A}(k))$ folgen dann mit der Serre-Dualität.   □

6.16   Formale Funktionen

Sei $X \xrightarrow{f} Y$ eine Schemaabbildung, $y \in Y$ ein Punkt und $\mathcal{F} \in \mathbf{Qco}(X)$ eine quasikohärente Garbe.

Betrachte dann folgendes kartesische Diagramm

$$
\begin{array}{ccc}
X & \xleftarrow{\;v_n\;} & X_n \\
{\scriptstyle f}\downarrow & & \downarrow{\scriptstyle f_n} \\
Y & \xleftarrow{\;p_n\;} & \mathcal{O}_{Y,y}/\mathfrak{m}_y^n
\end{array}
\qquad (6.207)
$$

für jedes $n \in \mathbb{N}$. Es existiert dann eine kanonische Abbildung γ^n:

$$
\begin{array}{ccc}
p_n^* R^i f_* \mathcal{F} & \xrightarrow{\;\gamma^n\;} & R^i f_{n*} v_n^* \mathcal{F} \\
\| & & \| \\
R^i f_* \mathcal{F} \otimes \mathcal{O}_{Y,y}/\mathfrak{m}_y^n & & H^i(X_n, v_n^* \mathcal{F}) \\
& & \| \\
& & H^i(X_n, \mathcal{F}_n)
\end{array}
\qquad (6.208)
$$

Man kann zwei Diagramme (6.207) zu einem Würfel

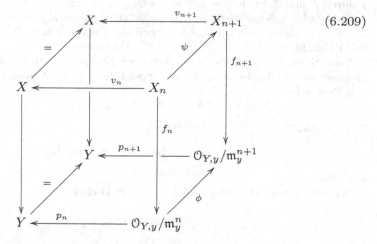

(6.209)

verbinden und erhält durch Anwendung von ϕ^* auf (6.208) für γ^{n+1}

$$\phi^* p_{n+1}^* R^i f_* \mathcal{F} \longrightarrow \phi^* R^i f_{n+1*} v_{n+1}^* \mathcal{F} \qquad (6.210)$$

$$p_n^* R^i f_* \mathcal{F} \longrightarrow R^i f_{n*} \psi^* v_{n+1}^* \mathcal{F} = R^i f_{n*} v_n^* \mathcal{F},$$

wobei Basiswechsel mit ϕ und die Relationen aus (6.209) benutzt wurden.

Wegen (6.210) können wir in (6.208) zum inversen Limes übergehen und erhalten eine wohldefinierte Abbildung

$$(R^i f_* \mathcal{F})_y^{\widehat{}} = \varprojlim_n (R^i f_* \mathcal{F} \otimes \mathcal{O}_{Y,y}/\mathfrak{m}_y^n) \xrightarrow{\ \gamma\ } \varprojlim_n H^i(X_n, \mathcal{F}_n), \quad (6.211)$$

in der links die Komplettierung des $\mathcal{O}_{Y,y}$-Moduls $(R^i f_* \mathcal{F})_y$ steht.

Theorem 6.16.1 (Formale Funktionen)

Es sei $f : X \to Y$ eine projektive Abbildung noetherscher Schemata. Weiter sei $\mathcal{F}$ ein kohärenter $\mathcal{O}_X$-Modul. Dann ist die Abbildung γ von oben ein Isomorphismus.

Beweis. Zunächst können wir Y durch eine offene Umgebung $Y' = \mathrm{Spec}\,(A)$ von $y \in Y$, sowie X durch $f^{-1}(\mathrm{Spec}\,(A)) = X'$ und f durch $f' = f|_{X'}$ ersetzen. Wir nennen dieses neue Tripel von Objekten wieder Y, X, f. Weiterhin betrachten wir dann die flache Basiswechsel-Situation:

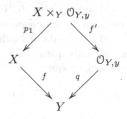

Sie erlaubt es uns, Y durch den lokalen Ring $\mathrm{Spec}\,(\mathcal{O}_{Y,y})$ sowie X durch $X \times_Y \mathcal{O}_{Y,y}$, f durch f' und $\mathcal{F}$ durch $\mathcal{F}' = p_1^* \mathcal{F} = \mathcal{F} \otimes \mathcal{O}_{Y,y}$ zu ersetzen.

Dabei wird offensichtlich $R^i f_* \mathcal{F}_y = q^*(R^i f_* \mathcal{F}) = R^i f_*' \mathcal{F}' = (R^i f_*' \mathcal{F}')_y$, und $H^i(X_n, \mathcal{F}_n)$ bleibt auch unverändert, weil die Faktorisierung $\mathcal{O}_{Y,y}/\mathfrak{m}_y^n \to \mathcal{O}_{Y,y} \to \mathcal{O}_Y(Y)$ die Identität $H^i(X_n, \mathcal{F}_n) = H^i(X_n', \mathcal{F}_n')$ induziert.

Man erkennt dies auch direkt auf dem Cech-Komplex $C^p(\mathfrak{U}, \mathcal{F} \otimes A_{\mathfrak{m}_y}/\mathfrak{m}_y^n A_{\mathfrak{m}_y})$, der zu einer affinen Überdeckung $U_{i_0 \ldots i_p} = \mathrm{Spec}\,(B_{i_0 \ldots i_p})$ von X gehört. Dort kann man den Repräsentanten

$$M_{i_0 \ldots i_p} \otimes_A A_{\mathfrak{m}_y}/\mathfrak{m}_y^n A_{\mathfrak{m}_y}$$

von $\mathcal{F} \otimes A_{\mathfrak{m}_y}/\mathfrak{m}_y^n A_{\mathfrak{m}_y}(U_{i_0 \ldots i_p})$ auch als

$$M_{i_0 \ldots i_p} \otimes_A A_{\mathfrak{m}_y} \otimes_{A_{\mathfrak{m}_y}} A_{\mathfrak{m}_y}/\mathfrak{m}_y^n A_{\mathfrak{m}_y}$$

schreiben.

Schließlich existiert, weil f projektiv ist, ein Dreieck:

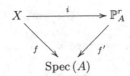

Wir ersetzen nun X durch $\mathbb{P}_A^r$ und f durch f' sowie $\mathcal{F}$ durch $i_* \mathcal{F}$.

Nun ist

$$R^i f_* \mathcal{F} = R^i f_*' i_* \mathcal{F} = R^i f_*' \mathcal{F}'.$$

Man kann dies zum Beispiel aus $R^i f_* \mathcal{F} = H^i(X, \mathcal{F})^{\sim}$ sowie $R^i f_*' i_* \mathcal{F} = H^i(\mathbb{P}_A^r, i_* \mathcal{F})^{\sim}$ und $H^i(X, \mathcal{F}) = H^i(\mathbb{P}_A^r, i_* \mathcal{F})$ folgern. Damit ist gezeigt, dass die linke Seite von (6.211) unverändert bleibt.

Für die rechte Seite geht

$$H^i(X \times_Y A/\mathfrak{m}^n, \mathcal{F} \otimes A/\mathfrak{m}^n)$$

in

$$H^i(\mathbb{P}_A^r \times_Y A/\mathfrak{m}^n, i_* \mathcal{F} \otimes A/\mathfrak{m}^n)$$

über. Dies ist aber gleich

$$H^i(\mathbb{P}_A^r \times_Y A/\mathfrak{m}^n, i_*'(\mathcal{F} \otimes A/\mathfrak{m}^n))$$

mit der aus i abgeleiteten Immersion $i' : X_n \to \mathbb{P}_A^r \times_Y A/\mathfrak{m}^n$.

Man erkennt dies zum Beispiel aus einem Vergleich der Cech-Komplexe, die diese Kohomologien berechnen.

Nun ist aber

$$H^i(\mathbb{P}_A^r \times_Y A/\mathfrak{m}^n, i_*'(\mathcal{F} \otimes A/\mathfrak{m}^n)) = H^i(X_n, \mathcal{F} \otimes A/\mathfrak{m}^n),$$

womit gezeigt ist, dass auch die rechte Seite von (6.211) unverändert bleibt.

Wir zeigen nun die Behauptung durch absteigende Induktion nach dem Index i. Für $i > \dim X$ ist sie sicherlich richtig, da dann beide Seiten zu 0 werden. Sei also die Behauptung für alle kohärenten Garben und für $i+1, i+2, \ldots$ bereits gezeigt.

Wir betrachten nun die kurze exakte Sequenz

$$0 \to \mathcal{K} \to \mathcal{E} \to \mathcal{F} \to 0$$

und die aus ihr entspringenden exakten Sequenzen

$$\mathcal{K}_n \to \mathcal{E}_n \to \mathcal{F}_n \to 0$$

sowie

$$0 \to \mathcal{T}_n \to \mathcal{K}_n \to \mathcal{S}_n \to 0$$

und

$$0 \to \mathcal{S}_n \to \mathcal{E}_n \to \mathcal{F}_n \to 0,$$

wo $\mathcal{E} = \bigoplus \mathcal{O}_X(-n_i)$ ist. Es entsteht dann ein Diagramm

wobei abkürzend $H^i(X_n, \mathcal{F}_n)_n$ für $\varprojlim_n H^i(X_n, \mathcal{F}_n)_n$ geschrieben wurde.

Zunächst sei festgehalten, dass β_1 und β_2 Isomorphismen sind, der Beweis hierfür wird am Ende nachgetragen.

Die obere Zeile in diesem Diagramm ist exakt, weil Komplettierung von endlich erzeugten Moduln über einem noetherschen Ring eine exakte Operation ist.

Die untere Zeile ist exakt, weil $\varprojlim_n$ eine exakte Operation ist, da in den inversen Systemen nur Artinmoduln stehen und deshalb die Mittag-Leffler-Bedingung erfüllt ist.

Der Isomorphismus bei $\mathcal{E}$ ergibt sich aus der Tatsache, dass oben und unten freie A-Moduln vom selben Rang den Operationen $M \mapsto M_y\widehat{\ }$ bzw. $M \mapsto \varprojlim_n M \otimes_A A/\mathfrak{m}^n$ unterworfen werden.

Nun schließt man zunächst ohne Wissen um α^i, dass γ^i immer surjektiv ist. Damit ist auch α^i immer surjektiv, und nach dem subtilen 5-Lemma ist γ^i ein Isomorphismus.

Es bleibt noch zu zeigen, dass β_1, β_2 Isomorphismen sind. Dies folgt aus

$$\varprojlim_n H^p(X_n, \mathcal{T}_n) = 0$$

für alle $p \geqslant 0$. Um dies zu schlussfolgern, müssen wir nur zeigen, dass für jedes $n \geqslant 0$ ein $m(n) > n$ existiert, so dass die Abbildung $\mathcal{T}_m \to \mathcal{T}_n$ für alle $m > m(n)$ die Nullabbildung ist.

Da X noethersch ist, genügt es, dies auf einer offenen, affinen Teilmenge $U = \mathrm{Spec}\,(B) \subseteq X$ zu zeigen. Auf dieser seien $\mathcal{K}, \mathcal{E}, \mathcal{T}_n$ durch die noetherschen B-Moduln K, E, T_n repräsentiert. Es sei $\mathfrak{m} = \mathfrak{m}_y$ das maximale Ideal in A und $\mathfrak{b} = \mathfrak{m}B$.

Es ist dann $0 \to T_n \to K/\mathfrak{b}^n K \to E/\mathfrak{b}^n E$, also $T_n = (K \cap \mathfrak{b}^n E + \mathfrak{b}^n K)/(\mathfrak{b}^n K)$. Das Bild $T_{mn} = \mathrm{im}(T_m \to T_n)$ ist für $m > n$ gleich $(K \cap \mathfrak{b}^m E + \mathfrak{b}^n K)/\mathfrak{b}^n K$. Nach dem Artin-Rees-Lemma ist $K \cap \mathfrak{b}^m E \subseteq \mathfrak{b}^n K$ für jedes $m > m(n)$ und damit für solche m immer $T_{mn} = 0$. $\qquad\square$

Bemerkung 6.16.1

Das Theorem bleibt auch für f eigentlich richtig.

6.17   Halbstetigkeitssätze

6.17.1   Allgemeines

Definition 6.17.1
Sei A ein noetherscher Ring, $Y = \text{Spec}\,(A)$, $f : X \to Y$ ein projektiver Morphismus und $\mathcal{F}$ eine kohärente Garbe auf X, flach über Y. Dann definiere für jeden A-Modul M:

$$T^i(M) = H^i(X, \mathcal{F} \otimes_A M)$$

für alle $i \geqslant 0$.   ◆

Proposition 6.17.1
Jedes T^i ist ein additiver, kovarianter Funktor von A-Moduln nach A-Moduln, der in der Mitte exakt ist. Die Familie $(T^i)_{i \geqslant 0}$ ist ein δ-Funktor.

Proposition 6.17.2
Mit den Annahmen von oben existiert ein Komplex $L^\bullet$ von endlich erzeugten, freien A-Moduln, der nach oben beschränkt ist (d.h. $L^n = 0$ für $n \gg 0$), so dass

$$T^i(M) \cong h^i(L^\bullet \otimes_A M)$$

für alle A-Moduln M, alle $i \geqslant 0$. Der Isomorphismus ist ein Isomorphismus von δ-Funktoren.

Beim Beweis wird zunächst der Cech-Komplex $C^\bullet = C^\bullet(\mathfrak{U}, \mathcal{F})$ herangezogen und aus $\Gamma(U_{i_o,\ldots,i_p}, \mathcal{F} \otimes_A M) = \Gamma(U_{i_0,\ldots,i_p}, \mathcal{F}) \otimes_A M$ auf $C^\bullet(\mathfrak{U}, \mathcal{F} \otimes_A M) = C^\bullet \otimes_A M$ und damit auf $T^i(M) = h^i(C^\bullet \otimes_A M)$ geschlossen.

Schließlich wendet man die folgenden beiden Lemmata an:

Lemma 6.17.1
Sei A ein noetherscher Ring, $C^\bullet$ ein nach oben beschränkter Komplex von A-Moduln, so dass für jedes i der Modul $h^i(C^\bullet)$ ein endlich erzeugter A-Modul ist.

Dann existiert ein Morphismus von Komplexen

$$g : L^\bullet \to C^\bullet$$

mit einem nach oben beschränkten Komplex $L^\bullet$ von endlich erzeugten freien A-Moduln, so dass die induzierte Abbildung

$$h^i(L^\bullet) \to h^i(C^\bullet)$$

ein Isomorphismus für alle i ist.

Beweis. Es sei wie üblich $d^i : C^i \to C^{i+1}$ sowie $Z^i = \ker d^i$ und $B^i = \operatorname{im} d^{i-1}$. Es ist dann $H^i = Z^i/B^i$ ein endlich erzeugter A-Modul. Analog seien Z'^i und B'^i für L^i definiert. Wir nehmen an, dass für $j > i$ bereits L^j gefunden seien, so dass für $j > i+1$ die Gleichheit $Z'^j/B'^j = H^j$ gilt, und außerdem für alle $j > i$ auch $g^j(Z'^j)/(g^j(Z'^j) \cap B^j) = H^j$ erfüllt ist.

Diese Reihe von L^j wollen wir jetzt um ein freies L^i ergänzen, so dass die obigen Aussagen für die verlängerte Reihe weiter gelten.

Wir wählen dazu einen endlich erzeugten freien A-Modul X^i und eine surjektive Abbildung:

$$k : X^i \to (Z'^{i+1}) \cap (g^{i+1})^{-1}(g^{i+1}(Z'^{i+1}) \cap B^{i+1}) =$$
$$= \{z' \in Z'^{i+1} \mid g^{i+1}(z') \in B^{i+1}\}$$

Die Abbildung $g^{i+1} \circ k$ geht dann nach B^{i+1} und kann somit nach C^i geliftet werden. Damit ist eine Abbildung $a^i : X^i \to C^i$ gefunden, für die gilt:

$$g^{i+1} \circ k = d^i \circ a^i$$

Als nächstes nehmen wir noch einen endlich erzeugten freien A-Modul Y^i mit einer Abbildung $b^i : Y^i \to Z^i$, so dass $b^i(Y^i) + B^i = Z^i$ ist. Dies ist wegen H^i endlich erzeugt möglich.

Als Abbildung $l : Y^i \to L^{i+1}$ wählen wir die Nullabbildung.

Es ist dann $L^i = X^i \oplus Y^i$ und $k \oplus l : X^i \oplus Y^i \to L^{i+1}$ die Abbildung d'^i. Als Abbildung g^i fungiert $a^i \oplus b^i$.

Zusammen gilt dann:

$$g^{i+1} \circ d'^i = d^i \circ g^i$$

Damit ist die Kette induktiv nach unten fortgesetzt.

Das folgende Diagramm illustriert die Konstruktion:

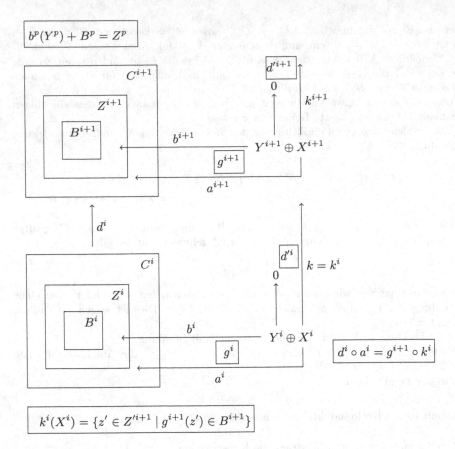

$$b^p(Y^p) + B^p = Z^p$$

$$k^i(X^i) = \{z' \in Z'^{i+1} \mid g^{i+1}(z') \in B^{i+1}\}$$

$$\square$$

Lemma 6.17.2

Es sei $C^\bullet \to L^\bullet$ ein Morphismus von nach oben beschränkten Komplexen und alle C^i, L^i flache A-Moduln. Weiter seien die induzierten Abbildungen $h^i(C^\bullet) \to h^i(L^\bullet)$ allesamt Isomorphismen.

Dann ist für jeden A-Modul M die aus $C^\bullet \otimes_A M \to L^\bullet \otimes_A M$ entspringende Abbildung

$$h^i(C^\bullet \otimes_A M) \overset{\sim}{\to} h^i(L^\bullet \otimes_A M)$$

für jedes i ein Isomorphismus.

Beweis. Für einen freien Modul $M = A^r$ ist dies klar. Es sei nun $M = N''$ in eine Sequenz $0 \to N' \to N \to N'' \to 0$, mit N frei und endlich erzeugt, eingebettet und der Isomorphismus ab $i+1$ aufwärts schon bewiesen.

Es ist nun exakt:

$$
\begin{array}{ccccccccc}
0 & \longrightarrow & C^\bullet \otimes_A N' & \longrightarrow & C^\bullet \otimes_A N & \longrightarrow & C^\bullet \otimes_A N'' & \longrightarrow & 0 \\
& & \downarrow & & \downarrow & & \downarrow & & \\
0 & \longrightarrow & L^\bullet \otimes_A N' & \longrightarrow & L^\bullet \otimes_A N & \longrightarrow & L^\bullet \otimes_A N'' & \longrightarrow & 0
\end{array}
$$

Es folgt der Morphismus langer exakter Sequenzen:

$$h^i(C^\bullet \otimes_A N') \twoheadrightarrow h^i(C^\bullet \otimes_A N) \twoheadrightarrow h^i(C^\bullet \otimes_A N'') \twoheadrightarrow h^{i+1}(C^\bullet \otimes_A N') \twoheadrightarrow h^{i+1}(C^\bullet \otimes_A N)$$
$$\downarrow \alpha \qquad\quad \downarrow \cong \qquad\quad \downarrow \beta \qquad\qquad \downarrow \cong \qquad\qquad \downarrow \cong$$
$$h^i(L^\bullet \otimes_A N') \twoheadrightarrow h^i(L^\bullet \otimes_A N) \twoheadrightarrow h^i(L^\bullet \otimes_A N'') \twoheadrightarrow h^{i+1}(L^\bullet \otimes_A N') \twoheadrightarrow h^{i+1}(L^\bullet \otimes_A N)$$

Die schon bekannten senkrechten Isomorphismen sind eingezeichnet. Aus ihnen erschließt man die Surjektivität von β. Da $M = N''$ beliebig war, ist auch α surjektiv. Damit ist dann β auch injektiv.

Es bleibt noch zu ergänzen, dass jeder Modul $M = \varinjlim_i M_i$ mit endlich erzeugten M_i ist. Nun ist aber

$$h^p(\varinjlim M_i \otimes_A C^\bullet) = \varinjlim h^p(M_i \otimes_A C^\bullet)$$

und analog

$$h^p(\varinjlim M_i \otimes_A L^\bullet) = \varinjlim h^p(M_i \otimes_A L^\bullet).$$

Damit ist das Lemma für allgemeine M gezeigt. $\qquad\qquad\qquad\qquad\qquad\qquad\square$

Für das Folgende führen wir die Moduln

$$W^i(L^\bullet) = \operatorname{coker}(d^{i-1} : L^{i-1} \to L^i) \tag{6.212}$$

ein. Für diese ist

$$W^i(L^\bullet \otimes_A M) = W^i(L^\bullet) \otimes_A M, \tag{6.213}$$

und man hat die Sequenzen:

$$0 \to T^i(M) \to W^i \otimes_A M \to L^{i+1} \otimes_A M \to W^{i+1} \otimes_A M \to 0 \tag{6.214}$$

Proposition 6.17.3
Die folgenden Aussagen sind äquivalent:

a) T^i ist linksexakt.

b) $W^i = W^i(L^\bullet)$ ist ein projektiver A-Modul.

c) Es gibt einen endlich erzeugten A-Modul Q, so dass

$$T^i(M) = \operatorname{Hom}_A(Q, M)$$

für alle M.

Weiterhin ist Q in c) eindeutig bestimmt.

Beweis. Man betrachte für $M' \hookrightarrow M$ das Diagramm:

$$0 \tag{6.215}$$
$$\downarrow$$
$$0 \longrightarrow T^i(M') \longrightarrow W^i \otimes_A M' \longrightarrow L^{i+1} \otimes_A M' \longrightarrow W^{i+1} \otimes_A M' \longrightarrow 0$$
$$\downarrow \qquad\qquad \downarrow \qquad\qquad \downarrow \qquad\qquad \downarrow$$
$$0 \longrightarrow T^i(M) \longrightarrow W^i \otimes_A M \longrightarrow L^{i+1} \otimes_A M \longrightarrow W^{i+1} \otimes_A M \longrightarrow 0$$

Es zeigt die Äquivalenz von a) und b). Die Implikation c) nach a) ist klar, weil der Hom-Funktor in beiden Argumenten linksexakt ist. Umgekehrt, sei a), also b) gegeben, so ist

$$(*) \quad L^{i+1\wedge} \to W^{i\wedge} \to Q \to 0 \tag{6.216}$$

eine exakte Sequenz, die einen Modul Q definiert. Dabei sei $V^\wedge = \mathrm{Hom}_A(V, A)$. Man wende nun $\mathrm{Hom}_A(-, N)$ auf $(*)$ an und erhalte

$$0 \to \mathrm{Hom}_A(Q, N) \to \mathrm{Hom}_A(W^{i\wedge}, N) \to \mathrm{Hom}_A(L^{i+1\wedge}, N).$$

Für einen projektiven Modul V ist aber $\mathrm{Hom}_A(V^\wedge, N) = V \otimes_A N$ und damit c) gezeigt.   □

Proposition 6.17.4

Für jedes M gibt es eine natürliche Abbildung:

$$\varphi : T^i(A) \otimes M \to T^i(M)$$

Für diese sind die folgenden Bedingungen äquivalent:

a) T^i ist rechtsexakt.

b) φ ist surjektiv für alle M.

c) φ ist ein Isomorphismus für alle M.

Beweis. Es ist $M = \mathrm{Hom}_A(A, M)$, und ein $\theta \in \mathrm{Hom}_A(A, M)$ induziert ein $T^i(\theta) \in \mathrm{Hom}_A(T^i(A), T^i(M))$. Damit hat man eine A-lineare Abbildung

$$M \to \mathrm{Hom}_A(T^i(A), T^i(M)),$$

also eine Abbildung

$$\varphi : M \otimes_A T^i(A) \to T^i(M).$$

Für diese Abbildung gilt, dass

$$
\begin{array}{ccc}
\varinjlim_\alpha (M_\alpha \otimes_A T^i(A)) & \longrightarrow & \varinjlim_\alpha (T^i(M_\alpha)) \\
\downarrow{\scriptstyle\cong} & & \downarrow{\scriptstyle\cong} \\
(\varinjlim_\alpha M_\alpha) \otimes_A T^i(A) & \longrightarrow & T^i(\varinjlim_\alpha M_\alpha)
\end{array}
$$

kommutiert und die vertikalen Abbildungen Isomorphismen sind. In b) und c) kann man sich also auf endlich erzeugte M beschränken.

Man betrachte nun für $0 \to M' \to M \to M'' \to 0$, exakt, das Diagramm:

$$
\begin{array}{ccccccccc}
T^i(M') & \longrightarrow & T^i(M) & \longrightarrow & T^i(M'') & \longrightarrow & X & \longrightarrow & 0 \\
\uparrow{\scriptstyle\alpha} & & \uparrow{\scriptstyle\beta} & & \uparrow{\scriptstyle\gamma} & & \uparrow & & \uparrow \\
T^i(A) \otimes M' & \longrightarrow & T^i(A) \otimes M & \longrightarrow & T^i(A) \otimes M'' & \longrightarrow & 0 & \longrightarrow & 0
\end{array}
$$

In ihm sei M'' endlich erzeugt und M frei und endlich erzeugt. Die Abbildung β ist dann immer ein Isomorphismus.

Ist a) richtig, so ist $X = 0$ und γ surjektiv. Also gilt b).

Gilt b), so ist γ surjektiv und damit $X = 0$. Weiterhin ist auch α surjektiv und deshalb γ injektiv und bijektiv. Also gilt c).

Gilt schließlich c), so ist für eine Surjektion $M \to M'' \to 0$ die Abbildung $T^i(M) \to T^i(M'')$ identisch mit $T^i(A) \otimes_A M \to T^i(A) \otimes_A M'' \to 0$, die offenbar surjektiv ist. Also ist T^i rechtsexakt. $\qquad\square$

Korollar 6.17.1

Die folgenden Tatsachen sind äquivalent:

a) T^i *ist exakt.*

b) T^i *ist rechtsexakt, und* $T^i(A)$ *ist ein projektiver* A-*Modul.*

Für jedes $y \in Y$ sei T^i_y die Einschränkung des Funktors $M \to T^i(M)$ auf $A_\mathfrak{p}$-Moduln, wobei $\mathfrak{p} \subset A$ das dem Punkt y korrespondierende Primideal ist. Dann bedeute „T^i ist (links-/rechts-)exakt bei y", dass T^i_y (links-/rechts-)exakt ist. Man beachte, dass für einen $A_\mathfrak{p}$-Modul M gilt:

$$T^i_y(M) = h^i(L^\bullet_\mathfrak{p} \otimes_{A_\mathfrak{p}} M)$$

T^i ist genau dann (links-/rechts-)exakt, wenn alle T^i_y es sind.

Wegen der Kommutativität von Kohomologie und flachem Basiswechsel ist T^i_y identisch mit dem Funktor T^i bezogen auf die Abbildung $f' : X' \to Y'$ und die Garbe $v^*\mathcal{F}$ $(v : X' \to X)$, wobei f' und v durch den flachen Basiswechsel $Y' = \operatorname{Spec}(\mathcal{O}_{Y,y}) \to Y$ entstehen. Daher gelten die Propositionen 6.17.3, 6.17.4 und das Korollar 6.17.1 auch für die T^i_y.

Proposition 6.17.5

Wenn T^i *exakt (resp. rechtsexakt, resp. linksexakt) für ein* $y_0 \in Y$ *ist, so gilt dies auch für alle* y *aus einer geeigneten offenen Umgebung* U *von* y_0.

Theorem 6.17.1

Sei $f : X \to Y$ *ein projektiver Morphismus noetherscher Schemata und* $\mathcal{F}$ *eine kohärente Garbe auf* X, *flach über* Y. *Dann ist für jedes* $i \geqslant 0$ *die Funktion*

$$h^i(y, \mathcal{F}) = \dim_{k(y)} H^i(X_y, \mathcal{F}_y)$$

oberhalbstetig auf Y.

Beweis. Es sei $L^\bullet$ der Komplex mit $h^i(L^\bullet \otimes_A k(y)) = H^i(X_y, \mathcal{F}_y) = T^i(k(y))$. Die 4-Term-Sequenz

$$0 \to h^i(L^\bullet \otimes_A k(y)) \to W^i \otimes_A k(y) \to L^{i+1} \otimes_A k(y) \to W^{i+1} \otimes_A k(y) \to 0 \quad (6.217)$$

ist exakt. Die $\dim_{k(y)} W^i \otimes_A k(y)$ und $\dim_{k(y)} W^{i+1} \otimes_A k(y)$ sind oberhalbstetig mit y, der Ausdruck $\dim_{k(y)} L^{i+1} \otimes_A k(y)$ ist lokal konstant mit y. $\qquad\square$

Korollar 6.17.2

Mit den Bezeichnungen des vorangegangenen Satzes sei zusätzlich Y integral und für ein i die Funktion $h^i(y, \mathcal{F})$ konstant auf Y.

Dann ist $R^i f_*(\mathcal{F})$ lokal frei auf Y, und für jedes y ist die natürliche Abbildung

$$R^i f_*(\mathcal{F}) \otimes k(y) \to H^i(X_y, \mathcal{F}_y)$$

ein Isomorphismus.

Proposition 6.17.6

Es sei für irgendwelche i, y die Abbildung

$$\varphi : T^i(A) \otimes k(y) \to T^i(k(y))$$

surjektiv. Dann ist T^i rechtsexakt bei y.

Beweis. Wir nehmen $Y = \operatorname{Spec}(A)$ mit einem lokalen Ring A und y dem maximalen Ideal $\mathfrak{m} = \mathfrak{m}_y$ an.

Wir zeigen zunächst, dass für einen Artinmodul M die Abbildung

$$(*) \quad \varphi : T^i(A) \otimes_A M \to T^i(M)$$

surjektiv ist. Es sei $0 \to M' \to M \to M'' \to 0$ eine exakte Folge von Artinmoduln, so dass M' und M'' kleinere Länge als M haben.

Aus dem Diagramm

$$
\begin{array}{ccccccc}
T^i(A) \otimes M' & \longrightarrow & T^i(A) \otimes M & \longrightarrow & T^i(A) \otimes M'' & \longrightarrow & 0 \\
\downarrow & & \downarrow & & \downarrow & & \\
T^i(M') & \longrightarrow & T^i(M) & \longrightarrow & T^i(M''), & &
\end{array}
$$

in dem die äußeren vertikalen Pfeile kraft Induktion surjektiv sind, entnimmt man die Surjektivität auch des mittleren vertikalen Pfeils.

Also ist $(*)$ surjektiv für alle A-Artinmoduln. Insbesondere ist für einen endlich erzeugten A-Modul M

$$\varphi_n : T^i(A) \otimes (M \otimes A/\mathfrak{m}^n) \to T^i(M \otimes A/\mathfrak{m}^n) \to 0$$

surjektiv. Da links und damit in $\ker \varphi_n$ nur Artinmoduln stehen, ist für $\varprojlim_n$ die Mittag-Leffler-Bedingung erfüllt, und die Surjektivität überträgt sich auf den inversen Limes:

$$(T^i(A) \otimes M)\hat{} \to \varprojlim_n T^i(M \otimes A/\mathfrak{m}^n) = T^i(M)\hat{}$$

Dabei gilt die Gleichung rechts aufgrund des Satzes über formale Funktionen für $\mathcal{F} \otimes M$ als Garbe auf X.

Da aber $\hat{N} = N \otimes_A \hat{A}$ und $\hat{A}$ ein treuflacher A-Modul ist, ist damit auch $(*)$ für jeden endlich erzeugten A-Modul M surjektiv.

Wir hatten bereits gesehen, dass daraus „T^i rechtsexakt" folgt. Weil wir am Anfang Y durch den lokalen Ring $\mathcal{O}_{Y,y}$ ersetzt hatten, bedeutet dies, wie behauptet, die Rechtsexaktheit des ursprünglichen T^i bei y.

$\square$

Proposition 6.17.7

Es sei $f : X \to Y$ ein projektiver Morphismus noetherscher Schemata und $\mathcal{F}$ eine kohärente Garbe auf X, flach über Y. Dann gilt:

1. Wenn die natürliche Abbildung

$$\varphi^i(y) : R^i f_*(\mathcal{F}) \otimes k(y) \to H^i(X_y, \mathcal{F}_y)$$

surjektiv ist, dann ist sie ein Isomorphismus, und dasselbe ist richtig für alle y' in einer geeigneten Umgebung von y.

2. Angenommen $\varphi^i(y)$ sei surjektiv. Dann ist äquivalent:

a) $\varphi^{i-1}(y)$ ist auch surjektiv.

b) $R^i f_*(\mathcal{F})$ ist lokal frei in einer Umgebung von y.

Beweis. Aussage 1.: Nach voriger Proposition ist dann T^i rechtsexakt bei y und damit $T^i(A) \otimes_A M \to T^i(M)$ ein Isomorphismus für alle M.

Aussage 2.: Aus φ^i surjektiv folgt, dass T^i rechtsexakt ist. Also sind für $M' \hookrightarrow M$ im Diagramm

$$
\begin{array}{ccc}
T^i_y(A) \otimes_A M' & \longrightarrow & T^i_y(A) \otimes_A M \\
\downarrow & & \downarrow \\
T^i_y(M') & \longrightarrow & T^i_y(M)
\end{array}
\tag{6.218}
$$

die vertikalen Abbildungen Isomorphismen. Im Falle b) ist $T^i_y(A)$ projektiv und damit T^i_y auch linksexakt. Damit ist T^{i-1}_y rechtsexakt, und es ist φ^{i-1} ein Isomorphismus, also a). Liest man diese Implikation rückwärts, so ergibt sich, dass $T^i_y(A)$ flach, also hier auch projektiv, ist. $\qquad\square$

A. Es ist $f : X \to Y$ eigentlich oder projektiv. $\mathcal{F}$ kohärent auf X, flach über Y. Ohne Beschränkung der Allgemeinheit $Y = \mathrm{Spec}\,(A)$, affin.

B. Es sei $T^i(M) = H^i(X, \mathcal{F} \otimes_A M)$.
Es folgt aus $0 \to M' \to M \to M'' \to 0$ exakt:

$$0 \to \mathcal{F} \otimes_A M' \to \mathcal{F} \otimes_A M \to \mathcal{F} \otimes_A M'' \to 0 \qquad (6.219)$$

ist exakt.

C. Es ist exakt

$$\cdots \to T^{i-1}(M'') \to T^i(M') \to T^i(M) \to T^i(M'') \to T^{i+1}(M') \to \cdots$$
$$(6.220)$$

D. Es gibt einen Komplex $L^\bullet$ aus flachen, endlich erzeugten A-Moduln mit:

$$h^i(L^\bullet \otimes_A M) = T^i(M) = H^i(X, \mathcal{F} \otimes_A M) \qquad (6.221)$$
$$L^{i-1} \to L^i \to W^i \to 0 \qquad (6.222)$$
$$0 \to H^p(X, \mathcal{F}) \to W^p \to L^{p+1} \to W^{p+1} \to 0 \qquad (6.223)$$

$$0 \to H^p(X_y, \mathcal{F}_y) \to W^p \otimes_A k(y) \to$$
$$\to L^{p+1} \otimes_A k(y) \to W^{p+1} \otimes_A k(y) \to 0 \quad (6.224)$$

$$0 \to T^p(M) \to W^p \otimes_A M \to$$
$$\to L^{p+1} \otimes_A M \to W^{p+1} \otimes_A M \to 0 \quad (6.225)$$

Abb. 6.1 Formelsammlung Halbstetigkeitssätze I

6.17.2 Anwendungen

Proposition 6.17.8
Es sei $f : X \to Y$ ein flacher, projektiver Schemamorphismus und Y integral und vom endlichen Typ über k.

Weiter sei X_y integral für alle $y \in Y$ und $\mathcal{E}$ ein Linienbündel auf X mit $\mathcal{E}_y \cong \mathcal{O}_{X_y}$ für alle $y \in Y$.

Dann ist $\mathcal{E} = f^* \mathcal{L}$ für das Linienbündel $\mathcal{L} = f_* \mathcal{E}$ auf Y.

E. Man definiert T_y^i durch den flachen Basiswechsel $\mathrm{Spec}\,(\mathcal{O}_{Y,y}) \to Y$ bzw. durch $T_y^i(M_y) = h^i(L_y^\bullet \otimes_{A_y} M_y)$ (mit M_y beliebiger $\mathcal{O}_{Y,y}$-Modul).

F. Es ist äquivalent:

a) T^i linksexakt.

b) W^i lokal frei.

c) $T^i(M) = \mathrm{Hom}_A(Q^i, M)$ für einen eindeutigen, endlich erzeugten A-Modul Q^i.

d) T^{i-1} rechtsexakt.

e) T_y^i linksexakt für alle $y \in Y$.

G. Es ist äquivalent:

a) T^i rechtsexakt.

b) $T^i(A) \otimes M \to T^i(M)$ Isomorphismus für alle M.

c) $T^i(A) \otimes M \to T^i(M)$ surjektiv für alle M.

d) T^{i+1} linksexakt.

e) T_y^i rechtsexakt für alle $y \in Y$.

H. Es ist $H^i(X, \mathcal{F} \otimes k(y)) = H^i(X_y, \mathcal{F}_y)$.

I. Es ist äquivalent:

a) $T^i(A) \otimes_A k(y) \to T^i(k(y))$ surjektiv für ein y aus Y.

b) T_y^i ist rechtsexakt bei y.

Abb. 6.2 Formelsammlung Halbstetigkeitssätze II

Beweis. Es sei $Y = \mathrm{Spec}\,(A)$ ohne Beschränkung der Allgemeinheit. Nach den Voraussetzungen ist $h^0(X_y, \mathcal{E}_y) = 1$ für alle $y \in Y$, also W^0 und W^1 und damit auch $T^0(A) = H^0(X, \mathcal{E})$ projektiv. Also ist $f_* \mathcal{E} = H^0(X, \mathcal{E})^\sim$ ein lokal freier Modul.

Da W^1 projektiv ist, ist T^1 linksexakt und T^0 rechtsexakt und somit $T^0(A) \otimes_A k(y) = T^0(k(y))$.

Im folgenden Diagramm

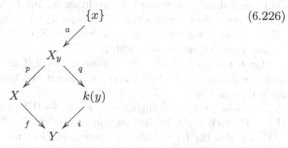

$$(6.226)$$

bedeutet dies $i^* f_* \mathcal{E} \xrightarrow{\sim} q_* p^* \mathcal{E} = k(y)$. Die letzte Gleichheit folgt aus $p^* \mathcal{E} = \mathcal{O}_{X_y}$ und weist $f_* \mathcal{E}$ als Linienbündel aus.

Man hat also jetzt $q^*i^*f_*\mathcal{E} \xrightarrow{\sim} q^*q_*p^*\mathcal{E}$. Da $p^*\mathcal{E} = \mathcal{O}_{X_y}$, folgt $q^*q_*p^*\mathcal{E} = p^*\mathcal{E}$. Zusammen mit $fp = iq$ folgt daher $p^*f^*f_*\mathcal{E} \xrightarrow{\sim} p^*\mathcal{E}$ und daher auch $a^*p^*f^*f_*\mathcal{E} \xrightarrow{\sim} a^*p^*\mathcal{E}$.

Also ist die kanonische Abbildung $f^*f_*\mathcal{E} \to \mathcal{E}$ nach dem Lemma von Nakayama ein Isomorphismus.   □

Korollar 6.17.3

Es sei $f : X \to Y$ wie in der vorigen Proposition, und $\mathcal{L}$, $\mathcal{M}$ seien zwei Linienbündel auf X mit $\mathcal{L}_y \cong \mathcal{M}_y$ für alle $y \in Y$.

Dann ist $\mathcal{L} = \mathcal{M} \otimes_{\mathcal{O}_X} f^*\mathcal{E}$ mit einem Linienbündel $\mathcal{E}$ auf Y.

Proposition 6.17.9

Es sei X ein integres, projektives Schema über einem algebraisch abgeschlossenen Körper k. Es gelte $H^1(X, \mathcal{O}_X) = 0$. Weiter sei T ein zusammenhängendes Schema vom endlichen Typ über k.

Dann gilt:

1. Ist $\mathcal{L}$ ein Linienbündel auf $X \times_k T$, so sind die $\mathcal{L}_t$ auf $X \times \{t\}$ für alle $t \in T$, abgeschlossener Punkt, zueinander isomorph.

2. Es ist

$$\mathrm{Pic}(X \times_k T) = \mathrm{Pic}\, X \times \mathrm{Pic}\, T\,.$$

Beweis. Zunächst 1.: Es seien $p : X \times T \to X$ und $q : X \times T \to T$ die kanonischen Projektionen. Die Abbildung q ist dann projektiv und flach, so dass $\mathcal{L}$ auch flach über T ist. Bezüglich q und lokal freien Garben auf $X \times T$ sind also die Voraussetzungen der Halbstetigkeitssätze erfüllt.

Wir wollen zeigen, dass für ein festes t die Menge der t', für die $\mathcal{L}_t$ und $\mathcal{L}_{t'}$ isomorph sind, eine offene Menge bilden. Da T zusammenhängend ist, sind dann alle $\mathcal{L}_t$ zueinander isomorph.

Man wähle ein festes t und setze $\mathcal{L}_0 = p^*\mathcal{L}_t$. Als nächstes bilde man $\mathcal{M} = \mathcal{L} \otimes \mathcal{L}_0^{-1}$. Es ist $\mathcal{M}_t = \mathcal{O}_{X_t} = \mathcal{O}_X$. Wegen $H^1(X, \mathcal{O}_X) = 0$ ist dann auch $H^1(X \times T, \mathcal{M} \otimes k(t)) = T^1(k(t)) = 0$. Dabei wird $T^1(k(t))$ im Sinne des Abschnitts über die Halbstetigkeitssätze verwendet. Insbesondere ist deshalb auch $T^1(A) \otimes k(t) \to T^1(k(t)) \to 0$ exakt und damit dann auch T^1 rechtsexakt bei t. Also gilt $T_t^1(A) \otimes k(t) = 0$ und deshalb nach dem Lemma von Nakayama $T_t^1(A) = 0$. Dabei ist $\mathrm{Spec}\,(A)$ eine kleine offene, affine Umgebung von t. Wählt man $\mathrm{Spec}\,(A)$ klein genug, so ist $T^1(A) = 0$. Es sei A im Folgenden so gewählt.

Man betrachte nun die Vierersequenz $0 \to T_t^1(A) \to W_t^1 \to L_t^2 \to W_t^2 \to 0$. Da $T_t^1(A)$ rechtsexakt ist, ist T_t^2 linksexakt und damit W_t^2 lokal frei. Da $T_t^1(A) = 0$, ist dann auch W_t^1 lokal frei.

Nun ziehe man die Sequenz $0 \to T_t^0(A) \to W_t^0 \to L_t^1 \to W_t^1 \to 0$ heran. Da wegen $W_t^0 = L_t^0$ auch W_t^0 lokal frei ist, gilt dies auch für $T_t^0(A)$.

Es ist also für $U = \mathrm{Spec}\,(A)$ genügend klein um t und $f : X \times U \to U$ immer $f_*\mathcal{M}|_{X \times U}$ ein freier $\mathcal{O}_U$-Modul. Damit können wir auch festhalten: $q_*\mathcal{M}$ ist ein lokal freier $\mathcal{O}_T$-Modul.

Betrachte für das Folgende das Diagramm

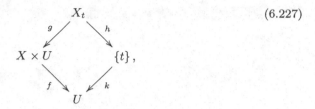

(6.227)

wobei $f = q|_{X \times U}$ sei. Weiter sei $f_* \mathcal{M} = \mathcal{O}_U$. Dann existiert ein Schnitt $s \in \mathcal{M}(X \times U)$, der dem Schnitt $1 \in \mathcal{O}_U(U)$ entspricht. Der Schnitt s verschwindet nicht auf $X \times t$, und seine Verschwindungsmenge $V(s)$ als Schnitt von $\mathcal{M}|_{X \times U}$ ist abgeschlossen in $X \times U$. Da f eine abgeschlossene Abbildung ist, ist $t \notin f(V(s))$, und es gibt daher eine offene Umgebung $t \in V \subseteq U$, so dass s auf $X \times V$ nicht verschwindet. Für diese $t' \in V$ ist damit $\mathcal{M}|_{X \times t'}$ isomorph zu $\mathcal{O}_{X_{t'}} = \mathcal{O}_X$.

2. Betrachte die Abbildung

$$\theta : \operatorname{Pic} X \times \operatorname{Pic} T \to \operatorname{Pic}(X \times_k T) \quad (\mathcal{L}, \mathcal{M}) \mapsto p^* \mathcal{L} \otimes q^* \mathcal{M}.$$

Es sei nun $\mathcal{E}$ ein Linienbündel auf $X \times T$ und $\mathcal{E}_t = \mathcal{L}$ mit einem Linienbündel $\mathcal{L}$ auf X. Es sei $\mathcal{N} = \mathcal{E} \otimes (p^* \mathcal{L})^\vee$, so dass $\mathcal{N}_t = \mathcal{O}_X$ für alle abgeschlossenen $t \in T$ ist. Nach 1. ist $q_* \mathcal{N}$ ein Linienbündel auf T, und man hat einen Morphismus $q^* q_* \mathcal{N} \to \mathcal{N}$, der sich wegen $(q^* q_* \mathcal{N})_t = \mathcal{O}_X = (\mathcal{N})_t$ für alle abgeschlossenen $t \in T$ mit dem Nakayama-Lemma wie in Proposition 6.17.8 als Isomorphismus herausstellt.

Also gilt mit $\mathcal{M} = q_* \mathcal{N}$ die Beziehung $\mathcal{E} \otimes (p^* \mathcal{L})^\vee = q^* \mathcal{M}$ oder $\mathcal{E} = p^* \mathcal{L} \otimes q^* \mathcal{M}$. Damit ist θ surjektiv.

Ist umgekehrt $\mathcal{O}_{X \times T} \cong \mathcal{E} = p^* \mathcal{L} \otimes q^* \mathcal{M}$, so ist $\mathcal{E}_t \cong \mathcal{L} \cong \mathcal{O}_X$, und $\mathcal{L}$ ist trivial in $\operatorname{Pic} X$. Es ist also $\mathcal{E} \cong q^* \mathcal{M}$, und mit dem Projektionssatz gilt $q_* \mathcal{E} \cong \mathcal{M} \otimes q_*(\mathcal{O}_{X \times T})$, also $\mathcal{M} \cong \mathcal{O}_T$ trivial in $\operatorname{Pic} T$. Damit ist θ auch injektiv, also bijektiv. $\qquad \square$

Literaturverzeichnis

[1] ATIYAH, M. F. ; MACDONALD, I. : *Introduction to commutative algebra.* Reading, Mass.-Menlo Park, Calif.- London-Don Mills , Ont.: Addison- Wesley Publishing Company, 1969

[2] BUCUR, I. ; DELEANU, A. : *Introduction to the theory of categories and functors.* Pure and Applied Mathematics. Vol. XIX. London-New York-Sydney: John Wiley and Sons Ltd. X, 224 p., 1968

[3] CORNELL, G. (Hrsg.) ; SILVERMAN, J. H. (Hrsg.): *Arithmetic geometry. (Papers presented at the Conference held from July 30 through August 10, 1984 at the University of Connecticut in Storrs).* New York etc.: Springer-Verlag. XV, 353 p., 1986

[4] DIEUDONNÉ, J. : *Algebraic geometry.* University of Maryland, Department of Mathematics, Lecture Notes No.1. Cambridge, Mass.: Harvard University, Dept. of Mathematics. II, 105 p., 1962

[5] EISENBUD, D. : *Commutative algebra. With a view toward algebraic geometry.* Graduate Texts in Mathematics. 150. Berlin: Springer-Verlag, 1995

[6] FREYD, P. : *Abelian categories. An introduction to the theory of functors.* Harper's Series in Modern Mathematics. New York-Evanston-London: Harper and Row, Publishers., 1964

[7] FRIEDLEIN, G. (Hrsg.): *Procli Diadochi in primum Euclidis Elementorum librum commentarii. Ex recognitione Godofredi Friedlein.* Leipzig: Teubner, 1873

[8] FULTON, W. : *Intersection theory. 2nd ed.* Ergebnisse der Mathematik und ihrer Grenzgebiete. 3. Folge. 2. Berlin: Springer. xiii, 470 p., 1998

[9] GODEMENT, R. : *Topologie algébrique et théorie des faisceaux. Troisième éd. revue et corrigée.* Actualités scientifiques et industrielles. 1252. Publications de l'Institut de Mathématique de l'Université de Strasbourg. XIII. Paris: Hermann. VIII, 283 p., 1973

[10] GROTHENDIECK, A. : Sur quelques points d'algèbre homologique. In: *Tohoku Math. J., II. Ser.* 9 (1957), S. 119–221

[11] GROTHENDIECK, A. : *Éléments de géométrie algébrique. IV: Étude locale des schémas et des morphismes de schémas. (Troisième partie). Rédigé avec la colloboration de Jean Dieudonné.* Bd. 28. Springer, Berlin/Heidelberg; Institut des Hautes Études Scientifiques, Bures-sur-Yvette, 1966. – 1–255 S.

[12] GROTHENDIECK, A. ; DIEUDONNÉ, J. A.: *Éléments de géométrie algébrique. I.* Die Grundlehren der mathematischen Wissenschaften. 166. Berlin-Heidelberg-New York: Springer-Verlag. IX, 466 p., 1971

[13] HARTSHORNE, R. : *Algebraic Geometry. Corr. 3rd printing.* Graduate Texts in Mathematics, 52. New York-Heidelberg-Berlin: Springer- Verlag. XVI, 496 p., 1983

[14] KATZ, N. M. ; MAZUR, B. : *Arithmetic moduli of elliptic curves.* Bd. 108. Princeton University Press, Princeton, NJ, 1985

[15] LANG, S. : *Algebra.* Addison-Wesley, 526 p., 1971

[16] MATSUMURA, H. : *Commutative algebra.* Mathematics Lecture Note Series. New York: W. A. Benjamin, Inc. xii, 262 p., 1970

© Springer-Verlag GmbH Deutschland, ein Teil von Springer Nature 2019
J. Böhm, *Kommutative Algebra und Algebraische Geometrie*,
https://doi.org/10.1007/978-3-662-59482-7

[17] MILNE, J. : *Étale cohomology.* Princeton Mathematical Series. 33. Princeton, New Jersey: Princeton University Press. XIII, 323 p., 1980

[18] MUMFORD, D. : *Introduction to Algebraic Geometry.* Xerox copy. – Preliminary version of first 3 Chapters

[19] MUMFORD, D. : *Abelian varieties. With appendices by C. P. Ramanujam and Yuri Manin.* 2nd ed. Reprint. Studies in Mathematics, 5. Tata Institute of Fundamental Research, Bombay. Oxford etc.: Oxford University Press. XII, 279 p., 1985

[20] SCHAFAREWITSCH, I. R.: *Grundzüge der algebraischen Geometrie. Übersetzung aus dem Russischen von Rudolf Fragel.* Logik und Grundlagen der Mathematik. Band 12. Braunschweig: Friedr. Vieweg & Sohn. 224 S. mit 8 Abb., 1972

[21] SERRE, J.-P. : *Algèbre locale. Multiplicités. (Local algebra. Multiplicities). Cours au Collège de France, 1957-1958. Rédigé par Pierre Gabriel. Troisième éd.,* 2nd corrected printing. Lecture Notes in Mathematics, 11. Berlin etc.: Springer-Verlag. X, 160 p., 1989

Index

© Springer-Verlag GmbH Deutschland, ein Teil von Springer Nature 2019
J. Böhm, *Kommutative Algebra und Algebraische Geometrie*,
https://doi.org/10.1007/978-3-662-59482-7

Printed in the United States
By Bookmasters